THE 개념
블랙라벨

체계적 개념 학습을 위한
Plus⁺ 기본서

Tomorrow
better than today

BLACKLABEL

서유니	우방학원	이선혜	스테디매쓰	조보현	강동파인만
서지연	감성수학영통센터	이성우	라티오수학학원	조연호	ChoisMath
선승연	MATHTOOL수학교습소	이성원	스터디온수학학원	조영민	정석수학풍동학원
성선유	성선유이루다학원	이세복	퍼스널수학	조용호	오르고수학학원
성정화	LNS수학학원	이수동	E&T수학전문학원	조주희	대치파인만수학학원
손성준	미사강변스마트해법수학	이수연	온풀이수학	조진영	진영수학
송규성	하이클래스학원	이수현	하이매쓰수학교습소	조현대	씨앤케이수학학원
송슬기	백운호수플레이팩토	이승주	프리메드수학과학학원	조형서	조형서수학
송예숙	미래탐구중계영재센터	이아현	현수학	주소연	알고리즘수학연구소
송은화	MS수학전문학원	이애희	에이탑 ATOP수학	주진돈	메가스터디
송지연	더탑아카데미학원	이영민	메카건영수학교습소	지정경	분당가인아카데미
송태원	송태원1프로수학학원	이영섭	결고등수학전문학원	지훈	쎈수학러닝센터구로온수제1캠퍼스
신동범	신동범멘토시스템학원	이영주	피드백수학학원	차동희	수학전문공감학원
신소영	ISL하이스펙학원/ISL상위도전학원	이유림	이유림수학	차슬기	사과나무학원은평관
신영진	유나이츠학원	이윤주	와이제이수학	채상훈	광성고등학교
신은숙	서울마곡펜타곤학원	이은경	더쌤수학학원	채송화	채송화수학
신이슬	레전드수학	이은경	베리타스영수전문학원	채수경	원주미래와창조학원
신지현	대치미래탐구	이재광	생존학원	최명희	MH수학클리닉학원
심혜림	별고을교육원	이재민	이재민수학교습소	최미란	STL스카이학원
안윤경	하늘교육금정북구지점	이재호	이재호 PGA오목관	최민영	프로매쓰수학학원
안정훈	올바른수학	이종근	소나무학원	최성문	은평파이온수학
양은진	수플러스수학	이종환	이꼼수학	최성욱	미라클수학
양형준	대들보수학	이준석	이가수학학원	최성준	광교라온수학
어성웅	어쌤수학학원	이준호	최상위수학학원	최승혁	한뜻학원
어흥범	수바시수학&매쓰피아	이창우	강철에프엠수학 대구	최시안	데카르트수학학원
엄유빈	대치유빈쌤수학	이하나	서창이투스수학학원	최영준	이지수학전문학원
엄지희	티포인트에듀학원	이현정	반포일류수학	최영철	고밀도학원
엄초이	분당파인만학원	임상혁	생각하는두꺼비수학	최원석	고려대최쌤
여원구	피드백수학전문학원	임지혜	위드수학교습소	최유진	확실한수학학원
오나경	오나경NK수학	임혜정	새빛수학	최은진	동춘아카데미동춘수학
오재홍	데이원수학학원	장성훈	미독수학	최주영	대치파인만
오종민	수학공작소학원	장세완	장선생수학학원	최진철	부평하이스트학원
왕한비	해태수학	장승희	명품이앤엠학원	최현정	MQ멘토수학
원관섭	원쌤수학	장혁수	특작수학	추경주	쎈수학1018수학전문학원
원종배	신의공부방	전종원	목동PGANEO	하수미	삼성영수학원2호점학원
유광근	역촌파머스영수학원	전찬용	다이나믹학원	하창형	오늘부터수학학원
유상미	호크마수학학원	정명근	중계동전문가국어수학학원	한동훈	고밀도학원
유인영	마산중앙고등학교	정민준	사과나무학원	한명철	셀대학원
유재현	늘푸른수학원	정민호	스테듀입시학원	한승우	같이상승수학
육승범	칼수학전문학원	정병태	꿈과길수학학원	한혜경	한수학교습소
윤설	스파크수학과학학원	정선영	대전제일학원	함민호	뉴파인마포고등관
윤지혜	수준영재수학학원	정승민	덕이고등학교	허윤정	덕소QEM
윤현석	배곧일품수학학원	정지용	과수원과학수학전문학원	홍성주	목동굿매쓰수학
이병문	쎈수학덕소2학원	정진희	정쌤영어수학	홍혜주	두나미스수학연구소
이경아	별고을교육원	정형철	사천고등학교	황금별	하이엔드고밀도학원
이경환	학문당입시학원	정혜진	수학을담다수학교습소	황금주	제이티수학전문학원
이근영	매스마스터센텀매쓰수학학원	정화진	대치진화수학학원	황성현	현수학영어학원
이명신	지니얼수학학원	정희정	정쌤수학	황진영	진심수학
이범석	위례솔수학	조경순	조쌤수학학원	황하남	과학수학의봄날학원
이선미	삼성영수학원	조민아	러닝트리학원		

초판1쇄 2024년 10월 21일

펴낸이 신원근

펴낸곳 ㈜진학사 블랙라벨부

기획편집 윤하나 유효정 홍다솔 김지민 최지영 김대현

디자인 이지영

마케팅 박세라

주소 서울시 종로구 경희궁길 34

학습 문의 booksupport@jinhak.com

영업 문의 02 734 7999

팩스 02 722 2537

출판 등록 제 300-2001-202호

이 책의 동영상 강의 사이트 🎞 강남구청 인터넷수능방송

WWW.JINHAK.COM

THE 개념
블랙라벨

공통수학 2

BLACKLABEL

If you only do what you can do,
you'll never be more than you are now.
You don't even know who you are.

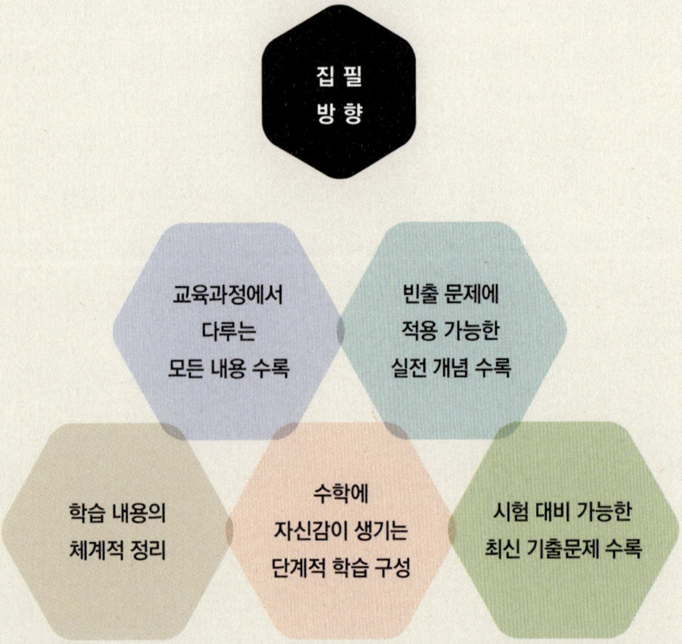

집필
방향

교육과정에서
다루는
모든 내용 수록

빈출 문제에
적용 가능한
실전 개념 수록

학습 내용의
체계적 정리

수학에
자신감이 생기는
단계적 학습 구성

시험 대비 가능한
최신 기출문제 수록

이 책을 펴내면서

"어떻게 하면 수학을 잘 할 수 있나요?"

20여 년간 만났던 제자와 학부모님들께 항상 들었던 질문입니다. "열심히 하면 돼."라고 답하는 것으로 책임을 면하기에는 많은 학생들이 수학 문제집과 씨름하고 잠을 줄이면서까지 열심히 하고 있습니다. 이러한 질문은 몇몇 요행을 바라는 학생의 질문일 수도 있지만 대부분 열심히 하는 것만으로는 해결할 수 없는 답답함을 토로하는 말들입니다. 이 책은 그 답답함에 대해 고민하고 만들어낸 저의 진심 어린 대답입니다.

"문제를 많이 풀어야 할까요?" "어떤 문제집이 좋은가요?"

정말 문제를 많이 풀면, 아니면 어떤 특정한 문제집을 사서 풀면 실력이 쭉쭉 올라가는 희열을 느낄 수 있을까요? 문제 풀이는 자신이 학습한 개념을 정확히 이해하고 있는지 스스로 확인하는 과정인 동시에, 수학적 사고력을 키우는 과정이기도 합니다. 문제 풀이는 '개념 이해'의 검증을 바탕으로 합니다. 그러니 당연히 개념을 탄탄하게 쌓지 않은 채 문제 풀이에만 집중한다면 작은 파도에도 쉽게 휩쓸리는 모래성을 쌓는 것에 불과할 것입니다. 풀지 못한 문제의 해설을 보며 '이해했다'라는 착각에 빠져 오늘도 '열심히' 모래성을 쌓고 있을지도 모르는 학생들에게 '개념 학습'의 중요성을 말해주고 싶습니다.

'어떤 일이든 때가 있다'는 말은 수학을 학습할 때도 해당이 됩니다. '어떤 문제집을 선택하는 것이 좋을까?'라는 고민을 하고 있다면 '나의 개념 확립은 확실히 되어 있나'를 먼저 짚어보고 그렇지 않다면 개념을 잘 학습할 수 있는 교재를 선정하여 차근차근 자신의 실력을 쌓아가야 합니다. 개념을 제대로 이해하지 못하고 문제풀이만 반복적으로 한다면 사상누각(砂上樓閣)과 다를 바 없습니다.

2022 개정 교육과정을 맞이하여 벌써 네 번째 교과서를 집필하면서 수학 교과서에 무엇을 담아야 할까 진지하게 고민하며 함께한 교수님과 선생님들의 의지까지 담아 개념서를 만들어 보자고 생각했습니다. 그렇게 만들어진 **더 개념 블랙라벨**은 개념, 원리, 법칙을 이해하기 쉽게 설명한 '기본 개념'과 함께 '통합 개념', '심화 개념'까지 포함하고 있는 확장된 개념 학습서입니다. 또한 개념 학습 이후 교과서에서도 다루고 있는 기본 유형과 학생들이 실제 시험에서 자주 마주치게 될 필수 유형, 사고력을 확장시킬 수 있는 발전 문제까지 수록하여 자신의 수준에 맞는 문제를 선택할 수 있도록 구성하였습니다.

끝으로 이 책이 세상의 빛을 볼 수 있도록 도와주신 진학사 대표님, 좋은 책을 만들기 위한 일념으로 애쓴 편집부 직원들, 부족한 책의 완성도를 높이기 위해 꼼꼼히 검토한 동료 선생님들, 그리고 바쁜 학사일정 중에도 기꺼이 자신의 일처럼 검토에 참여한 제자들에게 깊은 감사의 마음을 전하며 이 책을 통해 함께 할 여러분을 응원하겠습니다.

이 문 호

이 책의
구성과 특징

개념 학습

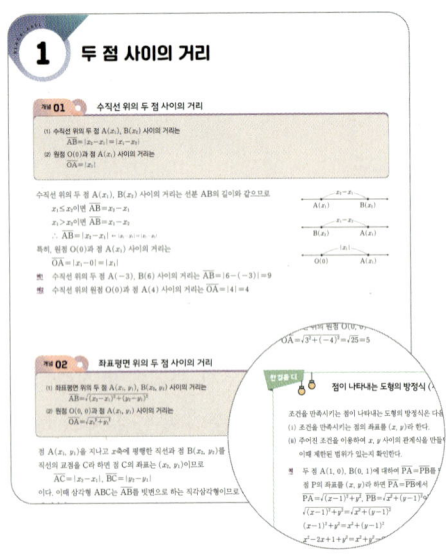

개념 정리
각 단원을 소주제로 분류하여 반드시 알아야 할 주요 내용 및 공식을 정리하였습니다.

개념 설명
개념 정리 내용을 **예**와 **설명**, **증명** 등을 통해 개념을 명확히 이해할 수 있도록 하였습니다. 또한, 추가적으로 알아 두면 좋은 **참고**와 **주의**를 삽입하고 Tip을 링크하여 더 꼼꼼하게 학습을 할 수 있도록 하였습니다.

한 걸음 더
교육 과정 외에도 실전 문제 해결에 도움이 되는 확장된 개념을 제시하여 수학적 사고력을 높일 수 있도록 하였습니다.

유형 학습

기본유형
앞에서 배운 개념을 바로 적용할 수 있도록 꼭 알아야 할 교과서적인 기본 문제를 수록하였습니다.

필수유형
최신 기출 경향을 반영한 빈출 유형을 삽입하여 시험 대비를 위한 학습이 가능하도록 하였습니다.

Guide 유형 해결을 위한 단계를 정리하였습니다.

Solution 유형 문제의 구체적인 해결 방법을 제시하였습니다.

⁺**plus** 해당 유형을 푸는 데 필요한 Tip을 수록하였습니다.

유형연습
기본유형 및 필수유형에서 학습한 내용을 연습할 수 있는 유사 문제 및 유형 확장 문제를 실어 반복하여 학습할 수 있도록 하였습니다.

마무리 학습

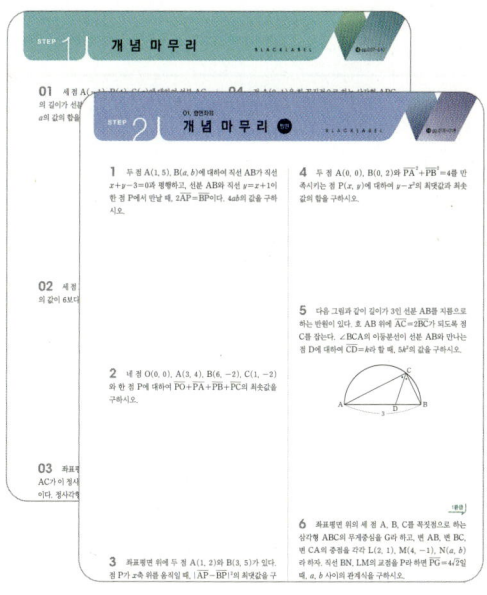

STEP 1 개념 마무리
각 단원의 개념을 완벽하게 이해하고 제대로 학습하였는지 점검할 수 있도록 하였습니다.

STEP 2 개념 마무리(발전)
STEP 1의 문제보다 높은 수준의 문제 또는 통합형 문제를 제공하여 사고력을 키우고, 실력을 향상시킬 수 있도록 하였습니다.

단원별로 서술형으로 자주 나오는 문항, 새롭게 등장한 문항, 고난도 문항을 표시하여 연습할 수 있도록 하였습니다.

정답과 해설

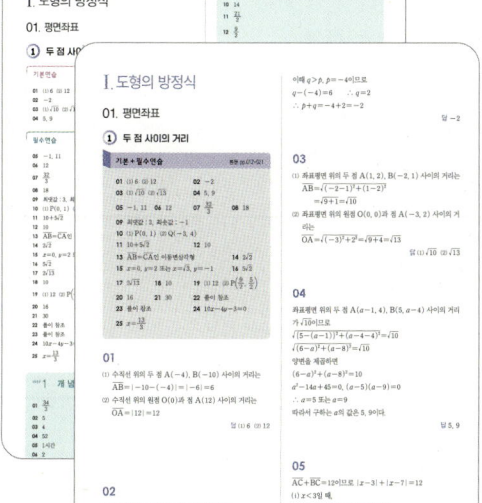

빠른 정답
답을 빠르게 확인하고, 채점할 수 있도록 하였습니다.

자세한 풀이
풀이 과정을 자세하게 제공하여 풀이를 보는 것만으로도 문제 해결 방안이 바로 이해될 수 있도록 하였습니다.

다른 풀이
더 쉽고, 빠르게 풀 수 있는 다른 풀이를 제공하여 다양한 사고를 할 수 있도록 하였습니다.

보충 설명
풀이에서 사용하고 있는 개념이나 Tip 등을 제공하여 문제 풀이에 도움이 되도록 하였습니다.

I 도형의 방정식

II 집합과 명제

III 함수와 그래프

Opportunity does not knock.
It presents itself
when you beat down the door.

기회는 노크하지 않는다.
그것은 당신이 문을 밀어 넘어뜨릴 때 모습을 드러낸다.

... 카일 챈들러(Kyle Chandler)

I

도형의
방정식

1 두 점 사이의 거리

개념 01   수직선 위의 두 점 사이의 거리

(1) 수직선 위의 두 점 $A(x_1)$, $B(x_2)$ 사이의 거리는
$$\overline{AB}=|x_2-x_1|=|x_1-x_2|$$
(2) 원점 $O(0)$과 점 $A(x_1)$ 사이의 거리는
$$\overline{OA}=|x_1|$$

수직선 위의 두 점 $A(x_1)$, $B(x_2)$ 사이의 거리는 선분 AB의 길이와 같으므로

$x_1 \le x_2$이면 $\overline{AB}=x_2-x_1$

$x_1 > x_2$이면 $\overline{AB}=x_1-x_2$

$\therefore \overline{AB}=|x_2-x_1|$ ← $|x_2-x_1|=|x_1-x_2|$

특히, 원점 $O(0)$과 점 $A(x_1)$ 사이의 거리는
$$\overline{OA}=|x_1-0|=|x_1|$$

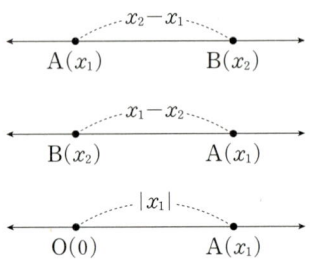

예1   수직선 위의 두 점 $A(-3)$, $B(6)$ 사이의 거리는 $\overline{AB}=|6-(-3)|=9$

예2   수직선 위의 원점 $O(0)$과 점 $A(4)$ 사이의 거리는 $\overline{OA}=|4|=4$

개념 02   좌표평면 위의 두 점 사이의 거리

(1) 좌표평면 위의 두 점 $A(x_1, y_1)$, $B(x_2, y_2)$ 사이의 거리는
$$\overline{AB}=\sqrt{(x_2-x_1)^2+(y_2-y_1)^2}$$
(2) 원점 $O(0, 0)$과 점 $A(x_1, y_1)$ 사이의 거리는
$$\overline{OA}=\sqrt{{x_1}^2+{y_1}^2}$$

점 $A(x_1, y_1)$을 지나고 x축에 평행한 직선과 점 $B(x_2, y_2)$를 지나고 y축에 평행한 직선의 교점을 C라 하면 점 C의 좌표는 (x_2, y_1)이므로
$$\overline{AC}=|x_2-x_1|, \quad \overline{BC}=|y_2-y_1|$$
이다. 이때 삼각형 ABC는 $\overline{AB}$를 빗변으로 하는 직각삼각형이므로 피타고라스 정리에 의하여
$$\overline{AB}^2=\overline{AC}^2+\overline{BC}^2=(x_2-x_1)^2+(y_2-y_1)^2$$
$$\llcorner = |x_2-x_1|^2+|y_2-y_1|^2$$
따라서 두 점 A, B 사이의 거리는
$$\overline{AB}=\sqrt{(x_2-x_1)^2+(y_2-y_1)^2}$$

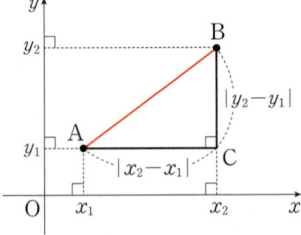

특히, 원점 $O(0, 0)$과 점 $A(x_1, y_1)$ 사이의 거리는

$$\overline{OA}=\sqrt{x_1{}^2+y_1{}^2}$$

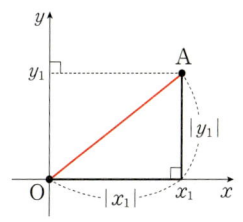

예1 좌표평면 위의 두 점 $A(-3, -1)$, $B(1, -3)$ 사이의 거리는

$$\begin{aligned}\overline{AB}&=\sqrt{\{1-(-3)\}^2+\{-3-(-1)\}^2}\\&=\sqrt{4^2+(-2)^2}\\&=\sqrt{20}=2\sqrt{5}\end{aligned}$$

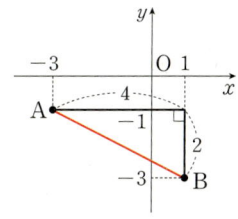

예2 좌표평면 위의 원점 $O(0, 0)$과 점 $A(3, -4)$ 사이의 거리는

$$\overline{OA}=\sqrt{3^2+(-4)^2}=\sqrt{25}=5$$

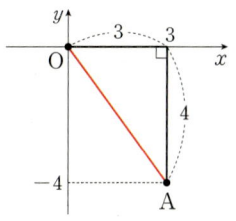

한걸음 더

점이 나타내는 도형의 방정식 (자취의 방정식)

🔵 **필수유형 12**

조건을 만족시키는 점이 나타내는 도형의 방정식은 다음과 같은 순서로 구한다.

(i) 조건을 만족시키는 점의 좌표를 (x, y)라 한다.

(ii) 주어진 조건을 이용하여 x, y 사이의 관계식을 만들면 이 관계식이 구하려는 도형의 방정식이다.

이때 제한된 범위가 있는지 확인한다.

예 두 점 $A(1, 0)$, $B(0, 1)$에 대하여 $\overline{PA}=\overline{PB}$를 만족시키는 점 P가 나타내는 도형의 방정식을 구해 보자.

점 P의 좌표를 (x, y)라 하면 $\overline{PA}=\overline{PB}$에서

$\overline{PA}=\sqrt{(x-1)^2+y^2}$, $\overline{PB}=\sqrt{x^2+(y-1)^2}$이므로

$$\sqrt{(x-1)^2+y^2}=\sqrt{x^2+(y-1)^2}$$

$$(x-1)^2+y^2=x^2+(y-1)^2$$

$$x^2-2x+1+y^2=x^2+y^2-2y+1$$

$$\therefore y=x$$

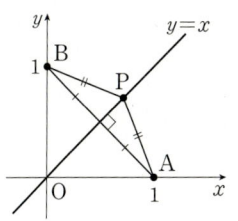

따라서 점 P가 나타내는 도형은 직선이고, 도형의 방정식은 $y=x$이다.

참고 평면 위에서 서로 다른 두 점 A, B로부터 같은 거리에 있는 점들로 이루어진 도형은 선분 AB의 수직이등분선이다.

다음 수직선 위의 두 점 사이의 거리를 구하시오.

(1) A(-8), B(3)　　　　　　　　　　　　(2) O(0), A(-6)

solution

(1) 수직선 위의 두 점 A(-8), B(3) 사이의 거리는
$$\overline{AB}=|3-(-8)|=11$$

(2) 수직선 위의 원점 O(0)과 점 A(-6) 사이의 거리는
$$\overline{OA}=|-6|=6$$

수직선 위의 세 점 A(1), B(p), C(q)에 대하여 $\overline{AB}=2$, $\overline{BC}=5$일 때, pq의 값을 구하시오. (단, $0<p<q$)

solution

수직선 위의 두 점 A(1), B(p) 사이의 거리는 $\overline{AB}=|p-1|=2$

(ⅰ) $0<p<1$일 때,

$$-(p-1)=2, \; -p+1=2 \qquad \therefore p=-1$$

이때 $0<p<1$이므로 조건을 만족시키지 않는다.

(ⅱ) $p \geq 1$일 때,

$$p-1=2 \qquad \therefore p=3$$

(ⅰ), (ⅱ)에서 $p=3$

또한, 수직선 위의 두 점 B(p), C(q) 사이의 거리는 $\overline{BC}=|q-p|=5$

이때 $q>p$, $p=3$이므로

$$q-3=5 \qquad \therefore q=8$$

$$\therefore pq=3 \times 8=24$$

기본 연습

01 다음 수직선 위의 두 점 사이의 거리를 구하시오.

(1) A(-4), B(-10)　　　　　　　　(2) O(0), A(12)

p.002

02 수직선 위의 세 점 O(0), A(p), B(q)에 대하여 $\overline{OA}=4$, $\overline{AB}=6$일 때, $p+q$의 값을 구하시오. (단, $p<0<q$)

기본유형 03 좌표평면 위의 두 점 사이의 거리(1)   개념 02

다음 좌표평면 위의 두 점 사이의 거리를 구하시오.

(1) $A(-6, -2)$, $B(5, -4)$ (2) $O(0, 0)$, $A(7, 2)$

solution

(1) 좌표평면 위의 두 점 $A(-6, -2)$, $B(5, -4)$ 사이의 거리는
$$\overline{AB} = \sqrt{\{5-(-6)\}^2 + \{-4-(-2)\}^2}$$
$$= \sqrt{121+4} = \sqrt{125} = 5\sqrt{5}$$

(2) 좌표평면 위의 원점 $O(0, 0)$과 점 $A(7, 2)$ 사이의 거리는
$$\overline{OA} = \sqrt{7^2 + 2^2} = \sqrt{49+4} = \sqrt{53}$$

기본유형 04 좌표평면 위의 두 점 사이의 거리(2)   개념 02

좌표평면 위의 두 점 $A(a, 3)$, $B(2, 1)$ 사이의 거리가 $2\sqrt{5}$일 때, a의 값을 모두 구하시오.

solution

좌표평면 위의 두 점 $A(a, 3)$, $B(2, 1)$ 사이의 거리가 $2\sqrt{5}$이므로
$$\sqrt{(2-a)^2 + (1-3)^2} = 2\sqrt{5}$$
양변을 제곱하면
$$(2-a)^2 + 4 = 20$$
$$a^2 - 4a - 12 = 0, \; (a+2)(a-6) = 0$$
$$\therefore a = -2 \text{ 또는 } a = 6$$
따라서 구하는 a의 값은 -2, 6이다.

기본 연습

03 다음 좌표평면 위의 두 점 사이의 거리를 구하시오.

(1) $A(1, 2)$, $B(-2, 1)$ (2) $O(0, 0)$, $A(-3, 2)$

p.002

04 좌표평면 위의 두 점 $A(a-1, 4)$, $B(5, a-4)$ 사이의 거리가 $\sqrt{10}$일 때, a의 값을 모두 구하시오.

수직선 위의 세 점 $A(2)$, $B(5)$, $C(x)$에 대하여 $\overline{AC}+\overline{BC}=15$를 만족시키는 x의 값을 모두 구하시오.

guide

❶ 수직선 위의 두 점 사이의 거리를 이용하여 좌표에 대한 방정식을 세운다.

❷ 절댓값 기호 안의 식의 값이 0이 되도록 하는 x의 값을 기준으로 범위를 나누어 생각한다.

❸ 방정식의 해를 구한다.

solution

$\overline{AC}+\overline{BC}=15$이므로 $|x-2|+|x-5|=15$

(i) $x<2$일 때,

    $-(x-2)-(x-5)=15$에서

    $-2x+7=15$, $-2x=8$ $\therefore x=-4$

(ii) $2 \le x < 5$일 때,

    $x-2-(x-5)=3\neq15$이므로 조건을 만족시키는 x는 존재하지 않는다.

(iii) $x \ge 5$일 때,

    $x-2+x-5=15$에서

    $2x-7=15$, $2x=22$ $\therefore x=11$

(i), (ii), (iii)에서 구하는 x의 값은 -4, 11이다.

**필수
연습**

05 수직선 위의 세 점 $A(3)$, $B(7)$, $C(x)$에 대하여 $\overline{AC}+\overline{BC}=12$를 만족시키는 x의 값을 모두 구하시오.

pp.002~003

06 수직선 위의 세 점 $A(-1)$, $B(2)$, $P(x)$에 대하여 $\overline{PA}+\overline{PB}\le4\overline{AB}$를 만족시키는 정수 x의 개수를 구하시오.

필수유형 06   좌표평면 위의 두 점 사이의 거리

좌표평면 위의 세 점 $A(-1, 2)$, $B(2, 3)$, $C(a, 1)$에 대하여 $\overline{AC}=\overline{BC}$일 때, a의 값을 구하시오.

guide

❶ 좌표평면 위의 두 점 사이의 거리를 이용하여 좌표에 대한 방정식을 세운다.

❷ 방정식의 해를 구한다.

solution

$\overline{AC}=\overline{BC}$이므로

$$\sqrt{\{a-(-1)\}^2+(1-2)^2}=\sqrt{(a-2)^2+(1-3)^2}$$

양변을 제곱하면

$$(a+1)^2+1=(a-2)^2+4$$

$$a^2+2a+2=a^2-4a+8$$

$$6a=6 \qquad \therefore a=1$$

필수 연습

p.003

07 좌표평면 위의 세 점 $A(-3, 4)$, $B(4, 5)$, $C(3, a)$에 대하여 $\overline{AC}=2\overline{BC}$일 때, 모든 a의 값의 합을 구하시오.

08 좌표평면 위의 두 점 $A(5-x, 0)$, $B(0, x-3)$에 대하여 $x=a$일 때, 선분 AB의 길이의 최솟값은 m이다. a^2+m^2의 값을 구하시오.

09 좌표평면 위의 두 점 $A(x+1, 0)$, $B(0, 2x-3)$ 사이의 거리가 5 이하가 되도록 하는 x의 최댓값과 최솟값을 각각 구하시오.

두 점 A(1, 2), B(6, 3)에 대하여 다음을 구하시오.

(1) 두 점 A, B에서 같은 거리에 있는 x축 위의 점 P의 좌표

(2) 두 점 A, B에서 같은 거리에 있는 직선 $y=x+2$ 위의 점 Q의 좌표

guide

① 다음을 이용하여 구하는 점의 위치에 따라 좌표를 한 문자로 나타낸다.

   (1) x축 위의 점 : $(a, 0)$　　　　　　　　(2) y축 위의 점 : $(0, a)$

   (3) 직선 $y=mx+n$ 위의 점 : $(a, ma+n)$

② 두 점 A, B에서 같은 거리에 있는 점을 P라 하면 $\overline{PA}=\overline{PB}$, 즉 $\overline{PA}^2=\overline{PB}^2$임을 이용하여 식을 세운다.

③ ②에서 세운 방정식의 해를 구하여 점 P의 좌표를 구한다.

solution

(1) 오른쪽 그림과 같이 x축 위의 점 P의 좌표를 $(a, 0)$이라 하면

$\overline{PA}=\overline{PB}$에서 $\overline{PA}^2=\overline{PB}^2$이므로

$(a-1)^2+(0-2)^2=(a-6)^2+(0-3)^2$

$a^2-2a+5=a^2-12a+45$, $10a=40$

$\therefore a=4$　　$\therefore$ P(4, 0)

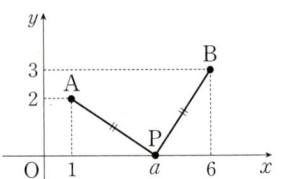

(2) 오른쪽 그림과 같이 직선 $y=x+2$ 위의 점 Q의 좌표를 $(a, a+2)$라 하면 $\overline{QA}=\overline{QB}$에서 $\overline{QA}^2=\overline{QB}^2$이므로

$(a-1)^2+\{(a+2)-2\}^2=(a-6)^2+\{(a+2)-3\}^2$

$2a^2-2a+1=2a^2-14a+37$, $12a=36$

$\therefore a=3$　　$\therefore$ Q(3, 5)

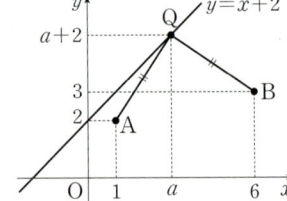

**필수
연습**

10 두 점 A(4, 3), B(−2, −3)에 대하여 다음을 구하시오.

　(1) 두 점 A, B에서 같은 거리에 있는 y축 위의 점 P의 좌표

　(2) 두 점 A, B에서 같은 거리에 있는 직선 $y=-2x-2$ 위의 점 Q의 좌표

😊 p.004

11 직선 $y=-3x+2$ 위의 점 P와 두 점 A(5, 2), B(−2, 3)에 대하여 $\overline{PA}=\overline{PB}$일 때, 삼각형 PAB의 둘레의 길이를 구하시오.

12 세 점 A(−1, 2), B(3, 0), C(6, 2)에 대하여 삼각형 ABC의 외심의 좌표가 (a, b)일 때, ab의 값을 구하시오.

세 점 A(1, 3), B(-1, -3), C(-3, -1)을 꼭짓점으로 하는 △ABC는 어떤 삼각형인지 구하시오.

guide

① 주어진 점의 좌표를 이용하여 삼각형 ABC의 세 변의 길이를 구한다.

② 삼각형 ABC의 세 변의 길이가 다음 중 어떤 조건을 만족시키는지 확인한다.
   (1) $\overline{AB}=\overline{BC}=\overline{CA}$ ⇨ 정삼각형
   (2) $\overline{AB}^2=\overline{BC}^2+\overline{CA}^2$ ⇨ 빗변이 $\overline{AB}$ ($\angle C=90°$)인 직각삼각형
   (3) $\overline{AB}=\overline{BC}$ 또는 $\overline{BC}=\overline{CA}$ 또는 $\overline{CA}=\overline{AB}$ ⇨ 이등변삼각형

solution

삼각형 ABC의 세 변의 길이를 각각 구하면

$\overline{AB}=\sqrt{(-1-1)^2+(-3-3)^2}=\sqrt{40}=2\sqrt{10}$

$\overline{BC}=\sqrt{\{-3-(-1)\}^2+\{-1-(-3)\}^2}=\sqrt{8}=2\sqrt{2}$

$\overline{CA}=\sqrt{\{1-(-3)\}^2+\{3-(-1)\}^2}=\sqrt{32}=4\sqrt{2}$

$\therefore \overline{BC}^2+\overline{CA}^2=\overline{AB}^2$

따라서 △ABC는 빗변이 $\overline{AB}$ ($\angle C=90°$)인 직각삼각형이다.

필수 연습

pp.004~005

13 세 점 A(-1, -3), B(1, 2), C(4, -1)을 꼭짓점으로 하는 △ABC는 어떤 삼각형인지 구하시오.

14 세 점 O(0, 0), A(a, $a+4$), B($-a$, $-a+4$)를 꼭짓점으로 하는 △AOB에서 $\angle AOB=90°$일 때, 양수 a의 값을 구하시오.

15 세 점 O(0, 0), A($\sqrt{3}$, 1), B(x, y)를 꼭짓점으로 하는 △OAB가 정삼각형일 때, x, y의 값을 모두 구하시오.

두 실수 a, b에 대하여 $\sqrt{(a-3)^2+(b+2)^2}+\sqrt{(a+3)^2+b^2}$의 최솟값을 구하시오.

guide

①　주어진 식을 두 점 사이의 거리에 대한 식으로 생각하여 각 점의 좌표를 정한다.

②　두 점 사이의 거리의 합이 최소가 되는 경우를 생각하여 식을 세운 후 값을 계산한다.

solution

세 점 (a, b), $(3, -2)$, $(-3, 0)$을 각각 A, B, C라 하면

$\sqrt{(a-3)^2+\{b-(-2)\}^2}=\overline{BA}$, $\sqrt{\{a-(-3)\}^2+b^2}=\overline{CA}$

$\therefore \sqrt{(a-3)^2+(b+2)^2}+\sqrt{(a+3)^2+b^2}$

$=\overline{BA}+\overline{CA}$

$\geq \overline{BC}$ ← 점 A가 $\overline{BC}$ 위에 있을 때 최솟값을 갖는다.

$=\sqrt{(-3-3)^2+\{0-(-2)\}^2}$

$=\sqrt{36+4}=\sqrt{40}=2\sqrt{10}$

따라서 구하는 최솟값은 $2\sqrt{10}$이다.

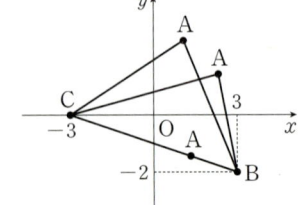

필수
연습

📖 p.005

16　두 실수 a, b에 대하여 $\sqrt{a^2+(b-4)^2}+\sqrt{(5-a)^2+(b+1)^2}$의 최솟값을 구하시오.

17　두 실수 x, y에 대하여 $\sqrt{x^2+y^2-2x+8y+17}+\sqrt{x^2+y^2+6x-4y+13}$의 최솟값을 구하시오.

18　두 실수 x, y에 대하여 $\sqrt{(x-1)^2+(y+2)^2}+\sqrt{(x+4)^2+(y-k)^2}$의 최솟값이 13일 때, 양수 k의 값을 구하시오.

다음 물음에 답하시오.

(1) 두 점 $A(-1, 3)$, $B(7, 6)$과 x축 위의 점 P에 대하여 $\overline{PA}^2 + \overline{PB}^2$의 최솟값을 구하시오.

(2) 두 점 $A(1, 2)$, $B(5, 4)$에 대하여 $\overline{PA}^2 + \overline{PB}^2$의 값이 최소가 되도록 하는 점 P의 좌표를 구하시오.

guide

① 점 P의 좌표를 (x, y)라 하고, $\overline{PA}^2 + \overline{PB}^2$을 x, y에 대한 식으로 나타낸다.

② $ax^2 + bx + c$ 꼴의 식을 $a(x-p)^2 + q$ 꼴로 고쳐서 최댓값 또는 최솟값을 구한다.

solution

(1) x축 위의 점 P의 좌표를 $(x, 0)$이라 하면

$$\overline{PA}^2 + \overline{PB}^2 = [\{x-(-1)\}^2 + (0-3)^2] + \{(x-7)^2 + (0-6)^2\}$$
$$= 2x^2 - 12x + 95$$
$$= 2(x-3)^2 + 77$$

따라서 $x=3$, 즉 $P(3, 0)$일 때 $\overline{PA}^2 + \overline{PB}^2$은 최솟값 77을 갖는다.

(2) 점 P의 좌표를 (x, y)라 하면

$$\overline{PA}^2 + \overline{PB}^2 = \{(x-1)^2 + (y-2)^2\} + \{(x-5)^2 + (y-4)^2\}$$
$$= 2x^2 - 12x + 2y^2 - 12y + 46$$
$$= 2(x-3)^2 + 2(y-3)^2 + 10$$

따라서 $x=3$, $y=3$일 때 $\overline{PA}^2 + \overline{PB}^2$은 최솟값 10을 가지므로 구하는 점 P의 좌표는 $(3, 3)$이다.

필수 연습

19 다음 물음에 답하시오.

(1) 두 점 $A(1, 0)$, $B(3, -2)$와 y축 위의 점 P에 대하여 $\overline{AP}^2 + \overline{BP}^2$의 최솟값을 구하시오.

(2) 두 점 $A(4, 3)$, $B(5, 2)$에 대하여 $\overline{PA}^2 + \overline{PB}^2$의 값이 최소가 되도록 하는 점 P의 좌표를 구하시오.

pp.005~006

20 두 점 $A(3, 1)$, $B(-1, 0)$과 직선 $y = x+2$ 위의 점 P에 대하여 $\frac{1}{2}\overline{AP}^2 - \overline{BP}^2$의 최댓값을 구하시오.

21 세 점 $O(0, 0)$, $A(3, 0)$, $B(0, 6)$을 꼭짓점으로 하는 삼각형 OAB의 내부의 점 P에 대하여 $\overline{OP}^2 + \overline{AP}^2 + \overline{BP}^2$의 최솟값을 구하시오.

삼각형 ABC에서 변 BC의 중점을 M이라 할 때,
$$\overline{AB}^2 + \overline{AC}^2 = 2(\overline{AM}^2 + \overline{BM}^2)$$
이 성립함을 증명하시오.

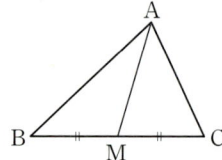

guide

❶ 주어진 도형을 좌표평면 위에 놓고 각 점의 좌표를 정한다.

　이때 주어진 도형의 꼭짓점이나 변의 중점 등 특정한 점을 원점 또는 좌표축 위의 점이 되도록 정하면 계산이 간단해진다.

❷ 두 점 사이의 거리를 이용하여 주어진 식이 성립함을 증명한다.

solution

오른쪽 그림과 같이 직선 BC를 x축, 변 BC의 수직이등분선을 y축으로 하는 좌표평면 위에 삼각형 ABC를 놓으면 점 M은 원점 $(0, 0)$이다.

$A(a, b)$, $C(c, 0)$ $(c > 0)$이라 하면 $B(-c, 0)$이므로

$$\overline{AB}^2 + \overline{AC}^2 = [\{a-(-c)\}^2 + b^2] + \{(a-c)^2 + b^2\} = 2(a^2 + b^2 + c^2)$$

이때 $\overline{AM}^2 = a^2 + b^2$, $\overline{BM}^2 = c^2$이므로

$$\overline{AB}^2 + \overline{AC}^2 = 2(\overline{AM}^2 + \overline{BM}^2) \leftarrow \text{파푸스 정리(중선 정리)}$$

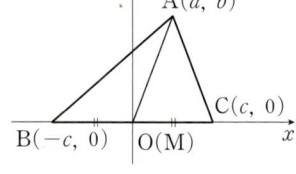

다른 풀이 　오른쪽 그림과 같이 점 A에서 변 BC에 내린 수선의 발을 H라 하면

△ABH와 △ACH에서

$$\overline{AB}^2 = \overline{AH}^2 + \overline{BH}^2 = \overline{AH}^2 + (\overline{BM} + \overline{HM})^2 \quad \cdots\cdots \ \text{㉠}$$

$$\overline{AC}^2 = \overline{AH}^2 + \overline{CH}^2 = \overline{AH}^2 + (\overline{CM} - \overline{HM})^2$$

$$= \overline{AH}^2 + (\overline{BM} - \overline{HM})^2 \leftarrow \overline{BM} = \overline{CM} \quad \cdots\cdots \ \text{㉡}$$

㉠+㉡을 하면

$$\overline{AB}^2 + \overline{AC}^2 = 2\overline{AH}^2 + 2\overline{BM}^2 + 2\overline{HM}^2 = 2(\underbrace{\overline{AH}^2 + \overline{HM}^2}) + 2\overline{BM}^2 = 2(\overline{AM}^2 + \overline{BM}^2)$$
$$\overline{AH}^2 + \overline{HM}^2 = \overline{AM}^2$$

필수 연습

pp.006~007

22　삼각형 ABC에서 $2\overline{BD} = \overline{DC}$가 되는 점을 D라 할 때,
$$2\overline{AB}^2 + \overline{AC}^2 = 3(\overline{AD}^2 + 2\overline{BD}^2)$$
이 성립함을 증명하시오.

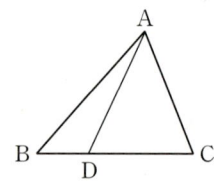

23　평행사변형 ABCD에 대하여
$$\overline{AC}^2 + \overline{BD}^2 = 2(\overline{AB}^2 + \overline{BC}^2)$$
이 성립함을 증명하시오.

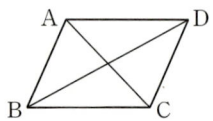

필수유형 12 　점이 나타내는 도형의 방정식

두 점 A$(2, -3)$, B$(-2, 5)$에 대하여 $\overline{PA}=\overline{PB}$를 만족시키는 점 P가 나타내는 도형의 방정식을 구하시오.

guide

❶ 조건을 만족시키는 점의 좌표를 (x, y)라 한다.

❷ 주어진 조건을 이용하여 x, y 사이의 관계식을 구한다. 이때 제한된 범위가 있는지 확인한다.

solution

점 P의 좌표를 (x, y)라 하면

$\overline{PA}=\sqrt{(x-2)^2+\{y-(-3)\}^2}$, $\overline{PB}=\sqrt{\{x-(-2)\}^2+(y-5)^2}$

이때 $\overline{PA}=\overline{PB}$에서 $\overline{PA}^2=\overline{PB}^2$이므로

$(x-2)^2+(y+3)^2=(x+2)^2+(y-5)^2$

$x^2-4x+4+y^2+6y+9=x^2+4x+4+y^2-10y+25$

$-4x+6y+13=4x-10y+29$

$8x-16y+16=0$

$\therefore x-2y+2=0$

따라서 점 P가 나타내는 도형의 방정식은

$x-2y+2=0$ ← 점 P가 나타내는 도형은 $\overline{AB}$의 수직이등분선이다.

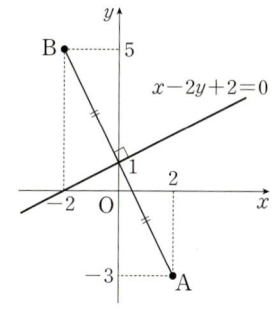

필수 연습

24 　두 점 A$(4, 1)$, B$(-1, 3)$에 대하여 $\overline{PA}^2-\overline{PB}^2=4$를 만족시키는 점 P가 나타내는 도형의 방정식을 구하시오.

p.007

25 　세 점 A$(2, 6)$, B$(0, 2)$, C$(4, -2)$에 대하여 $\overline{PA}^2-2\overline{PB}^2+\overline{PC}^2=0$을 만족시키는 점 P가 나타내는 도형의 방정식을 구하시오.

01 세 점 $A(-1)$, $B(4)$, $C(a)$에 대하여 선분 AC의 길이가 선분 BC의 길이의 두 배가 되도록 하는 모든 a의 값의 합을 구하시오.

02 세 점 $P(-3)$, $Q(1)$, $R(x)$에 대하여 $\overline{PR}+\overline{QR}$의 값이 6보다 작도록 하는 정수 x의 개수를 구하시오.

03 좌표평면 위의 정사각형 ABCD에 대하여 선분 AC가 이 정사각형의 대각선이고, $A(2, 2)$, $C(k+1, 1)$이다. 정사각형 ABCD의 넓이가 5일 때, 양수 k의 값을 구하시오.

04 점 $A(2, 1)$을 한 꼭짓점으로 하는 삼각형 ABC의 외심은 변 BC 위에 있고 외심의 좌표가 $(-1, -1)$일 때, $\overline{AB}^2+\overline{AC}^2$의 값을 구하시오.

05 오른쪽 그림과 같이 수직으로 만나는 도로가 있다. 두 도로가 만나는 지점 O에서 A는 동쪽으로 3 km, B는 남쪽으로 4 km 떨어진 지점에 있다. A는 시속 4 km로 서쪽을 향해, B는 시속 2 km로 북쪽을 향해 동시에 출발하였다. A, B 사이의 거리가 최소가 되는 것은 출발하여 몇 시간이 지난 후인지 구하시오.

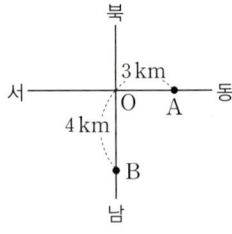

06 두 점 $A(1, 1)$, $B(3, -1)$로부터 같은 거리에 있는 직선 $y=2x+1$ 위의 점의 좌표가 (a, b)일 때, $a-b$의 값을 구하시오.

07 직선 $x+y-4=0$ 위의 한 점 P(a, b)와 두 점 A$(2, 0)$, B$(-4, 0)$이 $\overline{AP}:\overline{BP}=1:5$를 만족시킬 때, $a-2b$의 값을 구하시오. (단, a, b는 정수이다.)

08 세 점 A$(1, 2)$, B$(3, 3)$, C$(5, -1)$을 꼭짓점으로 하는 삼각형 ABC에 대하여 〈보기〉에서 옳은 것만을 있는 대로 고른 것은?

――――――――― 보기 ―――――――――

ㄱ. $\overline{BC}=2\sqrt{5}$

ㄴ. $\angle B=90°$

ㄷ. $\overline{AB}:\overline{BC}:\overline{CA}=1:2:\sqrt{5}$

① ㄱ   ② ㄴ   ③ ㄱ, ㄴ
④ ㄴ, ㄷ   ⑤ ㄱ, ㄴ, ㄷ

09 세 점 A$(-2, 0)$, B$(2, 0)$, C$(0, 6)$에 대하여 $\overline{PA}^2+\overline{PB}^2+\overline{PC}^2$의 값이 최소가 되도록 하는 점 P의 좌표가 (a, b)일 때, $a+b$의 값을 구하시오.

10 한 변의 길이가 4인 정삼각형 ABC의 변 AB 위를 움직이는 점 P에 대하여 $\overline{PB}^2+\overline{PC}^2$의 최솟값을 구하시오.

11 오른쪽 그림과 같이 $\overline{AB}=2\sqrt{3}$, $\overline{BC}=6$, $\angle B=90°$인 직각삼각형 ABC에서 점 P가 변 CA 위를 움직일 때, $\overline{PA}^2+\overline{PB}^2$의 최솟값을 구하시오.

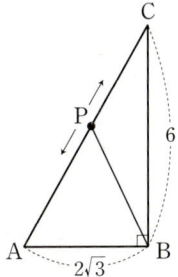

서술형

12 두 점 A$(1, -1)$, B$(5, 3)$에 대하여 $\overline{PA}^2=\overline{PB}^2-8$을 만족시키는 점 P가 나타내는 도형과 x축, y축으로 둘러싸인 도형의 넓이를 구하시오.

2 선분의 내분점

수직선 위의 선분의 내분점

수직선 위의 서로 다른 두 점 $A(x_1)$, $B(x_2)$에 대하여

(1) 선분 AB를 $m : n$ $(m>0, n>0)$으로 내분하는 점 P의 좌표는

$$\frac{mx_2+nx_1}{m+n}$$

(2) 선분 AB의 중점 M의 좌표는

$$\frac{x_1+x_2}{2}$$ ← 선분 AB를 1 : 1로 내분하는 점이다.

---

1. 선분의 내분점의 뜻 Ⓐ

선분 AB 위에 있는 점 P에 대하여

$$\overline{AP} : \overline{PB} = m : n \ (m>0, n>0)$$

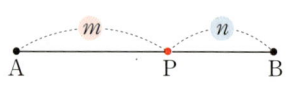

일 때, 점 P는 선분 AB를 $m : n$으로 **내분**한다고 하며, 점 P를 선분 AB의 **내분점**이라고 한다.

2. 수직선 위의 선분의 내분점

수직선 위의 서로 다른 두 점 $A(x_1)$, $B(x_2)$에 대하여 선분 AB를 $m : n$ $(m>0, n>0)$으로 내분하는 점 P의 좌표 x를 구해 보자.

(ⅰ) $x_1<x_2$일 때, $x_1<x<x_2$

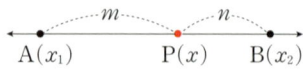

$\overline{AP}=x-x_1$, $\overline{PB}=x_2-x$

$\overline{AP} : \overline{PB} = m : n$에서

$(x-x_1) : (x_2-x) = m : n$

$$\therefore x = \frac{mx_2+nx_1}{m+n}$$

(ⅱ) $x_1>x_2$일 때, $x_2<x<x_1$

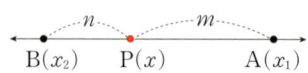

$\overline{AP}=x_1-x$, $\overline{PB}=x-x_2$

$\overline{AP} : \overline{PB} = m : n$에서

$(x_1-x) : (x-x_2) = m : n$

$$\therefore x = \frac{mx_2+nx_1}{m+n}$$

(ⅰ), (ⅱ)에서 선분 AB를 $m : n$으로 내분하는 점 P의 좌표는

$$\frac{mx_2+nx_1}{m+n}$$ Ⓑ Ⓒ

특히, 선분 AB의 중점은 선분 AB를 1 : 1로 내분하므로 중점 M의 좌표는

$$\frac{x_1+x_2}{2}$$

이다.

Ⓐ 내분점의 위치

두 점의 내분점의 좌표를 구할 때에는 m, n의 순서에 유의해야 한다.

선분 AB를 1 : 2로 내분하는 점 P

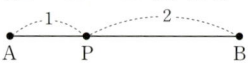

선분 AB를 2 : 1로 내분하는 점 P′
(선분 BA를 1 : 2로 내분하는 점 P′)

Ⓑ 내분점의 좌표 구하기

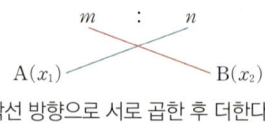

대각선 방향으로 서로 곱한 후 더한다.

$$\Rightarrow P\left(\frac{mx_2+nx_1}{m+n}\right)$$

Ⓒ 내분점의 좌표의 표현

선분 AB를 $m : n$으로 내분하는 점은 선분 AB를 $t : (1-t)$ $(0<t<1)$로 내분하는 점으로 표현하기도 한다.

$x = \dfrac{mx_2+nx_1}{m+n}$

$= \dfrac{m}{m+n}x_2 + \dfrac{n}{m+n}x_1$

$= tx_2 + (1-t)x_1$

예 수직선 위의 두 점 A(-2), B(8)에 대하여

(1) 선분 AB를 $2:3$으로 내분하는 점 P의 좌표는 $\dfrac{2\times8+3\times(-2)}{2+3}=2$ $\therefore$ P(2)

(2) 선분 AB의 중점 M의 좌표는 $\dfrac{-2+8}{2}=3$ $\therefore$ M(3)

개념 04 좌표평면 위의 선분의 내분점

좌표평면 위의 서로 다른 두 점 A(x_1, y_1), B(x_2, y_2)에 대하여

(1) 선분 AB를 $m:n$ $(m>0, n>0)$으로 내분하는 점 P의 좌표는

$$\left(\dfrac{mx_2+nx_1}{m+n},\ \dfrac{my_2+ny_1}{m+n}\right)$$

(2) 선분 AB의 중점 M의 좌표는

$$\left(\dfrac{x_1+x_2}{2},\ \dfrac{y_1+y_2}{2}\right)$$ ← 선분 AB를 $1:1$로 내분하는 점이다.

좌표평면 위의 서로 다른 두 점 A(x_1, y_1), B(x_2, y_2)에 대하여 선분 AB를 $m:n$ $(m>0, n>0)$으로 내분하는 점 P의 좌표 (x, y)를 구해 보자.

세 점 A, B, P에서 x축에 내린 수선의 발을 각각 A$'$, B$'$, P$'$이라 하면

$$\overline{A'P'}:\overline{P'B'}=\overline{AP}:\overline{PB}=m:n$$ **ⓓ**

이므로, 점 P$'$은 선분 A$'$B$'$을 $m:n$으로 내분하는 점이다. 즉, 점 P의 x좌표는

$$x=\dfrac{mx_2+nx_1}{m+n}$$

같은 방법으로 점 P의 y좌표를 구하면

$$y=\dfrac{my_2+ny_1}{m+n}$$

따라서 선분 AB를 $m:n$으로 내분하는 점 P의 좌표는

$$\left(\dfrac{mx_2+nx_1}{m+n},\ \dfrac{my_2+ny_1}{m+n}\right)$$

특히, 선분 AB의 중점은 선분 AB를 $1:1$로 내분하므로 중점 M의 좌표는

$$\left(\dfrac{x_1+x_2}{2},\ \dfrac{y_1+y_2}{2}\right)$$

예 좌표평면 위의 두 점 A$(-4, 2)$, B$(8, -4)$에 대하여

(1) 선분 AB를 $2:1$로 내분하는 점 P의 좌표 (x, y)는

$$x=\dfrac{2\times8+1\times(-4)}{2+1}=4,\ y=\dfrac{2\times(-4)+1\times2}{2+1}=-2$$

$$\therefore \text{P}(4, -2)$$

(2) 선분 AB의 중점 M의 좌표 (x, y)는

$$x=\dfrac{-4+8}{2}=2,\ y=\dfrac{2+(-4)}{2}=-1$$ $\therefore$ M$(2, -1)$

ⓓ 평행선 사이의 선분의 길이의 비

세 직선 l, m, n에 대하여 $l\,/\!/\,m\,/\!/\,n$일 때

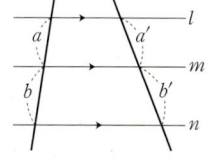

(1) $a:b=a':b'$

(2) $(a+b):b=(a'+b'):b'$

이것을 이용하면 삼각형 ABC에서 $\overline{BP}:\overline{AP}=m:n$일 때, 다음이 성립한다.

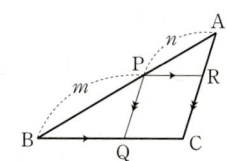

$\triangle$BQP$\backsim\triangle$PRA이므로

$\overline{BQ}:\overline{QC}=\overline{BQ}:\overline{PR}=m:n$

$\overline{CR}:\overline{RA}=\overline{QP}:\overline{RA}=m:n$

세 점 $A(x_1, y_1)$, $B(x_2, y_2)$, $C(x_3, y_3)$을 꼭짓점으로 하는 삼각형 ABC의 무게중심 G의 좌표는

$$\left(\frac{x_1+x_2+x_3}{3}, \frac{y_1+y_2+y_3}{3}\right)$$

1. 삼각형의 무게중심 Ⓐ

삼각형의 한 꼭짓점과 그 대변의 중점을 이은 선분을 **중선**이라고 하고, 세 중선의 교점을 삼각형의 **무게중심**이라고 한다. 이때 삼각형의 무게중심은 세 중선을 꼭짓점으로부터 각각 2 : 1로 내분한다.

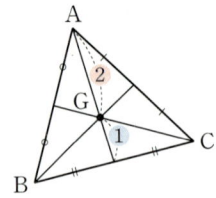

2. 좌표평면 위의 삼각형의 무게중심

세 점 $A(x_1, y_1)$, $B(x_2, y_2)$, $C(x_3, y_3)$을 꼭짓점으로 하는 삼각형 ABC의 무게중심 G의 좌표 (x, y)를 구해 보자.
변 BC의 중점을 M이라 하면

$$M\left(\frac{x_2+x_3}{2}, \frac{y_2+y_3}{2}\right)$$

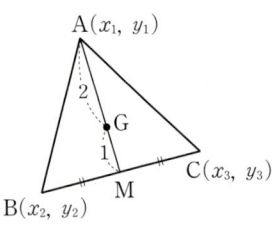

무게중심 G가 선분 AM을 2 : 1로 내분하므로

$$x=\frac{2\times\dfrac{x_2+x_3}{2}+x_1}{2+1}=\frac{x_1+x_2+x_3}{3},$$

$$y=\frac{2\times\dfrac{y_2+y_3}{2}+y_1}{2+1}=\frac{y_1+y_2+y_3}{3}$$

따라서 삼각형 ABC의 무게중심 G의 좌표는

$$\left(\frac{x_1+x_2+x_3}{3}, \frac{y_1+y_2+y_3}{3}\right)$$

예   세 점 A(3, 1), B(−2, 3), C(5, −1)을 꼭짓점으로 하는 삼각형 ABC의 무게중심 G의 좌표를 (x, y)라 하면

$$x=\frac{3+(-2)+5}{3}=2, \quad y=\frac{1+3+(-1)}{3}=1$$

∴ G(2, 1)

참고   삼각형 ABC에 대하여 $\overline{AB}$, $\overline{BC}$, $\overline{CA}$를 각각 $m : n$ $(m>0, n>0)$으로 내분하는 점을 각각 P, Q, R이라 하면 삼각형 PQR의 무게중심은 삼각형 ABC의 무게중심과 일치한다. Ⓑ

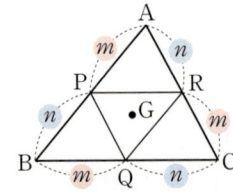

Ⓐ 삼각형의 외심, 내심, 무게중심의 비교

(1) 외심 : 외접원의 중심 O
　　(세 변의 수직이등분선의 교점)

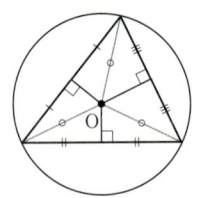

(2) 내심 : 내접원의 중심 I
　　(세 내각의 이등분선의 교점)

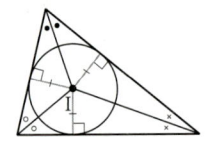

(3) 무게중심 : 세 중선의 교점 G

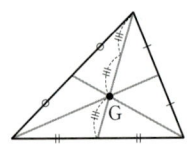

Ⓑ 삼각형 ABC의 세 꼭짓점의 좌표를 각각 $A(x_1, y_1)$, $B(x_2, y_2)$, $C(x_3, y_3)$이라 하면

$$P\left(\frac{mx_2+nx_1}{m+n}, \frac{my_2+ny_1}{m+n}\right),$$

$$Q\left(\frac{mx_3+nx_2}{m+n}, \frac{my_3+ny_2}{m+n}\right),$$

$$R\left(\frac{mx_1+nx_3}{m+n}, \frac{my_1+ny_3}{m+n}\right)$$이므로

삼각형 PQR의 무게중심의 좌표는

$$\left(\frac{(m+n)(x_1+x_2+x_3)}{3(m+n)},\right.$$
$$\left.\frac{(m+n)(y_1+y_2+y_3)}{3(m+n)}\right)$$

즉, $\left(\dfrac{x_1+x_2+x_3}{3}, \dfrac{y_1+y_2+y_3}{3}\right)$이므로 삼각형 ABC의 무게중심과 일치한다.

선분의 외분점 (교육과정 外)

1. 선분의 외분점의 뜻

선분 AB의 연장선 위에 있는 점 Q에 대하여

$$\overline{AQ} : \overline{BQ} = m : n \ (m>0, \ n>0, \ m \neq n)$$

일 때, 점 Q는 선분 AB를 $m : n$으로 **외분**한다고 하며, 점 Q를 선분 AB의 **외분점**이라고 한다.

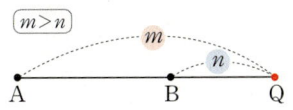
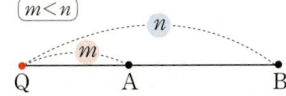

참고 $m>n$이면 점 B는 선분 AQ를 $(m-n) : n$으로 내분하는 점과 같고,

$m<n$이면 점 A는 선분 BQ를 $(n-m) : m$으로 내분하는 점과 같다.

2. 수직선 위의 선분의 외분점

수직선 위의 두 점 $A(x_1)$, $B(x_2)$에 대하여

선분 AB를 $m : n \ (m>0, \ n>0, \ m \neq n)$으로 외분하는 점 Q의 좌표는

$$\frac{mx_2 - nx_1}{m-n}$$ ← 내분점을 구하는 공식에서 n 대신 $-n$을 대입한 것과 같다.

예 두 점 $A(-1)$, $B(11)$에 대하여 선분 AB를 $1 : 3$으로 외분하는 점 Q의 좌표 x는

$$x = \frac{1 \times 11 - 3 \times (-1)}{1-3} = -7 \qquad \therefore \ Q(-7)$$

또한, 점 A는 선분 BQ를 $(3-1) : 1 = 2 : 1$로 내분하는 점과 같으므로

$$\frac{2 \times x + 1 \times 11}{2+1} = -1 \text{에서} \ x=-7 \qquad \therefore \ Q(-7)$$

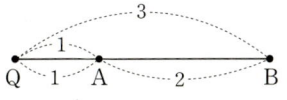

3. 좌표평면 위의 선분의 외분점

좌표평면 위의 두 점 $A(x_1, y_1)$, $B(x_2, y_2)$에 대하여

선분 AB를 $m : n \ (m>0, \ n>0, \ m \neq n)$으로 외분하는 점 Q의 좌표는

$$\left(\frac{mx_2 - nx_1}{m-n}, \ \frac{my_2 - ny_1}{m-n} \right)$$

예 두 점 $A(-4, 2)$, $B(8, -4)$에 대하여 선분 AB를 $2 : 1$로 외분하는 점 Q의 좌표 (x, y)는

$$x = \frac{2 \times 8 - 1 \times (-4)}{2-1} = 20, \ y = \frac{2 \times (-4) - 1 \times 2}{2-1} = -10 \qquad \therefore \ Q(20, -10)$$

또한, 점 B는 선분 AQ를 $(2-1) : 1 = 1 : 1$로 내분하는 점, 즉 중점과

같으므로

$$\frac{-4+x}{2} = 8 \text{에서} \ x=20, \ \frac{2+y}{2} = -4 \text{에서} \ y=-10$$

$$\therefore \ Q(20, -10)$$

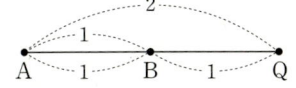

수직선 위의 두 점 $A(-3)$, $B(9)$에 대하여 다음 점의 좌표를 구하시오.

(1) 선분 AB를 $3 : 1$로 내분하는 점   (2) 선분 AB의 중점

solution

(1) 선분 AB를 $3 : 1$로 내분하는 점의 좌표는
$$\frac{3 \times 9 + 1 \times (-3)}{3 + 1} = 6$$

(2) 선분 AB의 중점의 좌표는
$$\frac{-3 + 9}{2} = 3$$

좌표평면 위의 두 점 $A(6, -4)$, $B(1, 1)$에 대하여 다음 점의 좌표를 구하시오.

(1) 선분 AB를 $2 : 3$으로 내분하는 점   (2) 선분 AB의 중점

solution

(1) $\dfrac{2 \times 1 + 3 \times 6}{2 + 3} = 4$, $\dfrac{2 \times 1 + 3 \times (-4)}{2 + 3} = -2$

따라서 선분 AB를 $2 : 3$으로 내분하는 점의 좌표는 $(4, -2)$이다.

(2) $\dfrac{6 + 1}{2} = \dfrac{7}{2}$, $\dfrac{-4 + 1}{2} = -\dfrac{3}{2}$

따라서 선분 AB의 중점의 좌표는 $\left(\dfrac{7}{2}, -\dfrac{3}{2}\right)$이다.

**기본
연습**

p.010

26   수직선 위의 두 점 $A(1)$, $B(7)$에 대하여 다음 점의 좌표를 구하시오.

(1) 선분 AB를 $1 : 2$로 내분하는 점   (2) 선분 AB의 중점

27   좌표평면 위의 두 점 $A(0, 2)$, $B(4, -2)$에 대하여 다음 점의 좌표를 구하시오.

(1) 선분 AB를 $2 : 1$로 내분하는 점   (2) 선분 AB의 중점

기본유형 15   선분의 내분점의 활용

두 점 $A(2, -3)$, $B(a, 5)$에 대하여 선분 AB를 $1:2$로 내분하는 점 P가 y축 위에 있을 때, a의 값을 구하시오.

solution

선분 AB를 $1:2$로 내분하는 점 P의 x좌표는

$$\frac{1 \times a + 2 \times 2}{1+2} = \frac{a+4}{3}$$

이때 점 P가 y축 위에 있으므로 ← y축 위의 점의 x좌표는 0이다.

$$\frac{a+4}{3} = 0 \qquad \therefore a = -4$$

기본유형 16   삼각형의 무게중심

세 점 $A(1, 2)$, $B(-2, 1)$, $C(-1, -1)$을 꼭짓점으로 하는 삼각형 ABC의 무게중심의 좌표를 (a, b)라 할 때, $a+b$의 값을 구하시오.

solution

삼각형 ABC의 무게중심의 좌표 (a, b)는

$$a = \frac{1+(-2)+(-1)}{3} = -\frac{2}{3}, \; b = \frac{2+1+(-1)}{3} = \frac{2}{3}$$

$$\therefore a+b = -\frac{2}{3} + \frac{2}{3} = 0$$

기본 연습

p.010

28   두 점 $A(-2, -3)$, $B(6, a)$에 대하여 선분 AB를 $3:1$로 내분하는 점 P가 x축 위에 있을 때, a의 값과 점 P의 x좌표의 합을 구하시오.

29   세 점 $A(2, 3)$, $B(5, -1)$, $C(5, 7)$을 꼭짓점으로 하는 삼각형 ABC의 무게중심의 좌표를 (a, b)라 할 때, $a+b$의 값을 구하시오.

좌표평면 위의 두 점 $A(a-2, 2b+1)$, $B(2a, b-4)$에 대하여 선분 AB를 $2:1$로 내분하는 점의 좌표가 $\left(1, \dfrac{5}{3}\right)$일 때, $a+b$의 값을 구하시오.

guide

❶ 두 점을 이은 선분의 내분점의 좌표를 구하는 식을 세운다.

❷ ❶에서 세운 방정식의 해를 구한다.

solution

선분 AB를 $2:1$로 내분하는 점의 좌표가 $\left(1, \dfrac{5}{3}\right)$이므로

$$\frac{2\times 2a+1\times(a-2)}{2+1}=1, \quad \frac{2\times(b-4)+1\times(2b+1)}{2+1}=\frac{5}{3}$$

즉, $\dfrac{5a-2}{3}=1$에서 $5a-2=3$, $5a=5$　∴ $a=1$

$\dfrac{4b-7}{3}=\dfrac{5}{3}$에서 $4b-7=5$, $4b=12$　∴ $b=3$

∴ $a+b=1+3=4$

**필수
연습**

p.011

30 좌표평면 위의 두 점 $A(2a-2, 3b)$, $B(3a, 2a-b)$에 대하여 선분 AB를 $3:2$로 내분하는 점의 좌표가 $(7, 3)$일 때, $a+b$의 값을 구하시오.

31 좌표평면 위의 두 점 $A(7, -3)$, $B(-11, 6)$에 대하여 선분 AB를 $2:1$로 내분하는 점을 P라 할 때, 선분 OP를 $1:3$으로 내분하는 점의 좌표가 (a, b)이다. $80ab$의 값을 구하시오. (단, O는 원점이다.)

32 좌표평면 위의 두 점 $A(4, -9)$, $B(-2, 15)$에 대하여 선분 AB를 삼등분하는 두 점을 각각 $P(a, b)$, $Q(c, d)$라 할 때, $a-b-c+d$의 값을 구하시오. (단, $a>c$)

두 점 $A(-2, 5)$, $B(6, -3)$에 대하여 선분 AB를 $t : (1-t)$로 내분하는 점이 제1사분면 위에 있을 때, 실수 t의 값의 범위를 구하시오. (단, $0 < t < 1$)

guide

① 두 점을 이은 선분의 내분점의 좌표를 주어진 문자 t를 사용하여 나타낸다.

② 내분점의 위치에 따라 방정식 또는 부등식을 세운다.

③ ②에서 세운 방정식 또는 부등식의 해를 구한다.

solution

두 점 $A(-2, 5)$, $B(6, -3)$에 대하여 선분 AB를 $t : (1-t)$ $(0 < t < 1)$로 내분하는 점의 좌표는

$$\left(\frac{t \times 6 + (1-t) \times (-2)}{t + (1-t)}, \frac{t \times (-3) + (1-t) \times 5}{t + (1-t)} \right) \quad \therefore (8t-2, -8t+5)$$

이 점이 제1사분면 위에 있으므로 $8t-2 > 0$, $-8t+5 > 0$

$8t-2 > 0$에서 $8t > 2$ $\quad \therefore t > \dfrac{1}{4}$

$-8t+5 > 0$에서 $-8t > -5$ $\quad \therefore t < \dfrac{5}{8}$

$\therefore \dfrac{1}{4} < t < \dfrac{5}{8}$

필수
연습

pp.011~012

33 두 점 $A(1, -2)$, $B(-8, 5)$에 대하여 선분 AB를 $(1-t) : t$로 내분하는 점이 제2사분면 위에 있을 때, 실수 t의 값의 범위를 구하시오. (단, $0 < t < 1$)

34 두 점 $A(-1, -4)$, $B(2, a)$에 대하여 선분 AB를 $2 : 1$로 내분하는 점이 직선 $y = 2x + 3$ 위에 있을 때, a의 값을 구하시오.

35 그림과 같이 이차함수 $y = ax^2$ $(a > 0)$의 그래프와 직선 $y = 2x + 3$ 이 서로 다른 두 점 P, Q에서 만날 때, 선분 PQ의 중점 M에서 y축에 내린 수선의 발을 H라 하자. 점 M은 제1사분면 위의 점이 고 선분 MH의 길이가 $\dfrac{1}{2}$일 때, $\overline{PQ}^2$의 값을 구하시오.

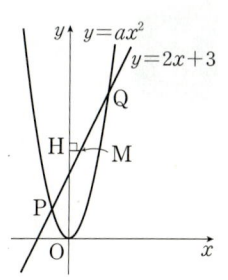

두 점 $A(1, 1)$, $B(4, 7)$에 대하여 선분 AB의 연장선 위의 점 C가 $2\overline{AB}=3\overline{BC}$를 만족시킬 때, 점 C의 좌표를 구하시오.

guide

① $m\overline{AB}=n\overline{BC}$ $(m>0, n>0)$를 비례식으로 표현한다. ⇨ $\overline{AB}:\overline{BC}=n:m$

② 세 점의 위치를 그림으로 나타내어 내분점의 위치를 확인한다.

③ 내분점의 좌표에 대한 식을 세워서 그 해를 구한다.

solution

$2\overline{AB}=3\overline{BC}$에서 $\overline{AB}:\overline{BC}=3:2$이고, 점 C가 선분 AB의 연장선 위의 점이므로 오른쪽 그림과 같이 점 B는 선분 AC를 $3:2$로 내분하는 점이다.

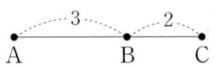

$A(1, 1)$, $B(4, 7)$이므로 점 C의 좌표를 (a, b)라 하면

$\dfrac{3 \times a + 2 \times 1}{3+2}=4$에서 $a=6$, $\dfrac{3 \times b + 2 \times 1}{3+2}=7$에서 $b=11$

∴ $C(6, 11)$

✦**다른 풀이** 점 C는 선분 AB를 $5:2$로 외분하는 점이므로

$a=\dfrac{5 \times 4 - 2 \times 1}{5-2}=6$, $b=\dfrac{5 \times 7 - 2 \times 1}{5-2}=11$

∴ $C(6, 11)$

✦**plus**

좌표평면 위의 두 점 $A(x_1, y_1)$, $B(x_2, y_2)$에 대하여 선분 AB를 $m:n$ $(m>0, n>0, m\neq n)$으로 외분하는 점 Q에 대하여

(1) 점 Q의 좌표는 $\left(\dfrac{mx_2-nx_1}{m-n}, \dfrac{my_2-ny_1}{m-n}\right)$이다.

(2) $m>n$일 때, 점 B는 선분 AQ를 $(m-n):n$으로 내분하는 점이다. ▶p.027 한 걸음 더

필수 연습

✦plus
36 두 점 $A(6, 2)$, $B(-3, 0)$에 대하여 선분 AB의 연장선 위의 점 C가 $3\overline{AC}=4\overline{BC}$를 만족 시킬 때, 점 C의 좌표를 구하시오.

pp.012-013

37 두 점 $A(1, 4)$, $B(5, 1)$에 대하여 선분 AB가 직선 $y=x+1$과 만나는 점을 P라 하면 $\overline{AP}:\overline{BP}=m:n$일 때, $2m+n$의 값을 구하시오. (단, m, n은 서로소인 자연수이다.)

세 점 $A(1, 4)$, $B(-3, 0)$, $C(3, 2)$를 꼭짓점으로 하는 삼각형 ABC가 있다. ∠A의 이등분선이 선분 BC와 만나는 점을 P라 할 때, 점 P의 좌표를 구하시오.

guide

① 각의 이등분선의 성질을 이용하여 삼각형의 변의 길이에 대한 비례식을 세운다.
　⇨ 삼각형 ABC에서 ∠A의 이등분선이 $\overline{BC}$와 만나는 점이 P일 때, $\overline{AB} : \overline{AC} = \overline{BP} : \overline{CP}$
② ①에서 얻은 길이의 비를 이용하여 내분점의 좌표를 구한다.

solution

$A(1, 4)$, $B(-3, 0)$, $C(3, 2)$이므로
$\overline{AB} = \sqrt{(-3-1)^2 + (0-4)^2} = 4\sqrt{2}$, $\overline{AC} = \sqrt{(3-1)^2 + (2-4)^2} = 2\sqrt{2}$
∠A의 이등분선이 선분 BC와 만나는 점이 P이므로
$\overline{BP} : \overline{CP} = \overline{AB} : \overline{AC}$
　　　　$= 4\sqrt{2} : 2\sqrt{2} = 2 : 1$
따라서 점 P는 선분 BC를 $2 : 1$로 내분하는 점이므로
$P\left(\dfrac{2 \times 3 + 1 \times (-3)}{2+1}, \dfrac{2 \times 2 + 1 \times 0}{2+1} \right)$　∴ $P\left(1, \dfrac{4}{3} \right)$

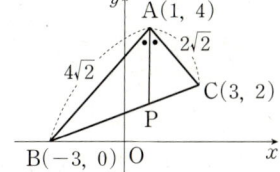

plus

삼각형의 내심의 성질

(1) 삼각형의 세 내각의 이등분선은 한 점(내심)에서 만난다.
(2) 삼각형의 내심에서 세 변에 이르는 거리는 모두 같다.

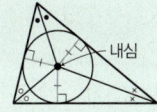

필수
연습

38

세 점 $A(-3, 1)$, $B(2, 6)$, $C(4, 0)$을 꼭짓점으로 하는 삼각형 ABC가 있다. ∠A의 이등분선이 선분 BC와 만나는 점을 D라 할 때, 선분 AD의 길이를 구하시오.

p.013

plus
39

그림과 같이 세 점 $A(2, 3)$, $B(-2, 1)$, $C(5, -3)$을 꼭짓점으로 하는 삼각형 ABC의 내심을 I라 할 때, 직선 AI가 선분 BC와 만나는 점 D의 좌표를 구하시오.

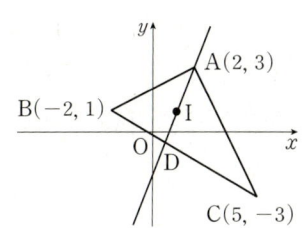

두 선분 AB, BC를 이웃하는 두 변으로 하는 평행사변형 ABCD의 네 꼭짓점의 좌표가 A$(0, 6)$, B$(a, -3)$, C$(5, 9)$, D$(4, b)$일 때, $a+b$의 값을 구하시오.

guide

❶ 평행사변형의 성질을 이용하여 식을 세운다.
⇨ 평행사변형의 두 대각선은 서로 다른 것을 이등분한다.
즉, 두 대각선의 중점은 일치한다.
❷ 선분의 내분점의 좌표를 구하는 식을 세우고, 미지수의 값을 구한다.

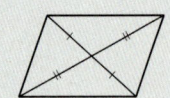

solution

평행사변형의 두 대각선은 서로 다른 것을 이등분하므로 평행사변형의 두 대각선의 중점은 일치한다.

이때 선분 AC의 중점의 좌표는 $\left(\dfrac{0+5}{2}, \dfrac{6+9}{2}\right)$, 즉 $\left(\dfrac{5}{2}, \dfrac{15}{2}\right)$

또한, 선분 BD의 중점의 좌표는 $\left(\dfrac{a+4}{2}, \dfrac{-3+b}{2}\right)$이므로

$\dfrac{5}{2} = \dfrac{a+4}{2}$, $\dfrac{15}{2} = \dfrac{-3+b}{2}$

따라서 $a=1$, $b=18$이므로

$a+b = 1+18 = 19$

◆ **plus**

평행사변형과 마름모의 포함 관계
마름모는 평행사변형의 성질을 가지고 있으므로 마름모의 두 대각선의 중점은 일치한다.

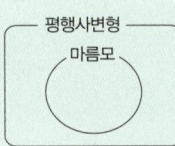

**필수
연습**

40 두 선분 OA, AB를 이웃하는 두 변으로 하는 평행사변형 OABC의 네 꼭짓점의 좌표가 O$(0, 0)$, A$(5, 9)$, B$(6, 4)$, C(a, b)일 때, $a+b$의 값을 구하시오.

🔖 p.013

◆plus
41 네 점 A$(-4, -2)$, B$(-6, a)$, C(b, c), D$(4, 0)$에 대하여 사각형 ABCD가 마름모를 이룰 때, $a+b-c$의 값을 구하시오. (단, a, b, c는 양수이다.)

세 점 $A(a, b)$, $B(b, -3a)$, $C(2, 5)$를 꼭짓점으로 하는 삼각형 ABC의 무게중심의 좌표가 $(0, 0)$일 때, $a-b$의 값을 구하시오.

guide

❶ 다음을 이용하여 삼각형의 무게중심의 좌표를 식으로 나타낸다.
   ⇨ 세 점 $A(x_1, y_1)$, $B(x_2, y_2)$, $C(x_3, y_3)$을 꼭짓점으로 하는 삼각형 ABC의 무게중심 G의 좌표는
   $$G\left(\frac{x_1+x_2+x_3}{3}, \frac{y_1+y_2+y_3}{3}\right)$$
❷ x좌표와 y좌표로 얻은 두 식을 연립하여 미지수의 값을 구한다.

solution

삼각형 ABC의 무게중심의 좌표가 $(0, 0)$이므로
$$\frac{a+b+2}{3}=0, \quad \frac{b-3a+5}{3}=0$$
$$\therefore a+b=-2, \quad b-3a=-5$$
위의 두 식을 연립하여 풀면 $a=\frac{3}{4}$, $b=-\frac{11}{4}$
$$\therefore a-b=\frac{3}{4}-\left(-\frac{11}{4}\right)=\frac{7}{2}$$

필수 연습

풀이 pp.013~014

42 세 점 $A(0, 3)$, $B(a, 4)$, $C(4, b)$를 꼭짓점으로 하는 삼각형 ABC의 무게중심의 좌표가 $(4, 7)$일 때, $a+b$의 값을 구하시오.

43 삼각형 ABC의 세 변 AB, BC, CA의 중점을 각각 P, Q, R이라 하면 $P(0, 3)$, $Q(a, -1)$, $R(4, b)$이다. 삼각형 ABC의 무게중심의 좌표가 $(3, 2)$일 때, $a+b$의 값을 구하시오.

44 세 점 $A(1, 5)$, $B(5-p, 1)$, $C(8, 6+q)$를 꼭짓점으로 하는 삼각형 ABC의 무게중심은 $G(5, 5)$이다. 선분 BG의 연장선 위의 점 $P(a, b)$에 대하여 $\overline{PB}=3\overline{PG}$가 성립할 때, $a+b$의 값을 구하시오.

신유형

13 두 점 $A(-4)$, $B(8)$에 대하여 점 C가 $\overline{AB} : \overline{BC} = 1 : 3$을 만족시킨다. 점 C의 좌표를 a라 할 때, 모든 a의 값의 합을 구하시오.

14 두 점 $A(1, 4)$, $B(-4, -2)$에 대하여 선분 AB를 $t : (1-t)$로 내분하는 점이 제2사분면 위에 있도록 하는 실수 t의 값의 범위를 구하시오. (단, $0 < t < 1$)

15 두 점 $A(2, a)$, $B(8, 0)$에 대하여 선분 AB를 $1 : 2$로 내분하는 점이 직선 $y = -x$ 위에 있을 때, a의 값을 구하시오.

16 곡선 $y = x^2 - 2x$와 직선 $y = 2x + k$가 서로 다른 두 점 P, Q에서 만난다. 선분 PQ를 $2 : 1$로 내분하는 점의 x좌표가 3일 때, 양수 k의 값을 구하시오. (단, 점 P의 x좌표는 점 Q의 x좌표보다 작다.)

17 삼각형 ABC의 변 AB의 중점의 좌표가 $(4, 2)$, 삼각형 ABC의 무게중심의 좌표가 $(-1, 3)$일 때, 꼭짓점 C의 좌표는 (a, b)이다. $a + b$의 값을 구하시오.

18 세 꼭짓점의 좌표가 $A(-1, 2)$, $B(4, 2)$, $C(7, 6)$인 삼각형 ABC가 있다. 다음 그림과 같이 선분 AC 위의 점 D에 대하여 $\angle ABD = \angle CBD$일 때, 점 D를 지나면서 선분 AB와 평행한 직선이 선분 BC와 만나는 점 P의 좌표를 구하시오.

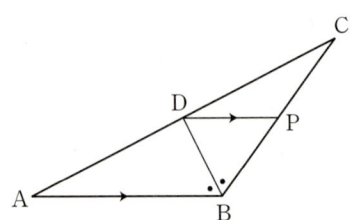

STEP 2

01. 평면좌표
개념 마무리 발전

BLACKLABEL

예 pp.016~018

평면좌표 I-01

1 두 점 $A(1, 5)$, $B(a, b)$에 대하여 직선 AB가 직선 $x+y-3=0$과 평행하고, 선분 AB와 직선 $y=x+1$이 한 점 P에서 만날 때, $2\overline{AP}=\overline{BP}$이다. $4ab$의 값을 구하시오.

2 네 점 $O(0, 0)$, $A(3, 4)$, $B(6, -2)$, $C(1, -2)$와 한 점 P에 대하여 $\overline{PO}+\overline{PA}+\overline{PB}+\overline{PC}$의 최솟값을 구하시오.

3 좌표평면 위에 두 점 $A(1, 2)$와 $B(3, 5)$가 있다. 점 P가 x축 위를 움직일 때, $|\overline{AP}-\overline{BP}|^2$의 최댓값을 구하시오.

4 두 점 $A(0, 0)$, $B(0, 2)$와 $\overline{PA}^2+\overline{PB}^2=4$를 만족시키는 점 $P(x, y)$에 대하여 $y-x^2$의 최댓값과 최솟값의 합을 구하시오.

5 다음 그림과 같이 길이가 3인 선분 AB를 지름으로 하는 반원이 있다. 호 AB 위에 $\overline{AC}=2\overline{BC}$가 되도록 점 C를 잡는다. ∠BCA의 이등분선이 선분 AB와 만나는 점 D에 대하여 $\overline{CD}=k$라 할 때, $5k^2$의 값을 구하시오.

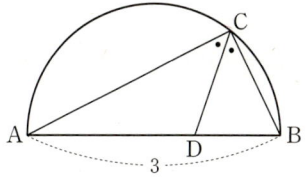

6 좌표평면 위의 세 점 A, B, C를 꼭짓점으로 하는 삼각형 ABC의 무게중심을 G라 하고, 변 AB, 변 BC, 변 CA의 중점을 각각 $L(2, 1)$, $M(4, -1)$, $N(a, b)$라 하자. 직선 BN, LM의 교점을 P라 하면 $\overline{PG}=4\sqrt{2}$일 때, a, b 사이의 관계식을 구하시오.

(단, 점 G는 제1사분면 위에 있다.)

Patience is the companion
of wisdom.

인내와 지혜는

떼려야 뗄 수 없다.

... 성 아우구스티누스(Saint Augustine)

I

도형의
방정식

1 직선의 방정식

개념 01 ⟩ 직선의 방정식 – 직선 위의 한 점과 기울기를 알 때

(1) 기울기가 m이고, y절편이 n인 직선의 방정식은 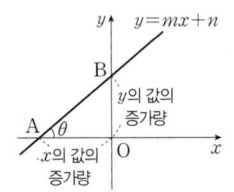 Ⓐ Ⓑ
$$y=mx+n$$
(2) 점 (x_1, y_1)을 지나고 기울기가 m인 직선의 방정식은
$$y-y_1=m(x-x_1)$$

1. 직선 위의 한 점과 기울기가 주어진 직선의 방정식

좌표평면에서 점 $A(x_1, y_1)$을 지나고 기울기가 m인 직선의 방정식은 다음과 같이 구할 수 있다.

직선의 방정식을
$$y=mx+n \quad \cdots\cdots ㉠$$
이라 하면 직선이 점 $A(x_1, y_1)$을 지나므로
$$y_1=mx_1+n$$
$$\therefore n=y_1-mx_1$$
이것을 ㉠에 대입하여 정리하면 직선의 방정식은
$$y-y_1=m(x-x_1)$$
특히, $m=0$인 경우, 구하는 직선은 x축에 평행하고 직선 위의 모든 점의 y좌표가 y_1이므로 직선의 방정식은
$$y=y_1 \quad Ⓒ$$

예 점 $(1, 4)$를 지나고, 기울기가 3인 직선의 방정식은
$$y-4=3(x-1) \qquad \therefore y=3x+1$$

2. 좌표축에 평행 또는 수직인 직선의 방정식

(1) 점 $A(x_1, y_1)$을 지나고 x축에 평행한 (y축에 수직인) 직선의 방정식은
$$y=y_1$$
(2) 점 $A(x_1, y_1)$을 지나고 y축에 평행한 (x축에 수직인) 직선의 방정식은
$$x=x_1$$

예1 점 $(-2, 3)$을 지나고 x축에 평행한 직선의 방정식은 $y=3$

예2 점 $(5, -7)$을 지나고 y축에 평행한 직선의 방정식은 $x=5$

Ⓐ **기울기**

$$m=(기울기)$$
$$=\frac{(y의\ 값의\ 증가량)}{(x의\ 값의\ 증가량)}$$
$$=\frac{\overline{OB}}{\overline{OA}}$$
$$=\tan\theta$$
(단, θ는 직선이 x축의 양의 방향과 이루는 각의 크기이다.)

Ⓑ **절편**

(1) x절편
  ① 직선이 x축과 만나는 점의 x좌표
  ② $y=0$일 때, x의 값
  ③ x절편이 a ⟺ 점 $(a, 0)$을 지난다.
(2) y절편
  ① 직선이 y축과 만나는 점의 y좌표
  ② $x=0$일 때, y의 값
  ③ y절편이 b ⟺ 점 $(0, b)$를 지난다.

Ⓒ **기울기가 0인 직선의 방정식**
$$y-y_1=0\times(x-x_1)$$
$$\therefore y=y_1$$

직선의 방정식 – 직선 위의 서로 다른 두 점을 알 때

---

(1) 서로 다른 두 점 (x_1, y_1), (x_2, y_2)를 지나는 직선의 방정식은

① $x_1 \neq x_2$일 때, $y - y_1 = \dfrac{y_2 - y_1}{x_2 - x_1}(x - x_1)$

　　　　　　　　　　　　 $\underset{\text{기울기}}{}$

② $x_1 = x_2$일 때, $x = x_1$

(2) x절편이 a, y절편이 b인 직선의 방정식은

$$\dfrac{x}{a} + \dfrac{y}{b} = 1 \ (\text{단, } a \neq 0, \ b \neq 0) \leftarrow y = -\dfrac{b}{a}x + b$$

---

1. 서로 다른 두 점을 지나는 직선의 방정식

'직선 위의 한 점과 기울기가 주어진 직선의 방정식'을 구하는 방법을 이용하여 서로 다른 두 점 $A(x_1, y_1)$, $B(x_2, y_2)$를 지나는 직선의 방정식을 구할 수 있다.

(1) $x_1 \neq x_2$일 때,

구하는 직선의 기울기는

$$\dfrac{y_2 - y_1}{x_2 - x_1}$$

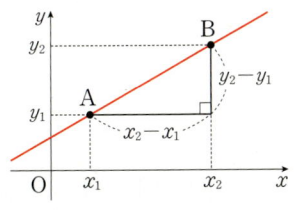

기울기가 $\dfrac{y_2 - y_1}{x_2 - x_1}$이고 점 $A(x_1, y_1)$

을 지나는 직선의 방정식은

$$y - y_1 = \dfrac{y_2 - y_1}{x_2 - x_1}(x - x_1) \ \leftarrow \text{점 } B(x_2, y_2)\text{를 지나는 직선을 구해도 결과는 같다.}$$

(2) $x_1 = x_2$일 때,

구하는 직선은 y축에 평행하고 직선 위의 모든 점의 x좌표가 x_1이므로 직선의 방정식은

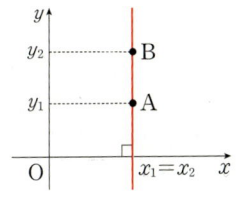

$x = x_1 \ \leftarrow y$축에 평행한 직선의 기울기는 따로 정의하지 않는다.

예1 　두 점 $(2, 5)$, $(-1, 2)$를 지나는 직선의 방정식은

$$y - 5 = \dfrac{2 - 5}{-1 - 2}(x - 2) \qquad \therefore \ y = x + 3$$

예2 　두 점 $(-2, -1)$, $(-2, 6)$을 지나는 직선은 직선 위의 모든 점의 x좌표가 -2이므로 직선의 방정식은

$$x = -2$$

참고 　세 점 A, B, C가 한 직선 위에 있을 때,

(직선 AB의 기울기)

$=$(직선 BC의 기울기)

$=$(직선 CA의 기울기) **ⓓ**

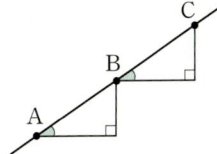

ⓓ '세 점이 한 직선 위에 있다.'와 같은 의미

(1) 세 점 중 임의로 두 점을 택하여 그 두 점을 지나는 직선의 기울기를 구할 때, 구할 수 있는 기울기는 모두 같다.

(2) 두 점을 지나는 직선 위에 나머지 한 점이 존재한다.

(3) 세 점을 꼭짓점으로 하는 삼각형은 존재하지 않는다.

2. x절편과 y절편이 주어진 직선의 방정식

'서로 다른 두 점을 지나는 직선의 방정식'을 구하는 방법을 이용하여 x절편과 y절편이 주어진 직선의 방정식을 구할 수 있다.

$a \neq 0$, $b \neq 0$일 때, x절편이 a, y절편이 b인 직선은 두 점 $(a, 0)$, $(0, b)$를 지나므로 직선의 방정식은

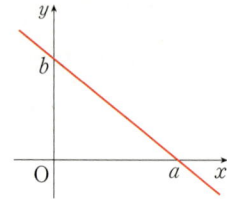

$$y - b = \frac{b-0}{0-a}(x-0)$$

$$\therefore \ y = -\frac{b}{a}x + b$$

양변을 b로 나누어 정리하면 직선의 방정식은

$$\frac{x}{a} + \frac{y}{b} = 1$$

예 x절편이 4, y절편이 -3인 직선의 방정식은

$$\frac{x}{4} + \frac{y}{-3} = 1 \qquad \therefore \ y = \frac{3}{4}x - 3$$

개념 03   일차방정식 $ax+by+c=0$이 나타내는 도형

> 직선의 방정식은 x, y에 대한 일차방정식
> $$ax + by + c = 0 \ (a \neq 0 \ \text{또는} \ b \neq 0)$$
> 꼴로 나타낼 수 있다.
> 거꾸로 x, y에 대한 일차방정식 $ax+by+c=0 \ (a \neq 0 \ \text{또는} \ b \neq 0)$이 나타내는 도형은 직선이다.
>
> **참고** $ax+by+c=0$ 꼴을 직선의 방정식의 일반형, $y=mx+n$ 꼴을 직선의 방정식의 표준형이라 한다.

직선의 방정식 $y=3x+1$, $x=-2$, $y=3$은 각각

$$3x - y + 1 = 0, \ x + 2 = 0, \ y - 3 = 0$$

으로 나타낼 수 있다.

이와 같이 좌표평면 위의 모든 직선의 방정식은 $ax+by+c=0$ 꼴로 나타낼 수 있다.

이때 x, y에 대한 일차방정식 $ax+by+c=0$은 a, b의 값에 따라 다음과 같이 세 종류의 직선으로 나타난다.

(1) $a \neq 0$, $b \neq 0$일 때,

$$y = -\frac{a}{b}x - \frac{c}{b} \quad \leftarrow \text{기울기가 } -\frac{a}{b}\text{이고, } y\text{절편이 } -\frac{c}{b}\text{인 직선}$$

(2) $a \neq 0$, $b = 0$일 때,

$$x = -\frac{c}{a} \quad \leftarrow y\text{축에 평행한}(x\text{축에 수직인}) \text{ 직선}$$

(3) $a = 0$, $b \neq 0$일 때,

$$y = -\frac{c}{b} \quad \leftarrow x\text{축에 평행한}(y\text{축에 수직인}) \text{ 직선}$$

예1 일차방정식 $2x+3y-6=0$에서 $y=-\dfrac{2}{3}x+2$

즉, 일차방정식 $2x+3y-6=0$이 나타내는 도형은 기울기가 $-\dfrac{2}{3}$이고, y절편이 2인 직선이다.

예2 일차방정식 $2x+7=0$에서 $x=-\dfrac{7}{2}$

즉, 일차방정식 $2x+7=0$이 나타내는 도형은 y축에 평행하고(x축에 수직이고) 점 $\left(-\dfrac{7}{2},\,0\right)$을 지나는 직선이다.

예3 일차방정식 $3y-12=0$에서 $y=4$

즉, 일차방정식 $3y-12=0$이 나타내는 도형은 x축에 평행하고(y축에 수직이고) 점 $(0,\,4)$를 지나는 직선이다.

한 걸음 더

직선 $ax+by+c=0$이 지나는 사분면

기본유형 04 + 필수유형 11

$abc\neq0$($a\neq0,\,b\neq0,\,c\neq0$)일 때, 직선 $ax+by+c=0$, 즉 $y=-\dfrac{a}{b}x-\dfrac{c}{b}$의 개형에 따라 기울기와 y절편의 조건이 다음과 같이 결정된다.

제1, 2, 3사분면을 지날 때	제1, 3, 4사분면을 지날 때
$y=-\dfrac{a}{b}x-\dfrac{c}{b}$	$y=-\dfrac{a}{b}x-\dfrac{c}{b}$
(기울기)$=-\dfrac{a}{b}>0$이고, (y절편)$=-\dfrac{c}{b}>0$이므로 $ab<0,\ bc<0\ \Rightarrow\ ac>0$	(기울기)$=-\dfrac{a}{b}>0$이고, (y절편)$=-\dfrac{c}{b}<0$이므로 $ab<0,\ bc>0\ \Rightarrow\ ac<0$
제1, 2, 4사분면을 지날 때	제2, 3, 4사분면을 지날 때
$y=-\dfrac{a}{b}x-\dfrac{c}{b}$	$y=-\dfrac{a}{b}x-\dfrac{c}{b}$
(기울기)$=-\dfrac{a}{b}<0$이고, (y절편)$=-\dfrac{c}{b}>0$이므로 $ab>0,\ bc<0\ \Rightarrow\ ac<0$	(기울기)$=-\dfrac{a}{b}<0$이고, (y절편)$=-\dfrac{c}{b}<0$이므로 $ab>0,\ bc>0\ \Rightarrow\ ac>0$

두 직선 $ax+by+c=0$, $a'x+b'y+c'=0$이 한 점에서 만날 때, 방정식
$$ax+by+c+k(a'x+b'y+c')=0$$
이 나타내는 도형은 실수 k의 값에 관계없이 항상 두 직선
$$ax+by+c=0,\ a'x+b'y+c'=0$$
의 교점을 지나는 직선이다.

실수 k의 값에 관계없이 항상 성립하는 방정식
$$ax+by+c+k(a'x+b'y+c')=0 \qquad \cdots\cdots\text{㉠}$$
을 x, y에 대하여 정리하면
$$(a+ka')x+(b+kb')y+(c+kc')=0$$
이므로 방정식 ㉠이 나타내는 도형은 직선이다. Ⓑ
이때 두 직선 $ax+by+c=0$, $a'x+b'y+c'=0$
이 한 점에서 만나고, 그 교점의 좌표를 $(p,\ q)$라
하면
$$ap+bq+c=0,\ a'p+b'q+c'=0$$
이므로 실수 k의 값에 관계없이 등식
$$ap+bq+c+k(a'p+b'q+c')=0 \quad \leftarrow k\text{에 대한 항등식이다.}$$
이 항상 성립한다. 따라서 방정식 ㉠이 나타내는 도형은 실수 k의 값에
관계없이 항상 점 $(p,\ q)$를 지나는 직선이다. Ⓒ

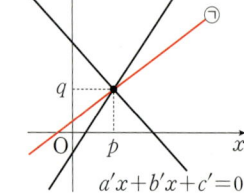

예 방정식
$$x-y+2+k(2x+y-5)=0 \qquad \cdots\cdots\text{㉠}$$
을 x, y에 대하여 정리하면
$$(1+2k)x+(-1+k)y+(2-5k)=0$$
이므로 방정식 ㉠이 나타내는 도형은 직선이다.
또한, 두 직선 $x-y+2=0$, $2x+y-5=0$의 교점의 좌표는 $(1,\ 3)$
이므로 $x=1$, $y=3$을 ㉠에 대입하면
$$0+k\times 0=0$$
즉, k의 값에 관계없이 등식이 항상 성립한다.
따라서 방정식 $x-y+2+k(2x+y-5)=0$이 나타내는 도형은 k의
값에 관계없이 항상 두 직선 $x-y+2=0$, $2x+y-5=0$의 교점
$(1,\ 3)$을 지나는 직선이다.

참고 방정식 $m(x-a)+(y-b)=0$에서 m의 값에 관계없이 등식이 항상
성립하려면 $x=a$, $y=b$이어야 한다.
이 방정식은 $y=-mx+am+b$와 같이 나타낼 수 있으므로 방정식
$y=-mx+am+b$가 나타내는 도형은 m의 값에 관계없이 항상 점
$(a,\ b)$를 지나는 직선이다.

Ⓐ **정점**
정점은 정해진 점, 일정한 점을 의미한다.

Ⓑ x, y에 대한 일차방정식
$ax+by+c=0\ (a\neq0$ 또는 $b\neq0)$
이 나타내는 도형은 직선이다.

Ⓒ **직선의 방정식**
$ax+by+c+k(a'x+b'y+c')=0$
에 $x=p$, $y=q$를 대입하여 등식이 성립하
면 주어진 직선은 점 $(p,\ q)$를 반드시 지
난다.

개념 05 · 두 직선의 교점을 지나는 직선의 방정식

한 점에서 만나는 두 직선 $ax+by+c=0$, $a'x+b'y+c'=0$의 교점을 지나는 직선 중에서 $a'x+b'y+c'=0$을 제외한 직선의 방정식은

$$ax+by+c+k(a'x+b'y+c')=0 \ (k\text{는 실수})$$

꼴로 나타낼 수 있다.

한 점에서 만나는 두 직선을

$$l : ax+by+c=0,$$
$$l' : a'x+b'y+c'=0$$

이라 할 때, 두 직선의 교점을 지나는 직선의 방정식은 동시에 $m=0$, $n=0$이 아닌 두 상수 m, n에 대하여

$$m(ax+by+c)+n(a'x+b'y+c')=0 \quad \cdots\cdots \text{㉠}$$

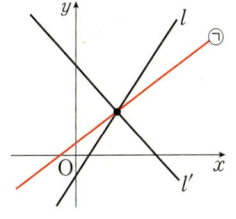

꼴로 나타낼 수 있다. ⓓ

(1) $m\neq0$, $n=0$일 때,

$\quad m(ax+by+c)=0 \qquad \therefore ax+by+c=0 \Rightarrow$ 직선 l

(2) $m=0$, $n\neq0$일 때,

$\quad n(a'x+b'y+c')=0 \qquad \therefore a'x+b'y+c'=0 \Rightarrow$ 직선 l'

(3) $m\neq0$, $n\neq0$일 때,

$\quad m(ax+by+c)+n(a'x+b'y+c')=0 \Rightarrow$ 직선 l, l'을 제외한 직선

(1), (3)일 때, ㉠의 양변을 m으로 나누고 $\dfrac{n}{m}=k$라 하면
$\underset{m\neq0\text{일 때}}{}$

$$ax+by+c+k(a'x+b'y+c')=0 \qquad \cdots\cdots \text{㉡} \ Ⓔ$$

으로 나타낼 수 있다.

이때 $m\neq0$이므로 k가 어떤 값을 갖더라도 ㉡은 직선 l'을 나타낼 수 없다. 따라서 두 직선 l, l'의 교점을 지나는 직선 중에서 l'을 제외한 직선의 방정식은 ㉡과 같이 나타낼 수 있다.

예 두 직선 $x+2y-3=0$, $3x-2y-1=0$의 교점과 원점을 지나는 직선의 방정식을 구해 보자.

두 직선의 교점을 지나는 직선의 방정식은

$$x+2y-3+k(3x-2y-1)=0 \ (k\text{는 실수}) \quad \cdots\cdots\text{㉠}$$

으로 나타낼 수 있고, 이때 직선 ㉠이 원점을 지나므로

$$-3+k\times(-1)=0 \qquad \therefore k=-3$$

이것을 ㉠에 대입하면 구하는 직선의 방정식은

$$x+2y-3+(-3)\times(3x-2y-1)=0$$
$$\therefore x-y=0$$

ⓓ 두 직선 l, l'의 교점을 A(x_1, y_1)이라 하면 점 A(x_1, y_1)은 두 직선 l, l' 위의 점이므로

$ax_1+by_1+c=0$, $a'x_1+b'y_1+c'=0$

따라서

$m(ax_1+by_1+c)+n(a'x_1+b'y_1+c')=0$

이 성립한다.

Ⓔ (1) $k=0$이면 $ax+by+c=0$이므로 직선 l과 일치한다.

(2) $k\neq0$이면

$(a+a'k)x+(b+b'k)y+(c+c'k)=0$

이므로 두 직선 l, l' 중 어느 것과도 일치하지 않는다.

다음 직선의 방정식을 구하시오.

(1) 기울기가 3이고 x절편이 -2인 직선   (2) 점 $(4, -5)$를 지나고 x축에 평행한 직선

solution

(1) 기울기가 3이고 점 $(-2, 0)$을 지나는 직선이므로 직선의 방정식은

$y-0=3\{x-(-2)\}$ $\therefore y=3x+6$

(2) 직선 위의 모든 점의 y좌표가 -5이므로 직선의 방정식은 $y=-5$

다음 직선의 방정식을 구하시오.

(1) 두 점 $(-2, -3)$, $(2, 5)$를 지나는 직선   (2) 두 점 $(4, 6)$, $(4, -6)$을 지나는 직선

(3) x절편이 -2이고 y절편이 7인 직선

solution

(1) 구하는 직선의 방정식은 $y-(-3)=\dfrac{5-(-3)}{2-(-2)}\{x-(-2)\}$ $\therefore y=2x+1$

(2) 직선 위의 모든 점의 x좌표가 4이므로 직선의 방정식은 $x=4$

(3) 구하는 직선의 방정식은 $\dfrac{x}{-2}+\dfrac{y}{7}=1$ $\therefore y=\dfrac{7}{2}x+7$

기본 연습

p.019

01 다음 직선의 방정식을 구하시오.

(1) 점 $(2, -1)$을 지나고 기울기가 3인 직선

(2) 점 $(-3, 4)$를 지나고 y축에 평행한 직선

02 다음 직선의 방정식을 구하시오.

(1) 두 점 $(-3, 5)$, $(1, 1)$을 지나는 직선   (2) 두 점 $(2, 6)$, $(-2, 6)$을 지나는 직선

(3) x절편이 4이고 y절편이 -6인 직선

기본유형 03 　일차방정식 $ax+by+c=0$이 나타내는 도형　　　　개념 03

다음 일차방정식이 나타내는 직선의 기울기와 y절편을 각각 구하시오.

(1) $3x-4y+5=0$　　　　(2) $6x-12=0$　　　　(3) $-4y-15=0$

solution

(1) $3x-4y+5=0$에서 $y=\dfrac{3}{4}x+\dfrac{5}{4}$

즉, 주어진 일차방정식이 나타내는 직선의 기울기는 $\dfrac{3}{4}$이고, y절편은 $\dfrac{5}{4}$이다.

(2) $6x-12=0$에서 $x=2$

즉, 주어진 일차방정식이 나타내는 직선의 기울기는 정의되지 않고, y절편은 없다.

(3) $-4y-15=0$에서 $y=-\dfrac{15}{4}$

즉, 주어진 일차방정식이 나타내는 직선의 기울기는 0이고, y절편은 $-\dfrac{15}{4}$이다.

기본유형 04 　직선 $ax+by+c=0$이 지나는 사분면　　　　한 걸음 더

$a>0$, $b>0$, $c<0$일 때, 직선 $ax+by+c=0$이 지나지 않는 사분면을 구하시오.

solution

$b\neq0$이므로 $ax+by+c=0$에서 $y=-\dfrac{a}{b}x-\dfrac{c}{b}$

$a>0$, $b>0$이므로 $-\dfrac{a}{b}<0$

$b>0$, $c<0$이므로 $-\dfrac{c}{b}>0$

따라서 (기울기)<0, (y절편)>0이므로 직선은 오른쪽 그림과 같고 제3사분면을 지나지 않는다.

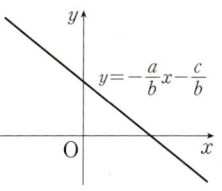

**기본
연습**

03　다음 일차방정식이 나타내는 직선의 기울기와 y절편을 각각 구하시오.

(1) $7x+5y-3=0$　　　　(2) $-3x-1=0$　　　　(3) $-5y+25=0$

p.019

04　$a<0$, $b>0$, $c>0$일 때, 직선 $ax+by+c=0$이 지나지 않는 사분면을 구하시오.

직선 $(2k+1)x+(2k-1)y-k+3=0$이 실수 k의 값에 관계없이 항상 지나는 점의 좌표를 구하시오.

solution

주어진 직선의 방정식을 k에 대하여 정리하면

$x-y+3+k(2x+2y-1)=0$

이 등식이 실수 k의 값에 관계없이 항상 성립하므로 $x-y+3=0,\ 2x+2y-1=0$

두 식을 연립하여 풀면 $x=-\dfrac{5}{4},\ y=\dfrac{7}{4}$

따라서 구하는 점의 좌표는 $\left(-\dfrac{5}{4},\ \dfrac{7}{4}\right)$이다.

두 직선 $x-2y+2=0,\ 2x+y-6=0$의 교점과 점 $(4,\ 0)$을 지나는 직선의 방정식을 구하시오.

solution

두 직선의 교점을 지나는 직선의 방정식은

$x-2y+2+k(2x+y-6)=0$ (k는 실수)   ……㉠

으로 나타낼 수 있고 직선 ㉠이 점 $(4,\ 0)$을 지나므로

$4-0+2+k(8+0-6)=0$

$6+2k=0$ $\therefore\ k=-3$

이것을 ㉠에 대입하면 구하는 직선의 방정식은

$x-2y+2-3(2x+y-6)=0$ $\therefore\ x+y-4=0$

다른 풀이 두 직선의 방정식을 연립하여 풀면 $x=2,\ y=2$

따라서 구하는 직선은 두 점 $(2,\ 2),\ (4,\ 0)$을 지나는 직선이므로 그 방정식은

$y-2=\dfrac{0-2}{4-2}(x-2)$ $\therefore\ y=-x+4$

기본 연습

05 직선 $(2+k)x+(1-3k)y=-5+k$가 실수 k의 값에 관계없이 항상 지나는 점의 좌표를 구하시오.

06 두 직선 $3x-y=-3,\ 2x-3y=5$의 교점과 점 $(2,\ -1)$을 지나는 직선의 방정식을 구하시오.

p.020

필수유형 07 직선 위의 한 점과 기울기가 주어진 직선의 방정식 　개념 01

다음 직선의 방정식을 구하시오.

(1) 두 점 A$(3, 1)$, B$(5, -3)$에 대하여 선분 AB의 중점을 지나고 기울기가 2인 직선

(2) 점 $(-6, 0)$을 지나고 x축의 양의 방향과 이루는 각의 크기가 30°인 직선

guide

① 직선 위의 한 점의 좌표 (x_1, y_1)과 기울기 m을 구한다.

② $y-y_1=m(x-x_1)$을 이용하여 직선의 방정식을 구한다.

solution

(1) 선분 AB의 중점의 좌표는 $\left(\dfrac{3+5}{2}, \dfrac{1+(-3)}{2}\right)$, 즉 $(4, -1)$

따라서 점 $(4, -1)$을 지나고 기울기가 2인 직선의 방정식은

$$y-(-1)=2(x-4) \qquad \therefore y=2x-9$$

(2) x축의 양의 방향과 이루는 각의 크기가 30°인 직선의 기울기는 $\tan 30°=\dfrac{\sqrt{3}}{3}$

따라서 점 $(-6, 0)$을 지나고 기울기가 $\dfrac{\sqrt{3}}{3}$인 직선의 방정식은

$$y-0=\dfrac{\sqrt{3}}{3}\{x-(-6)\} \qquad \therefore y=\dfrac{\sqrt{3}}{3}x+2\sqrt{3}$$

plus

기울기가 m인 직선이 x축의 양의 방향과 이루는 각의 크기가 θ일 때,

$$m=\tan\theta$$

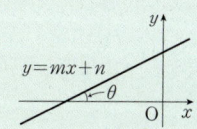

**필수
연습**

p.020

**✦plus
07** 다음 직선의 방정식을 구하시오.

(1) 두 점 $(3, 3)$, $(-1, -5)$를 이은 선분의 중점을 지나고 기울기가 -4인 직선

(2) 점 $(2, -1)$을 지나고, x축의 양의 방향과 이루는 각의 크기가 45°인 직선

08 직선 $ax+by+4=0$은 직선 $x-2y+3=0$과 기울기가 같고 점 $(2, 3)$을 지난다. 이때 두 상수 a, b에 대하여 ab의 값을 구하시오.

**✦plus
09** 직선 $y=\sqrt{3}x-3\sqrt{3}$이 x축의 양의 방향과 이루는 각을 이등분하는 직선의 방정식을 구하시오.

다음을 구하시오.

(1) 두 점 $A(-7, 1)$, $B(3, 6)$에 대하여 선분 AB를 $2 : 3$으로 내분하는 점과 점 $(-2, 6)$을 지나는 직선의 방정식

(2) 두 점 $(2, 0)$, $(0, b)$를 지나는 직선의 방정식이 $ax+2y=3$일 때, 두 양수 a, b에 대하여 $a+b$의 값

guide

❶ 다음을 이용하여 두 점 $A(x_1, y_1)$, $B(x_2, y_2)$를 지나는 직선의 방정식을 구한다.

(1) $x_1 \neq x_2$일 때, $y-y_1 = \dfrac{y_2-y_1}{x_2-x_1}(x-x_1)$ (2) $x_1 = x_2$일 때, $x = x_1$

❷ x절편과 y절편이 주어진 경우, x절편이 a, y절편이 b인 직선의 방정식은 $\dfrac{x}{a}+\dfrac{y}{b}=1$ $(ab \neq 0)$임을 이용한다.

solution

(1) 선분 AB를 $2 : 3$으로 내분하는 점의 좌표는

$\left(\dfrac{2 \times 3 + 3 \times (-7)}{2+3}, \dfrac{2 \times 6 + 3 \times 1}{2+3}\right)$, 즉 $(-3, 3)$

따라서 두 점 $(-3, 3)$, $(-2, 6)$을 지나는 직선의 방정식은

$y-3 = \dfrac{6-3}{-2-(-3)}\{x-(-3)\}$ $\therefore y = 3x+12$

(2) x절편이 2, y절편이 b인 직선의 방정식은 $\dfrac{x}{2}+\dfrac{y}{b}=1$ $\therefore bx+2y = 2b$

이 직선이 직선 $ax+2y=3$과 일치하므로 $a=b$, $2b=3$ $\therefore a=b=\dfrac{3}{2}$

$\therefore a+b = \dfrac{3}{2}+\dfrac{3}{2} = 3$

**필수
연습**

📖 p.021

10 다음을 구하시오.

(1) 두 점 $A(-5, 7)$, $B(7, 1)$에 대하여 선분 AB를 $2 : 1$로 내분하는 점과 점 $(-3, 1)$을 지나는 직선의 방정식

(2) x절편이 2, y절편이 -3인 직선의 방정식이 $3x+ay+b=0$일 때, 두 상수 a, b에 대하여 $a+b$의 값

11 점 $(-1, 4)$를 지나고 x절편이 y절편의 3배인 직선의 방정식이 $x+ay+b=0$일 때, 두 상수 a, b에 대하여 $a-b$의 값을 구하시오. (단, y절편은 0보다 크다.)

12 두 점 $(5, 7)$, $(8, 4)$를 지나는 직선 l이 x축과 만나는 점을 A, 직선 l과 직선 $y=2x$가 만나는 점을 B라 할 때, 삼각형 OAB의 넓이를 구하시오. (단, O는 원점이다.)

세 점 $A(1, a)$, $B(a+2, 7)$, $C(4, 10)$이 한 직선 위에 있을 때, 모든 a의 값을 구하시오.

guide

① 서로 다른 세 점 $A(x_1, y_1)$, $B(x_2, y_2)$, $C(x_3, y_3)$에 대하여
세 직선 AB, BC, CA의 기울기를 각각 구한다.
② 세 직선의 기울기가 서로 같음을 이용하여 방정식을 세운다.
⇨ (직선 AB의 기울기)=(직선 BC의 기울기)=(직선 CA의 기울기)
⇨ $\dfrac{y_2-y_1}{x_2-x_1}=\dfrac{y_3-y_2}{x_3-x_2}=\dfrac{y_1-y_3}{x_1-x_3}$ (단, $x_1 \neq x_2$, $x_2 \neq x_3$, $x_1 \neq x_3$)
③ ②에서 세운 방정식을 풀어 미지수의 값을 구한다.

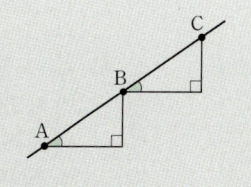

solution

세 점이 한 직선 위에 있으므로 직선 AC와 직선 BC의 기울기가 같다.

즉, $\dfrac{10-a}{4-1}=\dfrac{10-7}{4-(a+2)}$ 에서

$\dfrac{10-a}{3}=\dfrac{3}{2-a}$

$(10-a)(2-a)=9$

$a^2-12a+11=0$, $(a-1)(a-11)=0$

∴ $a=1$ 또는 $a=11$

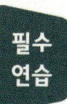
필수
연습

pp.021-022

13 세 점 $A(2, 1)$, $B(4, -2)$, $C(-k-1, k+2)$가 한 직선 위에 있을 때, k의 값을 구하시오.

14 서로 다른 세 점 $A(-2k+1, 2)$, $B(-2, k-3)$, $C(k+1, k+3)$을 꼭짓점으로 하는 삼각형이 존재하지 않을 때, 모든 k의 값의 합을 구하시오.

15 서로 다른 세 점 $A(a, a^3)$, $B(b, b^3)$, $C(2, 8)$이 한 직선 위에 있을 때, $a+b$의 값을 구하시오.

세 점 A(1, 4), B(−5, 2), C(−1, 0)을 꼭짓점으로 하는 삼각형 ABC가 있다. 꼭짓점 C를 지나고, 삼각형 ABC의 넓이를 이등분하는 직선의 방정식을 구하시오.

guide

❶ 다음 도형의 성질을 이용하여 구하는 직선이 지나는 점의 좌표를 구한다.

(1) 삼각형 ABC의 꼭짓점 A를 지나면서 그 넓이를 이등분하는 직선
⇨ 변 BC의 중점을 지난다.

(2) 평행사변형, 직사각형, 정사각형, 마름모의 넓이를 이등분하는 직선
⇨ 두 대각선의 교점을 지난다.

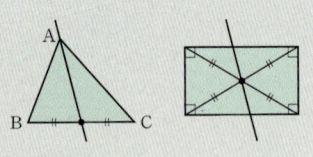

❷ 두 점을 지나는 직선의 방정식 공식을 이용하여 조건을 만족시키는 직선의 방정식을 구한다.

solution

꼭짓점 C를 지나는 직선이 삼각형 ABC의 넓이를 이등분하려면 이 직선이 변 AB의 중점을 지나야 한다.

변 AB의 중점을 M이라 하면

$$M\left(\frac{1+(-5)}{2}, \frac{4+2}{2}\right) \qquad \therefore M(-2, 3)$$

따라서 두 점 C(−1, 0), M(−2, 3)을 지나는 직선의 방정식은

$$y-0=\frac{3-0}{-2-(-1)}\{x-(-1)\} \qquad \therefore y=-3x-3$$

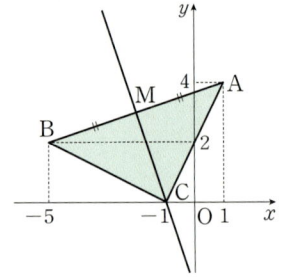

plus

높이가 같은 삼각형의 넓이의 비

높이가 같은 두 삼각형의 넓이의 비는 밑변의 길이의 비와 같으므로

$$\triangle ABC : \triangle ACD = m : n$$

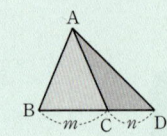

필수 연습

16 세 점 A(4, 7), B(−2, 3), C(2, 1)을 꼭짓점으로 하는 삼각형 ABC가 있다. 꼭짓점 C를 지나고, 삼각형 ABC의 넓이를 이등분하는 직선의 방정식을 구하시오.

p.022

17 그림과 같이 각 변이 좌표축에 평행한 직사각형의 넓이를 직선 l이 이등분한다. 직선 l의 x절편이 3일 때, 직선 l의 방정식을 구하시오.

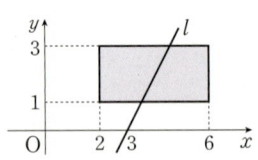

plus

18 세 점 A(0, 1), B(−1, 3), C(5, 6)에 대하여 점 A를 지나고 삼각형 ABC의 넓이를 삼등분하는 두 직선 중 점 B에 가까운 직선의 방정식은 $ax+by+1=0$이다. 두 상수 a, b에 대하여 $a+b$의 값을 구하시오.

pp.022~023

필수유형 11 　직선 $ax+by+c=0$이 지나는 사분면　　　한 걸음 더

세 상수 a, b, c가 다음을 만족시킬 때, 직선 $ax+by+c=0$이 지나는 사분면을 모두 구하시오.

(1) $ac<0$, $bc>0$　　　　　　　　　　　　(2) $ab=0$, $bc<0$

guide

❶ 직선의 방정식에서 x, y의 계수 및 상수항의 부호를 확인한다.

❷ 기울기, x절편, y절편의 부호를 조사하여 좌표평면에 직선의 개형을 그린다.

❸ 직선이 지나는 사분면을 찾는다.

solution

(1) $ax+by+c=0$에서 $y=-\dfrac{a}{b}x-\dfrac{c}{b}$이므로 (기울기)$=-\dfrac{a}{b}$, ($y$절편)$=-\dfrac{c}{b}$

$ac<0$, $bc>0$에서 a, b는 서로 부호가 다르므로 $ab<0$

즉, $-\dfrac{a}{b}>0$, $-\dfrac{c}{b}<0$이므로

(기울기)>0, (y절편)<0

따라서 직선은 오른쪽 그림과 같고 제1, 3, 4사분면을 지난다.

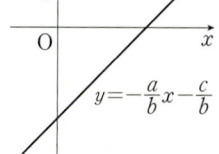

(2) $ab=0$, $bc<0$에서 $a=0$이므로

$by+c=0$　　∴ $y=-\dfrac{c}{b}$

이때 $bc<0$이므로 $-\dfrac{c}{b}>0$

따라서 직선은 오른쪽 그림과 같고 제1, 2사분면을 지난다.

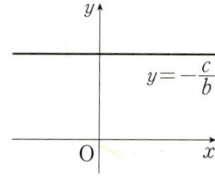

필수 연습

19　세 상수 a, b, c가 다음을 만족시킬 때, 직선 $ax+by+c=0$이 지나는 사분면을 모두 구하시오.

(1) $ab<0$, $bc<0$　　　　　　　　(2) $ac>0$, $bc=0$

20　직선 $ax+by+c=0$이 그림과 같을 때, 직선 $bx-ay+c=0$이 지나지 않는 사분면을 구하시오. (단, a, b, c는 실수이다.)

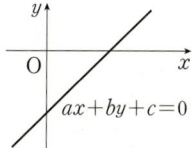

21　네 상수 a, b, c, d에 대하여 좌표평면 위의 두 직선

$$l : y=ax+b, \ m : y=cx+d$$

가 그림과 같을 때, 〈보기〉에서 옳은 것만을 있는 대로 고르시오.

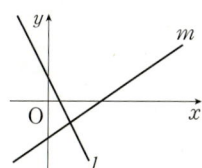

──────────── 보기 ────────────

ㄱ. $ac>0$　　　　ㄴ. $b>d$　　　　ㄷ. $\dfrac{b}{a}>\dfrac{d}{c}$

──────────────────────────

직선 $kx+(k-1)y-k+1=0$이 실수 k의 값에 관계없이 항상 지나는 점을 P라 할 때, 점 P를 지나고 기울기가 2인 직선의 방정식을 구하시오.

guide

① 주어진 직선의 방정식을 k에 대하여 정리한다.
② 항등식의 성질을 이용하여 x, y에 대한 방정식을 구한다.
③ 연립방정식을 풀어 주어진 직선이 실수 k의 값에 관계없이 항상 지나는 점의 좌표를 구한다.

solution

$kx+(k-1)y-k+1=0$을 k에 대하여 정리하면

$-y+1+k(x+y-1)=0$

이 등식이 k의 값에 관계없이 항상 성립하려면

$-y+1=0$, $x+y-1=0$

위의 두 식을 연립하여 풀면

$x=0$, $y=1$

따라서 점 P의 좌표는 $(0,\ 1)$이므로 점 $P(0,\ 1)$을 지나고 기울기가 2인 직선의 방정식은

$y-1=2(x-0)$ $\therefore\ y=2x+1$

필수 연습

pp.023~024

22 직선 $(k+1)^2x-ky-k^2-1=0$이 실수 k의 값에 관계없이 항상 지나는 점을 P라 할 때, 점 P를 지나고 기울기가 -1인 직선의 방정식을 구하시오.

23 직선 $(3k+1)x-(k-2)y-2k-3=0$은 실수 k의 값에 관계없이 항상 점 P를 지난다. 이때 선분 OP의 길이를 구하시오. (단, O는 원점이다.)

24 직선 $x+3y-2=0$ 위의 점 $(a,\ b)$에 대하여 직선 $5ax-2by+2=0$이 항상 점 $(p,\ q)$를 지날 때, pq의 값을 구하시오.

두 직선 $x+y-5=0$, $kx-y+k+2=0$이 제 1사분면에서 만나도록 하는 실수 k의 값의 범위를 구하시오.

guide

1. k를 포함한 직선의 방정식을 k에 대하여 정리한다.
2. 1의 직선이 k의 값에 관계없이 항상 지나는 점의 좌표를 구한다.
3. 주어진 두 직선을 좌표평면 위에 나타내어 조건을 만족시키는 k의 값의 범위를 구한다.

solution

$kx-y+k+2=0$을 k에 대하여 정리하면

$-y+2+k(x+1)=0$ ......㉠

이 등식이 k의 값에 관계없이 항상 성립하려면

$-y+2=0$, $x+1=0$

$\therefore x=-1$, $y=2$

따라서 직선 ㉠은 k의 값에 관계없이 항상 점 $(-1, 2)$를 지난다.

오른쪽 그림에서

(ⅰ) 직선 ㉠이 점 $(5, 0)$을 지날 때,

  $2+6k=0$ $\therefore k=-\dfrac{1}{3}$

(ⅱ) 직선 ㉠이 점 $(0, 5)$를 지날 때,

  $-3+k=0$ $\therefore k=3$

(ⅰ), (ⅱ)에서 구하는 k의 값의 범위는

$-\dfrac{1}{3}<k<3$ ← x축, y축에서 만나는 것을 포함하지 않음에 주의한다.

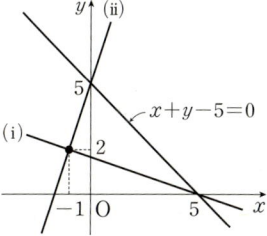

plus

x, y에 대한 방정식 $y-b=m(x-a)$는 m의 값에 관계없이 항상 $x=a$, $y=b$를 해로 갖는다.
⟺ 직선 $y-b=m(x-a)$는 m의 값에 관계없이 항상 점 (a, b)를 지난다.

필수
연습

25 두 직선 $2x-y+6=0$, $(k+1)x-(k-1)y+4=0$이 제 2사분면에서 만나도록 하는 실수 k의 값의 범위를 구하시오.

p.024

plus
26 직선 $m(x+1)+y-2=0$이 두 점 $A(3, -1)$, $B(2, 5)$를 이은 선분 AB와 만나도록 하는 실수 m의 값의 범위를 구하시오.

두 직선 $3x+2y+1=0$, $2x-y+10=0$의 교점을 지나고 기울기가 1인 직선의 방정식을 구하시오.

guide

❶ 두 직선 $ax+by+c=0$, $a'x+b'y+c'=0$의 교점을 지나는 직선의 방정식은

$$ax+by+c+k(a'x+b'y+c')=0 \text{ (k는 실수)}$$

임을 이용하여 직선의 방정식을 세운다.

❷ 주어진 조건을 만족시키는 k의 값을 구한다.

solution

주어진 두 직선의 교점을 지나는 직선의 방정식은

$3x+2y+1+k(2x-y+10)=0$, 즉 $(3+2k)x+(2-k)y+10k+1=0$ (k는 실수) ……㉠

으로 나타낼 수 있다. 직선 ㉠의 기울기가 1이므로

$$-\frac{3+2k}{2-k}=1, \quad -3-2k=2-k \qquad \therefore k=-5$$

이것을 ㉠에 대입하면 구하는 직선의 방정식은

$$(3-10)x+(2+5)y-50+1=0 \qquad \therefore x-y+7=0$$

다른 풀이　$3x+2y+1=0$, $2x-y+10=0$을 연립하여 풀면 $x=-3$, $y=4$

즉, 두 직선 $3x+2y+1=0$, $2x-y+10=0$의 교점의 좌표는 $(-3, 4)$이다.

따라서 구하는 직선은 점 $(-3, 4)$를 지나고 기울기가 1이므로 직선의 방정식은

$$y-4=x-(-3) \qquad \therefore x-y+7=0$$

**필수
연습**

pp.024~025

27　두 직선 $3x+y-1=0$, $3x+2y-5=0$의 교점을 지나고 기울기가 2인 직선의 방정식을 구하시오.

28　두 직선 $(a+1)x+2y+1=0$, $2x-(a-1)y+3=0$의 교점과 원점을 지나는 직선의 기울기가 3일 때, 상수 a의 값을 구하시오.

01 〈보기〉에서 옳은 것만을 있는 대로 고른 것은?

─────────── 보기 ───────────

ㄱ. 점 $(2, -3)$을 지나고 y축에 수직인 직선의 방정식은 $y = -3$이다.

ㄴ. 점 $(4, 5)$를 지나고 기울기가 0인 직선의 방정식은 $x = 4$이다.

ㄷ. 점 $(2, -3)$을 지나고 기울기가 $\dfrac{1}{2}$인 직선의 방정식은 $y = \dfrac{1}{2}x - 4$이다.

ㄹ. 두 점 $(0, -2)$, $(3, 0)$을 지나는 직선의 방정식은 $3x - 2y + 6 = 0$이다.

─────────────────────

① ㄱ, ㄴ   ② ㄱ, ㄷ   ③ ㄱ, ㄹ
④ ㄱ, ㄷ, ㄹ   ⑤ ㄴ, ㄷ, ㄹ

02 점 $(-2, 1)$을 지나고, x축의 양의 방향과 이루는 각의 크기가 60°인 직선이 점 $(-1, a)$를 지날 때, a의 값을 구하시오.

03 두 이차함수 $y = -x^2 + 2$, $y = x^2 - 6x + 5$의 그래프의 꼭짓점을 각각 A, B라 할 때, 직선 AB와 x축, y축으로 둘러싸인 도형의 넓이를 구하시오.

04 좌표평면 위의 네 점

O$(0, 0)$, A$(-2, 2)$, B$(0, 3)$, C$(-4, 2)$

에 대하여 직선 AB와 선분 OC의 교점을 D라 하자. 점 D가 선분 OC를 $m : n$으로 내분할 때, $m - n$의 값을 구하시오. (단, m, n은 서로소인 자연수이다.)

05 오른쪽 그림과 같이 두 점 $(3, 0)$, $(0, 1)$을 지나는 직선 l이 있다. 직선 l 위의 임의의 점 (x, y)에 대하여 등식 $x^2 + ay^2 + bx + c = 0$이 성립할 때, abc의 값을 구하시오. (단, a, b, c는 상수이다.)

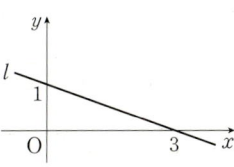

06 세 점 A$(1, a)$, B$(2, -2)$, C$(a, -14)$가 한 직선 위에 있을 때, 이 직선의 y절편이 b이다. 이때 $a + b$의 값을 구하시오. (단, $a > 0$)

07 세 점 A(5, 1), B(−1, 2), C(3, −2)를 꼭짓점으로 하는 삼각형 ABC가 있다. 변 BC 위의 점 D에 대하여 삼각형 ABD와 삼각형 ADC의 넓이의 비가 3 : 1일 때, 두 점 A, D를 지나는 직선의 방정식을 구하시오.

08 다음 그림과 같이 좌표평면 위에 두 사각형이 있다. 이 두 사각형의 넓이를 동시에 이등분하는 직선의 방정식이 $y=ax+b$일 때, a^2+b^2의 값을 구하시오.

(단, a, b는 상수이다.)

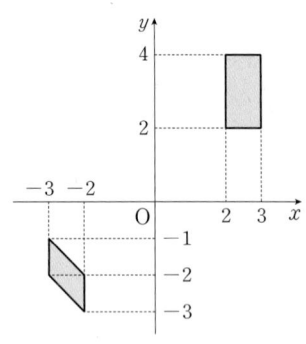

09 직선 $y=(1-m^2)x-2m+1$이 제2사분면을 지나지 않을 때, 실수 m의 값의 범위를 구하시오.

10 두 직선
$$x+y-2=0, \ kx-y+k+1=0$$
이 제1사분면에서 만나도록 하는 모든 정수 k의 개수를 구하시오.

11 두 직선
$$kx-y-2=0, \ -7x+(k+1)y-1=0$$
의 교점과 원점을 지나는 직선의 기울기가 −1일 때, 상수 k의 값을 구하시오.

12 두 직선
$$2x-3y-6=0, \ x+2y-10=0$$
의 교점을 지나면서 이 두 직선과 x축이 이루는 삼각형의 넓이를 이등분하는 직선의 방정식이 $ax+by-26=0$일 때, 두 상수 a, b에 대하여 $a+b$의 값을 구하시오.

2 두 직선의 위치 관계

개념 06 두 직선의 위치 관계

1. 한 평면 위에서 두 직선의 위치 관계

(1) 평행하다. (만나지 않는다.)

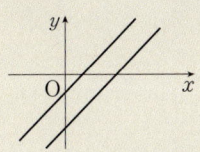

⇨ 기울기가 서로 같고
y절편은 서로 다르다.

(2) 일치한다.

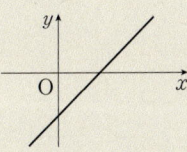

⇨ 기울기가 서로 같고
y절편도 서로 같다.

(3) 한 점에서 만난다.

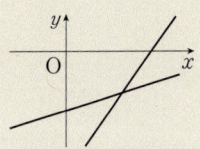

⇨ 기울기가 다르다.

2. 두 직선의 평행 조건

두 직선 $y=mx+n$과 $y=m'x+n'$에 대하여

(1) 두 직선이 서로 평행하면, $m=m'$이고 $n \neq n'$이다. ← 두 직선의 기울기가 서로 같고 y절편은 다르다.

(2) $m=m'$이고 $n \neq n'$이면, 두 직선은 서로 평행하다.

한 평면 위에 있는 두 직선의 위치 관계는 만나지 않는 경우와 만나는 경우로 나눌 수 있다.

이때 두 직선이 만나지 않는 경우를 '**평행하다.**'고 하며 두 직선이 만나는 경우는 '**일치한다.**'와 '**한 점에서 만난다.**'의 두 가지로 나누어진다.

1. 두 직선이 평행할 조건

두 직선 $y=mx+n$, $y=m'x+n'$이 서로 평행하면 두 직선의 기울기가 서로 같고 y절편은 다르므로

$m=m'$, $n \neq n'$

또한, $m=m'$, $n \neq n'$이면 두 직선 $y=mx+n$, $y=m'x+n'$은 서로 평행하다.

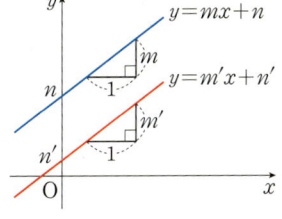

예　두 직선 $y=3x-1$, $y=3x+2$는 기울기가 서로 같고 y절편은 다르므로 두 직선은 서로 평행하다.

2. 두 직선이 일치할 조건

두 직선 $y=mx+n$, $y=m'x+n'$이 일치하면 두 직선의 기울기와 y절편이 각각 서로 같으므로

$m=m'$, $n=n'$

또한, $m=m'$, $n=n'$이면 두 직선 $y=mx+n$, $y=m'x+n'$은 일치한다.

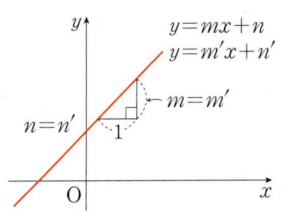

예　두 직선 $y=3x+1$, $6x-2y+2=0$에 대하여

$6x-2y+2=0$에서 $3x-y+1=0$, 즉 $y=3x+1$이므로 기울기도 서로 같고 y절편도 서로 같다.

따라서 두 직선 $y=3x+1$과 $6x-2y+2=0$은 일치한다.

3. 두 직선이 한 점에서 만날 조건

두 직선 $y=mx+n$, $y=m'x+n'$이 <mark>한 점에서 만나면</mark> 두 직선의 기울기가 다르므로

$$m \neq m'$$

또한, $m \neq m'$이면 두 직선 $y=mx+n$, $y=m'x+n'$은 한 점에서 만난다.

예1 두 직선 $y=2x-1$, $y=-2x+1$은 기울기가 다르므로 한 점에서 만난다.

예2 두 직선 $y=3x+1$, $y=-3x+1$은 y절편이 서로 같지만 기울기가 다르므로 y축 위의 한 점 $(0, 1)$에서 만난다.

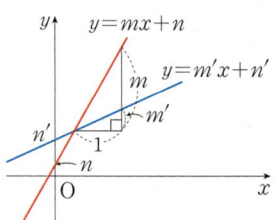

개념 07   두 직선의 수직 조건

> 두 직선 $y=mx+n$과 $y=m'x+n'$에 대하여
> (1) 두 직선이 서로 수직이면 $mm'=-1$이다. ← 두 직선의 기울기의 곱이 -1이다.
> (2) $mm'=-1$이면 두 직선은 서로 수직이다.

두 직선

$$l : y=mx+n, \ l' : y=m'x+n'$$

이 서로 수직이면 이들에 각각 평행하고 원점을 지나는 두 직선

$$l_1 : y=mx, \ l_1' : y=m'x$$

도 서로 수직이다.

두 직선 l_1, l_1'과 직선 $x=1$의 교점을 각각 P, Q라 하면

$$P(1, m), \ Q(1, m')$$

삼각형 POQ는 직각삼각형이므로 피타고라스 정리에 의하여

$$\overline{OP}^2+\overline{OQ}^2=\overline{PQ}^2$$

이때 $\overline{OP}^2=1^2+m^2$, $\overline{OQ}^2=1^2+m'^2$, $\overline{PQ}^2=(m-m')^2$이므로

$$(1^2+m^2)+(1^2+m'^2)=(m-m')^2$$
$$\therefore mm'=-1 \quad {\scriptstyle \underset{\llcorner \ m^2+m'^2+2=m^2-2mm'+m'^2}{}}$$

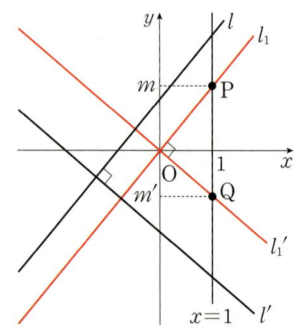

또한, $mm'=-1$이면 $\overline{OP}^2+\overline{OQ}^2=\overline{PQ}^2$이므로 삼각형 POQ는 $\angle POQ=90°$인 직각삼각형이다.

따라서 두 직선 l_1, l_1'은 서로 수직이므로 두 직선 l과 l'도 서로 수직이다.

예 두 직선 $y=5x-2$, $y=-\dfrac{1}{5}x+6$의 기울기는 각각 5, $-\dfrac{1}{5}$이다.

이때 기울기의 곱이 $5 \times \left(-\dfrac{1}{5}\right)=-1$이므로 이 두 직선은 서로 수직이다.

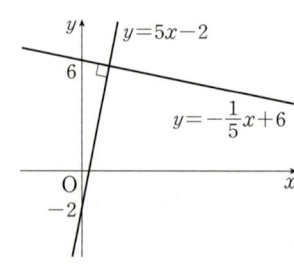

개념 08   일차방정식으로 나타낸 두 직선의 위치 관계

두 직선 $\underline{ax+by+c=0,\ a'x+b'y+c'=0}$ $(ab \neq 0,\ a'b' \neq 0)$의 위치 관계와 연립방정식 $\begin{cases} ax+by+c=0 \\ a'x+b'y+c'=0 \end{cases}$ 의 해의 개수는
                     일반형

다음과 같다.

두 직선의 위치 관계	조건	두 직선의 교점	연립방정식의 해
(1) 평행하다.	$\dfrac{a}{a'}=\dfrac{b}{b'} \neq \dfrac{c}{c'}$	없다.	없다. (불능)
(2) 일치한다.	$\dfrac{a}{a'}=\dfrac{b}{b'}=\dfrac{c}{c'}$	무수히 많다.	무수히 많다. (부정)
(3) 한 점에서 만난다.	$\dfrac{a}{a'} \neq \dfrac{b}{b'}$	한 개	한 쌍
(4) 수직이다.	$aa'+bb'=0$		

주의 두 직선이 서로 수직인 경우는 두 직선이 한 점에서 만나는 경우 중 하나이다.

두 일차방정식 $ax+by+c=0,\ a'x+b'y+c'=0$ $(ab \neq 0,\ a'b' \neq 0)$을 $y=mx+n$ 꼴로 각각 변형하면

$$y=-\dfrac{a}{b}x-\dfrac{c}{b},\ y=-\dfrac{a'}{b'}x-\dfrac{c'}{b'}$$

이므로 두 직선의 기울기는 각각 $-\dfrac{a}{b},\ -\dfrac{a'}{b'}$이고, y절편은 각각 $-\dfrac{c}{b},\ -\dfrac{c'}{b'}$이다.

(1) 두 직선이 서로 <mark>평행하면</mark> 두 직선의 기울기는 서로 같고, y절편은 다르므로

$$-\dfrac{a}{b}=-\dfrac{a'}{b'},\ -\dfrac{c}{b} \neq -\dfrac{c'}{b'}$$

따라서 두 직선이 서로 평행하면 $\dfrac{a}{a'}=\dfrac{b}{b'} \neq \dfrac{c}{c'}$가 성립한다.

반대로 $\dfrac{a}{a'}=\dfrac{b}{b'} \neq \dfrac{c}{c'}$이면 두 직선은 서로 평행하다.

예   두 직선 $x+y-1=0,\ x+y-3=0$에 대하여

$$\dfrac{1}{1}=\dfrac{1}{1} \neq \dfrac{-1}{-3}$$

이므로 두 직선은 서로 평행하다.

(2) 두 직선이 <mark>일치하면</mark> 두 직선의 기울기와 y절편이 각각 서로 같으므로

$$-\dfrac{a}{b}=-\dfrac{a'}{b'},\ -\dfrac{c}{b}=-\dfrac{c'}{b'}$$

따라서 두 직선이 일치하면 $\dfrac{a}{a'}=\dfrac{b}{b'}=\dfrac{c}{c'}$가 성립한다.

반대로 $\dfrac{a}{a'}=\dfrac{b}{b'}=\dfrac{c}{c'}$이면 두 직선은 일치한다.

예   두 직선 $3x-y+2=0,\ -6x+2y-4=0$에 대하여

$$\dfrac{3}{-6}=\dfrac{-1}{2}=\dfrac{2}{-4}$$

이므로 두 직선은 일치한다.

(3) 두 직선이 <mark>한 점에서 만나면</mark> 두 직선의 기울기가 다르므로

$$-\frac{a}{b} \neq -\frac{a'}{b'}$$

따라서 두 직선이 한 점에서 만나면 $\dfrac{a}{a'} \neq \dfrac{b}{b'}$ 가 성립한다.

반대로 $\dfrac{a}{a'} \neq \dfrac{b}{b'}$ 이면 두 직선은 한 점에서 만난다.

예 두 직선 $2x-y-3=0$, $2x+y+2=0$에 대하여

$$\frac{2}{2} \neq \frac{-1}{1}$$

이므로 두 직선은 한 점에서 만난다.

(4) 두 직선이 서로 <mark>수직이면</mark> 두 직선의 기울기의 곱이 -1이므로

$$\left(-\frac{a}{b}\right) \times \left(-\frac{a'}{b'}\right) = -1, \ \ \text{즉} \ \ aa' = -bb'$$

따라서 두 직선이 서로 수직이면 <mark>$aa'+bb'=0$</mark>이 성립한다.

반대로 $aa'+bb'=0$이면 두 직선은 서로 수직이다.

예 두 직선 $4x-y+2=0$, $x+4y=0$에 대하여

$$4 \times 1 + (-1) \times 4 = 0$$

이므로 두 직선은 서로 수직이다.

참고 두 직선 $\underset{\text{표준형}}{\underline{y=mx+n}}$, $y=m'x+n'$의 위치 관계와 연립방정식 $\begin{cases} y=mx+n \\ y=m'x+n' \end{cases}$의 해의 개수는 다음과 같다.

두 직선의 위치관계	조건	두 직선의 교점	연립방정식의 해
(1) 평행하다.	$m=m'$, $n\neq n'$	없다.	없다. (불능)
(2) 일치한다.	$m=m'$, $n=n'$	무수히 많다.	무수히 많다. (부정)
(3) 한 점에서 만난다.	$m \neq m'$	한 개	한 쌍
(4) 수직이다.	$mm'=-1$		

한걸음 더

세 직선의 위치 관계

🔗 **필수유형 21**

서로 다른 세 직선의 위치 관계는 다음과 같이 네 가지로 구분할 수 있다.

(1) 모두 평행하다.	(2) 두 직선이 평행하다.	(3) 한 점에서 만난다.	(4) 삼각형을 만든다.
4개의 영역으로 분할한다.	6개의 영역으로 분할한다.	6개의 영역으로 분할한다.	7개의 영역으로 분할한다.

참고 (1), (2), (3)은 서로 다른 세 직선이 삼각형을 이루지 않는 경우이다.

기본유형 15 　　두 직선의 위치 관계 - 평행 　　　　　　　　　　　　　　　　　개념 06

점 $(2, 3)$을 지나고 직선 $4x-3y+5=0$에 평행한 직선의 방정식을 구하시오.

solution

직선 $4x-3y+5=0$, 즉 $y=\dfrac{4}{3}x+\dfrac{5}{3}$의 기울기가 $\dfrac{4}{3}$이므로 이 직선에 평행한 직선의 기울기는 $\dfrac{4}{3}$이다.

따라서 점 $(2, 3)$을 지나고 기울기가 $\dfrac{4}{3}$인 직선의 방정식은

$$y-3=\dfrac{4}{3}(x-2) \qquad \therefore\ y=\dfrac{4}{3}x+\dfrac{1}{3}$$

기본유형 16 　　두 직선의 위치 관계 - 수직 　　　　　　　　　　　　　　　　　개념 07

점 $(-2, 2)$를 지나고 직선 $y=5x+3$에 수직인 직선의 방정식을 구하시오.

solution

직선 $y=5x+3$의 기울기가 5이므로 이 직선에 수직인 직선의 기울기를 m이라 하면

$$5m=-1 \qquad \therefore\ m=-\dfrac{1}{5}$$

따라서 점 $(-2, 2)$를 지나고 기울기가 $-\dfrac{1}{5}$인 직선의 방정식은

$$y-2=-\dfrac{1}{5}(x+2) \qquad \therefore\ y=-\dfrac{1}{5}x+\dfrac{8}{5}$$

기본 연습

pp.029~030

29 　점 $(-4, 1)$을 지나고 다음 직선에 평행한 직선의 방정식을 구하시오.

　　(1) $y=-2x+5$ 　　　　　　　　　　(2) $x+2y-3=0$

30 　점 $(10, 5)$를 지나고 다음 직선에 수직인 직선의 방정식을 구하시오.

　　(1) $y=-x+1$ 　　　　　　　　　　(2) $5x-10y+1=0$

두 직선 $x+ky-1=0$, $kx+(2k+3)y-3=0$이 다음 조건을 만족시킬 때, 상수 k의 값 또는 값의 범위를 구하시오.

(1) 평행하다.　　　　　　　(2) 일치한다.　　　　　　　(3) 한 점에서 만난다.

solution

(1) 두 직선 $x+ky-1=0$, $kx+(2k+3)y-3=0$이 서로 평행하므로 $\dfrac{1}{k}=\dfrac{k}{2k+3}\neq\dfrac{-1}{-3}$

　$\dfrac{1}{k}=\dfrac{k}{2k+3}$에서 $2k+3=k^2$, $k^2-2k-3=0$, $(k+1)(k-3)=0$　　$\therefore\ k=-1$ 또는 $k=3$

　그런데 $k=3$이면 두 직선이 일치하므로 $k=-1$

(2) (1)에 의하여 $k=3$

(3) (1)에 의하여 $k\neq-1$, $k\neq3$인 모든 실수

두 직선 $ax-4y-1=0$, $x-2y+6=0$에 대하여 다음을 구하시오.

(1) 두 직선의 교점의 개수가 0일 때, 상수 a의 값

(2) 두 직선의 교점의 개수가 1이 되도록 하는 5 이하의 모든 자연수 a의 값의 합

solution

(1) 두 직선 $ax-4y-1=0$, $x-2y+6=0$이 서로 평행해야 하므로 $\dfrac{a}{1}=\dfrac{-4}{-2}\neq\dfrac{-1}{6}$　　$\therefore\ a=2$

(2) 두 직선 $ax-4y-1=0$, $x-2y+6=0$의 기울기가 달라야 하므로 $\dfrac{a}{1}\neq\dfrac{-4}{-2}$, 즉 $a\neq2$

　따라서 조건을 만족시키는 5 이하의 모든 자연수 a의 값의 합은 $1+3+4+5=13$

기본 연습

p.030

31 두 직선 $ax+2y+2=0$, $x+(a+1)y+2=0$이 다음 조건을 만족시킬 때, 상수 a의 값 또는 값의 범위를 구하시오.

(1) 평행하다.　　　　(2) 일치한다.　　　　(3) 한 점에서 만난다.

32 두 직선 $2x+ay+3=0$, $y=-\dfrac{1}{4}x+1$에 대하여 다음을 구하시오.

(1) 두 직선의 교점의 개수가 0일 때, 상수 a의 값

(2) 두 직선의 교점의 개수가 1이 되도록 하는 10 이하의 모든 자연수 a의 값의 합

두 점 $(1, -1)$, $(0, 2)$를 지나는 직선 l에 대하여 다음 물음에 답하시오.

(1) 직선 l에 평행한 직선 m이 점 $(-3, 5)$를 지날 때, 직선 m의 방정식을 구하시오.

(2) 직선 l에 수직인 직선 n이 점 $(3, 2)$를 지날 때, 직선 n의 y절편을 구하시오.

guide

❶ 주어진 조건을 이용하여 직선의 기울기와 지나는 점을 확인한다.
이때 두 직선 $y=mx+n$, $y=m'x+n'$에 대하여 다음이 성립함을 이용하여 기울기를 파악한다.
(1) 두 직선이 서로 평행하다. ⇨ $m=m'$, $n \ne n'$
(2) 두 직선이 서로 수직이다. ⇨ $mm'=-1$
❷ 기울기가 m이고 점 (x_1, y_1)을 지나는 직선의 방정식은 $y-y_1=m(x-x_1)$임을 이용한다.

solution

두 점 $(1, -1)$, $(0, 2)$를 지나는 직선 l의 기울기는 $\dfrac{2-(-1)}{0-1}=-3$

(1) 직선 l에 평행한 직선 m의 기울기는 -3이다.
따라서 기울기가 -3이고 점 $(-3, 5)$를 지나는 직선 m의 방정식은
$$y-5=-3(x+3) \qquad \therefore y=-3x-4$$

(2) 직선 l에 수직인 직선 n의 기울기는 $\dfrac{1}{3}$이다. ← $(-3) \times \dfrac{1}{3} = -1$

따라서 기울기가 $\dfrac{1}{3}$이고 점 $(3, 2)$를 지나는 직선 n의 방정식은

$$y-2=\dfrac{1}{3}(x-3) \qquad \therefore y=\dfrac{1}{3}x+1$$

즉, 구하는 y절편은 1이다.

필수 연습

pp.030-031

33 두 점 $(2, -1)$, $(5, 5)$를 지나는 직선 l에 대하여 다음 물음에 답하시오.

(1) 직선 l에 평행한 직선 m이 점 $(1, 4)$를 지날 때, 직선 m의 방정식을 구하시오.

(2) 직선 l에 수직인 직선 n이 점 $(4, 1)$을 지날 때, 직선 n의 방정식은 $y=ax+b$이다. 두 상수 a, b에 대하여 ab의 값을 구하시오.

34 두 직선 $2x+y-4=0$, $x-3y-9=0$의 교점을 지나고 직선 $6x+2y+1=0$과 평행한 직선의 x절편을 구하시오.

두 직선 $ax-y-3=0$, $x+by+c=0$이 점 $(2, 1)$에서 서로 수직으로 만나도록 하는 세 상수 a, b, c에 대하여 $a+b-c$의 값을 구하시오.

guide

① 두 직선의 평행 또는 수직 조건을 확인하고 두 직선 $ax+by+c=0$, $a'x+b'y+c'=0$에 대하여 다음이 성립함을 이용한다.

(1) 두 직선이 서로 평행하다. $\Rightarrow \dfrac{a}{a'}=\dfrac{b}{b'}\neq\dfrac{c}{c'}$

(2) 두 직선이 서로 수직이다. $\Rightarrow aa'+bb'=0$

② 나머지 조건을 이용하여 미지수의 값을 구한다.

solution

두 직선 $ax-y-3=0$, $x+by+c=0$이 모두 점 $(2, 1)$을 지나므로

$2a-1-3=0$에서 $a=2$

$2+b+c=0$에서 $c=-b-2$

즉, 주어진 두 직선의 방정식은 각각

$2x-y-3=0$, $x+by+(-b-2)=0$

이 두 직선이 서로 수직이므로

$2\times1+(-1)\times b=0$, $2-b=0$

$\therefore b=2$, $c=-4$ $(\because c=-b-2)$

$\therefore a+b-c=2+2-(-4)=8$

필수 연습

35 좌표평면 위의 점 $(1, 1)$을 지나는 직선 $ax+2by-3=0$이 직선 $x-by+a=0$과 평행하도록 하는 두 상수 a, b에 대하여 ab의 값을 구하시오. (단, $ab\neq0$)

p.031

36 두 직선 $(m-4)x+3y-4=0$, $(m-2)x-y+5=0$이 서로 평행하도록 하는 상수 m의 값을 a, 서로 수직이 되도록 하는 상수 m의 값을 b라 할 때, $a+b$의 값을 구하시오.

(단, $b>3$)

37 세 직선

$l : x-ay+1=0,$

$m : 4x+by+1=0,$

$n : x-(b-3)y-1=0$

에 대하여 두 직선 l과 m은 서로 수직이고, 두 직선 l과 n은 서로 평행할 때, 두 상수 a, b에 대하여 a^2+b^2의 값을 구하시오.

필수유형 **21** 세 직선의 위치 관계

한 걸음 더

세 직선 $x+2y-5=0$, $2x-3y+4=0$, $ax+y+1=0$이 삼각형을 이루지 않도록 하는 모든 상수 a의 값의 곱을 구하시오.

guide

❶ 세 직선이 삼각형을 이루지 않는 경우를 파악한다.
  (1) 세 직선이 모두 평행하다.　　　⟺ 세 직선의 기울기가 모두 같다.
  (2) 세 직선 중 두 직선이 평행하다. ⟺ 두 직선의 기울기는 같고, 다른 한 직선의 기울기는 다르다.
  (3) 세 직선이 한 점에서 만난다.　 ⟺ 두 직선의 교점을 다른 한 직선이 지난다.
❷ ❶에서 구한 각 경우에 대하여 조건을 만족시키는 미지수의 값을 구한다.

solution

$x+2y-5=0$ ······㉠, $2x-3y+4=0$ ······㉡, $ax+y+1=0$ ······㉢

이라 하면 ㉠, ㉡은 서로 평행하지 않으므로 ㉠, ㉡, ㉢이 삼각형을 이루지 않는 경우는 다음과 같다. ← 세 직선이 모두 평행한 경우는 존재하지 않는다.

(ⅰ) 세 직선 중 두 직선만 평행할 때,

　두 직선 ㉠, ㉢이 서로 평행할 때, $\dfrac{1}{a}=\dfrac{2}{1}\neq\dfrac{-5}{1}$　　∴ $a=\dfrac{1}{2}$

　두 직선 ㉡, ㉢이 서로 평행할 때, $\dfrac{2}{a}=\dfrac{-3}{1}\neq\dfrac{4}{1}$　　∴ $a=-\dfrac{2}{3}$

(ⅱ) 세 직선이 한 점에서 만날 때, ← 두 직선 ㉠, ㉡의 교점을 직선 ㉢이 지나면 된다.

　㉠, ㉡을 연립하여 풀면 $x=1$, $y=2$이므로 두 직선 ㉠, ㉡의 교점의 좌표는 $(1, 2)$이다.

　직선 ㉢이 점 $(1, 2)$를 지나야 하므로 $a+2+1=0$　　∴ $a=-3$

(ⅰ), (ⅱ)에서 모든 상수 a의 값은 $\dfrac{1}{2}$, $-\dfrac{2}{3}$, -3이므로 구하는 곱은

$$\dfrac{1}{2}\times\left(-\dfrac{2}{3}\right)\times(-3)=1$$

필수연습

38 세 직선 $2x-3y-6=0$, $x+y-8=0$, $kx-y-4=0$이 삼각형을 이루지 않도록 하는 모든 상수 k의 값의 합을 구하시오.

🔑 p.032

39 세 직선 $2x-y-3=0$, $x+y-3=0$, $ax-y-1=0$이 좌표평면을 6개의 영역으로 나눌 때, 모든 상수 a의 값의 합을 구하시오.

두 점 A$(-1, 3)$, B$(5, 1)$에 대하여 선분 AB의 수직이등분선의 방정식이 $y=ax+b$일 때, $a+b$의 값을 구하시오.

(단, a, b는 상수이다.)

guide

① 두 점 A, B의 좌표로부터 선분 AB의 중점의 좌표를 구한다.

② 직선 AB의 기울기를 구한다.

③ 선분 AB의 중점을 지나고, 직선 AB와 수직인 직선의 방정식을 구한다.

solution

선분 AB의 중점의 좌표는

$$\left(\frac{-1+5}{2}, \frac{3+1}{2}\right) \qquad \therefore (2, 2)$$

직선 AB의 기울기는 $\dfrac{1-3}{5-(-1)}=-\dfrac{1}{3}$이므로 선분 AB와 수직인 직선의 기울기는 3이다. ← $\left(-\dfrac{1}{3}\right)\times 3=-1$

즉, 선분 AB의 수직이등분선은 점 $(2, 2)$를 지나고 기울기가 3인 직선이므로

$y-2=3(x-2)$ $\qquad \therefore y=3x-4$

따라서 $a=3$, $b=-4$이므로

$a+b=3+(-4)=-1$

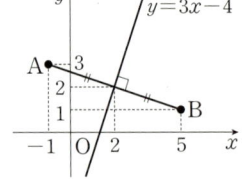

필수
연습

40 두 점 A$(2, -1)$, B$(4, -3)$에 대하여 선분 AB의 수직이등분선의 방정식이
$ax+by-5=0$일 때, $a+b$의 값을 구하시오. (단, a, b는 상수이다.)

pp.032~033

41 두 점 A$(3, a)$, B$(7, b)$에 대하여 선분 AB의 수직이등분선의 방정식이 $2x-y-7=0$일
때, ab의 값을 구하시오.

42 세 점 O$(0, 0)$, A$(4, 2)$, B$(2, 4)$를 꼭짓점으로 하는 삼각형 OAB에서 각 변의 수직이등
분선의 교점의 좌표를 구하시오.

13 두 직선 l, m이

$l : x+ky-1=0$, $m : kx+(2k+3)y-3=0$

일 때, 〈보기〉에서 옳은 것만을 있는 대로 고른 것은?

(단, k는 상수이다.)

──── 보기 ────

ㄱ. $k=3$일 때, 두 직선 l과 m은 일치한다.

ㄴ. $k=-1$일 때, 두 직선 l과 m은 서로 평행하다.

ㄷ. $k=0$일 때, 두 직선 l과 m은 서로 수직이다.

① ㄴ   ② ㄱ, ㄴ   ③ ㄱ, ㄷ
④ ㄴ, ㄷ   ⑤ ㄱ, ㄴ, ㄷ

14 직선 $x+ay+1=0$이 직선 $2x+by-3=0$에는 평행하고, 직선 $2x+(b+5)y+2=0$과는 수직일 때, 두 정수 a, b에 대하여 $a+b$의 값을 구하시오.

15 점 $(2, -1)$을 지나고 직선 $y=x+3$에 평행한 직선을 l, 점 $(3, 4)$를 지나고 직선 $x+2y-2=0$과 수직인 직선을 m이라 하자. 두 직선 l, m의 교점의 좌표가 (a, b)일 때, ab의 값을 구하시오.

16 세 점 $A(0, 6)$, $B(-3, 0)$, $C(8, 0)$을 꼭짓점으로 하는 삼각형 ABC가 있다. 이 삼각형의 세 꼭짓점에서 각 대변에 그은 세 수선이 한 점 (a, b)에서 만날 때, $a+b$의 값을 구하시오.

17 세 직선

$x-y=0$, $2x+y-9=0$, $8x-ky+48=0$

이 좌표평면을 6개의 영역으로 나눌 때, 모든 상수 k의 값의 합을 구하시오.

18 다음 그림과 같이 좌표평면 위에 마름모 ABCD가 있다. $A(1, 3)$, $C(5, 1)$이고, 직선 BD의 방정식이 $ax-y+b=0$일 때, $a+b$의 값을 구하시오.

(단, a, b는 상수이다.)

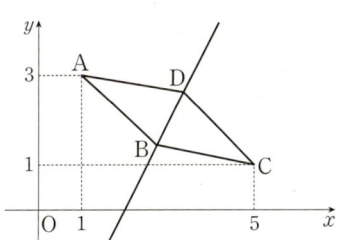

3 점과 직선 사이의 거리

개념 09 점과 직선 사이의 거리

점 $P(x_1, y_1)$과 직선 $ax+by+c=0$ 사이의 거리 d는

$$d=\frac{|ax_1+by_1+c|}{\sqrt{a^2+b^2}}$$

특히, 원점과 직선 $ax+by+c=0$ 사이의 거리 d는

$$d=\frac{|c|}{\sqrt{a^2+b^2}}$$

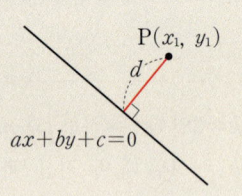

좌표평면 위의 점 $P(x_1, y_1)$과 이 점을 지나지 않는 직선 $l : ax+by+c=0$ 사이의 거리를 구해 보자.

점 P에서 직선 l에 내린 수선의 발을 $H(x_2, y_2)$라 할 때, 점 P와 직선 l 사이의 거리는 선분 PH의 길이와 같다.

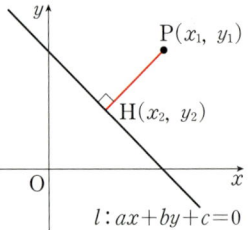

(i) $a\neq0$, $b\neq0$일 때,

직선 l의 기울기가 $-\dfrac{a}{b}$이므로 이 직선에 수직인 직선 PH의 기울기는 $\dfrac{b}{a}$이다.

즉, $\dfrac{y_2-y_1}{x_2-x_1}=\dfrac{b}{a}$이므로
$$\underbrace{b(x_2-x_1)-a(y_2-y_1)=0}_{a(y_2-y_1)=b(x_2-x_1)} \qquad \cdots\cdots \text{㉠}$$

이다. 또한, 점 H가 직선 l 위의 점이므로
$$ax_2+by_2+c=0$$

이고, 이를 변형하면
$$a(x_2-x_1)+b(y_2-y_1)=-ax_1-by_1-c \qquad \cdots\cdots \text{㉡}$$

$$\left.\begin{array}{l}\\ \\ \end{array}\right\} ax_2+by_2+c-(ax_1+by_1+c)=-(ax_1+by_1+c)$$

이다. ㉠, ㉡을 연립하여 x_2-x_1, y_2-y_1을 구하면 다음과 같다.

$$x_2-x_1=\frac{-a(ax_1+by_1+c)}{a^2+b^2}, \quad y_2-y_1=\frac{-b(ax_1+by_1+c)}{a^2+b^2}$$

따라서 점 P와 직선 l 사이의 거리 $\overline{PH}$는

$$\begin{aligned}\overline{PH}&=\sqrt{(x_2-x_1)^2+(y_2-y_1)^2}\\ &=\sqrt{\left\{\frac{-a(ax_1+by_1+c)}{a^2+b^2}\right\}^2+\left\{\frac{-b(ax_1+by_1+c)}{a^2+b^2}\right\}^2}\\ &=\frac{|ax_1+by_1+c|}{\sqrt{a^2+b^2}} \qquad \cdots\cdots \text{㉢}\end{aligned}$$

(ii) $a=0$, $b\neq0$일 때,

직선 l은 $y=-\dfrac{c}{b}$이므로 x축에 평행하고

$$\overline{PH}=\left|y_1-\left(-\frac{c}{b}\right)\right|=\frac{|by_1+c|}{\sqrt{b^2}}$$

이 경우에도 점 P와 직선 l 사이의 거리 $\overline{PH}$는 ㉢과 같다. ← ㉢에 $a=0$을 대입한 것과 동일하다.

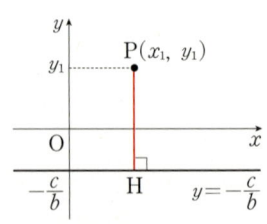

(iii) $a \neq 0$, $b=0$일 때,

직선 l은 $x=-\dfrac{c}{a}$이므로 y축에 평행하고

$$\overline{\mathrm{PH}} = \left| x_1 - \left(-\dfrac{c}{a} \right) \right| = \dfrac{|ax_1+c|}{\sqrt{a^2}}$$

이 경우에도 점 P와 직선 l 사이의 거리 $\overline{\mathrm{PH}}$는 ⓒ과 같다. ← ⓒ에 $b=0$을 대입한 것과 동일하다.

(i), (ii), (iii)에 의하여 점 $\mathrm{P}(x_1, y_1)$과 직선 $ax+by+c=0$ 사이의 거리 d는

$$d = \dfrac{|ax_1+by_1+c|}{\sqrt{a^2+b^2}}$$

특히, 원점 $(0, 0)$과 직선 $ax+by+c=0$ 사이의 거리는

$$\dfrac{|c|}{\sqrt{a^2+b^2}}$$

예1 점 $(4, -2)$와 직선 $3x+4y-1=0$ 사이의 거리는

$$\dfrac{|3 \times 4 + 4 \times (-2) - 1|}{\sqrt{3^2+4^2}} = \dfrac{3}{5}$$

예2 원점과 직선 $2x-y+4=0$ 사이의 거리는

$$\dfrac{|4|}{\sqrt{2^2+(-1)^2}} = \dfrac{4}{\sqrt{5}} = \dfrac{4\sqrt{5}}{5}$$

한걸음 더

두 직선의 교점을 지나는 직선과의 거리의 최댓값

🔗 **필수유형 25**

직선 $l : ax+by+c+k(a'x+b'y+c')=0$ (k는 실수)에 대하여 직선 l 밖의 한 점 P와 직선 l 사이의 거리를 d라 하고, 직선 l이 k의 값에 관계없이 지나는 한 점을 Q, 점 P에서 직선 l에 내린 수선의 발을 H라 하면 오른쪽 그림에서

$$d = \overline{\mathrm{PH}} \leq \overline{\mathrm{PQ}}$$

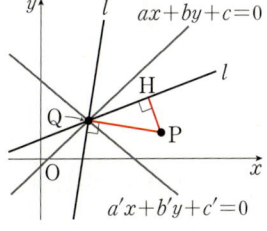

따라서 직선 l과 점 P 사이의 거리가 최대가 되려면 두 점 Q, H가 일치하여야 한다. 즉, 직선 l과 선분 PQ가 서로 수직일 때, d의 값이 최대가 된다.

예 원점 O와 직선 $l : x-y+k(x+y-2)=0$ (k는 실수) 사이의 거리를 d라 하자.

이때 두 직선 $x-y=0$과 $x+y-2=0$의 교점을 Q라 하면 $\mathrm{Q}(1, 1)$이므로 직선 l은 k의 값에 관계없이 점 $\mathrm{Q}(1, 1)$을 지난다.

원점과 직선 l 사이의 거리 d는

$$d \leq \overline{\mathrm{OQ}} = \sqrt{1^2+1^2} = \sqrt{2}$$

따라서 d의 최댓값은 $\sqrt{2}$이다.

평행한 두 직선 l과 l' 사이의 거리는 직선 l 위의 임의의 점 P와 직선 l' 사이의 거리 d와 같다.

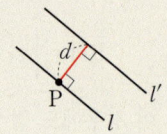

좌표평면에서 평행한 두 직선 $l : ax+by+c=0$, $l' : ax+by+c'=0$ 사이의 거리는

직선 l 위의 어떤 한 점 P와 직선 l' 사이의 거리로 구할 수 있다.

직선 l 위의 한 점을 $P(x_1, y_1)$라 하면 $ax_1+by_1+c=0$이 성립하므로

$$c=-ax_1-by_1$$

따라서 점 $P(x_1, y_1)$과 직선 l' 사이의 거리 d는

$$d=\frac{|ax_1+by_1+c'|}{\sqrt{a^2+b^2}}=\frac{|-c+c'|}{\sqrt{a^2+b^2}}=\frac{|c-c'|}{\sqrt{a^2+b^2}}$$

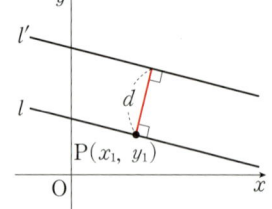

예 두 직선 $4x+3y-8=0$, $4x+3y+2=0$ 사이의 거리는

직선 $4x+3y-8=0$ 위의 점 $(2, 0)$과 직선 $4x+3y+2=0$ 사이의 거리와 같으므로

$$\frac{|4\times2+3\times0+2|}{\sqrt{4^2+3^2}}=\frac{|8+2|}{5}=2$$

한걸음 더

삼각형의 세 꼭짓점의 좌표를 이용하여 넓이 구하기

🔗 **필수유형 27**

세 점 $A(x_1, y_1)$, $B(x_2, y_2)$, $C(x_3, y_3)$을 꼭짓점으로 하는 삼각형 ABC의 넓이 S는

$$S=\frac{1}{2}|x_1y_2+x_2y_3+x_3y_1-x_2y_1-x_3y_2-x_1y_3|$$

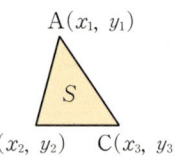

증명 직선 AB의 방정식은 $y=\frac{y_2-y_1}{x_2-x_1}(x-x_1)+y_1$이므로 점 $C(x_3, y_3)$과 이 직선 사이의 거리 d는

$$d=\frac{|x_1y_2+x_2y_3+x_3y_1-x_2y_1-x_3y_2-x_1y_3|}{\sqrt{(x_2-x_1)^2+(y_2-y_1)^2}}$$

따라서 구하는 삼각형 OAB의 넓이 S는

$$S=\frac{1}{2}\times\overline{AB}\times d=\frac{1}{2}\times\sqrt{(x_2-x_1)^2+(y_2-y_1)^2}\times\frac{|x_1y_2+x_2y_3+x_3y_1-x_2y_1-x_3y_2-x_1y_3|}{\sqrt{(x_2-x_1)^2+(y_2-y_1)^2}}$$

$$=\frac{1}{2}|x_1y_2+x_2y_3+x_3y_1-x_2y_1-x_3y_2-x_1y_3|$$

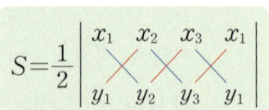

예 세 점 $O(0, 0)$, $A(3, -1)$, $B(-3, 5)$를 꼭짓점으로 하는 삼각형 OAB의 넓이 S는

$$S=\frac{1}{2}\times|3\times5-(-3)\times(-1)|=6$$

기본유형 23　　점과 직선 사이의 거리　　　　　　　　　　　　　　　　　개념 09

좌표평면 위의 점 $(1, 2)$와 직선 $x+2y=0$ 사이의 거리를 구하시오.

solution　　　점 $(1, 2)$와 직선 $x+2y=0$ 사이의 거리를 d라 하면

$$d=\frac{|1+2\times 2|}{\sqrt{1^2+2^2}}=\frac{5}{\sqrt{5}}=\sqrt{5}$$

기본유형 24　　평행한 두 직선 사이의 거리　　　　　　　　　　　　　　　개념 10

평행한 두 직선 $-2x+y-5=0$, $4x-2y+5=0$ 사이의 거리를 구하시오.

solution　　　평행한 두 직선 $-2x+y-5=0$, $4x-2y+5=0$ 사이의 거리를 d라 하면

d는 직선 $-2x+y-5=0$ 위의 점 $(0, 5)$와 직선 $4x-2y+5=0$ 사이의 거리와 같으므로

$$d=\frac{|4\times 0-2\times 5+5|}{\sqrt{4^2+(-2)^2}}=\frac{5}{2\sqrt{5}}=\frac{\sqrt{5}}{2}$$

기본연습

43　　좌표평면 위의 점 $(0, 1)$과 직선 $\sqrt{3}x+y+23=0$ 사이의 거리를 구하시오.

p.035

44　　평행한 두 직선 $3x-y+2=0$, $3x-y+8=0$ 사이의 거리를 구하시오.

원점과 직선 $y=k(x-3)+2$ 사이의 거리가 3일 때, 실수 k의 값을 구하시오.

guide

① 점과 직선 사이의 거리에 대한 식을 세운다.

⇨ 점 $P(x_1,\ y_1)$과 직선 $ax+by+c=0$ 사이의 거리 d는

$$d=\frac{|ax_1+by_1+c|}{\sqrt{a^2+b^2}}$$

② 조건을 만족시키는 미지수의 값을 구한다.

solution

원점과 직선 $y=k(x-3)+2$, 즉 $kx-y-3k+2=0$ 사이의 거리가 3이므로

$$\frac{|k\times0-0-3k+2|}{\sqrt{k^2+(-1)^2}}=3$$

$$\frac{|-3k+2|}{\sqrt{k^2+1}}=3,\ |-3k+2|=3\sqrt{k^2+1}$$

양변을 제곱하면 $9k^2-12k+4=9k^2+9$

$12k=-5$ $\therefore\ k=-\dfrac{5}{12}$

◆ plus

직선 $l:ax+by+c+k(a'x+b'y+c')=0$ (k는 실수)에 대하여

직선 l 밖의 한 점 P와 직선 l 사이의 거리를 d라 하고, 직선 l이 k의 값에 관계없이 지나는 한 점을 Q라 하면

$d\le\overline{PQ}$ ▶ p.071 한 걸음 더

필수 연습

🔖 p.036

45 점 $(3,\ -2)$와 직선 $4x+3y-k=0$ 사이의 거리가 $\dfrac{1}{5}$일 때, 실수 k의 값을 모두 구하시오.

46 점 $(1,\ 1)$을 지나는 직선 $ax+by+2=0$에 대하여 원점과 이 직선 사이의 거리가 $\dfrac{\sqrt{10}}{5}$일 때, ab의 값을 구하시오. (단, a, b는 상수이다.)

◆plus

47 점 $P(1,\ -4)$와 직선 $(3k+1)x+(k-5)y+k+11=0$ 사이의 거리가 최대가 될 때의 실수 k의 값을 구하시오.

필수유형 **26** 평행한 두 직선 사이의 거리 개념 10

두 직선 $x+2y-4=0$, $x+2y+k=0$ 사이의 거리가 $\sqrt{5}$일 때, 양수 k의 값을 구하시오.

guide

① 평행한 두 직선 중 어느 한 직선 위의 한 점의 좌표를 구한다.
② ①에서 구한 점과 나머지 직선 사이의 거리를 구한다.
③ 평행한 두 직선 사이의 거리를 이용하여 미지수의 값을 구한다.

solution

직선 $x+2y-4=0$ 위의 한 점 $(0, 2)$와 직선 $x+2y+k=0$ 사이의 거리가 $\sqrt{5}$이므로

$$\frac{|0+2\times 2+k|}{\sqrt{1^2+2^2}}=\sqrt{5}$$

$|k+4|=5$, $k+4=\pm 5$

$\therefore k=1 \ (\because k>0)$

**필수
연습**

pp.036~037

48 두 직선 $2x-3y-4=0$, $2x-3y+k=0$ 사이의 거리가 $\sqrt{13}$일 때, 양수 k의 값을 구하시오.

49 평행한 두 직선 $x+ay+2=0$, $x+2y+b=0$ 사이의 거리가 $\dfrac{\sqrt{5}}{5}$일 때, $a+b$의 값을 구하시오.

(단, a, b는 상수이고 $b>1$이다.)

50 양수 a에 대하여 두 직선 $(a-1)x-3y+2=0$, $-2x+(a+4)y+5=0$이 서로 평행할 때, 두 직선 사이의 거리는 d이다. $40d^2$의 값을 구하시오.

세 점 $A(3, 2)$, $B(1, 4)$, $C(-1, 0)$을 꼭짓점으로 하는 삼각형 ABC의 넓이를 구하시오.

guide

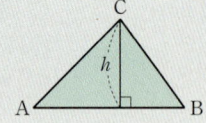

① 삼각형 ABC의 밑변을 변 AB로 정할 때, $\overline{AB}$의 길이를 구한다.

② 직선 AB의 방정식을 구하여 점 C와 직선 AB 사이의 거리 h를 구한다.

③ $\triangle ABC = \dfrac{1}{2} \times \overline{AB} \times h$임을 이용하여 삼각형 ABC의 넓이를 구한다.

solution

$\overline{AB} = \sqrt{(1-3)^2 + (4-2)^2} = 2\sqrt{2}$ ← 밑변을 변 AB로 결정한다.

직선 AB의 방정식은

$y - 2 = \dfrac{4-2}{1-3}(x-3)$ $\therefore x + y - 5 = 0$

점 $C(-1, 0)$과 직선 $x + y - 5 = 0$ 사이의 거리를 h라 하면 ← h=(높이)

$h = \dfrac{|-1+0-5|}{\sqrt{1^2 + 1^2}} = \dfrac{6}{\sqrt{2}} = 3\sqrt{2}$

따라서 삼각형 ABC의 넓이는

$\dfrac{1}{2} \times \overline{AB} \times h = \dfrac{1}{2} \times 2\sqrt{2} \times 3\sqrt{2} = 6$

♦다른 풀이 세 점 $A(3, 2)$, $B(1, 4)$, $C(-1, 0)$을 꼭짓점으로 하는 삼각형 ABC의 넓이는

$\dfrac{1}{2} \times |3 \times 4 + 1 \times 0 + (-1) \times 2 - 1 \times 2 - (-1) \times 4 - 3 \times 0|$

$= \dfrac{1}{2} \times |12 - 2 - 2 + 4| = \dfrac{1}{2} \times 12 = 6$

♦plus

세 점 $A(x_1, y_1)$, $B(x_2, y_2)$, $C(x_3, y_3)$을 꼭짓점으로 하는 삼각형 ABC의 넓이를 S라 할 때,

$S = \dfrac{1}{2}|x_1 y_2 + x_2 y_3 + x_3 y_1 - x_2 y_1 - x_3 y_2 - x_1 y_3|$ ▶ p.072 한 걸음 더

필수연습

♦plus
51   세 점 $A(1, 3)$, $B(2, 5)$, $C(3, -1)$을 꼭짓점으로 하는 삼각형 ABC의 넓이를 구하시오.

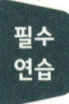

52   두 직선 $x + 5y + 2 = 0$, $3x + 2y - 7 = 0$의 교점을 지나면서 원점으로부터의 거리가 1인 직선은 두 개 존재한다. 이 두 직선과 y축으로 둘러싸인 삼각형의 넓이를 구하시오.

필수유형 28 각의 이등분선의 방정식 개념 09

두 직선 $2x-y+2=0$, $x-2y-1=0$으로부터 같은 거리에 있는 점 P가 나타내는 도형의 방정식을 모두 구하시오.

guide

① 점 P의 좌표를 (x, y)라 한다.

② 점과 직선 사이의 거리 공식을 이용하여 점 P와 주어진 두 직선 사이의 거리를 각각 구한다.

⇨ 점 (x_1, y_1)과 직선 $ax+by+c=0$ 사이의 거리는

$$\frac{|ax_1+by_1+c|}{\sqrt{a^2+b^2}}$$

③ ②의 식을 이용하여 점 P가 나타내는 도형의 방정식을 구한다.

④ 두 직선으로부터 같은 거리에 있는 점이 나타내는 도형은 두 직선이 이루는 각의 이등분선임을 확인한다.

solution

점 P의 좌표를 (x, y)라 하면 점 P에서
두 직선 $2x-y+2=0$, $x-2y-1=0$에 이르는 거리가 같으
므로

$$\frac{|2x-y+2|}{\sqrt{2^2+(-1)^2}}=\frac{|x-2y-1|}{\sqrt{1^2+(-2)^2}}$$

$|2x-y+2|=|x-2y-1|$, $2x-y+2=\pm(x-2y-1)$

따라서 구하는 도형의 방정식은

$x+y+3=0$ 또는 $3x-3y+1=0$

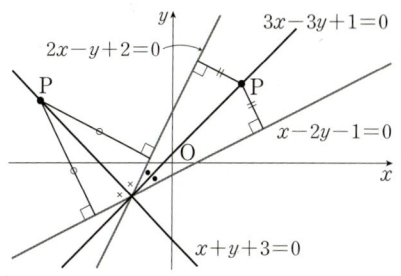

**필수
연습**

📖 p.038

53 두 직선 $2x+3y-1=0$, $3x-2y+2=0$으로부터 같은 거리에 있는 점 P가 나타내는 도형
의 방정식을 모두 구하시오.

54 두 직선 $3x+4y=4$, $5x+12y=k$가 만나서 생기는 각의 이등분선이 점 $(2, -1)$을 지날
때, 상수 k에 대하여 $5k$의 값을 모두 구하시오.

19 직선 $(-k+1)x+(2k-3)y+5k-4=0$이 실수 k의 값에 관계없이 항상 지나는 점을 P라 할 때, 점 P와 직선 $x+3y-5=0$ 사이의 거리를 구하시오.

신유형

22 오른쪽 그림과 같이 두 점 A$(1,\ 2)$, B$(-3,\ 4)$와 이차함수 $y=x^2+4x-7\ (-4 \le x \le 1)$의 그래프 위의 점 P에 대하여 삼각형 PAB의 넓이의 최댓값을 M, 최솟값을 m이라 할 때, Mm의 값을 구하시오.

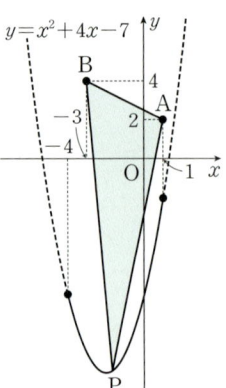

20 좌표평면이 그려진 종이를 한 번 접었더니 두 점 A$(0,\ 2)$와 B$(4,\ 0)$이 겹쳐졌다. 이 종이를 다시 펼쳤을 때, 원점에서 접은 선까지의 거리를 구하시오.
(단, 접은 선은 직선이다.)

23 세 직선
$$y=3x,\ y=-\frac{1}{3}x,\ y=mx+4$$
로 둘러싸인 도형이 이등변삼각형일 때, 이 삼각형의 넓이는 $\dfrac{q}{p}$이다. $p+q$의 값을 구하시오.
(단, $m>0$이고 $p,\ q$는 서로소인 자연수이다.)

서술형

21 직선 $y=\dfrac{3}{a}x-\dfrac{2}{a}$ 위의 서로 다른 두 점 A, B와 직선 $y=\dfrac{3}{a}x-\dfrac{5}{a}$ 위의 서로 다른 두 점 C, D를 꼭짓점으로 하는 사각형 ABCD는 정사각형이고 그 넓이는 $\dfrac{3}{5}$일 때, 양수 a의 값을 구하시오.

24 세 점 A$(-5,\ 12)$, B$(0,\ 0)$, C$(5,\ 12)$를 꼭짓점으로 하는 삼각형 ABC가 있다. 이 삼각형의 세 변의 수직이등분선의 교점을 O라 하고, $\angle$A, $\angle$B, $\angle$C의 이등분선의 교점을 I라 할 때, 선분 OI의 길이를 구하시오.

STEP 2

02. 직선의 방정식

개념 마무리 발전

BLACKLABEL

웹 pp.041~044

I-02 직선의 방정식

1 삼각형 ABC의 세 변 AB, BC, CA의 중점이 각 각 P(2, 2), Q(1, 3), R(0, 1)일 때, 직선 AB의 방정 식을 구하시오.

2 x, y에 대한 두 일차식 $f(x, y)$, $g(x, y)$에 대하여
$$2x^2 - 3xy + ay^2 - x + 7y + b = f(x, y)g(x, y)$$
와 같이 인수분해된다. $f(x, y) = 0$, $g(x, y) = 0$이 서로 수직인 두 직선의 방정식을 나타낼 때, 두 정수 a, b에 대하여 $a + b$의 값을 구하시오.

3 $|a| \leq 5$, $|b| \leq 10$, $ab - 6a + 3b - 18 = 0$을 만족 시키는 두 정수 a, b에 대하여 세 직선
$$x + 3y + 4 = 0,\ x - ay + 4 = 0,\ 2x + by + 8 = 0$$
이 동시에 만나는 점은 오직 하나뿐일 때, a, b의 순서쌍 (a, b)의 개수를 구하시오.

4 오른쪽 그림과 같이 좌 표평면 위의 점 A(8, 6)에서 x축에 내린 수선의 발을 H라 하고, 선분 OH 위의 점 B에 서 선분 OA에 내린 수선의 발을 I라 하자. $\overline{BI} = \overline{BH}$일 때, 직선 AB의 방정식은 $y = mx + n$이다. $m + n$의 값 은? (단, O는 원점이고, m, n은 상수이다.) [교육청]

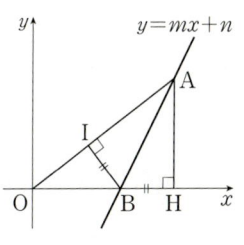

① -10 ② -9 ③ -8
④ -7 ⑤ -6

1등급

5 방정식 $xy + x + y - 1 = 0$을 만족시키는 두 정수 x, y를 좌표평면 위의 점 (x, y)로 나타낼 때, 이 점들을 모두 꼭짓점으로 하는 도형을 F라 하자. F의 넓이를 이 등분하는 직선 l과 원점 사이의 거리의 최댓값을 구하 시오.

6 세 직선
$$2x - 4y + 11 = 0,\ 4x - 2y - 5 = 0,\ 2x + 4y - 5 = 0$$
으로 둘러싸인 삼각형의 내심의 좌표를 구하시오.

Motivation is what gets you started;
habit is what keeps you going.

출발하게 만드는 힘이 '동기'라면,

계속 나아가게 만드는 힘은 '습관'이다.

... 짐 라이언(Jim Ryun)

I

도형의
방정식

1 원의 방정식

BLACK LABEL

개념 01 　원의 방정식

(1) 중심의 좌표가 (a, b)이고 반지름의 길이가 r인 원의 방정식은
$$(x-a)^2+(y-b)^2=r^2$$

(2) 중심이 원점이고 반지름의 길이가 r인 원의 방정식은
$$x^2+y^2=r^2$$

1. 원의 정의

평면 위의 한 점 C로부터 일정한 거리에 있는 점들
의 모임을 **원**이라고 한다. 이때 점 C를 **원의 중심**,
점 C와 원 위의 임의의 한 점을 이은 선분을 **원의**
반지름이라고 한다.

2. 원의 방정식 구하기

좌표평면 위의 한 점 $C(a, b)$를 중심으로 하고 반지름의 길이가 r인 원의
방정식을 구해 보자.

원 위의 한 점을 $P(x, y)$라 하면 $\overline{CP}=r$이므로
$$\sqrt{(x-a)^2+(y-b)^2}=r$$

이 식의 양변을 제곱하면
$$(x-a)^2+(y-b)^2=r^2 \text{ Ⓐ} \quad \cdots\cdots \text{㉠}$$

한편, 방정식 ㉠을 만족시키는 점 $P(x, y)$에 대
하여
$$\overline{CP}=\sqrt{(x-a)^2+(y-b)^2}=r$$

이므로 점 P는 점 C를 중심으로 하고 반지름의 길이가 r인 원 위에 있다.
따라서 ㉠은 구하는 원의 방정식이다.

특히, 중심이 원점이고 반지름의 길이가 r인 원의 방정식은
$$x^2+y^2=r^2$$

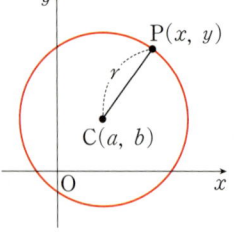

예1 중심의 좌표가 $(2, -1)$이고 반지름의 길이가 4인 원의 방정식은
$$(x-2)^2+(y+1)^2=16$$

예2 중심이 원점이고 반지름의 길이가 5인 원의 방정식은
$$x^2+y^2=25$$

참고 원 $(x-a)^2+(y-b)^2=r^2$은 원 $x^2+y^2=r^2$을 x축의 방향으로 a만
큼, y축의 방향으로 b만큼 평행이동한 것이다.

Ⓐ $(x-a)^2+(y-b)^2=r^2$ 꼴을 원의 방정식
의 표준형이라고 한다.

x, y에 대한 이차방정식
$$x^2+y^2+Ax+By+C=0 \ (A^2+B^2-4C>0)$$
이 나타내는 도형은 중심의 좌표가 $\left(-\dfrac{A}{2}, \ -\dfrac{B}{2}\right)$이고 반지름의 길이가 $\dfrac{\sqrt{A^2+B^2-4C}}{2}$인 원이다.

원의 방정식 $(x-a)^2+(y-b)^2=r^2$을 전개하여 정리하면
$$x^2+y^2-2ax-2by+a^2+b^2-r^2=0$$
이므로 원의 방정식은 x, y에 대한 이차방정식
$$x^2+y^2+Ax+By+C=0 \text{ 🅑} \qquad \cdots\cdots ㉠ \leftarrow A=-2a, \ B=-2b, \ C=a^2+b^2-r^2$$
꼴로 나타낼 수 있다.

방정식 ㉠을 표준형 $(x-a)^2+(y-b)^2=r^2$ 꼴로 정리하면
$$\left(x+\dfrac{A}{2}\right)^2+\left(y+\dfrac{B}{2}\right)^2=\dfrac{A^2+B^2-4C}{4}$$
이고, $a=-\dfrac{A}{2}$, $b=-\dfrac{B}{2}$, $r=\dfrac{\sqrt{A^2+B^2-4C}}{2}$이므로
$$A^2+B^2-4C>0 \text{ 🅒}$$

이면 방정식 ㉠이 나타내는 도형은 중심의 좌표가 $\left(-\dfrac{A}{2}, \ -\dfrac{B}{2}\right)$이고 반지름의 길이가 $\dfrac{\sqrt{A^2+B^2-4C}}{2}$인 원이다.

예1 방정식 $x^2+y^2+2x+4y+1=0$이 어떤 도형을 나타내는지 알아보자.
$x^2+y^2+2x+4y+1=0$에서 $x^2+2x+1+y^2+4y+4=4$
$\therefore (x+1)^2+(y+2)^2=2^2$
따라서 주어진 방정식은 중심의 좌표가 $(-1, \ -2)$이고 반지름의 길이가 2인 원이다.

예2 방정식 $x^2+y^2+2x-2y+2=0$이 어떤 도형을 나타내는지 알아보자.
$x^2+y^2+2x-2y+2=0$에서 $x^2+2x+1+y^2-2y+1=0$
$\therefore (x+1)^2+(y-1)^2=0$
이때 x, y가 실수이므로 $x+1=0$, $y-1=0$
$\therefore x=-1, \ y=1$
즉, 주어진 방정식은 점 $(-1, \ 1)$을 나타낸다. 🅓

예3 방정식 $x^2+y^2+2x-2y+3=0$이 어떤 도형을 나타내는지 알아보자.
$x^2+y^2+2x-2y+3=0$에서 $x^2+2x+1+y^2-2y+1=-1$
$\therefore (x+1)^2+(y-1)^2=-1$
이때 $(x+1)^2 \geq 0$, $(y-1)^2 \geq 0$이므로 주어진 방정식을 만족시키는 두 실수 x, y는 존재하지 않는다.
즉, 어떤 도형도 나타내지 않는다. 🅓

🅑 $x^2+y^2+Ax+By+C=0$
$(A^2+B^2-4C>0)$
꼴을 원의 방정식의 일반형이라고 한다.
이처럼 원의 방정식은 x^2, y^2의 계수가 같고 xy항이 없는 x, y에 대한 이차방정식이다.

🅒 원이 될 조건
방정식
$x^2+y^2+Ax+By+C=0$
이 나타내는 도형이 원이 되기 위해서는
$A^2+B^2-4C>0$이어야 한다.

🅓 원이 되지 않을 조건
방정식
$x^2+y^2+Ax+By+C=0 \qquad \cdots\cdots ㉠$
이 나타내는 도형이 원이 되지 않는 경우는 다음과 같다.
(i) $A^2+B^2-4C=0$일 때,
방정식 ㉠은 점 $\left(-\dfrac{A}{2}, \ -\dfrac{B}{2}\right)$를 나타낸다.
(ii) $A^2+B^2-4C<0$일 때,
방정식 ㉠을 만족시키는 두 실수 x, y는 존재하지 않는다.

두 점을 지름의 양 끝 점으로 하는 원의 방정식

🖉 기본유형 03+필수연습 07

두 점 $A(x_1, y_1)$, $B(x_2, y_2)$를 지름의 양 끝 점으로 하는 원의 방정식은 다음과 같은 방법으로 구할 수 있다.

1. 원의 중심의 좌표와 반지름의 길이를 이용하여 구하는 방법

설명 원의 중심은 선분 AB의 중점이므로 그 좌표는

$$\left(\frac{x_1+x_2}{2}, \frac{y_1+y_2}{2}\right)$$

원의 반지름의 길이는 지름의 길이의 $\frac{1}{2}$, 즉

$$\frac{1}{2}\overline{AB} = \frac{1}{2}\sqrt{(x_2-x_1)^2+(y_2-y_1)^2}$$

이다. 따라서 구하는 원의 방정식은

$$\left(x-\frac{x_1+x_2}{2}\right)^2 + \left(y-\frac{y_1+y_2}{2}\right)^2 = \frac{(x_2-x_1)^2+(y_2-y_1)^2}{4}$$

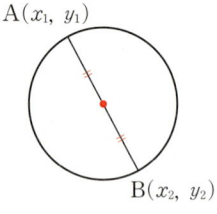

2. 지름을 한 변으로 하고 원에 내접하는 삼각형은 직각삼각형임을 이용하여 구하는 방법

설명 원 위의 임의의 한 점을 $P(x, y)$ $(x \neq x_1, x \neq x_2)$라 하면 선분 AB는 원의 지름이므로 $\angle APB = 90°$이다.

즉, 두 직선 PA, PB는 서로 수직이므로

$$\frac{y-y_1}{x-x_1} \times \frac{y-y_2}{x-x_2} = -1$$에서 ← 수직인 두 직선의 기울기의 곱은 -1이다.

$$(y-y_1)(y-y_2) = -(x-x_1)(x-x_2)$$

따라서 구하는 원의 방정식은

$$(x-x_1)(x-x_2) + (y-y_1)(y-y_2) = 0$$

이때 점 P가 A $(x=x_1)$ 또는 B $(x=x_2)$인 경우에도 위의 식이 성립함을 알 수 있다.

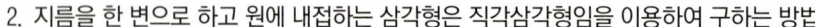

개념 03 좌표축에 접하는 원의 방정식

(1) 중심의 좌표가 (a, b)이고, x축에 접하는 원의 방정식은
   $(x-a)^2+(y-b)^2=b^2$ ← (반지름의 길이)=|(중심의 y좌표)|=|b|

(2) 중심의 좌표가 (a, b)이고, y축에 접하는 원의 방정식은
   $(x-a)^2+(y-b)^2=a^2$ ← (반지름의 길이)=|(중심의 x좌표)|=|a|

(3) 반지름의 길이가 r $(r>0)$이고 x축, y축에 동시에 접하는 원의 방정식은 ← (반지름의 길이)=|(중심의 x좌표)|=|(중심의 y좌표)|
   ① 중심이 제1사분면 위에 있을 때 : $(x-r)^2+(y-r)^2=r^2$
   ② 중심이 제2사분면 위에 있을 때 : $(x+r)^2+(y-r)^2=r^2$
   ③ 중심이 제3사분면 위에 있을 때 : $(x+r)^2+(y+r)^2=r^2$
   ④ 중심이 제4사분면 위에 있을 때 : $(x-r)^2+(y+r)^2=r^2$

좌표축에 접하는 원의 방정식은 다음과 같이 중심의 좌표 (a, b)와 반지름의 길이 r 사이의 관계를 이용하여 구할 수 있다.

(1) x축에 접하는 원일 때,

(반지름의 길이)=|(중심의 y좌표)|, 즉 $r=|b|$이므로

원의 방정식은

$$(x-a)^2+(y-b)^2=b^2$$

이다.

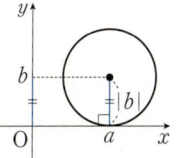 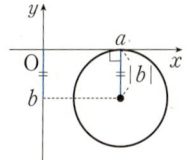

예 중심의 좌표가 $(2, -1)$이고 x축에 접하는 원의 반지름의 길이는 $|-1|=1$이므로

이 원의 방정식은

$$(x-2)^2+(y+1)^2=1$$

(2) y축에 접하는 원일 때,

(반지름의 길이)=|(중심의 x좌표)|, 즉 $r=|a|$이므로

원의 방정식은

$$(x-a)^2+(y-b)^2=a^2$$

이다.

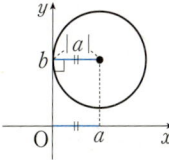 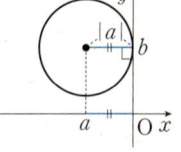

예 중심의 좌표가 $(2, -1)$이고 y축에 접하는 원의 반지름의 길이는 $|2|=2$이므로

이 원의 방정식은

$$(x-2)^2+(y+1)^2=4$$

(3) x축, y축에 동시에 접하는 원일 때,

(반지름의 길이)=|(중심의 x좌표)|=|(중심의 y좌표)|, 즉 $r=|a|=|b|$이므로

① 제1사분면에 있는 원의 중심의 좌표는 (r, r)이므로

이 원의 방정식은

$$(x-r)^2+(y-r)^2=r^2$$

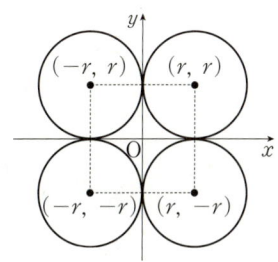

② 제2사분면에 있는 원의 중심의 좌표는 $(-r, r)$이므로

이 원의 방정식은

$$(x+r)^2+(y-r)^2=r^2$$

③ 제3사분면에 있는 원의 중심의 좌표는 $(-r, -r)$이므로

이 원의 방정식은

$$(x+r)^2+(y+r)^2=r^2$$

④ 제4사분면에 있는 원의 중심의 좌표는 $(r, -r)$이므로

이 원의 방정식은

$$(x-r)^2+(y+r)^2=r^2$$

예 중심의 좌표가 $(-3, 3)$이고 x축, y축에 동시에 접하는 원의 반지름의 길이는 $|-3|=|3|=3$이므로

이 원의 방정식은

$$(x+3)^2+(y-3)^2=9$$

참고 x축, y축에 동시에 접하는 원의 중심은 직선 $y=x$ 또는 직선 $y=-x$ 위에 있다.

다음 원의 방정식을 구하시오.

(1) 중심의 좌표가 $(1, -3)$이고 반지름의 길이가 4인 원

(2) 중심이 원점이고 점 $(10, 2)$를 지나는 원

solution

(1) 중심의 좌표가 $(1, -3)$이고 반지름의 길이가 4인 원의 방정식은
$$(x-1)^2+(y+3)^2=16$$

(2) 중심이 원점이고 점 $(10, 2)$를 지나는 원의 반지름의 길이는 $\sqrt{10^2+2^2}=\sqrt{104}$이므로 구하는 원의 방정식은
$$x^2+y^2=104$$

기본유형 02   이차방정식 $x^2+y^2+Ax+By+C=0$이 나타내는 도형   개념 02

다음 방정식이 나타내는 원의 중심의 좌표와 반지름의 길이를 각각 구하시오.

(1) $x^2+y^2+4x+6y-3=0$ 　　　　　　 (2) $x^2+y^2-x+5y+2=0$

solution

(1) $x^2+y^2+4x+6y-3=0$에서
$x^2+4x+4+y^2+6y+9=16$, 즉 $(x+2)^2+(y+3)^2=4^2$이므로
중심의 좌표 : $(-2, -3)$, 반지름의 길이 : 4

(2) $x^2+y^2-x+5y+2=0$에서
$x^2-x+\dfrac{1}{4}+y^2+5y+\dfrac{25}{4}=\dfrac{9}{2}$, 즉 $\left(x-\dfrac{1}{2}\right)^2+\left(y+\dfrac{5}{2}\right)^2=\left(\dfrac{3\sqrt{2}}{2}\right)^2$이므로
중심의 좌표 : $\left(\dfrac{1}{2}, -\dfrac{5}{2}\right)$, 반지름의 길이 : $\dfrac{3\sqrt{2}}{2}$

기본 연습

p.044

01 다음 원의 방정식을 구하시오.

(1) 중심의 좌표가 $(-2, 6)$이고 반지름의 길이가 $\sqrt{13}$인 원

(2) 중심이 원점이고 점 $(4, -3)$을 지나는 원

02 다음 방정식이 나타내는 원의 중심의 좌표와 반지름의 길이를 각각 구하시오.

(1) $x^2+y^2-2x-6y+2=0$ 　　　　　 (2) $x^2+y^2-4x=0$

기본유형 **03** 두 점을 지름의 양 끝 점으로 하는 원의 방정식 · 한 걸음 더

두 점 $A(-2, 1)$, $B(6, -5)$를 지름의 양 끝 점으로 하는 원의 방정식을 $(x-a)^2+(y-b)^2=r^2$이라 할 때, 세 상수 a, b, r에 대하여 $a+b+r$의 값을 구하시오. (단, $r>0$)

solution

원의 중심은 선분 AB의 중점이므로 그 좌표는 $\left(\dfrac{-2+6}{2}, \dfrac{1+(-5)}{2}\right)$, 즉 $(2, -2)$

선분 AB가 원의 지름이므로 원의 반지름의 길이는 $\dfrac{1}{2}\overline{AB}=\dfrac{\sqrt{\{6-(-2)\}^2+(-5-1)^2}}{2}=\dfrac{\sqrt{64+36}}{2}=5$

따라서 구하는 원의 방정식은 $(x-2)^2+(y+2)^2=5^2$이므로 $a=2$, $b=-2$, $r=5$

$\therefore a+b+r=2+(-2)+5=5$

다른 풀이 두 점 $A(-2, 1)$, $B(6, -5)$를 지름의 양 끝 점으로 하는 원의 방정식은

$(x+2)(x-6)+(y-1)(y+5)=0$ ← p.84 한 걸음 더 참고

$x^2-4x-12+y^2+4y-5=0$ $\therefore (x-2)^2+(y+2)^2=25$

즉, $a=2$, $b=-2$, $r=5$이므로 $a+b+r=2+(-2)+5=5$

기본유형 **04** 좌표축에 접하는 원의 방정식 · 개념 03

다음 물음에 답하시오.

(1) 중심의 좌표가 $(5, -2)$이고, x축에 접하는 원의 반지름의 길이를 구하시오.

(2) 반지름의 길이가 3이고, 제1사분면에서 x축, y축에 동시에 접하는 원의 중심의 좌표를 구하시오.

solution

(1) x축에 접하므로 (반지름의 길이)$=|$(중심의 y좌표)$|=|-2|=2$

(2) x축, y축에 동시에 접하는 원에서 (반지름의 길이)$=|$(중심의 x좌표)$|=|$(중심의 y좌표)$|$이므로 원의 중심의 좌표를 (a, b)라 하면 $3=|a|=|b|$이고, 제1사분면에 있으므로 $a>0$, $b>0$이다. 따라서 $a=3$, $b=3$이므로 구하는 원의 중심의 좌표는 $(3, 3)$이다.

**기본
연습**

03 두 점 $A(-2, 0)$, $B(4, 6)$을 지름의 양 끝 점으로 하는 원의 방정식을 구하시오.

p.045

04 다음 물음에 답하시오.

(1) 원 $x^2+y^2+8x-6y-2a+15=0$이 y축에 접할 때, 상수 a의 값을 구하시오.

(2) x축, y축에 동시에 접하고 중심이 제3사분면 위에 있는 원의 넓이가 36π일 때, 원의 중심의 좌표를 구하시오.

중심이 직선 $y=2x$ 위에 있고, 두 점 $A(3, 4)$, $B(5, 6)$을 지나는 원의 방정식을 구하시오.

guide

① 구하는 원의 중심의 좌표를 한 문자를 이용하여 나타낸다.
② 중심의 좌표가 (a, b)이고 반지름의 길이가 r인 원의 방정식이 $(x-a)^2+(y-b)^2=r^2$임을 이용하여 조건을 만족시키는 원의 방정식을 세운다.
③ 원의 중심의 좌표와 반지름의 길이를 각각 구하여 원의 방정식을 완성한다.

solution

원의 중심이 직선 $y=2x$ 위에 있으므로 이 원의 중심의 좌표를 $(a, 2a)$, 반지름의 길이를 r이라 하면
원의 방정식은
$$(x-a)^2+(y-2a)^2=r^2$$
이 원이 두 점 $A(3, 4)$, $B(5, 6)$을 지나므로
$(3-a)^2+(4-2a)^2=r^2$　　∴ $5a^2-22a+25=r^2$　　……㉠
$(5-a)^2+(6-2a)^2=r^2$　　∴ $5a^2-34a+61=r^2$　　……㉡
㉠, ㉡을 연립하여 풀면 $a=3$, $r^2=4$
따라서 구하는 원의 방정식은 $(x-3)^2+(y-6)^2=4$

plus

두 점 $A(x_1, y_1)$, $B(x_2, y_2)$를 지름의 양 끝 점으로 하는 원의 방정식
⇨ (1) $\left(x-\dfrac{x_1+x_2}{2}\right)^2+\left(y-\dfrac{y_1+y_2}{2}\right)^2=\dfrac{(x_2-x_1)^2+(y_2-y_1)^2}{4}$
　 (2) $(x-x_1)(x-x_2)+(y-y_1)(y-y_2)=0$　▶ p.084 한 걸음 더

**필수
연습**

pp.045~046

05 중심이 x축 위에 있고, 두 점 $A(4, 1)$, $B(1, 2)$를 지나는 원의 방정식을 구하시오.

06 두 점 $A(-7, -3)$, $B(5, 6)$에 대하여 선분 AB를 $1:2$로 내분하는 점을 중심으로 하고 점 $(1, 3)$을 지나는 원이 점 $(0, k)$를 지날 때, 양수 k의 값을 구하시오.

**plus
07** 두 점 $P(4, -1)$, $Q(0, 3)$을 지름의 양 끝 점으로 하는 원이 x축과 만나는 두 점을 A, B라 하고 이 원의 중심을 C라 할 때, 삼각형 ABC의 넓이를 구하시오.

다음 물음에 답하시오.

(1) 원 $x^2+y^2+4x-2ay+3=0$의 중심의 y좌표가 -3일 때, 이 원의 반지름의 길이를 구하시오.

(단, a는 상수이다.)

(2) 방정식 $x^2+y^2+2(k-2)x-5k^2+13k-7=0$이 나타내는 도형이 원이 되도록 하는 실수 k의 값의 범위를 구하시오.

guide

❶ 원의 방정식의 일반형 $x^2+y^2+Ax+By+C=0$을 표준형으로 정리한다.

$$\Rightarrow \left(x+\frac{A}{2}\right)^2+\left(y+\frac{B}{2}\right)^2=\frac{A^2+B^2-4C}{4}$$

❷ (1) 주어진 원의 중심의 좌표, 반지름의 길이 등의 조건을 이용하여 미지수의 값을 구한다.

　 (2) 주어진 방정식이 나타내는 도형이 원이 되려면 (반지름의 길이)>0, 즉 $A^2+B^2-4C>0$이어야 함을 이용한다.

solution

(1) $x^2+y^2+4x-2ay+3=0$에서 $(x+2)^2+(y-a)^2=a^2+1$

즉, 이 원은 중심의 좌표가 $(-2, a)$이고, 반지름의 길이가 $\sqrt{a^2+1}$이다.

이때 이 원의 중심의 y좌표가 -3이므로 $a=-3$

따라서 구하는 원의 반지름의 길이는 $\sqrt{a^2+1}=\sqrt{10}$

(2) $x^2+y^2+2(k-2)x-5k^2+13k-7=0$에서

$\{x+(k-2)\}^2+y^2=6k^2-17k+11$

이 방정식이 나타내는 도형이 원이 되려면 $6k^2-17k+11>0$이어야 하므로

$(k-1)(6k-11)>0$ 　　 $\therefore k<1$ 또는 $k>\dfrac{11}{6}$

필수 연습

pp.046-047

08 다음 물음에 답하시오.

(1) 원 $x^2+y^2+2kx+y+1=0$의 중심이 제4사분면 위에 있고, 반지름의 길이가 $\dfrac{1}{2}$일 때, 실수 k의 값을 구하시오.

(2) 방정식 $x^2+y^2+12x-6y+k^2-2k+10=0$이 나타내는 도형이 원이 되도록 하는 실수 k의 값의 범위를 구하시오.

09 원 $x^2+y^2+4x-2y+k^2+4k-16=0$의 반지름의 길이가 3일 때, 실수 k의 값을 모두 구하시오.

10 원 $x^2+y^2-6x+2y+k^2-10k+19=0$의 넓이의 최댓값을 구하시오. (단, k는 실수이다.)

세 점 $A(-5, 0)$, $B(1, 2)$, $C(-3, 4)$를 지나는 원의 방정식을 구하시오.

guide

① 세 점 A, B, C를 지나는 원의 중심을 $P(a, b)$라 한다.
② $\overline{AP}=\overline{BP}=\overline{CP}=$ (원의 반지름의 길이)임을 이용하여 a, b에 대한 식을 세운다.
③ ②에서 세운 식을 연립하여 a, b의 값을 구한 후, 원의 반지름의 길이를 구한다.

solution

원의 중심을 $P(a, b)$라 하면 $\overline{AP}=\overline{BP}=\overline{CP}=$ (원의 반지름의 길이)

이때 $\overline{AP}^2=(a+5)^2+b^2$, $\overline{BP}^2=(a-1)^2+(b-2)^2$, $\overline{CP}^2=(a+3)^2+(b-4)^2$에서

$\overline{AP}^2=\overline{BP}^2$이므로 $(a+5)^2+b^2=(a-1)^2+(b-2)^2$ ∴ $3a+b=-5$ ……㉠

$\overline{BP}^2=\overline{CP}^2$이므로 $(a-1)^2+(b-2)^2=(a+3)^2+(b-4)^2$ ∴ $2a-b=-5$ ……㉡

㉠, ㉡을 연립하여 풀면 $a=-2$, $b=1$

따라서 원의 중심은 $P(-2, 1)$이고, 반지름의 길이는

$\overline{AP}=\sqrt{(-2+5)^2+(1-0)^2}=\sqrt{10}$

이므로 구하는 원의 방정식은 $(x+2)^2+(y-1)^2=10$ ← $x^2+y^2+4x-2y-5=0$

다른 풀이 세 점 $A(-5, 0)$, $B(1, 2)$, $C(-3, 4)$를 지나는 원은 삼각형 ABC의 외접원이다.

선분 BC의 중점의 좌표는 $(-1, 3)$이고, 직선 BC의 기울기는 $-\dfrac{1}{2}$이므로

선분 BC의 수직이등분선의 방정식은 $y-3=2(x+1)$ ∴ $y=2x+5$

이때 원의 중심은 선분 BC의 수직이등분선 위에 있으므로 이 원의 중심을 $P(a, 2a+5)$라 하면

$\overline{AP}^2=\overline{BP}^2$에서 $(a+5)^2+(2a+5)^2=(a-1)^2+(2a+3)^2$ ∴ $a=-2$

즉, 원의 중심은 $P(-2, 1)$이므로 원의 반지름의 길이는

$\overline{AP}=\sqrt{(-2+5)^2+(1-0)^2}=\sqrt{10}$

따라서 구하는 원의 방정식은 $(x+2)^2+(y-1)^2=10$

plus

다음을 이용하여 세 점 A, B, C를 지나는 원의 방정식을 구할 수 있다.

⑴ 원 위의 세 점 A, B, C의 좌표를 방정식 $x^2+y^2+Ax+By+C=0$에 대입하여 구한다.

⑵ 세 점 A, B, C를 지나는 원은 삼각형 ABC의 외접원이므로 삼각형의 외심의 성질을 이용하여 구한다.

**필수
연습**

plus

11 세 점 $A(2, -1)$, $B(3, 0)$, $C(6, -1)$을 지나는 원의 방정식을 구하시오.

p.047

12 네 점 $A(-2, 6)$, $B(-8, -2)$, $C(4, -6)$, $D(2, k)$가 한 원 위에 있도록 하는 모든 k의 값의 합을 구하시오.

필수유형 **08** 좌표축에 접하는 원의 방정식

다음 원의 방정식을 구하시오.

(1) 중심이 직선 $x-y+4=0$ 위에 있고 점 $(-3, 0)$에서 x축에 접하는 원

(2) 점 $(4, -2)$를 지나고 x축, y축에 동시에 접하는 모든 원

guide

❶ 구하는 원의 방정식을 $(x-a)^2+(y-b)^2=r^2$ $(r>0)$이라 한다.

❷ 다음을 이용하여 a, b, r의 값을 각각 구한다.

(1) x축에 접할 때 ⇨ $r=|b|$

(2) y축에 접할 때 ⇨ $r=|a|$

(3) x축, y축에 동시에 접할 때 ⇨ $r=|a|=|b|$

solution

(1) 원의 중심의 좌표를 (a, b)라 하면 이 원이 점 $(-3, 0)$에서 x축에 접하므로 중심의 x좌표는 $a=-3$이고 반지름의 길이는 $|b|$이다.

또한, 중심 $(-3, b)$가 직선 $x-y+4=0$ 위에 있으므로

$-3-b+4=0$ ∴ $b=1$

따라서 구하는 원의 방정식은 $(x+3)^2+(y-1)^2=1$

(2) 점 $(4, -2)$를 지나고 x축, y축에 동시에 접하는 원의 중심은 제4사분면 위에 있다. 즉, 원의 반지름의 길이를 a $(a>0)$라 하면 중심의 좌표는 $(a, -a)$이므로 원의 방정식은

$(x-a)^2+(y+a)^2=a^2$ ……㉠

이 원이 점 $(4, -2)$를 지나므로 $(4-a)^2+(-2+a)^2=a^2$

$a^2-12a+20=0$, $(a-2)(a-10)=0$ ∴ $a=2$ 또는 $a=10$

㉠에서 구하는 모든 원의 방정식은

$(x-2)^2+(y+2)^2=4$, $(x-10)^2+(y+10)^2=100$

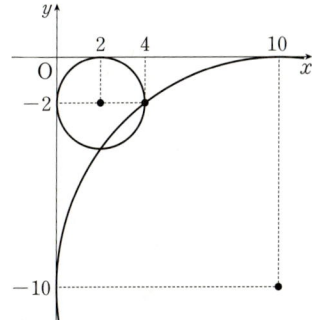

필수 연습

13 다음을 구하시오.

(1) 중심이 직선 $y=2x+1$ 위에 있고 점 $(2, 3)$을 지나며 y축에 접하는 모든 원의 방정식

(2) 점 $(-8, -1)$을 지나고 x축, y축에 동시에 접하는 두 원의 넓이의 합

pp.047-048

두 점 A(4, 1), B(1, −2)에 대하여 $\overline{AP} : \overline{BP} = 2 : 1$인 점 P가 나타내는 도형의 방정식을 구하시오.

guide

❶ 조건을 만족시키는 점의 좌표를 (x, y)라 한다.

❷ 주어진 조건을 이용하여 x, y 사이의 관계식을 구한다.

solution

$\overline{AP} : \overline{BP} = 2 : 1$에서 $\overline{AP} = 2\overline{BP}$이므로 $\overline{AP}^2 = 4\overline{BP}^2$

점 P의 좌표를 (x, y)라 하면 $\overline{AP}^2 = 4\overline{BP}^2$에서

$(x-4)^2 + (y-1)^2 = 4\{(x-1)^2 + (y+2)^2\}$

$-3x^2 - 3y^2 - 18y - 3 = 0$

$\therefore x^2 + y^2 + 6y + 1 = 0$ ← $x^2 + (y+3)^2 = 8$

✦**다른 풀이** 아폴로니오스의 원을 이용해 보자.

선분 AB를 2 : 1로 내분하는 점과 외분하는 점을 각각 C, D라 하면

$\overline{AP} : \overline{BP} = 2 : 1$을 만족시키는 점 P가 나타내는 도형은 두 점 C, D를 지름의 양 끝 점으로 하는 원이다.

이때 C(2, −1), D(−2, −5)이므로 원의 중심의 좌표는

$\left(\dfrac{2+(-2)}{2}, \dfrac{-1+(-5)}{2} \right)$, 즉 $(0, -3)$이고, 반지름의 길이는

$\dfrac{1}{2}\overline{CD} = \dfrac{1}{2}\sqrt{(-2-2)^2 + (-5+1)^2} = 2\sqrt{2}$이다.

따라서 점 P가 나타내는 도형의 방정식은

$x^2 + (y+3)^2 = 8$ $\therefore x^2 + y^2 + 6y + 1 = 0$

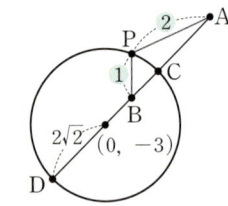

✦ **plus**

아폴로니오스의 원 (교육과정 外)

두 점 A, B에 대하여

$\overline{PA} : \overline{PB} = m : n \ (m > 0, \ n > 0, \ m \neq n)$

인 점 P가 나타내는 도형은 $\overline{AB}$를 $m : n$으로 내분하는 점 C와 외분하는 점 D

를 지름의 양 끝 점으로 하는 원이다.

p.027 한 걸음 더 참고

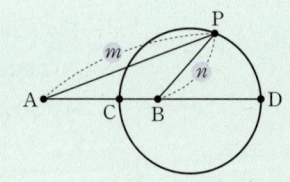

필수 연습

✦plus
14 두 점 A(−4, 0), B(4, 0)에 대하여 $\overline{AP} : \overline{BP} = 1 : 3$을 만족시키는 점 P가 나타내는 도형의 둘레의 길이를 구하시오.

p.048
15 원점 O와 원 $x^2 + y^2 - 4x + 4y - 4 = 0$ 위의 점 P에 대하여 선분 OP의 중점이 나타내는 도형의 넓이를 구하시오.

16 두 점 A(−4, 2), B(2, 8)과 원 $x^2 + y^2 = 36$ 위의 점 P에 대하여 삼각형 PAB의 무게중심 G가 나타내는 도형은 원이다. 이 원의 반지름의 길이를 구하시오.

01 원 $x^2+y^2-4ax+2ay+10a-15=0$의 넓이가 최소일 때의 원의 중심의 좌표는 (p, q)이다. 이때 $p+q$의 값을 구하시오. (단, a는 실수이다.)

02 원 $x^2+y^2+2(k+1)x-2k^2+9k-1=0$의 반지름의 길이가 $2\sqrt{3}$ 이하일 때, 실수 k의 값의 범위를 구하시오.

03 세 직선
$$x+y=0, \ 2x-y-3=0, \ x-4y+2=0$$
으로 둘러싸인 삼각형의 외접원의 반지름의 길이를 r이라 할 때, r^2의 값을 구하시오.

04 세 점 A$(-2, 3)$, B$(2, 1)$, C$(5, 2)$를 지나는 원의 중심을 지나는 직선 $y=mx+n$이 원 $(x-5)^2+(y+3)^2=4$의 넓이를 이등분한다. $m+n$의 값을 구하시오. (단, m, n은 상수이다.)

05 점 $(-2, 5)$를 지나고 x축, y축에 동시에 접하는 원은 두 개 있다. 이 두 원의 중심의 좌표를 각각 (a, b), (c, d)라 할 때, $ad+bc$의 값을 구하시오.

06 원점 O와 원 $(x-4)^2+(y-6)^2=20$ 위의 점 P에 대하여 선분 OP를 $1:3$으로 내분하는 점 Q가 나타내는 도형의 방정식이 $x^2+y^2+ax+by+c=0$일 때, 세 상수 a, b, c에 대하여 $a+b+c$의 값을 구하시오.

2 원과 직선의 위치 관계

개념 04 판별식을 이용한 원과 직선의 위치 관계

원의 방정식과 직선의 방정식을 연립하여 얻은 이차방정식의 판별식을 D라 할 때,

(1) $D>0 \Longleftrightarrow$ 서로 다른 두 점에서 만난다.

(2) $D=0 \Longleftrightarrow$ 한 점에서 만난다. (접한다.)

(3) $D<0 \Longleftrightarrow$ 만나지 않는다.

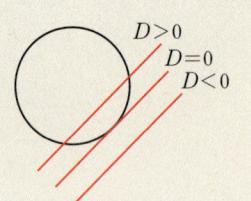

원과 직선의 방정식을 각각

$$x^2+y^2=r^2 \quad \cdots\cdots\text{㉠}, \qquad y=mx+n \quad \cdots\cdots\text{㉡}$$

이라 할 때, ㉡을 ㉠에 대입하면

$$x^2+(mx+n)^2=r^2$$

이다. 이 식을 정리하면

$$(m^2+1)x^2+2mnx+n^2-r^2=0 \qquad \cdots\cdots\text{㉢}$$

이므로 원과 직선이 만나는 교점의 개수는 이차방정식 ㉢의 서로 다른 실근의 개수와 같다.

따라서 이차방정식 ㉢의 판별식을 D라 하면, D의 값의 부호에 따라 원과 직선의
위치 관계는 다음과 같이 정해진다.

(1) $D>0$이면 서로 다른 두 점에서 만난다.

(2) $D=0$이면 한 점에서 만난다. (접한다.)

(3) $D<0$이면 만나지 않는다.

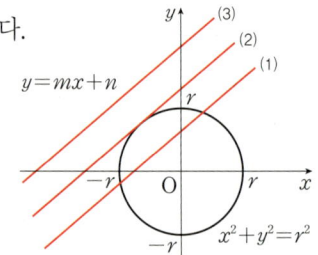

예 원 $x^2+y^2=1$과 직선 $y=x-1$의 위치 관계를 알아보자.

$y=x-1$을 $x^2+y^2=1$에 대입하여 정리하면 $x^2+(x-1)^2=1$, $2x^2-2x+1=1$ $\quad \therefore x^2-x=0$

이차방정식 $x^2-x=0$의 판별식을 D라 하면

$$D=(-1)^2-4\times1\times0=1>0$$

따라서 주어진 원과 직선은 서로 다른 두 점에서 만난다.

개념 05 원의 중심과 직선 사이의 거리를 이용한 원과 직선의 위치 관계

원의 반지름의 길이를 r이라 하고, 원의 중심과 직선 사이의 거리를 d라 할 때,

(1) $d<r \Longleftrightarrow$ 서로 다른 두 점에서 만난다.

(2) $d=r \Longleftrightarrow$ 한 점에서 만난다. (접한다.)

(3) $d>r \Longleftrightarrow$ 만나지 않는다.

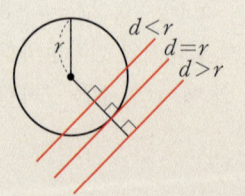

중심이 $C(x_1, y_1)$인 원과 직선 $l : ax+by+c=0$의 위치 관계는

원의 중심 C와 직선 l 사이의 거리 d,

원의 반지름의 길이 r

의 대소 관계를 확인하면 알 수 있다.

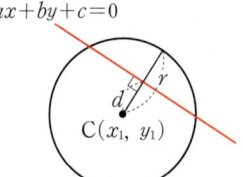

예 원 $x^2+y^2=4$와 직선 $x-y-1=0$의 위치 관계를 알아보자.

원의 중심 $(0, 0)$과 직선 $x-y-1=0$ 사이의 거리를 d라 하면

$$d=\frac{|-1|}{\sqrt{1^2+(-1)^2}}=\frac{1}{\sqrt{2}}=\frac{\sqrt{2}}{2}$$

이때 원의 반지름의 길이를 r이라 하면 $r=2$이므로 $\frac{\sqrt{2}}{2}<2$, 즉 $d<r$

따라서 주어진 원과 직선은 서로 다른 두 점에서 만난다.

한걸음 더

두 원의 위치 관계 (교육과정 外)

🎇 **기본유형 11 + 개념마무리 12**

두 원 O, O'의 반지름의 길이를 각각 r, r' $(r>r')$이라 하고, 두 원의 중심 사이의 거리를 d라 하면 두 원의 위치 관계에 따른 r, r', d 사이의 관계식은 다음과 같다.

한 원이 다른 원의 외부에 있다.	두 원이 외접한다.	두 원이 서로 다른 두 점에서 만난다.
$d>r+r'$	$d=r+r'$	$r-r'<d<r+r'$
한 원이 다른 원에 내접한다.	한 원이 다른 원의 내부에 있다.	두 원의 중심이 같다. (동심원)
$d=r-r'$	$d<r-r'$	$d=0$

예 두 원 $x^2+y^2=9$와 $(x-2)^2+(y+3)^2=16$의 위치 관계를 알아보자.

두 원의 중심의 좌표가 각각 $(0, 0)$, $(2, -3)$이므로 두 원의 중심 사이의 거리는 $\sqrt{2^2+(-3)^2}=\sqrt{13}$

이때 두 원의 반지름의 길이가 각각 3, 4이므로 $4-3<\sqrt{13}<4+3$

따라서 두 원은 서로 다른 두 점에서 만난다.

두 원의 교점을 지나는 직선의 방정식

서로 다른 두 점에서 만나는 두 원 $x^2+y^2+ax+by+c=0$, $x^2+y^2+a'x+b'y+c'=0$의 두 교점을 지나는 직선의 방정식은
$$(a-a')x+(b-b')y+(c-c')=0$$
으로 나타낼 수 있다.

두 원이 서로 다른 두 점 A, B에서 만날 때,
선분 AB를 두 원의 **공통현**이라고 한다.
서로 다른 두 점에서 만나는 두 원

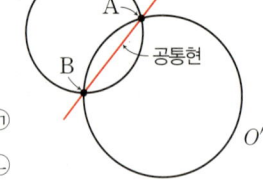

$$O : x^2+y^2+ax+by+c=0 \quad\cdots\cdots\text{㉠}$$
$$O' : x^2+y^2+a'x+b'y+c'=0 \quad\cdots\cdots\text{㉡}$$

이라 할 때 ㉠−㉡을 하여 얻은 방정식

$$(a-a')x+(b-b')y+(c-c')=0 \; Ⓐ \quad\cdots\cdots\text{㉢}$$

은 x, y에 대한 일차방정식이므로 직선을 나타낸다.
이때 두 점 A, B를 지나는 직선은 두 원의 공통현 AB를 포함하는 직선으로
유일하게 결정되므로 이 직선이 바로 두 원의 교점을 지나는 직선이고 ㉢을
공통현의 방정식이라고 한다.

예   두 원 $x^2+y^2=10$, $\underset{x^2+y^2-2x-4y=0}{(x-1)^2+(y-2)^2=5}$의 교점을 지나는 직선의
방정식을 구해 보자.
이 두 원은 두 점에서 만나므로 공통현이 존재하고, 두 원의 교점을 지
나는 직선의 방정식은
$$x^2+y^2-10-(x^2+y^2-2x-4y)=0, \; 2x+4y-10=0$$
$$\therefore \; x+2y-5=0$$

Ⓐ   두 원 O, O'의 서로 다른 두 교점을
A(x_1, y_1), B(x_2, y_2)라 하면 점
A(x_1, y_1)은 두 원 O, O' 위의 점이므로
$$x_1^2+y_1^2+ax_1+by_1+c=0$$
$$x_1^2+y_1^2+a'x_1+b'y_1+c'=0$$
$$\therefore \; (a-a')x_1+(b-b')y_1+(c-c')=0$$
이때 점 B(x_2, y_2)도 두 원 O, O' 위의 점이
므로 같은 방법으로
$$(a-a')x_2+(b-b')y_2+(c-c')=0$$
따라서 두 점 A(x_1, y_1), B(x_2, y_2)는 직
선 $(a-a')x+(b-b')y+(c-c')=0$
위에 있다.

한 걸음 더

현의 길이

🖊 **필수유형 17**

한 원 위의 서로 다른 두 점 A, B를 이은 현 AB의 길이는 원의 중심에서 현에 내
린 수선이 그 현을 수직이등분함을 이용하여 다음과 같은 순서로 구할 수 있다.
반지름의 길이가 r인 원 O 위의 서로 다른 두 점 A, B에 대하여 선분 AB의 중점
을 M이라 할 때,

(ⅰ) 원의 중심과 직선 AB 사이의 거리 d를 구한다.

(ⅱ) 피타고라스 정리를 이용하여 선분 AM의 길이를 구한다.
$$\overline{AM}=\sqrt{r^2-d^2}$$

(ⅲ) (현의 길이)$=\overline{AB}=2\overline{AM}=2\sqrt{r^2-d^2}$

같은 방법으로 두 원의 공통현의 길이도 구할 수 있다.

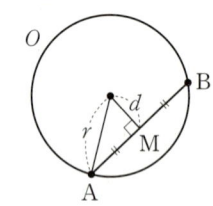

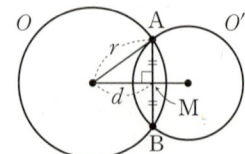

두 원의 교점을 지나는 원의 방정식 ← p.045 개념05 두 직선의 교점을 지나는 직선의 방정식 참고

서로 다른 두 점에서 만나는 두 원 $x^2+y^2+ax+by+c=0$, $x^2+y^2+a'x+b'y+c'=0$의 두 교점을 지나는 원 중에서
$x^2+y^2+a'x+b'y+c'=0$을 제외한 원의 방정식은
$$(x^2+y^2+ax+by+c)+k(x^2+y^2+a'x+b'y+c')=0 \ (k \neq -1인 \ 실수)$$
꼴로 나타낼 수 있다.

참고 $k=-1$이면 두 원의 교점을 지나는 직선의 방정식이다.

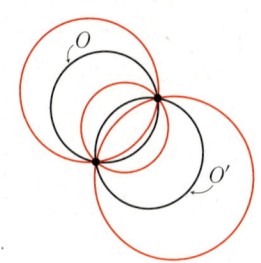

서로 다른 두 점에서 만나는 두 원을
$$O : x^2+y^2+ax+by+c=0$$
$$O' : x^2+y^2+a'x+b'y+c'=0$$
이라 할 때, 두 원의 교점을 지나는 원의 방정식은 동시에 $m=0$, $n=0$이 아닌
두 상수 m, n에 대하여
$$\underline{m(x^2+y^2+ax+by+c)+n(x^2+y^2+a'x+b'y+c')=0} \quad \cdots\cdots ㉠$$
<small>$m=0, n\neq0$일 때, 원 O'을 나타낸다.</small>
꼴로 나타낼 수 있다.

$m\neq0$일 때, ㉠의 양변을 m으로 나누고 $\dfrac{n}{m}=k$라 하면
$$x^2+y^2+ax+by+c+k(x^2+y^2+a'x+b'y+c')=0 \quad \cdots\cdots ㉡$$
으로 나타낼 수 있다.

이때 $m\neq0$이므로 k가 어떤 값을 갖더라도 ㉡은 원 O'을 나타낼 수 없다.

따라서 두 원 O, O'의 교점을 지나는 원 중에서 원 O'을 제외한 원의 방정식은 ㉡과 같이 나타낼 수 있다.

또한, 방정식 $x^2+y^2+ax+by+c+k(x^2+y^2+a'x+b'y+c')=0$에서

(1) $k=-1$일 때,
$$(a-a')x+(b-b')y+(c-c')=0$$
이므로 두 원의 교점을 지나는 직선의 방정식을 나타낸다.

(2) $k\neq-1$일 때,
x^2, y^2의 계수가 같고 xy항이 없는 x, y에 대한 이차방정식이므로 두 원의 교점을 지나는 원의 방정식을 나타낸다.

특히, $k=0$이면 원 O를 나타낸다.

예 두 원 $x^2+y^2=3$, $x^2+y^2-6y=0$의 교점과 점 $(1, 0)$을 지나는 원의 방정식을 구해 보자.

두 원의 교점을 지나는 원의 방정식은
$$x^2+y^2-3+k(\underbrace{x^2+y^2-6y}_{x^2+(y-3)^2=9})=0 \ (단, \ k\neq-1)$$
이 원이 점 $(1, 0)$을 지나므로
$$1^2+0^2-3+k(1^2+0^2-6\times0)=0 \quad \therefore \ k=2$$
따라서 구하는 원의 방정식은
$$x^2+y^2-3+2(x^2+y^2-6y)=0에서 \ x^2+y^2-4y-1=0$$
한편, 주어진 두 원의 중심 $(0, 0)$, $(0, 3)$ 사이의 거리는 3이고, 반지름의 길이는 각각 $\sqrt{3}$, 3이므로
$$3-\sqrt{3}<3<3+\sqrt{3}$$
즉, 두 원 $x^2+y^2=3$, $x^2+y^2-6y=0$이 서로 다른 두 점에서 만나는 것을 확인할 수 있다.

원 $x^2+y^2=1$과 직선 $y=2x+k$의 위치 관계가 다음과 같을 때, 실수 k의 값 또는 k의 값의 범위를 구하시오.

(1) 서로 다른 두 점에서 만난다.　　　　　(2) 접한다.　　　　　(3) 만나지 않는다.

solution

$y=2x+k$를 $x^2+y^2=1$에 대입하면 $x^2+(2x+k)^2=1$　　∴ $5x^2+4kx+k^2-1=0$

이 이차방정식의 판별식을 D라 하면 $\dfrac{D}{4}=(2k)^2-5(k^2-1)=-k^2+5$

(1) 원과 직선이 서로 다른 두 점에서 만나면 $-k^2+5>0$, $k^2-5<0$　　∴ $-\sqrt5<k<\sqrt5$

(2) 원과 직선이 접하면 $-k^2+5=0$, $k^2=5$　　∴ $k=\pm\sqrt5$

(3) 원과 직선이 만나지 않으면 $-k^2+5<0$, $k^2-5>0$　　∴ $k<-\sqrt5$ 또는 $k>\sqrt5$

다른 풀이　원의 중심 $(0,0)$과 직선 $y=2x+k$, 즉 $2x-y+k=0$ 사이의 거리를 d라 하면

$d=\dfrac{|2\times0-0+k|}{\sqrt{2^2+(-1)^2}}=\dfrac{|k|}{\sqrt5}$ 이고 원의 반지름의 길이가 1이므로

(1) $\dfrac{|k|}{\sqrt5}<1$에서 $-\sqrt5<k<\sqrt5$　　(2) $\dfrac{|k|}{\sqrt5}=1$에서 $k=\pm\sqrt5$　　(3) $\dfrac{|k|}{\sqrt5}>1$에서 $k<-\sqrt5$ 또는 $k>\sqrt5$

기본유형 **11**　　두 원의 위치 관계　　　　　　　　　　한 걸음 더

원 $x^2+y^2=16$과 원 $(x-6)^2+(y+8)^2=a$가 외접하도록 하는 양수 a의 값을 구하시오.

solution

두 원의 중심의 좌표가 각각 $(0,0)$, $(6,-8)$이므로 두 원의 중심 사이의 거리는
$\sqrt{6^2+(-8)^2}=10$이고, 반지름의 길이는 각각 4, $\sqrt a$이다.
두 원이 외접하려면 $4+\sqrt a=10$이어야 하므로 $\sqrt a=6$　　∴ $a=36$

기본 연습

p.051

17　　원 $x^2+y^2=8$과 직선 $y=-x+k$의 위치 관계가 다음과 같을 때, 실수 k의 값 또는 k의 값의 범위를 구하시오.

(1) 서로 다른 두 점에서 만난다.　　　　(2) 접한다.　　　　(3) 만나지 않는다.

18　　두 원 $x^2+y^2=4$, $(x-a)^2+(y-1)^2=1$이 서로 만나지 않도록 하는 양수 a의 값의 범위를 구하시오.

기본유형 12 두 원의 교점을 지나는 직선의 방정식   개념 06

두 원 $x^2+y^2+2y-4=0$, $x^2+y^2+4x-2y+4=0$의 교점을 지나는 직선의 방정식을 구하시오.

solution

두 원의 교점을 지나는 직선의 방정식은
$x^2+y^2+2y-4-(x^2+y^2+4x-2y+4)=0$
$-4x+4y-8=0$
$\therefore x-y+2=0$

기본유형 13 두 원의 교점을 지나는 원의 방정식   개념 07

두 원 $x^2+y^2-6x-8y-4=0$, $x^2+y^2-9x-11y-2=0$의 교점과 원점을 지나는 원의 방정식을 구하시오.

solution

두 원의 교점을 지나는 원의 방정식을
$x^2+y^2-6x-8y-4+k(x^2+y^2-9x-11y-2)=0$ $(k\neq-1)$ ......㉠
이라 하면 원 ㉠이 원점을 지나므로
$-4-2k=0$ $\therefore k=-2$
이것을 ㉠에 대입하여 정리하면
$x^2+y^2-12x-14y=0$ $\therefore (x-6)^2+(y-7)^2=85$

기본 연습

19 두 원 $x^2+y^2=10$, $(x-2)^2+(y+1)^2=25$의 교점을 지나는 직선의 방정식을 구하시오.

⊙ p.051

20 두 원 $(x+2)^2+(y+4)^2=9$, $(x-1)^2+(y-1)^2=9$의 교점과 점 $(1, 0)$을 지나는 원의 방정식을 구하시오.

중심의 좌표가 $(-3, 4)$이고 x축에 접하는 원이 직선 $2x+y+k=0$에도 접할 때, 모든 실수 k의 값의 합을 구하시오.

guide

❶ 원의 중심과 직선 사이의 거리를 d, 원의 반지름의 길이를 r이라 하고 그 값을 각각 구한다.

❷ 다음 원과 직선의 위치 관계에 따른 d와 r의 대소 관계를 이용하여 식을 세운다.

(1) 서로 다른 두 점에서 만난다. ⇨ $d<r$

(2) 한 점에서 만난다. (접한다.) ⇨ $d=r$

(3) 만나지 않는다.　　　　　　 ⇨ $d>r$

❸ ❷에서 세운 식을 풀어 미지수의 값 또는 미지수의 값의 범위를 구한다.

solution

원의 반지름의 길이를 r, 원의 중심 $(-3, 4)$와 직선 $2x+y+k=0$ 사이의 거리를 d라 하면

$r=4$, $d=\dfrac{|2\times(-3)+4+k|}{\sqrt{2^2+1^2}}=\dfrac{|k-2|}{\sqrt5}$

(중심의 y좌표)

이때 원이 직선에 접하므로 $d=r$에서

$\dfrac{|k-2|}{\sqrt5}=4$, $|k-2|=4\sqrt5$　　∴ $k=2\pm4\sqrt5$

따라서 모든 실수 k의 값의 합은

$2+4\sqrt5+(2-4\sqrt5)=4$

다른 풀이 중심의 좌표가 $(-3, 4)$이고 x축에 접하는 원의 방정식은 $(x+3)^2+(y-4)^2=16$

위의 식에 $2x+y+k=0$, 즉 $y=-2x-k$를 대입하면

$(x+3)^2+(-2x-k-4)^2=16$　　∴ $5x^2+2(2k+11)x+k^2+8k+9=0$

이 이차방정식의 판별식을 D라 하면 원과 직선이 접하므로 $D=0$에서

$\dfrac{D}{4}=(2k+11)^2-5(k^2+8k+9)=0$　　∴ $k^2-4k-76=0$

따라서 이차방정식의 근과 계수의 관계에 의하여 모든 실수 k의 값의 합은 4이다.

필수 연습

📖 p.052

21 중심의 좌표가 $(-2, 5)$이고 y축에 접하는 원이 직선 $4x+3y+k=0$과 만날 때, 실수 k의 값의 범위를 구하시오.

22 원 $x^2+y^2-8x-6y+k=0$이 x축과 만나고, y축과 만나지 않도록 하는 정수 k의 개수를 구하시오.

원 $x^2+y^2-2x=0$ 위의 점 P와 직선 $x-y+1=0$ 사이의 거리의 최댓값과 최솟값을 각각 구하시오.

guide

① 원의 중심과 직선 사이의 거리를 d, 원의 반지름의 길이를 r이라 하고 그 값을 각각 구한다.

② ①에서 구한 값을 이용하여 다음과 같이 원 위의 한 점과 직선 사이의 거리의 최댓값 M과 최솟값 m을 구한다.

$$M=d+r, \ m=d-r \ (단, d>r)$$

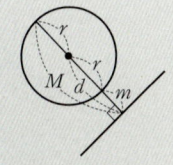

solution

$x^2+y^2-2x=0$에서 $(x-1)^2+y^2=1$

오른쪽 그림과 같이 원의 중심을 A라 하고 점 A에서 직선 $x-y+1=0$에 내린 수선의 발을 B, 직선 AB가 원과 만나는 두 점을 C, D라 하자.

원의 중심 $A(1, 0)$과 직선 $x-y+1=0$ 사이의 거리는

$$\overline{AB}=\frac{|1-0+1|}{\sqrt{1^2+(-1)^2}}=\frac{2}{\sqrt{2}}=\sqrt{2}$$

원 위의 점 P에서 직선 $x-y+1=0$에 내린 수선의 발을 Q라 하면

(i) 선분 PQ의 길이가 최대가 되도록 하는 두 점 P, Q의 위치는 각각 점 C, 점 B이므로 그 최댓값은

$$\overline{BC}=\overline{AB}+\overline{AC}=\sqrt{2}+1$$

(ii) 선분 PQ의 길이가 최소가 되도록 하는 두 점 P, Q의 위치는 각각 점 D, 점 B이므로 그 최솟값은

$$\overline{BD}=\overline{AB}-\overline{AD}=\sqrt{2}-1$$

(i), (ii)에서 구하는 최댓값은 $\sqrt{2}+1$, 최솟값은 $\sqrt{2}-1$이다.

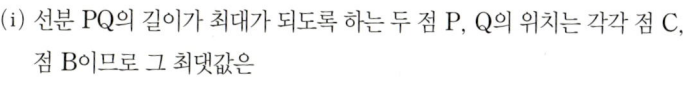

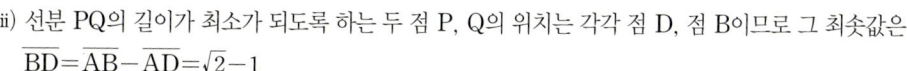

필수 연습

23　원 $x^2+y^2-4x-10y+24=0$ 위의 점 P와 직선 $y=-3x+1$ 사이의 거리의 최댓값과 최솟값의 합을 구하시오.

pp.052~053

24　원 $x^2+y^2-4x+4y+7=0$ 위의 점 P와 직선 $5x-12y+15=0$ 사이의 거리가 정수가 되도록 하는 점 P의 개수를 구하시오.

두 원 $x^2+y^2-2ax+8y+b=0$, $x^2+y^2+4bx-2y+a+6=0$의 교점을 지나는 직선의 방정식이 $3x+5y+1=0$일 때, 두 상수 a, b에 대하여 $a+b$의 값을 구하시오.

guide

① 서로 다른 두 점에서 만나는 두 원 $x^2+y^2+ax+by+c=0$, $x^2+y^2+a'x+b'y+c'=0$의 교점을 지나는 직선의 방정식은

$$x^2+y^2+ax+by+c-(x^2+y^2+a'x+b'y+c')=0, \text{ 즉 } (a-a')x+(b-b')y+(c-c')=0$$

임을 이용하여 주어진 두 원의 교점을 지나는 직선의 방정식을 구한다.

② ①에서 구한 직선이 조건을 만족시키도록 식을 세워 미지수의 값을 구한다.

solution

두 원의 교점을 지나는 직선의 방정식은

$$x^2+y^2-2ax+8y+b-(x^2+y^2+4bx-2y+a+6)=0$$

$$\therefore (-2a-4b)x+10y-a+b-6=0$$

이 직선이 직선 $3x+5y+1=0$과 일치해야 하므로

$$\frac{-2a-4b}{3}=\frac{10}{5}=\frac{-a+b-6}{1}\text{에서}$$

$$-2a-4b=6, \ -a+b-6=2$$

$$\therefore a+2b=-3, \ a-b=-8$$

두 식을 연립하여 풀면 $a=-\dfrac{19}{3}, \ b=\dfrac{5}{3}$

$$\therefore a+b=-\frac{19}{3}+\frac{5}{3}=-\frac{14}{3}$$

필수 연습

p.053

25   두 원 $x^2+y^2-3ax+7y+3=0$, $x^2+y^2+(2b-5)x+(a+b)y+4=0$의 교점을 지나는 직선의 방정식이 $5x-y+2=0$일 때, 두 상수 a, b에 대하여 ab의 값을 구하시오.

26   두 원 $x^2+y^2-4x-2y+k=0$, $x^2+y^2+4x+4y=0$의 교점을 지나는 직선이 점 $(-6, 7)$을 지날 때, 상수 k의 값을 구하시오.

27   두 원 $x^2+y^2-5x+ky-6=0$, $(x-1)^2+(y-3)^2=10$의 교점을 지나는 직선이 직선 $y=-4x+1$과 수직일 때, 상수 k의 값을 구하시오. (단, $k \neq -6$)

필수유형 17   현의 길이

원 $x^2+y^2=8$이 직선 $y=x+k$와 만나서 생기는 현의 길이가 $2\sqrt{6}$일 때, 상수 k의 값을 모두 구하시오.

guide

1. 주어진 현의 길이와 피타고라스 정리를 이용하여 원의 중심과 직선 사이의 거리를 구한다.
2. 점과 직선 사이의 거리 공식을 이용하여 원의 중심과 직선 사이의 거리를 구한다.
3. ❶, ❷에서 구한 두 거리가 서로 같음을 이용하여 미지수의 값을 구한다.

solution

오른쪽 그림과 같이 원과 직선의 두 교점을 A, B라 하면 $\overline{AB}=2\sqrt{6}$

원의 중심에서 직선 $y=x+k$에 내린 수선의 발을 H라 하면

$$\overline{AH}=\frac{1}{2}\overline{AB}=\sqrt{6}$$

원 $x^2+y^2=8$의 반지름의 길이는 $\overline{OA}=2\sqrt{2}$이므로 직각삼각형 OAH에서

피타고라스 정리에 의하여

$$\overline{OH}=\sqrt{\overline{OA}^2-\overline{AH}^2}=\sqrt{8-6}=\sqrt{2} \quad \cdots\cdots \text{㉠}$$

한편, 원의 중심 $(0, 0)$과 직선 $y=x+k$, 즉 $x-y+k=0$ 사이의 거리는

$$\overline{OH}=\frac{|0-0+k|}{\sqrt{1^2+(-1)^2}}=\frac{|k|}{\sqrt{2}} \quad \cdots\cdots \text{㉡}$$

㉠, ㉡에서 $\dfrac{|k|}{\sqrt{2}}=\sqrt{2}$이므로 $|k|=2$ $\therefore k=\pm2$

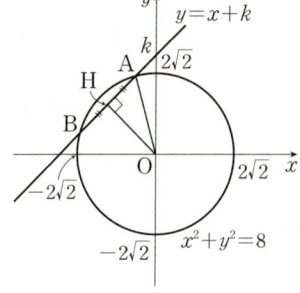

plus

서로 다른 두 점에서 만나는 두 원 O, O'의 두 교점 A, B에 대하여 선분 AB의 중점을 M이라 할 때, 공통현 AB의 길이는 다음과 같은 순서로 구할 수 있다.

(ⅰ) 직선 AB의 방정식을 구한다.

(ⅱ) 원의 중심 O와 직선 AB 사이의 거리를 구한다.

(ⅲ) 직각삼각형 AOM에서 $\overline{AM}$의 길이를 구한다.

(ⅳ) $\overline{AB}=2\overline{AM}$임을 이용하여 두 원의 공통현의 길이를 구한다.

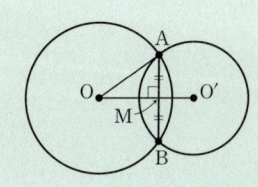

필수연습

pp.053~055

28 원 $x^2+y^2=25$가 직선 $y=2x+k$와 만나서 생기는 현의 길이가 8일 때, 상수 k에 대하여 k^2의 값을 구하시오.

29 원 $x^2+y^2+(3a-2)x+4ay+a=0$이 실수 a의 값에 관계없이 항상 두 점 P, Q를 지날 때, 선분 PQ의 길이를 구하시오.

plus
30 두 원 $O : x^2+y^2-2x-8=0$, $O' : x^2+y^2+x-2y-5=0$의 공통현의 길이가 k일 때, $13k^2$의 값을 구하시오.

두 원 $x^2+y^2+2x+3ay-4=0$, $x^2+y^2+8y=0$이 서로 다른 두 점에서 만날 때, 이 두 원의 교점 및 두 점 $(0, 1)$, $(1, -1)$을 지나는 원의 방정식을 구하시오. (단, a는 상수이다.)

guide

① 서로 다른 두 점에서 만나는 두 원 $x^2+y^2+ax+by+c=0$, $x^2+y^2+a'x+b'y+c'=0$의 교점을 지나는 원 중에서 $x^2+y^2+a'x+b'y+c'=0$을 제외한 원의 방정식은
$$(x^2+y^2+ax+by+c)+k(x^2+y^2+a'x+b'y+c')=0 \ (k\neq-1인 \ 실수)$$
임을 이용하여 주어진 두 원의 교점을 지나는 원의 방정식을 구한다.
② ①에서 구한 원이 조건을 만족시키도록 식을 세워 미지수의 값을 구한다.

solution

두 원의 교점을 지나는 원의 방정식을
$$x^2+y^2+2x+3ay-4+k(x^2+y^2+8y)=0 \ (k\neq-1인 \ 실수) \quad \cdots\cdots ㉠$$
이라 하면 원 ㉠이 점 $(0, 1)$을 지나므로 $a+3k-1=0$ $\quad\cdots\cdots ㉡$
또한, 원 ㉠이 점 $(1, -1)$을 지나므로 $-a-2k=0$ $\quad\cdots\cdots ㉢$
두 식 ㉡, ㉢을 연립하여 풀면 $a=-2$, $k=1$
이것을 ㉠에 대입하면 $x^2+y^2+2x-6y-4+(x^2+y^2+8y)=0$
$\therefore x^2+y^2+x+y-2=0$

◆ plus

두 원의 교점을 지나는 원 중에서 넓이가 최소인 원은 두 원의 공통현을 지름으로 하는 원이다.

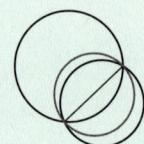

필수
연습

31   두 원 $x^2+y^2+4kx-10=0$, $x^2+y^2-10x+6y+2=0$이 서로 다른 두 점에서 만날 때, 이 두 원의 교점과 원점 및 점 $(2, -1)$을 지나는 원의 방정식을 구하시오. (단, k는 상수이다.)

p.055

32   두 원 $x^2+y^2+2y-8=0$, $x^2+y^2-ax-4y+8=0$의 서로 다른 두 교점과 점 $(0, 1)$을 지나는 원의 넓이가 $\dfrac{5}{2}\pi$일 때, 양수 a의 값을 구하시오.

◆plus
33   두 원 $x^2+y^2-4x-1=0$, $x^2+y^2-2y-9=0$의 교점을 지나는 원 중에서 그 넓이가 최소인 원의 중심의 좌표를 (a, b)라 할 때, $a+b$의 값을 구하시오.

07 원 $x^2+y^2-2kx-4ky-2k-1=0$에 대한 설명으로 〈보기〉에서 항상 옳은 것만을 있는 대로 고른 것은?
(단, k는 실수이다.)

───────── 보기 ─────────

ㄱ. 점 $(-1, 0)$을 지난다.
ㄴ. 중심은 직선 $y=2x$ 위에 있다.
ㄷ. x축과 서로 다른 두 점에서 만난다.

① ㄱ   ② ㄷ   ③ ㄱ, ㄴ
④ ㄴ, ㄷ   ⑤ ㄱ, ㄴ, ㄷ

08 원 $x^2+y^2-2x-4y+4=0$과 직선 $y=3x-k$가 서로 다른 두 점에서 만나도록 하는 실수 k의 값의 범위를 구하시오.

09 원 $(x-2)^2+(y-2)^2=1$ 위의 한 점 P와 두 점 A$(0, 3)$, B$(-4, 0)$을 꼭짓점으로 하는 삼각형 PAB의 넓이의 최솟값을 구하시오.

10 좌표평면 위의 점 P$(3, 4)$를 지나는 직선 중에서 원점과의 거리가 최대인 직선을 l이라 하자.
원 $(x-7)^2+(y-5)^2=1$ 위의 점과 직선 l 사이의 거리의 최솟값을 m이라 할 때, $10m$의 값을 구하시오.

11 다음 그림과 같이 원점 O와 세 점 A$(5, -1)$, B$(6, 2)$, C$(3, 4)$를 꼭짓점으로 하는 사각형 OABC가 있다. 사각형 OABC의 둘레 위의 임의의 점 P(x, y)에 대하여 $x^2+y^2-6x+10$의 최댓값과 최솟값을 각각 M, m이라 할 때, $M+26m$의 값을 구하시오.

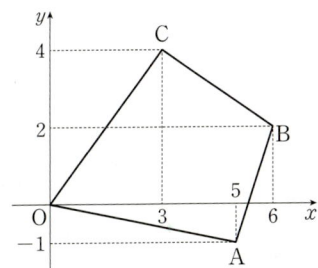

12 두 원
$$x^2+y^2=4, \quad x^2+y^2+2ax-4ay+5a^2-4=0$$
이 서로 만나지 않도록 하는 실수 a의 값의 범위를 구하시오.

13 두 원

$$x^2+y^2=30, \ (x-2a)^2+y^2=14$$

가 서로 다른 두 점에서 만날 때, 두 원의 교점을 지나는 직선이 점 $(-4, 3)$을 지나도록 하는 상수 a의 값을 구하시오.

14 두 점 $A(3, 0)$, $B(0, 3)$에 대하여 다음 조건을 만족시키는 점 P가 두 개 존재할 때, 이 두 점을 지나는 직선의 y절편을 구하시오.

(가) $\overline{AP} : \overline{BP} = 2 : 1$

(나) 선분 AP와 선분 BP는 서로 수직이다.

---

15 원 $x^2+y^2=4$와 직선 $x+2y-k=0$이 만나서 생기는 현의 길이가 $\dfrac{8\sqrt{5}}{5}$일 때, k^2의 값을 구하시오.

(단, k는 상수이다.)

16 원 $x^2+y^2-4x-6y-3=0$과 직선 $x+y-2=0$의 두 교점을 지름의 양 끝 점으로 하는 원의 중심의 좌표를 (a, b), 반지름의 길이를 r이라 할 때, $a+b+r^2$의 값을 구하시오.

17 다음 그림과 같이 두 원

$$x^2+y^2=16, \ (x-3)^2+(y-3)^2=4$$

의 두 교점을 P, Q라 하고 두 원의 중심을 각각 O, C라 할 때, 네 점 P, O, Q, C를 꼭짓점으로 하는 사각형 POQC의 넓이를 구하시오.

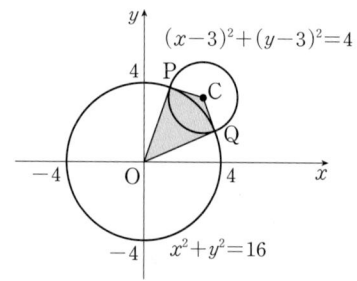

신유형

18 두 원

$$x^2+y^2+4x-6y+9=0, \ (x+4)^2+(y-2)^2=k$$

가 서로 다른 두 점에서 만날 때, 두 원의 교점을 지나면서 x축, y축에 동시에 접하는 원이 존재하도록 하는 양수 k에 대하여 $3k$의 값을 구하시오.

3 원의 접선의 방정식

개념 08 기울기가 주어진 원의 접선의 방정식

> 원 $x^2+y^2=r^2$에 접하고 기울기가 m인 직선의 방정식은
> $$y=mx\pm r\sqrt{m^2+1}$$
> **주의** 한 원에서 기울기가 같은 접선은 반드시 2개 존재한다. **A**

원 $x^2+y^2=r^2$에 접하고 기울기가 m인 직선의 방정식은 다음과 같이 두 가지 방법으로 구할 수 있다.

(1) **판별식을 이용하는 방법** **B**

구하는 접선의 방정식을 $y=mx+n$이라 하고 주어진 원의 방정식에 대입하면
$$x^2+(mx+n)^2=r^2$$
이다. 이 식을 전개하고 정리하면
$$(m^2+1)x^2+2mnx+n^2-r^2=0$$
x에 대한 이 이차방정식의 판별식을 D라 하면
$$\frac{D}{4}=(mn)^2-(m^2+1)(n^2-r^2)=r^2(m^2+1)-n^2$$
이때 원과 직선이 접하려면 $\dfrac{D}{4}=0$, 즉 $r^2(m^2+1)-n^2=0$이므로
$$n=\pm r\sqrt{m^2+1}$$
따라서 구하는 접선의 방정식은
$$y=mx\pm r\sqrt{m^2+1}$$

(2) **원의 중심과 직선 사이의 거리를 이용하는 방법** **C**

구하는 접선의 방정식을 $y=mx+n$, 즉 $mx-y+n=0$이라 하면 원의 중심 $O(0,\ 0)$과 이 직선 사이의 거리가 원의 반지름의 길이 r과 같아야 하므로
$$\frac{|n|}{\sqrt{m^2+(-1)^2}}=r,\ |n|=r\sqrt{m^2+1}\qquad\therefore n=\pm r\sqrt{m^2+1}$$
따라서 구하는 접선의 방정식은
$$y=mx\pm r\sqrt{m^2+1}$$

예 원 $x^2+y^2=9$에 접하고 기울기가 2인 접선의 방정식은
$$y=2x\pm3\sqrt{2^2+1}\qquad\therefore y=2x\pm3\sqrt{5}$$

참고 원의 중심이 원점이 아닌 경우, 즉 원 $(x-a)^2+(y-b)^2=r^2$에 접하고 기울기가 m인 접선의 방정식은
$$y-b=m(x-a)\pm r\sqrt{m^2+1}$$ **D**

A 기울기가 주어진 원의 접선의 방정식

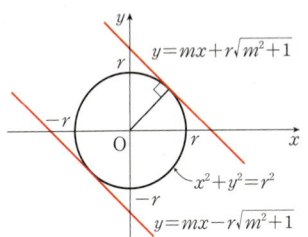

B 판별식을 이용한 원과 직선의 위치 관계
원과 직선이 한 점에서 만난다. (접한다.)
⇨ 원의 방정식과 직선의 방정식을 연립한 이차방정식의 판별식을 D라 할 때,
$$D=0$$

C 원의 중심과 직선 사이의 거리를 이용한 원과 직선의 위치 관계
원과 직선이 한 점에서 만난다. (접한다.)
⇨ 원의 중심과 직선 사이의 거리 d와 원의 반지름의 길이 r에 대하여
$$d=r$$

D 기울기가 m이고, 원 $x^2+y^2=r^2$에 접하는 직선을 x축의 방향으로 a만큼, y축의 방향으로 b만큼 평행이동한 것이다.

> 원 $x^2+y^2=r^2$ 위의 점 $P(x_1,\ y_1)$에서의 접선의 방정식은
> $$x_1x+y_1y=r^2$$ Ⓐ

원 $x^2+y^2=r^2$ 위의 점 $P(x_1,\ y_1)$에서의 접선의 방정식은 다음과 같이 점 P의 위치에 따라 경우를 나누어 구할 수 있다.

Ⓐ 주어진 원의 방정식에
$$x^2 \text{ 대신 } x_1x,\ y^2 \text{ 대신 } y_1y$$
를 대입한 것과 같다.

(ⅰ) 점 P가 좌표축 위의 점이 아닐 때, ← $x_1 \neq 0,\ y_1 \neq 0$

점 P에서의 접선은 직선 OP와 수직이다.

이때 직선 OP의 기울기는 $\dfrac{y_1}{x_1}$이므로

접선의 기울기는 $-\dfrac{x_1}{y_1}$이다.

즉, 구하는 접선은 기울기가 $-\dfrac{x_1}{y_1}$이고

점 $P(x_1,\ y_1)$을 지나는 직선이므로 그 방정식은

$$y-y_1=-\dfrac{x_1}{y_1}(x-x_1) \qquad \therefore\ x_1x+y_1y=x_1{}^2+y_1{}^2$$

한편, 점 $P(x_1,\ y_1)$은 원 위의 점이므로

$$x_1{}^2+y_1{}^2=r^2$$

따라서 구하는 접선의 방정식은

$$x_1x+y_1y=r^2$$

(ⅱ) 점 P가 좌표축 위의 점일 때, ← $x_1=0$ 또는 $y_1=0$

점 P의 좌표가 $(0,\ \pm r)$ 또는 $(\pm r,\ 0)$
이므로 직선 OP는 y축 또는 x축이고
점 P에서의 접선은 직선 OP와 수직이
므로 구하는 접선의 방정식은

$$y=\pm r \text{ 또는 } x=\pm r$$ Ⓑ

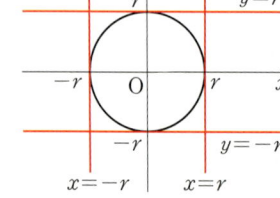

Ⓑ 점 P가 좌표축 위에 있는 경우에도 방정식
$$x_1x+y_1y=r^2$$
이 성립함을 알 수 있다.

예 원 $x^2+y^2=8$ 위의 점 $(2,\ 2)$에서의
접선의 방정식은
$$2x+2y=8 \qquad \therefore\ x+y=4$$

참고 원의 중심이 원점이 아닌 경우, 다음과 같이 접선의 방정식을 구할 수 있다.

(1) 원 $(x-a)^2+(y-b)^2=r^2$ 위의 점 $(x_1,\ y_1)$에서의 접선의 방정식은
$$(x_1-a)(x-a)+(y_1-b)(y-b)=r^2$$ Ⓒ

(2) 원 $x^2+y^2+Ax+By+C=0$ 위의 점 $(x_1,\ y_1)$에서의 접선의 방정식은
$$x_1x+y_1y+A\times\dfrac{x_1+x}{2}+B\times\dfrac{y_1+y}{2}+C=0$$ Ⓓ

Ⓒ 주어진 원의 방정식에
$$(x-a)^2 \text{ 대신 } (x_1-a)(x-a),$$
$$(y-b)^2 \text{ 대신 } (y_1-b)(y-b)$$
를 대입한 것과 같다.

Ⓓ 주어진 원의 방정식에
$$x^2 \text{ 대신 } x_1x,\ y^2 \text{ 대신 } y_1y,$$
$$x \text{ 대신 } \dfrac{x_1+x}{2},\ y \text{ 대신 } \dfrac{y_1+y}{2}$$
를 대입한 것과 같다.

개념 10 원 밖의 한 점에서 원에 그은 접선의 방정식

원 밖의 한 점 (a, b)에서 원에 그은 접선의 방정식은 다음과 같은 방법으로 구할 수 있다.

(1) **원 위의 점에서의 접선의 방정식 이용**
   접점의 좌표를 (x_1, y_1)이라 하고, 이 점에서의 접선이 점 (a, b)를 지남을 이용한다.

(2) **원의 중심과 접선 사이의 거리 이용**
   점 (a, b)를 지나고 기울기가 m인 직선과 원의 중심 사이의 거리가 원의 반지름의 길이와 같음을 이용한다.

(3) **이차방정식의 판별식 이용**
   점 (a, b)를 지나고 기울기가 m인 직선의 방정식과 원의 방정식을 연립하여 얻은 이차방정식의 판별식을 D라 할 때, $D=0$임을 이용한다.

   주의 원 밖의 한 점 (a, b)에서 원에 그은 접선은 반드시 2개 존재한다.

1. 원 밖의 한 점에서 원에 그은 접선의 방정식

원 $x^2+y^2=r^2$ 밖의 한 점 (a, b)에서의 접선의 방정식은 다음과 같은 방법으로 구할 수 있다.

(1) 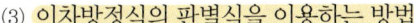 **원 위의 점에서의 접선의 방정식을 이용하는 방법**

접점을 $\mathrm{P}(x_1, y_1)$이라 하면 접선의 방정식은

$$x_1 x + y_1 y = r^2 \quad \cdots\cdots \text{㉠}$$

이 직선이 점 (a, b)를 지나므로

$$x_1 a + y_1 b = r^2 \quad \cdots\cdots \text{㉡}$$

이때 점 $\mathrm{P}(x_1, y_1)$은 원 $x^2+y^2=r^2$ 위의 점이므로

$$x_1^2 + y_1^2 = r^2 \quad \cdots\cdots \text{㉢}$$

㉡, ㉢을 연립하여 구한 x_1, y_1의 값을 ㉠에 대입하여 접선의 방정식을 구한다.

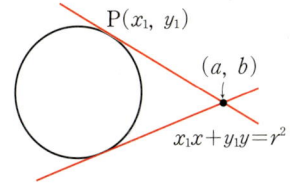

(2) **원의 중심과 접선 사이의 거리를 이용하는 방법**

점 (a, b)를 지나고 기울기가 m인 접선의 방정식은

$$y = m(x-a) + b \quad \cdots\cdots \text{㉠}$$

이 직선과 원의 중심 사이의 거리를 d라 할 때, $d=r$을 만족시키는 m의 값을 구한 후, 구한 m의 값을 ㉠에 대입하여 접선의 방정식을 구한다.

(3) **이차방정식의 판별식을 이용하는 방법**

점 (a, b)를 지나고 기울기가 m인 접선의 방정식은

$$y = m(x-a) + b \quad \cdots\cdots \text{㉠}$$

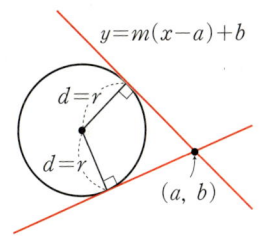

㉠을 $x^2+y^2=r^2$에 대입하여 정리하면

$$(m^2+1)x^2 - 2m(ma-b)x + (ma-b)^2 - r^2 = 0$$

이 이차방정식의 판별식을 D라 하면

$$\frac{D}{4} = m^2(ma-b)^2 - (m^2+1)\{(ma-b)^2 - r^2\}$$

이때 $\dfrac{D}{4}=0$을 만족시키는 m의 값을 구한 후, 구한 m의 값을 ㉠에 대입하여 접선의 방정식을 구한다.

참고 원 밖의 한 점에서 이 원에 두 접선을 그을 때 생기는 두 접점을 지나는 직선을 **극선**이라고 한다.

이때 원 $x^2+y^2=r^2$ 밖의 한 점 (a, b)에서 그은 두 접선의 접점을 지나는 직선의 방정식(극선의 방정식)은

$$ax+by=r^2$$

이다.

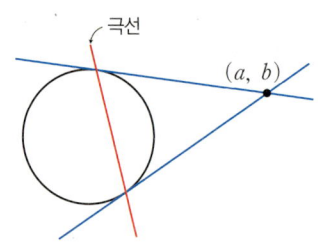

2. 원 밖의 한 점에서 원에 그은 접선의 길이

중심이 O인 원과 이 원 밖의 한 점 P에 대하여 점 P에서 원에 접선을 그을 때 생기는 접점을 Q라 할 때, 선분 PQ의 길이를 **접선의 길이**라 한다.

원 O의 반지름의 길이를 r, 중심 O와 점 P 사이의 거리를 d라 하면 오른쪽 그림에서 $\triangle$OPQ는 직각삼각형이므로 피타고라스 정리에 의하여

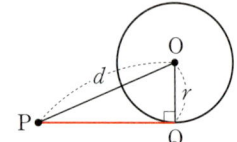

$$\overline{PQ}=\sqrt{\overline{OP}^2-\overline{OQ}^2}=\sqrt{d^2-r^2}$$

한 걸음 더

공통접선의 길이

🔗 **필수유형 25**

1. **공통접선** : 두 원에 동시에 접하는 직선

(1) **공통외접선** : 두 원이 공통접선에 대하여 같은 쪽에 있을 때, 그 접선

(2) **공통내접선** : 두 원이 공통접선에 대하여 서로 반대쪽에 있을 때, 그 접선

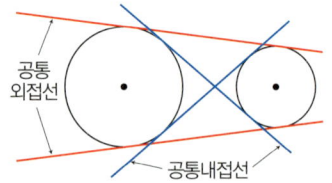

2. **공통접선의 길이**

두 원 O, O′의 반지름의 길이가 각각 r, r' $(r>r')$, 두 원의 중심 사이의 거리가 d일 때, 두 접점 A, B에 대하여 선분 AB의 길이를 **공통접선의 길이**라 한다.

(1) **공통외접선의 길이**

오른쪽 그림에서 $\square$ACO′B는 직사각형이므로 $\overline{AB}=\overline{CO'}$

또한, $\overline{AC}=\overline{BO'}$에서 $\overline{OC}=r-r'$

직각삼각형 COO′에서 피타고라스 정리에 의하여

$$\overline{CO'}^2+(r-r')^2=d^2$$

$$\therefore \overline{AB}=\overline{CO'}=\sqrt{d^2-(r-r')^2}$$

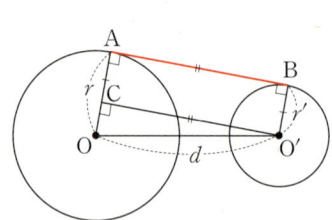

(2) **공통내접선의 길이**

오른쪽 그림에서 $\square$ABO′C는 직사각형이므로 $\overline{AB}=\overline{CO'}$

또한, $\overline{AC}=\overline{BO'}$에서 $\overline{OC}=r+r'$

직각삼각형 OO′C에서 피타고라스 정리에 의하여

$$\overline{CO'}^2+(r+r')^2=d^2$$

$$\therefore \overline{AB}=\overline{CO'}=\sqrt{d^2-(r+r')^2}$$

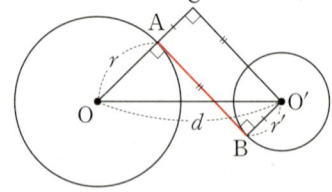

참고 공통외접선과 공통내접선의 길이는 한 접선에 의하여 두 원에 각각 생기는 두 접점 사이의 거리를 의미한다.

기본유형 19 기울기가 주어진 원의 접선의 방정식 개념 08

원 $x^2+y^2=5$에 접하고 기울기가 2인 직선의 방정식을 구하시오.

solution

원 $x^2+y^2=5$의 반지름의 길이는 $\sqrt{5}$이고 접선의 기울기가 2이므로

구하는 직선의 방정식은

$y=2x\pm\sqrt{5}\times\sqrt{2^2+1}$

$\therefore\ y=2x\pm5$

다른 풀이 접선의 기울기가 2이므로 접선의 방정식을 $y=2x+k$ (k는 상수)라 하자.

원의 중심 $(0, 0)$과 직선 $y=2x+k$, 즉 $2x-y+k=0$ 사이의 거리는 반지름의 길이 $\sqrt{5}$와 같으므로

$\dfrac{|0-0+k|}{\sqrt{2^2+(-1)^2}}=\sqrt{5},\ |k|=5\qquad\therefore\ k=\pm5$

따라서 구하는 직선의 방정식은 $y=2x\pm5$

기본유형 20 원 위의 점에서의 접선의 방정식 개념 09

원 $x^2+y^2=2$ 위의 점 $(1, 1)$에서의 접선의 방정식을 구하시오.

solution

원 $x^2+y^2=2$ 위의 점 $(1, 1)$에서의 접선의 방정식은

$1\times x+1\times y=2\qquad\therefore\ x+y=2$

다른 풀이 원의 중심 $(0, 0)$과 접점 $(1, 1)$을 지나는 직선의 기울기는 $\dfrac{1-0}{1-0}=1$

원의 접선은 원의 중심과 접점을 지나는 직선에 수직이므로 구하는 접선의 기울기는 -1이다.

따라서 기울기가 -1이고, 점 $(1, 1)$을 지나는 접선의 방정식은

$y-1=-(x-1)\qquad\therefore\ y=-x+2$

기본 연습

34 원 $x^2+y^2=9$에 접하고 기울기가 -1인 직선의 방정식을 구하시오.

35 원 $x^2+y^2=24$ 위의 점 $(2, 2\sqrt{5})$에서의 접선의 방정식을 구하시오.

원 $(x-2)^2+(y+1)^2=4$에 접하고 직선 $3x-y+3=0$에 평행한 접선의 방정식을 모두 구하시오.

guide

기울기 m이 주어졌을 때의 원의 접선의 방정식은 다음 세 가지 방법 중 하나를 이용하여 구한다.

(1) 원의 중심이 원점일 때는 공식 이용

⇨ 원 $x^2+y^2=r^2$에 접하는 직선의 방정식은 $y=mx\pm r\sqrt{m^2+1}$

(2) 원의 중심과 직선 사이의 거리 및 반지름의 길이 이용

⇨ 접선의 방정식을 $y=mx+n$이라 하고 원의 중심과 직선 사이의 거리가 반지름의 길이와 같음을 이용한다.

(3) 판별식 이용

⇨ 접선의 방정식을 $y=mx+n$이라 하고 접선의 방정식과 원의 방정식을 연립하여 얻은 이차방정식에 대하여 (판별식)$=0$임을 이용한다.

solution

구하는 접선은 직선 $3x-y+3=0$, 즉 $y=3x+3$에 평행하므로 접선의 기울기는 3이다.

이 접선의 방정식을 $y=3x+k$ (k는 상수)라 하면 원의 중심 $(2,\ -1)$과 직선

$y=3x+k$, 즉 $3x-y+k=0$ 사이의 거리는 반지름의 길이 2와 같으므로

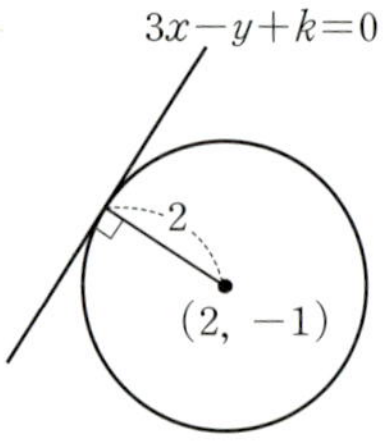

$$\frac{|3\times2-(-1)+k|}{\sqrt{3^2+(-1)^2}}=2,\ |k+7|=2\sqrt{10}\qquad\therefore\ k=-7\pm2\sqrt{10}$$

따라서 구하는 접선의 방정식은 $y=3x-7\pm2\sqrt{10}$

다른 풀이 기울기가 3인 접선의 방정식을 $y=3x+k$ (k는 상수)라 하고

$(x-2)^2+(y+1)^2=4$에 대입하면

$(x-2)^2+(3x+k+1)^2=4$ $\therefore\ 10x^2+(6k+2)x+k^2+2k+1=0$

이 이차방정식의 판별식을 D라 하면

$$\frac{D}{4}=(3k+1)^2-10(k^2+2k+1)=0,\ k^2+14k+9=0\qquad\therefore\ k=-7\pm2\sqrt{10}$$

따라서 구하는 접선의 방정식은 $y=3x-7\pm2\sqrt{10}$

(그림: $3x-y+k=0$, 반지름 2, 중심 $(2,\ -1)$)

필수 연습

36 원 $(x-1)^2+(y+3)^2=9$에 접하고 직선 $x-2y+4=0$에 수직인 직선의 방정식을 모두 구하시오.

p.061

37 원 $x^2+y^2=15$에 접하고 x축의 양의 방향과 이루는 각의 크기가 $30°$인 두 직선이 x축, y축과 네 점에서 만날 때, 이 네 점을 꼭짓점으로 하는 사각형의 넓이를 구하시오.

원 $x^2+y^2+4x-6y+8=0$ 위의 점 P$(0, 2)$에서의 접선의 방정식이 $y=ax+b$일 때, 두 상수 a, b에 대하여 ab 의 값을 구하시오.

guide

접점의 좌표를 알 때의 원의 접선의 방정식은 다음 두 가지 방법 중 하나를 이용하여 구한다.

(1) 원의 중심이 원점일 때는 공식 이용

⇨ 원 $x^2+y^2=r^2$ 위의 점 (x_1, y_1)에서의 접선의 방정식은 $x_1x+y_1y=r^2$

(2) 원의 중심과 접점을 이은 직선 및 접선의 기울기 이용

⇨ 원의 중심과 접점을 이은 직선이 접선과 수직임을 이용한다.

solution

$x^2+y^2+4x-6y+8=0$에서

$(x+2)^2+(y-3)^2=5$

원의 중심을 C라 하면 C$(-2, 3)$이고, 점 C와 접점 P$(0, 2)$를 지나는 직선 CP의 기울기는

$\dfrac{2-3}{0-(-2)}=-\dfrac{1}{2}$

이때 구하는 접선은 직선 CP에 수직이므로 접선의 기울기는 2이다.

따라서 기울기가 2이고 점 P$(0, 2)$를 지나는 접선의 방정식은

$y-2=2(x-0)$ ∴ $y=2x+2$

따라서 $a=2$, $b=2$이므로 $ab=2\times2=4$

다른 풀이 $x^2+y^2+4x-6y+8=0$에서 $(x+2)^2+(y-3)^2=5$

원 $(x+2)^2+(y-3)^2=5$ 위의 점 P$(0, 2)$에서의 접선의 방정식은

$(0+2)\times(x+2)+(2-3)\times(y-3)=5$, 즉 $2x-y+2=0$

∴ $y=2x+2$

따라서 $a=2$, $b=2$이므로 $ab=2\times2=4$

plus

원 $(x-a)^2+(y-b)^2=r^2$ 위의 점 (x_1, y_1)에서의 접선의 방정식은

$(x_1-a)(x-a)+(y_1-b)(y-b)=r^2$

필수 연습

plus 38 원 $x^2+y^2+2x-4y=8$ 위의 점 P$(-3, -1)$에서의 접선의 방정식이 $ax+by+9=0$일 때, 두 상수 a, b에 대하여 $a+b$의 값을 구하시오.

39 원 $x^2+y^2-4x+2y+a=0$ 위의 점 $(5, b)$에서의 접선이 y축과 평행할 때, 두 상수 a, b에 대하여 ab의 값을 구하시오.

점 $(-5, 0)$에서 원 $x^2+y^2=9$에 그은 접선의 방정식을 모두 구하시오.

guide

원 밖의 한 점에서 원에 그은 접선의 방정식은 다음 두 가지 방법 중 하나를 이용하여 구한다.

(1) 접선의 기울기를 m이라 한 후, 기울기를 알 때의 원의 접선의 방정식을 이용한다.

(2) 접점의 좌표를 (x_1, y_1)이라 한 후, 접점의 좌표를 알 때의 원의 접선의 방정식을 이용한다.

solution

접선의 기울기를 m이라 하면 점 $(-5, 0)$을 지나는 접선의 방정식은

$y-0=m(x+5)$, 즉 $mx-y+5m=0$

원의 중심 $(0, 0)$과 직선 $mx-y+5m=0$ 사이의 거리가 원의 반지름의

길이 3과 같으므로

$$\frac{|0-0+5m|}{\sqrt{m^2+(-1)^2}}=3$$

$|5m|=3\sqrt{m^2+1}$, $25m^2=9m^2+9$

$16m^2=9$ $\therefore m=\pm\dfrac{3}{4}$

따라서 구하는 접선의 방정식은 ← 기울기가 $\pm\frac{3}{4}$이고 점 $(-5, 0)$을 지나는 직선이다.

$y=\pm\dfrac{3}{4}(x+5)$ $\therefore 3x-4y+15=0$ 또는 $3x+4y+15=0$

다른 풀이 접점의 좌표를 (x_1, y_1)이라 하면 접선의 방정식은 $x_1x+y_1y=9$ ······㉠

접점 (x_1, y_1)이 원 $x^2+y^2=9$ 위에 있으므로 $x_1{}^2+y_1{}^2=9$ ······㉡

직선 ㉠이 점 $(-5, 0)$을 지나므로

$-5x_1=9$ $\therefore x_1=-\dfrac{9}{5}$

이것을 ㉡에 대입하여 풀면 $y_1=\pm\dfrac{12}{5}$

㉠에서 구하는 접선의 방정식은 $-\dfrac{9}{5}x\pm\dfrac{12}{5}y=9$, 즉 $3x\pm4y+15=0$

필수 연습

40 점 $(1, -3)$에서 원 $x^2+y^2-6x+4y+12=0$에 그은 두 접선 중 기울기가 양수인 접선의

기울기를 $\dfrac{q}{p}$라 할 때, $p+q$의 값을 구하시오. (단, p, q는 서로소인 자연수이다.)

p.062

필수유형 24 접선의 길이 개념 10

원점 O에서 원 $(x-3)^2+(y-1)^2=2$에 그은 접선의 접점을 T라 할 때, 선분 OT의 길이를 구하시오.

guide

① 중심이 C인 원 밖의 한 점 P에서 원에 그은 접선의 접점을 Q라 정한다.
② 두 점 사이의 거리를 이용하여 선분 CP의 길이를 구한다.
③ 직각삼각형 CPQ에서 피타고라스 정리를 이용하여 $\overline{PQ}$의 길이를 구한다.
⇨ $\overline{PQ}=\sqrt{\overline{CP}^2-\overline{CQ}^2}$

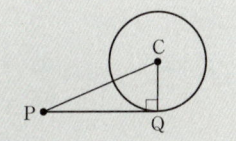

solution

원의 중심을 C라 하면
$\overline{CT}\perp\overline{OT}$
이므로 △CTO는 ∠CTO$=90°$인 직각삼각형이다.
이때 C$(3, 1)$이므로
$\overline{OC}=\sqrt{3^2+1^2}=\sqrt{10}$
원의 반지름의 길이는 $\sqrt{2}$이므로
$\overline{CT}=\sqrt{2}$
따라서 직각삼각형 CTO에서
$\overline{OT}=\sqrt{\overline{OC}^2-\overline{CT}^2}$
$=\sqrt{10-2}=\sqrt{8}=2\sqrt{2}$

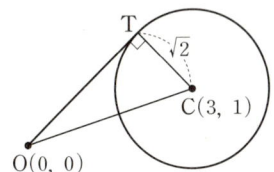

필수 연습

41 점 A$(-1, -1)$에서 원 $x^2+y^2-8x-6y+16=0$에 그은 접선의 접점을 T라 할 때, 선분 AT의 길이를 구하시오.

42 점 P$(a, -4)$에서 원 $x^2+y^2-6x-4y+4=0$에 그은 접선의 길이가 $3\sqrt{7}$일 때, 양수 a의 값을 구하시오.

43 점 A$(0, 6)$에서 원 $x^2+y^2=16$에 그은 두 접선의 접점을 각각 P, Q라 할 때, 사각형 APOQ의 넓이를 구하시오. (단, O는 원점이다.)

두 원 $x^2+y^2=25$, $(x-5)^2+(y+3)^2=9$에 동시에 접하는 접선이 두 원과 만나는 점을 각각 A, B라 할 때, 선분 AB의 길이를 구하시오.

guide

① 두 원의 반지름의 길이와 두 원의 중심 사이의 거리를 구한다.

② 구하는 선분이 공통외접선인지, 공통내접선인지 확인하여 다음을 이용한다.

(1) 공통외접선의 길이

두 원 O_1, O_2의 반지름의 길이가 각각 r_1, r_2 $(r_1>r_2)$이고, $\overline{O_1O_2}=d$일 때

$$\overline{AB}=\sqrt{d^2-(r_1-r_2)^2}$$

(2) 공통내접선의 길이

두 원 O_1, O_2의 반지름의 길이가 각각 r_1, r_2이고, $\overline{O_1O_2}=d$일 때

$$\overline{AB}=\sqrt{d^2-(r_1+r_2)^2}$$

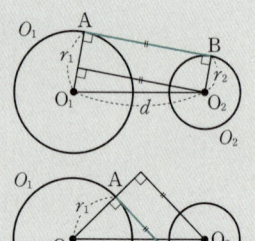

solution

두 원 $x^2+y^2=25$, $(x-5)^2+(y+3)^2=9$의 반지름의 길이는 각각 5, 3이고, 중심을 각각 C, C′이라 하면

$C(0, 0)$, $C'(5, -3)$

두 원의 중심 사이의 거리는

$$\overline{CC'}=\sqrt{5^2+(-3)^2}=\sqrt{34}<5+3$$

┗ $5-3<\sqrt{34}<5+3$

이므로 두 원의 위치 관계는 오른쪽 그림과 같다.

점 C′에서 선분 AC에 내린 수선의 발을 H라 하면 △CHC′은 직각삼각형이므로

$$\begin{aligned}\overline{AB}=\overline{HC'}&=\sqrt{\overline{CC'}^2-\overline{CH}^2}\\&=\sqrt{(\sqrt{34})^2-(5-3)^2}\\&=\sqrt{30}\end{aligned}$$

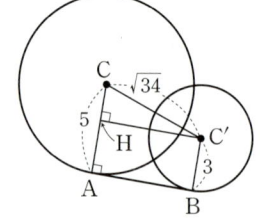

필수 연습

pp.063~064

44 두 원

$$C : x^2+(y-2)^2=4, \quad C' : (x-4)^2+(y+4)^2=9$$

에 동시에 접하는 두 접선의 접점을 그림과 같이 P, Q, R, S라 할 때, 선분 PQ와 선분 RS의 길이를 각각 구하시오.

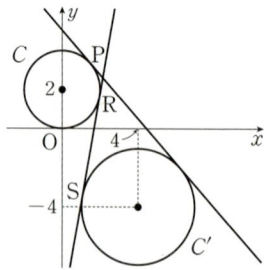

45 x축에 접하는 서로 다른 두 원이 두 점 A$(2, 5)$, B$(4, 1)$에서 만난다. 이 두 원에 동시에 접하는 접선 중 x축 위에 있지 않은 접선이 두 원과 만나는 점을 각각 D, E라 할 때, 선분 DE의 길이를 구하시오.

19 원 $x^2+y^2=5$에 접하고 직선 $2x-y+1=0$에 수직인 두 직선이 x축과 만나는 두 점을 A, B라 할 때, 선분 AB의 길이를 구하시오.

22 점 $(0, 2)$에서 원 $x^2+y^2=2$에 그은 접선이 x축과 만나는 점의 좌표를 $(k, 0)$이라 할 때, k^2의 값을 구하시오.

서술형

20 원 $x^2+y^2=2$ 위의 세 점 A$(-1, 1)$, B$(1, 1)$, C$(0, -\sqrt{2})$에서의 접선을 각각 l, m, n이라 하자. 직선 l과 직선 m의 교점을 P, 직선 m과 직선 n의 교점을 Q, 직선 n과 직선 l의 교점을 R이라 할 때, 삼각형 PQR의 무게중심의 좌표를 구하시오.

23 원 $x^2+y^2=16$ 위의 점 P에서의 접선이 점 $(-4, -1)$을 지난다. 이 접선의 방정식이 $x+ay+b=0$일 때, 두 상수 a, b에 대하여 $4a+b$의 값을 구하시오.
(단, 점 P는 제3사분면 위의 점이다.)

21 원점 O를 중심으로 하고 반지름의 길이가 2인 원을 C, 점 A$(6, 0)$을 중심으로 하고 반지름의 길이가 1인 원을 C'이라 하자. 원 C 위의 점 P(a, b)에서의 접선이 원 C'과 서로 다른 두 점에서 만나도록 하는 a의 값의 범위를 구하시오. (단, $b>0$)

24 y축에 접하는 서로 다른 두 원이 두 점 A$(3, 7)$, B$(7, 11)$에서 만난다. 두 원의 중심을 지나는 직선과 공통외접선의 교점의 좌표를 (a, b)라 할 때, $a-b$의 값을 구하시오.

1 태풍은 점으로 발생하여 완전한 원 모양으로 크기가 커지고 태풍의 중심은 직선 방향으로 이동한다고 가정할 때, 다음은 적도 부근의 해상 A 지점에서 발생한 태풍에 대한 정보이다.

(개) 태풍의 중심은 A 지점으로부터 북동쪽 방향을 향해 시속 $4\sqrt{2}$ km로 이동한다.

(내) 태풍의 반지름의 길이는 시속 4 km로 증가한다.

A 지점으로부터 동쪽으로 40 km, 북쪽으로 80 km 떨어진 곳을 B 지점이라 할 때, 태풍이 발생한 시각으로부터 B 지점이 태풍의 영향권에 처음으로 들어오는 데까지 걸리는 시간을 구하시오. (단, 원의 내부와 경계에 있는 지역까지를 태풍의 영향권이라 한다.)

2 세 점 A(1, 3), B(2, 6), C(4, 2)를 지나는 원이 있다. 이 원 위의 점 P와 원점 O에 대하여 선분 OP의 길이가 정수가 되도록 하는 점 P의 개수를 구하시오.

3 다음 조건을 만족시키는 모든 원의 넓이의 합을 구하시오.

(개) 원의 중심이 곡선 $y=x^2-3x-1$ 위에 있다.

(내) 원은 x축, y축에 동시에 접한다.

---

4 두 점 A(0, 2), B(4, −2)를 지나는 원이 x축과 만나는 두 점을 P, Q라 할 때, 선분 PQ의 길이의 최솟값을 구하시오.

5 점 A(2, 6)에서 원 $x^2+y^2=8$에 그은 두 접선이 원과 만나는 두 접점을 B, C라 할 때, 삼각형 ABC의 넓이를 구하시오.

1등급

6 원 $x^2+y^2-4x+8y+16=0$ 위를 움직이는 점 P(x, y)에 대하여 $\dfrac{y-2}{x+2}$의 최댓값을 M, 최솟값을 m이라 할 때, $M+m$의 값을 구하시오.

I

도형의
방정식

1 평행이동

개념 01   점의 평행이동

점 (x, y)를 x축의 방향으로 a만큼, y축의 방향으로 b만큼 평행이동한 점의 좌표는

$$(x+a, y+b)$$

이고, 이러한 평행이동을 다음과 같이 나타낸다.

$$(x, y) \longrightarrow (x+a, y+b)$$

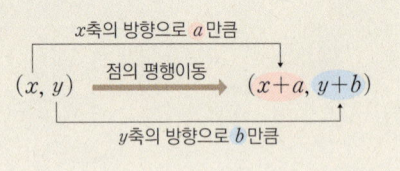

좌표평면 위의 점 $P(x, y)$를 x축의 방향으로 a만큼, y축의 방향으로 b만큼 평행이동한 점을 $P'(x', y')$이라 하면 Ⓐ

$$x'=x+a, \ y'=y+b$$

따라서 점 P'의 좌표는

$$(x+a, y+b)$$

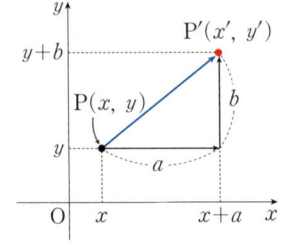

예1   점 $(-3, 4)$를 x축의 방향으로 3만큼, y축의 방향으로 -2만큼 평행이동한 점의 좌표는 Ⓑ

$$(-3+3, 4-2), \ \text{즉} \ (0, 2)$$

예2   평행이동 $(x, y) \longrightarrow (x-4, y+1)$에 의하여 점 $(-3, 4)$가 옮겨지는 점의 좌표는

$$(-3-4, 4+1), \ \text{즉} \ (-7, 5)$$

Ⓐ 평행이동

어떤 도형을 모양과 크기를 바꾸지 않고 일정한 방향으로 일정한 거리만큼 이동하는 것을 **평행이동**이라고 한다.

Ⓑ 평행이동의 방향

x축의 방향으로 a만큼 평행이동
⇨ (i) $a>0$일 때,
   양의 방향(오른쪽)으로 a만큼 이동
  (ii) $a<0$일 때,
   음의 방향(왼쪽)으로 $|a|$만큼 이동

개념 02   도형의 평행이동

방정식 $f(x, y)=0$이 나타내는 도형을 x축의 방향으로 a만큼, y축의 방향으로 b만큼 평행이동한 도형의 방정식은

$$f(x-a, y-b)=0 \ \leftarrow x \text{ 대신 } x-a, y \text{ 대신 } y-b \text{를 대입}$$

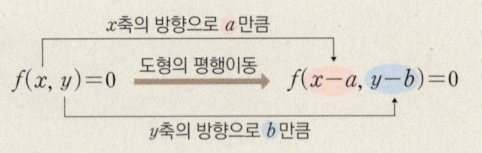

1. 도형의 방정식

직선의 방정식을 $ax+by+c=0$ $(a \neq 0$ 또는 $b \neq 0)$, 원의 방정식을 $x^2+y^2+Ax+By+C=0$ $(A^2+B^2-4C>0)$ 꼴로 나타낼 수 있는 것처럼 일반적으로 좌표평면 위의 도형의 방정식을

$$f(x, y)=0$$

으로 나타낼 수 있다.

예1   직선의 방정식 $y=2x+3$은 $2x-y+3=0$으로 나타낼 수 있다. ← $f(x, y)=2x-y+3$

예2   원의 방정식 $(x-3)^2+(y+1)^2=4$는 $x^2+y^2-6x+2y+6=0$으로 나타낼 수 있다. ← $f(x, y)=x^2+y^2-6x+2y+6$

2. 도형의 평행이동

방정식 $f(x, y)=0$이 나타내는 도형 F를 x축의 방향으로 a만큼, y축의 방향으로 b만큼 평행이동한 도형 F'의 방정식을 구해 보자.

오른쪽 그림과 같이 도형 F 위의 점 $\mathrm{P}(x, y)$를 <mark>x축의 방향으로 a만큼, y축의 방향으로 b만큼</mark> 평행이동한 점을 $\mathrm{P}'(x', y')$이라 하면

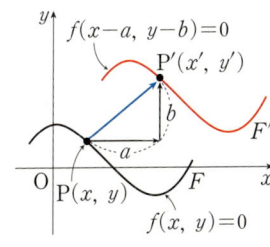

$x'=x+a$, $y'=y+b$, 즉

$x=x'-a$, $y=y'-b$

이므로 이것을 $f(x, y)=0$에 대입하면

$f(x'-a, y'-b)=0$

이고 점 $\mathrm{P}'(x', y')$은 방정식 $f(x-a, y-b)=0$이 나타내는 도형 위의 점이 된다.

따라서 평행이동한 도형 F'의 방정식은

<mark>$f(x-a, y-b)=0$</mark> **ⓒ**

예1 직선 $2x-y+1=0$을 x축의 방향으로 -2만큼, y축의 방향으로 3만큼 평행이동한 직선의 방정식은 $2x-y+1=0$에 x 대신 $x+2$, y 대신 $y-3$을 대입하여 구할 수 있다. 즉,

$2(x+2)-(y-3)+1=0$

$\therefore 2x-y+8=0$

예2 도형 $f(x, y)=0$을 도형 $f(x+2, y-1)=0$으로 옮기는 평행이동에 의하여 원 $x^2+y^2=1$이 옮겨지는 원의 방정식은 **ⓓ**

$(x+2)^2+(y-1)^2=1$

참고 <mark>도형을 평행이동하면 모양과 크기는 변하지 않고 위치만 변한다.</mark>

(1) 직선을 평행이동해도 기울기는 변하지 않는다. **ⓔ**

⇨ 어떤 직선을 평행이동하면 기울기가 같은 직선으로 옮겨진다.

(2) 원을 평행이동하면 원의 중심의 위치는 변하지만 반지름의 길이는 변하지 않는다. **ⓕ**

⇨ 어떤 원을 평행이동한 원의 방정식은 주어진 원의 중심을 평행이동하여 구할 수 있다.

(3) 포물선을 평행이동하면 꼭짓점의 위치는 변하지만 폭과 볼록한 방향은 변하지 않는다. **ⓖ**

⇨ 어떤 포물선을 평행이동한 포물선의 방정식은 주어진 포물선의 꼭짓점을 평행이동하여 구할 수 있다.

ⓒ 평행이동 $(x, y) \longrightarrow (x+a, y+b)$에 의하여 도형 $f(x, y)=0$은 $f(x-a, y-b)=0$으로 옮겨진다.

ⓓ 도형 $f(x+2, y-1)=0$은 도형 $f(x, y)=0$을 x축의 방향으로 -2만큼, y축의 방향으로 1만큼 평행이동한 것이다.

ⓔ **직선의 평행이동**

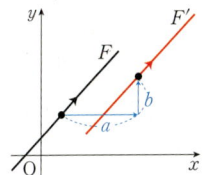

ⓕ **원의 평행이동**

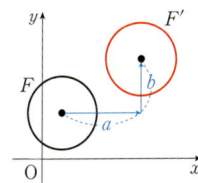

ⓖ **포물선의 평행이동**

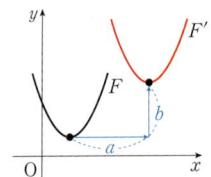

다음 점의 좌표를 구하시오.

(1) 점 $(7, 3)$을 x축의 방향으로 2만큼, y축의 방향으로 -5만큼 평행이동한 점

(2) 점 $(6, -3)$이 평행이동 $(x, y) \longrightarrow (x-3, y-5)$에 의하여 옮겨지는 점

solution

(1) 점 $(7, 3)$을 x축의 방향으로 2만큼, y축의 방향으로 -5만큼 평행이동한 점의 좌표는
$(7+2, 3-5)$, 즉 $(9, -2)$

(2) 평행이동 $(x, y) \longrightarrow (x-3, y-5)$에 의하여 점 $(6, -3)$이 옮겨지는 점의 좌표는
$(6-3, -3-5)$, 즉 $(3, -8)$

다음 도형의 방정식을 구하시오.

(1) 직선 $x-7y+2=0$을 x축의 방향으로 3만큼, y축의 방향으로 -3만큼 평행이동한 직선

(2) 원 $(x+1)^2+(y-2)^2=5$가 평행이동 $(x, y) \longrightarrow (x-5, y+10)$에 의하여 옮겨지는 원

solution

(1) 직선 $x-7y+2=0$을 x축의 방향으로 3만큼, y축의 방향으로 -3만큼 평행이동한 직선의 방정식은
$(x-3)-7(y+3)+2=0$ ∴ $x-7y-22=0$

(2) 평행이동 $(x, y) \longrightarrow (x-5, y+10)$은 x축의 방향으로 -5만큼, y축의 방향으로 10만큼 평행이동하는 것이므로 구하는 원의 방정식은
$(x+5+1)^2+(y-10-2)^2=5$ ∴ $(x+6)^2+(y-12)^2=5$ ← 원의 중심은 이동하고 반지름의 길이는 그대로 유지한다.

기본 연습

01   다음 점의 좌표를 구하시오.

(1) 점 $(-10, 5)$를 x축의 방향으로 7만큼, y축의 방향으로 -4만큼 평행이동한 점

(2) 점 $(-4, 8)$이 평행이동 $(x, y) \longrightarrow (x-2, y+6)$에 의하여 옮겨지는 점

🔑 p.069

02   다음 도형의 방정식을 구하시오.

(1) 직선 $4x-9y-3=0$을 x축의 방향으로 -2만큼, y축의 방향으로 5만큼 평행이동한 직선

(2) 포물선 $y=x^2-4x-7$이 평행이동 $(x, y) \longrightarrow (x+1, y-4)$에 의하여 옮겨지는 포물선

다음 물음에 답하시오.

(1) 점 $(3, -4)$를 점 $(1, 1)$로 옮기는 평행이동에 의하여 점 $(5, -7)$이 옮겨지는 점의 좌표를 구하시오.

(2) 점 A를 x축의 방향으로 1만큼, y축의 방향으로 -2만큼 평행이동한 점의 좌표가 $(-3, 2)$일 때, 점 A의 좌표를 구하시오.

guide

❶ 점 (x, y)를 x축의 방향으로 a만큼, y축의 방향으로 b만큼 평행이동한 점의 좌표가 $(x+a, y+b)$임을 이용하여 a, b의 값을 각각 구한다.

❷ ❶에서 구한 평행이동에 의하여 옮겨지는 점의 좌표를 구한다.

solution

(1) 점 $(3, -4)$를 x축의 방향으로 a만큼, y축의 방향으로 b만큼 평행이동한 점의 좌표가 $(1, 1)$이라 하면
$3+a=1$, $-4+b=1$　∴ $a=-2$, $b=5$
즉, 주어진 평행이동은 x축의 방향으로 -2만큼, y축의 방향으로 5만큼 평행이동하는 것이므로 이 평행이동에 의하여 점 $(5, -7)$이 옮겨지는 점의 좌표는
$(5-2, -7+5)$, 즉 $(3, -2)$

(2) 점 A의 좌표를 (x, y)라 하면 점 A를 x축의 방향으로 1만큼, y축의 방향으로 -2만큼 평행이동한 점의 좌표는 $(x+1, y-2)$이므로
$x+1=-3$, $y-2=2$　∴ $x=-4$, $y=4$
∴ A$(-4, 4)$

다른 풀이

(2) 점 A를 x축의 방향으로 1만큼, y축의 방향으로 -2만큼 평행이동한 점의 좌표가 $(-3, 2)$이므로
점 A는 점 $(-3, 2)$를 x축의 방향으로 -1만큼, y축의 방향으로 2만큼 평행이동한 점이다.
따라서 점 A의 좌표는 $(-3-1, 2+2)$, 즉 $(-4, 4)$이다.

필수 연습

p.070

03 다음 물음에 답하시오.

(1) 점 $(-2, 6)$을 점 $(10, -3)$으로 옮기는 평행이동에 의하여 점 $(4, -4)$로 옮겨지는 점의 좌표를 구하시오.

(2) 점 A가 평행이동 $(x, y) \longrightarrow (x-3, y+4)$에 의하여 점 $(-7, 5)$로 옮겨질 때, 점 A의 좌표를 구하시오.

04 점 $(a, 3)$을 x축의 방향으로 -3만큼, y축의 방향으로 $b-1$만큼 평행이동하면 점 $(3, 6)$으로 옮겨질 때, 두 상수 a, b에 대하여 $a+b$의 값을 구하시오.

05 점 $(1, -2)$를 x축의 방향으로 $-p$만큼, y축의 방향으로 $3p$만큼 평행이동한 점이 직선 $y=-2x+4$ 위에 있을 때, 상수 p의 값을 구하시오.

직선 $2x+ay+b=0$을 x축의 방향으로 -6만큼, y축의 방향으로 5만큼 평행이동한 직선의 방정식이 $2x+3y+7=0$일 때, 두 상수 a, b에 대하여 $a+b$의 값을 구하시오.

guide

① 도형 $f(x, y)=0$을 x축의 방향으로 a만큼, y축의 방향으로 b만큼 평행이동한 도형의 방정식은
$$f(x-a, y-b)=0$$
임을 이용하여 직선의 방정식을 구한다.

② 직선의 방정식을 비교하여 미지수의 값을 구한다.

solution

직선 $2x+ay+b=0$을 x축의 방향으로 -6만큼, y축의 방향으로 5만큼 평행이동한 직선의 방정식은

$2(x+6)+a(y-5)+b=0$ $\therefore$ $2x+ay-5a+b+12=0$
<small>x 대신 $x+6$, y 대신 $y-5$를 대입한다.</small>

이 직선이 직선 $2x+3y+7=0$과 일치하므로

$a=3$, $-5a+b+12=7$ $\therefore$ $a=3$, $b=10$

$\therefore$ $a+b=3+10=13$

보충 설명 직선 $2x+ay+b=0$과 이 직선을 평행이동한 직선 $2x+3y+7=0$의 기울기가 서로 같으므로 $a=3$을 바로 구할 수 있다.

필수 연습

pp.070-071

06 점 $(2, -1)$을 점 $(3, -4)$로 옮기는 평행이동에 의하여 직선 $3x+ay+b=0$이 직선 $3x+2y+5=0$으로 옮겨질 때, 두 상수 a, b에 대하여 $a+b$의 값을 구하시오.

07 직선 $y=kx+4$를 x축의 방향으로 2만큼, y축의 방향으로 -3만큼 평행이동한 직선이 원 $x^2-8x+y^2-6y+24=0$의 중심을 지날 때, 상수 k의 값을 구하시오.

08 평행이동 $(x, y) \longrightarrow (x-4, y+6)$에 의하여 직선 $4x+2y+k=0$이 옮겨지는 직선이 원 $x^2+y^2=20$과 한 점에서 만나도록 하는 모든 상수 k의 값의 합을 구하시오.

다음 물음에 답하시오.

(1) 평행이동 $(x, y) \longrightarrow (x+a, y+b)$에 의하여 원 $x^2+y^2=3$이 원 $x^2+y^2+4x-2y+c=0$으로 옮겨질 때, 세 상수 a, b, c에 대하여 $a+b+c$의 값을 구하시오.

(2) 포물선 $y=3x^2+6x+1$을 x축의 방향으로 a만큼, y축의 방향으로 b만큼 평행이동한 포물선의 방정식이 $y=3x^2-18x+20$일 때, 두 상수 a, b에 대하여 ab의 값을 구하시오.

guide

도형 $f(x, y)=0$을 x축의 방향으로 a만큼, y축의 방향으로 b만큼 평행이동한 도형의 방정식은 $f(x-a, y-b)=0$임을 이용하여 도형의 방정식을 구한다.

solution

(1) 주어진 평행이동은 x축의 방향으로 a만큼, y축의 방향으로 b만큼 평행이동하는 것이므로

이 평행이동에 의하여 원 $x^2+y^2=3$이 옮겨지는 원의 방정식은 $(x-a)^2+(y-b)^2=3$ ……㉠

이때 $x^2+y^2+4x-2y+c=0$에서 $(x+2)^2+(y-1)^2=5-c$ ……㉡

두 원 ㉠, ㉡이 일치하므로 $a=-2$, $b=1$, $c=2$ ∴ $a+b+c=-2+1+2=1$

(2) 포물선 $y=3x^2+6x+1$을 x축의 방향으로 a만큼, y축의 방향으로 b만큼 평행이동한 포물선의 방정식은

$y-b=3(x-a)^2+6(x-a)+1$ ∴ $y=3x^2-(6a-6)x+3a^2-6a+b+1$

이 포물선이 포물선 $y=3x^2-18x+20$과 일치하므로 $6a-6=18$, $3a^2-6a+b+1=20$

∴ $a=4$, $b=-5$ ∴ $ab=4\times(-5)=-20$

plus

도형을 평행이동하면 모양과 크기는 변하지 않고, 위치만 변한다.

(1) 평행이동한 원의 반지름의 길이는 처음 원과 같으므로 원의 중심을 평행이동하여 구할 수 있다.

(2) 평행이동한 포물선의 폭과 볼록한 방향은 처음 포물선과 같으므로 꼭짓점을 평행이동하여 구할 수 있다.

필수 연습

p.071

⁺plus 09 다음 물음에 답하시오.

(1) 원 $x^2+y^2+2x-4y-3=0$을 x축의 방향으로 a만큼, y축의 방향으로 b만큼 평행이동한 원의 방정식이 $(x-3)^2+(y+4)^2=c$일 때, 세 상수 a, b, c에 대하여 $a+b+c$의 값을 구하시오.

(2) 포물선 $y=-2x^2+4x-7$을 x축의 방향으로 a만큼, y축의 방향으로 b만큼 평행이동한 포물선의 방정식이 $y=-2x^2-4x+5$일 때, 두 상수 a, b에 대하여 $a+b$의 값을 구하시오.

10 원 $x^2+y^2-8x+10y+37=0$을 x축의 방향으로 a만큼, y축의 방향으로 b만큼 평행이동하였더니 원의 중심이 제2사분면 위에 있고, x축, y축에 동시에 접하였다. 두 상수 a, b에 대하여 $a+b$의 값을 구하시오.

01 두 점 $A(-3, 2a-1)$, $B(b, 5)$를 각각 두 점 $A'(2, 7)$, $B'(5, 3)$으로 옮기는 평행이동에 의하여 점 (a, b)가 옮겨지는 점의 좌표를 구하시오.

02 점 $A(6, -2)$를 x축의 방향으로 6만큼, y축의 방향으로 a만큼 평행이동한 점을 B라 할 때, $\overline{OA}=\dfrac{1}{2}\overline{OB}$이다. 이때 양수 a의 값을 구하시오.

(단, O는 원점이다.)

03 직선 $y=ax+b$를 x축의 방향으로 2만큼, y축의 방향으로 -1만큼 평행이동하면 직선 $y=-\dfrac{1}{2}x+3$과 y축 위의 한 점에서 수직으로 만난다. 이때 두 상수 a, b에 대하여 ab의 값을 구하시오.

04 원 $x^2+y^2+2x+4y-4=0$을 원 $x^2+y^2+8x+2y+8=0$으로 옮기는 평행이동에 의하여 직선 $l : 3x+4y-1=0$이 직선 l'으로 옮겨진다. 두 직선 l, l' 사이의 거리를 구하시오.

05 원 $x^2+y^2=4$를 x축의 방향으로 3만큼, y축의 방향으로 2만큼 평행이동한 원에 접하고 기울기가 1인 두 직선은 $x-y+a=0$, $x-y+b=0$이다. 이때 두 상수 a, b에 대하여 $a+b$의 값을 구하시오.

06 이차함수 $f(x)=2x^2-8x+5$에 대하여 $y=f(x)$의 그래프를 x축의 방향으로 a만큼, y축의 방향으로 $2a$만큼 평행이동한 그래프가 x축에 접할 때, 상수 a의 값을 구하시오.

2 대칭이동

BLACKLABEL

개념 03 점의 대칭이동

점 (x, y)를 x축, y축, 원점, 직선 $y=x$에 대하여 대칭이동한 점의 좌표는 각각 다음과 같다.

(1) x축에 대하여 대칭이동 : $(x, -y)$ ← y좌표의 부호만 바뀐다.

(2) y축에 대하여 대칭이동 : $(-x, y)$ ← x좌표의 부호만 바뀐다.

(3) 원점에 대하여 대칭이동 : $(-x, -y)$ ← x좌표, y좌표의 부호가 각각 바뀐다.

(4) 직선 $y=x$에 대하여 대칭이동 : (y, x) ← x좌표, y좌표가 서로 바뀐다.

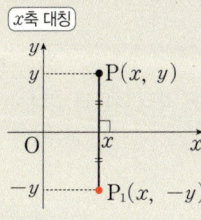
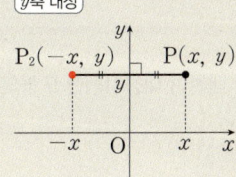
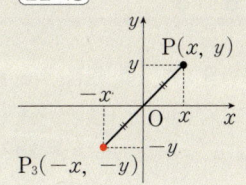
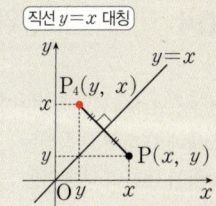

좌표평면 위의 점 $P(x, y)$를 x축, y축, 원점, 직선 $y=x$에 대하여 각각 대칭이동한 점의 좌표를 구해 보자. ⓐ

(1) 점 $P(x, y)$를 x축에 대하여 대칭이동한 점을 $P_1(x_1, y_1)$이라 하면

$$x_1=x, \ y_1=-y \qquad \therefore \ P_1(x, -y)$$

(2) 점 $P(x, y)$를 y축에 대하여 대칭이동한 점을 $P_2(x_2, y_2)$라 하면

$$x_2=-x, \ y_2=y \qquad \therefore \ P_2(-x, y)$$

(3) 점 $P(x, y)$를 원점에 대하여 대칭이동한 점을 $P_3(x_3, y_3)$이라 하면

$$x_3=-x, \ y_3=-y \qquad \therefore \ P_3(-x, -y) \ Ⓑ$$

(4) 점 $P(x, y)$를 직선 $y=x$에 대하여 대칭이동한 점을 $P_4(x_4, y_4)$라 하자.

선분 PP_4의 중점을 M이라 하면

$$M\left(\frac{x+x_4}{2}, \frac{y+y_4}{2}\right)$$

이다.

이때 점 M은 직선 $y=x$ 위에 있으므로

$$\frac{x+x_4}{2}=\frac{y+y_4}{2}$$

$$\therefore \ x+x_4=y+y_4 \qquad \qquad \cdots\cdots \ ㉠$$

또한, 직선 PP_4는 직선 $y=x$에 수직이므로

$$\frac{y_4-y}{x_4-x}\times 1=-1 \qquad \therefore \ x-x_4=y_4-y \qquad \cdots\cdots \ ㉡$$

㉠, ㉡을 연립하여 풀면 $x_4=y, \ y_4=x$

$$\therefore \ P_4(y, x)$$

ⓐ **대칭이동**

어떤 도형을 한 점 또는 한 직선에 대하여 대칭인 도형으로 이동하는 것을 **대칭이동**이라고 한다.

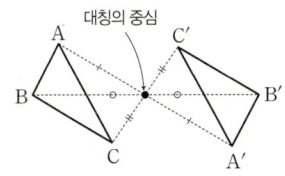

[점에 대한 대칭이동]

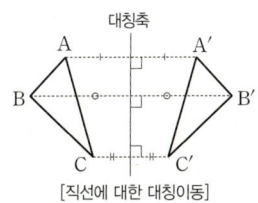

[직선에 대한 대칭이동]

ⓑ **원점에 대한 대칭이동**

원점에 대하여 대칭이동하는 것은 x축에 대하여 대칭이동한 후, y축에 대하여 대칭이동하거나 y축에 대하여 대칭이동한 후, x축에 대하여 대칭이동하는 것과 같다.

예 점 $(-2, 5)$를 다음에 대하여 대칭이동한 점의 좌표를 구해 보자.

(1) x축 : $(-2, -5)$ (2) y축 : $(2, 5)$

(3) 원점 : $(2, -5)$ (4) 직선 $y=x$: $(5, -2)$

참고 직선 $y=-x$에 대하여 대칭이동하는 것은 원점에 대하여 대칭이동한 후, 직선 $y=x$에 대하여 대칭이동하는 것과 같다.

$$(x, y) \xrightarrow[\text{대칭이동}]{\text{원점에 대하여}} (-x, -y) \xrightarrow[\text{대칭이동}]{\text{직선 } y=x \text{에 대하여}} (-y, -x)$$

개념 04   도형의 대칭이동

방정식 $f(x, y)=0$이 나타내는 도형을 x축, y축, 원점, 직선 $y=x$에 대하여 대칭이동한 도형의 방정식은 각각 다음과 같다.

(1) x축에 대하여 대칭이동 : $f(x, -y)=0$ ← y 대신 $-y$를 대입한다.

(2) y축에 대하여 대칭이동 : $f(-x, y)=0$ ← x 대신 $-x$를 대입한다.

(3) 원점에 대하여 대칭이동 : $f(-x, -y)=0$ ← x 대신 $-x$, y 대신 $-y$를 대입한다.

(4) 직선 $y=x$에 대하여 대칭이동 : $f(y, x)=0$ ← x 대신 y, y 대신 x를 대입한다.

오른쪽 그림과 같이 방정식 $f(x, y)=0$이 나타내는 도형 F를 x축에 대하여 대칭이동한 도형의 방정식을 F_1이라 하고, 도형 F_1의 방정식을 구해보자. 도형 F 위의 점 $\mathrm{P}(x, y)$를 x축에 대하여 대칭이동한 점을 $\mathrm{P}_1(x_1, y_1)$이라 하면

$$x=x_1, \quad y=-y_1$$

이것을 $f(x, y)=0$에 대입하면

$$f(x_1, -y_1)=0$$

따라서 점 $\mathrm{P}_1(x_1, y_1)$은 방정식 $f(x, -y)=0$이 나타내는 도형 위의 점이 되므로 도형 F_1의 방정식은

$$f(x, -y)=0$$

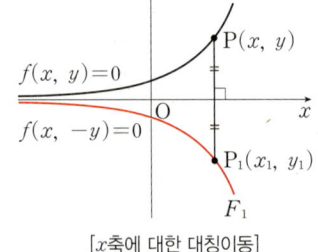

[x축에 대한 대칭이동]

같은 방법으로 방정식 $f(x, y)=0$이 나타내는 도형 F를 y축, 원점, 직선 $y=x$에 대하여 대칭이동한 도형을 각각 F_2, F_3, F_4라 하면 도형 F_2의 방정식은 $f(-x, y)=0$, 도형 F_3의 방정식은 $f(-x, -y)=0$, 도형 F_4의 방정식은 $f(y, x)=0$이다.

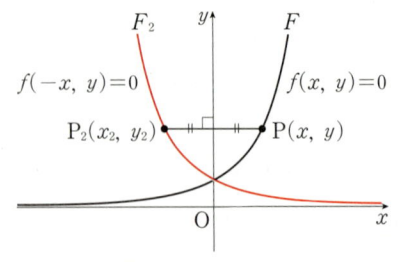

[y축에 대한 대칭이동]

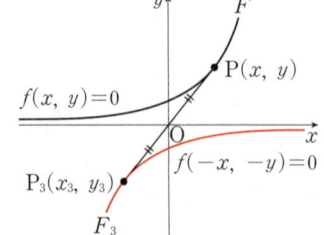

[원점에 대한 대칭이동]

[직선 $y=x$에 대한 대칭이동]

참고 방정식 $f(x, y)=0$이 나타내는 도형을 직선 $y=-x$에 대하여 대칭이동한 도형의 방정식은 $f(-y, -x)=0$이다.

예　원 $(x-1)^2+(y+2)^2=10$을 다음에 대하여 대칭이동한 원의 방정식을 구해 보자.

(1) x축 : $(x-1)^2+(y-2)^2=10$　　　　(2) y축 : $(x+1)^2+(y+2)^2=10$

(3) 원점 : $(x+1)^2+(y-2)^2=10$　　　　(4) 직선 $y=x$: $(x+2)^2+(y-1)^2=10$

한 걸음 더

방정식 $f(x,\ y)=0$이 나타내는 도형의 평행이동과 대칭이동의 순서

🔗 필수유형 12 + 필수유형 13

도형의 평행이동과 대칭이동을 연달아 하는 경우, 반드시 주어진 순서대로 도형을 이동하여 방정식을 구해야 한다.

방정식 $f(x,\ y)=0$이 나타내는 도형을

(1) x축의 방향으로 a만큼, y축의 방향으로 b만큼 평행이동한 후, x축에 대하여 대칭이동한 도형의 방정식은

$$f(x,\ y)=0 \xrightarrow[\text{평행이동}]{\substack{x\text{축의 방향으로 }a\text{만큼,}\\ y\text{축의 방향으로 }b\text{만큼}}} f(x-a,\ y-b)=0 \xrightarrow[\text{대칭이동}]{x\text{축에 대하여}} f(x-a,\ -y-b)=0$$

(2) x축에 대하여 대칭이동한 후 x축의 방향으로 a만큼, y축의 방향으로 b만큼 평행이동한 도형의 방정식은

$$f(x,\ y)=0 \xrightarrow[\text{대칭이동}]{x\text{축에 대하여}} f(x,\ -y)=0 \xrightarrow[\text{평행이동}]{\substack{x\text{축의 방향으로 }a\text{만큼,}\\ y\text{축의 방향으로 }b\text{만큼}}} f(x-a,\ -(y-b))=0$$

이와 같이 적용 순서에 따라 이동된 도형이 완전히 달라질 수 있음에 유의한다.

예　원 $C : \underset{f(x,\ y)=0}{x^2+y^2=1}$을 다음과 같이 이동한 원의 방정식을 구해 보자.

(1) x축의 방향으로 1만큼, y축의 방향으로 2만큼 평행이동한 후, 직선 $y=x$에 대하여 대칭이동한 원

　(ⅰ) 원 C를 x축의 방향으로 1만큼, y축의 방향으로 2만큼 평행이동한 원 C_1의 방정식은

　　$(x-1)^2+(y-2)^2=1$ ← $C_1 : f(x-1,\ y-2)=0$

　(ⅱ) 원 C_1을 직선 $y=x$에 대하여 대칭이동한 원 C_2의 방정식은

　　$(x-2)^2+(y-1)^2=1$ ← $C_2 : f(y-1,\ x-2)=0$

(2) 직선 $y=x$에 대하여 대칭이동한 후, x축의 방향으로 1만큼, y축의 방향으로 2만큼 평행이동한 원

　(ⅰ) 원 C를 직선 $y=x$에 대하여 대칭이동한 원 C_3의 방정식은

　　$y^2+x^2=1$, 즉 $x^2+y^2=1$ ← $C_3 : f(y,\ x)=0$

　(ⅱ) 원 C_3을 x축의 방향으로 1만큼, y축의 방향으로 2만큼 평행이동한 원 C_4의 방정식은

　　$(x-1)^2+(y-2)^2=1$ ← $C_4 : f(y-2,\ x-1)=0$

참고　평행이동과 대칭이동이 어떤 순서로 적용되어 이동한 것인지를 파악할 때, 다음 (ⅰ), (ⅱ), (ⅲ)의 순서로 찾으면 실수를 줄일 수 있다.

　(ⅰ) 직선 $y=x$에 대한 대칭이동, 직선 $y=-x$에 대한 대칭이동, 원점에 대한 대칭이동

　(ⅱ) x축에 대한 대칭이동, y축에 대한 대칭이동

　(ⅲ) 평행이동

점에 대한 대칭이동

> (1) 점 $P(x, y)$를 점 $A(a, b)$에 대하여 대칭이동한 점 P'의 좌표는
> $(2a-x, 2b-y)$
>
> (2) 방정식 $f(x, y)=0$이 나타내는 도형을 점 $A(a, b)$에 대하여 대칭이동한 도형의 방정식은
> $f(2a-x, 2b-y)=0$

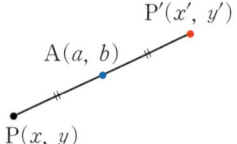

좌표평면 위의 점 $P(x, y)$를 점 $A(a, b)$에 대하여 대칭이동한 점을 $P'(x', y')$이라 하면
점 A는 선분 PP'의 중점이므로

$$a=\frac{x+x'}{2}, \; b=\frac{y+y'}{2} \qquad \therefore \; x'=2a-x, \; y'=2b-y$$

따라서 점 P'의 좌표는 $(2a-x, 2b-y)$이므로 방정식 $f(x, y)=0$이 나타내는 도형을
점 $A(a, b)$에 대하여 대칭이동한 도형의 방정식은 $f(2a-x, 2b-y)=0$이다.

 점 $(1, 2)$를 점 $(5, 8)$에 대하여 대칭이동한 점 $P(x, y)$의 좌표를 구해보자.

$$5=\frac{1+x}{2}, \; 8=\frac{2+y}{2} \qquad \therefore \; x=9, \; y=14 \qquad \therefore \; P(9, 14)$$

직선에 대한 대칭이동

> 점 $P(x, y)$를 직선 l에 대하여 대칭이동한 점을 $P'(x', y')$이라 하면 점 P'의 좌표는 다음 두 조건을 이용하여 구한다.
>
> (i) 중점 조건 : 선분 PP'의 중점이 직선 l 위에 있다.
>
> (ii) 수직 조건 : 직선 PP'과 직선 l이 서로 수직이다. 즉, 두 직선 PP'과 l의 기울기의 곱은 -1이다.

좌표평면 위의 점 $P(x, y)$를 직선 $y=mx+n$에 대하여 대칭이동한 점을 $P'(x', y')$이라
할 때, 직선 $y=mx+n$이 선분 PP'의 수직이등분선임을 이용할 수 있다.

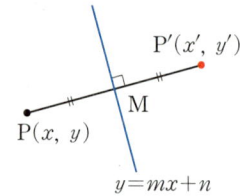

(i) 중점 조건 : 선분 PP'의 중점 $M\left(\dfrac{x+x'}{2}, \dfrac{y+y'}{2}\right)$이 직선 $y=mx+n$ 위에 있으므로

$$\frac{y+y'}{2}=m\times\frac{x+x'}{2}+n \qquad \cdots\cdots \text{㉠}$$

(ii) 수직 조건 : 두 점 P, P'을 지나는 직선의 기울기가 $\dfrac{y-y'}{x-x'}$이므로

$$\frac{y-y'}{x-x'}\times m=-1 \qquad \cdots\cdots \text{㉡}$$

㉠, ㉡을 연립하여 풀면 점 P'의 좌표를 구할 수 있다.

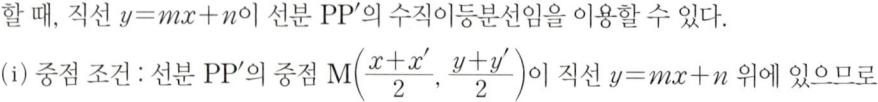 점 $(5, 3)$을 직선 $y=-2x+3$에 대하여 대칭이동한 점 $P(a, b)$의 좌표를 구해 보자.

    (i) 중점 조건 : $\dfrac{b+3}{2}=-2\times\dfrac{a+5}{2}+3$, 즉 $2a+b=-7$ $\cdots\cdots$㉠

    (ii) 수직 조건 : $\dfrac{b-3}{a-5}\times(-2)=-1$, 즉 $a-2b=-1$ $\cdots\cdots$㉡

    ㉠, ㉡을 연립하여 풀면 $a=-3$, $b=-1$ $\therefore \; P(-3, -1)$

기본유형 06 점의 대칭이동 개념 03

점 $(4, -7)$을 다음에 대하여 대칭이동한 점의 좌표를 구하시오.

(1) x축   (2) y축   (3) 원점   (4) 직선 $y=x$

solution

(1) x축에 대하여 대칭이동한 점의 좌표는 y좌표의 부호만 바뀌므로 $(4, 7)$이다.

(2) y축에 대하여 대칭이동한 점의 좌표는 x좌표의 부호만 바뀌므로 $(-4, -7)$이다.

(3) 원점에 대하여 대칭이동한 점의 좌표는 x좌표, y좌표의 부호가 각각 바뀌므로 $(-4, 7)$이다.

(4) 직선 $y=x$에 대하여 대칭이동한 점의 좌표는 x좌표, y좌표가 서로 바뀌므로 $(-7, 4)$이다.

기본유형 07 도형의 대칭이동 개념 04

직선 $x-2y-9=0$을 다음에 대하여 대칭이동한 직선의 방정식을 구하시오.

(1) x축   (2) y축   (3) 원점   (4) 직선 $y=x$

solution

(1) x축에 대하여 대칭이동한 직선의 방정식은
y 대신 $-y$를 대입하면 $x-2\times(-y)-9=0$, 즉 $x+2y-9=0$이다.

(2) y축에 대하여 대칭이동한 직선의 방정식은
x 대신 $-x$를 대입하면 $-x-2y-9=0$, 즉 $x+2y+9=0$이다.

(3) 원점에 대하여 대칭이동한 직선의 방정식은
x 대신 $-x$, y 대신 $-y$를 대입하면 $-x-2\times(-y)-9=0$, 즉 $x-2y+9=0$이다.

(4) 직선 $y=x$에 대하여 대칭이동한 직선의 방정식은
x 대신 y, y 대신 x를 대입하면 $y-2x-9=0$, 즉 $2x-y+9=0$이다.

기본 연습

11 점 $(-10, 5)$를 다음에 대하여 대칭이동한 점의 좌표를 구하시오.

(1) x축   (2) y축   (3) 원점   (4) 직선 $y=-x$

pp.073~074

12 원 $x^2+y^2+4x+2y-6=0$을 다음에 대하여 대칭이동한 원의 방정식을 구하시오.

(1) x축   (2) y축   (3) 원점   (4) 직선 $y=-x$

점 $(-2, 3)$을 점 $(1, 4)$에 대하여 대칭이동한 점의 좌표가 (p, q)일 때, $p+q$의 값을 구하시오.

solution

두 점 $(-2, 3)$, (p, q)를 이은 선분의 중점이 점 $(1, 4)$이므로

$$\frac{-2+p}{2}=1, \frac{3+q}{2}=4 \quad \therefore p=4, q=5$$

$$\therefore p+q=4+5=9$$

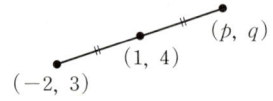

점 $A(3, 1)$을 직선 $y=-x+3$에 대하여 대칭이동한 점을 $A'(a, b)$라 할 때, a^2-b^2의 값을 구하시오.

solution

선분 AA'의 중점 $\left(\dfrac{3+a}{2}, \dfrac{1+b}{2}\right)$는 직선 $y=-x+3$ 위에 있으므로

$$\frac{1+b}{2}=-\frac{3+a}{2}+3 \quad \therefore a+b=2 \quad \cdots\cdots \textcircled{\small{ㄱ}}$$

직선 AA'과 직선 $y=-x+3$은 서로 수직이므로

$$\frac{b-1}{a-3}\times(-1)=-1 \quad \therefore a-b=2 \quad \cdots\cdots \textcircled{\small{ㄴ}}$$

$\textcircled{\small{ㄱ}}$, $\textcircled{\small{ㄴ}}$을 연립하여 풀면 $a=2, b=0$

따라서 구하는 값은 $a^2-b^2=(a+b)(a-b)=2\times2=4$

기본 연습

13 직선 $y=x-2$를 점 $(-2, 3)$에 대하여 대칭이동한 직선의 방정식을 구하시오.

pp.074~075

14 직선 $y=2x$를 직선 $y=-x+2$에 대하여 대칭이동한 직선의 방정식을 구하시오.

다음 물음에 답하시오.

(1) 점 $(k, 3)$을 직선 $y=x$에 대하여 대칭이동한 후, x축의 방향으로 -2만큼, y축의 방향으로 1만큼 평행이동한 점이 직선 $y=3x+2$ 위에 있을 때, k의 값을 구하시오.

(2) 점 $A(k, -1)$을 x축에 대하여 대칭이동한 점을 B, 점 A를 원점에 대하여 대칭이동한 점을 C라 할 때, 선분 BC의 길이는 6이다. 양수 k의 값을 구하시오.

guide

❶ 점 (x, y)를 대칭이동한 점의 좌표가 다음과 같음을 이용하여 주어진 점을 대칭이동한다.
(1) x축에 대하여 대칭이동 : $(x, -y)$ (2) y축에 대하여 대칭이동 : $(-x, y)$
(3) 원점에 대하여 대칭이동 : $(-x, -y)$ (4) 직선 $y=x$에 대하여 대칭이동 : (y, x)
❷ 조건을 만족시키는 미지수의 값을 구한다.

solution

(1) 점 $(k, 3)$을 직선 $y=x$에 대하여 대칭이동한 점의 좌표는
$(3, k)$
점 $(3, k)$를 x축의 방향으로 -2만큼, y축의 방향으로 1만큼 평행이동한 점의 좌표는
$(1, k+1)$
점 $(1, k+1)$이 직선 $y=3x+2$ 위에 있으므로
$k+1=3\times1+2$ $\therefore k=4$

(2) 점 $A(k, -1)$을 x축에 대하여 대칭이동한 점 B는
$B(k, 1)$
점 $A(k, -1)$을 원점에 대하여 대칭이동한 점 C는
$C(-k, 1)$
선분 BC의 길이는 6이므로 $|2k|=6$ $\therefore k=3 \ (\because k>0)$

필수연습

p.075

15 다음 물음에 답하시오.

(1) 점 $(7, k)$를 y축에 대하여 대칭이동한 후, x축의 방향으로 2만큼, y축의 방향으로 3만큼 평행이동한 점이 직선 $x+3y+2=0$ 위에 있을 때, k의 값을 구하시오.

(2) 점 $A(k-1, 6)$을 원점에 대하여 대칭이동한 점을 B, 점 B를 직선 $y=x$에 대하여 대칭이동한 점을 C라 할 때, 선분 BC의 길이는 $2\sqrt{2}$이다. k의 값을 모두 구하시오.

16 점 (a, b)를 x축, y축, 원점에 대하여 대칭이동한 점을 각각 P, Q, R이라 하자. 삼각형 PQR의 무게중심이 점 $(4, -2)$일 때, $a+b$의 값을 구하시오. (단, $ab\neq0$)

다음 물음에 답하시오.

(1) 직선 $y=2x-5$를 x축의 방향으로 1만큼, y축의 방향으로 k만큼 평행이동한 직선은 직선 $y=2x-5$를 원점에 대하여 대칭이동한 직선과 일치한다. 이때 상수 k의 값을 구하시오.

(2) 포물선 $y=x^2-2kx-2$를 원점에 대하여 대칭이동한 포물선의 꼭짓점이 직선 $y=3x+6$ 위에 있을 때, 양수 k의 값을 구하시오.

guide

❶ 방정식 $f(x, y)=0$이 나타내는 도형을 대칭이동한 도형의 방정식이 다음과 같음을 이용하여 주어진 도형을 대칭이동한다.

(1) x축에 대하여 대칭이동 : $f(x, -y)=0$　　(2) y축에 대하여 대칭이동 : $f(-x, y)=0$

(3) 원점에 대하여 대칭이동 : $f(-x, -y)=0$　　(4) 직선 $y=x$에 대하여 대칭이동 : $f(y, x)=0$

❷ 조건을 만족시키는 미지수의 값을 구한다.

solution

(1) 직선 $y=2x-5$를 x축의 방향으로 1만큼, y축의 방향으로 k만큼 평행이동한 직선의 방정식은

$y-k=2(x-1)-5$　　∴ $2x-y+k-7=0$　　……㉠

직선 $y=2x-5$를 원점에 대하여 대칭이동한 직선의 방정식은

$-y=-2x-5$　　∴ $2x-y+5=0$　　　　……㉡

두 직선 ㉠, ㉡이 일치하므로 $k-7=5$　　∴ $k=12$

(2) $y=x^2-2kx-2$에서 $y=(x-k)^2-k^2-2$

이 포물선의 꼭짓점은 점 $(k, -k^2-2)$이므로 이 포물선을 원점에 대하여 대칭이동한 포물선의 꼭짓점은 점 $(-k, k^2+2)$이다.

점 $(-k, k^2+2)$가 직선 $y=3x+6$ 위에 있으므로 $k^2+2=-3k+6$

$k^2+3k-4=0$, $(k+4)(k-1)=0$　　∴ $k=1$ ($\because k>0$)

필수 연습

17 다음 물음에 답하시오.

(1) 직선 $3x-4y+1=0$을 원점에 대하여 대칭이동한 직선은 원 $(x-a)^2+(y-2)^2=16$의 넓이를 이등분할 때, 상수 a의 값을 구하시오.

(2) 중심의 좌표가 $(3, 1)$이고 반지름의 길이가 r인 원을 직선 $y=x$에 대하여 대칭이동한 원이 점 $(-1, 3)$을 지난다. 이때 r의 값을 구하시오.

pp.075~076

18 직선 $x-2y=9$를 직선 $y=x$에 대하여 대칭이동한 직선이 원 $(x-3)^2+(y+5)^2=k$에 접할 때, 상수 k의 값을 구하시오.

원 $(x+2)^2+(y+6)^2=3$을 x축의 방향으로 -1만큼, y축의 방향으로 2만큼 평행이동한 후, x축에 대하여 대칭이동한 원의 방정식을 구하시오.

guide

① 주어진 순서대로 도형을 평행이동 또는 대칭이동한다.
② 도형의 평행이동과 대칭이동을 연달아 할 때, 순서가 달라지면 결과가 달라질 수 있음에 유의한다.

solution

원 $(x+2)^2+(y+6)^2=3$을 x축의 방향으로 -1만큼, y축의 방향으로 2만큼 평행이동한 원의 방정식은

$\{(x+1)+2\}^2+\{(y-2)+6\}^2=3$ $\therefore (x+3)^2+(y+4)^2=3$

이 원을 x축에 대하여 대칭이동한 원의 방정식은

$(x+3)^2+(-y+4)^2=3$ $\therefore (x+3)^2+(y-4)^2=3$

보충 설명 평행이동과 대칭이동의 순서를 바꾸어 구해 보자.

원 $(x+2)^2+(y+6)^2=3$을 x축에 대하여 대칭이동한 원의 방정식은

$(x+2)^2+(-y+6)^2=3$ $\therefore (x+2)^2+(y-6)^2=3$

이 원을 x축의 방향으로 -1만큼, y축의 방향으로 2만큼 평행이동한 원의 방정식은

$\{(x+1)+2\}^2+\{(y-2)-6\}^2=3$, 즉 $(x+3)^2+(y-8)^2=3$이므로 문제에서 요구하는 답과 다르다.

이처럼 주어진 평행이동과 대칭이동의 순서에 정확히 따르지 않으면 결과가 달라질 수 있음을 확인할 수 있다.

필수 연습

p.076

19 직선 $6x+2y-5=0$을 x축의 방향으로 4만큼, y축의 방향으로 -7만큼 평행이동한 후, y축에 대하여 대칭이동한 직선의 방정식을 구하시오.

20 포물선 $y=-x^2+8x+3k-1$을 y축의 방향으로 4만큼 평행이동한 후, x축에 대하여 대칭이동한 포물선의 방정식을 $y=f(x)$라 할 때, 함수 $f(x)$의 최솟값이 -4가 되도록 하는 상수 k의 값을 구하시오.

21 점 $(-2, 5)$를 지나는 직선을 x축의 방향으로 -3만큼, y축의 방향으로 10만큼 평행이동한 후, y축에 대하여 대칭이동하였더니 직선 $2x-3y+10=0$에 수직이 되었을 때, 처음 직선의 방정식을 구하시오.

방정식 $f(x, y)=0$이 나타내는 도형이 그림과 같을 때, 다음 방정식이 나타내는 도형을
좌표평면 위에 나타내시오.

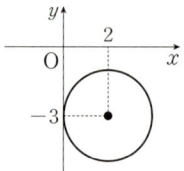

(1) $f(x-1, -y+2)=0$

(2) $f(y-2, x+4)=0$

guide

❶ 주어진 방정식이 나타내는 도형이 되려면 방정식 $f(x, y)=0$이 나타내는 도형을 어떤 평행이동과 대칭이동으로 옮겨야 하는지 확인한다.

❷ ❶에서 확인한 평행이동과 대칭이동의 순서에 유의하여 주어진 방정식이 나타내는 도형을 좌표평면 위에 나타낸다.

solution

(1) 방정식 $f(x, y)=0$이 나타내는 도형을 x축에 대하여 대칭이동하면 $f(x, -y)=0$
방정식 $f(x, -y)=0$이 나타내는 도형을 x축의 방향으로 1만큼, y축의 방향으로 2만큼 평행이동하면 $f(x-1, -(y-2))=0$　∴ $f(x-1, -y+2)=0$
따라서 방정식 $f(x-1, -y+2)=0$이 나타내는 도형은 주어진 도형을 x축에 대하여 대칭이동한 후, x축의 방향으로 1만큼, y축의 방향으로 2만큼 평행이동한 것이므로 오른쪽 그림과 같다.

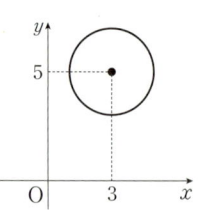

(2) 방정식 $f(x, y)=0$이 나타내는 도형을 직선 $y=x$에 대하여 대칭이동하면 $f(y, x)=0$
방정식 $f(y, x)=0$이 나타내는 도형을 x축의 방향으로 -4만큼, y축의 방향으로 2만큼 평행이동하면 $f(y-2, x+4)=0$
따라서 방정식 $f(y-2, x+4)=0$이 나타내는 도형은 주어진 도형을 직선 $y=x$에 대하여 대칭이동한 후, x축의 방향으로 -4만큼, y축의 방향으로 2만큼 평행이동한 것이므로 오른쪽 그림과 같다.

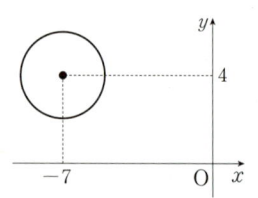

보충 설명　방정식 $f(x, y)=0$이 나타내는 도형이 문제와 같이 그 방정식을 찾기 쉬울 때는 방정식을 이용해도 좋다.
주어진 도형의 방정식이 $(x-2)^2+(y+3)^2=4$이므로 $f(x, y)=(x-2)^2+(y+3)^2-4$
(1)에서 $f(x-1, -y+2)=(x-3)^2+(y-5)^2-4$이므로 방정식 $f(x-1, -y+2)=0$은 $(x-3)^2+(y-5)^2=4$,
(2)에서 $f(y-2, x+4)=(y-4)^2+(x+7)^2-4$이므로 방정식 $f(y-2, x+4)=0$은 $(x+7)^2+(y-4)^2=4$

**필수
연습**

22

방정식 $f(x, y)=0$이 나타내는 도형이 그림과 같을 때, 다음 방정식이
나타내는 도형을 좌표평면 위에 나타내시오.

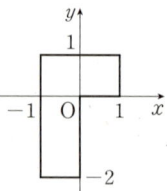

(1) $f(x+1, -y+2)=0$　　　　　(2) $f(-x+2, y+3)=0$

(3) $f(y-2, x)=0$　　　　　　(4) $f(-y, -x+1)=0$

pp.076-077

필수유형 **14** 점에 대한 대칭이동

다음 물음에 답하시오.

(1) 두 점 $(-10, -2)$, $(4, 6)$이 점 (a, b)에 대하여 대칭일 때, ab의 값을 구하시오.

(2) 원 $(x-1)^2+(y-2)^2=4$를 점 (a, b)에 대하여 대칭이동한 원의 방정식이 $(x+3)^2+(y-6)^2=4$일 때, $a+b$의 값을 구하시오.

guide
① 점 P를 점 A에 대하여 대칭이동한 점을 P′이라 하면 점 A는 선분 PP′의 중점임을 이용하여 식을 세운다.
② 조건을 만족시키는 미지수의 값을 구한다.

solution

(1) 점 (a, b)는 두 점 $(-10, -2)$, $(4, 6)$을 이은 선분의 중점이므로

$$a=\frac{-10+4}{2}=-3, \quad b=\frac{-2+6}{2}=2 \qquad \therefore a=-3, b=2$$

$$\therefore ab=(-3)\times 2=-6$$

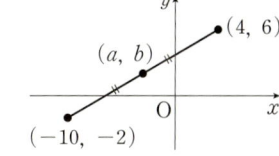

(2) 원 $(x-1)^2+(y-2)^2=4$의 중심의 좌표는 $(1, 2)$이고,
원 $(x+3)^2+(y-6)^2=4$의 중심의 좌표는 $(-3, 6)$이다.
두 원이 점 (a, b)에 대하여 대칭이므로 점 (a, b)는 두 원의 중심 $(1, 2)$, $(-3, 6)$을 이은 선분의 중점이다.

따라서 $a=\dfrac{1-3}{2}=-1, b=\dfrac{2+6}{2}=4$이므로

$$a+b=-1+4=3$$

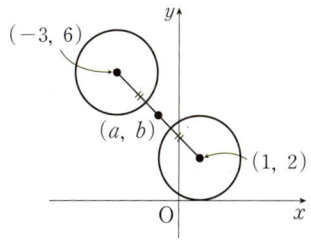

**필수
연습**

pp.077-078

23 다음 물음에 답하시오.

(1) 두 점 $(2, -5)$, $(0, -7)$이 점 (a, b)에 대하여 대칭일 때, $a-b$의 값을 구하시오.

(2) 원 $x^2+y^2-4x-10y=0$을 점 (a, b)에 대하여 대칭이동한 원의 방정식이
$x^2+y^2+16x+2y+c=0$일 때, $a+b+c$의 값을 구하시오. (단, c는 상수이다.)

24 점 $A(2, 3)$을 지나고 기울기가 m인 직선을 점 $(0, 1)$에 대하여 대칭이동한 후, x축에 대하여 대칭이동하였더니 다시 점 A를 지나는 직선이 되었다. 이때 상수 m의 값을 구하시오.

다음 물음에 답하시오.

(1) 두 점 $(5, -1)$, $(-3, 7)$이 직선 $y=ax+b$에 대하여 대칭일 때, 두 상수 a, b에 대하여 ab의 값을 구하시오.

(2) 두 원 $(x-6)^2+(y+9)^2=100$, $(x+4)^2+(y-5)^2=100$이 직선 $ax+by+19=0$에 대하여 대칭일 때, 두 상수 a, b에 대하여 $a+b$의 값을 구하시오.

guide

❶ 점 $P(x, y)$를 직선 l에 대하여 대칭이동한 점을 P'이라 하면 선분 PP'의 중점은 직선 l 위의 점임을 이용하여 식을 세운다.
❷ 직선 PP'과 직선 l이 서로 수직임을 이용하여 식을 세운다.
❸ ❶, ❷에서 세운 두 식을 연립하여 미지수의 값을 구한다.

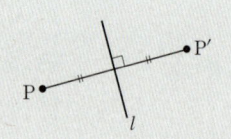

solution

(1) 두 점 $(5, -1)$, $(-3, 7)$을 이은 선분의 중점 $\left(\dfrac{5-3}{2}, \dfrac{-1+7}{2}\right)$, 즉

$(1, 3)$이 직선 $y=ax+b$ 위에 있으므로 $3=a+b$ ······㉠

두 점 $(5, -1)$, $(-3, 7)$을 지나는 직선과 직선 $y=ax+b$가 서로 수직

이므로 $\dfrac{7-(-1)}{-3-5} \times a=-1$ ∴ $-a=-1$ ······㉡

㉠, ㉡을 연립하여 풀면 $a=1$, $b=2$ ∴ $ab=1 \times 2=2$

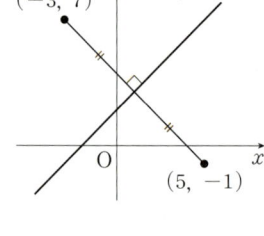

(2) 두 원 $(x-6)^2+(y+9)^2=100$, $(x+4)^2+(y-5)^2=100$의 중심

$(6, -9)$, $(-4, 5)$를 이은 선분의 중점 $\left(\dfrac{6-4}{2}, \dfrac{-9+5}{2}\right)$, 즉

$(1, -2)$가 직선 $ax+by+19=0$ 위에 있으므로

$a-2b+19=0$ ······㉠

두 원의 중심을 지나는 직선과 직선 $ax+by+19=0$, 즉

$y=-\dfrac{a}{b}x-\dfrac{19}{b}$가 서로 수직이므로

$\dfrac{5-(-9)}{-4-6} \times \left(-\dfrac{a}{b}\right)=-1$ ∴ $7a=-5b$ ······㉡

㉠, ㉡을 연립하여 풀면 $a=-5$, $b=7$ ∴ $a+b=-5+7=2$

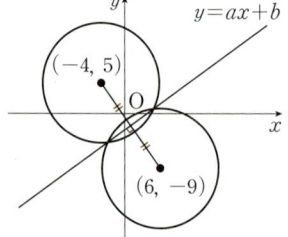

필수 연습

pp.078~079

25 다음 물음에 답하시오.

(1) 두 점 $(-6, 10)$, $(-4, 16)$이 직선 $y=ax+b$에 대하여 대칭일 때, 두 상수 a, b에 대하여 $a+b$의 값을 구하시오.

(2) 두 원 $x^2+y^2+8x-4y+4=0$, $(x-11)^2+(y+8)^2=16$이 직선 $6x+ay+b=0$에 대하여 대칭일 때, 두 상수 a, b에 대하여 $a-b$의 값을 구하시오.

26 원 $x^2+y^2-4x+2y-5=0$을 직선 $y=x+2$에 대하여 대칭이동한 원이 직선 $3x+4y+k=0$과 접하도록 하는 모든 실수 k의 값의 합을 구하시오.

선분의 길이의 합의 최솟값

두 점 A(2, 3), B(4, 1)과 x축 위를 움직이는 점 P에 대하여 $\overline{AP}+\overline{BP}$의 최솟값을 구하시오.

guide

① 두 점 A, B가 직선을 기준으로 같은 쪽에 있을 때, 점 B를 직선에 대하여 대칭이동한 점 B′의 좌표를 구한다.
② $\overline{AP}+\overline{BP}=\overline{AP}+\overline{B'P}\geq\overline{AB'}$이므로 구하는 $\overline{AP}+\overline{BP}$의 최솟값은 $\overline{AB'}$의 길이와 같음을 이용한다.

solution

점 B(4, 1)을 x축에 대하여 대칭이동한 점을 B′이라 하면
B′(4, −1)
이때 $\overline{BP}=\overline{B'P}$이므로
$\overline{AP}+\overline{BP}=\overline{AP}+\overline{B'P}$
$\geq\overline{AB'}$ ← 세 점 A, P, B′이 한 직선 위에 있을 때 최솟값을 갖는다.
$=\sqrt{(4-2)^2+(-1-3)^2}$
$=2\sqrt{5}$
따라서 구하는 최솟값은 $2\sqrt{5}$이다.

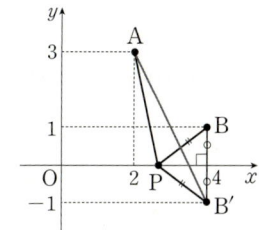

필수 연습

27 두 점 A(2, 3), B(4, 5)와 직선 $y=x$ 위를 움직이는 점 P에 대하여 $\overline{AP}+\overline{BP}$의 최솟값을 구하시오.

28 그림과 같이 두 점 A(6, 2), B(1, 5)와 x축 위의 점 P, y축 위의 점 Q에 대하여 $\overline{AP}+\overline{PQ}+\overline{QB}$의 최솟값을 구하시오.

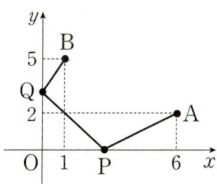

29 세 점 A(0, 2), B(0, 3), C(0, 5)와 직선 $y=x$ 위의 두 점 P, Q가 있다. $\overline{AP}+\overline{PB}+\overline{BQ}+\overline{QC}$의 값이 최소가 되도록 하는 두 점 P, Q에 대하여 선분 PQ의 길이를 구하시오.

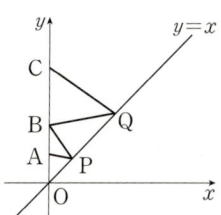

07 서로 다른 세 점 $A(1, 4)$, B, C가 다음 조건을 만족시킨다.

(가) 두 직선 OA, OB는 서로 수직이다.
(나) 두 점 B, C는 직선 $y=x$에 대하여 서로 대칭이다.

점 B의 y좌표가 2일 때, 직선 AC의 x절편을 구하시오.
(단, O는 원점이다.)

08 점 $A(4, -3)$을 지나고 기울기가 m인 직선을 직선 $y=-x$에 대하여 대칭이동한 후, y축에 대하여 대칭이동하였더니 다시 점 A를 지나는 직선이 되었다. 이때 상수 m의 값을 구하시오.

09 직선 $kx+y-5k-2=0$을 y축에 대하여 대칭이동한 직선을 l이라 하자. 직선 l이 세 점 $A(3, 6)$, $B(-5, 2)$, $C(-1, 0)$을 꼭짓점으로 하는 삼각형 ABC의 넓이를 이등분할 때, 실수 k의 값을 구하시오.

10 주어진 방정식이 나타내는 도형을 직선 $y=-x$에 대하여 대칭이동한 도형이 처음 도형과 일치하는 것만을 〈보기〉에서 있는 대로 고른 것은?

─── 보기 ───

ㄱ. $x^2+y^2-2x+2y-7=0$
ㄴ. $2x-2y-3=0$
ㄷ. $y=x^2+3$

① ㄱ   ② ㄴ   ③ ㄱ, ㄴ
④ ㄴ, ㄷ   ⑤ ㄱ, ㄴ, ㄷ

11 원 C의 방정식이
$$x^2+y^2-2ax-4ay+5a^2-1=0$$
이고, 원 C를 직선 $y=x$에 대하여 대칭이동한 원을 C'이라 하자. 원 C 위의 점과 원 C' 위의 점 사이의 거리의 최댓값이 6일 때, 양수 a의 값을 구하시오.

서술형

12 직선 $y=-\dfrac{1}{2}x-3$을 x축의 방향으로 a만큼 평행이동한 후, 직선 $y=x$에 대하여 대칭이동한 직선을 l이라 하자. 직선 l이 원 $(x+1)^2+(y-3)^2=5$와 접하도록 하는 모든 상수 a의 값의 합을 구하시오.

13 원 $C : x^2+y^2+2x-6y+1=0$과 이 원을 x축의 방향으로 1만큼, y축의 방향으로 -1만큼 평행이동한 후, 직선 $y=x$에 대하여 대칭이동한 원 C'이 있다. 두 원 C, C'이 서로 다른 두 점에서 만날 때, 두 교점 사이의 거리를 구하시오.

14 함수 $y=f(x)$의 그래프가 [그림 1]과 같을 때, [그림 2]에 대한 설명으로 〈보기〉에서 옳은 것만을 있는 대로 고른 것은?

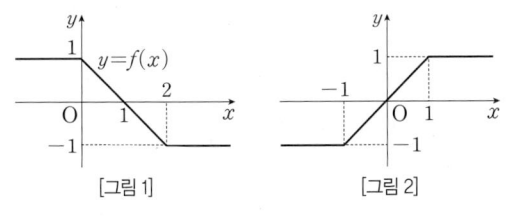

[그림 1] [그림 2]

───── 보기 ─────

ㄱ. 함수 $y=f(x)$의 그래프를 x축의 방향으로 1만큼 평행이동한 후, y축에 대하여 대칭이동한 것이다.

ㄴ. 함수 $y=f(x)$의 그래프를 x축에 대하여 대칭이동한 후, x축의 방향으로 -1만큼 평행이동한 것이다.

ㄷ. 함수 $y=f(x)$의 그래프를 y축에 대하여 대칭이동한 후, x축의 방향으로 1만큼 평행이동한 것이다.

① ㄱ ② ㄴ ③ ㄷ
④ ㄱ, ㄴ ⑤ ㄴ, ㄷ

15 방정식 $f(x, y)=0$이 나타내는 도형이 오른쪽 그림과 같다. 방정식 $f(x+2, -y)=0$이 나타내는 도형 위의 점과 원점 사이의 거리의 최댓값을 M, 최솟값을 m이라 할 때, M^2+m^2의 값을 구하시오.

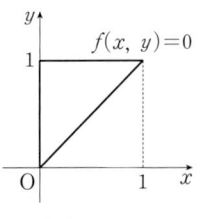

16 네 점 A$(0, 4)$, B$(1, 3)$, C$(2, 4)$, D$(1, 5)$를 꼭짓점으로 하는 정사각형을 나타내는 도형의 방정식을 $f(x, y)=0$이라 하자. 방정식 $f(-y-3, x-2)=0$이 나타내는 도형의 두 대각선의 교점의 좌표를 (a, b)라 할 때, $a-b$의 값을 구하시오.

17 어떤 도형을 x축의 방향으로 3만큼, y축의 방향으로 -2만큼 평행이동한 다음 y축에 대하여 대칭이동한 후, 점 $(2, 1)$에 대하여 대칭이동하였더니 직선 $2x+3y-1=0$과 일치하였다. 처음 도형의 방정식을 구하시오.

18 서로 다른 두 점 A, B에 대하여 직선 AB의 방정식은 $x-3y+2=0$이다. 두 점 A, B를 점 P에 대하여 대칭이동한 점을 각각 A′, B′이라 하면 점 A′의 좌표는 $(-2, 7)$이고, 직선 A′B′의 방정식은 $y=ax+b$라 할 때, $a+b$의 값을 구하시오. (단, a, b는 상수이다.)

19 두 이차함수 $y=x^2+2x+3$, $y=-x^2+6x+5$의 그래프가 점 $P(a, b)$에 대하여 대칭일 때, $a+b$의 값을 구하시오.

20 좌표평면이 그려진 모눈종이를 반으로 접었더니 모눈종이 위의 한 점 $(4, 0)$이 점 $(-2, 2)$와 일치하였다. 같은 방법으로 접을 때, 점 $(4, -10)$과 일치하게 될 점의 좌표를 구하시오. (단, 접은 선은 직선이다.)

21 원 $C : x^2+y^2-4x-12=0$을 직선 $x=a$에 대하여 대칭이동한 원은 원 C의 중심을 지나고, 원 C를 직선 $y=-x+b$에 대하여 대칭이동한 원은 원 C에 접한다. 두 양수 a, b에 대하여 $a+b$의 값을 구하시오.

22 원 $O : (x-4)^2+(y-3)^2=2$와 원 O를 직선 $y=2x$에 대하여 대칭이동한 원 O'이 있다. 원 O 위의 한 점 A, 원 O' 위의 한 점 B, x축 위의 한 점 P에 대하여 $\overline{AP}+\overline{PB}$의 최솟값을 구하시오.

23 점 $A(-1, 5)$와 직선 $x+y-3=0$ 위의 점 B, 직선 $x=2$ 위의 점 C에 대하여 세 점 A, B, C를 꼭짓점으로 하는 삼각형 ABC가 존재할 때, 이 삼각형 ABC의 둘레의 길이의 최솟값을 구하시오.

04. 도형의 이동

개념 마무리 발전

pp.087~089

1 두 양수 m, n에 대하여 점 $A(-4, -1)$을 x축의 방향으로 m만큼 평행이동한 점을 B라 하고, 점 B를 y축의 방향으로 n만큼 평행이동한 점을 C라 하자. 세 점 A, B, C를 지나는 원의 중심의 좌표가 $(1, 0)$일 때, mn의 값을 구하시오.

2 두 점 $A(4, a)$, $B(2, 1)$을 직선 $y=x$에 대하여 대칭이동한 점을 각각 A', B'이라 하고, 두 직선 AB, $A'B'$의 교점을 P라 하자. 두 삼각형 APA', BPB'의 넓이의 비가 $9 : 4$일 때, a의 값을 구하시오. (단, $a>4$)

3 포물선 $y=x^2-3x-1$ 위의 서로 다른 두 점이 직선 $y=x$에 대하여 대칭이다. 이 두 점 사이의 거리가 d일 때, d^2의 값을 구하시오.

신유형

4 함수 $y=f(x)$의 그래프가 다음 그림과 같을 때, 세 도형 $y=-f(x+2)$, $x=f(y+1)$, $x=-f(2-y)$로 둘러싸인 두 도형 중 넓이가 더 큰 도형의 넓이를 구하시오.

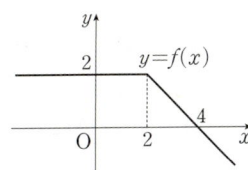

1등급

5 다음 그림과 같이 좌표평면 위에 두 원
$$C_1 : (x-8)^2+(y-2)^2=4,$$
$$C_2 : (x-3)^2+(y+4)^2=4$$
와 직선 $y=x$가 있다. 점 A는 원 C_1 위에 있고, 점 B는 원 C_2 위에 있다. 점 P는 x축 위에 있고, 점 Q는 직선 $y=x$ 위에 있을 때, $\overline{AP}+\overline{PQ}+\overline{QB}$의 최솟값은?
(단, 세 점 A, P, Q는 서로 다른 점이다.) [교육청]

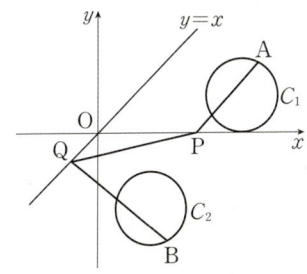

① 7　　　　② 8　　　　③ 9
④ 10　　　　⑤ 11

It is a good policy to strike
while the iron is hot.
It is better still to make the iron hot
by striking.

쇠가 달구어졌을 때 두드리는 것은 좋은 방책이다.
그보다 더 좋은 것은 쇠를 두드려 달구는 것이다.

... 어니스트 헤밍웨이(Ernest Hemingway)

II

집합과
명제

1 집합

개념 01 집합과 원소

1. 집합: 어떤 기준에 따라 대상을 분명하게 정할 수 있을 때, 그 대상들의 모임

> 참고 일반적으로 집합은 알파벳 대문자 A, B, C, $\cdots$로 나타낸다.

2. 원소: 집합을 이루는 대상 하나하나

(1) a가 집합 A의 원소일 때, 'a는 집합 A에 속한다'고 하며, 기호로 $a \in A$와 같이 나타낸다. **A**

(2) b가 집합 A의 원소가 아닐 때, 'b는 집합 A에 속하지 않는다'고 하며, 기호로 $b \notin A$와 같이 나타낸다.

> 참고 일반적으로 원소는 알파벳 소문자 a, b, c, $\cdots$로 나타낸다.

$a \in A$
원소　집합

예1 (1) '10의 양의 약수의 모임'은 그 대상을 분명하게 정할 수 있으므로 집합이고, 이 집합의 원소는 1, 2, 5, 10이다.

(2) '큰 수의 모임'은 크다의 기준이 명확하지 않아 그 대상을 분명하게 정할 수 없으므로 집합이 아니다.

예2 10의 양의 약수의 집합을 A라 하면

(1) 2는 집합 A의 원소이므로 $2 \in A$

(2) 3은 집합 A의 원소가 아니므로 $3 \notin A$

A 기호 $\in$은 원소를 뜻하는 'element'의 첫 글자 e를 기호화한 것이다.

개념 02 집합의 표현

(1) **원소나열법**: 집합에 속하는 모든 원소를 기호 { } 안에 나열하여 집합을 나타내는 방법

(2) **조건제시법**: 집합에 속하는 모든 원소들이 갖는 공통된 성질을 조건으로 제시하여 집합을 나타내는 방법

(3) **벤 다이어그램**: 집합에 속하는 모든 원소를 원이나 직사각형과 같은 도형을 이용하여 집합을 나타낸 그림

예 10보다 작은 홀수의 집합을 A라 하면

(1) 원소나열법: $A = \{1, 3, 5, 7, 9\}$

(2) 조건제시법: $A = \{x \mid x$는 10보다 작은 홀수$\}$ **B**

(3) 벤 다이어그램: **C**

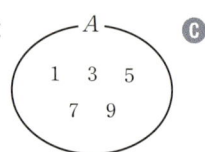

주의 원소나열법에서 원소를 나열할 때, 순서는 생각하지 않으며 같은 원소는 중복하여 쓰지 않는다. **D**

참고 100 이하의 자연수의 집합 $B = \{1, 2, 3, \cdots, 100\}$과 같이 집합의 원소의 개수가 많고, 원소 사이에 일정한 규칙이 있을 때에는 '$\cdots$'을 사용하여 원소의 일부를 생략하기도 한다.

B 조건제시법
조건 $f(x)$를 만족시키는 x의 집합을 A라 하면
$$A = \{x \mid f(x)\}$$

C 벤 다이어그램
여러 집합 사이의 포함 관계를 확인하거나 여러 집합을 한 번에 표현할 때, 또는 시각적으로 나타낼 때 주로 사용한다.

D 원소나열법
집합 $\{a, b, c\}$는 $\{b, c, a\}$로 나타낼 수는 있지만 $\{a, a, b, c\}$로 나타내지는 않는다.

1. 원소의 개수에 따른 집합의 분류

(1) 유한집합 : 원소가 유한개인 집합

(2) 무한집합 : 원소가 무수히 많은 집합

(3) 공집합 : 원소가 하나도 없는 집합으로, 기호로 ∅과 같이 나타낸다.

　　참고　공집합도 유한집합이다.

2. 유한집합의 원소의 개수

(1) 집합 A가 유한집합일 때, 집합 A의 원소의 개수를 기호로

　　　$n(A)$ **E**

　　와 같이 나타낸다.

(2) $n(\varnothing)=0$

예1 집합 $A=\{x\,|\,x$는 10 이하의 자연수$\}$를 원소나열법으로 나타내면 $A=\{1,\ 2,\ 3,\ \cdots,\ 10\}$이므로 집합 A는 원소가 유한개인 유한집합이다. $\Rightarrow n(A)=10$

예2 집합 $B=\{x\,|\,x>10,\ x$는 홀수$\}$를 원소나열법으로 나타내면 $B=\{11,\ 13,\ 15,\ \cdots\}$이므로 집합 B는 원소가 무수히 많은 무한집합이다.

예3 집합 $C=\{x\,|\,x$는 1보다 작은 자연수$\}$는 원소가 하나도 없으므로 공집합이고 $C=\varnothing$으로 나타낸다. $\Rightarrow n(C)=0$

주의 $\varnothing$에서 ∅은 공집합, 즉 집합이고, $\{\varnothing\}$에서 ∅은 원소이다. **F**

E $n(A)$

n은 개수를 뜻하는 'number'의 첫 글자이다.

F $\{\varnothing\}$의 의미

$\{\varnothing\}$은 ∅을 원소로 갖는 집합이므로 $n(\{\varnothing\})=1$이다.

한 걸음 더

수의 체계와 집합

🔗 **기본유형 02**

중학교 3학년에서 배웠던 실수의 분류, 공통수학1에서 배웠던 복소수의 분류를 이용하여 수의 체계를 나타낼 때, 각 수의 분류는 집합이라 할 수 있다.

　　참고　자연수 N, 정수 Z, 유리수 Q, 실수 R, 복소수 C의 집합은 모두 무한집합이다.

다음 〈보기〉에서 집합인 것만을 있는 대로 고르시오.

──────────────── 보기 ────────────────

ㄱ. 작은 자연수의 모임　　　　　　　　　　　ㄴ. 11 이하의 소수의 모임

ㄷ. 우리 학교 1학년 학급 회장의 모임　　　　　ㄹ. 두 자리 자연수의 모임

──

solution

ㄱ. '작다'의 기준이 명확하지 않아 그 대상을 분명하게 정할 수 없으므로 집합이 아니다.

ㄴ. '11 이하의 소수의 모임'은 그 대상을 분명하게 정할 수 있으므로 집합이고, 이 집합의 원소는 2, 3, 5, 7, 11 이다.

ㄷ. '우리 학교 1학년 학급 회장의 모임'은 그 대상을 분명하게 정할 수 있으므로 집합이다.

ㄹ. '두 자리 자연수의 모임'은 그 대상을 분명하게 정할 수 있으므로 집합이고, 이 집합의 원소는 10, 11, 12, ⋯, 99이다.

유리수의 집합을 Q라 할 때, 다음 □ 안에 기호 $\in$, $\notin$ 중 알맞은 것을 써넣으시오.

(1) $\dfrac{1}{4}\ \square\ Q$　　　　　(2) $\sqrt{3}\ \square\ Q$　　　　　(3) $0.8\ \square\ Q$　　　　　(4) $\sqrt{\dfrac{25}{9}}\ \square\ Q$

solution

(1) $\dfrac{1}{4}$은 유리수이므로 $\dfrac{1}{4}\in Q$　　　　　(2) $\sqrt{3}$은 무리수이므로 $\sqrt{3}\notin Q$

(3) 0.8은 유리수이므로 $0.8\in Q$　　　　　(4) $\sqrt{\dfrac{25}{9}}=\dfrac{5}{3}$는 유리수이므로 $\sqrt{\dfrac{25}{9}}\in Q$

기본 연습

01　다음 〈보기〉에서 집합인 것만을 있는 대로 고르시오.

──────────────── 보기 ────────────────

ㄱ. 우리 반에서 안경을 쓴 사람의 모임　　　　ㄴ. 높은 산들의 모임

ㄷ. 5보다 작은 정수의 모임　　　　　　　　　ㄹ. $\sqrt{2}$에 가까운 수들의 모임

──

02　자연수의 집합을 N, 정수의 집합을 Z, 유리수의 집합을 Q, 실수의 집합을 R이라 할 때, 다음 □ 안에 기호 $\in$, $\notin$ 중 알맞은 것을 써넣으시오.

(1) $2\ \square\ N$　　　　(2) $-\dfrac{1}{2}\ \square\ Z$　　　　(3) $2-\sqrt{2}\ \square\ Q$　　　　(4) $0\ \square\ R$

다음 집합을 원소나열법으로 나타낸 것은 조건제시법으로, 조건제시법으로 나타낸 것은 원소나열법으로 나타내시오.

(1) $\{x \mid x$는 3의 양의 배수$\}$ (2) $\{2, 3, 5, 7, 11, 13, \cdots\}$

solution

(1) $\{3, 6, 9, \cdots\}$ (2) $\{x \mid x$는 소수$\}$

다음 〈보기〉에서 유한집합인 것을 고르고, 유한집합인 집합의 원소의 개수를 구하시오.

──────── 보기 ────────

ㄱ. $A = \{1, 3, 5, \cdots, 49\}$ ㄴ. $B = \{x \mid |x| \leq 1, x$는 정수$\}$
ㄷ. $C = \{x \mid x$는 100보다 작은 세 자리 자연수$\}$ ㄹ. $D = \{x \mid 0 < x < 2, x$는 실수$\}$

solution

ㄱ. $A = \{1, 3, 5, \cdots, 49\}$는 유한집합이고, $n(A) = 25$이다.
ㄴ. $B = \{-1, 0, 1\}$이므로 유한집합이고, $n(B) = 3$이다.
ㄷ. 100보다 작은 세 자리 자연수는 존재하지 않는다. 즉, $C = \varnothing$이므로 유한집합이고, $n(C) = 0$이다.
ㄹ. 0보다 크고 2보다 작은 실수는 무수히 많으므로 무한집합이다.

기본 연습

03 다음 집합을 원소나열법으로 나타낸 것은 조건제시법으로, 조건제시법으로 나타낸 것은 원소나열법으로 나타내시오.

(1) $\{x \mid x$는 20의 양의 약수$\}$ (2) $\{1, 4, 7, \cdots, 100\}$

04 다음 〈보기〉에서 유한집합인 것을 고르고, 유한집합인 집합의 원소의 개수를 구하시오.

──────── 보기 ────────

ㄱ. $A = \{4, 8, 12, \cdots, 60\}$ ㄴ. $B = \{x \mid x$는 양의 유리수$\}$
ㄷ. $C = \{x \mid x^2 - 2x - 3 < 0, x$는 정수$\}$ ㄹ. $D = \{x \mid x^2 + 1 = 0, x$는 실수$\}$

두 집합 $A=\{1,\ 2,\ 4\}$, $B=\{1,\ 3,\ 5\}$에 대하여 집합

$$S=\{x+y\,|\,x\in A,\ y\in B\}$$

를 원소나열법으로 나타내시오.

guide

① 두 집합 A, B의 원소를 집합 S의 조건에 맞게 대입하여 집합 S의 원소를 구한다.

② 두 집합 A, B의 원소를 모두 사용하였는지 확인한다.

solution

$x\in A$, $y\in B$일 때, $x+y$의 값은 오른쪽 표와 같다.

$\therefore S=\{2,\ 3,\ 4,\ 5,\ 6,\ 7,\ 9\}$

x $\diagdown$ y	1	3	5
1	2	4	6
2	3	5	7
4	5	7	9

같은 원소를 중복해서
쓰지 않음에 주의한다.

**필수
연습**

pp.090~091

05   두 집합 $A=\{3,\ 5,\ 7,\ 9\}$, $B=\{3,\ 4,\ 5\}$에 대하여 집합

$$S=\{x-y\,|\,x\in A,\ y\in B\}$$

를 원소나열법으로 나타내시오.

06   두 집합 $A=\{1,\ 2\}$, $B=\{2,\ 3\}$에 대하여 집합

$$S=\{z\,|\,z=xy(x+y),\ x\in A,\ y\in B\}$$

의 모든 원소의 합을 구하시오.

07   두 집합 $A=\{1,\ 2\}$, $B=\{2x-1\,|\,x\in A\}$에 대하여 집합 $A*B$를

$$A*B=\{a^2+b^2\,|\,a\in A,\ b\in B\}$$

라 할 때, 집합 $B*(A*B)$를 원소나열법으로 나타내시오.

다음 〈보기〉에서 옳은 것만을 있는 대로 고르시오.

───────── 보기 ─────────

ㄱ. $n(\{-1, \{0, 1\}, 2, 3\})-n(\{0, 1\})=3$　　　　ㄴ. $n(\varnothing)+n(\{0, \varnothing\})=2$

ㄷ. $n(\{x\,|\,x$는 2보다 작은 소수$\})+n(\{1, 2, 3, 4, 5\})-n(\{2\})=5$

guide

❶ 집합 A를 원소나열법으로 나타낸다.

❷ 다음 사실에 유의하여 집합 A의 원소의 개수 $n(A)$를 구한다.

(1) 공집합은 유한집합이다.　　　　　(2) $n(\varnothing)=0,\ n(\{\varnothing\})=1$

solution

ㄱ. $n(\{-1, \{0, 1\}, 2, 3\})=4$, $n(\{0, 1\})=2$이므로

　　$n(\{-1, \{0, 1\}, 2, 3\})-n(\{0, 1\})=4-2=2$ (거짓)

ㄴ. $n(\varnothing)=0$, $n(\{0, \varnothing\})=2$이므로 $n(\varnothing)+n(\{0, \varnothing\})=0+2=2$ (참)

ㄷ. $\{x\,|\,x$는 2보다 작은 소수$\}=\varnothing$이므로

　　$n(\{x\,|\,x$는 2보다 작은 소수$\})=0$, $n(\{1, 2, 3, 4, 5\})=5$, $n(\{2\})=1$

　　$\therefore\ n(\{x\,|\,x$는 2보다 작은 소수$\})+n(\{1, 2, 3, 4, 5\})-n(\{2\})=0+5-1=4$ (거짓)

필수 연습

08 다음 〈보기〉에서 옳은 것만을 있는 대로 고르시오.

───────── 보기 ─────────

ㄱ. $n(\{0, 1, \{0, 1, 3\}, 5\})-n(\{0, 1, 3, 5, 7\})=1$

ㄴ. $n(\{a, b\})=n(\{a, \varnothing\})$

ㄷ. $n(\{x\,|\,x$는 두 자리 자연수 중 3의 배수$\})=29$

09 집합 $A=\{-i, i, 1\}$에 대하여 두 집합 B, C를

　　　$B=\{x+y\,|\,x\in A,\ y\in A\}$,

　　　$C=\{xy\,|\,x\in A,\ y\in A\}$

　　라 할 때, $n(B)+n(C)$의 값을 구하시오. (단, $i=\sqrt{-1}$)

10 두 집합 $A=\{(x, y)\,|\,x+2y=8,\ x,\ y$는 자연수$\}$, $B=\{x\,|\,x$는 $2a$ 이하의 자연수$\}$에 대하여 $n(B)-n(A)=7$일 때, 자연수 a의 값을 구하시오.

01 다음 〈보기〉에서 집합인 것의 개수를 m, 공집합인 것의 개수를 n이라 할 때, $m+n$의 값을 구하시오.

───── 보기 ─────

ㄱ. 10보다 크고 12보다 작은 짝수의 모임
ㄴ. 수학을 잘하는 학생의 모임
ㄷ. 2000보다 큰 수의 모임
ㄹ. 7에 가까운 수의 모임
ㅁ. 책을 많이 읽는 학생의 모임

02 이차 정사각행렬 A에 대하여 $A^2=A$를 만족시키는 행렬의 집합을 M이라 하자. 다음 〈보기〉에서 집합 M의 원소인 것만을 있는대로 고른 것은?

───── 보기 ─────

ㄱ. $\begin{pmatrix} 1 & 0 \\ 0 & 1 \end{pmatrix}$ ㄴ. $\begin{pmatrix} 1 & 2 \\ -1 & -2 \end{pmatrix}$

ㄷ. $\begin{pmatrix} 0 & 1 \\ 1 & 0 \end{pmatrix}$ ㄹ. $\begin{pmatrix} 0 & 1 \\ 0 & 1 \end{pmatrix}$

① ㄱ, ㄴ　　　② ㄱ, ㄹ　　　③ ㄴ, ㄷ
④ ㄷ, ㄹ　　　⑤ ㄱ, ㄴ, ㄹ

03 서로 다른 세 자연수 l, m, n에 대하여 두 집합 A, B를
$$A=\{l,\ m,\ n\},$$
$$B=\{x\,|\,x=a+b,\ a\in A,\ b\in A,\ a\neq b\}$$
라 하면 $B=\{6,\ 12,\ 14\}$일 때, lmn의 값을 구하시오.

04 다음 중 무한집합인 것은?

① $\{x\,|\,x$는 10보다 작은 소수$\}$
② $\{x\,|\,(x-1)(x-2)\leq 0,\ x$는 실수$\}$
③ $\{x\,|\,|x|<0,\ x$는 실수$\}$
④ $\{(x,\ y)\,|\,x^2+y^2=0,\ x,\ y$는 실수$\}$
⑤ $\{x\,|\,x$는 24의 양의 약수$\}$

05 집합 $A=\{1,\ 2,\ 3,\ \cdots,\ 20\}$에 대하여 $B=\{y\,|\,y=(x+2)(x+11),\ x\in A\}$일 때, 집합 B의 원소 중 6의 배수의 개수를 구하시오.

06 집합 $A=\{z\,|\,z=i^n,\ n$은 자연수$\}$에 대하여 집합 $B=\{z_1{}^2+z_2{}^2\,|\,z_1\in A,\ z_2\in A\}$일 때, $n(B)$를 구하시오. (단, $i=\sqrt{-1}$)

2 집합 사이의 포함 관계

개념 **04** 부분집합

두 집합 A, B에 대하여 집합 A의 모든 원소가 집합 B에 속할 때, 집합 A를 집합 B의 부분집합이라고 한다.

(1) 집합 A가 집합 B의 부분집합일 때, 기호로 $A \subset B$와 같이 나타낸다. **Ⓐ**

(2) 집합 A가 집합 B의 부분집합이 아닐 때, 기호로 $A \not\subset B$와 같이 나타낸다.

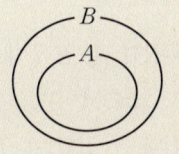

집합 A의 모든 원소가 집합 B에 속할 때, 즉

<mark>모든 $x \in A$에 대하여 $x \in B$</mark>

일 때, 집합 A를 집합 B의 **부분집합**이라고 한다. **Ⓑ**

한편, 집합 A가 집합 B의 부분집합이 아닐 때, 집합 A의 원소 중에 집합 B의 원소가 아닌 것이 적어도 하나 존재한다는 뜻이다.
└─ $x \in A$이지만 $x \notin B$인 x가 존재한다.

예 두 집합 $A = \{1, 2\}$, $B = \{1, 2, 3, 4\}$에 대하여

(1) 집합 A의 모든 원소 1, 2가 집합 B에 속하므로 $A \subset B$이다.

(2) $3 \in B$, $4 \in B$이지만 $3 \notin A$, $4 \notin A$이므로 $B \not\subset A$이다.

Ⓐ 기호 $\subset$은 포함을 뜻하는 'contain'의 첫 글자 c를 기호화한 것이다.

Ⓑ $A \subset B$와 같은 표현

$A \subset B \iff A$는 B의 부분집합이다.
$\iff x \in A$이면 $x \in B$이다.
$\iff A$의 모든 원소가 B에 속한다.
$\iff A$는 B에 포함된다.
$\iff B$는 A를 포함한다.

개념 **05** 부분집합의 성질

세 집합 A, B, C에 대하여

(1) $A \subset A$, $\varnothing \subset A$

(2) $A \subset B$이고 $B \subset C$이면 $A \subset C$이다.

모든 집합은 자기 자신의 부분집합이고, 공집합 $\varnothing$은 모든 집합의 부분집합으로 정한다. 즉, 집합 A에 대하여

$A \subset A$, $\varnothing \subset A$ **Ⓒ**

이다.

또한, 세 집합 A, B, C에 대하여 $A \subset B$이고 $B \subset C$이면 $A \subset C$임을 벤 다이어그램을 이용하여 쉽게 이해할 수 있다.

Ⓒ 공집합의 성질

(1) 공집합은 모든 집합의 부분집합이다.

(2) 공집합은 유일하다. 즉, 서로 다른 두 공집합은 존재하지 않는다.

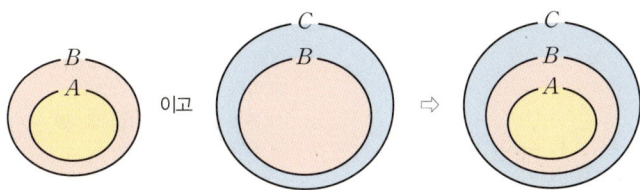

예 세 집합 $A = \{1\}$, $B = \{1, 2\}$, $C = \{1, 2, 3\}$에 대하여

$A \subset B$, $B \subset C$이고, $A \subset C$이다.

개념 06 서로 같은 집합

두 집합 A, B에 대하여 $A{\subset}B$이고 $B{\subset}A$일 때, '집합 A와 집합 B는 서로 같다.'고 한다.

(1) 집합 A와 집합 B가 서로 같은 집합일 때, 기호로 $A{=}B$와 같이 나타낸다.

(2) 집합 A와 집합 B가 서로 같은 집합이 아닐 때, 기호로 $A{\neq}B$와 같이 나타낸다.

참고 두 집합이 서로 같으면 두 집합의 모든 원소가 같다.

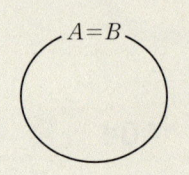

두 집합 A, B에 대하여 $A{\subset}B$이고 $B{\subset}A$일 때, 즉

$x{\in}A$이면 $x{\in}B$이고, $x{\in}B$이면 $x{\in}A$

일 때, 두 집합 A, B는 서로 같다고 한다.

예 두 집합 $A{=}\{1, 2, 7, 14\}$, $B{=}\{x\,|\,x$는 14의 양의 약수$\}$에 대하여
$B{=}\{1, 2, 7, 14\}$이므로 $A{=}B$이다.

개념 07 진부분집합

두 집합 A, B에 대하여 A가 B의 부분집합이지만 두 집합이 서로 같지 않을 때, 즉

$A{\subset}B$이고 $A{\neq}B$

일 때, 집합 A를 집합 B의 진부분집합이라고 한다.

참고 집합 A가 공집합이 아닐 때, 집합 A의 모든 부분집합 중에서 자기 자신이 아닌 부분집합은 모두 진부분집합이다.

'집합 A가 집합 B의 부분집합이다.'라고 하는 것은 집합 A가 집합 B의 진부분집합이거나 집합 A와 집합 B가 서로 같을 때를 말한다.

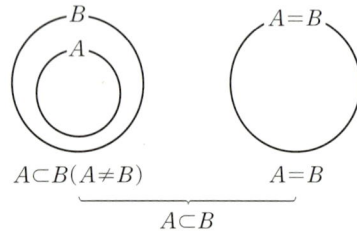

$A{\subset}B(A{\neq}B)$ 　　　 $A{=}B$

$A{\subset}B$

예1 두 집합 $A{=}\{1, 3\}$, $B{=}\{1, 3, 6\}$에 대하여
$A{\subset}B$이고 $A{\neq}B$
이므로 집합 A는 집합 B의 진부분집합이다.

예2 집합 $A{=}\{1, 2, 3\}$의 부분집합은
$\varnothing$, $\{1\}$, $\{2\}$, $\{3\}$, $\{1, 2\}$, $\{1, 3\}$, $\{2, 3\}$, $\{1, 2, 3\}$
이다. 이 중에서 자기 자신인 $\{1, 2, 3\}$을 제외하면
$\varnothing$, $\{1\}$, $\{2\}$, $\{3\}$, $\{1, 2\}$, $\{1, 3\}$, $\{2, 3\}$
위의 집합이 집합 A의 진부분집합이다. ⓒ

Ⓐ 부분집합과 진부분집합의 이해
(1) $A{\subset}B$, $B{\subset}A \iff A{=}B$
(2) $A{\subset}B$, $A{\neq}B$
$\iff A$는 B의 진부분집합

Ⓑ 집합의 원소의 개수
두 집합 A, B에 대하여
(1) $A{\subset}B$이면 $n(A){\leq}n(B)$
(2) $A{=}B$이면 $n(A){=}n(B)$
(3) A가 B의 진부분집합이면
$n(A){<}n(B)$

Ⓒ 부분집합 구하기
집합 $\{1, 2, 3\}$의 부분집합을 원소의 개수에 따라 분류하면 편리하다.
(1) 원소의 개수가 0일 때 : $\varnothing$
(2) 원소의 개수가 1일 때 :
$\{1\}$, $\{2\}$, $\{3\}$
(3) 원소의 개수가 2일 때 :
$\{1, 2\}$, $\{1, 3\}$, $\{2, 3\}$
(4) 원소의 개수가 3일 때 : $\{1, 2, 3\}$

개념 **08**　부분집합의 개수

> 집합 $A = \{a_1,\ a_2,\ a_3,\ \cdots,\ a_n\}$에 대하여 ← $n(A) = n$
>
> (1) 집합 A의 부분집합의 개수 : 2^n
> (2) 집합 A의 진부분집합의 개수 : $2^n - 1$ ← 부분집합 중에서 자기 자신을 제외한 집합의 개수

집합 $\{a_1,\ a_2,\ a_3\}$에 대하여 집합 $\{a_1,\ a_2,\ a_3\}$의 부분집합에는 세 원소 $a_1,\ a_2,\ a_3$이 포함되거나 포함되지 않는다. 다음 그림은 집합 $\{a_1,\ a_2,\ a_3\}$의 부분집합이 원소 $a_1,\ a_2,\ a_3$을 각각 포함하는 경우를 ○, 포함하지 않는 경우를 ×라 하여 수형도를 그린 것으로 원소가 하나 늘어날 때마다 부분집합의 개수는 2배가 됨을 알 수 있다.

따라서 집합 $\{a_1,\ a_2,\ a_3\}$의 부분집합의 개수는 $2 \times 2 \times 2 = 2^3 = 8$이다.

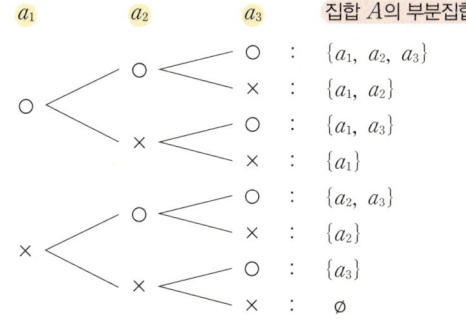

일반적으로 집합 $A = \{a_1,\ a_2,\ a_3,\ \cdots,\ a_n\}$의 부분집합의 개수는 다음과 같다.

$$\underbrace{2 \times 2 \times 2 \times\ \cdots\ \times 2}_{n\text{개}} = 2^n$$

또한, 집합 A의 진부분집합의 개수는 집합 A의 부분집합 중에서 자기 자신을 제외한 집합의 개수이므로 $2^n - 1$이다.

예　집합 $A = \{1,\ 2,\ 3,\ 6,\ 9,\ 18\}$에 대하여

　(1) 집합 A의 원소의 개수가 6이므로 집합 A의 부분집합의 개수는 $2^6 = 64$이다.

　(2) 집합 A의 부분집합의 개수가 2^6이므로 집합 A의 진부분집합의 개수는 $2^6 - 1 = 63$이다.

개념 **09**　특정한 원소를 포함하거나 포함하지 않는 부분집합의 개수

> 집합 $A = \{a_1,\ a_2,\ a_3,\ \cdots,\ a_n\}$에 대하여
>
> (1) 집합 A의 원소 중에서 특정한 원소 k개를 포함하는 부분집합의 개수 : 2^{n-k} (단, $k < n$)
> (2) 집합 A의 원소 중에서 특정한 원소 l개를 포함하지 않는 부분집합의 개수 : 2^{n-l} (단, $l < n$)
> (3) 집합 A의 원소 중에서 특정한 원소 k개는 포함하고, l개는 포함하지 않는 부분집합의 개수 : 2^{n-k-l} (단, $k+l < n$)
> (4) 집합 A의 원소 중에서 특정한 원소 k개 중 적어도 하나를 포함하는 부분집합의 개수 : $2^n - 2^{n-k}$ (단, $k < n$)

1. 특정한 원소를 포함하는 부분집합의 개수

집합 $A=\{a_1,\ a_2,\ a_3\}$의 원소 a_1을 포함하는 집합 A의 부분집합의 개수는 집합 A에서 원소 a_1을 제외한 집합 $\underline{\{a_2,\ a_3\}}$의 부분집합에 원소 a_1을 추가하면 되므로 $\{a_1\}$, $\{a_1,\ a_2\}$, $\{a_1,\ a_3\}$, $\{a_1,\ a_2,\ a_3\}$의 4개이다.

이것을 집합 A의 부분집합이 원소 a_1을 포함하는 경우 1가지, 원소 $a_2,\ a_3$을 각각 포함하거나 포함하지 않는 경우 2가지씩으로 생각하면 다음과 같다.

$$1\times 2\times 2=2^{3-1}=4$$

일반적으로 원소가 n개인 집합에서 특정한 원소 k개를 포함하는 부분집합의 개수는 $2^{n-k}\ (k<n)$이다.

2. 특정한 원소를 포함하지 않는 부분집합의 개수

집합 $A=\{a_1,\ a_2,\ a_3\}$의 원소 a_1을 포함하지 않는 집합 A의 부분집합의 개수는 집합 A에서 원소 a_1을 제외한 집합 $\{a_2,\ a_3\}$의 부분집합과 같으므로 $\varnothing$, $\{a_2\}$, $\{a_3\}$, $\{a_2,\ a_3\}$의 4개이다.

이것을 집합 A의 부분집합이 원소 a_1을 포함하지 않는 경우 1가지, 원소 $a_2,\ a_3$을 각각 포함하거나 포함하지 않는 경우 2가지씩으로 생각하면 다음과 같다.

$$1\times 2\times 2=2^{3-1}=4$$

일반적으로 원소가 n개인 집합에서 특정한 원소 l개를 포함하지 않는 부분집합의 개수는 $2^{n-l}\ (l<n)$이다. Ⓐ

3. 특정한 원소 k개는 포함하고, l개는 포함하지 않는 부분집합의 개수

집합 $A=\{a_1,\ a_2,\ a_3,\ a_4\}$의 원소 a_1은 포함하고, 원소 a_2는 포함하지 않는 집합 A의 부분집합의 개수는 다음과 같다. Ⓑ

$$1\times 1\times 2\times 2=2^{4-1-1}=4$$

여기서 $n(A)$, (포함하지 않는 원소의 개수), (포함하는 원소의 개수)

일반적으로 원소가 n개인 집합에서 특정한 원소 k개는 포함하고, l개는 포함하지 않는 부분집합의 개수는 $2^{n-k-l}\ (k+l<n)$이다.

4. 특정한 원소 k개 중에서 적어도 하나를 포함하는 부분집합의 개수

집합 $A=\{a_1,\ a_2,\ a_3,\ a_4\}$의 세 원소 $a_1,\ a_2,\ a_3$ 중 적어도 하나를 포함하는 집합 A의 부분집합의 개수는 집합 A의 부분집합의 개수에서 세 원소 $a_1,\ a_2,\ a_3$을 모두 포함하지 않는 부분집합의 개수를 뺀 것과 같으므로 Ⓒ

$$2^4-2^{4-3}=16-2=14$$

(특정한 원소 3개를 포함하지 않는 부분집합의 개수), (집합 A의 부분집합의 개수)

일반적으로 원소가 n개인 집합에서 특정한 원소 k개 중 적어도 하나를 포함하는 부분집합의 개수는 $2^n-2^{n-k}\ (k<n)$이다.

Ⓐ '특정한 원소 k개를 포함하는' 부분집합의 개수와 '특정한 원소 k개를 포함하지 않는' 부분집합의 개수는 같다.

Ⓑ 집합 $A=\{a_1,\ a_2,\ a_3,\ a_4\}$의 원소 a_1을 포함하고, a_2를 포함하지 않는 집합 A의 부분집합을 B라 하자.
(i) a_1 : 집합 B에 속하는 경우 1가지
(ii) a_2 : 집합 B에 속하지 않는 경우 1가지
(iii) $a_3,\ a_4$: 집합 B에 속하거나 속하지 않는 경우 2가지씩
(i), (ii), (iii)에서 집합 B의 개수는
$1\times 1\times 2\times 2=2^{4-1-1}=2^2=4$

Ⓒ (적어도 ~인 경우)
$=$(전체 경우)$-$(하나도 ~가 아닌 경우)

다음 □ 안에 기호 ⊂, ⊄ 중에서 알맞은 것을 써넣으시오.

(1) $\{1,\ 3,\ 9\}$ □ $\{x \mid x$는 10 이하의 자연수$\}$

(2) $\{-2,\ 0\}$ □ $\{x \mid x^2-2x=0\}$

solution

(1) $\{x \mid x$는 10 이하의 자연수$\}=\{1,\ 2,\ 3,\ \cdots,\ 10\}$이므로
　　$\{1,\ 3,\ 9\}\subset\{x \mid x$는 10 이하의 자연수$\}$

(2) $x^2-2x=0$에서 $x(x-2)=0$
　　$\therefore\ x=0$ 또는 $x=2$
　　즉, $\{x \mid x^2-2x=0\}=\{0,\ 2\}$에서
　　$-2\in\{-2,\ 0\}$이지만 $-2\notin\{x \mid x^2-2x=0\}$이므로
　　$\{-2,\ 0\}\not\subset\{x \mid x^2-2x=0\}$

두 집합 $A=\{1,\ 2,\ a\}$, $B=\{1,\ 4,\ b\}$에 대하여 $A=B$일 때, ab의 값을 구하시오. (단, a, b는 실수이다.)

solution

두 집합 A, B가 서로 같은 집합이므로 두 집합의 모든 원소가 같다.
따라서 $a=4$, $b=2$이므로 $ab=4\times2=8$

**기본
연습**

p.093

11 　다음 □ 안에 기호 ⊂, ⊄ 중에서 알맞은 것을 써넣으시오.

　　(1) $\{-2,\ 3\}$ □ $\{x \mid (x+2)(x-4)\leq0\}$

　　(2) $\{x \mid x(x^2-1)=0\}$ □ $\{1,\ 2\}$

12 　두 집합 $A=\{a+2,\ 6\}$, $B=\{3,\ b-1\}$에 대하여 $A=B$일 때, $a+b$의 값을 구하시오.
　　　　　　　　　　　　　　　　　　　　　　　　　　　(단, a, b는 실수이다.)

다음 물음에 답하시오.

(1) 집합 $A=\{x\,|\,x$는 4의 양의 약수$\}$의 부분집합과 그 개수를 구하시오.

(2) 집합 $B=\{0, \{0\}\}$의 진부분집합과 그 개수를 구하시오.

solution

(1) 집합 $A=\{x\,|\,x$는 4의 양의 약수$\}=\{1, 2, 4\}$이므로 집합 A의 부분집합은
$\varnothing$, $\{1\}$, $\{2\}$, $\{4\}$, $\{1, 2\}$, $\{1, 4\}$, $\{2, 4\}$, $\{1, 2, 4\}$의 $\underset{2^3}{8}$개이다.

(2) 집합 $B=\{0, \{0\}\}$에서 집합 B의 진부분집합은 $\varnothing$, $\{0\}$, $\{\{0\}\}$의 $\underset{2^2-1}{3}$개이다.

집합 $A=\{1, 2, 3, 4, 5\}$에 대하여 다음을 구하시오.

(1) 2를 포함하는 부분집합의 개수

(2) 3을 포함하지 않는 부분집합의 개수

(3) 2를 포함하고, 3을 포함하지 않는 부분집합의 개수

solution

$n(A)=5$이므로

(1) $2^{5-1}=2^4=16$ (2) $2^{5-1}=2^4=16$ (3) $2^{5-1-1}=2^3=8$

기본 연습

13 다음 물음에 답하시오.

(1) 집합 $A=\{x\,|\,x$는 5 이하의 짝수인 자연수$\}$의 부분집합과 그 개수를 구하시오.

(2) 집합 $B=\{0, \varnothing, \{\varnothing\}\}$의 진부분집합과 그 개수를 구하시오.

14 집합 $A=\{x\,|\,x$는 6의 양의 약수$\}$에 대하여 다음을 구하시오.

(1) 1을 포함하는 부분집합의 개수

(2) 2를 포함하지 않는 부분집합의 개수

(3) 1을 포함하고, 2를 포함하지 않는 부분집합의 개수

pp.093~094

집합 $A=\{\varnothing,\ a,\ \{a,\ b\},\ c\}$에 대하여 〈보기〉에서 옳은 것만을 있는 대로 고르시오.

───── 보기 ─────

ㄱ. $\varnothing \in A$ ㄴ. $\{a,\ b\} \subset A$ ㄷ. $\varnothing \subset A$

ㄹ. $\{b\} \subset A$ ㅁ. $\{c\} \subset A$

guide

다음을 이용하여 참, 거짓을 판별한다.

(1) x가 집합 A의 원소이면 $x \in A$이고, $x \in A$이면 $\{x\} \subset A$이다.

(2) 집합 A의 모든 원소가 집합 B에 속하면 $A \subset B$이다.

(3) 공집합 $\varnothing$은 모든 집합의 부분집합이다.

solution

집합 A의 원소는 $\varnothing,\ a,\ \{a,\ b\},\ c$이다.

ㄱ. $\varnothing$은 집합 A의 원소이므로 $\varnothing \in A$ (참)

ㄴ. a는 집합 A의 원소이지만 b는 집합 A의 원소가 아니므로 $\{a,\ b\} \not\subset A$ (거짓) ← $\{a, b\}$는 집합 A의 원소이므로 $\{a, b\} \in A$

ㄷ. $\varnothing$은 모든 집합의 부분집합이므로 $\varnothing \subset A$ (참)

ㄹ. b는 집합 A의 원소가 아니므로 $\{b\} \not\subset A$ (거짓)

ㅁ. $c \in A$이므로 $\{c\} \subset A$ (참)

필수 연습

p.094

15 집합 $A=\{\varnothing,\ -2,\ 0,\ 2,\ \{0\},\ \{0,\ 2\}\}$에 대하여 〈보기〉에서 옳은 것만을 있는 대로 고르시오.

───── 보기 ─────

ㄱ. $\{\varnothing\} \not\subset A$ ㄴ. $\{\{0,\ 2\}\} \subset A$ ㄷ. $\{-2,\ 0,\ 2\} \in A$

ㄹ. $\{0,\ \{0\}\} \subset A$ ㅁ. $\{\varnothing,\ \{-2,\ 0\}\} \subset A$

16 집합 $A=\{\varnothing,\ a,\ b,\ \{a,\ b\}\}$에 대하여 집합 $f(A)$를 $f(A)=\{X\,|\,X \subset A\}$라 할 때, 〈보기〉에서 옳은 것만을 있는 대로 고르시오.

───── 보기 ─────

ㄱ. $\varnothing \in f(A)$ ㄴ. $\{\varnothing\} \in f(A)$ ㄷ. $\{a\} \in f(A)$

ㄹ. $\{a,\ b\} \subset f(A)$ ㅁ. $\{A\} \subset f(A)$

자연수 전체의 집합의 두 부분집합

　　$A=\{1,\ 2a\}$, $B=\{1,\ a+5,\ 3a-1\}$

에 대하여 $A\subset B$를 만족시키는 모든 자연수 a의 값의 합을 구하시오.

guide

❶ 두 집합 A, B에 대하여 $A\subset B$이면 집합 A의 모든 원소는 집합 B의 원소이어야 한다.

❷ ❶을 이용하여 조건을 만족시키는 미지수의 값을 구한다.

solution

$A\subset B$이므로 $2a\in A$에서 $2a\in B$이다.

(i) $2a=a+5$, 즉 $a=5$일 때,

　　$A=\{1,\ 10\}$, $B=\{1,\ 10,\ 14\}$이므로 $A\subset B$

(ii) $2a=3a-1$, 즉 $a=1$일 때,

　　$A=\{1,\ 2\}$, $B=\{1,\ 2,\ 6\}$이므로 $A\subset B$

(i), (ii)에서 조건을 만족시키는 모든 자연수 a의 값의 합은 $5+1=6$

◆ **plus**

부등식의 해로 나타내어진 두 집합 $A=\{x\,|\,a<x<b\}$, $B=\{x\,|\,c<x<d\}$에 대하여
$A\subset B$ 또는 $B\subset A$가 성립하도록 두 집합 A, B를 수직선 위에 나타내면 다음과 같다.

(1) $A\subset B$

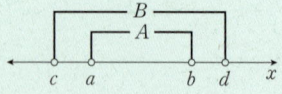

(2) $B\subset A$

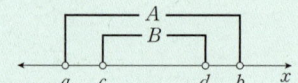

**필수
연습**

pp.094~095

17 실수 전체의 집합의 두 부분집합

　　　$A=\{1,\ 2a+7\}$, $B=\{a^2-3,\ 3,\ 7-a\}$

에 대하여 $A\subset B$를 만족시키는 실수 a의 값을 구하시오.

◆plus
18 두 집합 $A=\{x\,|\,-1\le x<3\}$, $B=\{x\,|\,a-3<x<2a+5\}$에 대하여 $A\subset B$가 성립할 때,
정수 a의 개수를 구하시오. (단, $a>-7$)

◆plus
19 실수 전체의 집합의 두 부분집합

　　　$A=\{x\,|\,x^2+x-6\le0\}$, $B=\{x\,|\,|x-2|\le k\}$

에 대하여 $A\subset B$가 성립하도록 하는 실수 k의 최솟값을 구하시오.

두 집합 $A=\{3,\ a-1,\ a^2+1\}$, $B=\{a^2-1,\ 3-a,\ 5\}$에 대하여 $A=B$일 때, 상수 a의 값을 구하시오.

guide

① 두 집합 A, B에 대하여 $A=B$이면
   $x\in A$일 때 $x\in B$이고, $x\in B$일 때 $x\in A$임을 이용하여 식을 세운다.
② ①을 만족시키는 미지수의 값을 구하여 두 집합 A, B를 구한다.
③ ②에서 구한 두 집합 A, B가 $A=B$를 만족시키는지 확인한다.

solution

$A=B$이면 $A\subset B$, 즉 집합 A의 모든 원소가 집합 B의 원소이므로 $3\in A$에서 $3\in B$이다.

즉, $a^2-1=3$ 또는 $3-a=3$이므로

$a^2-1=3$에서 $a^2=4$ $\therefore a=-2$ 또는 $a=2$

$3-a=3$에서 $a=0$

(i) $a=-2$일 때,
   $A=\{-3,\ 3,\ 5\}$, $B=\{3,\ 5\}$이므로 $A\neq B$

(ii) $a=2$일 때,
   $A=\{1,\ 3,\ 5\}$, $B=\{1,\ 3,\ 5\}$이므로 $A=B$

(iii) $a=0$일 때,
   $A=\{-1,\ 1,\ 3\}$, $B=\{-1,\ 3,\ 5\}$이므로 $A\neq B$

(i), (ii), (iii)에서 $A=B$를 만족시키는 상수 a의 값은 2이다.

필수 연습

20 두 집합 $A=\{a-3,\ 4,\ 2a^2-1\}$, $B=\{a^2-5,\ a+2,\ 7\}$에 대하여 $A=B$일 때, 상수 a의 값을 구하시오.

21 두 집합 $A=\left\{a,\ \dfrac{b}{a},\ 4\right\}$, $B=\{a^2,\ 4a+b,\ 0\}$에 대하여 $A\subset B$이고 $B\subset A$일 때, 두 정수 a, b에 대하여 $a-b$의 값을 구하시오. (단, $a\neq 0$)

22 두 집합 $A=\{x+1,\ 2x+1,\ x^3-1\}$, $B=\{x^2-1,\ 3x-1,\ x+5\}$에 대하여 $A=B$일 때, 집합 A의 원소 중 가장 큰 수를 구하시오. (단, x는 실수이다.)

집합 $A = \{1, 2, 3, 4, 5\}$에 대하여 원소 2를 포함하는 부분집합의 개수를 x, 두 원소 3, 5를 모두 포함하지 않는 부분집합의 개수를 y라 할 때, $x - y$의 값을 구하시오.

guide

집합 A의 원소의 개수가 n일 때, 다음을 이용하여 부분집합의 개수를 구한다.

(1) 집합 A의 원소 중에서 특정한 원소 k개를 포함하는(포함하지 않는) 부분집합의 개수
   ⇨ 2^{n-k} (단, $k < n$)

(2) 집합 A의 원소 중에서 특정한 원소 k개는 포함하고, l개는 포함하지 않는 부분집합의 개수
   ⇨ 2^{n-k-l} (단, $k + l < n$)

(3) 집합 A의 원소 중에서 특정한 원소 k개 중 적어도 하나를 포함하는 부분집합의 개수
   ⇨ $2^{n} - 2^{n-k}$ (단, $k < n$)

solution

집합 A의 부분집합 중에서 원소 2를 포함하는 집합의 개수는

$x = 2^{5-1} = 2^4 = 16$

집합 A의 부분집합 중에서 두 원소 3, 5를 모두 포함하지 않는 집합의 개수는

$y = 2^{5-2} = 2^3 = 8$

$\therefore x - y = 16 - 8 = 8$

필수 연습

p.090

23 집합 $A = \{1, 2, 3, \cdots, 10\}$의 부분집합 중에서 원소로 3의 배수는 모두 포함하고, 10의 약수는 모두 포함하지 않는 부분집합의 개수를 구하시오.

24 집합 $A = \{1, 2, 3, 5, 7, 11, 13\}$에 대하여 $1 \in X$, $2 \in X$, $13 \notin X$를 모두 만족시키는 집합 A의 부분집합 X의 개수를 구하시오.

25 집합 $A = \{x \mid x는 1 \leq x \leq 9인 자연수\}$의 부분집합 중에서 적어도 1개의 소수를 포함하는 부분집합의 개수를 구하시오.

두 집합 $A=\{1,\ 3\}$, $B=\{1,\ 3,\ 5,\ 7,\ 9\}$에 대하여 $A \subset X \subset B$를 만족시키는 집합 X의 개수를 구하시오.

guide

① 두 집합 A, B의 원소를 구하고, $A \subset B$임을 확인한다.

② $n(A)=p$, $n(B)=q$ (p, q는 자연수, $p<q$)에 대하여 $A \subset X \subset B$를 만족시키는 집합 X의 개수는 2^{q-p}임을 이용한다.

solution

$A \subset X \subset B$이므로 집합 X는 집합 $B=\{1,\ 3,\ 5,\ 7,\ 9\}$의 부분집합 중에서 집합 A의 두 원소 1, 3을 반드시 포함하는 집합이다.

따라서 $A \subset X \subset B$를 만족시키는 집합 X의 개수는

$2^{5-2}=2^3=8$

필수 연습

26 두 집합

$A=\{x \mid x$는 20 이하의 6의 양의 배수$\}$, $B=\{x \mid x$는 20 이하의 양의 짝수$\}$

에 대하여 $A \subset X \subset B$를 만족시키는 집합 X의 개수를 구하시오.

27 두 집합

$A=\{x \mid 2x^2-3x-9 \le 0,\ x$는 정수$\}$, $B=\{x \mid x^2-2x-3=0\}$

에 대하여 $B \subset X \subset A$를 만족시키는 집합 X의 개수를 구하시오.

28 두 집합

$A=\{4,\ 8,\ 12,\ \cdots,\ k\}$, $B=\{2,\ 4,\ 6,\ \cdots,\ 30\}$

에 대하여 $A \subset X \subset B$를 만족시키는 집합 X의 개수가 512일 때, 4의 배수 k의 값을 구하시오.

다음 조건을 만족시키는 집합 A의 개수를 구하시오. (단, $A \neq \varnothing$)

㈎ 집합 A의 모든 원소는 자연수이다.   ㈏ $x \in A$이면 $8-x \in A$이다.

---

guide

① 집합 A의 모든 원소가 자연수라는 조건을 이용하여 집합 A의 원소가 될 수 있는 자연수를 구한다.

② 반드시 함께 집합 A의 원소가 되어야 하는 자연수를 짝짓는다.

③ 부분집합의 개수에 대한 식을 이용하여 구하는 집합 A의 개수를 구한다.

solution

조건 ㈎, ㈏에서 x와 $8-x$가 모두 자연수이므로

$x \geq 1$, $8-x \geq 1$에서 $1 \leq x \leq 7$

즉, 집합 A는 집합 $\{1, 2, 3, 4, 5, 6, 7\}$의 부분집합이다.

또한, 조건 ㈏에서 $1 \in A$이면 $7 \in A$, $2 \in A$이면 $6 \in A$, $3 \in A$이면 $5 \in A$이고, $4 \in A$이면 $4 \in A$이므로

1과 7, 2와 6, 3과 5는 각각 어느 하나가 집합 A의 원소이면 나머지 하나도 반드시 집합 A의 원소이어야 하고 4도 집합 A의 원소가 될 수 있다.

따라서 구하는 집합 A의 개수는 집합 $\{1, 2, 3, 4\}$의 공집합이 아닌 부분집합의 개수와 같으므로

$2^4 - 1 = 15$

필수 연습

p.097

29 다음 조건을 만족시키는 집합 A의 개수를 구하시오. (단, $A \neq \varnothing$)

㈎ 집합 A의 모든 원소는 자연수이다.   ㈏ $x \in A$이면 $\dfrac{12}{x} \in A$이다.

---

30 집합 $A = \{1, 2, 3, 4, 5, 6, 7, 8\}$에 대하여 다음 조건을 만족시키는 집합 B의 개수를 구하시오. (단, $B \neq \varnothing$)

㈎ $B \subset A$ ㈏ $x \in B$이면 $x \geq 4$이다.

---

07 집합 $A=\{\varnothing,\ 0,\ \{\varnothing\},\ \{\varnothing,\ 1\}\}$에 대하여 다음 중 옳은 것은?

① $\{\varnothing,\ 1\}\subset A$
② $\{\varnothing,\ 0\}\subset A$
③ $\{\varnothing,\ \{\varnothing\}\}\in A$
④ $\{\varnothing,\ 1\}\not\in A$
⑤ $\{\{\varnothing\}\}\not\subset A$

08 집합 $A=\{\varnothing,\ 0,\ 1\}$에 대하여 집합 $P(A)$는 집합 A의 부분집합을 원소로 갖는 집합이라 할 때, 〈보기〉에서 옳은 것만을 있는 대로 고른 것은?

──────── 보기 ────────

ㄱ. $\varnothing\in P(A)$
ㄴ. $\varnothing\subset P(A)$
ㄷ. $\{\varnothing,\ 0\}\subset P(A)$
ㄹ. $\{\{\varnothing\}\}\subset P(A)$

─────────────────────

① ㄱ, ㄴ
② ㄱ, ㄷ
③ ㄴ, ㄹ
④ ㄱ, ㄴ, ㄹ
⑤ ㄴ, ㄷ, ㄹ

09 집합 $A=\{-1,\ 0,\ 1,\ 2\}$에 대하여 두 집합 B, C를

$B=\{a+b\,|\,a\in A,\ b\in A\}$,
$C=\{ab\,|\,a\in A,\ b\in A\}$

라 할 때, 다음 중 옳은 것은?

① $A\subset B\subset C$
② $A\subset C\subset B$
③ $B\subset A\subset C$
④ $B\subset C\subset A$
⑤ $C\subset A\subset B$

10 두 집합 $A=\{5,\ a+1\}$, $B=\{1,\ 3-a,\ b+5\}$에 대하여 $A\subset B$일 때, 두 실수 a, b의 합 $a+b$의 최댓값을 M, 최솟값을 m이라 하자. 이때 $M-m$의 값을 구하시오. (단, $a\ne 4$)

11 세 집합 $A=\{x\,|\,x^2-x-12\le 0\}$,
$B=\{x\,|\,|x-1|<k\}$, $C=\{x\,|\,x^2\le 1\}$에 대하여
$C\subset B\subset A$가 성립하도록 하는 실수 k의 값의 범위를 구하시오.

12 자연수 n에 대하여 자연수 전체 집합의 부분집합 A_n을 다음과 같이 정의하자.

$A_n=\{x\,|\,x$는 $\sqrt{n}$ 이하의 홀수$\}$

$A_n\subset A_{25}$를 만족시키는 n의 최댓값을 구하시오. [교육청]

13 두 집합

$$A=\{3,\ a\},\ B=\{x\,|\,x^2=b,\ x는\ 실수\}$$

가 서로 같을 때, 두 실수 a, b의 합 $a+b$의 값을 구하시오.

14 두 집합

$$A=\{x\,|\,x^3+ax^2+bx+c=0\},$$
$$B=\{x\,|\,x^2-x-6=0\}$$

에 대하여 $A=B$가 성립한다. 다항식 x^3+ax^2+bx+c를 x^2-x-6으로 나눈 몫을 $Q(x)$라 할 때, $Q(10)$의 값을 구하시오. (단, a, b, c는 상수이고, $c>0$이다.)

15 집합 $A=\{1,\ 2,\ 3,\ \cdots,\ n\}$의 부분집합 중에서 원소 2 또는 4는 포함하고 원소 5는 포함하지 않는 집합의 개수가 96일 때, 자연수 n의 값을 구하시오.

16 집합 $A=\{1,\ 2,\ 3,\ 4,\ 5\}$의 부분집합 중에서 원소로 짝수는 적어도 하나 포함하고, 연속된 두 자연수는 포함하지 않는 집합의 개수를 구하시오.

서술형

17 집합 $A=\{1,\ 2,\ 3,\ 4,\ 5\}$의 두 부분집합 B, C가 다음 조건을 만족시킬 때, 두 집합 B, C의 순서쌍 $(B,\ C)$의 개수를 구하시오.

(가) $n(B)=2$ (나) $B\subset C\subset A$

18 모든 원소가 자연수인 집합 A가 다음 조건을 만족시킬 때, 집합 A의 개수를 구하시오.

(가) $x\in A$이면 $10-x\in A$이다.

(나) 집합 A의 원소의 개수는 홀수이다.

1 집합 S의 원소 중에서 가장 큰 원소를 $M(S)$라 하자. 예를 들어, $S=\{4\}$일 때 $M(S)=4$이고, $S=\{1, 2\}$일 때 $M(S)=2$이다. 집합 $A=\{1, 2, 3, 4, 5\}$의 부분집합 X에 대하여 $M(X)\geq 3$을 만족시키는 집합 X의 개수를 구하시오.

2 집합 $A(k)$를 자연수 k의 거듭제곱의 일의 자리의 숫자 전체의 집합이라 하자. 예를 들어, $k=2$일 때, $2^1=2$, $2^2=4$, $2^3=8$, $2^4=16$, $2^5=32$, $\cdots$이므로 $A(2)=\{2, 4, 6, 8\}$이다. 〈보기〉에서 옳은 것만을 있는 대로 고른 것은?

─────── 보기 ───────

ㄱ. $1\in A(3)$

ㄴ. $A(6)\subset A(3)$

ㄷ. $A(3^n)=A(3)$을 만족시키는 1보다 큰 자연수 n이 존재한다.

① ㄱ   ② ㄴ   ③ ㄱ, ㄷ

④ ㄴ, ㄷ   ⑤ ㄱ, ㄴ, ㄷ

3 집합 $A=\{1, 2, 3, 4, 5\}$의 부분집합 중에서 원소의 합이 10 이상인 집합의 개수를 구하시오.

4 집합 $A=\{1, 2, 3, 4, 5, 6, 7\}$의 부분집합 중에서 다음 조건을 만족시키는 집합 X의 개수를 구하시오.

─────────────────

집합 X의 가장 큰 원소와 가장 작은 원소의 차는 4이다.

─────────────────

신유형

5 두 집합

$A=\{x\,|\,x$는 60의 양의 약수$\}$,

$B=\left\{x\,|\,x=\dfrac{240}{n},\ n$과 x는 자연수$\right\}$

에 대하여 $A\subset X\subset B$를 만족시키는 집합 X의 개수를 구하시오.

1등급

6 집합 $A=\{-3, -1, 0, 2, 4\}$의 모든 부분집합을 $A_1, A_2, A_3, \cdots, A_n$이라 하자. 집합 A_k의 모든 원소의 합을 $S(A_k)$ $(k=1, 2, 3, \cdots, n)$라 할 때, $S(A_1)+S(A_2)+S(A_3)+\cdots+S(A_n)$의 값을 구하시오.

틀을
깨는
생각

Failure is defined by our reaction to it.

실패는 우리가 어떻게 실패에 대처하느냐에 따라 정의된다.

... 오프라 윈프리(Oprah Winfrey)

II

집합과
명제

1 집합의 연산

개념 01 교집합과 합집합

1. 교집합

두 집합 A, B에 대하여 A에도 속하고, B에도 속하는 모든 원소로 이루어진 집합을 A와 B의 **교집합**이라고 하며, 이것을 기호로 $A \cap B$와 같이 나타낸다.

$$A \cap B = \{x \mid x \in A \text{ 그리고 } x \in B\}$$

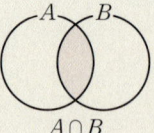

$A \cap B$

2. 합집합

두 집합 A, B에 대하여 A에 속하거나 B에 속하는 모든 원소로 이루어진 집합을 A와 B의 **합집합**이라고 하며, 이것을 기호로 $A \cup B$와 같이 나타낸다.

$$A \cup B = \{x \mid x \in A \text{ 또는 } x \in B\}$$

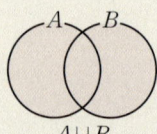

$A \cup B$

3. 서로소

두 집합 A, B에서 공통인 원소가 하나도 없을 때, 즉 $A \cap B = \varnothing$일 때, A와 B는 **서로소**라고 한다.

참고 공집합은 모든 집합과 서로소이다.

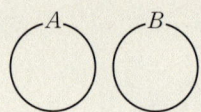

일반적으로 두 집합이 '와', '이고'로 연결되어 있으면 교집합을 사용하고, '또는', '이거나'로 연결되어 있으면 합집합을 사용한다. Ⓐ

> **Ⓐ** 교집합과 합집합은 집합의 연산이다.

예 세 집합 $A = \{1, 2, 3\}$, $B = \{2, 3, 4, 5\}$, $C = \{4, 5, 6\}$에 대하여

  (1) $A \cap B = \{2, 3\}$ ← A 그리고 B

  (2) $A \cup B = \{1, 2, 3, 4, 5\}$ Ⓑ ← A 또는 B

  (3) $A \cap C = \varnothing$이므로 두 집합 A와 C는
    서로소이다.

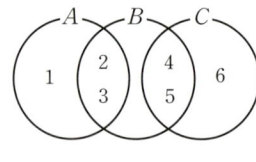

> **Ⓑ** 두 집합 A, B의 모든 원소를 쓴다. 이때 중복된 원소는 한 번만 쓴다.

참고 두 집합 A, B에 대하여 교집합과 합집합에 대한 포함 관계는 다음과 같다.

  (1) $A \cap B$는 집합 A와 집합 B의 부분집합이므로

$$(A \cap B) \subset A, \ (A \cap B) \subset B$$

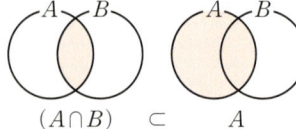

$(A \cap B) \quad \subset \quad A$

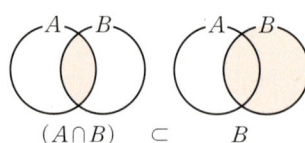

$(A \cap B) \quad \subset \quad B$

  (2) 집합 A와 집합 B는 $A \cup B$의 부분집합이므로

$$A \subset (A \cup B), \ B \subset (A \cup B)$$

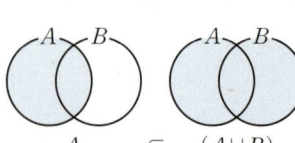

$A \quad \subset \quad (A \cup B)$

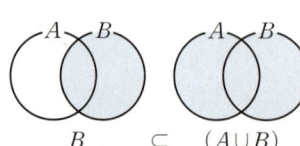

$B \quad \subset \quad (A \cup B)$

개념 02 여집합과 차집합

1. 전체집합

어떤 집합에 대하여 그 부분집합을 생각할 때, 처음의 집합을 **전체집합**이라고 하며, 이것을 기호로 U와 같이 나타낸다.

참고 U는 전체집합을 뜻하는 universal set의 첫 글자이다.

2. 여집합

전체집합 U의 부분집합 A에 대하여 U의 원소 중에서 A에 속하지 않는 모든 원소로 이루어진 집합을 U에 대한 A의 **여집합**이라고 하며, 이것을 기호로 A^c과 같이 나타낸다.

$$A^c = \{x \mid x \in U \text{ 그리고 } x \notin A\}$$

참고 A^c의 C는 여집합을 뜻하는 complement의 첫 글자이다.

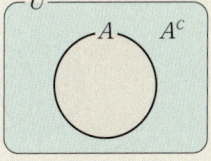

3. 차집합

두 집합 A, B에 대하여 A에 속하지만 B에는 속하지 않는 모든 원소로 이루어진 집합을 A에 대한 B의 **차집합**이라고 하며, 이것을 기호로 $A-B$와 같이 나타낸다.

$$A-B = \{x \mid x \in A \text{ 그리고 } x \notin B\}$$

주의 서로 다른 두 집합 A, B에 대하여 $A-B$와 $B-A$는 서로 다른 집합이다.

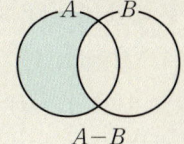

예 전체집합 $U=\{1, 2, 3, 4, 5, 6, 7, 8, 9, 10\}$의 두 부분집합 $A=\{1, 2, 4, 8\}$, $B=\{2, 4, 6, 8, 10\}$에 대하여 ⓒ

(1) $A^c = \{3, 5, 6, 7, 9, 10\}$, $B^c = \{1, 3, 5, 7, 9\}$

(2) $A-B = \{1\}$, $B-A = \{6, 10\}$

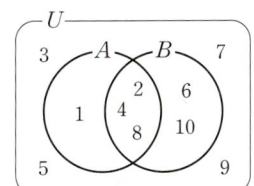

ⓒ 다음의 순서로 벤 다이어그램에 원소를 써넣으면 구하고자 하는 집합을 쉽게 구할 수 있다.

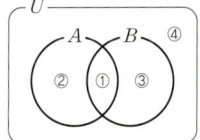

참고 A^c은 전체집합 U에 대한 A의 차집합과 같다. 즉, $A^c = U - A$이다.

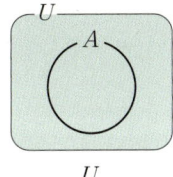
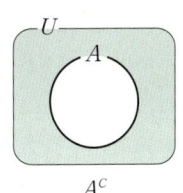

개념 03 교집합과 합집합에 대한 성질

전체집합 U의 두 부분집합 A, B에 대하여

(1) $A \cap A = A$, $A \cup A = A$

(2) $A \cap \varnothing = \varnothing$, $A \cup \varnothing = A$

(3) $A \cap U = A$, $A \cup U = U$

(4) $A \cup (A \cap B) = A$, $A \cap (A \cup B) = A$

전체집합 U의 두 부분집합 A, B에 대하여 (1), (2), (3)이 성립함은 쉽게 알 수 있다.

(4)의 성질은 벤 다이어그램을 이용하여 다음과 같이 확인할 수 있다.

설명 ① $(A \cap B) \subset A$이므로 $A \cup (A \cap B) = A$

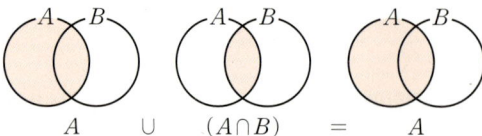

② $A \subset (A \cup B)$이므로 $A \cap (A \cup B) = A$

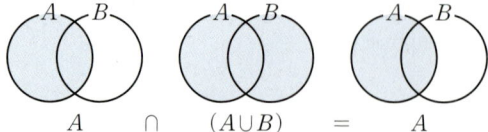

예 두 집합 $A = \{1, 3, 4\}$, $B = \{1, 2, 4, 8\}$에 대하여

$A \cap B = \{1, 4\}$, $A \cup B = \{1, 2, 3, 4, 8\}$이므로

(1) $A \cup (A \cap B) = \{1, 3, 4\} \cup \{1, 4\} = \{1, 3, 4\} = A$

(2) $A \cap (A \cup B) = \{1, 3, 4\} \cap \{1, 2, 3, 4, 8\} = \{1, 3, 4\} = A$

개념 04 **여집합과 차집합에 대한 성질**

전체집합 U의 두 부분집합 A, B에 대하여

(1) $U^C = \varnothing$, $\varnothing^C = U$

(2) $(A^C)^C = A$

(3) $A \cup A^C = U$, $A \cap A^C = \varnothing$

(4) $A - B = A \cap B^C = A - (A \cap B) = (A \cup B) - B$

전체집합 U의 두 부분집합 A, B에 대하여 (1), (2), (3), (4)의 성질을 다음과 같이 확인할 수 있다.

설명 (1) $U^C = U - U = \varnothing$, $\varnothing^C = U - \varnothing = U$

(2) $(A^C)^C = A$를 벤 다이어그램을 이용하여 확인해 보면 다음과 같다.

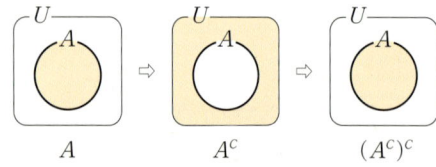

(3) $A \cup A^C = U$, $A \cap A^C = \varnothing$을 벤 다이어그램을 이용하여 확인해 보면 다음과 같다.

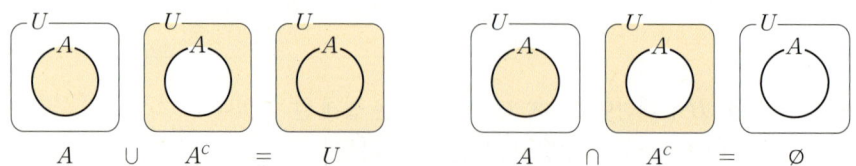

(4) $A-B=A\cap B^C=A-(A\cap B)=(A\cup B)-B$를 벤 다이어그램을 이용하여 확인해 보면 다음과 같다.

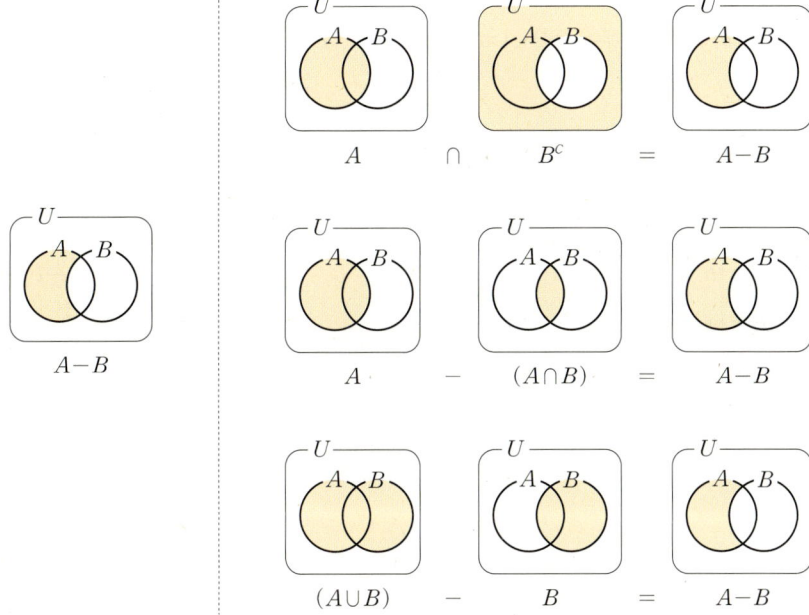

예 전체집합 $U=\{1, 2, 3, 4, 5, 6\}$의 두 부분집합 $A=\{1, 2, 3, 4\}$, $B=\{3, 4, 5\}$에 대하여

(i) $A-B=\{1, 2\}$

(ii) $A=\{1, 2, 3, 4\}$, $B^C=\{1, 2, 6\}$이므로 $A\cap B^C=\{1, 2\}$

(i), (ii)에서 $A-B=A\cap B^C$이 성립한다.

 한 걸음 더

집합의 연산과 포함 관계

📎 필수유형 06

전체집합 U의 두 부분집합 A, B에 대하여

(1) 다음과 같은 두 집합 A, B의 연산 및 포함 관계는 $A\subset B$와 같은 표현이다.

① $A\cap B=A$ 　② $A\cup B=B$ 　③ $A-B=\varnothing$

④ $B^C\subset A^C$ ← $B^C-A^C=\varnothing$ 　⑤ $A^C\cup B=U$

(2) 다음과 같은 두 집합 A, B의 연산 및 포함 관계는 $A\cap B=\varnothing$과 같은 표현이다.

① $A-B=A$ 　② $B-A=B$ 　③ $A\subset B^C$

④ $B\subset A^C$ 　⑤ 두 집합 A, B는 서로소이다.

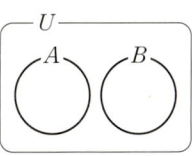

전체집합 $U=\{a, b, c, d, e, f\}$의 두 부분집합 $A=\{a, b, c, d\}$, $B=\{b, d, e\}$에 대하여 다음을 구하시오.

(1) $A \cap B$

(2) $A \cup B$

(3) A^C

(4) $A-B$

solution
(1) $A \cap B=\{b, d\}$

(2) $A \cup B=\{a, b, c, d, e\}$

(3) $A^C=\{e, f\}$

(4) $A-B=\{a, c\}$

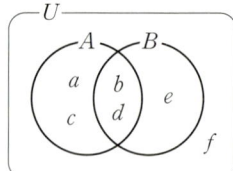

집합 $S=\{1, 2, 3, 4, 5\}$의 부분집합 중에서 집합 $\{1, 2\}$와 서로소인 집합의 개수를 구하시오.

solution
집합 $S=\{1, 2, 3, 4, 5\}$의 부분집합 중에서 집합 $\{1, 2\}$와 서로소인 집합의 개수는
1, 2를 원소로 갖지 않는 부분집합의 개수와 같으므로 ← 집합 $\{3, 4, 5\}$의 부분집합의 개수와 같다.
$2^{5-2}=2^3=8$

**기본
연습**

p.103

01   전체집합 $U=\{x \mid x$는 12 이하의 자연수$\}$의 두 부분집합 $A=\{x \mid x$는 12의 약수$\}$,
$B=\{x \mid x$는 짝수$\}$에 대하여 다음을 구하시오.

(1) $A \cap B$

(2) $A \cup B$

(3) B^C

(4) $B-A$

02   집합 $S=\{x \mid x$는 7 이하의 자연수$\}$의 부분집합 중에서 집합 $\{3, 5\}$와 서로소인 집합의
개수를 구하시오.

기본유형 03 집합의 연산 조건을 만족시키는 집합 〉 개념 01+02

전체집합 $U=\{1,\ 2,\ 3,\ 4,\ 5,\ 6\}$의 두 부분집합 A, B에 대하여
$$A\cap B=\{3,\ 4\},\ (A\cup B)^C=\{2\},\ B-A=\{5,\ 6\}$$
일 때, 집합 A를 구하시오.

solution

$A\cap B=\{3,\ 4\},\ (A\cup B)^C=\{2\},\ B-A=\{5,\ 6\}$을 벤 다이어그램으로 나타
내면 오른쪽 그림과 같다.
$\therefore\ A=\{1,\ 3,\ 4\}$

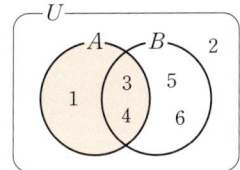

기본유형 04 집합의 연산의 성질 〉 개념 03+04

전체집합 U의 두 부분집합 A, B에 대하여 〈보기〉에서 항상 옳은 것만을 있는 대로 고르시오.

─────── 보기 ───────

ㄱ. $U-A=B$　　　　ㄴ. $(A\cap B)\subset U$　　　　ㄷ. $A\cup A^C=U$　　　　ㄹ. $A\cup B=U$

solution

ㄱ. $U-A=A^C$ (거짓)
ㄴ. $(A\cap B)\subset A$, $(A\cap B)\subset B$이고, $A\subset U$, $B\subset U$이므로 $(A\cap B)\subset U$ (참)
ㄷ. $A\cup A^C=U$ (참)
ㄹ. $(A\cup B)\subset U$, $U\not\subset(A\cup B)$이므로 $A\cup B\neq U$ (거짓)

**기본
연습**

03 전체집합 $U=\{x\,|\,x$는 8 이하의 자연수$\}$의 두 부분집합 A, B에 대하여
$$(A\cup B)^C=\{1,\ 5\},\ A-B=\{2,\ 6\},\ B-A=\{4,\ 8\}$$
일 때, 집합 B를 구하시오.

p.103

04 전체집합 U의 두 부분집합 A, B에 대하여 〈보기〉에서 항상 옳은 것만을 있는 대로 고르시오.

─────── 보기 ───────

ㄱ. $A\cup(A\cap B)=A$　　　ㄴ. $(B-A)\subset A$　　　ㄷ. $B\cup\varnothing=B$　　　ㄹ. $\varnothing^C=U$

두 집합 $A=\{2,\ a^2,\ 5\}$, $B=\{2,\ 2a+3,\ 1-2a\}$에 대하여 $A\cup B=\{-1,\ 2,\ 4,\ 5\}$일 때, 집합 $A\cap B$의 모든 원소의 합을 구하시오. (단, a는 실수이다.)

guide

❶ 주어진 조건을 이용하여 a에 대한 방정식을 세운다.
(1) $A\cap B=\{x\,|\,x\in A$ 그리고 $x\in B\}$ (2) $A\cup B=\{x\,|\,x\in A$ 또는 $x\in B\}$
(3) $A^C=\{x\,|\,x\in U$ 그리고 $x\notin A\}$ (4) $A-B=\{x\,|\,x\in A$ 그리고 $x\notin B\}$
❷ ❶에서 세운 방정식을 풀어 해를 구하고 문제의 조건을 만족시키는지 확인한다.

solution

$A\subset(A\cup B)$에서 $a^2\in(A\cup B)$이므로 $a^2=-1$ 또는 $a^2=4$

이때 a는 실수이므로 $a^2=4$ $\therefore a=2$ 또는 $a=-2$

(ⅰ) $a=2$일 때, $A=\{2,\ 4,\ 5\}$, $B=\{-3,\ 2,\ 7\}$이므로 $A\cup B=\{-3,\ 2,\ 4,\ 5,\ 7\}$

(ⅱ) $a=-2$일 때, $A=\{2,\ 4,\ 5\}$, $B=\{-1,\ 2,\ 5\}$이므로 $A\cup B=\{-1,\ 2,\ 4,\ 5\}$

(ⅰ), (ⅱ)에서 $A=\{2,\ 4,\ 5\}$, $B=\{-1,\ 2,\ 5\}$이므로 $A\cap B=\{2,\ 5\}$

따라서 집합 $A\cap B$의 모든 원소의 합은 $2+5=7$

필수 연습

05 두 집합 $A=\{1,\ a^2+a\}$, $B=\{a,\ a+3,\ 2a^2+3a\}$에 대하여 $A\cap B=\{1,\ 2\}$일 때, 집합 $A\cup B$의 모든 원소의 합을 구하시오. (단, a는 실수이다.)

pp.103~104

06 두 집합 $A=\{3,\ a^2-4,\ 9,\ 12\}$, $B=\{a+6,\ a^2+a,\ -a+5\}$에 대하여 $A-B=\{3,\ 5\}$일 때, 집합 B를 구하시오. (단, a는 실수이다.)

07 두 집합 $A=\{x\,|\,(x-2)(x-49)>0\}$, $B=\{x\,|\,(x-a)(x-a^2)\leq0\}$이 서로소가 되도록 하는 자연수 a의 개수를 구하시오.

전체집합 U의 두 부분집합 A, B에 대하여 $A-B=A$일 때, 〈보기〉에서 항상 옳은 것만을 있는 대로 고르시오.

───── 보기 ─────

ㄱ. $A{\subset}B^C$ ㄴ. $A{\cup}B=U$ ㄷ. $B-A=B$ ㄹ. $A^C{\cup}B=U$

guide

❶ 주어진 연산을 만족시키는 집합의 포함 관계를 파악한다.

(1) $A{\subset}B \iff A{\cap}B=A$
$\iff A{\cup}B=B$
$\iff A-B=\varnothing$
$\iff B^C{\subset}A^C$
$\iff A^C{\cup}B=U$

(2) $A{\cap}B=\varnothing \iff A-B=A$
$\iff B-A=B$
$\iff A{\subset}B^C$
$\iff B{\subset}A^C$
$\iff$ 두 집합 A, B는 서로소이다.

❷ 벤 다이어그램을 이용하여 주어진 집합을 나타낸다.

❸ 집합의 연산 및 포함 관계의 참, 거짓을 판별하거나 조건을 만족시키는 미지수의 값을 구한다.

solution

$A-B=A$이면 두 집합 A, B가 서로소이므로 이를 벤 다이어그램으로 나타내면 오른쪽 그림과 같다.

ㄱ. $A{\subset}B^C$ (참)   ㄴ. $A{\cup}B{\neq}U$ (거짓)

ㄷ. $B-A=B$ (참)   ㄹ. $A^C{\cup}B=A^C{\neq}U$ (거짓)

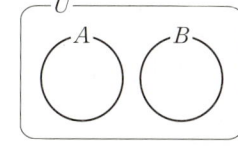

필수 연습

pp.104~105

08 전체집합 U의 두 부분집합 A, B에 대하여 A^C, B가 서로소일 때, 〈보기〉에서 항상 옳은 것만을 있는 대로 고르시오.

───── 보기 ─────

ㄱ. $B-A=\varnothing$ ㄴ. $A{\cap}B=A$ ㄷ. $B{\subset}A$

ㄹ. $A{\cup}B=B$ ㅁ. $A^C{\cup}B=U$ ㅂ. $(A{\cup}B)^C=A^C$

09 두 집합 $A=\{1,\ 3\}$, $B=\{x|mx=x+3\}$에 대하여 $A{\cap}B=B$를 만족시키는 모든 실수 m의 값의 합을 구하시오.

10 세 집합 $A=\{x|7-x<1\}$, $B=\{x|3x+1>4\}$, $C=\{x|x{\geq}k\}$에 대하여
$$A{\cup}C=B{\cap}C=C$$
를 만족시키는 실수 k의 값의 범위를 구하시오.

두 집합 $A=\{x\,|\,x^2\leq 4,\ x$는 정수$\}$, $B=\{x\,|\,x^2-4x+3\leq 0,\ x$는 정수$\}$에 대하여

$$(A-B)\subset X\subset(A\cup B)$$

를 만족시키는 집합 X의 개수를 구하시오.

guide

① 주어진 조건으로부터 집합 X가 반드시 갖는 원소 또는 반드시 갖지 않는 원소를 구분한다.

② ①을 만족시키는 집합 X의 개수를 구한다.

　 이때 원소가 n개인 집합 A의 부분집합 중 특정한 k개의 원소를 갖는(갖지 않는) 집합의 개수는 2^{n-k}이다.

solution

$A=\{x\,|\,x^2\leq 4,\ x$는 정수$\}=\{-2,\ -1,\ 0,\ 1,\ 2\}$

$B=\{x\,|\,x^2-4x+3\leq 0,\ x$는 정수$\}=\{x\,|\,(x-1)(x-3)\leq 0,\ x$는 정수$\}$

　$=\{x\,|\,1\leq x\leq 3,\ x$는 정수$\}=\{1,\ 2,\ 3\}$

$\therefore\ A-B=\{-2,\ -1,\ 0\},\ A\cup B=\{-2,\ -1,\ 0,\ 1,\ 2,\ 3\}$

이때 $(A-B)\subset X\subset(A\cup B)$이므로 집합 X는 집합 $A\cup B$의 부분집합 중에서 $-2,\ -1,\ 0$을 반드시 원소로 갖는 집합이다.

따라서 집합 X의 개수는 $2^{6-3}=2^3=8$

필수 연습

p.105

11 전체집합 $U=\{-2,\ -1,\ 0,\ 1,\ 2,\ 3\}$의 세 부분집합 A, B, X에 대하여

$$A=\{-2,\ -1,\ 0\},\ B=\{-1,\ 0,\ 1\}$$

일 때, $(A-B)\cup X=X$, $B^C\cap X=X$를 만족시키는 집합 X의 개수를 구하시오.

12 전체집합 $U=\{1,\ 2,\ 3,\ 4,\ 5,\ 6\}$의 세 부분집합 A, B, X에 대하여

$$A=\{1,\ 3\},\ B=\{1,\ 3,\ 4\}$$

일 때, $A\cap X=B\cap X$를 만족시키는 집합 X의 개수를 구하시오.

13 전체집합 $U=\{x\,|\,x$는 10 이하의 자연수$\}$의 세 부분집합

$$A=\{x\,|\,x$는 10의 약수$\},$$
$$B=\{x\,|\,x$는 10 이하의 소수$\},$$
$$C=\{x\,|\,x$는 3의 배수$\}$$

에 대하여 $(A\cap B)\cup X=(A\cap C)\cup X$를 만족시키는 집합 A의 부분집합 X의 개수를 구하시오.

01 실수 전체의 집합의 두 부분집합
$$A=\{x\,|\,x^2-(a^2+a+1)x+a^3+a\leq0\},$$
$$B=\{x\,|\,x^2-(2a+3)x+(a+1)(a+2)>0\}$$
에 대하여 $A\cap B=\{x\,|\,2\leq x<3$ 또는 $4<x\leq5\}$를 만족시키는 자연수 a의 값을 구하시오.

02 모든 원소가 자연수인 두 집합 $A=\{a, b, c, d\}$, $B=\{a^2, b^2, c^2, d^2\}$에 대하여 $A\cap B=\{c, d\}$, $c+d=25$일 때, 집합 $A\cup B$의 모든 원소의 합을 구하시오.

03 두 집합
$$A=\{1, 5, x^2-1\}, B=\{2, x+1\}$$
이 서로소가 아닐 때, 모든 정수 x의 값의 합을 구하시오.

04 집합 $A_n=\{x\,|\,4n-1\leq x\leq22n-4, n$은 자연수$\}$
에 대하여
$$A_1\cap A_2\cap A_3\cap \cdots \cap A_n\neq\varnothing$$
이 성립하도록 하는 자연수 n의 최댓값을 구하시오.

05 전체집합 $U=\{1, 2, 3, \cdots, 45\}$의 세 부분집합 A, B, C가
$$A=\{x\,|\,x는 3의 배수\},$$
$$B=\{x\,|\,x는 5의 배수\},$$
$$C=\{x\,|\,x는 45와 서로소인 수\}$$
일 때, 다음 중 집합 C를 집합 A, B로 바르게 나타낸 것은?

① $A\cap B$ ② $A\cap B^C$ ③ $A^C\cap B$
④ $A^C\cap B^C$ ⑤ $A^C\cup B^C$

06 전체집합 U의 세 부분 집합 A, B, C에 대하여 다음 중 오른쪽 벤 다이어그램의 색칠한 부분을 나타내는 집합은?

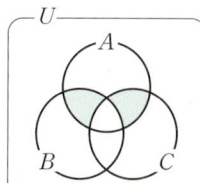

① $\{A\cup(B-C)\}-(B\cap C)$
② $\{A\cup(B\cap C)\}-(B\cap C)$
③ $\{A\cap(B\cup C)\}-(B\cap C)$
④ $\{A\cap(B\cup C)\}\cup(B\cap C)$
⑤ $\{B\cap(A\cup C)\}-(A\cap C)$

07 전체집합 $U=\{x|x$는 9 이하의 자연수$\}$의 두 부분집합 A, B에 대하여
$A\cap B=\{6\}$, $A^C\cap B=\{3,\ 4\}$, $A^C\cap B^C=\{7,\ 8,\ 9\}$
일 때, 집합 A의 모든 원소의 합을 구하시오.

08 전체집합 U의 두 부분집합 A, B가 다음 조건을 만족시킬 때, 집합 B의 모든 원소의 합을 구하시오.

(가) $A=\{3,\ 4,\ 5,\ 6\}$, $A^C\cup B=\{1,\ 2,\ 4,\ 5\}$
(나) $X\subset U$이고 $n(X)=1$인 모든 집합 X에 대하여 집합 $(A\cup X)-B$의 원소의 개수는 2이다.

09 전체집합 U의 서로 다른 두 부분집합 A, B가 $(A-B)\subset(B-A)$를 만족시킬 때, 다음 중 항상 성립하는 것은?

① $A\subset B$
② $B\subset A$
③ $A\cap B=\varnothing$
④ $A\cup B=U$
⑤ $A\cup B\neq U$

10 두 집합
$A=\{x|x$는 18의 양의 약수$\}$,
$B=\{x|x$는 24의 양의 약수$\}$
에 대하여 $(A\cap B)-X=\varnothing$, $(A\cup B)\cap X=X$를 만족시키는 집합 X의 모든 원소의 합이 29일 때, 집합 X의 원소의 개수를 구하시오.

11 전체집합 $U=\{1,\ 2,\ 3,\ \cdots,\ 10\}$의 두 부분집합
$A=\{x|x$는 10 미만의 소수$\}$,
$B=\{x|x^2\leq 25,\ x$는 자연수$\}$
에 대하여 $A\cup C=B\cup C$를 만족시키는 U의 부분집합 C의 개수를 구하시오.

12 자연수 전체의 집합의 세 부분집합
$A=\{x|x$는 10 이하의 자연수$\}$,
$B=\{x|x$는 12의 양의 약수$\}$,
$C=\{x|x$는 20 이하의 5의 배수$\}$
에 대하여 다음 조건을 만족시키는 집합 X의 개수를 구하시오.

(가) $X-A=\varnothing$
(나) X는 B와 서로소이다.
(다) $n(X\cap C)=2$

2 집합의 연산 법칙

개념 **05** 집합의 연산 법칙

세 집합 A, B, C에 대하여 다음이 성립한다.

(1) **교환법칙** : $\underbrace{A \cap B = B \cap A}_{\text{교집합에 대한 교환법칙}}$, $\underbrace{A \cup B = B \cup A}_{\text{합집합에 대한 교환법칙}}$

(2) **결합법칙** : $\underbrace{(A \cap B) \cap C = A \cap (B \cap C)}_{\text{교집합에 대한 결합법칙}}$, $\underbrace{(A \cup B) \cup C = A \cup (B \cup C)}_{\text{합집합에 대한 결합법칙}}$

> **참고** 세 집합의 연산에서 결합법칙이 성립하므로 보통 $A \cap B \cap C$, $A \cup B \cup C$로 나타낸다.

(3) **분배법칙** : $A \cap (B \cup C) = (A \cap B) \cup (A \cap C)$, $A \cup (B \cap C) = (A \cup B) \cap (A \cup C)$

실수의 연산에서 덧셈의 교환법칙과 결합법칙, 덧셈과 곱셈의 분배법칙이 성립하는 것과 같이 집합에서도 교환법칙, 결합법칙, 분배법칙이 성립한다.

세 집합 A, B, C에 대하여 집합의 연산 법칙이 성립함을 벤 다이어그램을 이용하여 확인해 보자.

(1) $A \cap B = B \cap A$, $A \cup B = B \cup A$

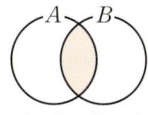 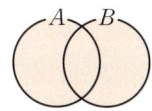

$A \cap B = B \cap A$ $A \cup B = B \cup A$

(2) $(A \cap B) \cap C = A \cap (B \cap C)$, $(A \cup B) \cup C = A \cup (B \cup C)$

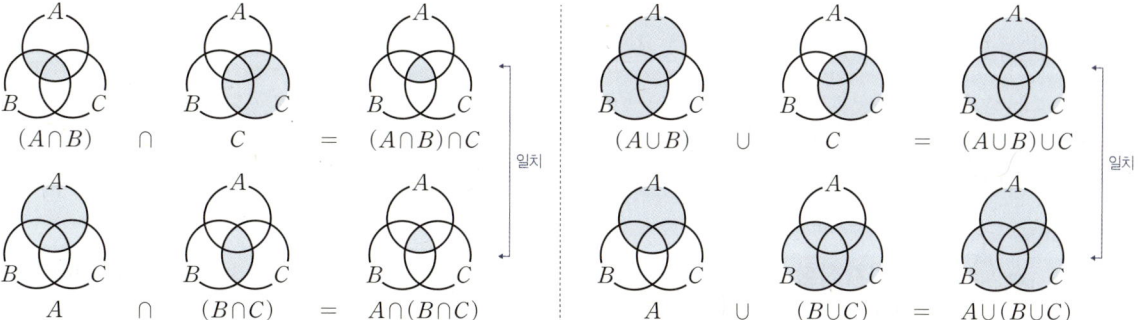

(3) $A \cap (B \cup C) = (A \cap B) \cup (A \cap C)$, $A \cup (B \cap C) = (A \cup B) \cap (A \cup C)$

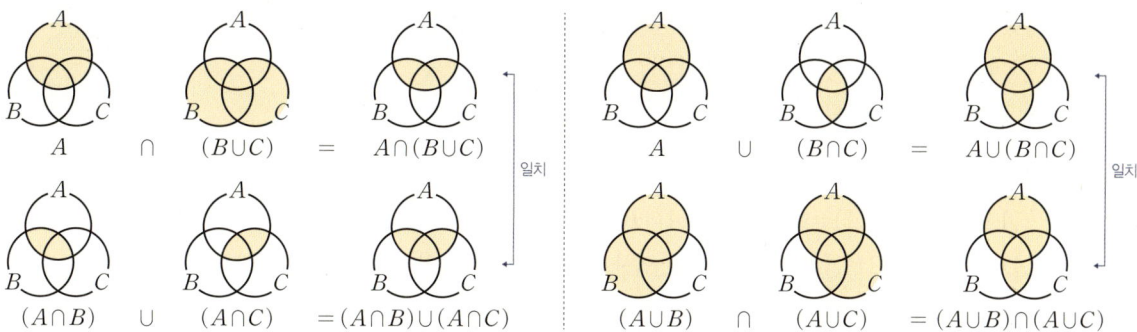

　 드모르간의 법칙

> 전체집합 U의 두 부분집합 A, B에 대하여
> $$(A \cup B)^c = A^c \cap B^c, \quad (A \cap B)^c = A^c \cup B^c$$
> 이 성립하고, 이것을 **드모르간의 법칙**이라고 한다.
>
> 참고 　전체집합 U의 세 부분집합 A, B, C에 대해서도 드모르간의 법칙이 성립한다.
> 　　$\Rightarrow (A \cup B \cup C)^c = A^c \cap B^c \cap C^c, \quad (A \cap B \cap C)^c = A^c \cup B^c \cup C^c$

전체집합 U의 두 부분집합 A, B에 대하여 드모르간의 법칙이 성립함을 벤 다이어그램을 이용하여 확인해 보자.

(1) $(A \cup B)^c = A^c \cap B^c$

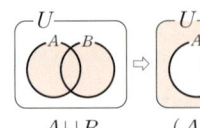 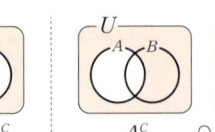 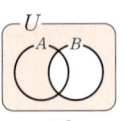 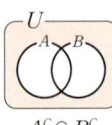

(2) $(A \cap B)^c = A^c \cup B^c$

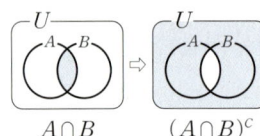 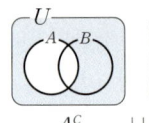 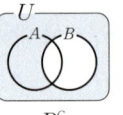 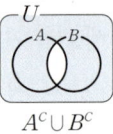

예 　전체집합 $U = \{1, 2, 3, 4, 5, 6\}$의 두 부분집합 $A = \{2, 4, 6\}$, $B = \{2, 3, 5\}$에 대하여

(1) $A \cup B = \{2, 3, 4, 5, 6\}$이므로 $(A \cup B)^c = \{1\}$
　　$A^c = \{1, 3, 5\}$, $B^c = \{1, 4, 6\}$이므로 $A^c \cap B^c = \{1\}$ ⎱ 일치

(2) $A \cap B = \{2\}$이므로 $(A \cap B)^c = \{1, 3, 4, 5, 6\}$
　　$A^c = \{1, 3, 5\}$, $B^c = \{1, 4, 6\}$이므로 $A^c \cup B^c = \{1, 3, 4, 5, 6\}$ ⎱ 일치

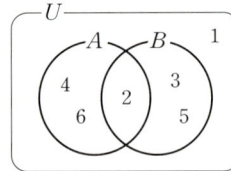

한걸음 더 　　 **대칭차집합** 　　　　　　　　　　　 🔗 **필수연습 18+23**

1. 대칭차집합

전체집합 U의 두 부분집합 A, B에 대하여 $A - B$와 $B - A$의 합집합, 즉
$$(A - B) \cup (B - A)$$
를 대칭차집합이라고 한다.

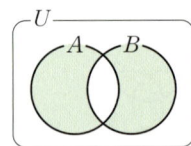

2. 대칭차칩합의 성질

(1) $(A - B) \cup (B - A) = (A \cup B) - (A \cap B) = (A \cup B) \cap (A \cap B)^c$

(2) $A \triangle B = (A - B) \cup (B - A)$라 할 때, 연산 $\triangle$에 대한 교환법칙과 결합법칙이 성립한다.

　① 교환법칙 : $A \triangle B = B \triangle A$ 　　　　　 ② 결합법칙 : $(A \triangle B) \triangle C = A \triangle (B \triangle C)$

세 집합 $A=\{1, 2, 4, 6\}$, $B=\{2, 4, 5\}$, $C=\{1, 2, 5, 7\}$에 대하여 $(A\cup B)\cap(A\cup C)$를 구하시오.

solution

$$(A\cup B)\cap(A\cup C)=A\cup(B\cap C) \leftarrow \text{분배법칙}$$
$$=\{1, 2, 4, 6\}\cup\{2, 5\}=\{1, 2, 4, 5, 6\}$$

다른 풀이

$$(A\cup B)\cap(A\cup C)=\{1, 2, 4, 5, 6\}\cap\{1, 2, 4, 5, 6, 7\}=\{1, 2, 4, 5, 6\}$$

전체집합 $U=\{1, 2, 3, \cdots, 10\}$의 두 부분집합 $A=\{1, 3, 5, 7, 9\}$, $B=\{3, 4, 5, 6, 7\}$에 대하여 드모르간의 법칙을 이용하여 다음을 구하시오.

(1) $A^C\cap B^C$　　　　　(2) $A^C\cup B^C$　　　　　(3) $(A^C-B)^C$　　　　　(4) $A\cap(A\cup B)^C$

solution

$$A\cup B=\{1, 3, 4, 5, 6, 7, 9\}, \; A\cap B=\{3, 5, 7\}$$

(1) $A^C\cap B^C=(A\cup B)^C \leftarrow \text{드모르간의 법칙}$
$$=U-(A\cup B)=\{2, 8, 10\}$$

(2) $A^C\cup B^C=(A\cap B)^C \leftarrow \text{드모르간의 법칙}$
$$=U-(A\cap B)=\{1, 2, 4, 6, 8, 9, 10\}$$

(3) $(A^C-B)^C=(A^C\cap B^C)^C \leftarrow \text{차집합의 성질}$
$$=A\cup B \qquad \leftarrow \text{드모르간의 법칙}$$
$$=\{1, 3, 4, 5, 6, 7, 9\}$$

(4) $A\cap(A\cup B)^C=A\cap(A^C\cap B^C) \leftarrow \text{드모르간의 법칙}$
$$=(A\cap A^C)\cap B^C \leftarrow \text{결합법칙}$$
$$=\varnothing\cap B^C=\varnothing$$

기본 연습

14 세 집합 $A=\{2, 5, 6, 7\}$, $B=\{2, 3, 4, 5\}$, $C=\{3, 5, 7\}$에 대하여 $(A\cap B)\cup(A\cap C)$를 구하시오.

pp.108~109

15 전체집합 $U=\{1, 2, 3, 4, 5, 6\}$의 두 부분집합 $A=\{1, 2, 3, 4\}$, $B=\{3, 4, 5\}$에 대하여 다음을 구하시오.

(1) $A^C\cap B^C$　　　　(2) $A^C\cup B^C$　　　　(3) $(B^C-A)^C$　　　　(4) $A\cap(A-B^C)^C$

전체집합 U의 두 부분집합 A, B에 대하여 다음을 간단히 하시오.

(1) $(A \cup B) \cap A^C$　　　　　　　　　　(2) $(A - B) \cup (B - A^C)$

guide

다음 집합의 연산 법칙과 드모르간의 법칙을 이용하여 주어진 식을 간단히 한다.

(1) 교환법칙 : $A \cap B = B \cap A$, $A \cup B = B \cup A$

(2) 결합법칙 : $(A \cap B) \cap C = A \cap (B \cap C)$, $(A \cup B) \cup C = A \cup (B \cup C)$

(3) 분배법칙 : $A \cap (B \cup C) = (A \cap B) \cup (A \cap C)$, $A \cup (B \cap C) = (A \cup B) \cap (A \cup C)$

(4) 드모르간의 법칙 : $(A \cup B)^C = A^C \cap B^C$, $(A \cap B)^C = A^C \cup B^C$

solution

(1) $(A \cup B) \cap A^C = (A \cap A^C) \cup (B \cap A^C)$　← 분배법칙

$\qquad\qquad\qquad = \varnothing \cup (B \cap A^C)$

$\qquad\qquad\qquad = B \cap A^C = B - A$　　← 차집합의 성질

(2) $(A - B) \cup (B - A^C) = (A \cap B^C) \cup (B \cap A)$　← 차집합의 성질

$\qquad\qquad\qquad\qquad = (A \cap B^C) \cup (A \cap B)$　← 교환법칙

$\qquad\qquad\qquad\qquad = A \cap (B^C \cup B)$　　← 분배법칙

$\qquad\qquad\qquad\qquad = A \cap U = A$

plus

대칭차집합

전체집합 U의 두 부분집합 A, B에 대하여 $A - B$와 $B - A$의 합집합, 즉

$$(A - B) \cup (B - A)$$

를 대칭차집합이라고 하고, $(A - B) \cup (B - A) = (A \cup B) - (A \cap B) = (A \cup B) \cap (A \cap B)^C$이 성립한다.

필수 연습

16 전체집합 U의 두 부분집합 A, B에 대하여 다음을 간단히 하시오.

(1) $(A \cup B) \cap (A \cup B^C)$　　　　　　(2) $\{A - (B - A^C)^C\} \cup (B - A)$

pp.109~110

17 전체집합 $U = \{x \mid x$는 12 이하의 자연수$\}$의 두 부분집합

$\qquad A = \{x \mid x$는 10 이하의 짝수$\}$, $B = \{x \mid x$는 12의 약수$\}$

에 대하여 집합 $(B^C - A)^C - B$의 모든 원소의 합을 구하시오.

plus

18 전체집합 $U = \{x \mid 1 \le x \le 7, x$는 자연수$\}$의 두 부분집합

$\qquad A^C \cap B^C = \{1, 2\}$, $A \cap B = \{3, 6\}$

에 대하여 집합 $(A \cap B^C) \cup (A^C \cap B)$의 모든 원소의 합을 구하시오.

자연수 k에 대하여 집합 $A_k=\{x\,|\,x$는 k의 양의 배수$\}$일 때, $(A_3\cup A_4)\cap A_6=A_n$을 만족시키는 자연수 n의 값을 구하시오.

guide

❶ 다음을 이용하여 배수의 집합 A_k의 포함 관계를 확인한다.

세 자연수 k, m, n의 양의 배수의 집합을 각각 A_k, A_m, A_n이라 하면

(1) $A_m\cap A_n=A_k \iff k$는 m, n의 최소공배수

(2) $A_m\cup A_n=A_m \iff A_n\subset A_m \iff n$은 m의 배수 ← m은 n의 약수

(3) $(A_m\cup A_n)\subset A_k \iff A_m\subset A_k$, $A_n\subset A_k \iff k$는 m, n의 공약수

❷ ❶의 포함 관계를 만족시키는 미지수의 값을 구한다.

solution

$(A_3\cup A_4)\cap A_6=(A_3\cap A_6)\cup(A_4\cap A_6)$

이때 $A_3\cap A_6$은 3과 6의 최소공배수인 6의 배수의 집합이고,

$A_4\cap A_6$은 4와 6의 최소공배수인 12의 배수의 집합이므로

$(A_3\cup A_4)\cap A_6=(A_3\cap A_6)\cup(A_4\cap A_6)$

$\qquad\qquad =A_6\cup A_{12}$

또한, 12는 6의 배수이므로 $A_{12}\subset A_6$

따라서 $(A_3\cup A_4)\cap A_6=A_6\cup A_{12}=A_6$이므로 $n=6$

필수 연습

❀ p.110

19 전체집합 $U=\{1,\ 2,\ 3,\ \cdots,\ 50\}$의 부분집합 A_k를

$\qquad A_k=\{x\,|\,x$는 k의 배수, k는 자연수$\}$

라 할 때, 집합 $A_4\cap(A_3\cup A_2)$의 원소의 개수를 구하시오.

20 자연수 전체의 집합의 부분집합 중에서 자연수 k의 배수를 원소로 갖는 집합을 A_k라 할 때,

$\qquad A_m\subset(A_{12}\cap A_8),\ (A_{16}\cup A_{12})\subset A_n$

을 만족시키는 두 자연수 m, n에 대하여 m의 최솟값과 n의 최댓값의 합을 구하시오.

21 집합 A_n을

$\qquad A_n=\{x\,|\,x$는 n의 양의 배수$\}$ $(n=1,\ 2,\ 3,\ \cdots)$

라 하자. $A_n\cap A_2=A_{2n}$이고, 50이 집합 A_2-A_n의 원소가 되도록 하는 50 이하의 자연수 n의 개수를 구하시오.

필수유형 12 새롭게 정의된 집합의 연산

개념 05+06

전체집합 $U=\{x|x$는 자연수$\}$의 두 부분집합 $A=\{x|x$는 6의 배수$\}$, $B=\{x|x$는 18의 약수$\}$에 대하여 연산 ◎를

$A◎B=A^C\cap B^C$

이라 할 때, 집합 $(A◎B)◎B$의 원소 중에서 가장 작은 값을 구하시오.

guide

❶ 새롭게 정의된 집합의 연산을 집합의 연산 법칙을 이용하여 간단히 정리한다.

❷ ❶에서 정리된 연산을 이용하여 구하는 집합의 원소를 구한다.

solution

$(A◎B)◎B=(A^C\cap B^C)^C\cap B^C$

$=\{(A\cup B)^C\}^C\cap B^C$ ← 드모르간의 법칙

$=(A\cup B)\cap B^C$

$=(A\cap B^C)\cup(B\cap B^C)$ ← 분배법칙

$=(A\cap B^C)\cup\varnothing$

$=A\cap B^C=A-B$ ← 차집합의 성질

이때 $A=\{6, 12, 18, 24, 30, \cdots\}$ $B=\{1, 2, 3, 6, 9, 18\}$이므로

$(A◎B)◎B=A-B=\{12, 24, 30, \cdots\}$

따라서 집합 $(A◎B)◎B$의 원소 중에서 가장 작은 값은 12이다.

plus

대칭차집합의 성질

$A\triangle B=(A-B)\cup(B-A)$라 할 때, 연산 △에 대하여 다음이 성립한다.

(1) 교환법칙 : $A\triangle B=B\triangle A$

(2) 결합법칙 : $(A\triangle B)\triangle C=A\triangle(B\triangle C)$

(3) $A\triangle\varnothing=\varnothing\triangle A=A$

(4) $A\triangle A=\varnothing$

필수 연습

해설 pp.110~111

22 전체집합 U의 두 부분집합 $A=\{1, 2, 3, 4, 5\}$, $B=\{1, 3, 5, 7\}$에 대하여 연산 ★를

$A★B=(A\cup B)\cap(A\cup B^C)$

이라 할 때, 집합 $(A★B)★A$의 원소의 개수를 구하시오.

plus **23** 전체집합 U의 공집합이 아닌 세 부분집합 A, B, C에 대하여 연산 $*$를

$A*B=(A\cup B)-(A\cap B)$

라 할 때, 〈보기〉에서 항상 옳은 것만을 있는 대로 고르시오.

보기

ㄱ. $A*A^C=\varnothing$

ㄴ. $A*B=A^C*B^C$

ㄷ. $(A*B)*C=A*(B*C)$

13 자연수 전체의 집합 N에 대하여 집합 A를
$$A=\{x\,|\,x \text{는 } n \text{을 6으로 나눈 나머지, } n \in N\}$$
으로 정의할 때, 집합 A의 두 부분집합 B, C에 대하여 $B=\{1, 5\}$, $(B^C \cup C) \cap B=\{5\}$를 만족시키는 집합 C의 개수를 구하시오.

14 전체집합 U의 세 부분집합 A, B, C에 대하여 〈보기〉에서 항상 옳은 것만을 있는 대로 고른 것은?

───── 보기 ─────

ㄱ. $(A-B)^C \cap A=A \cap B$

ㄴ. $(A \cap B)-(A \cap C)=A \cap (B-C)$

ㄷ. $\{A \cup (A^C \cap B)\} \cap \{A \cap (A \cup B)\}=B$

① ㄱ   ② ㄱ, ㄴ   ③ ㄱ, ㄷ
④ ㄴ, ㄷ   ⑤ ㄱ, ㄴ, ㄷ

15 전체집합 U의 두 부분집합 A, B에 대하여
$$\{A \cap (A \cup B^C)^C\} \cup (A \cap B)=B$$
일 때, 〈보기〉에서 항상 옳은 것만을 있는 대로 고른 것은?

───── 보기 ─────

ㄱ. $A \cap B=B$ ㄴ. $A^C \subset B^C$

ㄷ. $A-B=\varnothing$ ㄹ. $A^C \cup B=U$

① ㄱ, ㄴ   ② ㄴ, ㄷ   ③ ㄷ, ㄹ
④ ㄱ, ㄴ, ㄹ   ⑤ ㄱ, ㄷ, ㄹ

16 두 자연수 m, n에 대하여 두 집합 A_m, B_n이
$$A_m=\{x\,|\,x \text{는 } m \text{의 배수인 자연수}\},$$
$$B_n=\{x\,|\,x \text{는 } n \text{과 서로소인 자연수}\}$$
일 때, 〈보기〉에서 옳은 것만을 있는 대로 고르시오.

───── 보기 ─────

ㄱ. $A_3 \cap A_4=A_6$

ㄴ. $A_2 \cup B_2=\{x\,|\,x \text{는 자연수}\}$

ㄷ. $B_2 \cap B_3=B_6$

17 전체집합 U의 두 부분집합 A, B에 대하여 연산 $\triangle$를 $A \triangle B=(A-B) \cup (B-A)$라 할 때, 〈보기〉에서 항상 옳은 것만을 있는 대로 고른 것은?

───── 보기 ─────

ㄱ. $A \triangle U=A^C$

ㄴ. $B \triangle (B-A)=\varnothing$이면 $A=B$

ㄷ. $\underbrace{A \triangle A \triangle A \triangle \cdots \triangle A}_{A \text{가 99개}}=A$

① ㄱ   ② ㄱ, ㄴ   ③ ㄱ, ㄷ
④ ㄴ, ㄷ   ⑤ ㄱ, ㄴ, ㄷ

18 전체집합 U의 두 부분집합 X, Y에 대하여 연산 $\odot$를 $X \odot Y=X^C-Y$라 할 때, 〈보기〉에서 항상 옳은 것만을 있는 대로 고르시오.

───── 보기 ─────

ㄱ. $A \odot B=B \odot A$

ㄴ. $(A \odot B)^C=A^C \odot B^C$

ㄷ. $(A \odot B) \odot C=A \odot (B \odot C)$

3 유한집합의 원소의 개수

개념 07 합집합의 원소의 개수

세 유한집합 A, B, C에 대하여
(1) $n(A \cup B) = n(A) + n(B) - n(A \cap B)$
  특히, $A \cap B = \varnothing$이면 $n(A \cap B) = 0$이므로 $n(A \cup B) = n(A) + n(B)$
(2) $n(A \cup B \cup C) = n(A) + n(B) + n(C) - n(A \cap B) - n(B \cap C) - n(C \cap A) + n(A \cap B \cap C)$

벤 다이어그램의 각 영역에 속하는 원소의 개수를 이용하여 유한집합의 합집합의 원소의 개수를 구해 보자.

(1) 두 집합 A, B에 대하여 오른쪽 벤 다이어그램과 같이 각 영역에 속하는 원소의 개수를 x, y, z라 하면

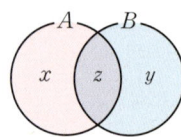

$$n(A \cup B) = x + y + z = (x+z) + (y+z) - z$$
$$= n(A) + n(B) - n(A \cap B) \; \text{ⓑⓒ}$$

이다. 특히, A, B가 서로소, 즉 $A \cap B = \varnothing$이면 $n(A \cap B) = 0$이므로
$$n(A \cup B) = n(A) + n(B)$$

(2) 세 집합 A, B, C에 대하여 오른쪽 벤 다이어그램과 같이 각 영역에 속하는 원소의 개수를 a, b, c, x, y, z, w라 하면

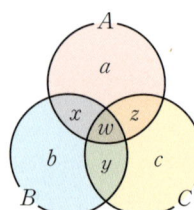

$$n(A \cup B \cup C)$$
$$= a + b + c + x + y + z + w$$
$$= (a+x+z+w) + (b+x+y+w) + (c+y+z+w)$$
$$\qquad - (x+w) - (y+w) - (z+w) + w$$
$$= n(A) + n(B) + n(C) - n(A \cap B) - n(B \cap C)$$
$$\qquad - n(C \cap A) + n(A \cap B \cap C) \; \text{ⓓ}$$

예1 두 집합 A, B에 대하여 $n(A) = 10$, $n(B) = 8$, $n(A \cap B) = 6$일 때,
$$n(A \cup B) = n(A) + n(B) - n(A \cap B)$$
$$= 10 + 8 - 6 = 12$$

예2 세 집합 A, B, C에 대하여 $n(A) = 8$, $n(B) = 7$, $n(C) = 4$, $n(A \cap B) = 2$, $n(B \cap C) = 3$, $n(C \cap A) = 1$, $n(A \cap B \cap C) = 1$일 때,
$$n(A \cup B \cup C) = n(A) + n(B) + n(C) - n(A \cap B)$$
$$\qquad - n(B \cap C) - n(C \cap A) + n(A \cap B \cap C)$$
$$= 8 + 7 + 4 - 2 - 3 - 1 + 1 = 14$$

ⓐ **합집합의 원소의 합**
세 집합 A, B, C의 원소의 합을 각각 $S(A)$, $S(B)$, $S(C)$라 하면
(1) $S(A \cup B)$
  $= S(A) + S(B) - S(A \cap B)$
(2) $A \cap B = \varnothing$이면
  $S(A \cup B) = S(A) + S(B)$
  $\qquad (\because S(A \cap B) = 0)$
(3) $S(A \cup B \cup C)$
  $= S(A) + S(B) + S(C)$
  $\quad - S(A \cap B) - S(B \cap C)$
  $\quad - S(C \cap A) + S(A \cap B \cap C)$

ⓑ 두 집합 A, B의 원소의 개수의 합에는 $A \cap B$의 원소의 개수가 두 번 더해졌으므로 한 번 빼 주어야 한다.

ⓒ **교집합의 원소의 개수**
$n(A \cap B) = n(A) + n(B) - n(A \cup B)$

ⓓ 세 집합 A, B, C의 원소의 개수를 모두 더한 후 $A \cap B$, $B \cap C$, $C \cap A$의 원소의 개수를 모두 빼면 $A \cap B \cap C$의 원소의 개수가 세 번 더해진 후 세 번 빼졌으므로 한 번 더해 주어야 한다.

유한집합의 원소의 개수의 최댓값과 최솟값

전체집합 U가 유한집합일 때, 두 부분집합 A, B에 대하여

$$n(A\cup B)=n(A)+n(B)-n(A\cap B)$$

이므로 다음이 성립한다.

(1) $n(A\cap B)$가 최대일 때 $n(A\cup B)$가 최소가 되고, $n(A\cap B)$가 최소일 때 $n(A\cup B)$가 최대가 된다.

(2) $n(A)\le n(B)$일 때,

$A\subset B$이면 $n(A\cap B)$는 최댓값 $n(A)$를 갖고, $n(A\cup B)$는 최솟값 $n(B)$를 갖는다.

(3) $n(A)+n(B)\ge n(U)$일 때,

$\underbrace{n(A\cup B)\le n(U)}_{n(A)+n(B)-n(A\cap B)\le n(U)}$이므로 $n(A\cap B)$의 최솟값은 $n(A)+n(B)-n(U)$이다.

개념 08 ── 여집합과 차집합의 원소의 개수

전체집합 U가 유한집합일 때, 두 부분집합 A, B에 대하여

(1) $n(A^C)=n(U)-n(A)$

(2) $n(A-B)=n(A)-n(A\cap B)=n(A\cup B)-n(B)$

특히, $B\subset A$이면 $n(A-B)=n(A)-n(B)$이다.

벤 다이어그램의 각 영역에 속하는 원소의 개수를 이용하여 유한집합의 여집합과 차집합의 원소의 개수를 구해 보자.

(1) 전체집합 U의 부분집합 A에 대하여 오른쪽 벤 다이어그램과 같이 각 영역에 속하는 원소의 개수를 x, y라 하면

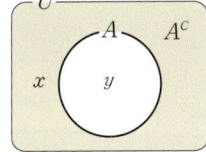

$$n(A^C)=x$$
$$=(x+y)-y=n(U)-n(A)\ \text{ⓔ}$$

(2) 두 집합 A, B에 대하여 오른쪽 벤 다이어그램과 같이 각 영역에 속하는 원소의 개수를 x, y, z라 하면

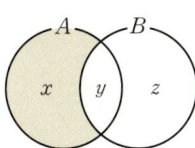

$$n(A-B)=x$$
$$=(x+y)-y=n(A)-n(A\cap B)$$
$$=(x+y+z)-(y+z)=n(A\cup B)-n(B)\ \text{ⓕ}$$

ⓔ $A\cap A^C=\varnothing$이므로
$$n(U)=n(A\cup A^C)$$
$$=n(A)+n(A^C)$$
$$\therefore\ n(A^C)=n(U)-n(A)$$

ⓕ $B\subset A$일 때,
$A\cap B=B$, $A\cup B=A$이므로
$$n(A-B)=n(A)-n(B)$$

예 전체집합 U의 두 부분집합 A, B에 대하여

$n(U)=15$, $n(A)=10$, $n(A\cap B)=4$일 때,

(1) $n(A^C)=n(U)-n(A)=15-10=5$

(2) $n(A-B)=n(A)-n(A\cap B)=10-4=6$

두 집합 A, B에 대하여 $n(A)=12$, $n(B)=25$, $n(A\cap B)=4$일 때, $n(A\cup B)$를 구하시오.

solution

$$n(A\cup B)=n(A)+n(B)-n(A\cap B)$$
$$=12+25-4=33$$

전체집합 U의 두 부분집합 A, B에 대하여
$$n(U)=40,\ n(A)=25,\ n(B)=18,\ n(A\cap B)=6$$
일 때, 다음을 구하시오.

(1) $n(A^C)$　　　　(2) $n(A-B)$　　　　(3) $n(A^C\cup B)$　　　　(4) $n(A^C\cap B^C)$

solution

(1) $n(A^C)=n(U)-n(A)=40-25=15$

(2) $n(A-B)=n(A)-n(A\cap B)=25-6=19$

(3) $A^C\cup B=(A\cap B^C)^C=(A-B)^C$에서
$n(A^C\cup B)=n((A-B)^C)=n(U)-n(A-B)=40-19=21$

(4) $A^C\cap B^C=(A\cup B)^C$이고, $n(A\cup B)=n(A)+n(B)-n(A\cap B)=25+18-6=37$이므로
$n(A^C\cap B^C)=n((A\cup B)^C)=n(U)-n(A\cup B)=40-37=3$

**기본
연습**

p.113

24　　두 집합 A, B에 대하여 $n(A)=20$, $n(B)=15$, $n(A\cup B)=29$일 때, $n(A\cap B)$를 구하
시오.

25　　전체집합 U의 두 부분집합 A, B에 대하여
$$n(U)=35,\ n(A)=21,\ n(B)=27,\ n(A\cup B)=30$$
일 때, 다음을 구하시오.

(1) $n(B^C)$　　　　(2) $n(B-A)$　　　　(3) $n(A\cap B^C)$　　　　(4) $n(A^C\cup B^C)$

다음 물음에 답하시오.

(1) 전체집합 U의 두 부분집합 A, B에 대하여 $n(U)=34$, $n(A)=21$, $n(B)=15$, $n(A^C \cap B^C)=5$일 때, $n(A \cap B)$를 구하시오.

(2) 세 집합 A, B, C에 대하여 $n(A)=7$, $n(B)=6$, $n(C)=8$, $n(A \cup B)=11$, $n(B \cup C)=10$, $C \cap A=\varnothing$ 일 때, $n(A \cup B \cup C)$를 구하시오.

guide

다음 유한집합의 원소의 개수를 구하는 방법을 이용하여 구하고자 하는 집합의 원소의 개수를 구한다.
전체집합 U의 세 부분집합 A, B, C에 대하여
(1) $n(A \cup B)=n(A)+n(B)-n(A \cap B)$
(2) $n(A \cup B \cup C)=n(A)+n(B)+n(C)-n(A \cap B)-n(B \cap C)-n(C \cap A)+n(A \cap B \cap C)$
(3) $n(A^C)=n(U)-n(A)$
(4) $n(A-B)=n(A)-n(A \cap B)=n(A \cup B)-n(B)$

solution

(1) $n((A \cup B)^C)=n(A^C \cap B^C)=5$이므로 $n(A \cup B)=n(U)-n((A \cup B)^C)=34-5=29$

  $\therefore\ n(A \cap B)=n(A)+n(B)-n(A \cup B)=21+15-29=7$

(2) $n(A \cap B)=n(A)+n(B)-n(A \cup B)=7+6-11=2$

  $n(B \cap C)=n(B)+n(C)-n(B \cup C)=6+8-10=4$

  $C \cap A=\varnothing$이므로 $A \cap B \cap C=\varnothing$　　$\therefore\ n(C \cap A)=0,\ n(A \cap B \cap C)=0$

  $\therefore\ n(A \cup B \cup C)$

  　$=n(A)+n(B)+n(C)-n(A \cap B)-n(B \cap C)-n(C \cap A)+n(A \cap B \cap C)$

  　$=7+6+8-2-4-0+0=15$

**필수
연습**

pp. 113~114

26 다음 물음에 답하시오.

(1) 전체집합 U의 두 부분집합 A, B에 대하여 $n(U)=45$, $n(A)=32$, $n(B)=21$, $n(A-B^C)=13$일 때, $n((A \cup B)^C)$을 구하시오.

(2) 전체집합 U의 세 부분집합 A, B, C에 대하여 $n(U)=40$, $n(A)=15$, $n(C)=18$, $n(A \cap B)=9$, $n(A \cup C)=28$, $n(A-(B \cup C))=3$일 때, $n((C-A) \cup (C-B))$ 를 구하시오.

27 전체집합 U의 세 부분집합 A, B, C에 대하여 $U=A \cup B \cup C$이고, $n(U)=40$, $n(A)=21$, $n(B)=17$, $n(C)=20$, $n(A \cap B \cap C)=4$일 때, $n((A \cap B) \cup (B \cap C) \cup (C \cap A))$를 구하시오.

어느 학급 학생 30명을 대상으로 두 편의 영화 A, B를 관람한 학생 수를 조사하였더니 영화 A를 관람한 학생이 11명, 영화 B를 관람한 학생이 9명, 영화 A와 영화 B 중 어느 것도 관람하지 않은 학생이 14명이었다. 영화 A와 영화 B를 모두 관람한 학생 수를 구하시오.

guide

① 전체집합 U와 그 부분집합 A, B를 각각 정의한다.
② 다음을 이용하여 각 집합의 원소의 개수를 구한다.
    (1) 둘 다 ~하는 $\Rightarrow A \cap B$ (2) 둘 중 어느 것도 ~하지 않는 $\Rightarrow (A \cup B)^C$
    (3) ~만 ~하는 $\Rightarrow A-B$ 또는 $B-A$ (4) 둘 중 하나만 ~하는 $\Rightarrow (A-B) \cup (B-A)$
③ 유한집합의 원소의 개수를 구하는 방법을 이용하여 답을 구한다.

solution

학생 전체의 집합을 U, 영화 A를 관람한 학생의 집합을 A, 영화 B를 관람한 학생의 집합을 B라 하면
$n(U)=30$, $n(A)=11$, $n(B)=9$
영화 A와 영화 B 중 어느 것도 관람하지 않은 학생의 집합은 $A^C \cap B^C$이므로 $n(A^C \cap B^C)=14$
즉, $n(A \cup B)=n(U)-n((A \cup B)^C)=n(U)-n(A^C \cap B^C)=30-14=16$이므로
$n(A \cap B)=n(A)+n(B)-n(A \cup B)=11+9-16=4$
따라서 영화 A와 영화 B를 모두 관람한 학생 수는 4이다.

필수 연습

pp.114~115

28 어느 안경점에서 방문객 30명을 대상으로 안경, 렌즈를 착용한 경험을 조사하였더니 안경을 착용한 경험이 있는 방문객이 17명, 렌즈를 착용한 경험이 있는 방문객이 15명, 안경과 렌즈 중 어느 것도 착용한 경험이 없는 방문객이 7명이었다. 안경을 착용한 경험이 없거나 렌즈를 착용한 경험이 없는 방문객 수를 구하시오.

29 어느 학교 100명의 학생들을 대상으로 두 동아리 A, B의 가입 여부를 조사한 결과 다음과 같은 사실을 알게 되었다. 동아리 A에만 가입한 학생 수를 구하시오.

   (가) 학생들은 두 동아리 A, B 중 적어도 한 곳에 가입하였다.
   (나) 두 동아리 A, B에 가입한 학생은 각각 66명, 58명이었다.

30 어느 고등학교 학생 200명을 대상으로 케이팝, 힙합, 발라드 중 좋아하는 음악을 조사하였더니 케이팝을 좋아하는 학생은 90명, 힙합을 좋아하는 학생은 75명, 케이팝과 힙합을 모두 좋아하는 학생은 38명, 발라드만 좋아하는 학생은 60명이었다. 케이팝, 힙합, 발라드 중 어느 것도 좋아하지 않는 학생 수를 구하시오.

전체집합 U의 두 부분집합 A, B에 대하여 $n(U)=60$, $n(A)=38$, $n(B)=41$이다. $n(A\cap B)$의 최댓값을 M, 최솟값을 m이라 할 때, $M+m$의 값을 구하시오.

guide

다음을 이용하여 집합의 원소의 개수의 최댓값 또는 최솟값을 구한다.
전체집합 U의 두 부분집합 A, B에 대하여 $n(A)$, $n(B)$가 일정하면
(1) $n(A)\leq n(B)$일 때,
$A\subset B$이면 $n(A\cap B)$는 최댓값 $n(A)$를 갖고, $n(A\cup B)$는 최솟값 $n(B)$를 갖는다.
(2) $n(A)+n(B)\geq n(U)$일 때,
$A\cup B=U$이면 $n(A\cap B)$는 최솟값 $n(A)+n(B)-n(U)$를 갖는다.

solution

$n(A)=38$, $n(B)=41$에서 $n(A)\leq n(B)$이므로
$A\subset B$일 때 $n(A\cap B)$가 최대이다.
$\therefore M=n(A)=38$
또한, $n(U)=60$에서 $n(A)+n(B)\geq n(U)$이므로
$A\cup B=U$일 때 $n(A\cap B)$가 최소이다.
즉, $n(A\cup B)=n(U)=n(A)+n(B)-n(A\cap B)$에서
$60=38+41-m$ $\therefore m=19$
$\therefore M+m=38+19=57$

**필수
연습**

pp.115~116

31 전체집합 U의 두 부분집합 A, B에 대하여 $n(U)=33$, $n(A)=24$, $n(A\cap B)=12$이다. $n(B)$의 최댓값을 M, 최솟값을 m이라 할 때, $M-m$의 값을 구하시오.

32 세 집합 A, B, C에 대하여
$$n(A)=14,\ n(B)=16,\ n(C)=19,\ n(A\cap B)=10,\ n(A\cap B\cap C)=5$$
일 때, $n(C-(A\cup B))$의 최솟값을 구하시오.

33 어느 고등학교 학생 300명을 대상으로 수학 경시대회, 영어 경시대회 참가 신청자를 조사하였더니 수학 경시대회에 참가 신청을 한 학생은 124명, 영어 경시대회에 참가 신청을 한 학생은 173명이었다. 수학 경시대회, 영어 경시대회 중 어느 것에도 참가 신청을 하지 않은 학생 수의 최댓값을 M, 최솟값을 m이라 할 때, $M+m$의 값을 구하시오.

19 전체집합 U의 두 부분집합 A, B에 대하여
$A \cap B^C = A$, $n(A) = 11$, $n(B) = 16$
일 때, $n(A \cup B)$를 구하시오.

20 전체집합 U의 두 부분집합 A, B에 대하여
$n(U) = 50$, $n(A \cup B) = 36$, $n(A^C \cup B^C) = 43$
일 때, $n((A-B) \cup (B-A))$를 구하시오.

21 22명의 학생을 대상으로 세 문제 A, B, C를 맞힌 학생 수를 조사하였더니 각각 11명, 9명, 15명이었고 세 문제를 모두 맞힌 학생은 4명이었다. 한 문제도 맞히지 못한 학생은 없다고 할 때, 세 문제 중 두 문제만 맞힌 학생 수를 구하시오.

22 어느 학급 학생 40명 중에서 핸드볼, 플로어볼, 소프트볼에 대한 스포츠클럽 활동 신청자를 조사하였더니 핸드볼이 25명, 플로어볼이 22명, 소프트볼이 28명이었다. 이 학급 학생들은 세 개의 스포츠클럽 활동 중 적어도 한 가지를 신청하였고, 세 가지 모두 신청한 학생이 8명이라 할 때, 세 가지 중 오직 한 가지만 신청한 학생 수를 구하시오.

23 다음 조건을 만족시키는 전체집합 U의 두 부분집합 A, B에 대하여 $n(A-B)$의 최댓값을 구하시오.

(가) $n(U) = 35$
(나) $B \cap (A \cup B^C) \neq \varnothing$
(다) $n(B-A) = 13$

24 어느 고등학교 1학년 1반 학생 28명을 대상으로 두 편의 소설 A, B를 읽었는지 조사하였다. 소설 A는 읽지 않고 소설 B만 읽은 학생이 12명일 때, 두 소설 A, B를 모두 읽은 학생 수의 최댓값을 구하시오.

1등급

1 전체집합 $U=\{1, 2, 3, \cdots, 9\}$의 서로 다른 두 부분집합 A, B에 대하여
$$A\cup B=U,\ A\cap B=\{1,\ 3,\ 5\}$$
이다. 집합 X의 원소의 합을 $S(X)$라 할 때, $S(A)S(B)$의 최댓값을 구하시오.

2 자연수 전체의 집합의 부분집합 A_n을
$$A_n=\{x\,|\,x는 자연수\ n의 배수\}$$
라 할 때, $A_n\cap A_3=A_{3n}$, $120\in A_n{}^C$을 만족시키는 120 이하의 자연수 n의 개수를 구하시오.

신유형

3 전체집합 $U=\{1, 2, 3, \cdots, 10\}$의 두 부분집합 A, B에 대하여
$$(A-B)\cup(B-A)=B-A,$$
$$n(A)=n(A^C-B),$$
$$\{1,\ 2\}\subset A$$
이다. 집합 A의 모든 원소의 합을 $S(A)$라 할 때, $S(A)$의 최댓값을 구하시오.

4 두 집합 X, Y에 대하여 연산 $\triangle$를
$$X\triangle Y=(X\cup Y)-(X\cap Y)$$
라 하자. 세 집합 A, B, C에 대하여
$$n(A\cap B\cap C)=21,\ n(A\cup B\cup C)=77$$
일 때, $n(A\triangle B)+n(B\triangle C)+n(C\triangle A)$의 값을 구하시오.

5 $n(U)=5$인 전체집합 U의 세 부분집합 A, B, C에 대하여
$$n(B\cap C)=2,\ n(B-A)=1,\ n(C-A)=2$$
일 때, 〈보기〉에서 옳은 것만을 있는 대로 고른 것은?

[교육청]

───── 보기 ─────

ㄱ. $n(A\cap B\cap C)\neq 0$
ㄴ. $n(A\cap B\cap C)=2$이면 $n(C)=4$이다.
ㄷ. $n(A)\times n(B)\times n(C)$의 최댓값과 최솟값의 합은 42이다.

─────────────

① ㄱ　　　　　② ㄱ, ㄴ　　　　　③ ㄱ, ㄷ
④ ㄴ, ㄷ　　　　　⑤ ㄱ, ㄴ, ㄷ

6 전체집합 U의 세 부분집합 A, B, C에 대하여 $n(U)=30$, $n(A)=12$, $n(B)=9$, $n(C)=18$, $n(A\cap B)=5$일 때, 집합 $(C-A)\cap(C-B)$의 원소의 개수의 최댓값을 M, 최솟값을 m이라 하자. $M+m$의 값을 구하시오.

틀을
깨는
생각

The merit of an action lies

in finishing it to the end.

행동의 가치는 그 행동을

끝까지 이루는 데 있다.

... 칭기즈칸(Genghis Khan)

II

집합과
명제

1 명제와 조건

개념 01 　명제

> **1. 명제** : 참 또는 거짓을 명확하게 판별할 수 있는 문장이나 식
> (참고) 명제는 보통 알파벳 소문자 p, q, r, …로 나타낸다.
>
> **2. 명제의 부정**
> 명제 p에 대하여 'p가 아니다.'를 명제 p의 **부정**이라 하고, 이것을 기호로 $\sim p$와 같이 나타낸다.
> 'p가 아니다' 또는 'not p'라고 읽는다.
> (참고) 명제 p에 대하여 $\sim(\sim p)$는 p이다.
>
> **3. 명제와 그 부정의 참, 거짓 사이의 관계**
> (1) 명제 p가 참이면 $\sim p$는 거짓이다.
> (2) 명제 p가 거짓이면 $\sim p$는 참이다.

명제란 <mark>우리가 사용하는 문장이나 식 중에서 그 내용이 참인지 거짓인지 분명하게 판별할 수 있는 것</mark>을 의미한다. 이때 거짓인 문장이나 식도 명제이다.

예1 (1) $\sqrt{2}$는 무리수이다. ⇨ 참인 명제

(2) 모든 소수는 홀수이다. ⇨ 거짓인 명제 ← 2는 소수이지만 짝수이다.

(3) 백두산은 높다. ⇨ '높다'의 기준이 명확하지 않아 참인지 거짓인지 판별할 수 없으므로 명제가 아니다.

(4) $x+2>5$ ⇨ $x=4$이면 참이고, $x=3$이면 거짓이므로 명제가 아니다.

예2 (1) 명제 '13은 홀수이다.'는 참이고, 그 부정 '13은 홀수가 아니다.'는 거짓이다.

(2) 명제 '$2<1$'은 거짓이고, 그 부정 '$2\geq1$'은 참이다. ← '$<$'의 부정은 '$>$'이 아니라 '$\geq$'이다.

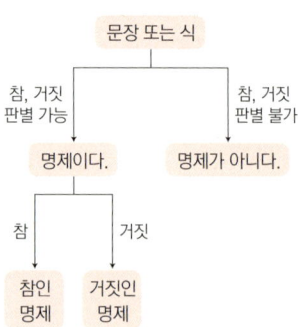

개념 02 　조건과 진리집합

> **1. 조건** : 변수를 포함하는 문장이나 식 중에서 변수의 값에 따라 참, 거짓을 판별할 수 있는 것
> (참고) 변수 x를 포함하는 조건은 보통 $p(x)$, $q(x)$, $r(x)$, …로 나타내며, 이를 간단히 p, q, r, …로 나타내기도 한다.
>
> **2. 진리집합**
> 전체집합 U의 원소 중에서 조건 p를 참이 되게 하는 모든 원소의 집합을 조건 p의 **진리집합**이라고 하고, 일반적으로 P와 같이 나타낸다. ⇨ $P=\{x\,|\,x\in U,\ p(x)$가 참$\}$
> (참고) 조건 p, q, r, …의 진리집합은 보통 알파벳 대문자 P, Q, R, …로 나타낸다.
>
> **3. 조건의 부정과 그 진리집합**
> (1) 조건 p에 대하여 'p가 아니다.'를 조건 p의 부정이라 하고, 이것을 기호로 $\sim p$와 같이 나타낸다.
> (2) 전체집합 U에서 조건 p의 진리집합을 P라 할 때, $\sim p$의 진리집합은 P^C이다.
> (참고) 조건 p에 대하여 $\sim(\sim p)$는 p이다.

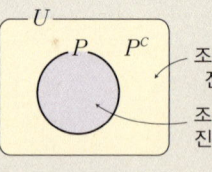

조건 $\sim p$의 진리집합
조건 p의 진리집합

변수 x를 포함하는 식 '$x>1$'은 그 자체로는 참, 거짓을 판별할 수 없지만, $x=2$이면 참이고 $x=0$이면 거짓이다. 이와 같이 변수를 포함하는 문장이나 식 중에서 변수의 값에 따라 참, 거짓을 판별할 수 있는 것을 조건이라고 한다.

주의 일반적으로 조건은 변수에 따라 참, 거짓이 결정되므로 명제가 아니다.

예 전체집합 $U=\{1, 2, 3, \cdots, 10\}$에 대하여 조건

　　　$p : x$는 10의 약수이다.

　의 진리집합을 P라 하면

(1) 2는 10의 약수이므로 $x=2$이면 참이고, 3은 10의 약수가 아니므로 $x=3$이면 거짓이다.

(2) 조건 p가 참이 되도록 하는 x의 값은 1, 2, 5, 10이므로
　　　$P=\{1, 2, 5, 10\}$

(3) 조건 p의 부정은 '$\sim p : x$는 10의 약수가 아니다.'이므로
　　　$P^C=\{3, 4, 6, 7, 8, 9\}$

개념 03　　**조건 'p 또는 q'와 'p 그리고 q'**

전체집합 U에서 정의된 두 조건 p, q의 진리집합을 각각 P, Q라 하면

(1) 조건 'p 또는 q'의 진리집합은 $P \cup Q$ ← 명제에서 '또는'은 진리집합에서 '∪'으로 나타낼 수 있다.

(2) 조건 'p 그리고 q'의 진리집합은 $P \cap Q$ ← 명제에서 '그리고'는 진리집합에서 '∩'으로 나타낼 수 있다.

(3) 조건 'p 또는 q'의 부정, 즉 $\sim(p$ 또는 $q)$는 '$\sim p$ 그리고 $\sim q$'이고, 그 진리집합은 $(P \cup Q)^C = P^C \cap Q^C$ ⎤
⎟ 드모르간의 법칙
(4) 조건 'p 그리고 q'의 부정, 즉 $\sim(p$ 그리고 $q)$는 '$\sim p$ 또는 $\sim q$'이고, 그 진리집합은 $(P \cap Q)^C = P^C \cup Q^C$ ⎦

예 전체집합 $U=\{1, 2, 3, \cdots, 10\}$에 대하여 두 조건

　　　$p : x$는 소수이다.,　　$q : x$는 홀수이다.

　의 진리집합을 각각 P, Q라 하면

　　　$P=\{2, 3, 5, 7\}$, $Q=\{1, 3, 5, 7, 9\}$

(1) 조건 'p 또는 q'는 'x는 소수 또는 홀수이다.'이므로 그 진리집합은
　　　$P \cup Q=\{1, 2, 3, 5, 7, 9\}$

(2) 조건 'p 그리고 q'는 'x는 소수이고 홀수이다.'이므로 그 진리집합은
　　　$P \cap Q=\{3, 5, 7\}$

(3) 조건 'x는 소수 또는 홀수이다.'의 부정은 'x는 소수도 아니고 홀수도 아니다.'이므로 '$\sim p$ 그리고 $\sim q$'와 같고 그
　　　= 짝수이다.
　진리집합은
　　　$(P \cup Q)^C = P^C \cap Q^C = \{4, 6, 8, 10\}$

(4) 조건 'x는 소수이고 홀수이다.'의 부정은 'x는 소수가 아니거나 홀수가 아니다.'이므로 '$\sim p$ 또는 $\sim q$'와 같고 그
　진리집합은
　　　$(P \cap Q)^C = P^C \cup Q^C = \{1, 2, 4, 6, 8, 9, 10\}$

'모든'이나 '어떤'을 포함한 명제의 참, 거짓

전체집합 U에 대하여 조건 p의 진리집합을 P라 할 때,

(1) '모든 x에 대하여 p이다.'는 $\begin{cases} P=U\text{이면 참} \\ P\neq U\text{이면 거짓} \end{cases}$ (2) '어떤 x에 대하여 p이다.'는 $\begin{cases} P\neq\varnothing\text{이면 참} \\ P=\varnothing\text{이면 거짓} \end{cases}$
　＝'모든 x가 p를 만족시킨다.'　　　　　　　　　　　　　　　＝'p를 만족시키는 x가 존재한다.'

전체집합 U에 대하여 조건 p의 진리집합을 P라 하자.

(1) '모든 x에 대하여 p이다.' ……㉠

　　명제 ㉠이 참이 되기 위해서는 U에 속하는 모든 원소 x에 대하여 p가 참이어야 한다.

　　따라서 $P=U$이면 참이고, $P\neq U$이면 거짓이다. **Ⓐ**

(2) '어떤 x에 대하여 p이다.' ……㉡

　　명제 ㉡이 참이 되기 위해서는 U에 속하는 원소 중에서 p가 참이 되도록 하는 x가 적어도 하나 존재해야 한다.

　　따라서 $P\neq\varnothing$이면 참이고, $P=\varnothing$이면 거짓이다. **Ⓑ**

예 　전체집합 U가 실수 전체의 집합일 때, 조건 '$p:x^2=4$'의 진리집합을 P라 하면 $P=\{-2,\ 2\}$이다.

　　(1) 명제 '모든 x에 대하여 $x^2=4$이다.'는 $P\neq U$이므로 거짓이다.

　　(2) 명제 '어떤 x에 대하여 $x^2=4$이다.'는 $P\neq\varnothing$이므로 참이다.

참고 　일반적으로 조건 p는 참, 거짓을 판별할 수 없지만, 조건 p 앞에 '모든'이나 '어떤'이 있으면 참, 거짓을 판별할 수 있으므로 명제가 된다.

Ⓐ 명제 ㉠이 거짓이다.
　⟺ 조건 p를 만족시키지 않는 원소 x가 적어도 하나 존재한다.

Ⓑ 명제 ㉡이 거짓이다.
　⟺ 모든 원소 x가 조건 p를 만족시키지 않는다.

'모든'이나 '어떤'을 포함한 명제의 부정

(1) '모든 x에 대하여 p이다.'의 부정은 '어떤 x에 대하여 $\sim p$이다.'이다.
(2) '어떤 x에 대하여 p이다.'의 부정은 '모든 x에 대하여 $\sim p$이다.'이다.

(1) 명제 '모든 x에 대하여 p이다.'의 부정은

　　'p가 아닌 x가 존재한다.', 즉 '어떤 x에 대하여 $\sim p$이다.' **Ⓒ**

　이다.

(2) 명제 '어떤 x에 대하여 p이다.'의 부정은

　　'p인 x가 존재하지 않는다.', 즉 '모든 x에 대하여 $\sim p$이다.'

　이다.

예 　(1) 참인 명제 '모든 실수 x에 대하여 $x^2+3x+4>0$이다.'의 부정

　　　　⇨ '어떤 실수 x에 대하여 $x^2+3x+4\leq0$이다.' (거짓)

　　(2) 거짓인 명제 '어떤 자연수 $x,\ y$에 대하여 $x^2+y^2=1$이다.'의 부정

　　　　⇨ '모든 자연수 $x,\ y$에 대하여 $x^2+y^2\neq1$이다.' (참)

Ⓒ 전체집합 U에 대하여 조건 p의 진리집합을 P라 할 때,

　(1) 명제 '모든 x에 대하여 p이다.'가 참이면 $P=U$이고, $P^C=\varnothing$이므로 이 명제의 부정은 거짓이 된다.

　(2) 명제 '모든 x에 대하여 p이다.'가 거짓이면 $P\neq U$이고, $P^C\neq\varnothing$이므로 이 명제의 부정은 참이 된다.

기본유형 01 명제 〉 개념 01

다음 〈보기〉에서 명제인 것만을 있는 대로 고르고, 그것의 참, 거짓을 판별하시오.

—————————————— 보기 ——————————————

ㄱ. 마름모의 네 변의 길이는 모두 같다.   ㄴ. 42는 5의 배수이다.

ㄷ. 수학은 재미있다.   ㄹ. $x=2x-1$

solution

ㄱ. 마름모는 네 변의 길이가 모두 같은 사각형이므로 참인 명제이다.

ㄴ. $42=5\times8+2$이므로 거짓인 명제이다.

ㄷ. '재미있다'의 기준이 명확하지 않아 참인지 거짓인지 판별할 수 없으므로 명제가 아니다.

ㄹ. x의 값에 따라 참, 거짓이 달라지므로 명제가 아니다. ← $x=1$이면 참이고, $x\neq1$이면 거짓이다.

기본유형 02 명제의 부정 〉 개념 01

다음 명제의 부정을 말하고, 그것의 참, 거짓을 판별하시오.

(1) $\sqrt{2}$는 무리수이다.   (2) 4와 6의 최소공배수는 24이다.

(3) $\varnothing\not\subset\{1,\ 2,\ 3\}$ (4) $3^2<4^2$

solution

(1) $\sqrt{2}$는 무리수가 아니다. ← $\sqrt{2}$는 유리수이다.

   $\sqrt{2}=1.414\cdots$이므로 주어진 명제가 참이다. 즉, 그 부정은 거짓이다.

(2) 4와 6의 최소공배수는 24가 아니다.

   4와 6의 최소공배수는 12이므로 주어진 명제의 부정은 참이다.

(3) $\varnothing\subset\{1,\ 2,\ 3\}$

   $\varnothing$은 모든 집합의 부분집합이므로 주어진 명제의 부정은 참이다.

(4) $3^2\geq4^2$

   9<16이므로 주어진 명제가 참이다. 즉, 그 부정은 거짓이다.

기본 연습

📖 p.121

01 다음 〈보기〉에서 명제인 것만을 있는 대로 고르고, 그것의 참, 거짓을 판별하시오.

—————————————— 보기 ——————————————

ㄱ. 우리나라에서 가장 아름다운 산은 설악산이다.   ㄴ. 36의 양의 약수의 개수는 8이다.

ㄷ. 홀수와 홀수의 곱은 홀수이다.   ㄹ. $x+1>0$

02 다음 명제의 부정을 말하고, 그것의 참, 거짓을 판별하시오.

(1) 21은 소수이다.   (2) 정삼각형은 이등변삼각형이다.

(3) $2+3\neq5$ (4) $5\leq8$

전체집합 $U=\{1, 2, 3, 4, 5, 6\}$에 대하여 두 조건 p, q가

$p : x$는 짝수이다., $q : x$는 3보다 크다.

일 때, 다음을 구하시오.

(1) 두 조건 p, q의 진리집합   (2) 조건 q의 부정과 그 진리집합

solution

전체집합 $U=\{1, 2, 3, 4, 5, 6\}$에 대하여 두 조건 p, q의 진리집합을 각각 P, Q라 하면

(1) $P=\{2, 4, 6\}$, $Q=\{4, 5, 6\}$

(2) $\sim q : x$는 3보다 작거나 같다.

$\sim q$의 진리집합은 Q^C이므로 $Q^C=\{1, 2, 3\}$

전체집합 $U=\{1, 2, 3, 4, 5, 6, 7, 8, 9, 10\}$에 대하여 두 조건 p, q가

$p : x$는 9의 약수이다., $q : x$는 소수이다.

일 때, 다음 조건의 진리집합을 구하시오.

(1) p 또는 q (2) $\sim p$ 그리고 $\sim q$

solution

전체집합 $U=\{1, 2, 3, 4, 5, 6, 7, 8, 9, 10\}$에 대하여 두 조건 p, q의 진리집합을 각각 P, Q라 하면

$P=\{1, 3, 9\}$, $Q=\{2, 3, 5, 7\}$

(1) 조건 'p 또는 q'의 진리집합은 $P \cup Q$이므로 $P \cup Q=\{1, 2, 3, 5, 7, 9\}$

(2) 조건 '$\sim p$ 그리고 $\sim q$'의 진리집합은 $P^C \cap Q^C$이므로 $P^C \cap Q^C=(P \cup Q)^C=\{4, 6, 8, 10\}$

**기본
연습**

p.121

03   전체집합 $U=\{x \,|\, x$는 6 이하의 자연수$\}$에 대하여 두 조건 p, q가

$p : x$는 8과 서로소이다., $q : 2x-1<3$

일 때, 다음을 구하시오.

(1) 두 조건 p, q의 진리집합   (2) 조건 q의 부정과 그 진리집합

04   전체집합 $U=\{x \,|\, x$는 8 이하의 자연수$\}$에 대하여 두 조건 p, q가

$p : x$는 6의 약수이다., $q : x$는 홀수이다.

일 때, 다음 조건의 진리집합을 구하시오.

(1) p 그리고 q (2) $\sim p$ 또는 $\sim q$

기본유형 05   '모든'이나 '어떤'을 포함한 명제의 참, 거짓

다음 명제의 참, 거짓을 판별하시오.

(1) 모든 실수 x에 대하여 $x^2>0$이다.

(2) 어떤 실수 x에 대하여 $|x-1|\leq0$

solution

  (1) $x=0$이면 $x^2=0$이므로 주어진 명제는 거짓이다.

  (2) $x=1$이면 $|x-1|=0$이므로 주어진 명제는 참이다.

기본유형 06   '모든'이나 '어떤'을 포함한 명제의 부정

다음 명제의 부정을 말하고, 그것의 참, 거짓을 판별하시오.

(1) 모든 자연수 x에 대하여 $x-1>0$이다.

(2) 어떤 자연수 x에 대하여 $x(x-2)=0$이다.

solution

  (1) 어떤 자연수 x에 대하여 $x-1\leq0$이다.

       $x=1$이면 $x-1\leq0$이므로 주어진 명제의 부정은 참이다.

  (2) 모든 자연수 x에 대하여 $x(x-2)\neq0$이다.

       $x=2$이면 $x(x-2)=0$이므로 주어진 명제의 부정은 거짓이다.

기본 연습

pp.121~122

05   다음 명제의 참, 거짓을 판별하시오.

    (1) 모든 실수 x에 대하여 $2x+3<x+10$이다.

    (2) 어떤 실수 x에 대하여 $x^2+4x+3=0$이다.

06   다음 명제의 부정을 말하고, 그것의 참, 거짓을 판별하시오.

    (1) 모든 실수 x, y에 대하여 $x^2+y^2\geq0$이다.

    (2) 어떤 자연수 x에 대하여 $x^2+2x+1\leq0$이다.

실수 x에 대하여 두 조건 p, q가

$$p : |x| \leq 5, \qquad q : x^2 - 5x - 14 \leq 0$$

일 때, 조건 'p 그리고 $\sim q$'의 진리집합의 원소 중 정수의 개수를 구하시오.

guide

❶ 두 조건 p, q의 진리집합을 각각 P, Q라 한다.

❷ 다음과 같이 구하는 조건의 진리집합을 P, Q를 이용하여 나타낸다.

조건	$\sim p$	p 그리고 q	p 또는 q	p 그리고 $\sim q$	$\sim p$ 그리고 $\sim q$	$\sim p$ 또는 $\sim q$
진리집합	P^C	$P \cap Q$	$P \cup Q$	$P \cap Q^C = P - Q$	$P^C \cap Q^C = (P \cup Q)^C$	$P^C \cup Q^C = (P \cap Q)^C$

❸ 집합의 성질을 이용하여 ❷의 진리집합을 구한 후, 조건을 만족시키는 값을 구한다.

solution

$p : |x| \leq 5$에서 $-5 \leq x \leq 5$

$q : x^2 - 5x - 14 \leq 0$에서 $(x+2)(x-7) \leq 0$이므로 $-2 \leq x \leq 7$

두 조건 p, q의 진리집합을 각각 P, Q라 하면

$P = \{x \mid -5 \leq x \leq 5\}$, $Q = \{x \mid -2 \leq x \leq 7\}$

이때 $Q^C = \{x \mid x < -2$ 또는 $x > 7\}$이므로 조건 'p 그리고 $\sim q$'의 진리집합은

$P \cap Q^C = \{x \mid -5 \leq x < -2\}$

따라서 조건 'p 그리고 $\sim q$'의 진리집합, 즉 집합 $P \cap Q^C$의 원소 중 정수는 -5, -4, -3의 3개이다.

필수 연습

pp.122-123

07 실수 x에 대하여 두 조건 p, q가

$$p : x^2 - 3x - 28 > 0, \qquad q : 2x - 7 > 0$$

일 때, 조건 '$\sim p$ 그리고 q'의 진리집합의 원소 중 정수의 개수를 구하시오.

08 실수 x에 대하여 두 조건 p, q가

$$p : x^2 - 4x + 3 > 0, \qquad q : x^2 - 7x + 10 < 0$$

일 때, 조건 'p 또는 q'의 부정의 진리집합을 S라 하자. 집합 S의 원소 중 가장 큰 수와 가장 작은 수의 합을 구하시오.

09 실수 x에 대하여 두 조건 p, q가

$$p : x \neq 2, \qquad q : x^2 - 4x + a > 0$$

일 때, 조건 '$\sim p$ 또는 $\sim q$'의 진리집합의 원소의 개수가 1이 되도록 하는 실수 a의 최솟값을 구하시오.

명제 '어떤 실수 x에 대하여 $x^2-8x+k<0$이다.'의 부정이 참이 되도록 하는 실수 k의 최솟값을 구하시오.

guide

① 주어진 명제 또는 그 부정을 확인한다.
② 다음을 이용하여 명제가 참일 때, 그 의미를 파악한다.
   (1) '모든 x에 대하여 p이다.'가 참이다. ⇨ 전체집합에 속하는 모든 원소가 p를 만족시킨다. ← $U \cap P = U$, 즉 $P = U$
   (2) '어떤 x에 대하여 p이다.'가 참이다. ⇨ 전체집합의 원소 중에서 p를 만족시키는 원소가 적어도 하나 존재한다. ← $U \cap P \neq \varnothing$, 즉 $P \neq \varnothing$
③ ②를 만족시키는 값을 구한다.

solution

명제 '어떤 실수 x에 대하여 $x^2-8x+k<0$이다.'의 부정 '모든 실수 x에 대하여 $x^2-8x+k \geq 0$이다.'가 참이어야 한다.
$f(x)=x^2-8x+k$라 하면 이차함수 $y=f(x)$의 그래프는 오른쪽 그림과 같아야 한다.
즉, 이차방정식 $x^2-8x+k=0$의 판별식을 D라 하면 $D \leq 0$이어야 하므로
$$\frac{D}{4}=(-4)^2-k \leq 0$$
∴ $k \geq 16$
따라서 조건을 만족시키는 실수 k의 최솟값은 16이다.

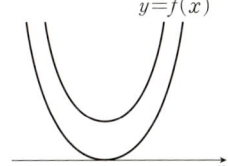

$y=f(x)$

plus

'모든'이나 '어떤' 앞에 조건 p가 있다면 조건 p의 진리집합 P를 전체집합으로 생각한다.
(1) 'p를 만족시키는 모든 x에 대하여 q이다.'가 참이다. ⇨ 집합 P에 속하는 모든 원소가 q를 만족시킨다. ← $P \cap Q = P$
(2) 'p를 만족시키는 어떤 x에 대하여 q이다.'가 참이다. ⇨ 집합 P의 원소 중에서 q를 만족시키는 원소가 적어도 하나 존재한다. ← $P \cap Q \neq \varnothing$

필수
연습

10 명제 '모든 실수 x에 대하여 $2x^2-4kx+5k>0$이다.'가 거짓이 되도록 하는 자연수 k의 최솟값을 구하시오.

p.123

plus
11 명제 '$0<x<1$인 모든 실수 x에 대하여 $|x+a|<3$이다.'가 참이 되도록 하는 실수 a의 값의 범위를 구하시오.

01 다음 중 명제가 <u>아닌</u> 것은?

① 마름모는 사다리꼴이다.
② 어떤 실수 x에 대하여 $|x|+1=0$이다.
③ 2보다 큰 모든 소수는 홀수이다.
④ $x^2+2x+1=-1$
⑤ 16의 약수이면 8의 약수이다.

02 세 실수 x, y, z에 대하여 조건
$$(x-y)(y-z)(z-x) \neq 0$$
의 부정과 서로 같은 것을 〈보기〉에서 있는 대로 고른 것은?

──────── 보기 ────────

ㄱ. $xyz=0$
ㄴ. $x=y=z$
ㄷ. $x=y$ 또는 $y=z$ 또는 $z=x$
ㄹ. x, y, z 중 서로 같은 것이 적어도 한 쌍 있다.
ㅁ. x, y, z 중 서로 다른 것이 적어도 한 쌍 있다.

────────────────────────

① ㄱ, ㄴ   ② ㄱ, ㄹ   ③ ㄷ, ㄹ
④ ㄷ, ㅁ   ⑤ ㄴ, ㄷ, ㅁ

03 $0 \leq x < 4$, $0 \leq y < 4$인 두 정수 x, y에 대하여 두 조건 p, q가
$$p : x^2-4x+y^2-4y+7=0,$$
$$q : x-y=1$$
일 때, 조건 '$\sim p$이고 $\sim q$'를 만족시키는 x, y의 순서쌍 (x, y)의 개수를 구하시오.

04 실수 전체의 집합에서 두 조건 p, q가
$$p : x \geq 2, \qquad q : x < -1$$
일 때, 두 조건 p, q의 진리집합을 각각 P, Q라 하자. 다음 중 조건 '$-1 \leq x < 2$'의 진리집합인 것은?

① $P \cup Q$ ② $P \cap Q$ ③ $P^C \cap Q$
④ $P^C \cap Q^C$ ⑤ $(P \cap Q)^C$

서술형

05 실수 x에 대하여 두 조건 p, q가
$$p : x^2+1<k, \qquad q : |x-4| \leq 2$$
일 때, 명제 '어떤 실수 x에 대하여 $\sim p$ 그리고 q이다.'가 참이 되도록 하는 실수 k의 최댓값을 구하시오.

(단, $k \geq 2$)

06 $x^2+x-2 \leq 0$을 만족시키는 어떤 실수 x에 대하여 $x^2+2ax+a^2-4<0$이 성립하도록 하는 실수 a의 값의 범위를 구하시오.

2 명제 사이의 관계

개념 06 명제 $p \longrightarrow q$

두 조건 p, q로 이루어진 명제 'p이면 q이다.'를 기호로
$$p \longrightarrow q$$
와 같이 나타낸다.
이때 p를 **가정**, q를 **결론**이라고 한다.

$p \longrightarrow q$
가정   결론

예 두 조건 '$p : x=3$', '$q : x^2=9$'를 '$x=3$이면 $x^2=9$이다.'와 같이 연결하면 참, 거짓을 판별할 수 있으므로 명제이다.
이때 조건 p는 가정, 조건 q는 결론이라고 하고, $p \longrightarrow q$와 같이 나타낸다.

개념 07 명제 $p \longrightarrow q$의 참, 거짓

명제 $p \longrightarrow q$에 대하여 두 조건 p, q의 진리집합을 각각 P, Q라 할 때,
(1) $P \subset Q$이면 명제 $p \longrightarrow q$는 참이고, 명제 $p \longrightarrow q$가 참이면 $P \subset Q$이다.
(2) $P \not\subset Q$이면 명제 $p \longrightarrow q$는 거짓이고, 명제 $p \longrightarrow q$가 거짓이면 $P \not\subset Q$이다.
참고 명제 $p \longrightarrow q$가 거짓임을 보이는 원소를 **반례**라고 한다. **A**

(1) 조건 p가 참이 되도록 하는 모든 원소에 대하여 조건 q가 참이 되면 명제 $p \longrightarrow q$는 참이다.
즉, $P \subset Q$이면 명제 $p \longrightarrow q$는 참이고, 명제 $p \longrightarrow q$가 참이면 $P \subset Q$이다.

(2) 조건 p가 참이 되도록 하면서 조건 q는 거짓이 되는 원소가 존재하면 명제 $p \longrightarrow q$는 거짓이다.
즉, $P \not\subset Q$이면 명제 $p \longrightarrow q$는 거짓이고, 명제 $p \longrightarrow q$가 거짓이면 $P \not\subset Q$이다.

예 전체집합 $U=\{x | x$는 실수$\}$에 대하여 두 조건 p, q의 진리집합을 각각 P, Q라 할 때,
(1) $p : x^2=1$, $q : x^3=x$이면 $P=\{-1, 1\}$, $Q=\{-1, 0, 1\}$ **B**
즉, 조건 p를 만족시키는 모든 원소는 조건 q를 만족시키므로 명제 $p \longrightarrow q$가 참이고 $P \subset Q$이다.
(2) $p : x^2=1$, $q : x^2=x$이면 $P=\{-1, 1\}$, $Q=\{0, 1\}$ **C**
이때 -1은 조건 p를 만족시키지만 조건 q를 만족시키지 않으므로 명제 $p \longrightarrow q$는 거짓이고 $P \not\subset Q$이다.

A 반례
명제 $p \longrightarrow q$가 거짓임을 보이는 반례는 $x \in P$이면서 $x \not\in Q$인 원소, 즉 집합 $P-Q$의 원소이다.

B

$P \subset Q$

C

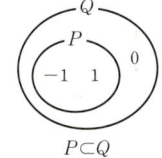

반례
$x=-1$ $P \not\subset Q$

명제의 역과 대우

> 명제 $p \longrightarrow q$에서
>
> (1) 가정과 결론을 서로 바꾸어 놓은 명제
> $$q \longrightarrow p$$
> 를 명제 $p \longrightarrow q$의 **역**이라고 한다.
>
> (2) 가정과 결론을 각각 부정하여 서로 바꾸어 놓은 명제
> $$\sim q \longrightarrow \sim p$$
> 를 명제 $p \longrightarrow q$의 **대우**라고 한다.

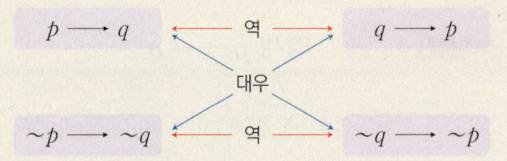

예1 '$x=2$이면 $x^2=4$이다.'의 역과 대우는 다음과 같다.

역 : $x^2=4$이면 $x=2$이다. ← 가정과 결론을 서로 바꿈

대우 : $x^2 \neq 4$이면 $x \neq 2$이다. ← 가정과 결론을 부정하고 서로 바꿈

예2 '$x^2+y^2=0$이면 $x=0$이고 $y=0$이다.'의 역과 대우는 다음과 같다.

역 : $x=0$이고 $y=0$이면 $x^2+y^2=0$이다.

대우 : $x \neq 0$ 또는 $y \neq 0$이면 $x^2+y^2 \neq 0$이다.

예3 '자연수 n에 대하여 n^2이 짝수이면 n도 짝수이다.'의 역과 대우는 다음과 같다.
　　전제 조건
역 : 자연수 n에 대하여 n이 짝수이면 n^2도 짝수이다.

대우 : 자연수 n에 대하여 n이 홀수이면 n^2도 홀수이다.

주의 명제의 역과 대우를 구할 때, 전제 조건은 달라지지 않는다.

개념 **09**　　**명제와 그 대우의 참, 거짓**

> (1) 명제 $p \longrightarrow q$가 참이면 그 대우 $\sim q \longrightarrow \sim p$도 참이다.
> (2) 명제 $p \longrightarrow q$가 거짓이면 그 대우 $\sim q \longrightarrow \sim p$도 거짓이다.
> └ 명제와 그 대우의 참, 거짓은 일치한다.
>
> 참고 명제 $p \longrightarrow q$가 참일 때, 그 역 $q \longrightarrow p$가 반드시 참인 것은 아니다.

전체집합 U에 대하여 두 조건 p, q의 진리집합을 각각 P, Q라 할 때,

(1) 명제 $p \longrightarrow q$가 참이면 $P \subset Q$이므로 $Q^C \subset P^C$이다.

따라서 명제 $p \longrightarrow q$의 대우인 $\sim q \longrightarrow \sim p$도 참이다.

(2) 명제 $p \longrightarrow q$가 거짓이면 $P \not\subset Q$이므로 $Q^C \not\subset P^C$이다.

따라서 명제 $p \longrightarrow q$의 대우인 $\sim q \longrightarrow \sim p$도 거짓이다.

예 명제 'x가 8의 배수이면 x는 16의 배수이다.'에 대하여

[명제] x가 8의 배수이면 x는 16의 배수이다. (거짓)

[역] x가 16의 배수이면 x는 8의 배수이다. (참)

[대우] x가 16의 배수가 아니면 x는 8의 배수가 아니다. (거짓)

Ⓐ

$P \subset Q$, $Q^C \subset P^C$

Ⓑ 반례

$x=8$일 때, x는 8의 배수이지만 16의 배수는 아니다.

개념 **10** 충분조건과 필요조건

1. 충분조건과 필요조건

명제 $p \longrightarrow q$가 참일 때, 기호로 $p \Longrightarrow q$와 같이 나타내고
p는 q이기 위한 **충분조건**, q는 p이기 위한 **필요조건**이라고 한다.

참고 명제 $p \longrightarrow q$가 거짓일 때, 기호로 $p \not\Longrightarrow q$와 같이 나타낸다.

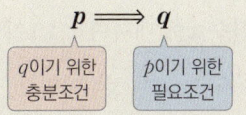

$p \Longrightarrow q$

q이기 위한 충분조건 ／ p이기 위한 필요조건

2. 필요충분조건

명제 $p \longrightarrow q$에 대하여 $p \Longrightarrow q$이고, $q \Longrightarrow p$일 때, 기호로 $p \Longleftrightarrow q$와 같이 나타내고
p는 q이기 위한 **필요충분조건**이라고 한다.

3. 충분조건, 필요조건과 진리집합의 관계

두 조건 p, q의 진리집합을 각각 P, Q라 할 때,

(1) $P \subset Q$이면 $p \Longrightarrow q$이므로 p는 q이기 위한 충분조건, q는 p이기 위한 필요조건이다. **C** **D**

(2) $P = Q$이면 $p \Longleftrightarrow q$이므로 p는 q이기 위한 필요충분조건이다. ← p가 q이기 위한 필요충분조건이면 q도 p이기 위한 필요충분조건이다.

예1 두 조건 p, q가

$\qquad p : x$는 4의 양의 약수이다., $\qquad q : x$는 8의 양의 약수이다.

일 때, 두 조건 p, q의 진리집합을 각각 P, Q라 하면

$\qquad P = \{1, 2, 4\}, Q = \{1, 2, 4, 8\}$

이므로 $P \subset Q$, $Q \not\subset P$이다. 따라서 p는 q이기 위한 충분조건이지만
필요조건은 아니다.

예2 두 조건 p, q가

$\qquad p : |x| = 2, \qquad q : x^2 = 4$

일 때, 두 조건 p, q의 진리집합을 각각 P, Q라 하면

$\qquad P = \{-2, 2\}, Q = \{-2, 2\}$

이므로 $P = Q$이다. 따라서 p는 q이기 위한 필요충분조건이다.

C '명제 $p \longrightarrow q$가 참이다.'와 같은 표현

(1) $P \subset Q$
(2) $p \Longrightarrow q$
(3) p는 q이기 위한 충분조건
(4) q는 p이기 위한 필요조건

D 충분조건과 필요조건

p가 q이기 위한 충분조건이라는 것은 조건 p만으로도 조건 q를 만족시키기에 충분하다는 의미로 해석하면 쉽다.
또한, q가 p이기 위한 필요조건이라는 것은 조건 q는 조건 p를 만족시키기 위해서 반드시 필요하다는 의미로 해석할 수 있다.

한 걸음 더

삼단논법

🔗 기본유형 **12** + 필수유형 **17**

삼단논법이란 전제가 되는 두 명제로부터 참인 명제를 이끌어내는 방법이다.

> 세 조건 p, q, r에 대하여 $p \Longrightarrow q$이고 $q \Longrightarrow r$이면 $p \Longrightarrow r$이다.

세 조건 p, q, r의 진리집합을 각각 P, Q, R이라 하면

$\qquad p \Longrightarrow q$에서 $P \subset Q$, $q \Longrightarrow r$에서 $Q \subset R$

이다. 즉, $P \subset Q \subset R$이므로 $P \subset R$이다.

따라서 $p \Longrightarrow r$, 즉 명제 $p \longrightarrow r$은 참이다.

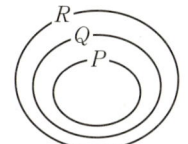

다음 명제의 참, 거짓을 판별하고, 거짓인 경우 반례를 구하시오.

(1) 실수 x에 대하여 $x<1$이면 $x<2$이다.

(2) $x+y$, xy가 정수이면 x, y는 정수이다.

solution
> 주어진 명제의 가정을 p, 결론을 q라 하고, p, q의 진리집합을 각각 P, Q라 하자.
>
> (1) '$p : x<1$', '$q : x<2$'에서 $P=\{x|x<1\}$, $Q=\{x|x<2\}$
>   이때 $P \subset Q$이므로 주어진 명제는 참이다.
>
> (2) '$p : x+y$, xy는 정수이다.', '$q : x$, y는 정수이다.'에서
> $P=\{(x, y)|x+y=m, xy=n, m, n$은 정수$\}$, $Q=\{(x, y)|x, y$는 정수$\}$
>   이때 $(\sqrt{2}, -\sqrt{2}) \in P$이지만 $(\sqrt{2}, -\sqrt{2}) \notin Q$이므로 $P \not\subset Q$
>   따라서 주어진 명제는 거짓이고 그 반례는 $x=\sqrt{2}$, $y=-\sqrt{2}$이다.

다음 명제의 역과 대우를 말하고, 그것의 참, 거짓을 판별하시오. (단, x, y는 실수이다.)

(1) $x^2>1$이면 $x>1$이다.

(2) $x+y \geq 2$이면 $x \geq 1$이고 $y \geq 1$이다.

solution
> (1) 역 : $x>1$이면 $x^2>1$이다. (참)
>   대우 : $x \leq 1$이면 $x^2 \leq 1$이다. (거짓)
>   (반례) $x=-2$이면 $x \leq 1$이지만 $x^2=4>1$이다.
>
> (2) 역 : $x \geq 1$이고 $y \geq 1$이면 $x+y \geq 2$이다. (참)
>   대우 : $x<1$ 또는 $y<1$이면 $x+y<2$이다. (거짓)
>   (반례) $x=-1$, $y=5$이면 $x<1$이지만 $x+y=4>2$이다.

기본 연습

12 다음 명제의 참, 거짓을 판별하고, 거짓인 경우 반례를 구하시오. (단, x, y는 실수이다.)

(1) $-2 \leq x \leq 3$이면 $-1 \leq x \leq 5$이다.

(2) $x^2+y^2=0$이면 $x+y=0$이다.

13 다음 명제의 역과 대우를 말하고, 그것의 참, 거짓을 판별하시오. (단, x, y는 자연수이다.)

(1) x가 9의 배수이면 x는 3의 배수이다.

(2) $x+y$가 짝수이면 x, y는 모두 짝수이다.

두 조건 p, q가 다음과 같을 때, p는 q이기 위한 어떤 조건인지 말하시오. (단, x, y는 실수이고, A, B는 집합이다.)

(1) $p : x^2 = y^2$,　　　$q : x = y$　　　　　　　(2) $p : A \cup B = A$,　　　$q : B \subset A$

solution

(1) $p : x^2 = y^2$에서 $x = y$ 또는 $x = -y$

따라서 $p \Longrightarrow\kern-1.2em\diagup\ q$, $q \Longrightarrow p$이므로 p는 q이기 위한 필요조건이다. ← 충분조건은 아니다.

($p \longrightarrow q$의 반례) $x = 2$, $y = -2$이면 $x^2 = y^2 = 4$이지만 $x \neq y$이다.

(2) $p : A \cup B = A$에서 $B \subset A$

따라서 $\underset{p \Longleftrightarrow q}{\underline{p \Longrightarrow q,\ q \Longrightarrow p}}$이므로 p는 q이기 위한 필요충분조건이다.

세 조건 p, q, r에 대하여 두 명제 $p \longrightarrow q$, $r \longrightarrow \sim q$가 모두 참일 때, 〈보기〉에서 항상 참인 것만을 있는 대로 고르시오.

──────── 보기 ────────

ㄱ. $\sim p \longrightarrow \sim q$　　　　　ㄴ. $r \longrightarrow \sim p$　　　　　ㄷ. $q \longrightarrow r$

ㄹ. $\sim r \longrightarrow q$　　　　　　ㅁ. $\sim r \longrightarrow \sim p$　　　　ㅂ. $\sim q \longrightarrow \sim p$

solution

명제 $p \longrightarrow q$가 참이므로 그 대우 $\sim q \longrightarrow \sim p$가 참이고,

명제 $r \longrightarrow \sim q$가 참이므로 그 대우 $q \longrightarrow \sim r$이 참이다.

ㄴ. 두 명제 $r \longrightarrow \sim q$, $\sim q \longrightarrow \sim p$가 참이므로 명제 $r \longrightarrow \sim p$는 참이다.

ㅂ. 명제 $\sim q \longrightarrow \sim p$는 참이다.

기본 연습

14　두 조건 p, q가 다음과 같을 때, p는 q이기 위한 어떤 조건인지 말하시오.

(단, x, y는 실수이다.)

(1) $p : 2x + 3 < 5$,　　　　　$q : -\dfrac{1}{2}x + 1 > 0$

(2) $p : \triangle ABC$는 이등변삼각형, $q : \triangle ABC$는 정삼각형

15　세 조건 p, q, r에 대하여 두 명제 $p \longrightarrow \sim q$, $\sim r \longrightarrow q$가 모두 참일 때, 〈보기〉에서 항상 참이라고 할 수 <u>없는</u> 것만을 있는 대로 고르시오.

──────── 보기 ────────

ㄱ. $\sim r \longrightarrow \sim p$　　　　ㄴ. $q \longrightarrow \sim p$　　　　　ㄷ. $q \longrightarrow \sim r$

ㄹ. $\sim q \longrightarrow r$　　　　　　ㅁ. $q \longrightarrow r$　　　　　　ㅂ. $p \longrightarrow r$

실수 전체의 집합에서 두 조건 p, q가 p : $-1 \leq x \leq 4$ 또는 $x \geq 7$, q : $x \geq a$일 때, 다음 물음에 답하시오.

(1) 명제 $p \longrightarrow q$가 참이 되도록 하는 실수 a의 값의 범위를 구하시오.

(2) 명제 $q \longrightarrow p$가 참이 되도록 하는 실수 a의 최솟값을 구하시오.

guide

① 두 조건 p, q의 진리집합을 각각 P, Q라 한다.
② 명제가 참이 되기 위한 두 집합 P, Q의 포함 관계를 수직선 위에 나타낸다.
③ 조건을 만족시키는 미지수의 값 또는 값의 범위를 구하고 등호가 포함되는지 확인한다.

solution

두 조건 p, q의 진리집합을 각각 P, Q라 하면
$P = \{x \,|\, -1 \leq x \leq 4$ 또는 $x \geq 7\}$, $Q = \{x \,|\, x \geq a\}$

(1) 명제 $p \longrightarrow q$가 참이 되려면 $P \subset Q$이어야 하므로 두 집합 P, Q를 수직선 위에 나타내면 오른쪽 그림과 같아야 한다.
따라서 조건을 만족시키는 실수 a의 값의 범위는 $a \leq -1$이다.

(2) 명제 $q \longrightarrow p$가 참이 되려면 $Q \subset P$이어야 하므로 두 집합 P, Q를 수직선 위에 나타내면 오른쪽 그림과 같아야 한다.
따라서 $a \geq 7$이어야 하므로 조건을 만족시키는 실수 a의 최솟값은 7이다.

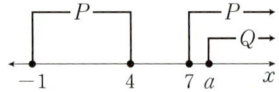

**필수
연습**

pp.126~127

16 실수 전체의 집합에서 두 조건 p, q가 p : $x \leq a$, q : $x < -1$ 또는 $3 < x < 6$일 때, 다음 물음에 답하시오.

(1) 명제 $p \longrightarrow q$가 참이 되도록 하는 정수 a의 최댓값을 구하시오.

(2) 명제 $q \longrightarrow p$가 참이 되도록 하는 정수 a의 최솟값을 구하시오.

17 실수 전체의 집합에서 두 조건 p, q가
$$p : 3k-1 \leq 2-x \leq k+2, \qquad q : x < 2 \text{ 또는 } x > 18$$
일 때, 명제 'p이면 $\sim q$이다.'가 참이 되도록 하는 정수 k의 개수를 구하시오. $\left(\text{단, } k < \dfrac{3}{2}\right)$

18 다음 두 명제가 모두 참이 되도록 하는 실수 a의 값의 범위를 구하시오.

㈎ $x > 0$인 어떤 실수 x에 대하여 $x - a^2 + 1 < 0$이다.
㈏ 실수 x에 대하여 $(x+3)(x+a+3) \leq 0$이면 $x < 0$이다.

두 상수 a, b에 대하여 명제 '$x^2-ax-b\neq 0$이면 $x\neq 2$이고 $x\neq 3$이다.'가 참일 때, $a-b$의 값을 구하시오.

guide

① 주어진 명제 $p \longrightarrow q$가 참인지 거짓인지를 이용하여 다음과 같이 그 대우의 참, 거짓을 판별한다.
  (1) 명제 $p \longrightarrow q$가 참이면 그 대우 $\sim q \longrightarrow \sim p$도 참이다.
  (2) 명제 $p \longrightarrow q$가 거짓이면 그 대우 $\sim q \longrightarrow \sim p$도 거짓이다.
② 두 조건 $\sim p$, $\sim q$의 진리집합을 구하여 포함 관계를 확인한다.
③ 조건을 만족시키는 미지수의 값 또는 값의 범위를 구하고 등호가 포함되는지 확인한다.

solution

명제와 그 대우의 참, 거짓은 일치한다. 이때 주어진 명제가 참이므로 그 대우
'$x=2$ 또는 $x=3$이면 $x^2-ax-b=0$이다.'
도 역시 참이다.
$x=2$이면 $4-2a-b=0$에서
$2a+b=4$ $\cdots\cdots$ ㉠
$x=3$이면 $9-3a-b=0$에서
$3a+b=9$ $\cdots\cdots$ ㉡
㉠, ㉡을 연립하여 풀면 $a=5$, $b=-6$
$\therefore a-b=5-(-6)=11$

필수연습

pp.127~128

19   두 실수 a, b에 대하여 명제 '$a+b>7$이면 $a>k$ 또는 $b>2$이다.'가 참일 때, 실수 k의 최댓값을 구하시오.

20   두 조건 $p:-5<x\leq 3$, $q:|x-a|\leq 2$에 대하여 명제 $p\longrightarrow q$의 역이 참이 되도록 하는 모든 정수 a의 값의 합을 구하시오.

21   자연수 전체의 집합에서 두 조건 p, q의 진리집합을 각각 P, Q라 할 때,
$$P=\{1, 2, 3, 4, 5\}, \quad Q=\{4, 5, 6, 7, 8\}$$
이다. 명제 $p\longrightarrow q$의 대우가 거짓임을 보이는 모든 반례를 원소로 갖는 집합을 X라 할 때, 집합 X의 진부분집합의 개수를 구하시오.

전체집합 U에 대하여 세 조건 p, q, r의 진리집합을 각각 P, Q, R이라 하자. $\sim p$는 r이기 위한 충분조건이고 $\sim q$는 r이기 위한 필요조건일 때, 〈보기〉에서 옳은 것만을 있는 대로 고르시오.

───────── 보기 ─────────

ㄱ. $Q \cap R = \varnothing$ ㄴ. $P \cap R = \varnothing$ ㄷ. $P \cup R = U$ ㄹ. $P \cup Q = U$

guide

❶ 두 조건 p, q의 진리집합을 각각 P, Q라 할 때, 다음이 성립함을 이용하여 두 집합 P, Q 사이의 포함 관계를 확인한다.
  (1) p는 q이기 위한 충분조건 : $p \Longrightarrow q$, $P \subset Q$
  (2) p는 q이기 위한 필요조건 : $q \Longrightarrow p$, $Q \subset P$
  (3) p는 q이기 위한 필요충분조건 : $p \Longleftrightarrow q$, $P = Q$
❷ 진리집합을 벤 다이어그램으로 나타내거나 집합의 성질을 이용하여 보기의 참, 거짓을 판별한다.

solution

$\sim p$는 r이기 위한 충분조건이므로 $\sim p \Longrightarrow r$ $\therefore P^C \subset R$ ……㉠
$\sim q$는 r이기 위한 필요조건이므로 $r \Longrightarrow \sim q$ $\therefore R \subset Q^C$ ……㉡
㉠, ㉡에서 $P^C \subset R \subset Q^C$이므로 세 집합 P^C, R, Q를 벤 다이어그램으로 나타내면 오른쪽 그림과 같다.

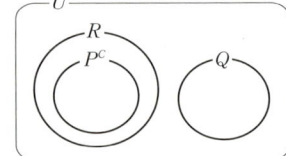

ㄱ. $Q \cap R = \varnothing$ (참)   ㄴ. $P \cap R \neq \varnothing$ (거짓)
ㄷ. $P \cup R = U$ (참)   ㄹ. $P \cup Q = P \neq U$ (거짓)

필수 연습

p.128

22 전체집합 U에 대하여 세 조건 p, q, r의 진리집합을 각각 P, Q, R이라 하자. p는 q이기 위한 충분조건이고 r이기 위한 필요조건일 때, 〈보기〉에서 옳은 것만을 있는 대로 고르시오.

───────── 보기 ─────────

ㄱ. $Q \subset R$ ㄴ. $(P \cap Q)^C \subset R^C$ ㄷ. $(P \cup Q)^C \subset R^C$ ㄹ. $(P^C \cap R^C) \subset Q^C$

23 전체집합 U에 대하여 세 조건 p, q, r의 진리집합을 각각 P, Q, R이라 하자. p는 $\sim q$이기 위한 필요충분조건이고 $\sim r$은 q이기 위한 필요조건일 때, 〈보기〉에서 옳은 것만을 있는 대로 고르시오.

───────── 보기 ─────────

ㄱ. $Q \subset R$ ㄴ. $P^C \subset R^C$ ㄷ. $P \cap R = R$ ㄹ. $P \cup Q = U$

실수 전체의 집합에서 두 조건 p, q의 진리집합을 각각 P, Q라 하자.

$$P=\{x \mid a \le x \le a+2\}, \quad Q=\{x \mid -3 < x < 1 \text{ 또는 } 2 \le x \le 5\}$$

일 때, p가 q이기 위한 충분조건이 되도록 하는 모든 정수 a의 값의 합을 구하시오.

guide

1. 진리집합의 포함 관계를 수직선 위에 나타낸다.
2. 조건을 만족시키는 미지수의 값 또는 값의 범위를 구하고 등호가 포함되는지 확인한다.

solution

p가 q이기 위한 충분조건이므로 $P \subset Q$

두 집합 P, Q에 대하여 $P \subset Q$인 경우는 다음과 같이 두 가지로 나누어 생각할 수 있다.

(i)
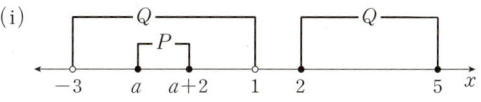

$a > -3$, $a+2 < 1$이어야 하므로 $-3 < a < -1$

(ii)
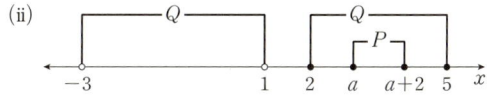

$a \ge 2$, $a+2 \le 5$이어야 하므로 $2 \le a \le 3$

(i), (ii)에서 $-3 < a < -1$ 또는 $2 \le a \le 3$이므로 p가 q이기 위한 충분조건이 되도록 하는 모든 정수 a의 값은 -2, 2, 3이고 그 합은

$$-2+2+3=3$$

필수 연습

📖 pp.128~129

24 실수 x에 대하여 두 조건 p, q가

$$p : -5 \le x < 6, \qquad q : x^2 = k$$

일 때, p가 q이기 위한 필요조건이 되도록 하는 자연수 k의 개수를 구하시오.

25 실수 x에 대하여 두 조건 p, q가

$$p : 3|x-2| < 9-2x, \qquad q : a < x < b$$

이고 p가 q이기 위한 필요충분조건일 때, $b-a$의 값을 구하시오. (단, $a < b$)

26 실수 x에 대하여 세 조건 p, q, r이

$$p : 1 \le x \le 4 \text{ 또는 } x \ge 6, \qquad q : x \ge a, \qquad r : x \ge b$$

일 때, q는 p이기 위한 충분조건이고 r은 p이기 위한 필요조건이다. 두 실수 a, b에 대하여 a의 최솟값과 b의 최댓값의 합을 구하시오.

전체집합 U에 대하여 세 조건 p, q, r의 진리집합을 각각 P, Q, R이라 하자.

$$P \cap R = P, \quad Q \subset R^C$$

일 때, 〈보기〉에서 항상 옳은 것만을 있는 대로 고르시오.

─────────── 보기 ───────────

ㄱ. $p \Longrightarrow \sim q$ ㄴ. $\sim r \Longrightarrow p$ ㄷ. $q \Longrightarrow p$

guide

① 다음과 같이 참인 두 명제에 공통으로 들어 있는 조건을 찾아 삼단논법을 이용하여 참인 새로운 명제를 찾는다.
   ⇨ 세 조건 p, q, r에 대하여 $p \Longrightarrow q$이고, $q \Longrightarrow r$이면 $p \Longrightarrow r$이다.
② 주어진 명제가 참이면 그 대우도 참임을 이용하여 명제의 참, 거짓을 판별한다.

solution

$P \cap R = P$에서 $P \subset R$이므로 $p \Longrightarrow r$이고, 그 대우에 의하여 $\sim r \Longrightarrow \sim p$이다.

$Q \subset R^C$에서 $q \Longrightarrow \sim r$이다.

∴ $q \Longrightarrow \sim r \Longrightarrow \sim p$

ㄱ. $q \Longrightarrow \sim p$이므로 $p \Longrightarrow \sim q$ (참)

ㄴ. $\sim r \Longrightarrow \sim p$이므로 $\sim r \nRightarrow p$ (거짓)

ㄷ. $q \Longrightarrow \sim p$이므로 $q \nRightarrow p$ (거짓)

필수 연습

27

전체집합 U에 대하여 세 조건 p, q, r의 진리집합을 각각 P, Q, R이라 하자.
명제 $p \longrightarrow \sim r$의 역과 명제 $r \longrightarrow \sim q$의 대우가 모두 참일 때, 〈보기〉에서 항상 옳은 것만을 있는 대로 고르시오.

─────────── 보기 ───────────

ㄱ. $P \subset Q$ ㄴ. $P \subset R$ ㄷ. $Q \subset P$ ㄹ. $R^C \subset P$

pp.129~130

28

다음이 모두 참일 때, 네 명의 용의자 A, B, C, D 중 범인 두 명을 고르시오.

⑦ A, B, C, D 중 범인은 두 명뿐이다.   ⑭ D가 범인이면 A도 범인이다.
⑭ C가 범인이 아니면 A도 범인이 아니다.   ⑭ D가 범인이 아니면 B도 범인이 아니다.

07 전체집합 $U=\{1, 2, 3, \cdots, 10\}$에 대하여 두 조건 p, q의 진리집합이 각각 $P=\{x|x$는 소수$\}$, Q일 때, 명제 $p \longrightarrow \sim q$가 참이 되도록 하는 집합 Q의 개수를 구하시오.

08 전체집합 U에 대하여 두 조건 p, q의 진리집합을 각각 P, Q라 하자. $P-Q=\varnothing$, $P\cup Q=U$일 때, 〈보기〉에서 참인 명제만을 있는 대로 고른 것은?

(단, $P\neq\varnothing$, $Q\neq\varnothing$, $P\neq Q$)

———— 보기 ————

ㄱ. $p \longrightarrow q$ ㄴ. $\sim p \longrightarrow q$
ㄷ. $q \longrightarrow p$ ㄹ. $q \longrightarrow \sim p$

① ㄱ, ㄴ ② ㄴ, ㄷ ③ ㄷ, ㄹ
④ ㄱ, ㄴ, ㄷ ⑤ ㄱ, ㄷ, ㄹ

09 전체집합 $U=\{x|x$는 10 이하의 자연수$\}$에 대하여 두 조건 p, q가

p : x는 짝수이다., q : x는 3의 배수이다.

일 때, 명제 $\sim p \longrightarrow q$가 거짓임을 보이는 반례가 될 수 있는 모든 자연수의 합을 구하시오.

10 실수 x에 대하여 두 조건 p, q가

$p : x^2-7x-18>0$,
$q : 2a-7\leq 2x-1<3a$

일 때, 명제 $q \longrightarrow \sim p$가 참이 되도록 하는 자연수 a의 개수를 구하시오.

11 전체집합 $U=\{1, 2, 3, 4\}$의 공집합이 아닌 두 부분집합 A, B에 대하여 두 명제

'집합 A의 모든 원소 x에 대하여 $x^2-3x<0$이다.',
'집합 B의 어떤 원소 x에 대하여 $x\in A$이다.'

가 있다. 두 명제가 모두 참이 되도록 하는 두 집합 A, B의 순서쌍 (A, B)의 개수를 구하시오.

12 다음 명제 중 명제는 참이고 그 역은 거짓인 것을 모두 고르면? (정답 2개)

① 두 실수 x, y에 대하여 $xy>0$이면 $x>0$, $y>0$이다.
② 두 집합 A, B에 대하여 $A\subset B$이면 $A\cup B=B$이다.
③ $\triangle ABC$가 정삼각형이면 $\overline{AB}=\overline{AC}$이다.
④ 두 직사각형의 넓이가 같으면 두 직사각형은 합동이다.
⑤ $\triangle ABC\equiv\triangle DEF$이면 $\triangle ABC\backsim\triangle DEF$이다.

Ⅱ-07 명제

13 실수 x에 대하여 세 조건 p, q, r이

$p : x^2+7x+10=0$,

$q : x^2+5x+4<0$,

$r : x>a-5$

일 때, 명제 $p \longrightarrow r$은 거짓이고, 명제 $q \longrightarrow r$의 대우는 참이다. 정수 a의 개수를 구하시오.

14 두 실수 a, b에 대하여 두 조건 p, q가 다음과 같을 때, p가 q이기 위한 필요조건이지만 충분조건이 아닌 것은? (단, $ab \neq 0$)

① $p : \dfrac{1}{ab}<3$, $q : ab \geq \dfrac{1}{3}$

② $p : a+b=ab$, $q : \dfrac{1}{a}+\dfrac{1}{b}=1$

③ $p : a>0$, $b>0$, $q : |a+b|=|a|+|b|$

④ $a^3>b^3$, $q : |a|>|b|$

⑤ $p : a$ 또는 b가 무리수, $q : a+b$는 무리수

15 실수 x에 대하여 두 조건 p, q가

$p : a<x \leq 3a+2$,

$q : x<2a-1$ 또는 $x \geq \dfrac{2a^2+1}{3}$

일 때, $\sim p$는 q이기 위한 충분조건이 되도록 하는 모든 자연수 a의 값의 합을 구하시오.

(단, 조건 q의 진리집합은 전체집합이 아니다.)

16 전체집합 U의 공집합이 아닌 세 부분집합 P, Q, R이 각각 세 조건 p, q, r의 진리집합이고, 세 명제 $p \longrightarrow q$, $\sim p \longrightarrow q$, $\sim r \longrightarrow p$가 모두 참일 때, 〈보기〉에서 항상 옳은 것만을 있는 대로 고른 것은?

─── 보기 ───

ㄱ. $P^C \subset Q$ ㄴ. $R-P^C=\varnothing$

ㄷ. $(R^C \cup P^C) \subset Q$

① ㄱ ② ㄴ ③ ㄱ, ㄷ

④ ㄴ, ㄷ ⑤ ㄱ, ㄴ, ㄷ

17 어느 학교에서 전교생을 대상으로 선호하는 방과후 프로그램을 조사하였더니 그 결과가 다음과 같았다.

⑺ 여학생보다 남학생이 더 선호하는 프로그램은 학교 밖에서 진행한다.

⑷ 외부 교사가 운영하는 프로그램은 학교 밖에서 진행한다.

⑸ 체육 영역의 프로그램은 여학생보다 남학생이 더 선호한다.

다음 중 위의 결과로부터 추론한 내용으로 항상 옳은 것은?

① 체육 영역의 프로그램은 외부 교사가 운영하지 않는다.

② 외부 교사가 운영하지 않는 프로그램은 학교 내에서 진행한다.

③ 학교 내에서 진행하는 프로그램은 체육 영역이 아니다.

④ 여학생보다 남학생이 더 선호하는 프로그램은 체육 영역이다.

⑤ 여학생보다 남학생이 더 선호하는 프로그램은 외부 교사가 운영하지 않는다.

3 명제의 증명

개념 11 정의, 증명, 정리

1. 정의 : 수학에서 사용되는 용어 및 기호의 의미를 명확하게 정한 것

2. 증명 : 명제의 가정이나 이미 알려진 성질을 이용하여 어떤 명제가 참임을 논리적으로 밝히는 과정

3. 정리 : 참임이 증명된 명제 중에서 기본이 되거나 다른 명제를 증명할 때 이용할 수 있는 것

> 예 피타고라스 정리, 나머지정리

예1 (1) '이등변삼각형은 두 변의 길이가 같은 삼각형이다.'는 이등변삼각형의 **정의**이다.

(2) '이등변삼각형의 두 밑각의 크기는 서로 같다.'는 이등변삼각형에 대한 **정리**이다.

예2 (1) '직사각형은 네 각이 모두 직각인 사각형이다.'는 직사각형의 **정의**이다.

(2) '직사각형의 두 대각선의 길이는 서로 같고, 서로 다른 것을 이등분한다.'는 직사각형에 대한 **정리**이다.

개념 12 명제의 증명

1. 대우를 이용한 증명법
명제의 대우가 참임을 보임으로써 주어진 명제가 참임을 증명하는 방법

2. 귀류법
명제 또는 명제의 결론을 부정하면 모순이 생긴다는 것을 보임으로써 주어진 명제가 참임을 증명하는 방법

1. 대우를 이용한 증명법

명제 $p \longrightarrow q$가 참임을 직접 증명하기 어려울 때, 명제와 그 대우의 참, 거짓은 일치하므로 주어진 명제의 대우가 참임을 증명한다. **B**

예 명제 '자연수 n에 대하여 n^2이 짝수이면 n도 짝수이다.'를 대우를 이용하여 증명하면 다음과 같다.

[1단계] 주어진 명제의 대우를 찾는다.

'자연수 n에 대하여 n이 홀수이면 n^2도 홀수이다.'

[2단계] 명제의 대우가 참임을 보인다.

n이 홀수이면 $n=2k-1$ (k는 자연수)로 나타낼 수 있다.

이때 $n^2=(2k-1)^2=4k^2-4k+1=2(2k^2-2k+1)-1$

이므로 n^2도 홀수이다.

[3단계] 결론을 도출한다.

따라서 주어진 명제의 대우가 참이므로 주어진 명제도 참이다.

A 직접증명법과 간접증명법
어떤 명제가 참임을 증명하는 방법은 크게 직접증명법과 간접증명법으로 나눌 수 있다.

(1) 직접증명법 : 명제가 참임을 증명할 때 가정이 참이라는 사실로부터 출발하여 결론이 나옴을 보이는 방법

> 예 삼단논법(연역법) ← p.209 한 걸음 더

(2) 간접증명법 : 직접 증명하지 않고 다른 방법에 의하여 결론이 옳다고 증명하는 방법

> 예 대우를 이용한 증명법, 귀류법

B 명제 $p \longrightarrow q$가 참이면
그 대우 $\sim q \longrightarrow \sim p$도 참이다.

2. 귀류법

명제 p에 대하여 $\sim p$가 참이라는 것에 모순이 발생함을 보이거나 명제 $p \longrightarrow q$에 대하여 결론 q를 부정했을 때 가정 p에 모순이 발생함을 보여서 주어진 명제가 참임을 증명하는 방법이다.

예1 명제 '$\sqrt{2}$는 무리수이다.'를 귀류법을 이용하여 증명하면 다음과 같다.

[1단계] 주어진 명제를 부정한다.

$\sqrt{2}$는 무리수가 아니다, 즉 $\sqrt{2}$는 유리수라 하면

$$\sqrt{2} = \frac{n}{m} \ (m, \ n\text{은 서로소인 두 자연수})$$

으로 나타낼 수 있다.

[2단계] 명제를 부정하면 모순이 발생함을 보인다.

$\sqrt{2} = \dfrac{n}{m}$에서 $n = \sqrt{2}m$

이 등식의 양변을 제곱하면

$$n^2 = 2m^2 \qquad \cdots\cdots \bigcirc$$

이때 n^2이 2의 배수이므로 n도 2의 배수이다.

$n = 2k \ (k\text{는 자연수})$라 하고, 이것을 $\bigcirc$에 대입하면

$$4k^2 = 2m^2 \qquad \therefore \ 2k^2 = m^2$$

즉, m^2이 2의 배수이므로 m도 2의 배수이다.

그런데 $m, \ n$이 모두 2의 배수이므로 $m, \ n$이 서로소인 두 자연수라는 가정에 모순이다.

[3단계] 결론을 도출한다.

따라서 $\sqrt{2}$는 유리수가 아니다. 즉, $\sqrt{2}$는 무리수이다.

예2 명제 '$a, \ b$가 실수일 때, $a+b<0$이면 $a, \ b$ 중 적어도 하나는 음수이다.'를 귀류법을 이용하여 증명하면 다음과 같다.

[1단계] 주어진 명제의 결론을 부정한다.

$a, \ b$가 모두 음이 아닌 실수, 즉 $a \geq 0, \ b \geq 0$이라 하자.

[2단계] 명제의 결론을 부정하면 모순이 발생함을 보인다.

$a \geq 0, \ b \geq 0$인 두 실수를 더하면

$$a + b \geq 0$$

이므로 $a+b<0$이라는 가정에 모순이다.

[3단계] 결론을 도출한다.

따라서 $a+b<0$이면 $a, \ b$ 중 적어도 하나는 음수이다.

개념 **13** 절대부등식

1. 절대부등식 : 주어진 집합의 모든 원소에 대하여 성립하는 부등식

2. 부등식의 증명에 이용되는 실수의 성질

두 실수 $a, \ b$에 대하여

(1) $a > b \Longleftrightarrow a - b > 0$

(2) $a^2 \geq 0, \ a^2 + b^2 \geq 0$

(3) $a^2 + b^2 = 0 \Longleftrightarrow a = b = 0$

(4) $|a|^2 = a^2, \ |ab| = |a||b|$

(5) $a > b \Longleftrightarrow a^2 > b^2 \Longleftrightarrow \sqrt{a} > \sqrt{b}$ (단, $a > 0, \ b > 0$)

1. 절대부등식

문자를 포함한 부등식에서 주어진 집합에 속하는 어떤 실수를 문자에 대입하여도 항상 성립하는 부등식을 절대부등식이라고 한다.

예1 부등식 $x^2+1>0$은 모든 실수 x에 대하여 성립하므로 절대부등식이다.

예2 부등식 $x+1>0$은 $x>-1$일 때만 부등식이 성립하므로 절대부등식이 아니다.

참고 **예2**와 같이 부등식이 참이 되도록 하는 x의 값이 특정한 실수값 또는 범위인 부등식을 조건부등식이라고 한다.

2. 실수의 성질의 증명

증명1 실수 a에 대하여 $a^2 \geq 0$임을 증명하면 다음과 같다.

임의의 실수 a에 대하여

$$a>0, \ a=0, \ a<0$$

중 하나가 성립하므로 다음과 같이 나누어 생각할 수 있다.

(i) $a>0$이면 $a^2>0$ (ii) $a=0$이면 $a^2=0$ (iii) $a<0$이면 $a^2>0$

(i), (ii), (iii)에서 $a^2 \geq 0$이다.

증명2 두 실수 a, b에 대하여 $|ab|=|a||b|$임을 증명하면 다음과 같다.

임의의 두 실수 a, b에 대하여

$$ab>0, \ ab=0, \ ab<0$$

중 하나가 성립하므로 다음과 같이 나누어 생각할 수 있다.

(i) $ab>0$이면 $|ab|=ab$이고, $|a||b|=ab$

(ii) $ab=0$이면 $|ab|=0$이고, $|a||b|=0$

(iii) $ab<0$이면 $|ab|=-ab$이고, $|a||b|=-ab$

(i), (ii), (iii)에서 $|ab|=|a||b|$이다.

한걸음 더

두 수 또는 두 식의 대소 관계

두 수 또는 두 식에 대하여 다음을 이용하여 대소 관계를 확인할 수 있다.

(1) 차를 이용하는 방법 ← A, B의 부호에 관계없이 성립한다.

  ① $A-B>0 \iff A>B$ ② $A-B=0 \iff A=B$ ③ $A-B<0 \iff A<B$

(2) 제곱의 차를 이용하는 방법 (단, $A>0$, $B>0$) ← 근호나 절댓값 기호를 포함한 경우에 이용한다.

  ① $A^2-B^2>0 \iff A>B$ ② $A^2-B^2=0 \iff A=B$ ③ $A^2-B^2<0 \iff A<B$

(3) 비(比)를 이용하는 방법 (단, $A>0$, $B>0$) ← 두 수 또는 두 식의 비가 간단히 정리되는 경우에 이용한다.

  ① $\dfrac{A}{B}>1 \iff A>B$ ② $\dfrac{A}{B}=1 \iff A=B$ ③ $\dfrac{A}{B}<1 \iff A<B$

여러 가지 절대부등식

세 실수 a, b, c에 대하여 다음 부등식이 성립한다.

① $a^2 \pm 2ab + b^2 \geq 0$ (단, 등호는 $a = \mp b$일 때 성립) (복부호 동순)

② $a^2 \pm ab + b^2 \geq 0$ (단, 등호는 $a = b = 0$일 때 성립)

③ $a^2 + b^2 + c^2 - ab - bc - ca \geq 0$ (단, 등호는 $a = b = c$일 때 성립)

④ $|a| + |b| \geq |a+b|$ (단, 등호는 $ab \geq 0$일 때 성립)

⑤ $|a+b| \geq ||a| - |b||$ (단, 등호는 $ab \leq 0$일 때 성립)

위의 절대부등식 ①, ②, ③은 (실수)$^2 \geq 0$을 이용하여 증명할 수 있고, 절대부등식 ④, ⑤는 제곱의 차를 이용하여 증명할 수 있다.

증명 ① $a^2 \pm 2ab + b^2 = (a \pm b)^2 \geq 0$ (단, 등호는 $a = \mp b$일 때 성립) (복부호 동순)

② $a^2 \pm ab + b^2 = \left(a \pm \dfrac{1}{2}b\right)^2 + \dfrac{3}{4}b^2 \geq 0$ $\left(\text{단, 등호는 } a = \mp \dfrac{1}{2}b \text{이고 } b = 0, \text{ 즉 } a = b = 0 \text{일 때 성립}\right)$ (복부호 동순)

③ $a^2 + b^2 + c^2 - ab - bc - ca = \dfrac{1}{2}(2a^2 + 2b^2 + 2c^2 - 2ab - 2bc - 2ca)$

$\qquad\qquad\qquad\qquad\qquad = \dfrac{1}{2}\{(a^2 - 2ab + b^2) + (b^2 - 2bc + c^2) + (c^2 - 2ca + a^2)\}$

$\qquad\qquad\qquad\qquad\qquad = \dfrac{1}{2}\{(a-b)^2 + (b-c)^2 + (c-a)^2\} \geq 0$

$\qquad \therefore a^2 + b^2 + c^2 - ab - bc - ca \geq 0$ (단, 등호는 $a = b$이고 $b = c$이고 $c = a$, 즉 $a = b = c$일 때 성립)

④ $(|a| + |b|)^2 - |a+b|^2 = |a|^2 + 2|a||b| + |b|^2 - (a+b)^2$

$\qquad\qquad\qquad\qquad\quad = a^2 + 2|ab| + b^2 - a^2 - 2ab - b^2$

$\qquad\qquad\qquad\qquad\quad = 2(|ab| - ab) \geq 0 \ (\because |ab| \geq ab)$

즉, $(|a| + |b|)^2 \geq |a+b|^2$에서 $|a| + |b| \geq 0$, $|a+b| \geq 0$이므로

$|a| + |b| \geq |a+b|$ (단, 등호는 $|ab| = ab$, 즉 $ab \geq 0$일 때 성립)

⑤ $|a+b|^2 - ||a| - |b||^2 = (a+b)^2 - |a|^2 + 2|a||b| - |b|^2$

$\qquad\qquad\qquad\qquad\quad = a^2 + 2ab + b^2 - a^2 + 2|ab| - b^2$

$\qquad\qquad\qquad\qquad\quad = 2(ab + |ab|) \geq 0 \ (\because |ab| \geq -ab)$

즉, $|a+b|^2 \geq ||a| - |b||^2$에서 $|a+b| \geq 0$, $||a| - |b|| \geq 0$이므로

$|a+b| \geq ||a| - |b||$ (단, 등호는 $|ab| = -ab$, 즉 $ab \leq 0$일 때 성립)

산술평균과 기하평균의 관계

$a > 0$, $b > 0$일 때,

$\qquad \dfrac{a+b}{2} \geq \sqrt{ab}$ (단, 등호는 $a = b$일 때 성립) $\leftarrow a + b \geq 2\sqrt{ab}$

참고 $a > 0$, $b > 0$일 때, $\dfrac{a+b}{2}$를 a와 b의 산술평균, $\sqrt{ab}$를 a와 b의 기하평균이라고 한다.

1. 산술평균과 기하평균의 관계

증명 $\dfrac{a+b}{2}-\sqrt{ab}=\dfrac{(\sqrt{a})^2-2\sqrt{a}\sqrt{b}+(\sqrt{b})^2}{2}=\dfrac{(\sqrt{a}-\sqrt{b})^2}{2}\geq0$

$\therefore \dfrac{a+b}{2}\geq\sqrt{ab}$ (단, 등호는 $\sqrt{a}-\sqrt{b}=0$, 즉 $a=b$일 때 성립)

산술평균과 기하평균의 관계는 ==두 양수의 곱이 일정할 때 합의 최솟값을 구하거나 두 양수의 합이 일정할 때 곱의 최댓값을 구할 때== 주로 이용된다.

예1 $a>0$일 때, $\dfrac{1}{a}>0$이므로 산술평균과 기하평균의 관계에 의하여

$$a+\dfrac{1}{a}\geq2\sqrt{a\times\dfrac{1}{a}}=2 \left(\text{단, 등호는 } a=\dfrac{1}{a}, \text{ 즉 } a=1\text{일 때 성립}\right)$$

이므로 $a+\dfrac{1}{a}$의 최솟값은 2이다.

예2 $a>0$, $b>0$이고 $a+b=4$일 때,

$$\dfrac{a+b}{2}\geq\sqrt{ab}, \ 2\geq\sqrt{ab} \qquad \therefore \ ab\leq4 \text{ (단, 등호는 } a=b=2\text{일 때 성립)}$$

따라서 ab의 최댓값은 4이다.

2. 산술평균과 기하평균의 관계의 도형을 이용한 증명

증명 오른쪽 그림과 같이 중심이 O이고 $\overline{AB}$를 지름으로 하는 반원 위의 점 D에서 $\overline{AB}$에 내린 수선의 발을 C라 하자.

$\overline{AC}=a$, $\overline{BC}=b$라 하면 $\overline{DO}=\dfrac{1}{2}\overline{AB}=\dfrac{a+b}{2}$이므로 직각삼각형 DOC에서

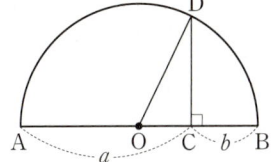

$$\overline{DC}^2=\overline{DO}^2-\overline{CO}^2=\left(\dfrac{a+b}{2}\right)^2-\left(a-\dfrac{a+b}{2}\right)^2=ab \qquad \therefore \ \overline{DC}=\sqrt{ab}$$

이때 $\overline{DO}\geq\overline{DC}$이므로 $\dfrac{a+b}{2}\geq\sqrt{ab}$이다.

한 걸음 더

코시-슈바르츠의 부등식 (교육과정 外)

🔗 필수유형 26

네 실수 a, b, x, y에 대하여

$$(a^2+b^2)(x^2+y^2)\geq(ax+by)^2 \text{ (단, 등호는 } ay=bx\text{일 때 성립)}$$

증명 $(a^2+b^2)(x^2+y^2)-(ax+by)^2=a^2x^2+a^2y^2+b^2x^2+b^2y^2-(a^2x^2+2abxy+b^2y^2)$

$$=a^2y^2-2aybx+b^2x^2=(ay-bx)^2\geq0$$

$\therefore \ (a^2+b^2)(x^2+y^2)\geq(ax+by)^2$ (단, 등호는 $ay-bx=0$, 즉 $ay=bx$일 때 성립한다.)

참고 코시-슈바르츠의 부등식은 제곱의 합이 일정할 때 일차식의 최대·최소를 구하거나 일차식의 합이 일정할 때 제곱의 합의 최솟값을 구할 때 주로 이용된다.

다음은 두 실수 a, b에 대하여 부등식 $a^2+2b^2 \geq 2ab$가 성립함을 증명하는 과정이다.

———————————— 증명 ————————————

$a^2+2b^2 - \boxed{\text{(가)}} = (a^2-2ab+b^2)+b^2 = (a-b)^2 + \boxed{\text{(나)}}$

두 실수 a, b에 대하여 $(a-b)^2 \geq 0$, $\boxed{\text{(나)}} \geq 0$이므로 $a^2+2b^2-2ab \geq 0$ $\therefore$ $a^2+2b^2 \geq 2ab$

이때 등호는 $a-b=0$이고 $\boxed{\text{(다)}}$, 즉 $a=b=0$일 때 성립한다.

————————————————————————————————

위의 증명 과정에서 (가), (나), (다)에 알맞은 것을 구하시오.

solution

$a^2+2b^2 - \boxed{2ab} = (a^2-2ab+b^2)+b^2 = (a-b)^2 + \boxed{b^2}$

두 실수 a, b에 대하여 $(a-b)^2 \geq 0$, $\boxed{b^2} \geq 0$이므로 $a^2+2b^2-2ab \geq 0$ $\therefore$ $a^2+2b^2 \geq 2ab$

이때 등호는 $a-b=0$이고 $\boxed{b=0}$, 즉 $a=b=0$일 때 성립한다.

$\therefore$ (가) : $2ab$, (나) : b^2, (다) : $b=0$

기본유형 **19**   산술평균과 기하평균의 관계   개념 15

$x>0$일 때, $2x+\dfrac{8}{x}$의 최솟값을 구하시오.

solution

$2x>0$, $\dfrac{8}{x}>0$이므로 산술평균과 기하평균의 관계에 의하여

$2x+\dfrac{8}{x} \geq 2\sqrt{2x \times \dfrac{8}{x}} = 2 \times 4 = 8$ $\left(\text{단, 등호는 } 2x=\dfrac{8}{x}, \text{ 즉 } x=2\text{일 때 성립}\right)$

따라서 구하는 최솟값은 8이다.

기본 연습

29 $a \geq 0$, $b \geq 0$에 대하여 부등식

$\sqrt{a}+\sqrt{b} \geq \sqrt{a+b}$

가 성립함을 증명하시오.

pp.133-134

30 $a>0$일 때, $4a+\dfrac{1}{a}+1$의 최솟값을 구하시오.

다음 명제가 참임을 대우를 이용하여 증명하시오.

자연수 n에 대하여 n^2이 3의 배수이면 n도 3의 배수이다.

---

guide

  ① 참임을 증명하고자 하는 명제 $p \longrightarrow q$의 대우 $\sim q \longrightarrow \sim p$를 구한다.

  ② ①에서 구한 대우가 참임을 보인다.

solution

주어진 명제의 대우

'자연수 n에 대하여 n이 3의 배수가 아니면 n^2도 3의 배수가 아니다.'

가 참임을 보이면 된다.

n이 3의 배수가 아니므로 자연수 k에 대하여 $n=3k-2$ 또는 $n=3k-1$로 나타낼 수 있다.

(i) $n=3k-2$일 때,

  $n^2=(3k-2)^2=9k^2-12k+4=3(3k^2-4k+1)+1$이므로 n^2은 3의 배수가 아니다.

(ii) $n=3k-1$일 때,

  $n^2=(3k-1)^2=9k^2-6k+1=3(3k^2-2k)+1$이므로 n^2은 3의 배수가 아니다.

(i), (ii)에서 n이 3의 배수가 아니면 n^2도 3의 배수가 아니다.

따라서 주어진 명제의 대우가 참이므로 주어진 명제도 참이다.

**필수
연습**

● p.134

31 다음 명제가 참임을 대우를 이용하여 증명하시오.

두 실수 x, y에 대하여 $x+y>4$이면 x, y 중 적어도 하나는 2보다 크다.

---

32 다음 명제가 참임을 대우를 이용하여 증명하시오.

세 양의 정수 a, b, c에 대하여 $a^2+b^2+c^2$이 짝수이면 a, b, c 중 적어도 하나는 짝수이다.

다음 명제가 참임을 귀류법을 이용하여 증명하시오.

두 자연수 a, b에 대하여 이차방정식 $x^2+ax-b=0$이 자연수인 해를 가지면 a, b 중 적어도 하나는 짝수이다.

---

guide

❶ 다음과 같이 귀류법을 이용하여 증명하는 것이 더 쉬운 경우를 확인한다.

(1) 결론 q보다 그 부정 $\sim q$가 더 이해하기 쉬운 경우

(2) 결론 q의 진리집합 Q보다 Q^C이 더 간결하게 표현되는 경우

❷ 주어진 명제 또는 명제의 결론을 부정한다.

❸ ❷에서 구한 명제 또는 명제의 결론을 부정하면 가정에 모순이 발생함을 보인다.

solution

주어진 명제의 결론을 부정하여 a, b가 모두 홀수라 가정하자.

이차방정식 $x^2+ax-b=0$의 자연수인 해를 $x=m$이라 하면

$m^2+am-b=0$ $\therefore$ $b=m^2+am$ $\cdots\cdots$ ㉠

(i) m이 홀수일 때,

    m^2은 홀수이고, am은 두 홀수의 곱이므로 홀수이다.

    즉, m^2+am은 두 홀수의 합이므로 짝수이다.

    ㉠에서 b가 짝수이므로 b가 홀수라는 가정에 모순이다.

(ii) m이 짝수일 때,

    m^2은 짝수이고, am은 홀수와 짝수의 곱이므로 짝수이다.

    즉, m^2+am은 두 짝수의 합이므로 짝수이다.

    ㉠에서 b가 짝수이므로 b가 홀수라는 가정에 모순이다.

(i), (ii)에서 두 자연수 a, b에 대하여 이차방정식 $x^2+ax-b=0$이 자연수인 해를 가지면 a, b 중 적어도 하나는 짝수이다.

**필수
연습**

📖 p.134

33 다음 명제가 참임을 귀류법을 이용하여 증명하시오.

1보다 큰 자연수 p에 대하여 $8p^2+1$이 소수이면 p는 3의 배수이다.

---

34 다음 명제가 참임을 귀류법을 이용하여 증명하시오.

두 자연수 m, n에 대하여 m^2+n^2이 4의 배수이면 m, n은 모두 짝수이다.

---

a, b가 실수일 때, 다음 부등식이 성립함을 증명하시오.

(1) $3a^2+4b^2 \geq 4ab$

(2) $|2a-3b| \geq 2|a|-3|b|$

guide

❶ 부등식 $A \geq B$가 성립함을 증명할 때는 다음을 이용한다.

   (1) 다항식의 경우, $A-B$를 완전제곱식으로 변형하여 $k^2 \geq 0$임을 이용한다.

   (2) 근호 또는 절댓값 기호를 포함한 식의 경우, A^2-B^2에서 $|k| \geq k$ 또는 $k \geq -|k|$임을 이용한다.

❷ 등호가 있을 때에는 등호가 성립하는 경우를 분명히 밝힌다.

solution

(1) $(3a^2+4b^2)-4ab=2a^2+(a^2-4ab+4b^2)=2a^2+(a-2b)^2$

   a, b가 실수이므로 $2a^2 \geq 0$, $(a-2b)^2 \geq 0$

   따라서 $3a^2+4b^2-4ab \geq 0$이므로

   $3a^2+4b^2 \geq 4ab$ (단, 등호는 $a=0$이고 $a-2b=0$, 즉 $a=b=0$일 때 성립)

(2) (ⅰ) $2|a|<3|b|$일 때, $|2a-3b|>0$, $2|a|-3|b|<0$이므로

   $|2a-3b|>2|a|-3|b|$

   (ⅱ) $2|a| \geq 3|b|$일 때, $|2a-3b| \geq 0$, $2|a|-3|b| \geq 0$이므로

   $|2a-3b|^2-(2|a|-3|b|)^2=(2a-3b)^2-(4|a|^2-12|a||b|+9|b|^2)$

   $\qquad =4a^2-12ab+9b^2-4a^2+12|ab|-9b^2$ $\rangle$ $|a|^2=a^2$, $|a||b|=|ab|$

   $\qquad =12(|ab|-ab) \geq 0$ ($\because$ $|ab| \geq ab$) ← $|k| \geq k$

   따라서 $|2a-3b|^2 \geq (2|a|-3|b|)^2$이므로

   $|2a-3b| \geq 2|a|-3|b|$

   (ⅰ), (ⅱ)에서 $|2a-3b| \geq 2|a|-3|b|$ (단, 등호는 $2|a| \geq 3|b|$이고 $ab \geq 0$일 때 성립)

필수 연습

35 다음 물음에 답하시오.

   (1) $a>0$, $b>0$, $c>0$일 때, $a+b+c \geq \sqrt{ab}+\sqrt{bc}+\sqrt{ca}$임을 증명하시오.

   (2) $a>0$, $b>0$일 때, $\sqrt{2(a+b)} \geq \sqrt{a}+\sqrt{b}$임을 증명하시오.

36 두 실수 a, b에 대하여 부등식 $a^2+b^2+1 \geq ab+a+b$가 성립함을 증명하시오.

다음 물음에 답하시오.

(1) $a>0$, $b>0$일 때, $(3a+b)\left(\dfrac{3}{a}+\dfrac{4}{b}\right)$의 최솟값을 구하시오.

(2) $x>1$일 때, $x+6+\dfrac{1}{x-1}$의 최솟값을 구하시오.

guide

❶ 식을 전개하여 간단히 한다.
❷ 산술평균과 기하평균의 관계를 이용하여 주어진 식의 최솟값 또는 최댓값을 구한다.
❸ 등호가 성립하는 경우를 분명히 밝힌다.

solution

(1) $(3a+b)\left(\dfrac{3}{a}+\dfrac{4}{b}\right)=9+\dfrac{12a}{b}+\dfrac{3b}{a}+4=13+\dfrac{12a}{b}+\dfrac{3b}{a}$ ······ ㉠

$\dfrac{a}{b}>0$, $\dfrac{b}{a}>0$이므로 산술평균과 기하평균의 관계에 의하여

$\dfrac{12a}{b}+\dfrac{3b}{a}\geq 2\sqrt{\dfrac{12a}{b}\times\dfrac{3b}{a}}$ $\left(\text{단, 등호는 }\dfrac{12a}{b}=\dfrac{3b}{a}\text{, 즉 }2a=b\text{일 때 성립}\right)$

$\qquad\qquad =2\sqrt{36}=12$

㉠에서 (주어진 식)$\geq 13+12=25$이므로 구하는 최솟값은 25이다.

(2) $x+6+\dfrac{1}{x-1}=x-1+\dfrac{1}{x-1}+7$ ······ ㉠

$x>1$에서 $x-1>0$이므로 산술평균과 기하평균의 관계에 의하여

$x-1+\dfrac{1}{x-1}\geq 2\sqrt{(x-1)\times\dfrac{1}{x-1}}$ $\left(\text{단, 등호는 }x-1=\dfrac{1}{x-1}\text{, 즉 }x=2\text{일 때 성립}\right)$

$\qquad\qquad =2$

㉠에서 (주어진 식)$\geq 2+7=9$이므로 구하는 최솟값은 9이다.

**필수
연습**

pp.135~136

37 다음 물음에 답하시오.

(1) 0이 아닌 실수 a에 대하여 $\left(4a+\dfrac{1}{a}\right)\left(9a+\dfrac{16}{a}\right)$의 최솟값을 구하시오.

(2) $x>3$일 때, $x^2+\dfrac{49}{x^2-9}$의 최솟값을 구하시오.

38 $x>3$일 때, $\dfrac{x-3}{x^2-3x+1}$의 최댓값과 그때의 x의 값을 구하시오.

두 양수 x, y에 대하여 $x+2y=6$일 때, $\dfrac{2}{x}+\dfrac{1}{y}$의 최솟값을 구하시오.

guide

❶ 산술평균과 기하평균의 관계를 이용하여 주어진 문제가 다음의 무엇을 구하는 것인지 확인한다.
  (1) 두 양수의 곱이 일정할 때의 합의 최솟값   (2) 두 양수의 합이 일정할 때의 곱의 최댓값
❷ 산술평균과 기하평균의 관계를 이용하여 주어진 식의 최솟값 또는 최댓값을 구한다.
❸ 등호가 성립하는 경우를 분명히 밝힌다.

solution

$x>0$, $y>0$이므로 산술평균과 기하평균의 관계에 의하여

$x+2y \geq 2\sqrt{2xy}$ (단, 등호는 $x=2y$일 때 성립)

이때 $x+2y=6$이므로 $6 \geq 2\sqrt{2xy}$ $\therefore \sqrt{2xy} \leq 3$

양변을 제곱하면

$2xy \leq 9$, $xy \leq \dfrac{9}{2}$ $\therefore \dfrac{1}{xy} \geq \dfrac{2}{9}$

$\therefore \dfrac{2}{x}+\dfrac{1}{y}=\dfrac{x+2y}{xy}=\dfrac{6}{xy} \geq 6 \times \dfrac{2}{9}=\dfrac{4}{3}$ $\left(\text{단, 등호는 } x=3, y=\dfrac{3}{2}\text{일 때 성립}\right)$

따라서 구하는 최솟값은 $\dfrac{4}{3}$이다.

다른 풀이

$(x+2y)\left(\dfrac{2}{x}+\dfrac{1}{y}\right)=4+\dfrac{4y}{x}+\dfrac{x}{y}$ ......㉠

$x>0$, $y>0$이므로 산술평균과 기하평균의 관계에 의하여

$\dfrac{4y}{x}+\dfrac{x}{y} \geq 2\sqrt{\dfrac{4y}{x} \times \dfrac{x}{y}}=4$ $\left(\text{단, 등호는 } \dfrac{4y}{x}=\dfrac{x}{y}, \text{ 즉 } x=2y\text{일 때 성립}\right)$

이때 $x+2y=6$이므로 ㉠에서

$6\left(\dfrac{2}{x}+\dfrac{1}{y}\right) \geq 4+4=8$ $\therefore \dfrac{2}{x}+\dfrac{1}{y} \geq \dfrac{4}{3}$ $\left(\text{단, 등호는 } x=3, y=\dfrac{3}{2}\text{일 때 성립}\right)$

**필수
연습**

p.136

39   두 양수 a, b에 대하여 $\dfrac{3}{a}+\dfrac{2}{b}=12$일 때, $2a+3b$의 최솟값을 구하시오.

40   두 양수 a, b에 대하여 $a+3b=4$일 때, $\sqrt{a}+\sqrt{3b}$의 최댓값을 구하시오.

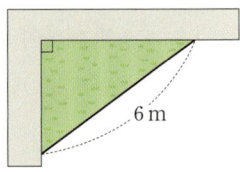

그림과 같이 수직으로 만나는 두 벽면에 길이가 6 m인 울타리를 이용하여 직각삼각형 모양의 밭을 만들려고 한다. 이 밭의 넓이의 최댓값이 k m²일 때, k의 값을 구하시오.

(단, 울타리의 두께는 무시한다.)

guide

① 구하는 값을 결정짓는 값을 각각 x, y $(x>0, y>0)$라 하고, 주어진 조건을 이용하여 x, y 사이의 관계식을 세운다.

② 합 또는 곱이 일정하면 산술평균과 기하평균의 관계를 이용하여 ①에서 구한 식의 최댓값 또는 최솟값을 구한다.

③ 등호가 성립하는 조건에 주의한다.

solution

밭에서 직각을 낀 두 변의 길이를 각각 x m, y m라 하면 $0<x<6$, $0<y<6$이고

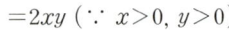

$x^2+y^2=36$

$x^2>0$, $y^2>0$이므로 산술평균과 기하평균의 관계에 의하여

$x^2+y^2 \geq 2\sqrt{x^2 \times y^2}$ (단, 등호는 $x^2=y^2$, 즉 $x=y$일 때 성립)

     $=2xy$ $(\because x>0, y>0)$

이때 $x^2+y^2=36$이므로 $36 \geq 2xy$ $\therefore xy \leq 18$ (단, 등호는 $x=y=3\sqrt{2}$일 때 성립)

$\therefore$ (밭의 넓이)$=\frac{1}{2}xy \leq \frac{1}{2} \times 18 = 9$

따라서 밭의 넓이의 최댓값은 9 m²이므로 $k=9$

필수 연습

41

그림과 같이 중심이 O이고 반지름의 길이가 $3\sqrt{2}$인 반원에 내접하는 직사각형 ABCD가 있다. 직사각형 ABCD의 넓이의 최댓값을 구하시오.

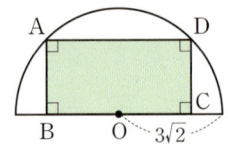

pp.136~137

42

그림과 같이 점 P(3, 1)을 지나는 직선이 x축, y축의 양의 부분과 만나는 점을 각각 A, B라 할 때, 삼각형 OAB의 넓이의 최솟값을 구하시오. (단, O는 원점이다.)

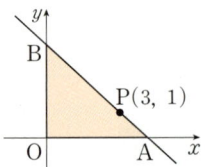

43

길이가 144 m인 줄을 모두 사용하여 그림과 같이 합동인 6개의 작은 직사각형으로 이루어진 큰 직사각형 모양의 구역을 만들려고 한다. 큰 직사각형 모양의 구역 전체의 넓이가 최대가 되도록 할 때, 작은 직사각형 하나의 둘레의 길이를 구하시오. (단, 줄의 굵기는 무시한다.)

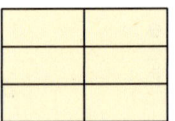

다음 물음에 답하시오. (단, a, b, c는 실수이다.)

(1) $a+2b=5$일 때, a^2+b^2의 최솟값을 구하시오.

(2) $a^2+b^2+c^2=2$일 때, $3a+4b+5c$의 최댓값과 최솟값을 각각 구하시오.

guide

❶ 주어진 식이 제곱의 합 꼴로 표현될 경우 코시-슈바르츠의 부등식을 이용하여 주어진 식의 최댓값 또는 최솟값을 구한다.

❷ 등호가 성립하는 경우를 분명히 밝힌다.

solution

(1) a, b가 실수이므로 코시-슈바르츠의 부등식에 의하여

$(1^2+2^2)(a^2+b^2) \geq (a+2b)^2$ (단, 등호는 $b=2a$일 때 성립)

그런데 $a+2b=5$이므로 $5(a^2+b^2) \geq 25$ $\therefore$ $a^2+b^2 \geq 5$ (단, 등호는 $a=1$, $b=2$일 때 성립)

따라서 a^2+b^2의 최솟값은 5이다.

(2) a, b, c가 실수이므로 코시-슈바르츠의 부등식에 의하여

$(3^2+4^2+5^2)(a^2+b^2+c^2) \geq (3a+4b+5c)^2$ $\left(\text{단, 등호는 } \dfrac{a}{3}=\dfrac{b}{4}=\dfrac{c}{5}\text{일 때 성립}\right)$

$\therefore$ $50(a^2+b^2+c^2) \geq (3a+4b+5c)^2$

이때 $a^2+b^2+c^2=2$이므로 $(3a+4b+5c)^2 \leq 50 \times 2 = 100$ $\therefore$ $-10 \leq 3a+4b+5c \leq 10$

따라서 $3a+4b+5c$의 최댓값은 10, 최솟값은 -10이다. ← $a=\dfrac{3}{5}$, $b=\dfrac{4}{5}$, $c=1$일 때 최댓값,

$a=-\dfrac{3}{5}$, $b=-\dfrac{4}{5}$, $c=-1$일 때 최솟값을 갖는다.

plus

실수 a, b, c, x, y, z에 대하여

$(a^2+b^2+c^2)(x^2+y^2+z^2) \geq (ax+by+cz)^2$ $\left(\text{단, 등호는 } \dfrac{x}{a}=\dfrac{y}{b}=\dfrac{z}{c}\text{일 때 성립}\right)$

$\underline{ay-bx=0\text{이고 } bz-cy=0\text{이고 } cx-az=0}$

필수 연습

plus

44 다음 물음에 답하시오.

(1) 두 실수 a, b에 대하여 $\dfrac{a}{2}+b=9$일 때, $2a^2+b^2$의 최솟값을 구하시오.

(2) 세 양수 a, b, c에 대하여 $a+b+c=6$일 때, $\sqrt{a}+\sqrt{b}+2\sqrt{c}$의 최댓값을 구하시오.

45 0이 아닌 두 실수 a, b에 대하여 $\dfrac{(3a-4b)^2}{a^2+b^2}$의 최댓값을 구하시오.

pp.137~138

18 다음은 명제 '두 자연수 x, y에 대하여 x^2+y^2이 홀수이면 xy는 짝수이다.'가 참임을 대우를 이용하여 증명하는 과정이다.

───── 증명 ─────

주어진 명제의 대우

'두 자연수 x, y에 대하여 xy가 [(가)]이면 x^2+y^2은 [(나)]이다.'

가 참임을 보이면 된다.

xy가 홀수이면 x, y는 모두 홀수이므로

$x=2m+1$, $y=2n+1$ (m, n은 음이 아닌 정수)

로 나타낼 수 있다. 이때

$$x^2+y^2=(2m+1)^2+(2n+1)^2$$
$$=2(\boxed{\ (\text{다})\ })$$

이므로 x^2+y^2은 [(나)]이다.

따라서 주어진 명제의 대우가 참이므로 주어진 명제도 참이다.

───────────

위의 증명에서 (가), (나), (다)에 알맞은 것을 각각 구하시오.

19 다음 명제가 참임을 귀류법을 이용하여 증명하시오.

───────────

두 유리수 a, b에 대하여 $a+b\sqrt{2}=0$이면 $a=b=0$이다.

───────────

20 다음은 a, b, c가 실수일 때, 부등식

$$\sqrt{a^2+b^2+c^2} \geq \frac{|a+b+c|}{\sqrt{3}}$$

가 성립함을 증명하는 과정이다.

───── 증명 ─────

$$(\sqrt{a^2+b^2+c^2})^2 - \left(\frac{|a+b+c|}{\sqrt{3}}\right)^2$$
$$=a^2+b^2+c^2 - \frac{(a+b+c)^2}{3}$$
$$=\frac{3(a^2+b^2+c^2)-(a^2+b^2+c^2+2ab+2bc+2ca)}{3}$$
$$=\frac{2(a^2+b^2+c^2-ab-bc-ca)}{3}$$
$$=\frac{\boxed{\ (\text{가})\ }}{3} \geq 0$$

이때 $\sqrt{a^2+b^2+c^2}$ [(나)] 0,

$\dfrac{|a+b+c|}{\sqrt{3}}$ [(나)] 0이므로

$$\sqrt{a^2+b^2+c^2} \geq \frac{|a+b+c|}{\sqrt{3}}$$ 가 성립한다.

단, 등호는 [(다)]일 때 성립한다.

───────────

위의 과정에서 (가), (나), (다)에 알맞은 것은?

	(가)	(나)	(다)
①	$2(a-b-c)^2$	$\geq$	$a=b+c$
②	$2(a-b-c)^2$	$\leq$	$a=b+c$
③	$(a-b)^2+(b-c)^2+(c-a)^2$	$\geq$	$a+b+c=0$
④	$(a-b)^2+(b-c)^2+(c-a)^2$	$\geq$	$a=b=c$
⑤	$(a-b)^2+(b-c)^2+(c-a)^2$	$\leq$	$a=b=c$

21 두 실수 a, b에 대하여 〈보기〉에서 옳은 것만을 있는 대로 고른 것은?

──── 보기 ────

ㄱ. $a \geq b \geq 0$이면 $\sqrt{a-b} \geq \sqrt{a} - \sqrt{b}$

ㄴ. $|a+b| \geq |a| - |b|$

ㄷ. $|a-b| \geq |a| - |b|$

① ㄱ ② ㄱ, ㄴ ③ ㄱ, ㄷ
④ ㄴ, ㄷ ⑤ ㄱ, ㄴ, ㄷ

서술형

22 세 양수 a, b, c에 대하여
$$\frac{a+b+c}{a} + \frac{a+b+c}{b} + \frac{a+b+c}{c}$$
의 최솟값을 구하시오.

23 $a+b=1$을 만족시키는 두 양수 a, b에 대하여 $\dfrac{4}{a} + \dfrac{1}{4b}$의 최솟값을 구하시오.

24 두 양수 a, b에 대하여 $x = a + \dfrac{1}{b}$, $y = b + \dfrac{1}{a}$일 때, $x^2 + y^2$의 최솟값을 구하시오.

25 오른쪽 그림과 같이 $\overline{AB} = 6$, $\overline{BC} = 8$인 직각삼각형 ABC에 점 B를 한 꼭짓점으로 하는 직사각형이 내접하고 있다. 이 직사각형의 가로, 세로의 길이를 각각 a, b라 할 때, $\dfrac{8}{a} + \dfrac{6}{b}$의 최솟값을 구하시오.

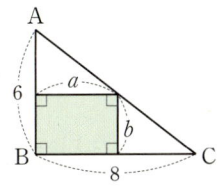

26 두 실수 a, b에 대하여 $a^2 + b^2 = 4$일 때, $\sqrt{\dfrac{25}{4a^2} + \dfrac{36}{b^2}}$의 최솟값을 구하시오. (단, $ab \neq 0$)

27 오른쪽 그림과 같은 사각형 ABCD에서 $\overline{AB} = 4$, $\overline{AD} = 2$, $\angle A = \angle C = 90°$이다. 사각형 ABCD의 둘레의 길이의 최댓값은?

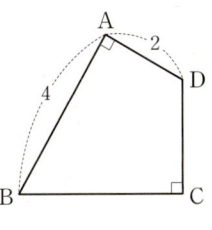

① $5 + \sqrt{10}$ ② $6 + \sqrt{10}$
③ $4 + 2\sqrt{10}$ ④ $5 + 2\sqrt{10}$
⑤ $6 + 2\sqrt{10}$

1 함수 $f(x)=(a+3)x^2+2ax+6x+9$에 대하여 명제

　　'모든 실수 x에 대하여 $f(x) \geq -1$이다.'
가 참이 되도록 하는 정수 a의 개수를 구하시오.

서술형

2 좌표평면 위에 두 점 A$(-3, 3)$, B$(7, -7)$과 직선 $l : y=-2x+k$가 있다. 명제

　　'직선 l 위의 어떤 점 P에 대하여 $\angle APB > 90°$이다.'
가 거짓이 되도록 하는 자연수 k의 최솟값을 구하시오.

1등급

3 실수 x에 대한 두 조건 p, q가

$$p : \frac{\sqrt{x+5}}{\sqrt{x-10}}=-\sqrt{\frac{x+5}{x-10}},$$

$$q : x^2-5x-nx+5n<0$$

이고 p는 q이기 위한 필요조건일 때, 정수 n의 개수를 구하시오.

4 전체집합 U에 대하여 두 조건 p, q의 진리집합을 각각 P, Q라 할 때, 명제 $\sim q \longrightarrow p$가 거짓임을 보이는 반례를 원소로 갖는 집합을 R이라 하자. 〈보기〉에서 옳은 것만을 있는 대로 고른 것은?

$($단, $P-Q \neq \varnothing$, $R \neq \varnothing)$

――――――― 보기 ―――――――
ㄱ. $R \subset P^C$　　　　　　　　　ㄴ. $Q^C \subset R$
ㄷ. $R \subset (P \cap Q)^C$

① ㄱ　　　　② ㄱ, ㄴ　　　　③ ㄱ, ㄷ
④ ㄴ, ㄷ　　⑤ ㄱ, ㄴ, ㄷ

신유형

5 임의의 두 실수 x, y에 대하여 이차부등식

$$x^2+y^2-xy+ay+2>0$$

이 항상 성립할 때, 실수 a의 값의 범위를 구하시오.

6 서로 다른 두 실수 x, y에 대하여 $xy=1$일 때, $\dfrac{(x+y)^4}{(x-y)^2}$의 최솟값을 구하시오.

III

함수와
그래프

1 함수

개념 01 대응과 함수

1. 대응

공집합이 아닌 두 집합 X, Y에 대하여 X의 원소에 Y의 원소를 짝 지어 주는 것을 집합 X에서 집합 Y로의 **대응**이라고 한다.
이때 집합 X의 원소 x에 집합 Y의 원소 y가 대응하는 것을 기호로

$$x \longrightarrow y$$

와 같이 나타낸다.

2. 함수

두 집합 X, Y에 대하여 X의 각 원소에 Y의 원소가 오직 하나씩 대응할 때, 이 대응을 집합 X에서 집합 Y로의 **함수**라 한다.
이 함수를 f라 할 때, 이것을 기호로

$$f : X \longrightarrow Y$$

와 같이 나타낸다.

참고 일반적으로 함수(function)는 알파벳 소문자 f, g, h, …로 나타낸다.

1. 대응

대응이란 공집합이 아닌 두 집합 X, Y에 대하여 X의 원소에 Y의 원소를 짝 지어 주는 것을 말한다.
이때 집합 X의 원소에 대응하는 집합 Y의 원소가 없거나 집합 X의 원소에 대응하는 집합 Y의 원소가 두 개 이상인 것도 존재한다. ← 대응이지만 함수는 아니다.

2. 함수

두 집합 X, Y에 대하여

  (i) X의 각 원소에 Y의 원소가 반드시 대응하고,
   └원소가 빠짐없이 모두   ┐→ X의 각 원소에 Y의 원소가 오직 하나씩 대응할 때,
  (ii) X의 원소에 Y의 원소가 오직 하나씩 대응할 때, ┘

이 대응을 X에서 Y로의 **함수**라 한다.

예   다음과 같은 경우는 모두 대응의 예이다.

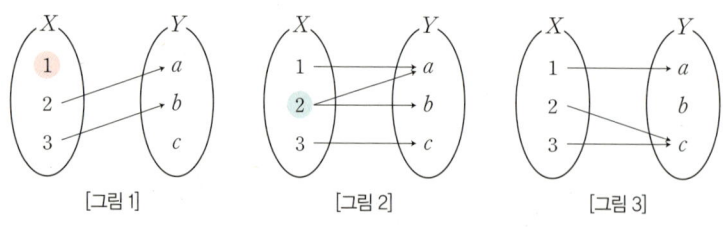

[그림 1]   [그림 2]   [그림 3]

 (1) [그림 1]은 집합 X의 원소 1에 대응하는 집합 Y의 원소가 없으므로 함수가 아니다.

 (2) [그림 2]는 집합 X의 원소 2에 대응하는 집합 Y의 원소가 a, b의 2개이므로 함수가 아니다.

 (3) [그림 3]은 집합 X의 각 원소에 집합 Y의 원소가 오직 하나씩 대응하므로 함수이다.

정의역, 공역, 치역

> **1. 정의역과 공역**
> 함수 $f: X \longrightarrow Y$에서 집합 X를 함수 f의 **정의역**, 집합 Y를 함수 f의 **공역**이라고 한다.
>
> **2. 치역**
> 함수 $f: X \longrightarrow Y$에서 정의역 X의 원소 x에 공역 Y의 원소 y가 대응할 때, 이것을 기호로
> $$y=f(x)$$
> 와 같이 나타낸다. 이때 $f(x)$를 x에서의 함숫값이라 하고, 함숫값 전체의 집합
> $\{f(x) \,|\, x \in X\}$를 함수 f의 **치역**이라고 한다.

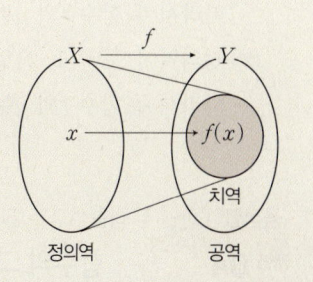

1. 정의역, 공역, 치역

예   오른쪽 그림의 대응 f에서 집합 X의 각 원소에 집합 Y의 원소가 오직 하나씩 대응하
        므로 이 대응은 함수이고, 함수 $f: X \longrightarrow Y$의

        (1) 정의역은 $X=\{1, 2, 3, 4\}$이다.   (2) 공역은 $Y=\{a, b, c, d\}$이다.

        (3) $f(1)=c, f(2)=d, f(3)=a, f(4)=c$이므로

            치역은 $\{f(x) \,|\, x \in X\}=\{a, c, d\}$이다.

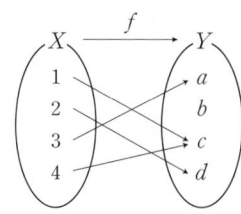

참고   함숫값 $f(x)$는 공역의 원소이므로 치역은 공역의 부분집합이다. ← 예에서 $\{a, c, d\} \subset \{a, b, c, d\}$

2. 정의역과 공역의 범위

함수 $y=f(x)$의 정의역이나 공역이 따로 주어져 있지 않은 경우, 정의역은 함수 f가 정의되는 실수 x의 값 전체의 집합,
공역은 실수 전체의 집합으로 생각한다.

예   (1) 함수 $y=\dfrac{1}{2}x+1$의 정의역은 $\{x \,|\, x$는 실수$\}$, 치역은 $\{y \,|\, y$는 실수$\}$이다.

       (2) 함수 $y=x^2+1$의 정의역은 $\{x \,|\, x$는 실수$\}$, 치역은 $\{y \,|\, y \geq 1\}$이다.

       (3) 함수 $y=\dfrac{1}{x}$의 정의역은 $\{x \,|\, x \neq 0$인 실수$\}$, 치역은 $\{y \,|\, y \neq 0$인 실수$\}$이다.

개념 **03**   **서로 같은 함수**

> 두 함수 $f: X \longrightarrow Y$, $g: X \longrightarrow Y$에서 정의역의 모든 원소 x에 대하여 $f(x)=g(x)$일 때,
> 두 함수 f와 g는 서로 같다고 하며, 이것을 기호로
> $$f=g$$
> 와 같이 나타낸다.
>
> **참고** 두 함수 f와 g가 서로 같지 않을 때, 이것을 기호로 $f \neq g$와 같이 나타낸다.

두 함수 f와 g에 대하여

    (i) 정의역과 공역이 각각 서로 같고

    (ii) 정의역의 모든 원소 x에 대하여 $f(x)=g(x)$ ← 모든 원소 x에 대하여 함숫값이 같다.

가 성립할 때, 두 함수 f와 g는 서로 같다고 한다.

예 두 함수 $f(x)=x$, $g(x)=x^3$에 대하여

(1) 정의역이 $X=\{-1, 0\}$일 때, $f(-1)=g(-1)=-1$, $f(0)=g(0)=0$
따라서 두 함수 f와 g는 서로 같다. 즉, $f=g$이다. ← 함수식이 달라도 정의역의 각 원소에 대하여 함숫값이 동일하므로 $f=g$이다.

(2) 정의역이 $X=\{1, 2\}$일 때, $f(1)=g(1)=1$이지만 $f(2)=2$, $g(2)=8$이므로 $f(2) \neq g(2)$
따라서 두 함수 f와 g는 서로 같지 않다. 즉, $f \neq g$이다.

개념 04 함수의 그래프

함수 $f: X \longrightarrow Y$에 대하여 정의역 X의 원소 x와 이에 대응하는 함숫값 $f(x)$의 순서쌍 $(x, f(x))$ 전체의 집합
$$\{(x, f(x)) \mid x \in X\}$$
를 **함수 f의 그래프**라고 한다.

1. 함수의 그래프

함수 $f: X \longrightarrow Y$의 정의역과 공역이 실수 전체 집합의 부분집합일 때,
순서쌍 $(x, f(x))$를 좌표평면 위에 점으로 나타내어 그릴 수 있으므로
함수 $y=f(x)$의 그래프를 좌표평면 위에 나타낼 수 있다.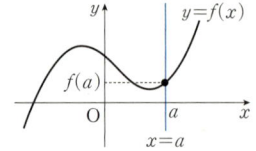

예 정의역이 $X=\{-1, 0, 1\}$인 함수 $f(x)=x^2$의 그래프는 [그림 1]과 같고,
정의역이 실수 전체의 집합인 함수 $f(x)=x^2$의 그래프는 [그림 2]와 같다.

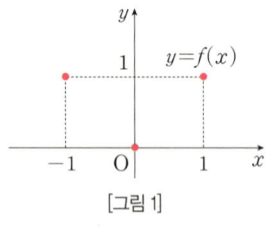

[그림 1]

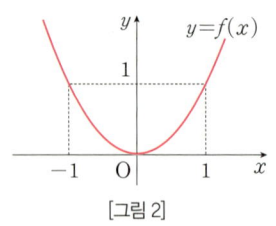

[그림 2]

A 함수의 그래프는 정의역의 각 원소 a에 대하여 x축에 수직인 직선 $x=a$와 오직 한 점에서 만난다.

2. 함수의 그래프의 판별

예 다음 중에서 함수의 그래프를 찾아보자. **B**

(1)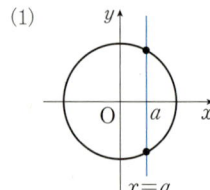

(2)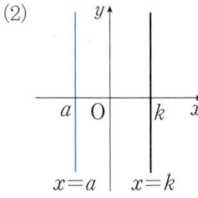

(3)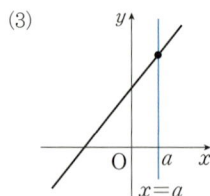

(1) 직선 $x=a$와 만나지 않거나 두 점에서 만나는 경우가 존재하므로 함수의 그래프가 아니다.

(2) $a=k$이면 직선 $x=a$와 무수히 많은 점에서 만나고, $a \neq k$이면 직선 $x=a$와 만나지 않으므로 함수의 그래프가 아니다.

(3) 직선 $x=a$와 오직 한 점에서 만나므로 함수의 그래프이다.

B 그래프가 정의역의 원소 a에 대하여 직선 $x=a$와 만나지 않거나 두 개 이상의 점에서 만나는 경우가 존재하면 함수의 그래프가 아니다.

절댓값 기호를 포함한 식의 그래프 ← 공통수학1 p.131 한 걸음 더

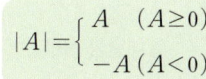 필수유형 10

절댓값 기호를 포함한 식의 그래프는 x 또는 y의 값의 범위를 나누어 식을 구한 후 해당 범위에 맞게 그리거나 도형의 대칭이동을 이용하여 그릴 수 있다.

1. x 또는 y의 값의 범위를 나누어 그리는 방법

(i) 절댓값 기호 안의 식의 값이 0이 되도록 하는 x 또는 y의 값을 기준으로 범위를 나눈다.

(ii) 각 범위에서 절댓값 기호를 없애고 식을 구한다.

(iii) (ii)에서 구한 각 범위에서의 그래프를 그린다.

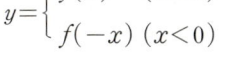

2. 대칭이동을 이용하여 그리는 방법

(1) $y=|f(x)|$의 그래프 ← $|f(x)|\geq0$이므로 $y=|f(x)|$의 그래프는 $y\geq0$인 부분에 그려진다.

$$y=\begin{cases} f(x) & (f(x)\geq0) \\ -f(x) & (f(x)<0) \end{cases}$$

(i) $y=f(x)$의 그래프를 그린다.

(ii) $y\geq0$인 부분은 그대로 둔다.

(iii) $y<0$인 부분은 x축에 대하여 대칭이동한다.

(2) $y=f(|x|)$의 그래프 ← $f(|x|)=f(|-x|)$이므로 $y=f(|x|)$의 그래프는 y축에 대하여 대칭이다.

$$y=\begin{cases} f(x) & (x\geq0) \\ f(-x) & (x<0) \end{cases}$$

(i) $y=f(x)$의 그래프를 그린다.

(ii) $x\geq0$인 부분만 남긴다.

(iii) (ii)를 y축에 대하여 대칭이동한다.

(3) $|y|=f(x)$의 그래프 ← $|y|=|-y|$이므로 $|y|=f(x)$의 그래프는 x축에 대하여 대칭이다.

$$y=\begin{cases} f(x) & (y\geq0) \\ -f(x) & (y<0) \end{cases}$$

(i) $y=f(x)$의 그래프를 그린다.

(ii) $y\geq0$인 부분만 남긴다.

(iii) (ii)를 x축에 대하여 대칭이동한다.

(4) $|y|=f(|x|)$의 그래프 ← $|y|=f(|x|) \Leftrightarrow |\pm y|=f(|\pm x|)$이므로 $|y|=f(|x|)$의 그래프는 x축, y축, 원점에 대하여 대칭이다.

$$y=\begin{cases} f(x) & (x\geq0,\ y\geq0) \\ -f(x) & (x\geq0,\ y<0) \\ f(-x) & (x<0,\ y\geq0) \\ -f(-x) & (x<0,\ y<0) \end{cases}$$

(i) $y=f(x)$의 그래프를 그린다.

(ii) $x\geq0$, $y\geq0$인 부분만 남긴다.

(iii) (ii)를 x축, y축, 원점에 대하여 각각 대칭이동한다.

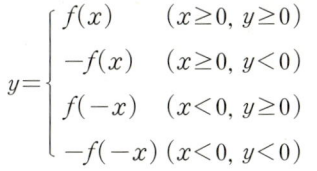

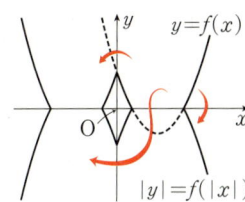

1. 일대일함수

함수 $f : X \longrightarrow Y$에서 정의역 X의 임의의 두 원소 x_1, x_2에 대하여

$\quad x_1 \neq x_2$이면 $f(x_1) \neq f(x_2)$

가 성립할 때, 이 함수 f를 **일대일함수**라고 한다. **A**

2. 일대일대응

함수 $f : X \longrightarrow Y$가

(ⅰ) 일대일함수이다. ← 정의역 X의 임의의 두 원소 x_1, x_2에 대하여 $x_1 \neq x_2$이면 $f(x_1) \neq f(x_2)$

(ⅱ) 치역과 공역이 서로 같다. ← $\{f(x) \,|\, x \in X\} = Y$

를 모두 만족시킬 때, 이 함수 f를 **일대일대응**이라고 한다. **B**

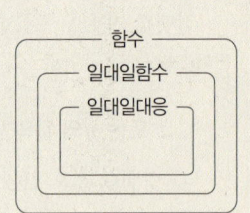

예1 다음과 같은 경우는 모두 함수 $f : X \longrightarrow Y$의 예이다.

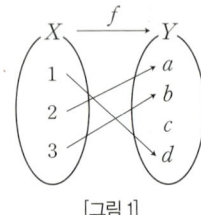 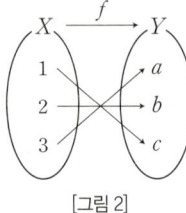 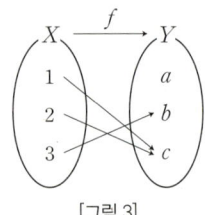

[그림 1]   [그림 2]   [그림 3]

(1) [그림 1]에서 정의역 X의 서로 다른 원소 1, 2, 3에 대하여

$\quad f(1) = d$, $f(2) = a$, $f(3) = b$로 서로 다르므로 <mark>일대일함수</mark>이다.

이때 치역 $\{a, b, d\}$는 공역 Y와 다르므로 일대일대응은 아니다.

(2) [그림 2]에서 정의역 X의 서로 다른 원소 1, 2, 3에 대하여

$\quad f(1) = c$, $f(2) = b$, $f(3) = a$로 서로 다르므로 일대일함수이다.

이때 치역 $\{a, b, c\}$는 공역 Y와 같으므로 <mark>일대일대응</mark>이다.

(3) [그림 3]에서 정의역 X의 서로 다른 원소 1, 2에 대하여

$\quad f(1) = f(2) = c$이므로 <mark>일대일함수가 아니다. 즉, 일대일대응도 아니다.</mark>

예2 함수 $f(x) = 2x$에서 정의역의 두 원소 x_1, x_2

에 대하여 $x_1 \neq x_2$이면 $2x_1 \neq 2x_2$, 즉

$f(x_1) \neq f(x_2)$이므로 일대일함수이다.

또한, 함수 f는 치역과 공역이 모두 실수 전체

의 집합이므로 일대일대응이다.

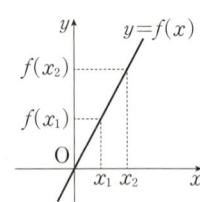

예3 함수 $g(x) = x^2$에서 정의역의 두 원소 x_1,

x_2에 대하여 $x_1 \neq x_2$이지만 $x_1{}^2 = x_2{}^2$, 즉

$g(x_1) = g(x_2)$일 때가 존재하므로 일대일함

수가 아니다. **C** ← $x_2 = -x_1$일 때

따라서 이 함수는 일대일대응도 아니다.

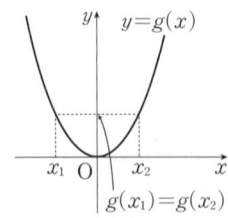

A 명제 '$x_1 \neq x_2$이면 $f(x_1) \neq f(x_2)$'의 대우인 '$f(x_1) = f(x_2)$이면 $x_1 = x_2$'가 성립하여도 일대일함수이다.

B 일대일대응이면 일대일함수이지만 일대일함수가 모두 일대일대응인 것은 아니다. 즉, 일대일함수는 일대일대응이기 위한 필요조건이지만 충분조건은 아니다.

C 일대일함수의 그래프는 치역의 임의의 원소 k에 대하여 x축에 평행한 직선 $y = k$와 오직 한 점에서 만난다.

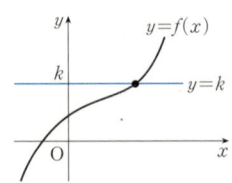

항등함수와 상수함수

1. 항등함수
함수 $f : X \longrightarrow X$에 대하여 정의역 X의 각 원소 x에 그 자신인 x가 대응할 때, 즉
$$f(x) = x$$
일 때, 이 함수 f를 집합 X에서의 **항등함수**라고 한다. **D**

참고 항등함수(identity function)는 보통 I로 나타낸다. **E**

2. 상수함수
함수 $f : X \longrightarrow Y$에 대하여 정의역 X의 모든 원소 x에 공역 Y의 단 하나의 원소가 대응할 때, 즉
$$f(x) = c \ (c\text{는 상수})$$
일 때, 이 함수 f를 **상수함수**라고 한다. **F**

정의역과 공역이 실수 전체의 집합일 때,

(1) 항등함수의 그래프는 [그림 1]과 같이 직선 $y=x$이다. 이때 정의역, 공역, 치역이 모두 같다. **G**

(2) 상수함수의 그래프는 [그림 2]와 같이 x축에 평행한 직선이다.

[그림 1]   [그림 2]

예1 오른쪽 그림의 함수 $f : X \longrightarrow X$는
정의역과 공역이 같고,
$$f(1)=1, \ f(2)=2, \ f(3)=3$$
으로 정의역의 각 원소에 그 자신이 대응한다.
따라서 함수 f는 항등함수이다.

예2 오른쪽 그림의 함수 $g : X \longrightarrow Y$는
$$g(1)=g(2)=g(3)=2$$
로 정의역의 모든 원소에 공역의 단 하나의
원소 2가 대응한다.
따라서 함수 g는 상수함수이다.

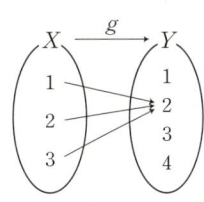

D 항등함수는 일대일대응이다.

E 집합 X에서 X로의 항등함수는 I_X로 나타낸다.

F 상수함수의 치역의 원소의 개수는 1이다.

G 정의역에 따라 항등함수의 함수식이 $f(x) \neq x$인 경우도 존재한다.
예 정의역이 $\{-2, 2\}$일 때, 함수 $f(x) = \dfrac{x^3}{4}$은 항등함수이다.

개념 **07** 함수의 개수

두 집합 $X = \{x_1, x_2, x_3, \cdots, x_m\}$, $Y = \{y_1, y_2, y_3, \cdots, y_n\}$에 대하여
(1) X에서 Y로의 함수의 개수 : n^m
(2) X에서 Y로의 일대일함수의 개수 : $_n\mathrm{P}_m$ (단, $m \leq n$)
(3) X에서 Y로의 일대일대응의 개수 : $n!$ (단, $m = n$)
(4) X에서 Y로의 상수함수의 개수 : n

설명 (1) 함수의 개수

집합 X의 한 원소에 대응할 수 있는 집합 Y의 원소는 y_1, y_2, y_3, $\cdots$, y_n의 n개이다. 이때 집합 X의 원소가 x_1, x_2, x_3, $\cdots$, x_m의 m개이므로 X에서 Y로의 함수의 개수는

$$\underbrace{n \times n \times n \times \cdots \times n}_{m\text{개}} = n^m$$

(2) 일대일함수의 개수

집합 X의 원소 x_1에 대응할 수 있는 집합 Y의 원소는 y_1, y_2, y_3, $\cdots$, y_n의 n개,

집합 X의 원소 x_2에 대응할 수 있는 집합 Y의 원소는 x_1에 대응한 원소를 제외한 $(n-1)$개,

집합 X의 원소 x_3에 대응할 수 있는 집합 Y의 원소는 x_1, x_2에 대응한 원소를 제외한 $(n-2)$개,

$\vdots$

집합 X의 원소 x_m에 대응할 수 있는 집합 Y의 원소는 x_1, x_2, x_3, $\cdots$, x_{m-1}에 대응한 원소를 제외한 $(n-m+1)$개이므로 X에서 Y로의 일대일함수의 개수는

$$_n\mathrm{P}_m = n \times (n-1) \times (n-2) \times \cdots \times (n-m+1) \ (\text{단, } m \le n)$$
└ 집합 Y의 원소 n개 중에서 m개를 택하여 일렬로 나열하는 순열의 수와 같다.

(3) 일대일대응의 개수

일대일함수에서 $m=n$인 경우이므로 X에서 Y로의 일대일대응의 개수는

$$_n\mathrm{P}_n = n \times (n-1) \times (n-2) \times \cdots \times 3 \times 2 \times 1 = n!$$

(4) 상수함수의 개수

집합 X의 모든 원소에 대응할 수 있는 집합 Y의 원소는 y_1, y_2, y_3, $\cdots$, y_n의 n개 중 하나이므로 X에서 Y로의 상수함수의 개수는 n이다.

예 두 집합 $X=\{1, 2, 3\}$, $Y=\{1, 3, 5, 7\}$에 대하여

(1) X에서 Y로의 함수의 개수 : $4 \times 4 \times 4 = 4^3 = 64$

(2) X에서 Y로의 일대일함수의 개수 : $_4\mathrm{P}_3 = 4 \times 3 \times 2 = 24$

(3) X에서 Y로의 상수함수의 개수 : 4

한 걸음 더

부등식을 만족시키는 함수의 개수

두 집합 $X=\{1, 2, 3, \cdots, m\}$, $Y=\{1, 2, 3, \cdots, n\}$일 때, $f : X \longrightarrow Y$에서 정의역 X의 두 원소 x_1, x_2에 대하여 $x_1 < x_2$이면 $f(x_1) < f(x_2)$를 만족시키는 함수 f의 개수를 구해 보자. (단, $m \le n$)

$1 \le f(1) < f(2) < f(3) < \cdots < f(m) \le n$이어야 하므로 집합 Y의 원소 n개 중에서 m개를 택하여 크기가 작은 수부터 순서대로 $f(1)$, $f(2)$, $f(3)$, $\cdots$, $f(m)$의 값으로 정하면 된다.

$$\Rightarrow \ _n\mathrm{C}_m = \frac{_n\mathrm{P}_m}{m!} = \frac{n!}{m!(n-m)!} \ \leftarrow \text{집합 } Y\text{의 원소 } n\text{개 중에서 } m\text{개를 택하는 조합의 수와 같다.}$$

예 두 집합 $X=\{1, 2, 3\}$, $Y=\{1, 2, 3, 4, 5\}$일 때, 함수 $f : X \longrightarrow Y$에서 정의역 X의 두 원소 x_1, x_2에 대하여 $x_1 < x_2$이면 $f(x_1) < f(x_2)$를 만족시키는 함수 f의 개수는 $_5\mathrm{C}_3 = \dfrac{5!}{3!2!} = 10$이다.

다음 대응이 집합 X에서 집합 Y로의 함수인지 판별하고, 함수인 것은 정의역, 공역, 치역을 구하시오.

(1) 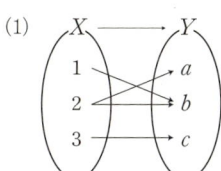   (2)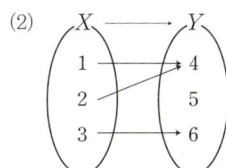

solution

    (1) 집합 X의 원소 2에 대응하는 집합 Y의 원소가 a, b의 2개이므로 함수가 아니다.

    (2) 집합 X의 각 원소에 집합 Y의 원소가 오직 하나씩 대응하므로 함수이고,
       정의역은 $\{1, 2, 3\}$, 공역은 $\{4, 5, 6\}$이고, 치역은 $\{4, 6\}$이다.

다음 함수의 정의역과 치역을 구하시오.

(1) $y = 5x - 5$ (2) $y = (x-2)^2 + 1$ (3) $y = \dfrac{10}{x}$

solution

    (1) 함수 $y = 5x - 5$의 정의역은 $\{x \mid x$는 실수$\}$, 치역은 $\{y \mid y$는 실수$\}$이다.

    (2) 함수 $y = (x-2)^2 + 1$의 정의역은 $\{x \mid x$는 실수$\}$, 치역은 $\{y \mid y \geq 1\}$이다.

    (3) 함수 $y = \dfrac{10}{x}$의 정의역은 $\{x \mid x \neq 0$인 실수$\}$, 치역은 $\{y \mid y \neq 0$인 실수$\}$이다.

기본 연습

p.144

01   다음 대응이 집합 X에서 집합 Y로의 함수인지 판별하고, 함수인 것은 정의역, 공역, 치역을 구하시오.

(1) 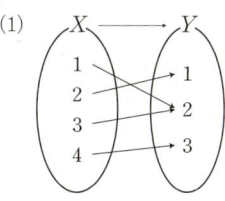   (2)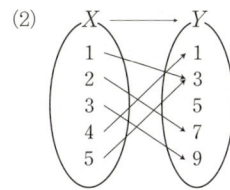

02   다음 함수의 정의역과 치역을 구하시오.

(1) $y = 4 - x$ (2) $y = -(2x-3)^2 - 4$ (3) $y = -\dfrac{2}{x}$

Ⅲ-08 함수

집합 $X=\{-1,\ 1\}$에서 집합 $Y=\{-1,\ 0,\ 1\}$로의 다음 두 함수 f, g가 $f=g$를 만족시키는지 판별하시오.

(1) $f(x)=x$, $g(x)=-x$　　　　　　　　　　(2) $f(x)=x^3$, $g(x)=x$

solution

(1) $f(-1)=-1$, $g(-1)=-(-1)=1$이므로 $f(-1)\neq g(-1)$　　∴ $f\neq g$

(2) $f(-1)=g(-1)=-1$, $f(1)=g(1)=1$이므로 $f=g$

기본유형 **04**　함수의 그래프　　　개념 04

실수 전체의 집합에서 정의된 함수의 그래프인 것만을 〈보기〉에서 있는 대로 고르시오.

ㅡㅡㅡ 보기 ㅡㅡㅡ

ㄱ. 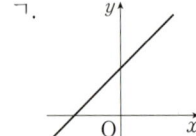　　ㄴ. 　　ㄷ. 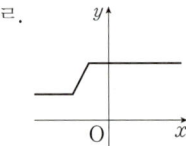　　ㄹ.

solution

ㄱ, ㄹ. 실수 a에 대하여 직선 $x=a$와 오직 한 점에서 만나므로 함수의 그래프이다.

ㄴ, ㄷ. 실수 a에 대하여 직선 $x=a$와 만나지 않거나 두 점에서 만나는 경우가 존재하므로
　　　함수의 그래프가 아니다.

**기본
연습**

pp.144~145

03　집합 $X=\{-1,\ 0,\ 1\}$에서 집합 $Y=\{-2,\ -1,\ 0,\ 1,\ 2\}$로의 다음 두 함수 f, g가 $f=g$를
만족시키는지 판별하시오.

(1) $f(x)=x+1$, $g(x)=-x^2+1$　　　(2) $f(x)=-|x|+2$, $g(x)=-x^2+2$

04　실수 전체의 집합에서 정의된 함수의 그래프인 것만을 〈보기〉에서 있는 대로 고르시오.

ㅡㅡㅡ 보기 ㅡㅡㅡ
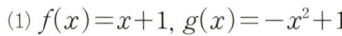

ㄱ. 　　ㄴ. 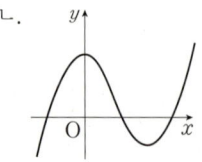　　ㄷ.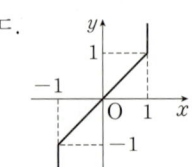

〈보기〉의 함수의 그래프 중 다음에 해당하는 것만을 있는 대로 고르시오.

(단, 정의역과 공역은 모두 실수 전체의 집합이다.)

(1) 일대일함수　　(2) 일대일대응　　(3) 항등함수　　(4) 상수함수

― 보기 ―

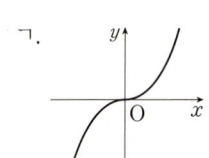　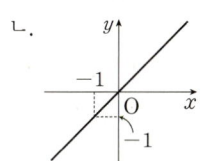　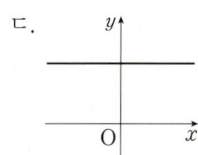　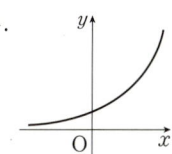

solution

(1) 일대일함수의 그래프는 치역의 임의의 원소 k에 대하여 x축에 평행한 직선 $y=k$와 오직 한 점에서 만나므로 ㄱ, ㄴ, ㄹ이다.

(2) 일대일대응은 일대일함수 중에서 치역과 공역이 같은 함수이므로 ㄱ, ㄴ이다.

(3) 원점과 점 $(-1, -1)$을 지나는 직선의 방정식은 $y=x$이므로 항등함수의 그래프는 ㄴ이다.

(4) 상수함수는 치역의 원소가 1개, 즉 그 그래프가 x축에 평행한 직선이므로 ㄷ이다.

기본
연습

p.145

05 〈보기〉의 함수의 그래프 중 다음에 해당하는 것만을 있는 대로 고르시오.

(단, 집합 $X=\{1, 2, 3, 4\}$에서 X로의 함수의 그래프이다.)

(1) 일대일함수　　(2) 일대일대응　　(3) 항등함수　　(4) 상수함수

― 보기 ―

ㄱ. 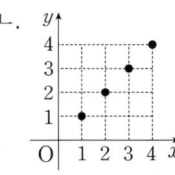　ㄴ. 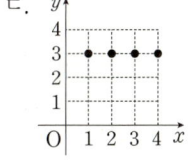　ㄷ. 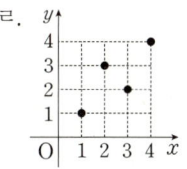　ㄹ.

06 실수 전체의 집합에서 정의된 〈보기〉의 함수 중 다음에 해당하는 것만을 있는 대로 고르시오.

(1) 일대일함수　　(2) 일대일대응　　(3) 항등함수　　(4) 상수함수

― 보기 ―

ㄱ. $y=-2x$　　ㄴ. $y=-1$　　ㄷ. $y=x$　　ㄹ. $y=x^2+1$

두 집합 $X=\{-2,\ -1,\ 0\}$, $Y=\{0,\ 1,\ 2,\ 3\}$에 대하여 X에서 Y로의 함수인 것만을 〈보기〉에서 있는 대로 고르시오.

─────────────── 보기 ───────────────

ㄱ. $f(x)=|x+1|$　　　　ㄴ. $g(x)=(x+2)^2$　　　　ㄷ. $h(x)=\begin{cases} 1\ (x\leq-1) \\ 3\ (x>-1) \end{cases}$

guide

① 집합 X에서 집합 Y로의 대응을 그림으로 나타낸다.
② X의 각 원소에 Y의 원소가 오직 하나씩 대응하는 함수를 찾는다.

solution

각 대응을 그림으로 나타내면 다음과 같다.

ㄱ. 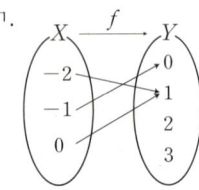　　ㄴ. 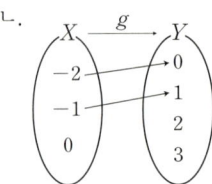　　ㄷ.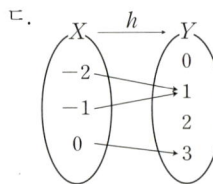

이때 ㄴ은 X의 원소 0에 대응하는 Y의 원소가 없으므로 함수가 아니다.
따라서 X에서 Y로의 함수인 것은 ㄱ, ㄷ이다.

**필수
연습**

pp.145~146

07 집합 $X=\{-1,\ 0,\ 1,\ 2\}$에 대하여 X에서 X로의 함수인 것만을 〈보기〉에서 있는 대로 고르시오. (단, $[x]$는 x보다 크지 않은 최대의 정수이다.)

─────────────── 보기 ───────────────

ㄱ. $f(x)=|1-x|$　　　ㄴ. $g(x)=\left[-\dfrac{x}{3}\right]$　　　ㄷ. $h(x)=\begin{cases} 2x+1\ (x<1) \\ -x+4\ (x\geq1) \end{cases}$

08 집합 $X=\{-1,\ 0,\ 1\}$에 대하여 X에서 X로의 함수 $f(x)=ax^2+(a-1)x-1$이 정의되도록 하는 모든 실수 a의 값의 합을 구하시오.

09 두 집합 $X=\{0,\ 2,\ 4\}$, $Y=\{1,\ 5\}$에 대하여 함수 $f(x)=x^2-ax+5$가 X에서 Y로의 함수가 되도록 하는 상수 a의 값을 구하시오.

집합 $X=\{x\,|\,x$는 5 이하의 자연수$\}$를 정의역으로 하는 함수 f를

$$f(x)=(2x^2\text{의 일의 자리의 숫자})$$

로 정의할 때, 치역의 모든 원소의 합을 구하시오.

guide

① 정의역의 각 원소 x에 대하여 $f(x)$의 값 또는 $f(x)$의 값의 범위를 구한다.

② ①에서 구한 $f(x)$의 값 또는 $f(x)$의 값의 범위를 원소로 하는 집합, 즉 치역을 구한다.

solution

정의역이 $X=\{1,\ 2,\ 3,\ 4,\ 5\}$이므로

$f(1)=(2\times1^2,$ 즉 2의 일의 자리의 숫자$)=2$

$f(2)=(2\times2^2,$ 즉 8의 일의 자리의 숫자$)=8$

$f(3)=(2\times3^2,$ 즉 18의 일의 자리의 숫자$)=8$

$f(4)=(2\times4^2,$ 즉 32의 일의 자리의 숫자$)=2$

$f(5)=(2\times5^2,$ 즉 50의 일의 자리의 숫자$)=0$

따라서 함수 f의 치역은 $\{0,\ 2,\ 8\}$이므로 치역의 모든 원소의 합은

$0+2+8=10$

필수 연습

10 집합 $X=\{x\,|\,x$는 100 이하의 자연수$\}$를 정의역으로 하는 함수 f를

$$f(x)=(3^x\text{을 7로 나눈 나머지})$$

로 정의할 때, 치역의 원소 중 가장 큰 값과 가장 작은 값의 합을 구하시오.

pp.146~147

11 집합 $X=\{1,\ 3\}$을 정의역으로 하는 두 함수 $f(x)=x^2+2ax+b$, $g(x)=bx+3a$의 치역이 서로 같을 때, 두 자연수 a, b에 대하여 ab의 값을 구하시오.

12 정의역이 $\{x\,|-2\leq x\leq3\}$인 이차함수 $y=ax^2+b$의 치역이 $\{y\,|-1\leq y\leq5\}$일 때, 두 상수 a, b에 대하여 $a+b$의 값을 모두 구하시오.

집합 $X=\{-1,\,0\}$을 정의역으로 하는 두 함수
$$f(x)=ax+b,\ g(x)=(x+2)^2$$
에 대하여 $f=g$일 때, 두 상수 $a,\,b$에 대하여 $a+b$의 값을 구하시오.

guide

❶ 두 함수 f와 g가 서로 같은 함수일 때,
정의역의 모든 원소 x에 대하여 $f(x)=g(x)$임을 이용하여 각 원소에 대한 식을 세운다.
❷ ❶에서 세운 식을 연립하여 미지수의 값을 구한다.

solution

두 함수 $f,\,g$에 대하여 $f=g$이므로 $f(-1)=g(-1),\,f(0)=g(0)$이 성립한다.
$f(-1)=g(-1)$에서 $-a+b=1$ ······㉠
$f(0)=g(0)$에서 $b=4$ ······㉡
㉠, ㉡을 연립하여 풀면 $a=3,\,b=4$
∴ $a+b=3+4=7$

필수 연습

pp.147~148

13　집합 $X=\{x\,|\,x^2-2x-3=0\}$을 정의역으로 하는 두 함수
$$f(x)=x^2+ax+b,\ g(x)=2x+1$$
이 서로 같은 함수일 때, 두 상수 $a,\,b$에 대하여 $a+b$의 값을 구하시오.

14　집합 $X=\{-2,\,a\}$를 정의역으로 하는 두 함수
$$f(x)=x^3-5x,\ g(x)=-x^2+3x+b$$
에 대하여 $f=g$일 때, ab의 값을 구하시오. (단, $a,\,b$는 상수이고, $a\neq-2$이다.)

15　공집합이 아닌 집합 X를 정의역으로 하는 두 함수
$$f(x)=2x^2+3x+1,\ g(x)=x+5$$
에 대하여 $f=g$가 되도록 하는 집합 X의 개수를 구하시오.

2 이상의 두 자연수 x, y에 대하여 함수 f가

$$f(xy) = f(x) + f(y)$$

를 만족시키고, $f(2)=1$일 때, $f(8)+f(32)$의 값을 구하시오.

guide

① 함수로 이루어진 방정식에 적당한 x, y의 값을 대입한다.

② 주어진 함숫값을 ①에 대입하여 함수의 성질을 파악한 후, 구하는 값을 유도한다.

solution

주어진 등식의 양변에 $x=2$, $y=2$를 대입하면

$$f(2 \times 2) = f(2) + f(2) \qquad \therefore f(4) = 1 + 1 = 2 \leftarrow f(2^2) = 2 \times f(2) = 2$$

주어진 등식의 양변에 $x=4$, $y=2$를 대입하면

$$f(4 \times 2) = f(4) + f(2) \qquad \therefore f(8) = 2 + 1 = 3 \leftarrow f(2^3) = 3 \times f(2) = 3$$

또한, 주어진 등식의 양변에 $x=8$, $y=4$를 대입하면

$$f(8 \times 4) = f(8) + f(4) \qquad \therefore f(32) = 3 + 2 = 5 \leftarrow f(2^5) = 5 \times f(2) = 5$$

$$\therefore f(8) + f(32) = 3 + 5 = 8$$

다른 풀이

$$f(8) + f(32) = f(8 \times 32) = f(256)$$
$$= f(2^8) = \underbrace{f(2) + f(2) + f(2) + \cdots + f(2)}_{8\text{개}} = 8f(2) = 8$$

보충 설명

자연수 n에 대하여 $f(2^n) = \underbrace{f(2) + f(2) + f(2) + \cdots + f(2)}_{n\text{개}} = nf(2) = n$

**필수
연습**

p.148

16 임의의 두 실수 x, y에 대하여 함수 f가

$$f(x+y) = f(x)f(y)$$

를 만족시키고, $f(1)=3$일 때, $f(5) \times f(-2)$의 값을 구하시오.

17 임의의 두 실수 x, y에 대하여 함수 f가

$$f(x+y) = f(x) + f(y)$$

를 만족시킬 때, 〈보기〉에서 옳은 것만을 있는 대로 고르시오.

――― 보기 ―――

ㄱ. $f(0) = 0$

ㄴ. $f(-x) + f(x) = 0$

ㄷ. $f(ax+by) = af(x) + bf(y)$ (단, a, b는 자연수)

다음 식의 그래프를 그리시오.

(1) $y = 2|x-1|+3$ (2) $y = |x|+x$ (3) $y = x^2 - 2|x|+1$

guide

❶ 절댓값 기호 안의 식의 값이 0이 되도록 하는 x의 값을 기준으로 x의 값의 범위를 나눈다.

❷ 각 범위에서 절댓값 기호를 없앤 후, 해당 그래프를 그린다.

solution

(1) $y = 2|x-1|+3 = \begin{cases} -2(x-1)+3 & (x<1) \\ 2(x-1)+3 & (x\geq 1) \end{cases}$ $\therefore y = \begin{cases} -2x+5 & (x<1) \\ 2x+1 & (x\geq 1) \end{cases}$

(2) $y = |x|+x = \begin{cases} -x+x & (x<0) \\ x+x & (x\geq 0) \end{cases}$ $\therefore y = \begin{cases} 0 & (x<0) \\ 2x & (x\geq 0) \end{cases}$

(3) $y = x^2-2|x|+1 = \begin{cases} x^2+2x+1 & (x<0) \\ x^2-2x+1 & (x\geq 0) \end{cases}$ $\therefore y = \begin{cases} (x+1)^2 & (x<0) \\ (x-1)^2 & (x\geq 0) \end{cases}$ ← $y=|x|^2-2|x|+1=(|x|-1)^2$으로 고쳐서 그릴 수도 있다.

따라서 (1), (2), (3)의 그래프는 다음 그림과 같다.

(1) 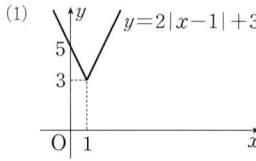   (2) 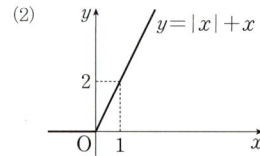   (3)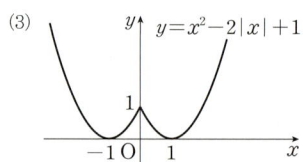

plus

(1) $y=|f(x)|$의 그래프 : $y\geq 0$인 부분은 그대로 두고, $y<0$인 부분은 x축에 대하여 대칭이동

(2) $y=f(|x|)$의 그래프 : $x\geq 0$인 부분만 그린 후, 이 그래프를 y축에 대하여 대칭이동

(3) $|y|=f(x)$의 그래프 : $y\geq 0$인 부분만 그린 후, 이 그래프를 x축에 대하여 대칭이동

(4) $|y|=f(|x|)$의 그래프 : $x\geq 0$, $y\geq 0$인 부분만 그린 후, 이 그래프를 x축, y축, 원점에 대하여 각각 대칭이동

필수 연습

✦plus 18 다음 식의 그래프를 그리시오.

(1) $y=-|x+1|-2$ (2) $y=\dfrac{|x|}{x}$ (단, $x\neq 0$)   (3) $|y|=2x^2+4x$

✦plus 19 $|y|=-2|x|+1$의 그래프로 둘러싸인 도형의 넓이를 구하시오.

20 함수 $y=||x-3|-|x+2||$의 최댓값을 M, 최솟값을 m이라 할 때, $M+m$의 값을 구하시오.

pp.148~149

두 집합 $X=\{x\,|\,-3\leq x\leq1\}$, $Y=\{y\,|\,1\leq y\leq5\}$에 대하여 X에서 Y로의 함수 $f(x)=ax+b$가 일대일대응일 때, 두 상수 a, b에 대하여 ab의 값을 모두 구하시오. (단, $a\neq0$)

guide

❶ 함수 f가 일대일대응이면 치역과 공역이 일치함을 이용하여 주어진 함수의 치역을 확인한다.

❷ 정의역의 양 끝 값에서의 함숫값이 공역의 양 끝 값과 일치함을 이용하여 미지수의 값을 구한다.

solution

함수 $f(x)=ax+b\ (a\neq0)$가 일대일대응이므로 f의 치역은 $Y=\{y\,|\,1\leq y\leq5\}$와 일치한다.

(i) $a>0$일 때,

일차함수 $f(x)=ax+b$는 x의 값이 커질 때 $f(x)$의 값도 커지므로

$f(-3)=1$, $f(1)=5$

즉, $-3a+b=1$, $a+b=5$이므로 $a=1$, $b=4$ ∴ $ab=1\times4=4$

(ii) $a<0$일 때,

일차함수 $f(x)=ax+b$는 x의 값이 커질 때 $f(x)$의 값은 작아지므로

$f(-3)=5$, $f(1)=1$

즉, $-3a+b=5$, $a+b=1$이므로 $a=-1$, $b=2$ ∴ $ab=(-1)\times2=-2$

(i), (ii)에서 구하는 값은 -2, 4이다.

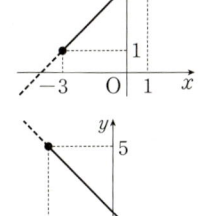

필수 연습

📄 p.150

21 두 집합

$$X=\{x\,|\,-2\leq x\leq5\},\ Y=\{y\,|\,-8\leq y\leq6\}$$

에 대하여 X에서 Y로의 함수 $f(x)=ax+b$가 일대일대응일 때, 두 상수 a, b에 대하여 a^2+b^2의 값을 모두 구하시오. (단, $a\neq0$)

22 함수 $f(x)=\begin{cases} x^2 & (x<0) \\ (k^2-6k)x & (x\geq0) \end{cases}$가 일대일대응이 되도록 하는 정수 k의 개수를 구하시오.

23 실수 전체의 집합에서 정의된 함수 $f(x)=m\,|\,x-2\,|+x-2$가 일대일대응이 되도록 하는 실수 m의 값의 범위를 구하시오.

다음을 만족시키는 상수 a, b의 값을 구하시오.

(1) 집합 $X=\{-3,\ 1\}$에서 X로의 함수 $f(x)=\begin{cases} 2x+a & (x<0) \\ x^2-2x+b & (x\geq0) \end{cases}$가 항등함수

(2) 집합 $X=\{0,\ 2,\ 4\}$에서 X로의 함수 $f(x)=\begin{cases} 3x+2 & (x<2) \\ x^2+ax+b & (x\geq2) \end{cases}$가 상수함수

guide

다음 항등함수와 상수함수의 정의에 따라 조건을 만족시키는 미지수의 값을 구한다.

(1) 항등함수 : 정의역과 공역이 같고, 정의역의 각 원소에 자기 자신이 대응하는 함수
　⇨ 함수 $f:X \longrightarrow X$에서 $f(x)=x$ (단, $x\in X$)

(2) 상수함수 : 정의역의 모든 원소에 단 하나의 원소가 대응하는 함수
　⇨ 함수 $f:X \longrightarrow Y$에서 $f(x)=c$ (단, $x\in X$, $c\in Y$, c는 상수)

solution

(1) 함수 f는 항등함수이므로 $f(-3)=-3$, $f(1)=1$

　$f(-3)=-6+a=-3$　　$\therefore a=3$

　$f(1)=1-2+b=1$　　$\therefore b=2$

(2) 함수 f는 상수함수이므로 $f(0)=f(2)=f(4)$

　$f(0)=f(2)$에서 $2=4+2a+b$　　$\therefore 2a+b=-2$　　$\cdots\cdots$㉠

　$f(0)=f(4)$에서 $2=16+4a+b$　　$\therefore 4a+b=-14$　　$\cdots\cdots$㉡

　㉠, ㉡을 연립하여 풀면 $a=-6$, $b=10$

**필수
연습**

📖 p.151

24 다음을 만족시키는 상수 a, b의 값을 구하시오.

(1) 집합 $X=\{-2,\ 3\}$에서 X로의 함수 $f(x)=\begin{cases} ax^2-4 & (x<0) \\ bx+6 & (x\geq0) \end{cases}$이 항등함수

(2) 집합 $X=\{1,\ 2,\ 5\}$에서 X로의 함수 $f(x)=\begin{cases} x^2+ax+b & (x<3) \\ x-3 & (x\geq3) \end{cases}$이 상수함수

25 공집합이 아닌 집합 X를 정의역으로 하는 함수 $f(x)=x^3-5x^2+7x$가 항등함수가 되도록 하는 집합 X의 개수를 구하시오.

26 집합 $X=\{1,\ 2,\ 3\}$에서 X로의 세 함수 f, g, h가 각각 일대일대응, 항등함수, 상수함수이다. $f(2)=g(2)=h(2)$, $g(1)+h(1)=f(1)$일 때, $f(3)+g(3)+h(3)$의 값을 구하시오.

두 집합 $X=\{-1, 0, 1\}$, $Y=\{2, 3, 4, 5\}$에 대하여 다음을 구하시오.

(1) X에서 Y로의 함수의 개수

(2) X에서 Y로의 일대일함수의 개수

(3) X에서 Y로의 상수함수의 개수

guide

❶ 함수 $f:X\longrightarrow Y$에 대하여 정의역 X의 원소의 개수와 공역 Y의 원소의 개수를 각각 확인한다.

❷ 두 집합 X, Y의 원소의 개수가 각각 m, n일 때, 다음을 이용하여 주어진 조건의 함수의 개수를 구한다.

(1) 함수의 개수 : n^m (2) 일대일함수의 개수 : $_n\mathrm{P}_m$ (단, $m \leq n$)

(3) 일대일대응의 개수 : $n!$ (단, $m=n$)   (4) 상수함수의 개수 : n

solution

(1) 집합 X의 원소 -1, 0, 1에 대응할 수 있는 집합 Y의 원소는 2, 3, 4, 5의 4개씩이므로

　X에서 Y로의 함수의 개수는 $\underset{4^3}{4\times4\times4}=64$

(2) 집합 X의 원소 -1에 대응할 수 있는 집합 Y의 원소는 2, 3, 4, 5의 4개,

　집합 X의 원소 0에 대응할 수 있는 집합 Y의 원소는 -1에 대응한 원소를 제외한 3개,

　집합 X의 원소 1에 대응할 수 있는 집합 Y의 원소는 -1, 0에 대응한 원소를 제외한 2개이므로

　X에서 Y로의 일대일함수의 개수는 $\underset{_4\mathrm{P}_3}{4\times3\times2}=24$

(3) 집합 X의 모든 원소에 대응할 수 있는 집합 Y의 원소는 2, 3, 4, 5의 4개 중 하나이므로

　X에서 Y로의 상수함수의 개수는 4

필수
연습

pp.151~152

27 세 집합 $X=\{0, 1, 2, 3\}$, $Y=\{4, 5\}$, $Z=\{6, 7, 8, 9\}$에 대하여 X에서 Y로의 함수의 개수를 a, X에서 Z로의 일대일대응의 개수를 b라 할 때, $a+b$의 값을 구하시오.

28 집합 $X=\{-2, 0, 2\}$에서 X로의 함수 f가 X의 모든 원소 x에 대하여 $f(x)=f(-x)$를 만족시킬 때, 함수 f의 개수를 구하시오.

29 두 집합 $X=\{1, 2, 3, 4, 5\}$, $Y=\{-3, -1, 0, 1, 3\}$에 대하여 X에서 Y로의 함수 f가 $f(1)f(5)<0$을 만족시킬 때, 일대일대응 f의 개수를 구하시오.

01 두 집합 $X=\{-1, 0, 1\}$, $Y=\{0, 1, 2\}$에 대하여 X에서 Y로의 함수인 것만을 〈보기〉에서 있는 대로 고른 것은? (단, $[x]$는 x보다 크지 않은 최대의 정수이다.)

───── 보기 ─────

ㄱ. $x \longrightarrow 2x$

ㄴ. $x \longrightarrow x^2+1$

ㄷ. $x \longrightarrow \left[\dfrac{x^2+1}{2}\right]$

① ㄱ   ② ㄴ   ③ ㄷ

④ ㄱ, ㄴ   ⑤ ㄴ, ㄷ

02 집합 $X=\{x\,|\,1\leq x\leq 4\}$의 원소 x에서 집합 $Y=\{y\,|\,1\leq y\leq 8\}$의 원소 y로의 대응 $y=x^2-4x+a$가 함수가 되도록 하는 정수 a의 개수를 구하시오.

03 두 집합 $X=\{3, 6, 9\}$, $Y=\{-3, 0, 3, 6, 9\}$에 대하여 X에서 Y로의 함수 $f(x)=a-x$의 치역이 정의역과 같을 때, 상수 a의 값을 구하시오.

04 함수 $y=ax^2+bx+2$의 정의역이 $\{x\,|\,0\leq x\leq 4\}$이고 치역이 $\{y\,|\,-4\leq y\leq 4\}$일 때, 두 상수 a, b에 대하여 $a+b$의 값을 구하시오. (단, $a<0$)

05 두 집합 $X=\{1, 3\}$, $Y=\{y\,|\,y\geq 0\}$에 대하여 X에서 Y로의 두 함수

$$f(x)=-x^2+ax+b, \, g(x)=|x-2|$$

가 서로 같다. 두 상수 a, b에 대하여 $a-b$의 값을 구하시오.

06 원소가 2개인 집합 $X=\{x\,|\,ax^2+bx+12=0\}$을 정의역으로 하는 두 함수

$$f(x)=x^2-3x-4, \, g(x)=-2x+2$$

가 서로 같은 함수일 때, 두 상수 a, b에 대하여 $b-a$의 값을 구하시오.

07 실수 전체의 집합에서 정의된 함수 f에 대하여

$$f(x)=\begin{cases} -x & (-1\le x<0) \\ x^2 & (0\le x<1) \end{cases},$$

$$f(x+2)=f(x)$$

일 때, $f\left(\dfrac{1}{2}\right)+f\left(\dfrac{7}{4}\right)+f(3000)$의 값을 구하시오.

08 임의의 두 양수 x, y에 대하여 함수 f가

$$f(xy)=f(x)f(y)$$

를 만족시킬 때, 〈보기〉에서 옳은 것만을 있는 대로 고른 것은? (단, $f(1)\ne 0$)

───── 보기 ─────

ㄱ. $f(1)=1$

ㄴ. $f\left(\dfrac{1}{x}\right)=\dfrac{1}{f(x)}$

ㄷ. $f(x^n)=nf(x)$ (단, n은 2 이상의 자연수)

① ㄱ   ② ㄷ   ③ ㄱ, ㄴ

④ ㄴ, ㄷ   ⑤ ㄱ, ㄴ, ㄷ

09 임의의 두 실수 x, y에 대하여 함수 f가

$$f(x-y)=f(x)-f(y)$$

를 만족시킨다. $f(1)=3$일 때, $f(42)$의 값을 구하시오.

10 두 집합 $X=\{x\,|\,0\le x\le 1\}$, $Y=\{y\,|\,0\le y\le 1\}$에 대하여 X에서 Y로의 함수의 그래프인 것만을 〈보기〉에서 있는 대로 고르시오.

───── 보기 ─────

ㄱ. 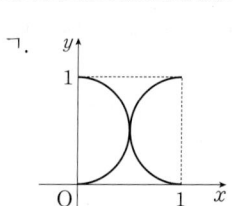   ㄴ.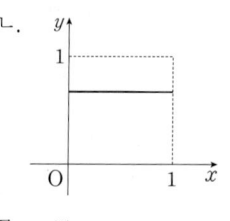

ㄷ. 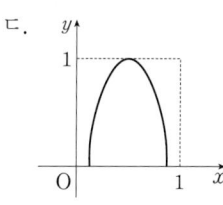   ㄹ.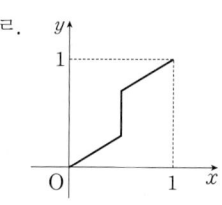

11 $2|y|=-|x|+a$의 그래프로 둘러싸인 도형의 넓이가 16일 때, 양수 a의 값을 구하시오.

12 실수 전체의 집합에서 정의된 함수 f가 다음과 같을 때, 일대일함수인 것은?

(단, $[x]$는 x보다 크지 않은 최대의 정수이다.)

① $f(x)=-2$

② $f(x)=3-2x$

③ $f(x)=x^2-2x-3$

④ $f(x)=|x-3|$

⑤ $f(x)=x-[x]$

13 집합 $X=\{x|x\geq a\}$에서 X로의 함수 $f(x)=x^2-4x$가 일대일대응일 때, 상수 a의 값을 구하시오.

14 집합 $X=\{a, b, c\}$를 정의역으로 하는 함수
$$f(x)=\begin{cases} -x^2+2 & (x<2) \\ (x+1)^2-7 & (x\geq 2) \end{cases}$$
가 항등함수일 때, 서로 다른 세 상수 a, b, c에 대하여 $a+b+c$의 값을 구하시오.

서술형

15 집합 $X=\{1, 4\}$에서 X로의 두 함수
$$f(x)=x^2+ax+b, \ g(x)=-x^3+4x^2+cx$$
가 있다. 함수 f는 항등함수, 함수 g는 상수함수일 때, 세 상수 a, b, c에 대하여 좌표평면 위의 세 점 $P(a, 0)$, $Q(0, b)$, $R(c, 0)$을 꼭짓점으로 하는 삼각형 PQR의 넓이를 구하시오.

16 집합 $X=\{2, 4, 6, 8, 10\}$에서 X로의 세 함수 f, g, h가 다음 조건을 만족시킬 때, $f(4)+g(4)+h(4)$의 값을 구하시오.

㉮ f는 항등함수이고 g는 상수함수이다.

㉯ 집합 X의 모든 원소 x에 대하여
$f(x)g(x)+2h(x)=24$이다.

---

17 두 집합 $X=\{1, 2, 3, 4\}$, $Y=\{a, b, c, d, e\}$에 대하여 다음 조건을 만족시키는 함수 $f: X \longrightarrow Y$의 개수를 구하시오.

㉮ f는 일대일함수이다.

㉯ $f(1)=b$

㉰ $f(2)\neq c$

---

18 집합 $A=\{1, 2, 3, 4, 5\}$에서 A로의 함수 중에서 다음 조건을 만족시키는 함수 f의 개수를 구하시오.

㉮ 함수 f는 일대일대응이다.

㉯ 정의역 A의 어떤 원소 n에 대하여
$f(n+2)-f(n)=4$이다.

---

2 합성함수

개념 08 합성함수

공집합이 아닌 세 집합 X, Y, Z에 대하여 두 함수
$$f: X \longrightarrow Y, g: Y \longrightarrow Z$$
가 주어질 때, X를 정의역으로 하고 Z를 공역으로 하는 새로운 함수를 정의할 수 있다.
이 함수를 f와 g의 **합성함수**라고 하며, 이것을 기호로
$$g \circ f: X \longrightarrow Z$$
와 같이 나타내고, 이 합성함수의 함숫값은
$$(g \circ f)(x) = g(f(x))$$
이므로 f와 g의 합성함수를 $y = g(f(x))$와 같이 나타낼 수 있다.

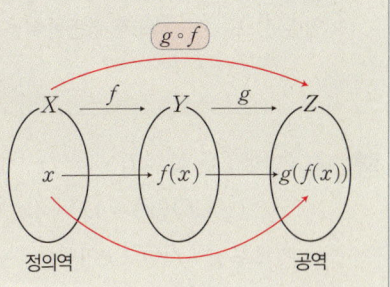

1. 합성함수의 정의

두 함수 f, g에 대하여 f의 치역이 g의 정의역의 부분집합이면 합성함수 $g \circ f$를 정의할 수 있다.

예 세 집합 X, Y, Z에 대하여 두 함수

$f: X \longrightarrow Y, g: Y \longrightarrow Z$가 오른쪽 그림과 같을 때,

   (i) $(g \circ f)(1) = g(f(1)) = g(c) = 1$

   (ii) $(g \circ f)(2) = g(f(2)) = g(b) = 0$

   (iii) $(g \circ f)(3) = g(f(3)) = g(c) = 1$

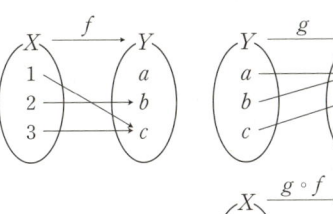

이므로 합성함수 $g \circ f: X \longrightarrow Z$는 오른쪽 그림과 같이 나타낼 수 있다.

한편, 함수 g의 치역은 $\{0, 1\}$이고, 함수 f의 정의역은 $\{1, 2, 3\}$이므로 함수 g의
치역은 함수 f의 정의역의 부분집합이 아니다. 즉, 합성함수 $f \circ g$는 정의할 수 없다.

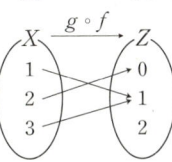

2. 합성함수 구하기

예1 두 함수 $f(x) = x - 3$, $g(x) = 3x + 1$에 대하여

   ⑴ $(g \circ f)(-1) = g(f(-1)) = g(-4) = -11$

   ⑵ $(f \circ g)(1) = f(g(1)) = f(4) = 1$

   ⑶ $(f \circ f)(2) = f(f(2)) = f(-1) = -4$

   ⑷ $(g \circ g)(-3) = g(g(-3)) = g(-8) = -23$

예2 두 함수 $f(x) = 2x + 1$, $g(x) = x^2 - 1$에 대하여

   ⑴ $(g \circ f)(x) = g(f(x)) = g(2x + 1) = (2x + 1)^2 - 1 = 4x^2 + 4x$

   ⑵ $(f \circ g)(x) = f(g(x)) = f(x^2 - 1) = 2(x^2 - 1) + 1 = 2x^2 - 1$

   ⑶ $(f \circ f)(x) = f(f(x)) = f(2x + 1) = 2(2x + 1) + 1 = 4x + 3$

   ⑷ $(g \circ g)(x) = g(g(x)) = g(x^2 - 1) = (x^2 - 1)^2 - 1 = x^4 - 2x^2$

주의 $(f \circ f)(x)$와 $f(x) \times f(x) = \{f(x)\}^2$을 헷갈리지 않도록 주의한다.

세 함수 f, g, h에 대하여

(1) $g \circ f \neq f \circ g$

주의 일반적으로 함수의 합성에서 교환법칙이 성립하지 않으므로 합성하는 순서에 주의해야 한다. **A**

(2) **결합법칙 :** $h \circ (g \circ f) = (h \circ g) \circ f$

참고 $h \circ (g \circ f)$, $(h \circ g) \circ f$에서 괄호를 생략하여 $h \circ g \circ f$로 나타내기도 한다.

(3) 함수 $f : X \longrightarrow Y$와 두 항등함수 $I_X : X \longrightarrow X$, $I_Y : Y \longrightarrow Y$에 대하여

$$f \circ I_X = f, \quad I_Y \circ f = f$$

증명 (1) (반례) 두 함수 $f(x) = 2x+1$, $g(x) = x^2-1$에 대하여

$$(g \circ f)(x) = 4x^2 + 4x, \quad (f \circ g)(x) = 2x^2 - 1 \leftarrow \text{p.257 개념08 예2}$$

이므로 $g \circ f \neq f \circ g$이다.

(2) 세 함수 $f : X \longrightarrow Y$, $g : Y \longrightarrow Z$, $h : Z \longrightarrow W$에 대하여

$$g \circ f : X \longrightarrow Z \text{이므로 } h \circ (g \circ f) : X \longrightarrow W$$

$$h \circ g : Y \longrightarrow W \text{이므로 } (h \circ g) \circ f : X \longrightarrow W$$

이므로 두 합성함수 $h \circ (g \circ f)$와 $(h \circ g) \circ f$는 모두 X에서 W로의 함수이다. **B**

이때 정의역 X의 임의의 원소 x에 대하여

$$(h \circ (g \circ f))(x) = h((g \circ f)(x)) = h(g(f(x)))$$

$$((h \circ g) \circ f)(x) = (h \circ g)(f(x)) = h(g(f(x)))$$

$$\therefore h \circ (g \circ f) = (h \circ g) \circ f$$

따라서 함수의 합성에서 결합법칙은 항상 성립한다.

(3) 함수 $f : X \longrightarrow Y$와 두 항등함수 $I_X : X \longrightarrow X$,

$I_Y : Y \longrightarrow Y$에서 집합 X의 임의의 원소 x에 대하여

$$(f \circ I_X)(x) = f(I_X(x)) = f(x)$$

$$(I_Y \circ f)(x) = I_Y(f(x)) = f(x) \quad \textbf{C}$$

이므로

$$f \circ I_X = f, \quad I_Y \circ f = f$$

예 세 함수 $f(x) = 2x$, $g(x) = x^2$, $h(x) = -x+1$에 대하여

(i) $(f \circ g)(x) = f(g(x)) = f(x^2) = 2x^2$

$$\therefore ((f \circ g) \circ h)(x) = (f \circ g)(h(x))$$
$$= (f \circ g)(-x+1)$$
$$= 2(-x+1)^2 = 2(x-1)^2$$

(ii) $(g \circ h)(x) = g(h(x)) = g(-x+1) = (-x+1)^2 = (x-1)^2$

$$\therefore (f \circ (g \circ h))(x) = f((g \circ h)(x))$$
$$= f((x-1)^2) = 2(x-1)^2$$

(i), (ii)에서 $((f \circ g) \circ h)(x) = (f \circ (g \circ h))(x)$

A 일반적으로 $g \circ f \neq f \circ g$이지만 어떤 두 함수 f, g에 대하여 $g \circ f = f \circ g$가 성립하는 경우도 있다.

예 $f(x) = x+1$, $g(x) = x-1$일 때,

$$(g \circ f)(x) = g(f(x)) = g(x+1) = x,$$
$$(f \circ g)(x) = f(g(x)) = f(x-1) = x$$
$$\therefore g \circ f = f \circ g$$

B

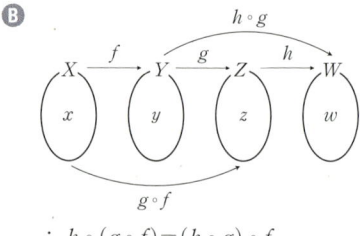

$$\therefore h \circ (g \circ f) = (h \circ g) \circ f$$

C $f(x) = y \in Y$라 하면

$$I_Y(f(x)) = I_Y(y)$$
$$= y$$
$$= f(x)$$

합성함수의 그래프

두 함수 f, g의 합성함수 $y=(g \circ f)(x)$가 정의되려면 함수 $y=f(x)$의 치역이 함수 $y=g(x)$의 정의역에 포함되어야 하므로 다음과 같은 순서로 함수 $y=(g \circ f)(x)$의 그래프를 그린다.

(i) $(g \circ f)(x)=g(f(x))$임을 이용하여 $g(\boxed{x})$의 $\boxed{x}$에 $f(x)$를 대입한다.

(ii) 함수 $y=g(x)$의 함수식이 달라지는 경계의 값을 기준으로 함수 $y=f(x)$의 치역의 경계를 나누고 치역의 경계에 따른 함수 $y=f(x)$의 정의역의 범위를 구한다.

(iii) (ii)에서 구한 각 범위에서의 구간별 함수식을 구한다.

(iv) (iii)에서 구한 함수식을 이용하여 함수 $y=(g \circ f)(x)$의 그래프를 그린다.

예 $0 \leq x \leq 2$에서 정의된 두 함수 $y=f(x)$, $y=g(x)$의 그래프가 오른쪽 그림과 같을 때, 합성함수 $y=(g \circ f)(x)$의 그래프를 그려 보자.

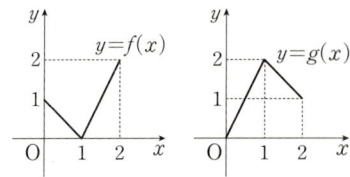

(i) $f(x)=\begin{cases} -x+1 & (0 \leq x < 1) \\ 2x-2 & (1 \leq x \leq 2) \end{cases}$,

$g(x)=\begin{cases} 2x & (0 \leq x < 1) \\ -x+3 & (1 \leq x \leq 2) \end{cases}$

$\therefore (g \circ f)(x)=g(f(x))=\begin{cases} 2f(x) & (0 \leq f(x) < 1) \\ -f(x)+3 & (1 \leq f(x) \leq 2) \end{cases}$ ← $g(x)$의 x에 $f(x)$를 대입

(ii) 함수 $y=g(x)$의 함수식이 달라지는 경계의 값, 즉 함수 $y=g(x)$의 그래프가 꺾이는 점의 x좌표는 1이다.

이때 함수 $y=f(x)$의 그래프에서 $f(x)=1$이 되는 x의 값을 구하면 0, $\dfrac{3}{2}$이므로

정의역의 범위를 $0 \leq x < 1$, $1 \leq x < \dfrac{3}{2}$, $\dfrac{3}{2} \leq x \leq 2$로 나눈다.
└ 함수 $y=f(x)$의 그래프가 꺾이는 점의 x좌표

(iii) 각 구간에서의 $f(x)$의 함수식은 순서대로 $-x+1$, $2x-2$, $2x-2$이다. 즉,

$(g \circ f)(x)=\begin{cases} 2f(x) & (0 \leq f(x) < 1) \\ -f(x)+3 & (1 \leq f(x) \leq 2) \end{cases}$

$=\begin{cases} 2(-x+1)=-2x+2 & (0 \leq x < 1) \quad \text{← } 0 \leq x < 1 \text{에서 } 0 < f(x) \leq 1 \Rightarrow 2f(x) \\ 2(2x-2)=4x-4 & \left(1 \leq x < \dfrac{3}{2}\right) \quad \text{← } 1 \leq x < \dfrac{3}{2} \text{에서 } 0 \leq f(x) < 1 \Rightarrow 2f(x) \\ -(2x-2)+3=-2x+5 & \left(\dfrac{3}{2} \leq x \leq 2\right) \quad \text{← } \dfrac{3}{2} \leq x \leq 2 \text{에서 } 1 \leq f(x) \leq 2 \Rightarrow -f(x)+3 \end{cases}$

(iv) 함수 $y=(g \circ f)(x)$의 그래프는 다음 그림과 같다.

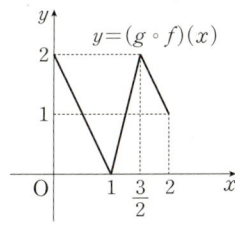

두 함수 $f : X \longrightarrow Y$, $g : Y \longrightarrow X$가 그림과 같을 때, 다음을 구하시오.

(1) $(g \circ f)(1)$ (2) $(f \circ g)(5)$

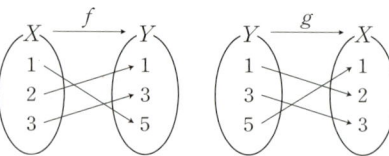

solution

(1) $(g \circ f)(1) = g(f(1)) = g(5) = 1$

(2) $(f \circ g)(5) = f(g(5)) = f(1) = 5$

다음 물음에 답하시오.

(1) 함수 $f(x) = 2x - 1$에 대하여 $(f \circ f)(x)$를 구하시오.

(2) 두 함수 $f(x) = 2x$, $g(x) = x^2 + 5$에 대하여 $(g \circ f)(x)$를 구하시오.

solution

(1) $(f \circ f)(x) = f(f(x)) = f(2x - 1) = 2(2x - 1) - 1 = 4x - 3$

(2) $(g \circ f)(x) = g(f(x)) = g(2x) = (2x)^2 + 5 = 4x^2 + 5$

기본 연습

p.158

30 두 함수 $f : X \longrightarrow X$, $g : X \longrightarrow X$가 그림과 같을 때, 다음을 구하시오.

(1) $(g \circ f)(3)$ (2) $(f \circ g)(1)$

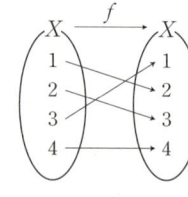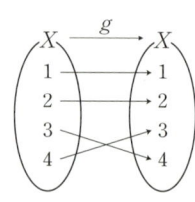

31 다음 물음에 답하시오.

(1) 함수 $f(x) = 3x + 5$에 대하여 $(f \circ f)(x)$를 구하시오.

(2) 두 함수 $f(x) = 2x + 1$, $g(x) = 2x^2 - 1$에 대하여 $(g \circ f)(x)$를 구하시오.

실수 전체의 집합에서 정의된 함수

$$f(x) = \begin{cases} \dfrac{1}{2}x + 2 \ (x < 0) \\ x^2 + 2 \quad (x \geq 0) \end{cases}, \ g(x) = 3x - 1$$

에 대하여 $(f \circ f)(-2) + (f \circ g)(1)$의 값을 구하시오.

guide

① 두 함수 f, g에 대하여 주어진 식을 $(f \circ g)(a) = f(g(a))$를 이용하여 나타낸다.

② $f(g(a))$의 값을 구할 때에는 $g(a)$의 값을 구한 후, $f(x)$의 x에 $g(a)$의 값을 대입한다.

solution

$x < 0$일 때, $f(x) = \dfrac{1}{2}x + 2$이므로

$f(-2) = \dfrac{1}{2} \times (-2) + 2 = 1$

$x \geq 0$일 때, $f(x) = x^2 + 2$이므로

$(f \circ f)(-2) = f(f(-2)) = f(1) = 1^2 + 2 = 3$

한편, $g(x) = 3x - 1$에서 $g(1) = 3 \times 1 - 1 = 2$이므로

$(f \circ g)(1) = f(g(1)) = f(2) = 2^2 + 2 = 6$

$\underset{x \geq 0이므로\ f(x) = x^2 + 2의\ x에\ 2를\ 대입한다.}{}$

$\therefore (f \circ f)(-2) + (f \circ g)(1) = 3 + 6 = 9$

**필수
연습**

pp.158~159

32 $0 \leq x \leq 4$에서 정의된 함수

$$f(x) = \begin{cases} -2x + 4 \ (0 \leq x < 2) \\ x - 2 \quad (2 \leq x \leq 4) \end{cases}$$

에 대하여 $(f \circ f)\left(\dfrac{3}{2}\right) + (f \circ f \circ f)\left(\dfrac{5}{2}\right)$의 값을 구하시오.

33   자연수 전체의 집합에서 정의된 함수

$f(n) = (n$보다 작은 소수의 개수$)$

에 대하여 $f(19) + (f \circ f)(19) + (f \circ f \circ f)(19)$의 값을 구하시오.

34   두 함수 $f(x) = a - 2x$, $g(x) = x^2 - b$에 대하여 $(g \circ f)(2) = 0$, $(f \circ g)(\sqrt{2}) = 1$일 때, 두 정수 a, b에 대하여 $a + b$의 값을 구하시오.

두 함수 $f(x)=3x+a$, $g(x)=-x+2a^2$에 대하여 $(f \circ g)(x)=(g \circ f)(x)$가 성립하도록 하는 모든 상수 a의 값의 합을 구하시오.

guide

❶ 두 함수 f, g에 대하여 합성함수 $f \circ g$와 $g \circ f$를 각각 구한다.
❷ $f \circ g = g \circ f$가 x에 대한 항등식임을 이용하여 미정계수를 구한다.

solution

$(f \circ g)(x)=f(g(x))=f(-x+2a^2)=3(-x+2a^2)+a=-3x+6a^2+a$

$(g \circ f)(x)=g(f(x))=g(3x+a)=-(3x+a)+2a^2=-3x-a+2a^2$

$(f \circ g)(x)=(g \circ f)(x)$이므로 $-3x+6a^2+a=-3x-a+2a^2$

즉, $6a^2+a=-a+2a^2$에서 $2a^2+a=0$, $a(2a+1)=0$ $\therefore a=0$ 또는 $a=-\dfrac{1}{2}$

따라서 모든 상수 a의 값의 합은 $0+\left(-\dfrac{1}{2}\right)=-\dfrac{1}{2}$

**필수
연습**

35 두 함수 $f(x)=4x+a$, $g(x)=ax+4$에 대하여
$$(f \circ g)(x)=(g \circ f)(x)$$
가 성립하도록 하는 상수 a의 값을 구하시오. (단, $a<0$)

p.159

36 집합 $X=\{1, 2, 3, 4, 5\}$에 대하여 함수 $f : X \longrightarrow X$가
$$f(x)=\begin{cases} 1 & (x=5) \\ x+1 & (x \neq 5) \end{cases}$$
이다. 함수 $g : X \longrightarrow X$에 대하여 $g(1)=3$, $f \circ g = g \circ f$를 만족시킬 때, $g(3)+g(5)$의 값을 구하시오.

세 함수 f, g, h에 대하여

$$f(x)=x+a,\ (h \circ g)(x)=4x-3,\ (h \circ (g \circ f))(x)=bx+9$$

일 때, 두 상수 a, b에 대하여 $a+b$의 값을 구하시오.

guide

① 세 함수 f, g, h에 대하여 합성함수 $h \circ (g \circ f)$와 $(h \circ g) \circ f$를 각각 구한다.

② $h \circ (g \circ f)=(h \circ g) \circ f$가 x에 대한 항등식임을 이용하여 미정계수를 구한다.

solution

$(h \circ g) \circ f=h \circ (g \circ f)$이므로

$(h \circ (g \circ f))(x)=((h \circ g) \circ f)(x)=(h \circ g)(f(x))=(h \circ g)(x+a)$

$\qquad\qquad\qquad =4(x+a)-3=4x+4a-3$

즉, $4x+4a-3=bx+9$이므로 $4=b$, $4a-3=9$ $\therefore a=3$, $b=4$

$\therefore a+b=3+4=7$

필수 연습

37   세 함수 f, g, h에 대하여

$$f(x)=2x-1,\ (g \circ h)(x)=x^2-2x+5$$

일 때, $(g \circ (h \circ f))(k)=13$을 만족시키는 모든 실수 k의 값의 합을 구하시오.

pp.159~160

38   세 함수 f, g, h에 대하여

$$f(x)=2x+3,\ (h \circ g)(x)=x^2-3x+8$$

일 때, $(h \circ (g \circ f))(a)<18$을 만족시키는 정수 a의 최솟값을 구하시오.

두 함수 $f(x) = x - 2$, $g(x) = 2x^2 + 1$에 대하여 다음을 구하시오.

(1) $(f \circ h)(x) = g(x)$를 만족시키는 함수 h에 대하여 $h(3)$의 값

(2) $(h \circ f)(x) = g(x)$를 만족시키는 함수 h에 대하여 $h(-2)$의 값

guide

세 함수 f, g, h에 대하여 두 함수 $f(x)$, $g(x)$가 주어졌을 때, 다음을 이용하여 함수 $h(x)$를 구한다.

(1) $f \circ h = g$를 만족시키는 함수 h 구하기 ⇨ $f(h(x)) = g(x)$에서 $h(x)$를 $f(x)$의 x에 대입한 후 정리한다.

(2) $h \circ f = g$를 만족시키는 함수 h 구하기

　(ⅰ) $f(x) = t$로 놓고 $x = (t$에 대한 식)으로 나타낸다.

　(ⅱ) $h(f(x)) = g(x)$에 $x = (t$에 대한 식)을 대입하여 $h(t)$를 구한다.

　(ⅲ) t를 x로 바꾸어 $h(x)$를 구한다.

solution

(1) $(f \circ h)(x) = f(h(x)) = h(x) - 2$이므로 $(f \circ h)(x) = g(x)$에서

　$h(x) - 2 = 2x^2 + 1$　　$\therefore h(x) = 2x^2 + 3$　　$\therefore h(3) = 2 \times 3^2 + 3 = 21$

(2) $(h \circ f)(x) = h(f(x)) = h(x-2)$이므로 $(h \circ f)(x) = g(x)$에서

　$h(x-2) = 2x^2 + 1$　　……㉠

　$x - 2 = t$로 놓으면 $x = t + 2$이므로 이것을 ㉠에 대입하면 $h(t) = 2(t+2)^2 + 1 = 2t^2 + 8t + 9$

　즉, $h(x) = 2x^2 + 8x + 9$이므로 $h(-2) = 2 \times (-2)^2 + 8 \times (-2) + 9 = 1$

다른 풀이

(1) $(f \circ h)(3) = f(h(3)) = g(3)$이므로 $h(3) - 2 = 2 \times 3^2 + 1 = 19$　　$\therefore h(3) = 19 + 2 = 21$

(2) ㉠의 양변에 $x = 0$을 대입하면 $h(-2) = 2 \times 0^2 + 1 = 1$

필수연습

pp.160~161

39 두 함수 $f(x) = \dfrac{1}{2}x + 1$, $g(x) = -x^2 + 5$에 대하여 다음을 구하시오.

(1) $(f \circ h)(x) = g(x)$를 만족시키는 함수 h에 대하여 $h(2)$의 값

(2) $(h \circ f)(x) = g(x)$를 만족시키는 함수 h에 대하여 $(g \circ h)(0)$의 값

40 함수 f가 모든 실수 x에 대하여 $f\left(\dfrac{2x-5}{4}\right) = 6x + 4$를 만족시킬 때, $f\left(\dfrac{x-1}{6}\right)$을 구하시오.

41 실수 전체의 집합에서 정의된 함수 f와 일차함수 g가 모든 실수 x에 대하여

$$(f \circ g)(x) = 2\{g(x)\}^2 - 1, \quad (g \circ f)(x) = 2 - \{g(x)\}^2$$

을 만족시킬 때, $f(3) + g(3)$의 값을 구하시오.

함수 $f(x)=-x+2$에 대하여
$$f^1=f,\ f^{n+1}=f\circ f^n\ (n=1,\ 2,\ 3,\ \cdots)$$
으로 정의할 때, 다음을 구하시오.

(1) $f^{100}(x)$ (2) $f^{1000}(5)+f^{1001}(-5)$

guide

❶ 함수 f를 연속으로 합성한 함수 또는 함숫값의 규칙을 파악한다.
　(1) 함수 $f^2,\ f^3,\ f^4,\ \cdots$을 직접 구하여 규칙을 찾는다.
　(2) 함수 $f^2,\ f^3,\ f^4,\ \cdots$을 직접 구할 수 없는 경우,
　　　$f(a),\ f^2(a),\ f^3(a),\ \cdots$의 값을 구하여 규칙을 찾는다.
❷ ❶에서 추정한 함수 f^n 또는 $f^n(a)$의 값의 규칙을 이용하여 $f^n(a)$의 값을 구한다.

solution

(1) $f^1(x)=f(x)=-x+2$
$f^2(x)=(f\circ f^1)(x)=f(f^1(x))=f(-x+2)=-(-x+2)+2=x$
$f^3(x)=(f\circ f^2)(x)=f(f^2(x))=f(x)=-x+2$
$\qquad\vdots$

따라서 자연수 n에 대하여 $f^n(x)=\begin{cases} -x+2 & (n\text{은 홀수}) \\ x & (n\text{은 짝수}) \end{cases}$

이때 100은 짝수이므로 $f^{100}(x)=x$

(2) 1000은 짝수이므로 $f^{1000}(5)=5$
1001은 홀수이므로 $f^{1001}(-5)=-(-5)+2=7$
$\therefore f^{1000}(5)+f^{1001}(-5)=5+7=12$

**필수
연습**

p.161

42   함수 $f(x)=x+3$에 대하여 $f^1=f,\ f^{n+1}=f\circ f^n\ (n=1,\ 2,\ 3,\ \cdots)$으로 정의할 때, 다음을
구하시오.

(1) $f^{25}(x)$ (2) $f^{60}(6)$

43   그림과 같은 함수 $f:X\longrightarrow X$에 대하여
$$f^1=f,\ f^{n+1}=f\circ f^n\ (n=1,\ 2,\ 3,\ \cdots)$$
으로 정의할 때, $f^{63}(1)+f^{64}(3)+f^{65}(4)$의 값을 구하시오.

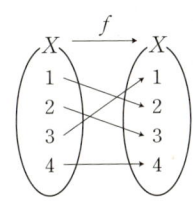

함수 $y=f(x)$의 그래프 및 직선 $y=x$가 그림과 같을 때, 다음을 구하시오.

(단, 모든 점선은 x축 또는 y축에 평행하다.)

(1) $(f \circ f \circ f)(e)$

(2) $(f \circ f)(x)=c$를 만족시키는 x의 값

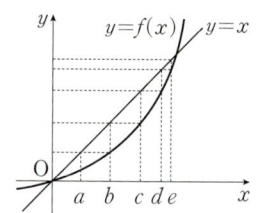

guide

❶ 직선 $y=x$를 이용하여 점선과 x축 또는 y축이 만나는 점의 좌표를 구한다.

❷ 함수 $y=f(x)$의 그래프가 두 점 (a, b), (b, c)를 지나면 $f(a)=b$, $f(b)=c$이므로 $(f \circ f)(a)=f(f(a))=f(b)=c$임을 이용하여 문제를 해결한다.

solution

직선 $y=x$를 이용하여 점선과 y축이 만나는 점의 y좌표를 구하면 오른쪽 그림과 같다.

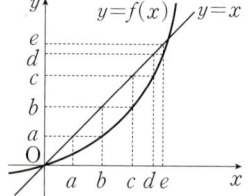

(1) $f(e)=d$, $f(d)=c$, $f(c)=b$이므로

$$(f \circ f \circ f)(e)=f(f(f(e)))$$
$$=f(f(d))$$
$$=f(c)=b$$

(2) $f(x)=t$로 놓으면 $(f \circ f)(x)=f(f(x))=f(t)=c$

이때 $f(d)=c$이므로 $t=d$

따라서 $f(x)=d$를 만족시키는 x의 값은 e이므로 구하는 x의 값은 e이다.

필수 연습

pp.161~162

44 함수 $y=f(x)$의 그래프 및 직선 $y=x$가 그림과 같을 때, 다음을 구하시오. (단, 모든 점선은 x축 또는 y축에 평행하다.)

(1) $(f \circ f)(c)$

(2) $(f \circ f \circ f)(x)=d$를 만족시키는 x의 값

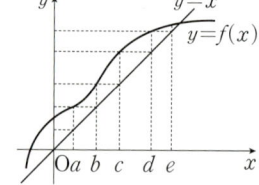

45 $0 \le x \le 4$에서 정의된 함수 $y=f(x)$의 그래프가 그림과 같다. 이때 함수 f에 대하여

$$f^1=f, \ f^{n+1}=f \circ f^n \ (n=1, 2, 3, \cdots)$$

일 때, $f^{567}(1)$의 값을 구하시오.

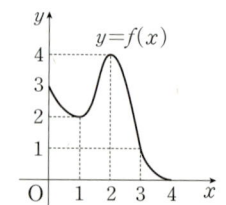

정의역이 $\{x\,|\,0\leq x\leq 2\}$인 두 함수 $y=f(x)$, $y=g(x)$의 그래프가 그림과 같을 때, 다음 물음에 답하시오.

(1) 함수 $y=(g\circ f)(x)$의 그래프를 그리시오

(2) 방정식 $(g\circ f)(x)=\dfrac{1}{2}$의 실근의 개수를 구하시오.

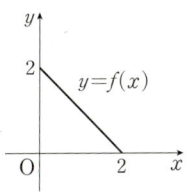
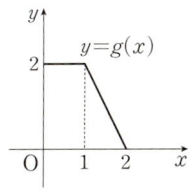

guide

❶ 주어진 그래프를 보고 각 함수식을 구한 후, 정의역의 범위를 나눈다.

❷ ❶에서 나눈 구간별로 합성함수 $(g\circ f)(x)$의 식을 구한다.

❸ 함수 $y=(g\circ f)(x)$의 그래프를 그린다.

solution

(1) $f(x)=-x+2\ (0\leq x\leq 2)$, $g(x)=\begin{cases} 2 & (0\leq x<1) \\ -2x+4 & (1\leq x\leq 2) \end{cases}$ 이므로

$(g\circ f)(x)=g(f(x))=\begin{cases} 2 & (0\leq f(x)<1) \\ -2f(x)+4 & (1\leq f(x)\leq 2) \end{cases}$

$=\begin{cases} -2(-x+2)+4 & (0\leq x<1) \\ 2 & (1\leq x\leq 2) \end{cases}$ ← $0\leq x<1$에서 $1<f(x)\leq 2 \Rightarrow -2f(x)+4$
← $1\leq x\leq 2$에서 $0\leq f(x)\leq 1 \Rightarrow 2$

$=\begin{cases} 2x & (0\leq x<1) \\ 2 & (1\leq x\leq 2) \end{cases}$

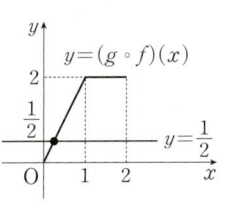

따라서 함수 $y=(g\circ f)(x)$의 그래프는 오른쪽 그림과 같다.

(2) 방정식 $(g\circ f)(x)=\dfrac{1}{2}$의 실근의 개수는 함수 $y=(g\circ f)(x)$의 그래프와 직선 $y=\dfrac{1}{2}$의 교점의 개수와 같으므로 1이다.

Ⅲ-08 함수

필수
연습

pp.162~163

46 $0\leq x\leq 2$에서 정의된 두 함수 $y=f(x)$, $y=g(x)$의 그래프가 그림과 같을 때, 다음 물음에 답하시오.

(1) 함수 $y=(g\circ f)(x)$의 그래프를 그리시오.

(2) 방정식 $(g\circ f)(x)=1$의 실근의 개수를 구하시오.

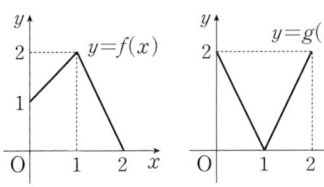

47 실수 전체의 집합에서 정의된 두 함수 $f(x)=-2|x|+5$, $g(x)=|x|-3$에 대하여 함수 $y=(g\circ f)(x)$의 그래프를 그리고, 방정식 $(g\circ f)(x)=\dfrac{1}{2}x-\dfrac{1}{2}$을 만족시키는 모든 실수 x의 값의 합을 구하시오.

19 함수 $f(x)=2x^2-4x+a$가
$$(f \circ f)(0)=(f \circ f)(1)$$
을 만족시킬 때, $f(4)$의 값을 구하시오.

(단, a는 상수이다.)

20 집합 $X=\{1, 2, 3, 4\}$에 대하여 X에서 X로의 함수 f가 일대일대응이고 $f(2)=3$, $(f \circ f)(1)=2$를 만족시킬 때, $(f \circ f)(3)$의 값을 구하시오.

21 두 함수
$$f(x)=x^2-6x+k,\ g(x)=-2x^2+8x-7$$
의 합성함수 $y=(f \circ g)(x)$의 최솟값이 11일 때, 상수 k의 값을 구하시오.

22 두 함수
$$f(x)=2x-3,\ g(x)=x^2+2x$$
에 대하여 방정식 $(g \circ f)(x)=(f \circ g)(x)$의 모든 실근의 합을 구하시오.

23 세 함수 f, g, h에 대하여
$$(f \circ g)(x)=|x^2-4|,\ h(x)=-x+3$$
일 때, 방정식 $(f \circ (g \circ h))(x)=k$가 서로 다른 두 실근을 갖도록 하는 실수 k의 값 또는 k의 값의 범위를 구하시오.

24 실수 전체의 집합에서 정의된 함수 f와 일차함수 $g(x)=ax+b$가 다음 조건을 만족시킬 때, ab의 값을 구하시오. (단, a, b는 상수이고, $a \neq 0$이다.)

(가) $(f \circ g)(x)=\{g(x)-1\}^2+4$

(나) $(g \circ f)(x)=2\{g(x)\}^2+\dfrac{3}{2}$

25 두 함수

$$f(x) = -x+4, \quad g(x) = \begin{cases} 3-x & (x \le 2) \\ x-1 & (x > 2) \end{cases}$$

에 대하여 $h \circ f = g$를 만족시키도록 함수 h를 정할 때, $h(3)$의 값을 구하시오.

26 $0 \le x \le 1$에서 정의된 함수

$$f(x) = \begin{cases} -2x+1 & \left(0 \le x \le \dfrac{1}{2}\right) \\ 2x-1 & \left(\dfrac{1}{2} < x \le 1\right) \end{cases}$$ 에 대하여

$$f^1 = f, \ f^{n+1} = f \circ f^n \ (n=1, 2, 3, \cdots)$$

으로 정의할 때, $f^{55}\left(\dfrac{1}{2}\right) + f^{56}\left(\dfrac{1}{9}\right)$의 값을 구하시오.

27 다음 그림은 집합 $X = \{x \mid -1 \le x \le 1\}$에 대하여 X에서 X로의 함수 $y = f(x)$의 그래프이다.

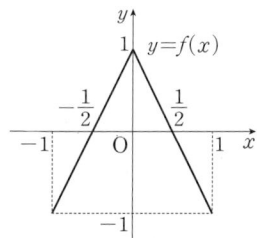

함수 f에 대하여

$$f^1 = f, \ f^{n+1} = f \circ f^n \ (n=1, 2, 3, \cdots)$$

으로 정의할 때,

$$f\left(\frac{1}{4}\right) + f^2\left(\frac{1}{4}\right) + f^3\left(\frac{1}{4}\right) + \cdots + f^n\left(\frac{1}{4}\right) \le -8$$

이 성립하도록 하는 자연수 n의 최솟값을 구하시오.

28 $0 \le x \le 3$에서 정의된 함수 $y = f(x)$의 그래프가 오른쪽 그림과 같다.
$(f \circ f)(a) = 3$을 만족시키는 실수 a의 최댓값을 M, 최솟값을 m이라 할 때, Mm의 값을 구하시오. (단, $0 \le a \le 3$)

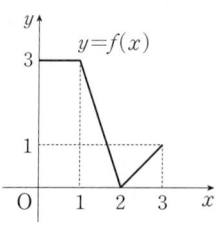

29 두 함수

$$f(x) = \begin{cases} x^2 - 2ax + 8 & (x < 0) \\ x+8 & (x \ge 0) \end{cases}, \quad g(x) = x+6$$

에 대하여 합성함수 $g \circ f$의 치역이 $\{y \mid y \ge 5\}$일 때, 상수 a의 값을 구하시오.

30 $0 \le x \le 2$에서 정의된 함수 $y = f(x)$의 그래프가 오른쪽 그림과 같을 때, 방정식 $(f \circ f)(x) = f(x)$의 모든 실근의 합을 구하시오.

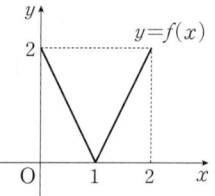

3 역함수

개념 **10** | **역함수**

함수 $f: X \longrightarrow Y$가 일대일대응이면 Y의 각 원소 y에 대하여 $f(x)=y$인 X의 원소 x가 오직 하나씩 존재하므로 Y를 정의역으로 하고 X를 공역으로 하는 새로운 함수를 정의할 수 있다. 이 함수를 f의 **역함수**라고 하며, 이것을 기호로

$$f^{-1}$$

와 같이 나타낸다. 즉,

$$f^{-1}: Y \longrightarrow X, \ x=f^{-1}(y)$$

이다.

참고 f^{-1}를 'f의 역함수' 또는 'f inverse'라고 읽는다.

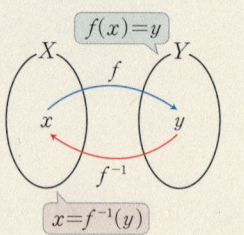

어떤 <mark>함수 f가 일대일대응이면 그 역함수 f^{-1}가 존재</mark>하고, <mark>f가 일대일대응 이 아니면 그 역함수는 존재하지 않는다.</mark> **Ⓐ**

예1 다음 그림과 같은 함수 $f: X \longrightarrow Y$에 대하여 집합 X의 원소 a, b에 집합 Y의 원소 2, 1이 오직 하나씩 대응하고, 치역 $\{1, 2\}$와 공역 Y가 일치하므로 함수 f는 일대일대응이다.

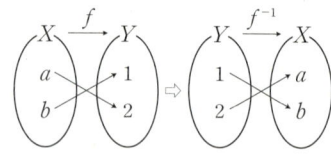

따라서 집합 Y의 각 원소에 집합 X의 원소가 오직 하나씩 대응되는 함수 f의 역함수 $f^{-1}: Y \longrightarrow X$를 정의할 수 있다.

예2 다음은 역함수가 존재하지 않는 경우의 예이다.

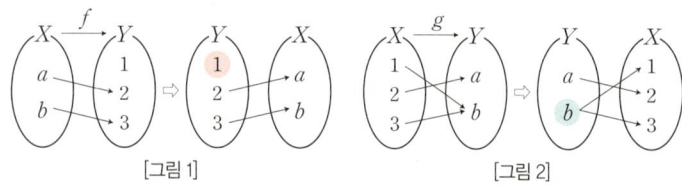

[그림 1]   [그림 2]

(1) [그림 1]의 함수 f는 일대일함수이지만 f의 공역 Y의 원소 **1** 에 대응 하는 집합 X의 원소가 존재하지 않는다. 함수 f의 치역과 공역이 같지 않으므로 f는 일대일대응이 아니다.
따라서 함수 f의 역함수는 존재하지 않는다. **Ⓑ**

(2) [그림 2]의 함수 g에서 g의 공역 Y의 원소 b에 대응하는 집합 X의 원소가 1, 3의 2개이다. 함수 g가 일대일함수가 아니므로 g는 일대일대응이 아니다.
따라서 함수 g의 역함수는 존재하지 않는다.

Ⓐ 함수 f의 역함수 f^{-1}가 존재한다.
$\Longleftrightarrow$ 함수 f는 일대일대응이다.

Ⓑ 일대일함수는 치역을 공역으로 생각하면 일대일대응으로 볼 수 있으므로 그 역함수 를 생각할 수 있다.
즉, 치역 $Y'=\{2, 3\}$을 정의역으로 하는 함수 f의 역함수는 다음 그림과 같다.

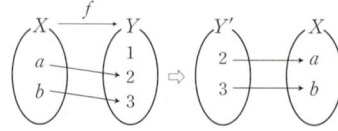

예3 오른쪽 그림에서 함수 $f : X \longrightarrow Y$가
일대일대응이므로 역함수 $f^{-1} : Y \longrightarrow X$가
존재한다.

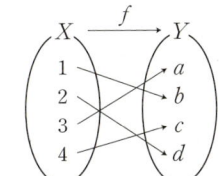

(1) $f(1)=b$이므로 $f^{-1}(b)=1$ Ⓒ

Ⓒ $f(x)=y \Longleftrightarrow f^{-1}(y)=x$

(2) $f(2)=d$이므로 $f^{-1}(d)=2$

(3) $f(3)=a$이므로 $f^{-1}(a)=3$

(4) $f(4)=c$이므로 $f^{-1}(c)=4$

개념 11 역함수 구하기

함수 $y=f(x)$의 역함수 $y=f^{-1}(x)$는 다음과 같은 순서로 구한다.

(ⅰ) 함수 $y=f(x)$가 일대일대응인지 확인한다.

(ⅱ) $y=f(x)$를 x에 대하여 풀어서 $x=f^{-1}(y)$ 꼴로 나타낸다.

(ⅲ) $x=f^{-1}(y)$에서 x와 y를 서로 바꾸어 $y=f^{-1}(x)$로 나타낸다.

참고 함수 f의 치역이 역함수 f^{-1}의 정의역이 되고, 함수 f의 정의역이 역함수 f^{-1}의 치역이 된다. Ⓓ

함수를 나타낼 때는 보통 정의역의 원소를 x, 치역의 원소를 y로 나타내므로 함수 $y=f(x)$의 역함수 $x=f^{-1}(y)$의 경우도 x와 y를 서로 바꾸어

$$y=f^{-1}(x)$$

와 같이 나타낸다.

일반적으로 일대일대응인 함수 $y=f(x)$의 역함수 $y=f^{-1}(x)$는 다음과 같이 구할 수 있다. Ⓔ

$$y=f(x) \xrightarrow[\text{푼다.}]{x\text{에 대하여}} x=f^{-1}(y) \xrightarrow[\text{서로 바꾼다.}]{x\text{와 }y\text{를}} y=f^{-1}(x)$$

Ⓓ 역함수의 정의역이 실수 전체의 집합이 아닌 경우에는 반드시 정의역을 나타내야 한다.

Ⓔ 먼저 x와 y를 서로 바꾼 다음, y에 대하여 풀어도 결과는 같다.

예1 정의역이 $X=\{x \mid 0 \le x \le 2\}$, 공역이 $Y=\{y \mid -1 \le y \le 3\}$인 함수 $y=2x-1$의 역함수를 구해 보자.

(ⅰ) 함수 $y=2x-1$은 집합 X에서 집합 Y로의 일대일대응이므로 역함수가 존재한다.

(ⅱ) $y=2x-1$을 x에 대하여 풀면

$$2x=y+1 \qquad \therefore x=\frac{1}{2}y+\frac{1}{2}$$

(ⅲ) x와 y를 서로 바꾸면

역함수는 $y=\dfrac{1}{2}x+\dfrac{1}{2}$, 정의역은 $\{x \mid -1 \le x \le 3\}$이다.

예2 함수 $f(x)=-3x+6$에 대하여 $f(1)=3$이므로 $f^{-1}(3)=1$이다. Ⓕ

Ⓕ 역함수의 함숫값은 역함수를 직접 구하지 않고 대응 관계
$$f^{-1}(y)=x \Longleftrightarrow f(x)=y$$
를 이용하여 구할 수 있다.

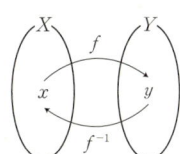

두 함수 $f:X \longrightarrow Y$, $g:Y \longrightarrow Z$가 모두 일대일대응이고 그 역함수가 각각 f^{-1}, g^{-1}일 때,

(1) $(f^{-1})^{-1}=f$

(2) $f^{-1} \circ f=I_X$, $f \circ f^{-1}=I_Y$ ← I_X는 집합 X에서의 항등함수, I_Y는 집합 Y에서의 항등함수이다.

(3) $(g \circ f)^{-1}=f^{-1} \circ g^{-1}$

> 참고 세 함수 f, g, h가 모두 일대일대응이고 그 역함수가 각각 f^{-1}, g^{-1}, h^{-1}일 때, $(f \circ g \circ h)^{-1}=h^{-1} \circ g^{-1} \circ f^{-1}$

증명 (1) 함수 $y=f(x)$에서 $x=f^{-1}(y)$이므로 함수 $f^{-1}:Y \longrightarrow X$는 일대일대응이고, 역함수가 존재한다.

따라서 $x=f^{-1}(y)$에서 $y=(f^{-1})^{-1}(x)$이므로 함수 f^{-1}의 역함수는 f이다.

⇨ $(f^{-1})^{-1}=f$

(2) $(f^{-1} \circ f)(x)=f^{-1}(f(x))=f^{-1}(y)=x \ (x \in X)$

$(f \circ f^{-1})(y)=f(f^{-1}(y))=f(x)=y \ (y \in Y)$

따라서 합성함수 $f^{-1} \circ f$는 집합 X에서의 항등함수이고, 합성함수 $f \circ f^{-1}$는 집합 Y에서의 항등함수이다. **Ⓐ Ⓑ**

⇨ $f^{-1} \circ f=I_X$, $f \circ f^{-1}=I_Y$

(3) 두 함수 $f:X \longrightarrow Y$, $g:Y \longrightarrow Z$가 일대일대응이고, 그 역함수가 각각 f^{-1}, g^{-1}일 때,

$(g \circ f) \circ (f^{-1} \circ g^{-1})=g \circ (f \circ f^{-1}) \circ g^{-1}$ ← 함수의 합성에 대한 결합법칙

$\qquad\qquad\qquad\qquad =g \circ I_Y \circ g^{-1}$

$\qquad\qquad\qquad\qquad =g \circ g^{-1}=I_Z$

$(f^{-1} \circ g^{-1}) \circ (g \circ f)=f^{-1} \circ (g^{-1} \circ g) \circ f$ ← 함수의 합성에 대한 결합법칙

$\qquad\qquad\qquad\qquad =f^{-1} \circ I_Y \circ f$

$\qquad\qquad\qquad\qquad =f^{-1} \circ f=I_X$

따라서 $g \circ f$의 역함수는 $f^{-1} \circ g^{-1}$이다.

⇨ $(g \circ f)^{-1}=f^{-1} \circ g^{-1}$

주의 합성함수의 역함수는 $(g \circ f)^{-1}=f^{-1} \circ g^{-1}$와 같이 순서가 바뀌는 것에 주의한다.

예 오른쪽 그림과 같은 두 함수 $f:X \longrightarrow X$, $g:X \longrightarrow Y$에 대하여

(1) $(f^{-1})^{-1}(1)=f(1)=3$

(2) $(f^{-1} \circ f)(2)=f^{-1}(f(2))=f^{-1}(1)=2$

(3) $(f \circ f^{-1})(1)=f(f^{-1}(1))=f(2)=1$

(4) $(f \circ g^{-1})(3)=f(g^{-1}(3))=f(3)=2$

(5) $(g \circ f)^{-1}(4)=(f^{-1} \circ g^{-1})(4)=f^{-1}(g^{-1}(4))=f^{-1}(2)=3$

Ⓐ $f^{-1} \circ f:X \longrightarrow X$

$f \circ f^{-1}:Y \longrightarrow Y$

Ⓑ 두 함수 $f:X \longrightarrow Y$, $g:Y \longrightarrow X$에 대하여

$g \circ f=I_X$, $f \circ g=I_Y \Longleftrightarrow g=f^{-1}$

($\Longrightarrow$) $(g \circ f)(x)=x$이므로 f는 일대일함수이고, $(f \circ g)(y)=y$이므로 f의 치역과 공역이 서로 같다. 즉, f는 일대일대응이므로 역함수 f^{-1}가 존재하고, $g=f^{-1}$이다.

($\Longleftarrow$) (2)에 의하여 성립한다.

함수 $y=f(ax+b)$의 역함수 구하기

함수 $f(x)$의 역함수가 $g(x)$일 때, $f(ax+b)$의 역함수는 역함수의 성질을 이용하여 다음과 같이 구할 수 있다.

$h(x)=ax+b$라 하면 $f(ax+b)=f(h(x))=(f \circ h)(x)$이고, $h^{-1}(x)=\dfrac{1}{a}(x-b)$이므로

$$(f \circ h)^{-1}(x)=(h^{-1} \circ f^{-1})(x)=h^{-1}(f^{-1}(x))=h^{-1}(g(x))=\frac{1}{a}\{g(x)-b\}$$

따라서 $f(ax+b)$의 역함수는 $\dfrac{g(x)-b}{a}$이다.

예 함수 $f(x)$의 역함수를 $g(x)$라 할 때, $f(2x+1)$의 역함수를 역함수의 성질을 이용하여 구해 보자.

$h(x)=2x+1$이라 하면 $f(2x+1)=f(h(x))=(f \circ h)(x)$이고, $h^{-1}(x)=\dfrac{1}{2}(x-1)$이다.

따라서 $f(2x+1)$의 역함수는

$$(f \circ h)^{-1}(x)=(h^{-1} \circ f^{-1})(x)=h^{-1}(f^{-1}(x))=h^{-1}(g(x))=\frac{1}{2}\{g(x)-1\}$$

개념 13

역함수의 그래프

함수 $y=f(x)$의 그래프와 그 역함수 $y=f^{-1}(x)$의 그래프는 직선 $y=x$에 대하여 대칭이다.

함수 $y=f(x)$의 역함수 $y=f^{-1}(x)$가 존재할 때, 함수 $y=f(x)$의 그래프 위의 임의의 점을 P(a, b)라 하면

$$b=f(a) \Longleftrightarrow a=f^{-1}(b)$$

이므로 점 Q(b, a)는 역함수 $y=f^{-1}(x)$의 그래프 위의 점이다.

이때 두 점 P, Q는 직선 $y=x$에 대하여 대칭이므로 함수 $y=f(x)$와 그 역함수 $y=f^{-1}(x)$의 그래프는 직선 $y=x$에 대하여 대칭이다. **ⓒ**

참고 함수 $y=f(x)$의 그래프와 직선 $y=x$의 교점이 존재하면 그 교점은 함수 $y=f(x)$의 그래프와 그 역함수 $y=f^{-1}(x)$의 그래프의 교점과 같다.

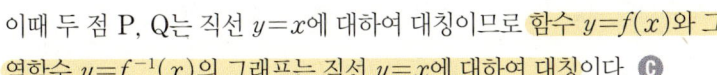

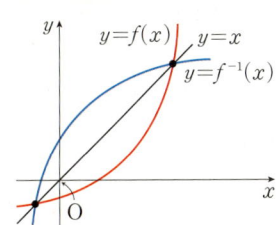

주의 함수 $y=f(x)$의 그래프와 그 역함수 $y=f^{-1}(x)$의 그래프의 교점이 항상 직선 $y=x$ 위에 존재하는 것은 아니다. **ⓓ**

ⓒ 서로 다른 두 점 P(a, b), Q(b, a)의 중점 M$\left(\dfrac{a+b}{2}, \dfrac{a+b}{2}\right)$가 직선 $y=x$ 위에 있고 직선 PQ의 기울기가 $\dfrac{a-b}{b-a}=-1$이므로 직선 PQ는 직선 $y=x$와 수직이다. 즉, 직선 $y=x$는 선분 PQ의 수직이등분선이다. 따라서 두 점 P, Q는 직선 $y=x$에 대하여 대칭이다.

ⓓ 정의역이 $\{x|x \le 1\}$인 함수 $f(x)=(x-1)^2$에 대하여 함수 $y=f(x)$의 그래프와 그 역함수 $y=f^{-1}(x)$의 그래프의 교점 중 두 점 $(0, 1)$, $(1, 0)$은 직선 $y=x$ 밖에 존재한다.

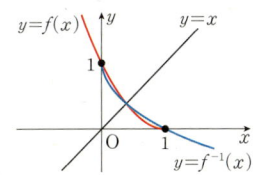

함수 $f(x)=3x-7$에 대하여 다음 등식을 만족시키는 상수 a의 값을 구하시오.

(1) $f^{-1}(5)=a$　　　　　　　　　　　　(2) $f^{-1}(a)=5$

solution

(1) $f^{-1}(5)=a$에서 $f(a)=5$이므로 $3a-7=5$　　∴ $a=4$

(2) $f^{-1}(a)=5$에서 $f(5)=a$이므로 $a=3\times5-7=8$

다음 함수의 역함수를 구하시오.

(1) $y=4x+1$　　　　　　　　　　　　(2) $y=\dfrac{1}{2}x+5$

solution

(1) 주어진 함수는 일대일대응이므로 역함수가 존재한다.

$y=4x+1$을 x에 대하여 풀면 $4x=y-1$　　∴ $x=\dfrac{1}{4}y-\dfrac{1}{4}$

x와 y를 서로 바꾸면 구하는 역함수는 $y=\dfrac{1}{4}x-\dfrac{1}{4}$

(2) 주어진 함수는 일대일대응이므로 역함수가 존재한다.

$y=\dfrac{1}{2}x+5$를 x에 대하여 풀면 $\dfrac{1}{2}x=y-5$　　∴ $x=2y-10$

x와 y를 서로 바꾸면 구하는 역함수는 $y=2x-10$

기본 연습

48 함수 $f(x)=2x+3$에 대하여 다음 등식을 만족시키는 상수 a의 값을 구하시오.

(1) $f^{-1}(7)=a$　　　　　　　　　　　　(2) $f^{-1}(a)=7$

p.168

49 다음 함수의 역함수를 구하시오.

(1) $y=2-x$　　　　　　　　　　　　(2) $y=\dfrac{2}{3}x-\dfrac{1}{3}$

그림과 같은 두 함수 $f: X \longrightarrow Y$, $g: Y \longrightarrow Y$에 대하여 다음을 구하시오.

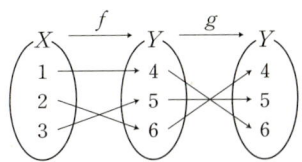

(1) $(f^{-1})^{-1}(2)$ (2) $(g \circ f)^{-1}(4)$ (3) $(f \circ (g \circ f)^{-1})(6)$

solution

   (1) $(f^{-1})^{-1}(2) = f(2) = 6$

   (2) $(g \circ f)^{-1}(4) = (f^{-1} \circ g^{-1})(4) = f^{-1}(g^{-1}(4)) = f^{-1}(6) = 2$

   (3) $(f \circ (g \circ f)^{-1})(6) = (f \circ f^{-1} \circ g^{-1})(6) = ((f \circ f^{-1}) \circ g^{-1})(6) = g^{-1}(6) = 4$

                                        <u>집합 Y에서의 항등함수</u>

기본유형 **26**   함수의 그래프와 그 역함수의 그래프의 교점   개념 **13**

함수 $y = 5x + 3$의 그래프와 그 역함수의 그래프의 교점의 좌표를 구하시오.

solution

   함수 $y = f(x)$의 그래프와 직선 $y = x$의 교점의 좌표는 함수 $y = f(x)$의 그래프와 그 역함수 $y = f^{-1}(x)$의 그래프의 교점의 좌표와 같다.

   $5x + 3 = x$에서 $x = -\dfrac{3}{4}$이므로 구하는 교점의 좌표는 $\left(-\dfrac{3}{4}, -\dfrac{3}{4} \right)$이다. ← 교점은 직선 $y = x$ 위의 점이므로
                                                                  x좌표, y좌표가 서로 같다.

**기본
연습**

pp.168~169

50   그림과 같은 두 함수 $f: X \longrightarrow X$, $g: X \longrightarrow X$에 대하여 다음을 구하시오.

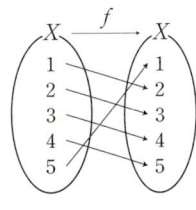 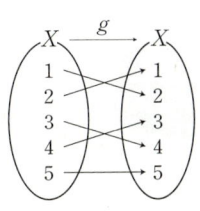

    (1) $(f \circ g^{-1})^{-1}(4)$

    (2) $((f \circ g)^{-1} \circ f)(1)$

51   함수 $y = 7x - 1$의 그래프와 그 역함수의 그래프의 교점의 좌표를 구하시오.

실수 전체의 집합에서 정의된 함수 $f(x)=3|x-1|+kx-1$의 역함수가 존재하도록 하는 실수 k의 값의 범위를 구하시오.

guide

❶ 함수 f의 역함수 f^{-1}가 존재할 조건을 파악한다.
 ⇨ '함수 $y=f(x)$의 역함수가 존재한다.' ⟺ '함수 $y=f(x)$가 일대일대응이다.'
❷ 함수 $f(x)$가 일대일대응이기 위한 조건을 파악한다.
 ⇨ (1) 정의역의 임의의 두 원소 x_1, x_2에 대하여 $x_1 \neq x_2$이면 $f(x_1) \neq f(x_2)$이다. ← 일대일함수
    (2) 치역과 공역이 서로 같다.
❸ ❷를 만족시키는 함수 $y=f(x)$의 그래프를 파악하여 조건을 만족시키는 값을 구한다.

solution

$f(x)=3|x-1|+kx-1$에서

(i) $x<1$일 때,
 $$f(x)=-3(x-1)+kx-1$$
 $$=(k-3)x+2$$

(ii) $x \geq 1$일 때,
 $$f(x)=3(x-1)+kx-1$$
 $$=(k+3)x-4$$

(i), (ii)에서 함수 f의 역함수가 존재하려면 f가 일대일대응이어야 한다.

따라서 $x<1$일 때와 $x \geq 1$일 때의 직선 $y=f(x)$의 기울기의 부호가 서로 같아야 한다.

즉, $(k-3)(k+3)>0$이므로

$k<-3$ 또는 $k>3$

필수
연습

📖 p.169

52 실수 전체의 집합에서 정의된 함수
 $$f(x)=a|x+4|+2x+1$$
 의 역함수가 존재하도록 하는 실수 a의 값의 범위를 구하시오.

53 두 집합 $X=\{x|0 \leq x \leq 5\}$, $Y=\{y|2 \leq y \leq 13\}$에 대하여 X에서 Y로의 함수
 $$f(x)=\begin{cases} ax+2 \ (0 \leq x<2) \\ bx-2 \ (2 \leq x \leq 5) \end{cases}$$
 의 역함수가 존재할 때, ab의 값을 구하시오. (단 a, b는 상수이다.)

두 함수 $f(x)=2x+2$, $g(x)=x^2-1$에 대하여 $(f^{-1} \circ g)(3)$의 값을 구하시오.

guide

  ① $(f \circ g)(a)=f(g(a))$이므로 $g(a)$의 값을 구하여 $f(x)$의 x에 대입한다.

  ② 역함수가 존재하는 함수 f에 대하여 '$f^{-1}(y)=x \Longleftrightarrow f(x)=y$'임을 이용하여 함숫값을 구한다.

solution

$g(3)=3^2-1=8$이므로

$(f^{-1} \circ g)(3)=f^{-1}(g(3))=f^{-1}(8)$

이때 $f^{-1}(8)=k$라 하면 $f(k)=8$이므로

$2k+2=8$ $\therefore k=3$

$\therefore (f^{-1} \circ g)(3)=f^{-1}(8)=3$

필수 연습

54 두 함수 $f(x)=x|x|+1$, $g(x)=3x-1$에 대하여 $(f \circ g^{-1})(-7)$의 값을 구하시오.

pp.169~170

55 함수 f에 대하여 $(f \circ f)(x)=x$, $f^{-1}(3)=5$일 때, $f(3)$의 값을 구하시오.

56 두 함수 $f(x)=-2x+5$, $g(x)=\begin{cases} 3x-2 \ (x<1) \\ 2x-1 \ (x \geq 1) \end{cases}$에 대하여

$(f^{-1} \circ g)(2)+(f \circ g^{-1})(2)$의 값을 구하시오.

두 함수 $f(x)=\dfrac{1}{2}x-4$, $g(x)=\dfrac{1}{3}x+2$에 대하여 $(f^{-1}\circ(g\circ f^{-1})^{-1}\circ f)(8)$의 값을 구하시오.

guide

① 역함수의 성질을 이용하여 주어진 식을 간단히 한다.

⇨ 두 함수 $f:X\longrightarrow Y$, $g:Y\longrightarrow Z$의 역함수가 각각 f^{-1}, g^{-1}일 때,

(1) $(f^{-1})^{-1}=f$

(2) $(f^{-1}\circ f)(x)=x$, $(f\circ f^{-1})(y)=y$ $(x\in X,\ y\in Y)$

(3) $(g\circ f)^{-1}=f^{-1}\circ g^{-1}$

② 역함수가 존재하는 함수 f에 대하여 '$f^{-1}(y)=x\Longleftrightarrow f(x)=y$'임을 이용하여 함숫값을 구한다.

solution

$f(8)=\dfrac{1}{2}\times 8-4=0$이므로

$(f^{-1}\circ(g\circ f^{-1})^{-1}\circ f)(8)=(f^{-1}\circ f\circ g^{-1}\circ f)(8)$

$\qquad\qquad\qquad\qquad\qquad =(g^{-1}\circ f)(8)=g^{-1}(f(8))=g^{-1}(0)$

이때 $g^{-1}(0)=k$라 하면 $g(k)=0$이므로

$\dfrac{1}{3}k+2=0$ $\qquad\therefore\ k=-6$

$\therefore\ (f^{-1}\circ(g\circ f^{-1})^{-1}\circ f)(8)=g^{-1}(0)=-6$

plus

두 함수 f, g의 역함수가 각각 f^{-1}, g^{-1}로 존재할 때, $f\circ g=I$가 성립한다고 하자.

(1) $f\circ g=I$의 양변의 왼쪽에 f^{-1}를 합성하면 $f^{-1}\circ(f\circ g)=f^{-1}\circ I$, 즉 $g=f^{-1}$이다.

(2) $f\circ g=I$의 양변의 오른쪽에 g^{-1}를 합성하면 $(f\circ g)\circ g^{-1}=I\circ g^{-1}$, 즉 $f=g^{-1}$이다.

이때 함수의 합성에 대한 교환법칙은 성립하지 않으므로 합성하는 위치에 주의한다.

필수연습

pp.170~171

57 두 함수 $f(x)=\begin{cases} x+1 & (x<0) \\ x^2+1 & (x\ge 0) \end{cases}$, $g(x)=-x+3$에 대하여

$(f\circ(f^{-1}\circ g)^{-1}\circ f^{-1})(0)$의 값을 구하시오.

✦plus
58 두 함수 $f(x)=2x^2-1\ (x\ge 0)$, $g(x)=2x+3$에 대하여

$(g^{-1}\circ f)^{-1}(-1)+(g\circ f^{-1})^{-1}(3)$의 값을 구하시오.

✦plus
59 두 함수 $f(x)=-2x+1$, $g(x)=3x-4$에 대하여 $(f^{-1}\circ g)^{-1}\circ h=f$를 만족시키도록

함수 h를 정할 때, $h(-2)$의 값을 구하시오.

함수 $y=f(x)$의 그래프와 직선 $y=x$가 그림과 같을 때, 다음을 구하시오.
(단, 모든 점선은 x축 또는 y축에 평행하다.)

(1) $f^{-1}(b)$ (2) $(f \circ f)^{-1}(c)$

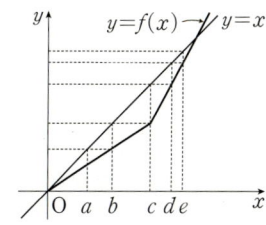

guide

❶ 직선 $y=x$를 이용하여 점선과 x축 또는 y축이 만나는 점의 좌표를 구한다.

❷ $f^{-1}(b)=a$이면 $f(a)=b$임을 이용하여 문제를 해결한다.

solution

직선 $y=x$를 이용하여 점선과 y축이 만나는 점의 y좌표를 구하면 오른쪽 그림과 같다.

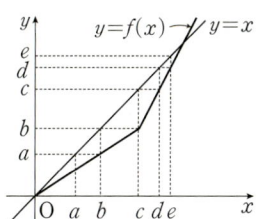

(1) $f^{-1}(b)=k$라 하면 $f(k)=b$이므로 $k=c$

$\therefore f^{-1}(b)=c$

(2) $(f \circ f)^{-1}(c)=(f^{-1} \circ f^{-1})(c)=f^{-1}(f^{-1}(c))$

이때 $f^{-1}(c)=l$이라 하면 $f(l)=c$이므로 $l=d$

$\therefore (f \circ f)^{-1}(c)=f^{-1}(d)$

또한, $f^{-1}(d)=m$이라 하면 $f(m)=d$이므로 $m=e$

$\therefore (f \circ f)^{-1}(c)=f^{-1}(d)=e$

필수 연습

p.171

60 함수 $y=f(x)$의 그래프와 직선 $y=x$가 그림과 같을 때, 다음을 구하시오. (단, 모든 점선은 x축 또는 y축에 평행하다.)

(1) $f^{-1}(d)$ (2) $(f \circ f)^{-1}(c)$

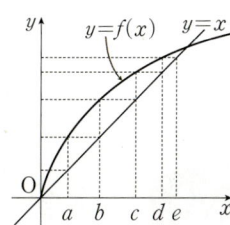

61 함수 $y=f(x)$의 그래프와 직선 $y=x$가 그림과 같다. 두 상수 k, s에 대하여

$$(f \circ f)(k)=c, \ (f^{-1} \circ f^{-1} \circ f^{-1})(s)=k$$

일 때, $f(s)$를 구하시오.

(단, 모든 점선은 x축 또는 y축에 평행하다.)

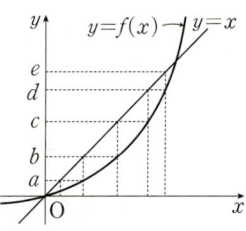

함수 $f(x)=2x-5$의 그래프와 그 역함수 $y=f^{-1}(x)$의 그래프의 교점을 P라 할 때, 선분 OP의 길이를 구하시오. (단, O는 원점이다.)

guide

❶ 함수 $y=f(x)$의 그래프와 그 역함수 $y=f^{-1}(x)$의 그래프는 직선 $y=x$에 대하여 대칭임을 확인한다.
❷ 함수 $y=f(x)$의 그래프와 직선 $y=x$의 교점의 좌표를 구한다.
❸ 함수 $y=f(x)$의 그래프와 직선 $y=x$의 교점은 함수 $y=f(x)$의 그래프와 그 역함수 $y=f^{-1}(x)$의 그래프의 교점임을 이용하여 선분의 길이를 구한다.

solution

함수 $y=f(x)$는 일차함수이고 함수 $y=f(x)$의 그래프와 그 역함수 $y=f^{-1}(x)$의 그래프는 직선 $y=x$에 대하여 대칭이므로 오른쪽 그림과 같이 함수 $y=f(x)$의 그래프와 그 역함수 $y=f^{-1}(x)$의 그래프의 교점은 함수 $y=f(x)$의 그래프와 직선 $y=x$의 교점과 같다.

즉, 교점의 x좌표는 방정식 $2x-5=x$의 실근이므로

$x=5$ ∴ P(5, 5) ← 교점은 직선 $y=x$ 위의 점이다.

따라서 선분 OP의 길이는

$\overline{OP}=\sqrt{5^2+5^2}=5\sqrt{2}$

◆ **plus**

오른쪽 그림과 같이 두 함수 $y=f(x)$, $y=f^{-1}(x)$의 그래프의 교점이 직선 $y=x$ 밖에 있는 경우도 존재한다.

특히, 함수 $y=f(x)$의 그래프가 직선이고, 두 함수 $y=f(x)$, $y=f^{-1}(x)$의 그래프의 교점이 직선 $y=x$ 밖에도 존재한다면 두 함수 $y=f(x)$, $y=f^{-1}(x)$의 그래프는 일치한다.

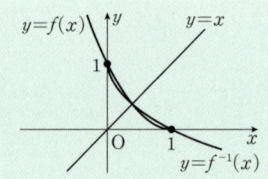

**필수
연습**

62 함수 $f(x)=x^2-6x+12$ $(x\geq3)$의 그래프와 그 역함수 $y=f^{-1}(x)$의 그래프가 서로 다른 두 점 P, Q에서 만날 때, 선분 PQ의 길이를 구하시오.

pp.171~172

◆plus
63 일차함수 $f(x)=(a^2-1)x+b$에 대하여 함수 $y=f(x)$의 그래프와 그 역함수 $y=f^{-1}(x)$의 그래프가 모두 점 (3, 7)을 지난다. 두 상수 a, b에 대하여 $a+b$의 값을 구하시오.

64 함수 $f(x)=\begin{cases} 4x+3 & (x<0) \\ \dfrac{1}{2}x+3 & (x\geq0) \end{cases}$ 과 그 역함수 f^{-1}에 대하여 두 함수 $y=f(x)$, $y=f^{-1}(x)$의 그래프로 둘러싸인 도형의 넓이를 구하시오.

31 함수 $f(x) = \begin{cases} x^2 & (x<0) \\ (a-1)x + a^2 - 1 & (x \geq 0) \end{cases}$ 의 역함수가 존재하도록 하는 상수 a의 값을 구하시오.

32 함수 $f(x) = \begin{cases} -x^2 + 2x & (x<1) \\ 2x^2 - 1 & (x \geq 1) \end{cases}$ 에 대하여 $f^{-1}(7) + f(t) = -1$을 만족시키는 실수 t의 값을 구하시오.

33 역함수가 존재하는 두 함수 f, g에 대하여
$$f^{-1}(3) = 5, \ g(x) = f(4x-1)$$
일 때, $g^{-1}(3)$의 값을 구하시오.

34 두 함수 f, g가
$$f(x) = \begin{cases} 2x-4 & (x<3) \\ x-1 & (x \geq 3) \end{cases}, \ (f \circ g)(x) = x$$
를 만족시킬 때, $g(0) + g(3)$의 값을 구하시오.

35 집합 $X = \{1, 2, 3\}$에 대하여 두 함수 $f : X \longrightarrow X$, $g : X \longrightarrow X$가 다음 그림과 같을 때, $(f \circ f)^{-1}(2) + ((f \circ g)^{-1} \circ g)(3)$의 값을 구하시오.

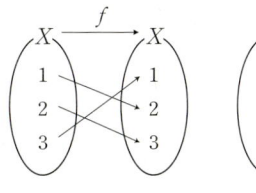 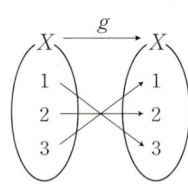

36 역함수를 갖는 함수 f가 모든 실수 x에 대하여
$$(f^{-1} \circ f \circ f^{-1})(x) = 5x - 4$$
를 만족시킬 때, $(f \circ f^{-1} \circ f)^{-1}(k) = 11$을 만족시키는 실수 k의 값을 구하시오.

37 역함수가 존재하는 두 함수 f, g가 모든 실수 x에 대하여

$$(f^{-1} \circ g)(x) = \begin{cases} 2x+2 & (x<1) \\ 3x+1 & (x \geq 1) \end{cases}$$

을 만족시키고 함수 $h(x)=6-3x$일 때, $(g^{-1} \circ f \circ h^{-1})(6)+(h \circ g^{-1} \circ f)(7)$의 값을 구하시오.

38 함수 $f(x)$의 역함수를 $g(x)$라 할 때, 다음 중 함수 $y=g(2-3x)$의 역함수를 $f(x)$로 바르게 나타낸 것은?

① $y=f\left(-\dfrac{x}{3}\right)+2$　　② $y=-3f(x)+6$

③ $y=f(-3x+2)$　　④ $y=-\dfrac{1}{3}f(x)+\dfrac{2}{3}$

⑤ $y=\dfrac{1}{3}f(-3x)+\dfrac{2}{3}$

39 $0 \leq x \leq 1$에서 정의된 두 함수 $y=f(x)$, $y=g(x)$의 그래프가 다음 그림과 같을 때, $(g \circ f^{-1})^{-1}(a)+(f^{-1} \circ g \circ g)^{-1}(a)$의 값과 같은 것은? (단, 모든 점선은 x축 또는 y축에 평행하다.)

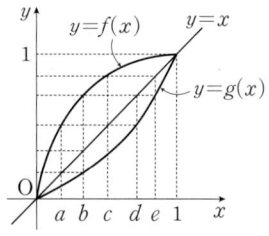

① $2a$　　② $a+c$　　③ $b+d$
④ $c+e$　　⑤ $d+e$

40 함수 f와 그 역함수 g에 대하여 함수 $y=f(x-3)+2$의 역함수의 그래프는 함수 $y=g(x)$의 그래프를 x축의 방향으로 m만큼, y축의 방향으로 n만큼 평행이동한 것과 같을 때, $2m+n$의 값을 구하시오.

41 일차함수 $y=f(x)$의 그래프가 점 $(3, -5)$를 지나고 두 함수 $y=f(x)$, $y=f^{-1}(x)$의 그래프가 일치할 때, $f(-4)+f(1)$의 값을 구하시오.

42 함수 $f(x)=x^2+2x+k$ $(x \geq -1)$의 그래프와 그 역함수 $y=f^{-1}(x)$의 그래프가 만나도록 하는 정수 k의 최댓값을 구하시오.

신유형

1 정의역이 $\{a, b\}$인 두 함수
$$f(x)=2x^2+x+p,\ g(x)=x^2-px+1$$
에 대하여 $f=g$가 성립한다. $a \neq b$이고 $a^2+b^2=7$일 때, a^3+b^3의 최댓값을 구하시오. (단, a, b, p는 실수이다.)

1등급

2 집합 $X=\{1, 2, 3, 4, 5\}$에 대하여 일대일대응인 함수 $f : X \longrightarrow X$가 다음 조건을 만족시킨다.

(가) $f(2)-f(3)=f(4)-f(1)=f(5)$
(나) $f(1)<f(2)<f(4)$

$f(2)+f(5)$의 값을 구하시오.

3 집합 $X=\{a, b, 0\}$에서 X로의 함수
$$f(x)=\begin{cases} -x^2-4x & (x<0) \\ x^2-4x & (x \geq 0) \end{cases}$$
는 항등함수이다. 두 점 $\mathrm{A}(a, f(a))$, $\mathrm{B}(b, f(b))$에 대하여 선분 AB의 길이를 l이라 할 때, l^2의 값을 구하시오. (단, $b<0<a$)

4 함수 $f(x)=|x-3|$에 대하여 방정식
$$(f \circ f \circ f)(x)=3$$
을 만족시키는 모든 실수 x의 값의 합을 구하시오.

5 집합 $X=\{1, 2, 3, 4\}$에 대하여 X에서 X로의 일대일대응인 함수 f가 다음 조건을 만족시킨다.

(가) 집합 X의 모든 원소 x에 대하여 $(f \circ f)(x)=x$ 이다.
(나) 집합 X의 어떤 원소 x에 대하여 $f(x)=2x$이다.

〈보기〉에서 옳은 것만을 있는 대로 고른 것은?

보기
ㄱ. $f(3)=f^{-1}(3)$
ㄴ. $f(1)=3$이면 $f(2)=4$이다.
ㄷ. 가능한 함수 f의 개수는 4이다.

① ㄱ   ② ㄴ   ③ ㄱ, ㄴ
④ ㄱ, ㄷ   ⑤ ㄱ, ㄴ, ㄷ

6 함수 $f(x)=\dfrac{1}{2}x^2-2x+2\ (x \leq 2)$의 그래프와 그 역함수 $y=f^{-1}(x)$의 그래프의 교점의 좌표를 모두 구하시오.

Ⅲ-08 함수

We want to live by each other's happiness,
not by each other's misery.

우리는 서로의 불행이 아니라
서로의 행복에 의해 살아가기를 원한다.

... 찰리 채플린(Charlie Chaplin)

III

함수와 그래프

1 유리식

개념 01 유리식

두 다항식 A, B $(B \neq 0)$에 대하여 $\dfrac{A}{B}$ 꼴로 나타낼 수 있는 식을 **유리식**이라고 한다.

특히, B가 0이 아닌 상수일 때 $\dfrac{A}{B}$는 다항식이 되므로 다항식도 유리식이다.

참고 다항식이 아닌 유리식을 분수식이라고 한다.

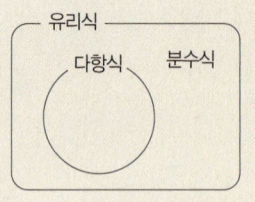

유리수를 정수와 정수가 아닌 유리수로 분류하는 것과 마찬가지로 유리식도 다항식과 분수식(다항식이 아닌 유리식)으로 분류할 수 있다. Ⓐ

$$\text{유리식} \begin{cases} \text{다항식} : x^2-3, \dfrac{x+2}{3}, \ \cdots \leftarrow \text{분모가 0이 아닌 상수} \\ \text{분수식} : \dfrac{1}{x-1}, \dfrac{x+2}{x^2-1}, \ \cdots \leftarrow \text{분모가 일차 이상의 다항식} \end{cases}$$

Ⓐ 유리수

유리수는 두 정수 a, b $(b \neq 0)$에 대하여 $\dfrac{a}{b}$ 꼴로 나타낼 수 있는 수이다.

개념 02 유리식의 성질

세 다항식 A, B, C $(B \neq 0, C \neq 0)$에 대하여

(1) $\dfrac{A}{B} = \dfrac{A \times C}{B \times C}$

(2) $\dfrac{A}{B} = \dfrac{A \div C}{B \div C}$

유리수에서 분모, 분자에 0이 아닌 같은 수를 곱하거나 나누어도 그 값은 변하지 않는다. 이와 같은 성질은 유리식에서도 성립한다.

(1) $\dfrac{A}{B} = \dfrac{A \times C}{B \times C}$: 두 개 이상의 유리식을 통분할 때 이용
분모가 같은 유리식으로 고치는 것

(2) $\dfrac{A}{B} = \dfrac{A \div C}{B \div C}$: 분자와 분모에 공통인수가 있어서 약분할 때 이용
분자와 분모를 공통인수로 나누는 것

참고 유리식을 통분하거나 약분할 때, 먼저 유리식의 분자와 분모를 각각 인수분해하면 공통인수를 찾기 쉽다.

예1 두 유리식 $\dfrac{1}{x^2+2x-3}$, $\dfrac{3}{x^2+x-2}$을 통분하여 나타내 보자.

각 유리식의 분모를 인수분해하면 $\dfrac{1}{x^2+2x-3} = \dfrac{1}{(x-1)(x+3)}$, $\dfrac{3}{x^2+x-2} = \dfrac{3}{(x-1)(x+2)}$

이때 두 유리식의 분모의 최소공배수가 $(x-1)(x+2)(x+3)$이므로 두 유리식을 통분하여 나타내면

$$\dfrac{x+2}{(x-1)(x+3)(x+2)}, \dfrac{3(x+3)}{(x-1)(x+2)(x+3)}$$

예2 유리식 $\dfrac{x^2-x}{x^2-2x+1}$ 를 약분하여 간단히 나타내면

$$\dfrac{x^2-x}{x^2-2x+1}=\dfrac{x(x-1)}{(x-1)^2}=\dfrac{x}{x-1}$$

참고 예2에서 $\dfrac{x}{x-1}$ 와 같이 더 이상 약분할 수 없는 분수식을 기약분수식이라고 한다.

개념 03   유리식의 사칙연산

> **1. 유리식의 덧셈과 뺄셈**
> 네 다항식 A, B, C, D $(C\neq0,\ D\neq0)$에 대하여
>
> (1) $\dfrac{A}{C}\pm\dfrac{B}{C}=\dfrac{A\pm B}{C}$ (복부호 동순)   (2) $\dfrac{A}{C}\pm\dfrac{B}{D}=\dfrac{AD\pm BC}{CD}$ (복부호 동순)
>
> **2. 유리식의 곱셈과 나눗셈**
> 네 다항식 A, B, C, D $(B\neq0,\ D\neq0)$에 대하여
>
> (1) $\dfrac{A}{B}\times\dfrac{C}{D}=\dfrac{AC}{BD}$ (2) $\dfrac{A}{B}\div\dfrac{C}{D}=\dfrac{A}{B}\times\dfrac{D}{C}=\dfrac{AD}{BC}$ (단, $C\neq0$)

유리식의 사칙연산은 유리수의 사칙연산과 그 방법이 동일하며, 계산 결과는 되도록 약분하여 간단한 꼴(또는 차수가 낮은 꼴)로 나타낸다.

1. 유리식의 덧셈과 뺄셈

분모가 다른 유리식의 덧셈과 뺄셈은 유리수의 덧셈과 뺄셈에서처럼 <mark>분모를 통분한 후, 분자끼리 계산</mark>한다.
이때 유리식의 덧셈과 뺄셈의 결과는 모두 유리식이다.

예1 $\dfrac{3}{x-2}+\dfrac{1}{x+1}=\dfrac{3(x+1)+(x-2)}{(x-2)(x+1)}=\dfrac{4x+1}{x^2-x-2}$

예2 $\dfrac{x+1}{x-1}-\dfrac{2}{x+1}=\dfrac{(x+1)^2-2(x-1)}{(x-1)(x+1)}=\dfrac{x^2+3}{x^2-1}$

2. 유리식의 곱셈과 나눗셈

유리식의 곱셈은 유리수의 곱셈에서처럼 <mark>분모는 분모끼리, 분자는 분자끼리 곱하여 계산</mark>한다.
또한, 유리식의 나눗셈은 유리수의 나눗셈에서처럼 나누는 식의 역수를 취한 후 곱하여 계산한다.

예1 $\dfrac{x+3}{x^2-6x+9}\times\dfrac{2x-6}{x+3}=\dfrac{x+3}{(x-3)^2}\times\overset{\text{분자와 분모를 바꾼다.}}{\dfrac{2(x-3)}{x+3}}=\dfrac{2}{x-3}$

예2 $\dfrac{x-2}{x-3}\div\dfrac{x^2-4}{x-3}=\dfrac{x-2}{x-3}\times\dfrac{x-3}{x^2-4}=\dfrac{x-2}{x-3}\times\dfrac{x-3}{(x-2)(x+2)}=\dfrac{1}{x+2}$

참고 <mark>유리식의 덧셈과 곱셈에서 교환법칙과 결합법칙이 성립한다.</mark>

> **1. (분자의 차수)≥(분모의 차수)인 경우**
> 분자를 분모로 나누어 (분자의 차수)<(분모의 차수)가 되도록 변형한 후 계산한다.
>
> **2. 네 개 이상의 유리식을 계산하는 경우**
> 계산 과정이 간단해지도록 적당히 두 개씩 묶어서 계산한다.
>
> **3. 분모가 두 개 이상의 인수의 곱인 경우**
> 부분분수로 변형한 후 계산한다.
>
> (1) $\dfrac{1}{AB}=\dfrac{1}{B-A}\left(\dfrac{1}{A}-\dfrac{1}{B}\right)$ (단, $A\neq B$)　　　(2) $\dfrac{1}{ABC}=\dfrac{1}{C-A}\left(\dfrac{1}{AB}-\dfrac{1}{BC}\right)$ (단, $A\neq C$)
>
> **4. 분자 또는 분모가 분수식인 경우**
> 분자에 분모의 역수를 곱하여 계산한다.
>
> $$\dfrac{\frac{A}{B}}{\frac{C}{D}}=\dfrac{A}{B}\div\dfrac{C}{D}=\dfrac{A}{B}\times\dfrac{D}{C}=\dfrac{AD}{BC}$$

1. (분자의 차수)≥(분모의 차수)인 유리식의 계산

(분자의 차수)<(분모의 차수)가 되도록 분자를 분모로 나누어 식을 (다항식)+(분수식) 꼴로 변형한다.

예 $\dfrac{x^2+x+2}{x-1}=\dfrac{(x-1)(x+2)+4}{x-1}=x+2+\dfrac{4}{x-1}$

2. 네 개 이상의 유리식의 계산

예 $\dfrac{1}{x-2}+\dfrac{1}{x-1}-\dfrac{1}{x}-\dfrac{1}{x+1}=\left(\dfrac{1}{x-2}-\dfrac{1}{x}\right)+\left(\dfrac{1}{x-1}-\dfrac{1}{x+1}\right)$

$$=\dfrac{2}{x(x-2)}+\dfrac{2}{(x-1)(x+1)}=\dfrac{2(x-1)(x+1)+2x(x-2)}{x(x-2)(x-1)(x+1)}$$

└─ 분자에 문자가 없어서 통분이 간단해진다.

$$=\dfrac{2(2x^2-2x-1)}{x(x-2)(x-1)(x+1)}$$

3. 분모가 두 개 이상의 인수의 곱인 유리식의 계산

하나의 유리식을 두 개 이상의 유리식으로 나누어 계산한다.

이 방법을 부분분수로의 변형이라 하며, 통분의 역과정을 이용하여 확인할 수 있다.

(1) $\dfrac{1}{A}-\dfrac{1}{B}=\dfrac{B-A}{AB}\;\Rightarrow\;\dfrac{1}{AB}=\dfrac{1}{B-A}\left(\dfrac{1}{A}-\dfrac{1}{B}\right)$ (단, $A\neq B$)

(2) $\dfrac{1}{AB}-\dfrac{1}{BC}=\dfrac{C-A}{ABC}\;\Rightarrow\;\dfrac{1}{ABC}=\dfrac{1}{C-A}\left(\dfrac{1}{AB}-\dfrac{1}{BC}\right)$ (단, $A\neq C$)

예1 $\dfrac{1}{x(x+2)}=\dfrac{1}{(x+2)-x}\left(\dfrac{1}{x}-\dfrac{1}{x+2}\right)=\dfrac{1}{2}\left(\dfrac{1}{x}-\dfrac{1}{x+2}\right)$

예2 $\dfrac{1}{x(x+1)(x+2)}=\dfrac{1}{(x+2)-x}\left\{\dfrac{1}{x(x+1)}-\dfrac{1}{(x+1)(x+2)}\right\}$

$$=\dfrac{1}{2}\left\{\dfrac{1}{x(x+1)}-\dfrac{1}{(x+1)(x+2)}\right\}$$

4. 분자 또는 분모가 분수식인 유리식의 계산 Ⓐ

다음과 같이 분자에 분모의 역수를 곱하여 계산한다.

$$\frac{\dfrac{A}{B}}{\dfrac{C}{D}} = \frac{A}{B} \div \frac{C}{D} = \frac{A}{B} \times \frac{D}{C} = \frac{AD}{BC}$$

예

$$\frac{\dfrac{x-1}{x}}{\dfrac{x}{x+1}} = \frac{(x-1) \times (x+1)}{x \times x} = \frac{(x-1)(x+1)}{x^2} = \frac{x^2-1}{x^2}$$

참고 분자, 분모 중 어느 한 쪽만 분수식일 때에는 다음과 같이 계산한다.

(1) $\dfrac{\dfrac{A}{B}}{C} = \dfrac{\dfrac{A}{B}}{\dfrac{C}{1}} = \dfrac{A}{BC}$ 　　　　(2) $\dfrac{A}{\dfrac{B}{C}} = \dfrac{\dfrac{A}{1}}{\dfrac{B}{C}} = \dfrac{AC}{B}$

> **Ⓐ 번분수식**
> 분자 또는 분모에 또 다른 분수식을 포함한 유리식을 번분수식이라고 한다.

개념 05 비례식을 이용한 유리식의 계산

1. 비례식

두 비 $a:b$, $c:d$의 값이 같을 때, $a:b=c:d$ 또는 $\dfrac{a}{b}=\dfrac{c}{d}$와 같이 나타내고, 이 식을 **비례식**이라고 한다.

2. 비례식의 표현

0이 아닌 실수 $a, b, c, d, e, f, k_1, k_2, k_3$에 대하여

(1) $a:b=c:d \iff \dfrac{a}{b}=\dfrac{c}{d}=k_1 \iff a=bk_1, \ c=dk_1$

$\qquad\qquad \iff \dfrac{a}{c}=\dfrac{b}{d}=k_2 \iff a=ck_2, \ b=dk_2$

(2) $a:b:c=d:e:f \iff \dfrac{a}{d}=\dfrac{b}{e}=\dfrac{c}{f}=k_3 \iff a=dk_3, \ b=ek_3, \ c=fk_3$

> 참고 이때의 실수 k_1, k_2, k_3의 값을 비례상수라 한다.

예　0이 아닌 두 실수 x, y에 대하여 $\dfrac{x}{3}=\dfrac{y}{2}$일 때, $\dfrac{2xy}{x^2-y^2}$의 값을 구해

보자.

$\dfrac{x}{3}=\dfrac{y}{2}=k \ (k\neq0)$로 놓으면 $x=3k, \ y=2k$

$\therefore \dfrac{2xy}{x^2-y^2} = \dfrac{2 \times 3k \times 2k}{(3k)^2-(2k)^2} = \dfrac{12k^2}{5k^2} = \dfrac{12}{5}$

참고　0이 아닌 네 실수 x, y, a, b에 대하여 비례식 $x:y=a:b$와 같은 표현은 다음과 같다.

(1) $\dfrac{x}{y}=\dfrac{a}{b}$ 또는 $\dfrac{x}{a}=\dfrac{y}{b}$

(2) $x=ak, \ y=bk$ (단, $k\neq0$)

(3) $bx=ay$ Ⓑ

> **Ⓑ** $x:y=a:b$에서 바깥쪽의 두 항 x, b를 외항, 안쪽의 두 항 y, a를 내항이라 한다. 비례식에서 외항의 곱과 내항의 곱은 같다.
>
>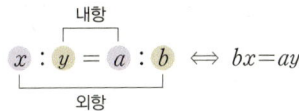

기본유형 01 유리식

개념 01

다음 〈보기〉에서 다항식이 아닌 유리식에 해당하는 것만을 있는 대로 고르시오.

보기

ㄱ. $\frac{3}{x}$ ㄴ. $\frac{x+3}{5}$ ㄷ. $\frac{x^2+1}{x-1}$ ㄹ. $\frac{x+2}{x^2-1}$ ㅁ. $x-\frac{2}{3}$

solution

다항식이 아닌 유리식은 분모가 일차 이상의 다항식이므로 ㄱ, ㄷ, ㄹ이다.

기본유형 02 유리식의 성질

개념 02

다음 물음에 답하시오.

(1) $\frac{1}{x^2-1}$, $\frac{x}{x+1}$를 통분하시오.

(2) $\frac{6a^2x^4y}{2ax^3y^4}$를 약분하시오.

solution

(1) $\frac{1}{x^2-1}=\frac{1}{(x+1)(x-1)}$이므로 두 식을 통분하면

$\frac{1}{(x+1)(x-1)}$, $\frac{x(x-1)}{(x+1)(x-1)}$

(2) $\frac{6a^2x^4y}{2ax^3y^4}=\frac{3ax}{y^3}$

기본 연습

p.180

01 다음 〈보기〉에서 다항식이 아닌 유리식에 해당하는 것만을 있는 대로 고르시오.

보기

ㄱ. $\frac{5}{x+2}$ ㄴ. $\frac{3x-1}{3}$ ㄷ. $\frac{3x^3+2}{2x-5}$ ㄹ. $\frac{2x+1}{5x^2-4}$ ㅁ. $\frac{1}{2}+\frac{1}{x-1}$

02 다음 물음에 답하시오.

(1) $\frac{2}{x^2-x-2}$, $\frac{3x-1}{x^2-1}$을 통분하시오.

(2) $\frac{x^2+x-6}{x^2-3x+2}$을 약분하시오.

다음 식을 계산하시오.

(1) $\dfrac{2x+8}{x^2+2x}-\dfrac{1}{x}+\dfrac{2}{x+2}$

(2) $\dfrac{2x-6}{x^2+3x+2}\times\dfrac{x+2}{x^2-6x+9}\div\dfrac{x+3}{x^2-x-2}$

solution

(1) $\dfrac{2x+8}{x^2+2x}-\dfrac{1}{x}+\dfrac{2}{x+2}=\dfrac{2x+8}{x(x+2)}-\dfrac{x+2}{x(x+2)}+\dfrac{2x}{x(x+2)}=\dfrac{2x+8-x-2+2x}{x(x+2)}$

$=\dfrac{3x+6}{x(x+2)}=\dfrac{3(x+2)}{x(x+2)}=\dfrac{3}{x}$

(2) $\dfrac{2x-6}{x^2+3x+2}\times\dfrac{x+2}{x^2-6x+9}\div\dfrac{x+3}{x^2-x-2}=\dfrac{2(x-3)}{(x+1)(x+2)}\times\dfrac{x+2}{(x-3)^2}\times\dfrac{(x+1)(x-2)}{x+3}$

$=\dfrac{2(x-2)}{(x+3)(x-3)}$

$\dfrac{1}{x}+\dfrac{x}{x+1}-\dfrac{1}{x+2}-\dfrac{x+2}{x+3}$ 를 계산하시오.

solution

$\dfrac{x}{x+1}=\dfrac{(x+1)-1}{x+1}=1-\dfrac{1}{x+1},\ \dfrac{x+2}{x+3}=\dfrac{(x+3)-1}{x+3}=1-\dfrac{1}{x+3}$ 이므로

$\dfrac{1}{x}+\dfrac{x}{x+1}-\dfrac{1}{x+2}-\dfrac{x+2}{x+3}=\dfrac{1}{x}+\left(1-\dfrac{1}{x+1}\right)-\dfrac{1}{x+2}-\left(1-\dfrac{1}{x+3}\right)$

$=\dfrac{1}{x}-\dfrac{1}{x+1}-\dfrac{1}{x+2}+\dfrac{1}{x+3}=\dfrac{1}{x(x+1)}-\dfrac{1}{(x+2)(x+3)}$

$=\dfrac{(x+2)(x+3)-x(x+1)}{x(x+1)(x+2)(x+3)}=\dfrac{2(2x+3)}{x(x+1)(x+2)(x+3)}$

기본 연습

03 다음 식을 계산하시오.

(1) $\dfrac{x}{x+3}+\dfrac{4x-9}{2x^2+5x-3}-\dfrac{x-1}{2x-1}$

(2) $\dfrac{x^2+9x+18}{x^2-x-6}\div\dfrac{x^2+3x-18}{x^2+x-2}\times\dfrac{x^2-7x+12}{2x^2+8x+6}$

p.180

04 $\dfrac{2x-1}{x-1}-\dfrac{x+1}{x}-\dfrac{2x+5}{x+2}+\dfrac{x+4}{x+3}$ 를 계산하시오.

다음 식을 계산하시오.

(1) $\dfrac{1}{x(x+1)}+\dfrac{2}{(x+1)(x+3)}$

(2) $\dfrac{1+\dfrac{1}{x}}{1-\dfrac{1}{x}}$

solution

(1) $\dfrac{1}{x(x+1)}=\dfrac{1}{(x+1)-x}\left(\dfrac{1}{x}-\dfrac{1}{x+1}\right)$, $\dfrac{2}{(x+1)(x+3)}=\dfrac{2}{(x+3)-(x+1)}\left(\dfrac{1}{x+1}-\dfrac{1}{x+3}\right)$이므로

$\dfrac{1}{x(x+1)}+\dfrac{2}{(x+1)(x+3)}=\left(\dfrac{1}{x}-\dfrac{1}{x+1}\right)+\left(\dfrac{1}{x+1}-\dfrac{1}{x+3}\right)$

$=\dfrac{1}{x}-\dfrac{1}{x+3}=\dfrac{x+3-x}{x(x+3)}=\dfrac{3}{x^2+3x}$

(2) $\dfrac{1+\dfrac{1}{x}}{1-\dfrac{1}{x}}=\dfrac{\dfrac{x+1}{x}}{\dfrac{x-1}{x}}=\dfrac{x(x+1)}{x(x-1)}=\dfrac{x+1}{x-1}$

$\dfrac{x}{3}=\dfrac{y}{5}$일 때, $\dfrac{x^2-y^2}{x^2+y^2}$의 값을 구하시오. (단, $xy\neq0$)

solution

$\dfrac{x}{3}=\dfrac{y}{5}=k\ (k\neq0)$로 놓으면 $x=3k,\ y=5k$

$\therefore\ \dfrac{x^2-y^2}{x^2+y^2}=\dfrac{(3k)^2-(5k)^2}{(3k)^2+(5k)^2}=\dfrac{-16k^2}{34k^2}=-\dfrac{8}{17}$

기본 연습

p.181

05 다음 식을 계산하시오.

(1) $\dfrac{x}{2x^2-3x+1}-\dfrac{x}{2x^2+3x+1}+\dfrac{2}{4x^2-1}$

(2) $\dfrac{a}{1-\dfrac{1}{a+1}}$

06 $\dfrac{x}{4}=\dfrac{y}{3}$일 때, $\dfrac{2xy}{x^2+y^2}$의 값을 구하시오. (단, $xy\neq0$)

분모가 0이 되지 않도록 하는 모든 실수 x에 대하여 등식

$$\frac{3}{x^2-x-2}=\frac{a}{x-2}+\frac{b}{x+1}$$

가 항상 성립할 때, $a-b$의 값을 구하시오. (단, a, b는 상수이다.)

guide

❶ 주어진 식을 통분하여 양변의 분모를 같게 한다.

❷ 다음 항등식의 성질을 이용하여 동류항의 계수를 비교한다.

  (1) $ax^2+bx+c=a'x^2+b'x+c'$이 x에 대한 항등식 $\iff a=a'$, $b=b'$, $c=c'$

  (2) $ax+by+c=a'x+b'y+c'$이 x, y에 대한 항등식 $\iff a=a'$, $b=b'$, $c=c'$

solution

주어진 식의 우변을 통분하여 정리하면

$$\frac{a}{x-2}+\frac{b}{x+1}=\frac{a(x+1)+b(x-2)}{(x-2)(x+1)}=\frac{(a+b)x+a-2b}{x^2-x-2}$$

즉, $\dfrac{3}{x^2-x-2}=\dfrac{(a+b)x+a-2b}{x^2-x-2}$가 x에 대한 항등식이므로 양변의 분자의 동류항의 계수를 비교하면

$a+b=0$, $a-2b=3$

두 식을 연립하여 풀면 $a=1$, $b=-1$

$\therefore a-b=1-(-1)=2$

**필수
연습**

pp.181~182

07 분모가 0이 되지 않도록 하는 모든 실수 x에 대하여 등식

$$\frac{7x-1}{x^3-1}=\frac{a}{x-1}-\frac{bx-3}{x^2+x+1}$$

이 항상 성립할 때, ab의 값을 구하시오. (단, a, b는 상수이다.)

08 분모가 0이 되지 않도록 하는 모든 실수 x에 대하여 등식

$$\frac{1}{x^3-x}=\frac{a}{x-1}+\frac{b}{x}+\frac{c}{x+1}$$

가 항상 성립할 때, $a-b+c$의 값을 구하시오. (단, a, b, c는 상수이다.)

09 모든 실수 x에 대하여 등식

$$\frac{a}{(x^2+x+1)^2}+\frac{b}{(x^2-x+1)^2}=\frac{4x^4+cx^2+4}{(x^4+x^2+1)^2}$$

가 항상 성립할 때, abc의 값을 구하시오. (단, a, b, c는 상수이다.)

다음 물음에 답하시오.

(1) $\dfrac{2}{(x-1)(x+1)}+\dfrac{2}{(x+1)(x+3)}+\dfrac{2}{(x+3)(x+5)}+\cdots+\dfrac{2}{(x+19)(x+21)}$ 를 간단히 하시오.

(2) $\dfrac{1}{1\times2}+\dfrac{1}{2\times3}+\dfrac{1}{3\times4}+\cdots+\dfrac{1}{99\times100}$ 의 값을 구하시오.

guide

❶ 유리식의 분모가 두 개 이상의 인수의 곱으로 이루어져 있을 때 부분분수로 변형한다.
　⇨ $\dfrac{1}{AB}=\dfrac{1}{B-A}\left(\dfrac{1}{A}-\dfrac{1}{B}\right)$ (단, $A\neq B$)
❷ 소거되는 항을 정리하여 식을 간단히 한 후, 남은 항을 계산한다.

solution

(1) (주어진 식)$=\left(\dfrac{1}{x-1}-\dfrac{1}{x+1}\right)+\left(\dfrac{1}{x+1}-\dfrac{1}{x+3}\right)+\left(\dfrac{1}{x+3}-\dfrac{1}{x+5}\right)+\cdots+\left(\dfrac{1}{x+19}-\dfrac{1}{x+21}\right)$

$\qquad=\dfrac{1}{x-1}-\dfrac{1}{x+21}=\dfrac{(x+21)-(x-1)}{(x-1)(x+21)}=\dfrac{22}{(x-1)(x+21)}$

(2) (주어진 식)$=\left(\dfrac{1}{1}-\dfrac{1}{2}\right)+\left(\dfrac{1}{2}-\dfrac{1}{3}\right)+\left(\dfrac{1}{3}-\dfrac{1}{4}\right)+\cdots+\left(\dfrac{1}{99}-\dfrac{1}{100}\right)$

$\qquad=1-\dfrac{1}{100}=\dfrac{99}{100}$

필수 연습

pp.182~183

10 다음 물음에 답하시오.

(1) $\dfrac{6}{(x-4)(x-1)}+\dfrac{6}{(x-1)(x+2)}+\dfrac{6}{(x+2)(x+5)}+\cdots+\dfrac{6}{(x+23)(x+26)}$
을 간단히 하시오.

(2) $\dfrac{4}{1\times3}+\dfrac{4}{3\times5}+\dfrac{4}{5\times7}+\cdots+\dfrac{4}{19\times21}$ 의 값을 구하시오.

11 분모가 0이 되지 않도록 하는 모든 실수 x에 대하여 등식

$$\dfrac{1}{x(x+2)}+\dfrac{2}{(x+2)(x+6)}+\dfrac{3}{(x+6)(x+12)}=\dfrac{b}{x(x+a)}$$

가 성립할 때, $a+b$의 값을 구하시오. (단, a, b는 상수이다.)

12 $f(x)=x^2-1$일 때, $\dfrac{1}{f(2)}+\dfrac{1}{f(3)}+\dfrac{1}{f(4)}+\cdots+\dfrac{1}{f(10)}$ 의 값을 구하시오.

다음 식을 간단히 하시오.

(1) $\dfrac{\dfrac{1}{x+1}+\dfrac{1}{x-1}}{\dfrac{1}{x-1}-\dfrac{1}{x+1}}$

(2) $1+\dfrac{1}{1-\dfrac{1}{1+\dfrac{1}{x}}}$

guide

❶ (1) 분자 또는 분모가 유리식인 경우, 분자와 분모를 각각 통분하여 계산한다.

　 (2) 분모에 유리식이 반복될 경우, 가장 아래에 있는 유리식부터 차례대로 계산한다.

❷ 분자에 분모의 역수를 곱하여 계산한다.

$$\Rightarrow \dfrac{\dfrac{A}{B}}{\dfrac{C}{D}}=\dfrac{A}{B}\times\dfrac{D}{C}=\dfrac{AD}{BC}$$

solution

(1) (주어진 식)$=\dfrac{\dfrac{(x-1)+(x+1)}{(x+1)(x-1)}}{\dfrac{(x+1)-(x-1)}{(x-1)(x+1)}}=\dfrac{\dfrac{2x}{(x+1)(x-1)}}{\dfrac{2}{(x-1)(x+1)}}=\dfrac{2x(x-1)(x+1)}{2(x+1)(x-1)}=x$

(2) (주어진 식)$=1+\dfrac{1}{1-\dfrac{1}{\dfrac{x+1}{x}}}=1+\dfrac{1}{1-\dfrac{x}{x+1}}=1+\dfrac{1}{\dfrac{1}{x+1}}=1+(x+1)=x+2$

다른 풀이

(1) 분자, 분모에 각각 $(x-1)(x+1)$을 곱하면

$$(주어진 식)=\dfrac{\left(\dfrac{1}{x+1}+\dfrac{1}{x-1}\right)\times(x-1)(x+1)}{\left(\dfrac{1}{x-1}-\dfrac{1}{x+1}\right)\times(x-1)(x+1)}=\dfrac{(x-1)+(x+1)}{(x+1)-(x-1)}=\dfrac{2x}{2}=x$$

**필수
연습**

📖 p.183

13 다음 식을 간단히 하시오.

(1) $\dfrac{\dfrac{1}{x+3}-\dfrac{1}{x+4}}{\dfrac{1}{x+2}-\dfrac{1}{x+3}}$

(2) $1+\dfrac{1}{2+\dfrac{1}{3+\dfrac{1}{x}}}$

14 등식 $\dfrac{25}{81}=\dfrac{1}{a+\dfrac{1}{b+\dfrac{1}{c}}}$ 을 만족시키는 세 자연수 a, b, c에 대하여 $a+b+c$의 값을 구하

시오.

다음 물음에 답하시오.

(1) $x^2+2x-1=0$일 때, $x^3-\dfrac{1}{x^3}$의 값을 구하시오.

(2) 0이 아닌 세 실수 a, b, c에 대하여 $a+b+c=0$일 때, $\dfrac{b+c}{a}+\dfrac{c+a}{b}+\dfrac{a+b}{c}$의 값을 구하시오.

guide ❶ 곱셈 공식 등을 이용하여 주어진 유리식을 변형한 후, 조건을 유리식에 대입한다.
❷ 주어진 유리식의 값을 구한다.

solution

(1) $x^2+2x-1=0$에서 $\underset{x=0\text{이면}\ 0+2\times 0-1\neq 0}{x\neq 0}$이므로 양변을 x로 나누면

$$x+2-\frac{1}{x}=0 \qquad \therefore\ x-\frac{1}{x}=-2$$

$$\therefore\ x^3-\frac{1}{x^3}=\left(x-\frac{1}{x}\right)^3+3\left(x-\frac{1}{x}\right)=(-2)^3+3\times(-2)=-14$$

(2) $a+b+c=0$에서 $b+c=-a$, $c+a=-b$, $a+b=-c$이므로

$$\frac{b+c}{a}+\frac{c+a}{b}+\frac{a+b}{c}=\frac{-a}{a}+\frac{-b}{b}+\frac{-c}{c}=-1+(-1)+(-1)=-3$$

**필수
연습**

🔖 pp.183~184

15 다음 물음에 답하시오.

(1) $x^2-7x+1=0$일 때, $x^3+\dfrac{1}{x^3}$의 값을 구하시오.

(2) 0이 아닌 세 실수 a, b, c에 대하여 $a^2+b^2+c^2-ab-bc-ca=0$일 때,

$\dfrac{c}{a+b}+\dfrac{2a}{b+c}+\dfrac{3b}{c+a}$의 값을 구하시오.

16 $x^2+4x-1=0$일 때, $\dfrac{1}{x}-\dfrac{1}{4+\dfrac{1}{4+x}}$의 값을 구하시오.

17 $\dfrac{x^2-xy-8y^2}{x^2-xy+y^2}=-2$일 때, $\dfrac{2x+7y}{3x-5y}$의 값을 구하시오. (단, $xy>0$)

0이 아닌 세 실수 x, y, z에 대하여 $(x+y):y=5:3$, $(3z-y):2z=7:6$일 때, 다음 식의 값을 구하시오.

(1) $\dfrac{2x+y-z}{x-2y+z}$　　　　　　　　　　　　　　(2) $\dfrac{x^2-2y^2+z^2}{xy-yz+zx}$

guide

❶ 조건이 비례식으로 주어지면 다음과 같이 비례상수 k를 이용하여 각 문자를 나타낸다.

$a:b:c=d:e:f \Longleftrightarrow \dfrac{a}{d}=\dfrac{b}{e}=\dfrac{c}{f}=k \Longleftrightarrow a=dk, b=ek, c=fk$ (단, $k\neq0$)

❷ ❶에서 나타낸 식을 유리식에 대입하여 식의 값을 구한다.

solution

$(x+y):y=5:3$에서 $3(x+y)=5y$

$3x+3y=5y$, $3x=2y$　　$\therefore$ $x=\dfrac{2}{3}y$　　　$\cdots\cdots\bigcirc$

$(3z-y):2z=7:6$에서 $6(3z-y)=14z$

$18z-6y=14z$, $2z=3y$　　$\therefore$ $z=\dfrac{3}{2}y$　　　$\cdots\cdots\bigcirc$

$\bigcirc$, $\bigcirc$에서 $x:y:z=\dfrac{2}{3}y:y:\dfrac{3}{2}y=4:6:9$

따라서 $x=4k$, $y=6k$, $z=9k$ $(k\neq0)$로 놓으면

(1) $\dfrac{2x+y-z}{x-2y+z}=\dfrac{8k+6k-9k}{4k-12k+9k}=\dfrac{5k}{k}=5$　　(2) $\dfrac{x^2-2y^2+z^2}{xy-yz+zx}=\dfrac{16k^2-72k^2+81k^2}{24k^2-54k^2+36k^2}=\dfrac{25k^2}{6k^2}=\dfrac{25}{6}$

♦plus

가비의 리 (교육과정 外)

$a:b:c=d:e:f$, 즉 $\dfrac{a}{d}=\dfrac{b}{e}=\dfrac{c}{f}$일 때,

$\dfrac{a}{d}=\dfrac{b}{e}=\dfrac{c}{f}=\dfrac{a+b+c}{d+e+f}=\dfrac{pa+qb+rc}{pd+qe+rf}$ (단, $d+e+f\neq0$, $pd+qe+rf\neq0$)

가 성립한다. ← $d+e+f=0$이면 $d+e+f=0$을 적당히 변형하여 식에 대입한다.

필수 연습

18 0이 아닌 세 실수 x, y, z에 대하여 $(x+y):(y+z):(z+x)=4:7:5$일 때, 다음 식의 값을 구하시오.

(1) $\dfrac{yz+zx}{xy+yz}$　　　　　　　　　　　　　　(2) $\dfrac{x^3+y^3+z^3}{xyz}$

▣ p.184

♦plus

19 세 실수 a, b, c에 대하여 $\dfrac{b+c}{a}=\dfrac{c+a}{b}=\dfrac{a+b}{c}=k$를 만족시키는 모든 실수 k의 값의 합을 구하시오. (단, $abc\neq0$)

01 유리식 $\dfrac{4m+16}{m^2-16}$의 값이 정수가 되도록 하는 모든 정수 m의 값의 합을 구하시오. (단, $m \neq -4$, $m \neq 4$)

02 분모가 0이 되지 않도록 하는 모든 실수 x에 대하여 등식

$$\frac{x-2}{x(x-1)^2} = \frac{a}{x} - \frac{b}{x-1} - \frac{c}{(x-1)^2}$$

가 항상 성립하도록 하는 abc의 값을 구하시오.

(단, a, b, c는 상수이다.)

03 $AB \neq 0$인 두 다항식 A, B에 대하여 $\langle A, B \rangle$를

$$\langle A, B \rangle = \frac{A-B}{AB}$$

라 할 때, 등식

$$\langle x+3, x+1 \rangle + \langle x+5, x+3 \rangle + \langle x+7, x+5 \rangle$$
$$= \langle x+a, x+1 \rangle$$

이 성립하도록 하는 상수 a의 값을 구하시오.

04 등식 $\dfrac{14}{31} = \dfrac{1}{p+\dfrac{1}{q-\dfrac{1}{r}}}$을 만족시키는 서로 다른 세 자연수 p, q, r에 대하여 $p+q+r$의 값을 구하시오.

05 세 양수 a, b, c에 대하여 $abc = 1$일 때,

$$\frac{a}{ab+a+1} + \frac{b}{bc+b+1} + \frac{c}{ca+c+1}$$

의 값을 구하시오.

06 세 자연수 a, b, c가 다음 조건을 만족시킨다.

(가) $\dfrac{3a+b}{3} = \dfrac{2b+c}{4} = \dfrac{2c}{5}$

(나) a, b, c의 최소공배수는 90이다.

$3a+2b+c$의 값을 구하시오.

2 유리함수

개념 06   유리함수

1. 유리함수

함수 $y=f(x)$에서 $f(x)$가 x에 대한 유리식일 때, 이 함수를 **유리함수**라고 한다.
특히, $f(x)$가 x에 대한 다항식일 때, 이 함수를 **다항함수**라고 한다. Ⓐ

> 참고   다항함수가 아닌 유리함수를 분수함수라고 한다.

2. 유리함수의 정의역

유리함수에서 정의역이 주어져 있지 않은 경우에는 분모가 0이 되지 않도록 하는 실수 전체의 집합을 정의역으로 한다.

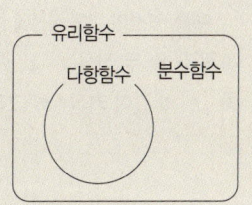

---

1. 유리함수와 분수함수

유리식을 다항식과 분수식으로 분류하는 것과 마찬가지로 유리함수도 다항
함수와 분수함수로 분류할 수 있다.

$$\text{유리함수}\begin{cases} \text{다항함수}: y=x^2-3, \ y=\dfrac{x+2}{3}, \ \cdots \\[2ex] \text{분수함수}: y=\dfrac{1}{x-1}, \ y=\dfrac{x+2}{x^2-1}, \ \cdots \end{cases}$$

Ⓐ 다항식은 유리식이므로 다항함수도 유리
함수이다.

2. 유리함수의 정의역

분수에서 (분모)$\neq 0$인 것과 마찬가지로 유리함수에서 정의역이 특별히
명시되어 있지 않으면 정의역은 <mark>(분모)$\neq 0$인 실수 전체의 집합</mark>으로 생각
한다. Ⓑ

예1   함수 $y=\dfrac{1}{x}$의 정의역은 $\{x|x\neq 0\text{인 실수}\}$이다.

예2   함수 $y=\dfrac{2x-3}{x+1}$의 정의역은 $\{x|x\neq -1\text{인 실수}\}$이다.

Ⓑ 다항함수의 정의역은 실수 전체의 집합이다.

주의   두 함수 $f(x)=x+1$과 $g(x)=\dfrac{x^2-1}{x-1}$은 $x\neq 1$일 때 $f(x)=g(x)$이다.

그러나 함수 $f(x)$의 정의역은 $\{x|x\text{는 실수}\}$이고, 함수 $g(x)$의 정의
역은 $\{x|x\neq 1\text{인 실수}\}$이므로 <mark>'$x\neq 1$'의 조건이 없으면 $f(x)$와 $g(x)$
는 서로 같은 함수가 아니다.</mark> Ⓒ

두 함수 $y=f(x)$, $y=g(x)$의 그래프는 각각 다음 그림과 같다.

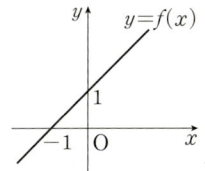
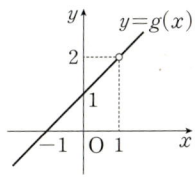

Ⓒ 두 함수 f, g가 서로 같을 조건
(i) 정의역과 공역이 서로 같다.
(ii) 정의역의 모든 원소 x에 대하여
$f(x)=g(x)$

유리함수 $y = \dfrac{k}{x}$ $(k \neq 0)$의 그래프

(1) 정의역은 $\{x \,|\, x \neq 0$인 실수$\}$, 치역은 $\{y \,|\, y \neq 0$인 실수$\}$이다.

(2) $k > 0$일 때, 그래프는 제1사분면과 제3사분면을 지난다.
　 $k < 0$일 때, 그래프는 제2사분면과 제4사분면을 지난다.

(3) 점근선은 x축(직선 $y = 0$), y축(직선 $x = 0$)이다.
　 참고 곡선이 어떤 직선에 한없이 가까워질 때, 이 직선을 그 곡선의 **점근선**이라고 한다.

(4) 원점 및 두 직선 $y = x$, $y = -x$에 대하여 대칭이다.

(5) $|k|$의 값이 커질수록 그래프는 원점에서 멀어진다.

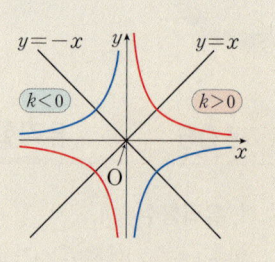

유리함수 $y = \dfrac{k}{x}$ $(k \neq 0)$의 그래프는 상수 k의 값의 부호 및 크기에 따라

다음과 같은 곡선이 된다. Ⓐ

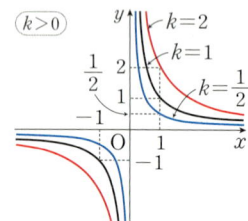 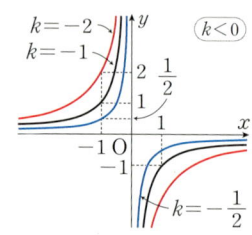

즉, 함수 $y = \dfrac{k}{x}$ $(k \neq 0)$의 정의역과 치역은 모두 0이 아닌 실수 전체의

집합이다.

또한, 이 그래프 위의 점은 <mark>x좌표의 절댓값이 커질수록 x축에 한없이 가까워지고, x좌표의 값이 0에 가까워질수록 y축에 한없이 가까워진다.</mark>

즉, 함수 $y = \dfrac{k}{x}$ $(k \neq 0)$의 그래프의 점근선은 x축과 y축이고, 그래프는

<mark>원점 및 직선 $y = \pm x$에 대하여 대칭</mark>이다.

예 (1) 함수 $y = \dfrac{3}{x}$의 그래프　　　(2) 함수 $y = -\dfrac{1}{3x}$의 그래프

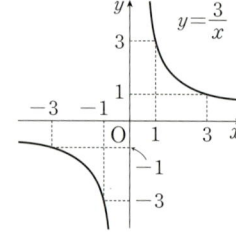 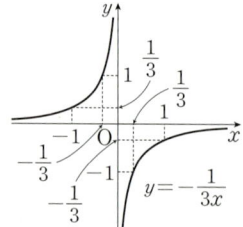

참고 함수 $y = \dfrac{k}{x}$ $(k \neq 0)$는 정의역 $\{x \,|\, x \neq 0$인 실수$\}$에서

공역 $\{y \,|\, y \neq 0$인 실수$\}$로의 일대일대응이므로 역함수가 존재한다.

이때 그래프 자체가 직선 $y = x$에 대하여 대칭이므로 <mark>함수 $y = \dfrac{k}{x}$의</mark>

<mark>역함수는 자기 자신</mark>이다.

Ⓐ **반비례 관계**
　x, y가 반비례 관계일 때,
$$xy = a, \ \text{즉} \ y = \dfrac{a}{x} \ (a \neq 0)$$
　와 같이 나타낸다.

개념 08 유리함수 $y=\dfrac{k}{x-p}+q\ (k\neq0)$의 그래프

(1) 유리함수 $y=\dfrac{k}{x}$의 그래프를 x축의 방향으로 p만큼, y축의 방향으로 q만큼 평행이동한 것이다.

(2) 정의역은 $\{x\,|\,x\neq p$인 실수$\}$, 치역은 $\{y\,|\,y\neq q$인 실수$\}$이다.

(3) 점근선은 두 직선 $x=p$, $y=q$이다.

(4) 점 $(p,\,q)$ 및 두 직선 $y=\pm(x-p)+q$에 대하여 대칭이다.

참고 $|k|$의 값이 서로 같은 유리함수의 그래프는 p, q의 값에 관계없이 평행이동이나 대칭이동에 의하여 서로 겹칠 수 있다.

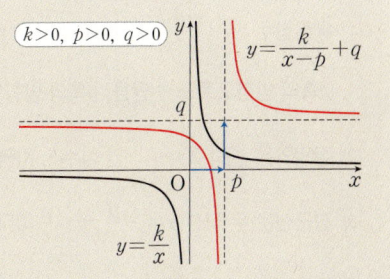

유리함수 $y=\dfrac{k}{x-p}+q\ (k\neq0)$의 그래프는 함수 $y=\dfrac{k}{x}$의 그래프를

x축의 방향으로 p만큼, y축의 방향으로 q만큼

평행이동한 것이다. **B**

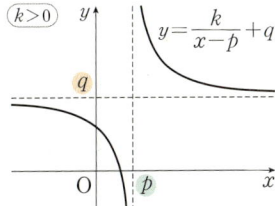 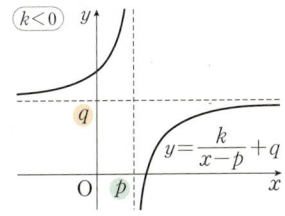

즉, 함수 $y=\dfrac{k}{x-p}+q\ (k\neq0)$의 정의역은 $\{x\,|\,x\neq p$인 실수$\}$, 치역은

$\{y\,|\,y\neq q$인 실수$\}$이다.

또한, 함수 $y=\dfrac{k}{x-p}+q\ (k\neq0)$의 그래프의 점근선은 직선 $x=p$, $y=q$

이고, 그래프는 점 $(p,\,q)$ 및 직선 $y=\pm(x-p)+q$에 대하여 대칭이다. **C**

예 함수 $y=\dfrac{1}{x-2}+1$의 그래프는 다음 그림과 같다.

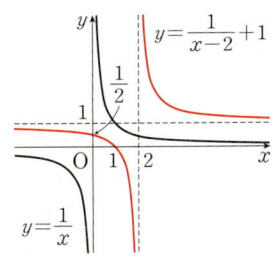

(1) 함수 $y=\dfrac{1}{x}$의 그래프를 x축의 방향으로 2만큼, y축의 방향으로 1만큼 평행이동한 것이다.

(2) 정의역은 $\{x\,|\,x\neq2$인 실수$\}$, 치역은 $\{y\,|\,y\neq1$인 실수$\}$이다.

(3) 점근선은 두 직선 $x=2$, $y=1$이다.

(4) 점 $(2,\,1)$ 및 직선 $\underset{y=(x-2)+1}{y=x-1}$, $\underset{y=-(x-2)+1}{y=-x+3}$에 대하여 대칭이다.

B 유리함수의 그래프의 평행이동

y축의 방향으로 q만큼 평행이동

$$y=\dfrac{k}{x-p}+q$$

x축의 방향으로 p만큼 평행이동

$\Rightarrow y=\dfrac{k}{x}$에

x 대신 $x-p$, y 대신 $y-q$

를 대입한다.

C 점 $(p,\,q)$는 두 점근선의 교점이고, 직선 $y=\pm(x-p)+q$는 점 $(p,\,q)$를 지나고 기울기가 ±1인 직선이다.

유리함수 $y=\dfrac{ax+b}{cx+d}$ $(c\neq0,\ ad-bc\neq0)$의 그래프

(1) 유리함수 $y=\dfrac{ax+b}{cx+d}$ $(c\neq0,\ ad-bc\neq0)$의 그래프는 유리함수 $y=\dfrac{k}{x}$ $(k\neq0)$의 그래프를 $\underset{\underset{k=-\frac{ad-bc}{c^2}}{\rule{1.5cm}{0.4pt}}}{\ }$ x축의 방향으로 $-\dfrac{d}{c}$만큼, y축의 방향으로 $\dfrac{a}{c}$만큼 평행이동한 것이다.

(2) 정의역은 $\left\{x\,\middle|\,x\neq-\dfrac{d}{c}\text{인 실수}\right\}$, 치역은 $\left\{y\,\middle|\,y\neq\dfrac{a}{c}\text{인 실수}\right\}$이다.

(3) 점근선은 두 직선 $x=-\dfrac{d}{c}$, $y=\dfrac{a}{c}$이다.

(4) 점 $\left(-\dfrac{d}{c},\ \dfrac{a}{c}\right)$ 및 두 직선 $y=\pm\left(x+\dfrac{d}{c}\right)+\dfrac{a}{c}$에 대하여 대칭이다.

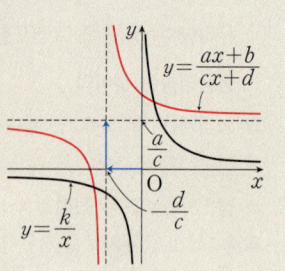

1. 다항함수가 아닌 유리함수가 될 조건

유리함수 $y=\dfrac{ax+b}{cx+d}$에 대하여 Ⓐ

(ⅰ) $\underset{ad\neq0\text{이므로 }a\neq0,\ d\neq0}{\underline{c=0,\ ad-bc\neq0}}$이면 $y=\dfrac{ax+b}{cx+d}=\dfrac{a}{d}x+\dfrac{b}{d}$ ← 일차함수

(ⅱ) $\underset{d=0\text{이면 }b=0,\ d\neq0\text{이면 }\frac{b}{a}=\frac{d}{c}}{\underline{c\neq0,\ ad-bc=0}}$이면 $y=\dfrac{ax+b}{cx+d}=\dfrac{a}{c}$ ← 상수함수

(ⅰ), (ⅱ)에서 함수 $y=\dfrac{ax+b}{cx+d}$가 다항함수가 아닌 유리함수가 되려면 $c\neq0,\ ad-bc\neq0$이어야 한다.

2. 유리함수 $y=\dfrac{ax+b}{cx+d}$ $(c\neq0,\ ad-bc\neq0)$의 그래프

유리함수 $y=\dfrac{ax+b}{cx+d}$의 그래프는 함수식을 $y=\dfrac{k}{x-p}+q$ 꼴로 바꾼 후, 함수 $y=\dfrac{k}{x}$의 그래프를 x축의 방향으로 p만큼, y축의 방향으로 q만큼 평행이동한 그래프로 나타낸다. 즉,

$$y=\frac{ax+b}{cx+d}=\frac{a\left(x+\dfrac{d}{c}\right)-\dfrac{ad-bc}{c}}{c\left(x+\dfrac{d}{c}\right)}=\frac{-\dfrac{ad-bc}{c^2}}{x+\dfrac{d}{c}}+\frac{a}{c}$$

이므로 $p=-\dfrac{d}{c}$, $q=\dfrac{a}{c}$이다. Ⓑ

예 함수 $y=\dfrac{2x+1}{x-1}$에서

$$y=\frac{2x+1}{x-1}=\frac{2(x-1)+3}{x-1}=\frac{3}{x-1}+2$$

이므로 함수 $y=\dfrac{2x+1}{x-1}$의 그래프는 함수 $y=\dfrac{3}{x}$의 그래프를 x축의 방향으로 1만큼, y축의 방향으로 2만큼 평행이동한 것이다. Ⓒ

Ⓐ $y=\dfrac{ax+b}{cx+d}$에서
$c=0,\ ad-bc=0$이면 $ad=0$이므로
$a=0$ 또는 $d=0$이다.
(ⅰ) $c=0,\ a=0$일 때,
$y=\dfrac{ax+b}{cx+d}=\dfrac{b}{d}$ (단, $d\neq0$) ← 상수함수
(ⅱ) $c=0,\ d=0$일 때,
$y=\dfrac{ax+b}{cx+d}$에서 분모가 0이 되므로
유리식이 성립하지 않는다.

Ⓑ p는 분모가 0이 되게 하는 x의 값이고,
q는 $\dfrac{(\text{분자의 일차항의 계수})}{(\text{분모의 일차항의 계수})}$이다.

Ⓒ 함수 $y=\dfrac{2x+1}{x-1}$의 그래프
(1) 정의역은 $\{x\,|\,x\neq1\text{인 실수}\}$,
치역은 $\{y\,|\,y\neq2\text{인 실수}\}$이다.
(2) 점근선은 두 직선 $x=1$, $y=2$이다.
(3) 점 $(1,\ 2)$ 및 두 직선 $y=x+1$,
$y=-x+3$에 대하여 대칭이다.

유리함수 $y = \dfrac{ax+b}{cx+d}$ $(c \neq 0,\ ad-bc \neq 0)$의 역함수

유리함수 $y = \dfrac{ax+b}{cx+d}$ $(c \neq 0,\ ad-bc \neq 0)$는 정의역 $\left\{ x \ \middle|\ x \neq -\dfrac{d}{c} \text{인 실수} \right\}$에서 공역 $\left\{ y \ \middle|\ y \neq \dfrac{a}{c} \text{인 실수} \right\}$로의 일대일대응이므로 역함수가 존재하고, 이 유리함수의 역함수는

$$y = \frac{-dx+b}{cx-a} \quad \leftarrow a,\ d\text{의 부호를 각각 반대로 바꾸고, 위치를 서로 바꾼다.}$$

이다.

유리함수 $y = \dfrac{ax+b}{cx+d}$의 역함수는 다음과 같은 순서로 구한다.

(i) $y = \dfrac{ax+b}{cx+d}$ 를 x에 대하여 풀면

$(cx+d)y = ax+b,\ cxy+dy = ax+b$

$cxy-ax = -dy+b,\ (cy-a)x = -dy+b$

$\therefore\ x = \dfrac{-dy+b}{cy-a}$

(ii) x와 y를 서로 바꾸면 구하는 역함수는

$$y = \frac{-dx+b}{cx-a}$$

이와 같이 함수 $y = \dfrac{ax+b}{cx+d}$의 역함수 $y = \dfrac{-dx+b}{cx-a}$는 처음 함수식에서 a와 d의 부호를 각각 반대로 바꾸고, 위치를 서로 바꾼 것과 같다.

이때 역함수의 정의역은 $\left\{ x \ \middle|\ x \neq \dfrac{a}{c} \text{인 실수} \right\}$, 치역은 $\left\{ y \ \middle|\ y \neq -\dfrac{d}{c} \text{인 실수} \right\}$

이다. **ⓓ**

<u>처음 함수의 정의역과 공역이 서로 바뀐다.</u>

예 함수 $y = \dfrac{2x-3}{x+4}$의 역함수를 구해 보자.

$y = \dfrac{2x-3}{x+4}$ 을 x에 대하여 풀면

$(x+4)y = 2x-3,\ xy+4y = 2x-3$

$xy-2x = -4y-3,\ (y-2)x = -4y-3$

$\therefore\ x = \dfrac{-4y-3}{y-2}$

x와 y를 서로 바꾸면 구하는 역함수는

$$y = \frac{-4x-3}{x-2}$$

참고 유리함수 $f(x) = \dfrac{ax+b}{cx+d}$ $(c \neq 0,\ ad-bc \neq 0)$에 대하여 $f = f^{-1}$이면

$\dfrac{ax+b}{cx+d} = \dfrac{-dx+b}{cx-a}$에서 $a = -d$

즉, $f = f^{-1}$이면 유리함수 $y = f(x)$의 그래프의 두 점근선의 교점은 직선 $y = x$ 위에 있다.

ⓓ 역함수의 그래프의 점근선

$f(x) = \dfrac{ax+b}{cx+d}$ 라 하면

$f^{-1}(x) = \dfrac{-dx+b}{cx-a}$이므로

두 함수 $y = f(x),\ y = f^{-1}(x)$의 그래프의 점근선의 방정식은 각각 다음과 같다.

$y = f(x) \Rightarrow x = -\dfrac{d}{c},\ y = \dfrac{a}{c}$

$y = f^{-1}(x) \Rightarrow x = \dfrac{a}{c},\ y = -\dfrac{d}{c}$

다음 함수의 정의역을 구하시오.

(1) $y = \dfrac{3}{2x-1}$ (2) $y = \dfrac{3x+2}{x^2-1}$ (3) $y = \dfrac{x^2-9}{x+3}$

solution

(1) $2x-1 \neq 0$에서 $x \neq \dfrac{1}{2}$이므로 주어진 함수의 정의역은 $\left\{ x \,\middle|\, x \neq \dfrac{1}{2}$인 실수$\right\}$이다.

(2) $x^2-1 \neq 0$에서 $(x+1)(x-1) \neq 0$ $\therefore \ x \neq \pm 1$

따라서 주어진 함수의 정의역은 $\{ x \,|\, x \neq \pm 1$인 실수$\}$이다.

(3) $x+3 \neq 0$에서 $x \neq -3$이므로 주어진 함수의 정의역은 $\{ x \,|\, x \neq -3$인 실수$\}$이다.

기본유형 **13**   유리함수의 그래프 (1)   개념 **07**

함수 $y = \dfrac{3}{x}$에 대한 설명 중 〈보기〉에서 옳은 것만을 있는 대로 고르시오.

———————— 보기 ————————

ㄱ. 그래프는 제1사분면과 제3사분면을 지난다.   ㄴ. 치역은 실수 전체의 집합이다.

ㄷ. 그래프는 원점에 대하여 대칭이다.   ㄹ. 점근선은 x축, y축이다.

ㅁ. 역함수는 자기 자신이다.

solution

함수 $y = \dfrac{3}{x}$의 그래프는 오른쪽 그림과 같다.

ㄴ. 함수 $y = \dfrac{3}{x}$의 치역은 $\{ y \,|\, y \neq 0$인 실수$\}$이다. (거짓)

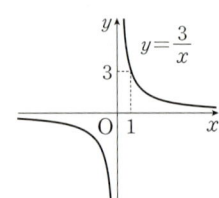

기본 연습

20   다음 함수의 정의역을 구하시오.

(1) $y = \dfrac{2}{-4x+5}$ (2) $y = \dfrac{-2x-5}{2x^2+3}$ (3) $y = \dfrac{x^2-6x-16}{x+2}$

21   함수 $y = -\dfrac{5}{3x}$에 대한 설명 중 〈보기〉에서 옳은 것만을 있는 대로 고르시오.

———————— 보기 ————————

ㄱ. 그래프는 제2사분면과 제4사분면을 지난다.   ㄴ. 정의역은 실수 전체의 집합이다.

ㄷ. 그래프는 직선 $y = x$에 대하여 대칭이다.   ㄹ. 역함수는 자기 자신이다.

p. 186

다음 함수의 그래프를 그리고, 정의역, 치역, 점근선의 방정식을 구하시오.

(1) $y=\dfrac{1}{x-3}-1$ (2) $y=\dfrac{2x-3}{x-1}$

solution

(1) 함수 $y=\dfrac{1}{x-3}-1$의 그래프는 함수 $y=\dfrac{1}{x}$의 그래프를 x축의 방향으로

3만큼, y축의 방향으로 -1만큼 평행이동한 것이므로 그 그래프는 오른쪽

그림과 같다.

따라서 정의역은 $\{x \,|\, x \neq 3$인 실수$\}$, 치역은 $\{y \,|\, y \neq -1$인 실수$\}$,

점근선의 방정식은 $x=3$, $y=-1$이다.

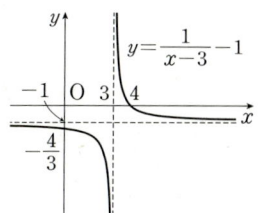

(2) $y=\dfrac{2x-3}{x-1}=\dfrac{2(x-1)-1}{x-1}=-\dfrac{1}{x-1}+2$이므로 주어진 함수의 그래프

는 함수 $y=-\dfrac{1}{x}$의 그래프를 x축의 방향으로 1만큼, y축의 방향으로 2만

큼 평행이동한 것이고, 그 그래프는 오른쪽 그림과 같다.

따라서 정의역은 $\{x \,|\, x \neq 1$인 실수$\}$, 치역은 $\{y \,|\, y \neq 2$인 실수$\}$,

점근선의 방정식은 $x=1$, $y=2$이다.

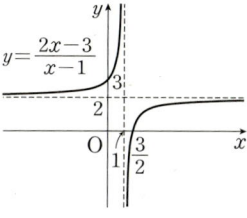

함수 $y=\dfrac{2x-3}{x-2}$의 역함수를 구하시오.

solution

$y=\dfrac{2x-3}{x-2}$을 x에 대하여 풀면

$(x-2)y=2x-3$, $xy-2y=2x-3$, $(y-2)x=2y-3$ ∴ $x=\dfrac{2y-3}{y-2}$

x와 y를 서로 바꾸면 구하는 역함수는 $y=\dfrac{2x-3}{x-2}$ ← 함수 $y=\dfrac{2x-3}{x-2}$의 역함수는 자기 자신이다.

기본 연습

pp.186~187

22   다음 함수의 그래프를 그리고, 정의역, 치역, 점근선의 방정식을 구하시오.

(1) $y=-\dfrac{1}{x-2}+3$ (2) $y=\dfrac{3x+4}{x+1}$

23   함수 $y=\dfrac{-4x-2}{2x-1}$의 역함수를 구하시오.

Ⅲ-09 유리식과 유리함수

함수 $y=\dfrac{5x+13}{x+2}$의 그래프는 함수 $y=\dfrac{a}{x}$의 그래프를 x축의 방향으로 b만큼, y축의 방향으로 c만큼 평행이동한 것이다. 이때 세 상수 a, b, c에 대하여 $a+b+c$의 값을 구하시오.

guide

① 주어진 함수식을 $y=\dfrac{k}{x-p}+q$ $(k\neq0)$ 꼴로 나타낸다.

② 유리함수 $y=\dfrac{k}{x}$의 그래프를 x축의 방향으로 p만큼, y축의 방향으로 q만큼 평행이동한 그래프의 식은

$y=\dfrac{k}{x-p}+q$임을 이용하여 k, p, q의 값을 각각 구한다.

solution

$y=\dfrac{5x+13}{x+2}=\dfrac{5(x+2)+3}{x+2}=\dfrac{3}{x+2}+5$

한편, 함수 $y=\dfrac{a}{x}$의 그래프를 x축의 방향으로 b만큼, y축의 방향으로 c만큼 평행이동한 그래프의 식은

$y=\dfrac{a}{x-b}+c$

이 함수의 그래프가 함수 $y=\dfrac{3}{x+2}+5$의 그래프와 일치하므로 $a=3$, $b=-2$, $c=5$

$\therefore a+b+c=3+(-2)+5=6$

plus

유리함수 $y=\dfrac{k}{x-p}+q$의 그래프에서 p, q의 값에 관계없이 다음이 성립한다.

(1) k의 값이 서로 같으면 평행이동에 의하여 서로 겹쳐질 수 있다.

(2) $|k|$의 값이 서로 같으면 평행이동이나 대칭이동에 의하여 서로 겹쳐질 수 있다.

**필수
연습**

24 함수 $y=\dfrac{2x}{x+1}$의 그래프를 x축의 방향으로 a만큼, y축의 방향으로 b만큼 평행이동한 그래프가 함수 $y=\dfrac{-x+1}{x-3}$의 그래프와 완전히 겹쳐질 때, 두 상수 a, b에 대하여 ab의 값을 구하시오.

plus

25 다음 함수 중 그 그래프가 평행이동에 의하여 함수 $y=-\dfrac{1}{3x}$의 그래프와 겹쳐지는 것만을 〈보기〉에서 있는 대로 고르시오.

보기

ㄱ. $y=-\dfrac{1}{3x+3}$ ㄴ. $y=-\dfrac{x-1}{3x+6}$ ㄷ. $y=\dfrac{x+1}{6-6x}$

함수 $f(x)=\dfrac{ax+1}{x+b}$에 대하여 함수 $y=f(x)$의 그래프의 점근선이 두 직선 $x=2$, $y=-3$일 때, $f(-4)$의 값을 구하시오. (단, a, b는 상수이다.)

guide

❶ 주어진 함수식을 $f(x)=\dfrac{k}{x-p}+q$ $(k\neq0)$ 꼴로 나타낸다.

❷ 유리함수 $y=f(x)$의 그래프의 성질을 이용하여 답을 구한다.

⑴ 점근선의 방정식은 $x=p$, $y=q$이다.

⑵ 두 점근선의 교점의 좌표는 $(p,\ q)$이다.

⑶ 유리함수 $y=f(x)$의 정의역은 $\{x|x\neq p$인 실수$\}$, 치역은 $\{y|y\neq q$인 실수$\}$이다.

solution

$f(x)=\dfrac{ax+1}{x+b}=\dfrac{a(x+b)-ab+1}{x+b}=\dfrac{-ab+1}{x+b}+a$이므로

함수 $y=f(x)$의 그래프의 점근선의 방정식은

$x=-b$, $y=a$

따라서 $a=-3$, $b=-2$이므로 $f(x)=\dfrac{-3x+1}{x-2}$

$\therefore f(-4)=\dfrac{-3\times(-4)+1}{-4-2}=-\dfrac{13}{6}$

plus

유리함수 $y=\dfrac{ax+b}{cx+d}$ $(c\neq0,\ ad-bc\neq0)$를 $y=\dfrac{k}{x-p}+q$ $(k\neq0)$ 꼴로 나타내면 $p=-\dfrac{d}{c}$, $q=\dfrac{a}{c}$이므로

점근선은 두 직선 $x=-\dfrac{d}{c}$, $y=\dfrac{a}{c}$이다.

➡ p는 분모가 0이 되게 하는 x의 값이고, q는 $\dfrac{\text{(분자의 일차항의 계수)}}{\text{(분모의 일차항의 계수)}}$이다.

필수 연습

pp.187~188

plus 26 함수 $f(x)=\dfrac{-2x+a}{x+b}$에 대하여 $f(0)=1$이고, 함수 $y=f(x)$의 그래프의 한 점근선이 직선 $x=-1$일 때, $f(3)$의 값을 구하시오. (단, a, b는 상수이다.)

plus 27 유리함수 $y=\dfrac{bx-1}{ax-6}$의 정의역이 $\{x|x\neq3$인 실수$\}$, 치역이 $\{y|y\neq2$인 실수$\}$일 때, 두 상수 a, b에 대하여 $a+b$의 값을 구하시오.

plus 28 유리함수 $f(x)=\dfrac{bx}{ax+1}$의 정의역과 치역이 같고 함수 $y=f(x)$의 그래프의 두 점근선의 교점이 직선 $y=3x+4$ 위에 있을 때, $a+b$의 값을 구하시오. (단, a, b는 상수이다.)

다음을 구하시오.

(1) 함수 $y=\dfrac{-3x+5}{x-1}$의 그래프가 점 $(a,\ b)$에 대하여 대칭일 때, $a,\ b$의 값

(2) 함수 $y=\dfrac{bx-1}{x+a}$의 그래프가 두 직선 $y=x+2,\ y=-x+4$에 대하여 각각 대칭일 때, 상수 $a,\ b$의 값

guide

❶ 주어진 함수식을 $f(x)=\dfrac{k}{x-p}+q\ (k\neq 0)$ 꼴로 나타낸다.

❷ 유리함수 $y=f(x)$의 그래프의 대칭성을 이용하여 답을 구한다.

(1) 두 점근선의 교점 $(p,\ q)$에 대하여 대칭이다.

(2) 두 점근선의 교점 $(p,\ q)$를 지나고, 기울기가 ± 1인 두 직선 $y=\pm(x-p)+q$에 대하여 대칭이다.

solution

(1) $y=\dfrac{-3x+5}{x-1}=\dfrac{-3(x-1)+2}{x-1}=\dfrac{2}{x-1}-3$이므로 주어진 함수의 그래프의 점근선의 방정식은

$x=1,\ y=-3$

따라서 주어진 함수의 그래프는 두 점근선의 교점 $(1,\ -3)$에 대하여 대칭이므로

$a=1,\ b=-3$

(2) $y=\dfrac{bx-1}{x+a}=\dfrac{b(x+a)-ab-1}{x+a}=\dfrac{-ab-1}{x+a}+b$이므로 주어진 함수의 그래프의 점근선의 방정식은

$x=-a,\ y=b$

이때 두 점근선의 교점 $(-a,\ b)$가 두 직선 $y=x+2,\ y=-x+4$의 교점이므로

$b=-a+2,\ b=a+4$

두 식을 연립하여 풀면 $a=-1,\ b=3$

필수 연습

● pp.188-189

29 다음을 구하시오.

(1) 유리함수 $y=\dfrac{bx-1}{3-ax}$의 그래프가 점 $(3,\ -2)$에 대하여 대칭일 때, 두 상수 $a,\ b$에 대하여 $a+b$의 값

(2) 함수 $y=\dfrac{-6x+5}{3x-3}$의 그래프가 두 직선 $y=x+a,\ y=-x+b$에 대하여 각각 대칭일 때, 두 상수 $a,\ b$에 대하여 ab의 값

30 함수 $y=\dfrac{3x+b}{x+a}$의 그래프가 점 $(-3,\ c)$에 대하여 대칭이고 점 $(3,\ 2)$를 지날 때, $a+b+c$의 값을 구하시오. (단, $a,\ b$는 상수이다.)

세 상수 a, b, c에 대하여 함수 $y=\dfrac{ax+b}{x+c}$의 그래프가 그림과 같을 때, $a+b+c$의 값을 구하시오.

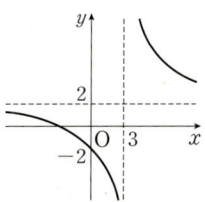

guide

❶ 주어진 유리함수의 그래프의 점근선의 방정식을 구한다.

❷ 점근선의 방정식이 $x=p$, $y=q$일 때, 그래프의 식은 $y=\dfrac{k}{x-p}+q$ $(k\neq0)$임을 이용하여 함수식을 구한다.

❸ 주어진 유리함수의 그래프가 지나는 점의 좌표를 함수식에 대입하여 상수 k의 값을 구한다.

solution

주어진 그래프에서 점근선의 방정식이 $x=3$, $y=2$이므로 그래프의 식은

$y=\dfrac{k}{x-3}+2$ $(k\neq0)$

이때 이 함수의 그래프가 점 $(0,\ -2)$를 지나므로

$-2=\dfrac{k}{-3}+2$ ∴ $k=12$

따라서 $y=\dfrac{12}{x-3}+2=\dfrac{12+2(x-3)}{x-3}=\dfrac{2x+6}{x-3}$이므로

$a=2$, $b=6$, $c=-3$

∴ $a+b+c=2+6+(-3)=5$

**필수
연습**

답 p.189

31 세 상수 a, b, c에 대하여 유리함수 $y=\dfrac{x+a}{bx+c}$의 그래프가 그림과 같을 때, $a^2+b^2+c^2$의 값을 구하시오.

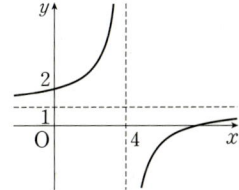

32 유리함수 $y=\dfrac{c}{ax+b}+d$의 그래프가 그림과 같을 때, 〈보기〉에서 옳은 것만을 있는 대로 고르시오. (단, a, b, c, d는 실수이다.)

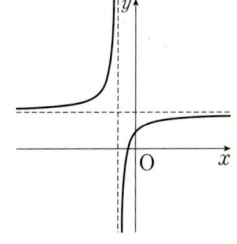

보기

ㄱ. $ab>0$ ㄴ. $ac>0$ ㄷ. $\dfrac{c}{b}+d>0$

Ⅲ-09. 유리식과 유리함수

$-1 \le x \le 1$에서 함수 $y = \dfrac{3x+7}{x+2}$의 최댓값을 M, 최솟값을 m이라 할 때, Mm의 값을 구하시오.

guide

① 주어진 함수식을 $y = \dfrac{k}{x-p} + q \; (k \ne 0)$ 꼴로 변형하고, 그래프를 그린다.

② 주어진 정의역에서의 y의 최댓값과 최솟값을 구한다.

solution

$y = \dfrac{3x+7}{x+2} = \dfrac{3(x+2)+1}{x+2} = \dfrac{1}{x+2} + 3$이므로 함수 $y = \dfrac{3x+7}{x+2}$의 그래프는

함수 $y = \dfrac{1}{x}$의 그래프를 x축의 방향으로 -2만큼, y축의 방향으로 3만큼 평행

이동한 것이다.

따라서 $-1 \le x \le 1$에서 함수 $y = \dfrac{3x+7}{x+2}$의 그래프는 오른쪽 그림과 같으므로

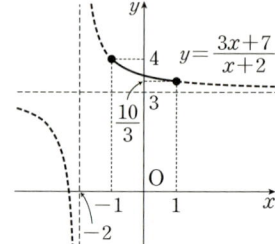

$x = -1$일 때 최댓값 4, $x = 1$일 때 최솟값 $\dfrac{10}{3}$을 갖는다.

즉, $M = 4$, $m = \dfrac{10}{3}$이므로 $Mm = 4 \times \dfrac{10}{3} = \dfrac{40}{3}$

**필수
연습**

pp.189-190

33 $0 \le x \le 4$에서 함수 $y = \dfrac{2x-4}{x-5}$의 최댓값을 M, 최솟값을 m이라 할 때, $M+m$의 값을 구하시오.

34 $-2 \le x \le 0$에서 함수 $y = \dfrac{-x+k}{x+3}$의 최솟값이 2일 때, 최댓값은 M이다. 이때 $k+M$의 값을 구하시오. (단, $k > -3$)

35 $a \le x \le b$에서 함수 $y = \dfrac{4x-6}{x+1}$의 최댓값이 12, 최솟값이 6일 때, $b-a$의 값을 구하시오.

함수 $y=\dfrac{-2x+1}{x+1}$의 그래프와 직선 $y=mx-2$가 만나지 않도록 하는 실수 m의 값의 범위를 구하시오.

guide

  ❶ 기울기가 미지수인 직선 $y=mx+n$에 대하여 이 직선이 반드시 지나는 한 점을 찾는다. ┌ 직선 $y=m(x-a)+b$는 m의 값에 관계없이 항상 점 (a, b)를 지난다.

  ❷ 유리함수 $y=f(x)$의 그래프를 그리고 주어진 조건을 만족시키도록 직선을 움직여 본다.

  ❸ 유리함수 $y=f(x)$에 대하여 방정식 $f(x)=mx+n$이 이차방정식이면 판별식을 사용하여 조건을 만족시키는 m의 값의 범위를 구한다.

solution

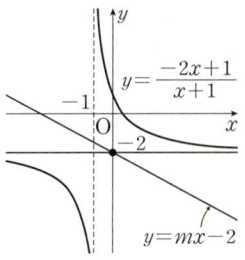

$$y=\dfrac{-2x+1}{x+1}=\dfrac{-2(x+1)+3}{x+1}=\dfrac{3}{x+1}-2$$

또한, 직선 $y=mx-2$는 기울기 m의 값에 관계없이 항상 점 $(0, -2)$를 지난다.

즉, 함수 $y=\dfrac{-2x+1}{x+1}$의 그래프와 직선 $y=mx-2$는 오른쪽 그림과 같다.

(ⅰ) $m=0$일 때,

    직선 $y=mx-2$, 즉 $y=-2$는 점근선이므로 함수 $y=\dfrac{-2x+1}{x+1}$의 그래프와 만나지 않는다.

(ⅱ) $m\neq 0$일 때,

    함수 $y=\dfrac{-2x+1}{x+1}$의 그래프와 직선 $y=mx-2$가 만나지 않으려면 방정식 $\dfrac{-2x+1}{x+1}=mx-2$, 즉

    이차방정식 $mx^2+mx-3=0$의 실근이 존재하지 않아야 하므로 이 이차방정식의 판별식을 D라 하면

    $D=m^2-4\times m\times(-3)<0$, $m(m+12)<0$ ∴ $-12<m<0$

(ⅰ), (ⅱ)에서 구하는 실수 m의 값의 범위는 $-12<m\leq 0$

필수 연습

36 함수 $y=\dfrac{3x+2}{x+1}$의 그래프와 직선 $y=kx+4k+2$가 서로 다른 두 점에서 만나도록 하는 실수 k의 값의 범위를 구하시오.

pp.190~191

37 두 집합 $A=\left\{(x, y)\,\middle|\,-1\leq x\leq 2, \ y=\dfrac{1-x}{x+2}\right\}$, $B=\{(x, y)\,|\,y=mx+2m\}$에 대하여

$A\cap B\neq\varnothing$일 때, 실수 m의 최댓값과 최솟값의 합을 구하시오.

함수 f에 대하여 $f^1=f$, $f^{n+1}=f \circ f^n$ $(n=1,\ 2,\ 3,\ \cdots)$으로 정의할 때, 다음 물음에 답하시오.

(1) $f(x)=\dfrac{x}{x+1}$일 때, $f^{100}(x)$를 구하시오. 　　(2) $f(x)=\dfrac{x-7}{x-3}$일 때, $f^{1000}(4)$의 값을 구하시오.

guide

❶ 함수 f를 연속으로 합성한 f^n 또는 $f^n(a)$의 값의 규칙을 파악한다.

❷ ❶에서 추정한 f^n 또는 $f^n(a)$의 값의 규칙을 이용하여 $f^n(a)$의 값을 구한다.

solution

(1) $f^2(x)=f(f^1(x))=f\left(\dfrac{x}{x+1}\right)=\dfrac{\dfrac{x}{x+1}}{\dfrac{x}{x+1}+1}=\dfrac{\dfrac{x}{x+1}}{\dfrac{2x+1}{x+1}}=\dfrac{x}{2x+1}$,

$f^3(x)=f(f^2(x))=f\left(\dfrac{x}{2x+1}\right)=\dfrac{\dfrac{x}{2x+1}}{\dfrac{x}{2x+1}+1}=\dfrac{\dfrac{x}{2x+1}}{\dfrac{3x+1}{2x+1}}=\dfrac{x}{3x+1}$, $\cdots$

$\therefore f^{100}(x)=\dfrac{x}{100x+1}$

(2) $f^1(4)=f(4)=\dfrac{4-7}{4-3}=-3$, $f^2(4)=f(f^1(4))=f(-3)=\dfrac{-3-7}{-3-3}=\dfrac{5}{3}$,

$f^3(4)=f(f^2(4))=f\left(\dfrac{5}{3}\right)=\dfrac{\dfrac{5}{3}-7}{\dfrac{5}{3}-3}=\dfrac{-\dfrac{16}{3}}{-\dfrac{4}{3}}=4$, $f^4(4)=f(f^3(4))=f(4)=-3$, $\cdots$

따라서 $f^{3k-2}(4)=-3$, $f^{3k-1}(4)=\dfrac{5}{3}$, $f^{3k}(4)=4$ $(k=1,\ 2,\ 3,\ \cdots)$이므로

$f^{1000}(4)=f^{3\times 334-2}(4)=-3$

보충 설명 (2) $f(x)=\dfrac{x-7}{x-3}$에 대하여 $f^2(x)=\dfrac{3x-7}{x-1}$, $f^3(x)=x$

plus

$f^m(x)=x$인 자연수 m이 존재하면 $f^{m+1}(x)=f(x)$, $f^{m+2}(x)=f^2(x)$, $\cdots$이다.

필수 연습

✦plus 38

함수 f에 대하여 $f^1=f$, $f^{n+1}=f \circ f^n$ $(n=1,\ 2,\ 3,\ \cdots)$으로 정의할 때, 다음 물음에 답하시오.

(1) $f(x)=\dfrac{x-1}{x}$일 때, $f^{60}(x)$를 구하시오.

(2) $f(x)=\dfrac{x-1}{x+1}$일 때, $f^{50}\left(-\dfrac{1}{5}\right)$의 값을 구하시오.

⊙ pp.191~192

39 함수 $f(x)=\dfrac{x}{1-2x}$에 대하여 $f^1=f$, $f^{n+1}=f \circ f^n$ $(n=1,\ 2,\ 3,\ \cdots)$으로 정의할 때,

$f^{10}(a)=1$을 만족시키는 상수 a의 값을 구하시오.

함수 $y=-\dfrac{ax-1}{2x+b}$ 의 역함수가 $y=-\dfrac{3x-1}{2x+1}$ 일 때, 두 상수 a, b에 대하여 $a+b$의 값을 구하시오.

guide

❶ 유리함수 $y=f(x)$를 x에 대하여 푼다.

❷ x와 y를 서로 바꾸어 함수 $y=f(x)$의 역함수 $y=f^{-1}(x)$를 구한다.

solution

함수 $y=-\dfrac{3x-1}{2x+1}$ 의 역함수는 $y=-\dfrac{ax-1}{2x+b}$ 이다. ← 역함수가 존재하는 함수 f에 대하여 $(f^{-1})^{-1}=f$

$y=-\dfrac{3x-1}{2x+1}$ 을 x에 대하여 풀면 $y(2x+1)=-3x+1$

$(2y+3)x=-y+1$ $\therefore x=\dfrac{-y+1}{2y+3}$

x와 y를 서로 바꾸면 $y=\dfrac{-x+1}{2x+3}$

즉, 함수 $y=-\dfrac{3x-1}{2x+1}$ 의 역함수는 $y=\dfrac{-x+1}{2x+3}=-\dfrac{x-1}{2x+3}=-\dfrac{ax-1}{2x+b}$ 이므로

$a=1$, $b=3$ $\therefore a+b=1+3=4$

plus

유리함수 $y=\dfrac{ax+b}{cx+d}$ $(c\neq0,\ ad-bc\neq0)$의 역함수는 $y=\dfrac{-dx+b}{cx-a}$ 이다.

⇨ 주어진 함수식에서 a, d의 부호를 각각 반대로 바꾸고, 위치를 서로 바꾸어 구한다.

필수 연습

plus
40   함수 $f(x)=\dfrac{ax+1}{4x-3}$ 에 대하여 $f=f^{-1}$가 성립할 때, 상수 a의 값을 구하시오.

(단, f^{-1}는 f의 역함수이다.)

plus
41   두 실수 a, b에 대하여 함수 $f(x)=\dfrac{4}{x-a}+b$가 다음 조건을 만족시킬 때, 모든 실수 a의 값의 합을 구하시오.

       ㈎ $f(0)=1$ ㈏ $x\neq a$인 모든 실수 x에 대하여 $(f\circ f)(x)=x$이다.

42   함수 $f(x)=\dfrac{5-2x}{x-2}$ 의 역함수를 $y=f^{-1}(x)$라 할 때, 두 함수 $y=f(x)$, $y=f^{-1}(x)$의 그래프가 서로 다른 두 점 P, Q에서 만난다. 이때 선분 PQ의 길이를 구하시오.

pp.192~193

07 함수 $y=-\dfrac{3x-3}{2x-4}$에 대한 설명 중 〈보기〉에서 옳은 것만을 있는 대로 고르시오.

───── 보기 ─────

ㄱ. 그래프는 함수 $y=-\dfrac{3}{2x}$의 그래프를 평행이동한 것이다.

ㄴ. 그래프는 제2사분면을 지나지 않는다.

ㄷ. 정의역이 $\{x|x\geq-1,\ x\neq2\}$이면 치역은 $\{y|y\geq-1\}$이다.

08 함수 $y=\dfrac{k}{x}$의 그래프를 x축의 방향으로 2만큼, y축의 방향으로 1만큼 평행이동한 그래프가 제3사분면을 지나지 않도록 하는 상수 k의 값의 범위를 구하시오. (단, $k\neq0$)

09 좌표평면에서 곡선 $y=\dfrac{1}{2x-8}+3$과 x축, y축으로 둘러싸인 도형의 내부에 포함되고 x좌표와 y좌표가 모두 자연수인 점의 개수는?

① 3   ② 4   ③ 5
④ 6   ⑤ 7

10 함수 $f(x)=\dfrac{2x+k-6}{x-3}$의 그래프를 x축의 방향으로 2만큼, y축의 방향으로 -1만큼 평행이동하면 곡선 $y=g(x)$와 일치한다. 곡선 $y=g(x)$의 두 점근선의 교점이 함수 $y=f(x)$의 그래프 위의 점일 때, 상수 k의 값을 구하시오.

11 유리함수 $f(x)=\dfrac{4}{x-a}-4\ (a>1)$에 대하여 좌표평면에서 함수 $y=f(x)$의 그래프가 x축, y축과 만나는 점을 각각 A, B라 하고 함수 $y=f(x)$의 그래프의 두 점근선이 만나는 점을 C라 하자. 사각형 OBCA의 넓이가 24일 때, 상수 a의 값은? (단, O는 원점이다.) [교육청]

① 3   ② $\dfrac{7}{2}$ ③ 4
④ $\dfrac{9}{2}$ ⑤ 5

12 함수 $y=\dfrac{x-3}{2x-8}$의 그래프가 두 직선 $y=x+a$, $y=-x+b$에 대하여 대칭일 때, 두 상수 a, b에 대하여 $a+b$의 값을 구하시오.

13 함수 $f(x)=\dfrac{ax-b}{x-c}$의 그래프가 다음 그림과 같다.

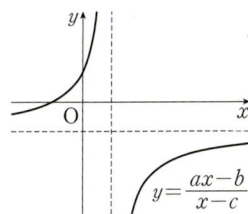

이차함수 $y=ax^2+bx+c$의 그래프의 꼭짓점은 제 몇 사분면 위에 있는지 구하시오.

16 $0\le x\le 2$에서 함수 $y=\dfrac{-x+2}{x+1}$의 그래프 위를 움직이는 점 $P(x, y)$에 대하여 $\dfrac{y-2}{x-3}$의 최댓값을 M, 최솟값을 m이라 할 때, $M+m$의 값을 구하시오.

서술형

14 함수 $y=\dfrac{ax+b}{x+3}$의 그래프는 점 $(-4, -1)$을 지나고, 직선 $y=-2$가 이 그래프의 점근선 중 하나이다. $-2\le x\le 1$에서 이 함수의 최댓값을 M, 최솟값을 m이라 할 때, $\dfrac{M}{m}$의 값을 구하시오. (단, a, b는 상수이다.)

17 함수 $f(x)=\dfrac{x+1}{x-1}\ (x\ne 1)$에 대하여 $y=f^{375}(x)$의 역함수를 $y=g(x)$라 할 때, $g(-3)$의 값을 구하시오.
(단, $f^1=f$, $f^{n+1}=f\circ f^n$이고 n은 자연수이다.)

15 $-5\le x\le -2$에서 부등식 $ax\le\dfrac{2x-2}{x+1}\le bx$가 항상 성립하도록 하는 b의 최댓값을 M, a의 최솟값을 m이라 할 때, $M+m$의 값을 구하시오.
(단, a, b는 상수이다.)

18 함수 $f(x)=\dfrac{3x-9}{x+b}$에 대하여 함수 $y=f(x)$의 그래프와 그 역함수 $y=f^{-1}(x)$의 그래프가 x좌표가 a인 점에서 접할 때, $a+b$의 값을 구하시오.
(단, a, b는 상수이고, $b\ne -3$이다.)

1 어느 학교 1학년의 남학생과 여학생 수의 비는 $5:4$ 이고 2학년의 남학생과 여학생 수의 비는 $4:3$, 3학년의 남학생과 여학생 수의 비는 $8:7$이다. 이 학교의 전체 남학생과 여학생 수의 비가 $11:9$이고, 1학년과 3학년 전체 학생 수의 비는 $7:10$일 때, 이 학교의 전체 여학생 수에 대한 3학년 여학생 수의 비를 구하시오.

2 두 양수 a, k에 대하여 함수 $f(x)=\dfrac{k}{x}$의 그래프 위의 두 점 $P(a, f(a))$, $Q(a+2, f(a+2))$가 다음 조건을 만족시킬 때, k의 값은? [교육청]

(개) 직선 PQ의 기울기는 -1이다.
(내) 두 점 P, Q를 원점에 대하여 대칭이동한 점을 각각 R, S라 할 때, 사각형 PQRS의 넓이는 $8\sqrt{5}$이다.

① $\dfrac{5}{2}$ ② 3 ③ $\dfrac{7}{2}$

④ 4 ⑤ $\dfrac{9}{2}$

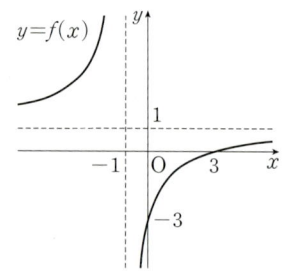

3 함수 $y=\dfrac{3x+4+k}{x-2}$ $(x>2)$의 그래프 위를 움직이는 점 P에서 두 점근선에 내린 수선의 발을 각각 A, B라 하자. $\overline{PA}+\overline{PB}$의 최솟값이 8이 되도록 하는 양수 k의 값을 구하시오.

4 함수 $y=\left|\dfrac{3x-5}{-x+3}\right|$의 그래프와 직선 $y=k$ (k는 상수)의 교점의 개수를 $N(k)$라 할 때, $N(0)+N(1)+N(2)+N(3)+N(4)$의 값을 구하시오.

신유형

5 유리함수 $y=f(x)$의 그래프가 다음 그림과 같다.

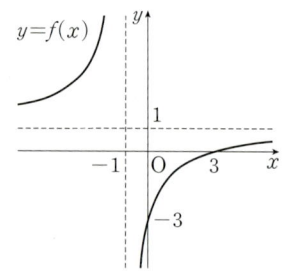

함수 $f(x)$와 자연수 n에 대하여
$$f^1(x)=f(x),\ f^{n+1}(x)=f(f^n(x))$$
라 할 때, $f^{1000}(0)+f^{1001}(0)$의 값을 구하시오.

6 함수 $f(x)=\dfrac{x-2a}{x+2}$와 그 역함수 $y=f^{-1}(x)$에 대하여 함수 $y=f(x)$의 그래프가 x축, y축과 만나는 점을 각각 A, B라 하고, 함수 $y=f^{-1}(x)$의 그래프가 x축, y축과 만나는 점을 각각 C, D라 하자. $\overline{BC}=4\sqrt{2}$일 때, 사각형 ABCD의 넓이를 구하시오. (단, $a>0$)

III

함수와
그래프

1 무리식

개념 01 무리식

1. 무리식
근호 안에 문자가 포함되어 있는 식 중에서 유리식으로 나타낼 수 없는 식을 **무리식**이라고 한다.

2. 무리식의 값이 실수가 되기 위한 조건
무리식의 값이 실수가 되려면 근호 안의 식의 값이 0 이상이어야 하므로 무리식을 계산할 때는

(근호 안의 식의 값)≥ 0, (분모)$\neq 0$ Ⓐ

이 되는 범위에서만 생각한다.

1. 무리식의 뜻

실수에서 유리수로 나타낼 수 없는 수를 무리수로 정의하는 것과 마찬가지로 근호 안에 문자가 포함되어 있는 식 중에서 유리식으로 나타낼 수 없는 식을 무리식으로 정의한다. Ⓑ

예 $\sqrt{3x}$, $\sqrt{2-x}+1$, $\sqrt{1-x^2}$, $\dfrac{1}{\sqrt{1+x^2}}$ 은 모두 무리식이다.

2. 무리식의 값이 실수가 되기 위한 조건

무리식의 값이 실수가 되려면 근호 안의 식의 값이 0 이상이어야 한다.
이때 무리식의 분모는 0이 아님에 유의한다.

예 (1) 무리식 $\sqrt{x+1}$의 값이 실수가 되려면
$$x+1\geq 0, \ \text{즉} \ x\geq -1$$

(2) 무리식 $\dfrac{1}{\sqrt{x-1}}$의 값이 실수가 되려면 분모가 0이 아니어야 하므로
$$x-1>0, \ \text{즉} \ x>1$$

(3) 무리식 $\sqrt{x+2}-\sqrt{2-3x}$의 값이 실수가 되려면

(i) $\sqrt{x+2}$에서 $x+2\geq 0$, 즉 $x\geq -2$

(ii) $\sqrt{2-3x}$에서 $2-3x\geq 0$, 즉 $x\leq \dfrac{2}{3}$

(i), (ii)에서 $-2\leq x\leq \dfrac{2}{3}$

(4) 무리식 $\dfrac{\sqrt{4-x}}{\sqrt{x+3}}$의 값이 실수가 되려면

(i) $\sqrt{4-x}$에서 $4-x\geq 0$, 즉 $x\leq 4$

(ii) $\sqrt{x+3}$에서 $x+3>0$, 즉 $x>-3$
　　　　　분모는 0이 아니어야 한다.

(i), (ii)에서 $-3<x\leq 4$

Ⓐ 근호를 포함한 식이 실수가 되기 위한 조건
(1) $\sqrt{A}$가 실수 $\Longleftrightarrow A\geq 0$
(2) $\dfrac{1}{\sqrt{A}}$가 실수 $\Longleftrightarrow A>0$

Ⓑ 무리수
무리수는 두 정수 a, b $(b\neq 0)$에 대하여 $\dfrac{a}{b}$ 꼴로 나타낼 수 없는 수이다.

1. 제곱근의 성질 ⓒ

$a>0$, $b>0$일 때,

(1) $(\sqrt{a})^2=a$, $(-\sqrt{a})^2=a$

(2) $\sqrt{a^2}=a$, $\sqrt{(-a)^2}=a$ ⓓ

(3) $\sqrt{a}\sqrt{b}=\sqrt{ab}$

(4) $\dfrac{\sqrt{a}}{\sqrt{b}}=\sqrt{\dfrac{a}{b}}$

2. 분모의 유리화 ⓔ

$a>0$, $b>0$일 때,

(1) $\dfrac{a}{\sqrt{b}}=\dfrac{a\sqrt{b}}{\sqrt{b}\sqrt{b}}=\dfrac{a\sqrt{b}}{b}$

(2) $\dfrac{c}{\sqrt{a}+\sqrt{b}}=\dfrac{c(\sqrt{a}-\sqrt{b})}{(\sqrt{a}+\sqrt{b})(\sqrt{a}-\sqrt{b})}=\dfrac{c(\sqrt{a}-\sqrt{b})}{a-b}$ (단, $a\neq b$)

$\dfrac{c}{\sqrt{a}-\sqrt{b}}=\dfrac{c(\sqrt{a}+\sqrt{b})}{(\sqrt{a}-\sqrt{b})(\sqrt{a}+\sqrt{b})}=\dfrac{c(\sqrt{a}+\sqrt{b})}{a-b}$ (단, $a\neq b$)

무리식의 계산

무리식을 계산할 때는 무리수의 계산과 같은 방법으로 ==제곱근의 성질이나 분모의 유리화를 이용==한다.

예 (1) $(\sqrt{x}-\sqrt{x-1})(\sqrt{x}+\sqrt{x-1})=(\sqrt{x})^2-(\sqrt{x-1})^2$
$$=x-(x-1)=1$$

(2) $0<x<1$일 때,
$$\sqrt{x^2+2x+1}+\sqrt{x^2-2x+1}=\sqrt{(x+1)^2}+\sqrt{(x-1)^2}$$
$$=\underset{x+1>0}{|x+1|}+\underset{x-1<0}{|x-1|}$$
$$=(x+1)-(x-1)=2$$

(3) $\dfrac{2}{\sqrt{x+1}-\sqrt{x-1}}=\dfrac{2(\sqrt{x+1}+\sqrt{x-1})}{(\sqrt{x+1}-\sqrt{x-1})(\sqrt{x+1}+\sqrt{x-1})}$
$$=\dfrac{2(\sqrt{x+1}+\sqrt{x-1})}{2}$$
$$=\sqrt{x+1}+\sqrt{x-1}$$

(4) $\dfrac{\sqrt{x}-1}{\sqrt{x}+1}+\dfrac{\sqrt{x}+1}{\sqrt{x}-1}=\dfrac{(\sqrt{x}-1)^2+(\sqrt{x}+1)^2}{(\sqrt{x}+1)(\sqrt{x}-1)}$
$$=\dfrac{(x-2\sqrt{x}+1)+(x+2\sqrt{x}+1)}{x-1}=\dfrac{2x+2}{x-1}$$

참고 무리식의 값을 구할 때, 다음 무리수가 서로 같을 조건을 이용한다.

(1) a, b, c, d가 유리수이고 $\sqrt{m}$이 무리수일 때,

① $a+b\sqrt{m}=0 \Longleftrightarrow a=0$, $b=0$

② $a+b\sqrt{m}=c+d\sqrt{m} \Longleftrightarrow a=c$, $b=d$

(2) a, b가 유리수이고 $\sqrt{m}$, $\sqrt{n}$이 무리수일 때,

$a+\sqrt{m}=b+\sqrt{n} \Longleftrightarrow a=b$, $m=n$

ⓒ **음수의 제곱근의 성질** ← 공통수학 1 p.91 개념07

a, b가 실수일 때,

(1) $a<0$, $b<0$이면

$\sqrt{a}\sqrt{b}=-\sqrt{ab}$

(2) $a>0$, $b<0$이면

$\dfrac{\sqrt{a}}{\sqrt{b}}=-\sqrt{\dfrac{a}{b}}$

ⓓ 실수 a에 대하여

$\sqrt{a^2}=|a|=\begin{cases}-a & (a<0)\\ a & (a\geq0)\end{cases}$

ⓔ **분모의 유리화**

분모에 근호를 포함한 무리수 또는 무리식이 있을 때, 분모, 분자에 적당한 수 또는 식을 곱하여 분모에 근호가 포함되어 있지 않도록 변형하는 것을 분모의 유리화라고 한다.

Ⅲ-10 무리식과 무리함수

　무리식의 값이 실수가 되기 위한 조건 　　개념 01

다음 무리식의 값이 실수가 되도록 하는 실수 x의 값의 범위를 구하시오.

(1) $x-\sqrt{x+4}$

(2) $\sqrt{x-1}+\sqrt{x+2}$

(3) $\dfrac{1}{\sqrt{x-3}}$

(4) $\dfrac{\sqrt{2x+1}}{\sqrt{5-2x}}$

solution

(1) $x+4\geq0$이므로 $x\geq-4$

(2) $x-1\geq0,\ x+2\geq0$이므로 $x\geq1,\ x\geq-2$ 　　∴ $x\geq1$

(3) $x-3>0$이므로 $x>3$

(4) $2x+1\geq0,\ 5-2x>0$이므로 $x\geq-\dfrac{1}{2},\ x<\dfrac{5}{2}$ 　　∴ $-\dfrac{1}{2}\leq x<\dfrac{5}{2}$

기본유형 **02** 　무리식의 계산(1) 　　개념 02

다음 식을 간단히 하시오.

(1) $(\sqrt{x+1}+\sqrt{x})(\sqrt{x+1}-\sqrt{x})$

(2) $\dfrac{\sqrt{x}}{\sqrt{x}+\sqrt{2}}-\dfrac{\sqrt{2}}{\sqrt{x}-\sqrt{2}}$

solution

(1) $(\sqrt{x+1}+\sqrt{x})(\sqrt{x+1}-\sqrt{x})=(\sqrt{x+1})^2-(\sqrt{x})^2=x+1-x=1$

(2) $\dfrac{\sqrt{x}}{\sqrt{x}+\sqrt{2}}-\dfrac{\sqrt{2}}{\sqrt{x}-\sqrt{2}}=\dfrac{\sqrt{x}(\sqrt{x}-\sqrt{2})-\sqrt{2}(\sqrt{x}+\sqrt{2})}{(\sqrt{x}+\sqrt{2})(\sqrt{x}-\sqrt{2})}=\dfrac{x-2\sqrt{2x}-2}{x-2}$

기본 연습

01 다음 무리식의 값이 실수가 되도록 하는 실수 x의 값의 범위를 구하시오.

(1) $x-7+\sqrt{x-8}$

(2) $\sqrt{3x-1}+\sqrt{\dfrac{1}{2}x-4}$

(3) $\dfrac{1}{\sqrt{6x+5}}$

(4) $\dfrac{\sqrt{x+9}}{\sqrt{3-6x}}$

p.201

02 다음 식을 간단히 하시오.

(1) $(\sqrt{x-2}+\sqrt{x+2})(\sqrt{x-2}-\sqrt{x+2})$

(2) $\dfrac{1}{\sqrt{x}+\sqrt{x+1}}+\dfrac{1}{\sqrt{x+1}+\sqrt{x+2}}$

다음 물음에 답하시오.

(1) $a>0$, $b<0$일 때, $\sqrt{4a^2}+\sqrt{b^2}+\sqrt{(b-a)^2}$을 간단히 하시오.

(2) $-1\le x\le 3$일 때, $\sqrt{x^2+2x+1}+\sqrt{x^2-6x+9}$를 간단히 하시오.

solution

(1) $a>0$, $b<0$, $b-a<0$이므로
$$\sqrt{4a^2}+\sqrt{b^2}+\sqrt{(b-a)^2}=\sqrt{(2a)^2}+\sqrt{b^2}+\sqrt{(b-a)^2}$$
$$=|2a|+|b|+|b-a|$$
$$=2a-b-(b-a)=3a-2b$$

(2) $x+1\ge 0$, $x-3\le 0$이므로
$$\sqrt{x^2+2x+1}+\sqrt{x^2-6x+9}=\sqrt{(x+1)^2}+\sqrt{(x-3)^2}$$
$$=|x+1|+|x-3|$$
$$=(x+1)-(x-3)=4$$

$x=\sqrt{5}$일 때, $\dfrac{\sqrt{x+1}-\sqrt{x-1}}{\sqrt{x+1}+\sqrt{x-1}}$의 값을 구하시오.

solution

$x=\sqrt{5}$일 때, $x+1>0$, $x-1>0$이므로
$$\frac{\sqrt{x+1}-\sqrt{x-1}}{\sqrt{x+1}+\sqrt{x-1}}=\frac{(\sqrt{x+1}-\sqrt{x-1})^2}{(\sqrt{x+1}+\sqrt{x-1})(\sqrt{x+1}-\sqrt{x-1})}$$
$$=\frac{(x+1)-2\sqrt{x^2-1}+(x-1)}{(x+1)-(x-1)}=\frac{2x-2\sqrt{x^2-1}}{2}=x-\sqrt{x^2-1}$$

위의 식에 $x=\sqrt{5}$를 대입하면
$$\sqrt{5}-\sqrt{(\sqrt{5})^2-1}=\sqrt{5}-2$$

기본 연습

03　다음 물음에 답하시오.

(1) $a<b<0<c$일 때, $\sqrt{(a-c)^2}+\sqrt{(c-b)^2}+\sqrt{a^2}$을 간단히 하시오.

(2) $-2\le x\le 1$일 때, $\sqrt{(1-x)^2}-\sqrt{(x+2)^2}$을 간단히 하시오.

p.202

04　$x=\sqrt{6}$일 때, $\dfrac{\sqrt{x+2}+\sqrt{x-2}}{\sqrt{x+2}-\sqrt{x-2}}$의 값을 구하시오.

$x=2-\sqrt{6}$일 때, $\dfrac{1}{1+\sqrt{x+1}}+\dfrac{1}{1-\sqrt{x+1}}=a+b\sqrt{6}$을 만족시키는 유리수 a, b의 값을 구하시오.

guide

① 무리식의 값이 실수가 되는지 확인한다.

② 주어진 무리식을 유리화 및 분모를 통분하여 간단히 한다.

③ 미지수의 값을 대입하여 식의 값을 구한다.

solution

$x=2-\sqrt{6}$일 때, $x+1=3-\sqrt{6}>0$이므로

$$\dfrac{1}{1+\sqrt{x+1}}+\dfrac{1}{1-\sqrt{x+1}}=\dfrac{1-\sqrt{x+1}+1+\sqrt{x+1}}{(1+\sqrt{x+1})(1-\sqrt{x+1})}$$

$$=\dfrac{1-\sqrt{x+1}+1+\sqrt{x+1}}{1-(x+1)}=-\dfrac{2}{x}$$

위의 식에 $x=2-\sqrt{6}$을 대입하면

$$-\dfrac{2}{2-\sqrt{6}}=-\dfrac{2(2+\sqrt{6})}{(2-\sqrt{6})(2+\sqrt{6})}=-\dfrac{2(2+\sqrt{6})}{4-6}=2+\sqrt{6}$$

즉, $2+\sqrt{6}=a+b\sqrt{6}$이므로 $a=2$, $b=1$

**필수
연습**

🔴 p.202

05 $x=\dfrac{\sqrt{3}-1}{\sqrt{3}+1}$ 일 때, $\dfrac{\sqrt{x}+2}{\sqrt{x}-2}+\dfrac{\sqrt{x}-2}{\sqrt{x}+2}=a+b\sqrt{3}$을 만족시키는 두 유리수 a, b에 대하여 $a+b$의 값을 구하시오.

06 $x=\dfrac{\sqrt{3}-1}{2}$, $y=\dfrac{\sqrt{3}+1}{2}$일 때, $\dfrac{\sqrt{x}+\sqrt{y}}{\sqrt{x}-\sqrt{y}}+\dfrac{\sqrt{x}-\sqrt{y}}{\sqrt{x}+\sqrt{y}}$의 값을 구하시오.

07 $f(x)=\dfrac{1}{\sqrt{x+1}+\sqrt{x}}$ 이라 할 때, $f(1)+f(2)+f(3)+\cdots+f(99)$의 값을 구하시오.

01 모든 실수 x에 대하여 $\sqrt{ax^2+2ax+6}$의 값이 실수가 되도록 하는 정수 a의 개수를 구하시오.

02 임의의 두 양수 a, b에 대하여 $\dfrac{1}{a+\sqrt{ab}}+\dfrac{1}{b+\sqrt{ab}}$ 을 간단히 하면?

① $\sqrt{a}-\sqrt{b}$　　② $\sqrt{a}+\sqrt{b}$　　③ $\sqrt{ab}$

④ $\dfrac{1}{\sqrt{ab}}$　　⑤ $\dfrac{1}{\sqrt{a}+\sqrt{b}}$

03 실수 x에 대하여

$x=f(x)+g(x)$ ($f(x)$는 정수, $0\le g(x)<1$) 라 하자. 예를 들어, $f(\sqrt{2})=1$, $g(\sqrt{2})=\sqrt{2}-1$이다.

자연수 n에 대하여 $f\left(\dfrac{2n}{g(\sqrt{n^2+2n})}\right)$을 간단히 하시오.

04 $\dfrac{\sqrt{x+3}}{\sqrt{x-1}}=-\sqrt{\dfrac{x+3}{x-1}}$일 때,
$\sqrt{(x+3)^2}+\sqrt{(x-2)^2}$을 간단히 하시오.

05 $a=2-\sqrt{2}$, $b=1-\sqrt{5}$일 때,
$\sqrt{(a+b)^2}+\sqrt{(a-b)^2}$의 값을 구하시오.

06 $a=2+\sqrt{3}$일 때, $\dfrac{6}{a^3-4a^2-3a+2}$의 값을 구하시오.

07 $-1\le x\le 1$에서 $\sqrt{a}=\dfrac{1-x}{2}$일 때,
$\sqrt{a+x}-\sqrt{a-x+2}$의 최댓값을 구하시오.

2 무리함수

개념 03 무리함수

1. 무리함수

함수 $y=f(x)$에서 $f(x)$가 x에 대한 무리식일 때, 이 함수를 **무리함수**라고 한다.

2. 무리함수의 정의역

무리함수에서 정의역이 주어져 있지 않은 경우에는

　　(근호 안의 식의 값)≥ 0

이 되도록 하는 실수 전체의 집합을 정의역으로 한다.

예1 (1) $y=\sqrt{x}$, $y=\sqrt{-2x+4}$, $y=\dfrac{1}{\sqrt{3-5x}}$, $y=\dfrac{1}{\sqrt{3x^2-1}}$ 은 모두 무리함수이다.

(2) $y=-\sqrt{3}x$, $y=x-\sqrt{2}$, $y=\sqrt{(x+1)^2}$은 무리함수가 아니다.

예2 (1) 함수 $y=\sqrt{x}$의 정의역은 $\{x\,|\,x\geq 0\}$이다.

(2) 함수 $y=\sqrt{-2x+4}$의 정의역은 $-2x+4\geq 0$에서 $\{x\,|\,x\leq 2\}$이다.

개념 04 무리함수 $y=\sqrt{x}$의 그래프

(1) 정의역은 $\{x\,|\,x\geq 0\}$, 치역은 $\{y\,|\,y\geq 0\}$이다.
(2) 함수 $y=x^2$ $(x\geq 0)$의 그래프와 직선 $y=x$에 대하여 대칭이다.

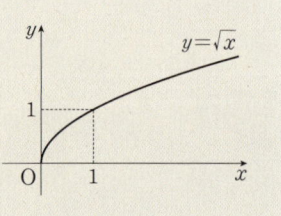

무리함수 $y=\sqrt{x}$의 그래프는 그 역함수의 그래프를 이용하여 그릴 수 있다.

함수 $y=\sqrt{x}$는 정의역이 $\{x\,|\,x\geq 0\}$이고, 치역이 $\{y\,|\,y\geq 0\}$인 일대일대응이므로 역함수를 다음과 같이 구할 수 있다.

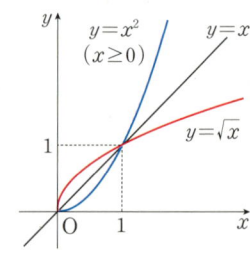

$$y=\sqrt{x} \xrightarrow[\text{푼다.}]{x\text{에 대하여}} x=y^2 \xrightarrow[\text{서로 바꾼다.}]{x\text{와 }y\text{를}} y=x^2$$
$$\text{치역}: y\geq 0 \qquad\qquad \text{치역}: y\geq 0 \qquad\qquad \text{정의역}: x\geq 0$$

즉, 함수 $y=\sqrt{x}$의 그래프는 그 역함수 $y=x^2$ $(x\geq 0)$의 그래프와 직선 $y=x$에 대하여 대칭이다.

무리함수 $y=\pm\sqrt{ax}\ (a\neq0)$의 그래프

1. 무리함수 $y=\sqrt{ax}\ (a\neq0)$의 그래프

(1) $a>0$일 때, 정의역은 $\{x\,|\,x\geq0\}$, 치역은 $\{y\,|\,y\geq0\}$이다.
  $a<0$일 때, 정의역은 $\{x\,|\,x\leq0\}$, 치역은 $\{y\,|\,y\geq0\}$이다.

(2) 함수 $y=\dfrac{x^2}{a}\ (x\geq0)$의 그래프와 직선 $y=x$에 대하여 대칭이다.

(3) $|a|$의 값이 커질수록 x축으로부터 멀어진다.

2. 무리함수 $y=-\sqrt{ax}\ (a\neq0)$의 그래프

(1) 무리함수 $y=\sqrt{ax}$의 그래프를 x축에 대하여 대칭이동한 것이다.

(2) $a>0$일 때, 정의역은 $\{x\,|\,x\geq0\}$, 치역은 $\{y\,|\,y\leq0\}$이다.
  $a<0$일 때, 정의역은 $\{x\,|\,x\leq0\}$, 치역은 $\{y\,|\,y\leq0\}$이다.

(3) 함수 $y=\dfrac{x^2}{a}\ (x\leq0)$의 그래프와 직선 $y=x$에 대하여 대칭이다.

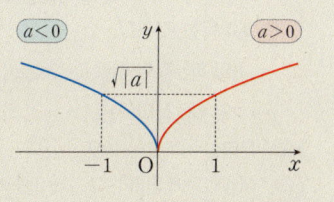

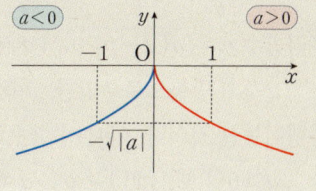

---

1. 무리함수 $y=\sqrt{ax}\ (a\neq0)$의 그래프

일반적으로 무리함수 $y=\sqrt{ax}\,(a\neq0)$의 그래프는 그 역함수 $y=\dfrac{x^2}{a}\,(x\geq0)$의

그래프를 이용하여 a의 값의 부호에 따라 다음 그림과 같이 그릴 수 있다. Ⓐ

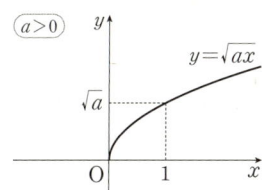

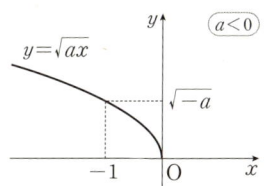

또한, 함수 $y=\sqrt{ax}\ (a\neq0)$의 그래프
는 a의 값에 따라 오른쪽 그림과 같고,
<u>|a|의 값이 커질수록 x축으로부터 멀어진다.</u>
정의역은

  $a>0$일 때, $\{x\,|\,x\geq0\}$,

  $a<0$일 때, $\{x\,|\,x\leq0\}$

이며, 치역은 $\{y\,|\,y\geq0\}$이다.

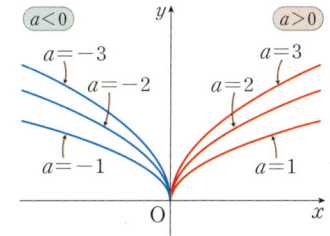

2. 무리함수 $y=-\sqrt{ax}\ (a\neq0)$의 그래프 Ⓑ

무리함수 $y=-\sqrt{ax}\ (a\neq0)$의 그래프는 함수 $y=\sqrt{ax}$의 그래프와 x축에
대하여 대칭이므로 a의 값의 부호에 따라 다음 그림과 같다.

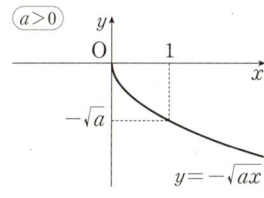

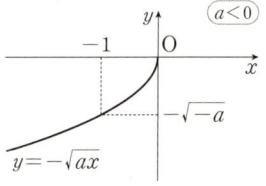

Ⓐ **$y=\sqrt{ax}\ (a\neq0)$의 역함수 구하기**

(ⅰ) $y=\sqrt{ax}$를 x에 대하여 풀면

  $y^2=ax$ $\therefore x=\dfrac{y^2}{a}\ (y\geq0)$

(ⅱ) x와 y를 서로 바꾸면 역함수는

  $y=\dfrac{x^2}{a}\ (x\geq0)$

Ⓑ **대칭이동을 이용한 무리함수의 그래프**

  다음 함수의 그래프는 함수 $y=\sqrt{x}$의 그래
  프를 대칭이동하여 그릴 수 있다.

(1) 함수 $y=-\sqrt{x}$의 그래프
    ⇨ x축에 대하여 대칭이동
    └ $y=f(x)\Rightarrow y=-f(x)$

(2) 함수 $y=\sqrt{-x}$의 그래프
    ⇨ y축에 대하여 대칭이동
    └ $y=f(x)\Rightarrow y=f(-x)$

(3) 함수 $y=-\sqrt{-x}$의 그래프
    ⇨ 원점에 대하여 대칭이동
    └ $y=f(x)\Rightarrow y=-f(-x)$

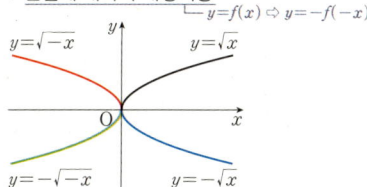

개념 06 · 무리함수 $y=\sqrt{a(x-p)}+q\ (a\neq0)$의 그래프

(1) 무리함수 $y=\sqrt{ax}$의 그래프를 x축의 방향으로 p만큼, y축의 방향으로 q만큼 평행이동한 것이다.

(2) $a>0$일 때, 정의역은 $\{x|x\geq p\}$, 치역은 $\{y|y\geq q\}$이다.

$a<0$일 때, 정의역은 $\{x|x\leq p\}$, 치역은 $\{y|y\geq q\}$이다.

참고 무리함수의 그래프에서 $|a|$의 값이 서로 같으면 p, q의 값에 관계없이 평행이동이나 대칭이동에 의하여 그 그래프를 서로 겹칠 수 있다.

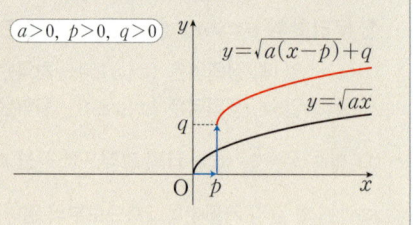

무리함수 $y=\sqrt{a(x-p)}+q\ (a\neq0)$의 그래프는 함수 $y=\sqrt{ax}$의 그래프를 x축의 방향으로 p만큼, y축의 방향으로 q만큼 Ⓐ 평행이동한 것이다. 이때 이 함수의 정의역은

$a>0$일 때, $\{x|x\geq p\}$, $a<0$일 때, $\{x|x\leq p\}$

이고, 치역은 $\{y|y\geq q\}$이다.

Ⓐ 무리함수의 그래프의 평행이동

$y축의 방향으로 q만큼 평행이동$

$$y=\sqrt{a(x-p)}+q$$

$x축의 방향으로 p만큼 평행이동$

⇨ $y=\sqrt{ax}$에
  x 대신 $x-p$, y 대신 $y-q$
를 대입한다.

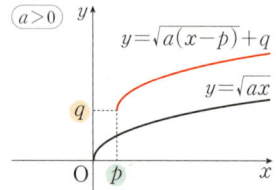 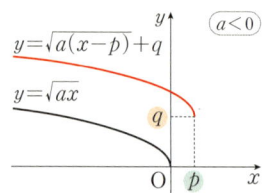

예 (1) 함수 $y=\sqrt{x-1}-1$의 그래프는 함수 $y=\sqrt{x}$의 그래프를 x축의 방향으로 1만큼, y축의 방향으로 -1만큼 평행이동한 것이다.

따라서 정의역은 $\{x|x\geq1\}$이고, 치역은 $\{y|y\geq-1\}$이다.

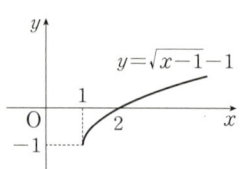

(2) 함수 $y=\sqrt{-2(x+1)}+2$의 그래프는 함수 $y=\sqrt{-2x}$의 그래프를 x축의 방향으로 -1만큼, y축의 방향으로 2만큼 평행이동한 것이다.

따라서 정의역은 $\{x|x\leq-1\}$이고, 치역은 $\{y|y\geq2\}$이다.

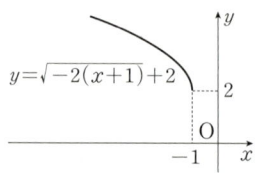

개념 07 · 무리함수 $y=\sqrt{ax+b}+c\ (a\neq0)$의 그래프

(1) $y=\sqrt{ax+b}+c=\sqrt{a\left(x+\dfrac{b}{a}\right)}+c$에서 무리함수 $y=\sqrt{ax}$의 그래프를 x축의 방향으로 $-\dfrac{b}{a}$만큼, y축의 방향으로 c만큼 평행이동한 것이다.

(2) $a>0$일 때, 정의역은 $\left\{x\,\middle|\,x\geq-\dfrac{b}{a}\right\}$, 치역은 $\{y|y\geq c\}$이다.

$a<0$일 때, 정의역은 $\left\{x\,\middle|\,x\leq-\dfrac{b}{a}\right\}$, 치역은 $\{y|y\geq c\}$이다.

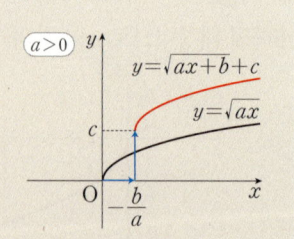

무리함수 $y=\sqrt{ax+b}+c\ (a\neq0)$의 그래프는 함수식을 $y=\sqrt{a(x-p)}+q$ 꼴로 바꾼 후, 함수 $y=\sqrt{ax}$의 그래프를 x축의 방향으로 p만큼, y축의 방향으로 q만큼 평행이동한 그래프로 나타낸다.

예 함수 $y=\sqrt{2x+4}+1$에서 $y=\sqrt{2x+4}+1=\sqrt{2(x+2)}+1$이므로

함수 $y=\sqrt{2x+4}+1$의 그래프는 함수 $y=\sqrt{2x}$의 그래프를 x축의 방향으로 -2

만큼, y축의 방향으로 1만큼 평행이동한 것이고, 그 그래프는 오른쪽 그림과 같다.

따라서 정의역은 $\{x\,|\,x\geq-2\}$, 치역은 $\{y\,|\,y\geq1\}$이다.

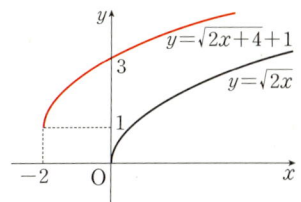

한걸음 더

무리함수와 그 역함수의 그래프의 교점의 개수

필수유형 14

무리함수 $y=f(x)$에 대하여 x의 값이 커질 때 $f(x)$의 값이 커지면 두 함수 $y=f(x)$, $y=f^{-1}(x)$의 그래프의 교점은 반드시 직선 $y=x$ 위에 있다.

그러나 다음과 같이 x의 값이 커질 때 $f(x)$의 값이 커지지 않는 무리함수 $y=f(x)$ 중에서
두 함수 $y=f(x)$, $y=f^{-1}(x)$의 그래프의 교점이 직선 $y=x$ 밖에 있는 경우도 있다.

예 함수 $f(x)=\sqrt{1-x}$와 그 역함수의 교점의 좌표를 (a, b)라 하면

$$f(a)=b,\ f(b)=a\ (\because f^{-1}(a)=b)$$

즉, $b=\sqrt{1-a}$ ……㉠, $a=\sqrt{1-b}$ ……㉡에서 ㉠과 ㉡의 양변을 제곱하면 각각

$$b^2=1-a,\ a^2=1-b$$

이므로 변끼리 빼면

$$a^2-b^2=a-b,\ (a-b)(a+b-1)=0 \qquad \therefore a=b \text{ 또는 } b=1-a$$

(i) $a=b$일 때,

㉠에서 $a=\sqrt{1-a}$이므로 양변을 제곱하여 정리하면

$$a^2+a-1=0 \qquad \therefore a=\frac{-1+\sqrt{5}}{2}\ (\because 0\leq a\leq1)$$
<small>㉠에서 $1-a\geq0$, ㉡에서 $a\geq0$ $\therefore 0\leq a\leq1$</small>

따라서 교점의 좌표는 $\left(\dfrac{-1+\sqrt{5}}{2},\ \dfrac{-1+\sqrt{5}}{2}\right)$이다.

(ii) $b=1-a$일 때,

㉠에서 $b=\sqrt{b}$이므로 양변을 제곱하여 정리하면

$$b^2-b=0 \qquad \therefore b=0 \text{ 또는 } b=1$$

따라서 교점의 좌표는 $\underset{\text{직선 } y=x \text{ 밖에 있다.}}{\underline{(0, 1),\ (1, 0)}}$이다.

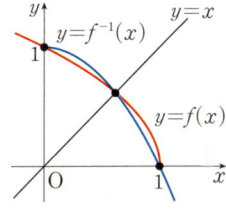

(i), (ii)에서 구하는 교점의 좌표는

$$\left(\frac{-1+\sqrt{5}}{2},\ \frac{-1+\sqrt{5}}{2}\right),\ (0, 1),\ (1, 0)\text{의 3개이다.}$$

참고 함수 $y=f(x)$와 그 역함수의 그래프의 교점이 직선 $y=x$ 밖에 존재할 때, 그 교점의 좌표를 (a, b)라 하면

$$\frac{a-b}{b-a}=-1 \leftarrow \text{두 점 } (a, b),\ (b, a) \text{를 지나는 직선의 기울기}$$

이므로 교점은 기울기가 -1인 직선 위에 직선 $y=x$에 대하여 대칭인 <u>한 쌍의 점</u>으로 나타남을 알 수 있다.
<small>점 (a, b)와 점 (b, a)</small>

다음 함수의 그래프를 그리고, 정의역과 치역을 각각 구하시오.

(1) $y=\sqrt{\dfrac{x}{2}-1}$

(2) $y=\sqrt{2x+4}+1$

solution

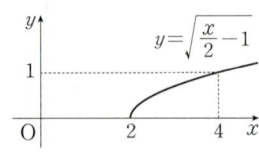

(1) $y=\sqrt{\dfrac{x}{2}-1}=\sqrt{\dfrac{1}{2}(x-2)}$이므로 주어진 함수의 그래프는 함수 $y=\sqrt{\dfrac{x}{2}}$의

그래프를 x축의 방향으로 2만큼 평행이동한 것이고, 그 그래프는 오른쪽 그림과 같다.

따라서 정의역은 $\{x\,|\,x\geq 2\}$, 치역은 $\{y\,|\,y\geq 0\}$이다.

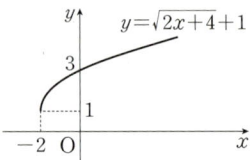

(2) $y=\sqrt{2x+4}+1=\sqrt{2(x+2)}+1$이므로 주어진 함수의 그래프는 함수

$y=\sqrt{2x}$의 그래프를 x축의 방향으로 -2만큼, y축의 방향으로 1만큼 평행

이동한 것이고, 그 그래프는 오른쪽 그림과 같다.

따라서 정의역은 $\{x\,|\,x\geq -2\}$, 치역은 $\{y\,|\,y\geq 1\}$이다.

무리함수 $y=-\sqrt{ax}$의 그래프를 x축의 방향으로 -2만큼, y축의 방향으로 1만큼 평행이동한 그래프가

점 $(0,\ -1)$을 지날 때, 상수 a의 값을 구하시오.

solution

무리함수 $y=-\sqrt{ax}$의 그래프를 x축의 방향으로 -2만큼, y축의 방향으로 1만큼 평행이동하면

$y=-\sqrt{a(x+2)}+1$

이때 이 함수의 그래프가 점 $(0,\ -1)$을 지나므로

$-1=-\sqrt{2a}+1,\ \sqrt{2a}=2,\ 2a=4$ $\therefore\ a=2$

**기본
연습**

08   다음 함수의 그래프를 그리고, 정의역과 치역을 각각 구하시오.

(1) $y=-\sqrt{x}+3$

(2) $y=-\sqrt{3-x}+2$

pp.204~205

09   무리함수 $y=a\sqrt{x}$의 그래프를 x축의 방향으로 2만큼, y축의 방향으로 -4만큼 평행이동한

그래프가 점 $(3,\ 1)$을 지날 때, 상수 a의 값을 구하시오.

함수 $y=\sqrt{2x+6}-1$에 대하여 〈보기〉에서 옳은 것만을 있는 대로 고르시오.

──────── 보기 ────────

ㄱ. x의 값이 커질 때, y의 값도 커진다.   ㄴ. 정의역은 $\{x \mid x \geq -3\}$이다.

ㄷ. 그래프는 함수 $y=\sqrt{2x}$의 그래프를 평행이동한 것이다.   ㄹ. 그래프는 제2사분면, 제4사분면을 지난다.

──────────

solution

$y=\sqrt{2x+6}-1=\sqrt{2(x+3)}-1$이므로 주어진 함수의 그래프는 함수 $y=\sqrt{2x}$
의 그래프를 x축의 방향으로 -3만큼, y축의 방향으로 -1만큼 평행이동한 것
이고, 그 그래프는 오른쪽 그림과 같다.

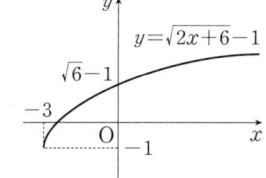

ㄱ. 주어진 함수의 그래프에서 x의 값이 커질 때, y의 값도 커진다. (참)

ㄴ. $2x+6\geq 0$에서 $x\geq -3$이므로 정의역은 $\{x \mid x \geq -3\}$이다. (참)

ㄷ. 그래프는 함수 $y=\sqrt{2x}$의 그래프를 x축의 방향으로 -3만큼, y축의 방향으로 -1만큼 평행이동한 것이다.
(참)

ㄹ. 주어진 함수의 그래프는 제1사분면, 제2사분면, 제3사분면을 지나고, 제4사분면을 지나지 않는다. (거짓)

기본유형 **09**   무리함수의 역함수   개념 **04~07**

함수 $y=\sqrt{2x+1}$의 역함수를 구하시오.

solution

함수 $y=\sqrt{2x+1}$의 치역은 $\{y \mid y \geq 0\}$이다.

$y=\sqrt{2x+1}$을 x에 대하여 풀면 $y^2=2x+1$ $\therefore x=\dfrac{1}{2}y^2-\dfrac{1}{2}$

x와 y를 서로 바꾸면 구하는 역함수는 $y=\dfrac{1}{2}x^2-\dfrac{1}{2}\;(x\geq 0)$ ← 무리함수 $y=\sqrt{ax+b}+c$의 역함수의 그래프는
항상 이차함수의 그래프의 일부분이다.

기본
연습

p.205

10   함수 $y=-\sqrt{9-3x}+2$에 대하여 〈보기〉에서 옳은 것만을 있는 대로 고르시오.

──────── 보기 ────────

ㄱ. 치역은 $\{y \mid y \leq 2\}$이다.

ㄴ. y축과의 교점의 y좌표는 -1이다.

ㄷ. 그래프는 함수 $y=\sqrt{-3x}$의 그래프를 평행이동한 것이다.

ㄹ. 그래프는 제2사분면을 지나지 않는다.

──────────

11   함수 $y=\sqrt{2-3x}+1$의 역함수를 구하시오.

무리함수 $y=\sqrt{ax+b}+c$의 그래프를 x축의 방향으로 -4만큼, y축의 방향으로 3만큼 평행이동한 후, x축에 대하여 대칭이동하였더니 함수 $y=-\sqrt{2x+5}+6$의 그래프와 일치하였다. $a+b+c$의 값을 구하시오.

(단, a, b, c는 상수이다.)

guide

❶ 무리함수 $y=\sqrt{ax+b}+c$ $(a\neq0)$의 그래프의 평행이동과 대칭이동을 이용하여 함수식을 구한다.
　(1) 평행이동 : x축의 방향으로 p만큼, y축의 방향으로 q만큼 평행이동 $\Rightarrow y=\sqrt{a(x-p)+b}+c+q$
　(2) 대칭이동 : x축에 대하여 대칭이동 $\Rightarrow -y=\sqrt{ax+b}+c$, 즉 $y=-\sqrt{ax+b}-c$
　　　　　　　　y축에 대하여 대칭이동 $\Rightarrow y=\sqrt{a\times(-x)+b}+c$, 즉 $y=\sqrt{-ax+b}+c$
　　　　　　　　원점에 대하여 대칭이동 $\Rightarrow -y=\sqrt{a\times(-x)+b}+c$, 즉 $y=-\sqrt{-ax+b}-c$
❷ ❶에서 구한 식을 이용하여 미지수의 값을 구한다.
❸ 평행이동과 대칭이동을 할 때는 이동하는 순서에 유의한다.

solution

무리함수 $y=\sqrt{ax+b}+c$의 그래프를 x축의 방향으로 -4만큼, y축의 방향으로 3만큼 평행이동하면
$y=\sqrt{a(x+4)+b}+c+3$　　$\therefore y=\sqrt{ax+4a+b}+c+3$
이 함수의 그래프를 x축에 대하여 대칭이동하면
$-y=\sqrt{ax+4a+b}+c+3$
$\therefore y=-\sqrt{ax+4a+b}-c-3$
이 함수의 그래프가 $y=-\sqrt{2x+5}+6$의 그래프와 일치하므로
$a=2$, $4a+b=5$, $-c-3=6$　　$\therefore a=2$, $b=-3$, $c=-9$
$\therefore a+b+c=2+(-3)+(-9)=-10$

필수 연습

pp.205~206

12　함수 $y=\sqrt{2x+7}-4$의 그래프를 원점에 대하여 대칭이동한 후, x축의 방향으로 m만큼, y축의 방향으로 n만큼 평행이동하면 함수 $y=-\sqrt{-2x+3}+1$의 그래프와 일치한다. 두 상수 m, n에 대하여 $m+n$의 값을 구하시오.

13　함수 $y=\sqrt{6-3x}-1$의 그래프를 y축에 대하여 대칭이동한 후, x축의 방향으로 a만큼, y축의 방향으로 b만큼 평행이동한 함수의 정의역은 $\{x|x\geq1\}$, 치역은 $\{y|y\geq1\}$이다. 이때 두 상수 a, b에 대하여 $a+b$의 값을 구하시오.

14　두 함수 $y=\sqrt{x-1}$, $y=\sqrt{x}+2$의 그래프 및 두 직선 $y=-2x+2$, $y=-2x+12$로 둘러싸인 도형의 넓이를 구하시오.

무리함수 $y=\sqrt{ax+b}+c$의 그래프가 그림과 같을 때, 상수 a, b, c의 값을 구하시오.

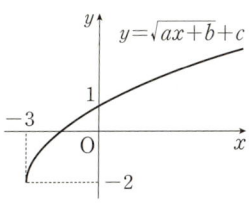

guide

❶ 주어진 무리함수의 식을 $y=\sqrt{a(x-p)}+q$ $(a\neq0)$ 꼴로 나타낸다.

❷ 그래프의 시작점의 좌표가 $(p,\ q)$임을 이용하여 p, q의 값을 각각 구한다.

❸ 그래프가 지나는 점의 좌표를 대입하여 a의 값을 구한다.

solution

주어진 함수의 그래프는 무리함수 $y=\sqrt{ax}$ $(a>0)$의 그래프를 x축의 방향으로 -3만큼, y축의 방향으로 -2만큼 평행이동한 것이므로 함수의 식은

$y=\sqrt{a(x+3)}-2$

또한, 이 함수의 그래프가 점 $(0,\ 1)$을 지나므로

$1=\sqrt{3a}-2$, $\sqrt{3a}=3$, $3a=9$ $\therefore a=3$

따라서 함수의 식은 $y=\sqrt{3(x+3)}-2$, 즉 $y=\sqrt{3x+9}-2$이므로

$a=3$, $b=9$, $c=-2$

필수 연습

p.206

15 무리함수 $f(x)=\sqrt{ax+b}+c$의 그래프가 그림과 같이 원점을 지날 때, $f(-3)$의 값을 구하시오. (단, a, b, c는 상수이다.)

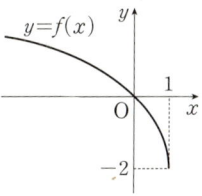

16 함수 $y=-\dfrac{4}{x+a}+b$의 그래프가 그림과 같을 때, 무리함수

$y=\sqrt{ax+b}-ab$의 그래프를 그리시오.

(단, a, b는 상수이다.)

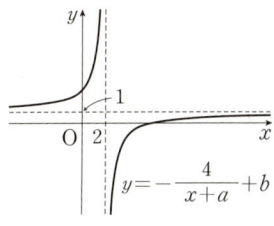

Ⅲ - 10 무리식과 무리함수

다음 물음에 답하시오.

(1) $0 \le x \le 3$에서 함수 $y = 2\sqrt{x+1} + a$의 최솟값이 9일 때, 최댓값을 구하시오. (단, a는 상수이다.)

(2) 함수 $y = \sqrt{4x+a} - 5$가 $x = 2$에서 최솟값 m을 가질 때, a, m의 값을 구하시오. (단, a는 상수이다.)

guide

❶ 주어진 함수식을 $y = \sqrt{a(x-p)} + q \ (a \ne 0)$ 꼴로 나타낸 후, 그래프를 그린다.

❷ $k \le x \le l$에서 무리함수 $y = \sqrt{a(x-p)} + q$의 최댓값, 최솟값은 다음과 같음을 이용한다.

(1) $a > 0 \Rightarrow x = l$일 때 최댓값을 갖고, $x = k$일 때 최솟값을 갖는다.

(2) $a < 0 \Rightarrow x = k$일 때 최댓값을 갖고, $x = l$일 때 최솟값을 갖는다.

solution

(1) 함수 $y = 2\sqrt{x+1} + a$의 그래프는 함수 $y = 2\sqrt{x}$의 그래프를 x축의 방향으로 -1만큼, y축의 방향으로 a만큼 평행이동한 것이다.

즉, $0 \le x \le 3$에서 주어진 함수의 그래프는 오른쪽 그림과 같다.

주어진 함수는 $x = 0$일 때, 최솟값 9를 가지므로

$9 = 2\sqrt{1} + a$ $\therefore a = 7$

따라서 주어진 함수는 $y = 2\sqrt{x+1} + 7$이고,

이 함수는 $x = 3$일 때 최댓값을 가지므로 구하는 최댓값은

$2\sqrt{3+1} + 7 = 2 \times 2 + 7 = 11$

(2) 함수 $y = \sqrt{4x+a} - 5 = \sqrt{4\left(x + \dfrac{a}{4}\right)} - 5$의 그래프는 함수 $y = \sqrt{4x}$의 그래프를 x축의 방향으로 $-\dfrac{a}{4}$만큼, y축의 방향으로 -5만큼 평행이동한 것이다.

이때 $x = 2$에서 최솟값을 가지므로 함수의 그래프는 오른쪽 그림과 같다.

따라서 주어진 함수는 $x = -\dfrac{a}{4} = 2$에서 최솟값 -5를 가지므로

$a = -8, \ m = -5$

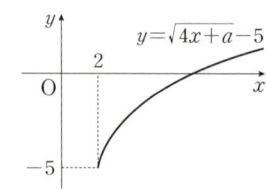

**필수
연습**

pp.206~207

17 다음 물음에 답하시오.

(1) $-2 \le x \le 6$에서 함수 $y = -\sqrt{3+x} + a$의 최댓값이 1일 때, 최솟값을 구하시오.

(단, a는 상수이다.)

(2) 함수 $y = -\sqrt{-2x+a} + 7$이 $x = -1$에서 최댓값 M을 가질 때, $a + M$의 값을 구하시오.

(단, a는 상수이다.)

18 정의역이 $\{x \,|\, a \le x \le a+2\}$인 함수 $y = -\sqrt{10-5x} + 2$의 최솟값이 m, 최댓값이 -1일 때, $a + (m-2)^2$의 값을 구하시오. (단, $a < 0$인 상수이다.)

함수 $y=\sqrt{2x+4}$의 그래프와 직선 $y=x+k$의 위치 관계가 다음과 같을 때, 실수 k의 값 또는 k의 값의 범위를 구하시오.

(1) 서로 다른 두 점에서 만난다.   (2) 한 점에서 만난다.   (3) 만나지 않는다.

guide

❶ 주어진 함수식을 $y=\sqrt{a(x-p)}+q \ (a\neq0)$ 꼴로 나타낸 후, 그래프를 그린다.

❷ 주어진 조건을 만족시키도록 기울기가 주어진 직선 $y=mx+n$을 움직여본다.

❸ ❶의 그래프와 직선 $y=mx+n$이 접할 때는 방정식 $\sqrt{a(x-p)}+q=mx+n$을 이차방정식으로 변형한 후, 판별식을 사용하여 조건을 만족시키는 n의 값을 구한다.

solution

함수 $y=\sqrt{2x+4}=\sqrt{2(x+2)}$의 그래프는 함수 $y=\sqrt{2x}$의 그래프를 x축의 방향으로 -2만큼 평행이동한 것이고, 직선 $y=x+k$는 기울기가 1이고 y절편이 k이다. 이때 함수 $y=\sqrt{2x+4}$의 그래프와 직선 $y=x+k$의 위치 관계는 오른쪽 그림의 두 직선 (i), (ii)를 기준으로 경우를 나누어 생각할 수 있다.

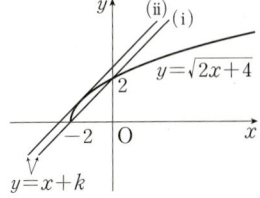

(i) 직선 $y=x+k$가 점 $(-2,\,0)$을 지날 때,

$0=-2+k$ $\therefore\ k=2$

(ii) 직선 $y=x+k$가 함수 $y=\sqrt{2x+4}$의 그래프에 접할 때,

$x+k=\sqrt{2x+4}$의 양변을 제곱하면 $(x+k)^2=2x+4$, $x^2+2kx+k^2=2x+4$

$\therefore\ x^2+2(k-1)x+k^2-4=0$

이 이차방정식의 판별식을 D라 하면

$\dfrac{D}{4}=(k-1)^2-(k^2-4)=0,\ -2k+5=0$ $\therefore\ k=\dfrac{5}{2}$

(1) 직선 $y=x+k$가 직선 (i)과 일치하거나 두 직선 (i)과 (ii) 사이에 있어야 하므로 $2\leq k<\dfrac{5}{2}$

(2) 직선 $y=x+k$가 직선 (i)보다 아래쪽에 있거나 직선 (ii)와 일치해야 하므로 $k<2$ 또는 $k=\dfrac{5}{2}$

(3) 직선 $y=x+k$가 직선 (ii)보다 위쪽에 있어야 하므로 $k>\dfrac{5}{2}$

필수 연습

19 함수 $y=-\sqrt{x+1}+2$의 그래프와 직선 $y=-2x+k$의 위치 관계가 다음과 같을 때, 실수 k의 값 또는 k의 값의 범위를 구하시오.

(1) 서로 다른 두 점에서 만난다.   (2) 한 점에서 만난다.   (3) 만나지 않는다.

20 함수 $y=\sqrt{2x-3}$의 그래프와 직선 $y=mx+1$이 만나도록 하는 실수 m의 최댓값을 a, 최솟값을 b라 할 때, $a-b$의 값을 구하시오.

Ⅲ - 10 무리식과 무리함수

무리함수 $f(x)=\sqrt{ax+b}$에 대하여 함수 $y=f(x)$의 그래프와 그 역함수 $y=f^{-1}(x)$의 그래프가 점 $(3, 5)$에서 만날 때, $a+b$의 값을 구하시오. (단, a, b는 상수이다.)

guide

❶ 무리함수 $f(x)$와 그 역함수 $f^{-1}(x)$에 대하여 다음이 성립함을 이용하여 식을 세운다.
$$f(x)=y \Longleftrightarrow f^{-1}(y)=x$$
❷ ❶을 이용하여 세운 두 식을 연립하여 미지수의 값을 구한다.

solution

$f(x)=\sqrt{ax+b}$에서 $f(3)=5$, $f(5)=3$ ($\because f^{-1}(3)=5$)이므로
$\sqrt{3a+b}=5$, $\sqrt{5a+b}=3$
위의 식의 양변을 각각 제곱하면
$3a+b=25$, $5a+b=9$
위의 두 식을 연립하여 풀면 $a=-8$, $b=49$
$\therefore a+b=-8+49=41$

plus

함수 $y=f(x)$와 그 역함수 $y=f^{-1}(x)$의 그래프는 직선 $y=x$에 대하여 대칭이다.

필수 연습

pp.208~209

21 무리함수 $f(x)=\sqrt{a(x-2)+b}$에 대하여 함수 $y=f(x)$의 그래프와 그 역함수 $y=f^{-1}(x)$의 그래프가 점 $(5, 10)$을 지날 때, $a+b$의 값을 구하시오. (단, a, b는 상수이다.)

plus
22 함수 $f(x)=\sqrt{x-1}+1$의 그래프와 그 역함수의 그래프가 두 점 P, Q에서 만날 때, 선분 PQ의 길이를 구하시오.

plus
23 함수 $f(x)=3\sqrt{2x+4}+k$의 그래프와 그 역함수의 그래프가 서로 다른 두 점에서 만나도록 하는 정수 k의 개수를 구하시오.

다음을 구하시오.

(1) 정의역이 $\{x \mid x \geq 1\}$인 두 함수 $f(x)=\sqrt{2x+1}$, $g(x)=\sqrt{x-1}+3$에 대하여 $(f \circ g^{-1})(5)$의 값

(2) 정의역이 $\{x \mid x < 1\}$인 두 함수 $f(x)=\dfrac{x+3}{x-1}$, $g(x)=-\sqrt{2-2x}+1$에 대하여 $(f \circ (g \circ f)^{-1} \circ f)(0)$의 값

guide

❶ 다음 역함수의 성질을 이용하여 주어진 식을 간단히 한다.
두 함수 f, g의 역함수가 각각 f^{-1}, g^{-1}일 때,
  (1) $(f^{-1})^{-1}=f$
  (2) $(f^{-1} \circ f)(x)=x$, $(f \circ f^{-1})(y)=y$
  (3) $(g \circ f)^{-1}=f^{-1} \circ g^{-1}$

❷ 역함수가 존재하는 함수 f에 대하여 '$f^{-1}(y)=x \Longleftrightarrow f(x)=y$'임을 이용하여 함숫값을 구한다.

solution

(1) $(f \circ g^{-1})(5)=f(g^{-1}(5))$

$g^{-1}(5)=a$라 하면 $g(a)=5$이므로 $\sqrt{a-1}+3=5$

$\sqrt{a-1}=2$, $a-1=4$ $\therefore a=5$ $\therefore g^{-1}(5)=5$

$\therefore (f \circ g^{-1})(5)=f(g^{-1}(5))=f(5)=\sqrt{11}$

(2) $(f \circ (g \circ f)^{-1} \circ f)(0)=(f \circ f^{-1} \circ g^{-1} \circ f)(0)=(g^{-1} \circ f)(0)=g^{-1}(f(0))$

$f(0)=\dfrac{3}{-1}=-3$이므로 $g^{-1}(f(0))=g^{-1}(-3)$

$g^{-1}(-3)=a$라 하면 $g(a)=-3$이므로 $-\sqrt{2-2a}+1=-3$

$\sqrt{2-2a}=4$의 양변을 제곱하면 $2-2a=16$ $\therefore a=-7$

$\therefore (f \circ (g \circ f)^{-1} \circ f)(0)=g^{-1}(f(0))=g^{-1}(-3)=-7$

필수 연습

◉ p.209

24 다음을 구하시오.

(1) 정의역이 $\{x \mid x > 0\}$인 함수 $f(x)=\sqrt{3x+1}$에 대하여 함수 g가 $(f \circ g)(x)=x$를 만족시킬 때, $(g \circ g)(5)$의 값

(2) 정의역이 $\{x \mid x > 2\}$인 두 함수 $f(x)=\dfrac{2x+1}{x-2}$, $g(x)=\sqrt{2x+3}$에 대하여 $(f^{-1} \circ g)^{-1}(3)$의 값

25 함수 $f(x)=\begin{cases} \sqrt{-2x} & \left(x < -\dfrac{1}{2}\right) \\ 1-\sqrt{2x+1} & \left(x \geq -\dfrac{1}{2}\right) \end{cases}$ 에 대하여 $(f^{-1} \circ f^{-1})(a)=40$을 만족시키는 실수 a의 값을 구하시오.

08 함수 $f(x)=-\sqrt{3-3x}$에 대하여 〈보기〉에서 옳은 것만을 있는 대로 고른 것은?

──── 보기 ────

ㄱ. 정의역은 $\{x\,|\,x\leq1\}$이고, 치역은 $\{y\,|\,y\leq0\}$이다.

ㄴ. 그래프는 함수 $y=-\sqrt{3x}$의 그래프를 x축의 방향으로 1만큼 평행이동한 것이다.

ㄷ. 그래프는 함수 $y=-\dfrac{1}{3}x^2\ (x\leq0)$의 그래프를 직선 $y=x$에 대하여 대칭이동한 후, x축의 방향으로 1만큼 평행이동한 것이다.

① ㄱ   ② ㄴ   ③ ㄱ, ㄷ
④ ㄴ, ㄷ   ⑤ ㄱ, ㄴ, ㄷ

09 무리함수 $y=\sqrt{ax+b}+c$의 그래프를 x축의 방향으로 3만큼, y축의 방향으로 -1만큼 평행이동한 후, x축에 대하여 대칭이동하였더니 함수 $y=-\sqrt{-3x+7}+5$의 그래프와 일치하였을 때, abc의 값을 구하시오. (단, a, b, c는 상수이다.)

10 함수 $y=\sqrt{x+3}$의 그래프와 함수 $y=\sqrt{1-x}+k$의 그래프가 만나도록 하는 실수 k의 값의 범위를 구하시오.

11 정의역과 공역이 실수 전체의 집합인 함수
$$f(x)=\begin{cases}\sqrt{2-x}+3 & (x\leq2)\\-(x-a)^2+7 & (x>2)\end{cases}$$
가 일대일대응이 되도록 하는 상수 a의 값을 구하시오.

12 함수 $y=\dfrac{-bx+c}{x+a}$의 그래프가 오른쪽 그림과 같을 때, 무리함수 $y=-\sqrt{ax+b}+c$의 그래프의 개형을 그리시오.
(단, a, b, c는 상수이다.)

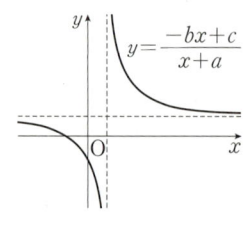

13 $0\leq x\leq3$일 때, 함수 $y=2\sqrt{x+1}+k$의 최댓값을 M, 최솟값을 m이라 하자. $M+m=40$일 때, 상수 k의 값을 구하시오.

14 $3 \leq x \leq 5$에서 정의된 두 함수 $y = \dfrac{-2x+4}{x-1}$와 $y = \sqrt{3x+k}$의 그래프가 한 점에서 만나도록 하는 실수 k의 최댓값을 M이라 할 때, M^2의 값을 구하시오.

15 다음 그림과 같이 무리함수 $y = \sqrt{ax}$의 그래프와 직선 $y = x$가 만나는 점 중 원점이 아닌 점의 x좌표가 2이고, 무리함수 $y = \sqrt{ax+b}$의 그래프가 직선 $y = x$에 접할 때, 두 상수 a, b에 대하여 $a-b$의 값을 구하시오.

(단, $a > 0$)

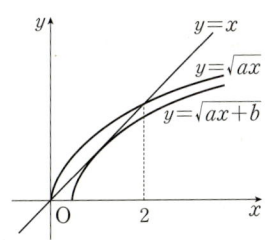

16 무리함수
$f(x) = -\sqrt{ax+b} + c$의 역함수
$y = f^{-1}(x)$의 그래프가 오른쪽
그림과 같을 때, $a+b+c$의 값을
구하시오. (단, a, b, c는 상수이다.)

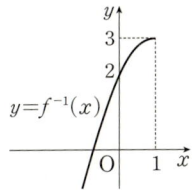

17 함수 $f(x) = \sqrt{4x-a}$의 역함수를 $g(x)$라 할 때, 방정식 $f(x) = g(x)$가 서로 다른 두 실근을 갖도록 하는 정수 a의 개수를 구하시오.

18 함수 $y = \sqrt{4x-3} + k$의 그래프와 그 역함수의 그래프가 서로 다른 두 점에서 만날 때, 두 교점 사이의 거리가 $2\sqrt{3}$이 되도록 하는 상수 k의 값을 구하시오.

19 함수 $f(x) = \sqrt{2x+10}$에 대하여 함수 $g(x)$가 -1 이상의 모든 실수 x에서
$$(f^{-1} \circ g)(x) = 5x$$
를 만족시킬 때, $g\left(\dfrac{3}{2}\right)$의 값을 구하시오.

Ⅲ - 10 무리식과 무리함수

신유형

1 자연수 n에 대하여
$$x=\left\{\frac{(\sqrt{2}+1)^n+(\sqrt{2}-1)^n}{2}\right\}^2$$
일 때, $\sqrt{x}-\sqrt{x-1}$ 을 간단히 하시오.

1등급

2 점 $(2, 3)$을 지나는 무리함수 $y=\sqrt{k(x+1)}$의 그래프 위의 점을 A, 무리함수 $y=-\sqrt{k(x+1)}$의 그래프 위의 점을 B라 하자. 점 $P(-1, 0)$에 대하여 세 점 A, B, P를 꼭짓점으로 하는 $\triangle ABP$가 정삼각형일 때, 삼각형 ABP의 넓이를 구하시오.

3 꼭짓점의 좌표가 $\left(\dfrac{1}{2}, \dfrac{9}{2}\right)$인 이차함수
$f(x)=ax^2+bx+c$의 그래프가 점 $(0, 4)$를 지날 때, 함수 $g(x)=a\sqrt{x+b}+c$에 대하여 〈보기〉에서 옳은 것만을 있는 대로 고른 것은?

───── 보기 ─────

ㄱ. 정의역은 $\{x|x\geq-2\}$이고 치역은 $\{y|y\leq4\}$이다.
ㄴ. 함수 $y=g(x)$의 그래프는 제3사분면을 지난다.
ㄷ. 방정식 $f(x)=0$의 두 근을 α, β $(\alpha<\beta)$라 할 때,
   $\alpha\leq x\leq\beta$에서 함수 $g(x)$의 최댓값은 2이다.

────────────────

① ㄱ   ② ㄴ   ③ ㄱ, ㄷ
④ ㄴ, ㄷ   ⑤ ㄱ, ㄴ, ㄷ

4 함수 $y=\sqrt{|x-1|}+1$의 그래프와 직선 $y=kx+1$이 서로 다른 세 점에서 만날 때, 실수 k의 값의 범위를 구하시오.

서술형

5 $x\leq-2$에서 부등식
$$ax+1\leq\sqrt{-\frac{1}{2}x-1}\leq bx+1$$
이 항상 성립하도록 하는 상수 a의 최솟값을 m, 상수 b의 최댓값을 M이라 할 때, $2m-4M$의 값을 구하시오.

6 정의역과 공역이 실수 전체의 집합인 함수
$$f(x)=\begin{cases}\sqrt{-3x+a}+2 & (x<1) \\ -\sqrt{3x-3}+2 & (x\geq1)\end{cases}$$
가 일대일대응일 때, $f^{-1}(-1)+f^{-1}(5)$의 값을 구하시오. (단, a는 상수이다.)

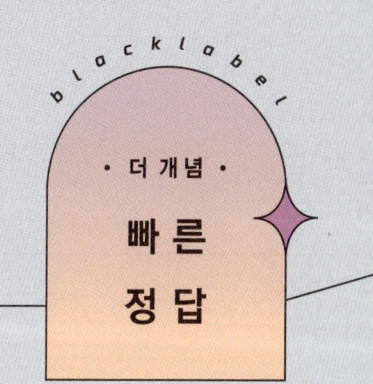

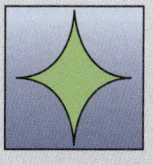

Ⅰ. 도형의 방정식

01. 평면좌표

1 두 점 사이의 거리

기본연습　　　　　　　　　　　본문 pp.012~013

01 (1) 6 (2) 12
02 -2
03 (1) $\sqrt{10}$ (2) $\sqrt{13}$
04 5, 9

필수연습　　　　　　　　　　　본문 pp.014~021

05 -1, 11
06 12
07 $\dfrac{32}{3}$
08 18
09 최댓값 : 3, 최솟값 : -1
10 (1) P(0, 1) (2) Q(-3, 4)
11 $10+5\sqrt{2}$
12 10
13 $\overline{AB}=\overline{CA}$인 이등변삼각형
14 $2\sqrt{2}$
15 $x=0$, $y=2$ 또는 $x=\sqrt{3}$, $y=-1$
16 $5\sqrt{2}$
17 $2\sqrt{13}$
18 10
19 (1) 12 (2) P$\left(\dfrac{9}{2}, \dfrac{5}{2}\right)$
20 16
21 30
22 풀이 참조
23 풀이 참조
24 $10x-4y-3=0$
25 $x=\dfrac{13}{3}$

STEP 1 개념 마무리　　　　　　본문 pp.022~023

01 $\dfrac{34}{3}$
02 5
03 4
04 52
05 1시간
06 2
07 1
08 ⑤
09 2

---

10 14
11 $\dfrac{21}{2}$
12 $\dfrac{9}{2}$

2 선분의 내분점

기본연습　　　　　　　　　　　본문 pp.028~029

26 (1) 3 (2) 4
27 (1) $\left(\dfrac{8}{3}, -\dfrac{2}{3}\right)$ (2) (2, 0)
28 5
29 7

필수연습　　　　　　　　　　　본문 pp.030~035

30 2
31 -75
32 10
33 $0<t<\dfrac{5}{7}$
34 $\dfrac{19}{2}$
35 35
36 C(-30, -6)
37 9
38 $2\sqrt{10}$
39 D$\left(\dfrac{4}{5}, -\dfrac{3}{5}\right)$
40 -4
41 0
42 22
43 9
44 $\dfrac{23}{2}$

STEP 1 개념 마무리　　　　　　본문 p.036

13 16
14 $\dfrac{1}{5}<t<\dfrac{2}{3}$
15 -6
16 5
17 -6
18 P$\left(\dfrac{11}{2}, 4\right)$

STEP 2 개념 마무리　　　　　　본문 p.037

1 11

2 $4\sqrt{10}$

3 13

4 $\dfrac{7}{4}$

5 8

6 $(a-3)^2+b^2=288$

02. 직선의 방정식

① 직선의 방정식

기본연습 본문 pp.046~048

01 (1) $y=3x-7$ (2) $x=-3$

02 (1) $y=-x+2$ (2) $y=6$ (3) $y=\dfrac{3}{2}x-6$

03 (1) 기울기: $-\dfrac{7}{5}$, y절편: $\dfrac{3}{5}$

(2) 기울기: 정의되지 않는다., y절편: 없다.

(3) 기울기: 0, y절편: 5

04 제2사분면

05 $(-2, -1)$

06 $x-2y-4=0$

필수연습 본문 pp.049~056

07 (1) $y=-4x+3$ (2) $y=x-3$

08 -2

09 $y=\dfrac{\sqrt{3}}{3}x-\sqrt{3}$

10 (1) $y=\dfrac{1}{3}x+2$ (2) -8

11 14

12 48

13 -7

14 14

15 -2

16 $y=-4x+9$

17 $y=2x-6$

18 2

19 (1) 제1, 2, 3사분면 (2) 제2, 3사분면

20 제1사분면

21 ㄴ, ㄷ

22 $y=-x+3$

23 $\sqrt{2}$

24 $-\dfrac{3}{10}$

25 $\dfrac{1}{3}<k<\dfrac{5}{3}$

26 $-1\leq m\leq\dfrac{3}{4}$

27 $2x-y+6=0$

28 $-\dfrac{8}{3}$

STEP 1 개념 마무리 본문 pp.057~058

01 ②

02 $\sqrt{3}+1$

03 1

04 2

05 486

06 14

07 $y=\dfrac{2}{3}x-\dfrac{7}{3}$

08 $\dfrac{5}{4}$

09 $\dfrac{1}{2}\leq m\leq 1$

10 1

11 $-\dfrac{17}{3}$

12 5

② 두 직선의 위치 관계

기본연습 본문 pp.063~064

29 (1) $y=-2x-7$ (2) $y=-\dfrac{1}{2}x-1$

30 (1) $y=x-5$ (2) $y=-2x+25$

31 (1) -2 (2) 1 (3) $a\neq-2$, $a\neq1$인 모든 실수

32 (1) 8 (2) 47

필수연습 본문 pp.065~068

33 (1) $y=2x+2$ (2) $-\dfrac{3}{2}$

34 $\dfrac{7}{3}$

35 -5

36 $\dfrac{15}{2}$

37 17

38 $\dfrac{2}{3}$

39 2

40 0

41 8

42 $\left(\dfrac{5}{3}, \dfrac{5}{3}\right)$

STEP 1 개념 마무리 본문 p.069

13 ⑤

14 -6

15 4

③ 점과 직선 사이의 거리

기본연습 본문 p.073

43 12

44 $\dfrac{3\sqrt{10}}{5}$

필수연습 본문 pp.074~077

45 5, 7

46 −3

47 $\dfrac{1}{5}$

48 9

49 5

50 81

51 4

52 $\dfrac{27}{8}$

53 $x-5y+3=0$, $5x+y+1=0$

54 −36, 16

STEP 1 개념 마무리 본문 p.078

19 $\dfrac{\sqrt{10}}{2}$

20 $\dfrac{3\sqrt{5}}{5}$

21 $\sqrt{6}$

22 233

23 69

24 $\dfrac{13}{8}$

STEP 2 개념 마무리 본문 p.079

1 $y=2x-2$

2 −5

3 30

4 ③

5 $\sqrt{2}$

6 $(1, 2)$

03. 원의 방정식

① 원의 방정식

기본연습 본문 pp.086~087

01 (1) $(x+2)^2+(y-6)^2=13$ (2) $x^2+y^2=25$

02 (1) 중심의 좌표 : $(1, 3)$, 반지름의 길이 : $2\sqrt{2}$
    (2) 중심의 좌표 : $(2, 0)$, 반지름의 길이 : 2

03 $(x-1)^2+(y-3)^2=18$

04 (1) 3 (2) $(-6, -6)$

필수연습 본문 pp.088~092

05 $(x-2)^2+y^2=5$

06 4

07 $\sqrt{7}$

08 (1) −1 (2) $-5<k<7$

09 −6, 2

10 16π

11 $(x-4)^2+(y+2)^2=5$

12 −2

13 (1) $(x-1)^2+(y-3)^2=1$, $(x-2)^2+(y-5)^2=4$ (2) 194π

14 6π

15 3π

16 2

STEP 1 개념 마무리 본문 p.093

01 1

02 $-1\leq k<\dfrac{1}{3}$ 또는 $2<k\leq\dfrac{10}{3}$

03 $\dfrac{17}{10}$

04 9

05 −58

06 −3

② 원과 직선의 위치 관계

기본연습 본문 pp.098~099

17 (1) $-4<k<4$ (2) $k=\pm4$ (3) $k<-4$ 또는 $k>4$

18 $a>2\sqrt{2}$

19 $2x-y+5=0$

20 $x^2+y^2+\dfrac{4}{3}y-1=0$

필수연습 본문 pp.100~104

21 $-17\leq k\leq3$

22 7

23 $2\sqrt{10}$

24 4

25 -66

26 -6

27 6

28 45

29 $\dfrac{6}{5}$

30 324

31 $x^2+y^2+5y=0$

32 6

33 2

STEP 1 개념 마무리 본문 pp.105~106

07 ③

08 $1-\sqrt{10}<k<1+\sqrt{10}$

09 $\dfrac{5}{2}$

10 22

11 52

12 $a<-\dfrac{4\sqrt{5}}{5}$ 또는 $a>\dfrac{4\sqrt{5}}{5}$

13 -2

14 $\dfrac{9}{5}$

15 4

16 $\dfrac{27}{2}$

17 $3\sqrt{7}$

18 50

---

3 원의 접선의 방정식

기본연습 본문 p.111

34 $y=-x\pm3\sqrt{2}$

35 $x+\sqrt{5}y=12$

필수연습 본문 pp.112~116

36 $y=-2x-1\pm3\sqrt{5}$

37 $40\sqrt{3}$

38 5

39 4

40 7

41 $4\sqrt{2}$

42 9

43 $8\sqrt{5}$

44 $\overline{PQ}=\sqrt{51},\ \overline{RS}=3\sqrt{3}$

45 5

STEP 1 개념 마무리 본문 p.117

19 10

20 $\left(0,\ \dfrac{2-2\sqrt{2}}{3}\right)$

21 $\dfrac{1}{3}<a<1$

22 4

23 $\dfrac{20}{3}$

24 -14

STEP 2 개념 마무리 본문 p.118

1 10시간

2 10

3 24π

4 $4\sqrt{2}$

5 $\dfrac{64}{5}$

6 -4

---

04. 도형의 이동

1 평행이동

기본연습 본문 p.122

01 (1) $(-3,\ 1)$ (2) $(-6,\ 14)$

02 (1) $4x-9y+50=0$ (2) $y=x^2-6x-6$

필수연습 본문 pp.123~125

03 (1) $(-8,\ 5)$ (2) $(-4,\ 1)$

04 10

05 4

06 4

07 1

08 -8

09 (1) 6 (2) 10

10 1

STEP 1 개념 마무리 본문 p.126

01 $(10,\ -2)$

02 6

03 16

04 1

05 -2

06 $\dfrac{3}{2}$

21 $6+4\sqrt{2}$

22 $4\sqrt{5}-2\sqrt{2}$

23 $5\sqrt{2}$

② 대칭이동

기본연습　　　　　　　　　　　본문 pp.131~132

11 (1) $(-10,\ -5)$　(2) $(10,\ 5)$　(3) $(10,\ -5)$　(4) $(-5,\ 10)$

12 (1) $x^2+y^2+4x-2y-6=0$　(2) $x^2+y^2-4x+2y-6=0$

　　(3) $x^2+y^2-4x-2y-6=0$　(4) $x^2+y^2-2x-4y-6=0$

13 $y=x+12$

14 $x-2y+2=0$

필수연습　　　　　　　　　　　본문 pp.133~139

15 (1) -2　(2) $5,\ 9$

16 -6

17 (1) 3　(2) 2

18 80

19 $6x-2y+15=0$

20 -5

21 $3x-2y+16=0$

22 풀이 참조

23 (1) 7　(2) 35

24 $-\dfrac{1}{2}$

25 (1) 11　(2) 29

26 -14

27 $\sqrt{10}$

28 $7\sqrt{2}$

29 $\dfrac{27\sqrt{2}}{40}$

STEP 1　개념 마무리　　　　　　　본문 pp.140~142

07 $\dfrac{4}{3}$

08 -7

09 $\dfrac{1}{6}$

10 ③

11 $2\sqrt{2}$

12 14

13 $3\sqrt{2}$

14 ⑤

15 7

16 10

17 $2x-3y+25=0$

18 8

19 9

20 $(-8,\ -6)$

STEP 2　개념 마무리　　　　　　　본문 p.143

1 20

2 $\dfrac{11}{2}$

3 32

4 16

5 ③

Ⅱ. 집합과 명제

05. 집합

① 집합

기본연습　　　　　　　　　　　본문 pp.148~149

01 ㄱ, ㄷ

02 (1) $\in$　(2) $\notin$　(3) $\notin$　(4) $\in$

03 (1) $\{1,\ 2,\ 4,\ 5,\ 10,\ 20\}$

　　(2) $\{x\,|\,x=3n+1,\ n=0,\ 1,\ 2,\ \cdots,\ 33\}$

04 ㄱ, ㄷ, ㄹ, $n(A)=15,\ n(C)=3,\ n(D)=0$

필수연습　　　　　　　　　　　본문 pp.150~151

05 $S=\{-2,\ -1,\ 0,\ 1,\ 2,\ 3,\ 4,\ 5,\ 6\}$

06 64

07 $B*(A*B)=\{5,\ 13,\ 26,\ 34,\ 101,\ 109,\ 170,\ 178\}$

08 ㄴ

09 10

10 5

STEP 1　개념 마무리　　　　　　　본문 p.152

01 3

02 ②

03 80

04 ②

05 7

06 3

19 1

20 5

21 8, 20

22 5

23 $-1<m<1$

24 (1) $a=\dfrac{1}{2}$, $b=-1$ (2) $a=-3$, $b=4$

25 7

26 6

27 40

28 9

29 48

STEP **1** 개념 마무리   본문 pp.254~256

01 ⑤

02 4

03 12

04 $\dfrac{15}{8}$

05 6

06 4

07 $\dfrac{1}{2}$

08 ③

09 126

10 ㄴ

11 4

12 ②

13 5

14 1

15 10

16 14

17 18

18 18

② 합성함수

기본연습   본문 p.260

30 (1) 1 (2) 2

31 (1) $(f \circ f)(x)=9x+20$ (2) $(g \circ f)(x)=8x^2+8x+1$

필수연습   본문 pp.261~267

32 3

33 11

34 4

35 -3

36 7

37 2

38 -2

39 (1) 0 (2) 4

40 $f\left(\dfrac{x-1}{6}\right)=2x+17$

41 11

42 (1) $f^{25}(x)=x+75$ (2) 186

43 6

44 (1) e (2) a

45 4

46 (1) 풀이 참조 (2) 3

47 $\dfrac{4}{3}$

STEP **1** 개념 마무리   본문 pp.268~269

19 18

20 4

21 16

22 6

23 $k=0$ 또는 $k>4$

24 $-\dfrac{1}{4}$

25 2

26 $\dfrac{14}{9}$

27 13

28 5

29 -3

30 4

③ 역함수

기본연습   본문 pp.274~275

48 (1) 2 (2) 17

49 (1) $y=-x+2$ (2) $y=\dfrac{3}{2}x+\dfrac{1}{2}$

50 (1) 4 (2) 2

51 $\left(\dfrac{1}{6}, \dfrac{1}{6}\right)$

필수연습   본문 pp.276~280

52 $-2<a<2$

53 3

54 -3

55 5

56 3

57 10

58 0

59 -5

60 (1) c (2) a

61 a

62 $\sqrt{2}$

63 10

64 21

31 -1

32 -1

33 $\dfrac{3}{2}$

34 6

35 4

36 3

37 -1

38 ④

39 ⑤

40 7

41 -1

42 0

1 10

2 7

3 200

4 12

5 ⑤

6 $(3-\sqrt{5},\ 3-\sqrt{5}),\ (0,\ 2),\ (2,\ 0)$

09. 유리식과 유리함수

① 유리식

기본연습   본문 pp.290~292

01 ㄱ, ㄷ, ㄹ, ㅁ

02 (1) 풀이 참조   (2) $\dfrac{x+3}{x-1}$

03 (1) $\dfrac{x-2}{2x-1}$ (2) $\dfrac{(x-1)(x-4)}{2(x+1)(x-3)}$

04 $\dfrac{6(x+1)}{x(x-1)(x+2)(x+3)}$

05 (1) $\dfrac{2}{(x+1)(x-1)}$ (2) $a+1$

06 $\dfrac{24}{25}$

필수연습   본문 pp.293~297

07 4

08 2

09 48

10 (1) $\dfrac{60}{(x-4)(x+26)}$ (2) $\dfrac{40}{21}$

11 18

12 $\dfrac{36}{55}$

13 (1) $\dfrac{x+2}{x+4}$ (2) $\dfrac{10x+3}{7x+2}$

14 13

15 (1) 322   (2) 3

16 4

17 11

18 (1) $\dfrac{16}{15}$ (2) $\dfrac{23}{3}$

19 1

01 24

02 4

03 7

04 10

05 1

06 75

② 유리함수

기본연습   본문 pp.304~305

20 (1) $\left\{x \,\middle|\, x \neq \dfrac{5}{4}\text{인 실수}\right\}$ (2) $\{x \,|\, x\text{는 실수}\}$

    (3) $\{x \,|\, x \neq -2\text{인 실수}\}$

21 ㄱ, ㄷ, ㄹ

22 풀이 참조

23 $y = \dfrac{x-2}{2x+4}$

필수연습   본문 pp.306~313

24 -12

25 ㄱ, ㄷ

26 $-\dfrac{5}{4}$

27 6

28 $-\dfrac{1}{2}$

29 (1) 3   (2) 3

30 9

31 81

32 ㄱ, ㄷ

33 $-\dfrac{16}{5}$

34 14

35 $\dfrac{15}{4}$

36 $k<0$ 또는 $0<k<\dfrac{1}{9}$ 또는 $k>1$

37 $\dfrac{31}{16}$

38 (1) $f^{60}(x)=x$ (2) 5

39 $\dfrac{1}{21}$

40 3

41 1

42 $2\sqrt{10}$

STEP **1** 개념 마무리   본문 pp.314~315

07 ㄱ, ㄴ

08 $k<0$ 또는 $0<k\le2$

09 ④

10 -2

11 ⑤

12 1

13 제1사분면

14 $\dfrac{3}{4}$

15 $-\dfrac{18}{5}$

16 2

17 $\dfrac{1}{2}$

18 6

STEP **2** 개념 마무리   본문 p.316

1 $\dfrac{14}{31}$

2 ④

3 6

4 8

5 0

6 72

---

10. 무리식과 무리함수

① 무리식

기본연습   본문 pp.320~321

01 (1) $x\ge8$ (2) $x\ge8$ (3) $x>-\dfrac{5}{6}$ (4) $-9\le x<\dfrac{1}{2}$

02 (1) -4 (2) $\sqrt{x+2}-\sqrt{x}$

03 (1) $-2a-b+2c$ (2) $-2x-1$

04 $\dfrac{\sqrt{6}+\sqrt{2}}{2}$

필수연습   본문 p.322

05 -14

---

06 $-2\sqrt{3}$

07 9

STEP **1** 개념 마무리   본문 p.323

01 7

02 ④

03 $2n$

04 5

05 $2\sqrt{5}-2$

06 $3-2\sqrt{3}$

07 0

---

② 무리함수

기본연습   본문 pp.328~329

08 풀이 참조

09 5

10 ㄱ, ㄴ, ㄹ

11 $y=-\dfrac{1}{3}(x-1)^2+\dfrac{2}{3}\ (x\ge1)$

필수연습   본문 pp.330~335

12 -5

13 5

14 10

15 2

16 풀이 참조

17 (1) -1 (2) 5

18 $\dfrac{86}{5}$

19 (1) $-\dfrac{1}{8}<k\le0$ (2) $k=-\dfrac{1}{8}$ 또는 $k>0$ (3) $k<-\dfrac{1}{8}$

20 1

21 130

22 $\sqrt{2}$

23 5

24 (1) 21 (2) 23

25 4

STEP **1** 개념 마무리   본문 pp.336~337

08 ③

09 -24

10 $-2\le k\le2$

11 0

12 풀이 참조

13 17

14 16

15 3

16 3

17 4

18 $\dfrac{1}{8}$

19 5

STEP 2 **개념 마무리** 본문 p.338

1 $(\sqrt{2}-1)^n$

2 $27\sqrt{3}$

3 ③

4 $0<k<\dfrac{1}{2}$

5 $\sqrt{2}$

6 2

수능 어법 문제와
내신 어법 문제는
다르다

내신 중심
시대

단 하나의
내신 어법서

BLACKLABEL

영어 내신 어법

고등 최초의 내신 전용 어법서

주요 상위권 고교 영어 어법 완전 분석

내신형 객관식 & 서술형 연습 모두 가능

실력으로 여백을 채우다!

서술형 문항의
원리를 푸는 열쇠

화 이 트 라 벨

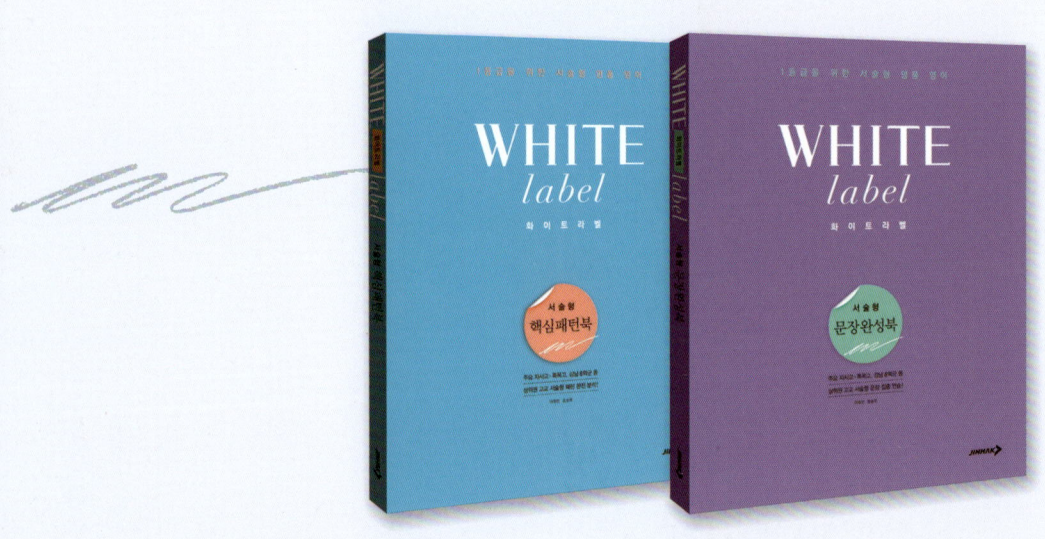

전국 자사고·특목고, 강남 8학군 등

주요 상위권 고교 영어 서술형 완전 분석!

THE 개념
블랙라벨

정답과 해설

공통수학 2

체계적 개념 학습을 위한
Plus⁺ 기본서

JINHAK

OX로 개념을 적용하는
고등 국어 문제 기본서

더 THE 개념
블랙라벨

국어

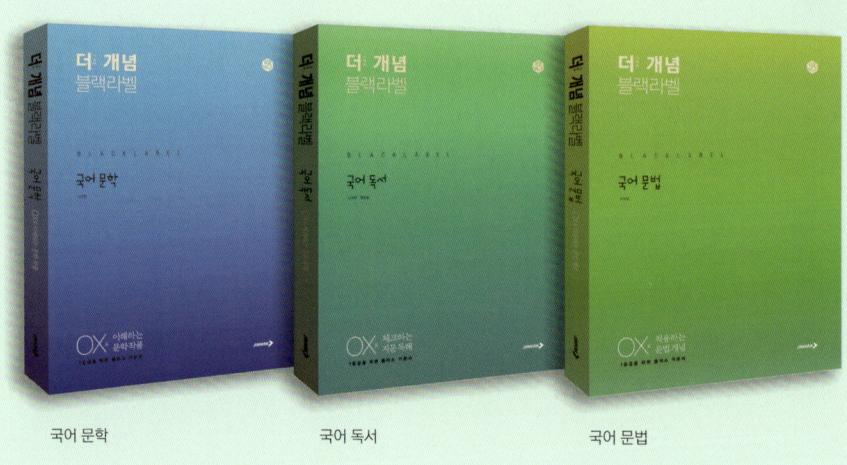

국어 문학　　　　　　국어 독서　　　　　　국어 문법

개념은 빠짐없이! 설명은 분명하게!
연습은 충분하게! 내신과 수능까지!

짧은 호흡, 다양한 도식과 예문으로	꼼꼼한 OX 문제, 충분한 드릴형 문제로	내신형 문제부터 수능 고난도까지
직관적인 개념 학습	**국어 개념 완벽 훈련**	**내신 만점 수능 만점**

THE 개념
블랙라벨

정답과 해설

BLACKLABEL

Ⅰ. 도형의 방정식

01. 평면좌표

① 두 점 사이의 거리

기본＋필수연습　　　　　본문 pp.012~021

01 (1) 6　(2) 12　　**02** -2

03 (1) $\sqrt{10}$　(2) $\sqrt{13}$　　**04** 5, 9

05 -1, 11　**06** 12　**07** $\dfrac{32}{3}$　**08** 18

09 최댓값 : 3, 최솟값 : -1

10 (1) P$(0, 1)$　(2) Q$(-3, 4)$

11 $10+5\sqrt{2}$　　**12** 10

13 $\overline{AB}=\overline{CA}$인 이등변삼각형　　**14** $2\sqrt{2}$

15 $x=0$, $y=2$ 또는 $x=\sqrt{3}$, $y=-1$　**16** $5\sqrt{2}$

17 $2\sqrt{13}$　　**18** 10　　**19** (1) 12　(2) P$\left(\dfrac{9}{2}, \dfrac{5}{2}\right)$

20 16　　**21** 30　　**22** 풀이 참조

23 풀이 참조　　**24** $10x-4y-3=0$

25 $x=\dfrac{13}{3}$

01

(1) 수직선 위의 두 점 A(-4), B(-10) 사이의 거리는
$$\overline{AB}=|-10-(-4)|=|-6|=6$$

(2) 수직선 위의 원점 O(0)과 점 A(12) 사이의 거리는
$$\overline{OA}=|12|=12$$

답 (1) 6　(2) 12

02

수직선 위의 두 점 O(0), A(p) 사이의 거리는
$$\overline{OA}=|p|=4$$
이때 $p<0$이므로
$$-p=4　　\therefore p=-4$$
또한, 수직선 위의 두 점 A(p), B(q) 사이의 거리는
$$\overline{AB}=|q-p|=6$$

이때 $q>p$, $p=-4$이므로
$$q-(-4)=6　　\therefore q=2$$
$$\therefore p+q=-4+2=-2$$

답 -2

03

(1) 좌표평면 위의 두 점 A$(1, 2)$, B$(-2, 1)$ 사이의 거리는
$$\overline{AB}=\sqrt{(-2-1)^2+(1-2)^2}$$
$$=\sqrt{9+1}=\sqrt{10}$$

(2) 좌표평면 위의 원점 O$(0, 0)$과 점 A$(-3, 2)$ 사이의 거리는
$$\overline{OA}=\sqrt{(-3)^2+2^2}=\sqrt{9+4}=\sqrt{13}$$

답 (1) $\sqrt{10}$　(2) $\sqrt{13}$

04

좌표평면 위의 두 점 A$(a-1, 4)$, B$(5, a-4)$ 사이의 거리가 $\sqrt{10}$이므로
$$\sqrt{\{5-(a-1)\}^2+(a-4-4)^2}=\sqrt{10}$$
$$\sqrt{(6-a)^2+(a-8)^2}=\sqrt{10}$$
양변을 제곱하면
$$(6-a)^2+(a-8)^2=10$$
$$a^2-14a+45=0,\ (a-5)(a-9)=0$$
$$\therefore a=5 \text{ 또는 } a=9$$
따라서 구하는 a의 값은 5, 9이다.

답 5, 9

05

$\overline{AC}+\overline{BC}=12$이므로 $|x-3|+|x-7|=12$

(ⅰ) $x<3$일 때,
$$-(x-3)-(x-7)=12$$에서
$$-2x+10=12,\ -2x=2$$
$$\therefore x=-1$$

(ⅱ) $3\leq x<7$일 때,
$$x-3-(x-7)=4\neq12$$이므로
조건을 만족시키는 x는 존재하지 않는다.

(iii) $x \geq 7$일 때,

$\quad x-3+x-7=12$에서

$\quad 2x-10=12, \; 2x=22$

$\quad \therefore \; x=11$

(i), (ii), (iii)에서 구하는 x의 값은 $-1, \; 11$이다.

답 $-1, \; 11$

$a^2-8a+52=4a^2-40a+104$

$3a^2-32a+52=0 \; \leftarrow (a-2)(3a-26)=0 \quad \therefore \; a=2 \; \text{또는} \; a=\dfrac{26}{3}$

이차방정식의 근과 계수의 관계에 의하여 모든 a의 값의 합은

$\dfrac{32}{3}$이다.

답 $\dfrac{32}{3}$

06

$\overline{PA}+\overline{PB} \leq 4\overline{AB}$에서

$|x-(-1)|+|x-2| \leq 4 \times |2-(-1)|$이므로

$|x+1|+|x-2| \leq 12$

(i) $x < -1$일 때,

$\quad -(x+1)-(x-2) \leq 12$에서

$\quad -2x+1 \leq 12, \; -2x \leq 11$

$\quad \therefore \; x \geq -\dfrac{11}{2}$

$\quad$ 그런데 $x < -1$이므로 $-\dfrac{11}{2} \leq x < -1$

(ii) $-1 \leq x < 2$일 때,

$\quad x+1-(x-2)=3 \leq 12$이므로

$\quad -1 \leq x < 2$인 모든 실수 x에 대하여 부등식이 성립한다.

(iii) $x \geq 2$일 때,

$\quad x+1+x-2 \leq 12$에서

$\quad 2x-1 \leq 12, \; 2x \leq 13$

$\quad \therefore \; x \leq \dfrac{13}{2}$

$\quad$ 그런데 $x \geq 2$이므로 $2 \leq x \leq \dfrac{13}{2}$

(i), (ii), (iii)에서 주어진 부등식의 해는 $-\dfrac{11}{2} \leq x \leq \dfrac{13}{2}$이므로 구하는 정수 x는 $-5, \; -4, \; -3, \; \cdots, \; 6$의 12개이다.

답 12

07

$\overline{AC}=2\overline{BC}$이므로

$\sqrt{(3+3)^2+(a-4)^2}=2\sqrt{(3-4)^2+(a-5)^2}$

양변을 제곱하면

$36+(a-4)^2=4\{1+(a-5)^2\}$

08

두 점 $A(5-x, \, 0)$, $B(0, \, x-3)$에 대하여

$\overline{AB}=\sqrt{\{0-(5-x)\}^2+(x-3-0)^2}$

$\quad\quad = \sqrt{(x-5)^2+(x-3)^2}$

$\quad\quad = \sqrt{2x^2-16x+34}$

$\quad\quad = \sqrt{2(x-4)^2+2}$

따라서 $x=4$일 때, 선분 AB의 길이의 최솟값은 $\sqrt{2}$이므로

$a=4, \; m=\sqrt{2}$

$\therefore \; a^2+m^2=4^2+(\sqrt{2})^2=18$

답 18

09

두 점 $A(x+1, \, 0)$, $B(0, \, 2x-3)$에 대하여

$\overline{AB}=\sqrt{\{0-(x+1)\}^2+(2x-3-0)^2}$

$\quad\quad = \sqrt{(x+1)^2+(2x-3)^2}$

$\quad\quad = \sqrt{5x^2-10x+10}$

이때 $\overline{AB} \leq 5$이므로

$\sqrt{5x^2-10x+10} \leq 5$

양변을 제곱하면 $\quad$ $a \geq 0, \; b \geq 0$일 때, $a \leq b$이면 $a^2 \leq b^2$이다.

$5x^2-10x+10 \leq 25$

$x^2-2x-3 \leq 0, \; (x+1)(x-3) \leq 0$

$\therefore \; -1 \leq x \leq 3$

따라서 x의 최댓값은 3, 최솟값은 -1이다.

답 최댓값 : 3, 최솟값 : -1

10

(1) 오른쪽 그림과 같이 y축 위의
점 P의 좌표를 $(0, a)$라 하면
$\overline{PA}=\overline{PB}$에서
$\overline{PA}^2=\overline{PB}^2$이므로
$(0-4)^2+(a-3)^2$
$=(0+2)^2+(a+3)^2$
$a^2-6a+25=a^2+6a+13$
$12a=12$ $\therefore a=1$
$\therefore P(0, 1)$

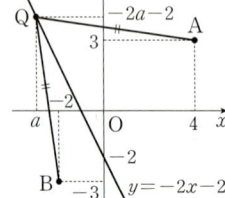

(2) 오른쪽 그림과 같이 직선
$y=-2x-2$ 위의 점 Q의 좌
표를 $(a, -2a-2)$라 하면
$\overline{QA}=\overline{QB}$에서
$\overline{QA}^2=\overline{QB}^2$이므로
$(a-4)^2+(-2a-5)^2$
$=(a+2)^2+(-2a+1)^2$
$5a^2+12a+41=5a^2+5$
$12a=-36$ $\therefore a=-3$
$\therefore Q(-3, 4)$

답 P$(0, 1)$ (2) Q$(-3, 4)$

11

다음 그림과 같이 직선 $y=-3x+2$ 위의 점 P의 좌표를
$(a, -3a+2)$라 하자.

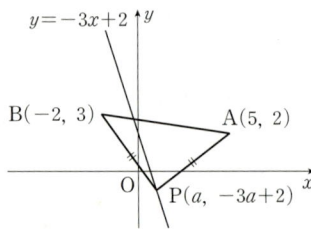

$\overline{PA}=\overline{PB}$에서 $\overline{PA}^2=\overline{PB}^2$이므로
$(a-5)^2+(-3a)^2=(a+2)^2+(-3a-1)^2$
$10a^2-10a+25=10a^2+10a+5$
$20a=20$ $\therefore a=1$
즉, P$(1, -1)$이므로
$\overline{PA}=\overline{PB}=\sqrt{(5-1)^2+(2+1)^2}=5,$

$\overline{AB}=\sqrt{(5+2)^2+(2-3)^2}=5\sqrt{2}$
따라서 삼각형 PAB의 둘레의 길이는
$\overline{PA}+\overline{PB}+\overline{AB}=5+5+5\sqrt{2}=10+5\sqrt{2}$

답 $10+5\sqrt{2}$

12

삼각형 ABC의 외심을 O(a, b)라 하면
$\overline{AO}=\overline{BO}=\overline{CO}$에서 $\overline{AO}^2=\overline{BO}^2=\overline{CO}^2$
$\overline{AO}^2=\overline{BO}^2$에서
$(a+1)^2+(b-2)^2=(a-3)^2+b^2$
$a^2+2a+1+b^2-4b+4=a^2-6a+9+b^2$
$8a-4b-4=0$ $\therefore 2a-b-1=0$ ······㉠
또한, $\overline{AO}^2=\overline{CO}^2$에서
$(a+1)^2+(b-2)^2=(a-6)^2+(b-2)^2$
$a^2+2a+1+b^2-4b+4=a^2-12a+36+b^2-4b+4$
$14a=35$ $\therefore a=\dfrac{5}{2}$, $b=4$ ($\because$ ㉠)

$\therefore ab=\dfrac{5}{2}\times4=10$

답 10

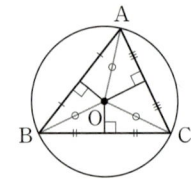
13

A$(-1, -3)$, B$(1, 2)$, C$(4, -1)$이므로 삼각형 ABC의
세 변의 길이를 각각 구하면
$\overline{AB}=\sqrt{(1+1)^2+(2+3)^2}=\sqrt{29}$
$\overline{BC}=\sqrt{(4-1)^2+(-1-2)^2}=\sqrt{18}=3\sqrt{2}$
$\overline{CA}=\sqrt{(-1-4)^2+(-3+1)^2}=\sqrt{29}$
이때 $\overline{AB}=\overline{CA}=\sqrt{29}$이므로
$\triangle ABC$는 $\overline{AB}=\overline{CA}$인 이등변삼각형이다.

답 $\overline{AB}=\overline{CA}$인 이등변삼각형

14

삼각형 AOB에서 ∠AOB=90°이므로 피타고라스 정리에
의하여
$$\overline{OA}^2+\overline{OB}^2=\overline{AB}^2$$
이때 O(0, 0), A(a, a+4), B(-a, -a+4)이므로
$$\{a^2+(a+4)^2\}+\{(-a)^2+(-a+4)^2\}$$
$$=\{a-(-a)\}^2+\{(a+4)-(-a+4)\}^2$$
$$4a^2+32=8a^2,\ 4a^2=32,\ a^2=8$$
$$\therefore a=2\sqrt{2}\ (\because a>0)$$

답 $2\sqrt{2}$

15

△OAB가 정삼각형이므로
$$\overline{OA}=\overline{OB}=\overline{AB}에서\ \overline{OA}^2=\overline{OB}^2=\overline{AB}^2$$
이때 $\overline{OA}^2=(\sqrt{3})^2+1^2=4$, $\overline{OB}^2=x^2+y^2$,
$\overline{AB}^2=(x-\sqrt{3})^2+(y-1)^2$이므로
$\overline{OB}^2=\overline{OA}^2$에서 $x^2+y^2=4$ ······㉠
$\overline{OB}^2=\overline{AB}^2$에서 $x^2+y^2=(x-\sqrt{3})^2+(y-1)^2$이므로
$$y=-\sqrt{3}x+2 \qquad ······㉡$$
㉡을 ㉠에 대입하면
$$x^2+(-\sqrt{3}x+2)^2=4$$
$$x^2-\sqrt{3}x=0,\ x(x-\sqrt{3})=0$$
$$\therefore x=0,\ y=2\ 또는\ x=\sqrt{3},\ y=-1\ (\because ㉡)$$

답 $x=0,\ y=2$ 또는 $x=\sqrt{3},\ y=-1$

16

세 점 (a, b), $(0, 4)$, $(5, -1)$을 각각 A, B, C라 하면
$$\sqrt{a^2+(b-4)^2}=\overline{BA},$$
$$\sqrt{(5-a)^2+(b+1)^2}=\sqrt{(a-5)^2+(b+1)^2}=\overline{CA}$$
$$\therefore \sqrt{a^2+(b-4)^2}+\sqrt{(5-a)^2+(b+1)^2}$$
$$=\overline{BA}+\overline{CA}$$
$$\geq\overline{BC}\ \text{← 점 A가 } \overline{BC} \text{ 위에 있을 때 최솟값을 갖는다.}$$
$$=\sqrt{(5-0)^2+(-1-4)^2}$$
$$=\sqrt{25+25}=\sqrt{50}=5\sqrt{2}$$
따라서 구하는 최솟값은 $5\sqrt{2}$이다.

답 $5\sqrt{2}$

17

$$\sqrt{x^2+y^2-2x+8y+17}+\sqrt{x^2+y^2+6x-4y+13}$$
$$=\sqrt{(x-1)^2+(y+4)^2}+\sqrt{(x+3)^2+(y-2)^2}$$
에서 세 점 (x, y), $(1, -4)$, $(-3, 2)$를 각각 A, B, C라
하면
$$\sqrt{(x-1)^2+(y+4)^2}=\overline{BA},$$
$$\sqrt{(x+3)^2+(y-2)^2}=\overline{CA}$$
$$\therefore \sqrt{(x-1)^2+(y+4)^2}+\sqrt{(x+3)^2+(y-2)^2}$$
$$=\overline{BA}+\overline{CA}$$
$$\geq\overline{BC}\ \text{← 점 A가 } \overline{BC} \text{ 위에 있을 때 최솟값을 갖는다.}$$
$$=\sqrt{(-3-1)^2+(2+4)^2}$$
$$=\sqrt{16+36}$$
$$=\sqrt{52}=2\sqrt{13}$$
따라서 구하는 최솟값은 $2\sqrt{13}$이다.

답 $2\sqrt{13}$

18

세 점 (x, y), $(1, -2)$, $(-4, k)$를 각각 A, B, C라 하면
$$\sqrt{(x-1)^2+(y+2)^2}=\overline{BA},$$
$$\sqrt{(x+4)^2+(y-k)^2}=\overline{CA}$$
$$\therefore \sqrt{(x-1)^2+(y+2)^2}+\sqrt{(x+4)^2+(y-k)^2}$$
$$=\overline{BA}+\overline{CA}$$
$$\geq\overline{BC}\ \text{← 점 A가 } \overline{BC} \text{ 위에 있을 때 최솟값을 갖는다.}$$
$$=\sqrt{(-4-1)^2+(k+2)^2}$$
$$=\sqrt{k^2+4k+29}$$
즉, 점 A가 $\overline{BC}$ 위에 있을 때 최솟값 $\sqrt{k^2+4k+29}$를 가지므
로 $\sqrt{k^2+4k+29}=13$
양변을 제곱하면
$$k^2+4k+29=169,\ k^2+4k-140=0$$
$$(k+14)(k-10)=0$$
$$\therefore k=10\ (\because k>0)$$

답 10

19

(1) y축 위의 점 P의 좌표를 $(0, y)$라 하면
$$\overline{AP}^2+\overline{BP}^2=(1^2+y^2)+\{3^2+(y+2)^2\}$$
$$=2y^2+4y+14$$
$$=2(y+1)^2+12$$

따라서 $y=-1$, 즉 P$(0, -1)$일 때 $\overline{\text{AP}}^2+\overline{\text{BP}}^2$은 최솟
값 12를 갖는다.

(2) 점 P의 좌표를 (x, y)라 하면
$$\overline{\text{PA}}^2+\overline{\text{PB}}^2$$
$$=\{(x-4)^2+(y-3)^2\}+\{(x-5)^2+(y-2)^2\}$$
$$=2x^2-18x+2y^2-10y+54$$
$$=2\left(x-\frac{9}{2}\right)^2+2\left(y-\frac{5}{2}\right)^2+1$$

따라서 $x=\dfrac{9}{2}$, $y=\dfrac{5}{2}$일 때 $\overline{\text{PA}}^2+\overline{\text{PB}}^2$은 최솟값 1을 가

지므로 구하는 점 P의 좌표는 $\left(\dfrac{9}{2}, \dfrac{5}{2}\right)$이다.

답 (1) 12　(2) P$\left(\dfrac{9}{2}, \dfrac{5}{2}\right)$

20

직선 $y=x+2$ 위의 점 P의 좌표를 $(a, a+2)$라 하면
$$\frac{1}{2}\overline{\text{AP}}^2-\overline{\text{BP}}^2$$
$$=\frac{1}{2}\{(a-3)^2+(a+2-1)^2\}-\{(a+1)^2+(a+2)^2\}$$
$$=\frac{1}{2}(2a^2-4a+10)-(2a^2+6a+5)$$
$$=-a^2-8a$$
$$=-(a+4)^2+16$$

따라서 $a=-4$, 즉 P$(-4, -2)$일 때 $\dfrac{1}{2}\overline{\text{AP}}^2-\overline{\text{BP}}^2$은 최
댓값 16을 갖는다.

답 16

21

점 P의 좌표를 (x, y)라 하면
$$\overline{\text{OP}}^2+\overline{\text{AP}}^2+\overline{\text{BP}}^2$$
$$=(x^2+y^2)+\{(x-3)^2+y^2\}+\{x^2+(y-6)^2\}$$
$$=3x^2-6x+3y^2-12y+45$$
$$=3(x-1)^2+3(y-2)^2+30$$
따라서 $x=1$, $y=2$, 즉 P$(1, 2)$일 때 $\overline{\text{OP}}^2+\overline{\text{AP}}^2+\overline{\text{BP}}^2$은
최솟값 30을 갖는다.

답 30

보충 설명

오른쪽 그림과 같이 점 P$(1, 2)$는 직선
AB, 즉 직선 $y=-2x+6$보다 아래쪽
에 있으므로 점 P는 삼각형 OAB의 내
부에 있다.

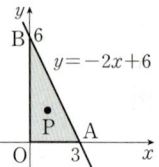

22

다음 그림과 같이 직선 BC를 x축, 점 D를 지나고 직선 BC
에 수직인 직선을 y축으로 하는 좌표평면 위에 삼각형 ABC
를 놓으면 점 D는 원점 $(0, 0)$이다.

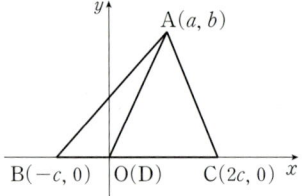

이때 A(a, b), B$(-c, 0)$ $(c>0)$이라 하면 C$(2c, 0)$이므로
$$\overline{\text{AB}}^2=(a+c)^2+b^2=a^2+b^2+c^2+2ac,$$
$$\overline{\text{AC}}^2=(a-2c)^2+b^2=a^2+b^2+4c^2-4ac$$
이때 $\overline{\text{AD}}^2=a^2+b^2$, $\overline{\text{BD}}^2=c^2$이므로
$$2\overline{\text{AB}}^2+\overline{\text{AC}}^2$$
$$=2(a^2+b^2+c^2+2ac)+(a^2+b^2+4c^2-4ac)$$
$$=3(a^2+b^2+2c^2)$$
$$=3(\overline{\text{AD}}^2+2\overline{\text{BD}}^2)$$

답 풀이 참조

23

다음 그림과 같이 직선 BC를 x축, 점 B를 지나고 직선 BC에
수직인 직선을 y축으로 하는 좌표평면 위에 평행사변형
ABCD를 놓으면 점 B는 원점 $(0, 0)$이다.

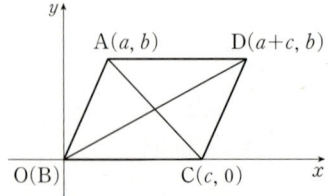

이때 평행사변형 ABCD의 나머지 세 꼭짓점의 좌표를 각각
$A(a, b)$, $C(c, 0)$, $D(a+c, b)$라 하면
$$\overline{AC}^2=(a-c)^2+b^2=a^2+b^2+c^2-2ac,$$
$$\overline{BD}^2=(a+c)^2+b^2=a^2+b^2+c^2+2ac$$
이때 $\overline{AB}^2=a^2+b^2$, $\overline{BC}^2=c^2$이므로
$$\overline{AC}^2+\overline{BD}^2=(a^2+b^2+c^2-2ac)+(a^2+b^2+c^2+2ac)$$
$$=2(a^2+b^2+c^2)$$
$$=2(\overline{AB}^2+\overline{BC}^2)$$

답 풀이 참조

24

점 P의 좌표를 (x, y)라 하면 $A(4, 1)$, $B(-1, 3)$이고
$\overline{PA}^2-\overline{PB}^2=4$이므로
$$\{(x-4)^2+(y-1)^2\}-\{(x+1)^2+(y-3)^2\}=4$$
$$x^2+y^2-8x-2y+17-(x^2+y^2+2x-6y+10)=4$$
$$\therefore 10x-4y-3=0$$
따라서 점 P가 나타내는 도형의 방정식은
$$10x-4y-3=0$$

답 $10x-4y-3=0$

25

점 P의 좌표를 (x, y)라 하면 $A(2, 6)$, $B(0, 2)$,
$C(4, -2)$이고 $\overline{PA}^2-2\overline{PB}^2+\overline{PC}^2=0$이므로
$$\{(x-2)^2+(y-6)^2\}-2\{x^2+(y-2)^2\}$$
$$+\{(x-4)^2+(y+2)^2\}=0$$
$$(x^2+y^2-4x-12y+40)-2(x^2+y^2-4y+4)$$
$$+(x^2+y^2-8x+4y+20)=0$$
$$12x-52=0$$
$$\therefore x=\frac{13}{3}$$
따라서 점 P가 나타내는 도형의 방정식은 $x=\frac{13}{3}$

답 $x=\frac{13}{3}$

---

01 $\frac{34}{3}$	**02** 5	**03** 4	**04** 52
05 1시간	**06** 2	**07** 1	**08** ⑤
09 2	**10** 14	**11** $\frac{21}{2}$	**12** $\frac{9}{2}$

01

$\overline{AC}=2\overline{BC}$이므로
$$|a-(-1)|=2\times|a-4|, \quad |a+1|=2\times|a-4|$$
양변을 제곱하면
$$a^2+2a+1=4(a^2-8a+16)$$
$$3a^2-34a+63=0 \leftarrow (3a-7)(a-9)=0 \quad \therefore a=\frac{7}{3} \text{ 또는 } a=9$$
구하는 모든 a의 값의 합은 이차방정식의 근과 계수의 관계에
의하여 $\frac{34}{3}$이다.

답 $\frac{34}{3}$

02

$\overline{PR}+\overline{QR}<6$에서 $|x-(-3)|+|x-1|<6$이므로
$$|x+3|+|x-1|<6$$
(ⅰ) $x<-3$일 때,
$$-(x+3)-(x-1)<6$에서$$
$$-2x-2<6, \quad -2x<8$$
$$\therefore x>-4$$
그런데 $x<-3$이므로 $-4<x<-3$
(ⅱ) $-3\leq x<1$일 때,
$$x+3-(x-1)=4<6$이므로$$
$-3\leq x<1$인 모든 실수 x에 대하여 부등식이 성립한다.
(ⅲ) $x\geq1$일 때,
$$x+3+x-1<6$에서$$
$$2x+2<6, \quad 2x<4$$
$$\therefore x<2$$
그런데 $x\geq1$이므로 $1\leq x<2$
(ⅰ), (ⅱ), (ⅲ)에서 주어진 부등식의 해는 $-4<x<2$이므로 구
하는 정수 x는 $-3, -2, -1, 0, 1$의 5개이다.

답 5

03

정사각형 ABCD의 넓이가 5이므로 한 변의 길이는 $\sqrt{5}$이다.

따라서 대각선 AC의 길이는 $\sqrt{10}$이므로

$\overline{AC}^2=10$, 즉

$(k+1-2)^2+(1-2)^2=10$에서

$k^2-2k-8=0$, $(k+2)(k-4)=0$

$\therefore k=4$ $(\because k>0)$

답 4

04

삼각형 ABC의 외심이 변 BC 위에 있으므로 삼각형 ABC는 $\overline{BC}$를 빗변으로 하는 직각삼각형이다.

또한, 외심은 $\overline{BC}$의 중점이므로 삼각형 ABC의 외심을 O'이라 하면 다음 그림과 같다.

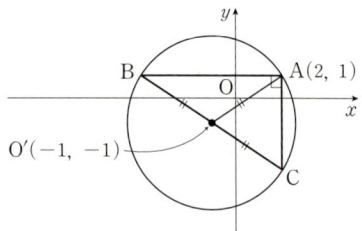

즉, $\overline{O'A}=\overline{O'B}=\overline{O'C}=\dfrac{1}{2}\overline{BC}$이므로

$\begin{aligned}\overline{AB}^2+\overline{AC}^2=\overline{BC}^2&=(2\overline{O'A})^2=4\overline{O'A}^2\\&=4\{(2+1)^2+(1+1)^2\}\\&=52\end{aligned}$

답 52

05

동서 방향을 x축, 남북 방향을 y축으로 하는 좌표평면을 생각하자.

A는 점 $(3, 0)$, B는 점 $(0, -4)$에서 출발한다고 할 때, t시간 후의 A, B의 위치를 각각

$A(3-4t, 0)$, $B(0, -4+2t)$라 하면

두 점 A, B 사이의 거리는

$\begin{aligned}\overline{AB}&=\sqrt{\{0-(3-4t)\}^2+(-4+2t-0)^2}\\&=\sqrt{20t^2-40t+25}\\&=\sqrt{20(t-1)^2+5}\end{aligned}$

이므로 $t=1$일 때, 최솟값 $\sqrt{5}$를 갖는다.

따라서 출발하여 1시간이 지난 후 A, B 사이의 거리가 최소가 된다.

답 1시간

06

점 (a, b)가 직선 $y=2x+1$ 위에 있으므로

$b=2a+1$ ……㉠

이때 점 (a, b), 즉 $(a, 2a+1)$이 두 점 A$(1, 1)$, B$(3, -1)$로부터 같은 거리에 있으므로

$\sqrt{(a-1)^2+(2a)^2}=\sqrt{(a-3)^2+(2a+2)^2}$

$\sqrt{5a^2-2a+1}=\sqrt{5a^2+2a+13}$

양변을 제곱하면

$5a^2-2a+1=5a^2+2a+13$

$4a=-12$ $\therefore a=-3$, $b=-5$ $(\because ㉠)$

$\therefore a-b=-3-(-5)=2$

답 2

07

점 P(a, b)가 직선 $x+y-4=0$ 위에 있으므로

$a+b-4=0$ $\therefore b=-a+4$ ……㉠

이때 P$(a, -a+4)$, A$(2, 0)$, B$(-4, 0)$이고

$\overline{AP}:\overline{BP}=1:5$에서

$\overline{BP}=5\overline{AP}$, 즉 $\overline{BP}^2=25\overline{AP}^2$이므로

$(a+4)^2+(-a+4)^2=25\{(a-2)^2+(-a+4)^2\}$

$2a^2+32=25(2a^2-12a+20)$

$48a^2-300a+468=0$, $4a^2-25a+39=0$

$(a-3)(4a-13)=0$ $\therefore a=3$ $(\because a$는 정수$)$

$a=3$을 ㉠에 대입하면 $b=-3+4=1$

따라서 $a=3$, $b=1$이므로

$a-2b=3-2\times1=1$

답 1

08

ㄱ. $\begin{aligned}\overline{BC}&=\sqrt{(5-3)^2+(-1-3)^2}\\&=\sqrt{4+16}=\sqrt{20}=2\sqrt{5}\ (참)\end{aligned}$

ㄴ. $\overline{AB}=\sqrt{(3-1)^2+(3-2)^2}$
$\qquad=\sqrt{4+1}=\sqrt{5}$
$\overline{BC}=2\sqrt{5}\ (\because\ \text{ㄱ})$
$\overline{CA}=\sqrt{(5-1)^2+(-1-2)^2}$
$\qquad=\sqrt{16+9}=\sqrt{25}=5$
즉, $\overline{AB}^2+\overline{BC}^2=\overline{CA}^2$을 만족시키므로 피타고라스 정리
에 의하여
$\qquad\angle B=90°$ (참)

ㄷ. ㄱ, ㄴ에서
$\overline{AB}:\overline{BC}:\overline{CA}=\sqrt{5}:2\sqrt{5}:5$
$\qquad\qquad\qquad=1:2:\sqrt{5}$ (참)

따라서 ㄱ, ㄴ, ㄷ 모두 옳다.

답 ⑤

09

$\overline{PA}^2+\overline{PB}^2+\overline{PC}^2$
$=\{(a+2)^2+b^2\}+\{(a-2)^2+b^2\}+\{a^2+(b-6)^2\}$
$=3a^2+3b^2-12b+44$
$=3a^2+3(b-2)^2+32$
따라서 $a=0$, $b=2$, 즉 $P(0,2)$일 때 $\overline{PA}^2+\overline{PB}^2+\overline{PC}^2$의
값이 최소가 되므로
$a+b=0+2=2$

답 2

보충 설명

삼각형의 무게중심의 성질 | 삼각형의 내부에 있는 점 중에서
삼각형의 세 꼭짓점까지의 거리의 제곱의 합이 최소가 되는
점은 무게중심이다. 즉, 문제에서 점 P는 삼각형 ABC의 무
게중심이므로 본문 p.026의 **개념05**에서 '좌표평면 위의 삼각
형의 무게중심'을 배우면 문제를 빠르게 풀 수 있다.

10

오른쪽 그림과 같이 직선 AB
를 x축, 점 A를 지나고 직선
AB에 수직인 직선을 y축으로
하는 좌표평면 위에 한 변의 길
이가 4인 정삼각형 ABC를 놓
으면 점 A는 원점 $(0,0)$이다.

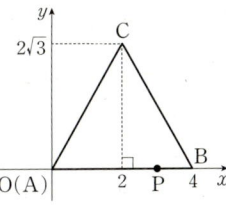

이때 삼각형 ABC의 나머지 두 꼭짓점의 좌표는 각각
$B(4,0)$, $C(2,2\sqrt{3})$ _{└ 한 변의 길이가 4인 정삼각형의 높이는 $2\sqrt{3}$이다.}
또한, 점 P는 x축 위의 점이므로
$P(a,0)\ (0\le a\le4)$이라 하면
$\overline{PB}^2+\overline{PC}^2=\{(a-4)^2+0^2\}+\{(a-2)^2+(2\sqrt{3})^2\}$
$\qquad\qquad=2a^2-12a+32$
$\qquad\qquad=2(a-3)^2+14$
따라서 $a=3$, 즉 $P(3,0)$일 때 $\overline{PB}^2+\overline{PC}^2$은 최솟값 14를
갖는다.

답 14

11

다음 그림과 같이 직선 AB를 x축, 점 A를 지나고 직선 AB
에 수직인 직선을 y축으로 하는 좌표평면 위에 삼각형 ABC
를 놓으면 점 A는 원점 $(0,0)$이다.

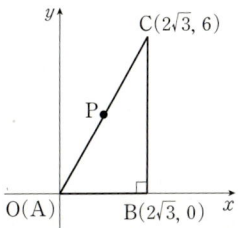

이때 삼각형 ABC의 나머지 두 꼭짓점의 좌표는 각각
$B(2\sqrt{3},0)$, $C(2\sqrt{3},6)$이므로 직선 AC의 방정식은
$y=\dfrac{6}{2\sqrt{3}}x\qquad\therefore y=\sqrt{3}x$
점 P는 변 CA 위의 점이므로 점 P의 좌표를
$(a,\sqrt{3}a)\ (0\le a\le2\sqrt{3})$라 하면
$\overline{PA}^2+\overline{PB}^2=\{a^2+(\sqrt{3}a)^2\}+\{(a-2\sqrt{3})^2+(\sqrt{3}a)^2\}$
$\qquad\qquad=8a^2-4\sqrt{3}a+12$
$\qquad\qquad=8\left(a-\dfrac{\sqrt{3}}{4}\right)^2+\dfrac{21}{2}$
따라서 $a=\dfrac{\sqrt{3}}{4}$, 즉 $P\left(\dfrac{\sqrt{3}}{4},\dfrac{3}{4}\right)$일 때 $\overline{PA}^2+\overline{PB}^2$은 최솟값
$\dfrac{21}{2}$을 갖는다.

답 $\dfrac{21}{2}$

12

A$(1, -1)$, B$(5, 3)$이므로 P(x, y)라 하면

$\overline{PA}^2 = \overline{PB}^2 - 8$에서

$(x-1)^2 + (y+1)^2 = \{(x-5)^2 + (y-3)^2\} - 8$

$8x + 8y = 24$ $\therefore x + y = 3$ ──(가)

즉, 점 P가 나타내는 도형은 x절편이 3, y절편이 3인 직선

이다. ──(나)

따라서 직선 $y = -x + 3$ 및 x축,
y축으로 둘러싸인 도형은 오른쪽
그림과 같으므로 구하는 넓이는

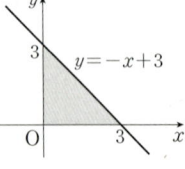

$\dfrac{1}{2} \times 3 \times 3 = \dfrac{9}{2}$ ──(다)

답 $\dfrac{9}{2}$

단계	채점 기준	배점
(가)	점 P의 좌표를 (x, y)라 하고, $\overline{PA}^2 = \overline{PB}^2 - 8$을 x, y에 대한 식으로 나타낸 경우	40%
(나)	점 P가 나타내는 도형이 직선임을 확인한 경우	20%
(다)	점 P가 나타내는 도형 및 x축, y축으로 둘러싸인 도형의 넓이를 구한 경우	40%

---

② **선분의 내분점**

기본+필수연습   본문 pp.028~035

26 (1) 3 (2) 4   **27** (1) $\left(\dfrac{8}{3}, -\dfrac{2}{3}\right)$ (2) $(2, 0)$

28 5   **29** 7   **30** 2

31 -75 **32** 10   **33** $0 < t < \dfrac{5}{7}$

34 $\dfrac{19}{2}$ **35** 35   **36** C$(-30, -6)$

37 9   **38** $2\sqrt{10}$ **39** D$\left(\dfrac{4}{5}, -\dfrac{3}{5}\right)$

40 -4 **41** 0   **42** 22   **43** 9

44 $\dfrac{23}{2}$

26

(1) 선분 AB를 $1:2$로 내분하는 점의 좌표는

$$\dfrac{1 \times 7 + 2 \times 1}{1 + 2} = 3$$

(2) 선분 AB의 중점의 좌표는

$$\dfrac{1 + 7}{2} = 4$$

답 (1) 3 (2) 4

27

(1) $\dfrac{2 \times 4 + 1 \times 0}{2 + 1} = \dfrac{8}{3}$, $\dfrac{2 \times (-2) + 1 \times 2}{2 + 1} = -\dfrac{2}{3}$

따라서 선분 AB를 $2:1$로 내분하는 점의 좌표는

$\left(\dfrac{8}{3}, -\dfrac{2}{3}\right)$이다.

(2) $\dfrac{0 + 4}{2} = 2$, $\dfrac{2 + (-2)}{2} = 0$

따라서 선분 AB의 중점의 좌표는 $(2, 0)$이다.

답 (1) $\left(\dfrac{8}{3}, -\dfrac{2}{3}\right)$ (2) $(2, 0)$

28

선분 AB를 $3:1$로 내분하는 점 P의

x좌표는 $\dfrac{3 \times 6 + 1 \times (-2)}{3 + 1} = 4$,

y좌표는 $\dfrac{3 \times a + 1 \times (-3)}{3 + 1} = \dfrac{3a - 3}{4}$이므로

P$\left(4, \dfrac{3a - 3}{4}\right)$

이때 점 P가 x축 위에 있으므로 ← x축 위의 점의 y좌표는 0이다.

$\dfrac{3a - 3}{4} = 0$ $\therefore a = 1$

따라서 a의 값과 점 P의 x좌표의 합은

$1 + 4 = 5$

답 5

29

삼각형 ABC의 무게중심의 좌표 (a, b)는

$a = \dfrac{2 + 5 + 5}{3} = 4$, $b = \dfrac{3 + (-1) + 7}{3} = 3$

$\therefore a + b = 4 + 3 = 7$

답 7

30

선분 AB를 3:2로 내분하는 점의 좌표가 $(7, 3)$이므로

$$\frac{3\times 3a+2\times(2a-2)}{3+2}=7,\ \frac{3\times(2a-b)+2\times 3b}{3+2}=3$$

즉, $\frac{13a-4}{5}=7$에서

$13a-4=35,\ 13a=39$ $\therefore a=3$

$\frac{6a+3b}{5}=3$에서 $6a+3b=15$

$18+3b=15,\ 3b=-3$ $\therefore b=-1$

$\therefore a+b=3+(-1)=2$

답 2

31

선분 AB를 2:1로 내분하는 점 P의 좌표는

$$\left(\frac{2\times(-11)+1\times 7}{2+1},\ \frac{2\times 6+1\times(-3)}{2+1}\right)$$

$\therefore P(-5, 3)$

또한, 선분 OP를 1:3으로 내분하는 점의 좌표 (a, b)는

$a=\frac{1\times(-5)+3\times 0}{1+3}=-\frac{5}{4}$

$b=\frac{1\times 3+3\times 0}{1+3}=\frac{3}{4}$

$\therefore 80ab=80\times\left(-\frac{5}{4}\right)\times\frac{3}{4}=-75$

답 -75

32

선분 AB를 삼등분하는 두 점은 선분 AB를 1:2로 내분하는 점과 선분 AB를 2:1로 내분하는 점이다.

선분 AB를 1:2로 내분하는 점의 좌표는

$$\left(\frac{1\times(-2)+2\times 4}{1+2},\ \frac{1\times 15+2\times(-9)}{1+2}\right)$$

$\therefore (2, -1)$

선분 AB를 2:1로 내분하는 점의 좌표는

$$\left(\frac{2\times(-2)+1\times 4}{2+1},\ \frac{2\times 15+1\times(-9)}{2+1}\right)$$

$\therefore (0, 7)$

이때 $a>c$이므로 $P(2, -1)$, $Q(0, 7)$에서

$a=2,\ b=-1,\ c=0,\ d=7$

$\therefore a-b-c+d=2-(-1)-0+7=10$

답 10

33

두 점 $A(1, -2)$, $B(-8, 5)$에 대하여 선분 AB를 $(1-t):t\ (0<t<1)$로 내분하는 점의 좌표는

$$\left(\frac{(1-t)\times(-8)+t\times 1}{(1-t)+t},\ \frac{(1-t)\times 5+t\times(-2)}{(1-t)+t}\right)$$

$\therefore (9t-8, -7t+5)$

이 점이 제2사분면 위에 있으므로

$9t-8<0,\ -7t+5>0$

$9t-8<0$에서 $9t<8$ $\therefore t<\frac{8}{9}$

$-7t+5>0$에서 $-7t>-5$ $\therefore t<\frac{5}{7}$

$\therefore 0<t<\frac{5}{7}\ (\because 0<t<1)$

답 $0<t<\frac{5}{7}$

34

두 점 $A(-1, -4)$, $B(2, a)$에 대하여 선분 AB를 2:1로 내분하는 점의 좌표는

$$\left(\frac{2\times 2+1\times(-1)}{2+1},\ \frac{2\times a+1\times(-4)}{2+1}\right)$$

$\therefore \left(1, \frac{2a-4}{3}\right)$

이 점이 직선 $y=2x+3$ 위에 있으므로

$\frac{2a-4}{3}=2\times 1+3$

$2a-4=15,\ 2a=19$

$\therefore a=\frac{19}{2}$

답 $\frac{19}{2}$

35

이차함수 $y=ax^2$ $(a>0)$의 그래프와 직선 $y=2x+3$이 만나는 두 점 P, Q의 x좌표는 이차방정식 $ax^2=2x+3$, 즉 $ax^2-2x-3=0$의 두 근이다.

서로 다른 두 점 P, Q의 x좌표를 α, β $(\alpha<\beta)$라 하면 이차방정식의 근과 계수의 관계에 의하여

$\alpha+\beta=\dfrac{2}{a}$, $\alpha\beta=-\dfrac{3}{a}$

또한, 두 점 P, Q의 중점 M은 제1사분면 위의 점이므로 M의 x좌표는 선분 MH의 길이와 같다.

즉, $\dfrac{\alpha+\beta}{2}=\dfrac{1}{2}$에서 $\dfrac{1}{a}=\dfrac{1}{2}$ $\quad\therefore a=2$

$\therefore \alpha+\beta=1$, $\alpha\beta=-\dfrac{3}{2}$ $\quad$ ......㉠

이때 두 점 P, Q는 직선 $y=2x+3$ 위의 점이므로

$$\begin{aligned}
\overline{PQ}^2 &= (\beta-\alpha)^2+\{2\beta+3-(2\alpha+3)\}^2 \\
&= (\beta-\alpha)^2+4(\beta-\alpha)^2 \\
&= 5(\beta-\alpha)^2 \\
&= 5\{(\alpha+\beta)^2-4\alpha\beta\} \\
&= 5\times\left\{1^2-4\times\left(-\dfrac{3}{2}\right)\right\} \ (\because ㉠) \\
&= 5\times 7=35
\end{aligned}$$

답 35

36

$3\overline{AC}=4\overline{BC}$에서 $\overline{AC}:\overline{BC}=4:3$이고, 점 C가 선분 AB의 연장선 위의 점이므로 다음 그림과 같이 점 B는 선분 AC를 $1:3$으로 내분하는 점이다.

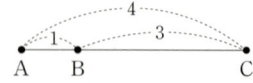

$A(6, 2)$, $B(-3, 0)$이므로 점 C의 좌표를 (a, b)라 하면

$\dfrac{1\times a+3\times 6}{1+3}=-3$에서 $a=-30$

$\dfrac{1\times b+3\times 2}{1+3}=0$에서 $b=-6$

$\therefore C(-30, -6)$

답 $C(-30, -6)$

◆ **다른 풀이**

점 C가 선분 AB를 $4:3$으로 외분하므로

$a=\dfrac{4\times(-3)-3\times 6}{4-3}=-30$

$b=\dfrac{4\times 0-3\times 2}{4-3}=-6$

$\therefore C(-30, -6)$

37

두 점 $A(1, 4)$, $B(5, 1)$과 직선 $y=x+1$은 오른쪽 그림과 같다.

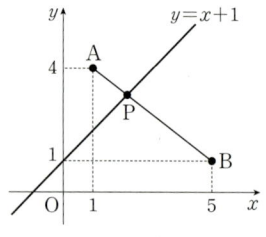

이때 $\overline{AP}:\overline{BP}=m:n$이므로 점 P는 선분 AB를 $m:n$으로 내분한다.

선분 AB를 $m:n$으로 내분하는 점 P의 좌표는

$\left(\dfrac{5m+n}{m+n}, \dfrac{m+4n}{m+n}\right)$이고,

점 P는 직선 $y=x+1$ 위의 점이므로

$\dfrac{m+4n}{m+n}=\dfrac{5m+n}{m+n}+1$, $\dfrac{m+4n}{m+n}=\dfrac{6m+2n}{m+n}$

$m+4n=6m+2n$ $\quad\therefore 5m=2n$

서로소인 두 자연수 m, n에 대하여

$m:n=2:5$이므로 $m=2$, $n=5$

$\therefore 2m+n=2\times 2+5=9$

답 9

다른 풀이

직선 AB의 기울기는 $\dfrac{1-4}{5-1}=-\dfrac{3}{4}$이므로

직선 AB의 방정식을 $y=-\dfrac{3}{4}x+a$ (a는 상수)라 하면

이 직선이 점 $A(1, 4)$를 지나므로 $4=-\dfrac{3}{4}\times 1+a$에서

$a=\dfrac{19}{4}$

$\therefore y=-\dfrac{3}{4}x+\dfrac{19}{4}$ $\quad$ ......㉠

이때 선분 AB는 ㉠에서 $1\leq x\leq 5$일 때이다.

⊙과 $y=x+1$을 연립하여 풀면

$$x=\frac{15}{7},\ y=\frac{22}{7}$$

즉, 선분 AB와 직선 $y=x+1$의 교점 P의 좌표는

$\left(\frac{15}{7},\ \frac{22}{7}\right)$이므로

$$\overline{AP}:\overline{BP}=\left(\frac{15}{7}-1\right):\left(5-\frac{15}{7}\right)=\frac{8}{7}:\frac{20}{7}=2:5$$

따라서 $m=2,\ n=5$이므로

$$2m+n=2\times2+5=9$$

38

A$(-3,\ 1)$, B$(2,\ 6)$, C$(4,\ 0)$이므로

$$\overline{AB}=\sqrt{(2+3)^2+(6-1)^2}=5\sqrt{2}$$

$$\overline{AC}=\sqrt{(4+3)^2+(0-1)^2}=5\sqrt{2}$$

∠A의 이등분선이 선분 BC와
만나는 점이 D이므로

$$\overline{BD}:\overline{CD}=\overline{AB}:\overline{AC}$$
$$=5\sqrt{2}:5\sqrt{2}=1:1$$

즉, 점 D는 선분 BC의 중점이므로

$$D\left(\frac{2+4}{2},\ \frac{6+0}{2}\right) \qquad \therefore D(3,\ 3)$$

따라서 선분 AD의 길이는

$$\sqrt{(3+3)^2+(3-1)^2}=2\sqrt{10}$$

답 $2\sqrt{10}$

39

A$(2,\ 3)$, B$(-2,\ 1)$, C$(5,\ -3)$이므로

$$\overline{AB}=\sqrt{(-2-2)^2+(1-3)^2}=2\sqrt{5}$$

$$\overline{AC}=\sqrt{(5-2)^2+(-3-3)^2}=3\sqrt{5}$$

$$\therefore \overline{AB}:\overline{AC}=2\sqrt{5}:3\sqrt{5}=2:3$$

이때 I가 △ABC의 내심이므로 직선 AI는 ∠BAC의 이등분선이다.

따라서 점 D는 선분 BC를 $2:3$으로 내분하는 점이므로

$$D\left(\frac{2\times5+3\times(-2)}{2+3},\ \frac{2\times(-3)+3\times1}{2+3}\right)$$

$$\therefore D\left(\frac{4}{5},\ -\frac{3}{5}\right)$$

답 $D\left(\frac{4}{5},\ -\frac{3}{5}\right)$

40

평행사변형의 두 대각선은 서로 다른 것을 이등분하므로 평행사변형의 두 대각선의 중점은 일치한다.

이때 선분 OB의 중점의 좌표는

$\left(\frac{0+6}{2},\ \frac{0+4}{2}\right)$, 즉 $(3,\ 2)$

또한, 선분 AC의 중점의 좌표는 $\left(\frac{5+a}{2},\ \frac{9+b}{2}\right)$이므로

$$\frac{5+a}{2}=3,\ \frac{9+b}{2}=2$$

따라서 $a=1,\ b=-5$이므로

$$a+b=1+(-5)=-4$$

답 -4

41

마름모에서 두 대각선은 서로 다른 것을 이등분하므로 두 대각선의 중점은 일치한다.

이때 선분 AC의 중점의 좌표는

$$\left(\frac{-4+b}{2},\ \frac{-2+c}{2}\right)$$

또한, 선분 BD의 중점의 좌표는

$\left(\frac{-6+4}{2},\ \frac{a+0}{2}\right)$, 즉 $\left(-1,\ \frac{a}{2}\right)$이므로

$$\frac{-4+b}{2}=-1,\ \frac{-2+c}{2}=\frac{a}{2}$$

$$\therefore b=2,\ c=a+2$$

즉, $a-c=-2,\ b=2$이므로

$$a+b-c=-2+2=0$$

답 0

42

삼각형 ABC의 무게중심의 좌표가 $(4,\ 7)$이므로

$$\frac{0+a+4}{3}=4,\ \frac{3+4+b}{3}=7$$

$$\therefore a=8,\ b=14$$

$$\therefore a+b=8+14=22$$

답 22

43

삼각형 ABC의 세 꼭짓점의 좌표를 각각 $A(p, q)$, $B(r, s)$, $C(t, u)$라 하자.

이때 점 $P(0, 3)$은 변 AB의 중점이므로

$\dfrac{p+r}{2}=0$, $\dfrac{q+s}{2}=3$에서

$p+r=0$, $q+s=6$ ······ ㉠

점 $Q(a, -1)$은 변 BC의 중점이므로

$\dfrac{r+t}{2}=a$, $\dfrac{s+u}{2}-1$에서

$r+t=2a$, $s+u=-2$ ······ ㉡

점 $R(4, b)$는 변 CA의 중점이므로

$\dfrac{t+p}{2}=4$, $\dfrac{u+q}{2}=b$에서

$t+p=8$, $u+q=2b$ ······ ㉢

또한, 삼각형 ABC의 무게중심의 좌표는 $(3, 2)$이므로

$\dfrac{p+r+t}{3}=3$, $\dfrac{q+s+u}{3}=2$

$\therefore p+r+t=9$, $q+s+u=6$ ······ ㉣

㉠, ㉡, ㉢에서

$2(p+r+t)=0+2a+8=2a+8$

$2(q+s+u)=6+(-2)+2b=2b+4$

㉣에서 $2a+8=18$, $2b+4=12$

$\therefore a=5$, $b=4$ $\qquad \therefore a+b=5+4=9$

답 9

다른 풀이

삼각형 ABC의 무게중심 $(3, 2)$는 삼각형 ABC의 세 변의 중점 $P(0, 3)$, $Q(a, -1)$, $R(4, b)$를 꼭짓점으로 하는 삼각형 PQR의 무게중심과 일치한다.

즉, $\dfrac{0+a+4}{3}=3$, $\dfrac{3+(-1)+b}{3}=2$이므로

$a=5$, $b=4$ $\qquad \therefore a+b=5+4=9$

44

삼각형 ABC의 무게중심 G의 좌표가 $(5, 5)$이므로

$\dfrac{1+5-p+8}{3}=5$, $\dfrac{5+1+6+q}{3}=5$ $\quad \therefore p=-1$, $q=3$

즉, 두 점 B, C의 좌표는 각각 $B(6, 1)$, $C(8, 9)$이다.

이때 $\overline{PB}=3\overline{PG}$이므로 $\overline{PB}:\overline{PG}=3:1$이고,

점 P가 선분 BG의 연장선 위의 점이므로

점 G는 선분 BP를 $2:1$로 내분하는 점이다.

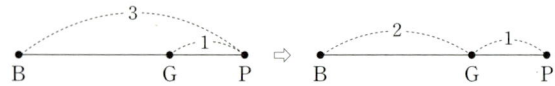

$P(a, b)$, $B(6, 1)$, $G(5, 5)$이므로

$\dfrac{2\times a+1\times 6}{2+1}=5$에서 $a=\dfrac{9}{2}$, $\dfrac{2\times b+1\times 1}{2+1}=5$에서 $b=7$

$\therefore a+b=\dfrac{9}{2}+7=\dfrac{23}{2}$

답 $\dfrac{23}{2}$

다른 풀이

삼각형 ABC의 무게중심 G의 좌표가 $(5, 5)$이므로

$\dfrac{1+5-p+8}{3}=5$, $\dfrac{5+1+6+q}{3}=5$ $\quad \therefore p=-1$, $q=3$

즉, 두 점 B, C의 좌표는 각각 $B(6, 1)$, $C(8, 9)$이다.

이때 $\overline{PB}=3\overline{PG}$에서 $\overline{PB}:\overline{PG}=3:1$

무게중심 G에 대하여

$\overline{BG}:\overline{PG}=2:1$이므로 점 P는 오른쪽 그림과 같이 변 AC의 중점이다.

즉, $\overline{AC}$의 중점 P의 좌표는

$\left(\dfrac{1+8}{2}, \dfrac{5+9}{2}\right)$ $\qquad \therefore P\left(\dfrac{9}{2}, 7\right)$

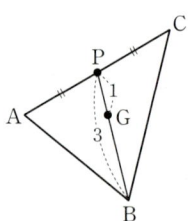

따라서 $a=\dfrac{9}{2}$, $b=7$이므로 $a+b=\dfrac{23}{2}$

STEP 1 개념 마무리 본문 p.036

13 16　　**14** $\dfrac{1}{5}<t<\dfrac{2}{3}$　　**15** -6

16 5　　**17** -6　　**18** $P\left(\dfrac{11}{2}, 4\right)$

13

$-4<8$이므로 수직선 위에서 점 A는 점 B보다 왼쪽에 있다.

또한, $\overline{AB}:\overline{BC}=1:3$이므로 점 C의 위치는 다음과 같이 경우를 나누어 나타낼 수 있다.

(ⅰ) 점 B가 선분 AC를 1 : 3으로 내분하는 경우

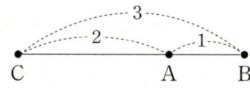

즉, $\dfrac{1 \times a + 3 \times (-4)}{1+3} = 8$이므로

$a=44$

(ⅱ) 점 A가 선분 CB를 2 : 1로 내분하는 경우

즉, $\dfrac{2 \times 8 + 1 \times a}{2+1} = -4$이므로

$a=-28$

(ⅰ), (ⅱ)에서 모든 a의 값의 합은

$44+(-28)=16$

답 16

14

두 점 A$(1, 4)$, B$(-4, -2)$에 대하여 선분 AB를

$t : (1-t)$ $(0 < t < 1)$로 내분하는 점의 좌표는

$\left(\dfrac{-4t+(1-t)}{t+(1-t)}, \dfrac{-2t+4(1-t)}{t+(1-t)} \right)$

$\therefore (-5t+1, -6t+4)$

이 점이 제2사분면 위에 있으므로

$-5t+1 < 0, -6t+4 > 0$

$\therefore \dfrac{1}{5} < t < \dfrac{2}{3}$

답 $\dfrac{1}{5} < t < \dfrac{2}{3}$

15

선분 AB를 1 : 2로 내분하는 점의 좌표는

$\left(\dfrac{1 \times 8 + 2 \times 2}{1+2}, \dfrac{1 \times 0 + 2 \times a}{1+2} \right)$

$\therefore \left(4, \dfrac{2a}{3} \right)$

이 점이 직선 $y=-x$ 위에 있으므로

$\dfrac{2a}{3} = -4$에서 $2a=-12$

$\therefore a=-6$

답 -6

16

두 점 P, Q의 x좌표를 각각 α, β라 하면 $\alpha < \beta$이고 다음 그림과 같다.

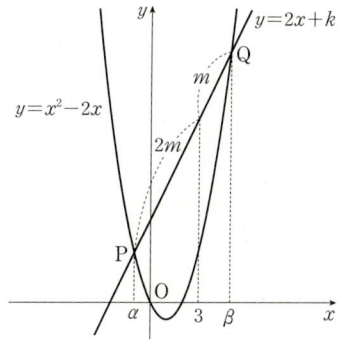

곡선 $y=x^2-2x$와 직선 $y=2x+k$ $(k>0)$가 만나는 점의 x좌표는 이차방정식

$x^2-2x=2x+k$, 즉 $x^2-4x-k=0$ ······㉠

의 실근과 같으므로 α, β는 이차방정식 ㉠의 근이다.

이차방정식의 근과 계수의 관계에 의하여

$\alpha+\beta=4$ ······㉡

$\alpha\beta=-k$ ······㉢

이때 선분 PQ를 2 : 1로 내분하는 점의 x좌표가 3이므로

$\dfrac{2 \times \beta + 1 \times \alpha}{2+1} = 3$에서 $\dfrac{\alpha+2\beta}{3} = 3$

$\therefore \alpha+2\beta=9$ ······㉣

㉡, ㉣을 연립하여 풀면 $\alpha=-1$, $\beta=5$

㉢에서 $-k=(-1) \times 5 = -5$

$\therefore k=5$

답 5

17

A(x_1, y_1), B(x_2, y_2)라 하면 선분 AB의 중점의 좌표가 $(4, 2)$이므로

$\dfrac{x_1+x_2}{2} = 4$, $\dfrac{y_1+y_2}{2} = 2$, 즉 $x_1+x_2=8$, $y_1+y_2=4$

또한, 삼각형 ABC의 무게중심의 좌표가 $(-1, 3)$이므로

$\dfrac{x_1+x_2+a}{3} = -1$, $\dfrac{8+a}{3} = -1$ $\quad \therefore a=-11$

$\dfrac{y_1+y_2+b}{3} = 3$, $\dfrac{4+b}{3} = 3$ $\quad \therefore b=5$

$\therefore a+b=-11+5=-6$

답 -6

삼각형 ABC의 무게중심을
G$(-1, 3)$, 선분 AB의 중점을
M$(4, 2)$라 하면 점 G는 선분 CM
을 $2 : 1$로 내분하므로

$$\frac{2 \times 4 + 1 \times a}{2+1} = -1, \quad \frac{2 \times 2 + 1 \times b}{2+1} = 3$$

$\dfrac{a+8}{3} = -1$에서 $a = -11$

$\dfrac{b+4}{3} = 3$에서 $b = 5$

$\therefore a + b = -11 + 5 = -6$

18

A$(-1, 2)$, B$(4, 2)$, C$(7, 6)$이므로

$\overline{AB} = \sqrt{(4+1)^2 + (2-2)^2} = 5$

$\overline{BC} = \sqrt{(7-4)^2 + (6-2)^2} = 5$

$\therefore \overline{AB} : \overline{BC} = 1 : 1$

이때 ∠B의 이등분선이 선분 AC와 만나는 점이 D이므로
점 D는 선분 AC의 중점이다.

즉, $\overline{BP} : \overline{CP} = \overline{AD} : \overline{CD} = 1 : 1$이므로 점 P는 선분 BC의
중점이다. ← 평행선 사이의 선분의 길이의 비를 이용한다.

따라서 점 P의 좌표는

$$\left(\frac{4+7}{2}, \frac{2+6}{2} \right) \qquad \therefore P\left(\frac{11}{2}, 4 \right)$$

답 $P\left(\dfrac{11}{2}, 4 \right)$

STEP 2 개념 마무리 본문 p.037

1 11   **2** $4\sqrt{10}$ **3** 13   **4** $\dfrac{7}{4}$

5 8   **6** $(a-3)^2 + b^2 = 288$

1

A$(1, 5)$, B(a, b)이므로 직선 AB의 기울기는

$\dfrac{b-5}{a-1}$

직선 AB가 직선 $x+y-3=0$, 즉 $y = -x+3$과 평행하므로

$\dfrac{b-5}{a-1} = -1$, $b-5 = -a+1$

$\therefore a+b=6$ ……㉠

점 P는 선분 AB 위에 있고, $2\overline{AP} = \overline{BP}$에서
$\overline{AP} : \overline{BP} = 1 : 2$이므로 점 P는 선분 AB를 $1 : 2$로 내분한다.

즉, 점 P의 좌표는

$$\left(\frac{1 \times a + 2 \times 1}{1+2}, \frac{1 \times b + 2 \times 5}{1+2} \right)$$

$\therefore P\left(\dfrac{a+2}{3}, \dfrac{b+10}{3} \right)$

이때 점 P는 직선 $y = x+1$ 위에 있으므로

$\dfrac{b+10}{3} = \dfrac{a+2}{3} + 1$, $b+10 = a+2+3$

$\therefore a - b = 5$ ……㉡

㉠, ㉡을 연립하여 풀면 $a = \dfrac{11}{2}$, $b = \dfrac{1}{2}$

$\therefore 4ab = 4 \times \dfrac{11}{2} \times \dfrac{1}{2} = 11$

답 11

다른 풀이

직선 AB와 직선 $x+y-3=0$이 평행하므로 직선 AB의 기
울기는 -1이다.

직선 AB의 방정식을 $y = -x+k$ (k는 상수)라 하면 이 직선
이 점 A$(1, 5)$를 지나므로

$5 = -1 + k$ $\therefore k = 6$

즉, 직선 AB의 방정식은 $y = -x+6$이므로

$y = x+1$, $y = -x+6$을 연립하여 풀면

$x = \dfrac{5}{2}$, $y = \dfrac{7}{2}$ $\therefore P\left(\dfrac{5}{2}, \dfrac{7}{2} \right)$

또한, $2\overline{AP} = \overline{BP}$에서 $\overline{AP} : \overline{BP} = 1 : 2$이므로 점 P는 선분
AB를 $1 : 2$로 내분한다.

즉, 두 점 $\left(\dfrac{a+2}{3}, \dfrac{b+10}{3} \right)$과 $\left(\dfrac{5}{2}, \dfrac{7}{2} \right)$이 일치하므로

$\dfrac{a+2}{3} = \dfrac{5}{2}$, $\dfrac{b+10}{3} = \dfrac{7}{2}$

$\therefore a = \dfrac{11}{2}$, $b = \dfrac{1}{2}$

$\therefore 4ab = 4 \times \dfrac{11}{2} \times \dfrac{1}{2} = 11$

2

다음 그림에서
$\overline{PO}+\overline{PB}\geq\overline{OB}$, $\overline{PA}+\overline{PC}\geq\overline{AC}$이고,
이를 동시에 만족시키는 점 P가 존재하므로
$\overline{PO}+\overline{PA}+\overline{PB}+\overline{PC}\geq\overline{OB}+\overline{AC}$

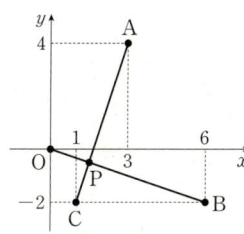

$\overline{OB}=\sqrt{6^2+(-2)^2}=\sqrt{40}=2\sqrt{10}$
$\overline{AC}=\sqrt{(1-3)^2+(-2-4)^2}=\sqrt{40}=2\sqrt{10}$
$\therefore \overline{OB}+\overline{AC}=2\sqrt{10}+2\sqrt{10}=4\sqrt{10}$
따라서 $\overline{PO}+\overline{PA}+\overline{PB}+\overline{PC}$의 최솟값은 $4\sqrt{10}$이다.

답 $4\sqrt{10}$

3

세 점 A, B, P를 꼭짓점으로 하는 삼각형 PAB에 대하여
$\overline{BP}<\overline{AP}+\overline{AB}$ ……㉠, $\overline{AP}<\overline{BP}+\overline{AB}$ ……㉡
또한, 세 점 P, A, B가 일직선 위에 있을 때
$\overline{BP}=\overline{AP}+\overline{AB}$ ……㉢
(i) $\overline{AP}\leq\overline{BP}$일 때,
　　㉠, ㉢에서 $\overline{BP}\leq\overline{AP}+\overline{AB}$
　　$\overline{BP}-\overline{AP}\leq\overline{AB}$
　　이때 $\overline{BP}-\overline{AP}\geq0$, $\overline{AB}\geq0$이므로
　　$|\overline{AP}-\overline{BP}|^2=|\overline{BP}-\overline{AP}|^2\leq\overline{AB}^2$
(ii) $\overline{BP}\leq\overline{AP}$일 때,
　　㉡에서 $\overline{AP}<\overline{BP}+\overline{AB}$
　　$\overline{AP}-\overline{BP}<\overline{AB}$
　　이때 $\overline{AP}-\overline{BP}\geq0$, $\overline{AB}\geq0$이므로
　　$|\overline{AP}-\overline{BP}|^2<\overline{AB}^2$
(i), (ii)에서
$|\overline{AP}-\overline{BP}|^2\leq\overline{AB}^2$ ← $\overline{AP}\leq\overline{BP}$일 때, 최댓값을 갖는다.
　　　　　　$=(3-1)^2+(5-2)^2=13$
이므로 $|\overline{AP}-\overline{BP}|^2$의 최댓값은 13이다.

답 13

보충 설명

점 P의 좌표가 $\left(-\dfrac{1}{3}, 0\right)$일 때, 세 점
P, A, B는 일직선 위에 있고, 이때
$|\overline{AP}-\overline{BP}|^2$이 최댓값을 갖는다.

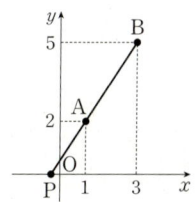

4

A$(0, 0)$, B$(0, 2)$이므로 $\overline{PA}^2+\overline{PB}^2=4$에서
$(x^2+y^2)+\{x^2+(y-2)^2\}=4$
$2x^2+2y^2-4y+4=4$, $x^2+y^2-2y=0$
$\therefore x^2+(y-1)^2=1$
이때 $x^2=1-(y-1)^2\geq0$이므로
$(y-1)^2\leq1$, $-1\leq y-1\leq1$
$\therefore 0\leq y\leq2$
$x^2=1-(y-1)^2$을 $y-x^2$에 대입하면
$y-x^2=y-\{1-(y-1)^2\}$
　　　$=y^2-y$
　　　$=\left(y-\dfrac{1}{2}\right)^2-\dfrac{1}{4}$ $(0\leq y\leq2)$

따라서 $y-x^2$은 $y=2$일 때 최댓값 2를 갖고, $y=\dfrac{1}{2}$일 때
최솟값 $-\dfrac{1}{4}$을 가지므로 $y-x^2$의 최댓값과 최솟값의 합은
$2+\left(-\dfrac{1}{4}\right)=\dfrac{7}{4}$

답 $\dfrac{7}{4}$

5

$\overline{AC}=2\overline{BC}$에서 $\overline{AC}:\overline{BC}=2:1$
선분 CD가 ∠BCA의 이등분선이므로 각의 이등분선의 성
질에 의하여
$\overline{AD}:\overline{BD}=\overline{AC}:\overline{BC}=2:1$
즉, 점 D는 선분 AB를 $2:1$로 내분한다.

오른쪽 그림과 같이 직선 AB 를 x축, 점 D를 지나고 직선 AB에 수직인 직선을 y축으로 하는 좌표평면 위에 삼각형 ABC를 놓으면 점 D는 원점 $(0, 0)$이다.

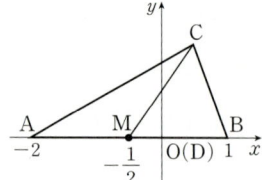

이때 삼각형 ABC의 두 꼭짓점 A, B의 좌표는 각각 A$(-2, 0)$, B$(1, 0)$이므로

선분 AB의 중점을 M이라 하면

$$M\left(-\frac{1}{2}, 0\right)$$

$\overline{CM}$은 선분 AB를 지름으로 하는 원의 반지름의 길이와 같으므로

$$\overline{CM} = \frac{3}{2}$$

C(a, b) $(a > 0, b > 0)$라 하면

$$\sqrt{\left(a + \frac{1}{2}\right)^2 + b^2} = \frac{3}{2}$$

$$\therefore a^2 + a + b^2 = 2 \quad \cdots\cdots \text{㉠}$$

또한, $\overline{AC} = 2\overline{BC}$, 즉 $\overline{AC}^2 = 4\overline{BC}^2$이므로

$$(a+2)^2 + b^2 = 4\{(a-1)^2 + b^2\}$$

$$\therefore a^2 + b^2 = 4a \quad \cdots\cdots \text{㉡}$$

㉠$-$㉡을 하면

$$a = 2 - 4a,\ 5a = 2 \quad \therefore a = \frac{2}{5}$$

$$k^2 = \overline{CD}^2$$
$$= a^2 + b^2 = 4a \ (\because \text{㉡})$$
$$= 4 \times \frac{2}{5} = \frac{8}{5}$$

$$\therefore 5k^2 = 5 \times \frac{8}{5} = 8$$

답 8

보충 설명

㉠, ㉡을 연립하여 풀면

$$a = \frac{2}{5},\ b = \frac{6}{5} \ (\because b > 0)$$

$$k^2 = \overline{CD}^2$$
$$= a^2 + b^2$$
$$= \left(\frac{2}{5}\right)^2 + \left(\frac{6}{5}\right)^2 = \frac{40}{25} = \frac{8}{5}$$

$$\therefore 5k^2 = 5 \times \frac{8}{5} = 8$$

6

삼각형 ABC에서 두 변 AB, BC의 중점이 각각 L, M이므로 $\overline{LM} /\!/ \overline{AC}$

따라서 점 P는 선분 LM의 중점이다.

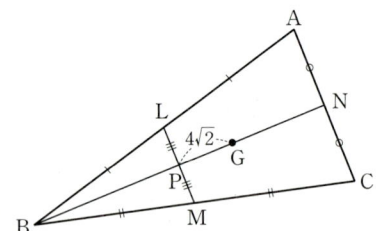

L$(2, 1)$, M$(4, -1)$이므로 점 P의 좌표는

$$\left(\frac{2+4}{2}, \frac{1-1}{2}\right) \qquad \therefore P(3, 0)$$

또한, $\overline{NP} = \overline{BP}$, $\overline{PG} = 4\sqrt{2}$이고,

삼각형 ABC의 무게중심 G에 대하여

$\overline{BG} : \overline{GN} = 2 : 1$이므로

$$(\overline{BP} + \overline{PG}) : (\overline{NP} - \overline{PG}) = 2 : 1$$

$$(\overline{NP} + 4\sqrt{2}) : (\overline{NP} - 4\sqrt{2}) = 2 : 1$$

$$2(\overline{NP} - 4\sqrt{2}) = \overline{NP} + 4\sqrt{2}$$

$$\therefore \overline{NP} = 12\sqrt{2}$$

이때 N(a, b), P$(3, 0)$이므로

$$\overline{NP}^2 = (a-3)^2 + b^2 = (12\sqrt{2})^2$$

따라서 구하는 관계식은

$$(a-3)^2 + b^2 = 288$$

답 $(a-3)^2 + b^2 = 288$

다른 풀이

삼각형 ABC의 무게중심 G는 삼각형 ABC의 세 변의 중점 L, M, N을 꼭짓점으로 하는 삼각형 LMN의 무게중심과 일치하므로

$$G\left(\frac{2+4+a}{3}, \frac{1-1+b}{3}\right)$$

$$\therefore G\left(\frac{a+6}{3}, \frac{b}{3}\right)$$

이때 P$(3, 0)$이고, $\overline{PG} = 4\sqrt{2}$에서

$\overline{PG}^2 = 32$이므로

$$\left(\frac{a-3}{3}\right)^2 + \left(\frac{b}{3}\right)^2 = 32,\ \frac{1}{9}(a-3)^2 + \frac{1}{9}b^2 = 32$$

$$\therefore (a-3)^2 + b^2 = 288$$

02. 직선의 방정식

① 직선의 방정식

| 기본 + 필수연습 | 본문 pp.046~056 |

01 (1) $y=3x-7$ (2) $x=-3$

02 (1) $y=-x+2$ (2) $y=6$ (3) $y=\dfrac{3}{2}x-6$

03 (1) 기울기 : $-\dfrac{7}{5}$, y절편 : $\dfrac{3}{5}$

(2) 기울기 : 정의되지 않는다., y절편 : 없다.

(3) 기울기 : 0, y절편 : 5

04 제2사분면　　　　　　**05** $(-2, -1)$

06 $x-2y-4=0$

07 (1) $y=-4x+3$ (2) $y=x-3$　　**08** -2

09 $y=\dfrac{\sqrt{3}}{3}x-\sqrt{3}$

10 (1) $y=\dfrac{1}{3}x+2$ (2) -8 **11** 14　　**12** 48

13 -7　　**14** 14　　**15** -2

16 $y=-4x+9$　　　　**17** $y=2x-6$

18 2

19 (1) 제1, 2, 3사분면 (2) 제2, 3사분면

20 제1사분면　　　　**21** ㄴ, ㄷ

22 $y=-x+3$　　**23** $\sqrt{2}$　　**24** $-\dfrac{3}{10}$

25 $\dfrac{1}{3}<k<\dfrac{5}{3}$　　**26** $-1\leq m\leq\dfrac{3}{4}$

27 $2x-y+6=0$　　**28** $-\dfrac{8}{3}$

01

(1) 점 $(2, -1)$을 지나고 기울기가 3인 직선의 방정식은

$y-(-1)=3(x-2)$

$\therefore y=3x-7$

(2) 직선 위의 모든 점의 x좌표가 -3이므로 직선의 방정식은

$x=-3$

답 (1) $y=3x-7$ (2) $x=-3$

02

(1) 두 점 $(-3, 5)$, $(1, 1)$을 지나는 직선의 방정식은

$y-5=\dfrac{1-5}{1-(-3)}\{x-(-3)\}$

$\therefore y=-x+2$

(2) 직선 위의 모든 점의 y좌표가 6이므로 직선의 방정식은

$y=6$

(3) x절편이 4이고 y절편이 -6인 직선의 방정식은

$\dfrac{x}{4}+\dfrac{y}{-6}=1$　　$\therefore y=\dfrac{3}{2}x-6$

답 (1) $y=-x+2$ (2) $y=6$ (3) $y=\dfrac{3}{2}x-6$

03

(1) $7x+5y-3=0$에서 $y=-\dfrac{7}{5}x+\dfrac{3}{5}$

즉, 주어진 일차방정식이 나타내는 직선의 기울기는 $-\dfrac{7}{5}$

이고, y절편은 $\dfrac{3}{5}$이다.

(2) $-3x-1=0$에서 $x=-\dfrac{1}{3}$

즉, 주어진 일차방정식이 나타내는 직선의 기울기는 정의되지 않고, y절편은 없다.

(3) $-5y+25=0$에서 $y=5$

즉, 주어진 일차방정식이 나타내는 직선의 기울기는 0이고, y절편은 5이다.

답 (1) 기울기 : $-\dfrac{7}{5}$, y절편 : $\dfrac{3}{5}$

(2) 기울기 : 정의되지 않는다., y절편 : 없다.

(3) 기울기 : 0, y절편 : 5

04

$ax+by+c=0$에서 $y=-\dfrac{a}{b}x-\dfrac{c}{b}$ $(\because b\neq0)$

$a<0$, $b>0$이므로 $-\dfrac{a}{b}>0$

$b>0$, $c>0$이므로 $-\dfrac{c}{b}<0$

따라서 (기울기)>0, (y절편)<0이므로 직선은 오른쪽 그림과 같고 제2사분면을 지나지 않는다.

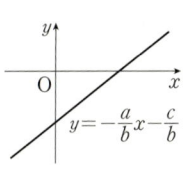

답 제2사분면

05

주어진 직선의 방정식을 k에 대하여 정리하면

$2x+y+5+k(x-3y-1)=0$

이 등식이 실수 k의 값에 관계없이 항상 성립하므로

$2x+y+5=0$, $x-3y-1=0$

두 식을 연립하여 풀면

$x=-2$, $y=-1$

따라서 구하는 점의 좌표는 $(-2, -1)$이다.

답 $(-2, -1)$

06

두 직선의 교점을 지나는 직선의 방정식은

$3x-y+3+k(2x-3y-5)=0$ (k는 실수)   ······㉠

으로 나타낼 수 있고 직선 ㉠이 점 $(2, -1)$을 지나므로

$6+1+3+k(4+3-5)=0$

$10+2k=0$ $\therefore k=-5$

$k=-5$를 ㉠에 대입하면 구하는 직선의 방정식은

$3x-y+3-5(2x-3y-5)=0$

$\therefore x-2y-4=0$

답 $x-2y-4=0$

다른 풀이

두 직선의 방정식 $3x-y=-3$, $2x-3y=5$를 연립하여 풀면

$x=-2$, $y=-3$

따라서 구하는 직선은 두 점 $(-2, -3)$, $(2, -1)$을 지나는 직선이므로 그 방정식은

$y-(-3)=\dfrac{-1-(-3)}{2-(-2)}\{x-(-2)\}$

$\therefore y=\dfrac{1}{2}x-2$

07

⑴ 두 점 $(3, 3)$, $(-1, -5)$의 중점의 좌표는

$\left(\dfrac{3+(-1)}{2}, \dfrac{3+(-5)}{2}\right)$, 즉 $(1, -1)$

따라서 점 $(1, -1)$을 지나고 기울기가 -4인 직선의 방정식은

$y-(-1)=-4(x-1)$ $\therefore y=-4x+3$

⑵ x축의 양의 방향과 이루는 각의 크기가 45°인 직선의 기울기는 $\tan 45°=1$

따라서 점 $(2, -1)$을 지나고 기울기가 1인 직선의 방정식은

$y-(-1)=x-2$ $\therefore y=x-3$

답 ⑴ $y=-4x+3$ ⑵ $y=x-3$

08

$x-2y+3=0$에서 $y=\dfrac{1}{2}x+\dfrac{3}{2}$

직선 $x-2y+3=0$의 기울기는 $\dfrac{1}{2}$이므로 구하는 직선은 점 $(2, 3)$을 지나고 기울기가 $\dfrac{1}{2}$인 직선이다. 이 직선의 방정식은

$y-3=\dfrac{1}{2}(x-2)$

$\therefore x-2y+4=0$

이 직선이 직선 $ax+by+4=0$과 일치하므로

$a=1$, $b=-2$

$\therefore ab=1\times(-2)=-2$

답 -2

09

직선 $y=\sqrt{3}x-3\sqrt{3}$이 x축의 양의 방향과 이루는 각의 크기를 θ라 하면

$\tan\theta=\sqrt{3}$ $\therefore \theta=60°$ ($\because 0°<\theta<90°$)

직선 $y=\sqrt{3}x-3\sqrt{3}$이 x축의 양의 방향과 이루는 각을 이등분하는 직선이 x축의 양의 방향과 이루는 각의 크기는 $\dfrac{\theta}{2}=30°$이므로 구하는 직선의 기울기는

$\tan 30°=\dfrac{\sqrt{3}}{3}$

한편, 직선 $y=\sqrt{3}x-3\sqrt{3}$의 x절편은

$0=\sqrt{3}x-3\sqrt{3}$ $\therefore x=3$

따라서 점 $(3, 0)$을 지나고 기울기가 $\dfrac{\sqrt{3}}{3}$인 직선의 방정식은

$y-0=\dfrac{\sqrt{3}}{3}(x-3)$ $\therefore y=\dfrac{\sqrt{3}}{3}x-\sqrt{3}$

답 $y=\dfrac{\sqrt{3}}{3}x-\sqrt{3}$

10

(1) 선분 AB를 2 : 1로 내분하는 점의 좌표는

$$\left(\frac{2\times7+1\times(-5)}{2+1}, \frac{2\times1+1\times7}{2+1}\right), 즉 (3, 3)$$

따라서 두 점 $(3, 3)$, $(-3, 1)$을 지나는 직선의 방정식은

$$y-3=\frac{1-3}{-3-3}(x-3) \qquad \therefore y=\frac{1}{3}x+2$$

(2) x절편이 2, y절편이 -3인 직선의 방정식은

$$\frac{x}{2}+\frac{y}{-3}=1 \qquad \therefore 3x-2y-6=0$$

이 직선이 직선 $3x+ay+b=0$과 일치하므로

$$a=-2, b=-6$$

$$\therefore a+b=(-2)+(-6)=-8$$

답 (1) $y=\frac{1}{3}x+2$ (2) -8

11

x절편이 y절편의 3배이므로 x절편과 y절편을 각각 $3k, k (k>0)$라 하면 이 직선의 방정식은

$$\frac{x}{3k}+\frac{y}{k}=1 \qquad \therefore x+3y-3k=0 \qquad \cdots\cdots\text{㉠}$$

직선 ㉠이 점 $(-1, 4)$를 지나므로

$$-1+12-3k=0, 3k=11$$

$$\therefore k=\frac{11}{3}$$

이것을 ㉠에 대입하면 직선의 방정식은

$$x+3y-11=0$$

이 직선이 직선 $x+ay+b=0$과 일치하므로

$$a=3, b=-11$$

$$\therefore a-b=3-(-11)=14$$

답 14

12

두 점 $(5, 7)$, $(8, 4)$를 지나는 직선 l의 방정식은

$$y-7=\frac{4-7}{8-5}(x-5) \qquad \therefore y=-x+12$$

즉, 직선 l이 x축과 만나는 점 A의 좌표는 $(12, 0)$이고, 두 직선 l, $y=2x$가 만나는 점 B의 x좌표는

$$-x+12=2x, 3x=12 \qquad \therefore x=4$$

$$\therefore B(4, 8)$$

따라서 삼각형 OAB는 오른쪽 그림과 같으므로 그 넓이는

$$\frac{1}{2}\times12\times8=48$$

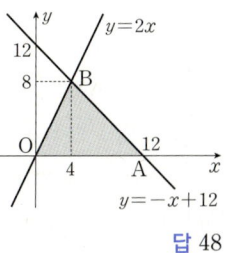

답 48

13

세 점 $A(2, 1)$, $B(4, -2)$, $C(-k-1, k+2)$가 한 직선 위에 있으므로 직선 AB와 직선 AC의 기울기가 같다.

즉, $\frac{-2-1}{4-2}=\frac{(k+2)-1}{(-k-1)-2}$에서

$$-\frac{3}{2}=\frac{k+1}{-k-3}, 3k+9=2k+2$$

$$\therefore k=-7$$

답 -7

14

세 점 A, B, C를 꼭짓점으로 하는 삼각형이 존재하지 않으려면 세 점 A, B, C는 한 직선 위에 있어야 한다.

즉, $A(-2k+1, 2)$, $B(-2, k-3)$, $C(k+1, k+3)$에 대하여 직선 AB와 직선 AC의 기울기가 같아야 하므로

$$\frac{(k-3)-2}{-2-(-2k+1)}=\frac{(k+3)-2}{(k+1)-(-2k+1)}$$

$$\frac{k-5}{2k-3}=\frac{k+1}{3k}$$

$$3k^2-15k=2k^2-k-3 \qquad \therefore k^2-14k+3=0$$

따라서 모든 k의 값의 합은 이차방정식의 근과 계수의 관계에 의하여 14이다.

답 14

15

세 점 $A(a, a^3)$, $B(b, b^3)$, $C(2, 8)$이 한 직선 위에 있으므로 직선 AC와 직선 BC의 기울기가 같다.

$$\frac{8-a^3}{2-a}=\frac{8-b^3}{2-b}$$

$$\frac{(2-a)(a^2+2a+4)}{2-a}=\frac{(2-b)(b^2+2b+4)}{2-b}$$

$a^2+2a+4=b^2+2b+4 \ (\because a\neq2,\ b\neq2)$

$a^2-b^2+2a-2b=0$

$(a-b)(a+b)+2(a-b)=0$

$(a-b)(a+b+2)=0$

$\therefore a+b=-2 \ (\because a\neq b)$

답 -2

16

삼각형 ABC는 오른쪽 그림과 같고 꼭짓점 C를 지나는 직선이 삼각형 ABC의 넓이를 이등분하려면 이 직선이 변 AB의 중점을 지나야 한다.

변 AB의 중점을 M이라 하면

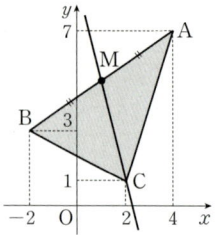

$$M\left(\frac{4+(-2)}{2},\frac{7+3}{2}\right) \qquad \therefore M(1,5)$$

따라서 두 점 C(2, 1), M(1, 5)를 지나는 직선의 방정식은

$$y-1=\frac{5-1}{1-2}(x-2) \qquad \therefore y=-4x+9$$

답 $y=-4x+9$

17

직사각형의 넓이를 이등분하는 직선 l은 직사각형의 두 대각선의 교점을 지나야 한다.

직사각형의 네 꼭짓점을 A(2, 1), B(6, 1), C(6, 3), D(2, 3)이라 하고 두 대각선의 교점을 M이라 하면 점 M은 선분 AC의 중점이므로

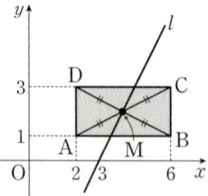

$$M\left(\frac{2+6}{2},\frac{1+3}{2}\right) \qquad \therefore M(4,2)$$

또한, 직선 l의 x절편이 3이므로 직선 l은 점 (3, 0)을 지난다.

따라서 두 점 (3, 0), M(4, 2)를 지나는 직선 l의 방정식은

$$y-0=\frac{2-0}{4-3}(x-3) \qquad \therefore y=2x-6$$

답 $y=2x-6$

18

다음 그림과 같이 변 BC 위의 점 D에 대하여 꼭짓점 A와 점 D를 지나는 직선이 삼각형 ABC의 넓이를 삼등분하는 두 직선 중 점 B에 가까운 직선이려면 △ADB와 △ACD의 넓이의 비가 1 : 2이어야 한다.

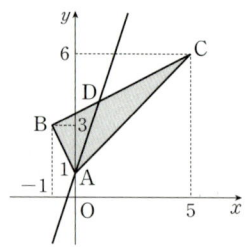

즉, $\overline{BD}:\overline{DC}=1:2$이므로 점 D는 변 BC를 1 : 2로 내분하는 점이다.

이때 B(-1, 3), C(5, 6)이므로

$$D\left(\frac{1\times5+2\times(-1)}{1+2},\frac{1\times6+2\times3}{1+2}\right)$$

$\therefore D(1,4)$

두 점 A(0, 1), D(1, 4)를 지나는 직선의 방정식은

$$y-1=\frac{4-1}{1-0}(x-0)$$

$\therefore 3x-y+1=0$

따라서 $a=3$, $b=-1$이므로

$a+b=3+(-1)=2$

답 2

19

(1) $ax+by+c=0$에서 $y=-\dfrac{a}{b}x-\dfrac{c}{b}$이므로

(기울기)$=-\dfrac{a}{b}$, (y절편)$=-\dfrac{c}{b}$

$ab<0$, $bc<0$에서 $-\dfrac{a}{b}>0$, $-\dfrac{c}{b}>0$이므로

(기울기)>0, (y절편)>0

따라서 직선은 오른쪽 그림과 같고 제1, 2, 3사분면을 지난다.

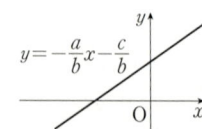

(2) $ac>0$, $bc=0$에서 $b=0$이므로

$ax+c=0 \qquad \therefore x=-\dfrac{c}{a}$

이때 $ac>0$이므로

$$-\frac{c}{a}<0$$

따라서 직선은 오른쪽 그림과 같고
제2, 3사분면을 지난다.

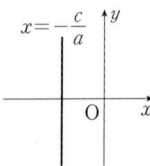

답 (1) 제1, 2, 3사분면 (2) 제2, 3사분면

20

$ax+by+c=0$에서 $y=-\dfrac{a}{b}x-\dfrac{c}{b}$이므로

$(기울기)=-\dfrac{a}{b}>0,\ (y절편)=-\dfrac{c}{b}<0$

$\therefore\ ab<0,\ bc>0$

이때 a, c는 서로 부호가 다르므로 $ac<0$

$bx-ay+c=0$에서 $y=\dfrac{b}{a}x+\dfrac{c}{a}$이므로

$(기울기)=\dfrac{b}{a}<0,\ (y절편)=\dfrac{c}{a}<0$

따라서 직선 $bx-ay+c=0$은 오른
쪽 그림과 같고 제1사분면을 지나지
않는다.

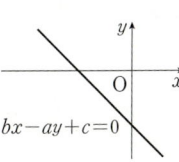

답 제1사분면

21

직선 l의 기울기는 음수이고, y절편은 양수이므로
$a<0, b>0$

직선 m의 기울기는 양수이고, y절편은 음수이므로
$c>0, d<0$

ㄱ. $a<0, c>0$에서 $ac<0$ (거짓)

ㄴ. $b>0, d<0$에서 $b>d$ (참)

ㄷ. 두 직선 l, m의 x절편은 각각 $-\dfrac{b}{a}, -\dfrac{d}{c}$이고 주어진 그
림에서

$$-\frac{b}{a}<-\frac{d}{c}\qquad\therefore\ \frac{b}{a}>\frac{d}{c}\ (참)$$

따라서 옳은 것은 ㄴ, ㄷ이다.

답 ㄴ, ㄷ

22

$(k+1)^2x-ky-k^2-1=0$을 k에 대하여 정리하면
$k^2x+2kx+x-ky-k^2-1=0$

$\therefore\ (x-1)k^2+(2x-y)k+x-1=0$

이 등식이 k의 값에 관계없이 항상 성립하려면
$x-1=0, 2x-y=0$

$\therefore\ x=1, y=2$

따라서 점 P의 좌표는 $(1, 2)$이므로 점 $P(1, 2)$를 지나고 기
울기가 -1인 직선의 방정식은

$y-2=-(x-1)\qquad\therefore\ y=-x+3$

답 $y=-x+3$

23

$(3k+1)x-(k-2)y-2k-3=0$을 k에 대하여 정리하면
$x+2y-3+k(3x-y-2)=0$

이 등식이 k의 값에 관계없이 항상 성립하려면
$x+2y-3=0, 3x-y-2=0$

위의 두 식을 연립하여 풀면
$x=1, y=1$

따라서 점 P의 좌표가 $(1, 1)$이므로 선분 OP의 길이는
$\overline{\text{OP}}=\sqrt{1^2+1^2}=\sqrt{2}$

답 $\sqrt{2}$

24

점 (a, b)는 직선 $x+3y-2=0$ 위의 점이므로
$a+3b-2=0\qquad\therefore\ a=2-3b$

이것을 $5ax-2by+2=0$에 대입하면
$5(2-3b)x-2by+2=0$

이 식을 b에 대하여 정리하면
$10x+2+b(-15x-2y)=0$

이 등식이 b에 대한 항등식이므로
$10x+2=0, -15x-2y=0$

위의 두 식을 연립하여 풀면
$x=-\dfrac{1}{5}, y=\dfrac{3}{2}$

즉, 이 직선은 b의 값에 관계없이 항상 점 $\left(-\dfrac{1}{5}, \dfrac{3}{2}\right)$을 지난다.

따라서 $p=-\dfrac{1}{5}$, $q=\dfrac{3}{2}$이므로

$$pq=\left(-\dfrac{1}{5}\right)\times\dfrac{3}{2}=-\dfrac{3}{10}$$

답 $-\dfrac{3}{10}$

25

$(k+1)x-(k-1)y+4=0$을 k에 대하여 정리하면

$x+y+4+k(x-y)=0$ ······㉠

이 등식이 k의 값에 관계없이 항상 성립하려면

$x+y+4=0$, $x-y=0$

위의 두 식을 연립하여 풀면

$x=-2$, $y=-2$

따라서 직선 ㉠은 k의 값에 관계없이 항상 점 $(-2, -2)$를 지난다.

오른쪽 그림에서

(ⅰ) 직선 ㉠이 점 $(-3, 0)$을 지날 때,

$1-3k=0$

$\therefore k=\dfrac{1}{3}$

(ⅱ) 직선 ㉠이 점 $(0, 6)$을 지날 때,

$10-6k=0$

$\therefore k=\dfrac{5}{3}$

(ⅰ), (ⅱ)에서 구하는 k의 값의 범위는

$\dfrac{1}{3}<k<\dfrac{5}{3}$

답 $\dfrac{1}{3}<k<\dfrac{5}{3}$

26

$m(x+1)+y-2=0$ ······㉠

이 등식이 m의 값에 관계없이 항상 성립하려면

$x+1=0$, $y-2=0$

$\therefore x=-1$, $y=2$

따라서 직선 ㉠은 m의 값에 관계없이 항상 점 $(-1, 2)$를 지난다.

오른쪽 그림에서

(ⅰ) 직선 ㉠이 점 $\mathrm{A}(3, -1)$을 지날 때,

$4m-3=0$ $\therefore m=\dfrac{3}{4}$

(ⅱ) 직선 ㉠이 점 $\mathrm{B}(2, 5)$를 지날 때,

$3m+3=0$ $\therefore m=-1$

(ⅰ), (ⅱ)에서 구하는 실수 m의 값의 범위는

$-1\leq m\leq\dfrac{3}{4}$

답 $-1\leq m\leq\dfrac{3}{4}$

27

주어진 두 직선의 교점을 지나는 직선의 방정식은

$3x+y-1+k(3x+2y-5)=0$, 즉

$3(k+1)x+(2k+1)y-5k-1=0$ (k는 실수) ······㉠

으로 나타낼 수 있다.

직선 ㉠의 기울기가 2이므로

$$-\dfrac{3(k+1)}{2k+1}=2,\ -3k-3=4k+2$$

$7k=-5$ $\therefore k=-\dfrac{5}{7}$

이것을 ㉠에 대입하면 구하는 직선의 방정식은

$$3\left(-\dfrac{5}{7}+1\right)x+\left(-\dfrac{10}{7}+1\right)y+\dfrac{25}{7}-1=0$$

$\therefore 2x-y+6=0$

답 $2x-y+6=0$

다른 풀이

$3x+y-1=0$, $3x+2y-5=0$을 연립하여 풀면

$x=-1$, $y=4$

즉, 두 직선 $3x+y-1=0$, $3x+2y-5=0$의 교점의 좌표는 $(-1, 4)$이다.

따라서 구하는 직선은 점 $(-1, 4)$를 지나고 기울기가 2이므로 직선의 방정식은

$y-4=2\{x-(-1)\}$ $\therefore 2x-y+6=0$

28

주어진 두 직선의 교점을 지나는 직선의 방정식은
$(a+1)x+2y+1+k\{2x-(a-1)y+3\}=0$, 즉
$(2k+a+1)x+(-ak+k+2)y+3k+1=0$ (k는 실수)
$\qquad\qquad\qquad\qquad\qquad\qquad\qquad$ ······㉠

으로 나타낼 수 있다.
직선 ㉠이 원점을 지나므로

$3k+1=0$ $\quad\therefore k=-\dfrac{1}{3}$

이것을 ㉠에 대입하여 정리하면 구하는 직선의 방정식은

$\left(a+\dfrac{1}{3}\right)x+\left(\dfrac{1}{3}a+\dfrac{5}{3}\right)y=0$

이 직선의 기울기가 3이므로

$-\dfrac{a+\dfrac{1}{3}}{\dfrac{1}{3}a+\dfrac{5}{3}}=3,\ -a-\dfrac{1}{3}=a+5$

$2a=-\dfrac{16}{3}$ $\quad\therefore a=-\dfrac{8}{3}$

답 $-\dfrac{8}{3}$

ㄹ. 두 점 $(0,-2)$, $(3,0)$을 지나는 직선의 방정식은

$\dfrac{x}{3}+\dfrac{y}{-2}=1$ $\quad\therefore 2x-3y-6=0$ (거짓)

따라서 옳은 것은 ㄱ, ㄷ이다.

답 ②

02

x축의 양의 방향과 이루는 각의 크기가 $60°$인 직선의 기울기는
$\tan 60°=\sqrt{3}$
점 $(-2,1)$을 지나고 기울기가 $\sqrt{3}$인 직선의 방정식은
$y-1=\sqrt{3}\{x-(-2)\}$
$\therefore y=\sqrt{3}x+2\sqrt{3}+1$
이 직선이 점 $(-1,a)$를 지나므로
$a=-\sqrt{3}+2\sqrt{3}+1$
$\quad=\sqrt{3}+1$

답 $\sqrt{3}+1$

STEP 1 개념 마무리

01 ②	**02** $\sqrt{3}+1$	**03** 1	**04** 2
05 486	**06** 14	**07** $y=\dfrac{2}{3}x-\dfrac{7}{3}$	
08 $\dfrac{5}{4}$	**09** $\dfrac{1}{2}\le m\le 1$		**10** 1
11 $-\dfrac{17}{3}$	**12** 5		

01

ㄱ. 점 $(2,-3)$을 지나고 y축에 수직인 직선은 직선 위의 모든 점의 y좌표가 -3이므로 직선의 방정식은 $y=-3$이다. (참)
ㄴ. 점 $(4,5)$를 지나고 기울기가 0인 직선의 방정식은
$\quad y-5=0\times(x-4)$ $\quad\therefore y=5$ (거짓)
ㄷ. 점 $(2,-3)$을 지나고 기울기가 $\dfrac{1}{2}$인 직선의 방정식은

$\quad y-(-3)=\dfrac{1}{2}(x-2)$ $\quad\therefore y=\dfrac{1}{2}x-4$ (참)

03

이차함수 $y=-x^2+2$의 그래프의 꼭짓점의 좌표는 $(0,2)$
이므로
$A(0,2)$
이차함수 $y=x^2-6x+5=(x-3)^2-4$의 그래프의 꼭짓점의 좌표는 $(3,-4)$이므로
$B(3,-4)$
즉, 직선 AB의 방정식은

$y-(-4)=\dfrac{2-(-4)}{0-3}(x-3)$

$\therefore y=-2x+2$

따라서 직선 $y=-2x+2$를 좌표평면 위에 나타내면 오른쪽 그림과 같으므로 직선 AB와 x축, y축으로 둘러싸인 도형의 넓이는

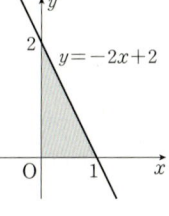

$\dfrac{1}{2}\times 1\times 2=1$

답 1

04

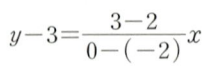

두 점 $A(-2, 2)$, $B(0, 3)$에 대하여 직선 AB의 방정식은

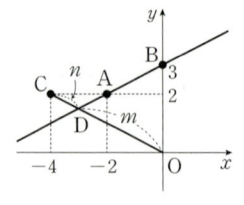

$$y-3=\frac{3-2}{0-(-2)}x$$

$$\therefore y=\frac{1}{2}x+3 \qquad \cdots\cdots \text{㉠}$$

또한, 두 점 $O(0, 0)$, $C(-4, 2)$에 대하여 직선 OC의 방정식은

$$y=\frac{2}{-4}x \qquad \therefore y=-\frac{1}{2}x \qquad \cdots\cdots \text{㉡}$$

㉠, ㉡을 연립하여 풀면 $x=-3$, $y=\frac{3}{2}$

즉, 직선 AB와 선분 OC의 교점 D의 좌표는

$$\left(-3, \frac{3}{2}\right)$$

한편, 점 D는 선분 OC를 $m:n$으로 내분하는 점이므로

$$D\left(\frac{-4m}{m+n}, \frac{2m}{m+n}\right)$$

따라서 $\dfrac{-4m}{m+n}=-3$이므로

$\quad\underbrace{\qquad\qquad}\quad$ $\frac{2m}{m+n}=\frac{3}{2}$을 이용해도 그 결과는 같다.

$$-4m=-3m-3n, \; m-3n=0$$

$$\therefore m=3n$$

이때 m, n은 서로소인 자연수이므로

$$m=3, \; n=1$$

$$\therefore m-n=3-1=2$$

답 2

05

두 점 $(3, 0)$, $(0, 1)$을 지나는 직선 l의 방정식은

$$\frac{x}{3}+\frac{y}{1}=1, \; x+3y=3$$

$$\therefore x=-3y+3 \qquad \cdots\cdots \text{㉠}$$

직선 l 위의 임의의 점 (x, y)에 대하여 등식 $x^2+ay^2+bx+c=0$이 성립하므로

㉠을 주어진 등식에 대입하면

$$(-3y+3)^2+ay^2+b(-3y+3)+c=0$$

$$9y^2-18y+9+ay^2-3by+3b+c=0$$

$$\therefore (a+9)y^2-3(b+6)y+3b+c+9=0$$

이 등식이 y의 값에 관계없이 항상 성립해야 하므로

$$a+9=0, \; b+6=0, \; 3b+c+9=0$$

$$\therefore a=-9, \; b=-6, \; c=9$$

$$\therefore abc=(-9)\times(-6)\times 9=486$$

답 486

06

세 점 A, B, C가 한 직선 위에 있으려면 직선 AB와 직선 BC의 기울기가 같아야 하므로

$$\frac{-2-a}{2-1}=\frac{-14-(-2)}{a-2}, \; -2-a=\frac{-12}{a-2}$$

$$(a+2)(a-2)=12$$

$$a^2=16 \qquad \therefore a=4 \; (\because a>0)$$

즉, 두 점 $A(1, 4)$, $B(2, -2)$를 지나는 직선의 방정식은

$$y-4=\frac{-2-4}{2-1}(x-1) \qquad \therefore y=-6x+10$$

따라서 이 직선의 y절편은 10이므로

$$b=10$$

$$\therefore a+b=4+10=14$$

답 14

07

삼각형 ABC의 변 BC 위의 점 D에 대하여 $\triangle ABD : \triangle ADC=3:1$이므로 점 D는 $\overline{BC}$를 $3:1$로 내분하는 점이다.

이때 $B(-1, 2)$, $C(3, -2)$이므로

$$D\left(\frac{3\times 3+1\times(-1)}{3+1}, \frac{3\times(-2)+1\times 2}{3+1}\right)$$

$$\therefore D(2, -1)$$

따라서 두 점 $A(5, 1)$, $D(2, -1)$을 지나는 직선의 방정식은

$$y-1=\frac{-1-1}{2-5}(x-5)$$

$$\therefore y=\frac{2}{3}x-\frac{7}{3}$$

답 $y=\dfrac{2}{3}x-\dfrac{7}{3}$

08

다음 그림과 같이 두 사각형의 꼭짓점을 나타내면 □ABCD
는 직사각형, □EFGH는 평행사변형이다.

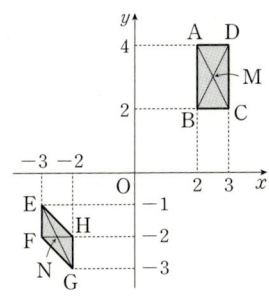

직사각형 ABCD와 평행사변형 EFGH의 두 대각선의 교점
을 각각 M, N이라 하면 두 사각형 ABCD, EFGH의 넓이
를 동시에 이등분하는 직선은 두 점 M과 N을 동시에 지난다.
즉, 점 M은 선분 AC의 중점이므로 ┌─ 선분 BD의 중점이기도 하다.
A(2, 4), C(3, 2)에서

$$M\left(\frac{2+3}{2}, \frac{4+2}{2}\right) \qquad \therefore M\left(\frac{5}{2}, 3\right)$$

또한, 점 N은 선분 FH의 중점이므로 ┌─ 선분 EG의 중점이기도 하다.
F(−3, −2), H(−2, −2)에서

$$N\left(\frac{-3+(-2)}{2}, \frac{-2+(-2)}{2}\right) \qquad \therefore N\left(-\frac{5}{2}, -2\right)$$

즉, 직선 MN의 방정식은

$$y-3=\frac{3-(-2)}{\frac{5}{2}-\left(-\frac{5}{2}\right)}\left(x-\frac{5}{2}\right)$$

$$\therefore y=x+\frac{1}{2}$$

따라서 $a=1$, $b=\frac{1}{2}$이므로

$$a^2+b^2=1^2+\left(\frac{1}{2}\right)^2=\frac{5}{4}$$

답 $\dfrac{5}{4}$

09

$$y=(1-m^2)x-2m+1 \qquad \cdots\cdots \text{㉠}$$

(i) $1-m^2=0$, 즉 $m=1$ 또는 $m=-1$일 때,

$m=1$이면 ㉠에서 $y=-1$

$m=-1$이면 ㉠에서 $y=3$

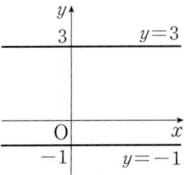

오른쪽 그림과 같이 제2사분면을
지나지 않는 경우는 직선 $y=-1$
일 때, 즉 $m=1$일 때이다.

(ii) $1-m^2>0$, 즉 $-1<m<1$일 때,
기울기가 양수인 직선 ㉠이 제2사
분면을 지나지 않으려면 오른쪽 그
림과 같이 y절편이 양수가 아니어
야 하므로

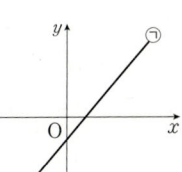

$$-2m+1\leq0 \qquad \therefore m\geq\frac{1}{2}$$

이때 $-1<m<1$이므로

$$\frac{1}{2}\leq m<1$$

(iii) $1-m^2<0$, 즉 $m<-1$ 또는 $m>1$일 때,
기울기가 음수인 직선 ㉠은 y절
편에 관계없이 제2사분면을 반
드시 지나므로 이 범위에서 조건
을 만족시키는 m의 값은 존재하
지 않는다.

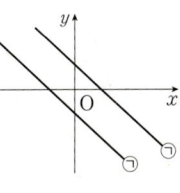

(i), (ii), (iii)에서 구하는 실수 m의 값의 범위는

$$\frac{1}{2}\leq m\leq1$$

답 $\dfrac{1}{2}\leq m\leq1$

10

주어진 두 직선을

$$x+y-2=0 \qquad \cdots\cdots \text{㉠}$$

$$kx-y+k+1=0 \qquad \cdots\cdots \text{㉡}$$

이라 하자.

직선 ㉠이 y축, x축과 만나는 점을 각각 A, B라 하면

A(0, 2), B(2, 0)

또한, ㉡에서 $-y+1+k(x+1)=0$이므로 직선 ㉡은 정수
k의 값에 관계없이 점 $(-1, 1)$을 지난다.

즉, 두 직선 ㉠, ㉡은 다음 그림과 같다.

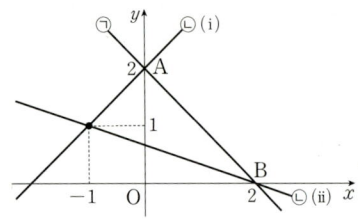

(i) 직선 ㉡이 점 $A(0, 2)$를 지날 때,

$k \times 0 - 2 + k + 1 = 0$에서 $k = 1$

(ii) 직선 ㉡이 점 $B(2, 0)$을 지날 때,

$2k - 0 + k + 1 = 0$에서 $k = -\dfrac{1}{3}$

(i), (ii)에서 조건을 만족시키는 k의 값의 범위는

$-\dfrac{1}{3} < k < 1$이므로 정수 k는 0의 1개이다.

답 1

다른 풀이

주어진 두 직선을

$x + y - 2 = 0$ ······ ㉠

$kx - y + k + 1 = 0$ ······ ㉡

이라 하자.

$k = -1$이면 ㉡에서 $-x - y = 0$, 즉 $x + y = 0$이므로 두 직선 ㉠, ㉡은 평행하다. (만나지 않는다.)

두 직선의 기울기가 서로 같고 y절편은 다르다.

$\therefore k \neq -1$

두 직선의 교점의 x좌표는 ㉠+㉡에서

$(k+1)x + k - 1 = 0$ $\therefore x = \dfrac{1-k}{1+k}$

$x = \dfrac{1-k}{1+k}$를 ㉠에 대입하면 교점의 y좌표는

$\dfrac{1-k}{1+k} + y - 2 = 0$ $\therefore y = \dfrac{1+3k}{1+k}$

즉, 두 직선 ㉠, ㉡의 교점의 좌표는

$\left(\dfrac{1-k}{1+k}, \dfrac{1+3k}{1+k} \right)$

이때 두 직선이 제1사분면에서 만나므로

$\dfrac{1-k}{1+k} > 0$, $\dfrac{1+3k}{1+k} > 0$

양변에 각각 $(1+k)^2$을 곱하면

$(1-k)(1+k) > 0$, $(1+3k)(1+k) > 0$

$(k+1)(k-1) < 0$ $(k+1)(3k+1) > 0$

$(k+1)(k-1) < 0$에서

$-1 < k < 1$ ······ ㉢

$(k+1)(3k+1) > 0$에서

$k < -1$ 또는 $k > -\dfrac{1}{3}$ ······ ㉣

㉢, ㉣의 공통부분은 $-\dfrac{1}{3} < k < 1$

따라서 정수 k는 0의 1개이다.

11

주어진 두 직선의 교점을 지나는 직선의 방정식은

$kx - y - 2 + m\{-7x + (k+1)y - 1\} = 0$ (단, m은 실수)

$\therefore (-7m+k)x + (km+m-1)y - m - 2 = 0$ ······ ㉠

직선 ㉠이 원점을 지나므로

$-m - 2 = 0$ $\therefore m = -2$

이것을 ㉠에 대입하여 정리하면 구하는 직선의 방정식은

$(k+14)x + (-2k-3)y = 0$

$\therefore y = \dfrac{k+14}{2k+3}x$

이 직선의 기울기가 -1이므로

$\dfrac{k+14}{2k+3} = -1$, $k + 14 = -2k - 3$

$3k = -17$ $\therefore k = -\dfrac{17}{3}$

답 $-\dfrac{17}{3}$

12

두 직선 $2x - 3y - 6 = 0$, $x + 2y - 10 = 0$의 교점을 지나고, 두 직선과 x축이 이루는 삼각형의 넓이를 이등분하는 직선은 두 직선 $2x - 3y - 6 = 0$, $x + 2y - 10 = 0$이 x축과 만나는 두 점의 중점을 지난다.

두 직선 $2x - 3y - 6 = 0$, $x + 2y - 10 = 0$을 좌표평면 위에 나타내고, 두 직선이 x축과 만나는 점을 각각 P, Q라 하면 다음 그림과 같다.

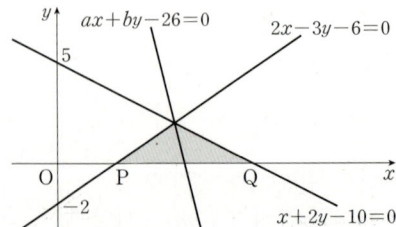

직선 $2x-3y-6=0$이 x축과 만나는 점 P는

$2x-6=0$에서 $x=3$　$\therefore$ P$(3, 0)$

또한, 직선 $x+2y-10=0$이 x축과 만나는 점 Q는

$x-10=0$에서 $x=10$　$\therefore$ Q$(10, 0)$

따라서 선분 PQ의 중점의 좌표는

$$\left(\frac{3+10}{2},\ \frac{0+0}{2}\right)\qquad \therefore \left(\frac{13}{2}, 0\right)$$

한편, 두 직선의 교점을 지나는 직선의 방정식은

$2x-3y-6+k(x+2y-10)=0$ (단, k는 실수)

$\therefore (k+2)x+(2k-3)y-10k-6=0$　$\cdots\cdots$㉠

직선 ㉠이 점 $\left(\frac{13}{2}, 0\right)$을 지나므로

$$\frac{13}{2}k+13-10k-6=0,\ -\frac{7}{2}k+7=0$$

$\therefore k=2$

이것을 ㉠에 대입하면 구하는 직선의 방정식은

$4x+y-26=0$

따라서 $a=4$, $b=1$이므로

$a+b=4+1=5$

답 5

다른 풀이

두 직선의 방정식 $2x-3y-6=0$, $x+2y-10=0$을 연립하여 풀면

$x=6$, $y=2$

이므로 두 직선의 교점의 좌표는 $(6, 2)$이다.

또한, 두 직선 $2x-3y-6=0$, $x+2y-10=0$이 x축과 만나는 점의 좌표는 각각

$(3, 0)$, $(10, 0)$

이때 두 직선 $2x-3y-6=0$, $x+2y-10=0$의 교점을 지나고, 두 직선과 x축이 이루는 삼각형의 넓이를 이등분하는 직선은 두 점 $(3, 0)$, $(10, 0)$의 중점 $\left(\frac{13}{2}, 0\right)$을 지난다.

따라서 구하는 직선은 두 점 $(6, 2)$, $\left(\frac{13}{2}, 0\right)$을 지나므로 이 직선의 방정식은

$$y-2=\frac{0-2}{\frac{13}{2}-6}(x-6)$$

$y-2=-4(x-6)$

$\therefore 4x+y-26=0$

따라서 $a=4$, $b=1$이므로

$a+b=4+1=5$

② 두 직선의 위치 관계

29 (1) $y=-2x-7$　(2) $y=-\dfrac{1}{2}x-1$

30 (1) $y=x-5$　(2) $y=-2x+25$

31 (1) -2　(2) 1　(3) $a\neq-2$, $a\neq1$인 모든 실수

32 (1) 8　(2) 47

33 (1) $y=2x+2$　(2) $-\dfrac{3}{2}$　**34** $\dfrac{7}{3}$　**35** -5

36 $\dfrac{15}{2}$　**37** 17　**38** $\dfrac{2}{3}$　**39** 2

40 0　**41** 8　**42** $\left(\dfrac{5}{3},\ \dfrac{5}{3}\right)$

29

(1) 직선 $y=-2x+5$의 기울기가 -2이므로 이 직선에 평행한 직선의 기울기는 -2이다.

따라서 점 $(-4, 1)$을 지나고 기울기가 -2인 직선의 방정식은

$y-1=-2(x+4)$　$\therefore y=-2x-7$

(2) 직선 $x+2y-3=0$, 즉 $y=-\dfrac{1}{2}x+\dfrac{3}{2}$의 기울기가 $-\dfrac{1}{2}$

이므로 이 직선에 평행한 직선의 기울기는 $-\dfrac{1}{2}$이다.

따라서 점 $(-4, 1)$을 지나고 기울기가 $-\dfrac{1}{2}$인 직선의 방정식은

$y-1=-\dfrac{1}{2}(x+4)$　$\therefore y=-\dfrac{1}{2}x-1$

답 (1) $y=-2x-7$　(2) $y=-\dfrac{1}{2}x-1$

30

(1) 직선 $y=-x+1$의 기울기가 -1이므로 이 직선에 수직인 직선의 기울기를 m이라 하면

$-m=-1$　$\therefore m=1$

따라서 점 $(10, 5)$를 지나고 기울기가 1인 직선의 방정식은

$y-5=x-10$　$\therefore y=x-5$

(2) 직선 $5x-10y+1=0$, 즉 $y=\dfrac{1}{2}x+\dfrac{1}{10}$의 기울기가 $\dfrac{1}{2}$

이므로 이 직선에 수직인 직선의 기울기를 m이라 하면

$\dfrac{1}{2}m=-1 \qquad \therefore m=-2$

따라서 점 $(10, 5)$를 지나고 기울기가 -2인 직선의 방정식은

$y-5=-2(x-10) \qquad \therefore y=-2x+25$

답 (1) $y=x-5$ (2) $y=-2x+25$

31

(1) 두 직선 $ax+2y+2=0$, $x+(a+1)y+2=0$이 서로 평행하므로

$\dfrac{a}{1}=\dfrac{2}{a+1}\neq\dfrac{2}{2}$

$\dfrac{a}{1}=\dfrac{2}{a+1}$에서 $a^2+a=2$

$a^2+a-2=0$, $(a+2)(a-1)=0$

$\therefore a=-2$ 또는 $a=1$

그런데 $a=1$이면 두 직선이 일치하므로

$a=-2$

(2) (1)에 의하여 $a=1$

(3) (1)에 의하여 $a\neq-2$, $a\neq1$인 모든 실수

답 (1) -2 (2) 1 (3) $a\neq-2$, $a\neq1$인 모든 실수

32

$y=-\dfrac{1}{4}x+1$에서 $x+4y-4=0$

(1) 두 직선 $2x+ay+3=0$, $x+4y-4=0$의 교점의 개수가 0이려면 두 직선이 서로 평행해야 하므로

$\dfrac{2}{1}=\dfrac{a}{4}\neq\dfrac{3}{-4} \qquad \therefore a=8$

(2) 두 직선 $2x+ay+3=0$, $x+4y-4=0$의 교점의 개수가 1이려면 두 직선의 기울기가 달라야 하므로

$\dfrac{2}{1}\neq\dfrac{a}{4}$, 즉 $a\neq8$

따라서 조건을 만족시키는 10 이하의 모든 자연수 a의 값의 합은

$1+2+3+4+5+6+7+9+10=47$

답 (1) 8 (2) 47

33

두 점 $(2, -1)$, $(5, 5)$를 지나는 직선 l의 기울기는

$\dfrac{5+1}{5-2}=2$

(1) 직선 l에 평행한 직선 m의 기울기는 2이다.

따라서 기울기가 2이고 점 $(1, 4)$를 지나는 직선 m의 방정식은

$y-4=2(x-1) \qquad \therefore y=2x+2$

(2) 직선 l에 수직인 직선 n의 기울기는 $-\dfrac{1}{2}$이다. $\leftarrow 2\times\left(-\dfrac{1}{2}\right)=-1$

기울기가 $-\dfrac{1}{2}$이고 점 $(4, 1)$을 지나는 직선의 방정식은

$y-1=-\dfrac{1}{2}(x-4) \qquad \therefore y=-\dfrac{1}{2}x+3$

따라서 $a=-\dfrac{1}{2}$, $b=3$이므로

$ab=\left(-\dfrac{1}{2}\right)\times3=-\dfrac{3}{2}$

답 (1) $y=2x+2$ (2) $-\dfrac{3}{2}$

34

두 직선의 방정식 $2x+y-4=0$, $x-3y-9=0$을 연립하여 풀면

$x=3, y=-2$

이므로 두 직선의 교점의 좌표는 $(3, -2)$이다.

직선 $6x+2y+1=0$, 즉 $y=-3x-\dfrac{1}{2}$의 기울기는 -3이므로 이 직선에 평행한 직선의 기울기도 -3이다.

즉, 점 $(3, -2)$를 지나고 기울기가 -3인 직선의 방정식은

$y+2=-3(x-3) \qquad \therefore y=-3x+7$

이 직선의 방정식에 $y=0$을 대입하면

$0=-3x+7 \qquad \therefore x=\dfrac{7}{3}$

따라서 구하는 x절편은 $\dfrac{7}{3}$이다.

답 $\dfrac{7}{3}$

다른 풀이

두 직선 $2x+y-4=0$, $x-3y-9=0$의 교점을 지나는 직선의 방정식은

$2x+y-4+k(x-3y-9)=0$ (단, k는 실수)

$\therefore (k+2)x-(3k-1)y-9k-4=0$ ……㉠

직선 ㉠과 직선 $6x+2y+1=0$이 평행하므로

$\dfrac{k+2}{6}=\dfrac{-(3k-1)}{2}\neq\dfrac{-9k-4}{1}$ ……㉡

$\dfrac{k+2}{6}=\dfrac{-(3k-1)}{2}$에서

$2(k+2)=-6(3k-1)$

$2k+4=-18k+6$ $\therefore k=\dfrac{1}{10}$

$k=\dfrac{1}{10}$을 ㉡에 대입하면 $\dfrac{7}{20}\neq-\dfrac{49}{10}$가 성립한다.

따라서 $k=\dfrac{1}{10}$을 ㉠에 대입하면 구하는 직선의 방정식은

$3x+y-7=0$이므로 이 직선의 x절편은 $\dfrac{7}{3}$이다.

35

직선 $ax+2by-3=0$이 점 $(1, 1)$을 지나므로

$a+2b-3=0$ ……㉠

또한, 두 직선 $ax+2by-3=0$, $x-by+a=0$은 서로 평행하므로

$\dfrac{a}{1}=\dfrac{2b}{-b}\neq\dfrac{-3}{a}$

즉, $\dfrac{a}{1}=\dfrac{2b}{-b}$에서 $-ab=2b$

$\therefore a=-2$ ($\because b\neq0$)

이것을 ㉠에 대입하면

$-2+2b-3=0, 2b-5=0$ $\therefore b=\dfrac{5}{2}$

$\therefore ab=(-2)\times\dfrac{5}{2}=-5$

답 -5

36

두 직선 $(m-4)x+3y-4=0$, $(m-2)x-y+5=0$에 대하여

(i) 두 직선이 서로 평행하면

$\dfrac{m-4}{m-2}=\dfrac{3}{-1}\neq\dfrac{-4}{5}$

$\dfrac{m-4}{m-2}=\dfrac{3}{-1}$에서 $-m+4=3m-6$

$4m=10$ $\therefore m=\dfrac{5}{2}$

$\therefore a=\dfrac{5}{2}$

(ii) 두 직선이 서로 수직이면

$(m-4)(m-2)+3\times(-1)=0$

$m^2-6m+5=0, (m-1)(m-5)=0$

$\therefore m=1$ 또는 $m=5$

$\therefore b=5$ ($\because b>3$)

(i), (ii)에서 $a+b=\dfrac{5}{2}+5=\dfrac{15}{2}$

답 $\dfrac{15}{2}$

37

두 직선 l과 m은 서로 수직이므로

$1\times4+(-a)\times b=0$

$4-ab=0$ $\therefore ab=4$ ……㉠

두 직선 l과 n은 서로 평행하므로

$\dfrac{1}{1}=\dfrac{-a}{-(b-3)}\neq\dfrac{1}{-1}$

$\dfrac{1}{1}=\dfrac{-a}{-(b-3)}$에서 $a=b-3$

$\therefore a-b=-3$ ……㉡

㉠, ㉡에서

$a^2+b^2=(a-b)^2+2ab$

$\qquad=(-3)^2+2\times4$

$\qquad=17$

답 17

보충 설명

㉡에서 $a=b-3$을 ㉠에 대입하면

$(b-3)\times b=4, b^2-3b-4=0$

$(b+1)(b-4)=0$

$\therefore b=-1$ 또는 $b=4$

이때 $a=b-3$이므로

$\begin{cases}a=-4\\b=-1\end{cases}$ 또는 $\begin{cases}a=1\\b=4\end{cases}$

$\therefore a^2+b^2=17$

38

$2x-3y-6=0$ ······㉠

$x+y-8=0$ ······㉡

$kx-y-4=0$ ······㉢

이라 하면 ㉠, ㉡은 서로 평행하지 않으므로 ㉠, ㉡, ㉢이 삼각형을 이루지 않는 경우는 다음과 같다.

(i) 세 직선 중 두 직선만 평행할 때,

두 직선 ㉠, ㉢이 서로 평행할 때,

$$\frac{2}{k}=\frac{-3}{-1}\neq\frac{-6}{-4} \qquad \therefore k=\frac{2}{3}$$

두 직선 ㉡, ㉢이 서로 평행할 때,

$$\frac{1}{k}=\frac{1}{-1}\neq\frac{-8}{-4} \qquad \therefore k=-1$$

(ii) 세 직선이 한 점에서 만날 때,

두 직선 ㉠, ㉡의 교점을 직선 ㉢이 지나면 된다.

㉠, ㉡을 연립하여 풀면 $x=6, y=2$이므로 두 직선 ㉠, ㉡의 교점의 좌표는 $(6, 2)$이다.

직선 ㉢이 점 $(6, 2)$를 지나야 하므로

$$6k-2-4=0 \qquad \therefore k=1$$

(i), (ii)에서 모든 상수 k의 값은 $\frac{2}{3}$, -1, 1이므로 구하는 합은

$$\frac{2}{3}+(-1)+1=\frac{2}{3}$$

답 $\frac{2}{3}$

39

세 직선이 좌표평면을 6개의 영역으로 나누려면 두 직선만 평행하거나 세 직선이 한 점에서 만나야 한다.

이때 두 직선 $2x-y-3=0$, $x+y-3=0$은 서로 평행하지 않으므로 다음과 같이 경우를 나눌 수 있다.

(i) 두 직선 $2x-y-3=0$, $ax-y-1=0$이 서로 평행할 때,

$$\frac{2}{a}=\frac{-1}{-1}\neq\frac{-3}{-1}$$이므로 $a=2$

(ii) 두 직선 $x+y-3=0$, $ax-y-1=0$이 서로 평행할 때,

$$\frac{1}{a}=\frac{1}{-1}\neq\frac{-3}{-1}$$이므로 $a=-1$

(iii) 세 직선이 한 점에서 만날 때,

두 직선의 방정식 $2x-y-3=0$, $x+y-3=0$을 연립하여 풀면

$x=2, y=1$

즉, 이 두 직선의 교점의 좌표는 $(2, 1)$이고 나머지 한 직선 $ax-y-1=0$이 점 $(2, 1)$을 지나야 하므로

$$2a-1-1=0 \qquad \therefore a=1$$

(i), (ii), (iii)에서 모든 상수 a의 값은 2, -1, 1이므로 구하는 합은

$$2+(-1)+1=2$$

답 2

보충 설명

한 평면 위의 서로 다른 세 직선에 의하여 평면이 나누어지는 영역의 개수는 세 직선의 위치 관계에 따라 다음과 같이 달라진다.

(1) 세 직선이 모두 평행할 때,
오른쪽 그림과 같이 4개의 영역으로 나누어진다.

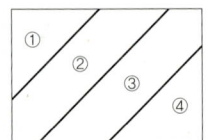

(2) 두 직선만 평행할 때,
오른쪽 그림과 같이 6개의 영역으로 나누어진다.

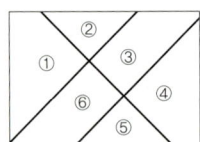

(3) 어느 두 직선도 평행하지 않을 때,
① 세 직선이 한 점에서 만날 때,
오른쪽 그림과 같이 6개의 영역으로 나누어진다.

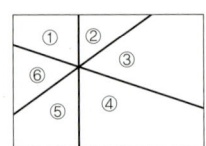

② 세 직선이 한 점에서 만나지 않을 때,
세 직선에 의하여 삼각형이 만들어지고 오른쪽 그림과 같이 7개의 영역으로 나누어진다.

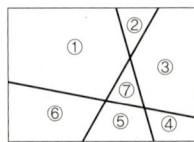

40

선분 AB의 중점의 좌표는

$$\left(\frac{2+4}{2}, \frac{-1-3}{2}\right) \qquad \therefore (3, -2)$$

직선 AB의 기울기는 $\dfrac{-3-(-1)}{4-2}=-1$이므로 선분 AB와 수직인 직선의 기울기는 1이다. ← $(-1)\times 1=-1$

즉, 선분 AB의 수직이등분선은 점 $(3, -2)$를 지나고 기울기가 1인 직선이므로

$y-(-2)=1\times(x-3)$

$\therefore x-y-5=0$

따라서 $a=1, b=-1$이므로

$a+b=1+(-1)=0$

답 0

41

선분 AB의 중점의 좌표는

$\left(\dfrac{3+7}{2}, \dfrac{a+b}{2}\right)$ $\therefore \left(5, \dfrac{a+b}{2}\right)$

선분 AB의 수직이등분선 $2x-y-7=0$이 이 점을 지나므로

$2\times5-\dfrac{a+b}{2}-7=0$

$\therefore a+b=6$ ……㉠

또한, 직선 AB의 기울기는 $\dfrac{b-a}{7-3}=\dfrac{b-a}{4}$이고,

선분 AB의 수직이등분선의 방정식 $2x-y-7=0$에서

$y=2x-7$이므로

$\dfrac{b-a}{4}\times2=-1$

$\therefore a-b=2$ ……㉡

㉠, ㉡을 연립하여 풀면 $a=4, b=2$

$\therefore ab=4\times2=8$

답 8

42

선분 OA의 중점의 좌표는

$\left(\dfrac{0+4}{2}, \dfrac{0+2}{2}\right)$ $\therefore (2, 1)$

직선 OA의 기울기는 $\dfrac{2-0}{4-0}=\dfrac{1}{2}$이므로 선분 OA와 수직인

직선의 기울기는 -2이다. $\leftarrow \dfrac{1}{2}\times(-2)=-1$

즉, 선분 OA의 수직이등분선은 점 $(2, 1)$을 지나고 기울기가

-2인 직선이므로

$y-1=-2(x-2)$ $\therefore y=-2x+5$ ……㉠

선분 OB의 중점의 좌표는

$\left(\dfrac{0+2}{2}, \dfrac{0+4}{2}\right)$ $\therefore (1, 2)$

직선 OB의 기울기는 $\dfrac{4-0}{2-0}=2$이므로 선분 OB와 수직인

직선의 기울기는 $-\dfrac{1}{2}$이다. $\leftarrow 2\times\left(-\dfrac{1}{2}\right)=-1$

즉, 선분 OB의 수직이등분선은 점 $(1, 2)$를 지나고 기울기가

$-\dfrac{1}{2}$인 직선이므로

$y-2=-\dfrac{1}{2}(x-1)$ $\therefore y=-\dfrac{1}{2}x+\dfrac{5}{2}$ ……㉡

㉠, ㉡을 연립하여 풀면 $x=\dfrac{5}{3}, y=\dfrac{5}{3}$

따라서 구하는 교점의 좌표는 $\left(\dfrac{5}{3}, \dfrac{5}{3}\right)$이다.

답 $\left(\dfrac{5}{3}, \dfrac{5}{3}\right)$

다른 풀이

삼각형 OAB의 세 변의 수직이등분선의 교점은 삼각형 OAB의 외심과 같다.

삼각형의 외심에서 세 꼭짓점까지의 거리가 모두 같으므로 구

외접원의 반지름

하는 점을 $P(a, b)$라 하면

$\overline{PO}=\overline{PA}$에서

$\sqrt{(a-0)^2+(b-0)^2}=\sqrt{(a-4)^2+(b-2)^2}$

$\therefore 2a+b=5$ ……㉢

$\overline{PO}=\overline{PB}$에서

$\sqrt{(a-0)^2+(b-0)^2}=\sqrt{(a-2)^2+(b-4)^2}$

$\therefore a+2b=5$ ……㉣

㉢, ㉣을 연립하여 풀면 $a=\dfrac{5}{3}, b=\dfrac{5}{3}$

따라서 구하는 교점의 좌표는 $\left(\dfrac{5}{3}, \dfrac{5}{3}\right)$이다.

보충 설명

삼각형의 세 변의 수직이등분선의 교점은 한 점에서 만나고 이 점은 삼각형의 외심과 같다. 따라서 두 변의 수직이등분선의 방정식을 각각 구한 후 두 식을 연립하여 풀거나, 외심에서 삼각형의 세 꼭짓점까지의 거리가 같다는 성질을 이용하여 교점의 좌표를 구할 수 있다.

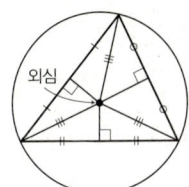

13

$l : x+ky-1=0$, $m : kx+(2k+3)y-3=0$에서

ㄱ. $k=3$이면 두 직선 l, m은

    $l : x+3y-1=0$, $m : 3x+9y-3=0$

    이때 $\dfrac{1}{3}=\dfrac{3}{9}=\dfrac{-1}{-3}$이므로 두 직선 l, m은 일치한다. (참)

ㄴ. $k=-1$이면 두 직선 l, m은

    $l : x-y-1=0$, $m : -x+y-3=0$

    이때 $\dfrac{1}{-1}=\dfrac{-1}{1}\neq\dfrac{-1}{-3}$이므로 두 직선 l, m은 서로 평행하다. (참)

ㄷ. $k=0$이면 두 직선 l, m은

    $l : x-1=0$, $m : 3y-3=0$

    $\therefore l : x=1$, $m : y=1$

    즉, 두 직선 l, m은 서로 수직이다. (참)

따라서 ㄱ, ㄴ, ㄷ 모두 옳다.

답 ⑤

14

두 직선 $x+ay+1=0$, $2x+by-3=0$이 서로 평행하므로

$\dfrac{1}{2}=\dfrac{a}{b}\neq\dfrac{1}{-3}$ $\therefore b=2a$ ……㉠

두 직선 $x+ay+1=0$, $2x+(b+5)y+2=0$이 서로 수직이므로

$2+a(b+5)=0$ ……㉡

㉠을 ㉡에 대입하면

$2+a(2a+5)=0$

$2a^2+5a+2=0$, $(a+2)(2a+1)=0$

$\therefore a=-2$, $b=-4$ 또는 $a=-\dfrac{1}{2}$, $b=-1$ ($\because$ ㉠)

이때 a, b는 정수이므로

$a+b=-2+(-4)=-6$

답 -6

15

점 $(2, -1)$을 지나고 직선 $y=x+3$에 평행한 직선 l의 방정식은

$y+1=x-2$ $\therefore y=x-3$

또한, 점 $(3, 4)$를 지나고 직선 $x+2y-2=0$, 즉

$y=-\dfrac{1}{2}x+1$과 수직인 직선 m의 방정식은

$y-4=2(x-3)$ $\therefore y=2x-2$

두 직선 $l : y=x-3$, $m : y=2x-2$의 교점의 x좌표는

$x-3=2x-2$에서 $x=-1$

$x=-1$을 $y=x-3$에 대입하면 $y=-4$

따라서 두 직선 l, m의 교점의 좌표는 $(-1, -4)$이므로

$a=-1$, $b=-4$

$\therefore ab=(-1)\times(-4)=4$

답 4

16

삼각형의 세 꼭짓점에서 각 대변에 그은 세 수선은 한 점에서 만나므로 두 수선의 교점을 나머지 한 수선이 지나게 된다.

세 점 $A(0, 6)$, $B(-3, 0)$, $C(8, 0)$은 다음 그림과 같으므로 점 A에서 변 BC에 그은 수선은 y축이고 수선 OA의 방정식은

$x=0$ ……㉠

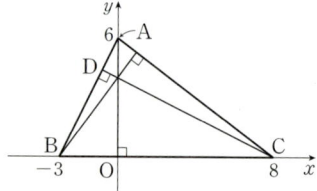

한편, 꼭짓점 C에서 선분 AB에 내린 수선의 발을 D라 하면 직선 AB의 기울기가 $\dfrac{0-6}{-3-0}=2$이므로 직선 CD의 기울기는 $-\dfrac{1}{2}$이다.

즉, 기울기가 $-\dfrac{1}{2}$이고 점 $C(8, 0)$을 지나는 수선 CD의 방정식은

$y=-\dfrac{1}{2}(x-8)$ $\therefore y=-\dfrac{1}{2}x+4$ ……㉡

㉠, ㉡을 연립하여 풀면 $x=0$, $y=4$

따라서 구하는 교점의 좌표는 $(0, 4)$이므로

$a=0, b=4$

$\therefore a+b=0+4=4$

답 4

17

세 직선이 좌표평면을 6개의 영역으로 나누려면 두 직선만 평행하거나 세 직선이 한 점에서 만나야 한다.

이때 두 직선 $x-y=0$, $2x+y-9=0$은 서로 평행하지 않으므로 다음과 같이 경우를 나눌 수 있다.

(i) 두 직선 $x-y=0$, $8x-ky+48=0$이 서로 평행할 때,

$\dfrac{1}{8}=\dfrac{-1}{-k}\neq\dfrac{0}{48}$이므로 $k=8$

(ii) 두 직선 $2x+y-9=0$, $8x-ky+48=0$이 서로 평행할 때,

$\dfrac{2}{8}=\dfrac{1}{-k}\neq\dfrac{-9}{48}$이므로 $k=-4$

(iii) 세 직선이 한 점에서 만날 때,

두 직선의 방정식 $x-y=0$, $2x+y-9=0$을 연립하여 풀면

$x=3, y=3$

즉, 이 두 직선의 교점의 좌표는 $(3, 3)$이고, 나머지 한 직선 $8x-ky+48=0$이 점 $(3, 3)$을 지나야 하므로

$24-3k+48=0$

$3k=72$ $\therefore k=24$

(i), (ii), (iii)에서 모든 실수 k의 값은 8, -4, 24이므로 구하는 합은

$8+(-4)+24=28$

답 28

18

네 점 A$(1, 3)$, B, C$(5, 1)$, D를 꼭짓점으로 하는 마름모 ABCD의 두 대각선 AC, BD는 서로를 수직이등분한다.

직선 AC의 기울기가 $\dfrac{1-3}{5-1}=-\dfrac{1}{2}$이므로 직선 BD의 기울기는 2이다.

또한, 선분 AC의 중점의 좌표는

$\left(\dfrac{1+5}{2}, \dfrac{3+1}{2}\right)$ $\therefore (3, 2)$

따라서 직선 BD는 기울기가 2이고 점 $(3, 2)$를 지나는 직선이므로

$y-2=2(x-3)$ $\therefore 2x-y-4=0$

따라서 $a=2, b=-4$이므로

$a+b=2+(-4)=-2$

답 -2

③ 점과 직선 사이의 거리

43 12	**44** $\dfrac{3\sqrt{10}}{5}$	**45** 5, 7	**46** -3
47 $\dfrac{1}{5}$	**48** 9	**49** 5	**50** 81
51 4	**52** $\dfrac{27}{8}$		

53 $x-5y+3=0$, $5x+y+1=0$

54 $-36, 16$

43

점 $(0, 1)$과 직선 $\sqrt{3}x+y+23=0$ 사이의 거리를 d라 하면

$d=\dfrac{|\sqrt{3}\times0+1+23|}{\sqrt{(\sqrt{3})^2+1^2}}$

$=\dfrac{24}{2}=12$

답 12

44

평행한 두 직선 $3x-y+2=0$, $3x-y+8=0$ 사이의 거리를 d라 하면 d는 직선 $3x-y+2=0$ 위의 점 $(0, 2)$와 직선 $3x-y+8=0$ 사이의 거리와 같으므로

$d=\dfrac{|3\times0-2+8|}{\sqrt{3^2+(-1)^2}}$

$=\dfrac{6}{\sqrt{10}}=\dfrac{3\sqrt{10}}{5}$

답 $\dfrac{3\sqrt{10}}{5}$

45

점 $(3, -2)$와 직선 $4x+3y-k=0$ 사이의 거리가 $\frac{1}{5}$이므로

$$\frac{|4\times3+3\times(-2)-k|}{\sqrt{4^2+3^2}}=\frac{1}{5}$$

$$\frac{|6-k|}{5}=\frac{1}{5}, \ |k-6|=1$$

$$k-6=\pm1 \quad \therefore k=5 \text{ 또는 } k=7$$

답 5, 7

46

직선 $ax+by+2=0$이 점 $(1, 1)$을 지나므로

$a+b+2=0$

$\therefore a+b=-2$ ⋯⋯㉠

원점과 직선 $ax+by+2=0$ 사이의 거리가 $\frac{\sqrt{10}}{5}$이므로

$$\frac{|2|}{\sqrt{a^2+b^2}}=\frac{\sqrt{10}}{5}$$

양변을 제곱하면 $\dfrac{4}{a^2+b^2}=\dfrac{10}{25}$

$\therefore a^2+b^2=10$ ⋯⋯㉡

$(a+b)^2=a^2+b^2+2ab$이므로 이 식에 ㉠, ㉡을 대입하면

$(-2)^2=10+2ab$

$2ab=-6 \quad \therefore ab=-3$

답 -3

보충 설명

㉠에서 $b=-a-2$를 ㉡에 대입하면

$a^2+(-a-2)^2=10$

$a^2+2a-3=0, \ (a+3)(a-1)=0$

$\therefore a=-3 \text{ 또는 } a=1$

㉠에서 $a=-3, b=1$ 또는 $a=1, b=-3$이므로

$ab=-3$

47

$(3k+1)x+(k-5)y+k+11=0$에서

$x-5y+11+k(3x+y+1)=0$ ⋯⋯㉠

㉠이 k에 대한 항등식이면

$x-5y+11=0, \ 3x+y+1=0$

위의 두 식을 연립하여 풀면 $x=-1, y=2$이므로 직선 ㉠은 실수 k의 값에 관계없이 항상 점 $(-1, 2)$를 지난다.

이때 ⋆점 $\mathrm{P}(1, -4)$와 직선 ㉠ 사이의 거리가 최대가 되려면 오른쪽 그림과 같이 두 점 $(-1, 2)$, $\mathrm{P}(1, -4)$를 지나는 직선이 직선 ㉠과 수직이어야 한다.

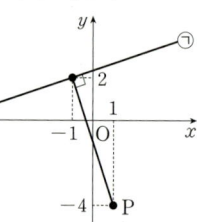

이때 직선 ㉠의 기울기는 $-\dfrac{3k+1}{k-5}$이므로

$$-\frac{3k+1}{k-5}\times\frac{-4-2}{1-(-1)}=-1$$

$$-9k-3=k-5 \quad \therefore k=\frac{1}{5}$$

답 $\frac{1}{5}$

다른 풀이

점 $\mathrm{P}(1, -4)$와 직선 $(3k+1)x+(k-5)y+k+11=0$ 사이의 거리를 d라 하면

$$d=\frac{|3k+1-4(k-5)+k+11|}{\sqrt{(3k+1)^2+(k-5)^2}}$$

$$=\frac{32}{\sqrt{10k^2-4k+26}}$$

이때 $f(k)=10k^2-4k+26$이라 하면 $f(k)$가 최솟값을 가질 때, d가 최댓값을 갖는다.

$$f(k)=10k^2-4k+26$$

$$=10\left(k-\frac{1}{5}\right)^2+\frac{128}{5}$$

이므로 $f(k)$는 $k=\dfrac{1}{5}$일 때 최솟값 $\dfrac{128}{5}$을 갖는다.

따라서 구하는 실수 k의 값은 $\dfrac{1}{5}$이다.

48

직선 $2x-3y-4=0$ 위의 한 점 $(2, 0)$과

직선 $2x-3y+k=0$ 사이의 거리가 $\sqrt{13}$이므로

$$\frac{|2\times2-3\times0+k|}{\sqrt{2^2+(-3)^2}}=\sqrt{13}$$

$$|k+4|=13, \ k+4=\pm13$$

$$\therefore k=9 \ (\because k>0)$$

답 9

49

두 직선 $x+ay+2=0$, $x+2y+b=0$이 서로 평행하므로

$$\frac{1}{1}=\frac{a}{2}\neq\frac{2}{b} \qquad \therefore a=2,\ b\neq2$$

평행한 두 직선 $x+2y+2=0$, $x+2y+b=0$ 사이의 거리는

직선 $x+2y+2=0$ 위의 한 점 $(-2,0)$과

직선 $x+2y+b=0$ 사이의 거리와 같으므로

$$\frac{|-2+2\times0+b|}{\sqrt{1^2+2^2}}=\frac{\sqrt{5}}{5}$$

$$|-2+b|=1,\ b-2=\pm1 \qquad \therefore b=3\ (\because b>1)$$

$$\therefore a+b=2+3=5$$

답 5

50

두 직선 $(a-1)x-3y+2=0$, $-2x+(a+4)y+5=0$이 서로 평행하므로

$$\frac{a-1}{-2}=\frac{-3}{a+4}\neq\frac{2}{5}$$

$\frac{a-1}{-2}=\frac{-3}{a+4}$에서 $(a-1)(a+4)=6$

$$a^2+3a-10=0,\ (a+5)(a-2)=0$$

$$\therefore a=2\ (\because a>0)$$

즉, 두 직선 $x-3y+2=0$, $-2x+6y+5=0$ 사이의 거리가 d이고, d는 직선 $x-3y+2=0$ 위의 한 점 $(-2,0)$과 직선 $-2x+6y+5=0$ 사이의 거리와 같으므로

$$d=\frac{|-2\times(-2)+6\times0+5|}{\sqrt{(-2)^2+6^2}}=\frac{9}{2\sqrt{10}}$$

$$\therefore 40d^2=40\times\frac{81}{40}=81$$

답 81

51

두 점 $A(1,3)$, $B(2,5)$에 대하여

$$\overline{AB}=\sqrt{(2-1)^2+(5-3)^2}=\sqrt{5}$$

직선 AB의 방정식은

$$y-3=\frac{5-3}{2-1}(x-1) \qquad \therefore 2x-y+1=0$$

점 $C(3,-1)$과 직선 $2x-y+1=0$ 사이의 거리를 h라 하면

$$h=\frac{|2\times3-(-1)+1|}{\sqrt{2^2+(-1)^2}}=\frac{8\sqrt{5}}{5}$$

따라서 삼각형 ABC의 넓이는

$$\frac{1}{2}\times\overline{AB}\times h=\frac{1}{2}\times\sqrt{5}\times\frac{8\sqrt{5}}{5}=4$$

답 4

✦다른 풀이

세 점 $A(1,3)$, $B(2,5)$, $C(3,-1)$을 꼭짓점으로 하는 삼각형 ABC의 넓이는

$$\frac{1}{2}\times|1\times5+2\times(-1)+3\times3-2\times3-3\times5-1\times(-1)|$$

$$=\frac{1}{2}\times|5-2+9-6-15+1|$$

$$=\frac{1}{2}\times8=4$$

52

두 직선의 방정식 $x+5y+2=0$, $3x+2y-7=0$을 연립하여 풀면

$$x=3,\ y=-1$$

즉, 두 직선의 교점 $(3,-1)$을 지나는 직선의 방정식을

$$y=m(x-3)-1,\ 즉$$

$$mx-y-3m-1=0\ (m은\ 상수) \qquad \cdots\cdots \ ㉠$$

이라 하면 원점에서 직선 ㉠까지의 거리가 1이므로

$$\frac{|-3m-1|}{\sqrt{m^2+(-1)^2}}=1$$

즉, $|3m+1|=\sqrt{m^2+1}$의 양변을 제곱하면

$$9m^2+6m+1=m^2+1$$

$$8m^2+6m=0,\ 2m(4m+3)=0$$

$$\therefore m=0\ 또는\ m=-\frac{3}{4}$$

(i) $m=0$일 때, ㉠은 $y=-1$

(ii) $m=-\frac{3}{4}$일 때, ㉠은 $y=-\frac{3}{4}x+\frac{5}{4}$

(i), (ii)에서 두 직선은 각각 오른쪽 그림과 같으므로 구하는 삼각형의 넓이는

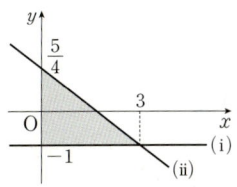

$$\frac{1}{2}\times3\times\left(\frac{5}{4}+1\right)=\frac{27}{8}$$

답 $\frac{27}{8}$

두 직선 $x+5y+2=0$, $3x+2y-7=0$의 교점을 지나는 직선의 방정식을

$x+5y+2+k(3x+2y-7)=0$, 즉

$(1+3k)x+(5+2k)y+2-7k=0$ (k는 실수) ……㉠

이라 하면 원점과 직선 ㉠ 사이의 거리가 1이므로

$$\frac{|2-7k|}{\sqrt{(1+3k)^2+(5+2k)^2}}=1$$

즉, $|2-7k|=\sqrt{13k^2+26k+26}$의 양변을 제곱하여 정리하면

$18k^2-27k-11=0$, $(3k+1)(6k-11)=0$

$\therefore k=-\dfrac{1}{3}$ 또는 $k=\dfrac{11}{6}$

(ⅰ) $k=-\dfrac{1}{3}$일 때, ㉠은 $y=-1$

(ⅱ) $k=\dfrac{11}{6}$일 때, ㉠은 $3x+4y-5=0$

(ⅰ), (ⅱ)에서 두 직선은 각각 오른쪽 그림과 같으므로 구하는 삼각형의 넓이는

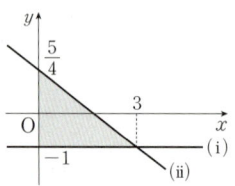

$$\frac{1}{2}\times 3\times\left(\frac{5}{4}+1\right)=\frac{27}{8}$$

53

점 P의 좌표를 (x, y)라 하면 점 P에서 두 직선

$2x+3y-1=0$, $3x-2y+2=0$에 이르는 거리가 같으므로

$$\frac{|2x+3y-1|}{\sqrt{2^2+3^2}}=\frac{|3x-2y+2|}{\sqrt{3^2+(-2)^2}}$$

$|2x+3y-1|=|3x-2y+2|$

$2x+3y-1=\pm(3x-2y+2)$

따라서 구하는 도형의 방정식은

$x-5y+3=0$ 또는 $5x+y+1=0$

답 $x-5y+3=0$, $5x+y+1=0$

54

두 직선 $3x+4y-4=0$, $5x+12y-k=0$이 만나서 생기는 각의 이등분선이 점 $(2, -1)$을 지나므로 점 $(2, -1)$에서 두 직선에 이르는 거리는 같다.

즉, $\dfrac{|3\times 2+4\times(-1)-4|}{\sqrt{3^2+4^2}}=\dfrac{|5\times 2+12\times(-1)-k|}{\sqrt{5^2+12^2}}$

에서

$\dfrac{2}{5}=\dfrac{|-2-k|}{13}$, $|k+2|=\dfrac{26}{5}$, $k+2=\pm\dfrac{26}{5}$

따라서 $k=-\dfrac{36}{5}$ 또는 $k=\dfrac{16}{5}$이므로

$5k=-36$ 또는 $5k=16$

답 -36, 16

19

$(-k+1)x+(2k-3)y+5k-4=0$에서

$x-3y-4+k(-x+2y+5)=0$

이 직선이 k의 값에 관계없이 항상 지나는 점은 두 직선

$x-3y-4=0$, $-x+2y+5=0$의 교점이므로 두 직선의 방정식을 연립하여 풀면

$x=7$, $y=1$ $\therefore$ P$(7, 1)$

따라서 점 P$(7, 1)$과 직선 $x+3y-5=0$ 사이의 거리는

$$\frac{|7+3\times 1-5|}{\sqrt{1^2+3^2}}=\frac{5}{\sqrt{10}}=\frac{\sqrt{10}}{2}$$

답 $\dfrac{\sqrt{10}}{2}$

20

접은 선을 직선 l이라 하면 직선 l은 선분 AB의 수직이등분선이다. 직선 AB의 기울기는

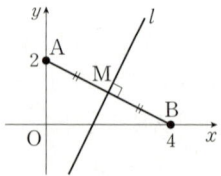

$\dfrac{0-2}{4-0}=-\dfrac{1}{2}$이므로 직선 l의 기울기는 2이다.

또한, 선분 AB의 중점을 M이라 하면

$$M\left(\frac{0+4}{2}, \frac{2+0}{2}\right) \qquad \therefore M(2, 1)$$

즉, 기울기가 2이고 점 M(2, 1)을 지나는 직선 l의 방정식은

$$y-1=2(x-2) \qquad \therefore 2x-y-3=0$$

따라서 원점에서 직선 l까지의 거리는

$$\frac{|-3|}{\sqrt{2^2+(-1)^2}}=\frac{3\sqrt{5}}{5}$$

답 $\dfrac{3\sqrt{5}}{5}$

21

정사각형 ABCD의 넓이가 $\frac{3}{5}$이므로 이 정사각형의 한 변의

길이는 $\sqrt{\dfrac{3}{5}}$이다. ──────────── (가)

두 점 A, B는 직선 $y=\dfrac{3}{a}x-\dfrac{2}{a}$, 즉 $3x-ay-2=0$,

두 점 C, D는 직선 $y=\dfrac{3}{a}x-\dfrac{5}{a}$, 즉 $3x-ay-5=0$

위에 있고 이 두 직선은 서로 평행하므로 두 직선 사이의 거리

가 $\sqrt{\dfrac{3}{5}}$이어야 한다.

즉, 직선 $3x-ay-2=0$ 위의 한 점 $\left(\dfrac{2}{3}, 0\right)$과

직선 $3x-ay-5=0$ 사이의 거리가 $\sqrt{\dfrac{3}{5}}$이므로

$$\frac{\left|3\times\frac{2}{3}-a\times0-5\right|}{\sqrt{3^2+(-a)^2}}=\sqrt{\frac{3}{5}}$$ ──────────── (나)

$\dfrac{3}{\sqrt{9+a^2}}=\sqrt{\dfrac{3}{5}}$에서 양변을 제곱하면

$$\frac{9}{a^2+9}=\frac{3}{5}, \; 45=3a^2+27$$

$a^2=6 \qquad \therefore a=\sqrt{6} \; (\because a>0)$ ──────── (다)

답 $\sqrt{6}$

단계	채점 기준	배점
(가)	정사각형 ABCD의 한 변의 길이를 구한 경우	30%
(나)	평행한 두 직선 사이의 거리를 a에 대한 식으로 나타낸 경우	40%
(다)	양수 a의 값을 구한 경우	30%

22

두 점 A(1, 2), B(−3, 4)에 대하여 직선 AB의 방정식은

$$y-2=\frac{4-2}{-3-1}(x-1) \qquad \therefore x+2y-5=0$$

$-4\leq a\leq 1$인 실수 a에 대하여 점 P의 좌표를

(a, a^2+4a-7), 직선 AB와 점 P 사이의 거리를 d라 하면

$$\overline{AB}=\sqrt{(-3-1)^2+(4-2)^2}=2\sqrt{5},$$

$$d=\frac{|a+2(a^2+4a-7)-5|}{\sqrt{1^2+2^2}}$$

$$=\frac{|2a^2+9a-19|}{\sqrt{5}}$$

삼각형 PAB에서 밑변을 $\overline{AB}$라 하면 높이는 d이므로

$$\triangle PAB=\frac{1}{2}\times\overline{AB}\times d$$

$$=\frac{1}{2}\times2\sqrt{5}\times\frac{|2a^2+9a-19|}{\sqrt{5}}$$

$$=\left|2\left(a+\frac{9}{4}\right)^2-\frac{233}{8}\right|$$

이때 $f(a)=2\left(a+\dfrac{9}{4}\right)^2-\dfrac{233}{8}$이라 하면

$-4\leq a\leq 1$에서 $f(a)$의 최댓값은 $f(1)=-8$,

최솟값은 $f\left(-\dfrac{9}{4}\right)=-\dfrac{233}{8}$이므로

$$-\frac{233}{8}\leq f(a)\leq -8$$

즉, $\triangle PAB=|f(a)|$에서 $8\leq\triangle PAB\leq\dfrac{233}{8}$

따라서 $M=\dfrac{233}{8}$, $m=8$이므로

$$Mm=\frac{233}{8}\times8=233$$

답 233

23

직선 $y=mx+4$는 m의 값에 관계없이 항상 점 $(0, 4)$를 지

나는 직선이고 두 직선 $y=3x$, $y=-\dfrac{1}{3}x$는 서로 수직이므

로 주어진 세 직선은 다음 그림과 같다.

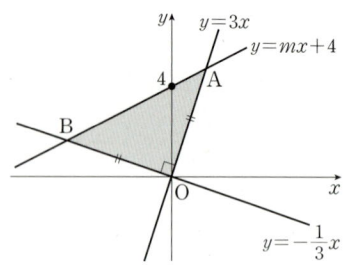

두 직선 $y=3x$, $y=-\dfrac{1}{3}x$와 직선 $y=mx+4$의 교점을 각각 A, B라 하면 점 A의 x좌표는

$3x=mx+4$, $(3-m)x=4$

$\therefore x=\dfrac{4}{3-m}$, $y=\dfrac{12}{3-m}$ $(\because m\neq 3)$

$m=3$이면 삼각형이 만들어지지 않는다.

$\therefore A\left(\dfrac{4}{3-m},\ \dfrac{12}{3-m}\right)$ ......㉠

같은 방법으로 점 B의 x좌표는

$-\dfrac{1}{3}x=mx+4$, $\left(m+\dfrac{1}{3}\right)x=-4$

$\therefore x=\dfrac{-12}{3m+1}$, $y=\dfrac{4}{3m+1}$ $\left(\because m\neq -\dfrac{1}{3}\right)$

$m=-\dfrac{1}{3}$이면 삼각형이 만들어지지 않는다.

$\therefore B\left(\dfrac{-12}{3m+1},\ \dfrac{4}{3m+1}\right)$ ......㉡

이때 $\triangle OAB$는 $\overline{OA}=\overline{OB}$인 이등변삼각형이므로

$\sqrt{\left(\dfrac{4}{3-m}\right)^2+\left(\dfrac{12}{3-m}\right)^2}=\sqrt{\left(\dfrac{-12}{3m+1}\right)^2+\left(\dfrac{4}{3m+1}\right)^2}$

위의 식을 정리하면 $\dfrac{4\sqrt{10}}{|3-m|}=\dfrac{4\sqrt{10}}{|3m+1|}$에서

$|3-m|=|3m+1|$

$\therefore 3-m=3m+1$ 또는 $3-m=-3m-1$

(i) $3-m=3m+1$일 때,

$4m=2$ $\therefore m=\dfrac{1}{2}$

(ii) $3-m=-3m-1$일 때,

$2m=-4$ $\therefore m=-2$

그런데 $m>0$이므로 조건을 만족시키지 않는다.

(i), (ii)에서 $m=\dfrac{1}{2}$이므로 직선 $y=mx+4$는

$y=\dfrac{1}{2}x+4$ $\therefore x-2y+8=0$

직선 $x-2y+8=0$과 원점 O 사이의 거리를 h라 하면

$h=\dfrac{|8|}{\sqrt{1^2+(-2)^2}}=\dfrac{8\sqrt{5}}{5}$

또한, $m=\dfrac{1}{2}$을 ㉠, ㉡에 각각 대입하면

$A\left(\dfrac{8}{5},\ \dfrac{24}{5}\right)$, $B\left(-\dfrac{24}{5},\ \dfrac{8}{5}\right)$

이므로 선분 AB의 길이는

$\overline{AB}=\sqrt{\left(-\dfrac{24}{5}-\dfrac{8}{5}\right)^2+\left(\dfrac{8}{5}-\dfrac{24}{5}\right)^2}=\dfrac{16\sqrt{5}}{5}$

따라서 이등변삼각형 OAB의 넓이는

$\dfrac{1}{2}\times\overline{AB}\times h=\dfrac{1}{2}\times\dfrac{16\sqrt{5}}{5}\times\dfrac{8\sqrt{5}}{5}=\dfrac{64}{5}$

따라서 $p=5$, $q=64$이므로

$p+q=5+64=69$

답 69

보충 설명

$\triangle OAB$는 $\overline{OA}=\overline{OB}$인 직각이등변삼각형이므로 점과 직선 사이의 거리 공식을 이용하지 않고도 그 넓이를 구할 수 있다.

즉, $\overline{OA}=\overline{OB}=\sqrt{\left(\dfrac{8}{5}\right)^2+\left(\dfrac{24}{5}\right)^2}=\dfrac{8\sqrt{10}}{5}$이므로

$\triangle OAB=\dfrac{1}{2}\times\overline{OA}\times\overline{OB}$

$=\dfrac{1}{2}\times\dfrac{8\sqrt{10}}{5}\times\dfrac{8\sqrt{10}}{5}$

$=\dfrac{64}{5}$

24

선분 AB의 중점의 좌표는 $\left(-\dfrac{5}{2},\ 6\right)$이고, 직선 AB의 기울기는 $-\dfrac{12}{5}$이므로 선분 AB의 수직이등분선의 방정식은

$y-6=\dfrac{5}{12}\left(x+\dfrac{5}{2}\right)$ $\therefore y=\dfrac{5}{12}x+\dfrac{169}{24}$ ......㉠

또한, 선분 AC의 중점의 좌표는 $(0,\ 12)$이고, 직선 AC의 기울기는 0이므로 선분 AC의 수직이등분선의 방정식은

$x=0$ ......㉡

따라서 점 O는 두 직선 ㉠, ㉡의 교점이므로 두 직선의 방정식을 연립하여 풀면

$x=0$, $y=\dfrac{169}{24}$ $\therefore O\left(0,\ \dfrac{169}{24}\right)$

한편, 점 I에서 직선 AC와 직선 BC에 이르는 거리가 서로 같고, 직선 AC의 방정식은 $y=12$, 직선 BC의 방정식은 $12x-5y=0$이므로 점 I의 좌표를 $(0,\ a)$ $(0<a<12)$라 하면 ← 점 I는 ∠B의 이등분선 $x=0$ 위에 있다.

$$12-a=\frac{|-5a|}{\sqrt{12^2+(-5)^2}}$$

$$12-a=\frac{5}{13}a \ (\because 0<a<12)$$

$$\frac{18}{13}a=12 \qquad \therefore a=\frac{26}{3}$$

따라서 $I\left(0, \frac{26}{3}\right)$이므로

$$\overline{OI}=\left|\frac{169}{24}-\frac{26}{3}\right|=\frac{13}{8}$$

답 $\frac{13}{8}$

STEP 2 개념 마무리 본문 p.079

1 $y=2x-2$ 2 -5 3 30
4 ③   5 $\sqrt{2}$ 6 $(1, 2)$

1

삼각형 ABC의 세 변 AB, BC, CA의 중점이 각각

P$(2, 2)$, Q$(1, 3)$, R$(0, 1)$

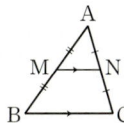

이므로 삼각형의 두 변의 중점을 연결한 선분의 성질에 의하여 직선 AB와 직선 QR은 평행하다.

이때 직선 QR의 기울기는

$$\frac{1-3}{0-1}=2$$

따라서 직선 AB는 점 P$(2, 2)$를 지나고 기울기가 2인 직선이므로 직선 AB의 방정식은

$$y-2=2(x-2) \qquad \therefore y=2x-2$$

답 $y=2x-2$

보충 설명

삼각형의 두 변의 중점을 연결한 선분의 성질 |

(1) 삼각형 ABC에서 두 변 AB, AC의 중점을 각각 M, N이라 하면

$$\overline{BC}/\!/\overline{MN}, \overline{MN}=\frac{1}{2}\overline{BC}$$

(2) 삼각형 ABC에서 변 AB의 중점 M을 지나고 변 BC에 평행한 직선과 변 AC의 교점을 N이라 하면

$$\overline{AN}=\overline{NC}$$

다른 풀이

A(x_1, y_1), B(x_2, y_2), C(x_3, y_3)이라 하면
변 AB의 중점이 P$(2, 2)$이므로

$$\frac{x_1+x_2}{2}=2, \frac{y_1+y_2}{2}=2 \qquad \cdots\cdots ㉠$$

변 BC의 중점이 Q$(1, 3)$이므로

$$\frac{x_2+x_3}{2}=1, \frac{y_2+y_3}{2}=3 \qquad \cdots\cdots ㉡$$

변 CA의 중점이 R$(0, 1)$이므로

$$\frac{x_3+x_1}{2}=0, \frac{y_3+y_1}{2}=1 \qquad \cdots\cdots ㉢$$

㉠, ㉡, ㉢에서 $x_1+x_2=4$, $x_2+x_3=2$, $x_3+x_1=0$이고, 이 세 식을 변끼리 더하면

$$2(x_1+x_2+x_3)=6$$

$$x_1+x_2+x_3=3$$

$$\therefore x_1=1, x_2=3, x_3=-1$$

또한, ㉠, ㉡, ㉢에서 $y_1+y_2=4$, $y_2+y_3=6$, $y_3+y_1=2$이고, 이 세 식을 변끼리 더하면

$$2(y_1+y_2+y_3)=12$$

$$y_1+y_2+y_3=6$$

$$\therefore y_1=0, y_2=4, y_3=2$$

$$\therefore A(1, 0), B(3, 4), C(-1, 2)$$

따라서 두 점 A, B를 지나는 직선 AB의 방정식은

$$y-0=\frac{4-0}{3-1}(x-1) \qquad \therefore y=2x-2$$

2

$$2x^2-3xy+ay^2-x+7y+b=f(x, y)g(x, y) \qquad \cdots\cdots ㉠$$

에서 좌변의 x^2항의 계수가 2이므로

$$f(x, y)=x+py+q, g(x, y)=2x+ry+s$$

$$(p, q, r, s\text{는 상수})$$

라 하자.

이때 $f(x, y)=0, g(x, y)=0$은 서로 수직인 두 직선의 방정식을 나타내므로

$$1\times2+pr=0 \qquad \therefore p=-\frac{2}{r}$$

이것을 ㉠에 대입하면

$$2x^2-3xy+ay^2-x+7y+b=\left(x-\frac{2}{r}y+q\right)(2x+ry+s)$$

$$\cdots\cdots ㉡$$

등식 ⓛ에서 우변의 xy항은

$$x \times ry + \left(-\frac{2}{r}y\right) \times 2x = \left(r - \frac{4}{r}\right)xy$$

이고, 좌변의 xy항의 계수가 -3이므로

$$r - \frac{4}{r} = -3, \quad r^2 + 3r - 4 = 0$$

$$(r+4)(r-1) = 0 \qquad \therefore r = -4 \text{ 또는 } r = 1$$

(i) $r = -4$일 때

이것을 ⓛ에 대입하면

$$2x^2 - 3xy + ay^2 - x + 7y + b$$

$$= \left(x + \frac{1}{2}y + q\right)(2x - 4y + s)$$

$$= 2x^2 - 3xy - 2y^2 + (2q+s)x + \left(-4q + \frac{1}{2}s\right)y + qs$$

이므로

$$a = -2, \quad 2q+s = -1, \quad -4q + \frac{1}{2}s = 7, \quad b = qs$$

$2q+s = -1, \ -4q + \frac{1}{2}s = 7$을 연립하여 풀면

$$q = -\frac{3}{2}, \quad s = 2 \qquad \therefore qs = \left(-\frac{3}{2}\right) \times 2 = -3$$

$$\therefore a = -2, \quad b = -3$$

(ii) $r = 1$일 때

이것을 ⓛ에 대입하면

$$2x^2 - 3xy + ay^2 - x + 7y + b$$

$$= (x - 2y + q)(2x + y + s)$$

$$= 2x^2 - 3xy - 2y^2 + (2q+s)x + (q-2s)y + qs$$

이므로

$$a = -2, \quad 2q+s = -1, \quad q - 2s = 7, \quad b = qs$$

$2q+s = -1, \ q - 2s = 7$을 연립하여 풀면

$$q = 1, \quad s = -3 \qquad \therefore qs = 1 \times (-3) = -3$$

$$\therefore a = -2, \quad b = -3$$

(i), (ii)에서 $a + b = -2 + (-3) = -5$

답 -5

3

$ab - 6a + 3b - 18 = 0$에서

$$a(b-6) + 3(b-6) = 0$$

$$(a+3)(b-6) = 0$$

$$\therefore a = -3 \text{ 또는 } b = 6$$

(i) $a = -3$일 때,

직선 $x + 3y + 4 = 0$과 직선 $x - ay + 4 = 0$, 즉
$x + 3y + 4 = 0$는 일치하므로 두 직선 $x + 3y + 4 = 0$,
$2x + by + 8 = 0$은 한 점에서 만나야 한다.

즉, $\frac{1}{2} \neq \frac{3}{b}$에서 $b \neq 6$

이때 b는 $|b| \leq 10$인 정수이므로 b의 값으로 가능한 것은
$-10, -9, -8, \cdots, 3, 4, 5, 7, 8, 9, 10$의 20개이다.
따라서 순서쌍 (a, b)의 개수는 20이다.

(ii) $b = 6$일 때,

직선 $x + 3y + 4 = 0$과 직선 $2x + by + 8 = 0$, 즉
$2x + 6y + 8 = 0$은 일치하므로 두 직선 $x + 3y + 4 = 0$,
$x - ay + 4 = 0$은 한 점에서 만나야 한다.

즉, $\frac{1}{1} \neq \frac{3}{-a}$에서 $a \neq -3$

이때 a는 $|a| \leq 5$인 정수이므로 a의 값으로 가능한 것은
$-5, -4, -2, -1, 0, \cdots, 3, 4, 5$의 10개이다.
따라서 순서쌍 (a, b)의 개수는 10이다.

(i), (ii)에서 조건을 만족시키는 순서쌍 (a, b)의 개수는
$20 + 10 = 30$

답 30

보충 설명

$a = -3, b = 0$ 또는 $a = 0, b = 6$일 때, 두 직선
$x + 3y + 4 = 0, \underset{x+4=0}{\underline{2x + 8 = 0}}$은 한 점에서 만난다.

4

A$(8, 6)$이므로 직선 OA의 방정식은

$$y = \frac{3}{4}x \qquad \therefore 3x - 4y = 0$$

또한, H$(8, 0)$이므로 $0 < a < 8$인 실수 a에 대하여 점 B의
좌표를 $(a, 0)$라 하면

$$\overline{BI} = \frac{|3 \times a|}{\sqrt{3^2 + (-4)^2}} = \frac{3a}{5}, \quad \overline{BH} = 8 - a$$

이때 $\overline{BI} = \overline{BH}$이므로

$$\frac{3a}{5} = 8 - a, \quad 3a = 40 - 5a$$

$$8a = 40 \qquad \therefore a = 5$$

즉, B$(5, 0)$이므로 직선 AB의 방정식은

$$y = \frac{6-0}{8-5}(x-5) \qquad \therefore y = 2x - 10$$

본문 p.079

따라서 $m=2$, $n=-10$이므로

$m+n=2+(-10)=-8$

답 ③

다른 풀이 1

A$(8, 6)$이므로 $\overline{AH}=6$, $\overline{OH}=8$

$\triangle OAH$는 직각삼각형이므로

$\overline{OA}=\sqrt{\overline{AH}^2+\overline{OH}^2}$

$\quad=\sqrt{6^2+8^2}$

$\quad=\sqrt{100}=10$

$\overline{BI}=\overline{BH}=x$라 하면 $\overline{OB}=8-x$이고

두 삼각형 OBI, OAH는 서로 닮음이므로 (AA 닮음)

$(8-x):x=10:6$, $10x=48-6x$, $16x=48$

$\therefore x=3$

즉, B$(5, 0)$이므로 직선 AB의 방정식은

$y=\dfrac{6-0}{8-5}(x-5)$ $\quad \therefore y=2x-10$

따라서 $m=2$, $n=-10$이므로

$m+n=2+(-10)=-8$

다른 풀이 2

다음 그림과 같이 직선 $y=mx+n$과 y축의 교점을 C라 하면 두 직선 OC, AH가 서로 평행하므로

$\angle OCB=\angle HAB$

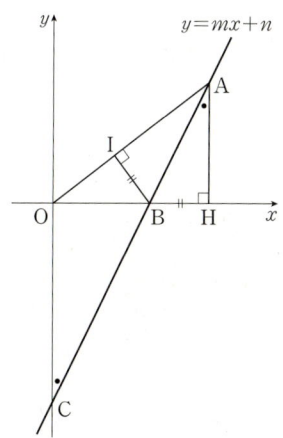

한편, $\overline{BI}=\overline{BH}$이고 $\overline{AB}$는 공통이므로 두 직각삼각형 AIB, AHB는 서로 합동이다. (RHS 합동)

즉, $\angle BAI=\angle BAH=\angle OCA$이므로

$\triangle OCA$는 $\overline{OA}=\overline{OC}$인 이등변삼각형이다.

$\therefore \overline{OC}=\overline{OA}=\sqrt{8^2+6^2}=\sqrt{100}=10$

따라서 점 C의 좌표는 $(0, -10)$이므로 직선 AC의 y절편 n은 -10이고 기울기 m은

$m=\dfrac{6-(-10)}{8-0}=2$

$\therefore m+n=2+(-10)=-8$

5

$xy+x+y-1=0$에서 $x(y+1)+y+1=2$

$\therefore (x+1)(y+1)=2$ ······㉠

이때 x, y는 정수이므로 ㉠을 만족시키는 $x+1$, $y+1$의 값을 표로 나타내면 다음과 같다.

$x+1$	1	2	-1	-2
$y+1$	2	1	-2	-1

즉, 각 경우에 정수 x, y의 값을 표로 나타내면 다음과 같다.

x	0	1	-2	-3
y	1	0	-3	-2

즉, 순서쌍 (x, y)는 $(0, 1)$, $(1, 0)$, $(-2, -3)$, $(-3, -2)$이고 이 네 점을 각각 A, B, C, D라 하면 도형 F는 사각형 ABCD이다.

오른쪽 그림과 같이 사각형 ABCD는 평행사변형이므로 이 넓이를 이등분하는 직선 l은 이 평행사변형의 두 대각선의 교점을 지난다.

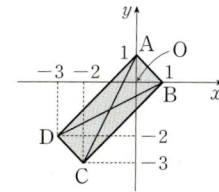

또한, 평행사변형의 두 대각선은 서로를 이등분하므로 두 대각선의 교점은 선분 AC의 중점과 일치한다.

선분 AC의 중점의 좌표는

$\left(\dfrac{0+(-2)}{2}, \dfrac{1+(-3)}{2}\right)$ $\quad \therefore (-1, -1)$

즉, 직선 l은 점 $(-1, -1)$을 지난다.

한편, 오른쪽 그림에서 점 $(-1, -1)$을 지나는 직선 l과 원점 사이의 거리가 최대가 되려면 원점에서 직선 l에 내린 수선의 발이 점 $(-1, -1)$이어야 한다.

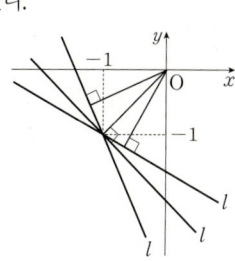

따라서 구하는 최댓값은 두 점 $(0, 0)$, $(-1, -1)$ 사이의 거리와 같으므로

$\sqrt{(-1)^2+(-1)^2}=\sqrt{2}$

답 $\sqrt{2}$

6

삼각형의 내심은 삼각형의 세 내각의 이등분선의 교점이고 내심에서 삼각형의 세 변에 이르는 거리가 같다.

두 직선 $2x-4y+11=0$, $4x-2y-5=0$에서 같은 거리에 있는 점의 좌표를 (a, b)라 하면

$$\frac{|2a-4b+11|}{\sqrt{2^2+(-4)^2}}=\frac{|4a-2b-5|}{\sqrt{4^2+(-2)^2}}$$

$$|2a-4b+11|=|4a-2b-5|$$

$$2a-4b+11=\pm(4a-2b-5)$$

$$\therefore a+b-8=0 \text{ 또는 } a-b+1=0$$

이때 오른쪽 그림과 같이 세 직선으로 둘러싸인 삼각형의 내각의 이등분선 중에서 두 직선

$2x-4y+11=0$,
$4x-2y-5=0$이 이루는

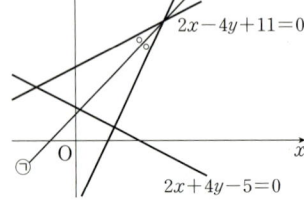

각의 이등분선의 기울기는 양수이므로 이등분선의 방정식은

$x-y+1=0$ ······㉠ ◁ 직선 $x+y-8=0$의 기울기는 -1이다.

또한, 두 직선 $2x-4y+11=0$, $2x+4y-5=0$에서 같은 거리에 있는 점의 좌표를 (c, d)라 하면

$$\frac{|2c-4d+11|}{\sqrt{2^2+(-4)^2}}=\frac{|2c+4d-5|}{\sqrt{2^2+4^2}}$$

$$|2c-4d+11|=|2c+4d-5|$$

$$2c-4d+11=\pm(2c+4d-5)$$

$$\therefore c=-\frac{3}{2} \text{ 또는 } d=2$$

이때 오른쪽 그림과 같이 세 직선으로 둘러싸인 삼각형의 내각의 이등분선 중에서 두 직선

$2x-4y+11=0$,
$2x+4y-5=0$이 이루는

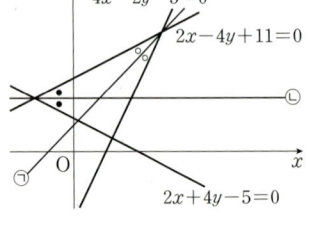

각의 이등분선은 x축과 평행한 직선이므로

$y=2$ ······㉡ ◁ 직선 $x=-\frac{3}{2}$은 y축과 평행하다.

삼각형의 내심은 두 직선 ㉠, ㉡의 교점이므로 ㉡을 ㉠에 대입하여 풀면 $x=1$, $y=2$

따라서 삼각형의 내심의 좌표는 $(1, 2)$이다.

답 $(1, 2)$

---

03. 원의 방정식

① 원의 방정식

기본+필수연습　　　　　　　　본문 pp.086-092

01 (1) $(x+2)^2+(y-6)^2=13$　(2) $x^2+y^2=25$
02 (1) 중심의 좌표 : $(1, 3)$, 반지름의 길이 : $2\sqrt{2}$
　　 (2) 중심의 좌표 : $(2, 0)$, 반지름의 길이 : 2
03 $(x-1)^2+(y-3)^2=18$ **04** (1) 3 (2) $(-6, -6)$
05 $(x-2)^2+y^2=5$　　　　 **06** 4　　　　 **07** $\sqrt{7}$
08 (1) -1 (2) $-5<k<7$ **09** $-6, 2$ **10** 16π
11 $(x-4)^2+(y+2)^2=5$ **12** -2
13 (1) $(x-1)^2+(y-3)^2=1$, $(x-2)^2+(y-5)^2=4$
　　 (2) 194π
14 6π　　　　 **15** 3π　　　　 **16** 2

01

(1) 중심의 좌표가 $(-2, 6)$이고 반지름의 길이가 $\sqrt{13}$인 원의 방정식은
　　$(x+2)^2+(y-6)^2=13$
(2) 중심이 원점이고 점 $(4, -3)$을 지나는 원의 반지름의 길이는 $\sqrt{4^2+(-3)^2}=\sqrt{25}=5$이므로 구하는 원의 방정식은
　　$x^2+y^2=25$

답 (1) $(x+2)^2+(y-6)^2=13$
　　(2) $x^2+y^2=25$

02

(1) $x^2+y^2-2x-6y+2=0$에서
　　$x^2-2x+1+y^2-6y+9=8$
　　$\therefore (x-1)^2+(y-3)^2=(2\sqrt{2})^2$
　　따라서 중심의 좌표는 $(1, 3)$이고, 반지름의 길이는 $2\sqrt{2}$이다.
(2) $x^2+y^2-4x=0$에서
　　$x^2-4x+4+y^2=4$
　　$\therefore (x-2)^2+y^2=2^2$
　　따라서 중심의 좌표는 $(2, 0)$이고, 반지름의 길이는 2이다.

답 (1) 중심의 좌표 : $(1, 3)$, 반지름의 길이 : $2\sqrt{2}$
　　(2) 중심의 좌표 : $(2, 0)$, 반지름의 길이 : 2

03

원의 중심은 선분 AB의 중점이므로 그 좌표는

$\left(\dfrac{-2+4}{2}, \dfrac{0+6}{2}\right)$, 즉 $(1, 3)$

선분 AB가 원의 지름이므로 원의 반지름의 길이는

$\dfrac{1}{2}\overline{AB} = \dfrac{\sqrt{\{4-(-2)\}^2+(6-0)^2}}{2} = \dfrac{\sqrt{72}}{2} = 3\sqrt{2}$

따라서 구하는 원의 방정식은

$(x-1)^2+(y-3)^2=18$

답 $(x-1)^2+(y-3)^2=18$

다른 풀이 본문 p.084 한 걸음 더 참고

두 점 $A(-2, 0)$, $B(4, 6)$을 지름의 양 끝 점으로 하는 원의 방정식은

$(x+2)(x-4)+y(y-6)=0$

$x^2-2x-8+y^2-6y=0$

$\therefore (x-1)^2+(y-3)^2=18$

04

(1) $x^2+y^2+8x-6y-2a+15=0$에서

$x^2+8x+16+y^2-6y+9=2a+10$

$\therefore (x+4)^2+(y-3)^2=2a+10$

따라서 이 원의 중심의 좌표는 $(-4, 3)$이고, 반지름의 길이는 $\sqrt{2a+10}$이다.

이때 주어진 원이 y축에 접하므로

(반지름의 길이)$=|$(중심의 x좌표)$|=|-4|=4$

즉, $2a+10=4^2$이므로 $2a=6$

$\therefore a=3$

(2) 구하는 원의 반지름의 길이를 r $(r>0)$이라 하면 이 원의 넓이가 36π이므로

$\pi r^2=36\pi$, $r^2=36$

$\therefore r=6$ $(\because r>0)$

이 원이 x축, y축에 동시에 접하므로

(반지름의 길이)$=|$(중심의 x좌표)$|=|$(중심의 y좌표)$|$

즉, 구하는 원의 중심의 좌표를 (a, b)라 하면

$6=|a|=|b|$

이때 이 원의 중심이 제3사분면 위에 있으므로

$a<0$, $b<0$에서

$a=-6$, $b=-6$

따라서 구하는 원의 중심의 좌표는 $(-6, -6)$이다.

답 (1) 3 (2) $(-6, -6)$

05

원의 중심이 x축 위에 있으므로 이 원의 중심의 좌표를 $(a, 0)$, 반지름의 길이를 r이라 하면 원의 방정식은

$(x-a)^2+y^2=r^2$

이 원이 두 점 $A(4, 1)$, $B(1, 2)$를 지나므로

$(4-a)^2+1^2=r^2$

$\therefore a^2-8a+17=r^2$ ······㉠

$(1-a)^2+2^2=r^2$

$\therefore a^2-2a+5=r^2$ ······㉡

㉠, ㉡을 연립하여 풀면

$a=2$, $r^2=5$

따라서 구하는 원의 방정식은

$(x-2)^2+y^2=5$

답 $(x-2)^2+y^2=5$

06

두 점 $A(-7, -3)$, $B(5, 6)$에 대하여 선분 AB를 $1:2$로 내분하는 점의 좌표는

$\left(\dfrac{1\times5+2\times(-7)}{1+2}, \dfrac{1\times6+2\times(-3)}{1+2}\right)$

$\therefore (-3, 0)$

즉, 점 $(-3, 0)$을 중심으로 하는 원의 반지름의 길이를 r이라 하면 원의 방정식은

$(x+3)^2+y^2=r^2$

이 원이 점 $(1, 3)$을 지나므로

$4^2+3^2=r^2$ $\therefore r^2=25$

따라서 원 $(x+3)^2+y^2=25$가 점 $(0, k)$를 지나므로

$3^2+k^2=25$, $k^2=16$

$\therefore k=4$ $(\because k>0)$

답 4

07

원의 중심 C는 선분 PQ의 중점이므로 그 좌표는

$C\left(\dfrac{4+0}{2},\ \dfrac{-1+3}{2}\right)$, 즉 $C(2,\ 1)$

또한, 선분 PQ가 원의 지름이므로 원의 반지름의 길이는

$\dfrac{1}{2}\overline{PQ}=\dfrac{\sqrt{(0-4)^2+(3+1)^2}}{2}=\dfrac{\sqrt{32}}{2}=2\sqrt{2}$

즉, 주어진 원의 방정식은

$(x-2)^2+(y-1)^2=(2\sqrt{2})^2$

$\therefore\ (x-2)^2+(y-1)^2=8$

이 원이 x축과 만나는 두 점 A, B의 x좌표는

$(x-2)^2+(0-1)^2=8$에서

$(x-2)^2=7,\ x-2=\pm\sqrt{7}$

$\therefore\ x=2\pm\sqrt{7}$

따라서 선분 AB의 길이는

$\overline{AB}=2+\sqrt{7}-(2-\sqrt{7})$

$\qquad =2\sqrt{7}$

$\therefore\ \triangle ABC=\dfrac{1}{2}\times 2\sqrt{7}\times 1$

$\qquad\qquad =\sqrt{7}$

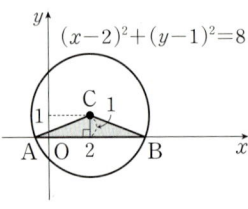

답 $\sqrt{7}$

다른 풀이

두 점 $P(4,\ -1),\ Q(0,\ 3)$을 지름의 양 끝 점으로 하는 원의 방정식은

$(x-4)(x-0)+(y+1)(y-3)=0$ ……㉠

$\therefore\ (x-2)^2+(y-1)^2=8$

이 원이 x축과 만나는 두 점 A, B의 x좌표는 ㉠에서

$x(x-4)+1\times(-3)=0$

$x^2-4x-3=0$

$\therefore\ x=2\pm\sqrt{(-2)^2-1\times(-3)}=2\pm\sqrt{7}$

따라서 선분 AB의 길이는

$\overline{AB}=(2+\sqrt{7})-(2-\sqrt{7})=2\sqrt{7}$

$\therefore\ \triangle ABC=\dfrac{1}{2}\times 2\sqrt{7}\times 1=\sqrt{7}$

08

(1) $x^2+y^2+2kx+y+1=0$에서

$(x+k)^2+\left(y+\dfrac{1}{2}\right)^2=k^2-\dfrac{3}{4}$

즉, 이 원은 중심의 좌표가 $\left(-k,\ -\dfrac{1}{2}\right)$이고, 반지름의

길이가 $\sqrt{k^2-\dfrac{3}{4}}$이다.

이때 이 원의 반지름의 길이가 $\dfrac{1}{2}$이므로

$k^2-\dfrac{3}{4}=\left(\dfrac{1}{2}\right)^2,\ k^2=1\qquad \therefore\ k=\pm 1$

(i) $k=1$일 때,

원의 중심의 좌표는 $\left(-1,\ -\dfrac{1}{2}\right)$이므로 원의 중심이

제3사분면 위에 있다.

(ii) $k=-1$일 때,

원의 중심의 좌표는 $\left(1,\ -\dfrac{1}{2}\right)$이므로 원의 중심이

제4사분면 위에 있다.

(i), (ii)에서 구하는 k의 값은 -1이다.

(2) $x^2+y^2+12x-6y+k^2-2k+10=0$에서

$(x+6)^2+(y-3)^2=-k^2+2k+35$

이 방정식이 나타내는 도형이 원이 되려면

$-k^2+2k+35>0$이어야 하므로

$k^2-2k-35<0,\ (k+5)(k-7)<0$

$\therefore\ -5<k<7$

답 (1) -1 (2) $-5<k<7$

09

$x^2+y^2+4x-2y+k^2+4k-16=0$에서

$(x+2)^2+(y-1)^2=-k^2-4k+21$

즉, 이 원은 중심의 좌표가 $(-2,\ 1)$이고, 반지름의 길이가

$\sqrt{-k^2-4k+21}$이다.

이때 이 원의 반지름의 길이가 3이므로

$-k^2-4k+21=3^2$

$k^2+4k-12=0,\ (k+6)(k-2)=0$

$\therefore\ k=-6$ 또는 $k=2$

답 $-6,\ 2$

10

$x^2+y^2-6x+2y+k^2-10k+19=0$에서

$(x-3)^2+(y+1)^2=-k^2+10k-9$

즉, 이 원은 중심의 좌표가 $(3, -1)$이고, 반지름의 길이가 $\sqrt{-k^2+10k-9}$이다.

이때 이 원의 넓이가 최대가 되려면

$-k^2+10k-9>0$이고, 반지름의 길이인 $\sqrt{-k^2+10k-9}$의 값이 최대가 되어야 한다.

$-k^2+10k-9>0$에서

$k^2-10k+9<0$, $(k-1)(k-9)<0$

$\therefore 1<k<9$

또한, $\sqrt{-k^2+10k-9}=\sqrt{-(k-5)^2+16}$이므로

$1<k<9$에서 $k=5$일 때, 반지름의 길이 $\sqrt{-k^2+10k-9}$는 최댓값 $\sqrt{16}=4$를 갖는다.

따라서 구하는 원의 넓이의 최댓값은

$\pi\times 4^2=16\pi$

답 16π

11

원의 중심을 $P(a, b)$라 하면

$\overline{AP}=\overline{BP}=\overline{CP}=$ (원의 반지름의 길이)

이때 $\overline{AP}^2=(a-2)^2+(b+1)^2$, $\overline{BP}^2=(a-3)^2+b^2$,

$\overline{CP}^2=(a-6)^2+(b+1)^2$에서

$\overline{AP}^2=\overline{BP}^2$이므로

$(a-2)^2+(b+1)^2=(a-3)^2+b^2$

$\therefore a+b=2$ ······㉠

$\overline{BP}^2=\overline{CP}^2$이므로

$(a-3)^2+b^2=(a-6)^2+(b+1)^2$

$\therefore 3a-b=14$ ······㉡

㉠, ㉡을 연립하여 풀면 $a=4$, $b=-2$

따라서 원의 중심은 $P(4, -2)$이고, 반지름의 길이는

$\overline{AP}=\sqrt{(4-2)^2+(-2+1)^2}=\sqrt{5}$

이므로 구하는 원의 방정식은

$(x-4)^2+(y+2)^2=5$ ← $x^2+y^2-8x+4y+15=0$

답 $(x-4)^2+(y+2)^2=5$

다른 풀이

구하는 원의 방정식을

$x^2+y^2+Ax+By+C=0$ (A, B, C는 상수)

이라 하면 이 원이

점 $A(2, -1)$을 지나므로

$5+2A-B+C=0$ ······㉢

점 $B(3, 0)$을 지나므로

$9+3A+C=0$ ······㉣

점 $C(6, -1)$을 지나므로

$37+6A-B+C=0$ ······㉤

㉤−㉢을 하면 $32+4A=0$

$\therefore A=-8$, $B=4$, $C=15$ (∵ ㉢, ㉣)

따라서 구하는 원의 방정식은

$x^2+y^2-8x+4y+15=0$ ← $(x-4)^2+(y+2)^2=5$

12

세 점 A, B, C를 지나는 원의 중심을 $P(a, b)$라 하면

$\overline{AP}=\overline{BP}=\overline{CP}=$ (원의 반지름의 길이)

이때 $\overline{AP}^2=(a+2)^2+(b-6)^2$,

$\overline{BP}^2=(a+8)^2+(b+2)^2$,

$\overline{CP}^2=(a-4)^2+(b+6)^2$에서

$\overline{AP}^2=\overline{BP}^2$이므로

$(a+2)^2+(b-6)^2=(a+8)^2+(b+2)^2$

$\therefore 3a+4b=-7$ ······㉠

$\overline{BP}^2=\overline{CP}^2$이므로

$(a+8)^2+(b+2)^2=(a-4)^2+(b+6)^2$

$\therefore 3a-b=-2$ ······㉡

㉠, ㉡을 연립하여 풀면 $a=-1$, $b=-1$

즉, 원의 중심은 $P(-1, -1)$이고, 반지름의 길이는

$\overline{AP}=\sqrt{(-1+2)^2+(-1-6)^2}=\sqrt{50}$

이므로 원의 방정식은

$(x+1)^2+(y+1)^2=50$

점 $D(2, k)$가 이 원 위에 있으므로

$(2+1)^2+(k+1)^2=50$ $\therefore k^2+2k-40=0$

이때 k에 대한 이차방정식 $k^2+2k-40=0$은 서로 다른 두 실근을 가지므로 이차방정식의 근과 계수의 관계에 의하여 모든 k의 값의 합은 -2이다. $\frac{D}{4}=(-1)^2-1\times(-40)=41>0$

답 -2

13

(1) 직선 $y=2x+1$ 위에 있는 원의 중심의 좌표를 $(a, 2a+1)$이라 하면 이 원이 y축에 접하므로 반지름의 길이는 $|a|$이다.

즉, 원의 방정식은
$$(x-a)^2+(y-2a-1)^2=a^2 \qquad \cdots\cdots\ \bigcirc$$
원 $\bigcirc$이 점 $(2, 3)$을 지나므로
$$(2-a)^2+(3-2a-1)^2=a^2$$
$$a^2-3a+2=0, \ (a-1)(a-2)=0$$
$$\therefore a=1 \ \text{또는} \ a=2$$
$\bigcirc$에서 구하는 모든 원의 방정식은
$$(x-1)^2+(y-3)^2=1, \ (x-2)^2+(y-5)^2=4$$

(2) 점 $(-8, -1)$을 지나고 x축, y축에 동시에 접하는 원의 중심은 제3사분면 위에 있다.

즉, 원의 반지름의 길이를 $a \ (a>0)$라 하면 중심의 좌표는 $(-a, -a)$이므로 원의 방정식은
$$(x+a)^2+(y+a)^2=a^2 \qquad \cdots\cdots\ \bigcirc$$
이 원이 점 $(-8, -1)$을 지나므로
$$(-8+a)^2+(-1+a)^2=a^2$$
$$a^2-18a+65=0, \ (a-5)(a-13)=0$$
$$\therefore a=5 \ \text{또는} \ a=13$$
$\bigcirc$에서 조건을 만족시키는 두 원의 방정식은
$$(x+5)^2+(y+5)^2=25, \ (x+13)^2+(y+13)^2=169$$
이므로 이 두 원의 넓이의 합은
$$25\pi+169\pi=194\pi$$

답 (1) $(x-1)^2+(y-3)^2=1, \ (x-2)^2+(y-5)^2=4$
　　(2) 194π

14

$\overline{AP} : \overline{BP}=1 : 3$에서 $\overline{BP}=3\overline{AP}$이므로
$$\overline{BP}^2=9\overline{AP}^2$$
점 P의 좌표를 (x, y)라 하면 $\overline{BP}^2=9\overline{AP}^2$에서
$$(x-4)^2+y^2=9\{(x+4)^2+y^2\}$$
$$8x^2+80x+8y^2+128=0, \ x^2+10x+y^2+16=0$$
$$\therefore (x+5)^2+y^2=9$$
따라서 점 P가 나타내는 도형은 중심의 좌표가 $(-5, 0)$이고 반지름의 길이가 3인 원이므로 점 P가 나타내는 도형의 둘레의 길이는
$$2\pi \times 3=6\pi$$

답 6π

◆다른 풀이

선분 AB를 $1 : 3$으로 내분하는 점과 외분하는 점을 각각 C,

D라 하면 $\overline{AP} : \overline{BP}=1 : 3$을 만족시키는 점 P가 나타내는 도형은 두 점 C, D를 지름의 양 끝 점으로 하는 원이다.

이때 $C(-2, 0)$, $D(-8, 0)$이므로 원의 중심의 좌표는 $\left(\dfrac{-2+(-8)}{2}, 0\right)$, 즉 $(-5, 0)$이고, 원의 반지름의 길이는 $\dfrac{1}{2}\overline{CD}=\dfrac{1}{2} \times |-8-(-2)|=3$이다.

따라서 점 P가 나타내는 도형은 중심의 좌표가 $(-5, 0)$이고 반지름의 길이가 3인 원이므로 점 P가 나타내는 도형의 둘레의 길이는
$$2\pi \times 3=6\pi$$

15

점 P의 좌표를 (a, b)라 하고 선분 OP의 중점을 $Q(x, y)$라 하면
$$x=\frac{a}{2}, \ y=\frac{b}{2} \qquad \therefore a=2x, \ b=2y \qquad \cdots\cdots\ \bigcirc$$
점 $P(a, b)$가 원 $x^2+y^2-4x+4y-4=0$, 즉
$$(x-2)^2+(y+2)^2=12$$ 위의 점이므로
$$(a-2)^2+(b+2)^2=12$$
$\bigcirc$을 위의 식에 대입하면
$$(2x-2)^2+(2y+2)^2=12 \qquad \therefore (x-1)^2+(y+1)^2=3$$
따라서 선분 OP의 중점 $Q(x, y)$가 나타내는 도형은 중심의 좌표가 $(1, -1)$이고 반지름의 길이가 $\sqrt{3}$인 원이므로 구하는 도형의 넓이는
$$\pi \times (\sqrt{3})^2=3\pi$$

답 3π

16

$P(a, b)$, $G(x, y)$라 하면
$$x=\frac{a+(-4)+2}{3}, \ y=\frac{b+2+8}{3}$$
$$\therefore a=3x+2, \ b=3y-10 \qquad \cdots\cdots\ \bigcirc$$
점 $P(a, b)$가 원 $x^2+y^2=36$ 위의 점이므로
$$a^2+b^2=36$$
$\bigcirc$을 위의 식에 대입하면
$$(3x+2)^2+(3y-10)^2=36$$
$$\therefore \left(x+\frac{2}{3}\right)^2+\left(y-\frac{10}{3}\right)^2=4$$
따라서 이 원의 반지름의 길이는 2이다.

답 2

STEP 1 개념 마무리

본문 p.093

01 1 **02** $-1 \leq k < \dfrac{1}{3}$ 또는 $2 < k \leq \dfrac{10}{3}$

03 $\dfrac{17}{10}$ **04** 9 **05** -58 **06** -3

01

$x^2+y^2-4ax+2ay+10a-15=0$에서

$(x-2a)^2+(y+a)^2=5a^2-10a+15$

즉, 이 원의 중심의 좌표는 $(2a, -a)$이고 반지름의 길이는

$\sqrt{5a^2-10a+15}$이다.

이때 $f(a)=5a^2-10a+15$라 하면

$f(a)=5(a-1)^2+10$

즉, $f(a)$는 $a=1$일 때 최솟값 10을 갖는다.

따라서 주어진 원의 넓이가 최소일 때의 원의 중심의 좌표는

$(2, -1)$이므로

$p=2, q=-1$

$\therefore p+q=2+(-1)=1$

답 1

02

$x^2+y^2+2(k+1)x-2k^2+9k-1=0$에서

$\{x+(k+1)\}^2+y^2=3k^2-7k+2$

즉, 이 원은 중심의 좌표가 $(-k-1, 0)$이고, 반지름의 길이

가 $\sqrt{3k^2-7k+2}$이다.

이 원의 반지름의 길이가 $2\sqrt{3}$ 이하이므로

$0<\sqrt{3k^2-7k+2}\leq 2\sqrt{3}$

$\therefore 0<3k^2-7k+2\leq 12$

$3k^2-7k+2>0$에서 $(3k-1)(k-2)>0$

$\therefore k<\dfrac{1}{3}$ 또는 $k>2$ ……㉠

$3k^2-7k+2\leq 12$에서 $3k^2-7k-10\leq 0$

$(k+1)(3k-10)\leq 0$

$\therefore -1\leq k\leq \dfrac{10}{3}$ ……㉡

따라서 실수 k의 값의 범위는 ㉠, ㉡의 공통부분이므로

$-1\leq k<\dfrac{1}{3}$ 또는 $2<k\leq \dfrac{10}{3}$

답 $-1\leq k<\dfrac{1}{3}$ 또는 $2<k\leq \dfrac{10}{3}$

03

$x+y=0$ ……㉠

$2x-y-3=0$ ……㉡

$x-4y+2=0$ ……㉢

㉠, ㉡을 연립하여 풀면 $x=1, y=-1$이므로

두 직선 ㉠, ㉡의 교점의 좌표는 $(1, -1)$,

㉠, ㉢을 연립하여 풀면 $x=-\dfrac{2}{5}, y=\dfrac{2}{5}$이므로

두 직선 ㉠, ㉢의 교점의 좌표는 $\left(-\dfrac{2}{5}, \dfrac{2}{5}\right)$,

㉡, ㉢을 연립하여 풀면 $x=2, y=1$이므로

두 직선 ㉡, ㉢의 교점의 좌표는 $(2, 1)$이다.

세 교점을 각각 $A(1, -1), B\left(-\dfrac{2}{5}, \dfrac{2}{5}\right), C(2, 1)$이라 하고,

삼각형 ABC의 외접원의 중심을 $P(a, b)$라 하면

$\overline{AP}=\overline{BP}=\overline{CP}=r$

이때 $\overline{AP}^2=(a-1)^2+(b+1)^2$,

$\overline{BP}^2=\left(a+\dfrac{2}{5}\right)^2+\left(b-\dfrac{2}{5}\right)^2$,

$\overline{CP}^2=(a-2)^2+(b-1)^2$에서

$\overline{AP}^2=\overline{BP}^2$이므로

$(a-1)^2+(b+1)^2=\left(a+\dfrac{2}{5}\right)^2+\left(b-\dfrac{2}{5}\right)^2$

$\therefore a-b=\dfrac{3}{5}$ ……㉣

$\overline{AP}^2=\overline{CP}^2$이므로

$(a-1)^2+(b+1)^2=(a-2)^2+(b-1)^2$

$\therefore a+2b=\dfrac{3}{2}$ ……㉤

㉣, ㉤을 연립하여 풀면 $a=\dfrac{9}{10}, b=\dfrac{3}{10}$

따라서 세 직선으로 둘러싸인 삼각형의 외접원의 중심이

$P\left(\dfrac{9}{10}, \dfrac{3}{10}\right)$이므로 반지름의 길이 r은

$r=\overline{AP}=\sqrt{\left(\dfrac{9}{10}-1\right)^2+\left(\dfrac{3}{10}+1\right)^2}=\sqrt{\dfrac{17}{10}}$

$\therefore r^2=\dfrac{17}{10}$

답 $\dfrac{17}{10}$

04

세 점 $A(-2, 3), B(2, 1), C(5, 2)$를 지나는 원은 삼각형

ABC의 외접원이다.

선분 BC의 중점의 좌표는 $\left(\dfrac{2+5}{2},\ \dfrac{1+2}{2}\right)$, 즉 $\left(\dfrac{7}{2},\ \dfrac{3}{2}\right)$이고, 직선 BC의 기울기는 $\dfrac{2-1}{5-2}=\dfrac{1}{3}$이므로 선분 BC의 수직이등분선의 방정식은

$$y-\dfrac{3}{2}=-3\left(x-\dfrac{7}{2}\right) \qquad \therefore y=-3x+12$$

이때 삼각형 ABC의 외접원의 중심은 선분 BC의 수직이등분선 위에 있으므로 이 원의 중심을 $P(a,\ -3a+12)$라 하자.

또한, 삼각형 ABC의 외접원의 중심에서 두 점 A, B에 이르는 거리가 같으므로

$\overline{PA}^2=\overline{PB}^2$에서

$(a+2)^2+(-3a+9)^2=(a-2)^2+(-3a+11)^2$

$10a^2-50a+85=10a^2-70a+125$

$20a=40 \qquad \therefore a=2$

즉, 직선 $y=mx+n$이 점 $P(2,\ 6)$을 지나므로

$2m+n=6 \qquad \cdots\cdots\ \text{ⓐ}$

또한, 직선 $y=mx+n$이 원 $(x-5)^2+(y+3)^2=4$의 넓이를 이등분하려면 이 직선은 원 $(x-5)^2+(y+3)^2=4$의 중심 $(5,\ -3)$을 지나야 하므로

$5m+n=-3 \qquad \cdots\cdots\ \text{ⓑ}$

ⓐ, ⓑ을 연립하여 풀면

$m=-3,\ n=12 \qquad \therefore m+n=-3+12=9$

답 9

05

점 $(-2,\ 5)$를 지나고 x축, y축에 동시에 접하는 원의 중심은 제2사분면 위에 있다. 즉, 원의 반지름의 길이를 $r\ (r>0)$이라 하면 중심의 좌표는 $(-r,\ r)$이므로 원의 방정식은

$(x+r)^2+(y-r)^2=r^2$

이 원이 점 $(-2,\ 5)$를 지나므로

$(-2+r)^2+(5-r)^2=r^2$

$\therefore r^2-14r+29=0 \qquad \cdots\cdots\ \text{ⓐ}$ $\left[\dfrac{D}{4}=7^2-1\times29=20>0\right]$

이차방정식 ⓐ은 서로 다른 두 실근을 가지므로 두 근을 r_1, r_2라 하면 이차방정식의 근과 계수의 관계에 의하여

$r_1 r_2=29$

또한, 두 원의 중심의 좌표는 $(-r_1,\ r_1)$, $(-r_2,\ r_2)$이므로

$ad+bc=(-r_1)\times r_2+r_1\times(-r_2)$

$\qquad\quad =-r_1 r_2-r_1 r_2=-2r_1 r_2$

$\qquad\quad =(-2)\times29=-58$

답 -58

06

$P(p,\ q),\ Q(x,\ y)$라 하면

$x=\dfrac{p}{4},\ y=\dfrac{q}{4}$

$\therefore p=4x,\ q=4y \qquad \cdots\cdots\ \text{ⓐ}$

이때 점 $P(p,\ q)$는 원 $(x-4)^2+(y-6)^2=20$ 위의 점이므로

$(p-4)^2+(q-6)^2=20$

ⓐ을 위의 식에 대입하면

$(4x-4)^2+(4y-6)^2=20$

$\therefore x^2+y^2-2x-3y+2=0$

따라서 점 Q가 나타내는 도형의 방정식은

$x^2+y^2-2x-3y+2=0$이므로

$a=-2,\ b=-3,\ c=2$

$\therefore a+b+c=-2+(-3)+2=-3$

답 -3

② 원과 직선의 위치 관계

기본 + 필수연습   본문 pp.098~104

17 (1) $-4<k<4$ (2) $k=\pm4$ (3) $k<-4$ 또는 $k>4$

18 $a>2\sqrt{2}$ **19** $2x-y+5=0$

20 $x^2+y^2+\dfrac{4}{3}y-1=0$ **21** $-17\le k\le 3$

22 7   **23** $2\sqrt{10}$ **24** 4   **25** -66

26 -6 **27** 6   **28** 45   **29** $\dfrac{6}{5}$

30 324   **31** $x^2+y^2+5y=0$ **32** 6

33 2

17

$y=-x+k$를 $x^2+y^2=8$에 대입하면

$x^2+(-x+k)^2=8$

$\therefore 2x^2-2kx+k^2-8=0$

이 이차방정식의 판별식을 D라 하면

$\dfrac{D}{4}=(-k)^2-2(k^2-8)=-k^2+16$

(1) 원과 직선이 서로 다른 두 점에서 만나면

　　$-k^2+16>0$, $k^2-16<0$

　　$\therefore -4<k<4$

(2) 원과 직선이 접하면

　　$-k^2+16=0$, $k^2=16$

　　$\therefore k=\pm4$

(3) 원과 직선이 만나지 않으면

　　$-k^2+16<0$, $k^2-16>0$

　　$\therefore k<-4$ 또는 $k>4$

　　　답 (1) $-4<k<4$ (2) $k=\pm4$ (3) $k<-4$ 또는 $k>4$

다른 풀이

원의 중심 $(0, 0)$과 직선 $y=-x+k$, 즉 $x+y-k=0$ 사이의 거리를 d라 하면 $d=\dfrac{|0+0-k|}{\sqrt{1^2+1^2}}=\dfrac{|k|}{\sqrt{2}}$이고 원의 반지름의 길이가 $2\sqrt{2}$이므로

(1) 원과 직선이 서로 다른 두 점에서 만나면

　　$d<2\sqrt{2}$, 즉 $\dfrac{|k|}{\sqrt{2}}<2\sqrt{2}$

　　$\therefore -4<k<4$

(2) 원과 직선이 접하면

　　$d=2\sqrt{2}$, 즉 $\dfrac{|k|}{\sqrt{2}}=2\sqrt{2}$

　　$\therefore k=\pm4$

(3) 원과 직선이 만나지 않으면

　　$d>2\sqrt{2}$, 즉 $\dfrac{|k|}{\sqrt{2}}>2\sqrt{2}$

　　$\therefore k<-4$ 또는 $k>4$

18

두 원의 중심의 좌표가 각각 $(0, 0)$, $(a, 1)$이므로 두 원의 중심 사이의 거리는 $\sqrt{a^2+1^2}$이고, 두 원의 반지름의 길이는 각각 2, 1이므로 두 원이 서로 만나지 않으려면 $2+1<\sqrt{a^2+1}$이어야 한다.

즉, $\sqrt{a^2+1}>3$에서

$a^2+1>9$, $a^2-8>0$

$(a+2\sqrt{2})(a-2\sqrt{2})>0$

$\therefore a<-2\sqrt{2}$ 또는 $a>2\sqrt{2}$

이때 a는 양수이므로 구하는 a의 값의 범위는

$a>2\sqrt{2}$

　　　답 $a>2\sqrt{2}$

보충 설명

$\sqrt{a^2+1}<2-1$일 때도 두 원은 만나지 않는다.

즉, $\sqrt{a^2+1}<1$에서 $a^2+1<1$ $\therefore a^2<0$

그런데 위의 부등식을 만족시키는 양수 a는 존재하지 않는다.

19

두 원 $x^2+y^2=10$, $(x-2)^2+(y+1)^2=25$, 즉 $x^2+y^2-10=0$, $x^2+y^2-4x+2y-20=0$의 교점을 지나는 직선의 방정식은

$x^2+y^2-10-(x^2+y^2-4x+2y-20)=0$

$4x-2y+10=0$

$\therefore 2x-y+5=0$

　　　답 $2x-y+5=0$

20

$(x+2)^2+(y+4)^2=9$에서

$x^2+y^2+4x+8y+11=0$ ……㉠

$(x-1)^2+(y-1)^2=9$에서

$x^2+y^2-2x-2y-7=0$ ……㉡

두 원 ㉠, ㉡의 교점을 지나는 원의 방정식을

$x^2+y^2+4x+8y+11+k(x^2+y^2-2x-2y-7)=0$

$(k\neq-1)$ ……㉢

이라 하면 원 ㉢이 점 $(1, 0)$을 지나므로

$16-8k=0$ $\therefore k=2$

이것을 ㉢에 대입하여 정리하면

$3x^2+3y^2+4y-3=0$

$\therefore x^2+y^2+\dfrac{4}{3}y-1=0$

　　　답 $x^2+y^2+\dfrac{4}{3}y-1=0$

21

원의 반지름의 길이를 r, 원의 중심 $(-2, 5)$와 직선
$4x+3y+k=0$ 사이의 거리를 d라 하면

$$r=2, \quad d=\frac{|4\times(-2)+3\times5+k|}{\sqrt{4^2+3^2}}=\frac{|k+7|}{5}$$

(중심의 x좌표)

이때 원이 직선과 만나므로 $d \le r$이어야 한다.

즉, $\dfrac{|k+7|}{5} \le 2$에서

$|k+7| \le 10, \quad -10 \le k+7 \le 10$

$\therefore -17 \le k \le 3$

답 $-17 \le k \le 3$

22

$x^2+y^2-8x-6y+k=0$에서

$(x-4)^2+(y-3)^2=25-k$

즉, 이 원의 반지름의 길이는 $\sqrt{25-k}\ (k<25)$이다.

이때 이 원이 x축과 만나려면

$\sqrt{25-k} \ge 3 \quad \cdots\cdots \text{㉠}$

이 원이 y축과 만나지 않으려면

$\sqrt{25-k} < 4 \quad \cdots\cdots \text{㉡}$

즉, ㉠, ㉡에서 $3 \le \sqrt{25-k} < 4$이므로

$9 \le 25-k < 16, \quad -16 \le -k < -9$

$\therefore 9 < k \le 16$

따라서 조건을 만족시키는 정수 k는 10, 11, 12, 13, 14, 15,
16의 7개이다.

답 7

다른 풀이

(i) 원 $x^2+y^2-8x-6y+k=0$이 x축과 만나므로 원의 방
정식에 $y=0$을 대입한 이차방정식 $x^2-8x+k=0$의 판
별식을 D라 하면

$\dfrac{D}{4}=16-k \ge 0 \qquad \therefore k \le 16$

(ii) 원 $x^2+y^2-8x-6y+k=0$이 y축과 만나지 않으므로
원의 방정식에 $x=0$을 대입한 이차방정식 $y^2-6y+k=0$
의 판별식을 D'이라 하면

$\dfrac{D'}{4}=9-k < 0 \qquad \therefore k > 9$

(i), (ii)에서 $9 < k \le 16$이므로 조건을 만족시키는 정수 k는
10, 11, 12, 13, 14, 15, 16의 7개이다.

23

$x^2+y^2-4x-10y+24=0$에서 $(x-2)^2+(y-5)^2=5$

다음 그림과 같이 원의 중심을 A라 하고 점 A에서 직선
$y=-3x+1$에 내린 수선의 발을 B, 직선 AB가 원과 만나
는 두 점을 C, D라 하자.

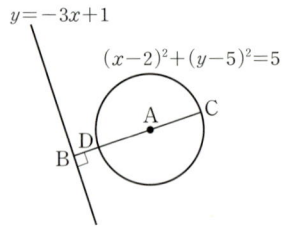

원의 중심 $A(2, 5)$와 직선 $y=-3x+1$, 즉
$3x+y-1=0$ 사이의 거리는

$$\overline{AB}=\frac{|3\times2+5-1|}{\sqrt{3^2+1^2}}=\frac{10}{\sqrt{10}}=\sqrt{10}$$

원 위의 점 P에서 직선 $y=-3x+1$에 내린 수선의 발을 Q
라 하면

(i) 선분 PQ의 길이가 최대가 되도록 하는 두 점 P, Q의 위
치는 각각 점 C, 점 B이므로 그 최댓값은

$\overline{BC}=\overline{AB}+\overline{AC}=\sqrt{10}+\sqrt{5}$

(ii) 선분 PQ의 길이가 최소가 되도록 하는 두 점 P, Q의 위
치는 각각 점 D, 점 B이므로 그 최솟값은

$\overline{BD}=\overline{AB}-\overline{AD}=\sqrt{10}-\sqrt{5}$

(i), (ii)에서 최댓값과 최솟값의 합은 $2\sqrt{10}$이다.

답 $2\sqrt{10}$

24

$x^2+y^2-4x+4y+7=0$에서 $(x-2)^2+(y+2)^2=1$

다음 그림과 같이 원의 중심을 A라 하고 점 A에서 직선
$5x-12y+15=0$에 내린 수선의 발을 B, 직선 AB가 원과
만나는 두 점을 C, D라 하자.

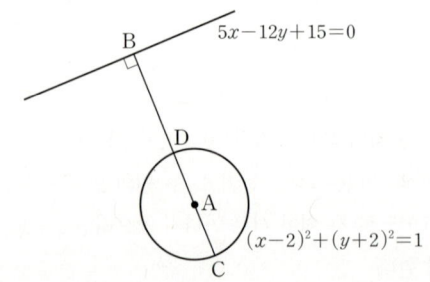

원의 중심 A$(2, -2)$와 직선 $5x-12y+15=0$ 사이의 거리는

$$\overline{AB}=\frac{|5\times2-12\times(-2)+15|}{\sqrt{5^2+(-12)^2}}=\frac{49}{13}$$

원 위의 점 P에서 직선 $5x-12y+15=0$에 내린 수선의 발을 Q라 하면

(ⅰ) 선분 PQ의 길이가 최대가 되도록 하는 두 점 P, Q의 위치는 각각 점 C, 점 B이므로 그 최댓값은

$$\overline{BC}=\overline{AB}+\overline{AC}=\frac{49}{13}+1=\frac{62}{13}$$

(ⅱ) 선분 PQ의 길이가 최소가 되도록 하는 두 점 P, Q의 위치는 각각 점 D, 점 B이므로 그 최솟값은

$$\overline{BD}=\overline{AB}-\overline{AD}=\frac{49}{13}-1=\frac{36}{13}$$

(ⅰ), (ⅱ)에서 점 P와 직선 $5x-12y+15=0$ 사이의 거리 d는

$$\frac{36}{13}\le d\le\frac{62}{13}$$

즉, 정수 d는 3, 4이고 $d=3$인 점이 2개, $d=4$인 점이 2개 존재한다.

따라서 조건을 만족시키는 점 P의 개수는

$2+2=4$

답 4

보충 설명

조건을 만족시키는 점 P는 오른쪽 그림과 같이 4개 존재한다.

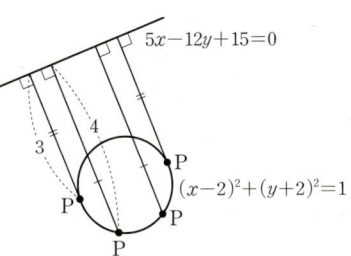

25

두 원의 교점을 지나는 직선의 방정식은

$x^2+y^2-3ax+7y+3$
$\qquad -\{x^2+y^2+(2b-5)x+(a+b)y+4\}=0$
$\therefore (-3a-2b+5)x+(7-a-b)y-1=0$

이 직선이 직선 $5x-y+2=0$과 일치해야 하므로

$$\frac{-3a-2b+5}{5}=\frac{7-a-b}{-1}=\frac{-1}{2}$$에서

$-3a-2b+5=-\frac{5}{2}$, $7-a-b=\frac{1}{2}$

$\therefore 6a+4b=15,\ 2a+2b=13$

두 식을 연립하여 풀면

$$a=-\frac{11}{2},\ b=12$$

$$\therefore ab=\left(-\frac{11}{2}\right)\times12=-66$$

답 -66

26

두 원의 교점을 지나는 직선의 방정식은

$x^2+y^2-4x-2y+k-(x^2+y^2+4x+4y)=0$
$\therefore -8x-6y+k=0$

이 직선이 점 $(-6, 7)$을 지나므로

$6+k=0$ $\quad\therefore k=-6$

답 -6

27

$(x-1)^2+(y-3)^2=10$에서

$x^2+y^2-2x-6y=0$

두 원의 교점을 지나는 직선의 방정식은

$x^2+y^2-5x+ky-6-(x^2+y^2-2x-6y)=0$
$-3x+(k+6)y-6=0$

$$\therefore y=\frac{3}{k+6}x+\frac{6}{k+6}$$

이 직선이 직선 $y=-4x+1$에 수직이므로

$$\frac{3}{k+6}\times(-4)=-1$$

$k+6=12$ $\quad\therefore k=6$

답 6

28

오른쪽 그림과 같이 원과 직선의 두 교점을 A, B라 하면

$\overline{AB}=8$

원의 중심 O에서 직선 $y=2x+k$에 내린 수선의 발을 H라 하면

$$\overline{AH}=\frac{1}{2}\overline{AB}=4$$

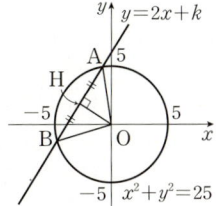

이때 원 $x^2+y^2=25$의 반지름의 길이는 $\overline{\text{OA}}=5$이므로 직각삼각형 OAH에서 피타고라스 정리에 의하여

$$\overline{\text{OH}}=\sqrt{\overline{\text{OA}}^2-\overline{\text{AH}}^2}$$
$$=\sqrt{25-16}=3 \qquad \cdots\cdots\text{㉠}$$

한편, 원의 중심 $(0,0)$과 직선 $y=2x+k$, 즉 $2x-y+k=0$ 사이의 거리는

$$\overline{\text{OH}}=\frac{|0-0+k|}{\sqrt{2^2+(-1)^2}}=\frac{|k|}{\sqrt{5}} \qquad \cdots\cdots\text{㉡}$$

㉠, ㉡에서 $\dfrac{|k|}{\sqrt{5}}=3$이므로 $|k|=3\sqrt{5}$

$$\therefore k^2=45$$

답 45

29

$x^2+y^2+(3a-2)x+4ay+a=0$을 a에 대하여 정리하면
$x^2+y^2-2x+a(3x+4y+1)=0$
이 등식이 a의 값에 관계없이 항상 성립하려면
$x^2+y^2-2x=0,\ 3x+4y+1=0$이어야 한다.

즉, 주어진 원이 실수 a의 값에 관계없이 항상 지나는 두 점 P, Q는 원 $x^2+y^2-2x=0$, 즉 $(x-1)^2+y^2=1$과 직선 $3x+4y+1=0$의 교점이다.

오른쪽 그림과 같이 원 $(x-1)^2+y^2=1$의 중심을 C라 하고 점 $C(1,0)$에서 직선 $3x+4y+1=0$에 내린 수선의 발을 H라 하면

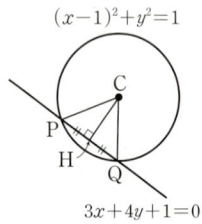

$$\overline{\text{CH}}=\frac{|3\times1+4\times0+1|}{\sqrt{3^2+4^2}}=\frac{4}{5}$$

이때 원 $(x-1)^2+y^2=1$의 반지름의 길이는 $\overline{\text{CP}}=1$이므로 직각삼각형 CPH에서 피타고라스 정리에 의하여

$$\overline{\text{PH}}=\sqrt{\overline{\text{CP}}^2-\overline{\text{CH}}^2}$$
$$=\sqrt{1^2-\left(\frac{4}{5}\right)^2}=\frac{3}{5}$$

$$\therefore \overline{\text{PQ}}=2\overline{\text{PH}}=2\times\frac{3}{5}=\frac{6}{5}$$

답 $\dfrac{6}{5}$

30

서로 다른 두 점에서 만나는 두 원 O, O'의 두 교점을 A, B라 하면 직선 AB의 방정식은
$x^2+y^2-2x-8-(x^2+y^2+x-2y-5)=0$
$\therefore -3x+2y-3=0$

또한, 두 원 O, O'의 중심을 각각 O, O'이라 하면
$x^2+y^2-2x-8=0$에서 $(x-1)^2+y^2=9$이므로
원 O의 중심 O의 좌표는 $(1,0)$이고, 반지름의 길이는 3이다.

이때 직선 OO'은 선분 AB를 수직이 등분하므로 선분 AB의 중점을 M이라 하면

$$\overline{\text{OM}}=(\text{점 O와 직선 AB 사이의 거리})$$
$$=\frac{|-3\times1+2\times0-3|}{\sqrt{(-3)^2+2^2}}=\frac{6}{\sqrt{13}}$$

직각삼각형 AOM에서 피타고라스 정리에 의하여

$$\overline{\text{AM}}=\sqrt{\overline{\text{AO}}^2-\overline{\text{OM}}^2}$$
$$=\sqrt{3^2-\left(\frac{6}{\sqrt{13}}\right)^2}$$
$$=\sqrt{\frac{81}{13}}=\frac{9}{\sqrt{13}}$$

이때 $\overline{\text{AB}}=2\overline{\text{AM}}$이므로 두 원의 공통현의 길이는

$$k=2\times\frac{9}{\sqrt{13}}=\frac{18}{\sqrt{13}}$$

$$\therefore 13k^2=13\times\left(\frac{18}{\sqrt{13}}\right)^2=324$$

답 324

다른 풀이

원 O'을 이용하여 구할 수도 있다.

$x^2+y^2+x-2y-5=0$에서 $\left(x+\dfrac{1}{2}\right)^2+(y-1)^2=\dfrac{25}{4}$이므로 원 O'의 중심 O'의 좌표는 $\left(-\dfrac{1}{2},1\right)$이고, 반지름의 길이는 $\dfrac{5}{2}$이다. 즉,

$$\overline{\text{O'M}}=(\text{점 O'과 직선 AB 사이의 거리})$$
$$=\frac{\left|-3\times\left(-\dfrac{1}{2}\right)+2\times1-3\right|}{\sqrt{(-3)^2+2^2}}=\frac{1}{2\sqrt{13}}$$

이므로 직각삼각형 AO'M에서 피타고라스 정리에 의하여

$$\overline{\text{AM}}=\sqrt{\overline{\text{AO'}}^2-\overline{\text{O'M}}^2}$$
$$=\sqrt{\left(\frac{5}{2}\right)^2-\left(\frac{1}{2\sqrt{13}}\right)^2}=\frac{9}{\sqrt{13}}$$

이때 $\overline{AB}=2\overline{AM}$이므로 두 원의 공통현의 길이는

$$k=2\times\dfrac{9}{\sqrt{13}}=\dfrac{18}{\sqrt{13}}$$

$$\therefore\ 13k^2=13\times\left(\dfrac{18}{\sqrt{13}}\right)^2=324$$

31

두 원의 교점을 지나는 원의 방정식을

$$x^2+y^2+4kx-10+m(x^2+y^2-10x+6y+2)=0$$
$$(m\neq-1)\quad\cdots\cdots\ \text{㉠}$$

이라 하면 원 ㉠이 원점을 지나므로

$$-10+2m=0\qquad\therefore\ m=5$$

또한, 원 ㉠이 점 $(2,-1)$을 지나므로

$$8k-5-19m=0$$
$$8k=100\ (\because\ m=5)$$

$$\therefore\ k=\dfrac{25}{2}$$

$m=5,\ k=\dfrac{25}{2}$를 ㉠에 대입하면 구하는 원의 방정식은

$$x^2+y^2+50x-10+5(x^2+y^2-10x+6y+2)=0$$
$$6x^2+6y^2+30y=0$$
$$\therefore\ x^2+y^2+5y=0$$

답 $x^2+y^2+5y=0$

32

두 원의 교점을 지나는 원의 방정식을

$$x^2+y^2+2y-8+k(x^2+y^2-ax-4y+8)=0\ (k\neq-1)$$
$$\cdots\cdots\ \text{㉠}$$

이라 하면 원 ㉠이 점 $(0,1)$을 지나므로

$$-5+5k=0\qquad\therefore\ k=1$$

이것을 ㉠에 대입하여 정리하면

$$2x^2+2y^2-ax-2y=0$$

$$\therefore\ \left(x-\dfrac{a}{4}\right)^2+\left(y-\dfrac{1}{2}\right)^2=\dfrac{a^2+4}{16}$$

이 원의 넓이가 $\dfrac{5}{2}\pi$이므로

$$\dfrac{a^2+4}{16}=\dfrac{5}{2},\ a^2=36$$

$$\therefore\ a=6\ (\because\ a>0)$$

답 6

33

두 원의 교점을 지나는 원 중에서 그 넓이가 최소인 것은 두 원의 공통현을 지름으로 하는 원이므로 구하는 원의 중심은 공통현의 중점이다.

이때 두 원의 중심을 지나는 직선은 공통현을 수직이등분하므로 공통현의 중점은 두 원의 교점을 지나는 직선과 두 원의 중심을 지나는 직선의 교점이다.

두 원의 교점을 지나는 직선의 방정식은

$$x^2+y^2-4x-1-(x^2+y^2-2y-9)=0$$
$$-4x+2y+8=0$$
$$\therefore\ 2x-y-4=0\qquad\cdots\cdots\ \text{㉠}$$

$x^2+y^2-4x-1=0$에서

$$(x-2)^2+y^2=5,$$

$x^2+y^2-2y-9=0$에서

$$x^2+(y-1)^2=10$$

이므로 두 원의 중심 $(2,0),(0,1)$을 지나는 직선의 방정식은

$$y=\dfrac{1-0}{0-2}(x-2),\ y=-\dfrac{1}{2}x+1$$

$$\therefore\ x+2y-2=0\qquad\cdots\cdots\ \text{㉡}$$

㉠, ㉡을 연립하여 풀면

$$x=2,\ y=0$$

즉, 구하는 원의 중심의 좌표가 $(2,0)$이므로

$$a=2,\ b=0$$

$$\therefore\ a+b=2+0=2$$

답 2

STEP **1** **개 념 마 무 리** 본문 pp.105~106

07 ③　　　**08** $1-\sqrt{10}<k<1+\sqrt{10}$　　**09** $\dfrac{5}{2}$

10 22　　**11** 52

12 $a<-\dfrac{4\sqrt{5}}{5}$ 또는 $a>\dfrac{4\sqrt{5}}{5}$　　　**13** -2

14 $\dfrac{9}{5}$　　**15** 4　　**16** $\dfrac{27}{2}$　　**17** $3\sqrt{7}$

18 50

07

ㄱ. 원의 방정식 $x^2+y^2-2kx-4ky-2k-1=0$에

$x=-1$, $y=0$을 대입하면

$(-1)^2+0^2-2k\times(-1)-4k\times0-2k-1=0$

즉, k의 값에 관계없이 항상 성립하므로 주어진 원은 반드시 점 $(-1,\,0)$을 지난다. (참)

ㄴ. $x^2+y^2-2kx-4ky-2k-1=0$에서

$(x-k)^2+(y-2k)^2=5k^2+2k+1$

즉, 원의 중심의 좌표는 $(k,\,2k)$이므로 원의 중심은 직선 $y=2x$ 위에 있다. (참)

ㄷ. $x^2+y^2-2kx-4ky-2k-1=0$에 $y=0$을 대입하면

$x^2-2kx-2k-1=0$

원과 x축의 교점의 x좌표는 이 이차방정식의 실근이므로 이 이차방정식의 판별식을 D라 하면

$\dfrac{D}{4}=(-k)^2-(-2k-1)$

$\qquad=k^2+2k+1=(k+1)^2\geq0$

즉, 주어진 원은 x축과 접하거나 서로 다른 두 점에서 만난다. (거짓)

따라서 항상 옳은 것은 ㄱ, ㄴ이다.

답 ③

08

$y=3x-k$를 $x^2+y^2-2x-4y+4=0$에 대입하면

$x^2+(3x-k)^2-2x-4(3x-k)+4=0$

$\therefore 10x^2-2(3k+7)x+k^2+4k+4=0$

이 이차방정식의 판별식을 D라 하면

$\dfrac{D}{4}=\{-(3k+7)\}^2-10(k^2+4k+4)$

$\qquad=-k^2+2k+9$

이때 원과 직선이 서로 다른 두 점에서 만나려면 $D>0$이어야 하므로

$-k^2+2k+9>0$

$k^2-2k-9<0$, $(k-1)^2<10$

$-\sqrt{10}<k-1<\sqrt{10}$

$\therefore 1-\sqrt{10}<k<1+\sqrt{10}$

답 $1-\sqrt{10}<k<1+\sqrt{10}$

다른 풀이

$x^2+y^2-2x-4y+4=0$에서 $(x-1)^2+(y-2)^2=1$이므로 원의 중심의 좌표는 $(1,\,2)$이고, 반지름의 길이는 1이다.

원의 중심 $(1,\,2)$와 직선 $y=3x-k$, 즉 $3x-y-k=0$ 사이의 거리를 d라 하면

$d=\dfrac{|3\times1-2-k|}{\sqrt{3^2+(-1)^2}}=\dfrac{|1-k|}{\sqrt{10}}$

이때 원과 직선이 서로 다른 두 점에서 만나려면 $d<1$이어야 하므로

$\dfrac{|1-k|}{\sqrt{10}}<1$, $|1-k|<\sqrt{10}$

$-\sqrt{10}<k-1<\sqrt{10}$

$\therefore 1-\sqrt{10}<k<1+\sqrt{10}$

09

다음 그림과 같이 삼각형 PAB에서 선분 AB의 길이는 $\sqrt{(-4)^2+(-3)^2}=5$로 일정하므로 원 위의 점 P와 직선 AB 사이의 거리가 최소일 때, 삼각형 PAB의 넓이가 최소이다.

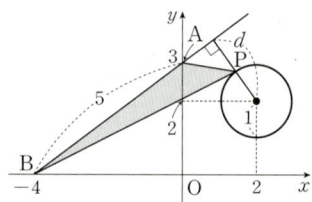

직선 AB의 방정식은

$\dfrac{x}{-4}+\dfrac{y}{3}=1$ $\qquad\therefore 3x-4y+12=0$

원의 중심 $(2,\,2)$와 직선 AB, 즉 $3x-4y+12=0$ 사이의 거리를 d라 하면

$d=\dfrac{|3\times2-4\times2+12|}{\sqrt{3^2+(-4)^2}}=2$

이때 원의 반지름의 길이는 1이므로 원 위의 점 P와 직선 AB 사이의 거리의 최솟값은

$2-1=1$

따라서 삼각형 PAB의 넓이의 최솟값은

$\dfrac{1}{2}\times5\times1=\dfrac{5}{2}$

답 $\dfrac{5}{2}$

10

오른쪽 그림과 같이 점 $P(3, 4)$를 지나는 직선 중에서 원점으로부터의 거리가 최대인 직선은 직선 OP에 수직인 직선이다.

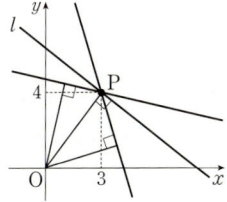

이때 직선 OP의 기울기는 $\dfrac{4}{3}$이므로 직선 l의 기울기는 $-\dfrac{3}{4}$이다.

따라서 점 $P(3, 4)$를 지나고 기울기가 $-\dfrac{3}{4}$인 직선 l의 방정식은

$$y-4=-\frac{3}{4}(x-3) \qquad \therefore 3x+4y-25=0$$

한편, 오른쪽 그림과 같이 원 $(x-7)^2+(y-5)^2=1$의 중심을 C라 하고 점 C에서 직선 l에 내린 수선의 발을 H라 하면 원의 중심 $C(7, 5)$와 직선 l 사이의 거리는

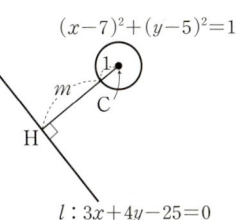

$$\overline{CH}=\frac{|3\times 7+4\times 5-25|}{\sqrt{3^2+4^2}}$$

$$=\frac{16}{5}$$

즉, 원 위의 점과 직선 l 사이의 거리의 최솟값은

$$m=\overline{CH}-(원의\ 반지름의\ 길이)$$

$$=\frac{16}{5}-1=\frac{11}{5}$$

$$\therefore 10m=10\times\frac{11}{5}=22$$

답 22

11

$x^2+y^2-6x+10=k$라 하면

$$(x-3)^2+y^2=k-1 \qquad \cdots\cdots\ ㉠$$

이때 점 P는 사각형 OABC의 둘레 위의 점이므로 $(3, 0)$이 될 수 없다. 즉, $k-1>0$이므로 도형 ㉠은 중심의 좌표가 $(3, 0)$이고, 반지름의 길이가 $\sqrt{k-1}$인 원이다.

또한, 도형 ㉠의 반지름의 길이가 최대일 때 k가 최댓값을 갖고, 도형 ㉠의 반지름의 길이가 최소일 때 k가 최솟값을 갖는다.

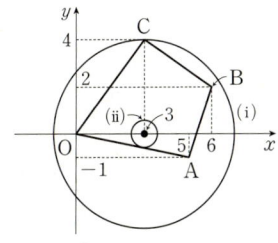

위의 그림에서

(ⅰ) 도형 ㉠이 점 $C(3, 4)$를 지날 때,

$$16=k-1 \qquad \therefore k=17$$

(ⅱ) 도형 ㉠이 원점과 점 $A(5, -1)$을 지나는 직선에 접할 때, 원점과 점 $A(5, -1)$을 지나는 직선의 방정식은

$$y=-\frac{1}{5}x,\ 즉\ x+5y=0$$이므로 원의 중심 $(3, 0)$과 직선 $x+5y=0$ 사이의 거리는

$$\frac{|3|}{\sqrt{1^2+5^2}}=\frac{3}{\sqrt{26}}$$

즉, 도형 ㉠의 반지름의 길이가 $\dfrac{3}{\sqrt{26}}$이므로

$$\sqrt{k-1}=\frac{3}{\sqrt{26}},\ k-1=\frac{9}{26} \qquad \therefore k=\frac{35}{26}$$

(ⅰ), (ⅱ)에서 $M=17$, $m=\dfrac{35}{26}$이므로

$$M+26m=17+26\times\frac{35}{26}=52$$

답 52

12 본문 p.095 한 걸음 더 참고

원 $x^2+y^2=4$는 중심의 좌표가 $(0, 0)$, 반지름의 길이가 2이다.

또한, 원 $x^2+y^2+2ax-4ay+5a^2-4=0$은

$$(x+a)^2+(y-2a)^2=4$$

이므로 중심의 좌표가 $(-a, 2a)$, 반지름의 길이가 2이다.

이때 두 원의 중심 사이의 거리는

$$\sqrt{(-a)^2+(2a)^2}=\sqrt{5a^2}=\sqrt{5}|a|$$

두 원의 반지름의 길이가 2로 같으므로 두 원이 서로 만나지 않는 경우는 한 원이 다른 원의 외부에 있을 때뿐이다.

따라서 두 원의 중심 사이의 거리가 두 원의 반지름의 길이의 합보다 커야 하므로

$$\sqrt{5}|a|>2+2,\ |a|>\frac{4\sqrt{5}}{5}$$

$$\therefore a < -\frac{4\sqrt{5}}{5} \text{ 또는 } a > \frac{4\sqrt{5}}{5}$$

답 $a < -\dfrac{4\sqrt{5}}{5}$ 또는 $a > \dfrac{4\sqrt{5}}{5}$

13

$x^2+y^2=30$에서 $x^2+y^2-30=0$

$(x-2a)^2+y^2=14$에서

$x^2+y^2-4ax+4a^2-14=0$

이 두 원의 교점을 지나는 직선의 방정식은

$x^2+y^2-30-(x^2+y^2-4ax+4a^2-14)=0$

$4ax-4a^2-16=0$

$\therefore ax-a^2-4=0$

이 직선이 점 $(-4, 3)$을 지나므로

$-4a-a^2-4=0$

$a^2+4a+4=0,\ (a+2)^2=0$

$\therefore a=-2$

답 -2

14

점 P의 좌표를 (x, y)라 하자.

조건 ㈎에서 $\overline{AP}:\overline{BP}=2:1$, 즉 $2\overline{BP}=\overline{AP}$이므로

$4\overline{BP}^2=\overline{AP}^2$

즉, $4\{x^2+(y-3)^2\}=(x-3)^2+y^2$에서

$4(x^2+y^2-6y+9)=x^2-6x+9+y^2$

$\therefore x^2+y^2+2x-8y+9=0$ ……㉠

조건 ㈏에서 두 선분 AP, BP가 서로 수직이므로 점 P는

선분 AB를 지름으로 하는 원 위의 점이다.

이때 이 원의 중심은 선분 AB의 중점이므로 그 좌표는

$\left(\dfrac{3+0}{2}, \dfrac{0+3}{2}\right)$, 즉 $\left(\dfrac{3}{2}, \dfrac{3}{2}\right)$

선분 AB가 원의 지름이므로 원의 반지름의 길이는

$\dfrac{1}{2}\overline{AB}=\dfrac{1}{2}\sqrt{(0-3)^2+(3-0)^2}=\dfrac{3\sqrt{2}}{2}$

즉, 이 원의 방정식은

$\left(x-\dfrac{3}{2}\right)^2+\left(y-\dfrac{3}{2}\right)^2=\left(\dfrac{3\sqrt{2}}{2}\right)^2$

$\therefore x^2+y^2-3x-3y=0$ ……㉡

조건 ㈎, ㈏를 만족시키는 점 P는 두 원 ㉠, ㉡의 두 교점이므로 이 두 점을 지나는 직선의 방정식은

$x^2+y^2+2x-8y+9-(x^2+y^2-3x-3y)=0$

$\therefore 5x-5y+9=0$

따라서 구하는 y절편은 $\dfrac{9}{5}$이다.

답 $\dfrac{9}{5}$

15

오른쪽 그림과 같이 원과

직선의 두 교점을 A, B라

하면

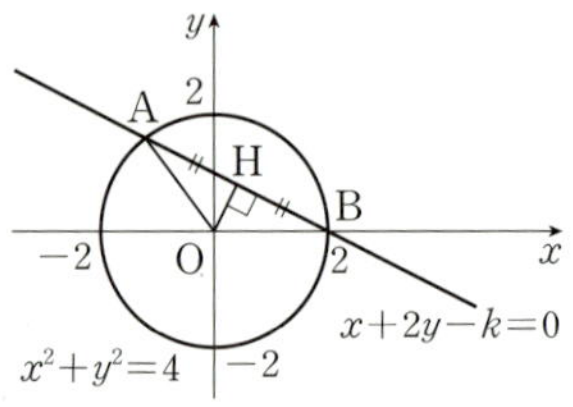

$\overline{AB}=\dfrac{8\sqrt{5}}{5}$

원의 중심 O에서 직선

$x+2y-k=0$에 내린 수선의 발을 H라 하면

$\overline{AH}=\dfrac{1}{2}\overline{AB}=\dfrac{4\sqrt{5}}{5}$

이때 원 $x^2+y^2=4$의 반지름의 길이는 $\overline{OA}=\overline{OB}=2$이므로 직각삼각형 OAH에서 피타고라스 정리에 의하여

$\overline{OH}=\sqrt{\overline{OA}^2-\overline{AH}^2}$

$\quad=\sqrt{2^2-\left(\dfrac{4\sqrt{5}}{5}\right)^2}=\dfrac{2\sqrt{5}}{5}$ ……㉠

한편, 원의 중심 $O(0, 0)$과 직선 $x+2y-k=0$ 사이의 거리는

$\overline{OH}=\dfrac{|0+0-k|}{\sqrt{1^2+2^2}}=\dfrac{|k|}{\sqrt{5}}$ ……㉡

㉠, ㉡에서 $\dfrac{|k|}{\sqrt{5}}=\dfrac{2\sqrt{5}}{5}$이므로

$|k|=2$ $\therefore k^2=4$

답 4

16

원과 직선의 두 교점을 지름의 양 끝 점으로 하는 원의 중심은 직선 $x+y-2=0$ 위의 점이므로

$a+b-2=0$ $\therefore a+b=2$ ……㉠

한편, $x^2+y^2-4x-6y-3=0$에서

$(x-2)^2+(y-3)^2=16$

이 원의 중심을 A라 하면 A$(2, 3)$이고, 반지름의 길이는 4이다.

또한, 다음 그림과 같이 원과 직선의 두 교점을 B, C라 하면 직선 BC의 방정식은 $x+y-2=0$이고, 원의 중심 A에서 직선 $x+y-2=0$에 내린 수선의 발을 H라 하면

$$\overline{AH}=\frac{|2+3-2|}{\sqrt{1^2+1^2}}=\frac{3}{\sqrt{2}}$$

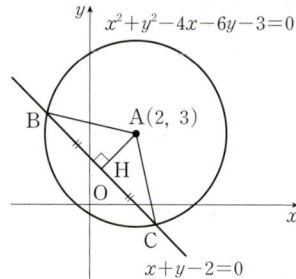

직각삼각형 ABH에서 피타고라스 정리에 의하여

$$\overline{BH}=\sqrt{\overline{AB}^2-\overline{AH}^2}$$
$$=\sqrt{4^2-\left(\frac{3}{\sqrt{2}}\right)^2}$$
$$=\sqrt{\frac{23}{2}}=\frac{\sqrt{46}}{2}$$

즉, $r=\frac{\sqrt{46}}{2}$이므로

$$a+b+r^2=2+\left(\frac{\sqrt{46}}{2}\right)^2 \ (\because ㉠)$$
$$=\frac{27}{2}$$

답 $\dfrac{27}{2}$

17

점 C의 좌표는 $(3, 3)$이므로
$$\overline{OC}=\sqrt{3^2+3^2}=3\sqrt{2}$$
$x^2+y^2=16$에서 $x^2+y^2-16=0$
$(x-3)^2+(y-3)^2=4$에서
$x^2+y^2-6x-6y+14=0$
이므로 직선 PQ의 방정식은
$x^2+y^2-16-(x^2+y^2-6x-6y+14)=0$
$6x+6y-30=0$ $\therefore x+y-5=0$
두 원의 중심을 이은 선분과 공통현은 수직으로 만나므로
$$\overline{PQ}\perp\overline{OC}$$

다음 그림과 같이 $\overline{OC}$와 $\overline{PQ}$의 교점을 H라 하면 $\overline{OH}$는 점 O와 직선 PQ, 즉 $x+y-5=0$ 사이의 거리이므로

$$\overline{OH}=\frac{|-5|}{\sqrt{1^2+1^2}}=\frac{5\sqrt{2}}{2}$$

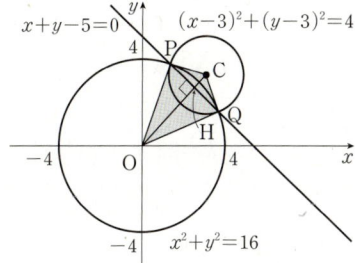

직각삼각형 POH에서 피타고라스 정리에 의하여

$$\overline{PH}=\sqrt{\overline{OP}^2-\overline{OH}^2}$$
$$=\sqrt{4^2-\left(\frac{5\sqrt{2}}{2}\right)^2}=\frac{\sqrt{14}}{2}$$

따라서 사각형 POQC의 넓이는

$$2\times\triangle OCP=2\times\left(\frac{1}{2}\times\overline{OC}\times\overline{PH}\right)$$
$$=2\times\left(\frac{1}{2}\times3\sqrt{2}\times\frac{\sqrt{14}}{2}\right)$$
$$=3\sqrt{7}$$

답 $3\sqrt{7}$

18

$(x+4)^2+(y-2)^2=k$에서
$x^2+y^2+8x-4y+20-k=0$
주어진 두 원의 교점을 지나는 원의 방정식은
$x^2+y^2+4x-6y+9+m(x^2+y^2+8x-4y+20-k)=0$
(단, $m\neq-1$)
$\therefore (m+1)x^2+(m+1)y^2+(8m+4)x-(4m+6)y$
$-km+20m+9=0$ ……㉠
원 ㉠이 x축, y축에 동시에 접하려면
㉠에서 $|(x$의 계수$)|=|(y$의 계수$)|$이어야 한다.
즉, $8m+4=-4m-6$ 또는 $8m+4=4m+6$에서
$m=-\dfrac{5}{6}$ 또는 $m=\dfrac{1}{2}$

(i) $m=-\dfrac{5}{6}$일 때,

㉠에서

$\dfrac{1}{6}x^2+\dfrac{1}{6}y^2-\dfrac{8}{3}x-\dfrac{8}{3}y+\dfrac{5}{6}k-\dfrac{23}{3}=0$

$x^2+y^2-16x-16y+5k-46=0$

$\therefore (x-8)^2+(y-8)^2=174-5k$

이 원이 x축, y축에 동시에 접하므로

$\underline{174-5k=64} \quad \therefore k=22$ ┌ (반지름의 길이)$=|$(중심의 x좌표)$|$
└ $=|$(중심의 y좌표)$|$

그런데 $k=22$일 때 주어진 두 원은 만나지 않으므로 조건

을 만족시키지 않는다.$_{(*)}$

(ii) $m=\dfrac{1}{2}$일 때,

㉠에서

$\dfrac{3}{2}x^2+\dfrac{3}{2}y^2+8x-8y-\dfrac{1}{2}k+19=0$

$x^2+y^2+\dfrac{16}{3}x-\dfrac{16}{3}y-\dfrac{1}{3}k+\dfrac{38}{3}=0$

$\therefore \left(x+\dfrac{8}{3}\right)^2+\left(y-\dfrac{8}{3}\right)^2=\dfrac{14}{9}+\dfrac{1}{3}k$

이 원이 x축, y축에 동시에 접하므로

$\dfrac{14}{9}+\dfrac{1}{3}k=\dfrac{64}{9},\ 3k=50$
┌ (반지름의 길이)$=|$(중심의 x좌표)$|$
└ $=|$(중심의 y좌표)$|$

$\therefore k=\dfrac{50}{3}$ $_{(*)}$

(i), (ii)에서 $k=\dfrac{50}{3}$이므로

$3k=3\times\dfrac{50}{3}=50$

답 50

보충 설명 본문 p.095 한 걸음 더 참고

$(*)$에서 $x^2+y^2+4x-6y+9=0$, 즉

$(x+2)^2+(y-3)^2=4$이므로 주어진 두 원의 중심의 좌표

는 각각 $(-2, 3)$, $(-4, 2)$이고, 반지름의 길이는 각각 2, $\sqrt{k}$

이다.

이때 두 원의 중심 사이의 거리는

$\sqrt{(-4+2)^2+(2-3)^2}=\sqrt{5}$이므로

$k=22$일 때, $\underset{d<r-r'}{\sqrt{5}<\sqrt{22}-2}$

$k=\dfrac{50}{3}$일 때, $\underset{r-r'<d<r+r'}{\sqrt{\dfrac{50}{3}}-2<\sqrt{5}<\sqrt{\dfrac{50}{3}}+2}$

따라서 $k=22$일 때 한 원이 다른 원의 내부에 있고, $k=\dfrac{50}{3}$

일 때 두 원이 서로 다른 두 점에서 만난다.

---

3 원의 접선의 방정식

기본＋필수연습   본문 pp.111~116

34 $y=-x\pm3\sqrt{2}$	**35** $x+\sqrt{5}y=12$
36 $y=-2x-1\pm3\sqrt{5}$	**37** $40\sqrt{3}$ **38** 5
39 4 **40** 7	**41** $4\sqrt{2}$ **42** 9
43 $8\sqrt{5}$ **44** $\overline{PQ}=\sqrt{51},\ \overline{RS}=3\sqrt{3}$	**45** 5

34

원 $x^2+y^2=9$의 반지름의 길이는 3이고, 접선의 기울기가

-1이므로 구하는 직선의 방정식은

$y=-x\pm3\times\sqrt{(-1)^2+1}$

$\therefore y=-x\pm3\sqrt{2}$

답 $y=-x\pm3\sqrt{2}$

다른 풀이

접선의 기울기가 -1이므로 접선의 방정식을

$y=-x+k$ (k는 상수)라 하자.

원의 중심 $(0, 0)$과 직선 $y=-x+k$, 즉 $x+y-k=0$ 사이

의 거리는 반지름의 길이 3과 같으므로

$\dfrac{|0+0-k|}{\sqrt{1^2+1^2}}=3,\ |k|=3\sqrt{2}$

$\therefore k=\pm3\sqrt{2}$

따라서 구하는 직선의 방정식은

$y=-x\pm3\sqrt{2}$

35

원 $x^2+y^2=24$ 위의 점 $(2, 2\sqrt{5})$에서의 접선의 방정식은

$2\times x+2\sqrt{5}\times y=24$

$\therefore x+\sqrt{5}y=12$

답 $x+\sqrt{5}y=12$

다른 풀이

원의 중심 $(0, 0)$과 접점 $(2, 2\sqrt{5})$를 지나는 직선의 기울기는

$\dfrac{2\sqrt{5}-0}{2-0}=\sqrt{5}$

이므로 구하는 접선의 기울기는

$-\dfrac{1}{\sqrt{5}}=-\dfrac{\sqrt{5}}{5}$이다.

따라서 기울기가 $-\dfrac{\sqrt{5}}{5}$ 이고, 점 $(2, 2\sqrt{5})$ 를 지나는 접선의 방정식은 $y-2\sqrt{5}=-\dfrac{\sqrt{5}}{5}(x-2)$

$\therefore y=-\dfrac{\sqrt{5}}{5}x+\dfrac{12\sqrt{5}}{5}$ ← $x+\sqrt{5}y=12$

36

구하는 접선이 직선 $x-2y+4=0$, 즉 $y=\dfrac{1}{2}x+2$ 에 수직이므로 접선의 기울기는 -2 이다. ← $\dfrac{1}{2}\times(-2)=-1$

이 접선의 방정식을 $y=-2x+k$ (k는 상수)라 하면 원의 중심 $(1, -3)$ 과 직선 $y=-2x+k$, 즉 $2x+y-k=0$ 사이의 거리는 원의 반지름의 길이 3과 같으므로

$\dfrac{|2\times1+(-3)-k|}{\sqrt{2^2+1^2}}=3$

$\dfrac{|-1-k|}{\sqrt{5}}=3$, $|k+1|=3\sqrt{5}$, $k+1=\pm3\sqrt{5}$

$\therefore k=-1\pm3\sqrt{5}$

$\therefore y=-2x-1\pm3\sqrt{5}$

답 $y=-2x-1\pm3\sqrt{5}$

다른 풀이

구하는 접선의 방정식을 $y=-2x+k$ (k는 상수)라 하고 $(x-1)^2+(y+3)^2=9$ 에 대입하면

$(x-1)^2+(-2x+k+3)^2=9$

$5x^2-2(2k+7)x+k^2+6k+10=9$

$\therefore 5x^2-2(2k+7)x+k^2+6k+1=0$

이 이차방정식의 판별식을 D라 하면

$\dfrac{D}{4}=\{-(2k+7)\}^2-5(k^2+6k+1)=0$

$k^2+2k-44=0$ $\therefore k=-1\pm3\sqrt{5}$

따라서 구하는 접선의 방정식은

$y=-2x-1\pm3\sqrt{5}$

37

x축의 양의 방향과 이루는 각의 크기가 $30°$인 직선의 기울기는 $\tan30°=\dfrac{\sqrt{3}}{3}$

이때 원 $x^2+y^2=15$ 의 반지름의 길이는 $\sqrt{15}$ 이므로 기울기가 $\dfrac{\sqrt{3}}{3}$ 인 접선의 방정식은

$y=\dfrac{\sqrt{3}}{3}x\pm\sqrt{15}\times\sqrt{\left(\dfrac{\sqrt{3}}{3}\right)^2+1}$

$\therefore y=\dfrac{\sqrt{3}}{3}x\pm2\sqrt{5}$

이때 직선 $y=\dfrac{\sqrt{3}}{3}x+2\sqrt{5}$ 가 x축, y축과 만나는 두 점을 각각 A, B라 하면

$A(-2\sqrt{15}, 0)$, $B(0, 2\sqrt{5})$

직선 $y=\dfrac{\sqrt{3}}{3}x-2\sqrt{5}$ 가 x축, y축과 만나는 두 점을 각각 C, D라 하면

$C(2\sqrt{15}, 0)$, $D(0, -2\sqrt{5})$

$\therefore \square ADCB$

$=\dfrac{1}{2}\times\{2\sqrt{15}-(-2\sqrt{15})\}\times\{2\sqrt{5}-(-2\sqrt{5})\}$

$=\dfrac{1}{2}\times4\sqrt{15}\times4\sqrt{5}=40\sqrt{3}$

답 $40\sqrt{3}$

보충 설명

두 대각선이 서로 직교하는 사각형 ADCB의 넓이는

$\dfrac{1}{2}\times\overline{AC}\times\overline{BD}$

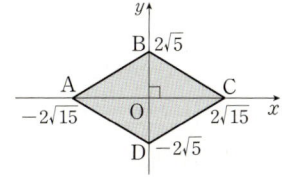

38

$x^2+y^2+2x-4y=8$ 에서

$(x+1)^2+(y-2)^2=13$

원의 중심을 C라 하면 $C(-1, 2)$ 이고, 점 C와 접점 $P(-3, -1)$ 을 지나는 직선 CP의 기울기는

$\dfrac{-1-2}{-3-(-1)}=\dfrac{3}{2}$

이때 구하는 접선은 직선 CP에 수직이므로 접선의 기울기는 $-\dfrac{2}{3}$ 이다.

따라서 기울기가 $-\dfrac{2}{3}$ 이고 점 $P(-3, -1)$ 을 지나는 접선의 방정식은

$$y-(-1)=-\frac{2}{3}\{x-(-3)\} \qquad \therefore 2x+3y+9=0$$

따라서 $a=2$, $b=3$이므로

$$a+b=2+3=5$$

답 5

다른 풀이

$x^2+y^2+2x-4y=8$에서

$$(x+1)^2+(y-2)^2=13$$

원 $(x+1)^2+(y-2)^2=13$ 위의 점 $P(-3, -1)$에서의 접선의 방정식은

$$(-3+1)\times(x+1)+(-1-2)\times(y-2)=13$$

$$\therefore 2x+3y+9=0$$

따라서 $a=2$, $b=3$이므로

$$a+b=2+3=5$$

39

$x^2+y^2-4x+2y+a=0$에서

$$(x-2)^2+(y+1)^2=5-a$$

즉, 이 원의 중심의 좌표는 $(2, -1)$이고, 반지름의 길이는 $\sqrt{5-a}$이다.

이때 점 $(5, b)$에서의 접선이 y축과 평행하므로 오른쪽 그림에서

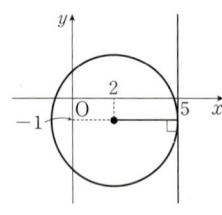

$$2+\sqrt{5-a}=5, \quad -1=b$$

따라서 $a=-4$, $b=-1$이므로

$$ab=(-4)\times(-1)=4$$

답 4

40

$x^2+y^2-6x+4y+12=0$에서

$$(x-3)^2+(y+2)^2=1$$

접선의 기울기를 m $(m>0)$이라 하면 점 $(1, -3)$을 지나는 접선의 방정식은

$$y-(-3)=m(x-1) \qquad \therefore mx-y-m-3=0$$

원의 중심 $(3, -2)$와 직선 $mx-y-m-3=0$ 사이의 거리가 원의 반지름의 길이 1과 같으므로

$$\frac{|3m+2-m-3|}{\sqrt{m^2+(-1)^2}}=1$$

$$|2m-1|=\sqrt{m^2+1}, \quad 4m^2-4m+1=m^2+1$$

$$3m^2-4m=0, \quad m(3m-4)=0$$

$$\therefore m=\frac{4}{3} \;(\because m>0)$$

따라서 $p=3$, $q=4$이므로 $p+q=3+4=7$

답 7

다른 풀이

$x^2+y^2-6x+4y+12=0$에서

$$(x-3)^2+(y+2)^2=1$$

접점의 좌표를 (x_1, y_1)이라 하면 접선의 방정식은

$$(x_1-3)(x-3)+(y_1+2)(y+2)=1 \qquad \cdots\cdots \text{㉠}$$

접점 (x_1, y_1)이 원 $(x-3)^2+(y+2)^2=1$ 위에 있으므로

$$(x_1-3)^2+(y_1+2)^2=1 \qquad \cdots\cdots \text{㉡}$$

직선 ㉠이 점 $(1, -3)$을 지나므로

$$-2(x_1-3)-(y_1+2)=1$$

$$2x_1+y_1-3=0 \qquad \therefore y_1=-2x_1+3 \qquad \cdots\cdots \text{㉢}$$

㉢을 ㉡에 대입하면

$$(x_1-3)^2+(-2x_1+5)^2=1$$

$$5x_1^2-26x_1+33=0, \quad (x_1-3)(5x_1-11)=0$$

$$\therefore x_1=3 \text{ 또는 } x_1=\frac{11}{5}$$

이것을 ㉢에 대입하면

$x_1=3$일 때, $y_1=-3$

$x_1=\frac{11}{5}$일 때, $y_1=-\frac{7}{5}$

즉, ㉠에서 접선의 방정식은

$$y=-3 \text{ 또는 } 4x-3y-13=0$$

따라서 기울기가 양수인 접선은 $4x-3y-13=0$이므로 그 기울기는 $\frac{4}{3}$, 즉 $p=3$, $q=4$

$$\therefore p+q=3+4=7$$

41

$x^2+y^2-8x-6y+16=0$에서

$$(x-4)^2+(y-3)^2=9$$

오른쪽 그림과 같이 원의 중심을 C라 하면 $\overline{CT}\perp\overline{AT}$이므로 $\triangle CTA$는 $\angle CTA=90°$인 직각삼각형이다.

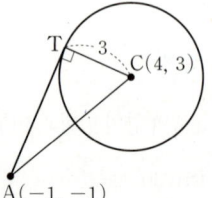

이때 C(4, 3)이므로

$\overline{AC}=\sqrt{\{4-(-1)\}^2+\{3-(-1)\}^2}=\sqrt{41}$

원의 반지름의 길이는 3이므로

$\overline{CT}=3$

따라서 직각삼각형 CTA에서

$\overline{AT}=\sqrt{\overline{AC}^2-\overline{CT}^2}$
$=\sqrt{41-9}=\sqrt{32}=4\sqrt{2}$

답 $4\sqrt{2}$

42

$x^2+y^2-6x-4y+4=0$에서

$(x-3)^2+(y-2)^2=9$

오른쪽 그림과 같이 원의 중심을

C, 접점을 T라 하면

$\overline{PT}=3\sqrt{7}$

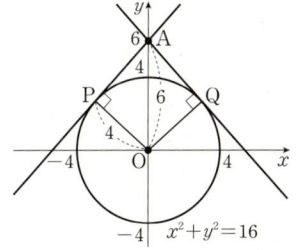

$\overline{CT}\perp\overline{PT}$이므로 △CTP는

∠CTP=90°인 직각삼각형이다.

이때 C(3, 2)이므로

$\overline{CP}=\sqrt{(a-3)^2+(-4-2)^2}=\sqrt{a^2-6a+45}$ ……㉠

원의 반지름의 길이는 3이므로

$\overline{CT}=3$

따라서 직각삼각형 CTP에서

$\overline{CP}=\sqrt{\overline{CT}^2+\overline{PT}^2}$
$=\sqrt{3^2+(3\sqrt{7})^2}=\sqrt{72}=6\sqrt{2}$ ……㉡

㉠, ㉡에서 $\sqrt{a^2-6a+45}=6\sqrt{2}$이므로 양변을 제곱하면

$a^2-6a+45=72$, $a^2-6a-27=0$

$(a+3)(a-9)=0$ ∴ $a=9$ ($\because a>0$)

답 9

43

점 A(0, 6)과 원

$x^2+y^2=16$은 오른쪽

그림과 같으므로

$\overline{AO}=6$, $\overline{OP}=4$

이때 △APO는

∠APO=90°인

직각삼각형이므로

$\overline{AP}=\sqrt{6^2-4^2}=\sqrt{20}=2\sqrt{5}$

즉, 삼각형 APO의 넓이는

$\dfrac{1}{2}\times\overline{AP}\times\overline{OP}=\dfrac{1}{2}\times2\sqrt{5}\times4=4\sqrt{5}$

∴ □APOQ=2×△APO
$=2\times4\sqrt{5}=8\sqrt{5}$

답 $8\sqrt{5}$

44

두 원 $C:x^2+(y-2)^2=4$, $C':(x-4)^2+(y+4)^2=9$의

반지름의 길이는 각각 2, 3이고 중심을 각각 C, C′이라 하면

C(0, 2), C′(4, −4)

두 원의 중심 사이의 거리는

$\overline{CC'}=\sqrt{(4-0)^2+(-4-2)^2}=2\sqrt{13}>2+3$

이므로 한 원이 다른 원의 외부에 있다.

다음 그림과 같이 점 C에서 선분 C′Q에 내린 수선의 발을

H라 하면 $\overline{CP}=\overline{HQ}$이므로

$\overline{C'H}=\overline{C'Q}-\overline{HQ}=3-2=1$

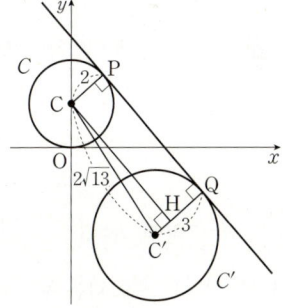

△CC′H는 ∠C′HC=90°인 직각삼각형이므로

$\overline{PQ}=\overline{CH}=\sqrt{\overline{CC'}^2-\overline{C'H}^2}$
$=\sqrt{(2\sqrt{13})^2-1^2}=\sqrt{51}$

한편, 다음 그림과 같이 점 C′에서 직선 CR에 내린 수선의

발을 H′이라 하면 $\overline{C'S}=\overline{H'R}$이므로

$\overline{CH'}=\overline{CR}+\overline{H'R}$
$=\overline{CR}+\overline{C'S}$
$=2+3=5$

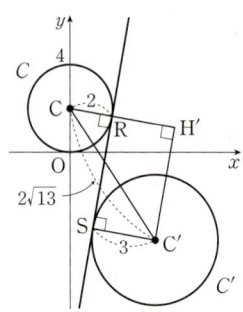

△CC′H′은 ∠C′H′C=90°인 직각삼각형이므로

$$\overline{RS}=\overline{H'C'}=\sqrt{\overline{CC'}^2-\overline{CH'}^2}$$
$$=\sqrt{(2\sqrt{13})^2-5^2}=3\sqrt{3}$$

답 $\overline{PQ}=\sqrt{51}$, $\overline{RS}=3\sqrt{3}$

45

중심의 좌표가 $(a,\ b)$이고 x축에 접하는 원의 방정식은
$$(x-a)^2+(y-b)^2=b^2 \qquad \cdots\cdots ㉠$$
원 ㉠이 점 A(2, 5)를 지나므로
$$(2-a)^2+(5-b)^2=b^2$$
$$\therefore a^2-4a-10b+29=0 \qquad \cdots\cdots ㉡$$
또한, 원 ㉠이 점 B(4, 1)을 지나므로
$$(4-a)^2+(1-b)^2=b^2$$
$$\therefore a^2-8a-2b+17=0 \qquad \cdots\cdots ㉢$$
㉢에서 $2b=a^2-8a+17$을 ㉡에 대입하여 정리하면
$$4a^2-36a+56=0,\ a^2-9a+14=0$$
$$(a-2)(a-7)=0 \qquad \therefore a=2 \text{ 또는 } a=7$$
㉡ 또는 ㉢에서

$a=2$일 때 $b=\dfrac{5}{2}$, $a=7$일 때 $b=5$

즉, 두 점 A, B에서 만나는 서로 다른 두 원의 중심을 각각
$C\left(2,\ \dfrac{5}{2}\right)$, C′(7, 5)라 하면 각 원과 x축 위에 있지 않은
접선의 접점 D, E는 다음 그림과 같다.

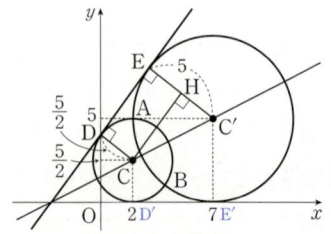

두 원의 중심 사이의 거리는
$$\overline{CC'}=\sqrt{(7-2)^2+\left(5-\frac{5}{2}\right)^2}=\frac{5\sqrt{5}}{2}$$
점 C에서 선분 EC′에 내린 수선의 발을 H라 하면 △CC′H
는 ∠C′HC=90°인 직각삼각형이므로
$$\overline{DE}=\overline{CH}=\sqrt{\overline{CC'}^2-\overline{C'H}^2}$$
$$=\sqrt{\left(\frac{5\sqrt{5}}{2}\right)^2-\left(5-\frac{5}{2}\right)^2}$$
$$=5 \quad \leftarrow \text{두 원의 중심 C, C′에서 } x\text{축에 내린 수선의 발을 각각 D′, E′이라 하면}$$
$$\qquad\qquad\quad \overline{DE}=\overline{D'E'}=7-2=5$$

답 5

19

구하는 접선은 직선 $2x-y+1=0$, 즉 $y=2x+1$에 수직이
므로 접선의 기울기는 $-\dfrac{1}{2}$이다.

또한, 원 $x^2+y^2=5$의 반지름의 길이는 $\sqrt{5}$이므로 구하는 접
선의 방정식은
$$y=-\frac{1}{2}x\pm\sqrt{5}\sqrt{\left(-\frac{1}{2}\right)^2+1}$$
$$\therefore y=-\frac{1}{2}x\pm\frac{5}{2}$$

따라서 두 직선이 x축과 만나는 점의 좌표는 각각 (5, 0),
$(-5,\ 0)$이므로
$$\overline{AB}=|5-(-5)|=10$$

답 10

다른 풀이 1

접선의 기울기가 $-\dfrac{1}{2}$이므로 접선의 방정식을
$$y=-\frac{1}{2}x+k\ (k\text{는 상수})\text{라 하자.}$$

원의 중심 (0, 0)과 직선 $y=-\dfrac{1}{2}x+k$, 즉

$x+2y-2k=0$ 사이의 거리는 반지름의 길이 $\sqrt{5}$와 같으므로

$\dfrac{|-2k|}{\sqrt{1^2+2^2}}=\sqrt{5},\ |-2k|=5$

$2k=\pm5$　　$\therefore\ k=\pm\dfrac{5}{2}$

따라서 구하는 접선의 방정식은

$y=-\dfrac{1}{2}x\pm\dfrac{5}{2}$

다른 풀이 2

접선의 기울기가 $-\dfrac{1}{2}$이므로 접선의 방정식을

$y=-\dfrac{1}{2}x+k$ (k는 상수)라 하고

$x^2+y^2=5$에 대입하면 $x^2+\left(-\dfrac{1}{2}x+k\right)^2=5$

$\therefore\ \dfrac{5}{4}x^2-kx+k^2-5=0$

이 이차방정식의 판별식을 D라 하면

$D=(-k)^2-4\times\dfrac{5}{4}\times(k^2-5)=0$

$-4k^2+25=0,\ k^2=\dfrac{25}{4}$

$\therefore\ k=\pm\dfrac{5}{2}$

따라서 구하는 접선의 방정식은

$y=-\dfrac{1}{2}x\pm\dfrac{5}{2}$

20

원 $x^2+y^2=2$ 위의 점 A$(-1,\ 1)$에서의 접선 l의 방정식은

$-x+y=2$　　$\therefore\ l:x-y+2=0$　　……㉠

같은 방법으로 원 위의 점 B$(1,\ 1)$, C$(0,\ -\sqrt{2})$에서의 접선 $m,\ n$의 방정식은 각각

$x+y=2$　　$\therefore\ m:x+y-2=0$　　……㉡

$0\times x-\sqrt{2}y=2$　　$\therefore\ n:y+\sqrt{2}=0$

――――――――――――――――――――――― (가)

두 직선 $l,\ m$의 교점이 P이므로 ㉠, ㉡을 연립하여 풀면

$x=0,\ y=2$　　$\therefore\ P(0,\ 2)$

같은 방법으로 두 직선 $m,\ n$의 교점 Q, 두 직선 $n,\ l$의 교점 R의 좌표를 각각 구하면

Q$(2+\sqrt{2},\ -\sqrt{2})$, R$(-2-\sqrt{2},\ -\sqrt{2})$

――――――――――――――――――――――― (나)

따라서 삼각형 PQR의 무게중심의 좌표는

$\left(\dfrac{0+2+\sqrt{2}-2-\sqrt{2}}{3},\ \dfrac{2-\sqrt{2}-\sqrt{2}}{3}\right)$

$\therefore\ \left(0,\ \dfrac{2-2\sqrt{2}}{3}\right)$

――――――――――――――――――――――― (다)

답 $\left(0,\ \dfrac{2-2\sqrt{2}}{3}\right)$

단계	채점 기준	배점
(가)	세 접선 $l,\ m,\ n$의 방정식을 각각 구한 경우	40%
(나)	세 점 P, Q, R의 좌표를 각각 구한 경우	40%
(다)	삼각형 PQR의 무게중심의 좌표를 구한 경우	20%

21

원 C의 중심이 O$(0,\ 0)$, 반지름의 길이가 2이므로

$C:x^2+y^2=4$

원 C'의 중심이 A$(6,\ 0)$, 반지름의 길이가 1이므로

$C':(x-6)^2+y^2=1$

원 C 위의 점 P$(a,\ b)$에 대하여 $b>0$일 때, 점 P에서의 접선이 원 C'과 두 점에서 만나는 경우는 다음 그림과 같다.

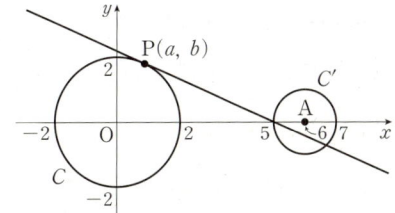

원 $C:x^2+y^2=4$ 위의 점 P$(a,\ b)$에서의 접선의 방정식은

$ax+by=4$　　$\therefore\ ax+by-4=0$　　……㉠

점 P$(a,\ b)$는 원 $C:x^2+y^2=4$ 위에 있으므로

$a^2+b^2=4$　　……㉡

직선 ㉠과 원 $C':(x-6)^2+y^2=1$이 두 점에서 만나려면 원 C'의 중심 A$(6,\ 0)$과 직선 ㉠ 사이의 거리가 원 C'의 반지름의 길이보다 작아야 한다.

즉, $\dfrac{|6a-4|}{\sqrt{a^2+b^2}}<1$에서

$\dfrac{|6a-4|}{2}<1$ $(\because$ ㉡$)$

$|6a-4|<2,\ -2<6a-4<2$

$2<6a<6$　　$\therefore\ \dfrac{1}{3}<a<1$

답 $\dfrac{1}{3}<a<1$

22

접선의 기울기를 m이라 하면 점 $(0, 2)$를 지나는 접선의 방정식은

$y-2=mx$, 즉 $mx-y+2=0$

원의 중심 $(0, 0)$과 직선 $mx-y+2=0$ 사이의 거리가 원의 반지름의 길이 $\sqrt{2}$와 같으므로

$\dfrac{|0-0+2|}{\sqrt{m^2+(-1)^2}}=\sqrt{2}$

$2=\sqrt{2m^2+2}$, $2m^2+2=4$

$m^2=1$ $\quad\therefore m=\pm 1$

따라서 구하는 접선의 방정식은

$x-y+2=0$ 또는 $-x-y+2=0$

직선 $x-y+2=0$이 x축과 만나는 점의 x좌표는

$x-0+2=0$ $\quad\therefore x=-2$

직선 $-x-y+2=0$이 x축과 만나는 점의 x좌표는

$-x-0+2=0$ $\quad\therefore x=2$

따라서 $k=-2$ 또는 $k=2$이므로

$k^2=4$

답 4

23

직선 $x+ay+b=0$이 원 $x^2+y^2=16$의 접선이므로 원의 중심 $(0, 0)$과 직선 $x+ay+b=0$ 사이의 거리는 원의 반지름의 길이 4와 같다.

즉, $\dfrac{|0+0+b|}{\sqrt{1^2+a^2}}=4$에서

$|b|=4\sqrt{1+a^2}$

이 식의 양변을 제곱하면

$b^2=16a^2+16$ $\qquad\qquad$ ⋯⋯㉠

또한, 직선 $x+ay+b=0$이 점 $(-4, -1)$을 지나므로

$-4-a+b=0$ $\quad\therefore b=a+4$ $\qquad$ ⋯⋯㉡

㉡을 ㉠에 대입하면

$(a+4)^2=16a^2+16$

$15a^2-8a=0$, $a(15a-8)=0$

$\therefore a=0$ 또는 $a=\dfrac{8}{15}$

$a=0$이면 ㉡에서 $b=4$이므로

접선의 방정식은 $x+4=0$, 즉 $x=-4$이다.

이때 원 $x^2+y^2=16$과 직선 $x=-4$의 접점의 좌표는 $(-4, 0)$이므로 제3사분면 위의 점이 아니다.

따라서 $a=\dfrac{8}{15}$이므로 $b=\dfrac{68}{15}$ $\left(\because \text{㉡}\right)$ $\leftarrow \mathrm{P}\left(-\dfrac{60}{17}, -\dfrac{32}{17}\right)$

$\therefore 4a+b=4\times\dfrac{8}{15}+\dfrac{68}{15}=\dfrac{20}{3}$

답 $\dfrac{20}{3}$

24

선분 AB는 두 원의 공통현이므로 두 원의 중심을 지나는 직선은 선분 AB를 수직이등분한다.

이때 직선 AB의 기울기는

$\dfrac{11-7}{7-3}=1$

선분 AB의 중점의 좌표는

$\left(\dfrac{3+7}{2}, \dfrac{7+11}{2}\right)$, 즉 $(5, 9)$

즉, 두 원의 중심을 지나는 직선의 기울기는 -1이고, 점 $(5, 9)$를 지나므로 직선의 방정식은

$y-9=-(x-5)$ $\quad\therefore x+y-14=0$ $\qquad$ ⋯⋯㉠

또한, 서로 다른 두 원이 모두 y축에 접하므로 두 공통외접선 중 하나는 y축이다. 즉, $x=0$ $\qquad$ ⋯⋯㉡

㉡을 ㉠에 대입하여 풀면 $y=14$

따라서 구하는 교점의 좌표는 $(0, 14)$이므로 $a=0$, $b=14$

$\therefore a-b=0-14=-14$

답 -14

STEP 2 개념 마무리 본문 p.118

| 1 | 10시간 | 2 | 10 | 3 | 24π | 4 | $4\sqrt{2}$ |
| 5 | $\dfrac{64}{5}$ | 6 | -4 | | | | |

1

A 지점을 원점, 서쪽에서 동쪽으로의 방향을 x축의 양의 방향, 남쪽에서 북쪽으로의 방향을 y축의 양의 방향, 1 km를

1로 하는 좌표평면을 생각하자.

조건 ㈎에서 태풍의 중심은 A 지점 으로부터 북동쪽 방향을 향해 움 직이므로 직선 $y=x$ 위에 있다.

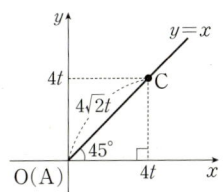

또한, 태풍이 시속 $4\sqrt{2}$ km로 이 동하므로 발생한 지 t시간 후의 태 풍의 중심을 C라 하면 C$(4t, 4t)$이다.

조건 ㈏에서 완전한 원 모양의 태풍의 반지름의 길이는 시속 4 km로 증가하므로 발생한 지 t시간 후의 태풍의 반지름의 길이는 $4t$ km이다.

즉, 태풍이 발생한 지 t시간 후의 태풍의 가장자리를 나타내 는 원의 방정식은

$(x-4t)^2+(y-4t)^2=(4t)^2$ ······㉠

한편, B 지점을 좌표평면 위에 나타내면 점 $(40, 80)$이고 B 지점이 태풍의 영향권에 처음으로 들어오는 순간은 점 $(40, 80)$이 원 ㉠ 위에 있을 때이다.

$x=40$, $y=80$을 ㉠에 대입하면

$(40-4t)^2+(80-4t)^2=(4t)^2$

$t^2-60t+500=0$, $(t-10)(t-50)=0$

∴ $t=10$ 또는 $t=50$

따라서 태풍이 발생한 시각으로부터 B 지점이 태풍의 영향권 에 처음으로 들어오는 데까지 10시간이 걸린다.

답 10시간

2

세 점 A$(1, 3)$, B$(2, 6)$, C$(4, 2)$를 지나는 원의 중심을 Q(a, b)라 하면

$\overline{AQ}=\overline{BQ}=\overline{CQ}=$ (원의 반지름의 길이)

이때 $\overline{AQ}^2=(a-1)^2+(b-3)^2$,

$\overline{BQ}^2=(a-2)^2+(b-6)^2$,

$\overline{CQ}^2=(a-4)^2+(b-2)^2$에서

$\overline{AQ}^2=\overline{BQ}^2$이므로

$(a-1)^2+(b-3)^2=(a-2)^2+(b-6)^2$

∴ $a+3b=15$ ······㉠

$\overline{BQ}^2=\overline{CQ}^2$이므로

$(a-2)^2+(b-6)^2=(a-4)^2+(b-2)^2$

∴ $a-2b=-5$ ······㉡

㉠, ㉡을 연립하여 풀면 $a=3$, $b=4$

즉, 원의 중심이 Q$(3, 4)$이므로 반지름의 길이는

$\overline{AQ}=\sqrt{(3-1)^2+(4-3)^2}=\sqrt{5}$

따라서 세 점 A, B, C를 지나는 원은

$(x-3)^2+(y-4)^2=5$ ······㉢

오른쪽 그림과 같이 원 ㉢ 위의 점 P와 원점 O 사이의 거리는 점 P 의 위치가 각각 점 A′일 때 최솟값 $5-\sqrt{5}$, 점 B′일 때 최댓값 $5+\sqrt{5}$ 를 갖는다.

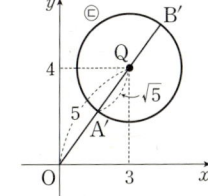

∴ $5-\sqrt{5}\le\overline{OP}\le5+\sqrt{5}$

이때 $2<\sqrt{5}<3$이므로 정수인 $\overline{OP}$의 값으로 가능한 것은 3, 4, 5, 6, 7의 5개이고, 원 ㉢은 지름 A′B′에 대하여 대칭이므 로 원 위의 점 중 이를 만족시키는 점 P의 개수는

$2\times5=10$

답 10

3

구하는 원의 반지름의 길이를 r $(r>0)$이라 하면 조건 ㈏에 서 이 원은 x축, y축에 동시에 접하므로 원의 중심의 위치에 따라 경우를 나누어 생각할 수 있다.

(i) 원의 중심이 제1사분면 위에 있는 경우

원의 중심의 좌표는 (r, r)이고, 조건 ㈎에서 점 (r, r)은 곡선 $y=x^2-3x-1$ 위의 점이므로

$r=r^2-3r-1$, $r^2-4r-1=0$

∴ $r=2+\sqrt{5}$ ($\because r>0$)

(ii) 원의 중심이 제2사분면 위에 있는 경우

원의 중심의 좌표는 $(-r, r)$이고, 조건 ㈎에서 점 $(-r, r)$은 곡선 $y=x^2-3x-1$ 위의 점이므로

$r=r^2+3r-1$, $r^2+2r-1=0$

∴ $r=-1+\sqrt{2}$ ($\because r>0$)

(iii) 원의 중심이 제3사분면 위에 있는 경우

원의 중심의 좌표는 $(-r, -r)$이고, 조건 ㈎에서 점 $(-r, -r)$은 곡선 $y=x^2-3x-1$ 위의 점이므로

$-r=r^2+3r-1$, $r^2+4r-1=0$

∴ $r=-2+\sqrt{5}$ ($\because r>0$)

(iv) 원의 중심이 제4사분면 위에 있는 경우

원의 중심의 좌표는 $(r, -r)$이고, 조건 ㈎에서

점 $(r, -r)$은 곡선 $y=x^2-3x-1$ 위의 점이므로

$-r=r^2-3r-1$, $r^2-2r-1=0$

$\therefore r=1+\sqrt{2}$ $(\because r>0)$

(ⅰ)~(ⅳ)에서 모든 원의 넓이의 합은

$\pi(2+\sqrt{5})^2+\pi(-1+\sqrt{2})^2+\pi(-2+\sqrt{5})^2+\pi(1+\sqrt{2})^2$

$=\{(9+4\sqrt{5})+(3-2\sqrt{2})+(9-4\sqrt{5})+(3+2\sqrt{2})\}\pi$

$=24\pi$

답 24π

4

주어진 원의 중심의 좌표를 (a, b), 반지름의 길이를 r $(r>0)$

이라 하면 원의 방정식은

$(x-a)^2+(y-b)^2=r^2$

이때 이 원이

점 $A(0, 2)$를 지나므로

$a^2+(2-b)^2=r^2$ ......㉠

점 $B(4, -2)$도 지나므로

$(4-a)^2+(-2-b)^2=r^2$ ......㉡

㉠, ㉡에서

$a^2+(2-b)^2=(4-a)^2+(-2-b)^2$

$-4b+4=-8a+4b+20$

$8a-8b=16$, $a-b=2$

$\therefore b=a-2$ ......㉢

한편, $(x-a)^2+(y-b)^2=r^2$에서 $y=0$을 대입하면

$(x-a)^2+b^2=r^2$이므로

$x^2-2ax+a^2+b^2-r^2=0$

이때 두 점 A, B를 지나는 원이 x축과 만나는 두 점 P, Q의

x좌표를 각각 α, β라 하면 이차방정식

$x^2-2ax+a^2+b^2-r^2=0$의 두 근이 α, β이므로 이차방정

식의 근과 계수의 관계에 의하여

$\alpha+\beta=2a$, $\alpha\beta=a^2+b^2-r^2$

$\therefore \overline{PQ}=|\beta-\alpha|=\sqrt{(\alpha+\beta)^2-4\alpha\beta}$

$\quad=\sqrt{4a^2-4(a^2+b^2-r^2)}$

$\quad=2\sqrt{r^2-b^2}=2\sqrt{a^2-4b+4}$ $(\because ㉠)$

$\quad=2\sqrt{a^2-4(a-2)+4}$ $(\because ㉢)$

$\quad=2\sqrt{(a-2)^2+8}$

따라서 선분 PQ의 길이의 최솟값은

$2\sqrt{8}=4\sqrt{2}$

답 $4\sqrt{2}$

다른 풀이

두 점 $A(0, 2)$, $B(4, -2)$의 중점의 좌표는

$\left(\dfrac{0+4}{2}, \dfrac{2+(-2)}{2}\right)$, 즉 $(2, 0)$

즉, 두 점 A, B는 x축 위의 점

$(2, 0)$에 대하여 대칭이므로

두 점 A, B를 지나는 원 중에

서 x축에 의해 생기는 현의 길

이가 가장 짧은 것은 $\overline{AB}$를

지름으로 하는 원이므로

$\overline{PQ}$의 길이의 최솟값은

$\overline{AB}=\sqrt{(4-0)^2+(-2-2)^2}=4\sqrt{2}$

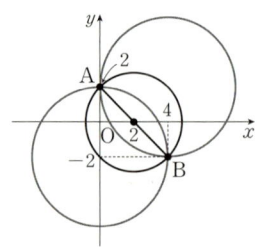

5

점 $A(2, 6)$에서 원 $x^2+y^2=8$에 접선을 그었을 때의 접점의

좌표를 (a, b)라 하면 접점은 원 위의 점이므로

$a^2+b^2=8$ ......㉠

또한, 접선의 방정식은 $ax+by=8$이고, 이 직선이 점

$A(2, 6)$을 지나므로

$2a+6b=8$, $a+3b=4$

$\therefore a=4-3b$ ......㉡

㉡을 ㉠에 대입하면

$(4-3b)^2+b^2=8$, $10b^2-24b+8=0$

$5b^2-12b+4=0$, $(b-2)(5b-2)=0$

$\therefore b=\dfrac{2}{5}$ 또는 $b=2$

㉡에서 $b=\dfrac{2}{5}$일 때 $a=\dfrac{14}{5}$, $b=2$일 때 $a=-2$이므로

$B(-2, 2)$, $C\left(\dfrac{14}{5}, \dfrac{2}{5}\right)$라 하자.

두 점 $A(2, 6)$, $B(-2, 2)$

를 지나는 직선의 방정식은

$y-6=\dfrac{2-6}{-2-2}(x-2)$

$\therefore x-y+4=0$

점 $C\left(\dfrac{14}{5}, \dfrac{2}{5}\right)$와 직선

$x-y+4=0$ 사이의 거리는

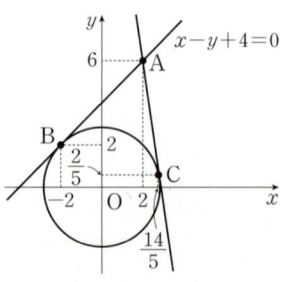

$$\frac{\left|\dfrac{14}{5}-\dfrac{2}{5}+4\right|}{\sqrt{1^2+(-1)^2}}=\frac{32}{5\sqrt{2}}$$

따라서 △ABC의 넓이는

$$\frac{1}{2}\times\overline{\mathrm{AB}}\times\frac{32}{5\sqrt{2}}=\frac{1}{2}\times\sqrt{(2+2)^2+(6-2)^2}\times\frac{32}{5\sqrt{2}}$$
$$=\frac{1}{2}\times4\sqrt{2}\times\frac{32}{5\sqrt{2}}=\frac{64}{5}$$

답 $\dfrac{64}{5}$

6

$x^2+y^2-4x+8y+16=0$에서

$(x-2)^2+(y+4)^2=4$ ⋯⋯㉠

원 ㉠의 중심의 좌표는 $(2,\ -4)$이고 반지름의 길이는 2이다.

$\dfrac{y-2}{x+2}=k$ (k는 상수)라 하면

$y-2=k(x+2)$ ∴ $y=k(x+2)+2$ ⋯⋯㉡

즉, 직선 ㉡은 k의 값에 관계없이 항상 점 $(-2,\ 2)$를 지나고 원 위의 한 점을 지나는 직선이다.

이때 k의 값은 직선 ㉡의 기울기 이므로 오른쪽 그림과 같이 직선 ㉡이 원 ㉠에 접할 때 최댓값 또 는 최솟값을 갖는다.

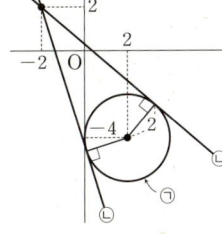

직선 ㉡이 원 ㉠에 접할 때 원 ㉠ 의 중심 $(2,\ -4)$와 직선 ㉡ 사이 의 거리가 원의 반지름의 길이 2 와 같으므로

$kx-y+2k+2=0$

$$\frac{|2k+4+2k+2|}{\sqrt{k^2+(-1)^2}}=\frac{|4k+6|}{\sqrt{k^2+1}}=2$$

$|4k+6|=2\sqrt{k^2+1}$, $|2k+3|=\sqrt{k^2+1}$

양변을 제곱하여 정리하면

$3k^2+12k+8=0$ ⋯⋯㉢

이때 직선 ㉡의 기울기 k의 최댓값 M과 최솟값 m의 합은 이차방정식 ㉢의 두 근이므로 이차방정식의 근과 계수의 관계 에 의하여

$$M+m=-\frac{12}{3}=-4$$

답 -4

---

04. 도형의 이동

① 평행이동

01

(1) 점 $(-10,\ 5)$를 x축의 방향으로 7만큼, y축의 방향으로 -4만큼 평행이동한 점의 좌표는

$(-10+7,\ 5-4)$, 즉 $(-3,\ 1)$

(2) 평행이동 $(x,\ y)\longrightarrow(x-2,\ y+6)$에 의하여 점 $(-4,\ 8)$이 옮겨지는 점의 좌표는

$(-4-2,\ 8+6)$, 즉 $(-6,\ 14)$

답 (1) $(-3,\ 1)$ (2) $(-6,\ 14)$

02

(1) 직선 $4x-9y-3=0$을 x축의 방향으로 -2만큼, y축의 방향으로 5만큼 평행이동한 직선의 방정식은

$4(x+2)-9(y-5)-3=0$

∴ $4x-9y+50=0$

(2) 평행이동 $(x,\ y)\longrightarrow(x+1,\ y-4)$는 x축의 방향으로 1만큼, y축의 방향으로 -4만큼 평행이동하는 것이므로 구하는 포물선의 방정식은

$y+4=(x-1)^2-4(x-1)-7$

∴ $y=x^2-6x-6$

답 (1) $4x-9y+50=0$ (2) $y=x^2-6x-6$

다른 풀이

(2) $y=x^2-4x-7=(x-2)^2-11$이므로 이 포물선을 x축 의 방향으로 1만큼, y축의 방향으로 -4만큼 평행이동한 포물선의 방정식은

$y+4=\{(x-1)-2\}^2-11$
$\qquad=(x-3)^2-11=x^2-6x-2$

∴ $y=x^2-6x-6$

03

(1) 점 $(-2, 6)$을 x축의 방향으로 a만큼, y축의 방향으로 b 만큼 평행이동한 점의 좌표가 $(10, -3)$이라 하면

$-2+a=10, 6+b=-3$ ∴ $a=12, b=-9$

즉, 주어진 평행이동은 x축의 방향으로 12만큼, y축의 방향으로 -9만큼 평행이동하는 것이므로 이 평행이동에 의하여 점 (x, y)가 옮겨지는 점의 좌표는

$(x+12, y-9)$

이 점이 점 $(4, -4)$와 일치하므로

$x+12=4, y-9=-4$

∴ $x=-8, y=5$

따라서 구하는 점의 좌표는 $(-8, 5)$이다.

(2) 평행이동 $(x, y) \longrightarrow (x-3, y+4)$는 x축의 방향으로 -3만큼, y축의 방향으로 4만큼 평행이동하는 것이다.

이 평행이동에 의하여 점 $A(x, y)$가 옮겨지는 점의 좌표는

$(x-3, y+4)$

이 점이 점 $(-7, 5)$와 일치하므로

$x-3=-7, y+4=5$

∴ $x=-4, y=1$

따라서 점 A의 좌표는 $(-4, 1)$이다.

답 (1) $(-8, 5)$ (2) $(-4, 1)$

다른 풀이

(1) 구하는 점은 점 $(10, -3)$을 점 $(-2, 6)$으로 옮기는 평행이동에 의하여 점 $(4, -4)$가 옮겨지는 점이다.

점 $(10, -3)$을 점 $(-2, 6)$으로 옮기는 평행이동은 x축의 방향으로 -12만큼, y축의 방향으로 9만큼 평행이동하는 것이므로 구하는 점의 좌표는

$(4-12, -4+9)$, 즉 $(-8, 5)$

04

점 $(a, 3)$을 x축의 방향으로 -3만큼, y축의 방향으로 $b-1$만큼 평행이동한 점의 좌표는

$(a-3, 3+(b-1))$, 즉 $(a-3, b+2)$

이 점이 점 $(3, 6)$과 일치하므로

$a-3=3, b+2=6$

∴ $a=6, b=4$

∴ $a+b=6+4=10$

답 10

05

점 $(1, -2)$를 x축의 방향으로 $-p$만큼, y축의 방향으로 $3p$만큼 평행이동한 점의 좌표는

$(1-p, -2+3p)$

이 점이 직선 $y=-2x+4$ 위에 있으므로

$-2+3p=-2(1-p)+4$

$-2+3p=2p+2$

∴ $p=4$

답 4

06

점 $(2, -1)$을 점 $(3, -4)$로 옮기는 평행이동은 x축의 방향으로 1만큼, y축의 방향으로 -3만큼 평행이동하는 것이다.

이 평행이동에 의하여 직선 $3x+ay+b=0$이 옮겨지는 직선의 방정식은

$3(x-1)+a(y+3)+b=0$

∴ $3x+ay+3a+b-3=0$

이 직선이 직선 $3x+2y+5=0$과 일치하므로

$a=2, 3a+b-3=5$

∴ $a=2, b=2$

∴ $a+b=2+2=4$

답 4

07

직선 $y=kx+4$를 x축의 방향으로 2만큼, y축의 방향으로 -3만큼 평행이동한 직선의 방정식은

$y+3=k(x-2)+4$

∴ $y=kx-2k+1$ ······㉠

이때 원 $x^2-8x+y^2-6y+24=0$, 즉

$(x-4)^2+(y-3)^2=1$의 중심의 좌표는 $(4, 3)$이고, 직선 ㉠이 이 원의 중심을 지나므로

$3=4k-2k+1, 2k=2$

∴ $k=1$

답 1

08

평행이동 $(x, y) \longrightarrow (x-4, y+6)$은 x축의 방향으로 -4만큼, y축의 방향으로 6만큼 평행이동하는 것이다.

이 평행이동에 의하여 직선 $4x+2y+k=0$이 옮겨지는 직선의 방정식은

$4(x+4)+2(y-6)+k=0$

$\therefore 4x+2y+k+4=0$ ······㉠

직선 ㉠이 원 $x^2+y^2=20$과 한 점에서 만나므로 원의 중심 $(0, 0)$과 직선 ㉠ 사이의 거리는 원의 반지름의 길이 $\sqrt{20}=2\sqrt{5}$와 같다.

즉, $\dfrac{|0+0+k+4|}{\sqrt{4^2+2^2}}=2\sqrt{5}$에서 $\dfrac{|k+4|}{2\sqrt{5}}=2\sqrt{5}$

$|k+4|=20$, $k+4=\pm20$

$\therefore k=-24$ 또는 $k=16$

따라서 조건을 만족시키는 모든 상수 k의 값의 합은

$-24+16=-8$

답 -8

09

(1) $x^2+y^2+2x-4y-3=0$에서

$(x+1)^2+(y-2)^2=8$

이 원을 x축의 방향으로 a만큼, y축의 방향으로 b만큼 평행이동한 원의 방정식은

$\{(x-a)+1\}^2+\{(y-b)-2\}^2=8$

$\therefore (x-a+1)^2+(y-b-2)^2=8$

이 원이 원 $(x-3)^2+(y+4)^2=c$와 일치하므로

$-a+1=-3$, $-b-2=4$, $8=c$

따라서 $a=4$, $b=-6$, $c=8$이므로

$a+b+c=4+(-6)+8=6$

(2) 포물선 $y=-2x^2+4x-7$을 x축의 방향으로 a만큼, y축의 방향으로 b만큼 평행이동한 포물선의 방정식은

$y-b=-2(x-a)^2+4(x-a)-7$

$\therefore y=-2x^2+(4a+4)x-2a^2-4a+b-7$

이 포물선이 포물선 $y=-2x^2-4x+5$와 일치하므로

$4a+4=-4$, $-2a^2-4a+b-7=5$

따라서 $a=-2$, $b=12$이므로

$a+b=-2+12=10$

답 (1) 6 (2) 10

✦다른 풀이

(1) 원 $x^2+y^2+2x-4y-3=0$, 즉 $(x+1)^2+(y-2)^2=8$의 중심의 좌표는 $(-1, 2)$이고 원 $(x-3)^2+(y+4)^2=c$의 중심의 좌표는 $(3, -4)$이다.

즉, 주어진 평행이동에 의하여 점 $(-1, 2)$가 점 $(3, -4)$로 옮겨졌으므로 $a=4$, $b=-6$

또한, 원은 평행이동해도 반지름의 길이는 변하지 않으므로 $c=8$

$\therefore a+b+c=4+(-6)+8=6$

(2) $y=-2x^2+4x-7=-2(x-1)^2-5$

이므로 포물선 $y=-2x^2+4x-7$의 꼭짓점의 좌표는 $(1, -5)$이고

$y=-2x^2-4x+5=-2(x+1)^2+7$

이므로 포물선 $y=-2x^2-4x+5$의 꼭짓점의 좌표는 $(-1, 7)$이다.

즉, 주어진 평행이동에 의하여 점 $(1, -5)$가 점 $(-1, 7)$로 옮겨졌으므로 $a=-2$, $b=12$

$\therefore a+b=-2+12=10$

10

$x^2+y^2-8x+10y+37=0$에서

$(x-4)^2+(y+5)^2=4$

원 $(x-4)^2+(y+5)^2=4$를 x축의 방향으로 a만큼, y축의 방향으로 b만큼 평행이동한 원의 방정식은

$\{(x-a)-4\}^2+\{(y-b)+5\}^2=4$

$\therefore \{x-(a+4)\}^2+\{y-(b-5)\}^2=4$

이 원의 중심의 좌표는 $(a+4, b-5)$이고 원의 중심이 제2사분면 위에 있으므로

$a+4<0$, $b-5>0$

$\therefore a<-4$, $b>5$ ······㉠

또한, 평행이동한 원이 x축, y축에 동시에 접하였으므로 원의 중심의 x좌표, y좌표의 절댓값과 원의 반지름의 길이는 같다.

즉, $|a+4|=|b-5|=2$에서

$-(a+4)=b-5=2$ ($\because$ ㉠)

$\therefore a=-6$, $b=7$

$\therefore a+b=-6+7=1$

답 1

01 $(10, -2)$	**02** 6	**03** 16
04 1	**05** -2	**06** $\dfrac{3}{2}$

01

점 $A(-3, 2a-1)$을 점 $A'(2, 7)$로 옮기는 평행이동은 x축의 방향으로 5만큼, y축의 방향으로 $-2a+8$만큼 평행이동하는 것이고, 점 $B(b, 5)$를 점 $B'(5, 3)$으로 옮기는 평행이동은 x축의 방향으로 $-b+5$만큼, y축의 방향으로 -2만큼 평행이동하는 것이다.

두 평행이동이 일치하므로
$5=-b+5,\ -2a+8=-2$ $\therefore a=5, b=0$

따라서 주어진 평행이동은 x축의 방향으로 5만큼, y축의 방향으로 -2만큼 평행이동하는 것이므로 점 $(5, 0)$이 이 평행이동에 의하여 옮겨지는 점의 좌표는

$(5+5, 0-2)$, 즉 $(10, -2)$

답 $(10, -2)$

02

점 $A(6, -2)$를 x축의 방향으로 6만큼, y축의 방향으로 a만큼 평행이동한 점 B는

$B(6+6, -2+a)$, 즉 $B(12, -2+a)$

$\overline{OA}=\dfrac{1}{2}\overline{OB}$에서 $2\overline{OA}=\overline{OB}$이므로

$2\sqrt{6^2+(-2)^2}=\sqrt{12^2+(-2+a)^2}$

양변을 제곱하면

$4\times\{6^2+(-2)^2\}=12^2+(-2+a)^2$

$160=144+4-4a+a^2$

$a^2-4a-12=0$

$(a+2)(a-6)=0$

$\therefore a=6\ (\because a>0)$

답 6

03

직선 $y=ax+b$를 x축의 방향으로 2만큼, y축의 방향으로 -1만큼 평행이동한 직선의 방정식은

$y+1=a(x-2)+b$ $\therefore y=ax-2a+b-1$

이 직선과 직선 $y=-\dfrac{1}{2}x+3$이 서로 수직이므로

$a\times\left(-\dfrac{1}{2}\right)=-1$ ← 수직인 두 직선의 기울기의 곱은 -1이다.

$\therefore a=2$

또한, 직선 $y=2x+b-5$와 직선 $y=-\dfrac{1}{2}x+3$이 y축 위의 점에서 만나므로 두 직선의 y절편이 같아야 한다.

즉, $b-5=3$에서 $b=8$

$\therefore ab=2\times8=16$

답 16

04

$x^2+y^2+2x+4y-4=0$에서

$(x+1)^2+(y+2)^2=9$ ······㉠

$x^2+y^2+8x+2y+8=0$에서

$(x+4)^2+(y+1)^2=9$ ······㉡

원 ㉠의 중심 $(-1, -2)$를 원 ㉡의 중심 $(-4, -1)$로 옮기는 평행이동은 x축의 방향으로 -3만큼, y축의 방향으로 1만큼 평행이동하는 것이다.

즉, 이 평행이동에 의하여 직선 $l: 3x+4y-1=0$이 옮겨지는 직선 l'의 방정식은

$3(x+3)+4(y-1)-1=0$

$\therefore l': 3x+4y+4=0$

평행한 두 직선 l, l' 사이의 거리는 직선 l' 위의 한 점 $(0, -1)$과 직선 l 사이의 거리와 같으므로

$\dfrac{|3\times0+4\times(-1)-1|}{\sqrt{3^2+4^2}}=1$

답 1

05

원 $x^2+y^2=4$를 x축의 방향으로 3만큼, y축의 방향으로 2만큼 평행이동하면

$(x-3)^2+(y-2)^2=4$

이 원에 접하고 기울기가 1인 직선의 방정식을
$y=x+k$ (k는 상수)라 하자.

원의 중심 $(3,\ 2)$와 직선 $y=x+k$, 즉 $x-y+k=0$ 사이의 거리는 원의 반지름의 길이 2와 같으므로

$$\frac{|3-2+k|}{\sqrt{1^2+(-1)^2}}=2$$

$|k+1|=2\sqrt{2}$ $\qquad \therefore k=-1\pm2\sqrt{2}$

$\therefore x-y-1+2\sqrt{2}=0$ 또는 $x-y-1-2\sqrt{2}=0$

따라서 $a=-1+2\sqrt{2},\ b=-1-2\sqrt{2}$ 또는 $a=-1-2\sqrt{2}$, $b=-1+2\sqrt{2}$이므로

$a+b=-2$

답 -2

다른 풀이

원 $x^2+y^2=4$에 접하고 기울기가 1인 두 직선을 x축의 방향으로 3만큼, y축의 방향으로 2만큼 평행이동하면 평행이동한 원에 접하는 두 직선 $x-y+a=0$, $x-y+b=0$과 일치한다.

원 $x^2+y^2=4$에 접하고 기울기가 1인 직선의 방정식은

$y=1\times x\pm\sqrt{4}\times\sqrt{1^2+1}$ ← 본문 p.107 개념08 참고
$\qquad\qquad\underbrace{\ \ }_{\text{반지름의 길이}}$

$\therefore y=x+2\sqrt{2},\ y=x-2\sqrt{2}$

이 두 직선을 각각 x축의 방향으로 3만큼, y축의 방향으로 2만큼 평행이동한 직선의 방정식은

$y-2=(x-3)+2\sqrt{2},\ y-2=(x-3)-2\sqrt{2}$

$\therefore y=x-1+2\sqrt{2},\ y=x-1-2\sqrt{2}$

따라서 $a=-1+2\sqrt{2},\ b=-1-2\sqrt{2}$ 또는 $a=-1-2\sqrt{2}$, $b=-1+2\sqrt{2}$이므로

$a+b=-2$

06

$f(x)=2x^2-8x+5=2(x-2)^2-3$

이므로 이차함수 $y=2(x-2)^2-3$의 그래프를 x축의 방향으로 a만큼, y축의 방향으로 $2a$만큼 평행이동하면

$y-2a=2\{(x-a)-2\}^2-3$

$\therefore y=2(x-a-2)^2+2a-3$

즉, 이 이차함수의 그래프의 꼭짓점의 좌표는 $(a+2,\ 2a-3)$이고, 이 그래프가 x축에 접하려면 꼭짓점의 y좌표가 0이어야 하므로

$2a-3=0$ $\qquad \therefore a=\dfrac{3}{2}$

답 $\dfrac{3}{2}$

다른 풀이

이차함수 $y=f(x)$의 그래프를 x축의 방향으로 a만큼, y축의 방향으로 $2a$만큼 평행이동하면

$y-2a=2(x-a)^2-8(x-a)+5$

$\therefore y=2x^2-4(a+2)x+2a^2+10a+5$

이 이차함수의 그래프가 x축에 접하므로 x에 대한 이차방정식 $2x^2-4(a+2)x+2a^2+10a+5=0$의 판별식을 D라 할 때, $D=0$이어야 한다. 즉,

$\dfrac{D}{4}=4(a+2)^2-2(2a^2+10a+5)=0$

$-4a+6=0,\ 4a=6$

$\therefore a=\dfrac{3}{2}$

② 대칭이동

기본+필수연습

11 (1) $(-10,\ -5)$ (2) $(10,\ 5)$ (3) $(10,\ -5)$
　　(4) $(-5,\ 10)$

12 (1) $x^2+y^2+4x-2y-6=0$
　　(2) $x^2+y^2-4x+2y-6=0$
　　(3) $x^2+y^2-4x-2y-6=0$
　　(4) $x^2+y^2-2x-4y-6=0$

13 $y=x+12$ 　　**14** $x-2y+2=0$

15 (1) -2 (2) 5, 9 　　**16** -6

17 (1) 3 (2) 2 　　**18** 80

19 $6x-2y+15=0$ 　　**20** -5

21 $3x-2y+16=0$ 　　**22** 풀이 참조

23 (1) 7 (2) 35 　　**24** $-\dfrac{1}{2}$

25 (1) 11 (2) 29 　　**26** -14 　**27** $\sqrt{10}$

28 $7\sqrt{2}$ 　**29** $\dfrac{27\sqrt{2}}{40}$

11

(1) x축에 대하여 대칭이동한 점의 좌표는 y좌표의 부호만 바뀌므로
$(-10,\ -5)$

(2) y축에 대하여 대칭이동한 점의 좌표는 x좌표의 부호만 바뀌므로
$(10,\ 5)$

(3) 원점에 대하여 대칭이동한 점의 좌표는 x좌표, y좌표의
부호가 각각 바뀌므로
$(10,\ -5)$

(4) 직선 $y=-x$에 대하여 대칭이동한 점의 좌표는 x좌표,
y좌표가 서로 바뀌면서 부호도 각각 바뀌므로
$(-5,\ 10)$

답 (1) $(-10,\ -5)$ (2) $(10,\ 5)$
(3) $(10,\ -5)$ (4) $(-5,\ 10)$

12

(1) x축에 대하여 대칭이동한 원의 방정식은
y 대신 $-y$를 대입하면
$x^2+(-y)^2+4x+2\times(-y)-6=0$, 즉
$x^2+y^2+4x-2y-6=0$이다.

(2) y축에 대하여 대칭이동한 원의 방정식은
x 대신 $-x$를 대입하면
$(-x)^2+y^2+4\times(-x)+2y-6=0$, 즉
$x^2+y^2-4x+2y-6=0$이다.

(3) 원점에 대하여 대칭이동한 원의 방정식은
x 대신 $-x$, y 대신 $-y$를 대입하면
$(-x)^2+(-y)^2+4\times(-x)+2\times(-y)-6=0$, 즉
$x^2+y^2-4x-2y-6=0$이다.

(4) 직선 $y=-x$에 대하여 대칭이동한 원의 방정식은
x 대신 $-y$, y 대신 $-x$를 대입하면
$(-y)^2+(-x)^2+4\times(-y)+2\times(-x)-6=0$, 즉
$x^2+y^2-2x-4y-6=0$이다.

답 (1) $x^2+y^2+4x-2y-6=0$
(2) $x^2+y^2-4x+2y-6=0$
(3) $x^2+y^2-4x-2y-6=0$
(4) $x^2+y^2-2x-4y-6=0$

13

직선 $y=x-2$ 위의 두 점
$(2,\ 0)$, $(0,\ -2)$를 각각 P,
Q라 하고, 두 점 P, Q를 점
$(-2,\ 3)$에 대하여 대칭이
동한 점을 각각 P$'(a,\ b)$,
Q$'(c,\ d)$라 하자.

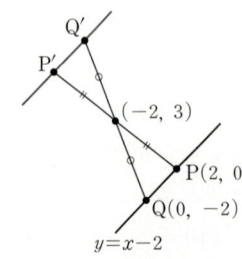

두 선분 PP$'$, QQ$'$의 중점이 모두 점 $(-2,\ 3)$이므로
$\dfrac{2+a}{2}=-2,\ \dfrac{0+b}{2}=3$ $\therefore a=-6,\ b=6$
$\dfrac{0+c}{2}=-2,\ \dfrac{-2+d}{2}=3$ $\therefore c=-4,\ d=8$
$\therefore$ P$'(-6,\ 6)$, Q$'(-4,\ 8)$
직선 P$'$Q$'$의 방정식은
$y-6=\dfrac{8-6}{-4-(-6)}\{x-(-6)\}$
$\therefore y=x+12$
구하는 직선은 직선 P$'$Q$'$과 일치하므로 대칭이동한 직선의
방정식은 $y=x+12$이다.

답 $y=x+12$

다른 풀이

직선 $y=x-2$ 위의 임의의 점 P$(x,\ y)$를 점 $(-2,\ 3)$에 대
하여 대칭이동한 점을 P$'(x',\ y')$이라 하면 선분 PP$'$의 중점
이 점 $(-2,\ 3)$이므로
$\dfrac{x+x'}{2}=-2,\ \dfrac{y+y'}{2}=3$
$\therefore x=-x'-4,\ y=-y'+6$
이때 점 P$(x,\ y)$는 직선 $y=x-2$ 위에 있으므로
$-y'+6=(-x'-4)-2$ $\therefore y'=x'+12$
따라서 구하는 직선의 방정식은 $y=x+12$이다.

14

직선 $y=2x$ 위의 임의의 점 P$(x,\ y)$를 직선 $y=-x+2$에
대하여 대칭이동한 점을 P$'(x',\ y')$이라 하자.
선분 PP$'$의 중점 $\left(\dfrac{x+x'}{2},\ \dfrac{y+y'}{2}\right)$은 직선 $y=-x+2$ 위
에 있으므로
$\dfrac{y+y'}{2}=-\dfrac{x+x'}{2}+2$
$\therefore x+y=-x'-y'+4$ ……㉠
직선 PP$'$과 직선 $y=-x+2$는 서로 수직이므로
$\dfrac{y'-y}{x'-x}\times(-1)=-1$ ← 수직인 두 직선의 기울기의 곱은 -1이다.
$\therefore x-y=x'-y'$ ……㉡
㉠, ㉡을 연립하여 풀면
$x=-y'+2,\ y=-x'+2$
이때 점 P$(x,\ y)$는 직선 $y=2x$ 위에 있으므로
$-x'+2=2(-y'+2)$

$\therefore x'-2y'+2=0$

따라서 구하는 직선의 방정식은 $x-2y+2=0$이다.

답 $x-2y+2=0$

15

(1) 점 $(7,\ k)$를 y축에 대하여 대칭이동한 점의 좌표는

$(-7,\ k)$

점 $(-7,\ k)$를 x축의 방향으로 2만큼, y축의 방향으로 3만큼 평행이동한 점의 좌표는

$(-5,\ k+3)$

점 $(-5,\ k+3)$이 직선 $x+3y+2=0$ 위에 있으므로

$-5+3(k+3)+2=0,\ 3k+6=0$

$\therefore k=-2$

(2) 점 $A(k-1,\ 6)$을 원점에 대하여 대칭이동한 점 B는

$B(1-k,\ -6)$

점 B를 직선 $y=x$에 대하여 대칭이동한 점 C는

$C(-6,\ 1-k)$

선분 BC의 길이는 $2\sqrt{2}$이므로

$\sqrt{\{-6-(1-k)\}^2+\{1-k-(-6)\}^2}=2\sqrt{2}$

$\sqrt{2(k-7)^2}=2\sqrt{2}$

$(k-7)^2=4,\ k-7=\pm2$

$\therefore k=5$ 또는 $k=9$

답 (1) -2 (2) $5,\ 9$

16

점 $(a,\ b)$를 x축에 대하여 대칭이동한 점 P는

$P(a,\ -b)$

점 $(a,\ b)$를 y축에 대하여 대칭이동한 점 Q는

$Q(-a,\ b)$

점 $(a,\ b)$를 원점에 대하여 대칭이동한 점 R은

$R(-a,\ -b)$

따라서 삼각형 PQR의 무게중심의 좌표는

$\left(\dfrac{a-a-a}{3},\ \dfrac{-b+b-b}{3}\right)$, 즉 $\left(-\dfrac{a}{3},\ -\dfrac{b}{3}\right)$

이 점이 점 $(4,\ -2)$와 일치하므로

$-\dfrac{a}{3}=4,\ -\dfrac{b}{3}=-2$

$\therefore a=-12,\ b=6$

$\therefore a+b=-12+6=-6$

답 -6

17

(1) 직선 $3x-4y+1=0$을 원점에 대하여 대칭이동한 직선의 방정식은

$-3x+4y+1=0$ $\therefore 3x-4y-1=0$

이 직선이 원 $(x-a)^2+(y-2)^2=16$의 넓이를 이등분하려면 원의 중심 $(a,\ 2)$를 지나야 하므로

$3a-4\times2-1=0,\ 3a-9=0$

$\therefore a=3$

(2) 중심의 좌표가 $(3,\ 1)$이고 반지름의 길이가 r인 원의 방정식은

$(x-3)^2+(y-1)^2=r^2$

이 원을 직선 $y=x$에 대하여 대칭이동한 원의 방정식은

$(y-3)^2+(x-1)^2=r^2$

$\therefore (x-1)^2+(y-3)^2=r^2$

이 원이 점 $(-1,\ 3)$을 지나므로

$(-1-1)^2+(3-3)^2=r^2$

$r^2=4$ $\therefore r=2\ (\because r>0)$

답 (1) 3 (2) 2

다른 풀이

(2) 중심의 좌표가 $(3,\ 1)$이고 반지름의 길이가 r인 원을 직선 $y=x$에 대하여 대칭이동한 원의 중심의 좌표는 $(1,\ 3)$이고 반지름의 길이는 r이므로 이 원의 방정식은

$(x-1)^2+(y-3)^2=r^2$

이 원이 점 $(-1,\ 3)$을 지나므로

$(-1-1)^2+(3-3)^2=r^2$

$r^2=4$ $\therefore r=2\ (\because r>0)$

18

직선 $x-2y=9$를 직선 $y=x$에 대하여 대칭이동한 직선의 방정식은

$y-2x=9$ $\therefore 2x-y+9=0$

이 직선이 원 $(x-3)^2+(y+5)^2=k$에 접하므로 원의 중심 $(3,\ -5)$와 직선 $2x-y+9=0$ 사이의 거리가 원의 반지름의 길이인 $\sqrt{k}$와 같아야 한다.

$$\frac{|2\times3-(-5)+9|}{\sqrt{2^2+(-1)^2}}=\sqrt{k}$$

$$\sqrt{k}=\frac{20}{\sqrt5}=4\sqrt5$$

$$\therefore k=80$$

답 80

19

직선 $6x+2y-5=0$을 x축의 방향으로 4만큼, y축의 방향으로 -7만큼 평행이동한 직선의 방정식은

$$6(x-4)+2(y+7)-5=0$$

$$\therefore 6x+2y-15=0$$

이 직선을 y축에 대하여 대칭이동한 직선의 방정식은

$$6\times(-x)+2y-15=0$$

$$\therefore 6x-2y+15=0$$

답 $6x-2y+15=0$

20

$$y=-x^2+8x+3k-1$$
$$\quad=-(x-4)^2+3k+15$$

이 포물선을 y축의 방향으로 4만큼 평행이동한 포물선의 방정식은

$$y-4=-(x-4)^2+3k+15$$

$$\therefore y=-(x-4)^2+3k+19$$

이 포물선을 x축에 대하여 대칭이동한 포물선의 방정식은

$$-y=-(x-4)^2+3k+19$$

$$\therefore y=(x-4)^2-3k-19$$

따라서 $f(x)=(x-4)^2-3k-19$이고

함수 $f(x)$는 $x=4$에서 최솟값 $-3k-19$를 가지므로

$$-3k-19=-4,\ -3k=15$$

$$\therefore k=-5$$

답 -5

21

점 $(-2,5)$를 지나는 직선의 기울기를 m이라 하면 직선의 방정식은

$$y=m(x+2)+5 \qquad \cdots\cdots \text{㉠}$$

이 직선을 x축의 방향으로 -3만큼, y축의 방향으로 10만큼 평행이동한 직선의 방정식은

$$y-10=m\{(x+3)+2\}+5 \qquad \therefore y=mx+5m+15$$

이 직선을 y축에 대하여 대칭이동한 직선의 방정식은

$$y=-mx+5m+15 \qquad \cdots\cdots \text{㉡}$$

직선 ㉡이 직선 $2x-3y+10=0$, 즉 $y=\frac{2}{3}x+\frac{10}{3}$과 서로 수직이므로

$$(-m)\times\frac{2}{3}=-1 \qquad \therefore m=\frac{3}{2}$$

따라서 처음 직선의 방정식은 ㉠에서

$$y=\frac{3}{2}(x+2)+5 \qquad \therefore 3x-2y+16=0$$

답 $3x-2y+16=0$

22

(1) 방정식 $f(x,y)=0$이 나타내는 도형을 x축에 대하여 대칭이동하면

$$f(x,-y)=0$$

방정식 $f(x,-y)=0$이 나타내는 도형을 x축의 방향으로 -1만큼, y축의 방향으로 2만큼 평행이동하면

$$f(x+1,-(y-2))=0$$

$$\therefore f(x+1,-y+2)=0$$

따라서 방정식 $f(x+1,-y+2)=0$이 나타내는 도형은 주어진 도형을 x축에 대하여 대칭이동한 후, x축의 방향으로 -1만큼, y축의 방향으로 2만큼 평행이동한 것이므로 다음 그림과 같다.

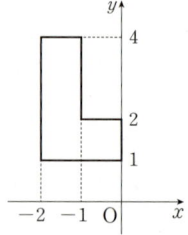

(2) 방정식 $f(x,y)=0$이 나타내는 도형을 y축에 대하여 대칭이동하면

$$f(-x,y)=0$$

방정식 $f(-x,y)=0$이 나타내는 도형을 x축의 방향으로 2만큼, y축의 방향으로 -3만큼 평행이동하면

$f(-(x-2), y+3)=0$

$\therefore f(-x+2, y+3)=0$

따라서 방정식 $f(-x+2, y+3)=0$이 나타내는 도형은 주어진 도형을 y축에 대하여 대칭이동한 후, x축의 방향으로 2만큼, y축의 방향으로 -3만큼 평행이동한 것이므로 다음 그림과 같다.

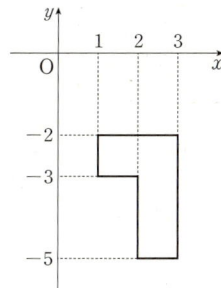

(3) 방정식 $f(x, y)=0$이 나타내는 도형을 직선 $y=x$에 대하여 대칭이동하면

$f(y, x)=0$

방정식 $f(y, x)=0$이 나타내는 도형을 y축의 방향으로 2만큼 평행이동하면

$f(y-2, x)=0$

따라서 방정식 $f(y-2, x)=0$이 나타내는 도형은 주어진 도형을 직선 $y=x$에 대하여 대칭이동한 후, y축의 방향으로 2만큼 평행이동한 것이므로 다음 그림과 같다.

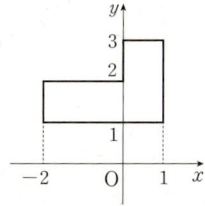

(4) 방정식 $f(x, y)=0$이 나타내는 도형을 직선 $y=-x$에 대하여 대칭이동하면

$f(-y, -x)=0$

방정식 $f(-y, -x)=0$이 나타내는 도형을 x축의 방향으로 1만큼 평행이동하면

$f(-y, -(x-1))=0$

$\therefore f(-y, -x+1)=0$

따라서 방정식 $f(-y, -x+1)=0$이 나타내는 도형은 주어진 도형을 직선 $y=-x$에 대하여 대칭이동한 후, x축의 방향으로 1만큼 평행이동한 것이므로 다음 그림과 같다.

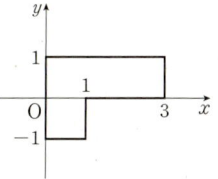

답 풀이 참조

23

(1) 점 (a, b)는 두 점 $(2, -5)$, $(0, -7)$을 이은 선분의 중점이므로

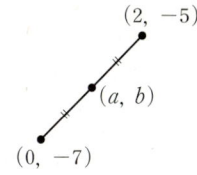

$a=\dfrac{2+0}{2}, b=\dfrac{-5-7}{2}$

$\therefore a=1, b=-6$

$\therefore a-b=1-(-6)=7$

(2) $x^2+y^2-4x-10y=0$에서

$(x-2)^2+(y-5)^2=29$

$x^2+y^2+16x+2y+c=0$에서

$(x+8)^2+(y+1)^2=65-c$

이때 두 원의 반지름의 길이가 같아야 하므로 ←원을 대칭이동해도 원의 반지름의 길이는 변하지 않는다.

$29=65-c$ $\therefore c=36$

또한, 두 원이 점 (a, b)에 대하여 대칭이므로 점 (a, b)는 두 원의 중심 $(2, 5)$, $(-8, -1)$을 이은 선분의 중점이다.

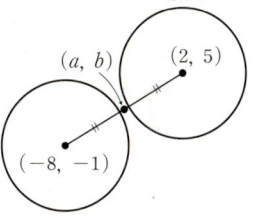

즉, $a=\dfrac{2-8}{2}=-3, b=\dfrac{5-1}{2}=2$이므로

$a+b+c=-3+2+36=35$

답 (1) 7 (2) 35

24

점 A$(2, 3)$을 지나고 기울기가 m인 직선의 방정식은

$y-3=m(x-2)$ $\therefore y=mx-2m+3$ ……㉠

직선 ㉠ 위의 점 $(3, m+3)$을 B라 하고, 두 점 A, B를 점 $(0, 1)$에 대하여 대칭이동한 점을 각각 A$'(a, b)$, B$'(c, d)$라 하자.

두 선분 AA′, BB′의 중점이 모두 점 $(0, 1)$이므로

$\dfrac{2+a}{2}=0$, $\dfrac{3+b}{2}=1$ $\therefore a=-2, b=-1$

$\dfrac{3+c}{2}=0$, $\dfrac{(m+3)+d}{2}=1$ $\therefore c=-3, d=-m-1$

즉, A′$(-2, -1)$, B′$(-3, -m-1)$이고, 직선 ㉠을 점 $(0, 1)$에 대하여 대칭이동한 직선은 직선 A′B′이므로 이 직선의 방정식은

$y-(-1)=\dfrac{-m-1-(-1)}{-3-(-2)}\{x-(-2)\}$

$\therefore mx-y+2m-1=0$

또한, 직선 $mx-y+2m-1=0$을 x축에 대하여 대칭이동한 직선의 방정식은

$mx+y+2m-1=0$

이 직선이 다시 점 A$(2, 3)$을 지나므로

$2m+3+2m-1=0$

$4m=-2$ $\therefore m=-\dfrac{1}{2}$

답 $-\dfrac{1}{2}$

다른 풀이

점 A$(2, 3)$을 지나고 기울기가 m인 직선의 방정식은

$y-3=m(x-2)$

이 직선을 점 $(0, 1)$에 대하여 대칭이동한 직선의 방정식은

x 대신 $\underset{2\times0-x}{-x}$, y 대신 $\underset{2\times1-y}{2-y}$를 대입하면

$2-y-3=m(-x-2)$

$\therefore mx-y+2m-1=0$

이 직선을 x축에 대하여 대칭이동한 직선의 방정식은

$mx+y+2m-1=0$

이 직선이 다시 점 A$(2, 3)$을 지나므로

$2m+3+2m-1=0$

$4m=-2$ $\therefore m=-\dfrac{1}{2}$

25

(1) 두 점 $(-6, 10)$, $(-4, 16)$을 이은 선분의 중점

$\left(\dfrac{-6-4}{2}, \dfrac{10+16}{2}\right)$, 즉

$(-5, 13)$이 직선 $y=ax+b$ 위에 있으므로

$13=-5a+b$ ……㉠

두 점 $(-6, 10)$, $(-4, 16)$을 지나는 직선과 직선 $y=ax+b$가 서로 수직이므로

$\dfrac{16-10}{-4-(-6)}\times a=-1$

$\therefore 3a=-1$ ……㉡

㉠, ㉡을 연립하여 풀면 $a=-\dfrac{1}{3}$, $b=\dfrac{34}{3}$

$\therefore a+b=-\dfrac{1}{3}+\dfrac{34}{3}=11$

(2) $x^2+y^2+8x-4y+4=0$에서

$(x+4)^2+(y-2)^2=16$

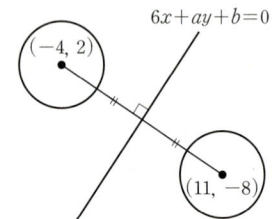

두 원의 중심 $(-4, 2)$, $(11, -8)$을 이은 선분의 중점

$\left(\dfrac{-4+11}{2}, \dfrac{2-8}{2}\right)$, 즉 $\left(\dfrac{7}{2}, -3\right)$이 직선

$6x+ay+b=0$ 위에 있으므로

$21-3a+b=0$ ……㉠

두 원의 중심을 지나는 직선과 직선 $6x+ay+b=0$, 즉

$y=-\dfrac{6}{a}x-\dfrac{b}{a}$가 서로 수직이므로

$\dfrac{-8-2}{11-(-4)}\times\left(-\dfrac{6}{a}\right)=-1$ $\therefore \dfrac{4}{a}=-1$ ……㉡

㉠, ㉡을 연립하여 풀면 $a=-4$, $b=-33$

$\therefore a-b=-4-(-33)=29$

답 (1) 11 (2) 29

26

$x^2+y^2-4x+2y-5=0$에서

$(x-2)^2+(y+1)^2=10$

원의 중심 $(2, -1)$을 직선 $y=x+2$에 대하여 대칭이동한 점의 좌표를 (a, b)라 하자.

두 점 $(2, -1)$, (a, b)를 이은 선분의 중점

$\left(\dfrac{2+a}{2}, \dfrac{-1+b}{2}\right)$가 직선 $y=x+2$ 위에 있으므로

$\dfrac{-1+b}{2}=\dfrac{2+a}{2}+2$ $\therefore a-b=-7$ ……㉠

두 점 $(2, -1)$, (a, b)를 지나는 직선과 직선 $y=x+2$가 서로 수직이므로

$$\frac{b-(-1)}{a-2} \times 1 = -1$$

$$b+1 = -a+2 \qquad \therefore a+b=1 \qquad \cdots\cdots \text{ⓛ}$$

㉠, ㉡을 연립하여 풀면

$a=-3$, $b=4$

즉, 원 $x^2+y^2-4x+2y-5=0$을 직선 $y=x+2$에 대하여 대칭이동한 원의 방정식은

$(x+3)^2+(y-4)^2=10$ ← 원을 대칭이동해도 원의 반지름의 길이는 변하지 않는다.

이때 이 원이 직선 $3x+4y+k=0$과 접하므로 원의 중심 $(-3, 4)$와 직선 $3x+4y+k=0$ 사이의 거리가 원의 반지름의 길이 $\sqrt{10}$과 같다.

$$\frac{|3\times(-3)+4\times4+k|}{\sqrt{3^2+4^2}}=\sqrt{10}$$

$$\frac{|k+7|}{5}=\sqrt{10}, \ |k+7|=5\sqrt{10}$$

$$k+7=\pm5\sqrt{10}$$

$$\therefore k=-7\pm5\sqrt{10}$$

따라서 조건을 만족시키는 모든 실수 k의 값의 합은

$-7+5\sqrt{10}+(-7-5\sqrt{10})=-14$

답 -14

27

점 $B(4, 5)$를 직선 $y=x$에 대하여 대칭이동한 점을 B'이라 하면 $B'(5, 4)$

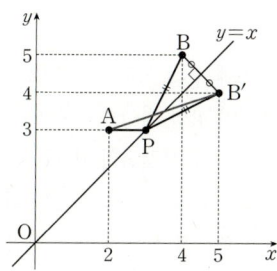

이때 $\overline{BP}=\overline{B'P}$이므로

$$\overline{AP}+\overline{BP}=\overline{AP}+\overline{B'P}$$
$$\geq \overline{AB'}$$
$$=\sqrt{(5-2)^2+(4-3)^2}$$
$$=\sqrt{10}$$

따라서 구하는 최솟값은 $\sqrt{10}$이다.

답 $\sqrt{10}$

28

점 $A(6, 2)$를 x축에 대하여 대칭이동한 점을 A'이라 하면

$A'(6, -2)$

점 $B(1, 5)$를 y축에 대하여 대칭이동한 점을 B'이라 하면

$B'(-1, 5)$

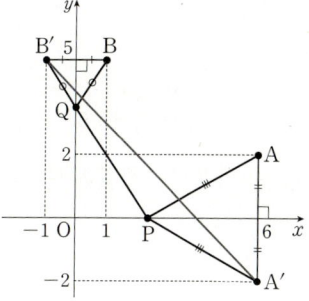

이때 $\overline{AP}=\overline{A'P}$, $\overline{QB}=\overline{QB'}$이므로

$$\overline{AP}+\overline{PQ}+\overline{QB}=\overline{A'P}+\overline{PQ}+\overline{QB'}$$
$$\geq \overline{A'B'}$$
$$=\sqrt{(-1-6)^2+\{5-(-2)\}^2}$$
$$=7\sqrt{2}$$

따라서 구하는 최솟값은 $7\sqrt{2}$이다.

답 $7\sqrt{2}$

29

점 $B(0, 3)$을 직선 $y=x$에 대하여 대칭이동한 점을 B'이라 하면

$B'(3, 0)$

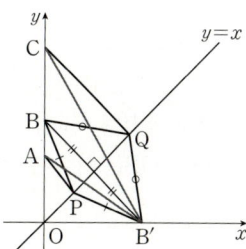

이때 $\overline{PB}=\overline{PB'}$, $\overline{BQ}=\overline{B'Q}$이므로

$$\overline{AP}+\overline{PB}+\overline{BQ}+\overline{QC}=\overline{AP}+\overline{PB'}+\overline{B'Q}+\overline{QC}$$
$$\geq \overline{AB'}+\overline{B'C}$$

따라서 $\overline{AP}+\overline{PB}+\overline{BQ}+\overline{QC}$의 값이 최소가 되도록 하는 두 점 P, Q는 직선 AB', 직선 B'C가 각각 직선 $y=x$와 만나는 점이다.

직선 AB'의 방정식은

$$y = \frac{0-2}{3-0}x + 2 \qquad \therefore y = -\frac{2}{3}x + 2$$

이 직선이 직선 $y=x$와 만나는 점의 x좌표는

$$x = -\frac{2}{3}x + 2, \ \frac{5}{3}x = 2$$

$$\therefore x = \frac{6}{5} \qquad \therefore P\left(\frac{6}{5}, \frac{6}{5}\right)$$

또한, 직선 B'C의 방정식은

$$y = \frac{5-0}{0-3}x + 5 \qquad \therefore y = -\frac{5}{3}x + 5$$

이 직선이 직선 $y=x$와 만나는 점의 x좌표는

$$x = -\frac{5}{3}x + 5, \ \frac{8}{3}x = 5$$

$$\therefore x = \frac{15}{8} \qquad \therefore Q\left(\frac{15}{8}, \frac{15}{8}\right)$$

따라서 선분 PQ의 길이는

$$\overline{PQ} = \sqrt{\left(\frac{15}{8} - \frac{6}{5}\right)^2 + \left(\frac{15}{8} - \frac{6}{5}\right)^2} = \frac{27\sqrt{2}}{40}$$

답 $\dfrac{27\sqrt{2}}{40}$

STEP 1 개념 마무리   본문 pp.140~142

07 $\frac{4}{3}$	**08** -7	**09** $\frac{1}{6}$	**10** ③
11 $2\sqrt{2}$	**12** 14	**13** $3\sqrt{2}$	**14** ⑤
15 7	**16** 10	**17** $2x-3y+25=0$	
18 8	**19** 9	**20** $(-8, -6)$	
21 $6+4\sqrt{2}$	**22** $4\sqrt{5}-2\sqrt{2}$		**23** $5\sqrt{2}$

07

점 B의 y좌표가 2이므로 점 B의 좌표를 $(a, 2)$라 하면
조건 ㈎에서 두 직선 OA, OB는 서로 수직이므로

$$\frac{4}{1} \times \frac{2}{a} = -1 \qquad \therefore a = -8$$

(직선 OA의 기울기 / 직선 OB의 기울기)

즉, B$(-8, 2)$이고, 조건 ㈏에서 두 점 B, C는 직선 $y=x$에
대하여 서로 대칭이므로

C$(2, -8)$

이때 직선 AC의 방정식은

$$y = \frac{-8-4}{2-1}(x-1) + 4$$

$$\therefore y = -12x + 16$$

이 직선의 x절편은 $0 = -12x + 16$에서 $x = \dfrac{4}{3}$

따라서 구하는 직선 AC의 x절편은 $\dfrac{4}{3}$이다.

답 $\dfrac{4}{3}$

08

점 A$(4, -3)$을 지나고 기울기가 m인 직선의 방정식은

$$y - (-3) = m(x-4)$$

$$\therefore mx - y - 4m - 3 = 0$$

이 직선을 직선 $y=-x$에 대하여 대칭이동한 직선의 방정식은
(── x 대신 $-y$, y 대신 $-x$를 대입한다.)

$$m \times (-y) - (-x) - 4m - 3 = 0$$

$$\therefore x - my - 4m - 3 = 0$$

이 직선을 y축에 대하여 대칭이동한 직선의 방정식은
(── x 대신 $-x$를 대입한다.)

$$-x - my - 4m - 3 = 0$$

$$\therefore x + my + 4m + 3 = 0$$

이 직선이 다시 점 A$(4, -3)$을 지나므로

$$4 - 3m + 4m + 3 = 0, \ m + 7 = 0$$

$$\therefore m = -7$$

답 -7

09

직선 $kx + y - 5k - 2 = 0$을 y축에 대하여 대칭이동한 직선
l의 방정식은

$$-kx + y - 5k - 2 = 0 \qquad \therefore l : kx - y + 5k + 2 = 0$$

$kx - y + 5k + 2 = 0$에서 $(x+5)k - y + 2 = 0$이므로 직선 l
은 k의 값에 관계없이 항상 점 B$(-5, 2)$를 지난다.

한편, 삼각형 ABC의 세 꼭짓점의 좌표는 A$(3, 6)$,
B$(-5, 2)$, C$(-1, 0)$이므로 다음 그림과 같이 직선 l은
삼각형 ABC의 한 꼭짓점 B를 지나는 직선이다.

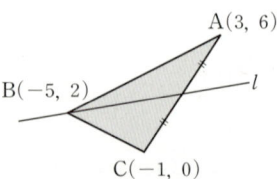

직선 l이 삼각형 ABC의 넓이를 이등분하므로 직선 l은 변
AC의 중점 $\left(\dfrac{3-1}{2}, \dfrac{6+0}{2}\right)$, 즉 $(1, 3)$을 지난다.

즉, $k-3+5k+2=0$이므로 $6k-1=0$

$\therefore k=\dfrac{1}{6}$

답 $\dfrac{1}{6}$

10

ㄱ. 원 $x^2+y^2-2x+2y-7=0$을 직선 $y=-x$에 대하여 대칭이동한 원의 방정식은

$(-y)^2+(-x)^2-2\times(-y)+2\times(-x)-7=0$

$\therefore x^2+y^2-2x+2y-7=0$

즉, 대칭이동한 도형이 처음 도형과 일치한다.

ㄴ. 직선 $2x-2y-3=0$을 직선 $y=-x$에 대하여 대칭이동한 직선의 방정식은

$2\times(-y)-2\times(-x)-3=0$

$\therefore 2x-2y-3=0$

즉, 대칭이동한 도형이 처음 도형과 일치한다.

ㄷ. 포물선 $y=x^2+3$을 직선 $y=-x$에 대하여 대칭이동한 포물선의 방정식은

$-x=(-y)^2+3$

$\therefore x=-y^2-3$

즉, 대칭이동한 도형이 처음 도형과 일치하지 않는다.

따라서 주어진 방정식이 나타내는 도형을 직선 $y=-x$에 대하여 대칭이동한 도형이 처음 도형과 일치하는 것은 ㄱ, ㄴ 이다.

답 ③

11

$C: x^2+y^2-2ax-4ay+5a^2-1=0$에서

$C: (x-a)^2+(y-2a)^2=1$

즉, 원 C의 중심의 좌표는 $(a, 2a)$이고 반지름의 길이는 1이다.

원 C를 직선 $y=x$에 대하여 대칭이동한 원 C'의 방정식은

$(y-a)^2+(x-2a)^2=1$

$\therefore C': (x-2a)^2+(y-a)^2=1$

즉, 원 C'의 중심의 좌표는 $(2a, a)$이고 반지름의 길이는 1이다.

다음 그림과 같이 두 원 C, C'의 중심을 각각 A, B라 하고, 직선 AB가 두 원 C, C'과 만나는 점 중 선분 AB 위의 점이 아닌 점을 각각 C, D라 하면 원 C 위의 점과 원 C_1 위의 점 사이의 거리의 최댓값은 선분 CD의 길이와 같다.

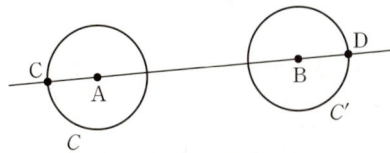

A$(a, 2a)$, B$(2a, a)$이므로

$\overline{AB}=\sqrt{(2a-a)^2+(a-2a)^2}=\sqrt{2}a\ (\because a>0)$

이때 $\overline{CD}=6$이므로

$\overline{CD}=\overline{AC}+\overline{AB}+\overline{BD}=6$

$1+\sqrt{2}a+1=6,\ \sqrt{2}a=4$

$\therefore a=2\sqrt{2}$

답 $2\sqrt{2}$

12

직선 $y=-\dfrac{1}{2}x-3$을 x축의 방향으로 a만큼 평행이동하면

$y=-\dfrac{1}{2}(x-a)-3$

이 직선을 직선 $y=x$에 대하여 대칭이동하면

$x=-\dfrac{1}{2}(y-a)-3$, 즉 $2x+y+6-a=0$

$\therefore l: 2x+y+6-a=0$ (가)

직선 l이 원 $(x+1)^2+(y-3)^2=5$와 접하려면 원의 중심 $(-1, 3)$과 직선 l 사이의 거리가 원의 반지름의 길이 $\sqrt{5}$와 같아야 하므로

$\dfrac{|2\times(-1)+3+6-a|}{\sqrt{2^2+1^2}}=\sqrt{5}$ (나)

$|a-7|=5,\ a-7=\pm5$

$\therefore a=2$ 또는 $a=12$

따라서 모든 상수 a의 값의 합은

$2+12=14$ (다)

답 14

단계	채점 기준	배점
(가)	직선 l의 방정식을 구한 경우	40%
(나)	직선과 원의 위치 관계를 이용하여 식을 세운 경우	40%
(다)	모든 상수 a의 값 및 그 합을 구한 경우	20%

13

$C : x^2 + y^2 + 2x - 6y + 1 = 0$에서

$C : (x+1)^2 + (y-3)^2 = 9$

원 C를 x축의 방향으로 1만큼, y축의 방향으로 -1만큼 평행이동하면

$\{(x-1)+1\}^2 + \{(y+1)-3\}^2 = 9$

$\therefore x^2 + (y-2)^2 = 9$

이 원을 직선 $y=x$에 대하여 대칭이동하면

$y^2 + (x-2)^2 = 9$

$\therefore C' : (x-2)^2 + y^2 = 9$

즉, 두 원 C, C'의 중심을 각각 C_1, C_2라 하면

$C_1(-1, 3)$, $C_2(2, 0)$

오른쪽 그림과 같이 두 원의 두 교점을 각각 A, B라 하고, 점 A에서 선분 C_1C_2에 내린 수선의 발을 M이라 하자.

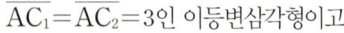

삼각형 AC_1C_2는

$\overline{AC_1} = \overline{AC_2} = 3$인 이등변삼각형이고

$\overline{C_1C_2} = \sqrt{\{2-(-1)\}^2 + (0-3)^2} = 3\sqrt{2}$이므로

$\overline{C_1M} = \dfrac{1}{2}\overline{C_1C_2} = \dfrac{3\sqrt{2}}{2}$

따라서 직각삼각형 AC_1M에서 피타고라스 정리에 의하여

$\overline{AM} = \sqrt{\overline{AC_1}^2 - \overline{C_1M}^2} = \sqrt{3^2 - \left(\dfrac{3\sqrt{2}}{2}\right)^2} = \dfrac{3\sqrt{2}}{2}$

이므로 두 원 C, C'의 서로 다른 두 교점 사이의 거리는

$\overline{AB} = 2\overline{AM} = 3\sqrt{2}$

답 $3\sqrt{2}$

14

ㄱ. 함수 $y=f(x)$의 그래프를 x축의 방향으로 1만큼 평행이동하면 [그림 3]과 같고, [그림 3]의 그래프를 y축에 대하여 대칭이동하면 [그림 4]와 같다.

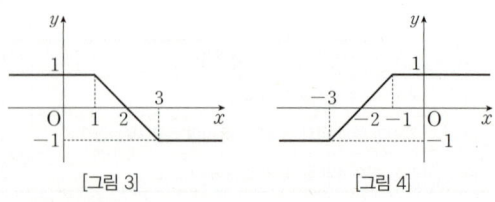

[그림 3]　　　　　[그림 4]

ㄴ. 함수 $y=f(x)$의 그래프를 x축에 대하여 대칭이동하면 [그림 5]와 같고, [그림 5]의 그래프를 x축의 방향으로 -1만큼 평행이동하면 [그림 6]과 같다.

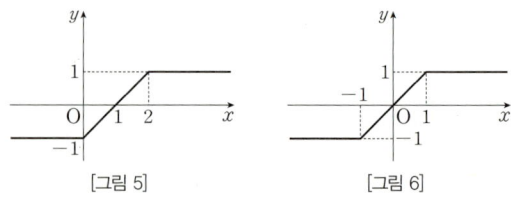

[그림 5]　　　　　[그림 6]

ㄷ. 함수 $y=f(x)$의 그래프를 y축에 대하여 대칭이동하면 [그림 7]과 같고, [그림 7]의 그래프를 x축의 방향으로 1만큼 평행이동하면 [그림 8]과 같다.

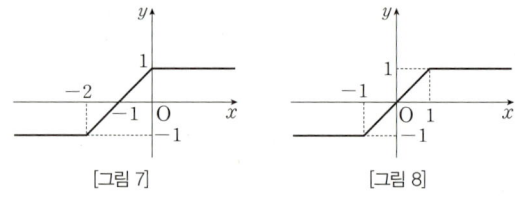

[그림 7]　　　　　[그림 8]

따라서 [그림 2]에 대한 설명으로 옳은 것은 ㄴ, ㄷ이다.

답 ⑤

15

방정식 $f(x, y)=0$이 나타내는 도형을 x축에 대하여 대칭이동하면

$f(x, -y)=0$

방정식 $f(x, -y)=0$이 나타내는 도형을 x축의 방향으로 -2만큼 평행이동하면

$f(x+2, -y)=0$

즉, 방정식 $f(x+2, -y)=0$이 나타내는 도형은 주어진 도형을 x축에 대하여 대칭이동한 후, x축의 방향으로 -2만큼 평행이동한 것이므로 다음 그림과 같다.

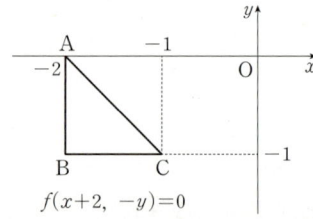

$f(x+2, -y)=0$

이때 방정식 $f(x+2, -y)=0$이 나타내는 도형의 꼭짓점을 위의 그림과 같이 A, B, C로 정하면 도형 위의 점과 원점 사

이의 거리는 $B(-2, -1)$에서 최댓값을 갖고, $C(-1, -1)$에서 최솟값을 갖는다.

$\therefore M = \overline{OB}$
$\qquad = \sqrt{(-2-0)^2+(-1-0)^2} = \sqrt{5}$,

$\quad m = \overline{OC}$
$\qquad = \sqrt{(-1-0)^2+(-1-0)^2} = \sqrt{2}$

$\therefore M^2+m^2 = 5+2 = 7$

답 7

16

도형을 평행이동 또는 대칭이동하면 모양과 크기는 변하지 않고, 점은 점으로 옮겨지므로 구하는 점은 네 점 $A(0, 4)$, $B(1, 3)$, $C(2, 4)$, $D(1, 5)$를 꼭짓점으로 하는 정사각형의 두 대각선의 교점이 주어진 도형의 평행이동 또는 대칭이동에 의하여 옮겨지는 점과 일치한다.

정사각형 $ABCD$의 두 대각선의 교점은 선분 AC의 중점이고 그 좌표는 $\left(\dfrac{0+2}{2}, \dfrac{4+4}{2}\right)$, 즉 $(1, 4)$이다.

한편, 방정식 $f(x, y)=0$이 나타내는 도형을 직선 $y=x$에 대하여 대칭이동하면

$f(y, x)=0$

방정식 $f(y, x)=0$이 나타내는 도형을 x축에 대하여 대칭이동하면

$f(-y, x)=0$

방정식 $f(-y, x)=0$이 나타내는 도형을 x축의 방향으로 2만큼, y축의 방향으로 -3만큼 평행이동하면

$f(-(y+3), x-2)=0$

$\therefore f(-y-3, x-2)=0$

즉, 점 $(1, 4)$를 직선 $y=x$에 대하여 대칭이동한 점의 좌표는 $(4, 1)$

점 $(4, 1)$을 x축에 대하여 대칭이동한 점의 좌표는 $(4, -1)$

점 $(4, -1)$을 x축의 방향으로 2만큼, y축의 방향으로 -3만큼 평행이동한 점의 좌표는 $(6, -4)$

따라서 방정식 $f(-y-3, x-2)=0$이 나타내는 도형의 두 대각선의 교점은 점 $(6, -4)$이므로

$a=6, b=-4$ $\qquad \therefore a-b = 6-(-4) = 10$

답 10

보충 설명

방정식 $f(x, y)=0$이 나타내는 정사각형 $ABCD$를 실제로 이동하면 다음 그림과 같다.

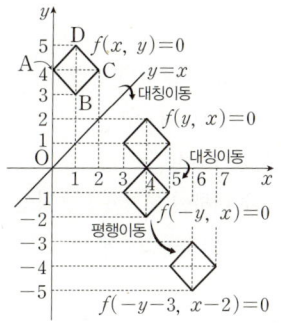

다른 풀이

정사각형 $ABCD$의 두 대각선의 교점은 선분 AC의 중점이고 그 좌표는 $\left(\dfrac{0+2}{2}, \dfrac{4+4}{2}\right)$, 즉 $(1, 4)$이다.

이 점이 주어진 이동에 의하여 점 (a, b)로 옮겨지므로

$-b-3=1, \ a-2=4$

$\therefore a=6, b=-4$

$\therefore a-b = 6-(-4) = 10$

17

어떤 도형이 평행이동 또는 대칭이동에 의하여 옮겨지는 도형이 직선 $2x+3y-1=0$과 일치하였으므로 처음 도형 역시 직선이다.

처음 직선을 l이라 하고 직선 l을 x축의 방향으로 3만큼, y축의 방향으로 -2만큼 평행이동한 직선을 m, 직선 m을 y축에 대하여 대칭이동한 직선을 n, 직선 n을 점 $(2, 1)$에 대하여 대칭이동한 직선을 p라 하면 $p : 2x+3y-1=0$이므로 직선 p에서부터 직선 n, 직선 m, 직선 l이 되도록 반대로 이동하면 직선 l의 방정식을 얻을 수 있다.

(i) 직선 p를 점 $(2, 1)$에 대하여 대칭이동한 직선 n의 방정식

직선 $2x+3y-1=0$ 위의 임의의 점의 좌표를 (a, b)라 하고, 점 (a, b)를 점 $(2, 1)$에 대하여 대칭이동한 점의 좌표를 (x, y)라 하자.

두 점 (a, b), (x, y)를 이은 선분의 중점 $\left(\dfrac{a+x}{2}, \dfrac{b+y}{2}\right)$

가 점 $(2, 1)$과 일치하므로

$\dfrac{a+x}{2}=2, \dfrac{b+y}{2}=1$

$\therefore a=4-x,\ b=2-y$ ······㉠

점 $(a,\ b)$는 직선 $2x+3y-1=0$ 위에 있으므로

$2a+3b-1=0$ ······㉡

㉠을 ㉡에 대입하면 직선 n의 방정식은

$2(4-x)+3(2-y)-1=0$

$\therefore n:2x+3y-13=0$

(ii) 직선 n을 y축에 대하여 대칭이동한 직선 m의 방정식

직선 $2x+3y-13=0$을 y축에 대하여 대칭이동하면

$2\times(-x)+3y-13=0$

$\therefore m:2x-3y+13=0$

(iii) 직선 m을 x축의 방향으로 -3만큼, y축의 방향으로 2만큼 평행이동한 직선 l의 방정식

직선 $2x-3y+13=0$을 x축의 방향으로 -3만큼, y축의 방향으로 2만큼 평행이동하면

$2(x+3)-3(y-2)+13=0$

$\therefore l:2x-3y+25=0$

따라서 처음 도형의 방정식은 $2x-3y+25=0$이다.

답 $2x-3y+25=0$

다른 풀이

어떤 도형이 평행이동 또는 대칭이동에 의하여 옮겨지는 도형이 직선 $2x+3y-1=0$과 일치하였으므로 처음 도형 역시 직선이다.

처음 직선을 l이라 하고, 직선 l의 방정식을 $ax+by+c=0$ ($a,\ b,\ c$는 상수)이라 하자.

$l:f(x,\ y)=0$이라 할 때, 각 이동에 따른 도형의 방정식을 순서대로 나타내면

$f(x,\ y)=0 \longrightarrow f(x-3,\ y+2)=0$

$ \longrightarrow f(-x-3,\ y+2)=0$

$ \longrightarrow f(\underset{-(2\times2-x)-3}{\underline{-4+x-3}},\ \underset{(2\times1-y)+2}{\underline{2-y+2}})=0$

한편, 도형의 방정식 $f(x-7,\ -y+4)=0$에서

$a(x-7)+b(-y+4)+c=0$

$\therefore ax-by-7a+4b+c=0$

이 직선이 직선 $2x+3y-1=0$과 일치하므로

$a=2,\ b=-3,\ -7a+4b+c=-1$ $\therefore c=25$

따라서 처음 도형의 방정식은

$2x-3y+25=0$

18

두 점 A, B를 점 P에 대하여 대칭이동한 점이 각각 A′, B′이므로 $\triangle$APB, $\triangle$A′PB′에서

$\overline{AP}=\overline{A'P},\ \overline{BP}=\overline{B'P},$

$\angle APB=\angle A'PB'$ (맞꼭지각)

이므로

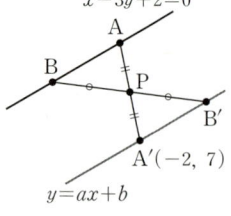

$\triangle$APB$\equiv\triangle$A′PB′ (SAS 합동)

즉, $\overline{AB}/\!/\overline{A'B'}$이므로 두 직선 AB, A′B′의 기울기는 서로 같다.

직선 AB의 방정식 $x-3y+2=0$에서 $y=\dfrac{1}{3}x+\dfrac{2}{3}$이므로

직선 A′B′의 방정식 $y=ax+b$에서

$a=\dfrac{1}{3}$

또한, 점 A′$(-2, 7)$은 직선 A′B′ 위에 있으므로

$7=-2a+b$에서

$b-\dfrac{2}{3}=7\left(\because a=\dfrac{1}{3}\right)$

$\therefore b=\dfrac{23}{3}$

$\therefore a+b=\dfrac{1}{3}+\dfrac{23}{3}=8$

답 8

19

두 이차함수의 그래프가 점 $P(a,\ b)$에 대하여 대칭이면 각 그래프의 꼭짓점도 점 P에 대하여 대칭이므로 점 P는 두 꼭짓점을 이은 선분의 중점이다.

$y=x^2+2x+3=(x+1)^2+2$이므로

꼭짓점의 좌표는 $(-1, 2)$

$y=-x^2+6x+5=-(x-3)^2+14$이므로

꼭짓점의 좌표는 $(3, 14)$

점 $P(a,\ b)$는 두 점 $(-1, 2)$, $(3, 14)$를 이은 선분의 중점이므로

$a=\dfrac{-1+3}{2}=1,\ b=\dfrac{2+14}{2}=8$

$\therefore a+b=1+8=9$

답 9

20

모눈종이를 접은 선의 방정식을 $y=ax+b$라 하자.

모눈종이를 반으로 접었더니 점 $(4, 0)$이 점 $(-2, 2)$와 일치하였으므로 점 $(4, 0)$을 직선 $y=ax+b$에 대하여 대칭이동한 점이 점 $(-2, 2)$이다.

두 점 $(4, 0)$, $(-2, 2)$를 이은 선분의 중점 $\left(\dfrac{4-2}{2}, \dfrac{0+2}{2}\right)$, 즉 $(1, 1)$은 직선 $y=ax+b$ 위에 있으므로

$1=a+b$ ······㉠

또한, 두 점 $(4, 0)$, $(-2, 2)$를 지나는 직선과 직선 $y=ax+b$는 서로 수직이므로

$\dfrac{2-0}{-2-4} \times a=-1$ ∴ $-\dfrac{1}{3}a=-1$ ······㉡

㉠, ㉡을 연립하여 풀면 $a=3$, $b=-2$

즉, 모눈종이를 접은 선의 방정식은 $y=3x-2$이다.

한편, 점 $(4, -10)$을 직선 $y=3x-2$에 대하여 대칭이동한 점의 좌표를 (p, q)라 하면 두 점 $(4, -10)$, (p, q)를 이은 선분의 중점 $\left(\dfrac{4+p}{2}, \dfrac{-10+q}{2}\right)$는 직선 $y=3x-2$ 위에 있으므로

$\dfrac{-10+q}{2}=3 \times \dfrac{4+p}{2}-2$

∴ $3p-q=-18$ ······㉢

또한, 두 점 $(4, -10)$, (p, q)를 지나는 직선과 직선 $y=3x-2$는 서로 수직이므로

$\dfrac{q-(-10)}{p-4} \times 3=-1$

∴ $p+3q=-26$ ······㉣

㉢, ㉣을 연립하여 풀면 $p=-8$, $q=-6$

따라서 구하는 점의 좌표는 $(-8, -6)$이다.

답 $(-8, -6)$

21

대칭이동에 의하여 도형의 크기나 모양은 변하지 않으므로 원의 대칭이동은 원의 중심의 대칭이동으로 바꾸어 생각해도 된다.

$C : x^2+y^2-4x-12=0$에서

$C : (x-2)^2+y^2=16$

이므로 원 C의 중심의 좌표는 $(2, 0)$이다.

점 $(2, 0)$을 직선 $x=a$에 대하여 대칭이동한 점의 좌표를 $(k, 0)$이라 하면 두 점 $(2, 0)$, $(k, 0)$을 이은 선분의 중점이 직선 $x=a$ 위에 있으므로

$\dfrac{2+k}{2}=a$ ∴ $k=2a-2$

즉, 원 C를 직선 $x=a$에 대하여 대칭이동한 원은 중심의 좌표가 $(2a-2, 0)$이고 반지름의 길이가 4인 원이므로 그 방정식은

$\{x-(2a-2)\}^2+y^2=16$

이 원이 원 C의 중심 $(2, 0)$을 지나므로

$\{2-(2a-2)\}^2=16$, $(2-a)^2=4$

∴ $a=4$ $(∵ a>0)$

한편, 원 C를 직선 $y=-x+b$에 대하여 대칭이동한 원이 원 C와 접하므로 직선 $y=-x+b$가 원 C의 접선이다.

즉, 원 C의 중심 $(2, 0)$과 직선 $x+y-b=0$ 사이의 거리가 원 C의 반지름의 길이 4와 같으므로

(*) $\dfrac{|2+0-b|}{\sqrt{1^2+1^2}}=4$, $|b-2|=4\sqrt{2}$

$b-2=\pm4\sqrt{2}$

∴ $b=2+4\sqrt{2}$ $(∵ b>0)$

∴ $a+b=4+(2+4\sqrt{2})=6+4\sqrt{2}$

답 $6+4\sqrt{2}$

다른 풀이

대칭이동에 의하여 도형의 크기나 모양은 변하지 않으므로 원의 대칭이동은 원의 중심의 대칭이동으로 바꾸어 생각해도 된다.

$C : x^2+y^2-4x-12=0$에서

$C : (x-2)^2+y^2=16$

이므로 원 C의 중심의 좌표는 $(2, 0)$이다.

원 C를 직선 $x=a$에 대하여 대칭이동한 원을 C'이라 하면 원 C'의 중심은 x축 위의 점이다. 원 C'의 중심의 좌표를 $(k, 0)$이라 하면 두 점 $(2, 0)$, $(k, 0)$을 이은 선분의 중점의 좌표가 $(a, 0)$이므로

$a=\dfrac{2+k}{2}$ ······㉠

원 C'이 원 C의 중심을 지나므로 두 점 $(2, 0)$, $(k, 0)$을 이은 선분의 길이는 원 C'의 반지름의 길이와 같다.

이때 두 원 C, C'의 반지름의 길이는 4로 같으므로 두 점 $(2, 0)$, $(k, 0)$을 이은 선분의 길이도 4이다.

즉, $|k-2|=4$이므로 $k-2=\pm4$

$\therefore$ $k=6$ 또는 $k=-2$

k의 값을 ㉠에 대입하면

$k=6$일 때, $a=\dfrac{2+6}{2}=4$

$k=-2$일 때, $a=\dfrac{2+(-2)}{2}=0$

따라서 양수 a의 값은 4이다.

다음은 (*)와 같다.

22

대칭이동에 의하여 도형의 크기나 모양은 변하지 않으므로 원의 대칭이동은 원의 중심의 대칭이동으로 바꾸어 생각해도 된다.

원 $O : (x-4)^2+(y-3)^2=2$를 직선 $y=2x$에 대하여 대칭이동한 원이 O'이므로 두 원 O, O'의 중심을 각각 C, C'이라 하면 두 점 C, C'이 직선 $y=2x$에 대하여 대칭이다.

$C(4, 3)$이고 $C'(a, b)$라 하면 선분 CC'의 중점

$\left(\dfrac{4+a}{2}, \dfrac{3+b}{2}\right)$가 직선 $y=2x$ 위에 있으므로

$\dfrac{3+b}{2}=2\times\dfrac{4+a}{2}$ $\therefore$ $2a-b=-5$ ……㉠

직선 CC'과 직선 $y=2x$가 서로 수직이므로

$\dfrac{b-3}{a-4}\times2=-1$ $\therefore$ $a+2b=10$ ……㉡

㉠, ㉡을 연립하여 풀면

$a=0$, $b=5$ $\therefore$ $C'(0, 5)$

$\therefore$ $O' : x^2+(y-5)^2=2$

한편, 원 O를 x축에 대하여 대칭이동한 원을 O''이라 하고 원 O 위의 점 A를 x축에 대하여 대칭이동한 점을 A''이라 하면 원 O 위의 한 점 A, 원 O' 위의 한 점 B, x축 위의 한 점 P에 대하여

$\overline{AP}+\overline{PB}=\overline{A''P}+\overline{PB}$

즉, $\overline{AP}+\overline{PB}$의 최솟값은 원 O' 위의 한 점과 원 O'' 위의 한 점 사이의 거리의 최솟값이다.

오른쪽 그림과 같이 선분 $C'C''$이 두 원 O', O''과 만나는 점을 각각 Q, R이라 하면 $\overline{AP}+\overline{PB}$의 최솟값은 선분 QR의 길이와 같다.

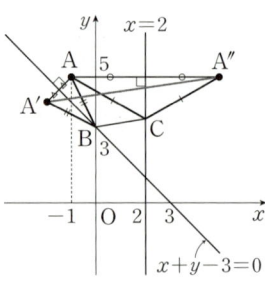

이때 $C'(0, 5)$, $C''(4, -3)$이므로

$\overline{C'C''}=\sqrt{(4-0)^2+(-3-5)^2}$
$\phantom{\overline{C'C''}}=\sqrt{80}=4\sqrt{5}$

또한, 두 원 O', O''의 반지름의 길이는 모두 $\sqrt{2}$이므로

$\overline{QR}=\overline{C'C''}-\overline{C'Q}-\overline{RC''}$
$\phantom{\overline{QR}}=4\sqrt{5}-2\sqrt{2}$

따라서 구하는 최솟값은 $4\sqrt{5}-2\sqrt{2}$이다.

답 $4\sqrt{5}-2\sqrt{2}$

23

점 $A(-1, 5)$와 직선 $x+y-3=0$ 위의 점 B, 직선 $x=2$ 위의 점 C에 대하여 세 점 A, B, C를 꼭짓점으로 하는 삼각형 ABC가 존재하는 경우는 오른쪽 그림과 같다.

이때 점 A를 직선 $x+y-3=0$에 대하여 대칭이동한 점을 A', 직선 $x=2$에 대하여 대칭이동한 점을 A''이라 하면

$\overline{AB}=\overline{A'B}$, $\overline{AC}=\overline{A''C}$

이므로

(삼각형 ABC의 둘레의 길이)$=\overline{AB}+\overline{BC}+\overline{CA}$
$=\overline{A'B}+\overline{BC}+\overline{A''C}$
$\geq\overline{A'A''}$ ……㉠

(i) 점 A'의 좌표를 (a, b)라 하면

선분 AA'의 중점 $\left(\dfrac{-1+a}{2}, \dfrac{5+b}{2}\right)$가 직선 $x+y-3=0$ 위에 있으므로

$\dfrac{-1+a}{2}+\dfrac{5+b}{2}-3=0$

$\therefore$ $a+b=2$ ……㉡

직선 AA'과 직선 $x+y-3=0$, 즉 $y=-x+3$이 서로 수직이므로

$$\frac{b-5}{a-(-1)} \times (-1) = -1$$

$$\therefore a-b=-6 \qquad \cdots\cdots ㉢$$

㉡, ㉢을 연립하여 풀면

$$a=-2, \ b=4 \qquad \therefore A'(-2, \ 4)$$

(ii) 점 A를 직선 $x=2$에 대하여 대칭이동한 점이 A''이므로

$$A''(\underbrace{5}_{2\times 2-(-1)}, \ 5)$$

(i), (ii)에서

$$\overline{AB}+\overline{BC}+\overline{CA} \geq \overline{A'A''} \ (\because ㉠)$$
$$= \sqrt{\{5-(-2)\}^2+(5-4)^2}$$
$$= 5\sqrt{2}$$

따라서 삼각형 ABC의 둘레의 길이의 최솟값은 $5\sqrt{2}$이다.

답 $5\sqrt{2}$

STEP 2 개념 마무리 본문 p.143

1 20   **2** $\frac{11}{2}$ **3** 32   **4** 16

5 ③

1

좌표평면 위의 점 $A(-4, \ -1)$을 x축의 방향으로 m만큼 평행이동한 점이 B이므로

$$B(-4+m, \ -1)$$

이때 x축의 방향으로만 평행이동하였으므로 선분 AB는 x축에 평행하다.

또한, 점 $B(-4+m, \ -1)$을 y축의 방향으로 n만큼 평행이동한 점이 C이므로

$$C(-4+m, \ -1+n)$$

이때 y축의 방향으로만 평행이동하였으므로 선분 BC는 y축에 평행하다.

즉, 다음 그림과 같이 삼각형 ABC에 대하여 두 변 AB, BC가 이루는 각의 크기가 $90°$이므로 삼각형 ABC는 $\angle B=90°$인 직각삼각형이고, 세 점 A, B, C를 지나는 원은 삼각형

ABC의 외접원이다.

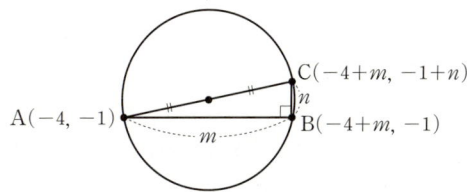

직각삼각형 ABC의 외심은 빗변 AC의 중점이므로 그 좌표는

$$\left(\frac{-4+(-4+m)}{2}, \ \frac{-1+(-1+n)}{2} \right)$$

$$\therefore \left(-4+\frac{m}{2}, \ -1+\frac{n}{2} \right)$$

이 점이 점 $(1, \ 0)$과 일치하므로

$$-4+\frac{m}{2}=1, \ -1+\frac{n}{2}=0$$

$$\therefore m=10, \ n=2$$

$$\therefore mn=10 \times 2=20$$

답 20

다른 풀이

세 점 A, B, C를 지나는 원의 중심을 P라 하면

$$P(1, \ 0)$$

이때 점 $A(-4, \ -1)$은 원 위의 점이므로 원의 반지름의 길이는

$$\overline{AP}=\sqrt{\{(1-(-4)\}^2+\{0-(-1)\}^2}$$
$$= \sqrt{26}$$

즉, 세 점 A, B, C를 지나는 원의 방정식은 $(x-1)^2+y^2=26$이므로 좌표평면 위에 나타내면 다음 그림과 같다.

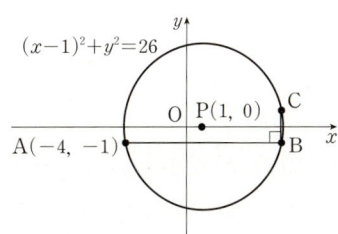

이때 점 B는 점 A를 x축의 방향으로 평행이동한 점 중 원 위의 점이므로

$$B(6, \ -1)$$ ← 점 B의 y좌표는 -1이므로 $(x-1)^2+y^2=26$에 $y=-1$을 대입하면 $(x-1)^2=25$ $\quad \therefore x=-4$ 또는 $x=6$

같은 방법으로 점 C는 점 B를 y축의 방향으로 평행이동한 점 중 원 위의 점이므로

$$C(6, \ 1)$$ ← 점 C의 x좌표는 6이므로 $(x-1)^2+y^2=26$에 $x=6$을 대입하면 $y^2=1$ $\quad \therefore y=-1$ 또는 $y=1$

따라서 $m=10, \ n=2$이므로

$$mn=10 \times 2=20$$

2

두 점 $A(4, a)$, $B(2, 1)$을 직선 $y=x$에 대하여 대칭이동한
점이 각각 A', B'이므로
$A'(a, 4)$, $B'(1, 2)$
두 직선 AA', BB'은 각각 직선 $y=x$와 서로 수직이므로 두
직선 AA', BB'은 서로 평행하다.
따라서 두 삼각형 APA', BPB'은 서로 닮음이다.

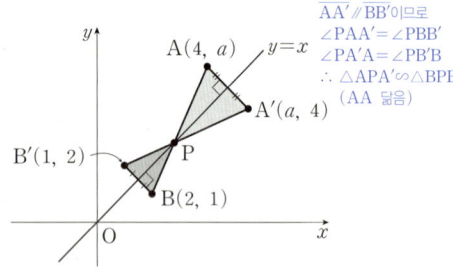

$\overline{AA'} \parallel \overline{BB'}$이므로
$\angle PAA' = \angle PBB'$
$\angle PA'A = \angle PB'B$
$\therefore \triangle APA' \backsim \triangle BPB'$
(AA 닮음)

한편, 두 삼각형 APA', BPB'의 넓이의 비가 $9 : 4$이므로
두 삼각형 APA', BPB'의 닮음비는 $3 : 2$이다.
$\therefore \overline{AA'} : \overline{BB'} = 3 : 2$
$\overline{AA'} = \sqrt{(a-4)^2 + (4-a)^2} = \sqrt{2}(a-4)$ $(\because a>4)$,
$\overline{BB'} = \sqrt{(1-2)^2 + (2-1)^2} = \sqrt{2}$에서
$\sqrt{2}(a-4) : \sqrt{2} = 3 : 2$
$2\sqrt{2}(a-4) = 3\sqrt{2}$, $a-4 = \dfrac{3}{2}$
$\therefore a = \dfrac{11}{2}$

답 $\dfrac{11}{2}$

다른 풀이 1

두 점 $A(4, a)$, $B(2, 1)$을 직선 $y=x$에 대하여 대칭이동한
점이 각각 A', B'이므로
$A'(a, 4)$, $B'(1, 2)$
두 직선 AA', BB'은 각각 직선 $y=x$와 서로 수직이므로
두 직선 AA', BB'은 서로 평행하다.
따라서 두 삼각형 APA', BPB'은 서로 닮음이고, 두 삼각형
의 넓이의 비가 $9 : 4$이므로 두 삼각형의 닮음비는 $3 : 2$이다.
$\therefore \overline{AP} : \overline{BP} = 3 : 2$
즉, 점 P는 선분 AB를 $3 : 2$로 내분하는 점이므로 점 P의
좌표는
$\left(\dfrac{3 \times 2 + 2 \times 4}{3+2}, \dfrac{3 \times 1 + 2 \times a}{3+2} \right)$ $\therefore P\left(\dfrac{14}{5}, \dfrac{2a+3}{5} \right)$
두 직선 AB, $A'B'$은 직선 $y=x$에 대하여 대칭이므로 두
직선 AB, $A'B'$의 교점 P는 직선 $y=x$ 위의 점이다.

즉, $\dfrac{14}{5} = \dfrac{2a+3}{5}$이므로 $a = \dfrac{11}{2}$

다른 풀이 2

두 점 $A(4, a)$, $B(2, 1)$을 직선 $y=x$에 대하여 대칭이동한
점이 각각 A', B'이므로
$A'(a, 4)$, $B'(1, 2)$
두 직선 AA', BB'은 각각 직선 $y=x$와 서로 수직이므로
두 직선 AA', BB'은 서로 평행하다.
즉, 두 삼각형 APA', BPB'은 서로 닮음이고, 두 삼각형의
넓이의 비가 $9 : 4$이므로 두 삼각형의 닮음비는 $3 : 2$이다.
따라서 점 A와 직선 $y=x$, 즉 $x-y=0$ 사이의 거리,
점 B와 직선 $x-y=0$ 사이의 거리의 비도 $3 : 2$이므로
$$\dfrac{|4-a|}{\sqrt{1^2 + (-1)^2}} : \dfrac{1}{\sqrt{1^2 + (-1)^2}} = 3 : 2$$
$2|4-a| = 3$, $|4-a| = \dfrac{3}{2}$
$\therefore a = \dfrac{11}{2}$ $(\because a>4)$

3

포물선 $y = x^2 - 3x - 1$ 위의 두 점 $A(a, a^2 - 3a - 1)$,
$B(b, b^2 - 3b - 1)$ $(a \neq b)$이 직선 $y=x$에 대하여 대칭이라
하자.
직선 AB는 직선 $y=x$와 서로 수직이므로 직선 AB의 기
울기는 -1이다. 즉,
$$\dfrac{a^2 - 3a - 1 - (b^2 - 3b - 1)}{a-b} = -1$$
$(a^2 - b^2) - 3(a-b) = -(a-b)$
$(a-b)(a+b) - 2(a-b) = 0$
$(a-b)(a+b-2) = 0$
$\therefore a+b-2 = 0$ $(\because a \neq b)$
$\therefore b = -a+2$ ……㉠
또한, 선분 AB의 중점의 좌표는
$$\left(\dfrac{a+b}{2}, \dfrac{a^2 - 3a - 1 + b^2 - 3b - 1}{2} \right)$$
이 점이 직선 $y=x$ 위에 있으므로
$$\dfrac{a^2 - 3a - 1 + b^2 - 3b - 1}{2} = \dfrac{a+b}{2}$$
$\therefore a^2 - 4a + b^2 - 4b - 2 = 0$
㉠을 위의 식에 대입하면

$a^2-4a+(-a+2)^2-4(-a+2)-2=0$

$a^2-4a+a^2-4a+4+4a-8-2=0$

$a^2-2a-3=0,\ (a+1)(a-3)=0$

$\therefore a=-1,\ b=3$ 또는 $a=3,\ b=-1\ (\because$ ㉠$)$

따라서 $A(-1,3),\ B(3,-1)$ 또는 $A(3,-1),\ B(-1,3)$

이므로

$d^2=\overline{AB}^2$

$\quad=(-1-3)^2+\{3-(-1)\}^2=32$

답 32

따라서 세 도형 $y=-f(x+2)$, $x=f(y+1)$, $x=-f(2-y)$로 둘러싸인 두 도형 중 넓이가 더 큰 도형은 오른쪽 그림의 색칠한 도형과 같으므로 구하는 넓이는

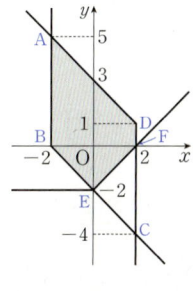

$\underbrace{5\times4}_{\text{평행사변형 ABCD의 넓이}}-\underbrace{\frac{1}{2}\times4\times2}_{\text{삼각형 ECF의 넓이}}$

$=20-4=16$

답 16

4

(i) 함수 $y=f(x)$의 그래프를 x축에 대하여 대칭이동하면

$\quad -y=f(x)$

이것을 x축의 방향으로 -2만큼 평행이동하면

$\quad -y=f(x+2)\qquad\therefore y=-f(x+2)$

즉, $y=-f(x+2)$의 그래프는 [그림 1]과 같다.

(ii) 함수 $y=f(x)$의 그래프를 직선 $y=x$에 대하여 대칭이동하면

$\quad x=f(y)$

이것을 y축의 방향으로 -1만큼 평행이동하면

$\quad x=f(y+1)$

즉, $x=f(y+1)$의 그래프는 [그림 2]와 같다.

(iii) 함수 $y=f(x)$의 그래프를 원점에 대하여 대칭이동하면

$\quad -y=f(-x)\qquad\therefore y=-f(-x)$

이것을 직선 $y=x$에 대하여 대칭이동하면

$\quad x=-f(-y)$

이것을 y축의 방향으로 2만큼 평행이동하면

$\quad x=-f(-(y-2))\qquad\therefore x=-f(2-y)$

즉, $x=-f(2-y)$의 그래프는 [그림 3]과 같다.

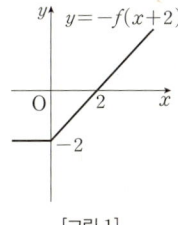

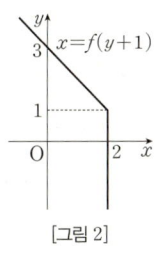

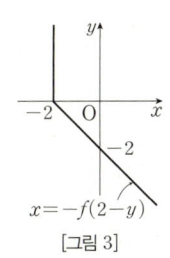

[그림 1]   [그림 2]   [그림 3]

5

원 C_1을 x축에 대하여 대칭이동한 원을 $C_1{}'$, 원 C_2를 직선 $y=x$에 대하여 대칭이동한 원을 $C_2{}'$이라 하면

$C_1{}': (x-8)^2+(y+2)^2=4$,

$C_2{}': (x+4)^2+(y-3)^2=4$

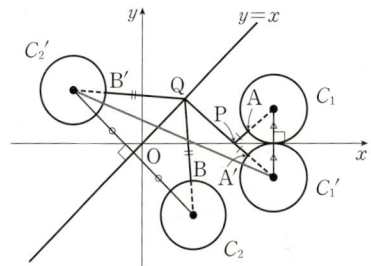

위의 그림과 같이 원 C_1 위의 점 A를 x축에 대하여 대칭이동한 점을 A$'$, 원 C_2 위의 점 B를 직선 $y=x$에 대하여 대칭이동한 점을 B$'$이라 하면 두 점 A$'$, B$'$은 각각 원 $C_1{}'$, 원 $C_2{}'$ 위의 점이고

$\overline{AP}=\overline{A'P},\ \overline{QB}=\overline{QB'}$

이때 $\overline{AP}+\overline{PQ}+\overline{QB}$는 네 점 A$'$, P, Q, B$'$이 두 원 $C_1{}'$, $C_2{}'$의 중심 $(8,-2)$, $(-4,3)$을 이은 선분 위에 있을 때 최솟값을 갖고, 두 원 $C_1{}'$, $C_2{}'$의 반지름의 길이가 모두 2이므로

$\overline{AP}+\overline{PQ}+\overline{QB}=\overline{A'P}+\overline{PQ}+\overline{QB'}$

$\qquad\qquad\qquad\ \geq\overline{A'B'}$

$\qquad\qquad\qquad\ =\sqrt{(-4-8)^2+\{3-(-2)\}^2}-2-2$

$\qquad\qquad\qquad\ =13-4=9$

따라서 $\overline{AP}+\overline{PQ}+\overline{QB}$의 최솟값은 9이다.

답 ③

Ⅱ. 집합과 명제

05. 집합

① 집합

본문 pp.148~151

기본＋필수연습

01 ㄱ, ㄷ   **02** (1) $\in$ (2) $\notin$ (3) $\notin$ (4) $\in$

03 (1) $\{1, 2, 4, 5, 10, 20\}$

     (2) $\{x \mid x = 3n+1, \ n = 0, 1, 2, \cdots, 33\}$

04 ㄱ, ㄷ, ㄹ, $n(A) = 15$, $n(C) = 3$, $n(D) = 0$

05 $S = \{-2, -1, 0, 1, 2, 3, 4, 5, 6\}$ **06** 64

07 $B*(A*B) = \{5, 13, 26, 34, 101, 109, 170, 178\}$

08 ㄴ   **09** 10   **10** 5

01

ㄱ. '우리 반에서 안경을 쓴 사람의 모임'은 그 대상을 분명하게 정할 수 있으므로 집합이다.

ㄴ. '높다'의 기준이 명확하지 않아 그 대상을 분명하게 정할 수 없으므로 집합이 아니다.

ㄷ. '5보다 작은 정수의 모임'은 그 대상을 분명하게 정할 수 있으므로 집합이고, 이 집합의 원소는 4, 3, 2, $\cdots$이다.

ㄹ. '가깝다'의 기준이 명확하지 않아 그 대상을 분명하게 정할 수 없으므로 집합이 아니다.

따라서 집합인 것은 ㄱ, ㄷ이다.

답 ㄱ, ㄷ

02

(1) 2는 자연수이므로 $2 \in N$

(2) $-\dfrac{1}{2}$은 정수가 아닌 유리수이므로 $-\dfrac{1}{2} \notin Z$

(3) $2 - \sqrt{2}$는 무리수이므로 $2 - \sqrt{2} \notin Q$

(4) 0은 실수이므로 $0 \in R$

답 (1) $\in$ (2) $\notin$ (3) $\notin$ (4) $\in$

03

(1) $\{1, 2, 4, 5, 10, 20\}$

(2) $\{x \mid x = 3n+1, \ n = 0, 1, 2, \cdots, 33\}$

답 (1) $\{1, 2, 4, 5, 10, 20\}$
(2) $\{x \mid x = 3n+1, \ n = 0, 1, 2, \cdots, 33\}$

다른 풀이

(2) $\{x \mid x = 3n-2, \ n = 1, 2, 3, \cdots, 34\}$

04

ㄱ. $A = \{4, 8, 12, \cdots, 60\}$은 유한집합이고, $n(A) = 15$이다.

ㄴ. 양의 유리수는 무수히 많으므로 무한집합이다.

ㄷ. $x^2 - 2x - 3 < 0$에서 $(x+1)(x-3) < 0$

     $\therefore -1 < x < 3$

     즉, $C = \{0, 1, 2\}$이므로 유한집합이고, $n(C) = 3$이다.

ㄹ. $x^2 + 1 = 0$을 만족시키는 실수 x는 존재하지 않는다.

     즉, $D = \varnothing$이므로 유한집합이고 $n(D) = 0$이다.

따라서 유한집합인 것은 ㄱ, ㄷ, ㄹ이고,

$n(A) = 15$, $n(C) = 3$, $n(D) = 0$이다.

답 ㄱ, ㄷ, ㄹ, $n(A) = 15$, $n(C) = 3$, $n(D) = 0$

05

두 집합 $A = \{3, 5, 7, 9\}$, $B = \{3, 4, 5\}$에 대하여 $x \in A$, $y \in B$일 때, $x - y$의 값은 다음 표와 같다.

x ＼ y	3	4	5
3	0	-1	-2
5	2	1	0
7	4	3	2
9	6	5	4

$\therefore S = \{-2, -1, 0, 1, 2, 3, 4, 5, 6\}$

답 $S = \{-2, -1, 0, 1, 2, 3, 4, 5, 6\}$

06

두 집합 $A = \{1, 2\}$, $B = \{2, 3\}$에 대하여 $x \in A$, $y \in B$일 때, $xy(x+y)$의 값은 다음 표와 같다.

x ＼ y	2	3
1	$1 \times 2 \times (1+2)=6$	$1 \times 3 \times (1+3)=12$
2	$2 \times 2 \times (2+2)=16$	$2 \times 3 \times (2+3)=30$

$\therefore S=\{6, 12, 16, 30\}$

따라서 집합 S의 모든 원소의 합은

$6+12+16+30=64$

답 64

07

두 집합 $A=\{1, 2\}$, $B=\{2x-1 \,|\, x \in A\}$에 대하여

$B=\{1, 3\}$이므로 $a \in A$, $b \in B$일 때, a^2+b^2의 값은 다음
표와 같다.

a ＼ b	1	3
1	$1^2+1^2=2$	$1^2+3^2=10$
2	$2^2+1^2=5$	$2^2+3^2=13$

$\therefore A*B=\{2, 5, 10, 13\}$

또한, $b \in B$, $c \in A*B$일 때, b^2+c^2의 값은 다음 표와 같다.

b ＼ c	2	5	10	13
1	$1^2+2^2=5$	$1^2+5^2=26$	$1^2+10^2=101$	$1^2+13^2=170$
3	$3^2+2^2=13$	$3^2+5^2=34$	$3^2+10^2=109$	$3^2+13^2=178$

$\therefore B*(A*B)=\{5, 13, 26, 34, 101, 109, 170, 178\}$

답 $B*(A*B)=\{5, 13, 26, 34, 101, 109, 170, 178\}$

08

ㄱ. $n(\{0, 1, \{0, 1, 3\}, 5\})=4$, $n(\{0, 1, 3, 5, 7\})=5$
이므로

　$n(\{0, 1, \{0, 1, 3\}, 5\})-n(\{0, 1, 3, 5, 7\})$

　$=4-5=-1$ (거짓)

ㄴ. $n(\{a, b\})=2$, $n(\{a, \varnothing\})=2$이므로

　$n(\{a, b\})=n(\{a, \varnothing\})$ (참)

ㄷ. 두 자리 자연수 중 3의 배수는

　3×4, 3×5, 3×6, $\cdots$, 3×33이므로

　$n(\{x \,|\, x$는 두 자리 자연수 중 3의 배수$\})=30$ (거짓)

따라서 옳은 것은 ㄴ뿐이다.

답 ㄴ

09

집합 $A=\{-i, i, 1\}$에 대하여 $x \in A$, $y \in A$일 때, $x+y$
의 값은 다음 표와 같다.

x ＼ y	$-i$	i	1
$-i$	$-2i$	0	$1-i$
i	0	$2i$	$1+i$
1	$1-i$	$1+i$	2

즉, $B=\{1-i, 1+i, -2i, 2i, 0, 2\}$이므로 $n(B)=6$

또한, $x \in A$, $y \in A$일 때, xy의 값은 다음 표와 같다.

x ＼ y	$-i$	i	1
$-i$	-1	1	$-i$
i	1	-1	i
1	$-i$	i	1

즉, $C=\{-i, i, -1, 1\}$이므로 $n(C)=4$

$\therefore n(B)+n(C)=6+4=10$

답 10

10

$x+2y=8$을 만족시키는 자연수 x, y의 순서쌍 (x, y)는

$(2, 3)$, $(4, 2)$, $(6, 1)$이므로

$n(A)=3$

$B=\{1, 2, 3, \cdots, 2a\}$이므로

$n(B)=2a$

이때 $n(B)-n(A)=7$이므로

$2a-3=7$, $2a=10$

$\therefore a=5$

답 5

STEP **1** **개념 마무리** 본문 p.152

01 3	**02** ②	**03** 80	**04** ②
05 7	**06** 3		

01

ㄱ. 10보다 크고 12보다 작은 짝수는 없으므로 공집합이다.

ㄷ. '2000보다 큰 수의 모임'은 그 대상을 분명하게 정할 수 있으므로 집합이다.

'잘한다', '가깝다', '많다'와 같은 조건은 기준이 명확하지 않아 그 대상을 분명하게 정할 수 없으므로 ㄴ, ㄹ, ㅁ은 집합이 아니다.

따라서 집합인 것은 ㄱ, ㄷ의 2개이고,

공집합인 것은 ㄱ의 1개이므로

$m=2, n=1$ $\therefore m+n=3$

답 3

02

ㄱ. $\begin{pmatrix} 1 & 0 \\ 0 & 1 \end{pmatrix} \begin{pmatrix} 1 & 0 \\ 0 & 1 \end{pmatrix} = \begin{pmatrix} 1 & 0 \\ 0 & 1 \end{pmatrix}$이므로

$\begin{pmatrix} 1 & 0 \\ 0 & 1 \end{pmatrix} \in M$

ㄴ. $\begin{pmatrix} 1 & 2 \\ -1 & -2 \end{pmatrix} \begin{pmatrix} 1 & 2 \\ -1 & -2 \end{pmatrix} = \begin{pmatrix} -1 & -2 \\ 1 & 2 \end{pmatrix}$이므로

$\begin{pmatrix} 1 & 2 \\ -1 & -2 \end{pmatrix} \notin M$

ㄷ. $\begin{pmatrix} 0 & 1 \\ 1 & 0 \end{pmatrix} \begin{pmatrix} 0 & 1 \\ 1 & 0 \end{pmatrix} = \begin{pmatrix} 1 & 0 \\ 0 & 1 \end{pmatrix}$이므로

$\begin{pmatrix} 0 & 1 \\ 1 & 0 \end{pmatrix} \notin M$

ㄹ. $\begin{pmatrix} 0 & 1 \\ 0 & 1 \end{pmatrix} \begin{pmatrix} 0 & 1 \\ 0 & 1 \end{pmatrix} = \begin{pmatrix} 0 & 1 \\ 0 & 1 \end{pmatrix}$이므로

$\begin{pmatrix} 0 & 1 \\ 0 & 1 \end{pmatrix} \in M$

따라서 집합 M의 원소인 것은 ㄱ, ㄹ이다.

답 ②

03

집합 $A=\{l, m, n\}$에 대하여 l, m, n은 서로 다른 자연수이므로 $l<m<n$이라 하자.

$B=\{x \mid x=a+b, a\in A, b\in A, a\neq b\}$에서

$B=\{l+m, l+n, m+n\}=\{6, 12, 14\}$

이때 $l+m<l+n<m+n$이므로

$\begin{cases} l+m=6 & \cdots\cdots \text{㉠} \\ l+n=12 & \cdots\cdots \text{㉡} \\ m+n=14 & \cdots\cdots \text{㉢} \end{cases}$

㉠+㉡+㉢을 하면

$2(l+m+n)=32$

$\therefore l+m+n=16$ $\cdots\cdots$ ㉣

㉠, ㉡, ㉢을 ㉣에 각각 대입하여 풀면

$l=2, m=4, n=10$

$\therefore lmn=2\times4\times10=80$

답 80

04

① $\{2, 3, 5, 7\}$이므로 유한집합이다.

② $(x-1)(x-2)\leq0$에서 $1\leq x\leq2$

이때 1보다 크거나 같고 2보다 작거나 같은 실수는 무수히 많으므로 무한집합이다.

③ 절댓값이 0보다 작은 실수는 없다.

즉, $\varnothing$이므로 유한집합이다.

④ $\{(0, 0)\}$이므로 유한집합이다.

⑤ $\{1, 2, 3, 4, 6, 8, 12, 24\}$이므로 유한집합이다.

답 ②

05

$x\in A$일 때, $(x+2)(x+11)$의 값이 6의 배수가 되는 경우는 다음과 같이 나누어 생각할 수 있다.

(i) $x+2$가 6의 배수인 경우

$x=4, 10, 16$

(ii) $x+11$이 6의 배수인 경우

$x=1, 7, 13, 19$

(iii) $x+2$가 2의 배수이고, $x+11$이 3의 배수인 경우

$x+2$가 2의 배수가 되도록 하는 x는

2, 4, 6, 8, 10, 12, 14, 16, 18, 20

이 중에서 $x+11$이 3의 배수가 되도록 하는 x를 구하면

$x=4, 10, 16$

(iv) $x+2$가 3의 배수이고, $x+11$이 2의 배수인 경우

$x+2$가 3의 배수가 되도록 하는 x는

1, 4, 7, 10, 13, 16, 19

이 중에서 $x+11$이 2의 배수가 되도록 하는 x를 구하면

$x=1, 7, 13, 19$

(ⅰ)~(ⅳ)에서

$x=1, 4, 7, 10, 13, 16, 19$

각각의 x에 대하여 집합 B가 6의 배수인 원소를 가지므로 그 개수는 7이다.

답 7

06

$A=\{z\,|\,z=i^n, n$은 자연수$\}$
$=\{i, -1, -i, 1\}$

이므로 $z\in A$이면

$z^2=1$ 또는 $z^2=-1$

이때 $z_1\in A$, $z_2\in A$이면 $z_1{}^2=1$ 또는 $z_1{}^2=-1$이고,

$z_2{}^2=1$ 또는 $z_2{}^2=-1$이므로 $z_1{}^2+z_2{}^2$의 값은 다음 표와 같다.

$z_1{}^2$ \ $z_2{}^2$	1	-1
1	2	0
-1	0	-2

즉, $B=\{-2, 0, 2\}$이므로 $n(B)=3$

답 3

보충 설명

i의 거듭제곱의 성질 |

$i^{4n-3}=i,\ i^{4n-2}=-1,\ i^{4n-1}=-i,\ i^{4n}=1$ (단, n은 자연수)

② 집합 사이의 포함 관계

기본 + 필수연습 본문 pp.157~164

11 (1) $\subset$ (2) $\not\subset$	**12** 8	
13 풀이 참조	**14** (1) 8 (2) 8 (3) 4	
15 ㄴ, ㄹ	**16** ㄱ, ㄴ, ㄷ, ㅁ	**17** -2
18 3	**19** 5	**20** 2	**21** 1
22 7	**23** 8	**24** 16	**25** 480
26 128	**27** 8	**28** 24	**29** 7
30 31			

11

(1) $(x+2)(x-4)\leq0$에서 $-2\leq x\leq4$

즉, $\{x\,|\,(x+2)(x-4)\leq0\}=\{x\,|\,-2\leq x\leq4\}$이므로

$\{-2, 3\}\subset\{x\,|\,(x+2)(x-4)\leq0\}$

(2) $x(x^2-1)=0$에서 $x(x+1)(x-1)=0$

$\therefore x=-1$ 또는 $x=0$ 또는 $x=1$

즉, $\{x\,|\,x(x^2-1)=0\}=\{-1, 0, 1\}$에서

$0\in\{x\,|\,x(x^2-1)=0\}$이지만 $0\notin\{1, 2\}$이므로

$\{x\,|\,x(x^2-1)=0\}\not\subset\{1, 2\}$

답 (1) $\subset$ (2) $\not\subset$

12

두 집합 A, B가 서로 같은 집합이므로 두 집합의 모든 원소가 같다.

즉, $a+2=3$, $6=b-1$이므로

$a=1$, $b=7$

$\therefore a+b=1+7=8$

답 8

13

(1) 집합 $A=\{x\,|\,x$는 5 이하의 짝수인 자연수$\}=\{2, 4\}$이므로 집합 A의 부분집합은 $\varnothing$, $\{2\}$, $\{4\}$, $\{2, 4\}$의 $\underset{2^2}{4}$개이다.

(2) 집합 $B=\{0, \varnothing, \{\varnothing\}\}$에서 집합 B의 진부분집합은 $\varnothing$, $\{0\}$, $\{\varnothing\}$, $\{\{\varnothing\}\}$, $\{0, \varnothing\}$, $\{0, \{\varnothing\}\}$, $\{\varnothing, \{\varnothing\}\}$의 $\underset{2^3-1}{7}$개이다.

답 풀이 참조

14

집합 $A=\{1, 2, 3, 6\}$이므로

$n(A)=4$

(1) 1을 포함하는 부분집합의 개수는

$2^{4-1}=2^3=8$

(2) 2를 포함하지 않는 부분집합의 개수는

$2^{4-1}=2^3=8$

(3) 1을 포함하고, 2를 포함하지 않는 부분집합의 개수는

$2^{4-1-1}=2^2=4$

답 (1) 8 (2) 8 (3) 4

15

집합 A의 원소는 $\varnothing$, -2, 0, 2, $\{0\}$, $\{0, 2\}$이다.

ㄱ. $\varnothing$은 집합 A의 원소이므로

$\{\varnothing\} \subset A$ (거짓)

ㄴ. $\{0, 2\}$는 집합 A의 원소이므로

$\{\{0, 2\}\} \subset A$ (참)

ㄷ. $\{-2, 0, 2\}$는 집합 A의 원소가 아니므로

$\{-2, 0, 2\} \notin A$ (거짓) ← $-2, 0, 2$는 집합 A의 원소이므로 $\{-2, 0, 2\} \subset A$

ㄹ. 0, $\{0\}$은 집합 A의 원소이므로

$\{0, \{0\}\} \subset A$ (참)

ㅁ. $\{-2, 0\}$은 집합 A의 원소가 아니므로

$\{\varnothing, \{-2, 0\}\} \not\subset A$ (거짓)

따라서 옳은 것은 ㄴ, ㄹ이다.

답 ㄴ, ㄹ

16

집합 $f(A)=\{X \mid X \subset A\}$는 집합 A의 부분집합을 원소로 갖는 집합이므로 $X \subset A$이면 $X \in f(A)$이다.

집합 $A=\{\varnothing, a, b, \{a, b\}\}$에 대하여

ㄱ. $\varnothing \subset A$이므로 $\varnothing \in f(A)$ (참)

ㄴ. $\varnothing \in A$이므로 $\{\varnothing\} \subset A$

∴ $\{\varnothing\} \in f(A)$ (참)

ㄷ. $a \in A$이므로 $\{a\} \subset A$

∴ $\{a\} \in f(A)$ (참)

ㄹ. $a \notin f(A)$, $b \notin f(A)$이므로 $\{a, b\} \not\subset f(A)$ (거짓)

ㅁ. $A \subset A$이므로 $A \in f(A)$

∴ $\{A\} \subset f(A)$ (참)

따라서 옳은 것은 ㄱ, ㄴ, ㄷ, ㅁ이다.

답 ㄱ, ㄴ, ㄷ, ㅁ

보충 설명

ㄹ. $\{a, b\} \subset A$이므로 $\{a, b\} \in f(A)$

또한, $\{a, b\} \in f(A)$이므로 $\{\{a, b\}\} \subset f(A)$

17

$A \subset B$이므로 $1 \in A$에서 $1 \in B$이다.

즉, $a^2-3=1$ 또는 $7-a=1$이므로

$a^2-3=1$에서 $a^2=4$

∴ $a=-2$ 또는 $a=2$

$7-a=1$에서 $a=6$

(i) $a=-2$일 때,

$A=\{1, 3\}$, $B=\{1, 3, 9\}$이므로

$A \subset B$

(ii) $a=2$일 때,

$A=\{1, 11\}$, $B=\{1, 3, 5\}$이므로

$A \not\subset B$

(iii) $a=6$일 때,

$A=\{1, 19\}$, $B=\{1, 3, 33\}$이므로

$A \not\subset B$

(i), (ii), (iii)에서 조건을 만족시키는 실수 a의 값은 -2이다.

답 -2

18

$A \subset B$가 성립하도록 두 집합 A, B를 수직선 위에 나타내면 다음 그림과 같다.

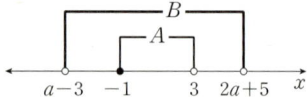

즉, $a-3 < -1$, $3 \le 2a+5$이므로

$a-3 < -1$에서 $a < 2$ ⋯⋯㉠

$3 \le 2a+5$에서

$2a \ge -2$ ∴ $a \ge -1$ ⋯⋯㉡

㉠, ㉡에서 $-1 \le a < 2$

따라서 조건을 만족시키는 정수 a는 -1, 0, 1의 3개이다.

답 3

19

$A=\{x \mid x^2+x-6 \le 0\}$에서

$x^2+x-6 \le 0$, $(x+3)(x-2) \le 0$

∴ $-3 \le x \le 2$

$\therefore A=\{x|-3\leq x\leq 2\}$

$B=\{x||x-2|\leq k\}$에서

$|x-2|\leq k,\ -k\leq x-2\leq k$

$\therefore -k+2\leq x\leq k+2$

$\therefore B=\{x|-k+2\leq x\leq k+2\}$

이때 ♦$A\subset B$가 성립하도록 두 집합 A, B를 수직선 위에 나타내면 다음 그림과 같다.

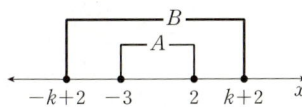

즉, $-k+2\leq -3, 2\leq k+2$이므로

$-k+2\leq -3$에서 $k\geq 5$ ······㉠

$2\leq k+2$에서 $k\geq 0$ ······㉡

㉠, ㉡에서 $k\geq 5$

따라서 실수 k의 최솟값은 5이다.

답 5

20

$A=B$이면 $A\subset B$, 즉 집합 A의 모든 원소가 집합 B의 원소이므로 $4\in A$에서 $4\in B$이다.

즉, $a^2-5=4$ 또는 $a+2=4$이므로

$a^2-5=4$에서 $a^2=9$

$\therefore a=-3$ 또는 $a=3$

$a+2=4$에서 $a=2$

(i) $a=-3$일 때,

$A=\{-6, 4, 17\}$, $B=\{-1, 4, 7\}$이므로

$A\neq B$

(ii) $a=3$일 때,

$A=\{0, 4, 17\}$, $B=\{4, 5, 7\}$이므로

$A\neq B$

(iii) $a=2$일 때,

$A=\{-1, 4, 7\}$, $B=\{-1, 4, 7\}$이므로

$A=B$

(i), (ii), (iii)에서 $A=B$를 만족시키는 상수 a의 값은 2이다.

답 2

다른 풀이

$A=B$이면 $B\subset A$, 즉 집합 B의 모든 원소가 집합 A의 원소이므로 $7\in B$에서 $7\in A$이다.

즉, $a-3=7$ 또는 $2a^2-1=7$이므로

$a-3=7$에서 $a=10$

$2a^2-1=7$에서 $2a^2=8$, $a^2=4$

$\therefore a=-2$ 또는 $a=2$

(i) $a=10$일 때,

$A=\{4, 7, 199\}$, $B=\{7, 12, 95\}$이므로

$A\neq B$

(ii) $a=-2$일 때,

$A=\{-5, 4, 7\}$, $B=\{-1, 0, 7\}$이므로

$A\neq B$

(iii) $a=2$일 때,

$A=\{-1, 4, 7\}$, $B=\{-1, 4, 7\}$이므로

$A=B$

(i), (ii), (iii)에서 $A=B$를 만족시키는 상수 a의 값은 2이다.

21

두 집합 A, B에 대하여 $A\subset B$이고 $B\subset A$이므로

$A=B$

$0\in B$에서 $0\in A$이므로

$a=0$ 또는 $\dfrac{b}{a}=0$

$\therefore a=0$ 또는 $b=0$

그런데 $a\neq 0$ 이므로 $b=0$

$\therefore A=\{a, 0, 4\}$, $B=\{a^2, 4a, 0\}$

$4\in A$에서 $4\in B$이므로

$a^2=4$ 또는 $4a=4$

$\therefore a=-2$ 또는 $a=2$ 또는 $a=1$

(i) $a=-2$일 때,

$A=\{-2, 0, 4\}$, $B=\{-8, 0, 4\}$이므로

$A\neq B$

(ii) $a=2$일 때,

$A=\{0, 2, 4\}$, $B=\{0, 4, 8\}$이므로

$A\neq B$

(iii) $a=1$일 때,

$A=\{0, 1, 4\}$, $B=\{0, 1, 4\}$이므로

$A=B$

(ⅰ), (ⅱ), (ⅲ)에서 조건을 만족시키는 정수 a의 값은 1이다.

∴ $a=1$

∴ $a-b=1-0=1$

답 1

22

$A=B$에서 $x+1\neq x+5$이므로

$x+1=x^2-1$ 또는 $x+1=3x-1$

$x+1=x^2-1$에서

$x^2-x-2=0,\ (x+1)(x-2)=0$

∴ $x=-1$ 또는 $x=2$

$x+1=3x-1$에서 $2x=2$

∴ $x=1$

(ⅰ) $x=-1$일 때,

  $A=\{-2,\ -1,\ 0\}$, $B=\{-4,\ 0,\ 4\}$이므로

  $A\neq B$

(ⅱ) $x=2$일 때,

  $A=\{3,\ 5,\ 7\}$, $B=\{3,\ 5,\ 7\}$이므로

  $A=B$

(ⅲ) $x=1$일 때,

  $A=\{0,\ 2,\ 3\}$, $B=\{0,\ 2,\ 6\}$이므로

  $A\neq B$

(ⅰ), (ⅱ), (ⅲ)에서 $A=B$를 만족시키는 실수 x의 값은 2이고, 이때 집합 A의 원소 중 가장 큰 수는 7이다.

답 7

23

집합 A의 원소 중에서 3의 배수는 3, 6, 9이고, 10의 약수는 1, 2, 5, 10이다.

따라서 집합 A의 부분집합 중에서 세 원소 3, 6, 9는 모두 포함하고, 네 원소 1, 2, 5, 10은 모두 포함하지 않는 집합의 개수는

$2^{10-3-4}=2^3=8$

답 8

24

집합 A에 대하여 $1\in X$, $2\in X$, $13\notin X$를 만족시키는 집합 A의 부분집합 X의 개수는 집합 $\{3,\ 5,\ 7,\ 11\}$의 부분집합의 개수와 같으므로

$2^4=16$

답 16

25

집합 $A=\{x\,|\,x$는 $1\leq x\leq 9$인 자연수$\}$에 대하여

$A=\{1,\ 2,\ 3,\ \cdots,\ 9\}$이므로 $n(A)=9$

또한, 집합 A의 원소 중에서 소수는 2, 3, 5, 7이므로 집합 A의 부분집합 중에서 소수인 네 원소 2, 3, 5, 7 중 적어도 1개를 포함하는 집합의 개수는

$2^9-2^{9-4}=512-32=480$

답 480

26

$A=\{x\,|\,x$는 20 이하의 6의 양의 배수$\}$

  $=\{6,\ 12,\ 18\}$

$B=\{x\,|\,x$는 20 이하의 양의 짝수$\}$

  $=\{2,\ 4,\ 6,\ \cdots,\ 20\}$

이때 $A\subset X\subset B$이므로 집합 X는

집합 $B=\{2,\ 4,\ 6,\ \cdots,\ 20\}$의 부분집합 중에서 집합 A의 세 원소 6, 12, 18을 반드시 포함하는 집합이다.

따라서 $A\subset X\subset B$를 만족시키는 집합 X의 개수는

$2^{10-3}=2^7=128$

답 128

본문 pp.161~165

27

$2x^2-3x-9\leq0$에서

$(2x+3)(x-3)\leq0$ $\therefore -\dfrac{3}{2}\leq x\leq3$

$\therefore A=\{x\,|\,2x^2-3x-9\leq0,\ x\text{는 정수}\}$
$\qquad =\{-1,\ 0,\ 1,\ 2,\ 3\}$

또한, $x^2-2x-3=0$에서 $(x+1)(x-3)=0$

$\therefore x=-1$ 또는 $x=3$

$\therefore B=\{x\,|\,x^2-2x-3=0\}$
$\qquad =\{-1,\ 3\}$

이때 $B\subset X\subset A$이므로 집합 X는

집합 $A=\{-1,\ 0,\ 1,\ 2,\ 3\}$의 부분집합 중에서 집합 B의 두 원소 -1, 3을 반드시 포함하는 집합이다.

따라서 $B\subset X\subset A$를 만족시키는 집합 X의 개수는

$2^{5-2}=2^3=8$

답 8

28

$n(A)=m$이라 하면

$k=4m$ (단, $m\leq7$, m은 자연수) $\cdots\cdots\bigcirc$

(∗)

이때 $A\subset X\subset B$이므로 집합 X는

집합 $B=\{2,\ 4,\ 6,\ \cdots,\ 30\}$의 부분집합 중에서 집합 A의 m개의 원소 $4,\ 8,\ 12,\ \cdots,\ k$를 반드시 포함하는 집합이다.

따라서 집합 X의 개수는

$2^{15-m}=512=2^9$

즉, $15-m=9$이므로 $m=6$

$\therefore k=4\times6=24\ (\because \bigcirc)$

답 24

보충 설명

$(\ast)$에서 $A\subset B$이므로 $k\leq30$

이때 $k=4m$이므로 $4m\leq30$

$\therefore m\leq7.\times\times\times$

이때 m은 자연수이므로 $m\leq7$이다.

29

조건 ㈎, ㈏에서 x와 $\dfrac{12}{x}$가 모두 자연수이므로 집합 A는 집합 $\{1,\ 2,\ 3,\ 4,\ 6,\ 12\}$의 부분집합이다.

12의 양의 약수

또한, 조건 ㈏에서 $1\in A$이면 $12\in A$, $2\in A$이면 $6\in A$, $3\in A$이면 $4\in A$이므로 1과 12, 2와 6, 3과 4는 각각 어느 하나가 집합 A의 원소이면 나머지 하나도 반드시 집합 A의 원소이어야 한다.

따라서 구하는 집합 A의 개수는 집합 $\{1,\ 2,\ 3\}$의 공집합이 아닌 부분집합의 개수와 같으므로

$2^3-1=7$

답 7

보충 설명

조건을 만족시키는 집합 A는

$\{1,\ 12\}$, $\{2,\ 6\}$, $\{3,\ 4\}$, $\{1,\ 2,\ 6,\ 12\}$, $\{1,\ 3,\ 4,\ 12\}$, $\{2,\ 3,\ 4,\ 6\}$, $\{1,\ 2,\ 3,\ 4,\ 6,\ 12\}$의 7개이다.

30

조건 ㈎에서 집합 B는 집합 $A=\{1,\ 2,\ 3,\ 4,\ 5,\ 6,\ 7,\ 8\}$의 부분집합이고, 조건 ㈏에서 $1\notin B$, $2\notin B$, $3\notin B$이다.

따라서 구하는 집합 B의 개수는 집합 $\{4,\ 5,\ 6,\ 7,\ 8\}$의 공집합이 아닌 부분집합의 개수와 같으므로

$2^5-1=31$

답 31

STEP 1 개념 마무리   본문 pp.165~166

07 ②	**08** ④	**09** ②	**10** 9
11 $2<k\leq3$	**12** 48	**13** 6	**14** 7
15 8	**16** 5	**17** 80	**18** 16

07

집합 A의 원소는 $\varnothing$, 0, $\{\varnothing\}$, $\{\varnothing,\ 1\}$이다.

① 1은 집합 A의 원소가 아니므로
$\{\varnothing,\ 1\}\not\subset A$ (거짓)

② $\varnothing$, 0은 집합 A의 원소이므로
$\{\varnothing,\ 0\}\subset A$ (참)

③ $\{\varnothing,\ \{\varnothing\}\}$은 집합 A의 원소가 아니므로
$\{\varnothing,\ \{\varnothing\}\}\notin A$ (거짓)

05. 집합 **097**

④ $\{\varnothing, 1\}$은 집합 A의 원소이므로

$\{\varnothing, 1\}\in A$ (거짓)

⑤ $\{\varnothing\}$은 집합 A의 원소이므로

$\{\{\varnothing\}\}\subset A$ (거짓)

따라서 옳은 것은 ②이다.

답 ②

08

집합 $A=\{\varnothing, 0, 1\}$에 대하여

$P(A)=\{\varnothing, \{\varnothing\}, \{0\}, \{1\}, \{\varnothing, 0\}, \{\varnothing, 1\}, \{0, 1\},$
$\quad\quad\{\varnothing, 0, 1\}\}$

ㄱ. $\varnothing\in P(A)$ (참)

ㄴ. $\varnothing$은 모든 집합의 부분집합이므로 $\varnothing\subset P(A)$ (참)

ㄷ. $\{\varnothing, 0\}$은 집합 $P(A)$의 원소가 아니므로

$\{\varnothing, 0\}\not\subset P(A)$ (거짓)

ㄹ. $\{\varnothing\}\in P(A)$이므로 $\{\{\varnothing\}\}\subset P(A)$ (참)

따라서 옳은 것은 ㄱ, ㄴ, ㄹ이다.

답 ④

다른 풀이

집합 $P(A)$의 원소를 다 구할 필요 없이 집합 $P(A)$가 집합 A의 부분집합을 원소로 갖는 집합임을 이용하여 참, 거짓을 판별해 보자.

ㄱ. $\varnothing$은 모든 집합의 부분집합이므로 $\varnothing\subset A$

$\quad\therefore \varnothing\in P(A)$ (참)

ㄴ. $\varnothing$은 모든 집합의 부분집합이므로 $\varnothing\subset P(A)$ (참)

ㄷ. ㄱ에서 $\varnothing\in P(A)$

그런데 $0\not\in P(A)$이므로 $\{\varnothing, 0\}\not\subset P(A)$ (거짓)

ㄹ. $\varnothing\in A$이므로 $\{\varnothing\}\subset A$

즉, $\{\varnothing\}\in P(A)$이므로 $\{\{\varnothing\}\}\subset P(A)$ (참)

09

집합 $A=\{-1, 0, 1, 2\}$에 대하여 $a\in A$, $b\in A$일 때, $a+b$, ab의 값은 각각 다음 표와 같다.

⟨$a+b$의 값⟩

a \ b	-1	0	1	2
-1	-2	-1	0	1
0	-1	0	1	2
1	0	1	2	3
2	1	2	3	4

⟨ab의 값⟩

a \ b	-1	0	1	2
-1	1	0	-1	-2
0	0	0	0	0
1	-1	0	1	2
2	-2	0	2	4

$\therefore B=\{-2, -1, 0, 1, 2, 3, 4\}$,

$\quad C=\{-2, -1, 0, 1, 2, 4\}$

$\therefore A\subset C\subset B$

답 ②

10

$A\subset B$이므로 $5\in A$에서 $5\in B$

즉, $3-a=5$ 또는 $b+5=5$이어야 한다.

$3-a=5$에서 $a=-2$

$b+5=5$에서 $b=0$

(i) $a=-2$일 때,

$A=\{-1, 5\}$, $B=\{1, 5, b+5\}$

이때 $A\subset B$이므로 $-1\in A$에서 $-1\in B$

즉, $b+5=-1$이어야 하므로 $b=-6$

$\therefore a+b=-2+(-6)=-8$

(ii) $b=0$일 때,

$A=\{5, a+1\}$, $B=\{1, 3-a, 5\}$

이때 $a\neq 4$이고 $A\subset B$이므로 $(a+1)\in A$에서

$(a+1)\in B$

즉, $a+1=1$ 또는 $a+1=3-a$이어야 한다.

따라서 $a=0$ 또는 $a=1$이므로

$a+b=0+0=0$ 또는 $a+b=1+0=1$

(i), (ii)에서

$a+b$의 최댓값 M은 1, 최솟값 m은 -8이므로

$M-m=1-(-8)=9$

답 9

11

$x^2-x-12\leq 0$에서

$(x+3)(x-4)\leq 0$ $\quad\therefore -3\leq x\leq 4$

$\therefore A=\{x\mid -3\leq x\leq 4\}$

$|x-1|<k$에서 $-k<x-1<k$

$\therefore -k+1<x<k+1$

$\therefore B=\{x|-k+1<x<k+1\}$

$x^2\leq1$에서 $x^2-1\leq0$

$(x+1)(x-1)\leq0$ $\therefore -1\leq x\leq1$

$\therefore C=\{x|-1\leq x\leq1\}$

이때 $C\subset B\subset A$가 성립하도록 세 집합 A, B, C를 수직선 위에 나타내면 다음 그림과 같다.

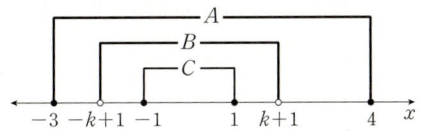

즉, $-3\leq -k+1<-1$, $1<k+1\leq4$이므로

$-3\leq -k+1<-1$에서 $-4\leq -k<-2$

$\therefore 2<k\leq4$ ······㉠

$1<k+1\leq4$에서 $0<k\leq3$ ······㉡

㉠, ㉡에서 실수 k의 값의 범위는

$2<k\leq3$

답 $2<k\leq3$

12

$A_{25}=\{x|x$는 $\sqrt{25}$ 이하의 홀수$\}=\{x|x$는 5 이하의 홀수$\}$
$=\{1, 3, 5\}$

이때 $A_n\subset A_{25}$이려면 $\sqrt{n}<7$이어야 하므로

$n<49$

따라서 자연수 n의 최댓값은 48이다.

답 48

보충 설명

$A_1=A_2=A_3=\cdots=A_8=\{1\}$,

$A_9=A_{10}=A_{11}=\cdots=A_{24}=\{1, 3\}$,

$A_{25}=A_{26}=A_{27}=\cdots=A_{48}=\{1, 3, 5\}$,

$A_{49}=A_{50}=A_{51}=\cdots=A_{80}=\{1, 3, 5, 7\}$

13

$A=B$이면 $A\subset B$이므로

$3\in A$에서 $3\in B$

즉, $3^2=b$이므로 $b=9$

$\therefore B=\{x|x^2=9, x$는 실수$\}=\{3, -3\}$

또한, $A=B$이면 $B\subset A$이므로 $-3\in B$에서 $-3\in A$

즉, $a=-3$이므로

$a+b=-3+9=6$

답 6

14

$x^2-x-6=0$에서 $(x+2)(x-3)=0$

$\therefore x=-2$ 또는 $x=3$

$\therefore B=\{-2, 3\}$

이때 $A=B$이므로 $\underset{\underline{\quad}}{\text{삼차방정식 } x^3+ax^2+bx+c=0\text{의 근이}}$
$\underset{\underline{\quad}}{-2, 3\text{이므로 둘 중 하나는 중근이다.}}$

$A=\{x|x^3+ax^2+bx+c=0\}=\{-2, 3\}$

$\therefore x^3+ax^2+bx+c=(x+2)^2(x-3)$

또는 $x^3+ax^2+bx+c=(x+2)(x-3)^2$

(i) $x^3+ax^2+bx+c=(x+2)^2(x-3)$일 때,

$c=-12$이므로 $c>0$인 조건을 만족시키지 않는다.

(ii) $x^3+ax^2+bx+c=(x+2)(x-3)^2$일 때,

$c=18$

(i), (ii)에서 $x^3+ax^2+bx+c=(x+2)(x-3)^2$이므로

$Q(x)=x-3$

$\therefore Q(10)=10-3=7$

답 7

15

집합 A의 부분집합 중 원소 2 또는 4는 포함하고 원소 5는 포함하지 않는 집합의 개수는 원소 5를 포함하지 않는 부분집합의 개수에서 세 원소 2, 4, 5를 모두 포함하지 않는 부분집합의 개수를 뺀 것과 같다.

이때 집합 A의 원소의 개수는 n이므로

$2^{n-1}-2^{n-3}=96$

$2^2\times2^{n-3}-2^{n-3}=96$, $4\times2^{n-3}-2^{n-3}=96$

$3\times2^{n-3}=96$, $2^{n-3}=32$, $2^{n-3}=2^5$

즉, $n-3=5$이므로 $n=8$

답 8

16

집합 $A=\{1, 2, 3, 4, 5\}$의 부분집합 중에서 원소로 짝수는 적어도 하나 포함하고, 연속된 두 자연수는 포함하지 않는 부분집합을 B라 하자.

(i) $2 \in B$, $4 \notin B$일 때,

　　$2 \in B$이고 연속된 두 자연수는 포함하지 않아야 하므로

　　$1 \notin B$, $3 \notin B$

　　따라서 집합 B로 가능한 경우는 $\{2\}$, $\{2, 5\}$의 2가지이다.

(ii) $2 \notin B$, $4 \in B$일 때,

　　$4 \in B$이고 연속된 두 자연수는 포함하지 않아야 하므로

　　$3 \notin B$, $5 \notin B$

　　따라서 집합 B로 가능한 경우는 $\{4\}$, $\{1, 4\}$의 2가지이다.

(iii) $2 \notin B$, $4 \notin B$일 때,

　　연속된 두 자연수는 포함하지 않아야 하므로

　　$1 \notin B$, $3 \notin B$, $5 \notin B$

　　따라서 집합 B로 가능한 경우는 $\{2, 4\}$의 1가지이다.

(i), (ii), (iii)에서 구하는 부분집합 B의 개수는

$2+2+1=5$

답 5

17

조건 ㈎에서 $n(B)=2$이므로 집합 A의 원소 1, 2, 3, 4, 5 중에서 2개를 택하여 집합 B의 원소로 정하면 가능한 집합 B의 개수는

$${}_5 C_2 = \frac{5 \times 4}{2 \times 1} = 10$$

㈎

그 각각의 집합 B에 대하여 조건 ㈏를 만족시키는 집합 C의 개수는

┌ 집합 A의 부분집합 중에서 집합 B의 2개의
└ 원소를 반드시 포함하는 집합의 개수

$2^{5-2} = 2^3 = 8$ ($\because n(A)=5$, $n(B)=2$)

㈏

따라서 조건을 만족시키는 두 집합 B, C의 순서쌍 (B, C)의 개수는

$10 \times 8 = 80$

㈐

답 80

단계	채점 기준	배점
㈎	조건 ㈎를 만족시키는 집합 B의 개수를 구한 경우	40%
㈏	조건 ㈎를 만족시키는 어떤 집합 B에 대하여 조건 ㈏를 만족시키는 집합 C의 개수를 구한 경우	40%
㈐	두 집합 B, C의 순서쌍 (B, C)의 개수를 구한 경우	20%

18

조건 ㈎에서 x와 $10-x$가 모두 자연수이므로

$x \geq 1$, $10-x \geq 1$에서 $1 \leq x \leq 9$

즉, 집합 A는 집합 $\{1, 2, 3, 4, 5, 6, 7, 8, 9\}$의 부분집합이다.

또한, 조건 ㈎에서 $1 \in A$이면 $9 \in A$, $2 \in A$이면 $8 \in A$, $3 \in A$이면 $7 \in A$, $4 \in A$이면 $6 \in A$이고 $5 \in A$이면 $5 \in A$이므로 1과 9, 2와 8, 3과 7, 4와 6은 각각 어느 하나가 집합 A의 원소이면 나머지 하나도 반드시 집합 A의 원소이어야 하고 5도 집합 A의 원소가 될 수 있다.

이때 조건 ㈏에서 집합 A는 원소의 개수가 홀수이므로 5는 반드시 집합 A의 원소이어야 한다.

따라서 구하는 집합 A의 개수는 집합 $\{1, 2, 3, 4\}$의 부분집합의 개수와 같으므로

$2^4 = 16$

답 16

보충 설명

조건을 만족시키는 집합 A는

$\{5\}$, $\{1, 5, 9\}$, $\{2, 5, 8\}$, $\{3, 5, 7\}$, $\{4, 5, 6\}$,

$\{1, 2, 5, 8, 9\}$, $\{1, 3, 5, 7, 9\}$, $\{1, 4, 5, 6, 9\}$,

$\{2, 3, 5, 7, 8\}$, $\{2, 4, 5, 6, 8\}$, $\{3, 4, 5, 6, 7\}$,

$\{1, 2, 3, 5, 7, 8, 9\}$, $\{1, 2, 4, 5, 6, 8, 9\}$,

$\{1, 3, 4, 5, 6, 7, 9\}$, $\{2, 3, 4, 5, 6, 7, 8\}$,

$\{1, 2, 3, 4, 5, 6, 7, 8, 9\}$의 16개이다.

> **STEP 2** 개념 마무리　　　　본문 p.167
>
> **1** 28　　**2** ③　　**3** 10　　**4** 24
>
> **5** 256　　**6** 32

1

집합 $A = \{1, 2, 3, 4, 5\}$의 부분집합 X에 대하여 $M(X) \geq 3$을 만족시키는 경우는 다음과 같이 나누어 생각할 수 있다.

(i) $M(X)=3$일 때,

　　$3 \in X$, $4 \notin X$, $5 \notin X$이어야 하므로 집합 X의 개수는

　　$2^{5-1-2} = 2^2 = 4$ ┌ 집합 X의 가장 큰 원소가 3이므로
　　　　　　　　　　　　　└ 3보다 큰 4, 5는 X의 원소가 될 수 없다.

(ii) $M(X)=4$일 때,

$4 \in X$, $5 \notin X$이어야 하므로 집합 X의 개수는

$2^{5-1-1}=2^3=8$ ── 집합 X의 가장 큰 원소가 4이므로 4보다 큰 5는 X의 원소가 될 수 없다.

(iii) $M(X)=5$일 때,

$5 \in X$이어야 하므로 집합 X의 개수는

$2^{5-1}=2^4=16$

(i), (ii), (iii)에서 구하는 집합 X의 개수는

$4+8+16=28$

답 28

다른 풀이

$M(X) \geq 3$을 만족시키려면 집합 A의 부분집합 X는 3 이상의 원소를 적어도 하나 포함하여야 한다.

즉, 조건을 만족시키는 집합 X는 집합 A의 부분집합에서 3 이상의 원소를 하나도 포함하지 않는 집합, 즉 $\{1, 2\}$의 부분집합을 제외한 것과 같다.

따라서 집합 X의 개수는

$2^5-2^2=32-4=28$

2

ㄱ. $3^1=3$, $3^2=9$, $3^3=27$, $3^4=81$, $3^5=243$, $\cdots$이므로

$A(3)=\{1, 3, 7, 9\}$

$\therefore 1 \in A(3)$ (참)

ㄴ. $6^1=6$, $6^2=36$, $6^3=216$, $\cdots$이므로

$A(6)=\{6\}$

이때 ㄱ에서 $A(3)=\{1, 3, 7, 9\}$이므로

$A(6) \not\subset A(3)$ (거짓)

ㄷ. $3^3=27$이므로 $A(27)=A(7)$

이때 $7^1=7$, $7^2=49$, $7^3=343$, $7^4=2401$, $7^5=16807$, $\cdots$이므로

$A(3^3)=\{1, 3, 7, 9\}=A(3)$

즉, $A(3^n)=A(3)$을 만족시키는 1보다 큰 자연수 n이 존재한다. (참)

따라서 옳은 것은 ㄱ, ㄷ이다.

답 ③

보충 설명

$A(3^n)=A(3)$을 만족시키는 자연수 n은

$n=2k-1$ (k는 자연수)이다.

3

집합 $A=\{1, 2, 3, 4, 5\}$의 부분집합 중에서 원소의 합이 10 이상이 되려면 그 집합은 적어도 3개 이상의 원소를 가져야 하므로 다음과 같이 나누어 부분집합을 구할 수 있다.

(i) 원소가 3개인 부분집합 ── 원소가 1개일 때, 원소의 합의 최댓값은 5 / 원소가 2개일 때, 원소의 합의 최댓값은 $4+5=9$

원소의 합이 10 이상인 부분집합은 $\{1, 4, 5\}$, $\{2, 3, 5\}$, $\{2, 4, 5\}$, $\{3, 4, 5\}$의 4개

(ii) 원소가 4개인 부분집합

원소가 4개인 부분집합은 모두 원소의 합이 10 이상이므로 $\{1, 2, 3, 4\}$, $\{1, 2, 3, 5\}$, $\{1, 2, 4, 5\}$, $\{1, 3, 4, 5\}$, $\{2, 3, 4, 5\}$의 5개

(iii) 원소가 5개인 부분집합

$\{1, 2, 3, 4, 5\}$의 1개

(i), (ii), (iii)에서 구하는 부분집합의 개수는

$4+5+1=10$

답 10

다른 풀이

집합 $A=\{1, 2, 3, 4, 5\}$의 모든 원소의 합을 S라 하면

$S=1+2+3+4+5=15$

(i) 부분집합의 원소의 합이 10일 때,

$10=S-5$이므로 이 부분집합은 집합 A의 원소 1, 2, 3, 4, 5 중에서 합이 5가 되는 수들을 제외한 원소들의 집합으로 생각할 수 있다.

즉, 이 부분집합의 개수는 집합 $\{1, 2, 3, 4, 5\}$의 부분집합 중에서 원소의 합이 5인 부분집합의 개수와 같다.

이때 원소의 합이 5인 부분집합은 $\{1, 4\}$, $\{2, 3\}$, $\{5\}$이므로 원소의 합이 10인 부분집합은 3개이다.

(ii) 부분집합의 원소의 합이 11일 때,

$11=S-4$이므로 (i)과 같은 방법으로 생각하면 원소의 합이 4인 부분집합은 $\{1, 3\}$, $\{4\}$이므로 원소의 합이 11인 부분집합은 2개이다.

(iii) 부분집합의 원소의 합이 12일 때,

$12=S-3$이므로 (i)과 같은 방법으로 생각하면 원소의 합이 3인 부분집합은 $\{1, 2\}$, $\{3\}$이므로 원소의 합이 12인 부분집합은 2개이다.

(iv) 부분집합의 원소의 합이 13 또는 14일 때,

$13=S-2$, $14=S-1$이므로 (i)과 같은 방법으로 생각하면 원소의 합이 2 또는 1인 부분집합은 $\{2\}$, $\{1\}$이므로 원소의 합이 13 또는 14인 부분집합은 2개이다.

(v) 부분집합의 원소의 합이 15일 때,

　집합 $\{1, 2, 3, 4, 5\}$의 1개이다.

(i)~(v)에서 구하는 부분집합의 개수는

$3+2+2+2+1=10$

4

집합 $A=\{1, 2, 3, 4, 5, 6, 7\}$의 원소 중에서 두 원소의 차가 4인 원소는 1, 5 또는 2, 6 또는 3, 7이다.

(i) 집합 X의 가장 큰 원소와 가장 작은 원소가 각각 5, 1일 때,

　$1\in X$, $5\in X$, $6\notin X$, $7\notin X$이어야 하므로

　집합 X의 개수는 $2^{7-4}=2^3=8$

5보다 큰 6, 7은 집합 X의 원소가 될 수 없다.

(ii) 집합 X의 가장 큰 원소와 가장 작은 원소가 각각 6, 2일 때,

　$2\in X$, $6\in X$, $1\notin X$, $7\notin X$이어야 하므로

　집합 X의 개수는 $2^{7-4}=2^3=8$

2보다 작은 1과 6보다 큰 7은 집합 X의 원소가 될 수 없다.

(iii) 집합 X의 가장 큰 원소와 가장 작은 원소가 각각 7, 3일 때,

　$3\in X$, $7\in X$, $1\notin X$, $2\notin X$이어야 하므로

　집합 X의 개수는 $2^{7-4}=2^3=8$

3보다 작은 1, 2는 집합 X의 원소가 될 수 없다.

(i), (ii), (iii)에서 구하는 집합 X의 개수는

$8+8+8=24$

답 24

다른 풀이

집합 $A=\{1, 2, 3, 4, 5, 6, 7\}$의 원소 중에서 두 원소의 차가 4인 원소는 1, 5 또는 2, 6 또는 3, 7이다.

(i) 집합 X의 가장 큰 원소와 가장 작은 원소가 각각 5, 1일 때, 집합 X의 개수는 집합 $\{2, 3, 4\}$의 부분집합의 개수와 같으므로

　$2^3=8$

(ii) 집합 X의 가장 큰 원소와 가장 작은 원소가 각각 6, 2일 때, 집합 X의 개수는 집합 $\{3, 4, 5\}$의 부분집합의 개수와 같으므로

　$2^3=8$

(iii) 집합 X의 가장 큰 원소와 가장 작은 원소가 각각 7, 3일 때, 집합 X의 개수는 집합 $\{4, 5, 6\}$의 부분집합의 개수와 같으므로

　$2^3=8$

(i), (ii), (iii)에서 $8+8+8=24$

5

$A=\{x\,|\,x$는 60의 양의 약수$\}$,

$B=\left\{x\,\Big|\,x=\dfrac{240}{n},\ n$과 x는 자연수$\right\}$에서

$B=\{x\,|\,x$는 240의 양의 약수$\}$이므로 $A\subset B$

$60=2^2\times3\times5$, $240=2^4\times3\times5$이므로

$n(A)=(2+1)\times(1+1)\times(1+1)=12$

$n(B)=(4+1)\times(1+1)\times(1+1)=20$

따라서 $A\subset X\subset B$를 만족시키는 집합 X의 개수는

$2^{20-12}=2^8=256$

답 256

보충 설명

소인수분해를 이용하여 약수의 개수 구하기　|

자연수 N이

　$N=a^m\times b^n$ (a, b는 서로 다른 소수, m, n은 자연수)

으로 소인수분해 될 때, N의 약수의 개수는

$(m+1)\times(n+1)$

a^m의 약수의 개수　b^n의 약수의 개수

6

집합 $A=\{-3, -1, 0, 2, 4\}$의 부분집합 중에서

(i) -3을 원소로 갖는 부분집합의 개수는

　$2^{5-1}=2^4=16$

(ii) -1을 원소로 갖는 부분집합의 개수는

　$2^{5-1}=2^4=16$

(iii) 0을 원소로 갖는 부분집합의 개수는

　$2^{5-1}=2^4=16$

(iv) 2를 원소로 갖는 부분집합의 개수는

　$2^{5-1}=2^4=16$

(v) 4를 원소로 갖는 부분집합의 개수는

　$2^{5-1}=2^4=16$

(i)~(v)에서

$S(A_1)+S(A_2)+S(A_3)+\cdots+S(A_n)$

$n(A)=5$이므로 $n=32$

$=16\times(-3)+16\times(-1)+16\times0+16\times2+16\times4$

$=16\times\{(-3)+(-1)+0+2+4\}$

$=16\times2=32$

답 32

06. 집합의 연산

① 집합의 연산

기본 + 필수연습

본문 pp.174~178

01 (1) $\{2, 4, 6, 12\}$ (2) $\{1, 2, 3, 4, 6, 8, 10, 12\}$
(3) $\{1, 3, 5, 7, 9, 11\}$ (4) $\{8, 10\}$
02 32   **03** $\{3, 4, 7, 8\}$
04 ㄱ, ㄷ, ㄹ **05** 1   **06** $\{2, 9, 12\}$
07 6   **08** ㄱ, ㄷ, ㅂ **09** 7
10 $1 < k \leq 6$ **11** 4   **12** 32   **13** 4

01

$U = \{1, 2, 3, \cdots, 12\}$이므로
$A = \{1, 2, 3, 4, 6, 12\}$,
$B = \{2, 4, 6, 8, 10, 12\}$
(1) $A \cap B = \{2, 4, 6, 12\}$
(2) $A \cup B = \{1, 2, 3, 4, 6, 8, 10, 12\}$
(3) $B^C = \{1, 3, 5, 7, 9, 11\}$
(4) $B - A = \{8, 10\}$

답 (1) $\{2, 4, 6, 12\}$ (2) $\{1, 2, 3, 4, 6, 8, 10, 12\}$
(3) $\{1, 3, 5, 7, 9, 11\}$ (4) $\{8, 10\}$

보충 설명

벤 다이어그램으로 나타내면 다음 그림과 같다.

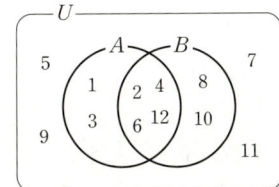

02

집합 $S = \{1, 2, 3, 4, 5, 6, 7\}$의 부분집합 중에서 집합 $\{3, 5\}$와 서로소인 집합의 개수는 3, 5를 원소로 갖지 않는 부분집합의 개수와 같으므로 ← 집합 $\{1, 2, 4, 6, 7\}$의 부분집합의 개수와 같다.
$2^{7-2} = 2^5 = 32$

답 32

03

$U = \{1, 2, 3, 4, 5, 6, 7, 8\}$, $(A \cup B)^C = \{1, 5\}$,
$A - B = \{2, 6\}$, $B - A = \{4, 8\}$을 벤 다이어그램으로 나타내면 다음 그림과 같다.

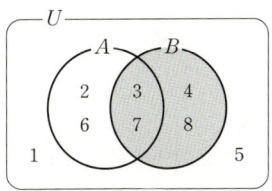

$\therefore B = \{3, 4, 7, 8\}$

답 $\{3, 4, 7, 8\}$

보충 설명

벤 다이어그램의 각 영역에 해당하는 집합은 다음과 같다.

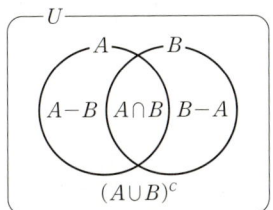

04

ㄱ. $(A \cap B) \subset A$이므로
  $A \cup (A \cap B) = A$ (참)
ㄴ. $(B - A) \cap A = \varnothing$이므로
  $(B - A) \not\subset A$ (거짓)
ㄷ. $B \cup \varnothing = B$ (참)
ㄹ. $\varnothing^C = U$ (참)
따라서 항상 옳은 것은 ㄱ, ㄷ, ㄹ이다.

답 ㄱ, ㄷ, ㄹ

05

$A \cap B = \{1, 2\}$이므로 $2 \in A$
즉, $a^2 + a = 2$이므로 $a^2 + a - 2 = 0$
$(a + 2)(a - 1) = 0$ $\therefore a = -2$ 또는 $a = 1$
(i) $a = -2$일 때,
  $A = \{1, 2\}$, $B = \{-2, 1, 2\}$이므로 $A \cap B = \{1, 2\}$
(ii) $a = 1$일 때,
  $A = \{1, 2\}$, $B = \{1, 4, 5\}$이므로 $A \cap B = \{1\}$

(i), (ii)에서 $A=\{1, 2\}$, $B=\{-2, 1, 2\}$이므로
$A\cup B=\{-2, 1, 2\}$
따라서 집합 $A\cup B$의 모든 원소의 합은
$-2+1+2=1$

답 1

06

$(A-B)\subset A$에서 $5\in A$이므로 $a^2-4=5$
$a^2=9$ ∴ $a=3$ 또는 $a=-3$
(i) $a=3$일 때,
　$A=\{3, 5, 9, 12\}$, $B=\{2, 9, 12\}$이므로
　$A-B=\{3, 5\}$
(ii) $a=-3$일 때,
　$A=\{3, 5, 9, 12\}$, $B=\{3, 6, 8\}$이므로
　$A-B=\{5, 9, 12\}$
(i), (ii)에서 $B=\{2, 9, 12\}$

답 $\{2, 9, 12\}$

07

$A=\{x\,|\,(x-2)(x-49)>0\}=\{x\,|\,x<2$ 또는 $x>49\}$
a가 자연수이므로 $a\leq a^2$에서
$B=\{x\,|\,(x-a)(x-a^2)\leq 0\}$
　$=\{x\,|\,a\leq x\leq a^2\}$
이때 두 집합 A, B가 서로소, 즉 $A\cap B=\varnothing$이 되기 위해서
는 다음 그림과 같아야 한다.

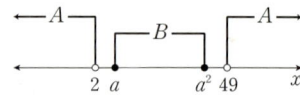

즉, $a\geq 2$, $a^2\leq 49$를 동시에 만족시켜야 하므로
$a\geq 2$, $-7\leq a\leq 7$ ∴ $2\leq a\leq 7$
따라서 구하는 자연수 a는 2, 3, 4, 5, 6, 7의 6개이다.

답 6

08

두 집합 A^C, B가 서로소이므로 $A^C\cap B=\varnothing$
즉, $B-A=\varnothing$에서 $A\cap B=B$이므로
$B\subset A$

이를 벤 다이어그램으로 나타내면 오
른쪽 그림과 같다.

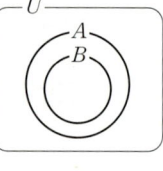

ㄱ. $B-A=\varnothing$ (참)
ㄴ. $A\cap B=B$ (거짓)
ㄷ. $B\subset A$ (참)
ㄹ. $B\subset A$이므로 $A\cup B=A$ (거짓)
ㅁ. $A^C\cup B\neq U$ (거짓)
ㅂ. ㄹ에서 $A\cup B=A$이므로
　$(A\cup B)^C=A^C$ (참)
따라서 항상 옳은 것은 ㄱ, ㄷ, ㅂ이다.

답 ㄱ, ㄷ, ㅂ

09

$A\cap B=B$이므로 $B\subset A$이다.
(i) $B=\varnothing$인 경우
　방정식 $mx=x+3$, 즉 $(m-1)x=3$의 해가 존재하지
　않아야 한다.
　이 방정식이 $0\times x=3$의 꼴일 때 해가 없으므로
　$m=1$
(ii) $B\neq\varnothing$인 경우 ← $m\neq 1$일 때, $mx=x+3$은 일차방정식이므로 $n(B)=1$이다.
　$B=\{1\}$일 때, $m=4$
　$B=\{3\}$일 때, $3m=6$ ∴ $m=2$
(i), (ii)에서 모든 실수 m의 값의 합은
$1+4+2=7$

답 7

10

$A\cup C=C$에서 $A\subset C$
$B\cap C=C$에서 $C\subset B$
∴ $A\subset C\subset B$
이때 $A=\{x\,|\,7-x<1\}=\{x\,|\,x>6\}$,
$B=\{x\,|\,3x+1>4\}=\{x\,|\,x>1\}$, $C=\{x\,|\,x\geq k\}$이므로
$A\subset C\subset B$이려면 다음 그림과 같아야 한다.

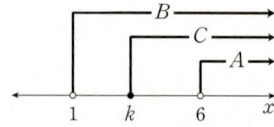

∴ $1<k\leq 6$

답 $1<k\leq 6$

보충 설명

$k=1$이면 $1\notin B$, $1\in C$이므로 $C\not\subset B$

$k=6$이면 $6\in C$, $6\notin A$이므로 $A\subset C$

11

$(A-B)\cup X=X$에서 $(A-B)\subset X$

$\therefore \{-2\}\subset X$ ······㉠

$B^C\cap X=X$에서 $X\subset B^C$

$\therefore X\subset\{-2, 2, 3\}$ ······㉡

㉠, ㉡에서 $\{-2\}\subset X\subset\{-2, 2, 3\}$

이를 만족시키는 집합 X는 집합 $\{-2, 2, 3\}$의 부분집합 중에서 -2를 반드시 원소로 갖는 집합이다.

따라서 집합 X의 개수는

$2^{3-1}=2^2=4$

답 4

12

세 집합 $U=\{1, 2, 3, 4, 5, 6\}$, $A=\{1, 3\}$, $B=\{1, 3, 4\}$를 벤 다이어그램으로 나타내면 다음 그림과 같다.

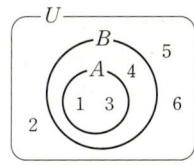

즉, $A\subset B$이므로 $A\cap X=B\cap X$를 만족시키려면

$(B-A)\not\subset X$

이때 $B-A=\{4\}$이므로 집합 X는 집합 U의 부분집합 중에서 4를 반드시 원소로 갖지 않는 집합이다.

따라서 집합 X의 개수는

$2^{6-1}=2^5=32$

답 32

13

$U=\{1, 2, 3, \cdots, 10\}$이므로

$A=\{1, 2, 5, 10\}$, $B=\{2, 3, 5, 7\}$, $C=\{3, 6, 9\}$이고, 이를 벤 다이어그램으로 나타내면 다음 그림과 같다.

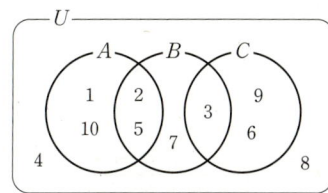

$A\cap C=\varnothing$이므로 $(A\cap C)\cup X=\varnothing\cup X=X$

즉, $(A\cap B)\cup X=(A\cap C)\cup X$에서 $(A\cap B)\cup X=X$

이므로

$(A\cap B)\subset X$

$\therefore \{2, 5\}\subset X$ ······㉠

또한, 집합 X는 집합 A의 부분집합이므로

$X\subset A$

$\therefore X\subset\{1, 2, 5, 10\}$ ······㉡

㉠, ㉡에서 $\{2, 5\}\subset X\subset\{1, 2, 5, 10\}$

이를 만족시키는 집합 X는 집합 $\{1, 2, 5, 10\}$의 부분집합 중에서 2, 5를 반드시 원소로 갖는 집합이다.

따라서 집합 X의 개수는

$2^{4-2}=2^2=4$

답 4

STEP **1** **개념 마무리** 본문 pp.179~180

01 2	**02** 369	**03** 5	**04** 4
05 ④	**06** ③	**07** 14	**08** 12
09 ①	**10** 6	**11** 128	**12** 8

01

모든 자연수 a에 대하여 $a^2+1>a$이므로

$A=\{x\,|\,x^2-(a^2+a+1)x+a^3+a\le 0\}$

$\quad=\{x\,|\,x^2-(a^2+a+1)x+a(a^2+1)\le 0\}$

$\quad=\{x\,|\,(x-a)\{x-(a^2+1)\}\le 0\}$

$\quad=\{x\,|\,a\le x\le a^2+1\}$

또한, 모든 자연수 a에 대하여 $a+1<a+2$이므로

$B=\{x\,|\,x^2-(2a+3)x+(a+1)(a+2)>0\}$

$\quad=\{x\,|\,\{x-(a+1)\}\{x-(a+2)\}>0\}$

$\quad=\{x\,|\,x<a+1 \text{ 또는 } x>a+2\}$

이때 자연수 a에 대하여 $a<a+1<a+2$이므로
$A\cap B=\{x\,|\,2\le x<3$ 또는 $4<x\le5\}$를 만족시키기 위해서는 $A\cap B$가 다음 그림과 같아야 한다.

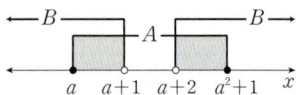

따라서 $a=2$, $a+1=3$, $a+2=4$, $a^2+1=5$이므로
$a=2$

답 2

02

집합 B의 원소는 모두 자연수의 제곱수이고,
$(A\cap B)\subset B$에서 $\{c,d\}\subset B$이므로 c, d는 자연수의 제곱수이다.
이때 $c+d=25$이므로 $c+d=9+16=3^2+4^2$의 경우만 가능하다.
$\therefore A\cap B=\{c,d\}=\{9,16\}$
한편, $(A\cap B)\subset A$에서 $9\in A$, $16\in A$이고
$(A\cap B)\subset B$에서 $9\in B$, $16\in B$이므로
$\sqrt9\in A$, $\sqrt{16}\in A$ $\quad\therefore 3\in A$, $4\in A$
즉, $A=\{3,4,9,16\}$, $B=\{9,16,81,256\}$이므로
$A\cup B=\{3,4,9,16,81,256\}$
따라서 집합 $A\cup B$의 모든 원소의 합은
$3+4+9+16+81+256=369$

답 369

03

두 집합 A, B가 서로소가 아니므로 $A\cap B\ne\varnothing$이다.
$x^2-1\in A$에서 $x^2-1\in B$이면 A, B는 서로소가 아니므로
(i) $x^2-1=2$일 때, $x^2=3$에서
$\quad x=\sqrt3$ 또는 $x=-\sqrt3$
$\quad$ 그런데 x는 정수이므로 조건을 만족시키지 않는다.
(ii) $x^2-1=x+1$일 때, $x^2-x-2=0$에서
$\quad(x+1)(x-2)=0\quad\therefore x=-1$ 또는 $x=2$
$\quad x=-1$일 때, $A=\{0,1,5\}$, $B=\{0,2\}$에서
$\quad A\cap B=\{0\}$이므로 집합 A, B는 서로소가 아니다.

$\quad x=2$일 때, $A=\{1,3,5\}$, $B=\{2,3\}$에서
$\quad A\cap B=\{3\}$이므로 집합 A, B는 서로소가 아니다.
한편, $x+1\in B$에서 $x+1\in A$이면 A, B는 서로소가 아니므로
(iii) $x+1=1$, 즉 $x=0$일 때,
$\quad A=\{-1,1,5\}$, $B=\{1,2\}$에서
$\quad A\cap B=\{1\}$이므로 집합 A, B는 서로소가 아니다.
(iv) $x+1=5$, 즉 $x=4$일 때,
$\quad A=\{1,5,15\}$, $B=\{2,5\}$에서
$\quad A\cap B=\{5\}$이므로 집합 A, B는 서로소가 아니다.
(v) $x+1=x^2-1$일 때,
$\quad$(ii)에 의하여 $x=-1$ 또는 $x=2$
(i)~(v)에서 구하는 정수 x의 값은 -1, 2, 0, 4이므로 그 합은
$-1+2+0+4=5$

답 5

04

$A_1=\{x\,|\,3\le x\le18\}$, $A_2=\{x\,|\,7\le x\le40\}$,
$A_3=\{x\,|\,11\le x\le62\}$, $\cdots$, $A_n=\{x\,|\,4n-1\le x\le22n-4\}$
이므로 $A_1\cap A_2\cap A_3\cap\cdots\cap A_n\ne\varnothing$이 성립하려면
$A_1\cap A_n\ne\varnothing$이어야 한다.
즉, 오른쪽 그림에서
$4n-1\le18$, $4n\le19$

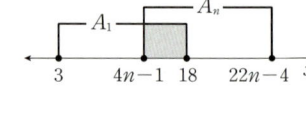

$\therefore n\le\dfrac{19}{4}$
따라서 구하는 자연수 n의 최댓값은 4이다.

답 4

보충 설명

$A_1=\{x\,|\,3\le x\le18\}$, $A_2=\{x\,|\,7\le x\le40\}$,
$A_3=\{x\,|\,11\le x\le62\}$, $A_4=\{x\,|\,15\le x\le84\}$,
$A_5=\{x\,|\,19\le x\le106\}$이므로
$\underbrace{A_1\cap A_2\cap A_3\cap A_4}_{\{x\,|\,15\le x\le18\}}\ne\varnothing$, $A_1\cap A_2\cap A_3\cap A_4\cap A_5=\varnothing$

05

$45=3^2\times5$이므로
$C=\{x\,|\,x$는 45와 서로소인 수$\}$
$\quad=\{x\,|\,x$는 3의 배수도 아니고 5의 배수도 아닌 수$\}$

이때 $A=\{x\,|\,x$는 3의 배수$\}$, $B=\{x\,|\,x$는 5의 배수$\}$이
므로
$A^C=\{x\,|\,x$는 3의 배수가 아닌 수$\}$
$B^C=\{x\,|\,x$는 5의 배수가 아닌 수$\}$
$\therefore C=A^C\cap B^C$

답 ④

06

①~⑤의 집합을 벤 다이어그램으로 나타내면 각각 다음 그림
과 같다.

① $\{A\cup(B-C)\}-(B\cap C)$
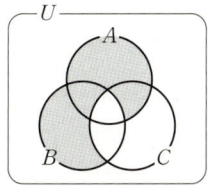

② $\{A\cup(B\cap C)\}-(B\cap C)$
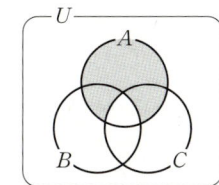

③ $\{A\cap(B\cup C)\}-(B\cap C)$
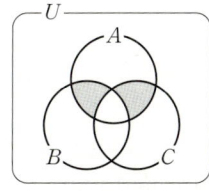

④ $\{A\cap(B\cup C)\}\cup(B\cap C)$
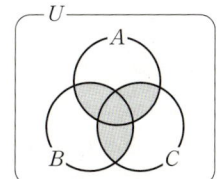

⑤ $\{B\cap(A\cup C)\}-(A\cap C)$
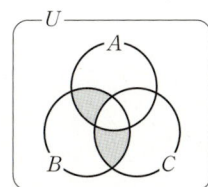

따라서 주어진 벤 다이어그램의 색칠한 부분을 나타내는 집합
은 ③이다.

답 ③

07

$U=\{1, 2, 3, \cdots, 9\}$, $A\cap B=\{6\}$, $A^C\cap B=\{3, 4\}$,
$A^C\cap B^C=\{7, 8, 9\}$를 벤 다이어그램으로 나타내면 다음
그림과 같다.

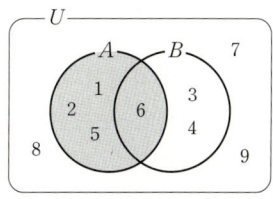

따라서 $A=\{1, 2, 5, 6\}$이므로 집합 A의 모든 원소의 합은
$1+2+5+6=14$

답 14

08

조건 ㈎에서 $A=\{3, 4, 5, 6\}$, $A^C\cup B=\{1, 2, 4, 5\}$이므로
집합 A를 벤 다이어그램으로 나
타내면 오른쪽 그림과 같다.

조건 ㈏를 만족시키는 집합 X에
대하여 $a\in X$라 하면
$X=\{a\}$

(i) $a\in(A-B)$, 즉 $a\in\{3, 6\}$일 때,
　$A\cup X=\{3, 4, 5, 6\}$이므로
　$(A\cup X)-B=\{3, 6\}$
　즉, 집합 $(A\cup X)-B$의 원소의 개수는 2이다.

(ii) $a\in(A\cap B)$, 즉 $a\in\{4, 5\}$일 때,
　$A\cup X=\{3, 4, 5, 6\}$이므로
　$(A\cup X)-B=\{3, 6\}$
　즉, 집합 $(A\cup X)-B$의 원소의 개수는 2이다.

(iii) $a\in(B-A)$일 때,
　$A\cup X=\{3, 4, 5, 6, a\}$이므로
　$(A\cup X)-B=\{3, 6\}$
　즉, 집합 $(A\cup X)-B$의 원소의 개수는 2이다.

(iv) $a\in(A^C\cap B^C)$일 때,
　$A\cup X=\{3, 4, 5, 6, a\}$이므로
　$(A\cup X)-B=\{3, 6, a\}$
　즉, 집합 $(A\cup X)-B$의 원소의 개수는 3이다.

(i)~(iv)에서 조건 ㈏를 만족시키려면 $A^C\cap B^C=\varnothing$이어야
하므로 $A^C\cup B=\{1, 2, 4, 5\}$에서
$B=\{1, 2, 4, 5\}$
따라서 집합 B의 모든 원소의 합은
$1+2+4+5=12$

답 12

09

서로 다른 두 집합 A, B에 대하여 집합 $A-B$, $B-A$는 항상 서로소이므로 $(A-B)\subset(B-A)$를 만족시키기 위해서는 $A-B=\varnothing$이어야 한다.

이를 벤 다이어그램으로 나타내면 오른쪽 그림과 같으므로

① $A\subset B$

② $B-A\neq\varnothing$일 때, $B\not\subset A$

③ $A\neq\varnothing$일 때, $A\cap B=A\neq\varnothing$

④ $B\neq U$일 때, $A\cup B=B\neq U$

⑤ $B=U$일 때, $A\cup B=U$

따라서 항상 성립하는 것은 ①이다.

답 ①

10

$A=\{1, 2, 3, 6, 9, 18\}$,

$B=\{1, 2, 3, 4, 6, 8, 12, 24\}$이므로

$A\cap B=\{1, 2, 3, 6\}$,

$A\cup B=\{1, 2, 3, 4, 6, 8, 9, 12, 18, 24\}$ ——— (가)

이때 $(A\cap B)-X=\varnothing$이므로

$(A\cap B)\subset X$

또한, $(A\cup B)\cap X=X$이므로 $X\subset(A\cup B)$

$\therefore (A\cap B)\subset X\subset(A\cup B)$

즉, 집합 X는 집합 $A\cup B$의 부분집합 중에서 1, 2, 3, 6을 반드시 원소로 갖는 집합이다. ——— (나)

그런데 집합 X의 모든 원소의 합이 29이고,

$1+2+3+6=12$이므로 1, 2, 3, 6을 제외한 집합 X의 원소의 합은 17이 되어야 한다.

이때 4, 8, 9, 12, 18, 24 중에서 몇 개의 수를 선택하여 그 합이 17이 되는 경우는 8, 9를 선택하는 경우뿐이므로

$X=\{1, 2, 3, 6, 8, 9\}$

따라서 집합 X의 원소의 개수는 6이다. ——— (다)

답 6

단계	채점 기준	배점
(가)	두 집합 $A\cap B$, $A\cup B$의 원소를 구한 경우	20%
(나)	집합 X의 연산과 포함 관계에 대한 조건을 이용하여 집합 X가 반드시 갖는 원소를 찾은 경우	40%
(다)	집합 X의 모든 원소의 합에 대한 조건을 이용하여 집합 X를 구하고, 그 원소의 개수를 구한 경우	40%

11

$A=\{x\,|\,x$는 10 미만의 소수$\}=\{2, 3, 5, 7\}$,

$B=\{x\,|\,x^2\leq25,\ x$는 자연수$\}=\{1, 2, 3, 4, 5\}$이므로

$A\cup C=B\cup C$에서 $\{2, 3, 5, 7\}\cup C=\{1, 2, 3, 4, 5\}\cup C$

이므로 집합 C는 두 집합 $\{2, 3, 5, 7\}$, $\{1, 2, 3, 4, 5\}$의 공통인 원소 2, 3, 5를 제외한 나머지 원소 1, 4, 7을 반드시 원소로 가져야 한다.

즉, 집합 C는 전체집합 $U=\{1, 2, 3, \cdots, 10\}$의 부분집합 중에서 1, 4, 7을 반드시 원소로 갖는 집합이다.

따라서 집합 C의 개수는

$2^{10-3}=2^7=128$

답 128

12

$A=\{1, 2, 3, \cdots, 10\}$, $B=\{1, 2, 3, 4, 6, 12\}$,

$C=\{5, 10, 15, 20\}$

조건 (가)에서 $X-A=\varnothing$이므로

$X\subset A$ ⋯⋯ ㉠

조건 (나)에서 X는 B와 서로소이므로

$X\cap B=\varnothing$ ⋯⋯ ㉡

㉠, ㉡에서 $X\subset(A-B)=\{5, 7, 8, 9, 10\}$

한편, 조건 (다)에서 $n(X\cap C)=2$이므로 $X\cap C=\{5, 10\}$

즉, 집합 X는 집합 $\{5, 7, 8, 9, 10\}$의 부분집합 중에서 5, 10을 반드시 원소로 갖는 집합이다.

따라서 집합 X의 개수는

$2^{5-2}=2^3=8$

답 8

② 집합의 연산 법칙

기본 + 필수연습　　　　본문 pp.183~186

14 $\{2, 5, 7\}$

15 (1) $\{6\}$ (2) $\{1, 2, 5, 6\}$ (3) $\{1, 2, 3, 4, 5\}$

　　(4) $\{1, 2\}$

16 (1) A (2) B　　　　**17** 18　　　**18** 16

19 12　　　**20** 28　　　**21** 22　　　**22** 5

23 ㄴ, ㄷ

14

$(A \cap B) \cup (A \cap C) = A \cap (B \cup C)$ ← 분배법칙

$\qquad\qquad\quad = \{2, 5, 6, 7\} \cap \{2, 3, 4, 5, 7\}$

$\qquad\qquad\quad = \{2, 5, 7\}$

답 $\{2, 5, 7\}$

다른 풀이

$A \cap B = \{2, 5\}$, $A \cap C = \{5, 7\}$이므로

$(A \cap B) \cup (A \cap C) = \{2, 5\} \cup \{5, 7\}$

$\qquad\qquad\qquad\quad = \{2, 5, 7\}$

15

$A \cup B = \{1, 2, 3, 4, 5\}$, $A \cap B = \{3, 4\}$

(1) $A^C \cap B^C = (A \cup B)^C$ ← 드모르간의 법칙

$\qquad\qquad = U - (A \cup B)$

$\qquad\qquad = \{6\}$

(2) $A^C \cup B^C = (A \cap B)^C$ ← 드모르간의 법칙

$\qquad\qquad = U - (A \cap B)$

$\qquad\qquad = \{1, 2, 5, 6\}$

(3) $(B^C - A)^C = (B^C \cap A^C)^C$ ← 차집합의 성질

$\qquad\qquad = B \cup A$ ← 드모르간의 법칙

$\qquad\qquad = A \cup B$ ← 교환법칙

$\qquad\qquad = \{1, 2, 3, 4, 5\}$

(4) $A \cap (A - B^C)^C = A \cap \{A \cap (B^C)^C\}^C$ ← 차집합의 성질

$\qquad\qquad\quad = A \cap (A \cap B)^C$ ← 차집합의 성질

$\qquad\qquad\quad = A - (A \cap B)$

$\qquad\qquad\quad = \{1, 2, 3, 4\} - \{3, 4\}$

$\qquad\qquad\quad = \{1, 2\}$

답 (1) $\{6\}$ (2) $\{1, 2, 5, 6\}$ (3) $\{1, 2, 3, 4, 5\}$ (4) $\{1, 2\}$

다른 풀이

(4) $A \cap (A - B^C)^C = A \cap \{A \cap (B^C)^C\}^C$ ← 차집합의 성질

$\qquad\qquad\quad = A \cap (A \cap B)^C$

$\qquad\qquad\quad = A \cap (A^C \cup B^C)$ ← 드모르간의 법칙

$\qquad\qquad\quad = (A \cap A^C) \cup (A \cap B^C)$ ← 분배법칙

$\qquad\qquad\quad = \varnothing \cup (A - B)$ ← 차집합의 성질

$\qquad\qquad\quad = A - B$

$\qquad\qquad\quad = \{1, 2, 3, 4\} - \{3, 4, 5\}$

$\qquad\qquad\quad = \{1, 2\}$

16

(1) $(A \cup B) \cap (A \cup B^C) = A \cup (B \cap B^C)$ ← 분배법칙

$\qquad\qquad\qquad = A \cup \varnothing$

$\qquad\qquad\qquad = A$

(2) $\{A - (B - A^C)^C\} \cup (B - A)$

$= \{A - (B \cap A)^C\} \cup (B \cap A^C)$ ← 차집합의 성질

$= \{A \cap (B \cap A)\} \cup (B \cap A^C)$ ← 차집합의 성질

$= \{A \cap (A \cap B)\} \cup (B \cap A^C)$ ← 교환법칙

$= \{(A \cap A) \cap B\} \cup (B \cap A^C)$ ← 결합법칙

$= (A \cap B) \cup (B \cap A^C)$

$= (B \cap A) \cup (B \cap A^C)$ ← 교환법칙

$= B \cap (A \cup A^C)$ ← 분배법칙

$= B \cap U = B$

답 (1) A (2) B

17

$U = \{1, 2, 3, \cdots, 12\}$, $A = \{2, 4, 6, 8, 10\}$,

$B = \{1, 2, 3, 4, 6, 12\}$이므로

$(B^C - A)^C - B = (B^C \cap A^C)^C \cap B^C$ ← 차집합의 성질

$\qquad\qquad = (B \cup A) \cap B^C$ ← 드모르간의 법칙

$\qquad\qquad = (B \cap B^C) \cup (A \cap B^C)$ ← 분배법칙

$\qquad\qquad = \varnothing \cup (A - B)$ ← 차집합의 성질

$\qquad\qquad = A - B$

$\qquad\qquad = \{8, 10\}$

따라서 집합 $(B^C - A)^C - B$의 모든 원소의 합은

$8 + 10 = 18$

답 18

18

$U = \{1, 2, 3, 4, 5, 6, 7\}$, $(A \cup B)^C = A^C \cap B^C = \{1, 2\}$이므로

$A \cup B = \{3, 4, 5, 6, 7\}$

$\therefore (A \cap B^C) \cup (A^C \cap B)$
$= (A-B) \cup (B-A)$
$= (A \cup B) - (A \cap B)$ ← 대칭차집합의 성질
$= \{3, 4, 5, 6, 7\} - \{3, 6\}$
$= \{4, 5, 7\}$
따라서 구하는 원소의 합은
$4+5+7=16$

답 16

(i) $A_n \cap A_2 = A_{2n}$에서 $2n$은 n과 2의 최소공배수이므로 n은 홀수이다.

(ii) 50이 집합 $A_2 - A_n$의 원소이므로 n은 50의 약수가 아니다. ← $50 \notin A_n$

(i), (ii)에서 조건을 만족시키는 자연수 n은 50 이하의 자연수 중에서 50의 약수 1, 2, 5, 10, 25, 50이 아닌 홀수이므로 그 개수는

$25-3=22$
└ 1, 5, 25
└ 홀수의 개수

답 22

19

A_k는 자연수 k의 배수인 자연수의 집합이므로
$A_4 \cap (A_3 \cup A_2) = (A_4 \cap A_3) \cup (A_4 \cap A_2)$
$= A_{12} \cup A_4$ └ 4, 2의 최소공배수
$= A_4$ └ 4, 3의 최소공배수

따라서 전체집합 $U = \{1, 2, 3, \cdots, 50\}$의 원소 중에서 4의 배수는 12개이므로 구하는 원소의 개수는 12이다.

답 12

20

$A_{12} \cap A_8 = A_{24}$이므로 $A_m \subset (A_{12} \cap A_8)$에서
└ 12, 8의 최소공배수
$A_m \subset A_{24}$
즉, m은 24의 배수이므로 m의 최솟값은 24이다.
$(A_{16} \cup A_{12}) \subset A_n$에서
$A_{16} \subset A_n$, $A_{12} \subset A_n$
즉, n은 16의 약수이면서 12의 약수이므로 n은 16과 12의 공약수이다. 이 중에서 n의 최댓값은 16과 12의 최대공약수인 4이다.
따라서 m의 최솟값과 n의 최댓값의 합은
$24+4=28$

답 28

21

50 이하의 자연수 n에 대하여 다음 두 조건이 성립해야 한다.

22

$A \star B = (A \cup B) \cap (A \cup B^C)$
$= A \cup (B \cap B^C)$ ← 분배법칙
$= A \cup \emptyset = A$,
$A \star A = (A \cup A) \cap (A \cup A^C)$
$= A \cap U$
$= A$
$\therefore (A \star B) \star A = A \star A$
$= A$
$= \{1, 2, 3, 4, 5\}$
따라서 집합 $(A \star B) \star A$의 원소의 개수는 5이다.

답 5

23

ㄱ. $A * A^C = (A \cup A^C) - (A \cap A^C)$
$= U - \emptyset$
$= U$ (거짓)

ㄴ. $A^C * B^C = (A^C \cup B^C) - (A^C \cap B^C)$
$= (A \cap B)^C - (A \cup B)^C$ ← 드모르간의 법칙
$= (A \cap B)^C \cap (A \cup B)$ ← 차집합의 성질
$= (A \cup B) \cap (A \cap B)^C$ ← 교환법칙
$= (A \cup B) - (A \cap B)$ ← 차집합의 성질
$= A * B$ (참)

ㄷ. $(A * B) * C$를 벤 다이어그램으로 나타내면 다음 그림과 같다.

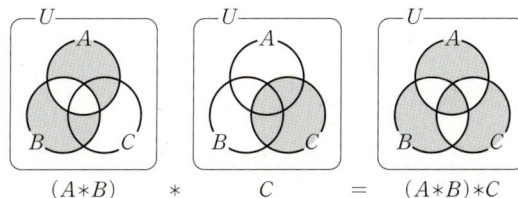

$$(A*B) \quad * \quad C \quad = \quad (A*B)*C$$

또한, $A*(B*C)$를 벤 다이어그램으로 나타내면 다음 그림과 같다.

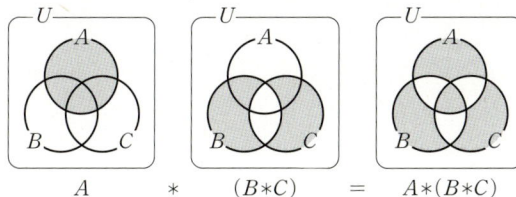

$$A \quad * \quad (B*C) \quad = \quad A*(B*C)$$

$$\therefore (A*B)*C=A*(B*C) \text{ (참)}$$

따라서 항상 옳은 것은 ㄴ, ㄷ이다.

답 ㄴ, ㄷ

◆ 보충 설명

ㄷ. $(A\cup B)-(A\cap B)$는 대칭차집합이므로 연산 $*$에 대한 결합법칙 $(A*B)*C=A*(B*C)$가 성립함을 알 수 있다.

STEP 1	개념 마무리	본문 p.187

13 16 **14** ② **15** ① **16** ㄴ, ㄷ
17 ③ **18** ㄱ

13

집합 A는 자연수를 6으로 나눈 나머지의 집합이므로
$A=\{0, 1, 2, 3, 4, 5\}$
이때 $B=\{1, 5\}$이고
$$(B^C\cup C)\cap B=(B^C\cap B)\cup(C\cap B) \quad \leftarrow \text{분배법칙}$$
$$=\varnothing\cup(B\cap C) \quad \leftarrow \text{교환법칙}$$
$$=B\cap C$$
$$=\{5\}$$
이므로 집합 C는 집합 A의 부분집합 중에서 5를 반드시 원소로 갖고, 1을 원소로 갖지 않는 집합이다.
따라서 집합 C의 개수는
$$2^{6-1-1}=2^4=16$$

답 16

14

ㄱ. $(A-B)^C\cap A=(A\cap B^C)^C\cap A$ $\leftarrow$ 차집합의 성질
$$=(A^C\cup B)\cap A \quad \leftarrow \text{드모르간의 법칙}$$
$$=(A^C\cap A)\cup(B\cap A) \quad \leftarrow \text{분배법칙}$$
$$=\varnothing\cup(A\cap B) \quad \leftarrow \text{교환법칙}$$
$$=A\cap B \text{ (참)}$$

ㄴ. $(A\cap B)-(A\cap C)$
$$=(A\cap B)\cap(A\cap C)^C \quad \leftarrow \text{차집합의 성질}$$
$$=(A\cap B)\cap(A^C\cup C^C) \quad \leftarrow \text{드모르간의 법칙}$$
$$=\{A\cap(A^C\cup C^C)\}\cap B \quad \leftarrow \text{교환법칙, 결합법칙}$$
$$=\{(A\cap A^C)\cup(A\cap C^C)\}\cap B \quad \leftarrow \text{분배법칙}$$
$$=\{\varnothing\cup(A\cap C^C)\}\cap B$$
$$=(A\cap C^C)\cap B$$
$$=A\cap(B\cap C^C) \quad \leftarrow \text{교환법칙, 결합법칙}$$
$$=A\cap(B-C) \text{ (참)}$$

ㄷ. $\{A\cup(A^C\cap B)\}\cap\{A\cap(A\cup B)\}$
$$=\{(A\cup A^C)\cap(A\cup B)\}\cap \overset{=A}{\underline{A}} \quad \leftarrow \text{분배법칙}$$
$$=\{U\cap(A\cup B)\}\cap A$$
$$=(A\cup B)\cap A=A \text{ (거짓)}$$

따라서 항상 옳은 것은 ㄱ, ㄴ이다.

답 ②

15

$$\{A\cap(A\cup B^C)^C\}\cup(A\cap B)$$
$$=\{A\cap(A^C\cap B)\}\cup(A\cap B) \quad \leftarrow \text{드모르간의 법칙}$$
$$=\{(A\cap A^C)\cap B\}\cup(A\cap B) \quad \leftarrow \text{결합법칙}$$
$$=(\varnothing\cap B)\cup(A\cap B)$$
$$=\varnothing\cup(A\cap B)=A\cap B$$
즉, $A\cap B=B$이므로 $B\subset A$이다.
이를 벤 다이어그램으로 나타내면 오른쪽 그림과 같다.

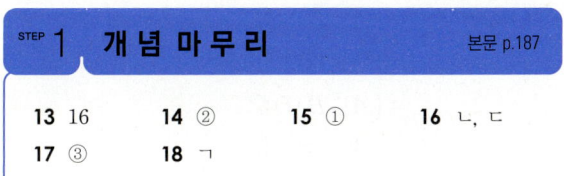

ㄱ. $A\cap B=B$ (참)
ㄴ. $B\subset A$이므로 $A^C\subset B^C$ (참)
ㄷ. $A-B\ne\varnothing$ (거짓)
ㄹ. $A^C\cup B=(A\cap B^C)^C=(A-B)^C$
    이때 ㄷ에서 $A-B\ne\varnothing$이므로 $A^C\cup B\ne U$ (거짓)
따라서 항상 옳은 것은 ㄱ, ㄴ이다.

답 ①

16

ㄱ. A_3은 3의 배수인 자연수의 집합이고, A_4는 4의 배수인 자연수의 집합이므로 $A_3 \cap A_4 = A_{12}$

$\therefore A_3 \cap A_4 \ne A_6$ (거짓)

ㄴ. B_2는 2와 서로소인 자연수의 집합이므로 홀수의 집합이다. <u>최대공약수가 1인 두 자연수</u>

또한, A_2는 2의 배수인 자연수의 집합이므로 짝수의 집합이다.

$\therefore A_2 \cup B_2 = \{x \,|\, x$는 자연수$\}$ (참)

ㄷ. B_2는 홀수의 집합이고 B_3은 3과 서로소인 자연수의 집합이므로

$B_2 \cap B_3 = \{1, 5, 7, 11, \cdots\}$

또한, B_6은 6과 서로소인 자연수의 집합이고 $6 = 2 \times 3$이므로 B_6은 2와 서로소이면서 3과 서로소인 자연수의 집합이다.

즉, $B_6 = \{1, 5, 7, 11, \cdots\}$이므로

$B_2 \cap B_3 = B_6$ (참)

따라서 옳은 것은 ㄴ, ㄷ이다.

답 ㄴ, ㄷ

17

ㄱ. $A \triangle U = (A - U) \cup (U - A)$

$\qquad = \varnothing \cup A^C$

$\qquad = A^C$ (참)

ㄴ. $B \triangle (B - A) = \{B - (B - A)\} \cup \{(B - A) - B\}$

$\qquad\qquad = (A \cap B) \cup \varnothing$

$\qquad\qquad = A \cap B$

즉, $A \cap B = \varnothing$이면 두 집합 A, B는 서로소이므로 $A \ne B$ (거짓)

ㄷ. $A \triangle A = (A - A) \cup (A - A)$

$\qquad = \varnothing \cup \varnothing = \varnothing$

$A \triangle A \triangle A = (A \triangle A) \triangle A$

$\qquad\qquad = \varnothing \triangle A$

$\qquad\qquad = (\varnothing - A) \cup (A - \varnothing)$

$\qquad\qquad = \varnothing \cup A = A$

$A \triangle A \triangle A \triangle A = (A \triangle A \triangle A) \triangle A$

$\qquad\qquad\qquad = A \triangle A = \varnothing$

$\vdots$

즉, 2 이상의 자연수 n에 대하여

$$\underbrace{A \triangle A \triangle A \triangle \cdots \triangle A}_{A \text{가 } n \text{개}} = \begin{cases} A & (n \text{이 홀수}) \\ \varnothing & (n \text{이 짝수}) \end{cases}$$

$$\therefore \underbrace{A \triangle A \triangle A \triangle \cdots \triangle A}_{A \text{가 } 99 \text{개}} = A \text{ (참)}$$

따라서 항상 옳은 것은 ㄱ, ㄷ이다.

답 ③

18

$X \odot Y = X^C - Y$

$\qquad = X^C \cap Y^C$

$\qquad = (X \cup Y)^C$

ㄱ. $A \odot B = (A \cup B)^C = (B \cup A)^C = B \odot A$ (참)

ㄴ. $(A \odot B)^C = \{(A \cup B)^C\}^C = A \cup B$

$A^C \odot B^C = (A^C \cup B^C)^C = A \cap B$

$\therefore (A \odot B)^C \ne A^C \odot B^C$ (거짓)

ㄷ. $(A \odot B) \odot C = (A \cup B)^C \odot C$

$\qquad\qquad\qquad = \{(A \cup B)^C \cup C\}^C$

$\qquad\qquad\qquad = (A \cup B) \cap C^C$

$\qquad\qquad\qquad = (A \cup B) - C$

$A \odot (B \odot C) = A \odot (B \cup C)^C$

$\qquad\qquad\qquad = \{A \cup (B \cup C)^C\}^C$

$\qquad\qquad\qquad = A^C \cap (B \cup C)$

$\qquad\qquad\qquad = (B \cup C) \cap A^C$

$\qquad\qquad\qquad = (B \cup C) - A$

$\therefore (A \odot B) \odot C \ne A \odot (B \odot C)$ (거짓)

따라서 항상 옳은 것은 ㄱ뿐이다.

답 ㄱ

보충 설명

ㄷ을 벤 다이어그램으로 나타내면 다음 그림과 같다.

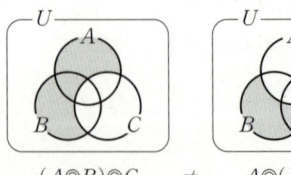

$(A \odot B) \odot C \qquad \ne \qquad A \odot (B \odot C)$

③ 유한집합의 원소의 개수

기본＋필수연습

24 6   **25** (1) 8 (2) 9 (3) 3 (4) 17

26 (1) 5 (2) 16   **27** 14   **28** 21

29 42   **30** 13   **31** 9   **32** 4

33 130

24

$n(A \cup B) = n(A) + n(B) - n(A \cap B)$이므로
$n(A \cap B) = n(A) + n(B) - n(A \cup B)$
$\qquad\qquad = 20 + 15 - 29 = 6$

답 6

25

(1) $n(B^C) = n(U) - n(B)$
$\qquad\quad = 35 - 27 = 8$

(2) $n(A \cup B) = n(A) + n(B) - n(A \cap B)$이므로
$\quad n(A \cap B) = n(A) + n(B) - n(A \cup B)$
$\qquad\qquad\quad = 21 + 27 - 30 = 18$
$\quad \therefore n(B - A) = n(B) - n(A \cap B)$
$\qquad\qquad\qquad = 27 - 18 = 9$

(3) $n(A \cap B^C) = n(A - B)$
$\qquad\qquad\quad = n(A) - n(A \cap B)$
$\qquad\qquad\quad = 21 - 18 = 3$

(4) $A^C \cup B^C = (A \cap B)^C$에서
$\quad n(A^C \cup B^C) = n((A \cap B)^C)$
$\qquad\qquad\qquad = n(U) - n(A \cap B)$
$\qquad\qquad\qquad = 35 - 18 = 17$

답 (1) 8 (2) 9 (3) 3 (4) 17

26

(1) $n(A - B^C) = n(A \cap (B^C)^C)$
$\qquad\qquad\quad = n(A \cap B) = 13$
이므로
$\quad n(A \cup B) = n(A) + n(B) - n(A \cap B)$
$\qquad\qquad\quad = 32 + 21 - 13 = 40$

$\quad \therefore n((A \cup B)^C) = n(U) - n(A \cup B)$
$\qquad\qquad\qquad\quad = 45 - 40 = 5$

(2) $(C - A) \cup (C - B) = (C \cap A^C) \cup (C \cap B^C)$
$\qquad\qquad\qquad\quad = C \cap (A^C \cup B^C)$
$\qquad\qquad\qquad\quad = C \cap (A \cap B)^C$
$\qquad\qquad\qquad\quad = C - (A \cap B)$
$\quad n(A \cap C) = n(A) + n(C) - n(A \cup C)$
$\qquad\qquad\quad = 15 + 18 - 28 = 5$
$\quad n((A \cap B) \cup (A \cap C)) = n(A \cap (B \cup C))$
$\qquad\qquad\qquad\qquad = n(A) - n(A - (B \cup C))$
$\qquad\qquad\qquad\qquad = 15 - 3$
$\qquad\qquad\qquad\qquad = 12$
$\quad \therefore n(A \cap B \cap C)$
$\qquad = n(A \cap B) + n(A \cap C)$
$\qquad\qquad\qquad - n((A \cap B) \cup (A \cap C))$
$\qquad = 9 + 5 - 12 = 2$
$\quad \therefore n((C - A) \cup (C - B)) = n(C - (A \cap B))$
$\qquad\qquad\qquad\qquad = n(C) - n(A \cap B \cap C)$
$\qquad\qquad\qquad\qquad = 18 - 2 = 16$

답 (1) 5 (2) 16

다른 풀이

(2) 다음 벤 다이어그램과 같이 집합 $A \cap (B \cup C)$의 각 영역
에 속하는 원소의 개수를 a, b, c라 하자.

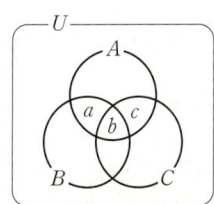

$n(A \cap (B \cup C)) = n(A) - n(A - (B \cup C))$
$\qquad\qquad\qquad = 15 - 3 = 12$
$\therefore a + b + c = 12$ ……㉠
$n(A \cap B) = 9$이므로
$a + b = 9$ ……㉡
$n(A \cap C) = n(A) + n(C) - n(A \cup C)$
$\qquad\qquad = 15 + 18 - 28 = 5$
$\therefore b + c = 5$ ……㉢
㉠, ㉡을 연립하여 풀면 $c = 3$
이것을 ㉢에 대입하면 $b = 2$
$\therefore n(A \cap B \cap C) = b = 2$

$$\therefore n((C-A)\cup(C-B))=n(C-(A\cap B))$$
$$=n(C)-n(A\cap B\cap C)$$
$$=18-2=16$$

27

세 집합 A, B, C에 대하여 다음 벤 다이어그램과 같이 각 영역에 속하는 원소의 개수를 a, b, c, x, y, z라 하자.

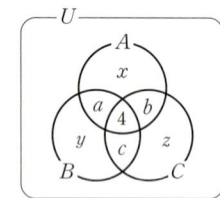

$n(A\cap B\cap C)=4$이므로

$n(A\cup B\cup C)=n(U)=40$에서

$a+b+c+x+y+z+4=40$

$\therefore a+b+c+x+y+z=36$ ······㉠

$n(A)=21$, $n(B)=17$, $n(C)=20$이므로

$a+b+x+4=21$ $\therefore a+b+x=17$ ······㉡

$c+a+y+4=17$ $\therefore c+a+y=13$ ······㉢

$b+c+z+4=20$ $\therefore b+c+z=16$ ······㉣

㉡+㉢+㉣을 하면

$a+b+c+(a+b+c+x+y+z)=46$

$a+b+c+36=46$ $(\because$ ㉠$)$

$\therefore a+b+c=10$

$$\therefore n((A\cap B)\cup(B\cap C)\cup(C\cap A))$$
$$=a+b+c+4$$
$$=10+4=14$$

답 14

다른 풀이

$U=A\cup B\cup C$이므로

$n(A\cup B\cup C)=n(U)=40$

집합 $(A\cap B)\cup(B\cap C)\cup(C\cap A)$를 벤 다이어그램으로 나타내면 다음 그림과 같다.

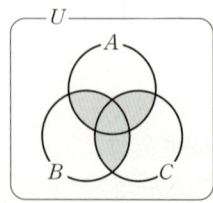

$$\therefore n((A\cap B)\cup(B\cap C)\cup(C\cap A))$$
$$=n(A\cap B)+n(B\cap C)+n(C\cap A)$$
$$-2\times n(A\cap B\cap C)$$
$$=n(A\cap B)+n(B\cap C)+n(C\cap A)-8 \quad ······㉤ (*)$$

이때

$n(A\cup B\cup C)$
$$=n(A)+n(B)+n(C)-n(A\cap B)-n(B\cap C)$$
$$-n(C\cap A)+n(A\cap B\cap C)$$

이므로

$40=21+17+20-n(A\cap B)-n(B\cap C)$
$$-n(C\cap A)+4$$

$\therefore n(A\cap B)+n(B\cap C)+n(C\cap A)=62-40=22$

㉤에서

$n((A\cap B)\cup(B\cap C)\cup(C\cap A))=22-8=14$

보충 설명

오른쪽 벤 다이어그램과 같이 $(A\cap B)\cup(B\cap C)\cup(C\cap A)$의 각 영역에 속하는 원소의 개수를 a, b, c, d라 하면 $(*)$에서

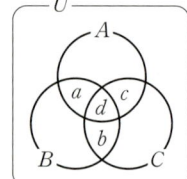

$n((A\cap B)\cup(B\cap C)\cup(C\cap A))$
$$=a+b+c+d$$
$$=(a+d)+(b+d)+(c+d)-2d$$
$$=n(A\cap B)+n(B\cap C)+n(C\cap A)$$
$$-2\times n(A\cap B\cap C)$$

28

방문객 전체의 집합을 U, 안경을 착용한 경험이 있는 방문객의 집합을 A, 렌즈를 착용한 경험이 있는 방문객의 집합을 B라 하면

$n(U)=30$, $n(A)=17$, $n(B)=15$, $n(A^C\cap B^C)=7$

이때

$n(A\cup B)=n(U)-n((A\cup B)^C)$
$$=n(U)-n(A^C\cap B^C)$$
$$=30-7=23$$

이므로

$n(A\cap B)=n(A)+n(B)-n(A\cup B)$
$$=17+15-23=9$$

안경을 착용한 경험이 없거나 렌즈를 착용한 경험이 없는 방문객의 집합은 $A^C \cup B^C$이므로

$$n(A^C \cup B^C) = n((A \cap B)^C)$$
$$= n(U) - n(A \cap B)$$
$$= 30 - 9 = 21$$

따라서 구하는 방문객 수는 21이다.

답 21

29

학생 전체의 집합을 U, 두 동아리 A, B에 가입한 학생의 집합을 각각 A, B라 하자.

조건 ㈎에서 두 동아리 A, B 중 어느 것도 가입하지 않은 학생은 없으므로

$$A^C \cap B^C = \varnothing, \ \text{즉} \ (A \cup B)^C = \varnothing$$
$$\therefore \ n(A \cup B) = n(U) = 100$$

또한, 조건 ㈏에서 $n(A) = 66$, $n(B) = 58$이므로 동아리 A에만 가입한 학생 수는

$$n(A - B) = n(A \cup B) - n(B)$$
$$= 100 - 58 = 42$$

답 42

30

학생 전체의 집합을 U, 케이팝을 좋아하는 학생의 집합을 A, 힙합을 좋아하는 학생의 집합을 B, 발라드를 좋아하는 학생의 집합을 C라 하면

$$n(U) = 200, \ n(A) = 90, \ n(B) = 75,$$
$$n(A \cap B) = 38, \ n(C - (A \cup B)) = 60$$

이때 케이팝, 힙합, 발라드 중 어느 것도 좋아하지 않는 학생의 집합은 $(A \cup B \cup C)^C$이고

$$n(A \cup B \cup C)$$
$$= n(A \cup B) + n(C - (A \cup B))$$
$$= n(A) + n(B) - n(A \cap B) + n(C - (A \cup B))$$
$$= 90 + 75 - 38 + 60 = 187$$

이므로

$$n((A \cup B \cup C)^C) = n(U) - n(A \cup B \cup C)$$
$$= 200 - 187 = 13$$

따라서 구하는 학생 수는 13이다.

답 13

31

$n(B) = n(B - A) + n(A \cap B)$에서
$n(A \cap B) = 12$이고, $(B - A) \subset A^C$이므로

$$n(B) \leq n(A^C) + n(A \cap B)$$
$$= n(U) - n(A) + n(A \cap B)$$
$$= 33 - 24 + 12 = 21$$
$$\therefore \ M = 21$$

또한, $B \subset A$, 즉 $A \cap B = B$일 때, $n(B)$가 최소이므로

$$m = 12$$
$$\therefore \ M - m = 21 - 12 = 9$$

답 9

32

$n(A \cap B) = 10$, $n(A \cap B \cap C) = 5$이므로
$$n((A \cap B) - C) = 5$$
또한, $n((A \cap C) - B) = x$, $n((B \cap C) - A) = y$라 하면
$n(C) = 19$이므로
$$n(C - (A \cup B)) = 19 - (5 + x + y)$$
$$= 14 - x - y \qquad \cdots\cdots \ \bigcirc$$

오른쪽 벤 다이어그램과 같이 각 영역에 속하는 원소의 개수를 나타내면 ㉠은 색칠한 부분의 원소의 개수이다.

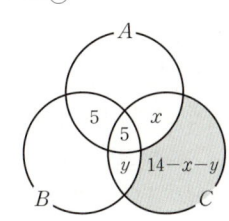

이때 ㉠이 최소가 되려면 x, y가 각각 최대가 되어야 한다.

그런데 $n(A) = 14$이므로 x의 최댓값은
$$14 - 5 - 5 = 4$$
또한, $n(B) = 16$이므로 y의 최댓값은
$$16 - 5 - 5 = 6$$
㉠에서 $n(C - (A \cup B))$의 최솟값은
$$14 - 4 - 6 = 4$$

답 4

보충 설명

모든 집합의 원소의 개수는 항상 0보다 크거나 같으므로 오른쪽 벤 다이어그램에서

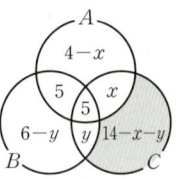

$$x \geq 0, \ 4 - x \geq 0, \ y \geq 0, \ 6 - y \geq 0$$
$$\therefore \ 0 \leq x \leq 4, \ 0 \leq y \leq 6$$

33

학생 전체의 집합을 U, 수학 경시대회에 참가 신청을 한 학생의 집합을 A, 영어 경시대회에 참가 신청을 한 학생의 집합을 B라 하면

$n(U)=300$, $n(A)=124$, $n(B)=173$

이때 어느 것에도 참가 신청을 하지 않은 학생의 집합은 $A^C \cap B^C$이므로

$$\begin{aligned}
n(A^C \cap B^C) &= n((A \cup B)^C) \\
&= n(U) - n(A \cup B) \\
&= n(U) - \{n(A) + n(B) - n(A \cap B)\} \\
&= 300 - 124 - 173 + n(A \cap B) \\
&= 3 + n(A \cap B) \qquad \cdots\cdots \text{㉠}
\end{aligned}$$

$(A \cap B) \subset A$이고 $(A \cap B) \subset B$이므로

$n(A \cap B) \le n(A)$, $n(A \cap B) \le n(B)$에서

$n(A \cap B) \le 124$ $\qquad\qquad \cdots\cdots \text{㉡}$

또한, $n(A \cup B) \le n(U)$이므로

$n(A) + n(B) - n(A \cap B) \le n(U)$에서

$124 + 173 - n(A \cap B) \le 300$

$\therefore n(A \cap B) \ge -3$

그런데 집합의 원소의 개수는 0보다 크거나 같으므로

$n(A \cap B) \ge 0$ $\qquad\qquad \cdots\cdots \text{㉢}$

㉡, ㉢에서 $0 \le n(A \cap B) \le 124$이므로

㉠에서 $0 \le n(A^C \cap B^C) - 3 \le 124$

$\therefore 3 \le n(A^C \cap B^C) \le 127$

따라서 $M=127$, $m=3$이므로

$M+m = 127+3 = 130$

답 130

보충 설명

$n(A \cap B) = x$라 하고 다음 벤 다이어그램과 같이 각 영역에 속하는 원소의 개수를 나타내 보자.

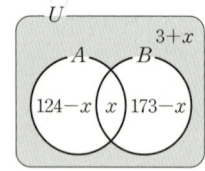

즉, $x \ge 0$, $124-x \ge 0$, $173-x \ge 0$이므로

$0 \le x \le 124$

$\therefore 3 \le 3+x \le 127$

19

$A \cap B^C = A - B = A$이므로 $A \subset B^C$

$\therefore A \cap B = \varnothing$

따라서 두 집합 A, B는 서로소이므로

$$\begin{aligned}
n(A \cup B) &= n(A) + n(B) \\
&= 11 + 16 = 27
\end{aligned}$$

답 27

20

$$\begin{aligned}
n(A^C \cup B^C) &= n((A \cap B)^C) \\
&= n(U) - n(A \cap B)
\end{aligned}$$

$$\begin{aligned}
\therefore n(A \cap B) &= n(U) - n(A^C \cup B^C) \\
&= 50 - 43 = 7
\end{aligned}$$

이때 $(A-B) \cup (B-A) = (A \cup B) - (A \cap B)$이므로

$$\begin{aligned}
n((A-B) \cup (B-A)) &= n((A \cup B) - (A \cap B)) \\
&= n(A \cup B) - n(A \cap B) \\
&= 36 - 7 = 29
\end{aligned}$$

답 29

21

학생 전체의 집합을 U, 세 문제 A, B, C를 맞힌 학생의 집합을 각각 A, B, C라 하면

$n(U)=22$, $n(A)=11$, $n(B)=9$, $n(C)=15$,

$n(A \cap B \cap C)=4$

이때 한 문제도 맞히지 못한 학생은 없으므로

$(A \cup B \cup C)^C = \varnothing$ $\quad \therefore A \cup B \cup C = U$

오른쪽 벤 다이어그램과 같이 각 영역에 속하는 원소의 개수를 a, b, c, x, y, z라 하자.

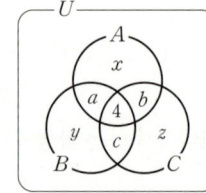

$n(A \cup B \cup C) = n(U) = 22$에서

$a+b+c+x+y+z+4=22$

$\therefore a+b+c+x+y+z=18$ $\qquad$ ⋯⋯㉠

$n(A)=11$, $n(B)=9$, $n(C)=15$이므로

$a+b+x+4=11$ $\qquad\therefore a+b+x=7$ $\qquad$ ⋯⋯㉡

$c+a+y+4=9$ $\qquad\therefore c+a+y=5$ $\qquad$ ⋯⋯㉢

$b+c+z+4=15$ $\qquad\therefore b+c+z=11$ $\qquad$ ⋯⋯㉣

㉡+㉢+㉣을 하면

$a+b+c+(a+b+c+x+y+z)=23$

$a+b+c+18=23$ ($\because$ ㉠)

$\therefore a+b+c=5$

이때 세 문제 중 두 문제만 맞힌 학생의 집합은

$\{(A\cap B)\cup(B\cap C)\cup(C\cap A)\}-(A\cap B\cap C)$이고,

이 집합의 원소의 개수는 $a+b+c$이다.

따라서 세 문제 중 두 문제만 맞힌 학생 수는 5이다.

답 5

다른 풀이

학생 전체의 집합을 U, 세 문제 A, B, C를 맞힌 학생의 집합을 각각 A, B, C라 하면

$n(U)=22$, $n(A)=11$, $n(B)=9$, $n(C)=15$,

$n(A\cap B\cap C)=4$

이때 한 문제도 맞히지 못한 학생은 없으므로

$(A\cup B\cup C)^C=\varnothing$ $\qquad\therefore A\cup B\cup C=U$

또한, 세 문제 중 두 문제만 맞힌 학생

의 집합은

$\{(A\cap B)\cup(B\cap C)\cup(C\cap A)\}$
$\qquad\qquad-(A\cap B\cap C)$

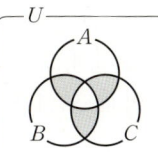

이므로

$n(\{(A\cap B)\cup(B\cap C)\cup(C\cap A)\}-(A\cap B\cap C))$
$=n(A\cap B)+n(B\cap C)+n(C\cap A)-3\times n(A\cap B\cap C)$
$\qquad\qquad\qquad\qquad\qquad\qquad$ ⋯⋯㊀

이때

$n(A\cup B\cup C)$
$=n(A)+n(B)+n(C)-n(A\cap B)-n(B\cap C)$
$\qquad\qquad\qquad-n(C\cap A)+n(A\cap B\cap C)$

이므로

$22=11+9+15-n(A\cap B)-n(B\cap C)-n(C\cap A)+4$

$\therefore n(A\cap B)+n(B\cap C)+n(C\cap A)=17$

㊀에서 구하는 학생 수는

$17-3\times 4=5$

22

학생 전체의 집합을 U, 핸드볼을 신청한 학생의 집합을 A, 플로어볼을 신청한 학생의 집합을 B, 소프트볼을 신청한 학생의 집합을 C라 하면

$n(U)=40$, $n(A)=25$, $n(B)=22$, $n(C)=28$,

$n(A\cap B\cap C)=8$

이때 학생들은 적어도 한 가지를 신청했으므로

$(A\cup B\cup C)^C=\varnothing$ $\qquad\therefore A\cup B\cup C=U$

다음 벤 다이어그램과 같이 각 영역에 속하는 원소의 개수를 a, b, c라 하자.

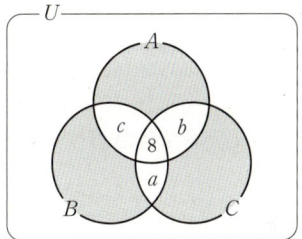

$n(A\cup B\cup C)=n(U)=40$이고

$n(A\cup B\cup C)$
$=n(A)+n(B)+n(C)-n(A\cap B)-n(B\cap C)$
$\qquad\qquad\qquad-n(C\cap A)+n(A\cap B\cap C)$

이므로

$40=25+22+28-(8+c)-(8+a)-(8+b)+8$

$40=59-(a+b+c)$ $\qquad\therefore a+b+c=19$

세 가지 중 오직 한 가지만 신청한 학생 수는 벤 다이어그램의 색칠한 부분의 원소의 개수이므로

$n(A\cup B\cup C)-n((A\cap B)\cup(B\cap C)\cup(C\cap A))$
$=40-(a+b+c+8)$
$=40-27=13$

따라서 구하는 학생 수는 13이다.

답 13

23

조건 ㈏에서

$B\cap(A\cup B^C)=(B\cap A)\cup(B\cap B^C)$
$\qquad\qquad\qquad\quad=(A\cap B)\cup\varnothing$
$\qquad\qquad\qquad\quad=A\cap B\neq\varnothing$

$\therefore n(A\cap B)\neq 0$ $\qquad$ ⋯⋯㉠

이때 $(A-B) \subset B^C$에서

$n(A-B) \leq n(B^C)$

$\qquad = n(U) - n(B)$

$\qquad = n(U) - \{n(B-A) + n(A \cap B)\}$

$\qquad = 35 - \{13 + n(A \cap B)\}$ (∵ 조건 ㈎, ㈐)

$\qquad = 22 - n(A \cap B)$

따라서 $n(A-B)$가 최댓값을 가지려면 $n(A \cap B)$가 최솟값을 가져야 한다. 이때 ㉠에서 $n(A \cap B) \neq 0$이므로

$n(A \cap B) = 1$일 때, $n(A-B)$는 최댓값 21을 갖는다.

답 21

24

학생 전체의 집합을 U, 두 소설 A, B를 읽은 학생의 집합을 각각 A, B라 하면

$n(U) = 28$, $n(B-A) = 12$

이때 두 소설 A, B를 모두 읽은 학생의 집합은 $A \cap B$이고 $B = U$, $A \subset B$일 때, $n(A \cap B)$가 최대이므로

$n(A \cap B) = n(B) - n(B-A)$

$\qquad \leq n(U) - n(B-A)$

$\qquad = 28 - 12 = 16$

따라서 두 소설 A, B를 모두 읽은 학생 수의 최댓값은 16이다.

답 16

STEP 2 개념 마무리 본문 p.195

| **1** 729 | **2** 72 | **3** 30 | **4** 112 |
| **5** ⑤ | **6** 16 | | |

1

$A \cup B = U$이므로

$S(A \cup B) = S(U)$

$\qquad = 1 + 2 + 3 + \cdots + 9 = 45$ ……㉠

또한, $A \cap B = \{1, 3, 5\}$이므로

$S(A \cap B) = 1 + 3 + 5 = 9$

집합 $A-B$의 원소의 합을 a라 하면

$S(A) = a + 9$

집합 $B-A$의 원소의 합을 b라 하면

$S(B) = b + 9$

㉠에서

$S(A \cup B) = a + b + 9 = 45$

$\therefore b = 36 - a$ ……㉡

$\therefore S(A)S(B) = (a+9)(b+9)$

$\qquad = (a+9)(45-a)$ (∵ ㉡)

$\qquad = -a^2 + 36a + 405$

$\qquad = -(a^2 - 36a + 18^2 - 18^2) + 405$

$\qquad = -(a-18)^2 + 729$

따라서 $S(A)S(B)$의 값은 $a = 18$일 때 최대이고 최댓값은 729이다.

답 729

보충 설명

⑴ $S(A)S(B)$의 값이 최대가 되도록 하는 두 집합 A, B를 구해 보자.

$S(A)S(B)$의 값은 $a = 18$, $b = 36 - a = 18$일 때 최대이고, $(A \cap B)^C = \{2, 4, 6, 7, 8, 9\}$이므로 두 집합 A, B가

$\{1, 3, 4, 5, 6, 8\}$, $\{1, 2, 3, 5, 7, 9\}$

일 때, $S(A)S(B)$의 값은 최대이다.

⑵ 본문 p.222의 **개념15**에서 '산술평균과 기하평균의 관계'를 이용하면 다음과 같이 풀 수도 있다.

두 집합 A, B의 원소는 모두 양수이므로

$S(A) > 0$, $S(B) > 0$

산술평균과 기하평균의 관계에 의하여

$S(A) + S(B) \geq 2\sqrt{S(A)S(B)}$

$\qquad$ (단, 등호는 $S(A) = S(B)$일 때 성립)

이때

$S(A) + S(B) = S(A \cup B) + S(A \cap B)$

$\qquad = 45 + 9 = 54$

이므로

$2\sqrt{S(A)S(B)} \leq 54$

$\sqrt{S(A)S(B)} \leq 27$

$\therefore S(A)S(B) \leq 729$

따라서 $S(A)S(B)$의 최댓값은 729이다.

2

집합 $A_n \cap A_3$은 n과 3의 공배수의 집합이고 $A_n \cap A_3 = A_{3n}$
에서 n과 3의 최소공배수가 $3n$이므로 자연수 n은 3과 서로
소이다.

$120 \in A_n{}^C$에서 $120 \notin A_n$이므로 120은 n의 배수가 아니다.
즉, n은 120의 약수가 아니다.

따라서 n은 3과 서로소이면서 120의 약수가 아니다.

(ⅰ) 120 이하의 자연수 중에서 3의 배수의 개수는 40이고,
3은 소수이므로 3과 서로소인 수의 개수는

$$120 - 40 = 80$$

(ⅱ) $120 = 2^3 \times 3 \times 5$이므로 3과 서로소이면서 120의 약수인
수의 개수는 $2^3 \times 5$의 약수의 개수와 같으므로

$$(3+1) \times (1+1) = 8$$

(ⅰ), (ⅱ)에서 구하는 자연수 n의 개수는

$$80 - 8 = 72$$

답 72

3

$(A-B) \cup (B-A) = B-A$이므로

$(A-B) \subset (B-A)$

그런데 $A-B$와 $B-A$는 서로소이므로

$A-B = \varnothing$ ∴ $A \subset B$

이를 벤 다이어그램으로 나타내면
오른쪽 그림과 같다.

이때 $n(A) = n(A^C - B)$이므로
그림에서 색칠한 두 부분의 원소
의 개수는 서로 같다.

또한, $n(U) = 10$이므로

$n(A) + n(A^C - B) \leq 10$

$2 \times n(A) \leq 10$ ∴ $n(A) \leq 5$

한편, $\{1, 2\} \subset A$이므로 집합 A의 원소의 합 $S(A)$가 최대
가 되려면 집합 A는 집합 U의 부분집합 중에서 원소의 개수
가 5이고, 1, 2를 반드시 원소로 갖는 집합이며, 1, 2를 제외
한 나머지 세 원소는 최대한 큰 값이어야 한다.

따라서 $S(A)$는 $A = \{1, 2, 8, 9, 10\}$일 때 최대이고, 그 최
_이때 $A = B$이다._
댓값은

$$1 + 2 + 8 + 9 + 10 = 30$$

답 30

4

세 집합 A, B, C에 대하여 다음 벤 다이어그램과 같이 각 영
역에 속하는 원소의 개수를 x, y, z, a, b, c라 하자.

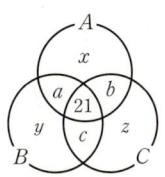

$n(A \cap B \cap C) = 21$, $n(A \cup B \cup C) = 77$이므로

$x + y + z + a + b + c + 21 = 77$

∴ $x + y + z + a + b + c = 56$ ······ ㉠

∴ $n(A \triangle B) + n(B \triangle C) + n(C \triangle A)$

$= n((A \cup B) - (A \cap B)) + n((B \cup C) - (B \cap C))$
$\qquad\qquad\qquad\qquad + n((C \cup A) - (C \cap A))$

$= (x + b + y + c) + (y + a + z + b) + (x + a + z + c)$

$= 2(x + y + z + a + b + c)$

$= 2 \times 56$ (∵ ㉠)

$= 112$

답 112

5

ㄱ. $n(A \cap B \cap C) = 0$이면

$n(B \cap C) = 2$에서 $n(A^C \cap B \cap C) = 2$

이때 $n(B-A) = 1$이므로

$n(B-A) \geq n(A^C \cap B \cap C)$를 만족시키지 않는다.

∴ $n(A \cap B \cap C) \neq 0$ (참)

ㄴ. $n(A \cap B \cap C) = 2$이면

$n(B \cap C) = n(A \cap B \cap C) + n(A^C \cap B \cap C)$에서

$2 = 2 + n(A^C \cap B \cap C)$이므로

$n(A^C \cap B \cap C) = 0$

이때 $n(C-A) = n(A^C \cap B \cap C) + n(A^C \cap B^C \cap C)$
이므로

$2 = 0 + n(A^C \cap B^C \cap C)$

∴ $n(A^C \cap B^C \cap C) = 2$

또한, $n(B-A) = 1$, $n(U) = 5$이므로

각 영역에 속하는 원소의 개수를 벤 다이어그램에 나타내
면 다음과 같다.

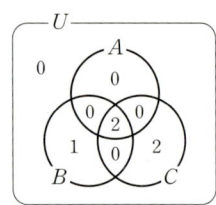

$$\therefore n(C)=n(A\cap B\cap C)+n(A^C\cap B^C\cap C)$$
$$=2+2=4 \ (참)$$

ㄷ. $n(B\cap C)=2$이므로 ㄱ에 의하여

$n(A\cap B\cap C)=1$ 또는 $n(A\cap B\cap C)=2$

(i) $n(A\cap B\cap C)=1$일 때,

　$n(B\cap C)=2$에서 $n(A^C\cap B\cap C)=1$

　$n(B-A)=1$에서 $n(A^C\cap B\cap C^C)=0$

　$n(C-A)=2$에서 $n(A^C\cap B^C\cap C)=1$

　즉, 다음 벤 다이어그램과 같이 각 영역에 속하는 원소

　의 개수를 a, b, c, d라 하면

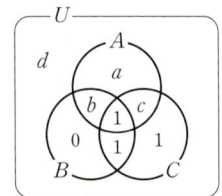

$n(A)=a+b+c+1, \ n(B)=b+2, \ n(C)=c+3$

이때 $n(U)=5$이므로

$a+b+c+d+3=5$ 　　$\therefore a+b+c+d=2$

$n(A)\times n(B)\times n(C)$의 값이 최대가 되기 위해서는

$\underline{a=d=0, \ b=1, \ c=1}$ 또는 $a=d=0, \ b=2, \ c=0$이

어야 하므로

$n(A)\times n(B)\times n(C)=36$

또한, $n(A)\times n(B)\times n(C)$의 값이 최소가 되기 위

해서는 $a=b=c=0, \ d=2$이어야 하므로

$n(A)\times n(B)\times n(C)=1\times 2\times 3=6$

(ii) $n(A\cap B\cap C)=2$일 때,

　$n(A)=2, \ n(B)=3, \ n(C)=4$이므로

　$n(A)\times n(B)\times n(C)=2\times 3\times 4=24$

(i), (ii)에서 $n(A)\times n(B)\times n(C)$의 최댓값은 36, 최솟

값은 6이므로 그 합은

$36+6=42 \ (참)$

따라서 ㄱ, ㄴ, ㄷ 모두 옳다.

답 ⑤

6

$(C-A)\cap (C-B)=(C\cap A^C)\cap (C\cap B^C)$
$$=C\cap (A^C\cap B^C)=C\cap (A\cup B)^C$$
$$=C-(A\cup B)$$

$\therefore n((C-A)\cap (C-B))=n(C-(A\cup B))$

$n(A)=12, \ n(B)=9, \ n(A\cap B)=5$이므로

$n(A\cup B)=n(A)+n(B)-n(A\cap B)$
$$=12+9-5=16$$

(i) $n(C-(A\cup B))$가 최대일 때,

　$n(U)=30, \ n(A\cup B)=16, \ n(C)=18$이므로

　$n(A\cup B)+n(C)\geq n(U)$

　따라서 $A\cup B\cup C=U$일 때 $n(C-(A\cup B))$가 최대

　이므로 구하는 최댓값은

　$M=n(U)-n(A\cup B)=30-16=14$

(ii) $n(C-(A\cup B))$가 최소일 때,

　$n(A\cup B)=16, \ n(C)=18$이므

　로 $n(A\cup B)\leq n(C)$

　따라서 $(A\cup B)\subset C$일 때

　$n(C-(A\cup B))$가 최소이므로

　구하는 최솟값은

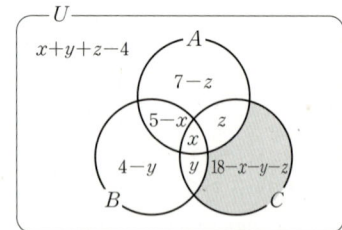

　$m=n(C)-n(A\cup B)=18-16=2$

(i), (ii)에서 $M+m=14+2=16$

답 16

다른 풀이

$n(A\cap B\cap C)=x, \ n((B\cap C)-A)=y,$

$n((A\cap C)-B)=z$라 하고 각 영역에 속하는 원소의 개수

를 벤 다이어그램에 나타내면 다음과 같다.

집합의 원소의 개수는 0보다 크거나 같으므로

$0\leq x\leq 5, \ 0\leq y\leq 4, \ 0\leq z\leq 7, \ 4\leq x+y+z\leq 18$

따라서 $n\{(C-A)\cap (C-B)\}=18-x-y-z$의 값은

$x+y+z=4$일 때 최댓값 $M=14$를 갖고,

$x=5, \ y=4, \ z=7$일 때 최솟값 $m=2$를 갖는다.

$\therefore M+m=14+2=16$

07. 명제

① 명제와 조건

기본＋필수연습   본문 pp.201~205

01 ㄴ(거짓), ㄷ(참)　　**02** 풀이 참조
03 (1) $\{1, 3, 5\}$, $\{1\}$ (2) $2x-1\geq3$, $\{2, 3, 4, 5, 6\}$
04 (1) $\{1, 3\}$ (2) $\{2, 4, 5, 6, 7, 8\}$
05 (1) 거짓 (2) 참　　**06** 풀이 참조
07 4　　**08** 3　　**09** 4　　**10** 3
11 $-3\leq a\leq2$

01

ㄱ. '아름답다'의 기준이 명확하지 않아 참인지 거짓인지 판별할 수 없으므로 명제가 아니다.
ㄴ. $36=2^2\times3^2$에서 36의 약수의 개수는 $3\times3=9$이므로 거짓인 명제이다.
ㄷ. 홀수와 홀수의 곱은 항상 홀수이므로 참인 명제이다.
ㄹ. x의 값에 따라 참, 거짓이 달라지므로 명제가 아니다.
따라서 명제는 ㄴ, ㄷ이다.

답 ㄴ(거짓), ㄷ(참)

보충 설명

ㄷ. 두 홀수를 각각 $2m+1, 2n+1$ (m, n은 정수)이라 하면
$(2m+1)(2n+1)=4mn+2m+2n+1$
$=2(2mn+m+n)+1$
이므로 두 홀수의 곱은 항상 홀수이다.
ㄹ. $x>-1$인 실수 x에 대하여 참이고,
$x\leq-1$인 실수 x에 대하여 거짓이다.

02

(1) 21은 소수가 아니다.
$21=3\times7$이므로 주어진 명제의 부정은 참이다.
(2) 정삼각형은 이등변삼각형이 아니다.
정삼각형의 이웃하는 두 변의 길이는 같으므로 주어진 명제가 참이다. 즉, 그 부정은 거짓이다.
(3) $2+3=5$
주어진 명제가 거짓이므로 그 부정은 참이다.
(4) $5>8$
주어진 명제가 참이므로 그 부정은 거짓이다.

답 풀이 참조

03

전체집합 $U=\{x\,|\,x$는 6 이하의 자연수$\}$에 대하여 두 조건 p, q의 진리집합을 각각 P, Q라 하면
(1) $P=\{1, 3, 5\}, Q=\{1\}$
(2) $\sim q:2x-1\geq3$
$\sim q$의 진리집합은 Q^C이므로
$Q^C=\{2, 3, 4, 5, 6\}$

답 (1) $\{1, 3, 5\}$, $\{1\}$
(2) $2x-1\geq3$, $\{2, 3, 4, 5, 6\}$

04

전체집합 $U=\{x\,|\,x$는 8 이하의 자연수$\}$에 대하여 두 조건 p, q의 진리집합을 각각 P, Q라 하면
$P=\{1, 2, 3, 6\}, Q=\{1, 3, 5, 7\}$
(1) 조건 'p 그리고 q'의 진리집합은 $P\cap Q$이므로
$P\cap Q=\{1, 3\}$
(2) 조건 '$\sim p$ 또는 $\sim q$'의 진리집합은 $P^C\cup Q^C$이므로
$P^C\cup Q^C=(P\cap Q)^C$
$=\{2, 4, 5, 6, 7, 8\}$

답 (1) $\{1, 3\}$ (2) $\{2, 4, 5, 6, 7, 8\}$

05

(1) $2x+3<x+10$에서 $x<7$
$x=10$이면 $x>7$이므로 주어진 명제는 거짓이다. ← $23<20$
(2) $x^2+4x+3=0$에서 $(x+3)(x+1)=0$
$x=-3$이면 $(x+3)(x+1)=0$이므로 주어진 명제는 참이다. ← $x=-1$일 때에도 $(x+3)(x+1)=0$이다.

답 (1) 거짓 (2) 참

06

(1) 어떤 실수 x, y에 대하여 $x^2+y^2<0$이다.

모든 실수 x, y에 대하여

$x^2\ge0$, $y^2\ge0$이므로 $x^2+y^2\ge0$

따라서 주어진 명제는 참이다. 즉, 그 부정은 거짓이다.

(2) 모든 자연수 x에 대하여 $x^2+2x+1>0$이다.

$x^2+2x+1>0$에서 $(x+1)^2>0$

따라서 주어진 명제의 부정은 참이다.

답 풀이 참조

07

$p : x^2-3x-28>0$에서 $(x+4)(x-7)>0$

$\therefore x<-4$ 또는 $x>7$

$q : 2x-7>0$에서 $x>\dfrac{7}{2}$

두 조건 p, q의 진리집합을 각각 P, Q라 하면

$P=\{x\,|\,x<-4$ 또는 $x>7\}$, $Q=\left\{x\,\middle|\,x>\dfrac{7}{2}\right\}$

이때 $P^C=\{x\,|\,-4\le x\le7\}$이므로 두 집합 P^C, Q를 수직선 위에 나타내면 다음 그림과 같다.

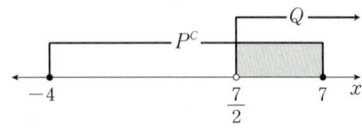

따라서 조건 '$\sim p$ 그리고 q'의 진리집합은

$P^C\cap Q=\left\{x\,\middle|\,\dfrac{7}{2}<x\le7\right\}$

이므로 조건 '$\sim p$ 그리고 q'의 진리집합, 즉 집합 $P^C\cap Q$의 원소 중 정수는 4, 5, 6, 7의 4개이다.

답 4

08

$p : x^2-4x+3>0$에서 $(x-1)(x-3)>0$

$\therefore x<1$ 또는 $x>3$

$q : x^2-7x+10<0$에서 $(x-2)(x-5)<0$

$\therefore 2<x<5$

두 조건 p, q의 진리집합을 각각 P, Q라 하면 조건 'p 또는 q'의 부정의 진리집합 S는

$S=(P\cup Q)^C=P^C\cap Q^C$

이때 $P=\{x\,|\,x<1$ 또는 $x>3\}$, $Q=\{x\,|\,2<x<5\}$이므로

$P^C=\{x\,|\,1\le x\le3\}$, $Q^C=\{x\,|\,x\le2$ 또는 $x\ge5\}$

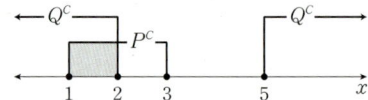

즉, $S=P^C\cap Q^C=\{x\,|\,1\le x\le2\}$이므로 집합 S의 원소 중 가장 큰 수는 2, 가장 작은 수는 1이다.

따라서 구하는 합은

$2+1=3$

답 3

09

두 조건 p, q의 진리집합을 각각 P, Q라 하면 '$\sim p$ 또는 $\sim q$'의 진리집합은 $P^C\cup Q^C$이다.

이때 $P=\{x\,|\,x\ne2\}$이므로 $P^C=\{2\}$이고,

집합 $P^C\cup Q^C$의 원소의 개수가 1이므로

$P^C\cup Q^C=\{2\}$

$\therefore Q^C=\{2\}$ 또는 $Q^C=\varnothing$

즉, $Q=\{x\,|\,x^2-4x+a>0\}$에서

$Q^C=\{x\,|\,x^2-4x+a\le0\}$이므로

이차부등식 $x^2-4x+a\le0$의 해는 $x=2$ 하나뿐이거나 해가 없어야 한다.

(ⅰ) 이차부등식 $x^2-4x+a\le0$의 해가 $x=2$일 때,

이차함수 $y=x^2-4x+a$의 그래프는 아래로 볼록하므로 이차방정식 $x^2-4x+a=0$이 중근 $x=2$를 가져야 한다.

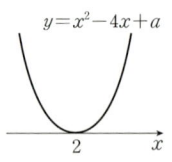

즉, $2^2-4\times2+a=0$에서 $a=4$

(ⅱ) 이차부등식 $x^2-4x+a\le0$의 해가 없을 때,

$f(x)=x^2-4x+a$라 하면 이차함수 $y=f(x)$의 그래프가 오른쪽 그림과 같아야 한다.

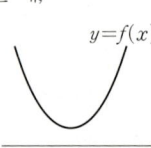

즉, 이차방정식 $x^2-4x+a=0$의 판별식을 D라 하면 $D<0$이어야 하므로

$\dfrac{D}{4}=(-2)^2-a<0$ $\therefore a>4$

(i), (ii)에서 $a \geq 4$

따라서 조건을 만족시키는 실수 a의 최솟값은 4이다.

답 4

10

명제 '모든 실수 x에 대하여 $2x^2 - 4kx + 5k > 0$이다.'가 거짓

이려면 이 명제의 부정 '어떤 실수 x에 대하여

$2x^2 - 4kx + 5k \leq 0$이다.'는 참이어야 한다.

$f(x) = 2x^2 - 4kx + 5k$라 하면 이차함

수 $y = f(x)$의 그래프가 오른쪽 그림과

같아야 한다.

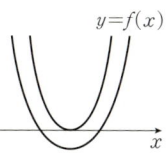

즉, 이차방정식 $2x^2 - 4kx + 5k = 0$의

판별식을 D라 하면 $D \geq 0$이어야 하므로

$$\frac{D}{4} = (-2k)^2 - 2 \times 5k \geq 0$$

$4k^2 - 10k \geq 0$, $2k(2k - 5) \geq 0$

$\therefore k \leq 0$ 또는 $k \geq \dfrac{5}{2}$

따라서 조건을 만족시키는 자연수 k의 최솟값은 3이다.

답 3

11

$|x + a| < 3$에서 $-3 < x + a < 3$

$\therefore -a - 3 < x < -a + 3$

$P = \{x \mid 0 < x < 1\}$, $Q = \{x \mid -a - 3 < x < -a + 3\}$이라

하자.

◆$0 < x < 1$인 모든 실수 x에 대하여 $|x + a| < 3$이 성립하려면

$P \cap Q = P$, 즉 $P \subset Q$이어야 한다.

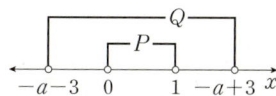

따라서 $-a - 3 \leq 0$이고 $1 \leq -a + 3$이어야 하므로

$-3 \leq a \leq 2$

답 $-3 \leq a \leq 2$

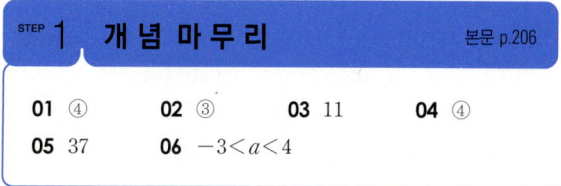

STEP 1 **개 념 마 무 리** 본문 p.206

| **01** ④ | **02** ③ | **03** 11 | **04** ④ |
| **05** 37 | **06** $-3 < a < 4$ | | |

01

①, ②, ③, ⑤ 참, 거짓을 판별할 수 있으므로 명제이다.

④ x의 값에 따라 참, 거짓이 달라지므로 명제가 아니다.

답 ④

보충 설명

① 마름모에서 두 쌍의 대변이 각각 평행하므로 사다리꼴에

　포함된다. 즉, 마름모는 사다리꼴이므로 참인 명제이다.

② 모든 실수 x에 대하여 $|x| \geq 0$이므로 $|x| + 1 > 0$이다.

　즉, $|x| + 1 = 0$을 만족시키는 실수 x는 존재하지 않으므

　로 거짓인 명제이다.

③ 2보다 큰 모든 짝수는 2로 나누어떨어지므로 소수가 아

　니다. 즉, 2를 제외한 모든 소수는 홀수이므로 참인 명제

　이다.

⑤ 16의 약수 중에서 16은 8의 약수가 아니므로 거짓인 명제

　이다.

02

세 실수 x, y, z에 대하여 조건

$(x - y)(y - z)(z - x) \neq 0$

의 부정은

$(x - y)(y - z)(z - x) = 0$

즉, '$x = y$ 또는 $y = z$ 또는 $z = x$'이거나 'x, y, z 중 서로 같은

것이 적어도 한 쌍 있다.'라고 할 수 있다.

따라서 주어진 조건의 부정과 서로 같은 것은 ㄷ, ㄹ이다.

답 ③

보충 설명

ㄱ. $x = 0$, $y = 1$, $z = 2$일 때,

　　$xyz = 0$이지만 $(x - y)(y - z)(z - x) \neq 0$

ㄴ. $x = 1$, $y = 1$, $z = 2$일 때,

　　$(x - y)(y - z)(z - x) = 0$이지만 $x = y \neq z$

ㄹ. $x = 1$, $y = 2$, $z = 3$일 때,

　　x, y, z 중 서로 다른 것이 적어도 한 쌍 있지만

　　$(x - y)(y - z)(z - x) \neq 0$

03

전체집합을 U, 두 조건 p, q의 진리집합을 각각 P, Q라 하면

$U=\{(x, y)\,|\,0\le x<4,\ 0\le y<4,\ x,\ y$는 정수$\}$

$\quad=\{(0, 0),\ (0, 1),\ (0, 2),\ \cdots,\ (3, 3)\}$

$p : x^2-4x+y^2-4y+7=0$에서

$(x-2)^2+(y-2)^2=1$

$\therefore P=\{(x, y)\,|\,x^2-4x+y^2-4y+7=0,\ x,\ y$는 정수$\}$

$\quad\quad=\{(1, 2),\ (2, 1),\ (2, 3),\ (3, 2)\}$

또한, $q : x-y=1$에서

$Q=\{(x, y)\,|\,x-y=1,\ x,\ y$는 정수$\}$

$\quad=\{(1, 0),\ (2, 1),\ (3, 2)\}$

한편, 조건 '$\sim p$이고 $\sim q$'의 진리집합은

$P^C\cap Q^C=(P\cup Q)^C$

이때

$P\cup Q=\{(1, 0),\ (1, 2),\ (2, 1),\ (2, 3),\ (3, 2)\}$

이므로 조건 '$\sim p$이고 $\sim q$'를 만족시키는 x, y의 순서쌍 (x, y)의 개수는

$n(P^C\cap Q^C)=n(U)-n(P\cup Q)$

$\quad\quad\quad\quad\quad\quad=4\times4-5=11$

답 11

다른 풀이

$p : x^2-4x+y^2-4y+7=0$에서 $(x-2)^2+(y-2)^2=1$

즉, 조건 p를 만족시키는 순서쌍 (x, y)를 좌표평면 위에 나타내면 원 $(x-2)^2+(y-2)^2=1$ 위의 점이다.

또한, $q : x-y=1$에서 $y=x-1$

즉, 조건 q를 만족시키는 순서쌍 (x, y)를 좌표평면 위에 나타내면 직선 $y=x-1$ 위의 점이다.

따라서 조건 '$\sim p$이고 $\sim q$'를 만족시키는 순서쌍 (x, y)를 좌표평면 위에 나타내면 원 $(x-2)^2+(y-2)^2=1$ 위의 점도 아니고 직선 $y=x-1$ 위의 점도 아니다.

이때 x, y는 $0\le x<4$, $0\le y<4$인 정수이므로 조건을 만족시키는 순서쌍 (x, y)가 나타내는 점은 다음 그림의 11개이다.

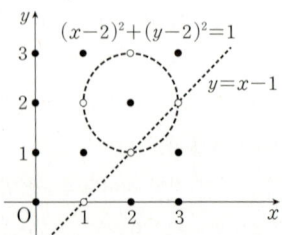

04

$P=\{x\,|\,x\ge2\}$, $Q=\{x\,|\,x<-1\}$이므로

$P^C=\{x\,|\,x<2\}$, $Q^C=\{x\,|\,x\ge-1\}$

$\therefore P^C\cap Q^C=\{x\,|\,-1\le x<2\}$

답 ④

05

$p : x^2+1<k$에서 $x^2<k-1$

$\therefore -\sqrt{k-1}<x<\sqrt{k-1}$

$q : |x-4|\le2$에서 $-2\le x-4\le2$

$\therefore 2\le x\le6$

두 조건 p, q의 진리집합을 각각 P, Q라 하면

$P=\{x\,|\,-\sqrt{k-1}<x<\sqrt{k-1}\}$,

$Q=\{x\,|\,2\le x\le6\}$

(가)

명제 '어떤 실수 x에 대하여 $\sim p$ 그리고 q이다.'가 참이므로

$P^C\cap Q\ne\varnothing$이어야 한다.

(나)

이때 $P^C=\{x\,|\,x\le-\sqrt{k-1}$ 또는 $x\ge\sqrt{k-1}\}$이고,

$k\ge2$이므로 $-\sqrt{k-1}<0$

$P^C\cap Q\ne\varnothing$이므로 두 집합 P^C, Q를 수직선 위에 나타내면 다음 그림과 같아야 한다.

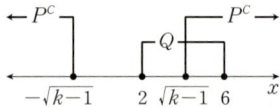

즉, $\sqrt{k-1}\le6$이어야 하므로 양변을 제곱하면

$k-1\le36$ $\quad\therefore k\le37$

이때 $k\ge2$이므로 $2\le k\le37$

따라서 구하는 실수 k의 최댓값은 37이다.

(다)
답 37

단계	채점 기준	배점
(가)	두 조건 p, q의 진리집합을 각각 구한 경우	30%
(나)	주어진 명제가 참이 되도록 하는 진리집합 사이의 관계를 구한 경우	30%
(다)	실수 k의 최댓값을 구한 경우	40%

06

두 조건 p, q를 각각 $p : x^2+x-2\leq 0$,

$q : x^2+2ax+a^2-4<0$이라 하고, 두 조건 p, q의 진리집합을 각각 P, Q라 하자.

$x^2+x-2\leq 0$에서 $(x+2)(x-1)\leq 0$

$\therefore -2\leq x\leq 1$

$x^2+2ax+a^2-4<0$에서 $(x+a-2)(x+a+2)<0$

$\therefore -a-2<x<-a+2$

$\therefore P=\{x|-2\leq x\leq 1\}$, $Q=\{-a-2<x<-a+2\}$

즉, $x^2+x-2\leq 0$을 만족시키는 어떤 실수 x에 대하여 $x^2+2ax+a^2-4<0$이 성립하려면 $P\cap Q\neq\varnothing$이어야 한다.

(i) $-a-2\geq -2$, 즉 $a\leq 0$일 때,

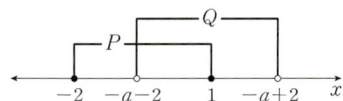

$-a-2<1$이어야 하므로 $a>-3$

$\therefore -3<a\leq 0$

(ii) $-a-2<-2$, 즉 $a>0$일 때,

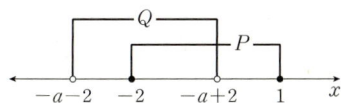

$-a+2>-2$이어야 하므로 $a<4$

$\therefore 0<a<4$

(i), (ii)에서 조건을 만족시키는 실수 a의 값의 범위는

$-3<a<4$

답 $-3<a<4$

다른 풀이

$x^2+x-2\leq 0$, 즉 $-2\leq x\leq 1$인 어떤 실수 x에 대하여

$x^2+2ax+a^2-4<0$이 성립해야 하므로

$f(x)=x^2+2ax+a^2-4$라 하면 이차함수 $y=f(x)$의 그래프가 다음 세 그림 중 하나이어야 한다.

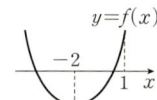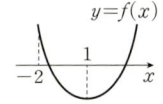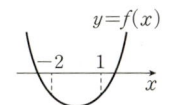

즉, $f(-2)<0$ 또는 $f(1)<0$이어야 한다.

(i) $f(-2)<0$에서

$a^2-4a<0$, $a(a-4)<0$ $\therefore 0<a<4$

(ii) $f(1)<0$에서

$a^2+2a-3<0$, $(a+3)(a-1)<0$ $\therefore -3<a<1$

(i), (ii)에서 $-3<a<4$

---

② 명제 사이의 관계

기본 + 필수연습 본문 pp.210-216

12 (1) 거짓, 반례 : -2 (2) 참
13 풀이 참조 **14** (1) 충분조건 (2) 필요조건
15 ㄷ, ㅁ **16** (1) -2 (2) 6 **17** 4
18 $-3<a<-1$ 또는 $a>1$ **19** 5
20 -2 **21** 7 **22** ㄴ, ㄷ
23 ㄴ, ㄷ, ㄹ **24** 25 **25** 6 **26** 7
27 ㄷ, ㄹ **28** A, C

12

주어진 명제의 가정을 p, 결론을 q라 하고, p, q의 진리집합을 각각 P, Q라 하자.

(1) '$p : -2\leq x\leq 3$', '$q : -1\leq x\leq 5$'에서

$P=\{x|-2\leq x\leq 3\}$, $Q=\{x|-1\leq x\leq 5\}$

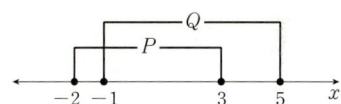

이때 $-2\in P$이지만 $-2\notin Q$이므로 $P\not\subset Q$

따라서 주어진 명제는 거짓이고, 그 반례는 $x=-2$이다.

(2) '$p : x^2+y^2=0$', '$q : x+y=0$'에서

$P=\{(x,y)|x^2+y^2=0\}$, $Q=\{(x,y)|x+y=0\}$

이때 $x^2\geq 0$, $y^2\geq 0$이므로

$x^2+y^2=0$이면 $x=0$이고 $y=0$이므로

$P=\{(0,0)\}$

또한, $x=0$이고 $y=0$일 때, $x+y=0$이므로

$(0,0)\in Q$ $\therefore P\subset Q$

따라서 주어진 명제는 참이다.

답 (1) 거짓, 반례 : -2 (2) 참

보충 설명

(1)에서 $-2\leq x<-1$인 모든 x의 값은 이 명제의 반례가 된다.

13

(1) 역 : x가 3의 배수이면 x는 9의 배수이다. (거짓)
   (반례) $x=3$이면 x는 3의 배수이지만 9의 배수는 아니다.
   대우 : x가 3의 배수가 아니면 x는 9의 배수가 아니다.
   (참)

(2) 역 : x, y가 모두 짝수이면 $x+y$는 짝수이다. (참)
   대우 : x가 홀수 또는 y가 홀수이면 $x+y$는 홀수이다.
   (거짓)
   (반례) $x=1$, $y=1$이면 x, y가 모두 홀수이지만 $x+y=2$이므로 짝수이다.

   답 풀이 참조

보충 설명

(1)에서 주어진 명제의 가정을 p, 결론을 q라 하고, p, q의 진리집합을 각각 P, Q라 하자.

'p : x가 9의 배수이다.', 'q : x가 3의 배수이다.'에서
$P=\{9, 18, 27, 36, \cdots\}$, $Q=\{3, 6, 9, 12, 15, 18, \cdots\}$

이때 $P \subset Q$이므로 주어진 명제는 참이다.
따라서 그 대우도 참이다.

14

(1) $p : 2x+3 < 5$에서 $x < 1$,

   $q : -\dfrac{1}{2}x+1 > 0$에서 $x < 2$

   따라서 $p \Longrightarrow q$, $q \nLongrightarrow p$이므로 p는 q이기 위한 충분조건이다.

   ($q \longrightarrow p$의 반례)

   $x=\dfrac{3}{2}$이면 $-\dfrac{1}{2}x+1=\dfrac{1}{4} > 0$이지만

   $2x+3=6 > 5$이다.

(2) $p \nLongrightarrow q$, $q \Longrightarrow p$이므로 p는 q이기 위한 필요조건이다.
   ($p \longrightarrow q$의 반례)
   오른쪽 그림의 $\triangle ABC$는 이등변삼각형이지만 정삼각형은 아니다.

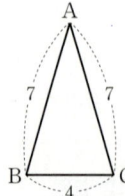

   답 (1) 충분조건 (2) 필요조건

15

명제 $p \longrightarrow \sim q$가 참이므로 그 대우 $q \longrightarrow \sim p$가 참이고,
명제 $\sim r \longrightarrow q$가 참이므로 그 대우 $\sim q \longrightarrow r$이 참이다.

ㄱ. 두 명제 $\sim r \longrightarrow q$, $q \longrightarrow \sim p$가 참이므로 명제 $\sim r \longrightarrow \sim p$가 참이다.

ㄴ. 명제 $q \longrightarrow \sim p$는 참이다.

ㄹ. 명제 $\sim q \longrightarrow r$은 참이다.

ㅂ. 두 명제 $p \longrightarrow \sim q$, $\sim q \longrightarrow r$이 참이므로 명제 $p \longrightarrow r$이 참이다.

따라서 항상 참이라고 할 수 없는 것은 ㄷ, ㅁ이다.

답 ㄷ, ㅁ

16

두 조건 p, q의 진리집합을 각각 P, Q라 하면
$P=\{x \mid x \leq a\}$, $Q=\{x \mid x < -1 \text{ 또는 } 3 < x < 6\}$

(1) 명제 $p \longrightarrow q$가 참이 되려면 $P \subset Q$이어야 하므로 두 집합 P, Q를 수직선 위에 나타내면 오른쪽 그림과 같아야 한다.

   따라서 명제 $p \longrightarrow q$가 참이 되려면 $a < -1$이어야 하므로 정수 a의 최댓값은 -2이다.

(2) 명제 $q \longrightarrow p$가 참이 되려면 $Q \subset P$이어야 하므로 두 집합 P, Q를 수직선 위에 나타내면 오른쪽 그림과 같아야 한다.

   따라서 명제 $q \longrightarrow p$가 참이 되려면 $a \geq 6$이어야 하므로 정수 a의 최솟값은 6이다.

   답 (1) -2 (2) 6

17

두 조건 p, q의 진리집합을 각각 P, Q라 하자.
$p : 3k-1 \leq 2-x \leq k+2$에서 $-k \leq x \leq 3-3k$이므로
$P=\{x \mid -k \leq x \leq 3-3k\}$
$q : x < 2$ 또는 $x > 18$에서 $\sim q : 2 \leq x \leq 18$이므로
$\sim q$의 진리집합은 $Q^C=\{x \mid 2 \leq x \leq 18\}$

명제 'p이면 $\sim q$이다.'가 참이 되려면 $P \subset Q^C$이어야 하므로 두 집합 P, Q^C을 수직선 위에 나타내면 다음 그림과 같아야 한다.

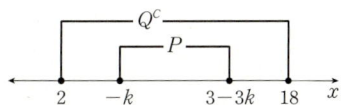

즉, $2 \le -k$이고 $3-3k \le 18$이어야 한다.

$2 \le -k$에서 $k \le -2$ ······㉠

$3-3k \le 18$에서 $k \ge -5$ ······㉡

㉠, ㉡에서 $-5 \le k \le -2$

따라서 명제 'p이면 $\sim q$이다.'가 참이 되도록 하는 정수 k는 $-5, -4, -3, -2$의 4개이다.

답 4

18

명제 ㈎에서

두 조건 p, q를 각각 $p : x > 0$, $q : x - a^2 + 1 < 0$이라 하고, 두 조건 p, q의 진리집합을 각각 P, Q라 하면

$P = \{x \mid x > 0\}$

또한, $x - a^2 + 1 < 0$에서 $x < a^2 - 1$이므로

$Q = \{x \mid x < a^2 - 1\}$

이때 명제 ㈎가 참이 되려면 $P \cap Q \ne \varnothing$이어야 하므로

$a^2 - 1 > 0$, $(a+1)(a-1) > 0$

$\therefore a < -1$ 또는 $a > 1$ ······㉠

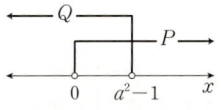

명제 ㈏에서

두 조건 r, s를 각각 $r : (x+3)(x+a+3) \le 0$, $s : x < 0$이라 하고, 두 조건 r, s의 진리집합을 각각 R, S라 하면

$R = \{x \mid (x+3)(x+a+3) \le 0\}$,

$S = \{x \mid x < 0\}$

(i) $a > 0$일 때,

$R = \{x \mid -a-3 \le x \le -3\}$

이므로 $R \subset S$이다.

따라서 $a > 0$인 모든 실수 a에 대하여 명제 ㈏는 참이 된다.

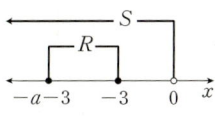

(ii) $a = 0$일 때,

$R = \{-3\}$이므로 $R \subset S$이다.

따라서 $a = 0$일 때 명제 ㈏는 참이 된다.

(iii) $a < 0$일 때,

$R = \{x \mid -3 \le x \le -a-3\}$

이므로 명제 ㈏가 참이 되려면 $R \subset S$이어야 한다.

즉, $-a-3 < 0$이어야 하므로

$a > -3$ $\therefore -3 < a < 0$

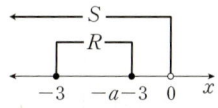

(i), (ii), (iii)에서 명제 ㈏가 참이 되도록 하는 실수 a의 값의 범위는

$a > -3$ ······㉡

㉠, ㉡에서 두 명제 ㈎, ㈏가 모두 참이 되도록 하는 실수 a의 값의 범위는

$-3 < a < -1$ 또는 $a > 1$

답 $-3 < a < -1$ 또는 $a > 1$

19

주어진 명제가 참이므로 그 대우

'$a \le k$이고 $b \le 2$이면 $a + b \le 7$이다.'

도 역시 참이다.

즉, $a \le k$이고 $b \le 2$이면 $a + b \le k + 2$이고 대우가 참이므로 $k + 2 \le 7$이다.

$\therefore k \le 5$

따라서 실수 k의 최댓값은 5이다.

답 5

20

$q : |x - a| \le 2$에서 $-2 \le x - a \le 2$

$\therefore a - 2 \le x \le a + 2$

두 조건 p, q의 진리집합을 각각 P, Q라 하면

$P = \{x \mid -5 < x \le 3\}$, $Q = \{x \mid a-2 \le x \le a+2\}$

명제 $p \longrightarrow q$의 역은 $q \longrightarrow p$이고 이것이 참이 되려면 $Q \subset P$이어야 하므로 두 집합 P, Q를 수직선 위에 나타내면 오른쪽 그림과 같아야 한다.

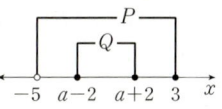

즉, $-5 < a-2$이고 $a+2 \le 3$이어야 한다.

$-5 < a-2$에서 $a > -3$, $a+2 \le 3$에서 $a \le 1$

$\therefore -3 < a \le 1$

따라서 명제 $p \longrightarrow q$의 역이 참이 되게 하는 모든 정수 a는 $-2, -1, 0, 1$이므로 그 합은

$-2+(-1)+0+1=-2$

답 -2

21

명제 $p \longrightarrow q$의 대우가 거짓이므로 명제 $p \longrightarrow q$도 거짓이다.

명제 $p \longrightarrow q$가 거짓임을 보이는 반례는 집합 P의 원소이지만 집합 Q의 원소는 아닌 것, 즉 집합 $P-Q$의 원소이므로

$X = P-Q = \{1, 2, 3\}$

따라서 집합 X의 진부분집합의 개수는 $2^3-1=7$

답 7

22

p는 q이기 위한 충분조건이므로 $p \Longrightarrow q$

$\therefore P \subset Q$ ······ ㉠

p는 r이기 위한 필요조건이므로 $r \Longrightarrow p$

$\therefore R \subset P$ ······ ㉡

㉠, ㉡에서 $R \subset P \subset Q$이므로 세 집합 P, Q, R을 벤 다이어그램으로 나타내면 오른쪽 그림과 같다.

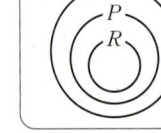

ㄱ. $R \subset Q$이지만 $Q \subset R$인지 알 수 없다. (거짓)

ㄴ. $P \cap Q = P$이고,

$R \subset P$이므로 $P^C \subset R^C$

$\therefore (P \cap Q)^C \subset R^C$ (참)

ㄷ. $P \cup Q = Q$이고,

$R \subset Q$이므로 $Q^C \subset R^C$

$\therefore (P \cup Q)^C \subset R^C$ (참)

ㄹ. $P^C \cap R^C = (P \cup R)^C = P^C$이고,

$P \subset Q$이므로 $Q^C \subset P^C$

$\therefore Q^C \subset (P^C \cap R^C)$

즉, $Q^C \subset (P^C \cap R^C)$이지만 $(P^C \cap R^C) \subset Q^C$인지 알 수 없다. (거짓)

따라서 옳은 것은 ㄴ, ㄷ이다.

답 ㄴ, ㄷ

23

p는 $\sim q$이기 위한 필요충분조건이므로

$p \Longleftrightarrow \sim q$ $\therefore P = Q^C$ ······ ㉠

$\sim r$은 q이기 위한 필요조건이므로

$q \Longrightarrow \sim r$, 즉 $r \Longrightarrow \sim q$ $\therefore R \subset Q^C$ ······ ㉡

㉠, ㉡에서 $R \subset Q^C = P$이므로 세 집합 P, Q, R을 벤 다이어그램으로 나타내면 오른쪽 그림과 같다.

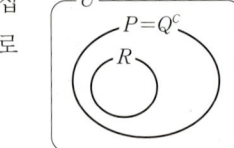

ㄱ. $R \subset Q^C$에서 $Q \subset R^C$

$\therefore Q \not\subset R$ (거짓)

ㄴ. $R \subset P$에서 $P^C \subset R^C$ (참)

ㄷ. $R \subset P$에서 $P \cap R = R$ (참)

ㄹ. $P = Q^C$에서 $P \cup Q = Q^C \cup Q = U$ (참)

따라서 옳은 것은 ㄴ, ㄷ, ㄹ이다.

답 ㄴ, ㄷ, ㄹ

24

두 조건 p, q의 진리집합을 각각 P, Q라 하면 p가 q이기 위한 필요조건이므로 $Q \subset P$

$q : x^2 = k$에서 $x = \pm\sqrt{k}$ (k는 자연수)이므로

$Q = \{-\sqrt{k}, \sqrt{k}\}$

이때 $Q \subset P$이어야 하므로 두 집합 P, Q를 수직선 위에 나타내면 다음과 같아야 한다.

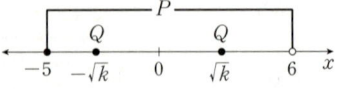

즉, $-5 \le -\sqrt{k} < 0$이어야 하므로

$0 < \sqrt{k} \le 5$ $\therefore 0 < k \le 25$

따라서 조건을 만족시키는 자연수 k는

$1, 2, 3, \cdots, 25$의 25개이다.

답 25

25

$p : 3|x-2|<9-2x$에서

(i) $x<2$일 때,

$\quad -3(x-2)<9-2x$이므로

$\quad -3x+6<9-2x$

$\quad -x<3 \qquad \therefore x>-3$

$\quad$ 그런데 $x<2$이므로 $-3<x<2$

(ii) $x\geq2$일 때,

$\quad 3(x-2)<9-2x$이므로

$\quad 3x-6<9-2x$

$\quad 5x<15 \qquad \therefore x<3$

$\quad$ 그런데 $x\geq2$이므로 $2\leq x<3$

(i), (ii)에서 $-3<x<3$

즉, 두 조건 p, q의 진리집합을 각각 P, Q라 하면

$P=\{x|-3<x<3\}$, $Q=\{x|a<x<b\}$

이때 p가 q이기 위한 필요충분조건이므로 $P=Q$이다.

따라서 $a=-3$, $b=3$이므로

$b-a=3-(-3)=6$

답 6

보충 설명

절댓값의 성질을 이용하여 연립부등식으로 풀 수도 있다.

$3|x-2|<9-2x$에서 $|x-2|<3-\dfrac{2}{3}x$

$-3+\dfrac{2}{3}x<x-2<3-\dfrac{2}{3}x$

$-3+\dfrac{2}{3}x<x-2$에서 $x>-3$ $\qquad \cdots\cdots \unicode{x29F8}$

$x-2<3-\dfrac{2}{3}x$에서 $x<3$ $\qquad \cdots\cdots \unicode{x29F9}$

$\unicode{x29F8}$, $\unicode{x29F9}$에서 $-3<x<3$

26

세 조건 p, q, r의 진리집합을 각각 P, Q, R이라 하면

$P=\{x|1\leq x\leq4$ 또는 $x\geq6\}$, $Q=\{x|x\geq a\}$,

$R=\{x|x\geq b\}$

q는 p이기 위한 충분조건이므로 $Q\subset P$, r은 p이기 위한 필요조건이므로 $P\subset R$

$\therefore Q\subset P\subset R$

이때 세 집합 P, Q, R을 수직선 위에 나타내면 다음 그림과 같아야 한다.

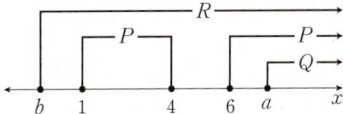

즉, $b\leq1$, $a\geq6$이어야 하므로 a의 최솟값은 6, b의 최댓값은 1이다.

따라서 구하는 합은

$6+1=7$

답 7

27

명제 $p \longrightarrow \sim r$의 역이 참이므로 $\sim r \Longrightarrow p$이고,

명제 $r \longrightarrow \sim q$의 대우가 참이므로 $q \Longrightarrow \sim r$이다.

즉, $q \Longrightarrow \sim r \Longrightarrow p$이므로

$Q\subset R^C\subset P$

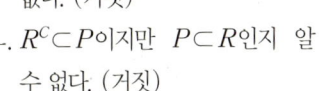

ㄱ. $Q\subset P$이지만 $P\subset Q$인지 알 수 없다. (거짓)

ㄴ. $R^C\subset P$이지만 $P\subset R$인지 알 수 없다. (거짓)

ㄷ. $Q\subset P$ (참)

ㄹ. $R^C\subset P$ (참)

따라서 항상 옳은 것은 ㄷ, ㄹ이다.

답 ㄷ, ㄹ

28

네 조건 p, q, r, s를 각각

p : A가 범인이다., q : B가 범인이다.

r : C가 범인이다., s : D가 범인이다.

라 하면

㈏에서 $s \Longrightarrow p$

㈐에서 $\sim r \Longrightarrow \sim p$이므로 $p \Longrightarrow r$

㈑에서 $\sim s \Longrightarrow \sim q$이므로 $q \Longrightarrow s$

따라서 $q \Longrightarrow s \Longrightarrow p \Longrightarrow r$이다.

(i) A가 범인일 때,

$\quad$ C도 범인이므로 범인이 두 명이 되어 조건 ㈎를 만족시킨다.

(ii) B가 범인일 때,

　　D, A, C도 범인이므로 네 명 모두가 범인이 되어 조건 ㈎에 모순이다.

(iii) C가 범인일 때,

　　C 한 사람만 범인이므로 조건 ㈎에 모순이다.

(iv) D가 범인일 때,

　　A, C도 범인이므로 범인이 세 명이 되어 조건 ㈎에 모순이다.

(i)~(iv)에서 범인은 A, C이다.

답 A, C

ㄷ. ㄱ에서 $P \subset Q$이고, $P \neq Q$이므로

　　$Q \not\subset P$

　　즉, 명제 $q \longrightarrow p$는 거짓이다.

ㄹ. ㄴ에서 $Q = U$이고, $P \neq \varnothing$이므로

　　$P^C \neq U$ 　　$\therefore Q \not\subset P^C$

　　즉, 명제 $q \longrightarrow \sim p$는 거짓이다.

따라서 참인 명제는 ㄱ, ㄴ이다.

답 ①

07 64	08 ①	09 13	10 5
11 28	12 ③, ⑤	13 2	14 ⑤
15 12	16 ③	17 ③	

07

명제 $p \longrightarrow \sim q$가 참이면 $P \subset Q^C$이므로 $Q \subset P^C$이다.

$P = \{x \mid x$는 소수$\}$에서 $P = \{2, 3, 5, 7\}$이므로 집합 Q는 집합 $P^C = \{1, 4, 6, 8, 9, 10\}$의 부분집합이다.

따라서 집합 Q의 개수는

$2^6 = 64$

답 64

09

두 조건 p, q의 진리집합을 각각 P, Q라 하면

$P = \{2, 4, 6, 8, 10\}$이므로 $P^C = \{1, 3, 5, 7, 9\}$,

$Q = \{3, 6, 9\}$

명제 $\sim p \longrightarrow q$가 거짓임을 보이는 반례는 집합 P^C의 원소이지만 집합 Q의 원소는 아닌 것, 즉 집합 $P^C - Q$의 원소이므로

$P^C - Q = \{1, 5, 7\}$에서 구하는 합은

$1 + 5 + 7 = 13$

답 13

08

ㄱ. $P - Q = \varnothing$에서 $P \subset Q$이므로

　　명제 $p \longrightarrow q$는 참이다.

ㄴ. ㄱ에서 $P \subset Q$이므로 $P \cup Q = Q$

　　이때 $P \cup Q = U$이므로 $Q = U$

　　모든 집합은 전체집합의 부분집합이므로

　　$P^C \subset Q$

　　즉, 명제 $\sim p \longrightarrow q$는 참이다.

10

$p : x^2 - 7x - 18 > 0$에서 $(x+2)(x-9) > 0$

$\therefore x < -2$ 또는 $x > 9$

$q : 2a - 7 \leq 2x - 1 < 3a$에서 $2a - 6 \leq 2x < 3a + 1$

$\therefore a - 3 \leq x < \dfrac{3a+1}{2}$

두 조건 p, q의 진리집합을 각각 P, Q라 하면

$P = \{x \mid x < -2$ 또는 $x > 9\}$이므로

$P^C = \{x \mid -2 \leq x \leq 9\}$, $Q = \left\{ x \,\middle|\, a-3 \leq x < \dfrac{3a+1}{2} \right\}$

이때 명제 $q \longrightarrow \sim p$가 참이 되려면 $Q \subset P^C$이어야 하므로 두 집합 P^C, Q를 수직선 위에 나타내면 오른쪽 그림과 같아야 한다.

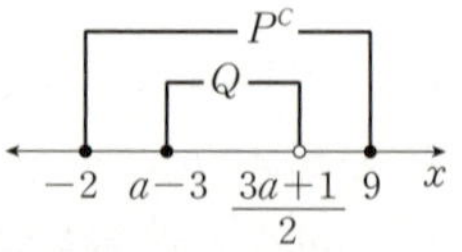

즉, $-2 \leq a - 3$이고, $\dfrac{3a+1}{2} \leq 9$이어야 하므로

$a \geq 1$이고, $a \leq \dfrac{17}{3}$ $\qquad \therefore 1 \leq a \leq \dfrac{17}{3}$

따라서 조건을 만족시키는 자연수 a는 1, 2, 3, 4, 5의
5개이다.

답 5

11

조건 $x^2 - 3x < 0$의 진리집합을 P라 하면

$x(x-3) < 0$에서 $0 < x < 3$

$\therefore P = \{1, 2\}$

명제 '집합 A의 모든 원소 x에 대하여 $x^2 - 3x < 0$이다.'가
참이 되려면 집합 A가 집합 P의 공집합이 아닌 부분집합이
어야 하므로

$A = \{1\}$ 또는 $A = \{2\}$ 또는 $A = \{1, 2\}$

명제 '집합 B의 어떤 원소 x에 대하여 $x \in A$이다.'가 참이
되려면 $A \cap B \neq \varnothing$이어야 한다.

(ⅰ) $A = \{1\}$일 때,

집합 B는 1을 반드시 원소로 갖는 집합 U의 부분집합
이므로 집합 B의 개수는

$2^{4-1} = 2^3 = 8$

(ⅱ) $A = \{2\}$일 때,

집합 B는 2를 반드시 원소로 갖는 집합 U의 부분집합
이므로 집합 B의 개수는

$2^{4-1} = 2^3 = 8$

(ⅲ) $A = \{1, 2\}$일 때,

집합 B는 1 또는 2를 원소로 갖는 집합 U의 부분집합
이다.

1을 원소로 갖고, 2를 원소로 갖지 않는 집합 U의 부분집
합 B의 개수는

$2^{4-1-1} = 2^2 = 4$

2를 원소로 갖고, 1을 원소로 갖지 않는 집합 U의 부분집
합 B의 개수는

$2^{4-1-1} = 2^2 = 4$

1, 2를 모두 원소로 갖는 집합 U의 부분집합 B의 개수는

$2^{4-2} = 2^2 = 4$

(ⅰ), (ⅱ), (ⅲ)에서 구하는 순서쌍 (A, B)의 개수는

$8 + 8 + (4 + 4 + 4) = 28$

답 28

12

① 명제 : 두 실수 x, y에 대하여 $xy > 0$이면 $x > 0$, $y > 0$
이다. (거짓)

　　(반례) $x = -1$, $y = -1$이면 $xy = 1 > 0$이지만
$x < 0$, $y < 0$이다.

역 : 두 실수 x, y에 대하여 $x > 0$, $y > 0$이면 $xy > 0$이다.
(참)

② 명제 : 두 집합 A, B에 대하여 $A \subset B$이면 $A \cup B = B$
이다. (참)

역 : 두 집합 A, B에 대하여 $A \cup B = B$이면 $A \subset B$이다.
(참)

③ 명제 : $\triangle ABC$가 정삼각형이면 $\overline{AB} = \overline{AC} = \overline{BC}$이므로
$\overline{AB} = \overline{AC}$이다. (참)

역 : $\overline{AB} = \overline{AC}$이면 $\triangle ABC$가 정삼각형이다. (거짓)

　　(반례) $\overline{AB} = \overline{AC} = 4$, $\overline{BC} = 3$이면 $\overline{AB} = \overline{AC}$이지
만 $\triangle ABC$는 정삼각형이 아닌 이등변삼각형이다.

④ 명제 : 두 직사각형의 넓이가 같으면 두 직사각형은 합동이
다. (거짓)

　　(반례) 한 변의 길이가 4인 정사각형과 가로, 세로
의 길이가 각각 2, 8인 직사각형의 넓이는 모두 16
으로 같지만 합동이 아니다.

역 : 두 직사각형이 합동이면 두 직사각형의 넓이는 같다.
(참)

⑤ 명제 : $\triangle ABC \equiv \triangle DEF$이면 대응변의 길이가 같고, 대
응각의 크기가 같으므로 $\triangle ABC \backsim \triangle DEF$이다.
(참)

역 : $\triangle ABC \backsim \triangle DEF$이면 $\triangle ABC \equiv \triangle DEF$이다.
(거짓)

　　(반례) $\triangle ABC$가 한 변의 길이가 1인 정삼각형이고,
$\triangle DEF$가 한 변의 길이가 2인 정삼각형이면
$\triangle ABC \backsim \triangle DEF$이지만 $\triangle ABC$와 $\triangle DEF$는 합
동이 아니다.

따라서 명제는 참이고 그 역은 거짓인 것은 ③, ⑤이다.
답 ③, ⑤

13

$p : x^2 + 7x + 10 = 0$에서

$(x+5)(x+2) = 0$ $\qquad \therefore x = -5$ 또는 $x = -2$

$q: x^2+5x+4<0$에서

$(x+4)(x+1)<0$ $\therefore -4<x<-1$

세 조건 p, q, r의 진리집합을 각각 P, Q, R이라 하면

$P=\{-5, -2\}$, $Q=\{x\mid -4<x<-1\}$,

$R=\{x\mid x>a-5\}$

이때 명제 $p \longrightarrow r$이 거짓이므로 $P\not\subset R$

명제 $q \longrightarrow r$의 대우가 참이므로 명제 $q \longrightarrow r$도 참이다.

$\therefore Q\subset R$

즉, 세 집합 P, Q, R을 수직선 위에 나타내면 오른쪽 그림과 같아야 하므로

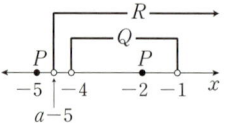

$-5\le a-5\le -4$ $\therefore 0\le a\le 1$

따라서 정수 a는 0, 1의 2개이다.

답 2

14

① $p: \dfrac{1}{ab}<3$, $q: ab\ge \dfrac{1}{3}$에서 $p \not\Longrightarrow q$, $q \not\Longrightarrow p$이므로

p는 q이기 위한 충분조건도, 필요조건도 아니다.

($p \longrightarrow q$의 반례)

$a=1$, $b=-1$이면 $\dfrac{1}{ab}<3$이지만 $ab<\dfrac{1}{3}$이다.

($q \longrightarrow p$의 반례)

$a=1$, $b=\dfrac{1}{3}$이면 $ab\ge \dfrac{1}{3}$이지만 $\dfrac{1}{ab}=3$이다.

② $p: a+b=ab$, $q: \dfrac{1}{a}+\dfrac{1}{b}=1$에서

$ab\ne 0$이므로 $a+b=ab$의 양변을 ab로 나누면

$\dfrac{1}{a}+\dfrac{1}{b}=1$ $\therefore p \Longrightarrow q$

또한, $ab\ne 0$이므로 $\dfrac{1}{a}+\dfrac{1}{b}=1$의 양변에 ab를 곱하면

$a+b=ab$ $\therefore q \Longrightarrow p$

즉, $p \Longleftrightarrow q$이므로 p는 q이기 위한 필요충분조건이다.

③ $p: a>0$, $b>0$, $q: |a+b|=|a|+|b|$에서

$a>0$, $b>0$이면 $|a|=a$, $|b|=b$, $|a+b|=a+b$이므로

$|a+b|=|a|+|b|$ $\therefore p \Longrightarrow q$

그런데 $q \not\Longrightarrow p$이므로 p는 q이기 위한 충분조건이지만 필요조건은 아니다.

($q \longrightarrow p$의 반례)

$a=b=-1$이면 $|a+b|=|a|+|b|$이지만 $a<0$, $b<0$이다.

④ $p: a^3>b^3$, $q: |a|>|b|$에서 $p \not\Longrightarrow q$, $q \not\Longrightarrow p$이므로

p는 q이기 위한 충분조건도 필요조건도 아니다.

($p \longrightarrow q$의 반례)

$a=1$, $b=-2$이면 $a^3>b^3$이지만 $|a|<|b|$이다.

($q \longrightarrow p$의 반례)

$a=-2$, $b=1$이면 $|a|>|b|$이지만 $a^3<b^3$이다.

⑤ $p: a$ 또는 b가 무리수, $q: a+b$는 무리수에서

명제 $q \longrightarrow p$의 대우

'a, b가 모두 유리수이면 $a+b$는 유리수이다.'

가 참이므로 $q \Longrightarrow p$

그런데 $p \not\Longrightarrow q$이므로 p는 q이기 위한 필요조건이지만 충분조건은 아니다.

($p \longrightarrow q$의 반례)

$a=\sqrt{2}$, $b=-\sqrt{2}$이면 a 또는 b가 무리수이지만 $a+b=0$은 무리수가 아니다.

따라서 p가 q이기 위한 필요조건이지만 충분조건이 아닌 것은 ⑤이다.

답 ⑤

15

두 조건 p, q의 진리집합을 각각 P, Q라 하면

$P=\{x\mid a<x\le 3a+2\}$,

$Q=\left\{x\,\middle|\,x<2a-1 \text{ 또는 } x\ge \dfrac{2a^2+1}{3}\right\}$,

$Q^C=\left\{x\,\middle|\,2a-1\le x<\dfrac{2a^2+1}{3}\right\}$

이때 조건 q의 진리집합 Q가 전체집합이 아니므로 Q^C는 공집합이 아니다. 즉,

$2a-1<\dfrac{2a^2+1}{3}$에서 $6a-3<2a^2+1$

$a^2-3a+2>0$, $(a-1)(a-2)>0$

$\therefore a<1$ 또는 $a>2$ $\cdots\cdots$ ㉠

또한, $\sim p$가 q이기 위한 충분조건이므로

$P^C\subset Q$ $\therefore Q^C\subset P$

즉, 두 집합 P, Q^C을 수직선 위에 나타내면 오른쪽 그림과 같아야 하므로

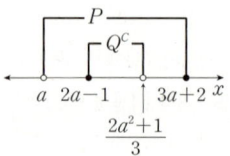

$a < 2a-1$, $\dfrac{2a^2+1}{3} \le 3a+2$이어야 한다.

(i) $a < 2a-1$에서 $a > 1$

(ii) $\dfrac{2a^2+1}{3} \le 3a+2$에서

$\quad 2a^2+1 \le 9a+6$, $2a^2-9a-5 \le 0$

$\quad (2a+1)(a-5) \le 0$ $\quad \therefore -\dfrac{1}{2} \le a \le 5$

(i), (ii)에서 $1 < a \le 5$ $\qquad \cdots\cdots \bigcirc\!\!\!\!\bigcirc$

㉠, ㉡의 공통부분은

$2 < a \le 5$

따라서 조건을 만족시키는 자연수 a는 3, 4, 5이므로 구하는 합은

$3+4+5=12$

답 12

16

$p \longrightarrow q$가 참이므로 $p \Longrightarrow q$ $\quad \therefore P \subset Q$ $\qquad \cdots\cdots \bigcirc$

$\sim p \longrightarrow q$가 참이므로 $\sim p \Longrightarrow q$ $\quad \therefore P^C \subset Q$ $\qquad \cdots\cdots \bigcirc\!\!\!\bigcirc$

$\sim r \longrightarrow p$가 참이므로 $\sim r \Longrightarrow p$ $\quad \therefore R^C \subset P$ $\qquad \cdots\cdots \bigcirc\!\!\!\!\!\bigcirc$

㉠, ㉡에서 $(P \cup P^C) \subset Q$이므로 $U=Q$ $\qquad \cdots\cdots ㉣$

㉠, ㉢에서 $R^C \subset P \subset Q$

ㄱ. ㉡에서 $P^C \subset Q$ (참)

ㄴ. ㉢에서 $R^C \subset P$이므로 $P^C \subset R$이지만 $R \subset P^C$인지 알 수 없다.

$\quad$ 즉, $R-P^C=\varnothing$인지 알 수 없다. (거짓)

ㄷ. ㉣에서 $(R^C \cup P^C) \subset U=Q$ (참)

따라서 항상 옳은 것은 ㄱ, ㄷ이다.

답 ③

17

네 조건 p, q, r, s를 다음과 같이 정하자.

p : 여학생보다 남학생이 더 선호하는 프로그램이다.

q : 학교 밖에서 진행하는 프로그램이다.

r : 외부 교사가 운영하는 프로그램이다.

s : 체육 영역의 프로그램이다.

각 조사 결과는 다음과 같이 나타낼 수 있다.

㈎ : $p \Longrightarrow q$, ㈏ : $r \Longrightarrow q$, ㈐ : $s \Longrightarrow p$

이때 $s \Longrightarrow p$, $p \Longrightarrow q$에서 $s \Longrightarrow q$

각 명제의 대우도 참이므로

$\sim q \Longrightarrow \sim p$, $\sim q \Longrightarrow \sim r$, $\sim p \Longrightarrow \sim s$, $\sim q \Longrightarrow \sim s$

또한, 추론한 내용을 p, q, r, s를 이용하여 명제로 나타내면 다음과 같다.

① $s \longrightarrow \sim r$ $\qquad$ ② $\sim r \longrightarrow \sim q$

③ $\sim q \longrightarrow \sim s$ $\qquad$ ④ $p \longrightarrow s$

⑤ $p \longrightarrow \sim r$

따라서 항상 옳은 것은 ③이다.

답 ③

③ 명제의 증명

기본＋필수연습

29 풀이 참조	**30** 5	**31~36** 풀이 참조	
37 (1) 121 (2) 23		**38** $\dfrac{1}{5}$, $x=4$	
39 2	**40** $2\sqrt{2}$	**41** 18	**42** 6
43 34 m	**44** (1) 72 (2) 6		**45** 25

29

$(\sqrt{a}+\sqrt{b})^2 - (\sqrt{a+b})^2$

$= a+2\sqrt{ab}+b-(a+b)$

$= 2\sqrt{ab} \ge 0$

즉, $(\sqrt{a}+\sqrt{b})^2 \ge (\sqrt{a+b})^2$에서

$\sqrt{a}+\sqrt{b} \ge 0$, $\sqrt{a+b} \ge 0$이므로

$\sqrt{a}+\sqrt{b} \ge \sqrt{a+b}$

$\qquad$ (단, 등호는 $ab=0$, 즉 $a=0$ 또는 $b=0$일 때 성립)

답 풀이 참조

30

$4a > 0$, $\dfrac{1}{a} > 0$이므로 산술평균과 기하평균의 관계에 의하여

$$4a + \frac{1}{a} \geq 2\sqrt{4a \times \frac{1}{a}}$$
$$= 2 \times 2 = 4$$

$$\left(\text{단, 등호는 } 4a = \frac{1}{a}, \text{ 즉 } a = \frac{1}{2} \text{일 때 성립} \right)$$

즉, $4a + \frac{1}{a} + 1 \geq 4 + 1 = 5$이므로

구하는 최솟값은 5이다.

답 5

31

주어진 명제의 대우

'두 실수 x, y에 대하여 $x \leq 2$, $y \leq 2$이면 $x + y \leq 4$이다.'

가 참임을 보이면 된다.

$x \leq 2$, $y \leq 2$이므로

$x + y \leq 2 + 2 = 4$

따라서 주어진 명제의 대우가 참이므로 주어진 명제도 참이다.

답 풀이 참조

32

주어진 명제의 대우

'세 양의 정수 a, b, c에 대하여 a, b, c가 모두 홀수이면 $a^2 + b^2 + c^2$은 홀수이다.'

가 참임을 보이면 된다.

a, b, c가 모두 홀수이므로

$a = 2l - 1$, $b = 2m - 1$, $c = 2n - 1$ (l, m, n은 자연수)

로 나타낼 수 있다. 즉,

$$a^2 + b^2 + c^2 = (2l-1)^2 + (2m-1)^2 + (2n-1)^2$$
$$= 4l^2 - 4l + 1 + 4m^2 - 4m + 1 + 4n^2 - 4n + 1$$
$$= 2(2l^2 - 2l + 2m^2 - 2m + 2n^2 - 2n + 1) + 1$$

이때 $2l^2 - 2l + 2m^2 - 2m + 2n^2 - 2n + 1$은 자연수이므로 $a^2 + b^2 + c^2$은 홀수이다.

따라서 주어진 명제의 대우가 참이므로 주어진 명제도 참이다.

답 풀이 참조

33

주어진 명제의 결론을 부정하여 p가 3의 배수가 아니라고 가정하면 $p = 3k - 2$ 또는 $p = 3k - 1$ (k는 자연수)로 나타낼 수 있다.

(i) $p = 3k - 2$일 때,

$$8p^2 + 1 = 8(3k-2)^2 + 1$$
$$= 3(24k^2 - 32k + 11)$$

(ii) $p = 3k - 1$일 때,

$$8p^2 + 1 = 8(3k-1)^2 + 1$$
$$= 3(24k^2 - 16k + 3)$$

(i), (ii)에서 $8p^2 + 1$은 3의 배수이다.

이때 3의 배수 중에서 소수는 3뿐이고 $8p^2 + 1 > 3$이므로 $8p^2 + 1$은 소수가 아니다. 즉, $8p^2 + 1$이 소수라는 가정에 모순이다.

따라서 1보다 큰 자연수 p에 대하여 $8p^2 + 1$이 소수이면 p는 3의 배수이다.

답 풀이 참조

34

주어진 명제의 결론을 부정하여 m, n 중 적어도 하나가 홀수라 가정하자.

(i) m은 짝수, n은 홀수일 때,

$m = 2a$, $n = 2b - 1$ (a, b는 자연수)로 나타내면

$$m^2 + n^2 = (2a)^2 + (2b-1)^2 = 4a^2 + 4b^2 - 4b + 1$$
$$= 4(a^2 + b^2 - b) + 1$$

(ii) m은 홀수, n은 짝수일 때,

$m = 2a - 1$, $n = 2b$ (a, b는 자연수)로 나타내면

$$m^2 + n^2 = (2a-1)^2 + (2b)^2 = 4a^2 - 4a + 1 + 4b^2$$
$$= 4(a^2 + b^2 - a) + 1$$

(iii) m, n 모두 홀수일 때,

$m = 2a - 1$, $n = 2b - 1$ (a, b는 자연수)로 나타내면

$$m^2 + n^2 = (2a-1)^2 + (2b-1)^2$$
$$= 4a^2 - 4a + 4b^2 - 4b + 2$$
$$= 4(a^2 + b^2 - a - b) + 2$$

(i), (ii), (iii)에서 $m^2 + n^2$은 4의 배수가 아니므로 $m^2 + n^2$이 4의 배수라는 가정에 모순이다.

따라서 두 자연수 m, n에 대하여 $m^2 + n^2$이 4의 배수이면 m, n은 모두 짝수이다.

답 풀이 참조

35

(1) $a+b+c-\sqrt{ab}-\sqrt{bc}-\sqrt{ca}$

$=\dfrac{1}{2}(2a+2b+2c-2\sqrt{ab}-2\sqrt{bc}-2\sqrt{ca})$

$=\dfrac{1}{2}\{(a-2\sqrt{ab}+b)+(b-2\sqrt{bc}+c)$

$\qquad\qquad\qquad\qquad +(c-2\sqrt{ca}+a)\}$

$=\dfrac{1}{2}\{(\sqrt{a}-\sqrt{b})^2+(\sqrt{b}-\sqrt{c})^2+(\sqrt{c}-\sqrt{a})^2\}\geq 0$

$\therefore\ a+b+c\geq\sqrt{ab}+\sqrt{bc}+\sqrt{ca}$

(단, 등호는 $\sqrt{a}-\sqrt{b}=0$, $\sqrt{b}-\sqrt{c}=0$, $\sqrt{c}-\sqrt{a}=0$,

즉 $a=b=c$일 때 성립)

(2) $(\sqrt{2(a+b)})^2-(\sqrt{a}+\sqrt{b})^2$

$=2(a+b)-(a+2\sqrt{ab}+b)$

$=a-2\sqrt{ab}+b$

$=(\sqrt{a}-\sqrt{b})^2\geq 0$

즉, $(\sqrt{2(a+b)})^2\geq(\sqrt{a}+\sqrt{b})^2$에서

$\sqrt{2(a+b)}>0$, $\sqrt{a}+\sqrt{b}>0$이므로

$\sqrt{2(a+b)}\geq\sqrt{a}+\sqrt{b}$

(단, 등호는 $\sqrt{a}-\sqrt{b}=0$, 즉 $a=b$일 때 성립)

답 풀이 참조

36

$(a^2+b^2+1)-(ab+a+b)$

$=a^2+b^2+1-ab-a-b$

$=\dfrac{1}{2}(2a^2+2b^2+2\times 1-2ab-2a-2b)$

$=\dfrac{1}{2}\{(a^2-2ab+b^2)+(a^2-2a+1)+(b^2-2b+1)\}$

$=\dfrac{1}{2}\{(a-b)^2+(a-1)^2+(b-1)^2\}\geq 0$

$\therefore\ a^2+b^2+1\geq ab+a+b$

(단, 등호는 $a-b=0$, $a-1=0$, $b-1=0$, 즉 $a=b=1$일

때 성립)

답 풀이 참조

다른 풀이

a에 대한 이차방정식 $a^2+b^2+1=ab+a+b$, 즉

$a^2-(b+1)a+b^2-b+1=0$의 판별식을 D라 하면

$D=\{-(b+1)\}^2-4(b^2-b+1)$

$\quad =-3b^2+6b-3=-3(b-1)^2$

이때 $(b-1)^2\geq 0$ $\qquad\qquad$ ······㉠

이므로 모든 실수 b에 대하여 $D\leq 0$이다.

따라서 모든 실수 a, b에 대하여

$a^2-(b+1)a+b^2-b+1\geq 0$ $\qquad$ ······㉡

즉, $a^2+b^2+1\geq ab+a+b$가 성립한다.

또한, ㉠에서 등호는 $b=1$일 때 성립하므로 $b=1$을 이차부등

식 ㉡에 대입하면

$a^2-2a+1=(a-1)^2\geq 0$

즉, 등호는 $a=b=1$일 때 성립한다.

37

(1) $\left(4a+\dfrac{1}{a}\right)\left(9a+\dfrac{16}{a}\right)=36a^2+64+9+\dfrac{16}{a^2}$

$\qquad\qquad\qquad\qquad =36a^2+\dfrac{16}{a^2}+73$ $\quad$ ······㉠

0이 아닌 실수 a에 대하여 $a^2>0$이므로 산술평균과 기하

평균의 관계에 의하여

$36a^2+\dfrac{16}{a^2}\geq 2\sqrt{36a^2\times\dfrac{16}{a^2}}$

$\qquad\qquad =2\times 6\times 4=48$

$\left(\text{단, 등호는 } 36a^2=\dfrac{16}{a^2}, \text{즉 } a=\pm\dfrac{\sqrt{6}}{3}\text{일 때 성립}\right)$

㉠에서 (주어진 식)$\geq 48+73=121$이므로 구하는 최솟

값은 121이다.

(2) $x^2+\dfrac{49}{x^2-9}=x^2-9+\dfrac{49}{x^2-9}+9$ $\quad$ ······㉠

$x>3$에서 $x^2-9>0$이므로 산술평균과 기하평균의 관계

에 의하여

$x^2-9+\dfrac{49}{x^2-9}\geq 2\sqrt{(x^2-9)\times\dfrac{49}{x^2-9}}$

$\qquad\qquad\qquad =2\times 7=14$

$\left(\text{단, 등호는 } x^2-9=\dfrac{49}{x^2-9}, \text{즉 } x=4\text{일 때 성립}\right)$

㉠에서 (주어진 식)$\geq 14+9=23$이므로 구하는 최솟값

은 23이다.

답 (1) 121 (2) 23

38

$x>3$에서 $x-3>0$, $x^2-3x+1>0$

즉, $\dfrac{x-3}{x^2-3x+1}>0$이므로 $\dfrac{x^2-3x+1}{x-3}$이 최소일 때,

$\dfrac{x-3}{x^2-3x+1}$은 최대이다.

$\dfrac{x^2-3x+1}{x-3}=\dfrac{x(x-3)+1}{x-3}=x+\dfrac{1}{x-3}$

$\qquad\qquad\qquad =x-3+\dfrac{1}{x-3}+3$ ······㉠

산술평균과 기하평균의 관계에 의하여

$x-3+\dfrac{1}{x-3}\geq 2\sqrt{(x-3)\times\dfrac{1}{x-3}}=2$

$\qquad\left(\text{단, 등호는 } x-3=\dfrac{1}{x-3},\text{ 즉 } x=4\text{일 때 성립}\right)$

㉠에서 $x=4$일 때 $\dfrac{x^2-3x+1}{x-3}$은 최솟값 $2+3=5$를 가지

므로 $\dfrac{x-3}{x^2-3x+1}$의 최댓값은 $\dfrac{1}{5}$이다.

답 $\dfrac{1}{5}$, $x=4$

39

$\dfrac{3}{a}>0$, $\dfrac{2}{b}>0$이므로 산술평균과 기하평균의 관계에 의하여

$\dfrac{3}{a}+\dfrac{2}{b}\geq 2\sqrt{\dfrac{6}{ab}}$ $\left(\text{단, 등호는 } \dfrac{3}{a}=\dfrac{2}{b}\text{일 때 성립}\right)$

이때 $\dfrac{3}{a}+\dfrac{2}{b}=12$이므로 $12\geq 2\sqrt{\dfrac{6}{ab}}$ $\quad\therefore 6\geq\sqrt{\dfrac{6}{ab}}$

양변을 제곱하면 $36\geq\dfrac{6}{ab}$ $\quad\therefore ab\geq\dfrac{1}{6}$

$\therefore 2a+3b=ab\times\dfrac{2a+3b}{ab}=ab\left(\dfrac{3}{a}+\dfrac{2}{b}\right)=12ab$

$\qquad\qquad\geq 12\times\dfrac{1}{6}=2$

$\qquad\left(\text{단, 등호는 } a=\dfrac{1}{2},\ b=\dfrac{1}{3}\text{일 때 성립}\right)$

따라서 $2a+3b$의 최솟값은 2이다.

답 2

다른 풀이

$(2a+3b)\left(\dfrac{3}{a}+\dfrac{2}{b}\right)=12+\dfrac{9b}{a}+\dfrac{4a}{b}$ ······㉠

$a>0$, $b>0$이므로 산술평균과 기하평균의 관계에 의하여

$\dfrac{9b}{a}+\dfrac{4a}{b}\geq 2\sqrt{\dfrac{9b}{a}\times\dfrac{4a}{b}}=12$

$\qquad\left(\text{단, 등호는 } \dfrac{9b}{a}=\dfrac{4a}{b},\text{ 즉 } \dfrac{3}{a}=\dfrac{2}{b}\text{일 때 성립}\right)$

이때 $\dfrac{3}{a}+\dfrac{2}{b}=12$이므로 ㉠에서

$12(2a+3b)\geq 12+12=24$

$\therefore 2a+3b\geq 2$ $\left(\text{단, 등호는 } a=\dfrac{1}{2},\ b=\dfrac{1}{3}\text{일 때 성립}\right)$

따라서 $2a+3b$의 최솟값은 2이다.

40

$a>0$, $b>0$이므로 산술평균과 기하평균의 관계에 의하여

$a+3b\geq 2\sqrt{3ab}$ (단, 등호는 $a=3b$일 때 성립)

이때 $a+3b=4$이므로 $4\geq 2\sqrt{3ab}$ ······㉠

$(\sqrt{a}+\sqrt{3b})^2=a+2\sqrt{3ab}+3b$

$\qquad\qquad\quad =4+2\sqrt{3ab}$

$\qquad\qquad\quad \leq 4+4=8$ ($\because$ ㉠)

$\therefore \sqrt{a}+\sqrt{3b}\leq\sqrt{8}=2\sqrt{2}$

$\qquad\left(\text{단, 등호는 } a=2,\ b=\dfrac{2}{3}\text{일 때 성립}\right)$

따라서 구하는 최댓값은 $2\sqrt{2}$이다.

답 $2\sqrt{2}$

41

반원의 반지름의 길이가 $3\sqrt{2}$이므로 $\overline{OD}=3\sqrt{2}$

직사각형 ABCD의 가로의 길이를 $2x$

$(0<x<3\sqrt{2})$, 세로의 길이를 y

$(0<y<3\sqrt{2})$라 하면 직각삼각형

OCD에서 피타고라스 정리에 의하여

$x^2+y^2=18$

이때 $x^2>0$, $y^2>0$이므로 산술평균과 기하평균의 관계에

의하여

$x^2+y^2\geq 2\sqrt{x^2y^2}$ (단, 등호는 $x^2=y^2$, 즉 $x=y$일 때 성립)

$\qquad =2xy$ ($\because x>0,\ y>0$)

이때 $x^2+y^2=18$이므로

$2xy\leq 18$ (단, 등호는 $x=y=3$일 때 성립)

따라서 직사각형의 넓이의 최댓값은 18이다.

답 18

42

직선 AB의 기울기를 k $(k<0)$라 하면 이 직선이 점 P$(3, 1)$을 지나므로 직선의 방정식은

$y-1=k(x-3)$　　$\therefore y=kx-3k+1$

따라서 두 점 A, B의 좌표는 각각

A$\left(3-\dfrac{1}{k}, 0\right)$, B$(0, -3k+1)$

$\therefore \triangle \text{OAB}=\dfrac{1}{2}\left(3-\dfrac{1}{k}\right)(-3k+1)$

$\qquad\qquad =\dfrac{1}{2}\left(-9k-\dfrac{1}{k}+6\right)$ ······㉠

$-9k>0$, $-\dfrac{1}{k}>0$이므로 산술평균과 기하평균의 관계에 의하여

$-9k+\left(-\dfrac{1}{k}\right)\geq 2\sqrt{-9k\times\left(-\dfrac{1}{k}\right)}$

$\qquad\qquad =2\times 3=6$

$\left(\text{단, 등호는 } -9k=-\dfrac{1}{k}, \text{ 즉 } k=-\dfrac{1}{3}\text{일 때 성립}\right)$

㉠에서

$\triangle \text{OAB}\geq\dfrac{1}{2}\times(6+6)=6$

따라서 삼각형 OAB의 넓이의 최솟값은 6이다.

답 6

다른 풀이

두 점 A, B의 좌표를 각각 A$(a, 0)$, B$(0, b)$ $(a>0, b>0)$라 하면 직선 AB의 방정식은

$\dfrac{x}{a}+\dfrac{y}{b}=1$ ← x절편이 a, y절편이 b인 직선의 방정식

이 직선이 점 P$(3, 1)$을 지나므로

$\dfrac{3}{a}+\dfrac{1}{b}=1$ ······㉡

$a>0$, $b>0$에서 $\dfrac{3}{a}>0$, $\dfrac{1}{b}>0$이므로 산술평균과 기하평균의 관계에 의하여

$\dfrac{3}{a}+\dfrac{1}{b}\geq 2\sqrt{\dfrac{3}{a}\times\dfrac{1}{b}}$ $\left(\text{단, 등호는 } \dfrac{3}{a}=\dfrac{1}{b}\text{일 때 성립}\right)$

㉡에서 $1\geq 2\sqrt{\dfrac{3}{ab}}$, 즉 $2\sqrt{\dfrac{3}{ab}}\leq 1$의 양변을 제곱하면

$\dfrac{12}{ab}\leq 1$　　$\therefore ab\geq 12$ $(\because ab>0)$

$\therefore \triangle \text{OAB}=\dfrac{1}{2}ab\geq 6$ (단, 등호는 $a=6$, $b=2$일 때 성립)

따라서 삼각형 OAB의 넓이의 최솟값은 6이다.

43

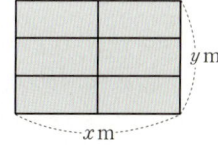

오른쪽 그림과 같이 큰 직사각형의 가로의 길이를 x m, 세로의 길이를 y m라 하면 줄 전체의 길이가 144 m이므로

$4x+3y=144$ ······㉠

이때 $x>0$, $y>0$이므로 산술평균과 기하평균의 관계에 의하여

$4x+3y\geq 2\sqrt{4x\times 3y}=4\sqrt{3xy}$

$\qquad\qquad\qquad$ (단, 등호는 $4x=3y$일 때 성립)

㉠에서

$144\geq 4\sqrt{3xy}$, $\sqrt{3xy}\leq 36$

$3xy\leq 1296$　　$\therefore xy\leq 432$

$\qquad\qquad$ (단, 등호는 $x=18$, $y=24$일 때 성립)

즉, 큰 직사각형 모양의 구역 전체의 넓이는 $x=18$, $y=24$일 때 최대가 된다.

이때 작은 직사각형의 가로의 길이는 $\dfrac{x}{2}=9(\text{m})$, 세로의 길이는 $\dfrac{y}{3}=8(\text{m})$이므로 작은 직사각형 하나의 둘레의 길이는

$2\times(9+8)=34(\text{m})$

답 34 m

44

(1) a, b가 실수이므로 코시-슈바르츠의 부등식에 의하여

$\left\{\left(\dfrac{1}{2\sqrt{2}}\right)^2+1^2\right\}\{(\sqrt{2}a)^2+b^2\}\geq\left(\dfrac{a}{2}+b\right)^2$

$\left(\text{단, 등호는 } \dfrac{b}{2\sqrt{2}}=\sqrt{2}a, \text{ 즉 } b=4a\text{일 때 성립}\right)$

이때 $\dfrac{a}{2}+b=9$이므로

$\dfrac{9}{8}(2a^2+b^2)\geq 81$

$\therefore 2a^2+b^2\geq 72$ (단, 등호는 $a=2$, $b=8$일 때 성립)

따라서 $2a^2+b^2$의 최솟값은 72이다.

(2) a, b, c가 실수이므로 코시-슈바르츠의 부등식에 의하여

$(1^2+1^2+2^2)\{(\sqrt{a})^2+(\sqrt{b})^2+(\sqrt{c})^2\}$

$\geq(\sqrt{a}+\sqrt{b}+2\sqrt{c})^2$

$\left(\text{단, 등호는 } \sqrt{a}=\sqrt{b}=\dfrac{\sqrt{c}}{2}\text{일 때 성립}\right)$

$$\therefore 6(a+b+c) \geq (\sqrt{a}+\sqrt{b}+2\sqrt{c})^2$$
이때 $a+b+c=6$이므로
$$(\sqrt{a}+\sqrt{b}+2\sqrt{c})^2 \leq 36$$
이때 $\sqrt{a}>0$, $\sqrt{b}>0$, $\sqrt{c}>0$이므로
$$0<\sqrt{a}+\sqrt{b}+2\sqrt{c} \leq 6$$
(단, 등호는 $a=1$, $b=1$, $c=4$일 때 성립)
따라서 $\sqrt{a}+\sqrt{b}+2\sqrt{c}$의 최댓값은 6이다.

답 (1) 72 (2) 6

45

a, b는 실수이므로 코시-슈바르츠의 부등식에 의하여
$$\{3^2+(-4)^2\}(a^2+b^2) \geq (3a-4b)^2$$
(단, 등호는 $3b=-4a$일 때 성립)
$$25(a^2+b^2) \geq (3a-4b)^2$$
$$\therefore \frac{(3a-4b)^2}{a^2+b^2} \leq 25 \ (\because a^2+b^2>0)$$
따라서 구하는 최댓값은 25이다.

답 25

18

주어진 명제의 대우
'두 자연수 x, y에 대하여 xy가 $\boxed{\text{홀수}}$이면 x^2+y^2은 $\boxed{\text{짝수}}$이다.'
가 참임을 보이면 된다.
xy가 홀수이면 x, y는 모두 홀수이므로
$x=2m+1$, $y=2n+1$ (m, n은 음이 아닌 정수)로 나타낼
수 있다. 이때

$$x^2+y^2=(2m+1)^2+(2n+1)^2$$
$$=2(\boxed{2m^2+2m+2n^2+2n+1})$$
이므로 x^2+y^2은 $\boxed{\text{짝수}}$이다.
따라서 주어진 명제의 대우가 참이므로 주어진 명제도 참이다.
$\therefore$ ㈎: 홀수, ㈏: 짝수, ㈐: $2m^2+2m+2n^2+2n+1$

답 풀이 참조

19

주어진 명제의 결론을 부정하여 $a \neq 0$ 또는 $b \neq 0$이라 하자.
(i) $a \neq 0$, $b=0$이면
$a+b\sqrt{2}=a$에서 $a \neq 0$이므로
$a+b\sqrt{2}=0$이라는 가정에 모순이다.
(ii) $a=0$, $b \neq 0$이면
$a+b\sqrt{2}=b\sqrt{2}$에서 $b \neq 0$이므로
$a+b\sqrt{2}=0$이라는 가정에 모순이다.
(iii) $a \neq 0$, $b \neq 0$이면
$a+b\sqrt{2}=0$에서 $\sqrt{2}=-\dfrac{a}{b}$

이때 a, b가 유리수이므로 $-\dfrac{a}{b}$도 유리수이다.

즉, (무리수)=(유리수)가 되어 모순이다.
(i), (ii), (iii)에서 두 유리수 a, b에 대하여 $a+b\sqrt{2}=0$이면
$a=0$이고 $b=0$, 즉 $a=b=0$이다.

답 풀이 참조

20

$$\left(\sqrt{a^2+b^2+c^2}\right)^2-\left(\frac{|a+b+c|}{\sqrt{3}}\right)^2$$
$$=a^2+b^2+c^2-\frac{(a+b+c)^2}{3}$$
$$=\frac{3(a^2+b^2+c^2)-(a^2+b^2+c^2+2ab+2bc+2ca)}{3}$$
$$=\frac{2(a^2+b^2+c^2-ab-bc-ca)}{3}$$
$$=\frac{(a^2-2ab+b^2)+(b^2-2bc+c^2)+(c^2-2ca+a^2)}{3}$$
$$=\frac{\boxed{(a-b)^2+(b-c)^2+(c-a)^2}}{3} \geq 0$$
$(\because (a-b)^2 \geq 0, (b-c)^2 \geq 0, (c-a)^2 \geq 0)$

이때 $\sqrt{a^2+b^2+c^2}\ \boxed{\geq}\ 0,\ \dfrac{|a+b+c|}{\sqrt{3}}\ \boxed{\geq}\ 0$이므로

$\sqrt{a^2+b^2+c^2}\geq\dfrac{|a+b+c|}{\sqrt{3}}$가 성립한다.

단, 등호는 $a-b=0,\ b-c=0,\ c-a=0$, 즉

$\boxed{a=b=c}$일 때 성립한다.

$\therefore$ (개) : $(a-b)^2+(b-c)^2+(c-a)^2$,

(내) : $\geq$, (대) : $a=b=c$

답 ④

21

ㄱ. $a\geq b\geq0$이므로 $\sqrt{a-b}\geq0,\ \sqrt{a}-\sqrt{b}\geq0$

이때 $(\sqrt{a-b})^2-(\sqrt{a}-\sqrt{b})^2$

$=(a-b)-(a-2\sqrt{a}\sqrt{b}+b)$

$=2\sqrt{a}\sqrt{b}-2b$

$=2\sqrt{b}(\sqrt{a}-\sqrt{b})\geq0$

$\therefore \sqrt{a-b}\geq\sqrt{a}-\sqrt{b}$

(단, 등호는 $a=b$ 또는 $b=0$일 때 성립) (참)

ㄴ. (i) $|a|\geq|b|$일 때,

$|a+b|\geq0,\ |a|-|b|\geq0$이므로

$|a+b|^2-(|a|-|b|)^2$

$=(a+b)^2-(a^2-2|a||b|+b^2)$

$=a^2+2ab+b^2-(a^2-2|ab|+b^2)$

$=2(|ab|+ab)\geq0\ (\because |ab|\geq-ab)$

$\therefore |a+b|\geq|a|-|b|$

(ii) $|a|<|b|$일 때,

$|a+b|>0,\ |a|-|b|<0$

$\therefore |a+b|>|a|-|b|$

(i), (ii)에서 $|a+b|\geq|a|-|b|$

(단, 등호는 $|a|\geq|b|$이고 $ab\leq0$일 때 성립) (참)

ㄷ. (i) $|a|\geq|b|$일 때,

$|a-b|\geq0,\ |a|-|b|\geq0$이므로

$|a-b|^2-(|a|-|b|)^2$

$=(a-b)^2-(a^2-2|a||b|+b^2)$

$=a^2-2ab+b^2-(a^2-2|ab|+b^2)$

$=2(|ab|-ab)\geq0\ (\because |ab|\geq ab)$

$\therefore |a-b|\geq|a|-|b|$

(ii) $|a|<|b|$일 때,

$|a-b|>0,\ |a|-|b|<0$이므로

$|a-b|>|a|-|b|$

(i), (ii)에서

$|a-b|\geq|a|-|b|$

(단, 등호는 $|a|\geq|b|$이고 $ab\geq0$일 때 성립) (참)

따라서 ㄱ, ㄴ, ㄷ 모두 옳다.

답 ⑤

다른 풀이

ㄴ. $|a|=|a+b+(-b)|$

$\leq|a+b|+|-b|=|a+b|+|b|$

$\therefore |a+b|\geq|a|-|b|$

(단, 등호는 $|a|\geq|b|$이고 $ab\leq0$일 때 성립) (참)

22

$\dfrac{a+b+c}{a}+\dfrac{a+b+c}{b}+\dfrac{a+b+c}{c}$

$=\left(1+\dfrac{b}{a}+\dfrac{c}{a}\right)+\left(\dfrac{a}{b}+1+\dfrac{c}{b}\right)+\left(\dfrac{a}{c}+\dfrac{b}{c}+1\right)$

$=\dfrac{b}{a}+\dfrac{a}{b}+\dfrac{c}{a}+\dfrac{a}{c}+\dfrac{c}{b}+\dfrac{b}{c}+3 \quad \cdots\cdots\ \bigcirc$

―――――――(개)

$a>0,\ b>0,\ c>0$이므로 산술평균과 기하평균의 관계에 의하여

$\dfrac{b}{a}+\dfrac{a}{b}\geq2\sqrt{\dfrac{b}{a}\times\dfrac{a}{b}}=2$ (단, 등호는 $a=b$일 때 성립)

$\dfrac{c}{a}+\dfrac{a}{c}\geq2\sqrt{\dfrac{c}{a}\times\dfrac{a}{c}}=2$ (단, 등호는 $c=a$일 때 성립)

$\dfrac{c}{b}+\dfrac{b}{c}\geq2\sqrt{\dfrac{c}{b}\times\dfrac{b}{c}}=2$ (단, 등호는 $b=c$일 때 성립)

―――――――(나)

$\therefore \dfrac{b}{a}+\dfrac{a}{b}+\dfrac{c}{a}+\dfrac{a}{c}+\dfrac{c}{b}+\dfrac{b}{c}\geq2+2+2=6$

(단, 등호는 $a=b=c$일 때 성립)

$\bigcirc$에서 (주어진 식)$\geq6+3=9$

따라서 구하는 최솟값은 9이다.

―――――――(다)

답 9

단계	채점 기준	배점
(개)	주어진 식을 $\dfrac{b}{a}+\dfrac{a}{b}+\dfrac{c}{a}+\dfrac{a}{c}+\dfrac{c}{b}+\dfrac{b}{c}+3$으로 정리한 경우	40%
(나)	산술평균과 기하평균의 관계를 이용하여 $\dfrac{b}{a}+\dfrac{a}{b},\ \dfrac{c}{a}+\dfrac{a}{c},\ \dfrac{c}{b}+\dfrac{b}{c}$의 최솟값을 구한 경우	40%
(다)	주어진 식의 최솟값을 구한 경우	20%

23

$a+b=1$이므로

$$\frac{4}{a}+\frac{1}{4b}=(a+b)\left(\frac{4}{a}+\frac{1}{4b}\right)=4+\frac{a}{4b}+\frac{4b}{a}+\frac{1}{4}$$

$$=\frac{a}{4b}+\frac{4b}{a}+\frac{17}{4}\qquad\cdots\cdots\,\unicode{x27E1}$$

$\frac{a}{4b}>0$, $\frac{4b}{a}>0$이므로 산술평균과 기하평균의 관계에 의하여

$$\frac{a}{4b}+\frac{4b}{a}\geq 2\sqrt{\frac{a}{4b}\times\frac{4b}{a}}=2$$

$$\left(\text{단, 등호는 }\frac{a}{4b}=\frac{4b}{a},\text{ 즉 }a=4b\text{일 때 성립}\right)$$

⊙에서 (주어진 식)$\geq 2+\frac{17}{4}=\frac{25}{4}$

$$\left(\text{단, 등호는 }a=\frac{4}{5},\ b=\frac{1}{5}\text{일 때 성립}\right)$$

따라서 구하는 최솟값은 $\frac{25}{4}$이다.

답 $\frac{25}{4}$

보충 설명

다음과 같이 잘못 풀지 않도록 주의한다.

$a>0$, $b>0$에서 $\frac{4}{a}>0$, $\frac{1}{4b}>0$이므로 산술평균과 기하평균의 관계에 의하여

$$\frac{4}{a}+\frac{1}{4b}\geq 2\sqrt{\frac{4}{a}\times\frac{1}{4b}}=\frac{2}{\sqrt{ab}}\qquad\cdots\cdots\,\unicode{x27E2}$$

즉, $\frac{4}{a}+\frac{1}{4b}$의 값은 $\sqrt{ab}$가 최대일 때 최소가 된다.

한편, 산술평균과 기하평균의 관계에 의하여 $a+b\geq 2\sqrt{ab}$

이때 $a+b=1$이므로 $\sqrt{ab}\leq\frac{1}{2}\qquad\cdots\cdots\,\unicode{x27E3}$

ⓛ, ⓒ에서 구하는 최솟값은 4이다.

이와 같이 오답이 나오는 이유는 ⓛ, ⓒ에서 등호가 성립할 조건이 각각

$\unicode{x27E2}:\frac{4}{a}=\frac{1}{4b}$, 즉 $a=\frac{16}{17}$, $b=\frac{1}{17}$일 때

$\unicode{x27E3}:a=b=\frac{1}{2}$일 때

으로 서로 다르기 때문이다.

이와 같이 산술평균과 기하평균의 관계를 활용하여 최댓값 또는 최솟값을 구하는 문제를 풀 때에는 등호가 성립할 조건이 일치하는 경우에만 함께 활용할 수 있음에 주의한다.

24

$x=a+\frac{1}{b}$, $y=b+\frac{1}{a}$이므로

$$x^2+y^2=\left(a+\frac{1}{b}\right)^2+\left(b+\frac{1}{a}\right)^2$$

$$=\left(a^2+\frac{2a}{b}+\frac{1}{b^2}\right)+\left(b^2+\frac{2b}{a}+\frac{1}{a^2}\right)$$

$$=\left(a^2+\frac{1}{a^2}\right)+\left(\frac{2a}{b}+\frac{2b}{a}\right)+\left(b^2+\frac{1}{b^2}\right)$$

$a>0$, $b>0$이므로 산술평균과 기하평균의 관계에 의하여

$$a^2+\frac{1}{a^2}\geq 2\sqrt{a^2\times\frac{1}{a^2}}=2\ (\text{단, 등호는 }a=1\text{일 때 성립})$$

$$\frac{2a}{b}+\frac{2b}{a}\geq 2\sqrt{\frac{2a}{b}\times\frac{2b}{a}}=4\ (\text{단, 등호는 }a=b\text{일 때 성립})$$

$$b^2+\frac{1}{b^2}\geq 2\sqrt{b^2\times\frac{1}{b^2}}=2\ (\text{단, 등호는 }b=1\text{일 때 성립})$$

$\therefore x^2+y^2\geq 2+4+2=8$ (단, 등호는 $a=b=1$일 때 성립)

따라서 x^2+y^2의 최솟값은 8이다.

답 8

25

오른쪽 그림과 같이 직사각형의 나머지 꼭짓점을 각각 D, E, F라 하면

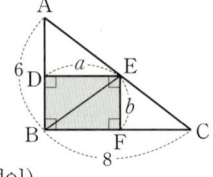

(△ABC의 넓이)

=(△ABE의 넓이)+(△BCE의 넓이)

에서 $\frac{1}{2}\times 6\times 8=\frac{1}{2}\times 6\times a+\frac{1}{2}\times 8\times b$

$\therefore 3a+4b=24$

즉, $\frac{8}{a}+\frac{6}{b}=\frac{6a+8b}{ab}=\frac{2(3a+4b)}{ab}=\frac{48}{ab}\qquad\cdots\cdots\,\unicode{x27E1}$

이므로 $\frac{8}{a}+\frac{6}{b}$의 값이 최소이려면 ab의 값이 최대이어야 한다.

한편, $a>0$, $b>0$이므로 산술평균과 기하평균의 관계에 의하여

$3a+4b\geq 2\sqrt{3a\times 4b}$ (단, 등호는 $3a=4b$일 때 성립)

$4\sqrt{3ab}\leq 24$, $\sqrt{3ab}\leq 6$, $3ab\leq 36$

$\therefore ab\leq 12$ (단, 등호는 $a=4$, $b=3$일 때 성립)

⊙에서

$$\frac{8}{a}+\frac{6}{b}\geq\frac{48}{12}=4$$

따라서 $\dfrac{8}{a}+\dfrac{6}{b}$의 최솟값은 4이다.

답 4

다른 풀이

오른쪽 그림과 같이 직사각형의 나머지 꼭짓점을 각각 D, E, F라 하면 두 삼각형 ADE와 EFC는 닮음이다.

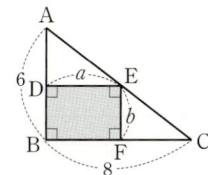

즉, $\overline{AD}:\overline{DE}=\overline{EF}:\overline{FC}$이므로

$6-b:a=b:8-a,\ ab=(6-b)(8-a)$

$ab=48-6a-8b+ab$

$\therefore 6a+8b=48$ ······ⓛ

$a>0,\ b>0$이므로 산술평균과 기하평균의 관계에 의하여

$6a+8b\geq 2\sqrt{48ab}$ (단, 등호는 $6a=8b$일 때 성립)

ⓛ에서 $48\geq 2\sqrt{48ab}$ $\therefore 6\geq\sqrt{3ab}$

양변을 제곱하면

$36\geq 3ab$ $\therefore ab\leq 12$ (단, 등호는 $a=4,\ b=3$일 때 성립)

······ⓒ

$\dfrac{8}{a}+\dfrac{6}{b}=\dfrac{6a+8b}{ab}\geq\dfrac{48}{12}=4\ (\because ⓛ,\ ⓒ)$

따라서 $\dfrac{8}{a}+\dfrac{6}{b}$의 최솟값은 4이다.

26

$a,\ b$는 실수이고 $\dfrac{25}{4a^2}=\left(\dfrac{5}{2a}\right)^2,\ \dfrac{36}{b^2}=\left(\dfrac{6}{b}\right)^2$이므로

코시-슈바르츠의 부등식에 의하여

$(a^2+b^2)\left\{\left(\dfrac{5}{2a}\right)^2+\left(\dfrac{6}{b}\right)^2\right\}\geq\left(a\times\dfrac{5}{2a}+b\times\dfrac{6}{b}\right)^2$

(단, 등호는 $\dfrac{6a}{b}=\dfrac{5b}{2a}$일 때 성립)

이때 $a^2+b^2=4$이므로

$4\left(\dfrac{25}{4a^2}+\dfrac{36}{b^2}\right)\geq\left(\dfrac{5}{2}+6\right)^2=\left(\dfrac{17}{2}\right)^2$

$\dfrac{25}{4a^2}+\dfrac{36}{b^2}\geq\left(\dfrac{17}{4}\right)^2$

$\therefore \sqrt{\dfrac{25}{4a^2}+\dfrac{36}{b^2}}\geq\dfrac{17}{4}$

(단, 등호는 $a^2=\dfrac{20}{17},\ b^2=\dfrac{48}{17}$일 때 성립)

따라서 구하는 최솟값은 $\dfrac{17}{4}$이다.

답 $\dfrac{17}{4}$

27

오른쪽 그림과 같이 $\overline{BD}$를 그으면 직각삼각형 ABD에서

$\overline{BD}=\sqrt{4^2+2^2}=\sqrt{20}=2\sqrt{5}$

$\overline{BC}=x,\ \overline{CD}=y$라 하면

삼각형의 두 변의 길이의 합은 나머지 한 변의 길이보다 크므로

$x+y>2\sqrt{5}$ ······㉠

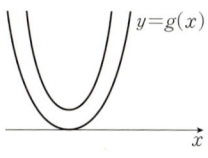

또한, $\overline{BD}$는 직각삼각형 BCD의 빗변이므로

$x^2+y^2=20$

$x,\ y$는 실수이므로 코시-슈바르츠의 부등식에 의하여

$(1^2+1^2)(x^2+y^2)\geq(x+y)^2$ (단, 등호는 $x=y$일 때 성립)

$(x+y)^2\leq 40,\ -2\sqrt{10}\leq x+y\leq 2\sqrt{10}$

$\therefore 2\sqrt{5}<x+y\leq 2\sqrt{10}\ (\because ㉠)$

따라서 사각형 ABCD의 둘레의 길이의 범위는

$6+2\sqrt{5}<2+4+x+y\leq 6+2\sqrt{10}$

이므로 구하는 최댓값은 $6+2\sqrt{10}$이다.

$x=\sqrt{10},\ y=\sqrt{10}$일 때 최댓값을 갖는다.

답 ⑤

1

(i) $a=-3$일 때, $f(x)=9$이므로 모든 실수 x에 대하여

$f(x)\geq -1$

(ii) $a\neq -3$일 때,

$g(x)=f(x)+1$이라 하면 모든 실수 x에 대하여 $f(x)\geq -1$, 즉 $g(x)\geq 0$이어야 하므로 이차함수 $y=g(x)$의 그래프는 오른쪽 그림과 같아야 한다.

이때
$$g(x)=f(x)+1$$
$$=(a+3)x^2+2(a+3)x+10$$
이므로

① $a+3>0$에서 $a>-3$ ······㉠

② 이차방정식 $g(x)=0$, 즉

$(a+3)x^2+2(a+3)x+10=0$의 판별식을 D라 하면

$$\frac{D}{4}=(a+3)^2-10(a+3)\leq0$$

$$a^2-4a-21\leq0,\ (a+3)(a-7)\leq0$$

$$\therefore -3\leq a\leq7 \qquad ······㉡$$

㉠, ㉡의 공통부분은 $-3<a\leq7$

(i), (ii)에서 $-3<a\leq7$

따라서 조건을 만족시키는 정수 a는 $-3,\ -2,\ -1,\ \cdots,\ 7$의 11개이다.

답 11

2

명제 '직선 l 위의 어떤 점 P에 대하여 $\angle APB>90°$이다.'가 거짓이므로 이 명제의 부정 '직선 l 위의 모든 점 P에 대하여 $\angle APB\leq90°$이다.'는 참이다.

━━━━━━ (가)

이때 두 점 A, B와 직선 l 위의 점 P에 대하여 두 점 A, B를 지름의 양 끝 점으로 하는 원 C를 생각하자.

$\angle APB>90°$이면 점 P는 원 C의 내부에 있고

$\angle APB=90°$이면 점 P는 원 C 위에 있고

$\angle APB<90°$이면 점 P는 원 C의 외부에 있다.

즉, 명제 '직선 $l:y=-2x+k$ 위의 모든 점 P에 대하여 $\angle APB\leq90°$이다.'가 참이려면 직선 l은 원 C와 접하거나 원 C와 만나지 않아야 한다.

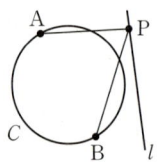

━━━━━━ (나)

두 점 A$(-3,\ 3)$, B$(7,\ -7)$을 지름의 양 끝 점으로 하는 원 C의 중심의 좌표는

$\left(\dfrac{-3+7}{2},\ \dfrac{3+(-7)}{2}\right)$, 즉 $(2,\ -2)$

원 C의 반지름의 길이는

$$\frac{1}{2}\overline{AB}=\frac{1}{2}\sqrt{(7+3)^2+(-7-3)^2}=5\sqrt{2}$$

원 C의 중심 $(2,\ -2)$와 직선 $y=-2x+k$, 즉 $2x+y-k=0$ 사이의 거리는 원의 반지름의 길이보다 크거나 같아야 하므로

$$\frac{|2\times2-2-k|}{\sqrt{2^2+1^2}}\geq5\sqrt{2},\ |2-k|\geq5\sqrt{10}$$

$$\therefore k\geq2+5\sqrt{10}\ (\because k\text{는 자연수})$$

이때 $17<2+5\sqrt{10}<18$이므로 조건을 만족시키는 자연수 k의 최솟값은 18이다.

━━━━━━ (다)

답 18

단계	채점 기준	배점
(가)	이용할 수 있는 참인 명제를 찾은 경우	20%
(나)	명제가 참이 될 조건을 밝힌 경우	40%
(다)	자연수 k의 최솟값을 구한 경우	40%

3

두 조건 p, q의 진리집합을 각각 P, Q라 하면

p가 q이기 위한 필요조건이므로 $Q\subset P$이어야 한다.

$p:\dfrac{\sqrt{x+5}}{\sqrt{x-10}}=-\sqrt{\dfrac{x+5}{x-10}}$에서

$x+5\geq0,\ x-10<0 \qquad \therefore -5\leq x<10$

$\therefore P=\{x|-5\leq x<10\}$

$q:x^2-5x-nx+5n<0$에서

$(x-5)(x-n)<0 \qquad ······㉠$

(i) $n<5$일 때,

㉠의 해는 $n<x<5$

$\therefore Q=\{x|n<x<5\}$

이때 $Q\subset P$가 되도록 두 집합 P, Q를 수직선 위에 나타내면 오른쪽 그림과 같아야 하므로

$-5\leq n<5$

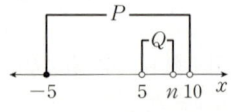

(ii) $n=5$일 때,

㉠은 $(x-5)^2<0$이므로 조건을 만족시키는 x의 값은 없다.

$\therefore Q=\varnothing$

이때 항상 $Q\subset P$이므로 $n=5$일 때 조건을 만족시킨다.

(iii) $n>5$일 때,

㉠의 해는 $5<x<n$

$\therefore Q=\{x|5<x<n\}$

이때 $Q\subset P$가 되도록 두 집합 P, Q를 수직선 위에 나타내면 오른쪽 그림과 같아야 하므로

$5<n\leq10$

(i), (ii), (iii)에서 $-5 \leq n \leq 10$이므로 정수 n은 -5, -4, -3, $\cdots$, 10의 16개이다.

답 16

보충 설명

음수의 제곱근의 성질 | a, b가 실수일 때,

$\dfrac{\sqrt{a}}{\sqrt{b}} = -\sqrt{\dfrac{a}{b}}$이면 $a>0$, $b<0$ 또는 $a=0$, $b \neq 0$

4

명제 $\sim q \longrightarrow p$가 참이려면 $Q^C \subset P$, 즉 $Q^C - P = \varnothing$이어야 한다.

즉, 주어진 명제가 거짓임을 보이는 반례를 원소로 갖는 집합 집합 R은

$R = Q^C - P = Q^C \cap P^C$

또한, $P - Q \neq \varnothing$이고, $R \neq \varnothing$이므로 세 집합 P, Q, R을 벤다이어그램으로 나타내면 다음 그림과 같이 두 가지 경우로 나눌 수 있다.

(i) $P \cap Q \neq \varnothing$일 때,　　(ii) $P \cap Q = \varnothing$일 때,

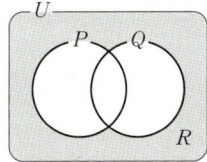　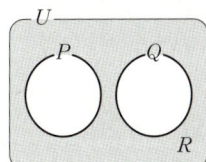

ㄱ. (i), (ii)에서 $R \subset P^C$ (참)

ㄴ. (i), (ii)에서 $R \subset Q^C$이고,
　$P - Q \neq \varnothing$이므로 $R \neq Q^C$
　또한, $R \neq \varnothing$에서 $Q^C \neq \varnothing$
　$\therefore Q^C \not\subset R$ (거짓)

ㄷ. ㄱ에서 $R \subset P^C$
　(i), (ii)에서 $R \subset Q^C$
　즉, $R \subset (P^C \cup Q^C)$이므로
　$R \subset (P \cap Q)^C$ (참)

따라서 옳은 것은 ㄱ, ㄷ이다.

답 ③

5

$x^2 + y^2 - xy + ay + 2 > 0$에서

$\left(x^2 - xy + \dfrac{y^2}{4} \right) + \dfrac{3}{4}y^2 + ay + 2 > 0$

$\therefore \left(x - \dfrac{y}{2} \right)^2 + \dfrac{3}{4}y^2 + ay + 2 > 0$

위의 부등식이 모든 실수 x, y에 대하여 성립하고,

$\left(x - \dfrac{y}{2} \right)^2 \geq 0$이므로 $\dfrac{3}{4}y^2 + ay + 2 > 0$이어야 한다.

이차방정식 $\dfrac{3}{4}y^2 + ay + 2 = 0$의 판별식을 D라 하면

$D = a^2 - 4 \times \dfrac{3}{4} \times 2 = a^2 - 6 < 0$, $a^2 < 6$

$\therefore -\sqrt{6} < a < \sqrt{6}$

답 $-\sqrt{6} < a < \sqrt{6}$

다른 풀이

주어진 부등식을 x에 대하여 내림차순으로 정리하면

$x^2 - yx + y^2 + ay + 2 > 0$　　$\cdots\cdots$ ㉠

㉠이 모든 실수 x에 대하여 성립하므로 x에 대한 이차방정식 $x^2 - yx + y^2 + ay + 2 = 0$의 판별식을 D_1이라 하면

$D_1 = (-y)^2 - 4 \times 1 \times (y^2 + ay + 2) < 0$

$3y^2 + 4ay + 8 > 0$　　$\cdots\cdots$ ㉡

또한, ㉡이 모든 실수 y에 대하여 성립하므로 y에 대한 이차방정식 $3y^2 + 4ay + 8 = 0$의 판별식을 D_2라 하면

$\dfrac{D_2}{4} = (2a)^2 - 3 \times 8 < 0$

$4a^2 - 24 < 0$, $a^2 - 6 < 0$

$\therefore -\sqrt{6} < a < \sqrt{6}$

6

$(x-y)^2 = A$라 하면

$\dfrac{(x+y)^4}{(x-y)^2} = \dfrac{\{(x+y)^2\}^2}{A} = \dfrac{\{(x-y)^2 + 4xy\}^2}{A}$

$= \dfrac{(A+4)^2}{A}$ ($\because xy = 1$)

$= \dfrac{A^2 + 8A + 16}{A} = A + 8 + \dfrac{16}{A}$　　$\cdots\cdots$ ㉠

이때 $x \neq y$이므로 $A > 0$, $\dfrac{16}{A} > 0$이다.

산술평균과 기하평균의 관계에 의하여

$A + \dfrac{16}{A} \geq 2\sqrt{A \times \dfrac{16}{A}} = 8$

$\left(\text{단, 등호는 } A = \dfrac{16}{A}, \text{ 즉 } A = 4 \text{일 때 성립} \right)$

㉠에서 (주어진 식) $\geq 8 + 8 = 16$

따라서 구하는 최솟값은 16이다.

답 16

Ⅲ. 함수와 그래프

08. 함수

① 함수

01 (1) 함수이다., 정의역 : {1, 2, 3, 4},
　　공역 : {1, 2, 3}, 치역 : {1, 2, 3}
　　(2) 함수이다., 정의역 : {1, 2, 3, 4, 5},
　　공역 : {1, 3, 5, 7, 9}, 치역 : {1, 3, 7, 9}
02 (1) 정의역 : {$x \mid x$는 실수}, 치역 : {$y \mid y$는 실수}
　　(2) 정의역 : {$x \mid x$는 실수}, 치역 : {$y \mid y \leq -4$}
　　(3) 정의역 : {$x \mid x \neq 0$인 실수},
　　치역 : {$y \mid y \neq 0$인 실수}
03 (1) $f \neq g$　(2) $f = g$ **04** ㄴ
05 (1) ㄱ, ㄴ, ㄹ (2) ㄱ, ㄴ, ㄹ (3) ㄴ (4) ㄷ
06 (1) ㄱ, ㄷ (2) ㄱ, ㄷ (3) ㄷ (4) ㄴ
07 ㄱ, ㄴ   **08** 3   **09** 4   **10** 7
11 6   **12** $-\dfrac{1}{3}, \dfrac{13}{3}$ **13** -2 **14** 36
15 3   **16** 27   **17** ㄱ, ㄴ, ㄷ
18 풀이 참조 **19** 1   **20** 5   **21** 8, 20
22 5   **23** $-1 < m < 1$
24 (1) $a = \dfrac{1}{2}, b = -1$ (2) $a = -3, b = 4$
25 7   **26** 6   **27** 40   **28** 9
29 48

01

(1) 집합 X의 각 원소에 집합 Y의 원소가 오직 하나씩 대응
하므로 함수이고, 정의역은 {1, 2, 3, 4}, 공역과 치역은 모
두 {1, 2, 3}이다.
(2) 집합 X의 각 원소에 집합 Y의 원소가 오직 하나씩 대응
하므로 함수이고, 정의역은 {1, 2, 3, 4, 5}, 공역은
{1, 3, 5, 7, 9}, 치역은 {1, 3, 7, 9}이다.
답 (1) 함수이다., 정의역 : {1, 2, 3, 4},
　　　　공역 : {1, 2, 3}, 치역 : {1, 2, 3}
　　(2) 함수이다., 정의역 : {1, 2, 3, 4, 5},
　　　　공역 : {1, 3, 5, 7, 9}, 치역 : {1, 3, 7, 9}

02

(1) 함수 $y = 4 - x$의 정의역은 {$x \mid x$는 실수},
치역은 {$y \mid y$는 실수}이다.
(2) 함수 $y = -(2x-3)^2 - 4$의 정의역은 {$x \mid x$는 실수},
치역은 {$y \mid y \leq -4$}이다.
(3) 함수 $y = -\dfrac{2}{x}$의 정의역은 {$x \mid x \neq 0$인 실수},

치역은 {$y \mid y \neq 0$인 실수}이다.
　답 (1) 정의역 : {$x \mid x$는 실수}, 치역 : {$y \mid y$는 실수}
　　(2) 정의역 : {$x \mid x$는 실수}, 치역 : {$y \mid y \leq -4$}
　　(3) 정의역 : {$x \mid x \neq 0$인 실수}, 치역 : {$y \mid y \neq 0$인 실수}

03

(1) $f(1) = 1 + 1 = 2, g(1) = -1^2 + 1 = 0$이므로
$f(1) \neq g(1)$　　∴ $f \neq g$
(2) (i) $f(-1) = -|-1| + 2 = 1$,
　　　$g(-1) = -(-1)^2 + 2 = 1$이므로
　　　$f(-1) = g(-1)$
　(ii) $f(0) = 2, g(0) = 2$이므로
　　　$f(0) = g(0)$
　(iii) $f(1) = -1 + 2 = 1, g(1) = -1^2 + 2 = 1$이므로
　　　$f(1) = g(1)$
　(i), (ii), (iii)에서 $f = g$

답 (1) $f \neq g$ (2) $f = g$

04

실수 전체의 집합에서 정의된 함수의 그래프이려면 정의역의
임의의 원소 a에 대하여 y축에 평행한 직선 $x = a$를 그었을
때, 그래프가 직선 $x = a$와 오직 한 점에서 만나야 한다.

ㄱ. 오른쪽 그림과 같이 $a > 0$인 임의
　의 실수 a에 대하여 직선 $x = a$와
　두 점에서 만나므로 함수의 그래프
　가 아니다.

ㄴ. 오른쪽 그림과 같이 임의의 실
　수 a에 대하여 직선 $x = a$와 오
　직 한 점에서 만나므로 함수의
　그래프이다.

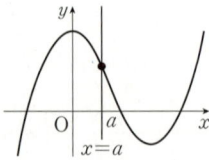

ㄷ. 다음 그림과 같이 직선 $x=-1$ 또는 직선 $x=1$과 무수히 많은 점에서 만나므로 함수의 그래프가 아니다.

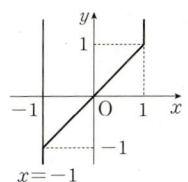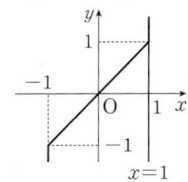

따라서 함수의 그래프인 것은 ㄴ뿐이다.

답 ㄴ

05

(1) 일대일함수의 그래프는 치역의 각 원소 k에 대하여 x축에 평행한 직선 $y=k$와 오직 한 점에서 만나므로 ㄱ, ㄴ, ㄹ 이다.

(2) 일대일대응은 일대일함수 중에서 치역과 공역이 같은 함수 이므로 ㄱ, ㄴ, ㄹ이다.

(3) 항등함수는 정의역의 모든 원소 x $(x=1, 2, 3, 4)$에 대하여 $y=x$가 성립해야 하므로 그 그래프는 ㄴ이다.

(4) 상수함수는 치역의 원소가 1개이어야 하므로 그 그래프는 ㄷ이다.

답 (1) ㄱ, ㄴ, ㄹ (2) ㄱ, ㄴ, ㄹ (3) ㄴ (4) ㄷ

06

각 함수의 그래프를 좌표평면 위에 나타내면 다음과 같다.

ㄱ. 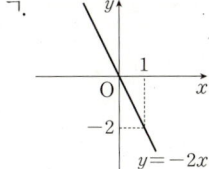　ㄴ.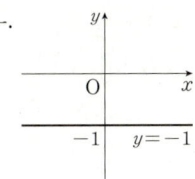

ㄷ. 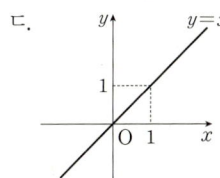　ㄹ.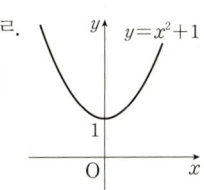

(1) 일대일함수의 그래프는 치역의 임의의 원소 k에 대하여 x축에 평행한 직선 $y=k$와 오직 한 점에서 만나므로 ㄱ, ㄷ이다.

(2) 일대일대응은 일대일함수 중에서 치역과 공역이 같은 함수 이므로 ㄱ, ㄷ이다.

(3) 항등함수는 그 그래프가 직선 $y=x$인 함수이므로 ㄷ이다.

(4) 상수함수는 치역의 원소가 1개, 즉 그 그래프가 x축에 평행한 직선이므로 ㄴ이다.

답 (1) ㄱ, ㄷ (2) ㄱ, ㄷ (3) ㄷ (4) ㄴ

07

각 대응을 그림으로 나타내면 다음과 같다.

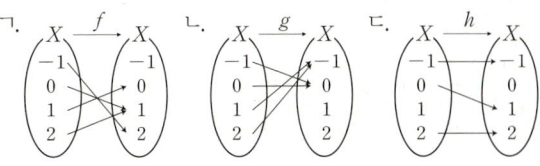

이때 ㄷ은 X의 원소 1에 대응하는 X의 원소가 없으므로 함수가 아니다.

따라서 X에서 X로의 함수인 것은 ㄱ, ㄴ이다.

답 ㄱ, ㄴ

08

집합 $X=\{-1, 0, 1\}$에 대하여 $f(-1)=0 \in X$,

$f(0)=-1 \in X$이므로 f가 X에서 X로의 함수가 되기 위해서는 $f(1) \in X$이어야 한다.

(ⅰ) $f(1)=-1$일 때,

$\quad f(1)=2a-2=-1$에서

$\quad 2a=1 \quad \therefore a=\dfrac{1}{2}$

(ⅱ) $f(1)=0$일 때,

$\quad f(1)=2a-2=0$에서

$\quad 2a=2 \quad \therefore a=1$

(ⅲ) $f(1)=1$일 때,

$\quad f(1)=2a-2=1$에서

$\quad 2a=3 \quad \therefore a=\dfrac{3}{2}$

(ⅰ), (ⅱ), (ⅲ)에서 조건을 만족시키는 모든 실수 a의 값의 합은

$\dfrac{1}{2}+1+\dfrac{3}{2}=3$

답 3

09

두 집합 $X=\{0, 2, 4\}$, $Y=\{1, 5\}$에 대하여 $f(0)=5\in Y$
이므로 f가 X에서 Y로의 함수가 되기 위해서는 $f(2)\in Y$,
$f(4)\in Y$이어야 한다.

(i) $f(2)=1$일 때,

$\quad f(2)=2^2-2a+5=1$에서

$\quad 9-2a=1 \qquad \therefore a=4$

$\quad$ 즉, $f(x)=x^2-4x+5$이면

$\quad f(4)=5\in Y$이므로 f는 X에서 Y로의 함수이다.

(ii) $f(2)=5$일 때,

$\quad f(2)=2^2-2a+5=5$에서

$\quad 9-2a=5 \qquad \therefore a=2$

$\quad$ 즉, $f(x)=x^2-2x+5$이면

$\quad f(4)=13\notin Y$이므로 f는 X에서 Y로의 함수가 아니다.

(i), (ii)에서 구하는 상수 a의 값은 4이다.

답 4

다른 풀이

f가 X에서 Y로의 함수가 되기 위해서는
$f(2)\in Y$, $f(4)\in Y$이어야 한다.

(i) $f(4)=1$일 때,

$\quad f(4)=4^2-4a+5=1$에서

$\quad 21-4a=1 \qquad \therefore a=5$

$\quad$ 즉, $f(x)=x^2-5x+5$이면

$\quad f(2)=-1\notin Y$이므로 f는 X에서 Y로의 함수가 아니다.

(ii) $f(4)=5$일 때,

$\quad f(4)=4^2-4a+5=5$에서

$\quad 21-4a=5 \qquad \therefore a=4$

$\quad$ 즉, $f(x)=x^2-4x+5$이면

$\quad f(2)=1\in Y$이므로 f는 X에서 Y로의 함수이다.

(i), (ii)에서 구하는 상수 a의 값은 4이다.

10

정의역이 $X=\{1, 2, 3, \cdots, 100\}$이므로

$f(1)=(3^1$, 즉 3을 7로 나눈 나머지$)=3$

$f(2)=(3^2$, 즉 9를 7로 나눈 나머지$)=2$

$f(3)=(3^3$, 즉 27을 7로 나눈 나머지$)=6$

$f(4)=(3^4$, 즉 81을 7로 나눈 나머지$)=4$

$f(5)=(3^5$, 즉 243을 7로 나눈 나머지$)=5$

$f(6)=(3^6$, 즉 729를 7로 나눈 나머지$)=1$

$f(7)=(3^7$, 즉 2187을 7로 나눈 나머지$)=3$

$$\vdots$$

즉, 함수 f의 치역은 $\{1, 2, 3, 4, 5, 6\}$이므로 구하는 합은
$6+1=7$

답 7

다른 풀이

$f(1)$, $f(2)$, $f(3)$의 값을 이용하여 $f(4)$, $f(5)$, $f(6)$, $\cdots$의
값을 구할 수 있다.

$f(4)=(3^4$, 즉 $3^2\times 3^2$을 7로 나눈 나머지$)$

$\quad\quad =(\underset{f(2)\times f(2)}{2\times 2}$, 즉 4를 7로 나눈 나머지$)=4$

$f(5)=(3^5$, 즉 $3^2\times 3^3$을 7로 나눈 나머지$)$

$\quad\quad =(\underset{f(2)\times f(3)}{2\times 6}$, 즉 12를 7로 나눈 나머지$)=5$

$f(6)=(3^6$, 즉 $3^3\times 3^3$을 7로 나눈 나머지$)$

$\quad\quad =(\underset{f(3)\times f(3)}{6\times 6}$, 즉 36을 7로 나눈 나머지$)=1$

$f(7)=(3^7$, 즉 $3^6\times 3^1$을 7로 나눈 나머지$)$

$\quad\quad =(\underset{f(6)\times f(1)}{1\times 3}$, 즉 3을 7로 나눈 나머지$)=3$

$$\vdots$$

따라서 함수 f의 치역은 $\{1, 2, 3, 4, 5, 6\}$이므로 구하는 합은
$6+1=7$

보충 설명

함수 f의 치역을 S라 하면 어떤 자연수를 7로 나눈 나머지로
가능한 값은 0, 1, 2, 3, 4, 5, 6이므로

$S\subset\{0, 1, 2, 3, 4, 5, 6\}$

이때 임의의 자연수 x에 대하여 3^x은 7의 배수가 될 수 없으
므로

$0\notin S$

$\therefore S\subset\{1, 2, 3, 4, 5, 6\}$

또한,

$3^7=3\times 3^6=3\times(7+2)^3$

$\quad =3\times(7^3+3\times 7^2\times 2+3\times 7\times 2^2+2^3)$

$\quad =3\times\{7\times(7^2+3\times 7\times 2+3\times 2^2)+7+1\}$

$\quad =7\times(3\times 7^2+3^2\times 7\times 2+3^2\times 2^2+3)+3$

에서 3^7을 7로 나눈 나머지는 3을 7로 나눈 나머지와 같다.

즉, $f(1)=f(7)$이고, 같은 방법으로

$f(2)=f(8)$, $f(3)=f(9)$, $\cdots$

따라서 $f(1)$, $f(2)$, $f(3)$, $f(4)$, $f(5)$, $f(6)$의 값만 구해도
$S=\{1, 2, 3, 4, 5, 6\}$임을 알 수 있다.

11

정의역이 $X=\{1, 3\}$인 두 함수 f, g의 치역이 서로 같으므로 $f(1)=g(1)$, $f(3)=g(3)$ 또는 $f(1)=g(3)$, $f(3)=g(1)$이다.

(i) $f(1)=g(1)$, $f(3)=g(3)$일 때,

$1+2a+b=b+3a$, $9+6a+b=3b+3a$이므로

$a=1$, $3a-2b=-9$

$\therefore a=1$, $b=6$

(ii) $f(1)=g(3)$, $f(3)=g(1)$일 때,

$1+2a+b=3b+3a$, $9+6a+b=b+3a$이므로

$a+2b=1$, $3a=-9$

$\therefore a=-3$, $b=2$

그런데 a, b는 자연수이므로 조건을 만족시키지 않는다.

(i), (ii)에서 $a=1$, $b=6$이므로

$ab=1\times6=6$

답 6

12

$f(x)=ax^2+b\ (a\neq0)$라 하면 함수 f의 치역이 $\{y\,|-1\leq y\leq5\}$이므로 $-2\leq x\leq3$에서 $f(x)$의 최솟값은 -1, 최댓값은 5이다.

(i) $a>0$일 때,

이차함수 $y=ax^2+b$의 그래프는 아래로 볼록하므로 $-2\leq x\leq3$에서 함수 $y=f(x)$의 그래프의 개형은 오른쪽 그림과 같다.

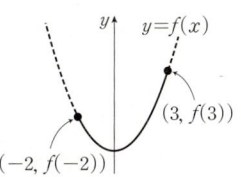

즉, $f(0)=-1$, $f(3)=5$이므로

$b=-1$, $9a+b=5$

$\therefore a=\dfrac{2}{3}$, $b=-1$

$\therefore a+b=\dfrac{2}{3}+(-1)=-\dfrac{1}{3}$

(ii) $a<0$일 때,

이차함수 $y=ax^2+b$의 그래프는 위로 볼록하므로 $-2\leq x\leq3$에서 함수 $y=f(x)$의 그래프의 개형은 오른쪽 그림과 같다.

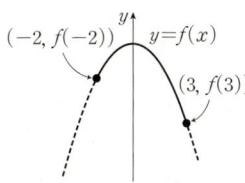

즉, $f(0)=5$, $f(3)=-1$이므로

$b=5$, $9a+b=-1$

$\therefore a=-\dfrac{2}{3}$, $b=5$

$\therefore a+b=-\dfrac{2}{3}+5=\dfrac{13}{3}$

(i), (ii)에서 구하는 값은 $-\dfrac{1}{3}$, $\dfrac{13}{3}$이다.

답 $-\dfrac{1}{3}$, $\dfrac{13}{3}$

13

$x^2-2x-3=0$에서 $(x+1)(x-3)=0$

$\therefore x=-1$ 또는 $x=3$

$\therefore X=\{x\,|\,x^2-2x-3=0\}=\{-1, 3\}$

즉, 두 함수 f, g의 정의역은 $X=\{-1, 3\}$이고, 두 함수 f, g가 서로 같은 함수이므로 $f(-1)=g(-1)$, $f(3)=g(3)$이 성립한다.

$f(-1)=g(-1)$에서 $1-a+b=-1$

$\therefore a-b=2$ ······㉠

$f(3)=g(3)$에서 $9+3a+b=7$

$\therefore 3a+b=-2$ ······㉡

㉠, ㉡을 연립하여 풀면

$a=0$, $b=-2$

$\therefore a+b=0+(-2)=-2$

답 -2

14

두 함수 $f(x)=x^3-5x$, $g(x)=-x^2+3x+b$에 대하여 $f=g$이므로 $f(-2)=g(-2)$, $f(a)=g(a)$가 성립한다.

$f(-2)=g(-2)$에서 $2=-10+b$

$\therefore b=12$

$f(a)=g(a)$에서

$a^3-5a=-a^2+3a+12$

$a^3+a^2-8a-12=0$

$(a+2)^2(a-3)=0$

$\therefore a=3\ (\because a\neq-2)$

$\therefore ab=3\times12=36$

$$\begin{array}{r|rrrr}
-2 & 1 & 1 & -8 & -12 \\
 & & -2 & 2 & 12 \\
\hline
-2 & 1 & -1 & -6 & 0 \\
 & & -2 & 6 & \\
\hline
 & 1 & -3 & 0 & \\
\end{array}$$

답 36

15

두 함수 $f(x)=2x^2+3x+1$, $g(x)=x+5$에 대하여 $f=g$
가 되기 위해서는 정의역 X의 모든 원소 x에 대하여
$f(x)=g(x)$이어야 한다.

즉, $2x^2+3x+1=x+5$에서

$2x^2+2x-4=0$, $x^2+x-2=0$

$(x+2)(x-1)=0$ $\therefore$ $x=-2$ 또는 $x=1$

따라서 두 함수 f, g의 정의역 X는 집합 $\{-2, 1\}$의 부분집합
중에서 공집합이 아닌 집합이므로 구하는 집합 X의 개수는

$2^2-1=3$

답 3

보충 설명

부분집합의 개수 | 집합 $A=\{a_1, a_2, a_3, \cdots, a_n\}$에 대하여

(1) 집합 A의 부분집합의 개수 : 2^n

(2) 집합 A의 진부분집합의 개수 : 2^n-1

(3) 집합 A의 원소 중에서 특정한 원소 k개를 포함하는(포함
하지 않는) 부분집합의 개수 : 2^{n-k} (단, $k<n$)

(4) 집합 A의 원소 중에서 특정한 원소 k개 중 적어도 하나를
포함하는 부분집합의 개수 : 2^n-2^{n-k} (단, $k<n$)

16

주어진 등식의 양변에 $x=1$, $y=1$을 대입하면

$f(1+1)=f(1)f(1)$ $\therefore$ $f(2)=3\times3=9$

주어진 등식의 양변에 $x=2$, $y=1$을 대입하면

$f(2+1)=f(2)f(1)$ $\therefore$ $f(3)=9\times3=27$

주어진 등식의 양변에 $x=3$, $y=2$를 대입하면

$f(3+2)=f(3)f(2)$ $\therefore$ $f(5)=27\times9=243$

또한, 주어진 등식의 양변에 $x=3$, $y=-2$를 대입하면

$f(1)=f(3)f(-2)$이므로

$3=27f(-2)$ $\therefore$ $f(-2)=\dfrac{1}{9}$

$\therefore$ $f(5)\times f(-2)=243\times\dfrac{1}{9}=27$

답 27

다른 풀이

$f(5)\times f(-2)=f(5+(-2))$

$\qquad\qquad\quad =f(3)$

$\qquad\qquad\quad =f(1)\times f(1)\times f(1)$

$\qquad\qquad\quad =3^3=27$

17

$f(x+y)=f(x)+f(y)$ $\cdots\cdots$ ㉠

ㄱ. ㉠의 양변에 $x=0$, $y=0$을 대입하면

$\quad f(0)=f(0)+f(0)$이므로 $f(0)=0$ (참)

ㄴ. ㉠의 양변에 $y=-x$를 대입하면

$\quad f(0)=f(x)+f(-x)$

$\quad$ ㄱ에서 $f(0)=0$이므로 $f(-x)+f(x)=0$ (참)

ㄷ. $f(2x)=f(x+x)=f(x)+f(x)=2f(x)$

$\quad f(3x)=f(2x+x)=f(2x)+f(x)=3f(x)$

$\quad f(4x)=f(3x+x)=f(3x)+f(x)=4f(x)$

$\qquad\qquad \vdots$

$\quad \therefore$ $f(nx)=nf(x)$ (단, n은 자연수)

$\quad \therefore$ $f(ax+by)=f(ax)+f(by)$

$\qquad\qquad\qquad =af(x)+bf(y)$ (단, a, b는 자연수)

$\qquad\qquad\qquad\qquad\qquad\qquad\qquad$ (참)

따라서 ㄱ, ㄴ, ㄷ 모두 옳다.

답 ㄱ, ㄴ, ㄷ

18

(1) $y=-|x+1|-2$

$\quad =\begin{cases} (x+1)-2 & (x<-1) \\ -(x+1)-2 & (x\geq-1) \end{cases}$

$\quad =\begin{cases} x-1 & (x<-1) \\ -x-3 & (x\geq-1) \end{cases}$

따라서 $y=-|x+1|-2$의 그래프는 다음 그림과 같다.

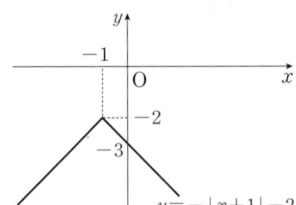

(2) $y=\dfrac{|x|}{x}=\begin{cases} \dfrac{-x}{x} & (x<0) \\ \dfrac{x}{x} & (x>0) \end{cases}$

$\quad =\begin{cases} -1 & (x<0) \\ 1 & (x>0) \end{cases}$

따라서 $y=\dfrac{|x|}{x}$ $(x\neq0)$의 그래프는 다음 그림과 같다.

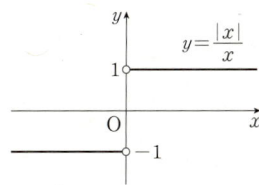

(3) (ⅰ) $y<0$일 때,

$-y=2x^2+4x$에서

$y=-2x^2-4x=-2(x+1)^2+2$

(ⅱ) $y\geq0$일 때,

$y=2x^2+4x=2(x+1)^2-2$

(ⅰ), (ⅱ)에서 $|y|=2x^2+4x$의 그래프는 다음 그림과 같다.

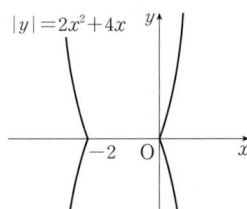

답 풀이 참조

✦**다른 풀이**

(3) $|y|=2x^2+4x$의 그래프는 $y=2x^2+4x$의 그래프에서 $y\geq0$인 부분만 그린 후, 이 그래프를 x축에 대하여 대칭이동한 것과 같다.

19

(ⅰ) $x\geq0$, $y\geq0$일 때, $y=-2x+1$

(ⅱ) $x\geq0$, $y<0$일 때,

$-y=-2x+1$에서 $y=2x-1$

(ⅲ) $x<0$, $y\geq0$일 때, $y=2x+1$

(ⅳ) $x<0$, $y<0$일 때,

$-y=2x+1$에서 $y=-2x-1$

(ⅰ)~(ⅳ)에서

$|y|=-2|x|+1$의 그래프는 오른쪽 그림과 같다.

따라서 구하는 넓이는

$\dfrac{1}{2}\times1\times2=1$

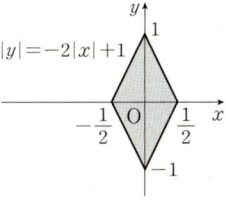

답 1

✦**다른 풀이**

$|y|=-2|x|+1$의 그래프는 $y=-2x+1$의 그래프에서 $x\geq0$, $y\geq0$인 부분만 그린 후, 이 그래프를 x축, y축, 원점에 대하여 각각 대칭이동한 것과 같다.

20

함수 $y=||x-3|-|x+2||$에서

(ⅰ) $x<-2$일 때, $x-3<0$, $x+2<0$이므로

$y=||x-3|-|x+2||$

$=|-(x-3)+(x+2)|=5$

(ⅱ) $-2\leq x<3$일 때, $x-3<0$, $x+2\geq0$이므로

$y=||x-3|-|x+2||$

$=|-(x-3)-(x+2)|=|-2x+1|$

즉, $-2\leq x<\dfrac{1}{2}$일 때 $y=-2x+1$,

$\dfrac{1}{2}\leq x<3$일 때 $y=2x-1$이다.

(ⅲ) $x\geq3$일 때, $x-3\geq0$, $x+2>0$이므로

$y=||x-3|-|x+2||$

$=|x-3-(x+2)|=5$

(ⅰ), (ⅱ), (ⅲ)에서

$$y=||x-3|-|x+2||=\begin{cases}5 & (x<-2)\\-2x+1 & \left(-2\leq x<\dfrac{1}{2}\right)\\2x-1 & \left(\dfrac{1}{2}\leq x<3\right)\\5 & (x\geq3)\end{cases}$$

이므로 주어진 함수의 그래프는 다음 그림과 같다.

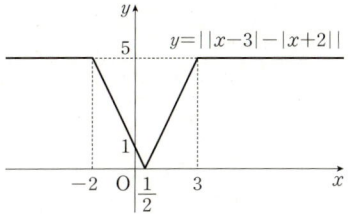

따라서 주어진 함수의 최댓값은 5, 최솟값은 0이므로

$M=5$, $m=0$

$\therefore M+m=5+0=5$

답 5

21

함수 $f(x)=ax+b$ $(a\neq0)$가 일대일대응이므로 f의 치역은 $Y=\{y\mid -8\leq y\leq6\}$과 일치한다.

(ⅰ) $a>0$일 때,

일차함수 $f(x)=ax+b$는 x의 값이 커질 때 $f(x)$의 값도 커지므로

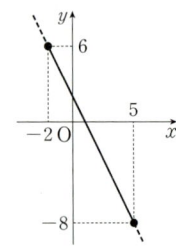

$f(-2)=-8$, $f(5)=6$

즉, $-2a+b=-8$, $5a+b=6$

이므로

$a=2$, $b=-4$

$\therefore a^2+b^2=2^2+(-4)^2=20$

(ⅱ) $a<0$일 때,

일차함수 $f(x)=ax+b$는 x의 값이 커질 때 $f(x)$의 값은 작아지므로

$f(-2)=6$, $f(5)=-8$

즉, $-2a+b=6$, $5a+b=-8$

이므로

$a=-2$, $b=2$

$\therefore a^2+b^2=(-2)^2+2^2=8$

(ⅰ), (ⅱ)에서 구하는 값은 8, 20이다.

답 8, 20

22

$x<0$일 때, $f(x)=x^2$이므로 함수 f가 일대일대응이 되려면 함수 $y=f(x)$의 그래프는 다음 그림과 같아야 한다.

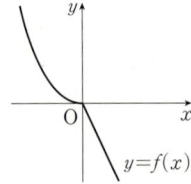

즉, $x\geq0$일 때 직선 $y=(k^2-6k)x$의 기울기는 음수가 되어야 하므로

$k^2-6k<0$, $k(k-6)<0$

$\therefore 0<k<6$

따라서 함수 f가 일대일대응이 되도록 하는 정수 k는 1, 2, 3, 4, 5의 5개이다.

답 5

23

$f(x)=m|x-2|+x-2$에서

(ⅰ) $x<2$일 때,

$f(x)=-m(x-2)+x-2$

$\quad\quad=(1-m)x+2m-2$

(ⅱ) $x\geq2$일 때,

$f(x)=m(x-2)+x-2$

$\quad\quad=(m+1)x-2m-2$

(ⅰ), (ⅱ)에서 함수 f가 일대일대응이 되려면 $x<2$일 때와 $x\geq2$일 때의 직선 $y=f(x)$의 기울기의 부호가 서로 같아야 한다.

따라서 $(1-m)(m+1)>0$이므로

$(m-1)(m+1)<0$

$\therefore -1<m<1$

답 $-1<m<1$

보충 설명

이 문제의 함수

$f(x)=m|x-2|+x-2$

$\quad=\begin{cases}(1-m)x+2m-2 & (x<2)\\(m+1)x-2m-2 & (x\geq2)\end{cases}$

와 같이 함수가 구간에 따라 서로 다른 두 일차함수로 정의된 경우, 각 일차함수의 그래프의 기울기의 부호가 다르면 그래프와 직선 $y=k$ (k는 실수)가 만나지 않거나 두 점에서 만나는 경우가 존재하므로 함수 $f(x)$는 일대일대응이 될 수 없다.

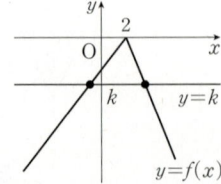 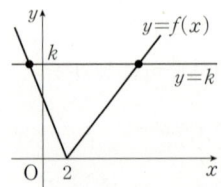

24

(1) 함수 f는 항등함수이므로

$$f(-2)=-2, f(3)=3$$
$$f(-2)=4a-4=-2$$
$$4a=2 \qquad \therefore a=\frac{1}{2}$$
$$f(3)=3b+6=3$$
$$3b=-3 \qquad \therefore b=-1$$

(2) 함수 f는 상수함수이므로

$$f(1)=f(2)=f(5)$$

$f(1)=f(2)$에서 $1+a+b=4+2a+b$

$$\therefore a=-3$$

$f(1)=f(5)$에서 $1+a+b=2$

$$\therefore a+b=1$$

$a=-3$을 위의 식에 대입하면 $b=4$

답 (1) $a=\dfrac{1}{2}, b=-1$ (2) $a=-3, b=4$

25

함수 $f(x)=x^3-5x^2+7x$가 항등함수가 되려면
정의역 X의 모든 원소 x에 대하여 $f(x)=x$이어야 한다.
즉, $x^3-5x^2+7x=x$에서
$x^3-5x^2+6x=0, x(x-2)(x-3)=0$
$\therefore x=0$ 또는 $x=2$ 또는 $x=3$
따라서 함수 f의 정의역 X는 집합 $\{0, 2, 3\}$의 부분집합 중에서 공집합이 아닌 집합이므로 구하는 집합 X의 개수는
$2^3-1=7$

답 7

26

함수 g는 항등함수이므로
$g(1)=1, g(2)=2, g(3)=3$
$\therefore f(2)=g(2)=h(2)=2$

또한, $h(2)=2$이고 함수 h는 상수함수이므로
$h(1)=2, h(2)=2, h(3)=2$
즉, $g(1)+h(1)=f(1)$에서
$f(1)=1+2=3$
이때 함수 f는 일대일대응이고 $f(2)=2, f(1)=3$이므로
$f(3)=1$
$\therefore f(3)+g(3)+h(3)=1+3+2=6$

답 6

27

(i) X에서 Y로의 함수의 개수

집합 X의 원소 0, 1, 2, 3에 대응할 수 있는 집합 Y의 원소는 4, 5의 2개씩이므로
$$a=\underset{2^4}{\underline{2\times2\times2\times2}}=16$$

(ii) X에서 Z로의 일대일대응의 개수

집합 X의 원소 0에 대응할 수 있는 집합 Z의 원소는 6, 7, 8, 9의 4개,

집합 X의 원소 1에 대응할 수 있는 집합 Z의 원소는 0에 대응한 원소를 제외한 3개,

집합 X의 원소 2에 대응할 수 있는 집합 Z의 원소는 0, 1에 대응한 원소를 제외한 2개,

집합 X의 원소 3에 대응할 수 있는 집합 Z의 원소는 0, 1, 2에 대응한 원소를 제외한 1개이므로
$$b=\underset{4!}{\underline{4\times3\times2\times1}}=24$$

(i), (ii)에서 $a+b=16+24=40$

답 40

28

집합 $X=\{-2, 0, 2\}$에서 X로의 함수 f에 대하여 $f(-2)$, $f(0)$의 값이 될 수 있는 것은 $-2, 0, 2$의 3개씩이다.
이때 함수 f가 집합 X의 모든 원소 x에 대하여
$f(-x)=f(x)$를 만족시키므로
$f(-2)=f(2)$
즉, $f(2)$의 값은 $f(-2)$의 값과 같다.

따라서 구하는 함수 f의 개수는

$3 \times 3 \times 1 = 9$

답 9

보충 설명

정의역 X의 원소 -2, 2에 대응할 수 있는 공역의 원소는 다음 그림과 같이 -2, 0, 2의 3개이다.

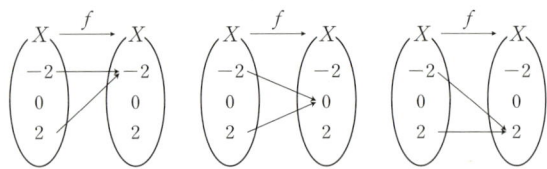

29

집합 $X = \{1, 2, 3, 4, 5\}$에서 집합 $Y = \{-3, -1, 0, 1, 3\}$으로의 일대일대응 f에 대하여 $f(1)f(5) < 0$을 만족시키려면

$f(1) > 0$, $f(5) < 0$ 또는 $f(1) < 0$, $f(5) > 0$

(ⅰ) $f(1) > 0$, $f(5) < 0$일 때,

$f(1) > 0$이어야 하므로 $f(1)$의 값이 될 수 있는 것은 1, 3의 2개이고,

$f(5) < 0$이어야 하므로 $f(5)$의 값이 될 수 있는 것은 -3, -1의 2개이다.

집합 X의 나머지 세 원소 2, 3, 4는 각각 $f(1)$, $f(5)$의 값을 제외한 집합 Y의 나머지 세 원소에 하나씩 대응되어야 하므로 일대일대응 f의 개수는

$2 \times 2 \times \underbrace{3 \times 2 \times 1}_{3!} = 24$

(ⅱ) $f(1) < 0$, $f(5) > 0$일 때,

$f(1) < 0$이어야 하므로 $f(1)$의 값이 될 수 있는 것은 -3, -1의 2개이고,

$f(5) > 0$이어야 하므로 $f(5)$의 값이 될 수 있는 것은 1, 3의 2개이다.

집합 X의 나머지 세 원소 2, 3, 4는 각각 $f(1)$, $f(5)$의 값을 제외한 집합 Y의 나머지 세 원소에 하나씩 대응되어야 하므로 일대일대응 f의 개수는

$2 \times 2 \times \underbrace{3 \times 2 \times 1}_{3!} = 24$

(ⅰ), (ⅱ)에서 구하는 일대일대응 f의 개수는

$24 + 24 = 48$

답 48

STEP 1 개념 마무리　　　본문 pp.254~256

01 ⑤	**02** 4	**03** 12	**04** $\dfrac{15}{8}$
05 6	**06** 4	**07** $\dfrac{1}{2}$	**08** ③
09 126	**10** ㄴ	**11** 4	**12** ②
13 5	**14** 1	**15** 10	**16** 14
17 18	**18** 18		

01

각 대응을 그림으로 나타내면 다음과 같다.

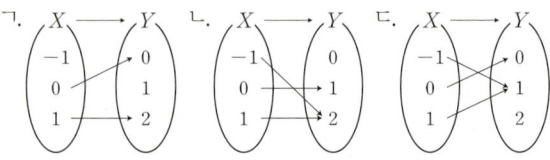

이때 ㄱ은 집합 X의 원소 -1에 대응하는 집합 Y의 원소가 없으므로 함수가 아니다.

따라서 함수인 것은 ㄴ, ㄷ이다.

답 ⑤

02

정의역이 실수 전체의 집합인 이차함수

$y = x^2 - 4x + a$

$\quad = (x-2)^2 + a - 4$

에 대하여 함수 $y = x^2 - 4x + a$의 그래프는 오른쪽 그림과 같으므로 $1 \le x \le 4$에서 $a-4 \le y \le a$이다.

이때 집합 $X = \{x \mid 1 \le x \le 4\}$에서 집합 $Y = \{y \mid 1 \le y \le 8\}$로의 대응 $y = x^2 - 4x + a$가 함수이려면 $1 \le a-4 \le y \le a \le 8$이 성립해야 하므로

$a - 4 \ge 1$에서 $a \ge 5$이고 $a \le 8$

$\therefore 5 \le a \le 8$

따라서 조건을 만족시키는 정수 a는 5, 6, 7, 8의 4개이다.

답 4

03

$f(3)=a-3$, $f(6)=a-6$, $f(9)=a-9$이므로

함수 f의 치역은

$\{a-3,\ a-6,\ a-9\}$

함수 f의 치역이 정의역과 같으므로

$\{a-3,\ a-6,\ a-9\}=\{3,\ 6,\ 9\}$

이때 $a-9<a-6<a-3$이므로

$a-9=3$, $a-6=6$, $a-3=9$

$\therefore a=12$

답 12

04

$a<0$이므로 함수 $y=ax^2+bx+2$의 그래프는 위로 볼록하고 y축과의 교점의 y좌표는 2이다.

$f(x)=ax^2+bx+2$

$\qquad =a\left(x+\dfrac{b}{2a}\right)^2-\dfrac{b^2}{4a}+2$

라 하면 함수 f의 정의역은 $\{x\,|\,0\le x\le 4\}$, 치역은 $\{y\,|\,-4\le y\le 4\}$이므로 함수 $y=f(x)$의 그래프는 오른쪽 그림과 같아야 한다.

즉, $-\dfrac{b}{2a}>0$에서 $b>0$ $(\because a<0)$

이때 $f(x)$는 $0\le x\le 4$에서 최댓값 4를 가져야 하므로

$-\dfrac{b^2}{4a}+2=4$ $\qquad \therefore 8a=-b^2$ $\qquad$ ……㉠

또한, $f(4)=-4$이어야 하므로

$16a+4b+2=-4$ $\qquad \therefore 8a+2b+3=0$ $\qquad$ ……㉡

㉠을 ㉡에 대입하면

$-b^2+2b+3=0$, $b^2-2b-3=0$

$\underline{(b+1)(b-3)=0}_{(*)}$ $\qquad \therefore b=3\ (\because b>0)$

$b=3$을 ㉠에 대입하여 풀면 $a=-\dfrac{9}{8}$

$\therefore a+b=-\dfrac{9}{8}+3=\dfrac{15}{8}$

답 $\dfrac{15}{8}$

보충 설명

$(*)$에서 $b=-1$ 또는 $b=3$이므로

(i) $b=-1$일 때,

이것을 ㉠에 대입하여 풀면 $a=-\dfrac{1}{8}$

$\therefore f(x)=-\dfrac{1}{8}x^2-x+2$

$\qquad =-\dfrac{1}{8}(x+4)^2+4$

그런데 이 함수의 그래프는 오른쪽 그림과 같이 $0\le x\le 4$에서 최댓값 4를 갖지 않으므로 조건을 만족시키지 않는다.

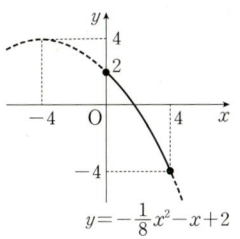

(ii) $b=3$일 때,

이것을 ㉠에 대입하여 풀면 $a=-\dfrac{9}{8}$

$\therefore f(x)=-\dfrac{9}{8}x^2+3x+2$

$\qquad =-\dfrac{9}{8}\left(x-\dfrac{4}{3}\right)^2+4$

이 함수의 그래프는 오른쪽 그림과 같이 $0\le x\le 4$에서 최댓값 4를 가지므로 조건을 만족시킨다.

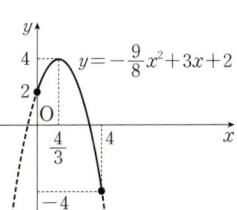

05

정의역이 $X=\{1,\ 3\}$인 두 함수 $f(x)=-x^2+ax+b$, $g(x)=|x-2|$가 서로 같으므로

$f(1)=g(1)$, $f(3)=g(3)$

$f(1)=-1+a+b$, $g(1)=1$이므로

$-1+a+b=1$ $\qquad \therefore a+b=2$ $\qquad$ ……㉠

$f(3)=-9+3a+b$, $g(3)=1$이므로

$-9+3a+b=1$ $\qquad \therefore 3a+b=10$ $\qquad$ ……㉡

㉠, ㉡을 연립하여 풀면

$a=4$, $b=-2$

$\therefore a-b=4-(-2)=6$

답 6

06

두 함수 $f(x)=x^2-3x-4$, $g(x)=-2x+2$가 서로 같은 함수이려면 정의역 X의 모든 원소 x에 대하여 $f(x)=g(x)$ 이어야 한다.

$x^2-3x-4=-2x+2$에서

$x^2-x-6=0$

$(x+2)(x-3)=0$ $\therefore x=-2$ 또는 $x=3$

이때 X의 원소가 2개이므로 이차방정식 $ax^2+bx+12=0$의 해가 $x=-2$ 또는 $x=3$이어야 한다.

해가 $x=-2$ 또는 $x=3$이고 x^2의 계수가 a인 이차방정식은

$a(x+2)(x-3)=0$

$a(x^2-x-6)=0$ $\therefore ax^2-ax-6a=0$

이 이차방정식이 $ax^2+bx+12=0$과 일치하므로

$b=-a$, $12=-6a$

따라서 $a=-2$, $b=2$이므로

$b-a=2-(-2)=4$

답 4

07

$0 \le x < 1$에서 $f(x)=x^2$이므로

$f\left(\dfrac{1}{2}\right)=\dfrac{1}{4}$

모든 실수 x에 대하여 $f(x+2)=f(x)$이고,

$-1 \le x < 0$에서 $f(x)=-x$이므로

$f\left(\dfrac{7}{4}\right)=f\left(-\dfrac{1}{4}+2\right)=f\left(-\dfrac{1}{4}\right)=-\left(-\dfrac{1}{4}\right)=\dfrac{1}{4}$

같은 방법으로

$f(3000)=f(2998)=f(2996)=\cdots=f(0)=0$

$\therefore f\left(\dfrac{1}{2}\right)+f\left(\dfrac{7}{4}\right)+f(3000)=\dfrac{1}{4}+\dfrac{1}{4}+0=\dfrac{1}{2}$

답 $\dfrac{1}{2}$

보충 설명

함수 $y=f(x)$의 그래프는 다음과 그림과 같다.

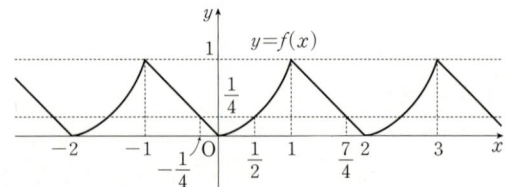

08

$f(xy)=f(x)f(y)$ ......㉠

ㄱ. ㉠의 양변에 $x=1$, $y=1$을 대입하면

$f(1)=\{f(1)\}^2$

$f(1)\{f(1)-1\}=0$

그런데 $f(1)\ne0$이므로

$f(1)=1$ (참)

ㄴ. ㉠의 양변에 $y=\dfrac{1}{x}$을 대입하면

$f(1)=f(x)\times f\left(\dfrac{1}{x}\right)$

ㄱ에서 $f(1)=1$이므로

$f\left(\dfrac{1}{x}\right)=\dfrac{1}{f(x)}$ $(\because \underline{f(x)\ne0})$ (참)
$(*)$

ㄷ. $f(x^n)=f(x^{n-1})\times f(x)$ ← $f(x^n)=f(x^{n-1}\times x)=f(x^{n-1})\times f(x)$

$\qquad =f(x^{n-2})\times\{f(x)\}^2$

$\qquad =f(x^{n-3})\times\{f(x)\}^3$

$\qquad \vdots$

$\qquad =\{f(x)\}^n$ (거짓)

따라서 옳은 것은 ㄱ, ㄴ이다.

답 ③

보충 설명

$(*)$에서 $f(x)=0$을 만족시키는 양수 x가 존재한다고 하면

$\underline{f(1)}=f(x)\underline{f\left(\dfrac{1}{x}\right)}$에서 $1=0$이 되어 모순이다.
$\ _{=1\,(\because\,ㄱ)}\quad ^{=0}$

따라서 모든 양수 x에 대하여 $f(x)\ne0$이다.

09

$f(x-y)=f(x)-f(y)$ ......㉠

㉠의 양변에 $x=0$, $y=0$을 대입하면

$f(0)=0$

㉠의 양변에 $x=0$을 대입하면

$f(-y)=f(0)-f(y)$, $f(-y)=-f(y)$ $(\because f(0)=0)$

$\therefore f(y)=-f(-y)$ ......㉡

㉠의 양변에 y 대신 $-y$를 대입하면

$f(x+y)=f(x)-f(-y)$

$\qquad =f(x)+f(y)$ $(\because ㉡)$

따라서

$f(2)=f(1+1)=f(1)+f(1)=2f(1)$

$f(3)=f(2+1)=f(2)+f(1)=3f(1)$

$f(4)=f(3+1)=f(3)+f(1)=4f(1)$

$\vdots$

$f(n)=nf(1)$ (n은 자연수)

이므로

$f(42)=42f(1)=42\times3=126$

답 126

10

주어진 그래프가 집합 $X=\{x\,|\,0\leq x\leq1\}$에서 집합 $Y=\{y\,|\,0\leq y\leq1\}$로의 함수의 그래프이려면 $0\leq a\leq1$인 임의의 실수 a에 대하여 y축에 평행한 직선 $x=a$를 그었을 때, 그래프가 직선 $x=a$와 오직 한 점에서 만나야 한다.

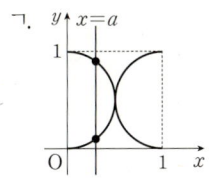 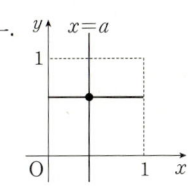

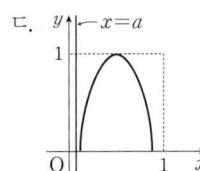 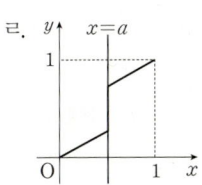

ㄱ은 두 점에서 만나는 경우가 존재하고,

ㄷ은 만나지 않는 경우가 존재하며,

ㄹ은 무수히 많은 점에서 만나는 경우가 존재한다.

따라서 함수의 그래프인 것은 ㄴ뿐이다.

답 ㄴ

11

$2|y|=-|x|+a$에서 $|y|=-\dfrac{1}{2}|x|+\dfrac{a}{2}$

(ⅰ) $x\geq0$, $y\geq0$일 때,

$y=-\dfrac{1}{2}x+\dfrac{a}{2}$

(ⅱ) $x\geq0$, $y<0$일 때,

$-y=-\dfrac{1}{2}x+\dfrac{a}{2}$ $\quad\therefore y=\dfrac{1}{2}x-\dfrac{a}{2}$

(ⅲ) $x<0$, $y\geq0$일 때,

$y=\dfrac{1}{2}x+\dfrac{a}{2}$

(ⅳ) $x<0$, $y<0$일 때,

$-y=\dfrac{1}{2}x+\dfrac{a}{2}$ $\quad\therefore y=-\dfrac{1}{2}x-\dfrac{a}{2}$

(ⅰ)~(ⅳ)에서 a는 양수이므로 $|y|=-\dfrac{1}{2}|x|+\dfrac{a}{2}$의 그래프는 다음 그림과 같다.

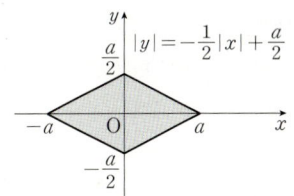

이때 그래프로 둘러싸인 도형의 넓이가 16이므로

$\dfrac{1}{2}\times2a\times a=16$

$a^2=16$ $\quad\therefore a=4$ $(\because a>0)$

답 4

보충 설명

$2|y|=-|x|+a$, 즉 $|y|=-\dfrac{1}{2}|x|+\dfrac{a}{2}$의 그래프는

$y=-\dfrac{1}{2}x+\dfrac{a}{2}$의 그래프에서 $x\geq0$, $y\geq0$인 부분만 그린 후, 이 그래프를 x축, y축, 원점에 대하여 각각 대칭이동한 것과 같다.

12

일대일함수의 그래프이려면 치역의 임의의 원소 k에 대하여 x축에 평행한 직선 $y=k$를 그었을 때, 함수 $y=f(x)$의 그래프가 직선 $y=k$와 오직 한 점에서 만나야 한다.

① 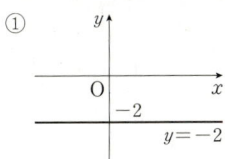 ②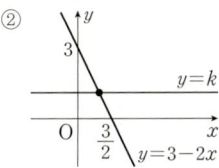

③ 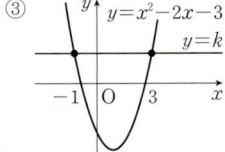 ④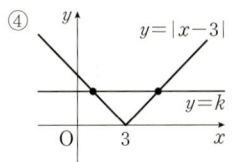

⑤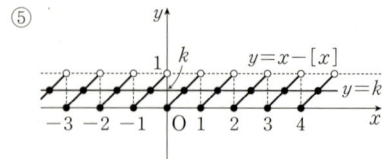

따라서 일대일함수인 것은 ②이다.

답 ②

다른 풀이

실수 전체의 집합에서 함수 f가 일대일함수이려면 임의의 두 실수 x_1, x_2에 대하여 $x_1 \neq x_2$이면 $f(x_1) \neq f(x_2)$, 즉 $f(x_1) = f(x_2)$이면 $x_1 = x_2$를 만족시켜야 한다.

① $f(x) = -2$에서 $1 \neq 2$이지만 $f(1) = f(2) = -2$이므로 일대일함수가 아니다.

② $f(x) = 3 - 2x$에서 $f(x_1) = f(x_2)$이면
$3 - 2x_1 = 3 - 2x_2$
즉, $x_1 = x_2$이므로 일대일함수이다.

③ $f(x) = x^2 - 2x - 3$에서 $-1 \neq 3$이지만
$f(-1) = f(3) = 0$이므로 일대일함수가 아니다.

④ $f(x) = |x - 3|$에서 $2 \neq 4$이지만 $f(2) = f(4) = 1$이므로 일대일함수가 아니다.

⑤ $f(x) = x - [x]$에서 $0 \neq 1$이지만 $f(0) = f(1) = 0$이므로 일대일함수가 아니다.

13

$f(x) = x^2 - 4x$
$\quad\quad = (x-2)^2 - 4$

즉, $x \geq a$에서 함수 $f(x)$가 일대일대응이려면 함수 $y = f(x)$의 그래프는 오른쪽 그림과 같아야 하므로

$a \geq 2$ ······㉠

또한, 치역은 $\{y | y \geq a\}$이어야 하므로
$f(a) = a$
즉, $a^2 - 4a = a$에서
$a^2 - 5a = 0$, $a(a-5) = 0$
$\therefore a = 0$ 또는 $a = 5$ ······㉡
㉠, ㉡에서 $a = 5$

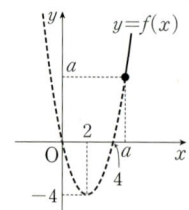

답 5

14

함수 $f(x)$가 항등함수가 되려면 정의역의 모든 원소 x에 대하여 $f(x) = x$가 성립해야 한다.

(ⅰ) $x < 2$일 때,
$-x^2 + 2 = x$에서
$x^2 + x - 2 = 0$
$(x+2)(x-1) = 0$
$\therefore x = -2$ 또는 $x = 1$

(ⅱ) $x \geq 2$일 때,
$(x+1)^2 - 7 = x$에서
$x^2 + x - 6 = 0$
$(x+3)(x-2) = 0$
$\therefore x = 2$ $(\because x \geq 2)$

(ⅰ), (ⅱ)에서 정의역 X의 원소는 -2, 1, 2이므로 그 합은
$-2 + 1 + 2 = 1$

답 1

15

함수 $f(x) = x^2 + ax + b$가 정의역 $X = \{1, 4\}$에서 항등함수이므로 $f(1) = 1$, $f(4) = 4$가 성립한다.
$f(1) = 1 + a + b = 1$에서
$a + b = 0$ ······㉠
$f(4) = 16 + 4a + b = 4$에서
$4a + b = -12$ ······㉡
㉠, ㉡을 연립하여 풀면
$a = -4$, $b = 4$

(가)

또한, 함수 $g(x) = -x^3 + 4x^2 + cx$가 정의역 $X = \{1, 4\}$에서 상수함수이므로 $g(1) = g(4)$가 성립한다.
즉, $-1 + 4 + c = -64 + 64 + 4c$에서
$3 + c = 4c$ $\therefore c = 1$

(나)

따라서 세 점 P, Q, R은
P$(-4, 0)$, Q$(0, 4)$, R$(1, 0)$
이므로 삼각형 PQR은 오른쪽 그림과 같고 그 넓이는

$\dfrac{1}{2} \times 5 \times 4 = 10$

(다)

답 10

단계	채점 기준	배점
(가)	함수 f가 항등함수임을 이용하여 a, b의 값을 각각 구한 경우	40%
(나)	함수 g가 상수함수임을 이용하여 c의 값을 구한 경우	40%
(다)	삼각형 PQR의 넓이를 구한 경우	20%

16

조건 (가)에서 f가 항등함수이므로

$f(x)=x$ $\therefore$ $f(4)=4$

조건 (나)에서 $f(x)g(x)+2h(x)=24$이므로

$xg(x)+2h(x)=24$ $\cdots\cdots$ ㉠

조건 (가)에서 g가 상수함수이므로 다음과 같이 $g(x)$의 값에 따라 경우를 나누어 생각할 수 있다.

(i) $g(x)=2$일 때,

㉠에서 $2x+2h(x)=24$이므로

$h(x)=-x+12$

$\therefore$ $h(2)=10$, $h(4)=8$, $h(6)=6$, $h(8)=4$,

$h(10)=2$

함숫값이 모두 집합 X의 원소이므로 h는 X에서 X로의 함수이다.

(ii) $g(x)=4$일 때,

㉠에서 $4x+2h(x)=24$이므로

$h(x)=-2x+12$

그런데 $h(6)=0$은 집합 X의 원소가 아니므로 h는 X에서 X로의 함수가 아니다.

(iii) $g(x)=6$일 때,

㉠에서 $6x+2h(x)=24$이므로

$h(x)=-3x+12$

그런데 $h(4)=0$은 집합 X의 원소가 아니므로 h는 X에서 X로의 함수가 아니다.

(iv) $g(x)=8$일 때,

㉠에서 $8x+2h(x)=24$이므로

$h(x)=-4x+12$

그런데 $h(4)=-4$는 집합 X의 원소가 아니므로 h는 X에서 X로의 함수가 아니다.

(v) $g(x)=10$일 때,

㉠에서 $10x+2h(x)=24$이므로

$h(x)=-5x+12$

그런데 $h(4)=-8$은 집합 X의 원소가 아니므로 h는 X에서 X로의 함수가 아니다.

(i)~(v)에서 $g(x)=2$, $h(4)=8$

$\therefore$ $f(4)+g(4)+h(4)=4+2+8=14$

답 14

17

조건 (가)에서 집합 $X=\{1, 2, 3, 4\}$에서 집합 $Y=\{a, b, c, d, e\}$로의 함수 f가 일대일함수이므로 X의 각 원소에 대한 함숫값은 모두 다른 값이 되어야 한다.

또한, 조건 (나)에서 $f(1)=b$이므로 $f(2)$, $f(3)$, $f(4)$의 값이 될 수 있는 것은 b를 제외한 a, c, d, e 중 하나이다.

그런데 조건 (다)에서 $f(2)\neq c$이므로

$f(2)$의 값이 될 수 있는 것은 a, d, e의 3개,

$f(3)$의 값이 될 수 있는 것은 a, c, d, e 중에서 $f(2)$의 값을 제외한 3개,

$f(4)$의 값이 될 수 있는 것은 a, c, d, e 중에서 $f(2)$, $f(3)$의 값을 제외한 2개이므로

조건을 만족시키는 함수 $f:X\longrightarrow Y$의 개수는

$3\times 3\times 2=18$

답 18

18

조건 (나)에서 정의역 A의 어떤 원소 n에 대하여

$f(n+2)-f(n)=4$

이고 함수 f의 공역이 $A=\{1, 2, 3, 4, 5\}$이므로

$f(n+2)=5$, $f(n)=1$인 경우만 가능하다.

(i) $n=1$일 때,

$f(1)=1$, $f(3)=5$

조건 (가)에서 f가 일대일대응이므로 집합 A의 나머지 원소 2, 3, 4에 대하여

$f(2)$의 값이 될 수 있는 것은 2, 3, 4의 3개,

$f(4)$의 값이 될 수 있는 것은 2, 3, 4 중에서 $f(2)$의 값을 제외한 2개,

$f(5)$의 값이 될 수 있는 것은 2, 3, 4 중에서 $f(2)$, $f(4)$의 값을 제외한 1개이므로

일대일대응 f의 개수는

$3 \times 2 \times 1 = 6$

(ii) $n = 2$일 때,

$f(2) = 1$, $f(4) = 5$

(i)과 같은 방법으로 일대일대응 f의 개수는

$3 \times 2 \times 1 = 6$

(iii) $n = 3$일 때,

$f(3) = 1$, $f(5) = 5$

(i)과 같은 방법으로 일대일대응 f의 개수는

$3 \times 2 \times 1 = 6$

(i), (ii), (iii)에서 일대일대응 f의 개수는

$6 + 6 + 6 = 18$

답 18

② 합성함수

기본＋필수연습
본문 pp.260~267

30 (1) 1 (2) 2

31 (1) $(f \circ f)(x) = 9x + 20$

(2) $(g \circ f)(x) = 8x^2 + 8x + 1$

32 3   **33** 11   **34** 4   **35** -3

36 7   **37** 2   **38** -2

39 (1) 0 (2) 4   **40** $f\left(\dfrac{x-1}{6}\right) = 2x + 17$

41 11   **42** (1) $f^{25}(x) = x + 75$ (2) 186

43 6   **44** (1) e (2) a **45** 4

46 (1) 풀이 참조 (2) 3   **47** $\dfrac{4}{3}$

30

(1) $(g \circ f)(3) = g(f(3)) = g(1) = 1$

(2) $(f \circ g)(1) = f(g(1)) = f(1) = 2$

답 (1) 1 (2) 2

31

(1) $(f \circ f)(x) = f(f(x)) = f(3x + 5)$

$\qquad = 3(3x + 5) + 5$

$\qquad = 9x + 20$

(2) $(g \circ f)(x) = g(f(x)) = g(2x + 1)$

$\qquad = 2(2x + 1)^2 - 1$

$\qquad = 2(4x^2 + 4x + 1) - 1$

$\qquad = 8x^2 + 8x + 1$

답 (1) $(f \circ f)(x) = 9x + 20$
(2) $(g \circ f)(x) = 8x^2 + 8x + 1$

32

$f(x) = \begin{cases} -2x + 4 & (0 \le x < 2) \\ x - 2 & (2 \le x \le 4) \end{cases}$ 에서

$f\left(\dfrac{3}{2}\right) = -2 \times \dfrac{3}{2} + 4 = 1$이므로

$(f \circ f)\left(\dfrac{3}{2}\right) = f\left(f\left(\dfrac{3}{2}\right)\right) = f(1) = -2 \times 1 + 4 = 2$

또한, $f\left(\dfrac{5}{2}\right) = \dfrac{5}{2} - 2 = \dfrac{1}{2}$이고

$(f \circ f)\left(\dfrac{5}{2}\right) = f\left(f\left(\dfrac{5}{2}\right)\right) = f\left(\dfrac{1}{2}\right) = -2 \times \dfrac{1}{2} + 4 = 3$

이므로

$(f \circ f \circ f)\left(\dfrac{5}{2}\right) = f\left((f \circ f)\left(\dfrac{5}{2}\right)\right) = f(3) = 3 - 2 = 1$

$\therefore (f \circ f)\left(\dfrac{3}{2}\right) + (f \circ f \circ f)\left(\dfrac{5}{2}\right) = 2 + 1 = 3$

답 3

33

19보다 작은 소수는 2, 3, 5, 7, 11, 13, 17의 7개이므로

$f(19) = 7$

$(f \circ f)(19) = f(f(19)) = f(7)$에서

7보다 작은 소수는 2, 3, 5의 3개이므로

$f(7) = 3$

$\therefore (f \circ f)(19) = 3$

$(f \circ f \circ f)(19) = f((f \circ f)(19)) = f(3)$에서

3보다 작은 소수는 2의 1개이므로

$f(3) = 1$

$\therefore (f \circ f \circ f)(19) = 1$

$$\therefore f(19)+(f\circ f)(19)+(f\circ f\circ f)(19)$$
$$=7+3+1=11$$

답 11

34

$(g\circ f)(2)=0$에서
$(g\circ f)(2)=g(f(2))=g(a-4)$
$\qquad\qquad =(a-4)^2-b$
$\therefore (a-4)^2-b=0 \quad\cdots\cdots\bigcirc$
$(f\circ g)(\sqrt{2})=1$에서
$(f\circ g)(\sqrt{2})=f(g(\sqrt{2}))=f(2-b)$
$\qquad\qquad =a-2(2-b)$
$\qquad\qquad =a-4+2b$
$\therefore a-4+2b=1 \quad\cdots\cdots\bigcirc\!\!\bigcirc$
$\bigcirc\!\!\bigcirc$에서 $a-4=1-2b$이므로 이것을 $\bigcirc$에 대입하면
$(1-2b)^2-b=0,\ 4b^2-5b+1=0$
$(4b-1)(b-1)=0$
$\therefore b=1$ ($\because b$는 정수)
이것을 $\bigcirc\!\!\bigcirc$에 대입하면
$a-4+2\times 1=1 \qquad \therefore a=3$
$\therefore a+b=3+1=4$

답 4

35

$f(x)=4x+a,\ g(x)=ax+4$에서
$(f\circ g)(x)=f(g(x))=f(ax+4)$
$\qquad\qquad =4(ax+4)+a$
$\qquad\qquad =4ax+16+a$
$(g\circ f)(x)=g(f(x))=g(4x+a)$
$\qquad\qquad =a(4x+a)+4$
$\qquad\qquad =4ax+a^2+4$
$(f\circ g)(x)=(g\circ f)(x)$이므로
$4ax+16+a=4ax+a^2+4$
즉, $16+a=a^2+4$에서
$a^2-a-12=0,\ (a+3)(a-4)=0$
$\therefore a=-3$ ($\because a<0$)

답 -3

36

집합 $X=\{1, 2, 3, 4, 5\}$에 대하여 함수 $f:X\longrightarrow X$가
$f(x)=\begin{cases} 1 & (x=5) \\ x+1 & (x\neq 5) \end{cases}$ 이므로 함수 f는 다음 그림과 같다.

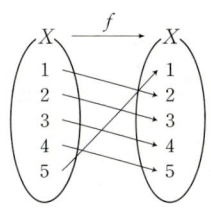

이때 $f\circ g=g\circ f$이므로
$(f\circ g)(1)=(g\circ f)(1)$에서
$f(g(1))=g(f(1)),\ f(3)=g(2)$ ($\because g(1)=3$)
$\therefore g(2)=4$
$(f\circ g)(2)=(g\circ f)(2)$에서
$f(g(2))=g(f(2)),\ f(4)=g(3)$
$\therefore g(3)=5$
$(f\circ g)(3)=(g\circ f)(3)$에서
$f(g(3))=g(f(3)),\ f(5)=g(4)$
$\therefore g(4)=1$
$(f\circ g)(4)=(g\circ f)(4)$에서
$f(g(4))=g(f(4)),\ f(1)=g(5)$
$\therefore g(5)=2$
$\therefore g(3)+g(5)=5+2=7$

답 7

37

$g\circ(h\circ f)=(g\circ h)\circ f$이므로
$(g\circ(h\circ f))(k)=((g\circ h)\circ f)(k)$
$\qquad\qquad =(g\circ h)(f(k))=(g\circ h)(2k-1)$
$\qquad\qquad =(2k-1)^2-2(2k-1)+5$
$\qquad\qquad =4k^2-8k+8$
즉, $4k^2-8k+8=13$에서 $4k^2-8k-5=0$
$(2k+1)(2k-5)=0 \qquad \therefore k=-\dfrac{1}{2}$ 또는 $k=\dfrac{5}{2}$
따라서 모든 실수 k의 값의 합은 $-\dfrac{1}{2}+\dfrac{5}{2}=2$

답 2

38

$h \circ (g \circ f) = (h \circ g) \circ f$이므로

$$(h \circ (g \circ f))(a) = ((h \circ g) \circ f)(a)$$
$$= (h \circ g)(f(a)) = (h \circ g)(2a+3)$$
$$= (2a+3)^2 - 3(2a+3) + 8$$
$$= 4a^2 + 6a + 8$$

즉, $4a^2 + 6a + 8 < 18$에서 $4a^2 + 6a - 10 < 0$

$2a^2 + 3a - 5 < 0$, $(2a+5)(a-1) < 0$

$$\therefore -\frac{5}{2} < a < 1$$

따라서 조건을 만족시키는 정수 a의 최솟값은 -2이다.

답 -2

39

(1) $(f \circ h)(x) = f(h(x)) = \frac{1}{2}h(x) + 1$이므로

$(f \circ h)(x) = g(x)$에서

$$\frac{1}{2}h(x) + 1 = -x^2 + 5$$

$$\therefore h(x) = -2x^2 + 8$$

$$\therefore h(2) = -2 \times 2^2 + 8 = 0$$

(2) $(h \circ f)(x) = h(f(x)) = h\left(\frac{1}{2}x + 1\right)$이므로

$(h \circ f)(x) = g(x)$에서

$$h\left(\frac{1}{2}x + 1\right) = -x^2 + 5 \quad \cdots\cdots \text{㉠}$$

$\frac{1}{2}x + 1 = t$로 놓으면 $x = 2t - 2$

이것을 ㉠에 대입하면

$$h(t) = -(2t-2)^2 + 5 = -4t^2 + 8t + 1$$

즉, $h(x) = -4x^2 + 8x + 1$이므로

$$h(0) = 1$$

$$\therefore (g \circ h)(0) = g(h(0))$$
$$= g(1) = -1^2 + 5 = 4$$

답 (1) 0 (2) 4

다른 풀이

(1) $(f \circ h)(2) = f(h(2)) = g(2)$이므로

$$\frac{1}{2}h(2) + 1 = -2^2 + 5 = 1$$

$$\therefore h(2) = 0$$

(2) ㉠의 양변에 $x = -2$를 대입하면

$$h(0) = -(-2)^2 + 5 = 1$$

$$\therefore (g \circ h)(0) = g(h(0))$$
$$= g(1) = -1^2 + 5 = 4$$

40

$f\left(\frac{2x-5}{4}\right) = 6x + 4$에서

$\frac{2x-5}{4} = t$로 놓으면

$$2x - 5 = 4t \qquad \therefore x = 2t + \frac{5}{2}$$

이것을 $f\left(\frac{2x-5}{4}\right) = 6x + 4$에 대입하면

$$f(t) = 6\left(2t + \frac{5}{2}\right) + 4$$
$$= 12t + 19$$

위의 식에 $t = \frac{x-1}{6}$을 대입하면

$$f\left(\frac{x-1}{6}\right) = 12 \times \frac{x-1}{6} + 19$$
$$= 2x + 17$$

답 $f\left(\frac{x-1}{6}\right) = 2x + 17$

41

$(f \circ g)(x) = 2\{g(x)\}^2 - 1$에서

$f(g(x)) = 2\{g(x)\}^2 - 1$

이때 $g(x) = t$로 놓으면

$f(t) = 2t^2 - 1 \qquad \therefore f(x) = 2x^2 - 1$

g는 일차함수이므로 $g(x) = ax + b$ $(a \neq 0, a, b$는 상수$)$라 하면

$$(g \circ f)(x) = g(f(x)) = g(2x^2 - 1)$$
$$= a(2x^2 - 1) + b$$
$$= 2ax^2 - a + b$$

$$2 - \{g(x)\}^2 = 2 - (ax + b)^2$$
$$= -a^2x^2 - 2abx - b^2 + 2$$

이때 $(g \circ f)(x) = 2 - \{g(x)\}^2$에서

$$2ax^2 - a + b = -a^2x^2 - 2abx - b^2 + 2$$

이 등식은 x에 대한 항등식이므로

$2a=-a^2,\ 0=-2ab,\ -a+b=-b^2+2$

$2a=-a^2$에서 $a^2+2a=0$

$a(a+2)=0$　　$\therefore a=-2\ (\because a\neq 0)$

$a=-2$이면 $-2ab=0$에서

$4b=0$　　$\therefore b=0$

이때 $a=-2,\ b=0$은 $-a+b=-b^2+2$를 만족시킨다.

$\therefore g(x)=-2x$

따라서 $f(x)=2x^2-1,\ g(x)=-2x$이므로

$f(3)+g(3)=17+(-6)=11$

답 11

$f^3(3)=(f\circ f^2)(3)=f(f^2(3))=f(2)=3$

$f^4(3)=(f\circ f^3)(3)=f(f^3(3))=f(3)=1$

$\qquad\vdots$

즉, $n=1,\ 2,\ 3,\ \cdots$일 때, $f^n(3)$의 값은 1, 2, 3이 이 순서대로 반복된다.

이때 $64=3\times 21+1$이므로

$f^{64}(3)=f^1(3)=1$

한편, $f(4)=4$이므로 자연수 n에 대하여

$f^n(4)=4$　　$\therefore f^{65}(4)=4$

$\therefore f^{63}(1)+f^{64}(3)+f^{65}(4)=1+1+4=6$

답 6

42

(1) $f^1(x)=f(x)=x+3$

$\quad f^2(x)=(f\circ f^1)(x)=f(f^1(x))$

$\qquad\qquad =f(x+3)=(x+3)+3=x+6$

$\quad f^3(x)=(f\circ f^2)(x)=f(f^2(x))$

$\qquad\qquad =f(x+6)=(x+6)+3=x+9$

$\qquad\qquad\vdots$

따라서 자연수 n에 대하여 $f^n(x)=x+3n$

$\quad\therefore f^{25}(x)=x+3\times 25=x+75$

(2) $f^{60}(x)=x+3\times 60=x+180$이므로

$\quad f^{60}(6)=6+180=186$

답 (1) $f^{25}(x)=x+75$　(2) 186

43

$f^1(1)=f(1)=2$이고

$f^2(1)=(f\circ f^1)(1)=f(f^1(1))=f(2)=3$

$f^3(1)=(f\circ f^2)(1)=f(f^2(1))=f(3)=1$

$f^4(1)=(f\circ f^3)(1)=f(f^3(1))=f(1)=2$

$\qquad\vdots$

즉, $n=1,\ 2,\ 3,\ \cdots$일 때, $f^n(1)$의 값은 2, 3, 1이 이 순서대로 반복된다.

이때 $63=3\times 21$이므로

$f^{63}(1)=f^3(1)=1$

또한, $f^1(3)=f(3)=1$이고

$f^2(3)=(f\circ f^1)(3)=f(f^1(3))=f(1)=2$

44

직선 $y=x$를 이용하여 점선과 y축이 만나는 점의 y좌표를 구하면 오른쪽 그림과 같다.

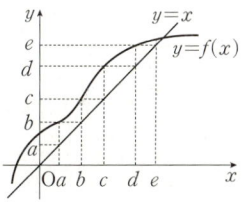

(1) $f(c)=d,\ f(d)=e$이므로

$\quad (f\circ f)(c)=f(f(c))$

$\qquad\qquad =f(d)=e$

(2) $f(x)=t$로 놓으면

$\quad (f\circ f\circ f)(x)=f(f(f(x)))=f(f(t))=d$

이때 $f(c)=d$이므로 $f(t)=c$

또한, $f(b)=c$이므로 $t=b$

따라서 $f(x)=b$를 만족시키는 x의 값은 a이므로 구하는 x의 값은 a이다.

답 (1) e　(2) a

45

주어진 그래프에서 $f(0)=3,\ f(1)=2,\ f(2)=4,\ f(3)=1,$ $f(4)=0$이므로

$f^1(1)=f(1)=2$

$f^2(1)=(f\circ f^1)(1)=f(f^1(1))=f(2)=4$

$f^3(1)=(f\circ f^2)(1)=f(f^2(1))=f(4)=0$

$f^4(1)=(f\circ f^3)(1)=f(f^3(1))=f(0)=3$

$f^5(1)=(f\circ f^4)(1)=f(f^4(1))=f(3)=1$

$f^6(1)=(f\circ f^5)(1)=f(f^5(1))=f(1)=2$

$\qquad\vdots$

따라서 $n=1, 2, 3, \cdots$일 때, $f^n(1)$의 값은 $2, 4, 0, 3, 1$이 이 순서대로 반복된다.

이때 $567=5\times113+2$이므로
$$f^{567}(1)=f^2(1)=4$$

답 4

46

(1) $f(x)=\begin{cases} x+1 & (0\leq x<1) \\ -2x+4 & (1\leq x\leq2) \end{cases}$,

$g(x)=\begin{cases} -2x+2 & (0\leq x<1) \\ 2x-2 & (1\leq x\leq2) \end{cases}$ 이므로

$(g\circ f)(x)=g(f(x))$

$=\begin{cases} -2f(x)+2 & (0\leq f(x)<1) \\ 2f(x)-2 & (1\leq f(x)\leq2) \end{cases}$

$=\begin{cases} 2(x+1)-2 & (0\leq x<1) \\ 2(-2x+4)-2 & \left(1\leq x\leq\dfrac{3}{2}\right) \\ -2(-2x+4)+2 & \left(\dfrac{3}{2}<x\leq2\right) \end{cases}$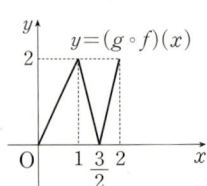

$=\begin{cases} 2x & (0\leq x<1) \\ -4x+6 & \left(1\leq x\leq\dfrac{3}{2}\right) \\ 4x-6 & \left(\dfrac{3}{2}<x\leq2\right) \end{cases}$

따라서 함수 $y=(g\circ f)(x)$의 그래프는 오른쪽 그림과 같다.

(2) 방정식 $(g\circ f)(x)=1$의 실근의 개수는 함수 $y=(g\circ f)(x)$의 그래프와 직선 $y=1$의 교점의 개수와 같으므로 3이다.

답 (1) 풀이 참조 (2) 3

다른 풀이

(2) $(g\circ f)(x)=1$, 즉 $g(f(x))=1$에서
$$-2f(x)+2=1 \text{ 또는 } 2f(x)-2=1$$
$$\therefore f(x)=\frac{1}{2} \text{ 또는 } f(x)=\frac{3}{2}$$

(i) $f(x)=\dfrac{1}{2}$일 때,
$$-2x+4=\frac{1}{2} \qquad \therefore x=\frac{7}{4}$$

(ii) $f(x)=\dfrac{3}{2}$일 때,
$$x+1=\frac{3}{2} \text{ 또는 } -2x+4=\frac{3}{2}$$
$$\therefore x=\frac{1}{2} \text{ 또는 } x=\frac{5}{4}$$

(i), (ii)에서 방정식 $(g\circ f)(x)=1$의 실근의 개수는 3이다.

47

$f(x)=-2|x|+5=\begin{cases} 2x+5 & (x<0) \\ -2x+5 & (x\geq0) \end{cases}$,

$g(x)=|x|-3=\begin{cases} -x-3 & (x<0) \\ x-3 & (x\geq0) \end{cases}$ 이므로

$(g\circ f)(x)=g(f(x))=\begin{cases} -f(x)-3 & (f(x)<0) \\ f(x)-3 & (f(x)\geq0) \end{cases}$

$=\begin{cases} -(2x+5)-3 & \left(x<-\dfrac{5}{2}\right) \\ 2x+5-3 & \left(-\dfrac{5}{2}\leq x<0\right) \\ -2x+5-3 & \left(0\leq x\leq\dfrac{5}{2}\right) \\ -(-2x+5)-3 & \left(x>\dfrac{5}{2}\right) \end{cases}$

$=\begin{cases} -2x-8 & \left(x<-\dfrac{5}{2}\right) \\ 2x+2 & \left(-\dfrac{5}{2}\leq x<0\right) \\ -2x+2 & \left(0\leq x\leq\dfrac{5}{2}\right) \\ 2x-8 & \left(x>\dfrac{5}{2}\right) \end{cases}$

즉, 함수 $y=(g\circ f)(x)$의 그래프는 다음 그림과 같다.

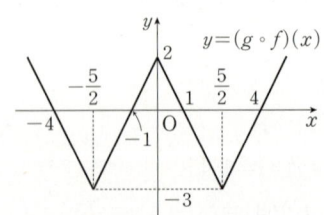

(ⅰ) $x<-\dfrac{5}{2}$일 때,

$(g\circ f)(x)=-2x-8$이므로

$-2x-8=\dfrac{1}{2}x-\dfrac{1}{2}$

$\dfrac{5}{2}x=-\dfrac{15}{2}$ $\therefore x=-3$

(ⅱ) $-\dfrac{5}{2}\leq x<0$일 때,

$(g\circ f)(x)=2x+2$이므로

$2x+2=\dfrac{1}{2}x-\dfrac{1}{2}$

$\dfrac{3}{2}x=-\dfrac{5}{2}$ $\therefore x=-\dfrac{5}{3}$

(ⅲ) $0\leq x\leq\dfrac{5}{2}$일 때,

$(g\circ f)(x)=-2x+2$이므로

$-2x+2=\dfrac{1}{2}x-\dfrac{1}{2}$

$\dfrac{5}{2}x=\dfrac{5}{2}$ $\therefore x=1$

(ⅳ) $x>\dfrac{5}{2}$일 때,

$(g\circ f)(x)=2x-8$이므로

$2x-8=\dfrac{1}{2}x-\dfrac{1}{2}$

$\dfrac{3}{2}x=\dfrac{15}{2}$ $\therefore x=5$

(ⅰ)~(ⅳ)에서 조건을 만족시키는 모든 실수 x의 값의 합은

$-3+\left(-\dfrac{5}{3}\right)+1+5=\dfrac{4}{3}$

답 $\dfrac{4}{3}$

보충 설명

방정식 $(g\circ f)(x)=\dfrac{1}{2}x-\dfrac{1}{2}$의 실근은 함수 $y=(g\circ f)(x)$

의 그래프와 직선 $y=\dfrac{1}{2}x-\dfrac{1}{2}$의 교점의 x좌표와 같다.

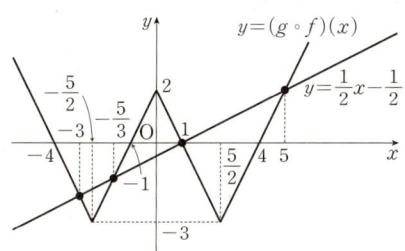

---

19 18	**20** 4	**21** 16	**22** 6
23 $k=0$ 또는 $k>4$		**24** $-\dfrac{1}{4}$	**25** 2
26 $\dfrac{14}{9}$	**27** 13	**28** 5	**29** -3
30 4			

19

$(f\circ f)(0)=f(f(0))=f(a)$
$\qquad\qquad\quad=2a^2-3a$

$(f\circ f)(1)=f(f(1))=f(a-2)$
$\qquad\qquad\quad=2(a-2)^2-4(a-2)+a=2a^2-11a+16$

이때 $(f\circ f)(0)=(f\circ f)(1)$이므로

$2a^2-3a=2a^2-11a+16$

$8a=16$ $\therefore a=2$

따라서 $f(x)=2x^2-4x+2$이므로

$f(4)=2\times4^2-4\times4+2=18$

답 18

20

함수 $f:X\longrightarrow X$가 일대일대응이려면 집합 X의 모든 원소가 집합 X의 모든 원소에 각각 하나씩 대응되어야 한다. 이때 $f(2)=3$이므로 함수 $f\circ f$를 다음 그림과 같이 나타낼 수 있다.

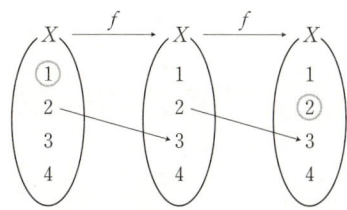

또한, 함수 f가 일대일대응이고 $f(2)=3$이므로 $f(1)$의 값이 될 수 있는 가능한 것은 1, 2, 4의 3개이다.

(ⅰ) $f(1)=1$이면
$\quad(f\circ f)(1)=f(f(1))=f(1)=1\neq2$

(ⅱ) $f(1)=2$이면
$\quad(f\circ f)(1)=f(f(1))=f(2)=3\neq2$

(ⅲ) $f(1)=4$이면
$\quad(f\circ f)(1)=f(f(1))=f(4)=2$

(i), (ii), (iii)에서 $f(1)=4$, $f(2)=3$, $f(4)=2$이고 함수 f는 일대일대응이므로 $f(3)=1$

$\therefore (f \circ f)(3)=f(f(3))=f(1)=4$

답 4

보충 설명

함수 f의 대응 관계를 그림으로 나타내면 다음과 같다.

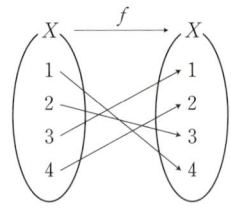

21

$g(x)=-2x^2+8x-7$
$\qquad =-2(x-2)^2+1$

즉, 함수 $y=g(x)$의 치역은 $\{y | y \leq 1\}$이므로 $g(x)=t$로 놓으면 합성함수 $y=(f \circ g)(x)=f(g(x))$, 즉 $y=f(t)$의 정의역은 $\{t | t \leq 1\}$이고

$y=f(t)=t^2-6t+k$
$\quad =(t-3)^2+k-9$

따라서 정의역이 $\{t | t \leq 1\}$인 함수 $y=f(t)$의 그래프는 오른쪽 그림과 같으므로 합성함수 $y=(f \circ g)(x)$의 치역은 $\{y | y \geq k-5\}$이다.

이때 합성함수 $y=(f \circ g)(x)$의 최솟값이 11이므로

$k-5=11 \qquad \therefore k=16$

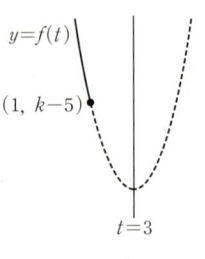

답 16

22

$f(x)=2x-3$, $g(x)=x^2+2x$에서

$(g \circ f)(x)=g(f(x))=g(2x-3)$
$\qquad\qquad =(2x-3)^2+2(2x-3)$
$\qquad\qquad =4x^2-8x+3$

$(f \circ g)(x)=f(g(x))=f(x^2+2x)$
$\qquad\qquad =2(x^2+2x)-3$
$\qquad\qquad =2x^2+4x-3$

즉, 방정식 $(g \circ f)(x)=(f \circ g)(x)$에서

$4x^2-8x+3=2x^2+4x-3$

$2x^2-12x+6=0 \qquad \therefore x^2-6x+3=0$

따라서 이차방정식 $x^2-6x+3=0$의 모든 실근의 합은 이차방정식의 근과 계수의 관계에 의하여 6이다.

답 6

보충 설명

이차방정식 $x^2-6x+3=0$의 판별식을 D라 하면

$\dfrac{D}{4}=(-3)^2-3=6>0$이므로 서로 다른 두 실근을 갖는다.

따라서 두 실근은 $x=3\pm\sqrt{6}$이므로 구하는 합은

$3+\sqrt{6}+(3-\sqrt{6})=6$

23

$(f \circ g)(x)=|x^2-4|$, $h(x)=-x+3$이고

$f \circ (g \circ h)=(f \circ g) \circ h$이므로

$(f \circ (g \circ h))(x)=((f \circ g) \circ h)(x)$
$\qquad\qquad\qquad =(f \circ g)(h(x))$
$\qquad\qquad\qquad =(f \circ g)(-x+3)$
$\qquad\qquad\qquad =|(-x+3)^2-4|$
$\qquad\qquad\qquad =|x^2-6x+5|$

즉, 방정식 $|x^2-6x+5|=k$가 서로 다른 두 실근을 가지려면 함수 $y=|x^2-6x+5|$의 그래프와 직선 $y=k$가 서로 다른 두 점에서 만나야 한다.

이때 $x^2-6x+5=(x-1)(x-5)$이므로

$y=|x^2-6x+5|$

$\quad =\begin{cases} x^2-6x+5 & (x<1 \text{ 또는 } x>5) \\ -x^2+6x-5 & (1 \leq x \leq 5) \end{cases}$

따라서 함수 $y=|x^2-6x+5|$의 그래프는 오른쪽 그림과 같으므로 구하는 k의 값 또는 k의 값의 범위는

$k=0$ 또는 $k>4$

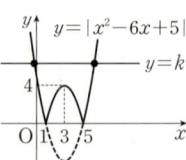

답 $k=0$ 또는 $k>4$

보충 설명

함수 $y=|x^2-6x+5|$의 그래프는 함수 $y=x^2-6x+5$의 그래프에서 $y \geq 0$인 부분은 그대로 두고, $y<0$인 부분은 x축에 대하여 대칭이동한 것과 같다.

24

조건 ㈎의 $(f \circ g)(x) = \{g(x)-1\}^2+4$에서

$f(g(x)) = \{g(x)-1\}^2+4$

이때 $g(x) = t$로 놓으면

$f(t) = (t-1)^2+4$

$\qquad = t^2-2t+5$

$\therefore f(x) = x^2-2x+5$

또한, $g(x) = ax+b$ ($a \neq 0$, a, b는 상수)이므로

$(g \circ f)(x) = g(f(x))$

$\qquad\qquad = g(x^2-2x+5)$

$\qquad\qquad = a(x^2-2x+5)+b$

$\qquad\qquad = ax^2-2ax+5a+b \qquad \cdots\cdots ㉠$

$2\{g(x)\}^2+\dfrac{3}{2} = 2(ax+b)^2+\dfrac{3}{2}$

$\qquad\qquad\qquad = 2a^2x^2+4abx+2b^2+\dfrac{3}{2} \qquad \cdots\cdots ㉡$

조건 ㈏에서 ㉠=㉡이므로

$ax^2-2ax+5a+b = 2a^2x^2+4abx+2b^2+\dfrac{3}{2}$

이 등식은 x에 대한 항등식이므로

$a = 2a^2$, $-2a = 4ab$, $5a+b = 2b^2+\dfrac{3}{2}$

$a = 2a^2$에서 $2a^2-a = 0$

$a(2a-1) = 0 \qquad a = \dfrac{1}{2}$ ($\because a \neq 0$)

$a = \dfrac{1}{2}$을 $-2a = 4ab$에 대입하면

$-1 = 2b \qquad \therefore b = -\dfrac{1}{2}$

또한, $a = \dfrac{1}{2}$, $b = -\dfrac{1}{2}$은 $5a+b = 2b^2+\dfrac{3}{2}$을 만족시킨다.

$\therefore ab = \dfrac{1}{2} \times \left(-\dfrac{1}{2}\right) = -\dfrac{1}{4}$

답 $-\dfrac{1}{4}$

25

$f(x) = -x+4$, $g(x) = \begin{cases} 3-x & (x \leq 2) \\ x-1 & (x > 2) \end{cases}$ 에서

$(h \circ f)(x) = g(x)$이므로

$h(f(x)) = g(x)$

$\therefore h(-x+4) = \begin{cases} 3-x & (x \leq 2) \\ x-1 & (x > 2) \end{cases} \qquad \cdots\cdots ㉠$ $(*)$

$-x+4 = t$로 놓으면 $x = 4-t$

이것을 ㉠에 대입하면

$h(t) = \begin{cases} 3-(4-t) & (4-t \leq 2) \\ (4-t)-1 & (4-t > 2) \end{cases}$

$\qquad = \begin{cases} t-1 & (t \geq 2) \\ -t+3 & (t < 2) \end{cases}$

$\therefore h(3) = 3-1 = 2$

답 2

다른 풀이

$(*)$에서 ㉠의 양변에 $x = 1$을 대입하면

$h(3) = 3-1 = 2$

26

$f(x) = \begin{cases} -2x+1 & \left(0 \leq x \leq \dfrac{1}{2}\right) \\ 2x-1 & \left(\dfrac{1}{2} < x \leq 1\right) \end{cases}$ 이므로

$f^1\left(\dfrac{1}{2}\right) = f\left(\dfrac{1}{2}\right) = -2 \times \dfrac{1}{2}+1 = 0$

$f^2\left(\dfrac{1}{2}\right) = (f \circ f^1)\left(\dfrac{1}{2}\right) = f\left(f^1\left(\dfrac{1}{2}\right)\right) = f(0)$

$\qquad\qquad = -2 \times 0+1 = 1$

$f^3\left(\dfrac{1}{2}\right) = (f \circ f^2)\left(\dfrac{1}{2}\right) = f\left(f^2\left(\dfrac{1}{2}\right)\right) = f(1)$

$\qquad\qquad = 2 \times 1-1 = 1$

$f^4\left(\dfrac{1}{2}\right) = (f \circ f^3)\left(\dfrac{1}{2}\right) = f\left(f^3\left(\dfrac{1}{2}\right)\right) = f(1)$

$\qquad\qquad = 2 \times 1-1 = 1$

$\qquad\qquad \vdots$

즉, $n \neq 1$인 모든 자연수 n에 대하여 $f^n\left(\dfrac{1}{2}\right) = 1$이므로

$f^{55}\left(\dfrac{1}{2}\right) = 1$

또한, $f^1\left(\dfrac{1}{9}\right) = f\left(\dfrac{1}{9}\right) = -2 \times \dfrac{1}{9}+1 = \dfrac{7}{9}$

$f^2\left(\dfrac{1}{9}\right) = (f \circ f^1)\left(\dfrac{1}{9}\right) = f\left(f^1\left(\dfrac{1}{9}\right)\right) = f\left(\dfrac{7}{9}\right)$

$\qquad\qquad = 2 \times \dfrac{7}{9}-1 = \dfrac{5}{9}$

$$f^3\left(\frac{1}{9}\right)=(f\circ f^2)\left(\frac{1}{9}\right)=f\left(f^2\left(\frac{1}{9}\right)\right)=f\left(\frac{5}{9}\right)$$
$$=2\times\frac{5}{9}-1=\frac{1}{9}$$
$$f^4\left(\frac{1}{9}\right)=(f\circ f^3)\left(\frac{1}{9}\right)=f\left(f^3\left(\frac{1}{9}\right)\right)=f\left(\frac{1}{9}\right)$$
$$=-2\times\frac{1}{9}+1=\frac{7}{9}$$
$$\vdots$$

즉, $n=1,\ 2,\ 3,\ \cdots$일 때, $f^n\left(\frac{1}{9}\right)$의 값은 $\frac{7}{9},\ \frac{5}{9},\ \frac{1}{9}$이 이 순서대로 반복된다.

이때 $56=3\times18+2$이므로
$$f^{56}\left(\frac{1}{9}\right)=f^2\left(\frac{1}{9}\right)=\frac{5}{9}$$
$$\therefore f^{55}\left(\frac{1}{2}\right)+f^{56}\left(\frac{1}{9}\right)=1+\frac{5}{9}=\frac{14}{9}$$

답 $\dfrac{14}{9}$

27

함수 $y=f(x)$의 그래프에서
$$f(x)=\begin{cases}2x+1 & (-1\leq x<0)\\-2x+1 & (0\leq x\leq1)\end{cases}$$이므로
$$f^1\left(\frac{1}{4}\right)=f\left(\frac{1}{4}\right)=-2\times\frac{1}{4}+1=\frac{1}{2}$$
$$f^2\left(\frac{1}{4}\right)=(f\circ f^1)\left(\frac{1}{4}\right)=f\left(f^1\left(\frac{1}{4}\right)\right)=f\left(\frac{1}{2}\right)$$
$$=-2\times\frac{1}{2}+1=0$$
$$f^3\left(\frac{1}{4}\right)=(f\circ f^2)\left(\frac{1}{4}\right)=f\left(f^2\left(\frac{1}{4}\right)\right)=f(0)$$
$$=-2\times0+1=1$$
$$f^4\left(\frac{1}{4}\right)=(f\circ f^3)\left(\frac{1}{4}\right)=f\left(f^3\left(\frac{1}{4}\right)\right)=f(1)$$
$$=-2\times1+1=-1$$
$$f^5\left(\frac{1}{4}\right)=(f\circ f^4)\left(\frac{1}{4}\right)=f\left(f^4\left(\frac{1}{4}\right)\right)=f(-1)$$
$$=2\times(-1)+1=-1$$
$$\vdots$$
즉, $f\left(\frac{1}{4}\right)=\frac{1}{2},\ f^2\left(\frac{1}{4}\right)=0,\ f^3\left(\frac{1}{4}\right)=1,$
$$f^4\left(\frac{1}{4}\right)=f^5\left(\frac{1}{4}\right)=f^6\left(\frac{1}{4}\right)=\cdots=-1$$이므로

$$f\left(\frac{1}{4}\right)+f^2\left(\frac{1}{4}\right)+f^3\left(\frac{1}{4}\right)+\cdots+f^n\left(\frac{1}{4}\right)$$
$$=\frac{1}{2}+0+1+(n-3)\times(-1)$$
$$=-n+\frac{9}{2}$$

이때 $-n+\frac{9}{2}\leq-8$에서 $n\geq\frac{25}{2}=12.5$

따라서 조건을 만족시키는 자연수 n의 최솟값은 13이다.

답 13

28

$(f\circ f)(a)=3$, 즉 $f(f(a))=3$에서 $f(a)=t$로 놓으면
$$f(t)=3$$
함수 $y=f(x)$의 그래프가 오른쪽 그림과 같으므로
$$0\leq t\leq1$$
즉, $0\leq f(a)\leq1$이므로 $\frac{5}{3}\leq a\leq3$

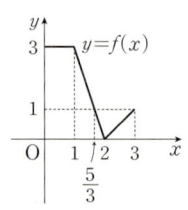

따라서 실수 a의 최댓값은 $M=3$, 최솟값은 $m=\frac{5}{3}$이므로
$$Mm=3\times\frac{5}{3}=5$$

답 5

보충 설명

함수 $y=f(x)$의 그래프에서
두 점 $(1,\ 3),\ (2,\ 0)$을 지나는 직선의 방정식은
$$y-3=\frac{0-3}{2-1}(x-1)\qquad\therefore y=-3x+6$$
두 점 $(2,\ 0),\ (3,\ 1)$을 지나는 직선의 방정식은
$$y-0=\frac{1-0}{3-2}(x-2)\qquad\therefore y=x-2$$
$$\therefore f(x)=\begin{cases}3 & (0\leq x<1)\\-3x+6 & (1\leq x<2)\\x-2 & (2\leq x\leq3)\end{cases}$$
이때 $0\leq f(a)\leq1\ (0\leq a\leq3)$이라 하면
(i) $1\leq a<2$일 때,
$$0\leq-3a+6\leq1\qquad\therefore\frac{5}{3}\leq a\leq2$$
그런데 $1\leq a<2$이므로 $\frac{5}{3}\leq a<2$

(ii) $2 \leq a \leq 3$일 때,

$\quad 0 \leq a-2 \leq 1 \qquad \therefore 2 \leq a \leq 3$

(i), (ii)에서 $0 \leq f(a) \leq 1$을 만족시키는 실수 a의 값의 범위는

$\dfrac{5}{3} \leq a \leq 3$

29

$f(x) = \begin{cases} x^2 - 2ax + 8 & (x < 0) \\ x + 8 & (x \geq 0) \end{cases}$, $g(x) = x + 6$에서

$(g \circ f)(x) = g(f(x)) = f(x) + 6$

$\qquad = \begin{cases} (x^2 - 2ax + 8) + 6 & (x < 0) \\ (x + 8) + 6 & (x \geq 0) \end{cases}$

$\qquad = \begin{cases} (x-a)^2 - a^2 + 14 & (x < 0) \\ x + 14 & (x \geq 0) \end{cases}$

이때 $a \geq 0$이면 합성함수 $y = (g \circ f)(x)$의 그래프는 오른쪽 그림과 같으므로 치역은 $\{y \mid y \geq 14\}$이다.

즉, 조건을 만족시키지 않으므로 $a < 0$이어야 한다.

$a < 0$일 때, 합성함수 $g \circ f$의 치역이 $\{y \mid y \geq 5\}$이려면 합성함수 $y = (g \circ f)(x)$의 그래프가 오른쪽 그림과 같아야 한다.

따라서 $-a^2 + 14 = 5$이므로

$a^2 = 9 \qquad \therefore a = -3 \ (\because a < 0)$

답 -3

30

함수 $y = f(x)$의 그래프에서

$f(x) = \begin{cases} -2x + 2 & (0 \leq x < 1) \\ 2x - 2 & (1 \leq x \leq 2) \end{cases}$

$(f \circ f)(x) = f(x)$, 즉 $f(f(x)) = f(x)$에서

$f(x) = t$로 놓으면 $f(t) = t$

(i) $0 \leq t < 1$일 때,

$\quad -2t + 2 = t, \ 3t = 2 \qquad \therefore t = \dfrac{2}{3}$

(ii) $1 \leq t \leq 2$일 때,

$\quad 2t - 2 = t \qquad \therefore t = 2$

(i), (ii)에서 $f(x) = \dfrac{2}{3}$ 또는 $f(x) = 2$이므로

방정식 $(f \circ f)(x) = f(x)$, 즉 $f(x) = \dfrac{2}{3}$ 또는 $f(x) = 2$의

실근은 함수 $y = f(x)$의 그래프와 직선 $y = \dfrac{2}{3}$, $y = 2$가 만나는 점의 x좌표와 같다.

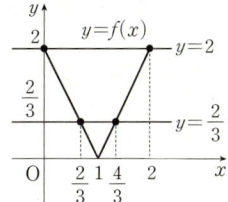

$\therefore x = 0$ 또는 $x = \dfrac{2}{3}$ 또는 $x = \dfrac{4}{3}$ 또는 $x = 2$

따라서 주어진 방정식의 모든 실근의 합은

$0 + \dfrac{2}{3} + \dfrac{4}{3} + 2 = 4$

답 4

다른 풀이

$f(x) = \begin{cases} -2x + 2 & (0 \leq x < 1) \\ 2x - 2 & (1 \leq x \leq 2) \end{cases}$에서

$(f \circ f)(x)$

$= f(f(x))$

$= \begin{cases} -2f(x) + 2 & (0 \leq f(x) < 1) \\ 2f(x) - 2 & (1 \leq f(x) \leq 2) \end{cases}$

$= \begin{cases} 2(-2x+2) - 2 & \left(0 \leq x \leq \dfrac{1}{2}\right) \\ -2(-2x+2) + 2 & \left(\dfrac{1}{2} < x < 1\right) \\ -2(2x-2) + 2 & \left(1 \leq x < \dfrac{3}{2}\right) \\ 2(2x-2) - 2 & \left(\dfrac{3}{2} \leq x \leq 2\right) \end{cases}$

$= \begin{cases} -4x + 2 & \left(0 \leq x \leq \dfrac{1}{2}\right) \\ 4x - 2 & \left(\dfrac{1}{2} < x < 1\right) \\ -4x + 6 & \left(1 \leq x < \dfrac{3}{2}\right) \\ 4x - 6 & \left(\dfrac{3}{2} \leq x \leq 2\right) \end{cases}$

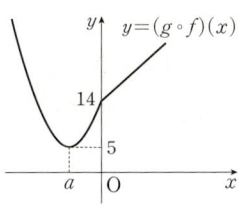

따라서 두 함수 $y=(f\circ f)(x)$, $y=f(x)$의 그래프는 각각 다음 그림과 같다.

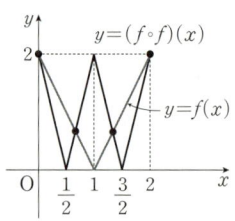

(i) $0\le x\le\dfrac{1}{2}$일 때, $(f\circ f)(x)=f(x)$에서

$\qquad -4x+2=-2x+2 \qquad \therefore\ x=0$

(ii) $\dfrac{1}{2}<x<1$일 때, $(f\circ f)(x)=f(x)$에서

$\qquad 4x-2=-2x+2 \qquad \therefore\ x=\dfrac{2}{3}$

(iii) $1\le x<\dfrac{3}{2}$일 때, $(f\circ f)(x)=f(x)$에서

$\qquad -4x+6=2x-2 \qquad \therefore\ x=\dfrac{4}{3}$

(iv) $\dfrac{3}{2}\le x\le 2$일 때, $(f\circ f)(x)=f(x)$에서

$\qquad 4x-6=2x-2 \qquad \therefore\ x=2$

(i)~(iv)에서 구하는 모든 실근은

$x=0$ 또는 $x=\dfrac{2}{3}$ 또는 $x=\dfrac{4}{3}$ 또는 $x=2$이므로 그 합은

$0+\dfrac{2}{3}+\dfrac{4}{3}+2=4$

보충 설명

방정식 $(f\circ f)(x)=f(x)$의 실근과 방정식 $f(x)=x$의 실근은 같은 것일까?

$(f\circ f)(x)=f(f(x))=f(x)$에서 $f(x)=t$로 놓으면 $f(t)=t$이므로 $f(x)=x$와 같다고 생각할 수 있다.

그러나 $f(k)=t\ (k\neq t)$를 만족시키는 k에 대하여 $f(f(k))=f(t)=t$이므로 방정식 $(f\circ f)(x)=f(x)$는 $x=t$ 이외에 $x=k$를 근으로 갖는다.

즉, 방정식 $(f\circ f)(x)=f(x)$의 실근과 방정식 $f(x)=x$의 실근이 같지 않을 수 있음에 주의하자.

---

③ 역함수

기본+필수연습   본문 pp.274~280

48 (1) 2 (2) 17	
49 (1) $y=-x+2$ (2) $y=\dfrac{3}{2}x+\dfrac{1}{2}$	
50 (1) 4 (2) 2	**51** $\left(\dfrac{1}{6},\ \dfrac{1}{6}\right)$
52 $-2<a<2$	**53** 3 **54** -3
55 5 **56** 3	**57** 10 **58** 0
59 -5 **60** (1) c (2) a	**61** a
62 $\sqrt{2}$ **63** 10	**64** 21

48

(1) $f^{-1}(7)=a$에서 $f(a)=7$이므로

$\qquad 2a+3=7 \qquad \therefore\ a=2$

(2) $f^{-1}(a)=7$에서 $f(7)=a$이므로

$\qquad a=2\times 7+3=17$

$\qquad\qquad\qquad\qquad\qquad$ **답** (1) 2   (2) 17

49

(1) 주어진 함수는 일대일대응이므로 역함수가 존재한다.

$\qquad y=2-x$를 x에 대하여 풀면

$\qquad -x=y-2 \qquad \therefore\ x=-y+2$

$\qquad x$와 y를 서로 바꾸면 구하는 역함수는 $y=-x+2$

(2) 주어진 함수는 일대일대응이므로 역함수가 존재한다.

$\qquad y=\dfrac{2}{3}x-\dfrac{1}{3}$을 x에 대하여 풀면

$\qquad \dfrac{2}{3}x=y+\dfrac{1}{3} \qquad \therefore\ x=\dfrac{3}{2}y+\dfrac{1}{2}$

$\qquad x$와 y를 서로 바꾸면 구하는 역함수는 $y=\dfrac{3}{2}x+\dfrac{1}{2}$

$\qquad\qquad$ **답** (1) $y=-x+2$ (2) $y=\dfrac{3}{2}x+\dfrac{1}{2}$

50

(1) $(f\circ g^{-1})^{-1}(4)=(g\circ f^{-1})(4)=g(f^{-1}(4))$
$\qquad\qquad\qquad\qquad =g(3)=4$

(2) $((f \circ g)^{-1} \circ f)(1) = (g^{-1} \circ f^{-1} \circ f)(1)$
$= (g^{-1} \circ (f^{-1} \circ f))(1)$
$\underset{\text{집합 } X \text{에서의 항등함수}}{= g^{-1}(1) = 2}$

답 (1) 4 (2) 2

51

함수 $y=f(x)$의 그래프와 직선 $y=x$의 교점의 좌표는 함수 $y=f(x)$의 그래프와 그 역함수 $y=f^{-1}(x)$의 그래프의 교점의 좌표와 같으므로

$7x-1=x, 6x=1 \qquad \therefore x=\dfrac{1}{6}$

따라서 구하는 교점의 좌표는 $\left(\dfrac{1}{6}, \dfrac{1}{6}\right)$이다.

답 $\left(\dfrac{1}{6}, \dfrac{1}{6}\right)$

52

$f(x)=a|x+4|+2x+1$에서

(ⅰ) $x<-4$일 때,
$\quad f(x)=-a(x+4)+2x+1$
$\qquad = (2-a)x-4a+1$

(ⅱ) $x \geq -4$일 때,
$\quad f(x)=a(x+4)+2x+1$
$\qquad = (2+a)x+4a+1$

(ⅰ), (ⅱ)에서 함수 f의 역함수가 존재하려면 f가 일대일대응이어야 하므로 $x<-4$일 때와 $x \geq -4$일 때의 직선 $y=f(x)$의 기울기의 부호가 서로 같아야 한다.

즉, $(2-a)(2+a)>0$이므로

$(a+2)(a-2)<0$

$\therefore -2<a<2$

따라서 $-2<a<2$일 때 함수 f의 역함수가 존재한다.

답 $-2<a<2$

53

$g(x)=ax+2, h(x)=bx-2$라 하면 집합
$X=\{x \mid 0 \leq x \leq 5\}$에서 집합 $Y=\{y \mid 2 \leq y \leq 13\}$로의 함수
$f(x)=\begin{cases} g(x) & (0 \leq x < 2) \\ h(x) & (2 \leq x \leq 5) \end{cases}$의 역함수가 존재하므로 f는 일대

일대응이고 $f(0)=2$이다. 따라서 함수 $y=f(x)$의 그래프는 오른쪽 그림과 같아야 한다.

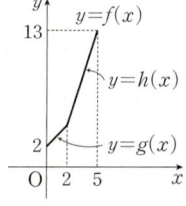

즉, $h(5)=13, g(2)=h(2)$가 성립해야 한다.

$h(5)=13$에서

$5b-2=13 \qquad \therefore b=3$

$g(2)=h(2)$에서

$2a+2=2b-2$

이때 $b=3$이므로

$2a+2=4 \qquad \therefore a=1$

$\therefore ab=1 \times 3=3$

답 3

보충 설명

함수 f가 일대일대응이므로 두 직선 $y=g(x), y=h(x)$의 기울기의 부호가 같아야 한다.

$\therefore ab>0$

이때 $f(0)=g(0)=2$이고 함수 f의 치역이
$Y=\{y \mid 2 \leq y \leq 13\}$이므로 $a>0, b>0$인 경우만 가능하다.

54

$(f \circ g^{-1})(-7)=f(g^{-1}(-7))$에서

$g^{-1}(-7)=k$라 하면 $g(k)=-7$이므로

$3k-1=-7 \qquad \therefore k=-2$

$\therefore (f \circ g^{-1})(-7)=f(-2)$
$\qquad\qquad\qquad = -2 \times |-2|+1$
$\qquad\qquad\qquad = -4+1=-3$

답 -3

55

$f^{-1}(3)=5$이므로 $f(5)=3$

$\therefore f(3)=f(f(5))$
$\qquad = (f \circ f)(5)=5$

답 5

다른 풀이

$(f \circ f)(3)=f(f(3))=3 \qquad \cdots\cdots \text{㉠}$

$f(3)=k$라 하고 이를 ㉠에 대입하면

$f(k)=3$

함수 f의 역함수가 존재하므로 f는 일대일대응이고,

$f(k)=3$에서 $k=5\ (\because f^{-1}(3)=5)$

$\therefore f(3)=5$

56

$g(2)=2\times2-1=3$이므로

$(f^{-1}\circ g)(2)=f^{-1}(g(2))=f^{-1}(3)$

$f^{-1}(3)=m$이라 하면 $f(m)=3$이므로

$-2m+5=3\quad\therefore m=1$

$\therefore (f^{-1}\circ g)(2)=f^{-1}(3)=1$

한편, $(f\circ g^{-1})(2)=f(g^{-1}(2))$에서

$g^{-1}(2)=n$이라 하면 $g(n)=2$

$x<1$일 때, $g(x)=3x-2<1$

$x\geq1$일 때, $g(x)=2x-1\geq1$

즉, $g(n)\geq1$이므로 $n\geq1$이고 $g(n)=2$에서

$2n-1=2\quad\therefore n=\dfrac{3}{2}$

$\therefore (f\circ g^{-1})(2)=f\left(\dfrac{3}{2}\right)=-2\times\dfrac{3}{2}+5=2$

$\therefore (f^{-1}\circ g)(2)+(f\circ g^{-1})(2)=1+2=3$

답 3

57

$(f\circ(f^{-1}\circ g)^{-1}\circ f^{-1})(0)=(f\circ g^{-1}\circ f\circ f^{-1})(0)$

$=(f\circ g^{-1})(0)$

$=f(g^{-1}(0))$

이때 $g^{-1}(0)=k$라 하면 $g(k)=0$이므로

$-k+3=0\quad\therefore k=3$

$\therefore (f\circ(f^{-1}\circ g)^{-1}\circ f^{-1})(0)=f(3)$

$=3^2+1=10$

답 10

58

$g(-1)=2\times(-1)+3=1$이므로

$(g^{-1}\circ f)^{-1}(-1)=(f^{-1}\circ g)(-1)$

$=f^{-1}(g(-1))$

$=f^{-1}(1)$

이때 $f^{-1}(1)=m$이라 하면 $f(m)=1$이므로

$2m^2-1=1,\ m^2=1\quad\therefore m=1\ (\because m\geq0)$

$\therefore \underline{(g^{-1}\circ f)^{-1}(-1)=f^{-1}(1)=1}_{(*)}$

한편, $(g\circ f^{-1})^{-1}(3)=(f\circ g^{-1})(3)=f(g^{-1}(3))$

이때 $g^{-1}(3)=n$이라 하면 $g(n)=3$이므로

$2n+3=3\quad\therefore n=0$

$\therefore (g\circ f^{-1})^{-1}(3)=f(0)=2\times0^2-1=-1$

$\therefore (g^{-1}\circ f)^{-1}(-1)+(g\circ f^{-1})^{-1}(3)=1+(-1)=0$

답 0

보충 설명

$(*)$에서 $(g^{-1}\circ f)^{-1}(-1)=(f^{-1}\circ g)(-1)=k$라 하면

$(f\circ(f^{-1}\circ g))(-1)=f(k)$

$\therefore g(-1)=f(k)$

즉, $1=2k^2-1$에서 $k=1\ (\because k\geq0)$

$\therefore (g^{-1}\circ f)^{-1}(-1)=k=1$

59

$(f^{-1}\circ g)^{-1}\circ h=f$에서

$((f^{-1}\circ g)^{-1}\circ h)(-2)=f(-2)$

$=-2\times(-2)+1$

$=5$

즉, $(f^{-1}\circ g)^{-1}(h(-2))=5$에서

$h(-2)=(f^{-1}\circ g)(5)=f^{-1}(g(5))=f^{-1}(11)$

이때 $f^{-1}(11)=k$라 하면 $f(k)=11$에서

$-2k+1=11\quad\therefore k=-5$

$\therefore h(-2)=f^{-1}(11)=-5$

답 -5

다른 풀이

$(f^{-1}\circ g)^{-1}\circ h=f$에서

$g^{-1}\circ f\circ h=f$

즉, $g\circ(g^{-1}\circ f\circ h)=g\circ f$에서

$f\circ h=g\circ f$

또한, $f^{-1}\circ(f\circ h)=f^{-1}\circ g\circ f$에서

$h=f^{-1}\circ g\circ f$

$\therefore h(-2)=(f^{-1}\circ g\circ f)(-2)$

$=f^{-1}(g(f(-2)))$

$=f^{-1}(g(5))$

$=f^{-1}(11)$

이때 $f^{-1}(11)=k$라 하면 $f(k)=11$이므로

$-2k+1=11$ $\therefore k=-5$

$\therefore h(-2)=f^{-1}(11)=-5$

60

직선 $y=x$를 이용하여 점선과 y축이 만나는 점의 y좌표를 구하면 오른쪽 그림과 같다.

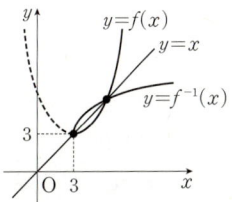

(1) $f^{-1}(d)=k$라 하면

$f(k)=d$이므로 $k=c$

$\therefore f^{-1}(d)=c$

(2) $(f\circ f)^{-1}(c)=(f^{-1}\circ f^{-1})(c)$

$\qquad\qquad\qquad =f^{-1}(f^{-1}(c))$

이때 $f^{-1}(c)=l$이라 하면 $f(l)=c$이므로 $l=b$

$\therefore (f\circ f)^{-1}(c)=f^{-1}(b)$

또한, $f^{-1}(b)=m$이라 하면 $f(m)=b$이므로 $m=a$

$\therefore (f\circ f)^{-1}(c)=f^{-1}(b)=a$

답 (1) c (2) a

61

직선 $y=x$를 이용하여 점선과 x축이 만나는 점의 x좌표를 구하면 오른쪽 그림과 같다.

$(f\circ f)(k)=f(f(k))=c$에서 $f(k)=l$이라 하면

$f(l)=c$이므로 $l=d$

즉, $f(k)=d$이므로 $k=e$이다.

$\therefore (f^{-1}\circ f^{-1}\circ f^{-1})(s)=e$

$(f^{-1}\circ f^{-1}\circ f^{-1})(s)=f^{-1}(f^{-1}(f^{-1}(s)))=e$에서

$f^{-1}(f^{-1}(s))=m$이라 하면

$f^{-1}(m)=e$, 즉 $f(e)=m$이므로 $m=d$

$\therefore f^{-1}(f^{-1}(s))=d$

$f^{-1}(s)=n$이라 하면

$f^{-1}(n)=d$, 즉 $f(d)=n$이므로 $n=c$

$\therefore f^{-1}(s)=c$

따라서 $f(c)=s$이므로 $s=b$

$\therefore f(s)=f(b)=a$

답 a

다른 풀이

$(f\circ f)(k)=f(f(k))=c$에서

$f(k)=d$ $\therefore k=e$

즉, $(f^{-1}\circ f^{-1}\circ f^{-1})(s)=e$에서

$(f\circ(f^{-1}\circ f^{-1}\circ f^{-1}))(s)=f(e)$

$(f^{-1}\circ f^{-1})(s)=d$

또한, $(f\circ(f^{-1}\circ f^{-1}))(s)=f(d)=c$이므로

$f^{-1}(s)=c$

따라서 $f(c)=s$이므로 $s=b$

$\therefore f(s)=f(b)=a$

62

$f(x)=x^2-6x+12=(x-3)^2+3\ (x\geq3)$

이때 함수 $y=f(x)$의 그래프와 그 역함수 $y=f^{-1}(x)$의 그래프는 직선 $y=x$에 대하여 대칭이므로 다음 그림과 같이 함수 $y=f(x)$의 그래프와 그 역함수 $y=f^{-1}(x)$의 그래프의 교점은 함수 $y=f(x)$의 그래프와 직선 $y=x$의 교점과 같다.

즉, 두 교점의 x좌표는 이차방정식 $x^2-6x+12=x$, 즉 $x^2-7x+12=0$의 두 실근이므로

$(x-3)(x-4)=0$

$\therefore x=3$ 또는 $x=4$

따라서 $P(3, 3)$, $Q(4, 4)$ 또는 $P(4, 4)$, $Q(3, 3)$이므로

$\overline{PQ}=\sqrt{(4-3)^2+(4-3)^2}=\sqrt{2}$

답 $\sqrt{2}$

63

점 $(3, 7)$이 함수 $y=f(x)$의 그래프와 그 역함수

$y=f^{-1}(x)$의 그래프 위의 점이므로

$f(3)=7$, $f^{-1}(3)=7$

$f(3)=7$에서 $7=3(a^2-1)+b$

$\therefore 3a^2+b=10$ ……㉠

또한, $f^{-1}(3)=7$, 즉 $f(7)=3$에서
$$3=7(a^2-1)+b$$
$$\therefore 7a^2+b=10 \quad \cdots\cdots \text{ⓛ}$$
㉠, ⓛ을 연립하여 풀면
$$a=0, b=10$$
$$\therefore a+b=0+10=10$$

답 10

다른 풀이

일차함수 $y=f(x)$의 역함수 $y=f^{-1}(x)$의 그래프가
점 $(3, 7)$을 지나므로
$$f^{-1}(3)=7 \qquad \therefore f(7)=3$$
즉, 일차함수 $y=f(x)$의 그래프는 점 $(7, 3)$을 지난다.
또한, 일차함수 $y=f(x)$의 그래프가 점 $(3, 7)$을 지나므로
두 점 $(3, 7)$, $(7, 3)$을 지나는 직선의 방정식은
$$y-7=\frac{3-7}{7-3}(x-3)$$
$$\therefore y=-x+10 \qquad \therefore f(x)=-x+10$$
이 함수식이 $f(x)=(a^2-1)x+b$와 일치하므로
$$a^2-1=-1, b=10 \qquad \therefore a=0, b=10$$
$$\therefore a+b=0+10=10$$

보충 설명

일차함수 $y=f(x)$의 그래프와 그 역함수 $y=f^{-1}(x)$의 그래프가 모두 직선 $y=x$ 위의 점이 아닌 점 $(3, 7)$을 지나므로 두 함수 $y=f(x)$, $y=f^{-1}(x)$의 그래프는 일치한다.
따라서 $f(x)=-x+10$, $f^{-1}(x)=-x+10$이다.

64

$f(x)=\begin{cases} 4x+3 & (x<0) \\ \dfrac{1}{2}x+3 & (x\geq0) \end{cases}$ 에서

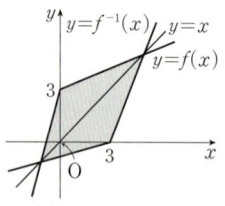

함수 $y=f(x)$의 그래프와 그 역
함수 $y=f^{-1}(x)$의 그래프는 오
른쪽 그림과 같다.
이때 함수 $y=f(x)$의 그래프와 그 역함수 $y=f^{-1}(x)$의 그
래프의 교점은 함수 $y=f(x)$의 그래프와 직선 $y=x$의 교점
과 같으므로 교점의 x좌표는
$x<0$일 때, $4x+3=x$에서 $x=-1$
$x\geq0$일 때, $\dfrac{1}{2}x+3=x$에서 $x=6$

따라서 두 교점의 좌표는 $(-1, -1)$, $(6, 6)$이다.
한편, 두 교점 사이의 거리는
$$\sqrt{\{6-(-1)\}^2+\{6-(-1)\}^2}=7\sqrt{2}$$
점 $(0, 3)$과 직선 $y=x$, 즉 $x-y=0$ 사이의 거리는
$$\frac{|0-3|}{\sqrt{1^2+(-1)^2}}=\frac{3\sqrt{2}}{2}$$
즉, 함수 $y=f(x)$의 그래프와 직선 $y=x$로 둘러싸인 도형의
넓이를 S라 하면
$$S=\frac{1}{2}\times7\sqrt{2}\times\frac{3\sqrt{2}}{2}=\frac{21}{2}$$
따라서 두 함수 $y=f(x)$, $y=f^{-1}(x)$의 그래프로 둘러싸인
도형의 넓이는
$$2S=2\times\frac{21}{2}=21$$

답 21

STEP 1 **개 념 마 무 리** 본문 pp.281~282

31 -1	**32** -1	**33** $\dfrac{3}{2}$	**34** 6
35 4	**36** 3	**37** -1	**38** ④
39 ⑤	**40** 7	**41** -1	**42** 0

31

$f(x)=\begin{cases} x^2 & (x<0) \\ (a-1)x+a^2-1 & (x\geq0) \end{cases}$

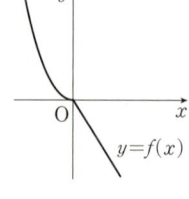

에서 함수 f의 역함수가 존재하려면
f가 일대일대응이어야 하므로 함수
$y=f(x)$의 그래프는 오른쪽 그림과
같아야 한다.
즉, $f(0)=0$이고 직선 $y=(a-1)x+a^2-1$의 기울기는 음
수이어야 하므로
$$a-1<0, a^2-1=0$$
$a^2-1=0$에서 $(a+1)(a-1)=0$
$$\therefore a=-1 \; (\because a<1)$$

답 -1

32

$f(x)=\begin{cases} -x^2+2x & (x<1) \\ 2x^2-1 & (x\geq1) \end{cases}$ 에서

$x<1$일 때, $f(x)=-x^2+2x=-(x-1)^2+1<1$

$x\geq1$일 때, $f(x)=2x^2-1\geq1$

$f^{-1}(7)=k$라 하면 $f(k)=7$

즉, $f(k)\geq1$이므로 $k\geq1$이고 $f(k)=7$에서

$2k^2-1=7,\ k^2=4$ $\therefore k=2\ (\because k\geq1)$

따라서 $f^{-1}(7)=2$이므로 $f^{-1}(7)+f(t)=-1$에서

$2+f(t)=-1$ $\therefore f(t)=-3$

즉, $f(t)<1$이므로 $t<1$이고 $f(t)=-3$에서

$-t^2+2t=-3,\ t^2-2t-3=0$

$(t+1)(t-3)=0$ $\therefore t=-1\ (\because t<1)$

답 -1

33

$f^{-1}(3)=5$에서 $f(5)=3$

$g^{-1}(3)=k$라 하면 $g(k)=3$

$\therefore g(k)=f(5)$

그런데 $g(x)=f(4x-1)$이므로

$g(k)=f(4k-1)=f(5)$

이때 함수 f는 역함수가 존재하므로 일대일대응이다.

즉, $4k-1=5$에서 $k=\dfrac{3}{2}$이므로

$g^{-1}(3)=k=\dfrac{3}{2}$

답 $\dfrac{3}{2}$

다른 풀이

$g(x)=f(4x-1)$에서 $y=g(x)$로 놓으면

$y=f(4x-1)$

x와 y를 서로 바꾸면

$x=f(4y-1)$

즉, $f^{-1}(x)=4y-1$에서 $\leftarrow f^{-1}\circ f=I$

$y=\dfrac{1}{4}\{f^{-1}(x)+1\}$

따라서 $g^{-1}(x)=\dfrac{1}{4}\{f^{-1}(x)+1\}$이므로

$g^{-1}(3)=\dfrac{1}{4}\{f^{-1}(3)+1\}=\dfrac{1}{4}\times(5+1)=\dfrac{3}{2}$

34

$f(x)=\begin{cases} 2x-4 & (x<3) \\ x-1 & (x\geq3) \end{cases}$ 에서

함수 $y=f(x)$의 그래프는 오른쪽 그림과 같으므로 f는 일대일대응이다.

즉, f의 역함수가 존재하고

$(f\circ g)(x)=x$이므로

$g(x)=f^{-1}(x)$

또한, $x<3$일 때 $f(x)=2x-4<2$이고,

$x\geq3$일 때 $f(x)=x-1\geq2$이다.

(ⅰ) $g(0)=a$라 하면 $f(a)=0$

즉, $f(a)<2$이므로 $a<3$이고 $f(a)=0$에서

$2a-4=0$ $\therefore a=2$

$\therefore g(0)=2$

(ⅱ) $g(3)=b$라 하면 $f(b)=3$

즉, $f(b)\geq2$이므로 $b\geq3$이고 $f(b)=3$에서

$b-1=3$ $\therefore b=4$

$\therefore g(3)=4$

(ⅰ), (ⅱ)에서

$g(0)+g(3)=2+4=6$

답 6

다른 풀이 1

함수 f는 일대일대응이므로 역함수가 존재한다.

이때 $(f\circ g)(x)=x$이므로

$g(x)=f^{-1}(x)$

(ⅰ) $x<3$일 때,

$y=2x-4$라 하면 $y<2$이고 $x=\dfrac{y}{2}+2$

x와 y를 서로 바꾸면 $y=\dfrac{x}{2}+2$

$\therefore f^{-1}(x)=\dfrac{x}{2}+2\ (x<2)$

(ⅱ) $x\geq3$일 때,

$y=x-1$이라 하면 $y\geq2$이고 $x=y+1$

x와 y를 서로 바꾸면 $y=x+1$

$\therefore f^{-1}(x)=x+1\ (x\geq2)$

(ⅰ), (ⅱ)에서 $g(x)=f^{-1}(x)=\begin{cases} \dfrac{x}{2}+2 & (x<2) \\ x+1 & (x\geq2) \end{cases}$

$\therefore g(0)+g(3)=\left(\dfrac{0}{2}+2\right)+(3+1)=2+4=6$

$(f \circ g)(x) = f(g(x)) = x$이므로

$$f(g(x)) = \begin{cases} 2g(x)-4 & (g(x)<3) \\ g(x)-1 & (g(x)\geq 3) \end{cases}$$

(ⅰ) $g(x)<3$일 때,

$\quad 2g(x)-4=x,\ 2g(x)=x+4$

$\quad \therefore g(x)=\dfrac{1}{2}x+2\ (x<2)$

$\qquad \underset{\frac{1}{2}x+2<3\text{에서}\ \frac{1}{2}x<1\quad \therefore\ x<2}{}$

(ⅱ) $g(x)\geq 3$일 때,

$\quad g(x)-1=x \qquad \therefore g(x)=x+1\ (x\geq 2)$

$\qquad \underset{x+1\geq 3\text{에서}\ x\geq 2}{}$

(ⅰ), (ⅱ)에서 $g(0)+g(3)=2+4=6$

35

$f(1)=2$에서 $f^{-1}(2)=1$이고

$f(3)=1$에서 $f^{-1}(1)=3$이므로

$(f \circ f)^{-1}(2)=(f^{-1} \circ f^{-1})(2)$

$\qquad\qquad\quad =f^{-1}(f^{-1}(2))$

$\qquad\qquad\quad =f^{-1}(1)=3$

또한, $g(3)=1$이고, $g(1)=3$에서 $g^{-1}(3)=1$이므로

$((f \circ g)^{-1} \circ g)(3)=(g^{-1} \circ f^{-1} \circ g)(3)$

$\qquad\qquad\qquad\quad =g^{-1}(f^{-1}(g(3)))$

$\qquad\qquad\qquad\quad =g^{-1}(f^{-1}(1))$

$\qquad\qquad\qquad\quad =g^{-1}(3)=1$

$\therefore (f \circ f)^{-1}(2)+((f \circ g)^{-1} \circ g)(3)=3+1=4$

답 4

36

$(f^{-1} \circ f \circ f^{-1})(x)=((f^{-1} \circ f) \circ f^{-1})(x)$

$\qquad\qquad\qquad\quad =f^{-1}(x)$

$\therefore f^{-1}(x)=5x-4$

이때 $(f \circ f^{-1} \circ f)^{-1}(k)=11$에서

$(f \circ f^{-1} \circ f)^{-1}(k)=(f^{-1} \circ f \circ f^{-1})(k)$

$\qquad\qquad\qquad\quad =((f^{-1} \circ f) \circ f^{-1})(k)$

$\qquad\qquad\qquad\quad =f^{-1}(k)=5k-4$

즉, $5k-4=11$이므로

$5k=15 \qquad \therefore k=3$

답 3

$(f \circ f^{-1} \circ f)^{-1}(x)=(f^{-1} \circ f \circ f^{-1})(x)$

$\qquad\qquad\qquad\quad =5x-4$

이므로 $(f \circ f^{-1} \circ f)^{-1}(k)=11$에서

$5k-4=11 \qquad \therefore k=3$

37

$h^{-1}(6)=k$라 하면 $h(k)=6$이므로

$6-3k=6 \qquad \therefore k=0 \qquad \therefore h^{-1}(6)=0$

$\therefore (g^{-1} \circ f \circ h^{-1})(6)=((g^{-1} \circ f) \circ h^{-1})(6)$

$\qquad\qquad\qquad\quad =(f^{-1} \circ g)^{-1}(h^{-1}(6))$

$\qquad\qquad\qquad\quad =(f^{-1} \circ g)^{-1}(0)$

이때 $(f^{-1} \circ g)^{-1}(0)=l$이라 하면

$(f^{-1} \circ g)(l)=0$

(ⅰ) $l<1$일 때,

$\quad (f^{-1} \circ g)(l)=2l+2=0 \qquad \therefore l=-1$

(ⅱ) $l\geq 1$일 때,

$\quad (f^{-1} \circ g)(l)=3l+1=0 \qquad \therefore l=-\dfrac{1}{3}$

그런데 $l\geq 1$을 만족시키지 않는다.

(ⅰ), (ⅱ)에서 $l=-1$

$\therefore (g^{-1} \circ f \circ h^{-1})(6)=(f^{-1} \circ g)^{-1}(0)$

$\qquad\qquad\qquad\quad =-1$

또한, $(f^{-1} \circ g)^{-1}(7)=m$이라 하면

$(f^{-1} \circ g)(m)=7$

(ⅲ) $m<1$일 때,

$\quad (f^{-1} \circ g)(m)=2m+2=7 \qquad \therefore m=\dfrac{5}{2}$

그런데 $m<1$을 만족시키지 않는다.

(ⅳ) $m\geq 1$일 때,

$\quad (f^{-1} \circ g)(m)=3m+1=7 \qquad \therefore m=2$

(ⅲ), (ⅳ)에서 $m=2$

$\therefore (h \circ g^{-1} \circ f)(7)=(h \circ (g^{-1} \circ f))(7)$

$\qquad\qquad\qquad\quad =(h \circ (f^{-1} \circ g)^{-1})(7)$

$\qquad\qquad\qquad\quad =h((f^{-1} \circ g)^{-1}(7))$

$\qquad\qquad\qquad\quad =h(2)=6-3\times 2=0$

$\therefore (g^{-1} \circ f \circ h^{-1})(6)+(h \circ g^{-1} \circ f)(7)$

$\quad =-1+0=-1$

답 -1

38 본문 p.273 한 걸음 더 참고

$g(2-3x)$에서 $h(x)=2-3x$라 하자.

$y=2-3x$라 하고 x에 대하여 풀면

$3x=-y+2$ $\therefore x=-\dfrac{1}{3}y+\dfrac{2}{3}$

x와 y를 서로 바꾸면 $y=-\dfrac{1}{3}x+\dfrac{2}{3}$

$\therefore h^{-1}(x)=-\dfrac{1}{3}x+\dfrac{2}{3}$

즉, $g(2-3x)=g(h(x))=(g\circ h)(x)$의 역함수는

$$\begin{aligned}(g\circ h)^{-1}(x)&=(h^{-1}\circ g^{-1})(x)\\&=h^{-1}(g^{-1}(x))\\&=h^{-1}(f(x))\\&=-\dfrac{1}{3}f(x)+\dfrac{2}{3}\end{aligned}$$

따라서 $g(2-3x)$의 역함수는 $-\dfrac{1}{3}f(x)+\dfrac{2}{3}$이다.

답 ④

39

직선 $y=x$를 이용하여 점선과 y축이 만나는 점의 y좌표를 구하면 다음 그림과 같다.

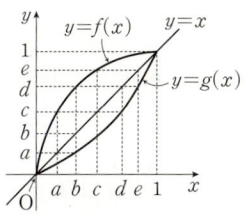

$g(b)=a$에서 $g^{-1}(a)=b$이므로

$$\begin{aligned}(g\circ f^{-1})^{-1}(a)&=(f\circ g^{-1})(a)\\&=f(g^{-1}(a))\\&=f(b)=d\end{aligned}$$

또한, $g(d)=c$에서 $g^{-1}(c)=d$, $g(e)=d$에서 $g^{-1}(d)=e$이므로

$$\begin{aligned}(f^{-1}\circ g\circ g)^{-1}(a)&=(g^{-1}\circ g^{-1}\circ f)(a)\\&=g^{-1}(g^{-1}(f(a)))\\&=g^{-1}(g^{-1}(c))\\&=g^{-1}(d)=e\end{aligned}$$

$\therefore (g\circ f^{-1})^{-1}(a)+(f^{-1}\circ g\circ g)^{-1}(a)=d+e$

답 ⑤

40

$y=f(x-3)+2$에서 x와 y를 서로 바꾸면

$x=f(y-3)+2$

즉, $f(y-3)=x-2$에서

$g(f(y-3))=g(x-2)$

이때 두 함수 f, g는 서로 역함수 관계이므로 ← $g\circ f=I$

$y-3=g(x-2)$

$\therefore y=g(x-2)+3$

따라서 함수 $y=f(x-3)+2$의 역함수의 그래프는 함수 $y=g(x)$의 그래프를 x축의 방향으로 2만큼, y축의 방향으로 3만큼 평행이동시킨 것과 같으므로

$m=2$, $n=3$

$\therefore 2m+n=2\times 2+3=7$

답 7

41

일차함수 $y=f(x)$의 그래프가 점 $(3, -5)$를 지나므로

$f(x)=a(x-3)-5$ ($a\neq 0$인 상수)

라 할 수 있다.

$f(x)=ax-3a-5$에서

$y=ax-3a-5$라 하고 x에 대하여 풀면

$ax=y+3a+5$ $\therefore x=\dfrac{1}{a}y+3+\dfrac{5}{a}$

x와 y를 서로 바꾸면 $y=\dfrac{1}{a}x+3+\dfrac{5}{a}$

$\therefore f^{-1}(x)=\dfrac{1}{a}x+3+\dfrac{5}{a}$

두 함수 $y=f(x)$, $y=f^{-1}(x)$의 그래프가 일치하므로

$f(x)=f^{-1}(x)$에서

$ax-3a-5=\dfrac{1}{a}x+3+\dfrac{5}{a}$

이 등식이 x에 대한 항등식이므로

$a=\dfrac{1}{a}$, $-3a-5=3+\dfrac{5}{a}$

위의 두 식을 연립하면

$-3a-5=5a+3$ $\therefore a=-1$

따라서 $f(x)=-x-2$이므로

$f(-4)+f(1)=2+(-3)=-1$

답 -1

함수 $y=f(x)$의 그래프가 점 $(3, -5)$를 지나므로

$f(3)=-5$ ······ ㉠

또한, $f(x)=f^{-1}(x)$이므로 $f^{-1}(3)=-5$에서

$f(-5)=3$ ······ ㉡

이때 $y=f(x)$는 일차함수이므로

$f(x)=ax+b$ (a, b는 상수, $a \neq 0$)라 하면

㉠에서 $3a+b=-5$, ㉡에서 $-5a+b=3$

위의 두 식을 연립하여 풀면 $a=-1$, $b=-2$

따라서 $f(x)=-x-2$이므로

$f(-4)+f(1)=2+(-3)=-1$

다른 풀이 2

일차함수 $y=f(x)$의 그래프가 점 $(3, -5)$를 지나므로

$f(x)=ax-3a-5$ ($a \neq 0$인 상수)라 하면

$(f \circ f)(x)=f(f(x))$
$\qquad\qquad\quad =a(ax-3a-5)-3a-5$
$\qquad\qquad\quad =a^2 x-3a^2-8a-5$

$f=f^{-1}$에서 $(f \circ f)(x)=(f \circ f^{-1})(x)=x$이므로

$a^2 x-3a^2-8a-5=x$

이 등식이 x에 대한 항등식이므로

$a^2=1$, $-3a^2-8a-5=0$

(ⅰ) $a^2=1$에서

  $a=-1$ 또는 $a=1$

(ⅱ) $-3a^2-8a-5=0$에서

  $3a^2+8a+5=0$, $(3a+5)(a+1)=0$

  $\therefore a=-\dfrac{5}{3}$ 또는 $a=-1$

(ⅰ), (ⅱ)에서 $a=-1$이므로 $f(x)=-x-2$

$\therefore f(-4)+f(1)=2+(-3)=-1$

42

$f(x)=x^2+2x+k=(x+1)^2+k-1$ $(x \geq -1)$

$x \geq -1$에서 함수 $y=f(x)$의 그래프는 꼭짓점의 좌표가 $(-1, k-1)$이고 아래로 볼록한 이차함수의 그래프의 일부분이므로 오른쪽 그림과 같다.

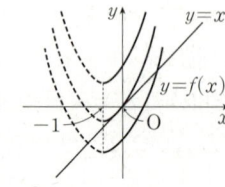

즉, 함수 $y=f(x)$의 그래프가 그 역함수 $y=f^{-1}(x)$의 그래프와 만나려면 방정식 $f(x)=x$가 $x \geq -1$에서 실근을 가져야 한다.

$f(x)=x$에서

$x^2+2x+k=x$ $\quad \therefore x^2+x+k=0$

이 이차방정식이 $x \geq -1$에서 실근을 가지려면

$g(x)=x^2+x+k$라 할 때, 이차함수 $y=g(x)$의 그래프가 $x \geq -1$에서 x축과 만나야 한다.

이때 $g(x)=x^2+x+k=\left(x+\dfrac{1}{2}\right)^2+k-\dfrac{1}{4}$이므로

$k-\dfrac{1}{4} \leq 0$

$\therefore k \leq \dfrac{1}{4}$

따라서 정수 k의 최댓값은 0이다.

답 0

보충 설명

함수 $g(x)=x^2+x+k$ $(x \geq -1)$의 그래프의 꼭짓점의 좌표는 $\left(-\dfrac{1}{2}, k-\dfrac{1}{4}\right)$이므로

$k-\dfrac{1}{4} \leq 0$ 즉, $k \leq \dfrac{1}{4}$이면 함수 $y=g(x)$의 그래프는 오른쪽 그림과 같이 $x \geq -1$에서 반드시 x축과 만난다.

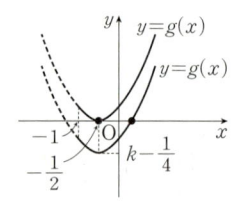

또한, 함수 $y=g(x)$의 그래프의 축의 방정식이 $x=-\dfrac{1}{2}$이므로 k의 값의 범위에 따라 교점의 개수는 다음과 같이 달라진다.

(ⅰ) $k=\dfrac{1}{4}$이면 함수 $y=g(x)$의 그래프가 x축에 접하므로 함수 $y=g(x)$의 그래프와 x축은 $x=-\dfrac{1}{2}$인 한 점에서 만난다.

(ⅱ) $0 \leq k < \dfrac{1}{4}$이면 함수 $g(-1)=k \geq 0$ $y=g(x)$의 그래프는 오른쪽 그림과 같으므로 함수 $y=g(x)$의 그래프와 x축은 서로 다른 두 점에서 만난다.

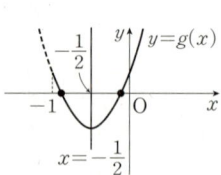

(ⅲ) $k<0$이면 함수 $y=g(x)$의 $g(-1)=k<0$ 그래프는 오른쪽 그림과 같으므로 함수 $y=g(x)$의 그래프와 x축은 한 점에서 만난다.

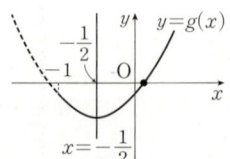

1 10   **2** 7   **3** 200   **4** 12

5 ⑤   **6** $(3-\sqrt{5},\ 3-\sqrt{5})$, $(0,\ 2)$, $(2,\ 0)$

1

정의역이 $\{a, b\}$이고 계수가 실수인 두 이차함수 f, g에 대하여 $f=g$가 성립하므로

$f(a)=g(a)$, $f(b)=g(b)$

따라서 정의역의 두 원소 a, b는 이차방정식 $f(x)=g(x)$, 즉 $f(x)-g(x)=0$의 두 근이다.

방정식 $f(x)-g(x)=0$, 즉 $x^2+(p+1)x+p-1=0$에서 이차방정식의 근과 계수의 관계에 의하여

$a+b=-p-1$, $ab=p-1$

그런데 $a^2+b^2=7$이므로 $(a+b)^2-2ab=7$에서

$(-p-1)^2-2(p-1)=7$

$p^2=4$ $\therefore p=-2$ 또는 $p=2$

(i) $p=-2$일 때,

   $a+b=1$, $ab=-3$, $a^2+b^2=7$이므로

   $a^3+b^3=(a+b)(a^2-ab+b^2)$

          $=1\times\{7-(-3)\}=10$

(ii) $p=2$일 때,

   $a+b=-3$, $ab=1$, $a^2+b^2=7$이므로

   $a^3+b^3=(a+b)(a^2-ab+b^2)$

          $=(-3)\times(7-1)=-18$

(i), (ii)에서 a^3+b^3의 최댓값은 10이다.

답 10

2

함수 f가 X에서 X로의 일대일대응이므로

$\{f(1), f(2), f(3), f(4), f(5)\}=\{1, 2, 3, 4, 5\}$

조건 ㈎에서

$f(2)-f(3)=f(5)$

$\therefore f(2)=f(3)+f(5)$ ……㉠

$f(4)-f(1)=f(5)$

$\therefore f(4)=f(1)+f(5)$ ……㉡

㉠에서 $f(2)>f(3)$, $f(2)>f(5)$이고,

조건 ㈏에서 $f(1)<f(2)<f(4)$이므로

$f(3)<f(2)<f(4)$, $f(5)<f(2)<f(4)$

즉, $f(2)=4$, $f(4)=5$이므로

$\{f(1), f(3), f(5)\}=\{1, 2, 3\}$

그런데 ㉡에서 $f(4)=f(1)+f(5)$이므로

$f(1)=2$, $f(5)=3$ 또는 $f(1)=3$, $f(5)=2$

(i) $f(1)=2$, $f(5)=3$일 때,

   $f(2)=4$, $f(3)=1$이므로

   $f(3)+f(5)=f(2)$

   즉, ㉠을 만족시킨다.

(ii) $f(1)=3$, $f(5)=2$일 때,

   $f(2)=4$, $f(3)=1$이므로

   $f(3)+f(5)=3\neq f(2)$

   즉, ㉠을 만족시키지 않는다.

(i), (ii)에서

$f(1)=2$, $f(2)=4$, $f(3)=1$, $f(4)=5$, $f(5)=3$

$\therefore f(2)+f(5)=4+3=7$

답 7

3

실수 전체의 집합에서 정의된 함수

$f(x)=\begin{cases} -x^2-4x & (x<0) \\ x^2-4x & (x\geq 0) \end{cases}$ 의 그래프는 다음 그림과 같다.

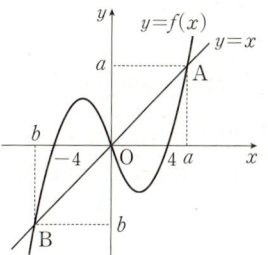

정의역이 $X=\{a, b, 0\}$인 함수 $f(x)$가 항등함수이므로 $f(a)=a$, $f(b)=b$가 성립해야 한다.

(i) $f(a)=a$일 때,

   $a>0$이므로 $f(a)=a^2-4a$에서

   $a^2-4a=a$, $a^2-5a=0$

   $a(a-5)=0$ $\therefore a=5\ (\because a>0)$

(ii) $f(b)=b$일 때,

$b<0$이므로 $f(b)=-b^2-4b$에서

$-b^2-4b=b$, $b^2+5b=0$

$b(b+5)=0$ ∴ $b=-5$ ($∵ b<0$)

(i), (ii)에서 $a=5$, $b=-5$

따라서 A$(5, 5)$, B$(-5, -5)$이므로

$l=\sqrt{(-5-5)^2+(-5-5)^2}=\sqrt{200}$

∴ $l^2=200$

답 200

4

$f(x)=|x-3|=\begin{cases} -x+3 & (x<3) \\ x-3 & (x\geq3) \end{cases}$

즉, 함수 $y=f(x)$의 그래프는 다음 그림과 같다.

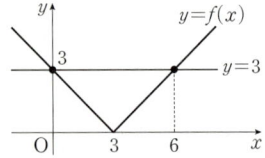

$(f\circ f\circ f)(x)=3$에서

$f((f\circ f)(x))=3$

$(f\circ f)(x)=k$라 하면

$f(k)=3$

이때 위의 그림에서 $k=0$ 또는 $k=6$

∴ $(f\circ f)(x)=0$ 또는 $(f\circ f)(x)=6$

(i) $(f\circ f)(x)=0$, 즉 $f(f(x))=0$일 때,

$f(x)=l$이라 하면 $f(l)=0$

위의 그림에서 $l=3$

$f(x)=3$을 만족시키는 x의 값은

$x=0$ 또는 $x=6$

(ii) $(f\circ f)(x)=6$, 즉 $f(f(x))=6$일 때,

$f(x)=m$이라 하면 $f(m)=6$

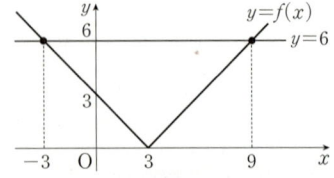

위의 그림에서 $m=-3$ 또는 $m=9$

∴ $f(x)=-3$ 또는 $f(x)=9$

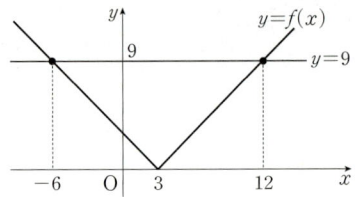

그런데 위의 그림에서 $f(x)=-3$을 만족시키는 x는 없으므로 $f(x)=9$를 만족시키는 x의 값은

$x=-6$ 또는 $x=12$

(i), (ii)에서 방정식 $(f\circ f\circ f)(x)=3$의 해는

$x=0$ 또는 $x=6$ 또는 $x=-6$ 또는 $x=12$

따라서 구하는 모든 x의 값의 합은

$0+6+(-6)+12=12$

답 12

다른 풀이

방정식 $(f\circ f\circ f)(x)=3$의 해는 함수 $y=(f\circ f\circ f)(x)$의 그래프와 직선 $y=3$의 교점의 x좌표와 같으므로 함수 $y=(f\circ f\circ f)(x)$의 그래프를 그려서 풀 수 있다.

함수 $f(x)=|x-3|$의 그래프는 [그림 1]과 같다.

또한, $(f\circ f)(x)=f(f(x))=|f(x)-3|$이므로 함수 $y=(f\circ f)(x)$의 그래프는 함수 $y=f(x)-3$의 그래프에서 $y\geq0$인 부분은 그대로 두고, $y\leq0$인 부분은 x축에 대하여 대칭이동한 것과 같으므로 [그림 2]와 같다.

같은 방법으로 함수 $y=(f\circ f\circ f)(x)$의 그래프는 함수 $y=(f\circ f)(x)-3$의 그래프에서 $y\geq0$인 부분은 그대로 두고, $y\leq0$인 부분은 x축에 대하여 대칭이동한 것과 같으므로 [그림 3]과 같다.

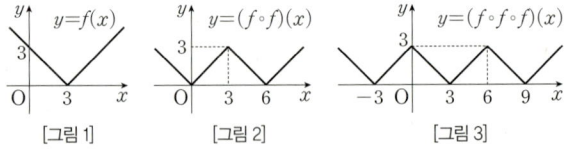

[그림 1] [그림 2] [그림 3]

이때 함수 $y=(f\circ f\circ f)(x)$의 그래프와 직선 $y=3$은 다음 그림과 같이 네 점 $(-6, 3)$, $(0, 3)$, $(6, 3)$, $(12, 3)$에서 만난다.

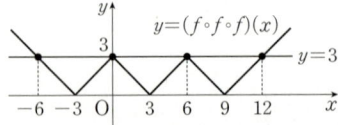

따라서 방정식 $(f\circ f\circ f)(x)=3$의 해는

$x=-6$ 또는 $x=0$ 또는 $x=6$ 또는 $x=12$

이므로 그 합은

$-6+0+6+12=12$

5

ㄱ. 함수 f가 일대일대응이므로 역함수가 존재한다.

조건 ㈎에서 집합 X의 모든 원소 x에 대하여

$(f \circ f)(x)=x$이므로 집합 X의 모든 원소 x에 대하여

$f(x)=f^{-1}(x)$이다.

$\therefore f(3)=f^{-1}(3)$ (참)

ㄴ. 조건 ㈏에서 집합 X의 어떤 원소 x에 대하여 $f(x)=2x$

이므로 집합 X의 원소 중 $f(x)=2x$를 만족시키는 원소

x가 적어도 하나 존재한다.

즉, $f(1)=2$와 $f(2)=4$ 중 적어도 하나는 성립해야 하므

로 $f(1)=3$이면 반드시 $f(2)=4$이어야 한다. (참)

ㄷ. 조건 ㈏에서 $f(1)=2$와 $f(2)=4$ 중 적어도 하나는 성립

하므로 다음과 같이 경우를 나누어 생각할 수 있다.

(i) $f(1)=2$이고 $f(2) \neq 4$일 때,

조건 ㈎에서 $(f \circ f)(1)=1$이므로

$f(f(1))=f(2)=1$

또한, 조건 ㈎에서

$f(3)=3, f(4)=4$ 또는 $f(3)=4, f(4)=3$

이므로 가능한 함수 f는 다음과 같이 2개이다.

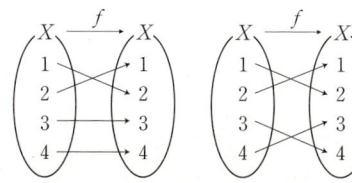

(ii) $f(2)=4$이고 $f(1) \neq 2$일 때,

조건 ㈎에서 $(f \circ f)(2)=2$이므로

$f(f(2))=f(4)=2$

또한, 조건 ㈎에서

$f(1)=1, f(3)=3$ 또는 $f(1)=3, f(3)=1$

이므로 가능한 함수 f는 다음과 같이 2개이다.

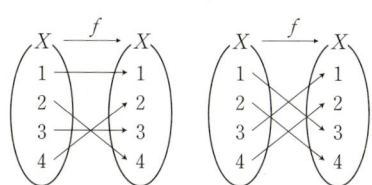

(iii) $f(1)=2$이고 $f(2)=4$일 때,

조건 ㈎를 만족시키지 않는다.

(i), (ii), (iii)에서 가능한 함수 f의 개수는 4이다. (참)

따라서 ㄱ, ㄴ, ㄷ 모두 옳다.

답 ⑤

다른 풀이

ㄱ. 함수 f가 일대일대응이므로 역함수가 존재한다.

$(f \circ f)(x)=x$에서 $(f^{-1} \circ (f \circ f))(x)=f^{-1}(x)$

따라서 $f(x)=f^{-1}(x)$이므로 $f(3)=f^{-1}(3)$ (참)

6

$f(x)=\dfrac{1}{2}x^2-2x+2$

$\quad\quad =\dfrac{1}{2}(x-2)^2 \ (x \leq 2)$

함수 $y=f(x)$의 그래프와 그 역함수 $y=f^{-1}(x)$의 그래프

는 직선 $y=x$에 대하여 대칭이므로 함수 $y=f(x)$의 그래프

와 그 역함수 $y=f^{-1}(x)$의 그래프는 다음 그림과 같다.

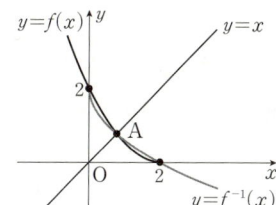

즉, 함수 $y=f(x)$의 그래프와 직선 $y=x$의 교점을 A라 하

면 두 함수 $y=f(x), y=f^{-1}(x)$의 그래프의 교점은 점 A와

두 점 $(0, 2), (2, 0)$의 세 개이다.

이때 점 A의 x좌표는 이차방정식 $\dfrac{1}{2}x^2-2x+2=x$, 즉

$x^2-6x+4=0$의 실근 중 $x \leq 2$인 값이다.

이차방정식 $x^2-6x+4=0$에서

$x=-(-3) \pm \sqrt{(-3)^2-4}=3 \pm \sqrt{5}$

$\therefore x=3-\sqrt{5} \ (\because x \leq 2)$

$\therefore \mathrm{A}(3-\sqrt{5}, \ 3-\sqrt{5})$

따라서 구하는 교점의 좌표는

$(3-\sqrt{5}, 3-\sqrt{5}), (0, 2), (2, 0)$이다.

답 $(3-\sqrt{5}, 3-\sqrt{5}), (0, 2), (2, 0)$

09. 유리식과 유리함수

1 유리식

본문 pp.290~297

기본 + 필수연습

01 ㄱ, ㄷ, ㄹ, ㅁ **02** (1) 풀이 참조 (2) $\dfrac{x+3}{x-1}$

03 (1) $\dfrac{x-2}{2x-1}$ (2) $\dfrac{(x-1)(x-4)}{2(x+1)(x-3)}$

04 $\dfrac{6(x+1)}{x(x-1)(x+2)(x+3)}$

05 (1) $\dfrac{2}{(x+1)(x-1)}$ (2) $a+1$ **06** $\dfrac{24}{25}$

07 4 **08** 2 **09** 48

10 (1) $\dfrac{60}{(x-4)(x+26)}$ (2) $\dfrac{40}{21}$ **11** 18

12 $\dfrac{36}{55}$ **13** (1) $\dfrac{x+2}{x+4}$ (2) $\dfrac{10x+3}{7x+2}$ **14** 13

15 (1) 322 (2) 3 **16** 4 **17** 11

18 (1) $\dfrac{16}{15}$ (2) $\dfrac{23}{3}$ **19** 1

01

다항식이 아닌 유리식은 분모가 일차 이상의 다항식이므로
ㄱ, ㄷ, ㄹ, ㅁ이다.

답 ㄱ, ㄷ, ㄹ, ㅁ

02

(1) $\dfrac{2}{x^2-x-2}=\dfrac{2}{(x+1)(x-2)}$,

$\dfrac{3x-1}{x^2-1}=\dfrac{3x-1}{(x+1)(x-1)}$ 이므로

두 식을 통분하면

$\dfrac{2(x-1)}{(x+1)(x-1)(x-2)}$, $\dfrac{(x-2)(3x-1)}{(x+1)(x-1)(x-2)}$

(2) $\dfrac{x^2+x-6}{x^2-3x+2}=\dfrac{(x+3)(x-2)}{(x-1)(x-2)}$

$=\dfrac{x+3}{x-1}$

답 (1) 풀이 참조 (2) $\dfrac{x+3}{x-1}$

03

(1) $\dfrac{x}{x+3}+\dfrac{4x-9}{2x^2+5x-3}-\dfrac{x-1}{2x-1}$

$=\dfrac{x}{x+3}+\dfrac{4x-9}{(x+3)(2x-1)}-\dfrac{x-1}{2x-1}$

$=\dfrac{x(2x-1)}{(x+3)(2x-1)}+\dfrac{4x-9}{(x+3)(2x-1)}$

$\qquad\qquad\qquad -\dfrac{(x+3)(x-1)}{(x+3)(2x-1)}$

$=\dfrac{2x^2-x+4x-9-(x^2+2x-3)}{(x+3)(2x-1)}$

$=\dfrac{x^2+x-6}{(x+3)(2x-1)}$

$=\dfrac{(x+3)(x-2)}{(x+3)(2x-1)}$

$=\dfrac{x-2}{2x-1}$

(2) $\dfrac{x^2+9x+18}{x^2-x-6}\div\dfrac{x^2+3x-18}{x^2+x-2}\times\dfrac{x^2-7x+12}{2x^2+8x+6}$

$=\dfrac{(x+3)(x+6)}{(x+2)(x-3)}\times\dfrac{(x+2)(x-1)}{(x+6)(x-3)}$

$\qquad\qquad\qquad \times\dfrac{(x-3)(x-4)}{2(x+1)(x+3)}$

$=\dfrac{(x-1)(x-4)}{2(x+1)(x-3)}$

답 (1) $\dfrac{x-2}{2x-1}$ (2) $\dfrac{(x-1)(x-4)}{2(x+1)(x-3)}$

04

$\dfrac{2x-1}{x-1}-\dfrac{x+1}{x}-\dfrac{2x+5}{x+2}+\dfrac{x+4}{x+3}$

$=\left(2+\dfrac{1}{x-1}\right)-\left(1+\dfrac{1}{x}\right)-\left(2+\dfrac{1}{x+2}\right)+\left(1+\dfrac{1}{x+3}\right)$

$=\left(\dfrac{1}{x-1}-\dfrac{1}{x}\right)-\left(\dfrac{1}{x+2}-\dfrac{1}{x+3}\right)$

$=\dfrac{1}{x(x-1)}-\dfrac{1}{(x+2)(x+3)}$

$=\dfrac{(x+2)(x+3)-x(x-1)}{x(x-1)(x+2)(x+3)}$

$=\dfrac{6x+6}{x(x-1)(x+2)(x+3)}$

$=\dfrac{6(x+1)}{x(x-1)(x+2)(x+3)}$

답 $\dfrac{6(x+1)}{x(x-1)(x+2)(x+3)}$

05

(1) $\dfrac{x}{2x^2-3x+1}-\dfrac{x}{2x^2+3x+1}+\dfrac{2}{4x^2-1}$

$=\dfrac{x}{(x-1)(2x-1)}-\dfrac{x}{(x+1)(2x+1)}$
$\qquad\qquad\qquad\qquad+\dfrac{2}{(2x-1)(2x+1)}$

$=\left(\dfrac{1}{x-1}-\dfrac{1}{2x-1}\right)-\left(\dfrac{1}{x+1}-\dfrac{1}{2x+1}\right)$
$\qquad\qquad\qquad\qquad+\left(\dfrac{1}{2x-1}-\dfrac{1}{2x+1}\right)$

$=\dfrac{1}{x-1}-\dfrac{1}{x+1}$

$=\dfrac{(x+1)-(x-1)}{(x+1)(x-1)}$

$=\dfrac{2}{(x+1)(x-1)}$

(2) $\dfrac{a}{1-\dfrac{1}{a+1}}=\dfrac{a}{\dfrac{(a+1)-1}{a+1}}$

$=\dfrac{a}{\dfrac{a}{a+1}}$

$=\dfrac{a(a+1)}{a}=a+1$

답 (1) $\dfrac{2}{(x+1)(x-1)}$ (2) $a+1$

06

$\dfrac{x}{4}=\dfrac{y}{3}=k\ (k\neq0)$로 놓으면

$x=4k,\ y=3k$

$\therefore \dfrac{2xy}{x^2+y^2}=\dfrac{2\times4k\times3k}{(4k)^2+(3k)^2}=\dfrac{24k^2}{25k^2}=\dfrac{24}{25}$

답 $\dfrac{24}{25}$

07

$\dfrac{7x-1}{x^3-1}=\dfrac{a}{x-1}-\dfrac{bx-3}{x^2+x+1}$의 우변을 통분하여 정리하면

$\dfrac{a}{x-1}-\dfrac{bx-3}{x^2+x+1}=\dfrac{a(x^2+x+1)-(bx-3)(x-1)}{(x-1)(x^2+x+1)}$

$\qquad\qquad\qquad=\dfrac{(a-b)x^2+(a+b+3)x+a-3}{x^3-1}$

즉, $\dfrac{7x-1}{x^3-1}=\dfrac{(a-b)x^2+(a+b+3)x+a-3}{x^3-1}$이 x에 대한 항등식이므로 양변의 분자의 동류항의 계수를 비교하면

$a-b=0,\ a+b+3=7,\ a-3=-1$

따라서 $a=2,\ b=2$이므로

$ab=2\times2=4$

답 4

08

$\dfrac{1}{x^3-x}=\dfrac{a}{x-1}+\dfrac{b}{x}+\dfrac{c}{x+1}$의 우변을 통분하여 정리하면

$\dfrac{a}{x-1}+\dfrac{b}{x}+\dfrac{c}{x+1}$

$=\dfrac{ax(x+1)+b(x-1)(x+1)+cx(x-1)}{x(x-1)(x+1)}$

$=\dfrac{(a+b+c)x^2+(a-c)x-b}{x^3-x}$

즉, $\dfrac{1}{x^3-x}=\dfrac{(a+b+c)x^2+(a-c)x-b}{x^3-x}$가 x에 대한 항등식이므로 양변의 분자의 동류항의 계수를 비교하면

$a+b+c=0,\ a-c=0,\ -b=1$

$-b=1$에서 $b=-1$이므로 두 식 $a+c-1=0,\ a-c=0$을 연립하여 풀면

$a=\dfrac{1}{2},\ b=-1,\ c=\dfrac{1}{2}$

$\therefore a-b+c=\dfrac{1}{2}-(-1)+\dfrac{1}{2}=2$

답 2

09

$\dfrac{a}{(x^2+x+1)^2}+\dfrac{b}{(x^2-x+1)^2}=\dfrac{4x^4+cx^2+4}{(x^4+x^2+1)^2}$의 좌변을 통분하여 정리하면

$\dfrac{a}{(x^2+x+1)^2}+\dfrac{b}{(x^2-x+1)^2}$

$=\dfrac{a(x^2-x+1)^2+b(x^2+x+1)^2}{(x^2+x+1)^2(x^2-x+1)^2}$

$=\dfrac{a(x^4-2x^3+3x^2-2x+1)+b(x^4+2x^3+3x^2+2x+1)}{(x^4+x^2+1)^2}$

$=\dfrac{(a+b)x^4-2(a-b)x^3+3(a+b)x^2-2(a-b)x+a+b}{(x^4+x^2+1)^2}$

주어진 등식이 x에 대한 항등식이므로 양변의 분자의 동류항의 계수를 비교하면

$a+b=4,\ a-b=0,\ 3(a+b)=c$

두 식 $a+b=4,\ a-b=0$을 연립하여 풀면 $a=2,\ b=2$

$\therefore\ c=3(a+b)=3\times4=12$

$\therefore\ abc=2\times2\times12=48$

답 48

다른 풀이

$\dfrac{a}{(x^2+x+1)^2}+\dfrac{b}{(x^2-x+1)^2}=\dfrac{4x^4+cx^2+4}{(x^4+x^2+1)^2}$ 의 좌변을

통분하면

$\dfrac{a(x^2-x+1)^2+b(x^2+x+1)^2}{(x^4+x^2+1)^2}=\dfrac{4x^4+cx^2+4}{(x^4+x^2+1)^2}$

분모가 같으므로 분자끼리 비교하면

$a(x^2-x+1)^2+b(x^2+x+1)^2=4x^4+cx^2+4$

이 등식이 x에 대한 항등식이므로 양변에

$x=0$을 대입하면 $a+b=4$ $\qquad\cdots\cdots$㉠

$x=1$을 대입하면 $a+9b=8+c$ $\qquad\cdots\cdots$㉡

$x=-1$을 대입하면 $9a+b=8+c$ $\qquad\cdots\cdots$㉢

㉢$-$㉡에서 $8a-8b=0$ $\qquad\therefore\ a=b=2\ (\because\ ㉠)$

이것을 ㉡에 대입하여 풀면 $c=12$

$\therefore\ abc=2\times2\times12=48$

10

(1) (주어진 식)

$=\dfrac{6}{(x-1)-(x-4)}\left(\dfrac{1}{x-4}-\dfrac{1}{x-1}\right)$

$\quad+\dfrac{6}{(x+2)-(x-1)}\left(\dfrac{1}{x-1}-\dfrac{1}{x+2}\right)$

$\quad+\dfrac{6}{(x+5)-(x+2)}\left(\dfrac{1}{x+2}-\dfrac{1}{x+5}\right)$

$\quad+\cdots+\dfrac{6}{(x+26)-(x+23)}\left(\dfrac{1}{x+23}-\dfrac{1}{x+26}\right)$

$=2\left\{\left(\dfrac{1}{x-4}-\dfrac{1}{x-1}\right)+\left(\dfrac{1}{x-1}-\dfrac{1}{x+2}\right)\right.$

$\qquad\left.+\left(\dfrac{1}{x+2}-\dfrac{1}{x+5}\right)+\cdots+\left(\dfrac{1}{x+23}-\dfrac{1}{x+26}\right)\right\}$

$=2\left(\dfrac{1}{x-4}-\dfrac{1}{x+26}\right)$

$=2\times\dfrac{x+26-(x-4)}{(x-4)(x+26)}$

$=2\times\dfrac{30}{(x-4)(x+26)}$

$=\dfrac{60}{(x-4)(x+26)}$

(2) (주어진 식)

$=\dfrac{4}{3-1}\times\left(1-\dfrac{1}{3}\right)+\dfrac{4}{5-3}\times\left(\dfrac{1}{3}-\dfrac{1}{5}\right)$

$\quad+\dfrac{4}{7-5}\times\left(\dfrac{1}{5}-\dfrac{1}{7}\right)+\cdots+\dfrac{4}{21-19}\times\left(\dfrac{1}{19}-\dfrac{1}{21}\right)$

$=2\left\{\left(1-\dfrac{1}{3}\right)+\left(\dfrac{1}{3}-\dfrac{1}{5}\right)+\left(\dfrac{1}{5}-\dfrac{1}{7}\right)\right.$

$\qquad\left.+\cdots+\left(\dfrac{1}{19}-\dfrac{1}{21}\right)\right\}$

$=2\times\left(1-\dfrac{1}{21}\right)=\dfrac{40}{21}$

답 (1) $\dfrac{60}{(x-4)(x+26)}$　(2) $\dfrac{40}{21}$

11

$\dfrac{1}{x(x+2)}+\dfrac{2}{(x+2)(x+6)}+\dfrac{3}{(x+6)(x+12)}$

$=\dfrac{1}{2}\left(\dfrac{1}{x}-\dfrac{1}{x+2}\right)+\dfrac{2}{4}\left(\dfrac{1}{x+2}-\dfrac{1}{x+6}\right)$

$\qquad+\dfrac{3}{6}\left(\dfrac{1}{x+6}-\dfrac{1}{x+12}\right)$

$=\dfrac{1}{2}\left\{\left(\dfrac{1}{x}-\dfrac{1}{x+2}\right)+\left(\dfrac{1}{x+2}-\dfrac{1}{x+6}\right)\right.$

$\qquad\left.+\left(\dfrac{1}{x+6}-\dfrac{1}{x+12}\right)\right\}$

$=\dfrac{1}{2}\left(\dfrac{1}{x}-\dfrac{1}{x+12}\right)$

$=\dfrac{1}{2}\times\dfrac{x+12-x}{x(x+12)}$

$=\dfrac{6}{x(x+12)}$

즉, $\dfrac{6}{x(x+12)}=\dfrac{b}{x(x+a)}$ 가 x에 대한 항등식이므로

$a=12,\ b=6$

$\therefore\ a+b=12+6=18$

답 18

12

$f(x)=x^2-1=(x-1)(x+1)$이므로

$\dfrac{1}{f(x)}=\dfrac{1}{(x-1)(x+1)}=\dfrac{1}{2}\left(\dfrac{1}{x-1}-\dfrac{1}{x+1}\right)$

(단, $x\ne-1,\ x\ne1$)

$$\therefore \frac{1}{f(2)}+\frac{1}{f(3)}+\frac{1}{f(4)}+\cdots+\frac{1}{f(10)}$$

$$=\frac{1}{2}\left\{\left(1-\frac{1}{3}\right)+\left(\frac{1}{2}-\frac{1}{4}\right)+\left(\frac{1}{3}-\frac{1}{5}\right)+\left(\frac{1}{4}-\frac{1}{6}\right)\right.$$
$$\left.+\cdots+\left(\frac{1}{8}-\frac{1}{10}\right)+\left(\frac{1}{9}-\frac{1}{11}\right)\right\}$$

$$=\frac{1}{2}\times\left(1+\frac{1}{2}-\frac{1}{10}-\frac{1}{11}\right)$$

$$=\frac{1}{2}\times\frac{72}{55}=\frac{36}{55}$$

답 $\dfrac{36}{55}$

13

(1) (주어진 식)

$$=\frac{\dfrac{(x+4)-(x+3)}{(x+3)(x+4)}}{\dfrac{(x+3)-(x+2)}{(x+2)(x+3)}}=\frac{\dfrac{1}{(x+3)(x+4)}}{\dfrac{1}{(x+2)(x+3)}}$$

$$=\frac{(x+2)(x+3)}{(x+3)(x+4)}=\frac{x+2}{x+4}$$

(2) (주어진 식)

$$=1+\frac{1}{2+\dfrac{1}{\dfrac{3x+1}{x}}}=1+\frac{1}{2+\dfrac{x}{3x+1}}$$

$$=1+\frac{1}{\dfrac{2(3x+1)+x}{3x+1}}=1+\frac{1}{\dfrac{7x+2}{3x+1}}$$

$$=1+\frac{3x+1}{7x+2}=\frac{7x+2+(3x+1)}{7x+2}$$

$$=\frac{10x+3}{7x+2}$$

답 (1) $\dfrac{x+2}{x+4}$ (2) $\dfrac{10x+3}{7x+2}$

다른 풀이

(1) 분자, 분모에 각각 $(x+2)(x+3)(x+4)$를 곱하면

(주어진 식)

$$=\frac{\left(\dfrac{1}{x+3}-\dfrac{1}{x+4}\right)\times(x+2)(x+3)(x+4)}{\left(\dfrac{1}{x+2}-\dfrac{1}{x+3}\right)\times(x+2)(x+3)(x+4)}$$

$$=\frac{(x+2)\{(x+4)-(x+3)\}}{(x+4)\{(x+3)-(x+2)\}}$$

$$=\frac{x+2}{x+4}$$

14

$$\frac{25}{81}=\frac{1}{\dfrac{81}{25}}=\frac{1}{3+\dfrac{6}{25}}$$

$$=\frac{1}{3+\dfrac{1}{\dfrac{25}{6}}}=\frac{1}{3+\dfrac{1}{4+\dfrac{1}{6}}}$$

따라서 $a=3$, $b=4$, $c=6$이므로

$$a+b+c=3+4+6=13$$

답 13

15

(1) $\underline{x^2-7x+1=0}$에서 $x\neq0$이므로 양변을 x로 나누면

$x=0$이면 $0-7\times0+1\neq0$

$$x-7+\frac{1}{x}=0 \qquad \therefore x+\frac{1}{x}=7$$

$$\therefore x^3+\frac{1}{x^3}=\left(x+\frac{1}{x}\right)^3-3\left(x+\frac{1}{x}\right)$$

$$=7^3-3\times7=322$$

(2) $a^2+b^2+c^2-ab-bc-ca=0$에서

$$\frac{1}{2}\{(a-b)^2+(b-c)^2+(c-a)^2\}=0$$

$$\therefore a=b=c$$

$$\therefore \frac{c}{a+b}+\frac{2a}{b+c}+\frac{3b}{c+a}$$

$$=\frac{a}{a+a}+\frac{2a}{a+a}+\frac{3a}{a+a}$$

$$=\frac{1}{2}+1+\frac{3}{2}=3$$

답 (1) 322 (2) 3

16

$\underline{x^2+4x-1=0}$에서 $x\neq0$이므로 양변을 x로 나누면

$x=0$이면 $0+4\times0-1\neq0$

$$x+4-\frac{1}{x}=0$$

$$\therefore 4+x=\frac{1}{x} \qquad \cdots\cdots\text{㉠},$$

$$x-\frac{1}{x}=-4 \qquad \cdots\cdots\text{㉡}$$

$$\therefore \frac{1}{x}-\frac{1}{4+\dfrac{1}{4+x}}$$

$$= \frac{1}{x} - \frac{1}{4 + \cfrac{1}{\cfrac{1}{x}}} \quad (\because \text{㉠})$$

$$= \frac{1}{x} - \frac{1}{4 + x} = \frac{1}{x} - \cfrac{1}{\cfrac{1}{x}} \quad (\because \text{㉠})$$

$$= \frac{1}{x} - x = -\left(x - \frac{1}{x}\right)$$

$$= -(-4) \quad (\because \text{㉡})$$

$$= 4$$

답 4

17

$\dfrac{x^2 - xy - 8y^2}{x^2 - xy + y^2} = -2$의 양변에 $x^2 - xy + y^2$을 곱하면

$$x^2 - xy - 8y^2 = -2(x^2 - xy + y^2)$$

$$3x^2 - 3xy - 6y^2 = 0, \ x^2 - xy - 2y^2 = 0$$

$$(x + y)(x - 2y) = 0$$

$\therefore x = 2y \ (\because xy > 0)$ ← $xy > 0$이므로 x, y의 부호는 일치한다.
따라서 $x + y = 0$, 즉 $x = -y$가 될 수 없다.

$$\therefore \frac{2x + 7y}{3x - 5y} = \frac{2 \times 2y + 7y}{3 \times 2y - 5y} = \frac{11y}{y} = 11$$

답 11

18

$(x + y) : (y + z) : (z + x) = 4 : 7 : 5$이므로

$$\frac{x + y}{4} = \frac{y + z}{7} = \frac{z + x}{5} = k \ (k \neq 0)$$로 놓으면

$$x + y = 4k \quad \cdots\cdots\text{㉠}$$

$$y + z = 7k \quad \cdots\cdots\text{㉡}$$

$$z + x = 5k \quad \cdots\cdots\text{㉢}$$

㉠+㉡+㉢을 하면 $2(x + y + z) = 16k$

$$\therefore x + y + z = 8k$$

위의 식에 ㉠, ㉡, ㉢을 각각 대입하면

$$z = 4k, \ x = k, \ y = 3k$$

(1) $\dfrac{yz + zx}{xy + yz} = \dfrac{12k^2 + 4k^2}{3k^2 + 12k^2} = \dfrac{16k^2}{15k^2} = \dfrac{16}{15}$

(2) $\dfrac{x^3 + y^3 + z^3}{xyz} = \dfrac{k^3 + 27k^3 + 64k^3}{12k^3} = \dfrac{92k^3}{12k^3} = \dfrac{23}{3}$

답 (1) $\dfrac{16}{15}$ (2) $\dfrac{23}{3}$

19

$\dfrac{b + c}{a} = \dfrac{c + a}{b} = \dfrac{a + b}{c} = k$에서

$$b + c = ak \quad \cdots\cdots\text{㉠}$$

$$c + a = bk \quad \cdots\cdots\text{㉡}$$

$$a + b = ck \quad \cdots\cdots\text{㉢}$$

㉠+㉡+㉢을 하면 $2(a + b + c) = (a + b + c)k$

(i) $a + b + c \neq 0$일 때, $k = 2$

(ii) $a + b + c = 0$일 때,
$b + c = -a$이므로 ㉠에서 ⎫ $c + a = -b$ 또는 $a + b = -c$를 각각 ㉡, ㉢에 대입해도 $k = -1$을 구할 수 있다.

$$-a = ak \quad \therefore k = -1 \ (\because a \neq 0)$$

(i), (ii)에서 구하는 모든 실수 k의 값의 합은

$$2 + (-1) = 1$$

답 1

다른 풀이

$\dfrac{b + c}{a} = \dfrac{c + a}{b} = \dfrac{a + b}{c} = k$에서

(i) $a + b + c = 0$일 때,

$$\frac{-a}{a} = \frac{-b}{b} = \frac{-c}{c} = -1$$

$$\therefore k = -1$$

(ii) $a + b + c \neq 0$일 때,

$$\frac{b + c}{a} = \frac{c + a}{b} = \frac{a + b}{c} = \frac{2a + 2b + 2c}{a + b + c} = 2$$

$$\therefore k = 2$$

(i), (ii)에서 구하는 모든 실수 k의 값의 합은

$$-1 + 2 = 1$$

STEP 1 개념 마무리 본문 p.298

01 24	02 4	03 7	04 10
05 1	06 75		

01

$m \neq -4, \ m \neq 4$이므로

$$\frac{4m + 16}{m^2 - 16} = \frac{4(m + 4)}{(m + 4)(m - 4)} = \frac{4}{m - 4}$$

위의 식의 값이 정수가 되어야 하므로

$m-4$의 값이 될 수 있는 것은

m은 정수이므로 $m-4$도 정수이다.

$-4, -2, -1, 1, 2, 4$ ← $m-4=\pm(4$의 약수$)$

$\therefore m=0, 2, 3, 5, 6, 8$

따라서 모든 정수 m의 값의 합은

$0+2+3+5+6+8=24$

답 24

02

$\dfrac{a}{x}-\dfrac{b}{x-1}-\dfrac{c}{(x-1)^2}$

$=\dfrac{a(x-1)^2}{x(x-1)^2}-\dfrac{bx(x-1)}{x(x-1)^2}-\dfrac{cx}{x(x-1)^2}$

$=\dfrac{ax^2-2ax+a-(bx^2-bx)-cx}{x(x-1)^2}$

$=\dfrac{(a-b)x^2-(2a-b+c)x+a}{x(x-1)^2}$

즉, $\dfrac{x-2}{x(x-1)^2}=\dfrac{(a-b)x^2-(2a-b+c)x+a}{x(x-1)^2}$가 x에 대한 항등식이므로 양변의 분자의 동류항의 계수를 비교하면

$a-b=0, 2a-b+c=-1, a=-2$

따라서 $a=-2, b=-2, c=1$이므로

$abc=(-2)\times(-2)\times1=4$

답 4

03

$\langle A, B\rangle=\dfrac{A-B}{AB}=\dfrac{1}{B}-\dfrac{1}{A}$

이므로

$\langle x+3, x+1\rangle+\langle x+5, x+3\rangle+\langle x+7, x+5\rangle$

$=\left(\dfrac{1}{x+1}-\dfrac{1}{x+3}\right)+\left(\dfrac{1}{x+3}-\dfrac{1}{x+5}\right)$

$\qquad\qquad\qquad\quad+\left(\dfrac{1}{x+5}-\dfrac{1}{x+7}\right)$

$=\dfrac{1}{x+1}-\dfrac{1}{x+7}$ ……㉠

$\langle x+a, x+1\rangle=\dfrac{1}{x+1}-\dfrac{1}{x+a}$ ……㉡

이때 ㉠=㉡이므로

$\dfrac{1}{x+1}-\dfrac{1}{x+7}=\dfrac{1}{x+1}-\dfrac{1}{x+a}$

$\therefore a=7$

답 7

04

$\dfrac{14}{31}=\dfrac{1}{\frac{31}{14}}=\dfrac{1}{2+\frac{3}{14}}$

$=\dfrac{1}{2+\frac{1}{\frac{14}{3}}}=\dfrac{1}{2+\frac{1}{5-\frac{1}{3}}}$

따라서 $p=2, q=5, r=3$

$\therefore p+q+r=2+5+3=10$

답 10

05

$abc=1$이므로

$\dfrac{a}{ab+a+1}+\dfrac{b}{bc+b+1}+\dfrac{c}{ca+c+1}$

$=\dfrac{c\times a}{c\times(ab+a+1)}+\dfrac{ac\times b}{ac\times(bc+b+1)}+\dfrac{c}{ca+c+1}$

$=\dfrac{ca}{abc+ca+c}+\dfrac{abc}{abc\times c+abc+ca}+\dfrac{c}{ca+c+1}$

$=\dfrac{ca}{1+ca+c}+\dfrac{1}{c+1+ca}+\dfrac{c}{ca+c+1}$

$=\dfrac{ca+c+1}{ca+c+1}=1$

답 1

06

조건 ㈎에서 $\dfrac{3a+b}{3}=\dfrac{2b+c}{4}=\dfrac{2c}{5}=k\ (k>0)$로 놓으면

a, b, c가 자연수이므로 $k>0$

$3a+b=3k$ ……㉠

$2b+c=4k$ ……㉡

$2c=5k$ ……㉢

㉢에서 $c=\dfrac{5}{2}k$이므로 이것을 ㉡에 대입하면

$2b+\dfrac{5}{2}k=4k, 2b=\dfrac{3}{2}k \quad\therefore b=\dfrac{3}{4}k$

이것을 ㉠에 대입하면

$3a+\dfrac{3}{4}k=3k, 3a=\dfrac{9}{4}k \quad\therefore a=\dfrac{3}{4}k$

따라서 $a:b:c=\dfrac{3}{4}k:\dfrac{3}{4}k:\dfrac{5}{2}k=3:3:10$이므로

$a=3n, b=3n, c=10n\ (n$은 자연수$)$으로 놓을 수 있다.

즉, 세 자연수 a, b, c의 최소공배수는 $3 \times 10 \times n$이므로

조건 (내)에서 $30n=90$ $\therefore n=3$

$\therefore a=9$, $b=9$, $c=30$

$\therefore 3a+2b+c=27+18+30=75$

답 75

다른 풀이

$3+4+5\neq0$이므로 조건 (개)의 식에서 가비의 리를 이용하면

$$\frac{3a+b}{3}=\frac{2b+c}{4}=\frac{2c}{5}=\frac{3a+3b+3c}{12}=\frac{a+b+c}{4}$$

즉, $2b+c=a+b+c$에서 $a=b$이므로

$\dfrac{4a}{3}=\dfrac{2c}{5}=k\ (k>0)$로 놓으면 $a=b=\dfrac{3}{4}k$, $c=\dfrac{5}{2}k$

따라서 $a:b:c=\dfrac{3}{4}k:\dfrac{3}{4}k:\dfrac{5}{2}k=3:3:10$이므로

$a=3n$, $b=3n$, $c=10n$ (n은 자연수)으로 놓을 수 있다.

즉, 세 자연수 a, b, c의 최소공배수는 $3 \times 10 \times n$이므로

조건 (내)에서 $30n=90$ $\therefore n=3$

$\therefore a=9$, $b=9$, $c=30$

$\therefore 3a+2b+c=27+18+30=75$

② 유리함수

기본 + 필수연습　　　　　　본문 pp.304~313

20 (1) $\left\{x \,\middle|\, x\neq\dfrac{5}{4}$인 실수$\right\}$ (2) $\{x\,|\,x$는 실수$\}$

　　(3) $\{x\,|\,x\neq-2$인 실수$\}$

21 ㄱ, ㄷ, ㄹ　　　　　**22** 풀이 참조

23 $y=\dfrac{x-2}{2x+4}$　　　**24** -12　　**25** ㄱ, ㄷ

26 $-\dfrac{5}{4}$　　**27** 6　　　**28** $-\dfrac{1}{2}$

29 (1) 3 (2) 3　　　**30** 9　　　**31** 81

32 ㄱ, ㄷ　　**33** $-\dfrac{16}{5}$　　**34** 14　　**35** $\dfrac{15}{4}$

36 $k<0$ 또는 $0<k<\dfrac{1}{9}$ 또는 $k>1$　　**37** $\dfrac{31}{16}$

38 (1) $f^{60}(x)=x$ (2) 5　　**39** $\dfrac{1}{21}$　　**40** 3

41 1　　　**42** $2\sqrt{10}$

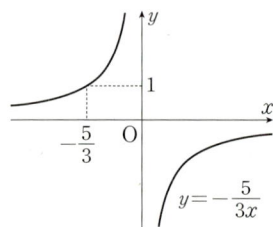

20

(1) $-4x+5\neq0$에서 $x\neq\dfrac{5}{4}$이므로 주어진 함수의 정의역은

$\left\{x\,\middle|\,x\neq\dfrac{5}{4}$인 실수$\right\}$이다.

(2) 모든 실수 x에 대하여 $2x^2+3\neq0$이므로 주어진 함수의 정의역은 $\{x\,|\,x$는 실수$\}$이다.

(3) $x+2\neq0$에서 $x\neq-2$이므로 주어진 함수의 정의역은 $\{x\,|\,x\neq-2$인 실수$\}$이다.

답 (1) $\left\{x\,\middle|\,x\neq\dfrac{5}{4}$인 실수$\right\}$ (2) $\{x\,|\,x$는 실수$\}$

(3) $\{x\,|\,x\neq-2$인 실수$\}$

21

함수 $y=-\dfrac{5}{3x}$의 그래프는 다음 그림과 같다.

ㄴ. 함수 $y=-\dfrac{5}{3x}$의 정의역은

$\{x\,|\,x\neq0$인 실수$\}$이다. (거짓)

따라서 옳은 것은 ㄱ, ㄷ, ㄹ이다.

답 ㄱ, ㄷ, ㄹ

22

(1) 함수 $y=-\dfrac{1}{x-2}+3$의 그래프는 함수 $y=-\dfrac{1}{x}$의 그래프를 x축의 방향으로 2만큼, y축의 방향으로 3만큼 평행이동한 것이므로 그 그래프는 오른쪽 그림과 같다.

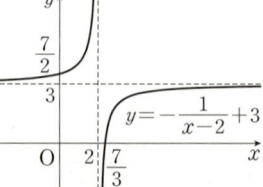

따라서 정의역은 $\{x\,|\,x\neq2$인 실수$\}$, 치역은 $\{y\,|\,y\neq3$인 실수$\}$, 점근선의 방정식은 $x=2$, $y=3$이다.

(2) $y=\dfrac{3x+4}{x+1}=\dfrac{3(x+1)+1}{x+1}=\dfrac{1}{x+1}+3$이므로 주어진

함수의 그래프는 함수 $y=\dfrac{1}{x}$의 그래프를 x축의 방향으로

-1만큼, y축의 방향으로
3만큼 평행이동한 것이고,
그 그래프는 오른쪽 그림
과 같다.

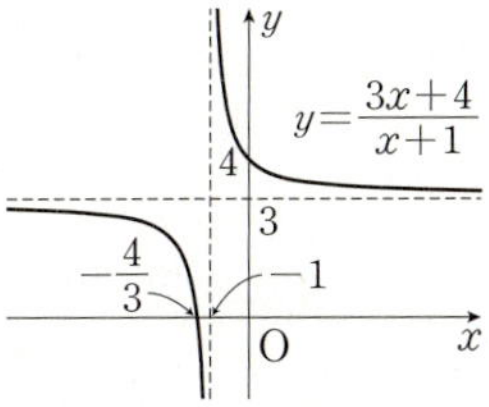

따라서 정의역은
$\{x \mid x \neq -1$인 실수$\}$, 치역은 $\{y \mid y \neq 3$인 실수$\}$, 점근선
의 방정식은 $x=-1$, $y=3$이다.

답 풀이 참조

23

$y=\dfrac{-4x-2}{2x-1}$를 x에 대하여 풀면

$(2x-1)y=-4x-2$, $2xy-y=-4x-2$

$(2y+4)x=y-2$

$\therefore x=\dfrac{y-2}{2y+4}$

x와 y를 서로 바꾸면 구하는 역함수는

$y=\dfrac{x-2}{2x+4}$

답 $y=\dfrac{x-2}{2x+4}$

24

$y=\dfrac{-x+1}{x-3}=\dfrac{-(x-3)-2}{x-3}=-\dfrac{2}{x-3}-1$

한편, 함수 $y=\dfrac{2x}{x+1}$의 그래프를 x축의 방향으로 a만큼,

y축의 방향으로 b만큼 평행이동한 그래프의 식은

$y=\dfrac{2(x-a)}{x-a+1}+b$

$\quad=\dfrac{2(x-a+1)-2}{x-a+1}+b$

$\quad=-\dfrac{2}{x-a+1}+2+b$

이 함수의 그래프가 함수 $y=-\dfrac{2}{x-3}-1$의 그래프와 일치

하므로

$-a+1=-3$, $2+b=-1$

따라서 $a=4$, $b=-3$이므로

$ab=4 \times (-3)=-12$

답 -12

★25

ㄱ. $y=-\dfrac{1}{3x+3}=-\dfrac{1}{3(x+1)}$

즉, 함수 $y=-\dfrac{1}{3x+3}$의 그래프는 함수 $y=-\dfrac{1}{3x}$의 그

래프를 x축의 방향으로 -1만큼 평행이동한 것이다.

ㄴ. $y=-\dfrac{x-1}{3x+6}=-\dfrac{(x+2)-3}{3(x+2)}=\dfrac{1}{x+2}-\dfrac{1}{3}$

즉, 함수 $y=-\dfrac{x-1}{3x+6}$의 그래프는 함수 $y=\dfrac{1}{x}$의 그래프

를 x축의 방향으로 -2만큼, y축의 방향으로 $-\dfrac{1}{3}$만큼

평행이동한 것이다.

ㄷ. $y=\dfrac{x+1}{6-6x}=\dfrac{(x-1)+2}{-6(x-1)}=-\dfrac{1}{3(x-1)}-\dfrac{1}{6}$

즉, 함수 $y=\dfrac{x+1}{6-6x}$의 그래프는 함수 $y=-\dfrac{1}{3x}$의 그래

프를 x축의 방향으로 1만큼, y축의 방향으로 $-\dfrac{1}{6}$만큼

평행이동한 것이다.

따라서 평행이동에 의하여 함수 $y=-\dfrac{1}{3x}$의 그래프와 겹쳐

지는 것은 ㄱ, ㄷ이다.

답 ㄱ, ㄷ

26

$f(0)=\dfrac{a}{b}=1$ $\qquad \therefore a=b$ $\qquad$ ······㉠

$f(x)=\dfrac{-2x+a}{x+b}=\dfrac{-2(x+b)+2b+a}{x+b}=\dfrac{2b+a}{x+b}-2$

이므로 함수 $y=f(x)$의 그래프의 점근선의 방정식은

$x=-b$, $y=-2$

$\therefore b=1$

㉠에서 $a=1$이므로

$f(x)=\dfrac{-2x+1}{x+1}$

$$\therefore f(3) = \frac{-2 \times 3 + 1}{3 + 1} = -\frac{5}{4}$$

답 $-\dfrac{5}{4}$

다른 풀이

함수 $f(x) = \dfrac{-2x+a}{x+b}$ 의 그래프의 점근선의 방정식은

$x = -b, \ y = -2$

따라서 $b=1$ 이므로 $f(x) = \dfrac{-2x+a}{x+1}$

또한, $f(0)=1$ 이므로 $a=1$ $\therefore f(x) = \dfrac{-2x+1}{x+1}$

$$\therefore f(3) = \frac{-2 \times 3 + 1}{3 + 1} = -\frac{5}{4}$$

27

$$y = \frac{bx-1}{ax-6} = \frac{\dfrac{b}{a}(ax-6) + \dfrac{6b}{a} - 1}{ax-6} = \frac{\dfrac{6b}{a} - 1}{ax-6} + \frac{b}{a}$$

이므로 유리함수 $y = \dfrac{bx-1}{ax-6}$ 의 그래프의 점근선의 방정식은

$x = \dfrac{6}{a}, \ y = \dfrac{b}{a}$

이때 함수 $y = \dfrac{bx-1}{ax-6}$ 의 정의역은 $\{x \mid x \neq 3\text{인 실수}\}$,

치역은 $\{y \mid y \neq 2\text{인 실수}\}$ 이므로

$\dfrac{6}{a} = 3, \ \dfrac{b}{a} = 2$

따라서 $a=2, \ b=4$ 이므로

$a+b = 2+4 = 6$

답 6

다른 풀이

유리함수 $y = \dfrac{bx-1}{ax-6}$ 의 그래프의 점근선의 방정식은

$x = \dfrac{6}{a}, \ y = \dfrac{b}{a}$

이때 함수 $y = \dfrac{bx-1}{ax-6}$ 의 정의역은 $\{x \mid x \neq 3\text{인 실수}\}$,

치역은 $\{y \mid y \neq 2\text{인 실수}\}$ 이므로

$\dfrac{6}{a} = 3, \ \dfrac{b}{a} = 2$

따라서 $a=2, \ b=4$ 이므로

$a+b = 2+4 = 6$

28

$$f(x) = \frac{bx}{ax+1} = \frac{\dfrac{b}{a}(ax+1) - \dfrac{b}{a}}{ax+1} = -\frac{\dfrac{b}{a}}{ax+1} + \frac{b}{a}$$

이므로 유리함수 $y = f(x)$ 의 그래프의 점근선의 방정식은

$x = -\dfrac{1}{a}, \ y = \dfrac{b}{a}$

이때 함수 $f(x)$ 의 정의역과 치역이 같으므로

$-\dfrac{1}{a} = \dfrac{b}{a}$ $\therefore b = -1$

또한, 두 점근선의 교점 $\left(-\dfrac{1}{a}, \dfrac{b}{a}\right)$, 즉 점 $\left(-\dfrac{1}{a}, -\dfrac{1}{a}\right)$ 이

직선 $y = 3x+4$ 위의 점이므로

$-\dfrac{1}{a} = -\dfrac{3}{a} + 4, \ \dfrac{2}{a} = 4$ $\therefore a = \dfrac{1}{2}$

$$\therefore a+b = \frac{1}{2} + (-1) = -\frac{1}{2}$$

답 $-\dfrac{1}{2}$

다른 풀이

유리함수 $f(x) = \dfrac{bx}{ax+1}$ 의 그래프의 점근선의 방정식은

$x = -\dfrac{1}{a}, \ y = \dfrac{b}{a}$

$-\dfrac{1}{a} = \dfrac{b}{a}$ 에서 $b = -1$

두 점근선의 교점 $\left(-\dfrac{1}{a}, \dfrac{-1}{a}\right)$ 이 직선 $y = 3x+4$ 위의 점이므로

$-\dfrac{1}{a} = -\dfrac{3}{a} + 4, \ \dfrac{2}{a} = 4$ $\therefore a = \dfrac{1}{2}$

$$\therefore a+b = \frac{1}{2} + (-1) = -\frac{1}{2}$$

29

(1) $y = \dfrac{bx-1}{3-ax} = \dfrac{-bx+1}{ax-3}$

$$= \frac{-\dfrac{b}{a}(ax-3) + 1 - \dfrac{3b}{a}}{ax-3} = \frac{1 - \dfrac{3b}{a}}{ax-3} - \frac{b}{a}$$

이므로 주어진 유리함수의 그래프의 점근선의 방정식은

$x = \dfrac{3}{a}, \ y = -\dfrac{b}{a}$

따라서 주어진 함수의 그래프는 두 점근선의 교점

$\left(\dfrac{3}{a}, -\dfrac{b}{a}\right)$ 에 대하여 대칭이므로

$$\frac{3}{a}=3, \ -\frac{b}{a}=-2 \qquad \therefore \ a=1, \ b=2$$

$$\therefore \ a+b=1+2=3$$

(2) $y=\dfrac{-6x+5}{3x-3}=\dfrac{-2(3x-3)-1}{3x-3}=-\dfrac{1}{3(x-1)}-2$

이므로 주어진 함수의 그래프의 점근선의 방정식은

$x=1, \ y=-2$

따라서 두 점근선의 교점 $(1, -2)$는 두 직선 $y=x+a$,

$y=-x+b$의 교점이므로

$-2=1+a, \ -2=-1+b$

$\therefore \ a=-3, \ b=-1$

$\therefore \ ab=(-3)\times(-1)=3$

답 (1) 3 (2) 3

30

$y=\dfrac{3x+b}{x+a}=\dfrac{3(x+a)-3a+b}{x+a}=\dfrac{-3a+b}{x+a}+3$

이므로 주어진 함수의 그래프의 점근선의 방정식은

$x=-a, \ y=3$

이때 주어진 함수의 그래프는 두 점근선의 교점 $(-a, 3)$에

대하여 대칭이므로

$a=3, \ c=3$

또한, 함수 $y=\dfrac{3x+b}{x+3}$의 그래프가 점 $(3, 2)$를 지나므로

$2=\dfrac{3\times3+b}{3+3}, \ 12=b+9$

$\therefore \ b=3$

$\therefore \ a+b+c=3+3+3=9$

답 9

31

주어진 그래프에서 점근선의 방정식이 $x=4, \ y=1$이므로 그래프의 식은

$y=\dfrac{k}{x-4}+1 \ (k\neq0)$

이때 유리함수의 그래프가 점 $(0, 2)$를 지나므로

$2=\dfrac{k}{-4}+1 \qquad \therefore \ k=-4$

따라서 $y=\dfrac{-4}{x-4}+1=\dfrac{-4+(x-4)}{x-4}=\dfrac{x-8}{x-4}$이므로

$a=-8, \ b=1, \ c=-4$

$\therefore \ a^2+b^2+c^2=(-8)^2+1^2+(-4)^2=81$

답 81

32

유리함수 $y=\dfrac{c}{ax+b}+d$의 그래프의 점근선의 방정식은

$x=-\dfrac{b}{a}, \ y=d$

이므로 주어진 그래프에서

$-\dfrac{b}{a}<0, \ d>0$

또한, 함수 $y=\dfrac{c}{ax}$의 그래프가 제2사분면과 제4사분면을

지나므로

$\dfrac{c}{a}<0$

ㄱ. $-\dfrac{b}{a}<0$에서 $\dfrac{b}{a}>0$이므로 $ab>0$ (참)

ㄴ. $\dfrac{c}{a}<0$에서 $ac<0$ (거짓)

ㄷ. 함수 $y=\dfrac{c}{ax+b}+d$의 그래프와 y축의 교점의 y좌표가

　　0보다 크므로 $\dfrac{c}{b}+d>0$ (참)

따라서 옳은 것은 ㄱ, ㄷ이다.

답 ㄱ, ㄷ

33

$y=\dfrac{2x-4}{x-5}=\dfrac{2(x-5)+6}{x-5}=\dfrac{6}{x-5}+2$

이므로 함수 $y=\dfrac{2x-4}{x-5}$의 그래프는 함수 $y=\dfrac{6}{x}$의 그래프를

x축의 방향으로 5만큼, y축의 방향으로 2만큼 평행이동한

것이다.

따라서 $0\leq x\leq4$에서 함수

$y=\dfrac{2x-4}{x-5}$의 그래프는 오

른쪽 그림과 같으므로

$x=0$일 때 최댓값 $\dfrac{4}{5}$,

$x=4$일 때 최솟값 -4를 갖는다.

즉, $M=\dfrac{4}{5}, \ m=-4$이므로

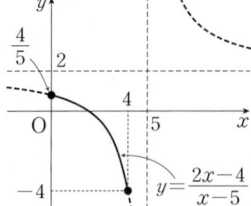

$$M+m=\frac{4}{5}+(-4)=-\frac{16}{5}$$

답 $-\dfrac{16}{5}$

34

$$y=\frac{-x+k}{x+3}=\frac{-(x+3)+3+k}{x+3}=\frac{3+k}{x+3}-1$$

이므로 함수 $y=\dfrac{-x+k}{x+3}$의 그래프는 함수 $y=\dfrac{3+k}{x}$의 그래프를 x축의 방향으로 -3만큼, y축의 방향으로 -1만큼 평행이동한 것이다.

이때 $k>-3$에서 $k+3>0$
이므로 $-2\leq x\leq 0$에서 주어진 함수의 그래프는 오른쪽 그림과 같다.

따라서 $x=0$일 때 최솟값 2를 가지므로

$$\frac{k}{3}=2 \qquad \therefore k=6$$

또한, $x=-2$일 때 최댓값 M을 가지므로

$$M=k+2=8$$
$$\therefore k+M=6+8=14$$

답 14

35

$$y=\frac{4x-6}{x+1}=\frac{4(x+1)-10}{x+1}=-\frac{10}{x+1}+4$$

이므로 함수 $y=\dfrac{4x-6}{x+1}$의 그래프는 함수 $y=-\dfrac{10}{x}$의 그래프를 x축의 방향으로 -1만큼, y축의 방향으로 4만큼 평행이동한 것이다.

이때 $a\leq x\leq b$에서 함수 $y=\dfrac{4x-6}{x+1}$이 최댓값 12, 최솟값 6을 가지려면 주어진 함수의 그래프는 오른쪽 그림과 같아야 하고 $x=a$일 때 최솟값 6, $x=b$일 때 최댓값 12를 갖는다.

즉, $\dfrac{4a-6}{a+1}=6$에서

$$4a-6=6a+6,\ 2a=-12$$
$$\therefore a=-6$$

또한, $\dfrac{4b-6}{b+1}=12$에서

$$4b-6=12b+12,\ 8b=-18$$
$$\therefore b=-\frac{9}{4}$$
$$\therefore b-a=-\frac{9}{4}-(-6)=\frac{15}{4}$$

답 $\dfrac{15}{4}$

36

$$y=\frac{3x+2}{x+1}=\frac{3(x+1)-1}{x+1}=-\frac{1}{x+1}+3$$

또한, $y=kx+4k+2=k(x+4)+2$에서
직선 $y=kx+4k+2$는 기울기 k의 값에 관계없이 항상 점 $(-4,\ 2)$를 지난다.

즉, 함수 $y=\dfrac{3x+2}{x+1}$의 그래프와 직선 $y=kx+4k+2$는 오른쪽 그림과 같다.

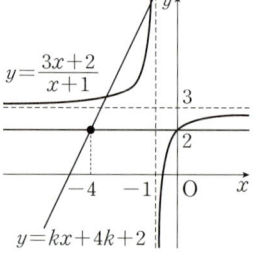

(ⅰ) $k=0$일 때,

직선 $y=kx+4k+2$, 즉 $y=2$는 점근선 $y=3$과 평행하므로 함수 $y=\dfrac{3x+2}{x+1}$의 그래프와 한 점 $(0,\ 2)$에서 만난다.

(ⅱ) $k\neq 0$일 때,

함수 $y=\dfrac{3x+2}{x+1}$의 그래프와 직선 $y=kx+4k+2$가 서로 다른 두 점에서 만나야 하므로 이차방정식

$$\frac{3x+2}{x+1}=kx+4k+2,\ 즉\ kx^2+(5k-1)x+4k=0$$이

서로 다른 두 근을 가져야 한다.

이 이차방정식의 판별식을 D라 하면

$$D=(5k-1)^2-4\times k\times 4k>0$$
$$9k^2-10k+1>0,\ (k-1)(9k-1)>0$$
$$\therefore k<\frac{1}{9}\ 또는\ k>1$$

(ⅰ), (ⅱ)에서 조건을 만족시키는 실수 k의 값의 범위는

$k<0$ 또는 $0<k<\dfrac{1}{9}$ 또는 $k>1$

답 $k<0$ 또는 $0<k<\dfrac{1}{9}$ 또는 $k>1$

37

$$y=\frac{1-x}{x+2}=\frac{-(x+2)+3}{x+2}=\frac{3}{x+2}-1$$

또한, $y=mx+2m=m(x+2)$에서

직선 $y=mx+2m$은 기울기 m의 값에 관계없이 항상 점 $(-2, 0)$을 지난다.

이때 $A\cap B\neq\varnothing$이므로 $-1\leq x\leq 2$에서 함수 $y=\frac{1-x}{x+2}$의 그래프와 직선 $y=mx+2m$이 만나야 한다.

따라서 함수 $y=\frac{1-x}{x+2}$의 그래프와 직선 $y=mx+2m$은 다음 그림과 같아야 한다.

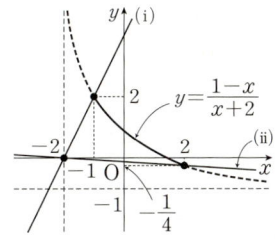

(ⅰ) 직선 $y=mx+2m$이 점 $(-1, 2)$를 지날 때,

$$2=-m+2m \qquad \therefore m=2$$

(ⅱ) 직선 $y=mx+2m$이 점 $\left(2, -\frac{1}{4}\right)$을 지날 때,

$$-\frac{1}{4}=2m+2m, \ 4m=-\frac{1}{4}$$

$$\therefore m=-\frac{1}{16}$$

(ⅰ), (ⅱ)에서 함수 $y=\frac{1-x}{x+2}$의 그래프와 직선 $y=mx+2m$이 만나도록 하는 실수 m의 값의 범위는

$$-\frac{1}{16}\leq m\leq 2$$

따라서 실수 m의 최댓값과 최솟값의 합은

$$2+\left(-\frac{1}{16}\right)=\frac{31}{16}$$

답 $\dfrac{31}{16}$

38

(1) $f^2(x)=f(f^1(x))=f\left(\dfrac{x-1}{x}\right)$

$$=\frac{\dfrac{x-1}{x}-1}{\dfrac{x-1}{x}}=\frac{\dfrac{-1}{x}}{\dfrac{x-1}{x}}=\frac{-1}{x-1}$$

$f^3(x)=f(f^2(x))=f\left(\dfrac{-1}{x-1}\right)$

$$=\frac{\dfrac{-1}{x-1}-1}{\dfrac{-1}{x-1}}=\frac{\dfrac{-x}{x-1}}{\dfrac{-1}{x-1}}=x$$

$f^4(x)=f(f^3(x))=f(x)$

$f^5(x)=f(f^4(x))=f(f(x))=f^2(x)$

$f^6(x)=f(f^5(x))=f(f^2(x))=f^3(x)=x$

$\vdots$

따라서 $n=1, 2, 3, \cdots$일 때, $f^n(x)$는

$$f(x)=\frac{x-1}{x}, \ f^2(x)=\frac{-1}{x-1}, \ f^3(x)=x$$

가 이 순서대로 반복되므로

$$f^{60}(x)=f^{3\times 20}(x)=x$$

(2) $f(x)=\dfrac{x-1}{x+1}$에서 $f^1\left(-\dfrac{1}{5}\right)=f\left(-\dfrac{1}{5}\right)=-\dfrac{3}{2}$

$f^2\left(-\dfrac{1}{5}\right)=f\left(f^1\left(-\dfrac{1}{5}\right)\right)=f\left(-\dfrac{3}{2}\right)=5$

$f^3\left(-\dfrac{1}{5}\right)=f\left(f^2\left(-\dfrac{1}{5}\right)\right)=f(5)=\dfrac{2}{3}$

$f^4\left(-\dfrac{1}{5}\right)=f\left(f^3\left(-\dfrac{1}{5}\right)\right)=f\left(\dfrac{2}{3}\right)=-\dfrac{1}{5}$

$f^5\left(-\dfrac{1}{5}\right)=f\left(f^4\left(-\dfrac{1}{5}\right)\right)=f\left(-\dfrac{1}{5}\right)=-\dfrac{3}{2}$

$\vdots$

따라서 $n=1, 2, 3, \cdots$일 때, $f^n\left(-\dfrac{1}{5}\right)$의 값은

$-\dfrac{3}{2}, 5, \dfrac{2}{3}, -\dfrac{1}{5}$이 이 순서대로 반복되므로

$$f^{50}\left(-\frac{1}{5}\right)=f^{4\times 12+2}\left(-\frac{1}{5}\right)=f^2\left(-\frac{1}{5}\right)=5$$

답 (1) $f^{60}(x)=x$ (2) 5

다른 풀이

(2) $f(x)=\dfrac{x-1}{x+1}$이므로

$f^2(x)=f(f^1(x))=f\left(\dfrac{x-1}{x+1}\right)$

$$=\frac{\dfrac{x-1}{x+1}-1}{\dfrac{x-1}{x+1}+1}=\frac{\dfrac{-2}{x+1}}{\dfrac{2x}{x+1}}=-\frac{1}{x}$$

$f^3(x)=f(f^2(x))=f\left(-\dfrac{1}{x}\right)$

$$=\frac{-\dfrac{1}{x}-1}{-\dfrac{1}{x}+1}=\frac{\dfrac{-x-1}{x}}{\dfrac{x-1}{x}}=\frac{-x-1}{x-1}$$

$$f^4(x)=f(f^3(x))=f\left(\frac{-x-1}{x-1}\right)$$

$$=\frac{\dfrac{-x-1}{x-1}-1}{\dfrac{-x-1}{x-1}+1}=\frac{\dfrac{-2x}{x-1}}{\dfrac{-2}{x-1}}=x$$

따라서 $f^{4k-3}(x)=f(x)$, $f^{4k-2}(x)=f^2(x)$,

$f^{4k-1}(x)=f^3(x)$, $f^{4k}(x)=x\ (k=1,\,2,\,3,\,\cdots)$이므로

$$f^{50}(x)=f^{4\times13-2}(x)=f^2(x)=-\frac{1}{x}$$

$$\therefore f^{50}\left(-\frac{1}{5}\right)=-\frac{1}{-\dfrac{1}{5}}=5$$

39

$f(x)=\dfrac{x}{1-2x}$이므로

$$f^2(x)=f(f^1(x))=f\left(\frac{x}{1-2x}\right)$$

$$=\frac{\dfrac{x}{1-2x}}{1-\dfrac{2x}{1-2x}}=\frac{\dfrac{x}{1-2x}}{\dfrac{1-4x}{1-2x}}=\frac{x}{1-4x}$$

$$f^3(x)=f(f^2(x))=f\left(\frac{x}{1-4x}\right)$$

$$=\frac{\dfrac{x}{1-4x}}{1-\dfrac{2x}{1-4x}}=\frac{\dfrac{x}{1-4x}}{\dfrac{1-6x}{1-4x}}=\frac{x}{1-6x}$$

$$f^4(x)=f(f^3(x))=f\left(\frac{x}{1-6x}\right)$$

$$=\frac{\dfrac{x}{1-6x}}{1-\dfrac{2x}{1-6x}}=\frac{\dfrac{x}{1-6x}}{\dfrac{1-8x}{1-6x}}=\frac{x}{1-8x}$$

$$\vdots$$

$$\therefore f^{10}(x)=\frac{x}{1-20x}$$

이때 $f^{10}(a)=1$에서

$$\frac{a}{1-20a}=1,\ a=1-20a$$

$21a=1$　　$\therefore a=\dfrac{1}{21}$

답 $\dfrac{1}{21}$

40

$y=\dfrac{ax+1}{4x-3}$을 x에 대하여 풀면

$$y(4x-3)=ax+1$$

$$4xy-3y=ax+1,\ (4y-a)x=3y+1$$

$$\therefore x=\frac{3y+1}{4y-a}$$

x와 y를 서로 바꾸면 $y=\dfrac{3x+1}{4x-a}$

$$\therefore f^{-1}(x)=\frac{3x+1}{4x-a}$$

이때 $f=f^{-1}$이므로 $\dfrac{ax+1}{4x-3}=\dfrac{3x+1}{4x-a}$

$$\therefore a=3$$

답 3

다른 풀이 1

$f=f^{-1}$에서 유리함수 $y=f(x)$의 그래프는 직선 $y=x$에 대하여 대칭이므로 점근선의 교점이 직선 $y=x$ 위에 존재한다.

$$y=\frac{ax+1}{4x-3}=\frac{\dfrac{a}{4}(4x-3)+\dfrac{3}{4}a+1}{4x-3}=\frac{\dfrac{3}{4}a+1}{4x-3}+\frac{a}{4}$$

에서 점근선의 방정식은 $x=\dfrac{3}{4}$, $y=\dfrac{a}{4}$이므로

$$\frac{a}{4}=\frac{3}{4}\qquad\therefore a=3$$

다른 풀이 2

함수 $f(x)=\dfrac{ax+1}{4x-3}$의 역함수는 $f^{-1}(x)=\dfrac{3x+1}{4x-a}$

이때 $f=f^{-1}$이므로 $\dfrac{ax+1}{4x-3}=\dfrac{3x+1}{4x-a}$

$$\therefore a=3$$

41

$f(x)=\dfrac{4}{x-a}+b$에서 조건 (내)에 의하여

$(f\circ f)(x)=x$이므로 $f(x)=f^{-1}(x)$

$y=\dfrac{4}{x-a}+b$를 x에 대하여 풀면

$$(y-b)(x-a)=4,\ xy-ay-bx+ab=4$$

$$(y-b)x=ay+4-ab\qquad\therefore x=\frac{ay+4-ab}{y-b}$$

x와 y를 서로 바꾸면 $y=\dfrac{ax+4-ab}{x-b}$

$$\therefore f^{-1}(x) = \frac{ax+4-ab}{x-b}$$

$$= \frac{a(x-b)+4}{x-b} = \frac{4}{x-b} + a$$

$f(x) = f^{-1}(x)$에서 $\dfrac{4}{x-a} + b = \dfrac{4}{x-b} + a$

$\therefore a = b$

한편, 조건 ㈎에서 $f(0) = 1$이므로 $\dfrac{4}{-a} + b = 1$

이 식에 $a = b$를 대입하면 $\dfrac{4}{-a} + a = 1$

$4 - a^2 = -a$ $\quad\therefore a^2 - a - 4 = 0$ ← $D = (-1)^2 - 4 \times (-4) = 17 > 0$
이므로 서로 다른 두 실근을 갖는다.

따라서 이차방정식의 근과 계수의 관계에 의하여 모든 실수 a의 값의 합은 1이다.

답 1

다른 풀이

◆ 함수 $f(x) = \dfrac{4}{x-a} + b = \dfrac{b(x-a)+4}{x-a} = \dfrac{bx-ab+4}{x-a}$의

역함수는 $f^{-1}(x) = \dfrac{ax-ab+4}{x-b}$

조건 ㈏에서 $(f \circ f)(x) = x$이므로 $f(x) = f^{-1}(x)$

즉, $\dfrac{bx-ab+4}{x-a} = \dfrac{ax-ab+4}{x-b}$이므로

$a = b$

한편, 조건 ㈎에서 $f(0) = 1$이므로 $\dfrac{4}{-a} + b = 1$

이 식에 $a = b$를 대입하면 $\dfrac{4}{-a} + a = 1$

$4 - a^2 = -a$ $\quad\therefore a^2 - a - 4 = 0$

따라서 이차방정식의 근과 계수의 관계에 의하여 모든 실수 a의 값의 합은 1이다.

42

$f(x) = \dfrac{5-2x}{x-2} = \dfrac{1}{x-2} - 2$

에서 함수 $y = f(x)$의 그래프
는 오른쪽 그림과 같다.
이때 두 함수 $y = f(x)$,
$y = f^{-1}(x)$의 그래프는 직선
$y = x$에 대하여 대칭이므로 두 그래프의 두 교점 P, Q는 직선
$y = x$ 위에 있다.
즉, 두 점 P, Q는 함수 $y = f(x)$의 그래프와 직선 $y = x$의 교점이다.

함수 $y = \dfrac{5-2x}{x-2}$의 그래프와 직선 $y = x$의 교점의 좌표를

(a, a)라 하면

$\dfrac{5-2a}{a-2} = a$

$5 - 2a = a^2 - 2a$, $a^2 = 5$

$\therefore a = -\sqrt{5}$ 또는 $a = \sqrt{5}$

즉, 두 함수 $y = f(x)$, $y = f^{-1}(x)$의 그래프의 두 교점의 좌표는 $(-\sqrt{5}, -\sqrt{5})$, $(\sqrt{5}, \sqrt{5})$이므로

$\overline{PQ} = \sqrt{\{\sqrt{5}-(-\sqrt{5})\}^2 + \{\sqrt{5}-(-\sqrt{5})\}^2} = 2\sqrt{10}$

답 $2\sqrt{10}$

STEP 1 개 념 마 무 리   본문 pp.314~315

07 ㄱ, ㄴ   **08** $k < 0$ 또는 $0 < k \le 2$ **09** ④

10 -2 **11** ⑤   **12** 1

13 제1사분면   **14** $\dfrac{3}{4}$ **15** $-\dfrac{18}{5}$

16 2   **17** $\dfrac{1}{2}$ **18** 6

07

$y = -\dfrac{3x-3}{2x-4} = -\dfrac{\frac{3}{2}(2x-4)+3}{2x-4}$

$= -\dfrac{3}{2(x-2)} - \dfrac{3}{2}$

즉, 주어진 함수의 그래프는 함수 $y = -\dfrac{3}{2x}$의 그래프를 x축

의 방향으로 2만큼, y축의 방향으로 $-\dfrac{3}{2}$만큼 평행이동한 것

이고, 점근선의 방정식은 $x = 2$, $y = -\dfrac{3}{2}$이므로 그 그래프는

다음 그림과 같다.

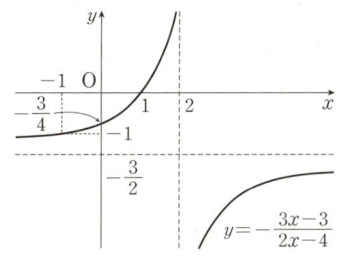

ㄱ. 주어진 함수의 그래프는 함수 $y=-\dfrac{3}{2x}$의 그래프를 x축

의 방향으로 2만큼, y축의 방향으로 $-\dfrac{3}{2}$만큼 평행이동

한 것이다. (참)

ㄴ. 주어진 함수의 그래프는 제2사분면을 지나지 않는다. (참)

ㄷ. $x=-1$일 때, $y=-\dfrac{3\times(-1)-3}{2\times(-1)-4}=-1$

즉, 정의역이 $\{x\,|\,x\geq-1,\ x\neq2\}$이면 치역은

$\left\{y\ \middle|\ y\geq-1\ \text{또는}\ y<-\dfrac{3}{2}\right\}$이다. (거짓)

따라서 옳은 것은 ㄱ, ㄴ이다.

답 ㄱ, ㄴ

08

함수 $y=\dfrac{k}{x}$의 그래프를 x축의 방향으로 2만큼, y축의 방향

으로 1만큼 평행이동한 그래프의 식은

$y=\dfrac{k}{x-2}+1$ ······ ㉠

(ⅰ) $k<0$일 때,

㉠의 그래프는 오른쪽 그림

과 같으므로 k의 값에 관계

없이 항상 제3사분면을 지

나지 않는다.

$\therefore k<0$

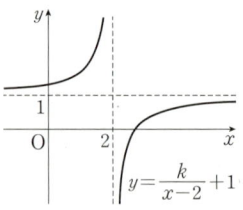

(ⅱ) $k>0$일 때,

㉠의 그래프가 제3사분면

을 지나지 않으려면 오른쪽

그림과 같이 $x=0$일 때,

$y\geq0$이어야 한다.

즉, $\dfrac{k}{-2}+1\geq0$이므로 $k\leq2$

$\therefore 0<k\leq2$

(ⅰ), (ⅱ)에서 구하는 상수 k의 값의 범위는

$k<0$ 또는 $0<k\leq2$

답 $k<0$ 또는 $0<k\leq2$

09

$y=\dfrac{1}{2x-8}+3=\dfrac{1}{2(x-4)}+3$

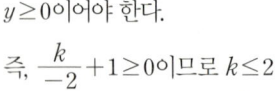

즉, 함수 $y=\dfrac{1}{2x-8}+3$의 그래프는 함수 $y=\dfrac{1}{2x}$의 그래프

를 x축의 방향으로 4만큼, y축의 방향으로 3만큼 평행이동

한 것이고, 점근선의 방정식은 $x=4$, $y=3$이다.

또한, 함수 $y=\dfrac{1}{2x-8}+3$의 그래프가 x축과 만나는 점의

x좌표는

$\dfrac{1}{2x-8}+3=0$, $2x-8=-\dfrac{1}{3}$ $\qquad \therefore x=\dfrac{23}{6}$ ← $3<\dfrac{23}{6}<4$

곡선 $y=\dfrac{1}{2x-8}+3$과 x축, y축으로 둘러싸인 도형은 다음

그림과 같다.

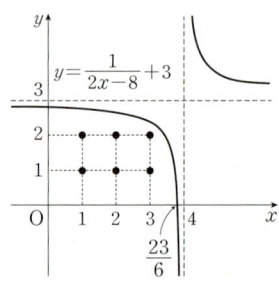

따라서 조건을 만족시키는 점의 좌표는

$(1,\,1),\,(1,\,2),\,(2,\,1),\,(2,\,2),\,(3,\,1),\,(3,\,2)$

의 6개이다.

답 ④

보충 설명

$f(x)=\dfrac{1}{2x-8}+3$이라 하면

$f(1)=\dfrac{1}{2\times1-8}+3=3-\dfrac{1}{6}$, ← $2<3-\dfrac{1}{6}<3$이므로 $(1,\,1),\,(1,\,2)$

$f(2)=\dfrac{1}{2\times2-8}+3=3-\dfrac{1}{4}$, ← $2<3-\dfrac{1}{4}<3$이므로 $(2,\,1),\,(2,\,2)$

$f(3)=\dfrac{1}{2\times3-8}+3=3-\dfrac{1}{2}$ ← $2<3-\dfrac{1}{2}<3$이므로 $(3,\,1),\,(3,\,2)$

따라서 조건을 만족시키는 점의 좌표는

$(1,\,1),\,(1,\,2),\,(2,\,1),\,(2,\,2),\,(3,\,1),\,(3,\,2)$

의 6개이다.

10

$f(x)=\dfrac{2x+k-6}{x-3}=\dfrac{2(x-3)+k}{x-3}=\dfrac{k}{x-3}+2$

즉, 함수 $y=f(x)$의 그래프의 두 점근선의 방정식은 $x=3$,

$y=2$이다.

함수 $y=g(x)$의 그래프는 함수 $y=f(x)$의 그래프를 x축의 방향으로 2만큼, y축의 방향으로 -1만큼 평행이동한 것이므로 함수 $y=g(x)$의 그래프의 두 점근선의 방정식은 $x=3+2$, $y=2-1$, 즉 $x=5$, $y=1$이고, 이 두 직선의 교점의 좌표는 $(5, 1)$이다.

점 $(5, 1)$이 함수 $y=f(x)$의 그래프 위에 있으므로

$$1=\frac{k}{5-3}+2, \ \frac{k}{2}=-1 \qquad \therefore k=-2$$

답 -2

11

$f(x)=0$, 즉 $\dfrac{4}{x-a}-4=0$에서

$$\frac{4}{x-a}=4, \ x-a=1$$

$$\therefore x=a+1 \qquad \therefore \mathrm{A}(a+1, 0)$$

또한, $f(0)=\dfrac{4}{-a}-4$이므로 $\mathrm{B}\left(0, -\dfrac{4}{a}-4\right)$

함수 $y=\dfrac{4}{x-a}-4 \ (a>1)$의 그래프의 두 점근선의 방정식은 $x=a$, $y=-4$이므로 $\mathrm{C}(a, -4)$

이때 다음 그림과 같이 점 C에서 x축, y축에 내린 수선의 발을 각각 D, E라 하면 □OBCA의 넓이는 두 삼각형 OCA, OCB의 넓이의 합과 같다.

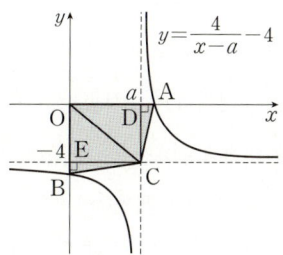

$$\therefore \square \mathrm{OBCA}=\triangle \mathrm{OCA}+\triangle \mathrm{OCB}$$
$$=\frac{1}{2}\times\overline{\mathrm{OA}}\times\overline{\mathrm{CD}}+\frac{1}{2}\times\overline{\mathrm{OB}}\times\overline{\mathrm{CE}}$$
$$=\frac{1}{2}\times(a+1)\times4+\frac{1}{2}\times\left(\frac{4}{a}+4\right)\times a$$
$$=4a+4$$

즉, $4a+4=24$에서 $4a=20$

$$\therefore a=5$$

답 ⑤

12

$$y=\frac{x-3}{2x-8}=\frac{\frac{1}{2}(2x-8)+1}{2x-8}$$
$$=\frac{1}{2x-8}+\frac{1}{2}=\frac{1}{2(x-4)}+\frac{1}{2}$$

이므로 이 그래프의 점근선의 방정식은

$$x=4, \ y=\frac{1}{2}$$

이때 두 점근선의 교점 $\left(4, \dfrac{1}{2}\right)$이 두 직선 $y=x+a$, $y=-x+b$의 교점이므로

$$\frac{1}{2}=4+a \qquad \therefore a=-\frac{7}{2}$$

$$\frac{1}{2}=-4+b \qquad \therefore b=\frac{9}{2}$$

$$\therefore a+b=-\frac{7}{2}+\frac{9}{2}=1$$

답 1

다른 풀이

함수 $y=\dfrac{x-3}{2x-8}$의 그래프의 점근선의 방정식은

$$x=4, \ y=\frac{1}{2}$$

즉, 함수 $y=\dfrac{x-3}{2x-8}$의 그래프가 두 직선 $y=\pm(x-4)+\dfrac{1}{2}$에 대하여 대칭이다.

$$y=x-4+\frac{1}{2}=x-\frac{7}{2} \qquad \therefore a=-\frac{7}{2}$$

$$y=-x+4+\frac{1}{2}=-x+\frac{9}{2} \qquad \therefore b=\frac{9}{2}$$

$$\therefore a+b=-\frac{7}{2}+\frac{9}{2}=1$$

13

$$f(x)=\frac{ax-b}{x-c}=\frac{a(x-c)-b+ac}{x-c}=\frac{ac-b}{x-c}+a$$

즉, 함수 $y=f(x)$의 그래프의 점근선의 방정식은

$$x=c, \ y=a$$

이때 주어진 그래프에서 $a<0$, $c>0$

또한, 함수 $y=f(x)$의 그래프와 y축은 x축보다 위쪽에서 만나므로

$$f(0)=\frac{b}{c}>0 \qquad \therefore b>0 \ (\because c>0)$$

이차함수 $y=ax^2+bx+c$의 그래프에서

(ⅰ) $a<0$이므로 그래프는 위로 볼록하다.

(ⅱ) $a<0$, $b>0$이므로 축의 방정식은

$$x=-\frac{b}{2a}>0$$

즉, 축은 y축의 오른쪽에 위치한다.

(ⅲ) $c>0$이므로 이차함수 $y=ax^2+bx+c$의 그래프와 y축의 교점은 원점보다 위쪽에 위치한다.

(ⅰ), (ⅱ), (ⅲ)에서 이차함수 $y=ax^2+bx+c$의 그래프는 오른쪽 그림과 같으므로 꼭짓점은 제1사분면 위에 존재한다.

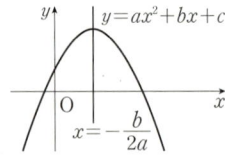

답 제1사분면

$$M=-\frac{1}{1+3}-2=-\frac{9}{4},$$

$$m=-\frac{1}{-2+3}-2=-3$$

$$\therefore \frac{M}{m}=\left(-\frac{9}{4}\right)\div(-3)=\frac{3}{4}$$

————————————————————————— (다)

답 $\frac{3}{4}$

단계	채점 기준	배점
(가)	함수 $y=\frac{ax+b}{x+3}$의 그래프의 점근선의 방정식을 구하여 a의 값을 구한 경우	30%
(나)	함수 $y=\frac{ax+b}{x+3}$의 그래프가 지나는 점을 이용하여 b의 값을 구한 경우	30%
(다)	$-2\le x\le 1$에서 함수 $y=\frac{ax+b}{x+3}$의 그래프를 그리고, 최댓값 M, 최솟값 m을 각각 구한 후, $\frac{M}{m}$의 값을 구한 경우	40%

14

$$y=\frac{ax+b}{x+3}=\frac{a(x+3)-3a+b}{x+3}=\frac{-3a+b}{x+3}+a$$

이므로 이 그래프의 점근선의 방정식은

$$x=-3,\ y=a \qquad \therefore a=-2$$

————————————————————————— (가)

함수 $y=\frac{ax+b}{x+3}$의 그래프가 점 $(-4, -1)$을 지나므로

$$-1=\frac{-4a+b}{-1}$$

$$\therefore -4a+b=1$$

위의 식에 $a=-2$를 대입하면 $-4\times(-2)+b=1$

$$8+b=1 \qquad \therefore b=-7$$

————————————————————————— (나)

$$\therefore y=\frac{-3a+b}{x+3}+a=\frac{-3\times(-2)-7}{x+3}-2$$

$$=-\frac{1}{x+3}-2$$

즉, 함수 $y=\frac{ax+b}{x+3}$의 그래프는 함수 $y=-\frac{1}{x}$의 그래프를 x축의 방향으로 -3만큼, y축의 방향으로 -2만큼 평행이동한 것이므로 $-2\le x\le 1$에서 주어진 함수의 그래프는 오른쪽 그림과 같다.

따라서 주어진 함수는 $x=1$일 때 최댓값 M, $x=-2$일 때 최솟값 m을 갖는다.

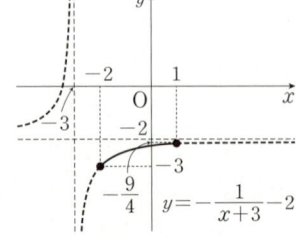

15

$f(x)=\frac{2x-2}{x+1}$ 라 하면

$$f(x)=\frac{2x-2}{x+1}=\frac{2(x+1)-4}{x+1}=-\frac{4}{x+1}+2$$

즉, 함수 $y=f(x)$의 그래프는 함수 $y=-\frac{4}{x}$의 그래프를 x축의 방향으로 -1만큼, y축의 방향으로 2만큼 평행이동한 것이다.

또한, $g(x)=ax$, $h(x)=bx$라 하면 두 함수 $y=g(x)$, $y=h(x)$의 그래프는 모두 원점을 지나는 직선이다.

따라서 $-5\le x\le -2$에서 부등식 $ax\le\frac{2x-2}{x+1}\le bx$가 항상 성립하려면 이 범위에서 함수 $y=f(x)$의 그래프가 두 직선 $y=g(x)$, $y=h(x)$ 사이에 존재해야 한다.

이때 $f(-5)=3$, $f(-2)=6$이므로 세 함수 $y=f(x)$, $y=g(x)$, $y=h(x)$의 그래프는 다음 그림과 같다.

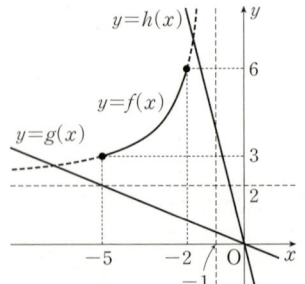

(i) 직선 $y=h(x)$, 즉 함수 $y=bx$의 그래프가 점 $(-2, 6)$을 지날 때, b의 값이 최대이므로

$-2b=6$, $b=-3$

$\therefore M=-3$

(ii) 직선 $y=g(x)$, 즉 함수 $y=ax$의 그래프가 점 $(-5, 3)$을 지날 때, a의 값이 최소이므로

$-5a=3$, $a=-\dfrac{3}{5}$

$\therefore m=-\dfrac{3}{5}$

(i), (ii)에서

$M+m=-3+\left(-\dfrac{3}{5}\right)=-\dfrac{18}{5}$

답 $-\dfrac{18}{5}$

16

$y=\dfrac{-x+2}{x+1}=\dfrac{-(x+1)+3}{x+1}=\dfrac{3}{x+1}-1$

즉, 함수 $y=\dfrac{-x+2}{x+1}$의 그래프는 함수 $y=\dfrac{3}{x}$의 그래프를 x축의 방향으로 -1만큼, y축의 방향으로 -1만큼 평행이동한 것이다.

한편, $\dfrac{y-2}{x-3}=k$라 하면

$y-2=k(x-3)$ $\qquad \therefore y=k(x-3)+2$ $\quad \cdots\cdots \bigcirc$

즉, k는 점 $(3, 2)$를 지나는 직선 $\bigcirc$의 기울기이다.

이때 $0\le x\le 2$에서 함수 $y=\dfrac{-x+2}{x+1}$의 그래프는 다음 그림과 같다.

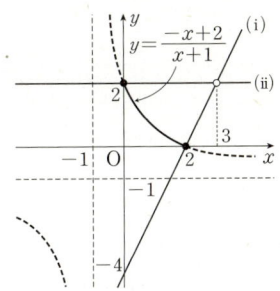

(i) 직선 $\bigcirc$이 점 $(2, 0)$을 지날 때, 기울기 k는 최대이므로

$0=-k+2$ $\qquad \therefore k=2$

$\therefore M=2$

(ii) 직선 $\bigcirc$이 점 $(0, 2)$를 지날 때, 기울기 k는 최소이므로

$2=-3k+2$, $3k=0$ $\qquad \therefore k=0$

$\therefore m=0$

(i), (ii)에서 $M+m=2+0=2$

답 2

17

$f^2(x)=f(f^1(x))=f\left(\dfrac{x+1}{x-1}\right)=\dfrac{\dfrac{x+1}{x-1}+1}{\dfrac{x+1}{x-1}-1}$

$=\dfrac{\dfrac{x+1+x-1}{x-1}}{\dfrac{x+1-x+1}{x-1}}=\dfrac{2x}{2}=x$

$f^3(x)=f(f^2(x))=f(x)=\dfrac{x+1}{x-1}$

따라서 $f^{2k-1}(x)=f(x)$, $f^{2k}(x)=x$ $(k=1, 2, 3, \cdots)$이므로

$f^{375}(x)=f^{2\times188-1}(x)=f(x)=\dfrac{x+1}{x-1}$

이때 $g(-3)=a$라 하면 $f^{375}(a)=-3$이므로

$\dfrac{a+1}{a-1}=-3$, $a+1=-3a+3$

$4a=2$ $\qquad \therefore a=\dfrac{1}{2}$

$\therefore g(-3)=\dfrac{1}{2}$

답 $\dfrac{1}{2}$

다른 풀이

$g=(f^{375})^{-1}=(f^{-1})^{375}$이므로 $g(-3)=(f^{-1})^{375}(-3)$이다.

$f(x)=\dfrac{x+1}{x-1}=-3$에서 $x=\dfrac{1}{2}$이므로

$f\left(\dfrac{1}{2}\right)=-3$, 즉 $f^{-1}(-3)=\dfrac{1}{2}$

$f(x)=\dfrac{x+1}{x-1}=\dfrac{1}{2}$에서 $x=-3$이므로

$f(-3)=\dfrac{1}{2}$, 즉 $f^{-1}\left(\dfrac{1}{2}\right)=-3$

$\therefore (f^{-1})^2(-3)=f^{-1}\left(\dfrac{1}{2}\right)=-3$

따라서 자연수 n에 대하여 $(f^{-1})^n(-3)$의 값은 $\frac{1}{2}$, -3이

이 순서대로 반복되고, $375=2\times187+1$이므로

$g(-3)=(f^{375})^{-1}(-3)=(f^{-1})^{375}(-3)$

$\qquad\quad =f^{-1}(-3)=\frac{1}{2}$

보충 설명

$(f^{375})^{-1}=(\underbrace{f\circ f\circ\cdots\circ f}_{375개})^{-1}$

$\qquad\quad =\underbrace{f^{-1}\circ f^{-1}\circ\cdots\circ f^{-1}}_{375개}$

$\qquad\quad =(f^{-1})^{375}$

18

함수 $y=f(x)$의 그래프와 그 역함수 $y=f^{-1}(x)$의 그래프는 직선 $y=x$에 대하여 대칭이므로 두 함수 $y=f(x)$, $y=f^{-1}(x)$의 그래프가 접하면 그 접점은 직선 $y=x$ 위에 있다.

즉, $f(a)=a$에서 $\dfrac{3a-9}{a+b}=a$

$3a-9=a^2+ab$

$\therefore a^2+(b-3)a+9=0$ $\quad\cdots\cdots\bigcirc$

이때 조건을 만족시키는 실수 a가 단 한 개 존재하므로 a에 대한 이차방정식 $\bigcirc$의 판별식을 D라 하면

$D=(b-3)^2-4\times1\times9=0$에서

$(b-3)^2=36$, $b-3=\pm6$

$\therefore b=9$ $(\because b\neq-3)$

이것을 $\bigcirc$에 대입하면

$a^2+6a+9=0$, $(a+3)^2=0$

$\therefore a=-3$

$\therefore a+b=-3+9=6$

답 6

다른 풀이

함수 $f(x)=\dfrac{3x-9}{x+b}$의 역함수는

$f^{-1}(x)=\dfrac{-bx-9}{x-3}$

이때 두 함수 $y=f(x)$, $y=f^{-1}(x)$의 그래프가 $x=a$인 점에서 접하므로 $f(a)=f^{-1}(a)$에서

$\dfrac{3a-9}{a+b}=\dfrac{-ab-9}{a-3}$

$(3a-9)(a-3)=(a+b)(-ab-9)$

$3a^2-18a+27+a^2b+9a+ab^2+9b=0$

이것을 a에 대하여 정리하면

$(b+3)a^2+(b^2-9)a+9b+27=0$

$(b+3)a^2+(b-3)(b+3)a+9(b+3)=0$

$\therefore a^2+(b-3)a+9=0$ $(\because b\neq-3)$ $\quad\cdots\cdots\bigcirc$

이때 조건을 만족시키는 실수 a가 단 한 개 존재하므로 a에 대한 이차방정식 $\bigcirc$의 판별식을 D라 하면

$D=(b-3)^2-4\times1\times9=0$에서

$(b-3)^2=36$, $b-3=\pm6$

$\therefore b=9$ $(\because b\neq-3)$

이것을 $\bigcirc$에 대입하면

$a^2+6a+9=0$, $(a+3)^2=0$

$\therefore a=-3$

$\therefore a+b=-3+9=6$

STEP **2** **개념 마무리** 본문 p.316

| 1 $\frac{14}{31}$ | 2 ④ | 3 6 | 4 8 |
| 5 0 | 6 72 | | |

1

1학년의 남녀 학생 수를 각각 $5a$, $4a$ (a는 자연수), 2학년의 남녀 학생 수를 각각 $4b$, $3b$ (b는 자연수), 3학년의 남녀 학생 수를 각각 $8c$, $7c$ (c는 자연수)라 하면 전체 남녀 학생 수는 다음 표와 같다.

	남자	여자	합계
1학년	$5a$	$4a$	$9a$
2학년	$4b$	$3b$	$7b$
3학년	$8c$	$7c$	$15c$
전체 학생	$5a+4b+8c$	$4a+3b+7c$	$9a+7b+15c$

이때 이 학교의 전체 남학생과 여학생 수의 비가 $11:9$이므로

$(5a+4b+8c):(4a+3b+7c)=11:9$

$9(5a+4b+8c)=11(4a+3b+7c)$

$45a+36b+72c=44a+33b+77c$

$\therefore a+3b=5c$ $\quad\cdots\cdots\bigcirc$

한편, 1학년과 3학년 전체 학생 수의 비가 7 : 10이므로

$9a : 15c = 7 : 10$

$10 \times 9a = 7 \times 15c,\ 90a = 105c$

$6a = 7c$ $\therefore \dfrac{a}{7} = \dfrac{c}{6}$

$\dfrac{a}{7} = \dfrac{c}{6} = k\ (k \neq 0)$로 놓으면

$a = 7k,\ c = 6k$ ······ⓛ

ⓛ을 ㉠에 대입하면

$7k + 3b = 5 \times 6k,\ 3b = 23k$

$\therefore b = \dfrac{23}{3}k$

따라서 전체 여학생 수에 대한 3학년 여학생 수의 비는

$$\dfrac{7c}{4a + 3b + 7c} = \dfrac{7 \times 6k}{4 \times 7k + 3 \times \dfrac{23}{3}k + 7 \times 6k}$$

$$= \dfrac{42k}{28k + 23k + 42k} = \dfrac{42k}{93k} = \dfrac{14}{31}$$

답 $\dfrac{14}{31}$

2

조건 ㈎에서 $\dfrac{\dfrac{k}{a+2} - \dfrac{k}{a}}{a+2-a} = -1$이므로

$\dfrac{k}{a+2} - \dfrac{k}{a} = -2,\ \dfrac{-2k}{a(a+2)} = -2$

$\therefore k = a(a+2)$

즉, $f(a) = \dfrac{k}{a} = a+2,\ f(a+2) = \dfrac{k}{a+2} = a$이므로

$P(a,\ a+2),\ Q(a+2,\ a)$

$\therefore R(-a,\ -a-2),\ S(-a-2,\ -a)\ (\because$ 조건 ㈏)

이때 직선 PS의 기울기는

$\dfrac{a+2-(-a)}{a-(-a-2)} = 1$

이므로 $\overline{PQ} \perp \overline{PS}$가 되어 $\square PQRS$는 직사각형이다.

$\therefore \square PQRS = \overline{PS} \times \overline{PQ}$

$\quad = \sqrt{(-a-2-a)^2 + \{-a-(a+2)\}^2}$
$\qquad \times \sqrt{(a+2-a)^2 + \{a-(a+2)\}^2}$

$\quad = \sqrt{(2a+2)^2 + (2a+2)^2} \times \sqrt{2^2 + (-2)^2}$

$\quad = (2a+2)\sqrt{2} \times 2\sqrt{2}$

$\quad = 8a+8$

조건 ㈏에서 $8a + 8 = 8\sqrt{5}$

$a + 1 = \sqrt{5}$ $\therefore a = \sqrt{5} - 1$

$\therefore k = a(a+2) = (\sqrt{5}-1) \times (\sqrt{5}+1) = 4$

답 ④

3

$$y = \dfrac{3x+4+k}{x-2} = \dfrac{3(x-2)+10+k}{x-2} = \dfrac{k+10}{x-2} + 3$$

즉, 함수 $y = \dfrac{3x+4+k}{x-2}$의 그래프는 함수 $y = \dfrac{k+10}{x}$의 그래프를 x축의 방향으로 2만큼, y축의 방향으로 3만큼 평행이동한 것이므로 점근선의 방정식은 $x=2,\ y=3$이다.

다음 그림과 같이 함수 $y = \dfrac{3x+4+k}{x-2}\ (x>2)$의 그래프 위의 점 P에서 점근선 $y=3$에 내린 수선의 발을 A, 점근선 $x=2$에 내린 수선의 발을 B라 하자.

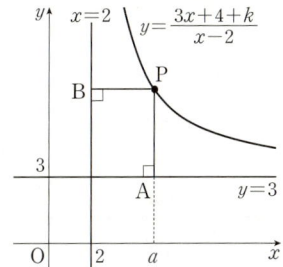

점 P의 x좌표를 $a\ (a>2)$라 하면

$P\left(a,\ \dfrac{k+10}{a-2} + 3\right),\ A(a,\ 3),\ B\left(2,\ \dfrac{k+10}{a-2} + 3\right)$

즉, $\overline{PA} = \left(\dfrac{k+10}{a-2} + 3\right) - 3 = \dfrac{k+10}{a-2},\ \overline{PB} = a-2$이므로

$\overline{PA} + \overline{PB} = \dfrac{k+10}{a-2} + a-2$ ······㉠

이때 $a>2,\ k>0$이므로 $\dfrac{k+10}{a-2} > 0,\ a-2 > 0$

㉠에서 산술평균과 기하평균의 관계에 의하여

$\overline{PA} + \overline{PB} = \dfrac{k+10}{a-2} + a-2$

$\qquad \geq 2\sqrt{\dfrac{k+10}{a-2} \times (a-2)}$

$\qquad = 2\sqrt{k+10}$

$\left($단, 등호는 $\dfrac{k+10}{a-2} = a-2$일 때 성립$\right)$

그런데 $\overline{PA}+\overline{PB}$의 최솟값이 8이어야 하므로

$2\sqrt{k+10}=8,\ \sqrt{k+10}=4$

$k+10=16$ $\qquad\therefore\ k=6$

답 6

4

$y=\dfrac{3x-5}{-x+3}=\dfrac{-3(-x+3)+4}{-x+3}$

$\qquad=\dfrac{4}{-x+3}-3=-\dfrac{4}{x-3}-3$

이므로 함수 $y=\dfrac{3x-5}{-x+3}$의 그래프는 함수 $y=-\dfrac{4}{x}$의 그래프를 x축의 방향으로 3만큼, y축의 방향으로 -3만큼 평행이동한 것이다.

따라서 함수 $y=\left|\dfrac{3x-5}{-x+3}\right|$의 그래프는 다음 그림과 같다.

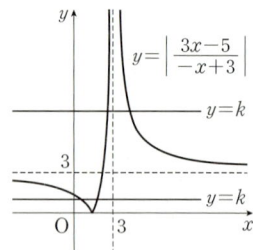

(ⅰ) 함수 $y=\left|\dfrac{3x-5}{-x+3}\right|$의 그래프와 직선 $y=0$의 교점의 개수는 1이므로

$\quad N(0)=1$

(ⅱ) 함수 $y=\left|\dfrac{3x-5}{-x+3}\right|$의 그래프와 직선 $y=1$의 교점의 개수는 2이므로

$\quad N(1)=2$

(ⅲ) 함수 $y=\left|\dfrac{3x-5}{-x+3}\right|$의 그래프와 직선 $y=2$의 교점의 개수는 2이므로

$\quad N(2)=2$

(ⅳ) 함수 $y=\left|\dfrac{3x-5}{-x+3}\right|$의 그래프와 직선 $y=3$의 교점의 개수는 1이므로

$\quad N(3)=1$

(ⅴ) 함수 $y=\left|\dfrac{3x-5}{-x+3}\right|$의 그래프와 직선 $y=4$의 교점의 개수는 2이므로

$\quad N(4)=2$

(ⅰ)~(ⅴ)에서

$N(0)+N(1)+N(2)+N(3)+N(4)$

$=1+2+2+1+2=8$

답 8

보충 설명

$N(k)=\begin{cases} 0 & (k<0) \\ 1 & (k=0\ \text{또는}\ k=3) \\ 2 & (0<k<3\ \text{또는}\ k>3) \end{cases}$

5

유리함수 $y=f(x)$의 그래프의 두 점근선의 방정식이

$x=-1,\ y=1$이므로

$f(x)=\dfrac{k}{x+1}+1\ (k<0)$

라 하자.

함수 $y=f(x)$의 그래프가 점 $(3,\ 0)$을 지나므로 ← 점 $(0,\ -3)$을 대입해도 k의 값을 구할 수 있다.

$0=\dfrac{k}{4}+1$ $\qquad\therefore\ k=-4$

즉, $f(x)=-\dfrac{4}{x+1}+1=\dfrac{x-3}{x+1}=f^1(x)$이므로

$f^2(x)=f(f^1(x))=f\left(\dfrac{x-3}{x+1}\right)$

$\qquad=\dfrac{\dfrac{x-3}{x+1}-3}{\dfrac{x-3}{x+1}+1}=\dfrac{\dfrac{-2x-6}{x+1}}{\dfrac{2x-2}{x+1}}=\dfrac{-x-3}{x-1}$

$f^3(x)=f(f^2(x))=f\left(\dfrac{-x-3}{x-1}\right)$

$\qquad=\dfrac{\dfrac{-x-3}{x-1}-3}{\dfrac{-x-3}{x-1}+1}=\dfrac{\dfrac{-4x}{x-1}}{\dfrac{-4}{x-1}}=x$

따라서 $f^{3k-2}(x)=f(x),\ f^{3k-1}(x)=f^2(x),\ f^{3k}(x)=x$

$(k=1,\ 2,\ 3,\ \cdots)$이므로

$f^{1000}(x)=f^{3\times334-2}(x)=f(x)=\dfrac{x-3}{x+1}$

$f^{1001}(x)=f^{3\times334-1}(x)=f^2(x)=\dfrac{-x-3}{x-1}$

$\therefore\ f^{1000}(0)+f^{1001}(0)=-3+3=0$

답 0

다른 풀이

유리함수 $y=f(x)$의 그래프의 두 점근선의 방정식이

$x=-1,\ y=1$이므로

$$f(x)=\frac{k}{x+1}+1\ (k<0)$$

라 하자.

함수 $y=f(x)$의 그래프가 점 $(3,\ 0)$을 지나므로

$$0=\frac{k}{4}+1 \qquad \therefore\ k=-4$$

즉, $f(x)=-\dfrac{4}{x+1}+1=\dfrac{x-3}{x+1}$에서

$f^1(0)=-3$

$f^2(0)=f(f^1(0))=f(-3)=3$

$f^3(0)=f(f^2(0))=f(3)=0$

$f^4(0)=f(f^3(0))=f(0)=-3$

$\vdots$

따라서 자연수 n에 대하여 $f^n(0)$의 값은 $-3,\ 3,\ 0$이 이 순서대로 반복되므로

$f^{1000}(0)=f^{3\times333+1}(0)=f^1(0)=-3$

$f^{1001}(0)=f^{3\times333+2}(0)=f^2(0)=3$

$\therefore\ f^{1000}(0)+f^{1001}(0)=-3+3=0$

6

함수 $y=\dfrac{x-2a}{x+2}$에서 $y=0$일 때 $x=2a$, $x=0$일 때 $y=-a$

이므로

$A(2a,\ 0),\ B(0,\ -a)$

한편, 함수 $y=f(x)$의 그래프와 함수 $y=f^{-1}(x)$의 그래프는 직선 $y=x$에 대하여 대칭이므로

$C(-a,\ 0),\ D(0,\ 2a)$

이때 $a>0$이고 $\overline{BC}=4\sqrt{2}$이므로

$\overline{BC}=\sqrt{(-a)^2+a^2}=a\sqrt{2}=4\sqrt{2}$

$\therefore\ a=4$

따라서 $A(8,\ 0),\ B(0,\ -4),$

$C(-4,\ 0),\ D(0,\ 8)$이므로

사각형 $ABCD$의 넓이는

$\triangle ACD + \triangle ABC$ ⌐$\overline{AC}\perp\overline{BD}$이므로

$\square ABCD=\frac{1}{2}\times\overline{AC}\times\overline{BD}$

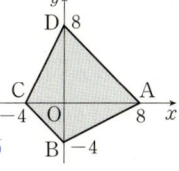

$=\dfrac{1}{2}\times12\times8+\dfrac{1}{2}\times12\times4$ $=\frac{1}{2}\times12\times12=72$

$=48+24=72$

답 72

10. 무리식과 무리함수

① 무리식

기본＋필수연습
본문 pp.320~322

01 (1) $x\geq8$ (2) $x\geq8$ (3) $x>-\dfrac{5}{6}$ (4) $-9\leq x<\dfrac{1}{2}$

02 (1) -4 (2) $\sqrt{x+2}-\sqrt{x}$

03 (1) $-2a-b+2c$ (2) $-2x-1$

04 $\dfrac{\sqrt{6}+\sqrt{2}}{2}$ **05** -14 **06** $-2\sqrt{3}$ **07** 9

01

(1) $x-8\geq0$이므로 $x\geq8$

(2) $3x-1\geq0,\ \dfrac{1}{2}x-4\geq0$이므로

$x\geq\dfrac{1}{3},\ x\geq8 \qquad \therefore\ x\geq8$

(3) $6x+5>0$이므로 $x>-\dfrac{5}{6}$

(4) $x+9\geq0,\ 3-6x>0$이므로

$x\geq-9,\ x<\dfrac{1}{2} \qquad \therefore\ -9\leq x<\dfrac{1}{2}$

답 (1) $x\geq8$ (2) $x\geq8$

(3) $x>-\dfrac{5}{6}$ (4) $-9\leq x<\dfrac{1}{2}$

02

(1) $(\sqrt{x-2}+\sqrt{x+2})(\sqrt{x-2}-\sqrt{x+2})$

$=(\sqrt{x-2})^2-(\sqrt{x+2})^2$

$=(x-2)-(x+2)=-4$

(2) $\dfrac{1}{\sqrt{x}+\sqrt{x+1}}+\dfrac{1}{\sqrt{x+1}+\sqrt{x+2}}$

$=\dfrac{\sqrt{x}-\sqrt{x+1}}{(\sqrt{x}+\sqrt{x+1})(\sqrt{x}-\sqrt{x+1})}$

$\qquad +\dfrac{\sqrt{x+1}-\sqrt{x+2}}{(\sqrt{x+1}+\sqrt{x+2})(\sqrt{x+1}-\sqrt{x+2})}$

$=-(\sqrt{x}-\sqrt{x+1})-(\sqrt{x+1}-\sqrt{x+2})$

$=\sqrt{x+2}-\sqrt{x}$

답 (1) -4 (2) $\sqrt{x+2}-\sqrt{x}$

03

(1) $a-c<0$, $c-b>0$, $a<0$이므로
$$\sqrt{(a-c)^2}+\sqrt{(c-b)^2}+\sqrt{a^2}=|a-c|+|c-b|+|a|$$
$$=-(a-c)+(c-b)-a$$
$$=-2a-b+2c$$

(2) $1-x\geq0$, $x+2\geq0$이므로
$$\sqrt{(1-x)^2}-\sqrt{(x+2)^2}=|1-x|-|x+2|$$
$$=(1-x)-(x+2)$$
$$=-2x-1$$

답 (1) $-2a-b+2c$ (2) $-2x-1$

04

$x=\sqrt{6}$일 때, $x+2>0$, $x-2>0$이므로
$$\frac{\sqrt{x+2}+\sqrt{x-2}}{\sqrt{x+2}-\sqrt{x-2}}=\frac{(\sqrt{x+2}+\sqrt{x-2})^2}{(\sqrt{x+2}-\sqrt{x-2})(\sqrt{x+2}+\sqrt{x-2})}$$
$$=\frac{(x+2)+2\sqrt{x^2-4}+(x-2)}{(x+2)-(x-2)}$$
$$=\frac{2x+2\sqrt{x^2-4}}{4}$$
$$=\frac{x+\sqrt{x^2-4}}{2}$$

위의 식에 $x=\sqrt{6}$을 대입하면
$$\frac{\sqrt{6}+\sqrt{(\sqrt{6})^2-4}}{2}=\frac{\sqrt{6}+\sqrt{2}}{2}$$

답 $\dfrac{\sqrt{6}+\sqrt{2}}{2}$

05

$x=\dfrac{\sqrt{3}-1}{\sqrt{3}+1}=\dfrac{(\sqrt{3}-1)^2}{(\sqrt{3}+1)(\sqrt{3}-1)}$

$=\dfrac{4-2\sqrt{3}}{3-1}=2-\sqrt{3}$

$x=2-\sqrt{3}$일 때, $x>0$이므로
$$\frac{\sqrt{x}+2}{\sqrt{x}-2}+\frac{\sqrt{x}-2}{\sqrt{x}+2}=\frac{(\sqrt{x}+2)^2+(\sqrt{x}-2)^2}{(\sqrt{x}-2)(\sqrt{x}+2)}$$
$$=\frac{x+4\sqrt{x}+4+x-4\sqrt{x}+4}{x-4}$$
$$=\frac{2x+8}{x-4}$$

위의 식에 $x=2-\sqrt{3}$을 대입하면
$$\frac{2(2-\sqrt{3})+8}{(2-\sqrt{3})-4}=\frac{12-2\sqrt{3}}{-2-\sqrt{3}}$$
$$=\frac{(12-2\sqrt{3})(2-\sqrt{3})}{-(2+\sqrt{3})(2-\sqrt{3})}$$
$$=-30+16\sqrt{3}$$

따라서 $a=-30$, $b=16$이므로
$$a+b=-30+16=-14$$

답 -14

06

$x=\dfrac{\sqrt{3}-1}{2}$, $y=\dfrac{\sqrt{3}+1}{2}$일 때, $x>0$, $y>0$이므로
$$\frac{\sqrt{x}+\sqrt{y}}{\sqrt{x}-\sqrt{y}}+\frac{\sqrt{x}-\sqrt{y}}{\sqrt{x}+\sqrt{y}}=\frac{(\sqrt{x}+\sqrt{y})^2+(\sqrt{x}-\sqrt{y})^2}{(\sqrt{x}-\sqrt{y})(\sqrt{x}+\sqrt{y})}$$
$$=\frac{x+2\sqrt{xy}+y+x-2\sqrt{xy}+y}{x-y}$$
$$=\frac{2x+2y}{x-y}=\frac{2(x+y)}{x-y} \quad\cdots\cdots\text{㉠}$$

이때
$$x+y=\frac{\sqrt{3}-1}{2}+\frac{\sqrt{3}+1}{2}=\sqrt{3},$$
$$x-y=\frac{\sqrt{3}-1}{2}-\frac{\sqrt{3}+1}{2}=-1$$

이므로 ㉠에서 구하는 값은
$$\frac{2\sqrt{3}}{-1}=-2\sqrt{3}$$

답 $-2\sqrt{3}$

07

$$f(x)=\frac{1}{\sqrt{x+1}+\sqrt{x}}=\frac{\sqrt{x+1}-\sqrt{x}}{(\sqrt{x+1}+\sqrt{x})(\sqrt{x+1}-\sqrt{x})}$$
$$=\sqrt{x+1}-\sqrt{x}$$

이므로
$$f(1)+f(2)+f(3)+\cdots+f(99)$$
$$=(\sqrt{2}-1)+(\sqrt{3}-\sqrt{2})+(\sqrt{4}-\sqrt{3})+\cdots+(\sqrt{100}-\sqrt{99})$$
$$=\sqrt{100}-1=10-1=9$$

답 9

STEP 1 개념 마무리
본문 p.323

01 7   **02** ④   **03** $2n$ **04** 5

05 $2\sqrt{5}-2$ **06** $3-2\sqrt{3}$ **07** 0

01

모든 실수 x에 대하여 $\sqrt{ax^2+2ax+6}$의 값이 실수가 되려면

$ax^2+2ax+6\geq0$이어야 한다.

(i) $a=0$일 때,

6≥0이므로 성립한다.

(ii) $a\neq0$일 때,

$a>0$이고, 이차방정식 $ax^2+2ax+6=0$의 판별식을

D라 하면 $D\leq0$이어야 하므로 ←이차부등식 $ax^2+2ax+6\geq0$이
                                               항상 성립하려면

$\dfrac{D}{4}=a^2-6a\leq0$, $a(a-6)\leq0$ $a>0$, $D\leq0$

$\therefore 0<a\leq6$ ($\because a>0$)

(i), (ii)에서 $0\leq a\leq6$

따라서 정수 a는 $0, 1, 2, \cdots, 6$의 7개이다.

답 7

02

$\dfrac{1}{a+\sqrt{ab}}+\dfrac{1}{b+\sqrt{ab}}=\dfrac{b+\sqrt{ab}+a+\sqrt{ab}}{(a+\sqrt{ab})(b+\sqrt{ab})}$

$=\dfrac{a+b+2\sqrt{ab}}{ab+(a+b)\sqrt{ab}+ab}$

$=\dfrac{a+b+2\sqrt{ab}}{\sqrt{ab}(a+b+2\sqrt{ab})}$

$=\dfrac{1}{\sqrt{ab}}$

답 ④

다른 풀이

$\dfrac{1}{a+\sqrt{ab}}+\dfrac{1}{b+\sqrt{ab}}=\dfrac{1}{\sqrt{a}(\sqrt{a}+\sqrt{b})}+\dfrac{1}{\sqrt{b}(\sqrt{b}+\sqrt{a})}$

$=\dfrac{\sqrt{b}+\sqrt{a}}{\sqrt{ab}(\sqrt{a}+\sqrt{b})}$

$=\dfrac{1}{\sqrt{ab}}$

03

자연수 n에 대하여

$\sqrt{n^2}<\sqrt{n^2+2n}<\sqrt{n^2+2n+1}$이므로

$n<\sqrt{n^2+2n}<n+1$ ……㉠

즉, $f(\sqrt{n^2+2n})=n$이므로

$g(\sqrt{n^2+2n})=\sqrt{n^2+2n}-n$

$\therefore \dfrac{2n}{g(\sqrt{n^2+2n})}=\dfrac{2n}{\sqrt{n^2+2n}-n}$

$=\dfrac{2n(\sqrt{n^2+2n}+n)}{(\sqrt{n^2+2n}-n)(\sqrt{n^2+2n}+n)}$

$=\dfrac{2n(\sqrt{n^2+2n}+n)}{(n^2+2n)-n^2}$

$=\sqrt{n^2+2n}+n$

이때 ㉠에서 $2n<\sqrt{n^2+2n}+n<2n+1$이므로

$f\left(\dfrac{2n}{g(\sqrt{n^2+2n})}\right)=f(\sqrt{n^2+2n}+n)$

$=2n$

답 $2n$

04

$\dfrac{\sqrt{x+3}}{\sqrt{x-1}}=-\sqrt{\dfrac{x+3}{x-1}}$에서 $x+3\geq0$, $x-1<0$이므로

$x\geq-3$, $x<1$ $\therefore -3\leq x<1$

따라서 $x+3\geq0$, $x-2<0$이므로

$\sqrt{(x+3)^2}+\sqrt{(x-2)^2}=|x+3|+|x-2|$

$=(x+3)-(x-2)$

$=5$

답 5

05

$a=2-\sqrt{2}$, $b=1-\sqrt{5}$일 때,

$a+b=(2-\sqrt{2})+(1-\sqrt{5})=3-\sqrt{2}-\sqrt{5}<0$,

$a-b=(2-\sqrt{2})-(1-\sqrt{5})=1-\sqrt{2}+\sqrt{5}>0$ ←$\sqrt{2}>1$, $\sqrt{5}>2$

이므로

$$\sqrt{(a+b)^2}+\sqrt{(a-b)^2}=|a+b|+|a-b|$$
$$=-(a+b)+(a-b)$$
$$=-2b$$
$$=-2(1-\sqrt{5})$$
$$=2\sqrt{5}-2$$

답 $2\sqrt{5}-2$

06

$a=2+\sqrt{3}$에서 $a-2=\sqrt{3}$

위의 식의 양변을 제곱하면

$a^2-4a+4=3$ $\therefore a^2-4a+1=0$

$\therefore \dfrac{6}{a^3-4a^2-3a+2}=\dfrac{6}{a(a^2-4a+1)-4a+2}$
$$=\dfrac{6}{-4a+2}=\dfrac{3}{-2a+1}$$
$$=\dfrac{3}{-2(2+\sqrt{3})+1}=\dfrac{3}{-3-2\sqrt{3}}$$
$$=\dfrac{3(3-2\sqrt{3})}{-(3+2\sqrt{3})(3-2\sqrt{3})}$$
$$=3-2\sqrt{3}$$

답 $3-2\sqrt{3}$

07

$\sqrt{a}=\dfrac{1-x}{2}$의 양변을 제곱하면

$a=\dfrac{(1-x)^2}{4}=\dfrac{x^2-2x+1}{4}$이므로

$a+x=\dfrac{x^2+2x+1}{4}=\dfrac{(x+1)^2}{4}\geq0,$

$a-x+2=\dfrac{x^2-6x+9}{4}=\dfrac{(x-3)^2}{4}\geq0$

$\therefore \sqrt{a+x}-\sqrt{a-x+2}$
$$=\sqrt{\dfrac{(x+1)^2}{4}}-\sqrt{\dfrac{(x-3)^2}{4}}$$
$$=\dfrac{1}{2}(|x+1|-|x-3|)$$
$$=\dfrac{1}{2}\{x+1+(x-3)\}\ (\because -1\leq x\leq1)$$
$$=\dfrac{1}{2}(2x-2)=x-1$$

이때 $-1\leq x\leq1$에서 $-2\leq x-1\leq0$이므로 주어진 식의 최댓값은 0이다.

답 0

② 무리함수

08

(1) 함수 $y=-\sqrt{x}+3$의 그래프는 함수 $y=\sqrt{x}$의 그래프를 x축에 대하여 대칭이동한 그래프인 함수 $y=-\sqrt{x}$의 그래프를 y축의 방향으로 3만큼 평행이동한 것이고, 그 그래프는 오른쪽 그림과 같다.
따라서 정의역은 $\{x|x\geq0\}$,
치역은 $\{y|y\leq3\}$이다.

(2) $y=-\sqrt{3-x}+2=-\sqrt{-(x-3)}+2$이므로 주어진 함수의 그래프는 함수 $y=\sqrt{x}$의 그래프를 원점에 대하여 대칭이동한 그래프인 함수 $y=-\sqrt{-x}$를 x축의 방향으로 3만큼, y축의 방향으로 2만큼 평행이동한 것이고, 그 그래프는 오른쪽 그림과 같다.

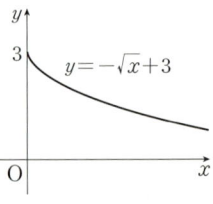

따라서 정의역은 $\{x|x\leq3\}$,
치역은 $\{y|y\leq2\}$이다.

답 풀이 참조

09

무리함수 $y=a\sqrt{x}$의 그래프를 x축의 방향으로 2만큼, y축의 방향으로 -4만큼 평행이동하면

$y=a\sqrt{x-2}-4$

이때 이 함수의 그래프가 점 $(3, 1)$을 지나므로

$1=a\sqrt{1}-4$ $\therefore a=5$

답 5

10

$y=-\sqrt{9-3x}+2=-\sqrt{-3(x-3)}+2$이므로 주어진 함수의 그래프는 함수 $y=-\sqrt{-3x}$의 그래프를 x축의 방향으로 3만큼, y축의 방향으로 2만큼 평행이동한 것이고, 그 그래프는 다음 그림과 같다.

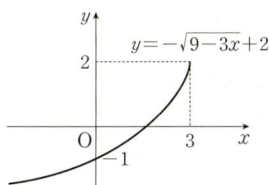

ㄱ. $\sqrt{9-3x}\geq0$에서 $-\sqrt{9-3x}+2\leq2$이므로 치역은 $\{y\,|\,y\leq2\}$이다. (참)

ㄴ. $x=0$을 $y=-\sqrt{9-3x}+2$에 대입하면

$y=-\sqrt{9}+2=-3+2=-1$

즉, y축과의 교점의 y좌표는 -1이다. (참)

ㄷ. 그래프는 함수 $y=-\sqrt{-3x}$의 그래프를 x축의 방향으로 3만큼, y축의 방향으로 2만큼 평행이동한 것이다. (거짓)

ㄹ. 그래프는 제2사분면을 지나지 않는다. (참)

따라서 옳은 것은 ㄱ, ㄴ, ㄹ이다.

답 ㄱ, ㄴ, ㄹ

11

함수 $y=\sqrt{2-3x}+1$의 치역은 $\{y\,|\,y\geq1\}$이다.

$y=\sqrt{2-3x}+1$을 x에 대하여 풀면

$y-1=\sqrt{2-3x}$

$(y-1)^2=2-3x$, $3x=2-(y-1)^2$

$\therefore x=-\dfrac{1}{3}(y-1)^2+\dfrac{2}{3}$

x와 y를 서로 바꾸면 구하는 역함수는

$y=-\dfrac{1}{3}(x-1)^2+\dfrac{2}{3}\ (x\geq1)$

답 $y=-\dfrac{1}{3}(x-1)^2+\dfrac{2}{3}\ (x\geq1)$

12

함수 $y=\sqrt{2x+7}-4$의 그래프를 원점에 대하여 대칭이동하면

$-y=\sqrt{-2x+7}-4$ $\therefore y=-\sqrt{-2x+7}+4$

이 함수의 그래프를 x축의 방향으로 m만큼, y축의 방향으로 n만큼 평행이동하면

$y=-\sqrt{-2(x-m)+7}+4+n$

$\therefore y=-\sqrt{-2x+2m+7}+4+n$

이 함수의 그래프가 $y=-\sqrt{-2x+3}+1$의 그래프와 일치하므로

$2m+7=3$, $4+n=1$ $\therefore m=-2$, $n=-3$

$\therefore m+n=-2+(-3)=-5$

답 -5

13

함수 $y=\sqrt{6-3x}-1$의 그래프를 y축에 대하여 대칭이동하면

$y=\sqrt{6+3x}-1$

이 함수의 그래프를 x축의 방향으로 a만큼, y축의 방향으로 b만큼 평행이동하면

$y=\sqrt{3(x-a)+6}-1+b$

$=\sqrt{3(x-a+2)}+b-1$

이 함수의 정의역은 $\{x\,|\,x\geq a-2\}$이고, 치역은 $\{y\,|\,y\geq b-1\}$이므로

$a-2=1$, $b-1=1$ $\therefore a=3$, $b=2$

$\therefore a+b=3+2=5$

답 5

14

함수 $y=\sqrt{x-1}$의 그래프는 함수 $y=\sqrt{x}$의 그래프를 x축의 방향으로 1만큼 평행이동한 것이고, 함수 $y=\sqrt{x}+2$의 그래프는 함수 $y=\sqrt{x}$의 그래프를 y축의 방향으로 2만큼 평행이동한 것이다.

두 함수 $y=\sqrt{x-1}$, $y=\sqrt{x}+2$의 그래프와 두 직선 $y=-2x+2$, $y=-2x+12$를 좌표평면 위에 나타내면 다음 그림과 같다.

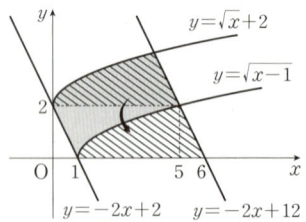

이때 빗금친 두 부분의 넓이가 같으므로 구하는 도형의 넓이는 밑변의 길이, 높이가 각각 5, 2인 평행사변형의 넓이와 같다.

따라서 구하는 넓이는

$5\times2=10$

답 10

15

주어진 함수의 그래프는 무리함수 $y=\sqrt{ax}\ (a<0)$의 그래프를 x축의 방향으로 1만큼, y축의 방향으로 -2만큼 평행이동한 것이므로 함수의 식은

$y=\sqrt{a(x-1)}-2$

이 함수의 그래프가 원점을 지나므로

$0=\sqrt{-a}-2$, $\sqrt{-a}=2$

$-a=4$　∴ $a=-4$

따라서 $f(x)=\sqrt{-4(x-1)}-2$이므로

$f(-3)=\sqrt{16}-2=2$

답 2

16

함수 $y=-\dfrac{4}{x+a}+b$의 그래프의 점근선의 방정식이

$x=2$, $y=1$이므로

$a=-2$, $b=1$

$\therefore y=\sqrt{ax+b}-ab=\sqrt{-2x+1}+2$

$\qquad =\sqrt{-2\left(x-\dfrac{1}{2}\right)}+2$

따라서 무리함수 $y=\sqrt{ax+b}-ab$의 그래프는 함수 $y=\sqrt{-2x}$의 그래프를 x축의 방향으로 $\dfrac{1}{2}$만큼, y축의 방향으로 2만큼 평행이동한 것이므로 오른쪽 그림과 같다.

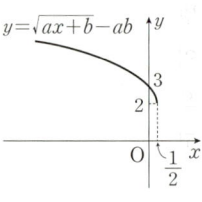

답 풀이 참조

17

(1) 함수 $y=-\sqrt{3+x}+a$의 그래프는 함수 $y=-\sqrt{x}$의 그래프를 x축의 방향으로 -3만큼, y축의 방향으로 a만큼 평행이동한 것이다.

즉, $-2\le x\le6$에서 주어진 함수의 그래프는 오른쪽 그림과 같다. 주어진 함수는

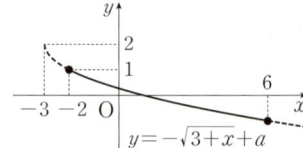

$x=-2$일 때, 최댓값 1을 가지므로

$1=-\sqrt{3+(-2)}+a$, $1=-1+a$　∴ $a=2$

따라서 주어진 함수는 $y=-\sqrt{3+x}+2$이고, 이 함수는 $x=6$일 때, 최솟값을 가지므로 구하는 최솟값은

$-\sqrt{3+6}+2=-\sqrt{9}+2=-1$

(2) 함수 $y=-\sqrt{-2x+a}+7=-\sqrt{-2\left(x-\dfrac{a}{2}\right)}+7$의 그래프는 함수 $y=-\sqrt{-2x}$의 그래프를 x축의 방향으로 $\dfrac{a}{2}$만큼, y축의 방향으로 7만큼 평행이동한 것이다.

이때 $x=-1$에서 최댓값을 가지므로 함수의 그래프는 오른쪽 그림과 같다.

따라서 주어진 함수는 $x=\dfrac{a}{2}=-1$에서 최댓값 7을 가지므로

$a=-2$, $M=7$

$\therefore a+M=-2+7=5$

답 (1) -1 (2) 5

18

함수 $y=-\sqrt{10-5x}+2=-\sqrt{-5(x-2)}+2$의 그래프는
함수 $y=-\sqrt{-5x}$의 그래프를 x축의 방향으로 2만큼, y축의
방향으로 2만큼 평행이동한 것이다.
이 함수의 그래프를 좌표평면 위에 나타내면 다음 그림과 같
으므로 $a\leq x\leq a+2$에서 $x=a+2$일 때 최댓값 -1을 갖
고, $x=a$일 때 최솟값 m을 갖는다.

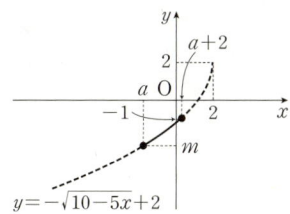

즉, $-1=-\sqrt{10-5(a+2)}+2$에서
$\sqrt{-5a}=3$의 양변을 제곱하면
$$-5a=9 \qquad \therefore a=-\frac{9}{5}$$

따라서 주어진 함수의 정의역은 $\left\{x \mid -\frac{9}{5}\leq x\leq\frac{1}{5}\right\}$이고,

$x=-\frac{9}{5}$일 때, 최솟값 m을 가지므로

$$m=-\sqrt{10-5\times\left(-\frac{9}{5}\right)}+2=-\sqrt{19}+2$$

$$\therefore a+(m-2)^2=-\frac{9}{5}+(-\sqrt{19}+2-2)^2$$

$$=-\frac{9}{5}+19=\frac{86}{5}$$

답 $\dfrac{86}{5}$

19

함수 $y=-\sqrt{x+1}+2$의 그래프는 함수 $y=-\sqrt{x}$의 그래프
를 x축의 방향으로 -1만큼, y축의 방향으로 2만큼 평행이동
한 것이고, 직선 $y=-2x+k$는 기울기가 -2이고 y절편이 k
이다.

이때 함수 $y=-\sqrt{x+1}+2$의 그래프와 직선 $y=-2x+k$의
위치 관계는 다음 그림의 두 직선 (i), (ii)를 기준으로 경우를
나누어 생각할 수 있다.

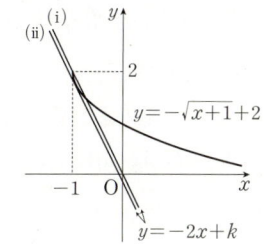

(i) 직선 $y=-2x+k$가 점 $(-1, 2)$를 지날 때,
$$2=2+k \qquad \therefore k=0$$

(ii) 직선 $y=-2x+k$가 함수 $y=-\sqrt{x+1}+2$의 그래프에
접할 때,
$$-2x+k=-\sqrt{x+1}+2$$
$$2x-k+2=\sqrt{x+1}$$
위의 식의 양변을 제곱하면 $(2x-k+2)^2=x+1$
$$4x^2+(8-4k)x+k^2-4k+4=x+1$$
$$\therefore 4x^2+(7-4k)x+k^2-4k+3=0$$
이 이차방정식의 판별식을 D라 하면
$$D=(7-4k)^2-4\times4\times(k^2-4k+3)=0$$
$$8k+1=0 \qquad \therefore k=-\frac{1}{8}$$

(1) 직선 $y=-2x+k$가 직선 (i)과 일치하거나 두 직선 (i)과
(ii) 사이에 있어야 하므로
$$-\frac{1}{8}<k\leq0$$

(2) 직선 $y=-2x+k$가 직선 (i)보다 위쪽에 있거나 직선
(ii)와 일치해야 하므로
$$k=-\frac{1}{8} \text{ 또는 } k>0$$

(3) 직선 $y=-2x+k$가 직선 (ii)보다 아래쪽에 있어야 하
므로
$$k<-\frac{1}{8}$$

답 (1) $-\dfrac{1}{8}<k\leq0$

(2) $k=-\dfrac{1}{8}$ 또는 $k>0$

(3) $k<-\dfrac{1}{8}$

20

함수 $y=\sqrt{2x-3}=\sqrt{2\left(x-\dfrac{3}{2}\right)}$의 그래프는 함수 $y=\sqrt{2x}$의

그래프를 x축의 방향으로 $\dfrac{3}{2}$만큼 평행이동한 것이고, 직선

$y=mx+1$은 기울기가 m이고 y절편이 1이다.

이때 함수 $y=\sqrt{2x-3}$의 그래프와 직선 $y=mx+1$의 위치 관계는 다음 그림의 두 직선 (i), (ii)를 기준으로 경우를 나누어 생각할 수 있다.

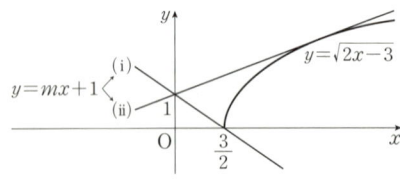

(i) 직선 $y=mx+1$이 점 $\left(\dfrac{3}{2},\,0\right)$을 지날 때,

$$0=\dfrac{3}{2}m+1 \qquad \therefore m=-\dfrac{2}{3}$$

(ii) 직선 $y=mx+1$이 함수 $y=\sqrt{2x-3}$의 그래프에 접할 때, 그림에서 직선의 기울기가 양수이므로 $m>0$

$mx+1=\sqrt{2x-3}$의 양변을 제곱하면

$(mx+1)^2=2x-3$

$m^2x^2+2mx+1=2x-3$

$\therefore m^2x^2+2(m-1)x+4=0$

이 이차방정식의 판별식을 D라 하면

$$\dfrac{D}{4}=(m-1)^2-4m^2=0$$

$3m^2+2m-1=0,\ (3m-1)(m+1)=0$

$$\therefore m=\dfrac{1}{3}\ (\because m>0)$$

두 함수의 그래프가 만나려면 직선 $y=mx+1$은 직선 (i) 또는 직선 (ii)와 일치하거나 두 직선 (i)과 (ii) 사이에 있어야 하므로

$$-\dfrac{2}{3}\le m\le\dfrac{1}{3}$$

따라서 실수 m의 최댓값은 $a=\dfrac{1}{3}$, 최솟값은 $b=-\dfrac{2}{3}$이므로

$a-b=\dfrac{1}{3}-\left(-\dfrac{2}{3}\right)=1$

답 1

21

$f(x)=\sqrt{a(x-2)}+b$에서

$f(5)=10,\ f(10)=5\ (\because f^{-1}(5)=10)$이므로

$\sqrt{3a+b}=10,\ \sqrt{8a+b}=5$

위의 식의 양변을 각각 제곱하면

$3a+b=100,\ 8a+b=25$

위의 두 식을 연립하여 풀면

$a=-15,\ b=145$

$\therefore a+b=-15+145=130$

답 130

22

함수 $f(x)=\sqrt{x-1}+1$의 그래프와 그 역함수 $y=f^{-1}(x)$의 그래프는 직선 $y=x$에 대하여 대칭이다.

이때 두 함수 $y=f(x)$, $y=f^{-1}(x)$ 의 그래프의 교점은 오른쪽 그림과 같이 직선 $y=x$ 위에 존재하므로 두 함수 $y=f(x)$, $y=f^{-1}(x)$의 그래프의 교점은 함수 $y=f(x)$의 그래프와 직선 $y=x$의 교점과 같다.

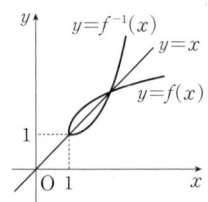

$\sqrt{x-1}+1=x$에서 $\sqrt{x-1}=x-1$

위의 식의 양변을 제곱하면

$x-1=(x-1)^2,\ x^2-3x+2=0$

$(x-1)(x-2)=0 \qquad \therefore x=1$ 또는 $x=2$

따라서 두 교점 P, Q의 좌표는 $(1,\,1),\,(2,\,2)$이므로

$\overline{\mathrm{PQ}}=\sqrt{(2-1)^2+(2-1)^2}=\sqrt{2}$

답 $\sqrt{2}$

23

함수 $f(x)=3\sqrt{2x+4}+k$의 그래프와 그 역함수 $y=f^{-1}(x)$의 그래프는 직선 $y=x$에 대하여 대칭이다.

이때 두 함수 $y=f(x)$, $y=f^{-1}(x)$의 그래프가 서로 다른 두 점에서 만나려면 다음 그림과 같이 무리함수 $y=f(x)$의 그래프가 직선 $y=x$와 서로 다른 두 점에서 만나야 한다. 즉, 함수 $y=3\sqrt{2x+4}+k$의 그래프가 곡선 (i)과 일치하거나 두 곡선 (i)과 (ii) 사이에 존재해야 한다.

두 함수 $y=f(x)$, $y=f^{-1}(x)$의 그래프의 교점이 함수 $y=f(x)$의 그래프와 직선 $y=x$의 교점과 같다.

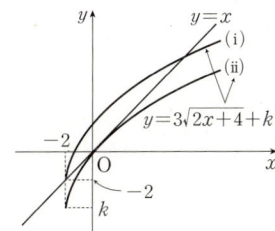

(i) 함수 $y=3\sqrt{2x+4}+k$의 그래프가 점 $(-2, -2)$를 지날 때,
$$-2=3\sqrt{2\times(-2)+4}+k \qquad \therefore k=-2$$

(ii) 함수 $y=3\sqrt{2x+4}+k$의 그래프가 직선 $y=x$와 접할 때,
$3\sqrt{2x+4}+k=x$에서 $3\sqrt{2x+4}=x-k$
위의 식의 양변을 제곱하면 $9(2x+4)=(x-k)^2$
$$\therefore x^2-2(k+9)x+k^2-36=0$$
이 이차방정식의 판별식을 D라 하면
$$\frac{D}{4}=\{-(k+9)\}^2-(k^2-36)=0$$
$$18k+117=0 \qquad \therefore k=-\frac{13}{2}$$

(i), (ii)에서 구하는 k의 값의 범위는
$$-\frac{13}{2}<k\le-2$$
따라서 정수 k는 $-6, -5, -4, -3, -2$의 5개이다.

답 5

24

(1) 정의역이 $\{x|x>0\}$인 함수 $f(x)=\sqrt{3x+1}$은 일대일대응이므로 역함수가 존재한다.
이때 $(f\circ g)(x)=x$를 만족시키는 함수 g는 함수 f의 역함수이다.
$(g\circ g)(5)=g(g(5))$에서
$g(5)=a$라 하면 $f(a)=5$
즉, $\sqrt{3a+1}=5$에서 $3a+1=25 \qquad \therefore a=8$
$\therefore g(5)=8$
$g(8)=b$라 하면 $f(b)=8$
즉, $\sqrt{3b+1}=8$에서 $3b+1=64 \qquad \therefore b=21$
$\therefore g(8)=21$
$\therefore (g\circ g)(5)=g(g(5))=g(8)=21$

(2) $(f^{-1}\circ g)^{-1}(3)=(g^{-1}\circ f)(3)=g^{-1}(f(3))$
$f(3)=\dfrac{2\times3+1}{3-2}=7$이므로
$g^{-1}(f(3))=g^{-1}(7)$
이때 $g^{-1}(7)=a$라 하면 $g(a)=7$
즉, $\sqrt{2a+3}=7$에서 $2a+3=49 \qquad \therefore a=23$
$\therefore g^{-1}(7)=23$
$\therefore (f^{-1}\circ g)^{-1}(3)=g^{-1}(f(3))=g^{-1}(7)=23$

답 (1) 21 (2) 23

25

함수 $f(x)=\begin{cases}\sqrt{-2x} & \left(x<-\dfrac{1}{2}\right) \\ 1-\sqrt{2x+1} & \left(x\ge-\dfrac{1}{2}\right)\end{cases}$에 대하여

$(f^{-1}\circ f^{-1})(a)=40$에서 $(f\circ f)^{-1}(a)=40$
$\therefore (f\circ f)(40)=a$
$f(40)=1-\sqrt{2\times40+1}=1-9=-8,$
$f(-8)=\sqrt{-2\times(-8)}=4$
이므로 $(f\circ f)(40)=f(-8)=4$
$\therefore a=4$

답 4

보충 설명

함수 $f(x)=\begin{cases}\sqrt{-2x} & \left(x<-\dfrac{1}{2}\right) \\ 1-\sqrt{2x+1} & \left(x\ge-\dfrac{1}{2}\right)\end{cases}$의 그래프는

다음 그림과 같고 일대일대응이므로 역함수가 존재한다.

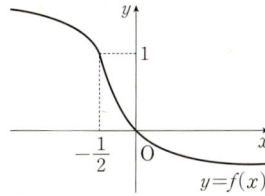

함수 $f(x)$는 정의역과 치역이 모두 실수 전체의 집합이므로 합성함수 $f\circ f$도 일대일대응이다.
즉, 함수 $f\circ f$도 역함수가 존재한다.

08 ③	**09** -24	**10** $-2 \leq k \leq 2$
11 0	**12** 풀이 참조	**13** 17	**14** 16
15 3	**16** 3	**17** 4	**18** $\dfrac{1}{8}$
19 5			

08

$f(x) = -\sqrt{3-3x} = -\sqrt{-3(x-1)}$이므로 주어진 함수의 그래프는 함수 $y = -\sqrt{-3x}$의 그래프를 x축의 방향으로 1만큼 평행이동한 것이고, 그 그래프는 다음 그림과 같다.

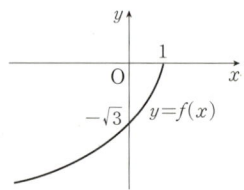

ㄱ. $3-3x \geq 0$에서 $x \leq 1$이므로 정의역은 $\{x \mid x \leq 1\}$이고, $\sqrt{3-3x} \geq 0$에서 $-\sqrt{3-3x} \leq 0$이므로 치역은 $\{y \mid y \leq 0\}$이다. (참)

ㄴ. 그래프는 함수 $y = -\sqrt{-3x}$의 그래프를 x축의 방향으로 1만큼 평행이동한 것이다. (거짓)

ㄷ. 함수 $y = -\dfrac{1}{3}x^2 \ (x \leq 0)$의 그래프를 직선 $y = x$에 대하여 대칭이동하면

$x = -\dfrac{1}{3}y^2 \ (x \leq 0, \ y \leq 0)$ $\therefore y^2 = -3x$

이때 $y = \pm\sqrt{-3x}$이고 $y \leq 0$이므로

$y = -\sqrt{-3x}$

이 함수의 그래프를 x축의 방향으로 1만큼 평행이동하면

$y = -\sqrt{-3(x-1)} = -\sqrt{3-3x}$ (참)

따라서 옳은 것은 ㄱ, ㄷ이다.

답 ③

09

무리함수 $y = \sqrt{ax+b} + c$의 그래프를 x축의 방향으로 3만큼, y축의 방향으로 -1만큼 평행이동하면

$y = \sqrt{a(x-3)+b} + c - 1$

이 함수의 그래프를 x축에 대하여 대칭이동하면

$-y = \sqrt{a(x-3)+b} + c - 1$

$\therefore y = -\sqrt{ax-3a+b} - c + 1$

이 함수의 그래프가 $y = -\sqrt{-3x+7} + 5$의 그래프와 일치하므로

$a = -3, \ -3a+b = 7, \ -c+1 = 5$

따라서 $a = -3, \ b = -2, \ c = -4$이므로

$abc = (-3) \times (-2) \times (-4) = -24$

답 -24

10

함수 $y = \sqrt{x+3}$의 그래프는 함수 $y = \sqrt{x}$의 그래프를 x축의 방향으로 -3만큼 평행이동한 것이고,

함수 $y = \sqrt{1-x} + k = \sqrt{-(x-1)} + k$의 그래프는 함수 $y = \sqrt{-x}$의 그래프를 x축의 방향으로 1만큼, y축의 방향으로 k만큼 평행이동한 것이므로

두 함수 $y = \sqrt{x+3}$, $y = \sqrt{1-x} + k$의 그래프가 만나려면 다음 그림과 같이 함수 $y = \sqrt{1-x} + k$의 그래프가 곡선 (i) 또는 곡선 (ii)와 일치하거나 두 곡선 (i)과 (ii) 사이에 있어야 한다.

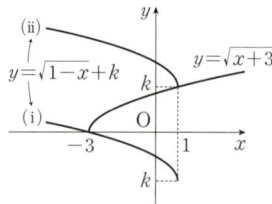

(i) 함수 $y = \sqrt{1-x} + k$의 그래프가 점 $(-3, 0)$을 지날 때,

$0 = \sqrt{1-(-3)} + k$

$0 = 2 + k$

$\therefore k = -2$

(ii) 점 $(1, k)$가 함수 $y = \sqrt{x+3}$의 그래프 위의 점일 때,

$k = \sqrt{1+3} = 2$

(i), (ii)에서 구하는 k의 값의 범위는

$-2 \leq k \leq 2$

답 $-2 \leq k \leq 2$

11

함수 $y=\sqrt{2-x}+3=\sqrt{-(x-2)}+3$의 그래프는 함수
$y=\sqrt{-x}$의 그래프를 x축의 방향으로 2만큼, y축의 방향으로 3만큼 평행이동한 것이다.

또한, 이차함수 $y=-(x-a)^2+7$의 그래프는 위로 볼록하고 꼭짓점의 좌표가 $(a, 7)$인 포물선이다.

함수 $y=f(x)$가 실수 전체의 집합에서 일대일대응이 되려면 $x=2$에서의 함숫값이 서로 같아야 하므로 이차함수 $y=-(x-a)^2+7$의 그래프가 점 $(2, 3)$을 지나야 한다.

즉, $3=-(2-a)^2+7$에서

$(2-a)^2=4$, $a^2-4a=0$

$a(a-4)=0$ $\quad$ $\therefore a=0$ 또는 $a=4$

(i) $a=0$일 때,

함수 $y=f(x)$의 그래프는 다음 그림과 같으므로 함수 $f(x)$는 일대일대응이다.

(i) $x_1 \neq x_2$이면 $f(x_1) \neq f(x_2)$
(ii) (치역)＝(공역)

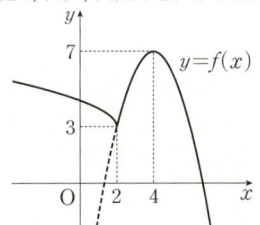

(ii) $a=4$일 때,

함수 $y=f(x)$의 그래프는 다음 그림과 같으므로 함수 $f(x)$는 일대일대응이 아니다.

$x_1 \neq x_2$인데 $f(x_1)=f(x_2)$인 두 실수 x_1, x_2가 존재한다.

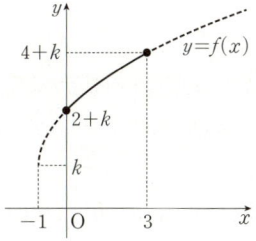

(i), (ii)에서 조건을 만족시키는 상수 a의 값은 0이다.

답 0

12

$y=\dfrac{-bx+c}{x+a}=\dfrac{-b(x+a)+c+ab}{x+a}=\dfrac{c+ab}{x+a}-b$

즉, 함수 $y=\dfrac{-bx+c}{x+a}$의

그래프의 점근선의 방정식은

$x=-a$, $y=-b$이므로

$-a>0$, $-b>0$

$\therefore a<0$, $b<0$

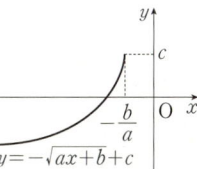

또한, 함수 $y=\dfrac{-bx+c}{x+a}$의 그래프의 y절편이 음수이므로

$\dfrac{c}{a}<0$ $\qquad$ $\therefore c>0$ $(\because a<0)$

$y=-\sqrt{ax+b}+c=-\sqrt{a\left(x+\dfrac{b}{a}\right)}+c$

에서 무리함수 $y=-\sqrt{ax+b}+c$의 그래프는

함수 $y=-\sqrt{ax}$의 그래프를 x축의 방향으로 $-\dfrac{b}{a}$만큼, y축의 방향으로 c만큼 평행이동한 것이다.

이때 $a<0$, $-\dfrac{b}{a}<0$, $c>0$이므로 무리함수 $y=-\sqrt{ax+b}+c$의 그래프의 개형은 오른쪽 그림과 같다.

답 풀이 참조

13

$f(x)=2\sqrt{x+1}+k$라 하면 $0 \le x \le 3$에서 함수 $y=f(x)$의 그래프는 다음 그림과 같다.

즉, 함수 $f(x)$는
$x=3$에서 최댓값 $M=f(3)=4+k$를 갖고,
$x=0$에서 최솟값 $m=f(0)=2+k$를 갖는다.
$M+m=40$에서
$(4+k)+(2+k)=40$, $2k=34$
$\therefore k=17$

답 17

14

$$y=\frac{-2x+4}{x-1}=\frac{-2(x-1)+2}{x-1}=\frac{2}{x-1}-2$$

즉, 함수 $y=\frac{-2x+4}{x-1}$ 의 그래프의 점근선의 방정식은

$x=1$, $y=-2$ 이고, $3\leq x\leq 5$ 에서 함수 $y=\frac{-2x+4}{x-1}$ 의

그래프는 다음 그림과 같다.

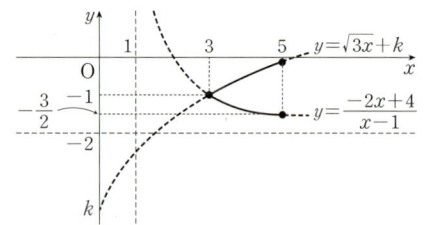

$3\leq x\leq 5$ 에서 두 함수 $y=\frac{-2x+4}{x-1}$ 와 $y=\sqrt{3x}+k$ 의 그래

프가 한 점에서 만나면서 k 의 값이 최대이려면 위의 그림과 같

이 함수 $y=\sqrt{3x}+k$ 의 그래프가 점 $(3, -1)$ 을 지나야 한다.

즉, $-1=\sqrt{3\times3}+k$ 에서 $-1=3+k$

$\therefore k=-4$

따라서 $M=-4$ 이므로 $M^2=16$ 이다.

답 16

15

무리함수 $y=\sqrt{ax}$ 의 그래프와 직선 $y=x$ 의 교점의 x좌표가

2이므로 함수 $y=\sqrt{ax}$ 의 그래프는 점 $(2, 2)$ 를 지난다.

즉, $\sqrt{2a}=2$ 에서 $2a=4$ $\therefore a=2$

함수 $y=\sqrt{ax+b}$, 즉 $y=\sqrt{2x+b}$ 의 그래프가 직선 $y=x$ 에

접하므로

$\sqrt{2x+b}=x$ 의 양변을 제곱하면

$2x+b=x^2$, $x^2-2x-b=0$

이 이차방정식의 판별식을 D 라 하면

$\frac{D}{4}=(-1)^2-1\times(-b)=0$, $1+b=0$ $\therefore b=-1$

$\therefore a-b=2-(-1)=3$

답 3

16

무리함수 $f(x)=-\sqrt{ax+b}+c$ 의 그래프와 그 역함수

$y=f^{-1}(x)$ 의 그래프는 직선 $y=x$ 에 대하여 대칭이므로 함

수 $y=f(x)$ 의 그래프를 좌표평면 위에 나타내면 다음 그림과

같다.

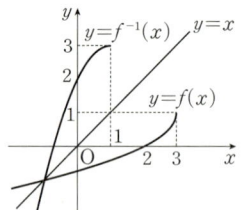

$f(x)=-\sqrt{a(x-3)}+1$ $(a<0)$ ......㉠

└── 무리함수의 그래프의 시작점의 좌표가 (3, 1)이다.

이라 하면 함수 $y=f(x)$ 의 그래프가 점 $(2, 0)$ 을 지나므로

$0=-\sqrt{-a}+1$, $\sqrt{-a}=1$ $\therefore a=-1$

이것을 ㉠에 대입하면

$f(x)=-\sqrt{-(x-3)}+1=-\sqrt{-x+3}+1$

따라서 $b=3$, $c=1$ 이므로

$a+b+c=-1+3+1=3$

답 3

다른 풀이

주어진 그래프로부터 $k<0$ 인 상수 k 에 대하여

$f^{-1}(x)=k(x-1)^2+3$ $(x\leq1)$

이라 할 수 있다.

함수 $y=f^{-1}(x)$ 의 그래프가 점 $(0, 2)$ 를 지나므로

$2=k+3$ $\therefore k=-1$

$\therefore f^{-1}(x)=-(x-1)^2+3$

이때 $(f^{-1})^{-1}=f$ 이므로 함수 $f(x)$ 는 함수 $f^{-1}(x)$ 의 역함

수이다.

$y=-(x-1)^2+3$ 에서

$(x-1)^2=-y+3$

$x-1=-\sqrt{-y+3}$ $(\because x\leq1)$

$\therefore x=-\sqrt{-y+3}+1$

x와 y를 서로 바꾸면 구하는 역함수는

$y=-\sqrt{-x+3}+1$ $(x\leq3)$

$\therefore f(x)=-\sqrt{-x+3}+1$ $(x\leq3)$

즉, $a=-1$, $b=3$, $c=1$ 이므로

$a+b+c=-1+3+1=3$

17

방정식 $f(x)=g(x)$가 서로 다른 두 실근을 가지려면 두 함수 $y=f(x)$, $y=g(x)$의 그래프가 서로 다른 두 점에서 만나야 한다.

함수 $f(x)=\sqrt{4x-a}$의 그래프와 그 역함수 $y=g(x)$의 그래프는 직선 $y=x$에 대하여 대칭이고, 두 함수 $y=f(x)$, $y=g(x)$의 그래프의 교점은 오른쪽 그림과 같이

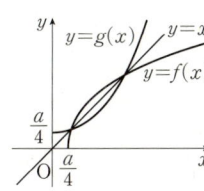

직선 $y=x$ 위에 존재하므로 두 함수 $y=f(x)$, $y=g(x)$의 그래프의 교점은 함수 $y=f(x)$의 그래프와 직선 $y=x$의 교점과 같다.

즉, $x=\sqrt{4x-a}$에서 $x^2=4x-a$

$\therefore x^2-4x+a=0$ ......㉠

이차방정식 ㉠이 서로 다른 두 실근을 가져야 하므로 이차방정식 ㉠의 판별식을 D라 하면

$\dfrac{D}{4}=(-2)^2-a>0$ $\therefore a<4$ ......㉡

이때 오른쪽 그림과 같이 $\dfrac{a}{4}<0$이면 함수 $y=\sqrt{4x-a}$

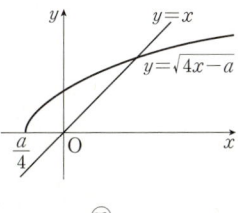

의 그래프와 직선 $y=x$는 한 점에서만 만나므로

$a\geq 0$ ......㉢

따라서 ㉡, ㉢에서 $0\leq a<4$이므로 조건을 만족시키는 정수 a는 0, 1, 2, 3의 4개이다.

답 4

18

함수 $f(x)=\sqrt{4x-3}+k$의 그래프와 그 역함수 $y=f^{-1}(x)$의 그래프는 직선 $y=x$에 대하여 대칭이다.

이때 두 함수 $y=f(x)$, $y=f^{-1}(x)$의 그래프가 서로 다른 두 점에서 만나므로 오른쪽 그림과 같이 함수 $y=f(x)$의 그래프와 직선 $y=x$가 서로 다른 두 점에서 만난다.

즉, 구하는 두 교점의 좌표를

직선 $y=x$ 위의 점
(α, α), (β, β)라 할 수 있다. ────(가)

$\sqrt{4x-3}+k=x$에서 $\sqrt{4x-3}=x-k$

위의 식의 양변을 제곱하면 $4x-3=x^2-2kx+k^2$

$\therefore x^2-2(k+2)x+k^2+3=0$

이 이차방정식의 두 근이 α, β이므로 이차방정식의 근과 계수의 관계에 의하여

$\alpha+\beta=2(k+2)$, $\alpha\beta=k^2+3$ ......㉠ ────(나)

또한, 두 교점 (α, α), (β, β) 사이의 거리가 $2\sqrt{3}$이므로

$\sqrt{(\beta-\alpha)^2+(\beta-\alpha)^2}=\sqrt{2(\beta-\alpha)^2}=2\sqrt{3}$

$\therefore (\alpha-\beta)^2=6$

이때 $(\alpha-\beta)^2=(\alpha+\beta)^2-4\alpha\beta$이므로

$6=\{2(k+2)\}^2-4(k^2+3)$ ($\because$ ㉠) ────(다)

$4(k^2+4k+4)-4k^2-12-6=0$

$16k-2=0$, $16k=2$ $\therefore k=\dfrac{1}{8}$ ────(라)

답 $\dfrac{1}{8}$

단계	채점 기준	배점
(가)	두 교점의 좌표를 (α, α), (β, β)로 나타낸 경우	20%
(나)	$\alpha+\beta$, $\alpha\beta$를 k에 대한 식으로 나타낸 경우	30%
(다)	$(\alpha-\beta)^2=(\alpha+\beta)^2-4\alpha\beta$를 이용하여 k에 대한 방정식을 구한 경우	30%
(라)	k의 값을 구한 경우	20%

19

$x\geq -1$에서 $(f^{-1}\circ g)(x)=5x$, 즉 $f^{-1}(g(x))=5x$이므로

$g(x)=f(5x)$

$\therefore g\left(\dfrac{3}{2}\right)=f\left(\dfrac{15}{2}\right)$

$\qquad =\sqrt{2\times\dfrac{15}{2}+10}$

$\qquad =\sqrt{25}=5$

답 5

1 $(\sqrt{2}-1)^n$ **2** $27\sqrt{3}$ **3** ③   **4** $0<k<\dfrac{1}{2}$

5 $\sqrt{2}$ **6** 2

1

$x=\left\{\dfrac{(\sqrt{2}+1)^n+(\sqrt{2}-1)^n}{2}\right\}^2$ 에서

$\sqrt{2}+1=a$, $\sqrt{2}-1=b$로 놓으면

$ab=(\sqrt{2}+1)(\sqrt{2}-1)=2-1=1$이므로

$x-1=\left(\dfrac{a^n+b^n}{2}\right)^2-1$

$\qquad =\dfrac{a^{2n}+b^{2n}+2(ab)^n}{4}-1$

$\qquad =\dfrac{a^{2n}+b^{2n}+2}{4}-1$

$\qquad =\dfrac{a^{2n}+b^{2n}-2}{4}$

$\qquad =\dfrac{a^{2n}+b^{2n}-2(ab)^n}{4}=\left(\dfrac{a^n-b^n}{2}\right)^2$

$\therefore \sqrt{x}-\sqrt{x-1}=\sqrt{\left(\dfrac{a^n+b^n}{2}\right)^2}-\sqrt{\left(\dfrac{a^n-b^n}{2}\right)^2}$

$\qquad =\left|\dfrac{a^n+b^n}{2}\right|-\left|\dfrac{a^n-b^n}{2}\right|$

$\qquad =\dfrac{a^n+b^n}{2}-\left(\dfrac{a^n-b^n}{2}\right)$ ← $a>b>0$이므로 $a^n-b^n>0$

$\qquad =\dfrac{a^n+b^n-a^n+b^n}{2}$

$\qquad =b^n=(\sqrt{2}-1)^n$

답 $(\sqrt{2}-1)^n$

2

무리함수 $y=\sqrt{k(x+1)}$의 그래
프가 점 $(2, 3)$을 지나므로
$3=\sqrt{3k}$ $\therefore k=3$
즉, 두 함수 $y=\sqrt{3(x+1)}$,
$y=-\sqrt{3(x+1)}$의 그래프는 오
른쪽 그림과 같고, x축에 대하여
대칭이다.

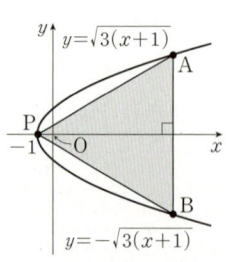

또한, x축 위의 점 $P(-1, 0)$에 대하여 $\triangle APB$가 정삼각형
이므로 $\overline{PA}=\overline{PB}=\overline{AB}$이다.

이때 점 A의 좌표를 (a, b) $(a>-1, \ b>0)$라 하면 점 B
의 좌표는 $(a, -b)$이므로

$\overline{PA}=\overline{AB}$에서 $\overline{PA}^2=\overline{AB}^2$

$(a+1)^2+b^2=4b^2$ $\therefore (a+1)^2=3b^2$ ……㉠

한편, 점 $A(a, b)$가 함수 $y=\sqrt{3(x+1)}$의 그래프 위에 있으
므로

$b=\sqrt{3(a+1)}$ $\therefore b^2=3(a+1)$ ……㉡

㉡을 ㉠에 대입하면 $(a+1)^2=9(a+1)$

$a^2-7a-8=0$, $(a+1)(a-8)=0$

$\therefore a=8$ $(\because a>-1)$

이것을 ㉡에 대입하면

$b^2=3\times(8+1)=27$ $\therefore b=3\sqrt{3}$ $(\because b>0)$

$\therefore \overline{AB}=2b=2\times3\sqrt{3}=6\sqrt{3}$

따라서 정삼각형 APB의 한 변의 길이가 $6\sqrt{3}$이므로 구하는
넓이는

$\dfrac{\sqrt{3}}{4}\times(6\sqrt{3})^2=27\sqrt{3}$

답 $27\sqrt{3}$

다른 풀이

점 A에서 x축에 내린 수선의 발을 H라 하면 $\triangle APB$는 정삼

각형이므로 $\dfrac{\sqrt{3}}{2}\overline{AB}=\overline{PH}$ ……㉢

이때 두 점 A, B의 좌표를 각각 $(a, \sqrt{3(a+1)})$,

$(a, -\sqrt{3(a+1)})$ $(a>-1)$이라 하면

$\overline{AB}=2\sqrt{3(a+1)}$, $\overline{PH}=a+1$이므로 ㉢에서

$\qquad\qquad\qquad\qquad$ $\overline{PH}=\overline{PO}+\overline{OH}=1+a$

$\dfrac{\sqrt{3}}{2}\times2\sqrt{3(a+1)}=a+1$, $3\sqrt{a+1}=a+1$

$a^2-7a-8=0$, $(a+1)(a-8)=0$

$\therefore a=8$ $(\because a>-1)$

따라서 정삼각형 APB의 한 변의 길이가

$\overline{AB}=2\sqrt{3\times(8+1)}=6\sqrt{3}$이므로 구하는 넓이는

$\dfrac{\sqrt{3}}{4}\times(6\sqrt{3})^2=27\sqrt{3}$

보충 설명

점 $P(-1, 0)$은 x축 위의 점이면서 두 함수
$y=\sqrt{3(x+1)}$, $y=-\sqrt{3(x+1)}$의 그래프의 교점이다. 이때
두 그래프가 x축에 대하여 대칭이므로 $\triangle ABP$가 정삼각형
이려면 두 점 A, B도 x축에 대하여 대칭이어야 한다.
따라서 $A(a, b)$이면 $B(a, -b)$이다.

3

이차함수 $f(x)=ax^2+bx+c$의 그래프의 꼭짓점의 좌표가 $\left(\dfrac{1}{2}, \dfrac{9}{2}\right)$이므로

$f(x)=a\left(x-\dfrac{1}{2}\right)^2+\dfrac{9}{2}$ ······㉠

이차함수 ㉠의 그래프가 점 $(0, 4)$를 지나므로

$4=\dfrac{1}{4}a+\dfrac{9}{2}, \dfrac{1}{4}a=-\dfrac{1}{2}$ $\therefore a=-2$

즉, $f(x)=-2\left(x-\dfrac{1}{2}\right)^2+\dfrac{9}{2}=-2x^2+2x+4$이므로

$b=2, c=4$

$\therefore g(x)=-2\sqrt{x+2}+4$

ㄱ. 함수 $g(x)$의 정의역은 $\{x|x\geq -2\}$이고, 치역은 $\{y|y\leq 4\}$이다. (참)

ㄴ. $g(0)=-2\sqrt{2}+4>0$이므로 함수 $y=g(x)$의 그래프는 오른쪽 그림과 같고, 제3사분면을 지나지 않는다. (거짓)

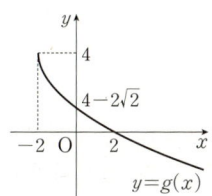

ㄷ. 방정식 $f(x)=0$에서

$-2x^2+2x+4=0$

$x^2-x-2=0, (x+1)(x-2)=0$

$\therefore x=-1$ 또는 $x=2$

$\therefore \alpha=-1, \beta=2 \ (\because \alpha<\beta)$

즉, $-1\leq x\leq 2$에서 함수 $g(x)$의 최댓값은

$g(-1)=-2+4=2$ (참)

따라서 옳은 것은 ㄱ, ㄷ이다.

답 ③

4

$y=\sqrt{|x-1|}+1$에서

$x\geq 1$일 때 $y=\sqrt{x-1}+1$,

$x<1$일 때 $y=\sqrt{-(x-1)}+1$

이므로 주어진 함수의 그래프는 오른쪽 그림과 같다.

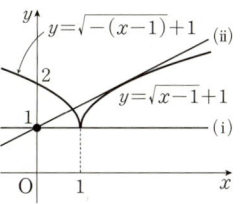

직선 $y=kx+1$은 항상 점 $(0, 1)$을 지나므로 직선 $y=kx+1$이 함수 $y=\sqrt{|x-1|}+1$의 그래프와 서로 다른 세 점에서 만나려면 두 직선 (i)과 (ii) 사이에 있어야 한다.

(i) 직선 $y=kx+1$이 점 $(1, 1)$을 지날 때,

$k=0$

(ii) 직선 $y=kx+1$이 함수 $y=\sqrt{x-1}+1$의 그래프와 접할 때,

$\sqrt{x-1}+1=kx+1$에서 $\sqrt{x-1}=kx$

위의 식의 양변을 제곱하면

$x-1=k^2x^2$ $\therefore k^2x^2-x+1=0$

이 이차방정식의 판별식을 D라 하면

$D=(-1)^2-4k^2=0, (1+2k)(1-2k)=0$

$\therefore k=\dfrac{1}{2} \ (\because k>0)$

(i), (ii)에서 구하는 실수 k의 값의 범위는

$0<k<\dfrac{1}{2}$

답 $0<k<\dfrac{1}{2}$

5

함수 $y=\sqrt{-\dfrac{1}{2}x-1}=\sqrt{-\dfrac{1}{2}(x+2)}$의 그래프는 함수 $y=\sqrt{-\dfrac{1}{2}x}$의 그래프를 x축의 방향으로 -2만큼 평행이동한 것이다.

한편, 두 직선 $y=ax+1, y=bx+1$은 항상 점 $(0, 1)$을 지나므로 $x\leq -2$에서 부등식 $ax+1\leq\sqrt{-\dfrac{1}{2}x-1}\leq bx+1$이 항상 성립하려면 함수 $y=\sqrt{-\dfrac{1}{2}x-1}$의 그래프와 두 직선 $y=ax+1, y=bx+1$은 다음 그림과 같아야 한다.

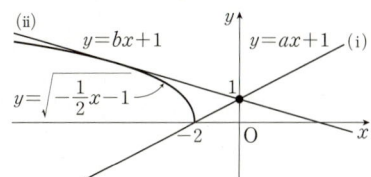

(i) 직선 $y=ax+1$이 점 $(-2, 0)$을 지날 때, 기울기 a가 최소이므로

$0=-2a+1, a=\dfrac{1}{2}$ $\therefore m=\dfrac{1}{2}$

(가)

(ii) 직선 $y=bx+1$이 함수 $y=\sqrt{-\dfrac{1}{2}x-1}$의 그래프와 접

할 때,

기울기 b가 최대이므로 $bx+1=\sqrt{-\dfrac{1}{2}x-1}$의 양변을

제곱하면

$b^2x^2+2bx+1=-\dfrac{1}{2}x-1$

$b^2x^2+\left(2b+\dfrac{1}{2}\right)x+2=0$

$\therefore\ 2b^2x^2+(4b+1)x+4=0$

이 이차방정식의 판별식을 D라 하면

$D=(4b+1)^2-4\times2b^2\times4=0$

$16b^2+8b+1-32b^2=0,\ 16b^2-8b-1=0$

$b=\dfrac{-(-4)\pm\sqrt{(-4)^2-16\times(-1)}}{16}$

$\quad=\dfrac{4\pm4\sqrt{2}}{16}=\dfrac{1\pm\sqrt{2}}{4}$

$\therefore\ b=\dfrac{1-\sqrt{2}}{4}\ (\because b<0)\qquad \therefore\ M=\dfrac{1-\sqrt{2}}{4}$

─────────────────────────────── (나)

(i), (ii)에서

$2m-4M=2\times\dfrac{1}{2}-4\times\dfrac{1-\sqrt{2}}{4}$

$\qquad\qquad=1-(1-\sqrt{2})=\sqrt{2}$

─────────────────────────────── (다)

답 $\sqrt{2}$

단계	채점 기준	배점
(가)	a의 최솟값 m을 구한 경우	40%
(나)	b의 최댓값 M을 구한 경우	40%
(다)	$2m-4M$의 값을 구한 경우	20%

6

함수 $y=\sqrt{-3x+a}+2=\sqrt{-3\left(x-\dfrac{a}{3}\right)}+2$의 그래프는

함수 $y=\sqrt{-3x}$의 그래프를 x축의 방향으로 $\dfrac{a}{3}$만큼, y축의

방향으로 2만큼 평행이동한 것이다.

또한, 함수 $y=-\sqrt{3x-3}+2=-\sqrt{3(x-1)}+2$의 그래프

는 함수 $y=-\sqrt{3x}$의 그래프를 x축의 방향으로 1만큼, y축

의 방향으로 2만큼 평행이동한 것이다.

이때 함수 $f(x)$가 실수 전체의

집합에서 일대일대응이 되려면

함수 $y=f(x)$의 그래프는 오

른쪽 그림과 같아야 한다.

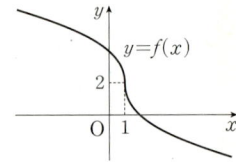

즉, 함수 $y=\sqrt{-3\left(x-\dfrac{a}{3}\right)}+2$의 그래프는 함수 $y=\sqrt{-3x}$

의 그래프를 x축의 방향으로 1만큼, y축의 방향으로 2만큼

평행이동한 그래프와 일치해야 하므로

$\dfrac{a}{3}=1$에서 $a=3$

$\therefore\ f(x)=\begin{cases}\sqrt{-3x+3}+2\ (x<1)\\-\sqrt{3x-3}+2\ (x\geq1)\end{cases}$

이때 $x<1$에서 $f(x)>2$, $x\geq1$에서 $f(x)\leq2$이다.

$f^{-1}(-1)=p$라 하면 $f(p)=-1$

$f(p)<2$이므로 $p\geq1$

즉, $-\sqrt{3p-3}+2=-1$에서 ┄ $p\geq1$이므로 $f(x)=-\sqrt{3x-3}+2$에 $x=p$를 대입

$\sqrt{3p-3}=3,\ 3p-3=9$

$3p=12\qquad\therefore\ p=4$

$f^{-1}(5)=q$라 하면 $f(q)=5$

$f(q)>2$이므로 $q<1$

즉, $\sqrt{-3q+3}+2=5$에서 ┄ $q<1$이므로 $f(x)=\sqrt{-3x+3}+2$에 $x=q$를 대입

$\sqrt{-3q+3}=3,\ -3q+3=9$

$-3q=6\qquad\therefore\ q=-2$

$\therefore\ f^{-1}(-1)+f^{-1}(5)=4+(-2)=2$

답 2

보충 설명

다음과 같은 방법으로 a의 값을 구할 수도 있다.

$f(1)=-\sqrt{3\times1-3}+2=2$이므로 함수 $f(x)$가 일대일대

응이 되려면 함수 $y=\sqrt{-3x+a}+2$의 그래프가 점 $(1,\ 2)$

를 지나야 한다.

즉, $2=\sqrt{-3+a}+2$이므로 $a=3$

수행족보 바로가기

JINHAK

선배들의 **수행평가**

생 기 부
때 문 에
힘든사람
주   목

합격자의 실제 수행 족보, **무료** 로 이용해보세요!

원하는 주제를 찾는 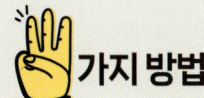 **가지 방법**

희망 진로 로 찾아보기

진로심화주제	교과목 연계 주제

의학	▼
의학 · 치의학	▼

과목별 로 찾아보기

진로심화주제	**교과목 연계 주제**

수학	▼
미적분	▼
공학	▼

키워드 로 검색하기

DNA	✕ 🔍

선배들의 수행평가 레퍼런스

#X선 회절 연구
서울대 약학계열
헬륨-네온 레이저를 이용한 DNA 분자 X선 회절 연구 재현
#연구 #레이저 #DNA분자 #회절 #헬륨-네온

선배들의 수행평가로 시간과 노력은 **DOWN↓** 내용과 대학은 **LEVEL UP↑**

impossible

+

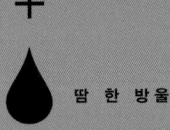 땀 한 방울

=

i'm possible

불가능을 가능으로 바꾸는 것은
한 방울의 땀입니다.

틀을 깨는 생각 *Jinhak*

WWW.JINHAK.COM

수능 & 내신을 위한
명품 영단어장

불 랙 라 벨   보 카 시 리 즈

상위권 어휘로 실력을 **레벨업**하고 싶다면?

BLACKLABEL

1등급
VOCA

고1 (상위권)
~ 고3

고등 내신의 **어휘변형**을 준비하고 싶다면?

BLACKLABEL

커넥티드
VOCA

예비 고1
~ 고2

전교 1등의 책상 위에는 **블랙라벨**	국어	독서(비문학) | 문법
	영어	커넥티드 VOCA | 1등급 VOCA | 내신 어법 | 독해
	15개정 고등 수학	수학(상) | 수학(하) | 수학 I | 수학 II | 확률과 통계 | 미적분 | 기하
	15개정 중학 수학	1-1 | 1-2 | 2-1 | 2-2 | 3-1 | 3-2
	15개정 수학 공식집	중학 | 고등
	22개정 고등 수학	공통수학1 | 공통수학2
	22개정 중학 수학	1-1 | 1-2
체계적 개념 학습을 위한 플러스 기본서 **더 개념** 블랙라벨	국어	문학 | 독서 | 문법
	15개정 수학	수학(상) | 수학(하) | 수학 I | 수학 II | 확률과 통계 | 미적분
	22개정 수학	공통수학1 | 공통수학2
내신 서술형 명품 영어 **WHITE** *label*	영어	서술형 문장완성북 | 서술형 핵심패턴북
마인드맵 + 우선순위 **링크랭크**	영어	고등 VOCA | 수능 VOCA

완벽한 학습을 위한 수학 공식집

블랙라벨 BLACKLABEL

수학 공식집 15개정

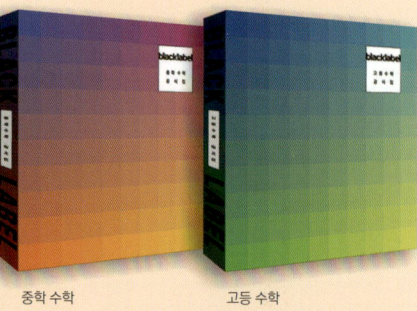

| 블랙라벨의
모든 개념을
한 권에 | 블랙라벨 외
내용 추가
수록 | 목차에
개념 색인
수록 | 한 손에
들어오는
크기 |

중학 수학   고등 수학